Das
Buch der Erfindungen, Gewerbe
und
Industrien.
IV.
Siebente (Pracht-) Auflage.

Das neue
Buch der Erfindungen, Gewerbe
und
Industrien.

Rundschau auf allen Gebieten der gewerblichen Arbeit.

Herausgegeben in Verbindung
mit
Professor Dr. C. Birnbaum, Professor C. Böttger, Professor K. Gayer, Prof. Fr. Kohl,
Fr. Luckenbacher, Dr. R. Ludwig, Baurath Dr. Oskar Mothes, K. de Roth,
Prof. Dr. R. Böllner, Julius Böllner u. A.

Vierter Band.

Die chemische Behandlung der Rohstoffe.
Eine chemische Technologie.

Siebente vermehrte und verbesserte Auflage.

Mit vielen Ton- und sechs Titelbildern, nebst mehreren tausend Text-Illustrationen.

Nach Originalzeichnungen
von L. Burger, H. Leutemann, O. Mothes und Anderen.

Springer-Verlag Berlin Heidelberg GmbH
1877.

Das Buch der Erfindungen. 7. Aufl. IV. Bd.   Leipzig: Verlag von Otto Spamer.

Die

chemische Behandlung der Rohstoffe.

Eine chemische Technologie.

Inhalt:

Einleitung. Geschichte der Chemie. Chemische Grundbegriffe.
Der Hüttenarbeiter. Das Eisen und die Eisenindustrie. Zink, Kobalt, Wismuth und Genossen.
Das Kupfer, Blei, Zinn und Quecksilber.
Die Edelmetalle. Das Silber, Gold, Platin und seine Genossen.
Aluminium und Magnesium. Die Edelsteinlieferanten.
Töpferwaaren und Porzellan. Kalk, Cement und Gips. Alaun, Soda und Salpeter.
Das Glas und seine Verarbeitung. Die Industrien des Schwefels.
Das Schießpulver. Feuerzeuge und Phosphor. Daguerreotypie und Photographie.
Farben und Farbenbereitung.

Von

Fr. Luckenbacher, K. de Roth, J. Zöllner.

Siebente vermehrte und verbesserte Auflage.

Mit vier Tonbildern, über 300 in den Text gedruckten Illustrationen sowie einem Titelbilde.
Anfangs- und Abtheilungsbilder gezeichnet von **Ludwig Burger**.

Springer-Verlag Berlin Heidelberg GmbH
1877.

Verfasser und Verleger behalten sich das ausschließliche Recht der Uebersetzung vor.

Softcover reprint of the hardcover 1st edition 1877

ISBN 978-3-662-33690-8   ISBN 978-3-662-34088-2 (eBook)
DOI 10.1007/978-3-662-34088-2

Inhaltsverzeichniß

zu dem

Buch der Erfindungen, Gewerbe und Industrien.

Siebente (Pracht-) Ausgabe.

Vierter Band.

Seite

Einleitung. Die Geschichte der Chemie. Die chemischen Kenntnisse der Alten. Das Zeitalter der Alchemie. Das Zeitalter der medizinischen Chemie. Die neuere Chemie. Die Phlogistiker. Die neuere quantitative Chemie. Chemische Grundbegriffe. Die Elemente und ihre Verbindungen. Terminologie. Apparate und Methoden. Reaktionen und Reagentien. Chemische Analyse 1

Der Hüttenarbeiter.

Bedeutung der Metalle. Die Erze und ihre Aufbereitung. Die Scheidebank. Pochwerke. Trocken- und Naßpochwerke. Siebsetzen. Schlämmen. Der Stoßherd. Waschen der Erze. Rösten an der Luft und in Oefen. Zugutemachen. Der trockne Prozeß. Schmelzarbeit. Schmelzen mit Kohle. Schlacke und Zuschlag. Sublimation und Destillation. Der nasse Prozeß 54

Das Eisen und die Eisenindustrie.

Das Eisen in der Entwicklung der Völker. In Afrika und bei uns. Seine chemische Natur, Eisen und Kohlenstoff. Darstellung des Eisens. Die hauptsächlichsten Erze. Ihre Aufbereitung und ihre Verschmelzung im Hohofen. Das Roheisen. Das Schmiedeisen. Frischen und Puddeln. Quetschwerke. Dampfhämmer. Walzwerke. Ziehbänke. Gebläse und Feuerung. Der Stahl. Bedeutung des Kohlenstoffgehaltes. Stickstoff. Darstellungsweisen aus den verschiedenen Stahlsorten. Puddel-, Cement-, Uchatius-, Bessemerstahl. Der Gußstahl. Wootz. Krupp und seine Erzeugnisse. Der Eisenguß. Formen, nasse und trockne. Schalenguß. Kunstguß. Verzinnen, Verzinken und Emailliren. Der Stand der heutigen Eisenindustrie 71

Zink, Kobalt, Wismuth und Genossen.

Geschichtliches. Heutige Bedeutung des Zinks. Zinkerze. Galmei und Blende. Aufbereitung und Verhüttung. Ausbringen des Zinks. Destillation des Zinks. Zugutemachen der Blende. Verunreinigung des Zinks. Seine Verarbeitung zu Platten, Blechen, Drähten u. s. w. Zinkguß. Zinkweiß. — Das Kadmium. Darstellung und Verwendung. Leichtflüssige Legirungen. — Kobalt und Nickel. Geschichtliches über diese Metalle. Kobalterze und ihre Verarbeitung zu Kobaltoxyd. Zaffer und Smalte. Verwendung derselben. Das Nickel und seine Gewinnung aus den hauptsächlichsten Nickelerzen. Verschmelzen zu Speise und Stein und weitere Verarbeitung derselben. Das Neusilber, Weißkupfer, Argentan, Packfong und ähnliche Legirungen. Herstellung und Benutzung. — Antimon. Vorkommen und Erze. Spießglanz. Darstellung des Antimonmetalles. Antimonpräparate und Legirungen. Deren Verwendung. — Wismuth, sein Vorkommen. Gewinnung und Verwendung . . 129

Das Kupfer.

Geschichtliches. Vorkommen. Gediegenes Kupfer. Kupfererze. Ihre Verhüttung. Mansfelder Hüttenprozeß. Cementation. Kupferblech und Kupferdraht. Legirungen. Bronze und Messing. Glockenguß. Geschützguß. Statuenguß 161

Blei, Zinn und Quecksilber.

Blei. Geschichtliches. Erze. Gewinnung des Bleies aus denselben. Der Sumpfofen und Flammenofen. Raffiniren des Bleies auf dem Treibherde. Der Silberblick. Glätte. Pattinsoniren. Entsilbern des Bleies durch Zink. Frischen der Glätte. Technische Verwendungen desselben zu Schrot, Kugeln, Platten, Röhren, Draht. Giftige Eigenschaften. — Das Zinn. Geschichte. Vorkommen in England und im Erzgebirge. Ostindisches Zinn. Gewinnung des Zinnsteins auf Seifen und durch Bergbau. Aufbereitung und Verschmelzung. Reinigung des Zinns. Technische Verwendung. Verzinnen. Weißsieden. Zinnguß. Legirungen und Zinnpräparate. — Das Quecksilber. Was man früher davon hielt. Seine Eigenschaften. Festes Quecksilber. Schädlichkeit der Quecksilberdämpfe. Vorkommen und Gewinnung. Quecksilberwerke von Almaden, Rheinbayern, Idria, Kalifornien. Zinnober. Verhüttung desselben. Reinigung des metallischen Quecksilbers. Verwendungsarten. Amalgame und sonstige Verbindungen 193

Das Silber.

Geschichtliches. Alte Bezugsländer. Vorkommen in der Natur. Gediegenes Silber und Silbererze. Gewinnung des Silbers aus denselben. Amalgamiren. Silberscheidung auf nassem Wege. Eigenschaften und Verbindungen des Silbers. Legirungen. Silberdraht. Versilbern. Plattiren. Gold- und Silberschmiede. Das Münzwesen. Geschichtliches. Die Münztechnik. Bullion. Schrot und Korn. Gießen der Zaine. Das Ausschlagen der Platten. Justiren. Rändeln. Prägen und Prägemaschinen 221

Gold, Platin und seine Genossen.

Das Gold. Geschichte des Goldes. Vorkommen in der Natur und Gewinnung aus dem Gestein und dem Sande der Flüsse. Alte Goldwäschereien, in Deutschland, am Rheine, im Böhmerwalde/u. s. w. — Die neuen Goldländer. Mexiko. Kalifornien. Australien. Ural und Sibirien mit den dort gebräuchlichen Aufbereitungsmethoden. Eigenschaften des Goldes und Verwendung. Legirungen. Goldschlägerei. Farben des Goldes. — Das Platin und seine Begleiter. Vorkommen und Gewinnung. Reindarstellung des Platins. Verarbeitung. Seine Bedeutung für die Naturwissenschaften und die Technik. Palladium, Osmium, Iridium u. s. w. 249

Aluminium und Magnesium. Die Edelsteinlieferanten.

Was sind Erden? Die Thonerde und ihr Vorkommen in den Edelsteinen und anderen Mineralien. Beryllerde und Talkerde. Die Herstellung echter Edelsteine durch Gaudin, Ebelmen, Daubré u. s. w. Thonerdesalze. Das Aluminium von Wöhler zuerst dargestellt. Gewinnungsmethode. Erzeugung im Großen durch St. Claire=Deville. Verschiedene Darstellungsverfahren. Aluminiumfabrikation in Frankreich. Eigenschaften des Aluminiums. Aluminiumtechnik. Fabriken. Verwendungsarten. Das Aluminium als Münzmetall eine verkehrte Idee. Legirungen. Das Magnesium, Vorkommen und Eigenschaften, Legirungen und Aussichten 282

Töpferwaaren und Porzellan.

Geschichtliches über die Töpferkunst in Aegypten, Griechenland, Italien (Etrurien) u. s. w. Die Rohmaterialien. Thonarten. Ziegelbrennerei. Thonpfeifen. Terracotta. Formen der gewöhnlichen Töpferwaare auf der Drehscheibe und in Gips. Die Glasur. Majolika oder Fayence. Geschichte dieses Kunstzweiges. Palissy. Josuah Wegdwood. Delfter und deutsche Fayencen. Steinzeug, die Thonwaaren des Niederrheines. Das Porzellan. Geschichte desselben. Bei den Chinesen. Seine Erfindung durch Böttger und Tschirnhausen. Meißen. Ausbreitung der Fabrikation des Porzellans. Porzellanmarken. Rohmaterialien. Formen, Glasiren, Brennen, Malen und Vergolden des Porzellans. Fabrikation der Porzellanknöpfe 294

Kalk, Cement und Gips.

Verbreitung des Kalkes in der Natur. Der kohlensaure Kalk. Seine Verwendung. Aetzkalk. Brennen in Kalköfen. Löschen. Der Mörtel. Hydraulische Mörtel und Cemente. Portland- und Roman-Cement. Der Gips. Vorkommen. Zusammensetzung. Anhydrit. Entwässerung. Gipsgießerei. Baryt und Strontian 352

Alaun, Soda und Salpeter.

Die Alkalien im Haushalt der Natur. Geschichtliches. Kali und Natron. Die Potasche und ihre Gewinnung. Aetzkali. Der Alaun. Alaunerze und Alaunsiederei. Schwefelsaure Thonerde. Die Soda; natürliche und künstliche. Leblanc's Verfahren zur Bereitung der letzteren. Kochsalz. Chemische Vorgänge dabei. Auslaugen. Reindarstellung. Wasserfreie kalzinirte und krystallisirte Soda. Der Salpeter. Natürliche Salpetererzeugung in der Luft und im Boden. Salpeterplantage. Raffiniren. Natron- oder Chilisalpeter. Vorkommen, Gewinnung und Verarbeitung desselben auf salpetersaures Kali. Die Salpetersäure. Ihre Darstellung und Wirkungsweise. Königswasser. Chlor- und Salzsäure . 364

Das Glas und seine Verarbeitung.

Bedeutung des Glases. Geschichte seiner Erfindung. Die Glasindustrie der Alten. Römische und arabische Gläser. Die Benetianer. Ausbildung der Glastechnik in Deutschland und bei den modernen Völkern. — Das Glas in seinen chemischen Eigenschaften. Bestandtheile und Rohmaterialien. Die Kieselsäure. Glasbereitung. Arbeiten in der Glashütte. Die Oefen. Zusammensetzung der Glasmasse. Schmelzen derselben in Häfen. Aufarbeitung. Das Blasen von Hohlglas, Pfeife, Schere, Nabeleisen u. s. w. Formen. Tafelglas. Gießen der Spiegelplatten. Schleifen und Poliren. Belegen mit Amalgam. Gepreßtes Glas. Gefärbte Gläser. Glasröhren. Perlenfabrikation in Murano, Millefiori, Petinet u. s. w. Vollendung und Verzierung der Glaswaaren. Schneiden. Bohren. Schleifen. Emailgläser, Glasmosaik. Glasmalerei. Geschichte. Technisches. Das Wasserglas . . . 393

Die Industrien des Schwefels.

Bedeutung des Schwefels. Sein Vorkommen in der Natur, seine Gewinnung und Reinigung. Verwendungen. Schwefelblumen, Schwefelmilch. Verbindungen des Schwefels mit Sauerstoff. Schweflige, unterschweflige und Schwefelsäure. Nordhäuser und englische Schwefelsäure und ihre Darstellung. Bleikammerbetrieb. Kammersäure und ihre Konzentration. Verwendungen der Schwefelsäure. — Schwefelleber und Schwefelwasserstoff. Schwefelkohlenstoff, seine Darstellung und Bedeutung für die Industrie. Chlorschwefel 457

Die Erfindung des Schießpulvers.

Das Schießpulver und die Geschichte seiner Erfindung. Bestandtheile und Fabrikation. Entzündung und Verbrennung des Pulvers. Wirkungsweise. Die Kunstfeuerwerkerei. Die Schießbaumwolle, erfunden von Schönbein und Böttger. Sonstige Explosivkörper. Nitromannit. Nitroglycerin, Dynamit u. s. w. Die Zündmittel. Knallquecksilber und Anfertigung der Zündhütchen. 475

Die Erfindung der Feuerzeuge und der Phosphor.

Feuer und Flamme. Wärmequellen auf der Erde. Feuerzeuge. Das älteste Reibfeuerzeug. Stahl und Stein. Der Feuerschwamm. Benngläser und Brennspiegel als Feuerzeuge. Das pneumatische oder Kompressionsfeuerzeug. Das Döbereiner'sche Platinfeuerzeug. Das elektrische Feuerzeug. Chemisches Feuerzeug. Chlorsaures Kali. Congreve'sche Reibzünder. — Der Phosphor. Geschichte seiner Entdeckung durch Brandt und Kunkel. Vorkommen und Eigenschaften. Die Phosphorsäure und ihr Auftreten in der Natur. Darstellung des Phosphors aus Knochen. Seine Reinigung. Amorpher Phosphor. — Phosphorfeuerzeuge. Turiner Lichtchen. Streichhölzchen. Ihre Geschichte. Phosphorfreie Zündhölzchen. Schwedische Zündhölzer. — Fabrikation. Zurichtung der Hölzchen. Die Zündmasse. Das Betupfen. Fertigmachen und Verpacken 491

Die Erfindung der Daguerreotypie und Photographie.   Seite

Aelteste Versuche in der Lichtbildnerei. Niépce's und Daguerre's Versuche. Daguerre's Erfindung, die Daguerreotypie. Chemische Grundzüge derselben. Jod, Brom, Chlor. Die photographische Camera obscura und Erzeugung der Bilder auf der Silberplatte. Photographie auf Papier. Talbotypie. Beschleunigende Substanzen. Negatives und positives Bild. Eiweiß und Collodium. Silber=, Fixir= und Waschflüssigkeiten. Kopiren. Pannotypie. Visitenkartenportraits. Trockne Verfahren. Augenblicksbilder. Unvergängliche Photographien und Photographie mit natürlichen Farben 515

Die Farben und ihre Bereitung.

Einleitendes. Natürliche Farbstoffe. Bronzefarben. Eisenfarben. Das Berlinerblau durch Diesbach entdeckt. Blutlaugensalz. Cyan. Blausäure. Blutlaugensalzfabrikation. Gelbes und rothes Blutlaugensalz. Darstellung des Berlinerblau. Bleifarben. Glätte und Mennige. Bleiweiß. Holländische und deutsche Methode seiner Erzeugung. Ersatzmittel für das Bleiweiß. Chrompräparate. Chromoxyd und Chromsäure. Chromsaures Kali. Chromgelb. Kupferfarben. Grünspan. Seine Darstellung in Frankreich. Bergblau. Bremerblau. Schweinfurter Grün u. s. w. Ersatzmittel dafür. Schwefelmetalle als Farbstoffe. Der Zinnober und seine Bereitung. Antimonzinnober. Ultramarin, natürliches und künstliches. Lackfarben. Cochenille und Karmin. Die Bereitung der Malerfarben. Pastellfarben. Die Bleistiftfabrikation 547

Tonbilder,

welche an den nachstehend bezeichneten Stellen in den Text einzuheften sind.

                                                                         Seite
Portraitgruppe (Titelbild).
Methode zur Auflockerung des goldführenden Alluviums 249
Ziergefäße aus der königlichen Porzellanmanufaktur in Berlin 292
Die Majolikafontaine 320
Glasgemälde aus dem Etablissement der Gebrüder Chance in Birmingham
   (Die Sage von Robin Hood.) 392

Wer sie nicht kennte die Elemente,
Ihre Kraft und Eigenschaft,
Wäre kein Meister über die Geister.

Goethe.

EINLEITUNG.

Giebt es eine Farbe, welche häßlich wäre? Nein. An und für sich ist jede schön, und nur der unpassende Gebrauch, den die Menschen davon machen, verursacht häßliche Wirkungen. Dasselbe Grau, dasselbe Roth, welches jetzt unser Auge verletzt, wird uns entzücken, wenn es neben eine andere passende Farbe gesetzt wird. Und so ist es nicht nur mit Farben und Tönen; Alles in der Natur ist an sich gut und vermag einem vernünftigen Zwecke zu dienen.

„Es giebt keinen Schmuz. Schmuz ist nur ein Gegenstand am unrechten Platze", hat Palmerston gesagt, und er hat Recht damit. Wenn es sich um die Zurückweisung des Guano aus der feinen Gesellschaft handelt, brauchen wir nicht erst auf seine Entstehung zurückzugehen, um überführende Gründe dafür zu suchen, aber wir lassen uns doch entzücken durch die wunderbare Farbenskala, vom zartesten Pfirsichroth bis zur Glut des verglimmenden Abendsonnenstrahles, welche der Chemiker aus den Exkrementen von Seevögeln hervor zu zaubern vermag. Und der übelriechende Steinkohlentheer spielt in der Toilette der Frauen eine große Rolle. Der garstige Theerfleck, der ein hellfarbiges Kleid verunziert, wird durch Benzin spurlos wieder vertrieben; aber Benzin ist nichts Anderes, als ein Nachkomme des Theers selbst, aus diesem durch Destillation gewonnen. Außerdem noch ändert jener schwarze Gesell seine unliebenswürdige Natur durch Behandlung mit Hitze, Säuren und anderen Reagentien derart, daß er nicht nur den Wohlgeruch des feinsten Bittermandelöles annimmt und dieses in der That als Parfum in zahllosen Fällen ersetzt, sondern wie ein buntschillerndes Chamäleon tritt er in den wundervollsten Farbenverschiedenheiten auf, und die zahllosen Nuancen von Roth, Blau, Violett, welche uns die letzten zwanzig Jahre als Anilin, Magenta, Solferino, Azurin, Cöruleïn, Saphyrin, Roseïn, Fuchsin u. s. w. gebracht haben, sowie prachtvolle grüne, braune und gelbe Farbstoffe verdanken ihren Ursprung dem Theer, denn sie alle entstehen durch Umwandlung weniger Stoffe, die sich sämmtlich aus dem Steinkohlentheer darstellen lassen. Ja, wir begegnen hier der merkwürdigen Thatsache, daß sich darunter ein Körper befindet, die Pikrinsäure, welche früher lediglich aus dem kostbaren Indigo dargestellt werden konnte und die uns einen überraschenden Einblick gewährt in die verwandtschaftlichen Beziehungen zwischen so verschiedenen Körpern. Ein anderer Stoff, der sich ebenfalls im Theer findet, das Anthracen, hat die künstliche Herstellung des schönen Krappfarbstoffes, des Alizarin, ermöglicht — warum sollte nicht auch der Indigofarbstoff aus der Anilinreihe hervorgehen können?

Diese inneren Beziehungen der Stoffe erkannt, sie so genau erforscht zu haben, daß wir mit ihrer Hülfe nicht nur das Werthvolle leicht aus minder Werthvollem scheiden, sondern auch Das noch zu Nützlichem verarbeiten können, was vordem als Abfall weggeworfen wurde, ist die Frucht der Chemie. Welche Dienste dieselbe der Welt bereits geleistet, das wird am augenscheinlichsten, wenn wir auch nur mit einem oberflächlichen

Blicke den Reichthum an Schätzen streifen, die wir jetzt der Natur zur Befriedigung der tausend großen und kleinen Bedürfnisse des Lebens abgewinnen, und einen Vergleich anstellen mit der Mittellosigkeit früherer Zeiten.

Während die Alten fast nur diejenigen Materialien zu ihrem Nutzen und Vergnügen verwenden konnten, welche die Natur fertig an die Oberfläche legt, und auf künstlichem Wege nur sehr wenige andere zu ihren Zwecken beliebig herzustellen vermochten, sind wir in der Lage, uns den Stoff in einer unendlichen Reihe verschiedener Qualitäten herzustellen und je nach diesen seinen verschiedenen Eigenschaften entsprechend benutzen zu können. Wir lassen ihn einen Kreislauf unausgesetzter Veränderungen durchlaufen, bald mit anderen sich verbindend, bald sich ganz oder zum Theil wieder von ihnen trennend, und rufen nach Belieben dieser Umwandlung ein Halt zu, wenn sie in ein nutzbares Stadium getreten ist. Während daher früher die Bearbeitung des Stoffes zum bei weitem größten Theile eine blos formgebende, mechanische war, ist sie durch die Chemie eine vorwiegend mit die inneren Eigenschaften verändernde geworden.

Nun sind zwar die chemischen Kräfte des Stoffes gegen einander in Aktion gesetzt worden, seit die Menschen überhaupt irgend welche Thätigkeit begonnen haben, und ziemlich früh schon in der Entwicklung des Völkerlebens treffen wir auf Prozesse, Bearbeitungen, denen sogar verwickelte chemische Vorgänge zu Grunde liegen. So sind z. B. die Menschen zeitig darauf gekommen, Bronze aus Kupfer- und Zinkerzen darzustellen und sich Waffen und Schmuckgeräthe daraus zu fertigen. Die Erfindung glasähnlicher Massen ist eine sehr alte, und selbst die unentwickeltsten Naturmenschen verstehen fast alle die Thierhäute zu ihrer Bekleidung zu gerben und durch mancherlei Färbung zu schmücken. Allein es ist ein Unterschied zwischen der empirischen Anwendung zufällig gemachter Beobachtungen und der logischen Schlußfolgerung aus klar erkannten Gesetzen.

Wie Einer deswegen noch keine Physik versteht, weil er mit einem Glasprisma in der Sonne spielen und den weißen Strahl in seine buntfarbigen Lichtbestandtheile zerlegen kann, so liegt in der zufälligen Entdeckung, daß Potasche und Sand sich zu einer durchsichtigen Masse mit einander zusammenschmelzen lassen, auch noch kein wissenschaftlicher chemischer Standpunkt. Es ist aber nur die Wissenschaft, nur die Kenntniß des inneren, gesetzmäßigen Zusammenhanges der Erscheinungen, welche fördernd wirkt, Neues aus sich selbst gebärend, und diese hat auf dem Gebiete, das uns jetzt zur Betrachtung vorliegt, ein verhältnißmäßig noch junges Alter. Um die Grundlagen der heutigen Chemie aufzudecken, dürften wir kaum zweihundert Jahre zurückgehen; für die Entwicklungsgeschichte der Menschheit überhaupt ist es aber interessant, auch die der Zeit nach viel weiter zurückliegenden Keime einer Wissenschaft aufzusuchen, die nicht nur für das materielle Wohlbefinden der Völker das Ersprießlichste geleistet, weil sie uns die Schätze der Natur auf das Zweckmäßigste nützen lehrte, sondern die vielmehr noch den geistigen Reichthum gemehrt hat, indem sie uns den Einblick in das innere Wesen der Dinge erweiterte und im Verein mit der Physik uns befähigte, die Natur in ihren Gesetzen zu verstehen.

Die Geschichte der Chemie muß somit in zwei Hauptabschnitten behandelt werden. Der erste davon beschäftigt sich mit der ältesten Zeit, in der zwar vereinzelt chemische Beobachtungen gemacht und zu einzelnen Zwecken ausgebeutet wurden, ein eigener, alle umfassender Rahmen um dieselben aber noch nicht gezogen und das Vereinzelte noch nicht zu einem Ganzen verbunden werden konnte. Der zweite dagegen behandelt diejenige Zeit, in welcher die zu großer Reichhaltigkeit angewachsene Summe der Beobachtungen Ordnung und Zusammenhang erhielt, das Wesentliche, Gemeinsame herausgezogen und als Gesetz hingestellt und geprüft wurde. Die einzelne Erscheinung erhält hier vorzüglich insoweit Werth, als sie sich auf das Ganze bezieht; ihre Bedeutung wird aber eine um so gewichtigere, als auch das scheinbar Unbedeutende und Geringe große Regeln ausspricht und bestärkt.

Die Wissenschaft, das heißt die Gesammtheit der Beobachtungen und die aus der messenden und vergleichenden Zusammenstellung derselben sich ergebenden Schlußfolgerungen, verfolgt mit ihren Sätzen und Methoden bestimmte allgemeine Zwecke, welche in jener ersten

Zeit natürlicherweise noch nicht auftreten können. Und wenn das aus dem Arabischen stammende Wort „Chemie" auch bereits vor mehr als 1400 Jahren gebraucht wurde, so ist der demselben zu Grunde liegende Begriff erst in verhältnißmäßig sehr junger Zeit mit seinen Konsequenzen klar bestimmt und abgegrenzt worden.

Jenen zwischen den ältesten Spuren chemischer Beobachtungen und dem Beginn der neueren Chemie (Mitte des 17. Jahrhunderts) liegenden Zeitraum charakterisiren vornehmlich zwei Richtungen, nach denen hin die chemischen Bestrebungen erfolgten. Zuerst war es das Bestreben der Metallverwandlung und besonders die Darstellung des Goldes aus minder edlen Metallen, welches vom 4. bis zum Anfang des 16. Jahrhunderts allen chemischen Unternehmungen zum Ausgang diente, das Zeitalter der Alchemie; nach diesem aber, bis in die Mitte des 17. Jahrhunderts, war das Ziel der Chemie die Erklärung und Heilung der Krankheiten, und wir können diese Periode das Zeitalter der medizinischen Chemie nennen.

Vor zwei Jahrhunderten endlich führten die zahlreich gemachten Erfahrungen dahin, nach der Gesetzmäßigkeit der Verbindungen, welche die verschiedenen Körper mit einander eingehen und die man in immer größerer Menge zu beobachten Gelegenheit fand, zu forschen, jene Verbindungen zu zerlegen und neue zusammenzusetzen. Dies Bestreben, die Veränderungen des Stoffes unter verschiedenartigen Kräfteeinwirkungen kennen zu lernen, und damit das innere Wesen der körperlichen Dinge zu erschließen, charakterisirt die neuere Chemie, welche allerdings in ihrem Fortschreiten auch nicht immer einer einmal eingeschlagenen Richtung treu geblieben ist, noch treu bleiben konnte. Namentlich ist durch das Auftreten Lavoisier's jener bedeutungsvolle Abschnitt bezeichnet, durch welchen die phlogistische Theorie vom Throne gestoßen und durch die Anwendung von Wage und Gewicht ein absolutes Kriterium: Maß und Zahl, in die Welt der chemischen Beobachtungen eingeführt wurde. Mit der dadurch eingeleiteten Periode der quantitativen Untersuchungen erschloß sich der reichblühende und früchtereiche Garten, an dessen Segen unser Geschlecht sich erfreut.

Die chemischen Kenntnisse der Alten. Es dürfte unmöglich sein, bei dem Mangel an direkt uns überkommenen Ueberlieferungen und bei der Unsicherheit, welche jeder Vergleichung von jetzt noch im Urzustande lebenden Völkern mit den ältesten Vorfahren der großen Kulturvölker der Erde anhaften muß, eine genaue Vorstellung von allen denjenigen Verfahrungsarten zu gewinnen, die von frühester Zeit an absichtlich zur Umwandlung mancher natürlich vorkommenden Materialien in Gebrauchsgegenstände angewandt worden sind. Eine solche Betrachtung hätte auch für unseren Zweck so gut wie keinen Werth, da sich aus solchen Verfahren auf dem damaligen Stande, wie schon erwähnt, eigentlich chemische Kenntnisse nicht entwickeln konnten, trotzdem daß sehr wichtige chemische Vorgänge auch bei ihnen im Spiele waren. Nur ein Zweig von allen ist besonders wichtig, die Gewinnung und Benutzung der Metalle, weil dieser die Kenntniß der unorganischen Körper wesentlich und um so mehr erweitern mußte, auf je mehr Metalle sich diese Uranfänge der Hüttenkunde allmählich erstreckten.

Wie in der Einleitung zum I. Bande dieses Werkes bemerkt worden ist, finden wir mehrere Metalle schon sehr frühzeitig in Gebrauch, so früh, daß historische Zahlenangaben dafür vollständig unmöglich sind. Bestimmte Nachweisungen über Darstellung chemischer Verbindungen haben und suchen wir zunächst auch nur von den alten Aegyptern, Phöniziern, den Israeliten, den Griechen und endlich den Römern, weil in der Kultur dieser Nationen bereits die Wurzeln der heutigen Bildung liegen. Chinesen, Mexikaner und Peruaner sind jedenfalls in ähnlicher Weise im Besitz mancher vorgeschrittenen Erfahrung gewesen. Dieselben haben aber keinen so dauernden Einfluß geübt und sind deswegen — wenn uns auch, was nicht im Geringsten der Fall ist, der Einblick in die Kulturgeschichte dieser Nationen möglich wäre — für die Geschichte der Chemie von nur geringem Interesse.

Die Bekanntschaft mit den Gewinnungsweisen verschiedener Metalle versteht sich von selbst bei einem Volke, welches so großartige Werke der Baukunst zu errichten im Stande war, wie die Aegypter. Dieselben hatten aber außerdem große Fertigkeiten im Färben, und ihre Geschichte nennt uns noch den König, welcher zuerst die blaue Farbe künstlich zu erzeugen versuchte. Sie kannten das Glas und benutzten verschiedene desinfizirende Mittel zur Verhinderung der Fäulniß; Salpeter und wahrscheinlich auch kaustisches Kali oder kaustische Soda wurden zur Einbalsamirung der Mumien angewandt. Aus den Ausschwitzungen von Nadelhölzern (Cedern) stellten sie einen Terpentin her, und durch eine Art Destillation von Pech und Theer erhielten sie eine kreosothaltige Flüssigkeit, welche sie schon gegen Zahnweh und mancherlei Hautkrankheiten als Heilmittel anwandten. In der ägyptischen Heilkunst scheinen auch Grünspan und Bleiweiß zur Bereitung von Salben und Pflastern bereits eine Rolle gespielt zu haben, und es muß demnach die Bereitungsweise dieser Substanzen der ägyptischen Priesterkaste bekannt gewesen sein, welche freilich ihre naturwissenschaftlichen Kenntnisse mit ängstlicher Geheimhaltung bewahrte.

Von den Phöniziern wissen wir, daß auch bei ihnen die Kunst des Färbens und der Glasmacherei blühte und daß sie mit der Bearbeitung des Zinns und demnach jedenfalls auch mit seiner Gewinnung vertraut waren. Sie sowol wie die Aegypter waren die Lehrmeister der Israeliten, welche in ihren Kenntnissen sich aber nicht auf eine wesentlich höhere Stufe erhoben. Im großen Ganzen konnte jedoch der Umfang naturwissenschaftlicher Erkenntniß auch bei den Aegyptern und Phöniziern nur ein sehr beschränkter sein, und wenn vorzüglich den Ersteren von manchen Seiten ein tiefgehender Einblick in Physik und Chemie zugeschrieben wird, so geschieht dies ohne jeden positiven Anhalt und wol hauptsächlich deswegen, weil man in den Mysterien und in der ganzen Götterlehre durchaus den für Laien unverständlichen Ausdruck erkannter Naturgesetze erblicken will. Mag sein, daß manche naturwissenschaftliche Erfahrung sich in geheimnißvollem Gewande verhüllte; daß aber darin nicht eine so ausgebildete Naturerkenntniß verborgen gewesen, wie man annimmt, beweist am besten der damalige Zustand des materiellen Lebens, für welches jedenfalls eine so fruchtbare Wissenschaft ausgebeutet worden wäre.

Auch bei den Griechen erfuhren die Naturwissenschaften infolge ihrer der Spekulation zugewandten Geistesrichtung nur geringe Beachtung. Aus Homer's Zeiten (etwa 1000 v. Chr.) finden wir nur die auch schon den Aegyptern und Phöniziern bekannten Thatsachen erwähnt. Das Eisen war damals noch ein seltenes Metall, überhaupt scheint die Verarbeitung der Erze weiter zurück gewesen zu sein als bei jenen Völkern und den von ihnen lernenden Israeliten. Sogar die Bereitung der Arzneistoffe, welche doch durch Hippokrates (im 5. Jahrhundert v. Chr.) eine so ausgezeichnete Bereicherung erfuhr, geschah ohne alle Heranziehung chemischer Methoden, und Männer, wie der gleichzeitig lebende Demokrit von Abdera, welche in der Anstellung von Versuchen und aus direkten Beobachtungen Belehrung und Aufklärung suchten, gehören zu den Ausnahmen. Aristoteles erwähnt zwar, daß Meerwasser, wenn man es durch Thon filtrire, seinen Geschmack verliere und trinkbar werde, und Platon versucht sich in einer Erklärung der Bildung des Eisenrostes, allein einen wirklichen Fortschritt der chemischen Kenntnisse konnten weder solche vereinzelte Beobachtungen und Versuche bewirken, noch vermochte dies auch die Aristotelische Lehre von den vier Elementen oder vielmehr Elementareigenschaften (Feuer: trocken und heiß; Luft: heiß und feucht; Wasser: feucht und kalt; Erde: kalt und trocken), welche Lehre übrigens späterhin, falsch verstanden, der Ausbildung unserer Wissenschaft geradezu hinderlich geworden ist. Theophrastos (geb. 371 v. Chr., gest. 286 zu Athen), ein Schüler des Platon und Aristoteles, erwähnt in seinem Werke über die Mineralien zuerst der Steinkohlen, des Zinnobers, Schwefelarseniks und giebt einige Nachrichten über die Darstellung des Bleiweißes und der Mennige. Im Ganzen, sehen wir, ist die positive Wissenschaft der alten Griechen, mit Ausnahme der geometrischen Disziplinen, eine ziemlich karge, und die Römer erhielten in chemisch-technologischer Beziehung von ihnen nur ein sehr unvollkommenes Material.

In der Blütezeit des Römischen Reiches aber gab die durch die großartigen Heereszüge der Römer bewirkte Bekanntschaft mit anderen Nationen Veranlassung zu bedeutender

Erweiterung hierher gehöriger Kenntnisse. Namentlich sind die Werke des Dioskorides, eines Griechen, aus Kleinasien gebürtig, der in der Mitte des ersten Jahrhunderts mehrere römische Feldzüge in Asien mitmachte, sowie die des Cajus Plinius des Aelteren, Beweise bedeutsamer Bereicherungen. Dioskorides beschreibt eine Art Destillation, das Rösten des rohen Spießglanzes; er kennt außerdem das Kalkwasser, Zinkoxyd, Kupfervitriol, und seine Beschreibung der Darstellung einzelner Präparate läßt auf eine Bekanntschaft mit mancherlei Apparaten schließen.

Noch vollständiger, wenn auch noch völlig kritiklos, finden wir bei Plinius chemische Thatsachen und Verfahren gesammelt. Nach ihm war den Römern damals außer den schon früher erwähnten Metallen auch das Quecksilber bekannt, sowie die Fähigkeit desselben, Gold aufzulösen. Das Goldamalgam gebrauchten sie zur Vergoldung. Man kannte die verschiedene Schmelzbarkeit der Metalle und verstand das Löthen und Verzinnen. Eisen wußte man in Stahl umzuwandeln, und die Oxyde von Kupfer und Blei (Bleiglätte und Mennige), die man durch Erhitzen an der Luft herstellte, sowie Zinkoxyd und Eisenrost, wandte man in der Arzneikunde an. Salpeter und Alaun, deren Namen wir zwar der lateinischen Sprache entnommen haben, scheinen ihnen unbekannt gewesen zu sein; dagegen bedienten sie sich der schwefligen Säure, die beim Verbrennen des Schwefels sich bildet, zur Reinigung der Wolle und als desinfizirendes Mittel, wie schon Ulysses gethan, als er befahl, die Gemächer zu reinigen und wieder in Ordnung zu bringen, nachdem er die Freier der Penelope getödtet.

"Alte, bringe mir Feuer und fluchabwendenden Schwefel,
Daß ich den Saal durchräuch're".

läßt ihn Homer zur Pflegerin Eurykleia sagen. Seife bekamen die Römer von den Germanen; geistige Getränke stellten sie durch Gährung her, den Alkohol aber im reineren Zustande hatten sie noch nicht abgeschieden; ebenso war die Essigsäure nur in verdünnter Form bei ihnen in Gebrauch (Essig). Von Farbstoffen standen in höchstem Ansehen der Saft der Purpurschnecke und der Indigo, und die Beobachtung, daß Soda und gefaulter Urin manche Farben verschiedentlich zu nuanciren vermögen, fand in der Färberei, bei welcher übrigens von Beizmitteln noch nicht die Rede gewesen zu sein scheint, Anwendung.

Geben wir in beschränktem Maße der Annahme Raum, daß die ägyptischen Priester mancherlei naturwissenschaftliche Kenntnisse noch besessen, so dürften wir darin eine Brücke finden, die uns auf den regen Sinn für Chemie überleitet, der sich nach Verfall des Römischen Reiches und seit dem 4. Jahrhundert n. Chr. unter den Byzantinern bemerklich macht. Die eifersüchtige Isolirung der Priester und die furchtsame Scheu des Volkes mußte mit der immer mehr um sich greifenden Ausbreitung des Christenthums verschwinden. Die erworbenen Kenntnisse wurden durch den Uebertritt Eingeweihter bekannt, wenigstens trennte sich ihr Besitz von der Hierarchie, und wenn er auch noch vor allgemeiner Mittheilung gehütet wurde, so waren es doch nicht mehr religiöse Geheimnisse, sondern wissenschaftliche, und diesen mußte eine systematische Weiterentwicklung von nun an bevorstehen. Die Wiege der neuen Wissenschaften wurde Alexandrien, welches bisher noch der Hauptsitz der alten ägyptischen Mysterien gewesen war.

Das Zeitalter der Alchemie. Von Alexandrien aus, welches sie sich unterwarfen, und von den anderen Völkern, mit denen sie auf ihren Eroberungszügen in Berührung kamen, erhielten denn auch erst die Araber jene Anregungen zu wissenschaftlichen Beschäftigungen, welche sie in so hervorstechender Weise hegten und zu weiterer Ausbildung brachten, als sie sich in den eroberten Ländern festgesetzt hatten. Es ist eine falsche Meinung, wenn man glaubt, jene abenteuerliche Nation, die während fast eines halben Jahrtausends Poesie und gelehrte Bildung zum Pfande hatte, habe die reiche Saat aus eigenem Keime großgezogen. Wir finden keine Spur von einer so friedlichen Richtung vor dem 8. Jahrhundert bei den Arabern; wie würde sich auch die Vernichtung der alexandrinischen Bibliothek (642) damit zusammenreimen lassen! Ja, der Koran mit seinem fatalistischen Charakter verbietet geradezu alles Forschen und Grübeln, und in der ersten Zeit seiner

Auslegung mußte daher jede geistige Thätigkeit seiner fanatischen Anhänger eine sehr gehemmte bleiben.

Im 4. Jahrhundert scheint die Idee der Metallverwandlung, der beliebigen Erzeugung des einen Metalles aus dem andern, zuerst Platz gegriffen zu haben, nicht früher, denn es ist als sicher anzunehmen, daß dieselbe ohne Weiteres zu Versuchen geführt hat, welche dem glücklich Operirenden unermeßliche Reichthümer versprachen. Solcher Unternehmungen geschieht aber erst aus diesem Jahrhunderte gelegentliche Erwähnung. Sie gründeten sich auf die herrschend gewordene Ansicht von der Natur der Metalle, nach welcher dieselben in verschiedenen Mengenverhältnissen aus zwei Stoffen (die man als Schwefel und Quecksilber bezeichnete) zusammengesetzt sein sollten. Als die Metallverwandlung bewirkend dachte man sich eine Substanz, den Stein der Weisen, auch das große Elixir, das große Magisterium (Meisterstück) oder die rothe Tinktur genannt, Bezeichnungen, welche zu verschiedenen Zeiten und von verschiedenen Adepten dem räthselhaften Stoffe beigelegt wurden, dessen Darstellung aufzufinden später eine Zeit lang alleiniger Zweck der Bestrebungen wurde, welche man unter dem Namen Alchemie begriff.

Es ist nicht mit Bestimmtheit zu sagen, von wem und wann jene Ansicht über die Konstitution der Metalle ausgegangen ist. Wahrscheinlich gründete sie sich auf verschiedene falsch verstandene Beobachtungen, die der empirischen Naturforschung damals schon bekannt waren. Man kannte z. B. die Thatsache, daß Eisen, welches in eine Lösung von blauem Vitriol gelegt wird, nach einiger Zeit verschwindet, dafür aber ein gleich gestaltetes Stück Kupfer sich vorfindet, und da man nicht wußte, daß in der vorher blauen Flüssigkeit Kupfer enthalten ist, welches sich an Stelle des Eisens ausscheidet, so glaubte man, das eine Metall habe sich in das andere geradezu verwandelt. So irrig die Vorstellung von der Natur der Metalle auch war, so war sie doch insofern von großem praktischen Nutzen, als durch die Annahme schwefliger Bestandtheile in den Metallen das Feuer, die Hitze, zu einem mächtigen chemischen Hülfsmittel wurde, dessen beabsichtigte Einwirkung auf die verschiedenen Körper eine große Reihe neuer Thatsachen beobachten lassen mußte.

Von Aegypten kam die Alchemie nach Griechenland und Spanien, und im letztgenannten Lande finden wir im 8. Jahrhundert die Araber eifrig mit ihrer Kultur beschäftigt. Wir haben aus der Zahl der Chemiker von dieser Zeit an ganz besonders den bedeutendsten und frühesten hervorzuheben, Geber, dessen Leistungen die seiner Nachfolger Rhazes, Avicenna, Avenzoar, Albukases u. s. w. bei weitem übersteigen. Von dem 12. Jahrhundert an werden die Araber jedoch überflügelt durch die Bestrebungen des westlichen Europa, welches sowol mittelbar über Spanien, Italien (medizinische Schule zu Salerno) und Griechenland, als durch die Kreuzzüge in unmittelbaren Kontakt mit dem Osten getreten war.

Hier beginnt denn nun namentlich mit dem 13. Jahrhundert die eigentliche Blüte der Goldmacherkunst, und die Höfe der immer geldbedürftigen Fürsten wurden zu Sammelpunkten betrogener und betrügerischer Adepten. Denn wenn auch Geister wie Albertus Magnus, Roger Baco, Arnoldus Villanovus, Raymundus Lullus u. A. mit hohem wissenschaftlichen Ernste sich ihren Ideen hingaben, so wußten doch sehr bald Andere die Sache bestechend genug zu finden, um mit ihrer Hülfe einen wahren und für sie sehr ergiebigen Feldzug gegen die Leichtgläubigkeit der Menge zu führen. Ja, wir können oft kaum zu behaupten wagen, daß Einer oder der Andere, der uns mit wissenschaftlicher Bildung und voller Ueberzeugung von der Erreichbarkeit des Zieles seinen Weg zu gehen scheint, nicht das Vergebliche seiner Manipulationen geahnt und nur mit Ueberlegung sich eines so wirksamen Hülfsmittels über die gläubigen Gemüther nicht gern habe begeben wollen. Neben Solchen, wie Isaak und Johann Hollandus, Bernhard von Trevigo, Georg Ripley, Thomas Norton, Basilius Valentinus, finden wir eine große Anzahl ganz notorischer Betrüger, deren Urahn der berühmte Nikolaus Flamel zu sein scheint, welcher mit seinen Transmutationen so viel Reichthümer erworben haben wollte, daß er damit allein 14 Hospitäler und 7 Kirchen stiften und reich dotiren konnte.

Noch bessere Erfolge muß Hieronymus Crinot gehabt haben, der an 1300 Kirchen mit Hülfe der durch den Stein der Weisen erlangten Reichthümer erbaut zu haben vorgab. Fürsten und Höfe nahmen derartige viel versprechende Abenteurer mit offenen Armen auf und begünstigten sie auf jede Weise, denn unter den Mächtigen der Erde gab es eine große Zahl sehr eifriger, selbstlaborirender Alchemisten, die natürlich alle gern baldmöglichst in Besitz des kostbaren Geheimnisses zu kommen wünschten. Gelang ihnen dies trotz ihrer Gunst nicht, so versuchten sie es schließlich mit Strenge, aber eben so vergeblich. Kaiser Rudolf ließ den Engländer Kelley, als derselbe ihn nicht in seine vorgegebene Wissenschaft einweihen wollte, noch auch Gold in der wünschenswerthen Menge darzustellen vermochte, einkerkern, nachdem er anfänglich den Adepten in den böhmischen Freiherrnstand erhoben und mit Beweisen seiner Gnade überschüttet hatte. Setonius, Schwerzer, David Beuther, der von der Leipziger Juristenfakultät zur Staupe verurtheilt wurde, weil er das ihm bekannte Geheimniß der Transmutation nicht zum Vortheil seines Kurfürsten ausgeführt habe, und zu ewiger Gefangenschaft außerdem noch, damit seine Wissenschaft nicht etwa anderen Potentaten verrathen würde, und Anderen erging es späterhin nicht besser; das Schicksal des bekannten Böttcher, der wie aus reiner Angst geschwind noch die Bereitung des Porzellans erfand, ist bekannt genug. Man glaubte allgemein an die Möglichkeit, unedle Metalle in Gold und Silber verwandeln zu können, und dieser Glaube gab den chemischen Beschäftigungen einen bestimmten Zweck, auf den hin sie unablässig und mit großem Aufwand betrieben wurden. Der erträumte reiche Ertrag konnte allein auch nur Arbeiten und Versuche unternehmen lassen, die auszuführen bei der herrschenden Zeitrichtung sonst nur Wenige Neigung gefunden haben würden. Waren nun auch die Früchte nicht die erwarteten, so mußten doch nebenher mancherlei Erfahrungen gesammelt werden, die zu neuen, richtigeren Ansichten und zu vielerlei nützlichen Anwendungen führten.

Bei Geber (oder, wie sein vollständiger Name heißt, Abu=Mussa=Dschafar=al=Sofi) und wahrscheinlich fast allein durch ihn finden wir im 8. Jahrhundert bereits gegen die Kenntnisse zu Plinius' und Dioskorides' Zeiten einen ungemeinen Fortschritt gethan. Der geniale Araber bestimmte nicht nur die Eigenschaften der bekannten Körper viel genauer, als je vor ihm geschehen war, er entdeckte auch eine große Anzahl neuer und lehrte sie nach eigenthümlichen Methoden herstellen. Durch Erhitzen der verschiedenen Metalle erzeugte er deren Oxyde, er kannte gelbes und rothes Bleioxyd, das rothe Quecksilberoxyd, den weißen Arsenik und seine Fähigkeit, das Kupfer weiß zu färben. Er wußte Schwefel und Metalle mit einander zu verbinden und bemerkte, daß durch diesen Prozeß sich aus dem Quecksilber ein schöner rother Körper (Zinnober) erzeugen lasse. Potasche und Soda bereitete er nicht nur, sondern wußte auch, daß sie durch gebrannten Kalk ätzend werden. Er ist es, der die Destillation zuerst anwandte und auf diese Weise Schwefelsäure aus Alaun, Salpetersäure aus einem Gemisch von Salpeter und Vitriol, und aus Essig die Essigsäure in reinerem, konzentrirtem Zustande abschied. Königswasser (Salpetersäure und Salzsäure) benutzte er zur Auflösung des Goldes, und mit diesen neu entdeckten Reagentien stellte er eine große Anzahl vorher unbekannter Verbindungen und Salze dar, wie salpetersaures Silber, Quecksilbersublimat u. s. w., zu deren Reinigung er das Filtriren und Umkrystallisiren in Anwendung brachte.

Je zahlreicher die von ihm gemachten Entdeckungen und Erfindungen sind, um so mehr muß es uns wundern, daß Geber's Nachfolger den überlieferten Schatz nicht besser genützt haben. Wenigstens kann keiner auch nur entfernt den Ruhm gleicher Bereicherungen in Anspruch nehmen. Zum Theil liegt dies wol mit in dem Umstande, daß es namentlich Aerzte waren, welche die Pflege der Chemie übernahmen und sie neben den Zwecken der Goldmacherei besonders in Absicht auf ihre Kunst dienstbar machten. Die Medizin war mit Mathematik und Astronomie der hauptsächlichste Lehrgegenstand auf den berühmten arabischen Hochschulen, nach deren Muster zuerst die medizinische Schule zu Montpellier (1150) und in rascher Folge die Universitäten zu Paris (1215), Salamanca (1222), Neapel (1224), Padua (1227), Toulouse (1228) u. s. w. errichtet wurden.

Wenn es auch möglich wäre, so würde es uns hier doch viel zu weit führen, wollten wir alle die einzelnen Förderungen, welche die chemischen Wissenschaften im Laufe der Jahrhunderte bis zum 13. noch erfuhren, namhaft machen. Es wird sprechender sein, bei dem hervorragendsten Forscher aus dieser Zeit wieder einen Halt zu machen und die Summe der Kenntnisse zu prüfen, die wir bei ihm vereinigt finden. Kein anderer aber bietet in dieser Beziehung auch nur annähernd gleichen Anhalt als Albert von Bollstädt, seiner großen Ueberlegenheit wegen Albertus Magnus genannt. Die Kenntniß mannichfacher chemisch praktischer Methoden ist bei ihm eine wesentlich vervollkommnete. Durch Einwirkung von Hitze (Oxydation) trennte er edle Metalle von unedlen (Gold von Blei); mittels Scheide=wasser sonderte er Gold von Silber; das metallische Arsenik kannte er und lehrte Erze von ihrem Schwefel= und Arsenikgehalt durch Sublimation befreien. Unter der großen Zahl wichtiger neuer Verbindungen, die er entdeckte, wird auch das Schießpulver genannt; ob er aber mit Recht als der Erfinder desselben gelten darf, wollen wir dahingestellt sein lassen. Als eine bedeutsame Thatsache aber ist zu beachten, daß er durch sein Ansehen allein es ver=mochte, sich und seine Wissenschaften von dem damals leicht und gefährlich erregbaren Ver=dachte der Zauberei frei zu halten, und daß er dadurch jedenfalls den exakten Wissenschaften einen nicht minder großen Vorschub gab, als durch die von ihm ausgehenden positiven Erfolge.

Nach ihm verweilt unser Blick auf einer Persönlichkeit, deren scharfe Begrenzung freilich großen Schwierigkeiten unterliegt, Basilius Valentinus. Trotz der Unsicher=heit, welche über seine Person, die wahre Zeit seines Forschens, seine eigentlichen An=sichten u. s. w. noch herrscht, können wir doch die Werke, welche unter seinem Namen auf uns gekommen sind, als einen Beleg für den Gesammtzustand der chemischen Erfahrungen in der zweiten Hälfte des 15. Jahrhunderts gelten lassen. Wir begegnen darin sehr aus=führlichen Kenntnissen über die Metalle; über Arsenik, Wismuth und Zink treffen wir die ersten Erwähnungen. Die Gewinnung des Quecksilbers aus Sublimat, des Knallgoldes, Bleizuckers, Eisenvitriols (aus Eisen und Schwefelsäure), der verschiedenen Spießglanz=präparate und die besonders wichtige Darstellung der Salzsäure aus Kochsalz und Schwefel=säure u. s. w. sind ihm bekannt. Von besonderer Bedeutung aber wird der Name Valen=tinus für uns, weil wir in seinen Schriften die ersten Spuren einer chemischen Analyse finden, die er namentlich zur Erkenntniß der verschiedenen Metalllegirungen verwerthet, und wodurch er nicht nur viele Irrthümer der Alchemisten faktisch nachzuweisen vermochte, sondern auch eine völlig neue und im höchsten Grade bedeutungsvolle Richtung der Chemie überhaupt einschlug. Im organischen Entwicklungsgange wurde die Analyse der unfehl=barste Prüfstein der chemischen Theorien, und es ist nicht zweifelhaft, daß die heutige Wissenschaft einzig und allein sich herausbilden konnte durch eine genaue Erkenntniß der Zusammensetzung chemischer Verbindungen.

Das Zeitalter der medizinischen Chemie. Mit Basilius Valentinus schließen zwar durchaus nicht die alchemistischen Bestrebungen ab (dieselben haben bis in das vorige Jahr=hundert gedauert, ja es giebt für sie in der großen Menge Ununterrichteter wol noch heute Begünstiger), noch auch findet erst jetzt die Anwendung chemischer Erfahrungen zum ersten Male statt zur Erklärung gewisser Vorgänge im menschlichen Körper und der Gebrauch chemischer Präparate als Heilmittel, es ist vielmehr nur der in den Vordergrund sich stellende Zweck, welcher die nun folgende Periode vor der vorhergegangenen charakterisirt und ihr den an die Spitze gestellten Namen eingetragen hat.

Mit dem 16. Jahrhundert verlor die Alchemie die ausschließliche Beachtung der Chemiker, und es verschaffte sich, in sprechendster Weise durch Paracelsus, eine gemein=same Auffassung der Chemie und Medizin Geltung, und zwar so ausschließlich, daß die letztere nur als ein Theil der angewandten Chemie betrachtet wurde. Eingeleitet wurde dies einmal durch zahlreiche wichtige Erfahrungen, welche man in der Zeit vorher über die medizinische Wirksamkeit vieler chemischer Präparate gemacht hatte (man hielt ja früher schon immer dafür, daß der Stein der Weisen eben so gut, wie er unedle Metalle in edle verwandeln könne, so auch alle Krankheiten des menschlichen Körpers zu beseitigen und denselben mit ewiger Jugendfrische zu begaben vermöge), sodann auch durch die große Bewegung der Geister überhaupt, die im 15. und 16. Jahrhundert durch die Welt ging und als sichtbarste Folge die Reformation hervorrief. Namentlich sind es drei Männer, welche, von dem Gedanken ausgehend, daß alle Funktionen des menschlichen Körpers durch gewisse chemische Vorgänge bedingt, daß der menschliche Organismus lediglich das Produkt chemischer Elemente und der ganze Lebensprozeß nichts weiter als ein chemischer Prozeß sei, der durch das vorwiegende oder verringerte Auftreten eines seiner Elementarbestandtheile mannichfach irritirt oder zu Krankheitserscheinungen veranlaßt würde, und daß demselben daher auf sicherem Wege durch Entziehung oder Zuführung der fraglichen Stoffe der normale Verlauf, die Gesundheit, wiedergegeben werden könne: Paracelsus, van Helmont und de la Boë Sylvius. Mehr oder weniger glauben diese und ihre minder bedeutenden Zeitgenossen auch noch an die Veredelung der Metalle, sie machen dieselbe aber nicht mehr zur Hauptaufgabe bei ihren chemischen Arbeiten.

Für die Jatrochemiker, wie sie genannt worden sind, trat die Frage nach den Elementen, die bei den Alchemisten die Hauptrolle spielte, in den Hintergrund, dafür aber entstand die Frage nach den wesentlichen, den Gesundheitszustand der einzelnen Organe bedingenden und auf diesen wirkenden Bestandtheilen. Hatte man zu Anfang dafür die drei altgewohnten Elemente — Salz, Schwefel und Quecksilber — angesehen, so stellte sich sehr bald durch vermehrte Beobachtungen das Falsche dieser Ansicht heraus, und es kommen dafür Säuren und Laugensalze zu vorwiegender Berücksichtigung und Anwendung. Bei ihrer Darstellung mußten sich viele neue chemische Beobachtungen ergeben, und wir finden schon bei Paracelsus trotz der Verworrenheit und der Unklarheit seiner Ausdrücke doch vielfache Hinweise darauf, daß ihm eine große Zahl von Verbindungen, von denen die Früheren nichts oder nur Mangelhaftes wußten, sehr genau in ihren Eigenschaften bekannt waren, und daß er zu ihrer Darstellung neue und wichtige Methoden in Anwendung zu bringen wußte.

Philippus Aureolus Theophrastus Paracelsus Bombastus von Hohenheim war 1493 zu Einsiedeln in der Schweiz geboren, wo sein Vater, ein Arzt, ihn zeitig in der Heilkunde, Astrologie und Alchemie unterrichtete. Seine übrige Ausbildung scheint Paracelsus an vielen Orten gesucht zu haben, denn während eines höchst abenteuerlichen Jugendlebens durchzog er nach seiner Angabe als fahrender Scholast fast ganz Europa und die Morgenländer. Sammelte er auf diese Weise auch eine in damals ungewöhnlichem Grade reiche praktische Erfahrung, so führte sie doch nicht zur Erlangung einer streng wissenschaftlichen Bildung, deren Nichtbesitz ihn überhaupt jede strenge Methode verachten ließ, so daß er sich rühmte, er habe in zehn Jahren seiner Reisen kein Buch angesehen, und er deshalb wol häufig aus Lust am Kampfe mit den Gelehrten zu Behauptungen schritt, die mit früher von ihm Gesagtem im schreiendsten Widerspruche standen. Paracelsus aber erlangte durch das Sichere seines Auftretens, durch das rücksichtslose Verdammen alles Dessen, was nicht von ihm kam, durch das Kecke, Neue und Ursprüngliche seiner Sprech- und Schreibweise jenen Erfolg unter den jüngeren der Aerzte sowol als im großen Publikum, den sich der lebhafte, phantasiereiche Streiter gegen den trägen Konservativen immer bei dem Volke erkämpfen wird. Große Kenntnisse und geniale Befähigung standen ihm außerdem unleugbar zur Seite, während Vieles, woran die gelehrten Gegner hingen, als entschieden Verrottetes sich aufdecken ließ. Die Wissenschaft wolle er so einfach machen, sagte Paracelsus, daß sie der Geringste verstehen könne, und in der That zogen seine Vorträge, die er als Professor der Naturgeschichte und Medizin an der Hochschule zu Basel in deutscher Sprache hielt, nicht weniger durch ihre Originalität an, als durch ihre scheinbare Popularität, die freilich häufig in Trivialität überging. Trotz des großen Einflusses aber, den er sich in allen Schichten des Volkes, außer in denen älterer Gelehrten, errungen hatte, konnte er doch nicht verhindern, daß er infolge seines rücksichtslosen Auftretens seines Amtes entsetzt wurde. Er begann aufs Neue ein umherschweifendes Leben und starb endlich 1541 in Salzburg.

Gleichzeitig mit Paracelsus, aber in Allem das wahre Gegenbild, lebte in Sachsen ein Forscher, der, wenn auch Arzt, wie sein Zeitgenosse, doch den heftigen Bewegungen, die dieser unter Medizinern und Chemikern hervorrief und die erst nach dem Tode ihres Urhebers zur bedeutungsvollen Wirkung kamen, gänzlich fern blieb, nichtsdestoweniger aber nach einer ganz anderen Richtung hin die Chemie auf das Wesentlichste förderte und die mit ihr nahe verwandten Wissenschaften der Mineralogie und Hüttenkunde derart in ihrem Zwecke bestimmte und in ihrem Material bereicherte, daß wir ihn fast als den eigentlichen Begründer derselben ansehen können. Es war dies Georg Agricola, 1494 zu Glaucha bei Meißen geboren und auf der Universität zu Leipzig sowie auf verschiedenen italienischen Hochschulen, die er besuchte, gebildet. Nachdem er mehrere Jahre zu Joachimsthal im Erzgebirge gelebt und hier die hüttenmännischen Prozesse und Verfahren studirt hatte, begab er sich nach Chemnitz, wo er mehr literarische Hülfsmittel für sein Lieblingsfach, die Naturwissenschaften, zu finden hoffte. Er starb denn auch hier 1555, liegt aber in Zeitz begraben, weil ihm der Haß seiner protestantischen Mitbürger (Agricola war Katholik geblieben) das Begräbniß verweigerte.

Fig. 3. Theophrastus Paracelsus.

Was die Fortschritte anbelangt, welche die Chemie ihm verdankt, so waren es, wie schon erwähnt, ganz besonders die metallurgischen Prozesse, denen er ein eingehendes Studium gewidmet hatte und denen infolge dessen auch von ihm ganz neue rationelle Methoden zu Grunde gelegt wurden. Er lehrte das Rösten der Erze so betreiben, daß der dabei entweichende Schwefel gewonnen werden konnte; gab Anweisung zur Reindarstellung des Kupfers; das Silber saigerte er aus Eisen und Kupfer durch Blei und zeigte die Gewinnung des Quecksilbers, Spießglanzes und des Wismuths.

Kochsalz, Salpeter, grünen Vitriol und Alaun im Großen darzustellen, gab er zweckmäßige Verfahren an, und über die Untersuchung der Erze auf ihren Metallgehalt verdankt die Hüttenkunde ihm ebenfalls höchst werthvolle Vorschriften, die sich nicht nur über die dabei zu befolgenden Prinzipien verbreiten, sondern auch zweckmäßige Geräthe, Ofenkonstruktionen u. s. w. berühren und die bis zum Ausgang des 18. Jahrhunderts maßgebend geblieben sind. Die Mineralogie endlich verehrt ihn als den Schöpfer des ersten Systems, nach welchem eine Klassifikation versucht werden konnte, mit der dann ein genaueres Bestimmen und Kennenlernen der Mineralkörper nothwendig sich verbinden mußte.

Alle diese chemischen Arbeiten gehen zwar eigentlich ihre ganz selbständige Richtung und haben mit den Zielen der Anderen durchaus nichts gemein — sie fanden deswegen auch bei Lebzeiten Agricola's nicht jene Berücksichtigung, die sie ihrer innern Bedeutung wegen verdienten; allein gerade deswegen muß die Geschichte der Wissenschaft das Wirken dieses Mannes hervorheben, seinen Zeitgenossen und den nach ihm Kommenden gegenüber, unter denen kein Einziger war, welcher einen ähnlichen ruhigen Blick, eine ähnliche Strenge, Treue und Begeisterung für das Rechte und Wahre besessen hätte. Am allerwenigsten Paracelsus, gegen dessen Ansichten und Lehren der Streit nach seinem Tode heftiger als zuvor entbrannte. War aber auch wirklich sehr viel Unklares und Falsches in dem Angefochtenen, so können uns doch die Gegner kein großes Interesse abgewinnen, einmal weil das von ihnen Vertheidigte mindestens eben so unklar und falsch war, sodann aber weil sie mit ihrem wurmstichigen Autoritätsglauben der Chemie nicht das Geringste wirklich genützt haben.

Unter den Anhängern des Paracelsus hingegen finden wir, wenn auch manchen Marktschreier und Taschenspieler, wie den bekannten Leonhard Thurneißer, so doch viel Strebsamkeit und Intelligenz. Turquet de Mayerne (1573 zu Genf geboren), Oswald Croll zu Ende des 16. Jahrhunderts und Adrian von Mynsicht hielten durch ihr Ansehen die guten Keime lebenskräftig, und ganz besonders trug Andreas Libavius zur Klärung der Irrthümer bei, welche dem medizinisch-chemischen System von seinem Urheber mit angehängt worden waren. Durch ein ausgezeichnetes Beobachtungstalent unterstützt, erfand Libavius eine große Anzahl neuer Methoden, die ihm zur Prüfung der damals angewandten Heilmittel nicht nur, sondern auch zur Darstellung neuer Verbindungen von dem wesentlichsten Nutzen waren. Die Methode, durch Verbrennen von Schwefel mit einem Zusatz von Salpeter Schwefelsäure darzustellen, welche der jetzigen Schwefelsäurefabrikation noch zu Grunde liegt, hat in ihm ihren Urheber. Spiritus fumans Libavii ist ein noch gebräuchlicher Name für Doppelchlorzinn, welches er durch Destillation von Quecksilbersublimat mit Zinn erhielt. Den Gasen schenkte er bereits Aufmerksamkeit, und seine analytischen Vorschriften, die sich vorzüglich auf das Probiren der Erze beziehen, muß er selbst mit großer Genauigkeit zu befolgen verstanden haben, denn er war mit ihnen im Stande, in allen käuflichen Bleisorten einen Gehalt an Silber nachzuweisen. Wie objektiv und unbefangen seine Art zu schließen war, beweist am

Fig. 4. Georg Agricola.

besten dies, daß er den Gehalt der Mineralwässer an festen Stoffen von aufgelösten Bestandtheilen des Bodens und der Gesteine, welche das Wasser durchsickert, ableitete.

Neben Libavius tritt Angelus Sala, Leibarzt des Herzogs von Mecklenburg, auf; hervorragender aber als Beide wird Johann Baptist van Helmont, dessen bedeutender Geist zwar von den Irrthümern der damaligen Zeit nicht frei bleiben konnte und eben so wol der mystischen Theologie zeitweilig anhing, als von den Versuchen der Alchemisten zur Nachahmung veranlaßt wurde, der aber befähigt war, die Summe der damaligen Kenntnisse fast auf allen Gebieten zusammenzufassen und durch Vergleichung, Sichtung und Sonderung auf das Wesentlichste zu nützen. Zwar verleitete ihn seine große Produktivität und die hervorragende Stelle, die er unter den gelehrten Zeitgenossen einnahm, zu einem großen Glauben an seine eigenen Ideen, denen er häufig ohne die nöthige exakte Bewahrheitung die Zügel schießen ließ; allein mit einem so enthusiastischen Streben, mit einer so begeisterten, unausgesetzten Arbeitsthätigkeit, wie sie van Helmont charakterisiren, werden solche Schwächen häufig verbunden sein und mußten es in der damaligen Zeit noch mehr sein als heute, wo Jeder die Wege nur im großen Ganzen angedeutet, nirgends aber eine zuverläßliche Hinterlassenschaft fand, die ihm von vornherein zu Fundament und Maßstab hätte werden können. Es besteht zwischen van Helmont und Paracelsus eine gewisse Aehnlichkeit des Charakters, die zu Verirrungen geneigte Seite tritt aber bei Ersterem viel gemilderter hervor durch bewußten Ernst, wirklich tiefe Gelehrsamkeit und gute Lebensart. Was seine theoretischen Ansichten anbelangt, so verwarf van Helmont die altgewohnten aristotelischen vier Elemente ganz und gar; dem Wasser räumte er als Hauptbestandtheil aller Dinge eine große Bedeutung ein. Daß er aber über die elementare Zusammensetzung der Körper noch sehr irrige Meinungen verfolgte, sagt uns sein Glaube an die Metallverwandlung, welchem er sein ganzes Leben hindurch anhing, wenn er auch keineswegs seine Arbeiten dadurch in ihrer Richtung irgendwie bestimmen ließ. Helmont stellte zuerst eine Unterscheidung der Gasarten und Dämpfe auf, die sich Jahrhunderte lang in Ansehen erhalten hat. Er bemerkte, daß die Luft an Volumen abnimmt, wenn ein Körper darin verbrennt; Kieselerde verschmolz er mit einem Alkali zu einem zerfließlichen Glase (Kieselfeuchtigkeit), und zahlreiche Beobachtungen, die wir nicht einzeln erwähnen können, beweisen sein klares Auge und seine ausgezeichnete Methodik. Ueber Metallverbindungen namentlich sind seine Erfahrungen außerordentlich reich und scharf bestimmt, und Sätze, die er daraus ableitete — wie: es kann kein Stoff aus einer Flüssigkeit abgeschieden werden, der nicht vorher schon darin war (Kupfer aus der Lösung des blauen Vitriol), oder: ein Stoff kann zahlreiche Verbindungen eingehen und aus einer in die andere geführt werden, ohne daß er dadurch an seiner Eigenthümlichkeit einbüßt und bei seinem endlichen Ausscheiden ein andersgearteter geworden wäre, als er vorher war — und andere dergleichen mußten für die Zukunft der Chemie höchst einflußreich werden. Sie sind so klar und selbstüberzeugt gebildet, daß es uns fast unerklärlich scheint, daß derselbe Mann, der sie zuerst aussprach, doch den gerade entgegenlaufenden Ideen der Transmutation anhängen konnte.

Ueber seine chemischen Ansichten vom organischen Leben und über die daraus abgeleiteten medizinischen Theorien wollen wir uns nicht weiter verbreiten, sie sind für die Entwicklung der Chemie von keinem andern Werth, als daß sie dieselbe für die Mediziner zu einem Fundamentalstudium machten und ihr auf diese Weise zahlreiche Pfleger und Förderer indirekt erwarben.

Doch fingen auch schon Einzelne an, bei ihren chemischen Studien den medizinischen Zweck als Nebensache zu betrachten und sich mehr mit der Eigenthümlichkeit der zu beobachtenden Stoffveränderungen zu beschäftigen, die Chemie also um ihrer selbst willen zu traktiren. Unter diesen ist namentlich Johann Rudolf Glauber als von ganz besonderem Einflusse hervorzuheben. Er war 1604 zu Karlsstadt in Franken geboren; über sein Leben ist nicht viel mehr bekannt, als das Wechselnde seines Aufenthaltsortes, den er bald in Salzburg, bald in Kitzingen in Bayern, bald in Köln oder sonstwo hatte. Er starb 1668 zu Amsterdam, wo er sich in der letzten Zeit aufgehalten hatte.

Glauber war zwar durchaus nicht frei von den Vorurtheilen seiner Zeit, dies darf uns aber wenig kümmern, denn seine zahlreichen Entdeckungen, die uns hier zumeist interessiren, hängen damit in keiner Weise zusammen und beweisen uns nur sein fruchtbares Beobachtungstalent, das ihn vor allen Anderen auszeichnet. In der Erklärung vieler rein chemischer Vorgänge war er übrigens sehr glücklich, und die Schlüsse, die er daraus zu ziehen vermochte, hatten nicht selten hohen praktischen Werth, da sie über die innere Zusammensetzung der Salze, über chemische Verwandtschaft u. s. w. Aufklärung gaben. Durch gegenseitige Einwirkung verschiedener Stoffe auf einander stellte Glauber eine große Anzahl neuer Verbindungen oder bekannte Körper wenigstens auf neue und bequemere Weise dar, und eine derselben, die ihrer medizinischen Wirksamkeit wegen rasch großen Ruf erhielt, hat den Namen ihres Darstellers sehr populär gemacht: das schwefelsaure Natron heißt noch jetzt im gewöhnlichen Leben Glaubersalz.

Die chemische Technologie hat daher auch aus den Glauber'schen Vorschriften sehr bemerkbaren Nutzen gezogen. Für die Fabrikation des Salpeters, die Darstellung verschiedener gefärbter Glasflüsse, für die Färberei und die Verhüttung der Erze sind dieselben in gleich ausgezeichneter Weise fruchtbar gewesen. Die Ausnutzung der natürlich vorkommenden Schätze suchte Glauber auf die vortheilhafteste Höhe zu bringen, und sein sechs Bände starkes Werk „Teutschlands Wohlfahrt" hat lediglich den Zweck, auf die günstigen Verhältnisse dieses Landes hinzuweisen, durch deren zweckmäßige Benutzung sich die Bewohner nicht nur ihre Bedürfnisse selbst befriedigen, sondern auch das Ausland noch mit versorgen könnten.

Wenn auch Glauber nicht direkt den Anschauungen der Jatrochemiker gemäß die Chemie behandelte, so hat er doch indirekt durch die Darstellung so zahlreicher neuer Verbindungen, deren medizinische Wirkung sich oft als eine sehr kräftige erwies, auf die Medizin einen namhaften Einfluß ausgeübt, indem die Anwendung chemischer Präparate in der Heilmittellehre dadurch eine immer ausgedehntere wurde.

Die medizinische Chemie aber als solche, welche den menschlichen Organismus lediglich als ein Produkt von Säure und Laugensalz, und alle Krankheiten als durch Veränderung der chemischen (sauren und alkalischen) Eigenschaften der Säfte hervorgegangen betrachtet, diese Richtung und damit das ganze Zeitalter, welches wir jetzt betrachten, findet den entschiedensten Ausdruck in Franz de la Boë Sylvius. Im Jahre 1614 zu Hanau aus einer edlen holländischen Familie geboren, widmete er sich zu Leiden und Basel der Heilkunde, welche er zuerst in Hanau, sodann in Amsterdam ausübte, bis er 1654 als Professor der Medizin nach Leiden berufen wurde, wo er 1672 starb. Seine große Befähigung, hohe Bildung und das Liebenswürdige seines Auftretens, welches er wenigstens im Anfange seiner Thätigkeit besaß, verschafften seinen Ansichten große Geltung. Er ging weiter als sein großer Vorgänger van Helmont, der ein gewisses geistiges Vermögen, den räthselhaften Archeus, als Veranlasser und Unterhalter mancher physiologischen Funktionen, besonders der Verdauung, angenommen hatte; er verwarf jede geistige Einwirkung und sah in der chemischen Natur des Speichels, des Saftes der Pankreasdrüse und der Galle sowie in dem Verhältniß ihrer Mischungen und Veränderungen die einzigen Ursachen derjenigen Vorgänge, welche wir bei jenem Prozeß beobachten können. In ähnlicher Weise betrachtet er alle Veränderungen im menschlichen Körper, und die ganze Medizin ist bei ihm nichts weiter, als ein Theil der angewandten Chemie.

Mit Sylvius schließt diese Periode ab. Seine Anhänger erhielten zwar das Gebäude noch eine Zeit lang aufrecht, es war aber mehr nur die Medizin, welche noch chemische Begriffe verwerthete. Die Chemie fing an, sich selbständig zu machen und — wie schon bei Glauber — theils der Technik sich zuzuwenden, theils aber eine mehr innere Ausbildung als eigenthümliche Wissenschaft zu erlangen. Die Erforschung der gesammten Natur wurde zu ihrem Hauptzweck und mit der Abstreifung ihrer äußeren Abhängigkeit schwang sie sich der würdigeren Stufe zu, die sie bald bei uns einnahm. In der Analyse sehen wir schon bei Tachenius, einem der bedeutendsten Nachfolger des Sylvius, daß derselbe werthvolle Erfahrungen gemacht, sowol was die Erkennung gewisser Stoffe in ihren Verbindungen durch Reagentien anbelangt, als auch was sich auf das gegenseitige Gewichtsverhältniß der einzelnen Bestandtheile bezieht.

Die neuere Chemie, wie wir die wissenschaftliche Erforschung der Natur bezeichnen können, welche sich mit der Untersuchung der materiellen Verbindungen nach ihrem qualitativen und quantitativen Charakter, mit dem Nachweis der elementaren Bestandtheile in Verbindungen, eben so wol mit der Zersetzung und Veränderung derselben durch Herantreten äußerer Einflüsse, seien dies physikalische Kräfte, Wärme, Licht, Elektrizität u. s. w. oder chemische Verwandtschaften anderer Stoffe, als mit der Darstellung solcher zusammengesetzter Verbindungen aus ihren einfachen Bestandtheilen beschäftigt, ist nun zwar nicht mit einem Male aus den bisher betrachteten Zuständen der naturwissenschaftlichen Disziplinen hervorgegangen. Wir finden bereits in früheren Zeiten Bestrebungen, welche einen derartigen Charakter an sich tragen, sie traten aber vereinzelt auf und konnten deswegen einen allgemeinen Einfluß auf die Gesammtrichtung der chemischen Studien nicht erlangen. Im Verhältniß waren die positiven Ergebnisse daher auch sehr spärliche nur. Von der Mitte des 17. Jahrhunderts an aber häuften sich in überraschender Weise die Erfolge durch die Erkenntniß der philosophischen Bedeutung der Chemie. Gewisse natürliche Vorgänge werden als chemische Prozesse von großer Allgemeinheit erkannt, und ihre Erforschung tritt in den Vordergrund. Der auffallendste Vorgang dieser Art in der äußeren Natur, die Verbrennung, zog die Aufmerksamkeit zuerst auf sich, und seine Erklärung war die erste epochemachende That; sie wird uns daher bei unserer Betrachtung auch zuerst ausführlicher beschäftigen.

Die Phlogistiker. Wir können die neuere Geschichte der Chemie in zwei Abschnitte theilen. In der ersten Periode sind es nur die qualitativen Erscheinungen (die Art der Stoffe und ihrer Verbindung), welche zu erklären und in Zusammenhang zu bringen unternommen wird; in der zweiten dagegen tritt die Erforschung der quantitativen Verhältnisse (der Mengenverhältnisse, unter denen bestimmte Stoffe zu bestimmten Verbindungen zusammentreten oder aus denselben ausscheiden) in den Vordergrund. Daß damit jene ältere Richtung eines wesentlichen Hülfsmittels, um der Wahrheit auf die Spur zu kommen, noch entbehrt, liegt auf der Hand. Wir werden uns daher auch gar nicht verwundern dürfen, wenn wir der willkürlichen Annahme von eingebildeten Stoffen begegnen, welche durch ihr Hinzutreten oder Entweichen chemische Prozesse bewirken sollten, die man auf andere, strengere Weise noch nicht erklären konnte. Da das Gewicht der Verbindungen vor und nach ihrer chemischen Veränderung in keiner Weise als berücksichtigenswerth angesehen wurde, und da man sich außerdem nichts daran gelegen sein ließ, jene hypothetischen Körper für sich darstellen zu wollen, und somit jede Kontrole über deren wirkliches Vorhandensein fehlte, so hatte ihre Verarbeitung zu den verschiedenen Theorien vollkommen freies Spiel. Ein solcher nur in der Einbildung existirender chemisch thätiger Körper war nun das sogenannte Phlogiston, von dessen Existenz dennoch die Chemiker anderthalb Jahrhunderte lang überzeugt waren, mit dessen speziellen Eigenschaften sich aber bekannt machen zu wollen Keinem von ihnen in den Sinn kam. Das Phlogiston war erfunden worden, um die Verbrennung erklären zu können, und der Kreis seiner Wirksamkeit wurde bestimmt, wie es die mit ihm zusammenhängenden chemischen Prozesse verlangten.

Mag nun aber die auf dasselbe gegründete phlogistische Theorie auch noch so falsch sein, so hat sie doch für die Chemie den großen Nutzen gehabt, eine ansehnliche Reihe von Erscheinungen zusammenzufassen und unter einen einzigen Gesichtspunkt zu bringen, der die Uebersicht, Orientirung, Vergleichung und Prüfung auf das Wesentlichste erleichterte. Die Ansicht, daß aus jedem verbrennenden Körper sich ein Etwas ausscheidet, was uns als Flamme sichtbar wird, und daß die bei der Verbrennung zurückbleibenden Stoffe Bestandtheile des verbrannten Körpers gewesen seien, ist übrigens eine sehr alte, und sie wird von Boyle, Kunkel und Becher, den ersten bedeutenden Chemikern, mit denen die neuere Chemie beginnt, theils vertheidigt, theils wenigstens stillschweigend angenommen. Es kam darauf an, dieses entweichende Etwas begrifflich genauer zu fixiren und die Art und Weise seiner Verbindungen aus einander zu legen. Dies that Stahl auf eine so geistreiche und erschöpfende Weise, daß sich seine Theorie den damals bekannten chemischen Erscheinungen vollkommen bequem einfügte und nach derselben alle auf Verbrennung beruhenden Vorgänge qualitativ sich recht gut erklären ließen.

„Alle verbrennlichen, organischen wie unorganischen Körper" — lehrte Stahl — „enthalten einen gemeinschaftlichen Bestandtheil, das Phlogiston; beim Verbrennen entweicht dasselbe, und je nachdem es in größerer oder geringerer Menge vorhanden war und mit größerer oder geringerer Heftigkeit fortgeht, sehen wir eine Flamme oder nur allmähliche Veränderungen, wie beim Oxydiren, Rosten und Verkalken der Metalle. Kohle, Schwefel Phosphor und ähnliche Körper enthalten sehr viel Phlogiston. Aus der Verbrennung von Schwefel oder Phosphor entstehen gewisse Säuren, diese müssen also in jenen Körpern mit Phlogiston verbunden enthalten gewesen sein u. s. w."

Man hatte schon erkannt, daß das Oxydiren oder Verkalken der Metalle, wie es damals hieß, nichts weiter sei, als eine sehr langsame Verbrennung; daher mußte eben so, wie der gewöhnliche Schwefel als eine Verbindung von Schwefelsäure und Phlogiston angesehen wurde, das Eisen eine Verbindung von Phlogiston mit Eisenrost sein, und in entsprechender

Weise wurde die Theorie des Phlogistons auf alle Körper angewandt. Wollte man Eisen aus Eisenrost herstellen, so mußte man demselben Phlogiston zuführen; dies gelang durch Erhitzen mit einem phlogistonreichen Körper, z. B. mit Kohle, welche dabei natürlich verbrannte. Man sieht, daß sich mit der Praxis solche Erklärungen sehr gut vereinigen ließen. Wie das Prinzip der Verbrennung geeigenschaftet sei, darüber machte man sich im Anfange keine großen Bedenken, und wenn ja eine Thatsache darauf hinzuweisen schien, daß, weil z. B. der Eisenrost in Summa ein größeres Gewicht habe als das Eisen, woraus er entstanden, von dem Entweichen eines Stoffes wol nicht die Rede sein könne, so wurde dieselbe als unwesentlich vernachläßigt. Kurzum, die phlogistische Theorie war ein Mittelpunkt, um den sich die bei weitem größte Zahl wichtiger chemischer Erscheinungen übersichtlich und verständlich gruppiren ließ, und deshalb wurde sie zu einem Gesetz, welches durch die um die Mitte des 17. Jahrhunderts zahlreich entstehenden gelehrten Gesellschaften Anerkennung und Verbreitung gewann.

Es ziemt aber, Diejenigen namhaft zu machen, welche aus edlem, ernstem Streben nach Erforschung der Natur der Dinge die neue Richtung der exakten Wissenschaften eigentlich begründeten, jene Wissenschaften, durch welche die Kultur des Menschengeschlechtes so bedeutsame Förderung erfahren sollte. Von ihnen ist Robert Boyle nicht nur an geistiger Kraft einer der Hervorragendsten und Bahnbrechenden, es tritt auch bei ihm die reine Begeisterung für die Wahrheit in der erhebendsten Weise zu Tage. Boyle wurde geboren 1627 zu Youghall in der irischen Grafschaft Munster. Durch eine ausgezeichnete Erziehung vorbereitet, bereiste er noch sehr jung Frankreich und die Schweiz, und hielt sich besonders in Genf längere Zeit auf. Unruhen in seinem Vaterlande aber, die ihn mit dem Verluste seines Vermögens bedrohten, riefen ihn zurück;

Fig. 5. Robert Boyle.

er wandte sich zuerst nach Oxford, später nach London, wo er namentlich der kurz vorher gestifteten Royal Society seine Kräfte widmete. Hier starb er auch 1691 als Präsident jener Gesellschaft, von dem Ruhme begleitet, in großherziger, uneigennützigster Weise sein Leben den edelsten Zwecken geopfert zu haben. Ganz besonders bedeutend wurde Boyle für die Späteren dadurch, daß er, wie schon Bacon vorher als Richtschnur aufgestellt hatte, das Experiment als Ausgangspunkt aller exakten Forschung betrachtete. Vorsichtig genug hielt er sich fern davon, neue Hypothesen da aufzustellen, wo er die Unzulänglichkeit der bisherigen einsah. Eine genaue Bestimmung der Thatsachen war ihm die einzige Grundlage, auf der sich später die nothwendigen Schlußfolgerungen von selbst aufbauen mußten, und in der That haben die faktischen Bereicherungen des physikalischen und chemischen Wissens, die von ihm ausgingen, auch die fruchtbarste Anwendung späterhin ergeben. Boyle war es, der zuerst auf das gewöhnlich unter dem Namen des Mariotte'schen Gesetzes angeführte Verhalten der Gasarten aufmerksam machte. Er hatte ferner ganz richtig bemerkt, daß sowol beim Athmen als bei der Verbrennung aus der Luft Etwas verzehrt wird, und daß bei der Oxydation der Metalle der gebildete Rost mehr wiegt als das

Metall vorher; er war somit der richtigen Erklärung dieses wichtigsten chemischen Vorganges sehr nahe, allein die letzten Schlüsse aus seinen Beobachtungen zu ziehen wagte seine vorsichtige, skeptische Natur nicht. Boyle war sich über die Irrthümer seiner Zeit klar, aber mit wunderbarer Entsagung begnügte er sich mit den angestellten Beobachtungen, anstatt Systeme und Hypothesen daraus abzuleiten, die möglicherweise bei dem damaligen Stande der Erfahrungen der Wahrheit nicht näher gekommen wären als die Anschauungen, welche er als falsch verwerfen mußte. Wenn wir bei einem so gewissenhaften Forscher dennoch der Ausbildung einer Theorie der chemischen Verwandtschaft begegnen, so werden wir schon daraus schließen können, daß er nur durch ein reiches Material sorgfältig geprüfter Beobachtungen über chemische Verbindungen sich dazu bewogen finden konnte. Jene Theorie, auf welche an dieser Stelle nicht näher eingegangen werden kann, ist auf ein so richtiges Verständniß der Erscheinung basirt, daß sie im Wesentlichen noch unseren heutigen Ansichten über jenen Gegenstand zu Grunde liegt.

Dieser erste wirklich bedeutende chemische Gesichtspunkt war für die Abgrenzung und Charakterisirung der chemischen Gruppen: Alkalien, Säuren, Salze, sowie für die Erkennung ihrer Bestandtheile (Analyse), von dem fruchtbarsten Einfluß, und wir verdanken infolge davon Boyle die ersten Grundlagen der analytischen Chemie auf nassem Wege, denn er war es, der darauf hinwies, daß sich aus den bei der gegenseitigen Einwirkung von Lösungen anstehenden Farbenveränderungen, Niederschlägen u. s. w. mit Sicherheit auf die Natur der darin enthaltenen Bestandtheile schließen lasse. Wie sich uns in Allem Boyle aber als ein klarer, besonnener, scharfblickender Forscher zeigt, so wußte er auch dem Leben zu nützen. Viele Methoden der technologischen Chemie verbesserte er, andere hat er erfunden, und es scheint, als habe vor seinem Geiste sich Alles nur in seiner wahren Gestalt gezeigt und ihm stets die zweckmäßigste Anwendung vor Augen gelegt.

Wichtig für die Verbreitung chemischer Kenntnisse, für die ein so bedeutender Mann das allgemeinste Interesse erregen mußte, wurden die um die Mitte des 17. Jahrhunderts entstehenden gelehrten Gesellschaften, von denen einige sehr bald in regelmäßig erscheinenden Schriften ihre Erfahrungen publizirten. Unter ihnen ist die noch jetzt bestehende «Academia-Caesarea-Leopoldina» die älteste, sie entstand aus einer 1631 von einigen Aerzten in Schweinfurt gegründeten Vereinigung. Seit 1670 gab sie alljährliche Miscellaneen heraus und erhielt zwei Jahre darauf von Kaiser Leopold I. ihre Bestätigung. Für die Wissenschaft die fruchtbarste ist sie zwar direkt nicht gerade geworden, wohl aber hat das Beispiel der Vereinigung seine segensreichen Erfolge gehabt.

Nach Boyle sind zunächst zu erwähnen: Kunkel, der, obgleich noch mit alchemistischen Arbeiten, wenn auch nur für Andere, sich abgebend, doch einige sehr förderliche Beobachtungen gemacht und unter Anderm die Bereitung des Phosphors gelehrt hat; Becher (geb. 1635 zu Speier), der vorzüglich durch seine von Stahl späterhin ausgebildete Theorie der Verbrennung für das ganze Zeitalter einflußreich wurde, sowie in Frankreich Homberg und Lemery, Mitglieder der «Académie des sciences» zu Paris, von denen der Erstere zahlreiche neue Beobachtungen für Theorie und Praxis nutzbar zu verwerthen wußte, der Letztere aber besonders durch seine Anregung für die Ausbreitung der Chemie sorgte.

Wichtiger als alle diese wird Stahl (Georg Ernst, 1660 zu Ansbach geboren), sowol durch seine Kenntnisse, die ihn zu dem bedeutendsten Gelehrten seiner Zeit stempeln, als auch durch die Lauterkeit und Gewissenhaftigkeit seines Strebens, welche seinen Ansichten einen epochemachenden Einfluß verschafften. Seine einzelnen chemischen Beobachtungen, so anerkennenswerth sie auch immerhin waren, sind doch für die Geschichte von geringerer Bedeutung als die Theorie von der Verbrennung, welche namentlich auf die Becher'schen Ansichten sich stützte und die wir schon weiter oben unter dem Namen der phlogistischen Theorie charakterisirt haben. Sie wurde maßgebend, und wenn auch einige streng experimentirende und prüfende Chemiker, namentlich Friedrich Hoffmann (1693 Professor der Medizin zu Halle, wo er, nachdem er eine Zeit lang Leibarzt des Königs Friedrich Wilhelm in Berlin gewesen war, 1742 starb), darauf hinwiesen, daß bei der Verkalkung vom Entweichen eines Stoffes wol nicht gut die Rede sein könne, weil die gebildeten Oxyde mehr wögen als das Metall vorher, so konnten dergleichen Einwürfe doch nicht zur Geltung kommen, weil man sich förmlich fürchtete, damit das kaum errichtete Haus, in welchem die massenhaft sich mehrenden Beobachtungen wohl oder übel sich wenigstens unterbringen ließen, wieder zu zerstören. Die phlogistische Theorie gab den chemischen Begriffen einen Grundgedanken zum Kern; wenn auch falsch, so genügte sie den damaligen Erfahrungen, denn sie widersprach ihnen außer in dem angeführten Punkte durchaus nicht, und da sie allein und zuerst es vermochte, das reiche angesammelte Material chemischer Kenntnisse zu einem wissenschaftlichen Körper zusammen zu ordnen, so war die Anerkennung, welche sie erfuhr, auch ganz erklärlich. Viel lauter als seine Zeitgenossen (Boerhave z. B.) sprechen sich die Nachfolger für die Lehre Stahl's aus: Kaspar Neumann, Eller, Johann Heinrich Pott und der bedeutende Sigismund Marggraf (1709 zu Berlin geboren), dessen Name sich durch die Entdeckung des Zuckers in den Runkelrüben und seiner Darstellung daraus auf ruhmreiche Weise mit einem der wichtigsten Zweige der neueren chemischen Technologie verbindet. Im Auslande wurden für die Stahl'sche Richtung neben dem schon erwähnten Homberg und Lemery von besonderem Einfluß Stephan Franz Geoffroy und sein Bruder Claude Josef Geoffroy, Johann Hellot, Ludwig Duhamel und Josef Macquer (geb. 1718, gest. 1784).

Die Geschichte der phlogistischen Theorie fällt für dies Zeitalter ganz mit der Geschichte der Chemie überhaupt zusammen, denn sie bezog sich nicht nur auf den wichtigsten der bekannten chemischen Vorgänge, sondern das Phlogiston spielte auch in allen sonstigen Verbindungen die Hauptrolle und mit der Menge seines Vorhandenseins, nach dem Grade seines Austausches, wurden die verschiedenen Eigenschaften der chemischen Substanzen und die Art ihres gegenseitigen Aufeinanderwirkens in Zusammenhang gebracht und erklärt. Im Berliner Blau sollte z. B., weil die blaue Farbe durch Erhitzen zerstört wird, auch Phlogiston das färbende Prinzip sein. Aber nach und nach wurden doch Beobachtungen in immer größerer Menge gemacht, bei denen das Phlogiston nicht mehr zur Erklärung ausreichen wollte. Aus dem rothen Quecksilberoxyd konnte man metallisches Quecksilber herstellen, ohne daß damit ein Phlogiston abgebender Körper in Berührung gebracht wurde; dies und ähnliche Thatsachen und ihre Erklärer erschütterten das Vertrauen auf die herrschende Ansicht. Ganz besonders sind in dieser Beziehung, als eine neue Epoche vorbereitend, die drei englischen Chemiker Black, Cavendish und Priestley namhaft zu machen. Durch Newton war die Naturforschung in England vorzugsweise den mathematischen und physikalischen Disziplinen zugelenkt worden, und es ist daraus die nützliche Unbefangenheit zu erklären, welche die Naturforscher den vorwiegend spekulativen Richtungen der fremdländischen Chemiker entgegenbrachten; selbst wo sie sich zu deren Ansichten bekannten, geschah dies mehr der Form als werkthätiger Unterstützung willen.

Wenn Black im Grunde auch anfänglich der Stahl'schen Lehre anhing, so wurde er doch dadurch, daß er die Berücksichtigung der quantitativen Verhältnisse bei chemischen Arbeiten in den Vordergrund zu stellen lehrte, eine der Hauptursachen, welche den Sturz herbeiführten, und selbstverständlich trug er kein Bedenken, sich neuen Anschauungen anzuschließen, nachdem die Nichtigkeit der alten erwiesen war. Viele Ergebnisse seiner eigenen Untersuchungen ließen sich nach den gewohnten Anschauungen in keiner Weise erklären und namentlich war die Entdeckung, daß sich mit den kaustischen Alkalien ein Gas, die Kohlensäure, vereinigen könne, welches die ätzende Eigenschaft jener aufhebe, und daß diese Verbindung ein größeres Gewicht habe, als das kaustische Alkali vorher, eine in verschiedener Hinsicht bedeutsame Errungenschaft. Einmal schaffte sie der Ueberzeugung Raum, daß ein schwererer Körper nicht ein Bestandtheil eines leichteren sein könne, wie die Phlogistiker durchweg gelten ließen; sodann aber lenkte sie die Aufmerksamkeit der Forscher auf ein bisher noch gar nicht oder höchst mangelhaft bebautes Gebiet, auf die Untersuchung der gasförmigen Körper, deren vielfach verschiedene Natur man kennen lernte, als man sie mit der fixen Luft, der Kohlensäure, verglich.

In der Untersuchung derselben zeichnete sich Cavendish aus, welcher hierin in den Jahren von 1766 bis 1785 eine Reihe ganz bewunderungswürdiger Entdeckungen machte. Er entdeckte das Wasserstoffgas und hielt es, weil es bei der Oxydation gewisser Metalle in Gegenwart schwacher Säuren entweicht, mit dem Phlogiston identisch; die kohlensauren Salze untersuchte er, in der Luft erkannte er einen konstanten Gehalt von Sauerstoff, welche letztere Gasart Priestley kurz vorher entdeckt hatte. Besonders wichtig aber waren die Fundamentalerfahrungen, daß sich Wasser aus Wasserstoff und Sauerstoff zusammensetzt, und zwar, daß aus der Verbrennung des Wasserstoffs in Sauerstoff genau so viel Wasser dem Gewicht nach entsteht, als die beiden Gasarten zusammen vorher gewogen, und daß die Kohlensäure nur bei Verbrennung organischer Körper entsteht. Diesen reihen sich zahlreiche andere, nicht minder werthvolle Entdeckungen an, allein so sprechend sie auch für eine Umgestaltung der chemischen Theorie waren, Cavendish selbst ließ sich durch dieselben nicht bestimmen, von dem Stahl'schen System abzugehen, und dadurch verringerte er sich selbst das Verdienst seiner Arbeiten.

Die Untersuchung der Gasarten wurde seit Cavendish, der freilich selbst nur eine geringe Zahl derselben bearbeitet hatte, der Ausgangspunkt der neuen Epoche, und Priestley legte durch die Menge der neuen Beobachtungen, die er auf dem noch ziemlich unbebauten Gebiete machte, ein breites, wohlgegründetes Fundament. Josef Priestley war 1733 zu Fieldhead in Yorkshire geboren; anfänglich für den Kaufmannsstand bestimmt, widmete er sich später sprachlichen und theologischen Studien und war in der That die größte Zeit seines vielbewegten Lebens als Pfarrer und Lehrer thätig. Den Naturwissenschaften wandte er sich erst später zu, und es ist diesem Umstande, der ihn eine ausschließliche Richtung nicht mehr einschlagen ließ, zuzuschreiben, daß er die Tragweite seiner Entdeckungen oft selbst nicht übersah und daher die leicht daraus abzuleitenden Erfolge oft mit Andern theilen mußte. Er hat die größte Anzahl der wichtigeren Gasarten zuerst dargestellt und als isolirte Körper erkannt, und die Methoden ihrer Untersuchung, wo nicht neu erfunden, so doch in der zweckmäßigsten Weise verbessert. Außer dem Sauerstoff entdeckte er das Stickstoffoxydul, das Kohlenoxydgas; er stellte die schweflige Säure, die gasförmige Salzsäure, das Ammoniak- und das Fluorkieselgas dar, und eine Menge anderer Stoffe und Erscheinungen ließen sich namhaft machen, die Priestley zuerst beobachtet und oft in sehr genauer Weise untersucht hat. Er blieb aber, wie Cavendish, bis zuletzt ein Anhänger Stahl's.

In dieser Zeit treffen wir, durch Linné angeregt, in Schweden eine sehr rege Theilnahme an den naturwissenschaftlichen Forschungen. In Upsala lehrte Torbern Bergmann (1735 zu Katharinaberg in Westgothland geboren) die Chemie und erwarb sich durch seine ausgezeichneten Arbeiten, namentlich durch die Vervollkommnung der Analyse, großen Ruhm. Waren auch die Resultate, welche er erhielt, oft, weil nach verhältnißmäßig noch mangelhafter Methode erlangt, der Korrektion noch bedürftig, so gestattete ihre Reichhaltigkeit doch eine höchst fruchtbare Anwendung, welche der geniale Forscher besonders in geologischer und mineralogischer Hinsicht zur Klassifizirung dieser Theile der Naturwissenschaften in ausgedehntem Maße machte. In naher Beziehung zu Bergmann stehend sehen wir Scheele, der, ein unbemittelter Apotheker, während eines verhältnißmäßig kurzen Lebens (er war 1742 zu Stralsund geboren und starb 1786 zu Köping) in der Chemie eine Menge neuer, höchst bedeutender Entdeckungen machte, wie kein Anderer je vor ihm. Die Wissenschaft verdankt ihm die erste genauere Erforschung der organischen Säuren, die zum großen Theile vor ihm noch gar nicht bekannt waren. Auf unorganischem Gebiete entdeckte er die Molybdän- und die Wolframsäure, das Mangan, das Chlor, den Baryt, die Flußsäure und die Blausäure; unabhängig von Priestley entdeckte er auch das Sauerstoffgas, welches er aus Braunstein, Salpeter, Quecksilberoxyd und verschiedenen anderen Stoffen darzustellen lehrte. Daß er, wenn auch in eigenthümlicher Weise, weil er das Chlor als das Phlogiston ansah, den Irrthümern einer mehr und mehr sinkenden Lehre noch zugethan war, ist nicht im Geringsten im Stande, den Werth der großartigen thatsächlichen Bereicherungen, welche die Chemie durch ihn erfuhr, zu verkleinern. Seine allgemeinen Anschauungen erlangten auch keinen großen Einfluß mehr, dagegen blieben seine, nur zum kleinen Theil eben angeführten Entdeckungen ein herrlicher, unverlierbarer Schatz. Scheele ist der letzte der bedeutenderen Phlogistiker; die Methoden der Untersuchung aber und ihre Ergebnisse, die er, Priestley, Cavendish und Black gewannen, waren schon lauter Minen, welche den weit anerkannten Bau in Trümmer legen sollten, damit aus seinen Steinen ein neues Gebäude entstehe, an dessen Errichtung man in England und Frankreich schon seit ungefähr 1770 thätig war, während in Deutschland sich die phlogistische Theorie noch bis in die neunziger Jahre wenigstens in theilweiser Haltung erhielt.

Die neuere quantitative Chemie. Die Thatsache, daß bei der Verbrennung nothwendig ein Stoff sich mit dem verbrennenden Körper verbinden müsse, weil das Gesammtgewicht der Verbrennungsprodukte größer ist als das des verbrannten Körpers, war der Angelpunkt, um den sich die neue Auffassung der chemischen Dinge drehte, und die Wage hat mit ihrer Zunge, seit die Welt steht, nie einen bedeutungsvolleren Ausschlag gegeben, als indem sie dies verrieth. Der Sauerstoff war entdeckt, er war aus verschiedenen Metalloxyden dargestellt worden, unter gleichzeitiger Gewinnung reinen Metalles. Man wußte auch, daß durch die Flamme eine Verminderung des Volumens der Luftmenge, in welcher die Flamme brennt, hervorgebracht wird. Von diesen Erscheinungen ging Lavoisier aus, und sie zusammenfassend und die Lücken geistreich ergänzend kam er zu dem Schluß, der das Phlogiston-Phantom für immer aus den Lehren der Chemie vertrieb: Verbrennung und Verkalkung sind Verbindungen mit Sauerstoff und die Gewichtszunahme der verbrennenden oder verkalkenden Körper entspricht genau dem Gewichte derjenigen Menge Sauerstoff, welche in diese Verbindung eingegangen ist.

Fig. 6. Antoine Laurent Lavoisier.

Ueber das Verdienst Lavoisier's ist viel, aber immer nur in einem Sinne, in dem unbedingten Zugestehens, gesprochen und geschrieben worden. Lavoisier hat für den Begründer der neuern Chemie gegolten; von Frankreich ist sogar das Diktum ausgegangen, daß das, was vor Lavoisier an chemischen Kenntnissen vorhanden war, nicht den Namen einer Wissenschaft beanspruchen könne, und da dieser Ausspruch mit derjenigen Sicherheit und Unfehlbarkeit, welche jedes französische Urtheil sich beilegt, wenn es zu Gunsten des eignen Ruhmes lautet, erhoben und immer wiederholt worden ist, hat sich die andere Welt zum größten Theile gewöhnt, unbedenklich daran zu glauben, der minder zahlreiche Theil der wissenschaftlichen Welt, der die Lavoisier'schen Ansprüche auf das richtige Maß zurückzuführen vermochte, hat sich mit seinem besseren Wissen begnügt, und sich damit beruhigt, jene Erhebungen zu belächeln. Es ist das aber nicht mehr in der Ordnung zu einer Zeit, wo jedes einzelne Moment Wichtigkeit erhält, das einen Schluß auf den Gesammtcharakter einer ganzen Nation zu machen erlaubt. Niemand wird die Genialität Lavoisier's bezweifeln, seinen Einfluß verkennen wollen; aber eben so wenig dürfen wir uns verschweigen, was Andere zu den Erfolgen, die man gewohnt ist ihm zuzuschreiben, beigetragen haben.

Priestley hatte schon 1772 gesagt: „Ich habe mir immer gedacht, daß das, was man Verzehrung der Luft durch die Flamme nennt, und Respiration von gleicher Natur seien"; er hatte auch nachgewiesen, daß die Luft durch das Athmen der Thiere in ganz derselben Weise verdorben wird, wie durch brennende Kerzen oder Kohlen, und hat es ebenfalls gezeigt, daß die so verdorbene Luft durch die Lebensthätigkeit der Pflanzen wieder in athembaren Zustand versetzt wird. Im Jahre 1774 hatte Priestley das Sauerstoffgas entdeckt, 1781 Cavendish, daß das Verbrennungsprodukt des Wasserstoffgases nichts anderes als Wasser sei, Bergmann hatte lange schon ausgesprochen, daß die Metalle nicht anders als in verkalktem Zustande von den Säuren aufgelöst würden — Erfahrungen, welche direkt auf die Schlußfolgerungen hinwiesen, aus denen Lavoisier sein neues System entwickelte, und denen wir noch zahlreiche andere beifügen könnten, wenn es uns darauf ankäme, den Charakter des großen Genies anzuzweifeln und nicht darauf, nur die Stellung zu bezeichnen, die sein Name in der Geschichte der Wissenschaft einzunehmen berechtigt ist. Lavoisier kannte diese Erfahrungen, trotzdem aber verstand er ihren chemischen Sinn nicht sofort. Seine eigenen Arbeiten, die er über die Zusammensetzung des Wassers anstellte und die Ansichten, die er über die Respiration aussprach, bestätigen dies. Und wenn wir außerdem noch finden, daß er in seinen Schriften eine Reihe von Arbeiten Anderer sogar sich angeeignet hat, so werden wir den Ruhm, den ihm seine Landsleute als dem „Begründer der Chemie" so gern vindiziren möchten, auf ein bescheideneres Maß zurückführen müssen.

Die Phrase, mit welcher auch wieder Adolf Wurtz seine Geschichte der chemischen Wissenschaften einleitet: «La chimie est une science française; elle fut constituée par Lavoisier d'immortelle mémoire» — ist eben nur Phrase. Aber wenn auch die Wissenschaft der Chemie ihren Ausgang nicht erst von Lavoisier genommen hat, wir vielmehr seinen Vorgängern immer werden den Ruhm lassen müssen, daß sie die Aufgabe der chemischen Forschung bereits ganz bestimmt erkannt hatten und diese auch durch Lavoisier keine andere wurde, so haben wir doch zu bemerken, daß die Methoden zur Lösung dieser Aufgaben durch ihn andere wurden und daß er eine neue und richtigere Deutung der beobachteten Thatsachen an die Stelle unzulänglicher Hypothesen setzte. Lavoisier war ein glänzender Geist, er hat die Arbeiten Anderer scharfsinnig diskutirt und die Schlußfolgerungen, welche die Entdecker selbst aus den einzelnen Resultaten nicht immer zu ziehen vermochten, aus der zusammengefaßten Menge gezogen und mit großer Lebendigkeit ihre Bedeutung in das richtige Licht zu stellen verstanden. Mit einer großen, wie von anderer Seite bemerkt worden ist, gewissermaßen dilettantischen Unbefangenheit, ohne vorgefaßte Meinung für eine oder die andere Ansicht, wie sie der Forscher aus seinen ihm theuer gewordenen Arbeiten und Gedanken immer zu ziehen geneigt ist, fühlte er sich im Stande zu denken und auszusprechen, woran die Anderen noch tausend „Wenn" und „Aber" vermutheten. Er hatte den Muth des Genies, und das große, offene Gefühl für das natürlich Richtige; dazu war er in den physikalischen und mathematischen Zweigen der Naturwissenschaften gebildeter als viele seiner Fachgenossen, und das gab ihm auch einen weiteren Blick, der ihn davor bewahrte, sich in den Einzelheiten zu verlieren, und scharfsinnigen Schlußfolgerungen zum Gefallen die Prüfung der Voraussetzungen zu unterlassen.

Knüpft sich solchergestalt an seinen Namen eine Epoche der Chemie, der Sache nach ist diese nicht von ihm allein hervorgerufen worden. Sie würde nicht umgangen worden, höchstens vielleicht verzögert worden sein, wenn auch Lavoisier in den Gang der Wissenschaft nicht eingegriffen hätte. Nichtsdestoweniger haben wir seine glänzende Begabung anzuerkennen, mit der er namentlich die Entdeckungen Priestley's verwerthete, und in den Augen der Verständigen strahlt der Name Lavoisier immer noch hell genug, wenn wir auch auf seine Person allein nicht mehr das übertragen, was die Wissenschaft den Anstrengungen einer ganzen Zahl von Zeitgenossen verdankt.

Die früheren Ansichten hatten die Gewichtsverhältnisse nur mangelhaft berücksichtigen dürfen, weil sie die Wärme bei der Verbrennung als etwas Wägbares annehmen mußten, um ihre Theorie zu halten. Sobald entschieden war, daß die Wärme unwägbar sei, mußten alle Gewichtsänderungen auf dem Austausch materieller Stoffe beruhen, und von diesem Grundgedanken aus mußte die Chemie sofort die Gestalt annehmen, die sie zu Ende des vorigen Jahrhunderts erhielt.

Von welchem Einfluß eine solche bewiesene Grundwahrheit ist, läßt sich auf den ersten Blick nicht übersehen; aber auch dem Laien wird es klar werden, wenn er die große Klasse von Körpern betrachtet, welche direkt von derselben betroffen und charakterisirt werden, und dann, wenn er sich des engen Zusammenhanges, der verwandtschaftlichen Beziehungen erinnert, die zwischen allen chemischen Verbindungen bestehen, und der Austauschungen und Ersetzungen einzelner ihrer Bestandtheile, welche bei chemischen Prozessen immer vor sich gehen.

Die Wage wurde zur Richterin, deren Entscheidungen für die Zusammensetzung aller chemischen Körper maßgebende Kraft erhielten. Es leuchtet von selbst ein, daß mit diesem Prüfstein die analytischen Methoden zu einer Schärfe und Genauigkeit sich steigern mußten, welche den früheren rein qualitativen Untersuchungen in keiner Weise zukommen konnten. Indem man die Mengen der einzelnen Bestandtheile, welche zu festen Verbindungen zusammentreten, mit einander verglich, fand man, daß dieselben stets in konstanten Verhältnissen zu einander stehen, daß z. B. eine gewisse Menge Eisen immer dieselbe Menge Sauerstoff an sich zieht, um Eisenoxyd zu bilden, und daß diese Menge Sauerstoff stets wieder einer sich immer gleich bleibenden Quantität Blei bedarf, um mit derselben zu Bleioxyd zusammenzutreten. Das Zahlenverhältniß dieser Eisen- und Bleimengen erwies sich nun als ein feststehendes für alle ihre sonstigen Verbindungen; beispielsweise verbindet sich eine gegebene Menge Chlor dann mit Eisen oder Blei in genau denselben Proportionen, wie sie die Sauerstoffverbindungen zeigen, und die dahin gerichtete Untersuchung der elementaren Körper, welche jetzt erst, wie die Metalle, in ihrer Einfachheit erkannt worden

Fig. 7. Claude Louis Berthollet.

waren, führte zur Aufstellung jener wichtigen Verhältnißzahlen, der Aequivalentgewichte, die zum mathematischen Fundament der ganzen Chemie wurden. Sie rief hervor und begründete zunächst eine ganz neue Lehre von den Elementen, die Atomentheorie fand wieder Eingang in die Naturforschung; und da man bald entdeckte, daß alle Stoffe nach jenen Zahlen sich in verschiedener Weise zwar, aber immer nur in ganz einfachen Proportionen (1:2, 2:3, 1:3 u. s. w.) mit einander verbinden, so wurde sie damit zur schärfsten Kontrole für alle quantitativen Bestimmungen.

Die Beziehung der Chemie auf die Atome der Körper brachte diese Wissenschaft wieder in engere Beziehungen mit der Physik, und die Erfahrungen der einen fingen an, bestimmend auf die Untersuchungen der andern einzuwirken. Nicht mindere Vortheile erwuchsen den Disziplinen der Mineralogie, Botanik, Physiologie und Medizin, ja die erstere Wissenschaft fand in der Betrachtung der Mineralien als chemische Verbindungen von unveränderlicher, gesetzlicher Konstitution erst den festen Halt, um den sich ihre Erfahrungen systematisch gruppiren konnten; die letzteren aber wurden dadurch zu richtigeren Ansichten

24 Einleitung.

von der Aufnahme der Stoffe in den Organismus und damit zur Erkenntniß der organischen Funktionen gebracht, welche Erkenntniß sie selbst zu einem zusammenhängenden Ganzen vereinigte. Kurz, die gesammte Naturlehre erhielt einen neuen zusammenfassenden Charakter, welcher schließlich, trotz der ungemeinen Vermehrung der Kenntnisse, zu einer immer einfacheren Naturauffassung im großen Ganzen führen muß.

Es konnte nicht ausbleiben, daß solche Erfolge auch auf die allgemeinen Kulturverhältnisse den namhaftesten Einfluß ausüben mußten. Waren schon seit der letzten Hälfte des vorigen Jahrhunderts die Naturwissenschaften als Bildungsmittel des menschlichen Geistes in lebhaften Kampf mit der rein formellen Richtung der früheren Zeit getreten, die nur im Studium der alten Sprachen die geistige Ausbildung für möglich hielt, so entschied sich jetzt der Sieg zu Gunsten der exakten Wissenschaften, und eine besondere Sanktion erhielt dieser Umschwung durch die französische Revolution, welche das Unterrichtswesen in Hände, wie die eines Monge, Berthollet, Fourcroy u. s. w., legte. Freilich bleibt es eine traurige Erinnerung, daß dieselbe Revolution Denjenigen zu ihrem unglücklichen Opfer machte, welcher das Wesentlichste für die neue wissenschaftliche Aera gethan hatte: Lavoisier verfiel dem fürchterlichen Schicksal, das unter vielen Schuldigen auch viele Edle mit dahinraffte.

Fig. 8. Humphry Davy.

Antoine Laurent Lavoisier, 1743 zu Paris in glücklichen Verhältnissen geboren, beschäftigte sich von Jugend an mit den Naturwissenschaften und wurde schon 1768 von der Akademie zu ihrem Mitgliede ernannt. Rasch erstieg er die Staffeln des Ruhms, die Stelle eines Generalpächters, welche er erhielt, gestattete ihm alle Mittel zur Ausführung seiner Untersuchungen, und durch die Resultate derselben, die er auch im höchsten Grade fördernd für Industrie und Gewerbe zu machen wußte, erhielt sein Urtheil maßgebende Bedeutung für alle einschlagenden Unternehmungen der Regierung. Die Regulirung des Maß= und Gewichtssystems, welche 1790 vorgenommen wurde, geschah unter seiner direkten Beihülfe, und es ist kein blos zufälliges Zusammentreffen, daß er, der mit der Wage in der Hand eine alte, irrige Naturanschauung zu stürzen und eine neue, auf einfach mathematische Grundlage sich stützende, an ihre Stelle zu setzen kam, die Waffen für seine Siege sich selbst mit schmiedete. Er begann seine reformatorischen Arbeiten im Jahre 1772; die beiden Abhandlungen „Ueber die Verbrennung" (1778 herausgegeben) und „Ueber das Phlogiston" (1783) grenzen sie ab, nachdem eine große Anzahl von Untersuchungen über die Verbindung verschiedener Körper (namentlich Schwefel, Phosphor, Kohlenstoff und Stickstoff) mit dem Sauerstoff die Beweise für seine neue Lehre geliefert hatten.

Daß ein so hervorragender Geist wie Lavoisier auch nach anderen Richtungen hin in ausgezeichnetster Weise thätig sein mußte, versteht sich von selbst. Seine bewundernswürdigste Leistung bleibt aber immerhin das, was er für die Chemie gethan hat. Und wenn wir auch die Chemie nicht als eine durch ihn geschaffene Wissenschaft ansehen können, so bleibt doch giltig, was Kopp in seiner „Geschichte der Chemie" sagt: „Kein Chemiker hat die Wissenschaft, wie sie ihm seine Vorgänger vorgearbeitet hatten, mit einer so veredelten und ausgedehnten Richtung an seine Nachfolger überliefert, als Lavoisier; und die Ansichten keines Chemikers der neueren Zeit haben so lange unbestritten in der Wissenschaft geherrscht, und sind größtentheils noch angenommen, wie die Lavoisier's." — Allein alles Dies war ihm, wie gesagt, kein Schutz gegen die Verfolgungen des Schreckensgerichtes — er starb 1794 unter der Guillotine. «Nous n'avons plus besoin des savants», erwiederte der Vorsitzende seiner Henker einem vertheidigenden Freunde, der auf Lavoisier's wissenschaftliche Leistungen hingewiesen hatte. Das waren damals seine Richter.

Fast gleichzeitig mit Lavoisier trat in Dijon ein Chemiker auf, der, obgleich anfänglich den Naturwissenschaften nur nebenbei ergeben, doch sehr bald infolge theils seiner lebendigen Darstellung, theils der praktischen Nutzbarkeit, die er aus seinen Arbeiten für das allgemeine Wohl zu ziehen wußte, unter den Gelehrten sehr bald zu großem Einfluß gelangte. Es war dies der geniale Bernard Guyton de Morveau, geboren 1737 zu Dijon und bereits 1760 als Generaladvokat und Schriftsteller daselbst in Ansehen. Durch einen Zufall den chemischen Studien zugeführt, ergriff er diese mit großer Lebendigkeit und bereicherte die Wissenschaft mit vielen nützlichen Erfahrungen. Eine wichtige Förderung aber gab er der Chemie durch die Bildung einer rationellen chemischen Nomenklatur, an der zwar Lavoisier, Berthollet und Fourcroy bedeutenden Antheil haben, deren höchst zweckmäßiges Grundprinzip aber offenbar von ihm herrührt.

Die beiden eben mit ihm genannten Chemiker Fourcroy und Berthollet sind unter den gleichzeitigen Forschern für die Ausbreitung der Chemie überhaupt und der Lavoisier'schen Theorie insbesondere

Fig. 9. Louis Josef Gay-Lussac.

von ganz besonderem Einfluß geworden, jener als Generaldirektor des öffentlichen Unterrichts, dieser dagegen hauptsächlich durch seine ausgezeichneten Experimentaluntersuchungen. Die Lehre von der chemischen Verwandtschaft gewann vorzüglich durch Berthollet an Bestimmtheit; was andere Forscher nach einzelnen Richtungen hin durch die Untersuchung der quantitativen Zusammensetzung chemischer Verbindungen erobert hatten, das versuchte der Napoleon I. nahe stehende Gelehrte in ein allgemeines Theorem zusammenzufassen.

Es waren von Lavoisier selbst schon quantitative Analysen ausgeführt worden, deren Genauigkeit uns in Betracht der ihm zu Gebote stehenden Hülfsmittel in das höchste Erstaunen versetzen muß; durch die analytischen Arbeiten Klaproth's in Berlin aber und Vauquelin's in Paris, der Analytiker par excellence, wurde die Kenntniß der Zusammensetzung, namentlich der Mineralien, in einer Art vervollständigt, wie sie für die rasche Entwicklung der theoretischen Ansichten kaum zu hoffen gewesen war.

Wenn bei einem Gelehrten außer der genialen Begabung, dem großen Besitz erworbener Kenntnisse, ernstem Fleiß und unermüdlicher Begeisterung für seine Wissenschaft auch die Liebenswürdigkeit seines Charakters von ganz unvergleichlichem Werth und Einfluß auf mit und nach ihm Strebende ist, so müssen wir diese edle Vereinigung an dem von schönster Humanität erfüllten Klaproth bewundern. Er war es, der, als in Deutschland noch die Fahne der Phlogistiker hoch getragen wurde, frei von jedem Vorurtheil an die Lavoisier'sche Verbrennungstheorie herantrat und (1792) die Berliner Akademie veranlaßte, die Versuche über Verbrennung und Verkalkung einer gründlichen Revision zu unterwerfen. Sein Ansehen führte alle naturwissenschaftlichen Mitglieder der neuen Lehre zu; mit diesem Beispiel aber war ein Fortschritt gethan, dessen Bedeutung nicht hoch genug angeschlagen werden kann. Wir können die einzelnen Arbeiten Klaproth's und Vauquelin's hier nicht namhaft machen, ein Blick in die mineralogischen Handbücher zeigt Jedem das großartige Material, welches die Beiden zur Ausbildung der chemischen Mineralogie herbeigeschafft haben. Daß durch diese Mineralanalysen, zu denen Vauquelin namentlich von Hauy, dem größten damaligen Mineralogen, angeregt wurde, die analytischen Methoden wesentliche Vervollkommnungen erfahren mußten, versteht sich von selbst. Klaproth entdeckte 1789 das Uran und die Zirkonerde, 1795 das Titan, welches bis in die vierziger Jahre, wo es von Wöhler weiter zersetzt wurde, für ein Element galt, 1803 das Cer u. s. w., Vauquelin 1798 das Chrom, die Beryllerde u. A.

Fig. 10. Thénard.

Diese Leistungen, zu denen noch die Proust's (1784—1826) hinzukommen, befähigten nun zwei deutsche Gelehrte, Karl Friedrich Wenzel (1740 zu Dresden geboren und 1793 als Direktor der Freiberger Bergwerke gestorben) und Jeremias Benjamin Richter (Bergfaktor und Bergsekretär zu Breslau, später Chemiker an der Porzellanfabrik zu Berlin, in welcher Stellung er 1807 starb), einen Zweig der Chemie auszubilden, zu welchem wol einzelne unvollkommene Ideen von Früheren schon gegeben waren, dessen Tragweite aber keiner der damals lebenden Chemiker recht erkannt zu haben scheint. Es ist dies die Stöchiometrie, die Lehre von den Gewichtsmengen, in welchen die Bestandtheile sich zu chemischen Verbindungen mit einander vereinigen. Aus den Schlußfolgerungen, zu denen die von Richter mit unsäglicher Mühe und Ausdauer bestimmten stöchiometrischen Tabellen Veranlassung gaben, entsprangen wichtige Gesichtspunkte für die Bestimmung der Elemente, die Gruppirung der zusammengesetzten Stoffe und die Art ihrer Konstitution, besonders aber führten sie zur Entwicklung der neuern atomistischen Theorie, die ausgebildet zu haben dem englischen Forscher Dalton zu unvergänglichem Ruhme gereicht (1803—1804).

Mit diesen vorgezeichneten Hauptrichtungen, welche anfingen sich aus der modernen Chemie herauszuarbeiten, waren nun für die nächste Zeit so großartige Arbeitsgebiete eröffnet, daß es uns nicht Wunder nehmen darf, wenn wir neue Entdeckungen, in üppiger Weise fast einander drängend, gleichsam über Nacht aus dem Boden hervorschießen sehen. Und viele davon sind so weitleuchtend und prachtvoll, daß sie den rückwärts schauenden

Blick fast ausschließlich auf sich haften machen. Gay-Lussac und Humphry Davy begannen in den letzten Jahren des scheidenden Säculums ihre Forschungen und traten in das neue, in jeder Hand ein Geschenk der Götter: der Erstere, als Physiker und Chemiker gleich ausgezeichnet, mit seinen Entdeckungen über die Natur der Gase; der Andere, die Erscheinungen nicht minder allgemein erfassend, mit der Zerlegung chemischer Verbindungen durch den galvanischen Strom. Die elektrochemische Verwandtschaftstheorie, obwol schon früher angedeutet, erhielt dadurch überzeugende Beweise, und der Davy'sche Satz, daß chemische Verwandtschaft oder Affinität und elektrische Erscheinungen auf gleicher Grundursache beruhen, erhob sich zu einem allgemein angenommenen Gesetz. Mit Hülfe der galvanischen Säule gelang es Davy 1807, aus Potasche ein Metall, das Kalium, und ebenso aus Soda eins, das Natrium, darzustellen und damit die Oxydnatur der Alkalien nachzuweisen. Dasselbe Hülfsmittel hat späterhin auch die Erden in ihre Bestandtheile zu zerlegen gestattet und der Lehre von den Elementen dadurch eine bestimmte Umgrenzung gegeben. Ganz besonders wichtig für die chemischen Anschauungen wurden noch Davy's Untersuchungen über das Chlor und die richtige Erklärung der Salzsäure als einer Verbindung jenes Elementes mit Wasserstoff. So sehr diese den gewohnten Lehren widersprach, so war die Davy'sche Beweisführung doch so klar und überzeugend, daß bald alle Chemiker, Gay-Lussac und Thénard zuerst (1812), ihr beitraten. Ueberhaupt hatte auf die gemeinschaftlichen Arbeiten dieser beiden französischen Forscher die von Davy angegebene Richtung einen sehr bestimmenden Einfluß, wie ihrerseits wieder ihre Methoden zu den sichersten Prüfsteinen der neuen Ansichten wurden. Ganz besonders ist hervorzuheben, wie die Analyse organischer Verbindungen durch Gay-Lussac und Thénard eine neue Gestalt erhielt, als diese lehrten, unverdampfbare organische Körper mit Sauerstoff

Fig. 11. Jakob Berzelius.

abgebenden Stoffen gemengt zu verbrennen und aus den erhaltenen Verbrennungsprodukten und aus der bekannten Menge des verbrauchten Sauerstoffes auf die gesuchten Bestandtheile und ihre Mengenverhältnisse sichere Schlüsse zu machen. Die organische Chemie fing jetzt schon an, sich ihrer ältern Schwester, der anorganischen, ebenbürtig zu zeigen, wenn sie auch erst später durch Liebig namentlich jene Erweiterung erhielt, welche dem Auge der Forscher eine unendliche Fülle neuer Erscheinungen eröffnete.

Ein Name aber vor allen strahlt aus dieser Zeit größter Entdeckungen, welche die Geschichte der Chemie überhaupt aufzuweisen hat, mit unvergänglichem Glanze: Berzelius.

Zu Bäfversunda-Sörgard in Ostgothland am 29. August 1779 geboren, studirte Jakob Berzelius von 1796 an zu Upsala Medizin, beschäftigte sich aber vorzugsweise mit Chemie und erlangte durch seine Arbeiten, von denen die erste eine Analyse der Mineralwässer von Medevi war (1800), einen ausgezeichneten Namen, so daß er schon 1802 zum adjungirenden Professor der Chemie und Pharmazie an der Medizinischen Schule zu Stockholm ernannt wurde; 1807 wurde er wirklicher Professor und im folgenden Jahre Mitglied der Stockholmer Akademie, welche ihm 1810 eine jährliche Summe zur Unterstützung seiner wissenschaftlichen Arbeiten aussetzte und ihn zu ihrem Präsidenten wählte.

4*

Von dieser Zeit fing sein Ruhm an sich im Auslande zu verbreiten, dessen Gelehrten er durch öftere Reisen persönlich nahe trat; Akademien und gelehrte Gesellschaften ernannten ihn zu ihrem Ehrenmitglied, und zahlreiche Schüler strömten ihm zu, um in seinem Laboratorium ihre chemische Ausbildung zu vollenden. Der König von Schweden erhob ihn 1818 in den Adel= und 1835, als sich Berzelius verheirathete, in den Freiherrn= stand; hochbetagt starb, an Erfolgen und Anerkennung gesegnet wie Wenige, der große Forscher am 7. August 1848. —

Die Berzelius'schen Untersuchungen charakterisiren sich durch ihre vorsichtige Gewissen= haftigkeit. Abhold jeder frühzeitigen Hypothesenmacherei, suchte Berzelius immer zuerst die positiven Thatsachen in ihrem vollen Umfange zu erforschen, ehe er sich zu theoretischen Spekulationen verleiten ließ. Daher kommt es auch, daß er in seinen früheren Ansichten einen konservativen Hang zu älteren Theorien (z. B. über die chemische Natur der Salz= säure als einer Sauerstoffsäure) er= kennen läßt; indessen hielt er daran immer nur so lange, als ihm das positive Material noch nicht hinläng= lich zusammengebracht schien, um zu Gunsten einer neuen Theorie eine frühere aufzugeben. Den Thatsachen allein erkannte er beweisende Kraft zu, und diese Vorsicht und seine Au= torität haben die Chemie in einer Zeit, wo rasche und überraschende Ent= deckungen mehr als je die Theorie= macherei herausforderten, vor dem Eindringen leichtsinniger Meinungen gewahrt.

Fig. 12. Friedrich Wöhler.

In der analytischen Chemie ist Berzelius der Erfinder vieler und wichtigster Methoden, die zum Theil heute noch an Genauigkeit ihrer Resul= tate unübertroffen dastehen. Er hat unter Andern auch das Löthrohr erst in allgemeinen Gebrauch gebracht und damit der chemischen Untersuchung in die Mineralogie ganz entschiedenen Eingang verschafft. Durch seine sorg= fältigen Analysen hat er eine große Zahl neuer Verbindungen und bisher unbekannter Elemente theils entdeckt, theils zuerst dargestellt; so fand er 1803 das Cerium, 1818 das Selen, 1828 die Thorerde; das Silicium stellte er 1823, das Zirkonium und das Tantal 1824 zuerst dar.

Epochemachend aber wurden die Berzelius'schen Arbeiten für die Bestätigung der Dalton'schen atomistischen Theorie und für die von Wenzel und Richter zuerst ausführ= licher begründete Lehre von den bestimmten Proportionen und die Bestimmung der Atom= gewichte. Durch die Anwendung dieses mathematischen Theiles der Chemie aber, namentlich auf die Mineralogie und die organische Chemie, gab Berzelius diesen Wissenschaften selbst die förderndsten Impulse. Er war es, der zuerst die Mineralien vom rein chemischen Stand= punkte aus in Klassen und Familien ordnete, und wenn sein System auch später mancherlei Aenderungen erfahren hat, die er zum Theil selbst vorschlug, so ist doch seine Auffassung im großen Ganzen bis jetzt in Geltung geblieben. Was aber den besten Beweis für die Genauigkeit seiner Methoden und die Sorgfalt, die er bei seinen Untersuchungen anwandte, giebt, ist, daß die von ihm aus seinen Analysen berechneten Atomgewichtszahlen im Laufe der Zeit und bei immer wiederholter schärfster Prüfung nur sehr geringe Korrektionen erfahren haben.

In gewisser Beziehung kann Berzelius als der Schlußstein des Gebäudes unserer heutigen Chemie angesehen werden. Seit ihm hat sich der Totalcharakter dieser Wissenschaft in nichts Wesentlichem mehr geändert. Die Hauptrichtungen liegen scharf bezeichnet vor, und die auftauchenden neuen Gesetze, so bedeutend sie auch sein mögen, ordnen sich in einfacher Weise dem Gegebenen ein. Selbst die organische Chemie, welche in den letzten Jahrzehnten mit der Kenntniß einer fast nicht mehr zu übersehenden Menge neuer Thatsachen bereichert worden ist, gruppirt dieselben nach ganz analogen Gesichtspunkten, und der Unterschied von organischer und anorganischer Chemie beginnt sich mehr und mehr zu verwischen.

Was aber die Ausbildung einzelner Zweige anbelangt, so hat sich in England Faraday besonders um die Elektrochemie große Verdienste erworben. Faraday entdeckte ebenfalls das verschiedene physikalische Verhalten, welches Körper von gleicher chemischer Zusammensetzung zeigen können, und diese Entdeckung, zusammen mit der von Mitscherlich gemachten, daß Körper von ungleicher, aber analoger chemischer Zusammensetzung in Bezug auf ihren physikalischen Charakter (Krystallform u. s. w.) eine große Uebereinstimmung erkennen lassen, gab einen neuen Gesichtspunkt für die Betrachtung der Lehre von den Proportionen und für die Bestimmung der Atomgewichte.

Der genannten Mitscherlich'schen Entdeckung des Isomorphismus (Gleichgestaltung) folgte von demselben Forscher rasch die des sogenannten Dimorphismus, daß nämlich eine und dieselbe Verbindung von Elementen zwei verschiedene Krystallformen annehmen kann, und mehrere andere wichtige Beobachtungen, durch welche Mitscherlich die physikalisch-chemische Richtung einleitete, die seither immer entschiedener auf eine gemeinsame Behandlung der Physik

Fig. 13. Justus von Liebig.

und Chemie hingearbeitet hat und dadurch zu einem wichtigen Förderungsmittel geworden ist.

Eine Anwendung der großen Grundgesetze konnte, wie natürlich in der ersten Zeit, vorwiegend nur auf die allgemeiner erforschten und bekannt gewordenen Erscheinungen der Mineralchemie stattfinden. Dadurch erhielt denn dieselbe eine Ausbildung, welche zwar in der letzten Zeit in vielfacher Beziehung noch ganz ungemein verfeinert worden ist (so durch die analytischen Methoden und Untersuchungen eines Rose, Wöhler, Fresenius u. s. w.), die aber doch in ihren Hauptzügen keine wesentliche Umgestaltung zu erfahren hatte. Anders war es mit den Ergebnissen der organisch-chemischen Forschungen. Früher fast ganz isolirt behandelt, hatte dieses Feld zwar vereinzelte schöne Blüten getrieben, allein sie standen ohne Zusammenhang und es fehlte noch der leitende Grundgedanke, der die verschiedenartigen Erscheinungen in ihrer Zusammengehörigkeit verstehen lehrt. Die Lehre von den Verbindungen, Säuren, Basen, Salzen, aus der anorganischen Chemie herübergenommen, gab die ersten Anhalte, die durch die organische, sogenannte Elementaranalyse gewonnenen Thatsachen zu gruppiren. Bei der hier unendlich mannichfaltiger auftretenden

Verbindungsweise der Elemente mit einander, bei den allmählichen Uebergängen, welche fast unerschöpfliche Reihen verschiedener chemischer Körper erzeugen, genügte eine so oberflächliche Charakterisirung bald nicht mehr.

Durch die Pflege, welche namentlich Liebig und Wöhler in Deutschland, Dumas, Chevreul, Laurent und Gerhardt in Frankreich und Williamson der Untersuchung organischer Verbindungen angedeihen ließen, wurden jene Reihen von Körpern, die aus einander durch allmähliche Zuführung oder Entziehung einzelner Bestandtheile entstehen, zuerst in genügender Vollständigkeit bekannt, um aus ihnen allgemeine Gesichtspunkte ableiten zu können. Und wenn sich das Genie Dumas' namentlich in der Zusammenfassung vereinzelter Thatsachen und in der Ableitung allgemeiner Theorien fruchtbar zeigte, so sind die genannten deutschen Forscher in weit hervorragenderer Weise sowol durch ihre geistreichen Methoden, durch ihre systematischen, ausdauernden Untersuchungen als auch durch die endlichen Schlußfolgerungen, mit denen sie über große Gebiete auf einmal Licht zu verbreiten wußten, zu den größten Beförderern der chemischen Wissenschaften geworden. Die Radikaltheorie, das Fundament der organischen Chemie, ist von Liebig und Wöhler durch ihre Arbeit über die Benzoësäure begründet worden, und wenn man vordem den Ruhm dafür besonders auf die schwungvolle Empfehlung Dumas' hin an Lavoisier ausgetheilt hat, so hat man an der deutschen Wissenschaft ein Unrecht begangen, denn man hatte vor dem Bekanntwerden der Arbeit dieser beiden Forscher für die Radikaltheorie wol den Namen, es entsprachen demselben aber keinerlei Vorstellungen.

Liebig oder Wöhler — welcher von Beiden der bedeutendere sei, ist schwer zu entscheiden, um so schwieriger, als sie ihre epochemachendsten Arbeiten fast immer in Gemeinschaft ausgeführt haben. Besticht an Liebig die geniale, weitgreifende Auffassung, die blendende Darstellung, so zwingt Wöhler durch die catonische Strenge, durch die mathematische Methodik, welche den Glauben an Infallibilität hervorzurufen im Stande ist.

Friedrich Wöhler ist 1800 in Eschersheim bei Frankfurt a. M. geboren; frühzeitig von der Liebe für die Naturwissenschaften erfaßt, beschäftigte er sich vorzugsweise mit denselben, als er seit 1812 das Frankfurter Gymnasium besuchte. Im Jahre 1820 ging er nach Marburg, um Medizin zu studiren; im folgenden Jahre nach Heidelberg, und hier war es L. Gmelin, welcher ihn der Chemie ausschließlich gewann. Wöhler ging darauf im Herbst 1823 bis Sommer 1824 zu Berzelius und erlangte nach seiner Zurückkunft eine Anstellung als Lehrer der Chemie an der Gewerbeschule zu Berlin; 1832 zog er nach Kassel, wo er bald an der neu errichteten höheren Gewerbeschule angestellt wurde und blieb, bis er 1836 die Professur der Chemie in Göttingen erhielt. Durch ihn bekam die kleine Universität, an der er noch lehrt, Weltberühmtheit, und wie nach Gießen zu Liebig, so kamen Hunderte von Schülern aus allen Ländern der Erde nach Göttingen, und gingen wieder als Träger und Lehrer deutscher Wissenschaft.

Nur wenige Jahre jünger, ist Justus Liebig 1803 in Darmstadt geboren. Seine Vorliebe für physikalische und chemische Beschäftigungen, die ihn schon frühzeitig eine bedeutende Kenntniß in der Chemie hatte erlangen lassen, führte ihn zu dem Entschlusse, Apotheker zu werden. Er trat deshalb 1818 bei einem Apotheker in Heppenheim bei Darmstadt in die Lehre, hielt indessen, da seine wissenschaftlichen Neigungen hier durchaus keine Unterstützung fanden, nicht länger als zehn Monate aus und bezog, nachdem er sich in Darmstadt vorbereitet hatte, die Universität Bonn, später Erlangen. Hier machte er sich bereits durch mehrere wissenschaftliche Arbeiten bekannt, die ihm denn eine Unterstützung von Seiten des Großherzogs verschafften, mit deren Hülfe er seine Studien in Paris fortsetzen konnte, wo er zu Runge, Mitscherlich und Rose in freundschaftliche Beziehungen trat und, durch Humboldt empfohlen, an Gay-Lussac's Arbeiten einige Zeit Theil nehmen konnte. Nach seiner Zurückkunft 1824 wurde er außerordentlicher Professor an der Universität Gießen; zwei Jahre darauf erhielt er die ordentliche Professur. Wie Wöhler Göttingen, so blieb Liebig Gießen treu bis 1857, wo ihm eine Berufung des Königs von Bayern an die Universität München einen größeren Wirkungskreis zu eröffnen schien.

Seit jenem Jahre lebte Liebig, mittlerweile von dem König in den Freiherrnstand erhoben, als Direktor des Chemischen Laboratoriums in der Hauptstadt Bayerns.

Wenn wir die Vereinfachung der organischen Analyse als das selbständige Werk Liebig's betrachten müssen, zu dem er schon in Paris durch die von Gay-Lussac wesentlich verbesserte frühere Methode angeregt wurde, so tritt uns bei der Ausbildung der Theorie der organischen Radikale der glückliche Einfluß Wöhler's entgegen, mit welchem gemeinschaftlich Liebig die Untersuchung über das Bittermandelöl und seine Zersetzungsprodukte ausführte. Es wurde durch diese Arbeit auf das Bestimmteste dargethan, daß in den (vorwiegend aus den vier Elementen Sauerstoff, Wasserstoff, Stickstoff und Kohlenstoff) zusammengesetzten organischen Verbindungen ein Theil jener elementaren Bestandtheile unter sich durch eine stärkere Verwandtschaft zusammenhänge als mit den übrigen, und daß dieser bestimmte Komplex in gewissem Verhalten vollständige Aehnlichkeit mit einem einfachen anorganischen Körper hat. Alle organischen Verbindungen, in denen eine solche fest bestimmte Gruppe enthalten ist, zeigen eine Uebereinstimmung, welche sie als Glieder einer Sippe charakterisirt, von der jener Komplex gewissermaßen die Grundlage — daher Radikal genannt — darstellt, und an die sich die andern Elemente nur wechselnd anlehnen. Das Radikal des Bittermandelöls — Benzoyl — welches Liebig und Wöhler 1832 entdeckten, war durch den Aufschluß, den man durch seine Kenntniß über ganze Klassen organischer Verbindungen und Zersetzungen erhielt, so epochemachend, daß Berzelius aussprach, es verdiene passend Proïn — πρωί, zu Anfang des Tages — oder Orthrin — von ὄρθρος, die Morgendämmerung — genannt zu werden.

Um die physiologische Chemie hat sich Liebig nicht nur dadurch, daß er die Lebensprozesse der Pflanzen und Thiere nach ihren chemischen Bedingungen und begleitenden Erscheinungen wissenschaftlich untersuchte, die größten Verdienste erworben, sondern namentlich auch dadurch, daß er seine Erfahrungen in nützlicher Weise praktisch zu verwerthen und für die Behandlung des pflanzlichen und animalischen Körpers, namentlich für die Ernährung, rationelle Gesichtspunkte eröffnete. Es ist zu beklagen, daß von Seiten der zunächst Betheiligten, besonders der Landwirthe, diesen Vorschlägen lange Zeit ein starres Festhalten an den gewohnten Anschauungen entgegengetragen wurde, wodurch sich der segensreiche Einfluß bedauerlicherweise nur sehr langsam Bahn brechen konnte. Indessen ist das Beispiel Englands, wo man die Liebig'sche Lehre mit großer Begeisterung aufnahm, und der blühende Zustand seiner Agrikultur der beste Beweis für den hohen Nutzen, welchen die Chemie bei solcher Handhabung stiften kann.

Eine große Anzahl von Chemikern hat auf dem von Dumas, Liebig und Wöhler gelegten Fundamente fortgebaut. Andere haben in der von Mitscherlich eingeschlagenen physikalisch-chemischen Richtung die Vereinigung der Naturwissenschaften thatsächlich gefördert, wovon Erfindungen, wie die von Kirchhoff und Bunsen gemachte Spektralanalyse, schöne Beweise sind. An zahlreiche Namen, wie Rose, Runge, Mitscherlich, Bunsen, Frankland, Kolbe, den genialen, frühverstorbenen Gerhardt, Hoffmann und Andere, knüpfen sich Errungenschaften, deren Glanz in der Geschichte dieser Wissenschaft nie verlöschen wird. Durch sie ist die Chemie ihrem heutigen Zustande zugeführt worden. Daß dies noch lange kein Abschluß ist, wird Derjenige am ehesten begreifen, der mit einigermaßen offenem Auge die Entdeckungen und Fortschritte auch nur eines einzigen Jahres an sich vorüberziehen lassen will. Welches Gebiet des praktischen Lebens wir auch immer betreten, auf jedem werden wir Gelegenheit haben, die Unerschöpflichkeit der Gaben zu bewundern, welche die verhältnißmäßig so junge Wissenschaft uns bietet. Sie waffnet uns mit tausend neuen Werkzeugen, die starre Hand der Natur zu öffnen, und diejenigen ihrer Schätze bloßzulegen, welche uns Nutzen verschaffen; nichts kann sich ihr entziehen, für sie giebt es keine Vorspiegelung und keine Maske. Auf dem Wege des Verfalles, im letzten Augenblicke vor dem Zerfallen, hält sie die Stoffe noch auf und läßt sie uns noch eine Reihe werthvoller Dienste verrichten, ehe sie wieder in den natürlichen Kreislauf zurückkehren dürfen. Ja, sie hat der Natur selbst erst Gelegenheit geboten, ihre unbegrenzte

Schöpferkraft zu üben. — Zahlreiche Verbindungen von merkwürdigen Eigenschaften sind durch die Chemie geradezu erst geschaffen worden, denn sie hat zuerst die Bedingungen erfüllt, unter denen die Entstehung jener möglich war. Nicht genug, daß sie heranziehen lehrt, was die Natur hervorbrachte, erweitert sie dieser das Gebiet. Sie ist, wie keine andere Richtung menschlicher Anstrengung, im Verein mit der Physik, der sie ja im Grunde angehört, die Wohlthäterin der Menschheit geworden. Denn wie sie das materielle Wohlbefinden befördert, hat sie Geist und Gemüth frei gemacht von den beengenden Fesseln der Furcht und des Aberglaubens; sie führt den Blick in die erhabenen Weiten und in großer, freier Anschauung der Natur weckt sie die Idee des Guten und Schönen, des Gerechten und Billigen, das nur in Uebereinstimmung mit der Natur besteht. — Wir aber schließen diesen kurzen Ueberblick mit dem erhebenden Bewußtsein, daß deutscher Geist und deutsche Forschung das Wesentlichste beigetragen haben zur Ausbildung einer Wissenschaft, die dem ganzen Leben große, veränderte Richtungen gegeben hat.

Chemische Grundbegriffe.

Die Erscheinungen, welche zu untersuchen sich die Physik zur Aufgabe machte, sind von irdischen Begrenzungen ganz unabhängig, und es dürfen die Gesetze, welche die Wissenschaft aus ihnen ableitet, wohl eine universelle Bedeutung beanspruchen. Denn die anziehenden Kräfte der Schwere, das Beharrungsvermögen, die Wirkungen der Centrifugalkraft u. s. w. zeigen sich uns eben so gut außerhalb unsers Planeten, ja selbst außerhalb unseres Sonnensystems in ganz gleicher Weise auftretend, wie bei den Versuchen, die wir im engen Laboratorium anstellen; Licht- und Wärmestrahlen kommen uns von den fernsten Gestirnen zu und erweisen sich ganz identisch mit denjenigen belebenden Strahlungen, die von unserm Sonnenkörper ausgehen, und wir können bei dem erwiesenen Zusammenhange der Naturkräfte unter einander annehmen, daß elektrische und magnetische Erscheinungen die in den fernsten Räumen des Alls kreisenden Welten in ganz entsprechender Weise durchzucken, wie es um uns herum der Fall ist.

Es liegt die Frage nahe: sind auch die chemischen Vorgänge von einer gleichen Allgemeinheit? Und fast scheint es, als müßten wir diese Frage mit Ja beantworten, wenn wir wieder die Wechselwirkung der Kräfte dabei im Auge haben, und als eine nicht unwesentliche Bestätigung würden die Ergebnisse der Spektralanalyse betrachtet werden können, nach denen mit großer Wahrscheinlichkeit auf die stoffliche Zusammensetzung lichtstrahlender Gestirne geschlossen werden kann.

Wie die Sachen aber zur Zeit noch liegen, so hat die Chemie doch ein wesentlich beschränkteres Gebiet für ihre Untersuchungen, und dasselbe umfaßt (wenn wir davon absehen, daß in den Meteorsteinen sich uns bisweilen kleine, von der Anziehung der Erde aus ihrer Bahn herbeigeführte Weltkörperchen zufällig der Zerlegung darbieten) keinen größern Raum, als die Oberfläche unsers Planeten, eine Schale, deren Dicke durch die beiden Punkte bestimmt wird, bis zu denen wir uns einerseits nach obenhin in die Lüfte zu erheben, andererseits hinab in die feste Erdrinde uns einzugraben im Stande sind. Aber wenn es schon einige Wahrscheinlichkeit für sich hat, daß der Stoff im ganzen Weltall derselbe ist, wie der, welcher unsere Erde zusammensetzt, so hat die Annahme viel mehr Gründe noch für sich, daß es keine wesentlich verschiedenen Arten des Stoffes in und über der Erde mehr giebt, die uns nicht auch innerhalb jener engen Zone begegnen. Die ungemeine Beweglichkeit des Luftmeeres bringt uns von selbst mit allen seinen Schichten nach und nach in Berührung und die aus der tiefsten Tiefe hervorquellenden, noch feurigflüssigen Massen des Erdinnern enthalten auch nur ganz dieselben Stoffe, welche die seit Millionen Jahren schon erstarrte felsige Kruste bilden. Weiterhin besteht eine sehr gleichmäßige Vermengung, so gleichmäßig, daß uns die Entdeckung Amerika's, dieser ungeheuren Kontinentalmasse, mit der Kenntniß keines einzigen chemischen elementaren Stoffes bereichert hat, der sich in der Alten Welt nicht auch schon fände. Und sind ja gewisse solcher Stoffe an ein bestimmtes Vorkommen gebunden, so sind dieselben fast unwesentlich für den großen Haushalt, außerdem aber mögen sie an anderen Orten ihres spärlichen Auftretens wegen vielleicht nur übersehen werden. Man hat vor einigen Jahren die Entdeckung gemacht, daß das Silber zu den verbreitetsten Bestandtheilen der Erde gehört; in allen Pflanzen soll es sich finden und im Meerwasser soll es gleichmäßig verbreitet sein. Dies nachzuweisen erforderte aber die subtilsten Methoden, und es hätte einen sehr geringen Nutzen, um sich in ähnlicher Weise nach der Allgegenwart anderer Körper in der Natur umzuthun.

Betrachten wir ein Stück Granit, so finden wir auf den ersten Anblick, daß dasselbe nicht aus einer durchweg gleichmäßig zusammengesetzten Masse besteht. Wir unterscheiden einzelne dunkle, glänzende Flimmerchen darin, und in der helleren Hauptsubstanz sehen wir auch zweierlei Mineralien, die in Farbe, Glanz, Härte, Krystallisation von einander Abweichungen zeigen. Der Granit ist ein Gemenge von drei verschiedenen Mineralien, Glimmer, Feldspath und Quarz. Wir können dieselben durch mechanische Scheidung von einander sondern, und wie den Granit, so können wir eine große Zahl anderer Körper durch bloße Sichtung, Schlämmen oder dergleichen in ihre einfacheren Bestandtheile zerlegen. Aber diese mechanische Scheidung hat ihre Grenzen, sodaß wir, wenn wir selbst das Mikroskop und die feinsten Trennungsapparate zu Rathe ziehen, schließlich doch zu einem Punkte gelangen, wo unsere Mittel zu weiterer Zerlegung nicht mehr ausreichen.

Wenn es aber gar zur Aufgabe gemacht wird, einen Körper, der durchweg eine gleichmäßige Zusammensetzung zeigt, wie etwa ein Stück Marmor, in seine einzelnen Bestandtheile zu zerlegen, so können wir derselben auf mechanischem Wege unmöglich gerecht werden, denn die Masse des Marmors erscheint bis in die kleinsten Theilchen als eine völlig gleichartige. Und doch finden wir, wenn wir den Marmor in einem Kalkofen brennen, daß derselbe dabei an Gewicht verliert: einer seiner Bestandtheile, die Kohlensäure, ist durch die Hitze ausgetrieben worden. Eine solche Scheidung kann aber nicht mehr eine mechanische genannt werden, sie ist vielmehr eine physikalische, weil durch physikalische Kräfte bewirkt, beziehungsweise eine chemische.

Das Bestreben, die einfachen Grundbestandtheile der körperlichen Dinge und die Art ihrer Verbindung kennen zu lernen, ist ein sehr altes und spricht sich schon in den Elementen früherer Philosophen (Feuer, Wasser, Luft und Erde) aus; es wiederholt sich in den Theorien der Alchemisten und Jatrochemiker, immer aber gründet es sich bei allen diesen auf gewisse, nur durch äußerliche Analogien hervorgerufene Spekulationen. Erst die neuere Chemie hat die Abscheidung und erschöpfende Eigenschaftsbestimmung der Elemente als erste Bedingung hingestellt für das Unternehmen, das Wesen der zusammengesetzten Körper zu begreifen. Ein Element ist daher in ihrem Sinne derjenige materielle Körper, der sich durch keinerlei mechanische, physikalische oder chemische Kräfteeinwirkung als aus zwei oder mehreren verschiedenartigen Stoffen zusammengesetzt zeigt, und der in seinem Verhalten zu anderen, auf ihn chemisch einwirkenden Körpern sich analog solchen Körpern verhält, deren elementare Natur ebenfalls festgestellt ist. Der letztere Punkt ist insofern von Wichtigkeit, als er in einer eigenthümlichen Verbindung ein neues Element mit Sicherheit vermuthen lassen kann, selbst wenn noch keine Methode erfunden ist, dasselbe in isolirtem Zustande darzustellen. Würde in einem Minerale eine neue Substanz entdeckt, die sich mit Kieselsäure zu eigenthümlich gearteten Verbindungen zusammensetzt, und die, für sich darstellbar, in allen hauptsächlichen Eigenschaften sich als zu der Familie der Erden gehörig erweist, so würde man ein Recht haben, sie dieser Familie einzuordnen, auch wenn sie sich mit keiner der bekannten Erden identifiziren läßt, sie würde eben als eine neu entdeckte Erde zu gelten haben. Da man die Erden aber als Verbindungen besonderer Metalle mit Sauerstoff kennt, so würde man ebenfalls in jenem neuen Körper den Sauerstoffgehalt als konstatirt ansehen dürfen und somit folgerichtig, auch ohne daß bis dahin die Reindarstellung gelungen wäre, zur Entdeckung eines neuen Elementes, eines sogenannten Erdmetalles, wie Beryllium, Aluminium u. s. w. sind, gelangen.

Die Elemente. Wir kennen jetzt einige 60 solcher einfacher, nicht weiter zerlegbarer Körper, welche die Chemiker als Elemente bezeichnen. Sie stellen sich von selbst in gewisse Gruppen nach gemeinsamen charakteristischen, physikalischen und chemischen Eigenschaften, und wir wollen sie in dieser Weise namhaft machen, indem wir bei jedem derselben in Parenthese das der kürzeren Schreibweise wegen gebrauchte und aus den Anfangsbuchstaben seines lateinischen Namens bestehende chemische Zeichen sowie das Aequivalent- oder Mischungsgewicht des Elementes oder sein Atomgewicht angeben.

Nichtmetallische Elemente (sogenannte Metalloïde), gasige oder feste Körper, schlechte Leiter der Elektrizität und der Wärme:

1) Wasserstoff (Hydrogenium, H. Atomgewicht 1). 2) Sauerstoff (Oxygenium, O. 16). 3) Stickstoff (Nitrogenium, N. 14). 4) Chlor (Cl. 35,5). 5) Fluor (Fl. 19). 6) Brom (Br. 80). 7) Jod (J. 127). 8) Kohlenstoff (Carbonium, C. 12). 9) Phosphor (P. 31). 10) Schwefel (S. 32). 11) Bor (B. 11). 12) Selen (Se. 79). 13) Silicium (Si. 28). 14) Arsen (As. 75). 15) Tellur (Te. 128).

Metallische Elemente sind in gewöhnlicher Temperatur (mit Ausnahme des Quecksilbers) fest und zeichnen sich außer durch die bekannten metallischen Eigenschaften des Glanzes u. s. w. durch ein in der Regel bedeutendes Leitungsvermögen für Wärme und Elektrizität aus. Wir theilen sie in leichte und schwere Metalle; die ersteren haben ein spezifisches Gewicht unter 5 und umfassen die metallischen Elemente der Alkalien und Erden, kommen in der Natur nicht gediegen vor und haben zu Sauerstoff eine ungemeine Verwandtschaft, welche ihre Reindarstellung auch sehr erschwert. Die letzteren sind leichter reduzirbar und sind infolge dessen und weil ihre Beständigkeit mancherlei Verwendung gestattet, bekannter. Man theilt sie in edle und unedle.

16) Kalium (K. 39). 17) Natrium (Na. 23). 18) Lithium (Li. 7). 19) Rubidium (Rb. 85,5). 20) Cäsium (Cä. 133). 21) Thallium (Tl. 204). 22) Indium (In. 113,7). 23) Baryum (Ba. 137). 24) Calcium (Ca. 40). 25) Strontium (Sr. 88). 26) Magnesium (Mg. 24). 27) Aluminium (Al. 27,3). 28) Beryllium oder Glycium (Be. 9,33). 29) Zirkonium (Zr. 90). 30) Yttrium (Y. 61,7). 31) Erbium (Er. 112,6). 32) Thorium (Th. 234). 33) Cer (Ce. 92). 34) Lanthan (La. 92,5?). 35) Didym (Di. 96). 36) Eisen (Fe. 56). 37) Mangan (Mn. 55). 38) Kobalt (Co. 59?). 39) Nickel (Ni. 58?). 40) Chrom (Cr. 52). 41) Vanadin (V. 51,4). 42) Zink (Zn. 65). 43) Cadmium (Cd. 112). 44) Titan (Ti. 48). 45) Uran (U. 240). 46) Scheel oder Wolfram (W. 184). 47) Molybdän (Mo. 92). 48) Tantal (Ta. 182). 49) Niob (Nb. 94). 50) Zinn (Sn. 118). 51) Antimon oder Stibium (Sb. 122). 52) Wismuth (Bi. 208). 53) Blei (Pb. 207). 54) Kupfer (Cu. 63,4). 55) Quecksilber (Hg. 200). 56) Silber (Ag. 108). 57) Rhodium (R. 104). 58) Osmium (Os. 198?). 59) Iridium (Ir. 198). 60) Ruthenium (Ru.?). 61). Palladium (Pd. 106). 62) Platin (Pt. 198). 63) Gold (Au. 196).

Ob nun alle diese Stoffe wirklich einfache Elemente sind, oder nicht, diese Frage ist mit den jetzigen chemischen Hülfsmitteln eben nicht anders zu entscheiden, als es durch jene Annahme von deren einfacher Natur geschehen ist. Dann und wann kommt freilich der Fall vor, daß ein solches Element sich doch als ein zusammengesetzter Körper verräth, und mancherlei derartige Erfahrungen (z. B. mit Titan) lassen die Aussicht auf die Möglichkeit zu, daß die Zahl der chemischen Grundbestandtheile noch wesentliche Einschränkungen erfahren könnte. So sollte z. B. neuerdings das Jargonium ein neues Element sein, welches Sorby entdeckt und in gewissen Zirkonen nachgewiesen haben wollte. Es unterschied sich von dem Zirkonium durch ein scharf gezeichnetes Spektrum von vierzehn schwarzen Linien. Bald aber machte der Entdecker seinen Irrthum bekannt, ein kombinirtes Spektrum der Uran- und Zirkonlinien für ein einheitliches elementares Spektrum gehalten zu haben, und das vermeintliche neue Metall wurde wieder aus der Reihe der Elemente gestrichen. Wie dem Jargonium, so ist es schon einer großen Zahl angeblicher Elemente ergangen, die früher oder später nach ihrer vermeintlichen Entdeckung vom Schauplatze wieder abtreten mußten. Es sind dies Terra nobilis (entdeckt 1777 von T. Bergmann); Hydrosiderum (1780

Meyer), Australium (1790, Wedgewood), Augustum (1800, Trommsdorff), Silenium (1803, Proust), Niccolanum (1805, Richter), Andanium (1819, Lampadius), Crodonium (1820, Trommsdorff), Pluranium und Polinium (1828, Osann), Donium (1836, Richardson), Treenium (1836, Boose), Pelopium (1846, H. Rose), Ilmenium (1846, Hermann), Aridium (1850, Allgreen), Donarium (1851, Bergmann), Thalium (1852, Owen), Dianium (1855, v. Kobell), Wasium (1862, Bähr). Terbium und Norium gehören ebenfalls unter die zweifelhaften Elemente. Das Titan endlich kann auch noch hier mit aufgeführt werden, weil das, was man früher dafür hielt, nicht ein Element, sondern nur eine Verbindung von Stickstoff mit einem allerdings neuen Körper war, wie Wöhler in den vierziger Jahren nachwies, so daß das jetzt Titan genannte Element erst von da seine Entdeckung datiren kann. Wir werden also die Zahl der chemischen Elemente nicht als eine feste ansehen dürfen, sie ändert sich vielmehr mit dem Stande unserer Wissenschaft.

Es gewährt die über alle Erfahrung hinaus liegende Annahme von der elementaren Natur gewisser Stoffe zunächst das Interesse, daß wir mit Bezug darauf unsere Vermuthungen über die innere Natur der Materie gestalten. An und für sich hat es nichts Widerstrebendes, die letzten kleinsten materiellen Theilchen der Materie, die Atome, uns durchweg von einer einzigen gleichbleibenden Beschaffenheit zu denken, und die qualitativen Unterschiede der verschiedenen Elemente nur als eine Folge der verschiedenen Gruppirung ihrer Atome anzusehen. Wenn dann der Begriff „Element" überhaupt den Atomgruppirungen von einfachster Anordnung zukäme, so könnten diese, in der ganzen Masse zwar gleichartig, doch von einander hinlänglich abweichen, um die verschiedenen physikalischen und chemischen Eigenschaften zu begründen. Wie gesagt, es liegen keine thatsächlichen Beweise vor, aber die Erlaubniß ist uns gegeben, anzunehmen, daß die verschiedene Natur der Elemente dadurch bedingt wird, daß meinetwegen in dem einen die Atome folgendermaßen geordnet sind:

. . . . . .

in dem andern vielleicht so:

. . . . . .
. . . . . .

in einem dritten etwa wie folgt:

. . . .
. . . . . .
. . . . .
. . . .
. . .

Demnach würden die kleinsten Theilchen der Elemente, welchen noch deren eigenthümliche Eigenschaften zukommen (die Moleküle), aus mehreren Materie-Atomen bestehen, und wir können für die sinnliche Vorstellung annehmen, daß sie in ihrer Form vielflächige, mehr oder minder regelmäßig polyëdrische Gruppen darstellen, in deren Eckpunkten je ein materielles Atom seinen Platz hat. Da die gegenseitige Lagerung die Wirkungsweise der den Atomen innewohnenden anziehenden Kräfte bedingt, so würde es natürlich sein, daß die Produkte, die Resultirenden, aus den Einzelkräften der zu einem elementaren Moleküle zusammengetretenen Atome (unter Anderm die chemische Verwandtschaft) andere sein müssen, wenn z. B. 8 Atome zu einer würfelförmigen Molekülgruppe zusammentreten, andere, wenn sie ein Parallelepiped, andere, wenn sie blos zu 6 ein Oktaëder oder zu 20 ein Pentagondodekaëder bilden. Die bei chemischen Prozessen immer auftretende Wärme-Entwicklung beziehentlich =Absorption, sowie die häufigen Elektrizitäts=, Licht= u. s. w. Erscheinungen können wir als durch atomistische Anziehungskräfte hervorgerufen ansehen, insofern bei der neuen Anordnung der frühere Gleichgewichtszustand gestört und entweder

Kraft frei werden, oder auch solche, um das Gleichgewicht wieder herzustellen, von außen mit eintreten muß. Wärme, Licht, Elektrizität u. s. w. sind aber, wie bekannt, nur verschiedene Erscheinungsarten derselben einzigen Naturkraft, die auch die Atome an einander kettet und ohne welche die ganze Welt in ein wesenloses Nichts vergehen würde. Indessen ist hier nicht der Ort, um dergleichen Betrachtungen zu weit auszudehnen; nur darauf sei noch hingewiesen, daß die Verschiedenheit und Größe des Mischungsgewichts in den Anordnungen der Atome vielleicht ihren Grund finden dürfte.

In der oben gegebenen Aufzählung der Elemente sind innerhalb der Parenthesen die Atomgewichte mit angegeben, in welchem Wort dann aber Atom nicht das kleinste Theilchen der Materie überhaupt bedeutet, sondern jene kleinste Atomgruppe mit den Eigenschaften des betreffenden Elementes, welche wir zum Unterschiede „Molekül" genannt haben. Der Ausdruck Aequivalent oder Mischungsgewicht bezeichnet diejenige Verhältnißzahl, welche für irgend einen Körper die Gewichtsmenge angiebt, in welcher dieser einen andern Stoff in einer chemischen Verbindung ersetzen kann, wenn dieser letztere in dem Verhältniß, das durch sein Atomgewicht ausgedrückt ist, in der Verbindung enthalten war. Diese Gewichtszahlen sind sämmtlich auf den Wasserstoff als Einheit bezogen. Wenn wir also bei Sauerstoff die Zahl 16 finden, so heißt das: die Verbindungen, welche aus Wasserstoff und Sauerstoff bestehen, enthalten diese beiden Elemente immer in solchen Gewichtsmengen, die sich durch einfache Verhältnisse der Zahlen 1 und 16 ausdrücken lassen. Die am häufigsten vorkommende Verbindung von Wasserstoff und Sauerstoff enthält z. B. auf 2 Gewichtstheile Wasserstoff 16 Gewichtstheile Sauerstoff, woraus man schließt, daß sie aus 2 Atomen Wasserstoff und 1 Atom Sauerstoff zusammengesetzt ist. Eine andere Sauerstoffverbindung des Wasserstoffs enthält auf dasselbe Quantum Wasserstoff doppelt soviel Sauerstoff, und wenn noch andere Verbindungen dieser beiden Elemente vorkämen, so würden dieselben immer so zusammengesetzt sein, daß die Mengen ihrer elementaren Bestandtheile ähnliche einfache Verhältnisse der Atomgewichte zeigten. Chlor hat das Atomgewicht 35,5; wenn wir nun die Verbindung des Chlors mit Wasserstoff auf ihre quantitative Zusammensetzung untersuchen, so finden wir, daß in 36,5 Theilen Chlorwasserstoff, 35,5 Gewichtstheile Chlor und 1 Theil Wasserstoff enthalten sind. Wir haben es also in diesem Falle mit einer Verbindung zu thun, welche auf 1 Atom Chlor nur 1 Atom Wasserstoff enthält. Das Ammoniakgas dagegen ergiebt bei der Analyse $^{14}/_{17}$ Stickstoff und $^{3}/_{17}$ seines Gewichtes Wasserstoff, was, da das Atomgewicht des Stickstoffes = 14 ist, eine Verbindung von 1 Atom Stickstoff mit 3 Atomen Wasserstoff andeutet. — Wollten wir unsere Untersuchungen weiter ausdehnen, so würden wir dieselbe Regel immer bestätigt finden. Wie sich 35,5 Theile Chlor mit 1 Theil Wasserstoff verbinden, so verbinden sie sich mit 23 Theilen Natrium zu Kochsalz oder mit 39 Theilen Kalium zu Chlorkalium, oder mit 108 Theilen Silber zu Chlorsilber, welche Verbindungen alle in der Natur vorkommen. Und von welchem Punkt der Erde dieselben auch gesammelt sein mögen, stets zeigen sie sich von den gleichen, durch die obigen Zahlen ausgedrückten Zusammensetzungsverhältnissen. Die Bestimmung der Mischungsgewichte, oder was damit zusammenfällt, der Atomgewichte, ist nun von der Chemie für alle anderen Elemente auch mit möglichster Genauigkeit ausgeführt worden, und dadurch sind jene Zahlen erlangt worden, die wir in unserer Aufzählung angegeben haben. Indessen darf die Aufgabe, die zu den wichtigsten zählt, welche den chemischen Wissenschaften überhaupt gestellt werden können, aller aufgewendeten Mühe und allen Scharfsinnes ungeachtet noch nicht für vollständig gelöst gelten, da es noch zahlreiche Fälle giebt, bei denen man zwar die gegenseitig mit einander verbundenen Gewichtsmengen genau kennt, bei denen aber die Anzahl der Atome, die chemische Formel, nicht in gleichem Maße zweifellos ist. Danach aber läßt sich erst das Atomgewicht bestimmen, während es ohne jene genaue Kenntniß leicht um ein Vielfaches zu groß oder zu klein angenommen werden kann. Immer noch werden daher die Methoden verfeinert, und jede Berichtigung ist von dem größten Werthe nicht nur für die Wissenschaft, um die Vorstellung von der wahren Natur der stofflichen Dinge der Wahrheit näher zu führen, sondern auch für das praktische Leben.

Die Elemente.

Aus dem Gesetze der Beständigkeit der Verbindungsverhältnisse, wie es sich in den Atomgewichten ausdrückt, geht nämlich hervor, daß in demselben Verhältnisse, in welchem die Atomgewichte zu einander stehen, die verschiedenen Elemente sich gegenseitig ersetzen, für einander in Verbindungen eingehen können. Wenn sich 16 Theile Sauerstoff nicht mit 2 Theilen Wasserstoff zu Wasser, sondern anstatt des Wasserstoffs mit Kohle zu Kohlenoxydgas vereinigen, so daß also gewissermaßen der Kohlenstoff den Wasserstoff ersetzt, so gehen immer genau 12 Theile Kohle zusammen mit jenen 16 Gewichtstheilen Sauerstoff die Verbindung ein; 16 Theile Sauerstoff und 56 Theile Eisen treten zusammen zu Eisenoxydul; 32 Theile Schwefel bedürfen gerade 56 Theile Eisen, um Schwefeleisen zu bilden u. s. w. Diese Gesetzmäßigkeit bezieht sich nun nicht blos auf den Zusammentritt von Element mit Element, sondern sie gilt durch alle, auch die komplizirtesten, chemischen Prozesse hindurch, so daß ein chemischer Vorgang erst erkannt ist, wenn er durchweg auf diese mathematische Basis sich beziehen läßt.

Und weiterhin kommen nicht blos den Elementen Atomgewichte zu, sondern eben so wol den Verbindungen; jede chemische Verbindung hat ein Atomgewicht, welches gleich ist der Summe aus den Atomgewichten ihrer elementaren Bestandtheile: Wasser (2 Atome Wasserstoff und 1 Atom Sauerstoff) = 18; Chlorwasserstoff: $36{,}5 = (35{,}5 + 1)$; Ammoniakgas: $17 = (14 + 3 \cdot 1)$; Kohlenoxydgas: $28 = (12 + 16)$; Eisenoxydul: $72 = (56 + 16)$; Schwefeleisen: $88 = (56 + 32)$ u. s. w.; diese Zahlen gelten für die zusammengesetzteren Verbindungen von Basen und Säuren zu Salzen ebenso, wie die Atomgewichte der Elemente für die einfachsten Verbindungen. Die Wichtigkeit, welche die genaue Bestimmung der Atomgewichte für die tausend Verfahrungsarten der Technik, die sich auf die Herstellung chemischer Verbindungen beziehen, haben mußte, sei an einem Beispiele gezeigt.

In einer Farbenfabrik soll Zinnober aus Quecksilber und Schwefel hergestellt werden. Dies geschieht, indem man die beiden Körper mit einander in einem kleinen Fasse, das durch ein Mühlwerk mehrere Stunden in Umdrehung gehalten wird, mit einander vermischt. Die innige Berührung, die solchergestalt herbeigeführt wird, leitet die Verbindung ein. Der Zinnober besteht aus Schwefelquecksilber. Zwar muß das in dem Fasse sich bildende Schwefelquecksilber erst noch sublimirt werden, um die schöne rothe Farbe anzunehmen, allein das hat auf unsere Betrachtung keinen Einfluß. Für uns ist die Frage, wie viel von jedem der beiden Bestandtheile müsse genommen werden, um einestheils nichts von dem theuren Quecksilber zu verlieren, sondern Alles in Zinnober umzuwandeln, und anderntheils nicht zu viel Schwefel zuzusetzen, weil derselbe der guten Beschaffenheit der Farbe Eintrag thut und auf umständliche Weise erst wieder daraus entfernt werden muß.

Die Antwort darauf giebt uns die Vergleichung der Atomgewichte oder der Mischungsgewichte. Da das Atomgewicht des Quecksilbers 200, das des Schwefels 32 ist, so gehen die beiden Elemente in demselben Gewichtsverhältniß auch in die Verbindung ein und es werden, wenn z. B. 40 Kg. Zinnober hergestellt werden sollen, die dazu zu verwendenden Mengen nach dem Ansatz gefunden: $232 : 200 = 40 : x$, — worin 232 das Atomgewicht des Zinnobers = 200 des Quecksilbers + 32 des Schwefels bedeutet. Nach jenem Ansatze hat man zu 40 Kg. Zinnober 34,5 Kg. Quecksilber und mindestens 5,5 Kg. Schwefel zu verwenden. Wie dieser einfache Fall, so lassen sich auch alle anderen behandeln, bei denen chemische Aenderungen vorgehen; wir wollen uns aber nicht damit aufhalten, weitere Belege für die praktische Wichtigkeit der Mischungsgewichte zu suchen.

Für die Art, in welcher die Stoffe mit einander zu Verbindungen zusammentreten, können wir die Regel gelten lassen, daß sich zunächst einfache Stoffe wieder mit einfachen und sodann die zusammengesetzten unter einander immer in der Weise vereinigen, daß solche von gleicher Ordnung mit einander zusammentreten. Die neuere Chemie erkennt nun zwar eine Unterscheidung der chemischen Verbindungen in solche erster, zweiter u. s. w. Ordnung nicht mehr an, indessen ist es für unsere Betrachtungen, denen der Charakter einer leichten Uebersichtlichkeit vor Allem zu Grunde gelegt werden muß, doch rathsam, sich an diese ältere Anschauung zu halten, weil mit ihrer Hülfe sich die Vorgänge, auf die es in diesem Werke ankommt, einfacher darstellen lassen.

Verbindungen erster Ordnung nennen wir also solche, wie das Wasser, das Eisenoxydul, der Chlorwasserstoff u. s. w., in denen je zwei Elemente mit einander vereinigt sind. Zwei verschiedene Elemente können nun, wie aus dem bisher Erwähnten schon ersichtlich ist, Verbindungen eingehen, welche betreffs der gegenseitigen Atomenzahl sehr mannichfaltig sein können. In der chemischen Schreibweise deutet man die Atomenzahl durch eine kleine Ziffer an, welche man dem chemischen Zeichen des Elementes beifügt, und man nennt den solchergestalt erhaltenen Ausdruck eines Stoffes durch die Bezeichnung der Art und Anzahl seiner Bestandtheile seine chemische Formel. Wenn H_2O (gebildet aus den beiden Zeichen für Wasserstoff und Sauerstoff) also die Bezeichnung für Wasser ist, so ist H_2O_2 diejenige für die sauerstoffreichere Verbindung (Wasserstoffsuperoxyd), HCl die für Chlorwasserstoff, FeO für Eisenoxydul, Fe_2O_3 für Eisenoxyd (2 Atome Eisen auf 3 Atome Sauerstoff) u. s. w. Mitunter wird noch, von der älteren Vorstellung ausgehend, daß im Wasser ein Atom Wasserstoff mit einem Atom Sauerstoff verbunden, das chemische Zeichen des Wassers HO geschrieben; mit dieser Schreibweise ist dann nothwendig eine Reduktion des Mischungsgewichtes des Sauerstoffs auf die Ziffer 8 und entsprechend eine Halbirung der Mischungsgewichte anderer Elemente verbunden.

Was die Benennung der chemischen Verbindungen anbelangt, so genüge es, vorläufig zu erwähnen, daß die am häufigsten auftretenden Verbindungen von Elementen mit Sauerstoff im Allgemeinen Oxyde genannt werden; die Schwefel=, Phosphor=, Chlor=, Fluor= u. s. w. Verbindungen erhalten je nach den Mengenverhältnissen, in denen diese Stoffe in ihnen enthalten sind, bezeichnende Namen.

Man unterscheidet nämlich wie bei den Oxyden Oxydule und Oxyde, von denen die erstern immer eine geringere Anzahl Sauerstoffatome enthalten als die letzteren, so auch Chlorür und Chlorid (das erstere mit weniger Chlorgehalt als das letztere) u. s. w., oder man hilft sich durch Anfügen lateinischer und griechischer Wörtchen: super, hyper (über, mehr), sub (unter, weniger), semi (halb) und dergleichen. Für die organischen Verbindungen haben die Versuche, eine konsequente systematische Terminologie durchführen zu wollen, die unbehülflichsten Benennungen erzeugt, und es scheint, als ob von einer solchen ganz abgesehen werden müsse, zumal da in allen Fällen nur die chemische Formel den allein sichern Anhalt für die Beurtheilung der Zusammensetzung giebt.

Ob nun zwei Verbindungen erster Ordnung sich mit einander zu einer Verbindung zweiter Ordnung vereinigen, hängt von ihrer besondern Natur ab. Denn wie (wenigstens unter den bisher beobachteten Verhältnissen) nicht alle Elemente zu einander Verwandtschaft haben und sich z. B. Eisen und Wasserstoff mit einander gar nicht verbinden, so gehört auch hier ein besonderer Charakter zu den Bedingungen der gegenseitigen Anziehung, ein Charakter, der aus dem Zusammenwirken der elementaren Anziehungskräfte der Atome resultirt und demzufolge sich die Verbindungen in Gruppen mit mehr oder weniger scharf hervortretenden gemeinsamen Eigenschaften sondern. Solcher Gruppen treten aber ganz besonders drei mit Entschiedenheit hervor: die eine, zu der das Wasser gehört, hat einen indifferenten Charakter, die Verwandtschaft ihrer einzelnen Glieder zu anderen Körpern ist im großen Ganzen nur eine geringe; die anderen beiden dagegen sind ganz entschiedene Parteigänger, und wie die Anhänger der rothen und weißen Rose, so machen sie sich durch sehr energische Aeußerungen bemerklich.

Während die einen von ihnen, die sogenannten Basen nämlich, wenn sie in löslichen Zustand übergeführt werden können, einen vorwiegend laugenhaften Geschmack besitzen, schmecken die andern, die Säuren, ganz entschieden sauer; die ersteren verwandeln gewisse rothe Pflanzenfarben in Blau, die letzteren dagegen blaue in Roth u. s. w. Das charakteristischste Unterscheidungsmerkmal ist aber ihr Verhalten zu einander, denn während Säuren mit Säuren sich nicht zu neuen chemischen Verbindungen vereinigen können und eben so wenig Basen mit Basen, haben Säuren und Basen gegenseitig das größte Bestreben, sich mit einander zu verbinden. Die Ergebnisse dieser Verbindungen nennt man Salze. Wir müssen aber hierbei bemerken, daß diese Unterscheidungen doch mehr einen empirischen

Charakter haben, und daß die rein wissenschaftliche Auffassung der Chemie dieselben nicht mehr festhält; für das Verständniß der chemisch technischen Vorgänge jedoch, wie sie uns in diesem Werke entgegentreten, dürfen sie ihrer einfacheren Handhabung wegen wohl beibehalten werden, zumal auch die Theorie der chemischen Verbindungen zur Zeit noch zu keiner unbestritten endgiltigen Schreibweise gelangt ist.

Die hauptsächlichsten unorganischen Säuren sind: die Salpetersäure (2 Atome Stickstoff auf 5 Atome Sauerstoff N_2O_5), die Schwefelsäure (SO_3), die Phosphorsäure (P_2O_5), die Borsäure (B_2O_3), die Kohlensäure (CO_2), die Kieselsäure (SiO_2), die Zirkonsäure (ZrO_2), die arsenige Säure (As_2O_3), die Arsensäure (As_2O_5), antimonige Säure (Sb_2O_3), Antimonsäure (Sb_2O_5), Chromsäure (CrO_3), Molybdänsäure (MoO_3), Vanadinsäure (V_2O_5), Wolframsäure (WO_3), Tantalsäure (Ta_2O_5), Titansäure (TiO_2), ferner Salzsäure (Chlor und Wasserstoff HCl), Fluorwasserstoffsäure (HFl) u. s. w.

Die Basen theilen sich in folgende Gruppen:

Alkalien (salzbildende Oxyde leichter Metalle, farblos und in Wasser leicht löslich), Kali (K_2O), Natron (Na_2O), Lithion (Li_2O), außerdem die neu entdeckten Rubidium-, Cäsium-, Indium- und Thalliumoxyde.

Erden (farblos, in Wasser unlöslich mit geringerer Verwandtschaft zu den Säuren als die Alkalien), Strontianerde (SrO), Baryterde (BaO), Kalkerde (CaO), Magnesia oder Talkerde (MgO), Thonerde (Al_2O_3), Beryllerde (BeO), Yttererde u. s. w.

Oxyde schwerer Metalle. Thonerde (ThO_2), Ceroxydul (CeO), Wismuthoxyd (Bi_2O_3), Zinkoxyd (ZnO), Manganoxydul (MnO), Manganoxyd (Mn_2O_3), Manganoxydoxydul (Mn_3O_4), Eisenoxydul (FeO), Eisenoxyd (Fe_2O_3), Eisenoxydoxydul (Fe_3O_4), Uranoxydul (UO_2), Uranoxyd (UO_3), Uranoxydoxydul (U_3O_8), Chromoxydul (CrO), Chromoxyd (Cr_2O_3), Bleioxyd (PbO), Kupferoxydul (Cu_2O), Kupferoxyd (CuO), Silberoxyd (Ag_2O), Quecksilberoxyd (HgO), Quecksilberoxydul (Hg_2O), Nickeloxyd (NiO), Kobaltoxyd (CoO) u.s.w. u.s.w. Außer diesen giebt es noch einige Sub- und Superoxyde, nämlich solche, die entweder zu wenig oder zu viel Sauerstoff enthalten, um sich mit Säuren zu Salzen zu verbinden.

Die Salze lassen die eigenthümlichen Eigenschaften ihrer Bestandtheile entweder gar nicht oder nur in sehr abgeschwächter Weise hervortreten. Solche Salze, in denen sich Säure und Basis in dieser Weise genau das Gleichgewicht halten (in der Regel hat sich dann in ihnen 1 Atom der Säure mit 1 Atom der Basis verbunden), heißen neutrale Salze; diejenigen, in denen die Basis oder die Säure noch vorwiegend auftritt (entweder weil der betreffende Bestandtheil energischere Eigenschaften besitzt, oder weil er in einer größeren Atomenzahl vorhanden ist als der andere, werden beziehentlich basische oder saure Salze genannt.

Charakteristisch für die meisten Salze ist ihr Vermögen zu krystallisiren, und zwar kommt jedem derselben in der Regel eine einzige bestimmte Grundform zu.

Neben diesen wirklichen Salzen, die auch, weil Basis und Säure Sauerstoff enthalten, Sauerstoffsalze genannt werden, giebt es eine Klasse von Verbindungen, welche fast in allen Eigenschaften mit jenen übereinstimmen, aber doch nur Verbindungen erster Ordnung (zweier Elemente mit einander) sind. Es sind dies die sogenannten Haloïdsalze, aus einem metallischen Element und einem der, deswegen so genannten, Salzbildner: Chlor, Fluor, Jod, Brom, bestehend. Das Kochsalz (Chlor und Natrium), der Flußspath (Fluor und Calcium), das Jodkalium (Jod und Kalium) und das Bromsilber (Brom und Silber) sind sehr bekannte Beispiele dafür.

Wie nun sich in den Säuren und Basen ganz so wie bei den einfachen Elementen gewissermaßen eine elektropositive und eine elektronegative Natur ausspricht, infolge deren sie sich zu einander verwandtschaftlich hingezogen fühlen, so sind auch gewisse Salze noch bestrebt, mit einander zu Verbindungen dritter Ordnung zusammenzutreten, sogenannte Doppelsalze zu bilden; eins der bekanntesten davon ist der Alaun, der aus gleichen Atomen schwefelsaurer Thonerde und schwefelsaurem Kali besteht. Besonders zahlreich kommen aber solche zusammengesetzte Verbindungen fertig gebildet als Mineralien in der Natur vor (Braunspath, Leucit, Granat u. s. w.). Man bezeichnet sie, indem man die Zeichen der sie zusammensetzenden Salze durch ein $+$ verbindet, Alaun also durch $KOSO_3 + Al_2O_3\,3SO_3$, oder nach der neueren Schreibweise $\left.\begin{array}{l}K_2\,SO_4\\S_3\,O_{12}\end{array}\right\} + 24aq$.

In diesen Doppelsalzen haben wir nun Gelegenheit, ein höchst interessantes Verhalten mancher Elemente und ihrer Verbindungen zu beobachten. Wählen wir beispielsweise den Alaun, den wir auf direktem Wege darstellen können, indem wir in entsprechenden Mengenverhältnissen schwefelsaures Kali und schwefelsaure Thonerde, zusammen in Wasser aufgelöst, mit einander vermischen. Beim Verdunsten scheiden sich dann aus der gemeinschaftlichen Lösung schöne oktaëdrische Krystalle ab, die von den Krystallen des schwefelsauren Kali sowol als von denen der schwefelsauren Thonerde ganz verschieden sind, einen eigenthümlichen Geschmack besitzen und sich dadurch, wie auch durch ihre sonstigen Eigenschaften, als einen besonderen, chemisch selbständigen Körper, den wir eben Alaun nennen, zu erkennen geben. Nehmen wir nun ein andermal auf die angenommene Menge schwefelsaures Kali nicht das volle Quantum schwefelsaure Thonerde, setzen aber dafür schwefelsaures Eisenoxyd mit zur Lösung, so erfolgt der eigenthümliche Fall, daß dieses ohne Widerstreben in die Verbindung, die wir Alaun genannt haben, mit eingeht; wir erhalten Krystalle von derselben Form, nur daß dieselben statt weiß — je nach der Menge des an Stelle der Thonerde gesetzten Eisensalzes — mehr oder weniger grün gefärbt erscheinen. Ja, wir können die Thonerde ganz weglassen und sie ganz und gar durch Eisenoxyd vertreten lassen, die Krystallform des sich bildenden Eisenalauns bleibt ungeändert. Und so können wir auch einen Alaun herstellen, der aus schwefelsaurem Kali und schwefelsaurem Chromoxyd besteht und in ganz übereinstimmender Weise mit jenen andern krystallisirt. Thonerde, Eisenoxyd und Chromoxyd können sich also in chemischen Verbindungen gegenseitig ersetzen, ohne daß die durch die allgemeine chemische Formel ausgedrückte Konstitution geändert würde. Auch die physikalischen Eigenschaften solcher Verbindungen bleiben in Uebereinstimmung, wie viele Mineralien beweisen, deren Physiognomie bei sehr beträchtlich verschiedener qualitativer Zusammensetzung dennoch dieselbe bleibt. In den Granaten z. B. kommen die obengenannten mineralischen Basen, Thonerde, Eisenoxyd, in zu einander sehr wechselnden Mengenverhältnissen vor, und es giebt sogar eine Varietät (Uwarowit), welche fast gar keine Thonerde oder Eisenoxyd enthält, sondern in welcher dieser Platz durch Chromoxyd ausgefüllt worden ist. Eine der charakteristischsten Eigenschaften derartiger, einander vertretender Stoffe ist nun das Vermögen, in gleichen Krystallformen zu krystallisiren und sich gemeinschaftlich an der Bildung dieser Formen in unbestimmten Verhältnissen zu betheiligen. Man nennt dieses Vermögen Isomorphismus. Die regulären Würfel des Alauns werden durchaus nicht alterirt, ob die schwefelsaure Thonerde darin durch 1, 2, 5, 7 oder mehr Prozente schwefelsaures Eisenoxyd vertreten ist. Eine andere Reihe von isomorphen Basen sehen wir in Kalkerde, Talkerde, Eisenoxydul, Manganoxydul und Zinkoxyd, während die Schwefelsäure, Chromsäure, Selensäure und Mangansäure einerseits, die Phosphorsäure und die Arsensäure andererseits Gruppen von isomorphen Säuren darstellen.

Für die Beurtheilung der chemischen Natur zahlreicher Verbindungen ist dies Gesetz von der höchsten Wichtigkeit, denn da die isomorphen Körper sehr zahlreich sind und fest bestimmte Gruppen unter einander bilden, so läßt sich in sehr vielen Fällen erst durch diese Zusammenfassung die chemische Natur oft sehr komplizirt zusammengesetzter Körper (Mineralien) in einfachen, durchsichtigen Formeln ausdrücken.

Apparate und Methoden. Was nun die verschiedenen, praktisch chemischen Methoden anbelangt, welche angewendet werden, entweder um die Zusammensetzung eines vorliegenden Körpers, seine einzelnen Bestandtheile und ihre Mengenverhältnisse kennen zu lernen, oder um zusammengesetztere Verbindungen aus einfacheren, einfachere aus zusammengesetzteren darzustellen, so sind dieselben so verschiedenartiger Natur und richten sich in jedem speziellen Falle so nach den tausenderlei begleitenden Umständen, daß es fast unmöglich ist, sie im Allgemeinen zu charakterisiren.

Apparate und Methoden.

Ein Begriff ist es zunächst, der — von der theoretischen Chemie bei der Betrachtung ihrer Stoffe selbstverständlich vorausgesetzt — die praktischen Arbeiten bestimmend leitet: chemisch rein! Dieser Zauberspruch ist das erste Gebot im Katechismus des Chemikers, welcher jeden Körper nur im Zustande absoluter Reinheit betrachten und die Reindarstellung seiner Produkte daher nimmer außer Augen lassen darf; daß er deswegen bei seinen Arbeiten stets sich der größten Subtilität und Sauberkeit zu befleißigen hat, um nicht unvorsichtiger Weise fremde Stoffe in seine Präparate zu bringen, versteht sich von selbst. Seine Gefäße und Apparate werden aus Materialien hergestellt, die den angreifenden Chemikalien möglichst vollständig widerstehen müssen.

Die wissenschaftliche Chemie und die mancherlei Zweige der Industrie und Technik haben sich gegenseitig unterstützt. Dieselbe Förderung, welche die Naturforschung dem großen praktischen Leben brachte, hat sich rückwirkend wieder segensreich für die stillen Forschungen des Gelehrten erwiesen. Kaum würde die Chemie ihre heutige Stufe der Ausbildung erlangt haben, wenn die früher von ihr gemachten Erfahrungen nicht der Glasmacherei, der Porzellanfabrikation, der Metallurgie so nützliche Gesichtspunkte eröffnet hätten. Glas, Porzellan und Platin sind die wichtigsten Hülfsmittel für den Chemiker, denn aus ihnen bestehen fast ausschließlich die Gefäße, in welchen die chemischen Umwandlungen vorgenommen werden; Kork und Kautschuk aber sind die unentbehrlichen Helfershelfer, welche die einzelnen Bestandtheile der Apparate mit einander verbinden und durch ihre Fähigkeit, einen dichten Verschluß zu bewerkstelligen, ganz unschätzbare Dienste leisten. Die Durchsichtigkeit des Glases macht diesen Körper vorzüglich geeignet für solche Gefäße, welche die eintretenden Veränderungen der darin enthaltenen Substanzen beobachten lassen sollen.

Fig. 14. Probirgläschen.

Aus Glas werden die namentlich für den analysirenden Chemiker unentbehrlichen kleinen Probircylinder dargestellt, in denen die Einwirkung chemischer Reagentien auf die zu untersuchenden Stoffe im Kleinen sichtbar gemacht wird. Sie stellen zwar nichts weiter dar als dünnwandige Glascylinder von 10—15 Centimeter Höhe und etwa 1¼ Centimeter Durchmesser, aber man kann vielleicht behaupten, daß ihr Gebrauch für die heutige Kultur eben so folgenreich und fördernd gewesen ist wie die Einführung von Metalltypen an Stelle der geschnitzten Holzbuchstaben. Könnte der Chemiker seine Versuche, die er jetzt alle zuerst in kleinen, unscheinbaren Probirgläschen ausführt, z. B. nur in undurchsichtigen Porzellan- oder Metallgefäßen vornehmen, so würden ihm tausenderlei Veränderungen und Erscheinungen verborgen bleiben, auf die hin er seine Schlüsse fast mit unfehlbarer Sicherheit machen kann. Die Durchsichtigkeit des Glases verbirgt keine, auch nicht die geringste Veränderung, welche überhaupt mit dem Auge wahrgenommen werden kann.

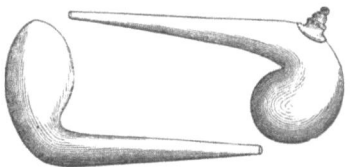

Fig. 15. Retorten.

In zweiter Reihe ist für die Bedürfnisse des Chemikers die leichte Gestaltbarkeit des Glases von großer Bedeutung, denn sie erlaubt die Herstellung von Apparaten in jeder denkbaren Form, wie sie den Umständen nur immer entsprechen mag. Neben Röhren, Kolben, Schalen, Retorten, Trichter, die alle aus Glas hergestellt werden, erblicken wir in den Laboratorien zahlreiche, auf das Mannichfaltigste und Komplizirteste zu speziellen Zwecken erdachte Apparate, welche der Glasbläser wie spielend aus einigen Stücken starker Glasröhren zu blasen und zu formen versteht.

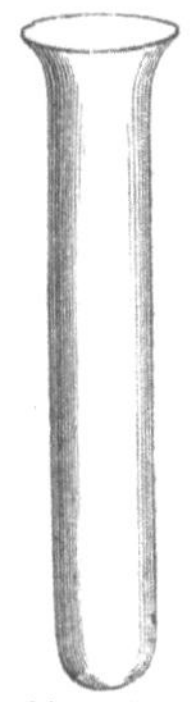

Und wozu sich das Glas seiner leichten Zerbrechlichkeit wegen oder wegen der geringeren Widerstandsfähigkeit, höheren Hitzegraden gegenüber, dann weniger eignet, da tritt das Porzellan ein, aus welchem vorzüglich Schmelztiegel, Abdampfschalen, Häfen, Trichter u. s. w. hergestellt werden. Das Platin aber, leider für ausgedehntere praktische Verwendung noch zu theuer im Preise, ist ein unentbehrliches Material für Drähte, Bleche, Tiegel, die bei Schmelzungen und Löthrohrversuchen, wo es auf absolute Unangreifbarkeit ankommt, in

42 Einleitung.

Gebrauch kommen. Ein nur halbwegs vollständiger chemischer Apparat besteht daher aus einer großen Anzahl von einzelnen Geräthen, deren Aufzählung wir hier, wo wir ihren speziellen Gebrauch nebenhergehend nicht mit erläutern können, auch nicht versuchen wollen.

Die verschiedenen Gefäße und Apparate sind in ihrer Mannichfaltigkeit kaum zu schildern; für jeden besonderen Zweck macht sich der Chemiker seine besonderen Formen und Zusammenstellungen und er mußte deswegen früher, wo man dergleichen Dinge noch nicht fabrikmäßig herstellte und lebhaften Handel damit trieb, die Kunst des Glasblasens, des Löthens und dergleichen praktisch ausüben, um das erforderliche Handwerkszeug sich zu erzeugen. Außer den bisher genannten Gefäßen finden wir aber in den Laboratorien zahlreiche Apparate für besondere Zweige der Untersuchung.

Fig. 16. Ein Arbeitstisch im chemischen Laboratorium der Universität Leipzig.

Die Wage steht unter ihnen obenan, und je empfindlicher ihre Zunge ist — um so höher wird sie geschätzt. Die Luftpumpe dient, um luftverdünnte Räume zu erzeugen, in welchen Flüssigkeiten bei niedrigen Temperaturen verdampfen können. Mit Aräometern untersucht man die spezifischen Gewichte, mit Thermometern die Temperaturen. Loupen und Mikroskope dienen zu äußerlicher Beobachtung, Goniometer zur Messung der Winkel an den Krystallen; denn der Chemiker hat bei der Untersuchung seiner Stoffe alle Merkmale in Betracht zu ziehen, und oft kommt es auf die feinsten Unterscheidungen an, um zwei Körper als verschiedene festzustellen.

Die lichtbrechenden Eigenschaften der durchsichtigen Substanzen, flüssiger wie fester, sind für ihre Beurtheilung oft ausschlaggebend und deswegen werden die physikalischen Methoden, welche zu ihrer Bestimmung dienen, sehr häufig in dem chemischen Laboratorium mit in die Untersuchung gezogen. Polarisationsapparate in mannichfacher Einrichtung lassen die Gegenwart mancher Stoffe sofort erkennen; andere wieder werden auf ihr elektrisches oder ihr magnetisches Verhalten zu prüfen sein, und daher sind auch derartige Apparate erforderlich. Wir haben früher schon im II. Bande dieses Werkes oft Gelegenheit

Apparate und Methoden. 43

gehabt, bei Betrachtung der physikalischen Methoden auf deren Bedeutung für die chemischen Wissenschaften hinzuweisen; augenscheinlicher würde dies ein Gang durch ein vollständig ausgerüstetes chemisches Laboratorium zeigen. Man sieht nichts mehr von den ausgestopften Krokodilen, die von den Decken herabhängen, den ängstlich gebogenen phantastisch verkrüppelten Glasgefäßen, den Gerippen und in Spiritus aufbewahrten Mißgeburten, mit denen die Phantasie der alten Adepten sich zu umgeben liebte und die wir auf den Bildern niederländischer Meister abgeschildert finden. Dagegen erblicken wir die saubersten Gefäße — anstatt in eine Höhle treten wir in helle Räume; reine Luft, elegante spiegelnde Apparate umgeben uns; vielfach dieselben, die wir in den Händen der Physiker sehen, denn die Fragen, welche hier zur Beantwortung gestellt werden, sind eng verbunden mit den Fragen der Physik, ja sogar nach demselben Ziele hinstrebend, und dieselben Hülfsmittel dienen deswegen häufig zu ihrer Erforschung.

Fig. 17. Das chemische Laboratorium zu Leipzig.

Mit dem Fortschreiten der Wissenschaft sind die Anforderungen, welche an die Einrichtung und Ausstattung der Laboratorien gemacht werden, immer größere geworden, und wenn vor kaum dreißig Jahren noch die Chemiker an unseren Universitäten oft in entlegenen Winkeln ihre Arbeitsstätten aufthun mußten, werden ihnen jetzt bereitwillig wahre Paläste errichtet und mit kostbaren Einrichtungen versehen, da man einsehen gelernt hat, welchen enormen Einfluß die Pflege der Chemie auf das materielle Wohlbefinden hat. Und entgegen der früheren Mißachtung der Naturwissenschaften ist in der Neuzeit ein förmlicher Wettstreit entbrannt, um die Laboratorien immer vollkommener und zweckentsprechender auszustatten. Wasser und Gas sind überall hingeführt, um einestheils die Reinigung der Gefäße möglichst rasch und bequem ausführen zu können, anderntheils den vollkommensten Beleuchtungs= und Heizstoff jederzeit zur Hand zu haben. Nicht blos zum Erwärmen, Glühen, Kochen, Verdampfen bedient man sich jetzt des Gases, man führt selbst die meisten Schmelzungen mit Hülfe der Gasflamme aus, der man durch geeignete Beimengung

44   Einleitung.

von atmosphärischer Luft zum Leuchtgase, bevor dasselbe in den Brenner strömt, eine gewaltige Hitzkraft mittheilen kann. Für weitergehende Schmelzungen sind besondere Ofenanlagen, für Abdampfungen, Operationen, bei denen Gasentwickelungen stattfinden u. s. w., abgeschlossene Räume eingerichtet und hohe Essen bewirken durch ihren lebhaften Zug eine rasche Entfernung unangenehm oder schädlich wirkender Gasprodukte. Zu jedem Arbeitsplatze gehört ein gewisses Inventarium der gebräuchlichsten Apparate und Substanzen, welch letztere in dichtschließenden Glasflaschen aufbewahrt werden.

Unsere Abbildung Fig. 16 zeigt uns einen solcher Arbeitstische, mit denen das mit der Universität Leipzig verbundene, unter der Leitung Kolbe's stehende Laboratorium, ausgestattet ist. An jedem solchen Tische sind zwei Arbeitsplätze. Fig. 17 dagegen zeigt uns die äußere Ansicht dieses großartigen Instituts, welches vor wenigen Jahren erst in die prachtvolle neuerrichtete Gebäudeanlage übergeführt worden ist. Außer dem Laboratorium umschließt dieselbe natürlicherweise auch alle dem chemischen Unterricht zugehörigen Branchen.

Fig. 18. Liebigs Laboratorium in Gießen.

Das große Auditorium ist für 180 Zuhörer eingerichtet, daneben giebt es noch ein kleineres; die Sammlungen von Präparaten, Vorräthen, Instrumenten u. s. w. haben eigene Räume ebenso wie die Bibliothek; besondere Lokalitäten sind auch für spezielle Arbeiten, Spektralanalyse, Elementaranalyse, gerichtlich chemische Untersuchungen, eingerichtet; kurz, bei dem jetzigen Stande der chemischen Wissenschaft giebt es keine Arbeit, keine Untersuchung, zu deren Ausführung hier nicht die Mittel in der vollkommensten Art geboten wären. Ein nicht minder großartiges Laboratorium hat das 1875 eingeweihte Gebäude der polytechnischen Hochschule zu Dresden; für die höhere Gewerbeschule zu Chemnitz wird ein solches eben jetzt eingerichtet — für Sachsen jedenfalls ein glänzendes Zeugniß der Fürsorge, die man hier den chemischen Wissenschaften widmet. — Läßt sich mit diesen Prachtbauten nun auch nicht dasjenige Laboratorium vergleichen, welches von Justus v. Liebig zu Gießen errichtet wurde, so werden wir dennoch seiner bescheidneren Einrichtung eine um so größere Pietät bewahren müssen, als es damit gewissermaßen die Mutteranstalt aller jener geworden ist, und als aus den Hallen des Gebäudes, von dem wir in Fig. 18 eine Ansicht geben, die Förderer der Chemie wie Apostel sich in alle Welt verbreitet haben.

Die Methoden, deren man sich in der Chemie theils zur Herstellung neuer Verbindungen, zur Umwandlung gegebener in andere, theils zur Zerlegung und zur Abscheidung der Bestandtheile bedient, sind nicht minder mannichfaltig, und alle Erfahrungen, welche Physik und Chemie gesammelt haben, werden in zweckentsprechender Weise augenblicklich zu Schlüsseln, um das noch Verborgene zu öffnen. Es ist natürlich, daß, da der chemische Prozeß selbst nicht Anderes ist als ein Addiren oder Subtrahiren von Stofftheilchen mit den ihnen eigenthümlichen Kräften, infolge dessen ja auch sehr gewöhnlich physikalische Kräteäußerungen, Licht-, Wärme-, Elektrizitätserscheinungen begleitend mit auftreten, daß das direkte Einwirken dieser Kräfte von außen umgekehrt auch von wesentlichem Einfluß auf chemische Verbindungen sein muß. Und wie wir in der Geschichte der Chemie schon gesehen und bereits im II. Bande bei den galvanischen Strömen erwähnt haben, daß man mit Hülfe der Elektrizität das Wasser in seine Bestandtheile zerlegt und aus den Alkalien und Erden die metallischen Elemente zuerst gesondert dargestellt hat, so werden wir auch schließen können, daß die übrigen physikalischen Kräfte nicht minder

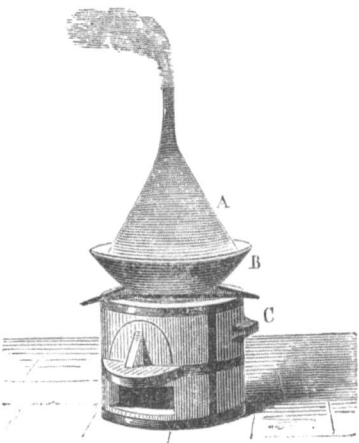

Fig. 19. Sublimiren.

beachtenswerthe Wirkungen auszuüben im Stande sein müssen. Namentlich ist die Wärme in dieser Beziehung von großer Bedeutung. Dadurch schon, daß sie den Aggregatzustand der Körper zu verändern vermag, wird sie zu einem der bedeutungsvollsten Scheidemittel. Mit ihrer Hülfe können wir schmelzbare Körper von unschmelzbaren trennen; solche, die sich bei höherer Hitze in Dampf verwandeln lassen, von solchen, welche ihren Aggregatzustand behalten, auf einfache Weise durch Sublimiren oder Destilliren scheiden. Und diese beiden einfachsten Methoden sind denn auch in der allerausgedehntesten Anwendung.

Das Sublimiren bezweckt die Verflüchtigung fester Körper und die nachherige Wiedergewinnung derselben aus den kondensirten Dämpfen. Wenn man pulverisirtes Benzoëharz langsam in einer Porzellanschale erhitzt, so

Fig. 20. Destilliren.

entwickeln sich aus demselben Dämpfe, die sich an der Luft zu weißen Nebeln verdichten. Diese Dämpfe sind ein eigenthümlicher Stoff, Benzoësäure, welche im Benzoëharz enthalten, aber, weil sie flüchtig ist, sich in der Hitze von ihm trennt. Fängt man die Dämpfe auf, etwa unter einem Papiertrichter (s. Fig. 19), durch dessen niedrigere Temperatur sie eine Abkühlung erleiden, so setzen sie sich an den Innenwänden desselben in schönen Krystallen ab. Auf ähnliche Weise kann man feste Jodkrystalle durch Erhitzen in einer Retorte in einen schön violetten Dampf verwandeln, der sich an den kälteren Theilen wieder zu glänzenden Krystallen verdichtet u. dergl. Das Destilliren beabsichtigt sowol die Trennung verdampfbarer Flüssigkeiten von konstanten, als auch die Scheidung solcher von einander, die bei verschiedenen

Temperaturgraden, ohne sich zu zersetzen, Dampfform annehmen. Man kann deswegen z. B. nicht blos ätherische und fette Oele durch Destillation von einander trennen, sondern aus einem Gemisch von ätherischen Oelen lassen sich, indem man die Erwärmung ganz allmählich steigert und bei gewissen Graden längere Zeit anhalten läßt, diejenigen Oele für sich abtreiben, welche bei der betreffenden Temperatur ihren Siedepunkt haben, während andere dabei noch nicht in den dampfförmigen Zustand übergehen. Der einfachste Destillationsapparat besteht aus einer Retorte B (s. Fig. 20), in welche das zu destillirende Gemisch gegeben wird. Der Hals der Retorte führt die Dämpfe in einen Kolben C (die Vorlage); hier erleiden sie, entweder schon durch die äußere Luft oder durch Anwendung von

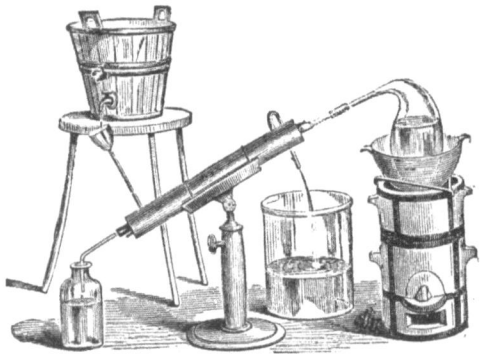

Fig. 21. Destillirapparat.

Kühlwasser D eine Abkühlung, infolge deren sie sich wieder zur Flüssigkeit verdichten. Je kühler die Vorlage gehalten wird, um so vollständiger erfolgt diese Verdichtung, und ein sehr zweckmäßiger, von Liebig angegebener Kühlapparat erreicht seinen Zweck auf die durch die Zeichnung (s. Fig. 21) angegebene Weise. Die Dämpfe gehen hier, ehe sie in die Vorlage gelangen, durch ein ziemlich langes Rohr, welches von einem weiteren, mit dem Kühlwasser angefüllten Rohre umgeben ist. Dieses Abkühlungsrohr empfängt in einem ununterbrochenen Strahle aus

einem darüber stehenden Gefäß kaltes Wasser, und zwar tritt dasselbe an dem tiefgelegenen Ende ein, während aus dem höchstgelegenen ein Ausflußrohr das warmgewordene Wasser abführt. Auf diese Weise bleibt die Abkühlung immer konstant, denn wie das Wasser sich erwärmt, zieht es sich infolge des Leichterwerdens in der geneigten Röhre in die Höhe und an seine Stelle tritt von unten her kühleres. In der Praxis sind die Kühlvorrichtungen noch mannichfach komplizirt und wir werden besonders bei der Branntweinbrennerei Gelegenheit haben, mehrere derselben einer eingehenderen Betrachtung zu unterwerfen.

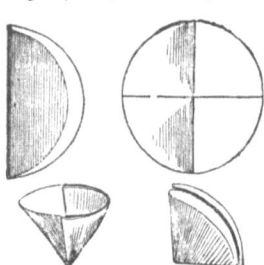

Fig. 22. Anfertigung der Filter.

Die Hitze erzeugt sich der Chemiker durch Verbrennung. In für seine besonderen Zwecke auch besonders eingerichteten Oefen zersetzt, schmilzt, verdampft er mit Holzkohlenfeuer; zu niedrigerer Temperatur genügt die Flamme der Spirituslampe, entweder der gewöhnlichen von der allbekannten Form oder der sogenannten Berzeliuslampe, welche unter Anwendung eines hohlen, runden Dochtes und doppelten Luftzuges, wie die Argand'schen Lampen, eine sehr beträchtliche Hitzeentwicklung gestattet. In neuerer Zeit hat indessen in größeren Laboratorien der Verbrauch des Spiritus als Brennmaterial eine ziemliche Einschränkung erlitten, da man zweckmäßiger Weise sich der Gasfeuerung in besonderen Lampen, Bunsen'schen Brennern, bedient.

Um nun durch gegenseitige chemische Einwirkung seine Zwecke zu erreichen, hat der Chemiker sein Hauptaugenmerk darauf zu richten, die verschiedenen Stoffe mit einander in möglichst vollständige Berührung zu bringen. Feste Körper unter sich bieten einander zu wenig Berührungspunkte; wo es irgend thunlich ist, wird deshalb immer der flüssige Zustand herbeizuführen gesucht, und es bildet daher die Auflösung den Ausgangspunkt der chemischen Operationen, wenn es sich um die chemische Veränderung eines festen Körpers handelt. Die Auflösung kann in schmelzenden Körpern erfolgen, oder aber auch, wie es häufiger der Fall ist, in Flüssigkeiten. Solche sind vor allen Dingen das Wasser und der Alkohol, auch der Aether (Schwefeläther), der Schwefelkohlenstoff u. s. w.; sie sind, weil sie sich bei den chemischen Prozessen in der Regel neutral verhalten, ein ausgezeichnetes Mittel, um eine Sonderung der löslichen Bestandtheile von den unlöslichen zu bewirken. Neben ihnen treten dann die Säuren, namentlich Salzsäure, Salpetersäure, Königswasser, Schwefelsäure, Flußsäure u. s. w., als kräftige Lösungsmittel auf. Diese aber bewirken schon eine chemische Umwandlung der in ihnen sich lösenden Stoffe, indem sie ganz oder zum Theil mit in die Verbindung eingehen und Salze bilden.

Da sich durch Filtriren die gelösten von den ungelöst gebliebenen Bestandtheilen leicht trennen lassen, so ist die wiederholte Auflösung in Wasser, Alkohol oder dergleichen ein sehr häufig angewendetes Reinigungsmittel für lösliche Körper, Salze u. s. w., die sich aus dem Auflösungsmittel beim Verdunsten desselben oder in niederer Temperatur, wo dasselbe nicht mehr so viel davon aufzunehmen vermag, wieder ausscheiden. Als Filtrirmittel eignen sich alle porösen Körper, welche auf die durchgehenden Flüssigkeiten keine chemische Einwirkung ausüben; am bequemsten für die meisten Zwecke, bei denen nicht zu große Massen in Anwendung kommen, erweist sich Fließpapier, welches in der bekannten und durch die Figuren 22—24 veranschaulichten Weise zu einem trichterförmigen Sack zusammengebrochen wird, den man, um ihm mehr Halt zu geben, in einen Glas= oder Porzellantrichter steckt. Bricht man das Filter in Falten, so vergrößert man dadurch die freie Oberfläche, und das Durchsickern der Flüssigkeit erfolgt bei weitem rascher. Das Filtriren nun, oder vielmehr die Löslichkeit der verschiedenen chemischen Verbindungen, ist das bei weitem wichtigste mechanische Hülfsmittel, dessen sich der Chemiker bei seinen Operationen bedient, denn in den seltensten Fällen nur ist es möglich, wie etwa bei der Zersetzung des Wassers durch den galvanischen Strom, die einzelnen Bestandtheile ohne Weiteres gesondert und für sich zu erhalten, oder umgekehrt durch das Zusammenbringen elementarer Stoffe direkt die Verbindung derselben zu bewirken, wie sich z. B. Schwefel und Eisen, Chlorgas und Wasserstoffgas von selbst und ohne

Fig. 23. Anfertigung des Faltenfilters.   Fig. 24. Faltenfilter.

andern Anstoß von außen, als ihn etwa Wärme und Licht zu geben vermögen, vereinigen. Fast immer müssen Umwege eingeschlagen werden, um einen gewissen Zweck zu erreichen. Und wenn Faust seinen Vater, den dunklen Ehrenmann,

> Der in Gesellschaft von Adepten
> Sich in die schwarze Küche schloß
> Und nach unendlichen Rezepten
> Das Widrige zusammengoß,

mit seinen alchemistischen Bestrebungen ironisirt, so scheinen, äußerlich genommen, die dort geschilderten Methoden:

> Da wird ein rother Leu, ein kühner Freier,
> Im lauen Bad der Lilie vermählt,
> Und beide dann im offnen Flammenfeuer
> Aus einem Brautgemach ins andere gequält,

auch auf die heutigen chemischen Operationen manche Anwendung finden zu können. Aber auch nur äußerlich genommen, denn die neuere Chemie verwendet ihre Mittel nicht ohne klare Kenntniß von deren Wirkung und weiß den Erfolg derselben im Voraus zu bestimmen. Sie probirt nicht und läßt sich nicht überraschen durch das, was ihr zufällig entgegentritt, sondern sie beabsichtigt ihre Erfolge und erforscht den Charakter ihrer Stoffe, indem sie deren Verhalten unter gewissen genau bekannten Bedingungen und Umständen beobachtet, die hervorzurufen ihr unendlich mannichfaltige Mittel und Wege zu Gebote stehen.

Das bewegende Prinzip, welches alle chemischen Veränderungen, aufbauende wie zersetzende Prozesse, bewirkt, ist dasjenige, das wir kurzweg chemische Verwandtschaft der Stoffe nennen. Diese gegenseitige Anziehung hört damit, daß ein Körper mit einem andern sich vereinigt, nicht auf. Die einzelnen Bestandtheile sind durch ihre Verbindung nur der

Einwirkung chemisch schwächer wirkenden Affinitäten entrückt, stärkeren Angriffen unterliegt aber der geschlossene Bund und er zerfällt, indem die einzelnen Glieder der intensiver auftretenden Neigung folgen. In der Soda ist das Natron mit Kohlensäure verbunden, die Verwandtschaft zwischen beiden ist aber von nur geringer Kraft und die schwache Kohlensäure räumt ihren Platz an der Seite des Natron augenblicklich jeder stärkeren Säure, die sich in die Verbindung eindrängen will. Gewöhnlicher Essig schon bewirkt in Sodalösung ein Aufbrausen, es entweicht die Kohlensäure als Gas, indem sich in der Lösung essigsaures Natron bildet. Die Salpetersäure vermag wieder die Essigsäure auszutreiben, und wenn wir salpetersaures Natron mit Schwefelsäure erhitzen, so tritt die Basis mit der letztgenannten Säure zu schwefelsaurem Natron zusammen, während die Salpetersäure entweicht. Wie es stärkere und schwächere Säuren giebt, so giebt es auch stärkere und schwächere Basen; die Oxyde der Edelmetalle sind sehr schwache, die Alkalien sehr starke Basen.

Gilt es nun als Regel, daß eine stärkere Basis oder Säure eine schwächere aus ihren Verbindungen austreibt, so erleidet dies auch Ausnahmen. Es kann eine starke Säure oder Basis von einer viel schwächeren ausgetrieben werden, wenn dadurch eine neue Verbindung von größerer Beständigkeit physikalischen Einflüssen gegenüber entsteht, namentlich wenn sich ein Niederschlag, eine in dem betreffenden Lösungsmittel unlösliche Verbindung bilden oder die stärkere Basis oder Säure als flüchtiges Gas entweichen kann.

Die Wechselwirkung zusammengesetzter Verbindungen auf einander unterliegt denselben Gesetzen. Ihre unendlich verschiedenen Ergebnisse lassen sich daher von vornherein bestimmen, was für die technische Chemie von der größten Wichtigkeit ist. Eine Lösung von salpetersaurem Kalk, mit kohlensaurem Kali zusammengebracht, tauscht ihre Bestandtheile ohne Rest und Ueberschuß so aus, daß sich kohlensaurer Kalk als unlöslicher Niederschlag ausscheidet und salpetersaures Kali in Lösung bleibt. Wird Schwefelkalium zu schwefelsaurem Kupferoxyd gesetzt, so geht der Sauerstoff des Kupferoxyds an das Kalium und das so entstehende Kali verbindet sich mit der Schwefelsäure, während der frei werdende Schwefel mit dem Kupfer unlösliches Schwefelkupfer bildet und als schwarzer Niederschlag ausfällt. Die chemische Zeichensprache ist ein ganz vortreffliches Mittel, um diese Vorgänge zu versinnlichen, und selbst für den Laien werden die räthselhaften und das Studium chemischer Werke scheinbar gewaltig erschwerenden Formeln einen leicht zu durchschauenden Sinn erhalten, wenn wir den eben in Worten beschriebenen Vorgang in seinen wissenschaftlichen Charakteren ausdrücken. Es besteht das Schwefelkalium (die sogenannte Schwefelleber) aus 2 Atomen Kalium auf 5 Atome Schwefel, und sein chemisches Zeichen ist daher K_2S_5; das des schwefelsauren Kupferoxyds dagegen ist $CuOSO_3$, oder wie man neuerdings schreibt, indem man die Sauerstoffatome zusammenfaßt: $CuSO_4$. Schreibt man die einzelnen Bestandtheile gesondert und verbindet man sie, wie sie bei der gegenseitigen Zersetzung mit einander zusammentreten, so erhält man folgendes Schema:

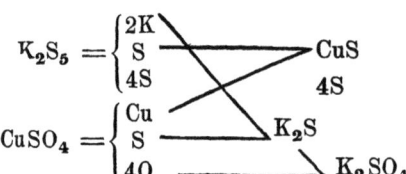

aus welchem wir zugleich erfahren, daß von den 5 Atomen des Schwefelkaliums 4 keinen Stoff finden, mit dem sie sich verbinden können, also, da der Schwefel in Wasser unlöslich ist, mit niedergeschlagen werden und dem Schwefelkupfer sich beimengen, während das schwefelsaure Kali in Lösung bleibt.

Reaktionen und Reagentien. Wenn ein Körper seine chemische Zusammensetzung ändert, so treten dabei mancherlei Erscheinungen auf. Gasartige Bestandtheile können entweichen, in der Auflösung können unlösliche Verbindungen entstehen, welche die vorher klare Flüssigkeit trüben und sich aus derselben als ein Niederschlag absetzen, oder aber es kann sich auch die neu entstehende Verbindung von der früheren durch andere Farbe unterscheiden. Solche Erscheinungen, wenn sie nur durch die Einwirkung zweier Körper auf einander hervorgerufen werden und durch besonders charakteristische Eigenthümlichkeiten auffallend hervortreten, werden, wo sie eintreten, immer die gleichzeitige Gegenwart der betreffenden zwei auf einander wirkenden Stoffe anzeigen. Vermuthet man den einen in einer Verbindung, so wird man seine Gegenwart oder Abwesenheit erkennen können, wenn man den andern zusetzt. Tritt die bekannte Veränderung ein, so ist er vorhanden; bleibt sie aus, so findet sich jener Körper in der fraglichen Verbindung nicht vor. Wenn man z. B. einen kleinen Krystall von Eisenvitriol in Wasser löst und von dieser Lösung einige Tropfen in eine Lösung von dem bekannten gelben Blutlaugensalz gießt, so wird man augenblicklich einen blauen Niederschlag sich bilden sehen, der aus einer ganz bestimmten Verbindung (dem sogenannten Berliner Blau) besteht und so charakteristisch gefärbt ist, daß er mit nichts Aehnlichem verwechselt werden kann. Er entsteht stets, aber auch nur, wenn Eisenlösung mit Blutlaugensalz zusammengebracht wird. Daraus kann man nun mit Recht folgern, daß in einer Flüssigkeit, welche beim Zutröpfeln von Blutlaugensalz eine entsprechende blaue Färbung zeigt, Eisen enthalten sein muß, und umgekehrt, daß eine Lösung Blutlaugensalz enthält, wenn sich durch Zusatz von Eisenlösung jener Niederschlag in ihr bildet.

Dergleichen charakteristische Erscheinungen nennt der Chemiker **Reaktionen** (gegenseitige Einwirkungen) und die sie bewirkenden Stoffe **Reagentien**. Eisenvitriol ist also ein Reagens auf Blutlaugensalz, wie Blutlaugensalz ein Reagens auf Eisenvitriol ist. Solcher Reaktionen und Reagentien giebt es sehr zahlreiche. Es versteht sich, daß die Anwendung der letzteren immer in chemisch reinem Zustande erfolgen muß. Das Entstehen von unlöslichen oder schwer löslichen Verbindungen, Niederschlägen, erfährt insofern die ausgedehnteste Berücksichtigung, als es zugleich das Mittel in die Hand giebt, die erkannten Stoffe abscheiden und sie sowol als die noch in der Lösung befindlichen für sich weiter untersuchen zu können.

Gewisse Reagentien zeigen nun gleich ganze Gruppen an, und mit ihrer Hülfe kann man dieselben von anderen trennen; wie ja z. B. Wasser und Alkohol lösliche von unlöslichen Stoffen abscheiden ließen. Andere wieder treten nur einzelnen ganz bestimmten Körpern gegenüber in Kraft und lassen dann diese mit Sicherheit erkennen.

Die hauptsächlichsten Reagentien, die sich in jedem chemischen Apparat vorfinden müssen, sind nun etwa die folgenden: Wasser, Alkohol und Aether als indifferente Lösungsmittel; Salzsäure, Salpetersäure, Königswasser, Essigsäure, Salmiaklösung als chemische Lösungsmittel. Reagenspapier, d. i. Fließpapier mit Pflanzenfarbstoffen gefärbt; blaues (Lackmus) zeigt durch Rothwerden die Gegenwart von Säuren, rothes durch Blauwerden die Gegenwart von Alkalien an. Ihm schließen sich an: die Schwefelsäure, bildet Niederschläge mit Baryt, Strontian, Blei; der Schwefelwasserstoff, entweder als Gas oder in Wasser gelöst, schlägt aus seinen Lösungen Blei, Kupfer, Zinn, Antimon, Arsen, Cadmium, Mangan, Zink, Silber, Wismuth als Schwefelverbindungen (Schwefelmetalle) nieder (von diesen sind einige, wie das Schwefelcadmium, Schwefelarsenik u. s. w., so charakteristisch gefärbt, daß der Schwefelwasserstoff für dieselben auch als ausgezeichnetes spezielles Erkennungsmittel dient); Schwefelammonium (Schwefelwasserstoffammoniak) fällt diejenigen Metalle als Schwefelverbindungen, denen der Schwefelwasserstoff nichts anhaben konnte, also Eisen, Kobalt, Nickel, Chrom u. s. w., ebenso Thonerde, außerdem löst es von den durch Schwefelwasserstoff niedergeschlagenen Schwefelmetallen einige, wie das Schwefelarsen, Schwefelzinn, wieder auf und ist somit in doppelter Weise werthvoll; Schwefelkalium, dieselben Niederschläge wie das vorige bewirkend; Aetzkali schlägt die meisten in Wasser unlöslichen Metalloxyde und Erden nieder; im Ueberschuß angewandt, löst es einige davon, wie die Thonerde, das Chromoxyd, Bleioxyd, wieder auf und wird daher angewandt, wo es sich darum handelt, diese von den anderen, wie Eisenoxyd u. s. w., zu trennen; kohlensaures Kali fällt alle Basen, mit Ausnahme der Alkalien; Ammoniak dient zur Fällung der Metalloxyde, von denen es einige, Kupfer, Silber, Cadmium u. s. w., im Ueberschuß wieder auflösen und von den anderen trennen kann; Chlorbarium dient zur Entdeckung der Schwefelsäure, mit welcher es einen unlöslichen weißen Niederschlag giebt; eben so wirken salpetersaurer Baryt und Chlorcalciumlösung; salpetersaures Silberoxyd dient zur Erkennung des Chlors und der Salzsäure, mit denen es einen weißen, in Ammoniak löslichen Niederschlag von Chlorsilber giebt; Eisenchlorid dient zur Erkennung der Blausäure und ist außerdem mit dem Chlorcalcium für die Erkennung der organischen Säuren von Wichtigkeit.

Solche Reagentien, durch welche einzelne Körper auf charakteristische Weise nachgewiesen werden, sind nun (natürlich ebenfalls wie die vorhergenannten in wässrigen Lösungen verstanden): Phosphorsaures Natron, als Reagens auf Bittererde, Magnesia; antimonsaures Kali, als Reagens auf Natron; chromsaures Kali, zur Prüfung auf Blei, mit welchem es einen schön gelb gefärbten Niederschlag giebt; Cyankalium, sehr wichtig wegen seiner Fähigkeit, die Metalle als Cyanverbindungen zu fällen und einzelne im Ueberschuß wieder aufzulösen, besonders aber zur Trennung des Nickels vom Kobalt sowie des Kupfers vom Cadmium angewandt; gelbes Blutlaugensalz giebt mit Eisenoxydsalzen einen blauen, mit Kupferoxydsalzen einen braunrothen Niederschlag; rothes Blutlaugensalz giebt dieselben Niederschläge mit den entsprechenden Oxydulsalzen; Kieselfluorwasserstoffsäure, sowol zur Trennung der Basen in solche, welche darin löslich, und in solche, welche darin unlöslich sind, als auch zur Erkennung des Baryts angewandt; Oxalsäure, zum Nachweis und der Abscheidung des Kalkes, ebenso das oxalsaure Ammoniak; Weinsteinsäure ist ein Reagens auf Kali; Aetzbaryt zum Nachweis von Kohlensäure, mit der es einen weißen Niederschlag bildet; Zinnchlorür giebt mit Gold einen charakteristischen rothen Niederschlag, umgekehrt ist Goldchlorid ein Reagens auf Zinn; Platinchlorid weist Chlorkalium und Chlorammonium nach; Zink in metallischer Form scheidet Silber, Kupfer, Blei und andere Metalle aus ihren Lösungen in regulinischem Zustande aus; Eisen wird in derselben Weise zum Nachweis von Kupfer und Kupfer zur Erkennung von Quecksilber angewandt. Nächst diesen dienen noch zu verschiedenen speziellen Zwecken im Gange der chemischen Analyse: essigsaures Kali, Aetzkalk, schwefelsaurer Kalk, Chlormagnesium, Eisenvitriol, essigsaures Bleioxyd, Bleioxyd, Wismuthoxydhydrat, schwefelsaures Kupferoxyd, Chlorwasser, salpetersaures Quecksilberoxydul, Indigolösung u. s. w.

Neben den genannten Reagentien sind eine Anzahl anderer noch in Gebrauch, die sich auf trockne Untersuchungsmethoden mittels des Löthrohrs u. s. w. beziehen, deren Aufzählung wir uns aber ersparen. Selbstverständlich kann jeder chemische Körper, der bei seiner Einwirkung auf einen anderen eine entschiedene und merkbare Veränderung hervorbringt, als ein Reagens angesehen werden, und es ist somit für die unendlich mannichfachen Fälle der Praxis auch die Zahl derselben durch die oben angeführten lange nicht erschöpft. Die Anwendung erfolgt in strenger Planmäßigkeit, und in der Entwicklung seiner Dispositionen, in der Kombination der geeignetsten Mittel, in der Erdenkung der zweckmäßigsten Methoden zeigt sich das Genie des Chemikers. Wir können es nicht unternehmen, ein Gesammtbild davon entwerfen zu wollen, wie die unzähligen chemischen Produkte hergestellt werden; es würde dies bei der Verschiedenheit der Wege, welche zu gleichen Zielen führen können und die je nach den eintretenden Umständen fortwährend Abänderungen erfahren, geradezu unmöglich sein. Dagegen erscheint es am Platze, dem Gange einer chemischen Analyse zu folgen, und wir wählen dazu als konkretes Beispiel die Untersuchung eines unbekannten Minerals, in welchem wir also alle nur möglichen anorganischen Elemente vorauszusetzen und dieselben durch die chemische Untersuchung als vorhanden oder als nicht vorhanden nachzuweisen haben.

Analyse. Da bei einem zusammengesetzten Gemenge mehrerer Stoffe weder das äußere Ansehen, noch spezifisches Gewicht, Dichtigkeit, Verhalten gegen Elektrizität, Magnetismus u. s. w. uns einen sicheren Anhalt über die Art seiner Bestandtheile geben können, so werden dergleichen physikalische Untersuchungen, wenn sie gleich nicht zu vernachlässigen sind, doch nur als Voruntersuchungen dienen können. Das bestimmte Resultat können wir nur von der gründlichen chemischen Analyse erwarten.

Zuerst wird durch mechanische Scheidung der fragliche Körper von allen zufällig beigemengten Stoffen gesondert, so daß wir eine durch und durch gleichartige Masse vor uns haben; ein Stück Granit würde z. B. nicht im Ganzen analysirt werden, sondern seine mineralischen Bestandtheile, Quarz, Feldspath und Glimmer, wären vorher auszusuchen, vielleicht in ihrem gegenseitigen Mengenverhältniß zu bestimmen und sodann erst gesondert für sich zu behandeln, wenn es darauf ankommt, ihre chemische Natur und Formel zu bestimmen. Für die Geologie sind jedoch auch die Analysen der Gesammtmasse der Gesteinsarten, sogenannte Brutto=Analysen, von Werth und werden jetzt vielfach angestellt werden, da aus ihnen wichtige Schlüsse auf die Entstehungsart der Gesteine gezogen werden können.

Um die fragliche Substanz nun aufzulösen, pulverisirt man sie, wenn sich dies nöthig macht, auf das Feinste in einem Mörser von Achat oder hartem Stahl, bei welchen Stoffen man sicher ist, daß sie nicht durch abgeriebene Partikelchen die Masse verunreinigen, und zieht das Pulver zuerst mit Wasser aus. Löst es sich in demselben vollständig, so ist damit die Anzahl der aufzufindenden Stoffe schon sehr beschränkt. Löst es sich aber nicht oder nur zum Theil, so muß man zu stärkeren Aufschließungsmitteln greifen, und man wendet der Reihe nach Salzsäure, Salpetersäure und Königswasser an; ja wenn auch diese, wie es bei kieselhaltigen Mineralien häufig der Fall ist, ein vollständiges Auflösen nicht bewirken, so schmilzt man die unlösliche Masse mit kohlensaurem Kali, Natron oder Baryt u. s. w., oder mit einem Gemenge von mehreren dieser Körper; oder aber man behandelt sie mit Flußsäure, die man aus pulverisirtem Flußspath durch Schwefelsäure entwickelt. Natürlich wird man diejenigen Stoffe, die man als Lösungsmittel mit in die Masse hineinbringt, zuletzt nicht als vorher in dem Körper enthalten gewesen betrachten dürfen und, wenn man sie darin vermuthet, eine Prüfung daraufhin mit einer besonderen Portion vorzunehmen haben.

Genug, wir haben auf eine oder die andere Methode den vorher festen Körper in wässeriger Lösung erhalten. Ganz unlöslich könnten in der That nur sehr wenige Substanzen, wie etwa Kohlenstoff, bleiben, die sich aber leicht abfiltriren und erkennen lassen. In die wässerige Lösung, welche man, wenn zu viel freie Säure (durch Röthen des blauen Lackmuspapiers angezeigt) in ihr enthalten sein sollte, zuerst mit vielem Wasser zu verdünnen hat, wird nun Schwefelwasserstoffgas bis zur Sättigung geleitet. Dadurch fallen die Metalle Blei, Silber, Wismuth, Kupfer, Cadmium, Quecksilber, Gold und Platin als Schwefelverbindungen nieder. Man wird zwar in einzelnen Fällen, wo Salzsäure zur Lösung angewandt wurde, nicht alle derselben zu vermuthen haben, denn einzelne, wie Silber, Blei u. s. w., lösen sich darin nicht auf, da ihre Chlorverbindungen in Salzsäure unlöslich sind; ebenso löst sich das Zinn nicht in Salpetersäure auf; sie lassen sich also schon von vornherein durch Abfiltriren trennen und leicht bestimmen. Wenn aber ein solches vorheriges Ausscheiden nicht vorausgesetzt werden kann, weil vielleicht keine der fraglichen Säuren in Anwendung gekommen ist, so muß man in dem durch Schwefelwasserstoffgas verursachten Niederschlage auch die genannten Metalle vermuthen. Die abfiltrirte Lösung wird aber frei davon geworden sein. Aus ihr fällt man nun durch Zusetzen von Schwefelammonium den Rest der etwa noch vorhandenen Metalle, bestehend aus den Schwefelverbindungen von Eisen, Kobalt, Nickel, Zink, Mangan, Chromoxyd und Thonerde, filtrirt wieder ab und setzt der durchgelaufenen klaren Flüssigkeit Salmiak und kohlensaures Ammoniak zu. Durch diese beiden Reagentien wird eine Fällung aller alkalischen Erden bewirkt, wenn solche in der Lösung vorhanden waren; ein entstehender Niederschlag kann also enthalten: Kalkerde, Baryt, Strontian.

Nun kann von Basen in der Flüssigkeit (außer dem Ammoniak, welches durch die Reagentien hineingebracht worden ist) nur noch Magnesia, ferner Kali, Natron und Lithion enthalten sein. Einzelne Elemente, wie Beryllerde, Ceroxyd, Uran und dergleichen, haben wir, weil sie nur sehr selten vorkommen, vor der Hand nicht berücksichtigt; man thut dies in der Praxis auch nur, wo man einen bestimmten Grund hat, ihre Gegenwart annehmen zu müssen. Die Magnesia aber weist man nach, indem einem Theile der nun zum vierten Male filtrirten Flüssigkeit phosphorsaures Natron zugesetzt wird; ein entstehender weißer Niederschlag würde auf die Anwesenheit von Magnesia hindeuten. Die Alkalien, unter denen namentlich Kali und Natron von Bedeutung sind, weil außer ihnen sehr selten ein anderes in größerer Menge auftritt, erkennt man ziemlich leicht. Ob überhaupt in der schließlich vorhandenen Flüssigkeit ein fester Stoff noch in Lösung sich befindet, das zeigt sich, wenn ein Tropfen davon auf einem erhitzten Platinbleche verdunstet wird; ein weißer Rückstand beantwortet die Frage mit Ja. Ist blos einer der beiden vermutheten Körper noch vorhanden, so giebt die Löthrohrflamme schon genügende Auskunft darüber, denn sie wird durch die geringste Menge Kali violett, durch Natron aber gelb gefärbt. Wenn aber beide gleichzeitig auftreten, so ist Platinchlorid ein Reagens auf Kali, mit dem dasselbe einen gelben Niederschlag giebt, antimonsaures Kali aber ein Nachweis für Natron, denn das durch ein Zusammentreten beider sich bildende antimonsaure Natron ist unlöslich und scheidet sich als ein weißer Niederschlag aus.

Durch die successiv vorgenommenen Ausfällungen haben wir nun zwar schließlich den Gehalt der Lösung an Basen erschöpft und dieselben in Gruppen getrennt, es ist uns aber eben deswegen — mit Ausnahme vielleicht der Magnesia, des Kali und Natron — noch keiner der Bestandtheile für sich bekannt geworden. Wir müssen daher die einzelnen Niederschläge einer weiteren gesonderten Behandlung unterwerfen. Dazu ist vor allen Dingen wieder eine vollständige Reinigung derselben von den anhängenden Lösungs- und Fällungsmitteln nothwendig, welche nur durch ein längeres Auswaschen auf dem Filter zu erreichen ist.

Der zuerst unter Anwendung von Schwefelwasserstoff erhaltene Niederschlag wird, wenn er eine ganz reine charakteristische Farbe hat, schon einen Schluß auf bestimmte Metalle zulassen, welche die Gegenwart anderer ausschließen. Ist die unlösliche Schwefelverbindung rein gelb, so kann sie aus Schwefelarsenik, Zinnoxyd oder aus Cadmiumoxyd bestehen; eine orange Färbung würde auf Antimon hindeuten, mit dem aber die vorgenannten Metalle zugleich vorhanden sein können; wenn der Niederschlag indessen dunkel, braun, schwarz oder schmutzig gefärbt ist, so können alle möglichen Metalle, welche überhaupt eine Fällung durch Schwefelwasserstoff erleiden, darin enthalten sein. In diesem Falle behandelt man den Niederschlag mit Schwefelammonium oder Schwefelkalium, in welchen Reagentien sich die Schwefelverbindungen von Arsenik, Antimon, Zinn, Gold und Platin lösen, und trennt so die eben genannten Metalle von den in Schwefelammonium unlöslichen: Cadmium, Kupfer, Blei, Wismuth, Quecksilber und Silber. Die letzteren löst man dagegen in Salpetersäure; durch Zusatz von Salzsäure kann man dann Quecksilber, Blei und Silber als Chlormetalle ausscheiden, von denen das Chlorsilber in Ammoniak löslich ist, das Chlorblei nicht. Für Cadmium, Kupfer, Wismuth giebt es weiterhin entsprechende Scheidungsmethoden und ebenso für die im Schwefelammonium aufgelösten Metalle. Der zweite, durch Zusatz von Schwefelammonium aus der ursprünglichen Lösung ausgefällte Niederschlag, ebenso wie die durch kohlensaures Ammoniak ausgeschiedenen Erden, werden jedes für sich in entsprechend ähnlicher Art wieder gelöst und durch geeignete Scheidungsmittel in immer kleinere, schärfer charakterisirte Sippen gesondert, bis so nach und nach endlich die einzelnen Elementarbestandtheile sich trennen lassen. Es würde uns zu weit führen, die einzelnen Reaktionen hier zusammenzustellen, und wir begnügen uns, um die Klarheit des Bildes nicht zu verwirren, mit diesen andeutenden Bemerkungen. Dabei versteht es sich zugleich von selbst, daß die Bestimmung der Säuren, welche in dem zu untersuchenden Körper mit den Basen, deren Auffindung wir vor der Hand allein berücksichtigt haben, verbunden gewesen sind, einen nicht minder systematischen Weg einschlägt; ebensowol aber auch, daß diese Methoden je nach den Umständen mannichfache Umänderungen erleiden, zu denen das Auftreten gewisser Bestandtheile, die Einwirkung der aufgewandten Reagentien u. s. w. Veranlassung werden.

Die quantitative Analyse, das ist diejenige Zerlegung und Untersuchung der Körper, welche nicht nur auf Erkennung der zusammensetzenden Bestandtheile ihrer Art nach ausgeht, wie die qualitative Analyse, sondern die ihre besondere Aufgabe darin sieht, die Gewichtsverhältnisse zu bestimmen, unter denen die verschiedenen Stoffe mit einander verbunden gewesen sind, verfolgt zwar im großen Ganzen dieselben Methoden der Trennung, in der Regel aber kompliziren sich diese sehr wesentlich dadurch, daß es bei ihr auf vollständige Trennung der einzelnen Substanzen von einander ankommt und daß deswegen immer die ganze der Untersuchung unterworfene Menge des Körpers eine gleichmäßige Behandlung erfahren muß. Da hierdurch die Einzelprüfungen mit kleinen Portionen der Lösung gänzlich wegfallen müssen, so hat der quantitativen Analyse womöglich immer eine qualitative Untersuchung vorauszugehen, nach deren Ergebnissen sich der am vortheilhaftesten einzuschlagende Weg auffinden läßt.

Der Hauptsache nach bezieht sich das Gesagte fast ausschließlich auf die Analyse anorganischer Körper. Der Untersuchung organischer Substanzen können so streng gegliederte Gruppen, wie sie uns in den Metallen, den Erden, Alkalien u. s. w. gegenüber treten, nicht vorliegen, weil sich das ganze große Heer organisirter Gebilde im Wesentlichen nur aus den vier Elementen Sauerstoff, Wasserstoff, Stickstoff und Kohlenstoff aufbaut, während dagegen die übrigen 59 Elemente das anorganische Reich hervorbringen und ein großer Theil davon sehr allgemein verbreitet ist. Die Zahl der organischen Verbindungen ist nun zwar, wie es scheint, eine fast unendlich große, allein da sie sich immer aus denselben Grundelementen bilden, so gehen ihre chemischen Naturen einander nicht so parallel, daß z. B. durch die Verwandtschaft zu Schwefel ganze Klassen, wie die Metalle, sich ausscheiden ließen; sie ordnen sich vielmehr in Reihen, deren einzelne Glieder unter sich durch das quantitative Mehr- und Minderauftreten eines oder einiger Elemente verschieden sind. Bei den anorganischen Elementen giebt es in der Regel zwei, selten drei, höchstens etwa fünf Oxydationsstufen, Schwefel-, Phosphor-, Chlorverbindungen u. s. w., die wir auch als Reihen betrachten können; die Reihen der organischen Verbindungen aber sind ohne allen Vergleich zahlreicher gegliedert, und es liegt in der Natur der Sache, daß mit den allmählichen Uebergängen, welche die organischen Verbindungen unter einander zeigen, so scharf distinguirende und so einfache Reaktionen, wie in der anorganischen Analyse, nicht verbunden sein können.

Die eigentliche und in specie so genannte organische Analyse beschäftigt sich daher auch ausschließlich damit, den prozentischen Gehalt organischer Körper an allen oder einzelnen der vier Grundelemente aufzufinden; sie heißt deswegen auch Elementaranalyse. In der Hauptsache beruht sie darauf, daß die zu untersuchende Substanz mit einem anorganischen Körper, der leicht Sauerstoff abgiebt, auf das Innigste gemengt und so lange erhitzt wird, bis sie in dem entwickelten Sauerstoff vollständig verbrannt ist. Als Verbrennungsprodukte können nur entstehen: Wasserdampf (aus dem Wasserstoff und Sauerstoff), Kohlensäure (aus dem Kohlenstoff und Sauerstoff); den Stickstoff bestimmt man direkt als Stickstoffgas, und die Differenz, welche sich ergiebt, wenn man das Gewicht der drei bekannten Elemente, Kohlenstoff, Wasserstoff und Stickstoff, von dem Gesammtgewicht des untersuchten Körpers abzieht, giebt die Menge des darin enthalten gewesenen Sauerstoffs an.

Mit diesen kurzen Andeutungen müssen wir aber unsere einleitenden Betrachtungen schließen, weitere Ausführung der einzelnen Punkte denjenigen Gelegenheiten vorbehaltend, welche uns die allmähliche Umwandlung der natürlichen Rohstoffe durch chemische Prozesse häufig genug in den Weg führen wird.

Bringst du die Natur heran,
Daß sie Jeder nützen kann,
Falsches hast du nicht ersonnen,
Hast der Menschen Gunst gewonnen.

Goethe.

Der Hüttenarbeiter.

Bedeutung der Metalle. Die Erze und ihre Aufbereitung. Die Scheidebank. Pochwerke. Trocken- und Naßpochwerke. Siebsetzen. Schlämmen. Der Stoßherd. Waschen der Erze. Rösten an der Luft und in Oefen.
Gutemachen. Der trockne Prozeß. Schmelzarbeit. Schmelzen mit Kohle. Schlacke und Zuschlag. Sublimation und Destillation. Der nasse Prozeß.

Die Güter, welche der Bergmann in seinem mühevollen und gefährlichen Berufe aus den Tiefen der Erde zu Tage fördert, sind in den allerwenigsten Fällen für einen unmittelbaren Gebrauch geeignet; sie sind gewissermaßen erst der Rohstoff eines Rohstoffes, dem in der Regel nur durch umständliche Behandlungsweisen und mit den eingreifendsten Mitteln der werthvolle Bestandtheil entrissen werden kann. Das kräftigste Mittel aber und so zu sagen der Hauptschlüssel zu dem gediegenen Metallkönig, der sich oft in die unscheinbare Hülle eines simplen grauen, rothen oder schwarzen Minerals kleidet oder sonst eine nur vom Kenner zu durchschauende Larve vornimmt, ist und war zu allen Zeiten das Feuer. Durch Feuer schieden gleich uns die ältesten uns bekannten Kulturvölker, die in Aegypten, Klein- und Großasien saßen, die gebräuchlichsten Metalle aus ihren Erzen und trieben so ohne theoretisches Bewußtsein einen wichtigen Zweig der technischen Chemie. Denn nicht nur das gediegen sich darbietende Gold und das leicht zu gewinnende Silber kannte man im hohen Alterthum, sondern man verarbeitete ebensowol Kupfer, Zinn, Blei und nicht minder, wenn auch wahrscheinlich erst, nachdem man schon Kupfer und Zinn sowie einige der edlen Metalle bereits gewinnen gelernt hatte, das werthvollste aller Metalle, das Eisen, dessen Darstellung größere Schwierigkeiten darbot.

Und wie schon in längst vergessenen, kaum noch in Mythe und Sage anklingenden Zeiten des Menschen Geist und Kraft sich der Gewinnung und Nutzbarmachung der Metalle zuwandte, so blieb auch durch alle späteren Jahrtausende dieser hochwichtige Gegenstand einer derjenigen, welche zu immer größerer Vervollkommnung anreizen, weil jede Erleichterung der Aufgaben, die er bietet, einen dauernden Gewinn für das Gesammtwohl der Menschheit einschließt. Es ist durchaus nicht nöthig, erst auszuführen, welche Wichtigkeit die Metalle für die Entfaltung des Kulturlebens hatten und haben, und wie sich dasselbe hätte gestalten müssen unter Entbehrung jener. In den Metallen fand der Mensch das edelste Material zur Bethätigung seines Kunsttriebes, in den Bergwerken mit ihren eigenthümlichen Erfordernissen eine Hauptanregung seiner mechanischen und anderen Talente. Künstliche Maschinen, großartige Wasserräder, Pumpwerke, Gebläse und andere Kunstgezeuge entsprangen großentheils aus berg- und hüttenmännischen Bedürfnissen. Und steht die Wiege der Dampfmaschine, der Eisenbahn nicht ebenfalls dicht am Schachte des Bergmannes? Die Verarbeitung der Erze zu Metallen, die nothwendige Beobachtung der dabei auftretenden Zersetzungen und Verbindungen mußte zum Nachdenken über die Verschiedenheit der stofflichen Eigenschaften führen, wobei die wohlunterscheidbare Eigenthümlichkeit der Metalle ein sicheres Mittel der Prüfung abgab. Vor Allem aber ließ der erweiterte Gebrauch des Feuers, mit dessen Hülfe ja allein die noch rohe Metalltechnik geübt werden konnte, neue Erfahrungen bezüglich der Wirkung dieses kräftigen Agens auf allerhand Körper machen. Scheidung und Verbindung der Stoffe zeigte sich in engstem Zusammenhange mit den Wärmeerscheinungen. Damit war aber die neue Wissenschaft der Chemie angebahnt, und selbst in dem wundervollen Ausbau, den dieselbe bis heute erlangt hat, ist dieser Zusammenhang noch zu erkennen, denn der unterste Pfeiler des chemischen Lehrgebäudes stützt sich geschichtlich und wesentlich auf die richtige Erkenntniß von der Oxydation der Metalle.

Durch den rastlosen Fortschrittsdrang, der die moderne Menschheit beseelt, befindet sich auch die Ausbeutung und Ausnutzung des Mineralreichs in unseren Tagen auf einer vor uns nicht gekannten Stufe der Entwicklung. Zu der altüberkommenen Erbschaft früherer Jahrhunderte fügten sich neue Erfindungen von hochwichtiger Bedeutung. Wir vermögen die metallischen Bestandtheile jetzt aus ihren verborgensten Verstecken hervorzuholen und Metallmengen zu produziren, welche die Erzeugung früherer Zeiten um Tausendfaches übertreffen. Die Rolle, welche die Metalle infolge dessen als Material für Darstellung der mannichfachsten Dinge spielen, ist immer bedeutungsvoller geworden. Welch eine Reihe von der simplen Stecknadel bis zur Riesendampfmaschine, von der kleinen Letter, die einen Punkt im Buche druckt, bis zu den kolossalsten Gebilden des Metallgusses. In Tausenden von Maschinen sehen wir das todte Metall wie mit Leben begabt, während andererseits auch das dienstbereiteste aller Metalle es nicht verschmäht, sich an Stelle von Holz und Stein als Baumaterial oder zur Herstellung von Schienenwegen benutzen zu lassen.

Und neben der Verwendung der Metalle in gediegenem Zustande geht auch die der chemischen Metallpräparate, der mancherlei Oxyde, Säuren, Salze und anderer Verbindungen einher, die zahlreichen Zweigen menschlicher Thätigkeit nothwendig sind und in ihrer Herstellung sowol als in ihrem Gebrauch mannichfache Kräfte in Bewegung setzen. Die Metallausbringung und dem entsprechend auch der Verbrauch der Metalle ist bis in die Neuzeit in der rapidesten Progression fortgeschritten, wie uns bereits im III. Bande dieses Werkes gezeigt worden ist.

Das Feld, auf welches wir uns zunächst begeben, ist trotz der Errungenschaften alter und neuer Zeit, um bergmännisch zu reden, noch keineswegs abgebaut, das beweisen die steten erfreulichen Fortschritte in den verschiedenen Richtungen des großen Reviers. Die Auffindung bisher unbekannter Erzlagerstätten sowie die Ausbeutung solcher, die bei den roheren Methoden der früheren Zeit nicht ausgenutzt werden konnten, neue und verbesserte Verfahren und Mittel der Ausbringung und Verarbeitung, der Reinigung und Veredlung; die Entdeckung neuer Verwendungsarten, wodurch die Darstellung von Metallen, wie das

Aluminium oder das Magnesium, erst möglich gemacht wird, die großartigen Fortschritte im Maschinenwesen, die Universalität des Verkehrs, welche alle Mittel auf jeden Punkt der Erde zu konzentriren erlaubt und Unternehmungen durch freiwillige Betheiligung ins Werk treten läßt, die dem größten Reiche unmöglich sind, dies Alles sind Erscheinungen, die noch lange nicht an der Grenze des Möglichen stehen. Noch aber bleibt der Zukunft manches Räthsel zu lösen, andere Aufgaben treten immer wieder hervor; wir gewinnen bei weitem noch nicht Alles, was wir mit den aufgewendeten Kräften und Materialien gewinnen müßten, und der überall herrschenden Vergeudung wird die Wissenschaft noch manche Einschränkung diktiren.

Folgen wir nun unserm nächsten Gegenstande, den Erzen, so verweist uns der Bergmann, der dieselben aus den Eingeweiden der Gebirge hervorholt und dessen Arbeiten und Verfahren wir im III. Bande dieses Werkes kennen gelernt haben, an den Hüttenmann, dem er zur Weiterverarbeitung die „Schätze des Erdinnern" übergiebt und in dessen Arbeitsstätten die Kette jener merkwürdigen Umwandlungen beginnt, welche die Metalle in unzählig verschiedenen Formen ihren Lauf über die Erde machen lassen.

Die Aufgabe des Hüttenmannes, die Ausscheidung der Metalle aus den von dem Bergmann zu Tage geförderten Erzen mittels der metallurgischen oder Hüttenprozesse beruht durchgehends auf chemischen Prinzipien. Indessen sind nur in selteneren Fällen und dann auch immer nur stellenweise die Erze so rein, daß man sogleich an die Abscheidung der Metalle aus ihnen gehen könnte; meist muß zunächst eine mechanische Behandlung eintreten zur möglichsten Entfernung des anhängenden tauben Gesteins (Gangart). Diese mechanische Vorarbeit heißt die Aufbereitung und ist entweder bloße Handarbeit (trockne Aufbereitung), oder es schließt sich daran nach Umständen die Anwendung mechanischer Hülfsmittel unter Beihülfe des Wassers (nasse Aufbereitung), um das zu vollenden, was durch jene allein nicht erreicht werden konnte. Da diese Arbeit der eigentlichen Bergmannsarbeit nicht mehr zugezählt werden kann, weil sich direkt an sie die chemische Umwandlung der Erze schließt, und das Eine oft in das Andere übergreift, so betrachten wir sie hier einleitungsweise.

Aufbereitung der Erze. Die schon in oder vor der Grube aus dem Groben vorgenommene Sortirung der Güter nach ihrem Gehalte wird von den Hüttenarbeitern unter fleißiger Handhabung des zerkleinernden Hammers oder Fäustels weiter fortgesetzt. Am willkommensten, aber nicht immer vorhanden, ist die Sorte Nr. 1, die Stuferze, welche so rein sind, daß sie ohne Weiteres dem Schmelzofen übergeben werden können und nur etwa noch einer Zerkleinerung unterliegen, um für die Schmelzarbeit die passende Größe zu haben. Die zweite Sorte, Mittelerze oder Scheidegänge genannt, ist so beschaffen, daß sie zwar ein Durcheinander bilden von Erz und taubem Gestein, aber doch noch in solcher Sonderung, daß die verschiedenwerthigen Partien eines Stückes durch den Hammer getrennt und die Erztheile für sich erhalten werden können. Die Entfernung des tauben Gesteins durch Auslesen und nöthigenfalls Ausschlagen ist selbst bei den Eisenerzen erforderlich, mit denen sonst die wenigsten Umstände gemacht werden und bei denen namentlich eine eigentliche nasse Aufbereitung niemals Platz greift. Diese eben erwähnte trockne oder Handscheidung ist gewöhnlich die Arbeit von Burschen, Scheidejungen, alten Arbeitern, Frauen und Kindern, welche auf der Scheidebank (s. Fig. 26) unter Aufsicht eines Steigers, mit Schutzbrillen gegen umherfliegende scharfe Gesteinsplitter bewaffnet, die Scheidegänge mit Hämmern zerschlagen und die Stückchen nach ihrem Gehalte in verschiedene Körbe sortiren, worauf jene je nach ihrem Gehalte entweder in die Erzkammern geschafft, oder für die nasse Aufbereitung zurückgelegt, oder als werthlos auf die Abgangshaufen (Halden) gestürzt werden.

Um nun aber beurtheilen zu können, was man vor sich hat, ist es zunächst nothwendig, die anhängenden erdigen und thonigen Bestandtheile zu entfernen; dies geschieht durch di Wäsche. Diese bezweckt entweder blos die Entfernung anhängenden Schmuzes, oder auch bei Erzen, die, wie Eisenstein, Galmei u. s. w., in thonige Stoffe eingebettet liegen, die Fortschwemmung dieser; bisweilen aber auch verbindet sich damit zugleich eine

Aufbereitung der Erze.

Sortirung der Theile ihrer Größe nach. Häufig benutzt man dazu, z. B. bei den Bleierzen in Oberschlesien, trommelartige Siebe, die sich in einem Wasserbehälter drehen. Die Siebcylinder sind doppelt; der innere, der die Erze aufnimmt, hat grobe, der äußere feine Löcher. Man gewinnt somit zwei Größen gewaschenes Erz und den mit dem Wasser abfließenden Schlamm, den man in Sümpfen sich absetzen läßt. Gewöhnlicher sind die flachen, gitter= oder rostförmigen Siebe (Rätter). Sie stehen in der Regel mehr= fach über einander, haben eine geneigte Lage und werden durch einen Mechanismus in rüt= telnder Bewegung erhalten, während die Erze zugleich mit einem Strom Wasser dem obern gröbsten Sieb zugeführt werden. Was hier nicht durchgeht, gleitet auf der schiefen Fläche herab und wird in einem besondern Behälter aufgefangen; dasselbe wiederholt sich auf einem zweiten Siebe u. s. w., bis endlich das Feinste zum Absetzen in den Sumpf gelangt.

Fig. 26. Die Scheidebank.

In anderen Fällen stehen eine Anzahl Siebe treppenförmig über einander, das feinste zu unterst, jedes mit einem Auffangebehälter unter sich; auch hat man zuweilen sämmtliche Siebflächen in einer schiefen Ebene neben einander liegen und erlangt dabei dieselben Resultate wie mit der Treppenwäsche, nur in umgekehrter Ordnung; denn hier müssen die engsten Siebe zu Häupten der schiefen Ebene liegen, wo unter Zufluß eines Wasserstrahls die zu waschenden Massen aufgeworfen werden. Uebrigens werden diese Apparate je nach Bedürfniß eingerichtet und den Verhältnissen angepaßt, und es mögen deswegen Wasch= apparate wie die Fallwäsche, Reibgitterwäsche, Kippwäsche, das Sprudelwaschwerk u. a. nur dem Namen nach erwähnt werden, da ihre nähere Beschreibung selbst für den Fach= mann hier nur ein geringes Interesse bieten würde. In Oberschlesien sind auch von Carnall sehr wirksame Apparate aufgestellt worden, in denen Zink= und Bleierze mit heißem Wasser, dem Kondensationswasser aus Dampfmaschinen, gewaschen werden.

Der gewöhnliche Gegenstand der Wäsche ist vor allen Dingen das Grubenklein, das klare Gemisch von Erzen, Gängen und Schmuz. Nachdem die Wäsche es gesäubert und in mehrere Sorten klassifizirt hat, werden die größten Sorten von Kindern ausgesucht (ausgeklaubt ist der Kunstausdruck) und in gutes Erz und taubes Gestein geschieden; die mittleren fallen weiteren Prozeduren, wie dem Siebsetzen, der Rest dem Pochwerk und Stoßherd anheim. Die umfänglichsten Waschungen, und meistens nur diese Vorbereitung allein, erfahren die thonigen Eisensteine. Man bearbeitet und wendet da die Erze entweder in Gräben oder auf geneigten Holzböden (Bühnen) unter Zuleitung von fließendem Wasser, oder wirft sie am liebsten gleich in einen Bach. In anderen Fällen verbindet man mit dieser natürlichen Wäsche auch gleich gewissermaßen ein Bleichverfahren, indem man die Erze, in Haufen geschichtet, mehrere Jahre lang dem Wetter und Regen preisgiebt (abliegen läßt). Durch die hierbei stattfindende Verwitterung bezweckt man eine Lockerung und Trennung der Erzpartien von der zwischenliegenden Gangart, um diese dann leichter entfernen zu können. Luft und Feuchtigkeit bewirken bei dem Abliegen Oxydationen, namentlich werden die etwa vorhandenen Schwefelkiese zu Eisenvitriol oxydirt, welcher dann vom Regenwasser fortgeführt wird. Vorgänge dieser Art gehören aber schon dem chemischen Gebiete an, und wir übergehen sie einstweilen hier, um zunächst noch uns die rein mechanischen Zubereitungen der Erze anzusehen.

Fig. 27. Das Trockenpochwerk nach Heuchler's Atlas: „Die Bergknappen"

Denn da die Erze im Schmelzofen chemischen Einwirkungen ausgesetzt werden sollen, so müssen sie in eine Form gebracht werden, in welcher sie eine möglichst innige Vermischung mit denjenigen Körpern gestatten, durch deren Hülfe eben die Zersetzung stattfinden soll; sie müssen also zerkleinert und in manchen Fällen sogar bis zu mehlartiger Feinheit zerkleinert werden. Dies geschieht in Pochwerken, welche einer Oel- oder Walkmühle ähnlich, meist durch ein Wasserrad getrieben werden (s. Fig. 27). Eine mit Hebedaumen besetzte Welle hebt die etwa centnerschweren, mit Eisen beschuhten Stampfen und läßt sie auf eiserne Platten, welche den Boden eines Troges bilden, der die Erze enthält, niederfallen. Durch Sieben oder mittels Durchwerfens wird das gewonnene Pochmehl von den noch groben Theilen abgesondert, letztere aufs Neue bearbeitet und schließlich Alles zur Hütte geschafft. Dies sind die Trockenpochwerke, so genannt zum Unterschiede von den gleich zu erwähnenden nassen Pochwerken, die zur Aufbereitung armer Erze dienen. In den Fällen nämlich, wo die Erztheilchen mit der Gangart inniger gemischt, oft nur punktweise eingesprengt sind, wird die Handscheidung unthunlich, und es tritt an ihre Stelle die nasse oder künstliche Aufbereitung, welcher auch allenfalls noch das Ausschlageklein, der sandige Abfall von der Scheidebank, anheimfällt.

Man hat für die nasse Aufbereitung zwei Methoden, welche gesondert, zuweilen aber auch mit einander verbunden zur Anwendung kommen. Beide beruhen auf dem Grundsatze des Schlämmens, also auf dem Umstande, daß spezifisch schwerere Körper in einer Flüssigkeit rascher untersinken als leichtere oder, was auf dasselbe hinaus kommt, daß leichtere Theilchen von fließendem Wasser weiter fortgespült werden als schwerere. Hierbei wird freilich vorausgesetzt, daß die schwereren Theilchen auch die metallhaltigen seien, was in den gewöhnlichen Fällen, wo das taube Gestein kalkartiger, kieseliger u. s. w. Natur ist, auch zutrifft, aber doch nicht ausnahmslos ist, denn es könnte z. B. die Gangart aus Schwerspath bestehen, und dann würde diese Art der Aufbereitung einen sehr geringen Erfolg haben, denn das spezifische Gewicht des Schwerspathes übertrifft dasjenige verschiedener Erze.

Die beiden Methoden der nassen Aufbereitung sind nun das Siebsetzen und die Behandlung auf dem Naßpochwerke. Die erstere ist neueren Ursprungs und von größerer Wirksamkeit. Sie findet ihre Anwendung bei weniger armen, nicht zu innig mit der Gangart gemischten Erzen. Es handelt sich dabei nicht um eine Zermalmung bis zu mehlartiger Beschaffenheit, sondern nur um eine gewisse Zerkleinerung oder Körnung, bei welcher eine möglichst gleiche Größe der Theilchen angestrebt wird. Die Erze werden zu diesem Zwecke am besten zwischen eisernen Walzwerken zerdrückt, sodann durch Siebe von bestimmter Maschenweite sortirt, und so werden mehrere Sorten gewonnen, von denen man die gröberen gewöhnlich durch Widerholung derselben Operation noch weiter zerkleinert.

Das eigentliche Siebsetzen geschieht dann entweder durch Menschenhände oder in neuerer Zeit auch unter Anwendung von Maschinenhülfe. Das Sieb ist ein faßartiger Cylinder mit einem metallenen Siebboden, wovon man mehrere Grade der Maschenweite hat. Es hängt an einer eisernen Stange, und diese wieder an einem beweglichen, mit Gegengewicht versehenen Balken dergestalt, daß es durch einen Zug in eine untenstehende, mit Wasser gefüllte Kufe eingetaucht werden kann. Die Setzarbeit pflegt mit einem Siebe zu beginnen, das auf

Fig. 28. Das Handsetzsieb.

den Quadratzoll vier Oeffnungen hat. Man füllt es zur Hälfte mit dem Erzklein, senkt es in das Wasser, treibt es hierauf in kurzen Stößen nieder und wieder aufwärts. Aus dem Aufruhr, den das durchströmende Wasser in dem Inhalte des Siebes bewirkt, hat sich schließlich nach etwa 50 Stößen eine Ordnung derart gestaltet, daß die schwersten und gehaltreichsten Körner (Erzgraupen) zu unterst liegen, obenauf das leichtere taube Gestein, das somit leicht beseitigt werden kann; in der Mitte zwischen beiden eine Schicht, die gewöhnlich noch einer weiteren Aufbereitung in den Pochwerken unterliegt. Was durch das erste Setzsieb hindurchfällt, kommt auf ein engeres Sieb, und was diesem entschlüpft, auf ein noch engeres. So gewinnt man durch die Setzarbeit den Haupttheil des schmelzwürdigen Erzes und beseitigt ebenso einen Theil des Werthlosen; was noch rückständig ist, bildet mit dem bei der Handscheidung schon beiseite Gelegten die Pochgänge. Die Abbildung Fig. 28 versinnlicht uns das Handsetzsieb, dessen einfacher Mechanismus sich wol selbst erklärt. Die sogenannten Setzmaschinen sind entweder Nachbildungen des eben angegebenen Apparates, indem derselbe anstatt mit der Hand durch Pferde-, Wasserkraft oder dergleichen in Bewegung gesetzt wird und infolge dessen eine vergrößerte Ausführung erfährt, sodaß vielleicht zwei Siebkästen abwechselnd in einem Wasserbehälter gehoben und gesenkt werden u. s. w., oder es sind Kolbendruckwerke. Diese letzteren drücken dann das Wasser mittels eines geschlossenen hohlen Kastens, der an einer auf= und abgehenden Kolbenstange hängt, aus dem einen Theile des Apparates in den andern, der mit jenem verbunden ist, indem eine jedoch nicht bis auf den Boden hinab gehende Scheidewand den größeren Kasten= raum oberhalb in zwei Abtheilungen theilt, die aber am Boden mit einander in Verbin= dung stehen. Die eine dieser Abtheilungen enthält das festliegende Sieb, aus Metallgeflecht oder Eisenstäben hergestellt, die andere den als Kolben wirkenden Kasten. Durch die Abwärts= bewegung desselben wird das Wasser von unten nach oben in das Sieb getrieben, während es beim Aufgange des Kolbens wieder zurückfließt und die Erze von oben nach unten durch= strömt. Die Wirkung ist demnach eine dem Handsetzsieb ganz entsprechende, nur insofern umgekehrte, als bei der Setzmaschine das Wasser und nicht der Siebapparat bewegt wird.

Der Nachtheil dieser Apparate, des Handsetzsiebes sowol wie der Setzmaschine, besteht aber darin, daß die Arbeit selbst nur eine halbe ist, d. h. es wird Zeit und Kraft immer nur während der einen Hälfte der Bewegung zu dem eigentlichen Arbeitszwecke ausgenutzt. Daher hat man in der letzten Zeit sich viel Mühe gegeben, kontinuirlich wirkende Setz= apparate herzustellen, von denen die auf dem Prinzipe der Schüttelapparate beruhenden die zweckmäßigsten sein dürften.

Sind nun also auf eine oder die andere Art die reichen Erze von den armen geschieden (oder hat man es überhaupt nur mit armen Erzen zu thun), so müssen die letzteren, die Pochgänge, für sich wieder einem ähnlichen Prozeß der Scheidung der Erztheile von den Gesteinstheilchen unterworfen werden. Sie kommen zu diesem Behufe unter das Naßpoch= werk, welches sie zu Mehl zerstampft, aus dem sodann das Gute von dem Schlechten ge= sondert wird. Da diese Trennung unter Mitwirkung des Wassers durch Schlämmen geschieht, so ist eine zu weit gehende Pulverung zu vermeiden. Die Zerkleinerung darf nicht weiter ausgedehnt werden, als es die Größe der eingesprengten Erztheilchen erheischt. Das übermäßige Zerstampfen (Todtpochen) würde zur Folge haben, daß die zu kleinen Theilchen sich schwer oder theilweise gar nicht aus dem Wasser niederschlagen.

Das Naßpochwerk, welches diese Zerkleinerung besorgt (s. Fig. 29), ist also wieder ein Stampfwerk, das aber unter Mitwirkung des Wassers arbeitet. Während nämlich die Pochgänge von den Stampfen bearbeitet werden, fließt ununterbrochen ein gleichförmiger Wasserstrahl in den Stampftrog und als trübe Brühe am andern Ende der Sohle wieder heraus. Denn das Wasser nimmt sogleich jene Theilchen mit fort, deren Zerkleinerung weit genug gediehen ist, und führt sie in die Mehlführung, eine Reihenfolge flacher hölzerner Gerinne oder Kanäle, in denen es, seine Geschwindigkeit allmählich verlierend, die aufgenommene Last in einer gewissen Art gesondert wieder fallen läßt. Die schwersten Theile (das rösche Korn) fallen natürlich zunächst, und zwar zu Häupten der Mehlführung, zu Boden; mit zunehmender Entfernung fällt dann feinerer Bodensatz (zähes Korn), bis endlich in der entferntesten und breitesten Abtheilung (Sumpf) bei geringstem Wasserfluß noch die leichtesten Erztheilchen nebst dem feinsten erdigen Schlamme sich absetzen. Für den hüttenmännischen Zweck scheint zwar durch die ganze Arbeit nichts Wesentliches erreicht zu sein, denn es liegen ja durch die ganze Führung hin Erz= und Steintheilchen, Gutes und Schlechtes in Vermischung, wenn auch nach einem gewissen Schwere= und Größenverhältniß geordnet. Dennoch ist man hierdurch dem Ziele halbwegs näher gerückt: es ist die nach= folgende Schlämmarbeit zweckmäßig eingeleitet und deren Erfolg gesichert worden. Dies wird durch folgende Betrachtung klar werden.

Denken wir uns ein metallisches und ein steiniges Körperchen von gleicher Größe in fließendem Wasser schweben, so wird das erste seiner größeren Schwere zufolge zuerst den Grund erreichen, das andere noch etwas weiter geführt werden; ist nun aber der steinige Körper um ein Merkliches größer als der metallische, so bewirkt eben seine größere Masse auch ein beschleunigtes Sinken, und so kann es kommen, daß Masse und Gewicht der beiden theoretisch betrachteten Theilchen sich dergestalt kompensiren, daß beide an einem

Aufbereitung der Erze. 61

Punkte zur Ruhe gelangen. Hiernach ist es erlaubt anzunehmen, daß durch die ganze Führung hin das Gemisch von steinigen und metallischen Partikeln so beschaffen sein werde, daß die ersteren im Allgemeinen die größeren sind. Denkt man sich nun ein solches Gemisch auf einer geneigten Fläche liegend und von Wasser überrieselt, so ist einleuchtend, daß die tauben Theile, nicht allein weil sie leichter, sondern auch weil sie größer und also dem Stoße des Wassers mehr ausgesetzt sind, nun auch vorzugsweise in Bewegung kommen und sich somit von ihren metallischen Begleitern effektiv trennen werden. Dieser Zweck des Schlämmens oder Verwaschens, die Konzentrirung des Pochmehles, wird in sogenannten Schlämmgräben und auf Apparaten verfolgt, welche Herde heißen und in zweierlei Art vorhanden sind, als festliegende und als bewegliche; letztere heißen aus bald zu ersehendem Grunde Stoßherde.

Fig. 29. Ein Naßpochwerk nach Heuchler's Atlas: „Die Bergknappen".

Der Schlämmgraben ist ein künstliches Gerinne, über welchem auf der einen Seite der Schlammkasten, in den dies zu verarbeitende Pochmehl kommt, steht, auf der andern Seite ist er durch ein vertikales Bret mit einer Anzahl senkrecht unter und gleichweit von einander befindlichen 2½ Centimeter weiten Löchern geschlossen. Die Länge des Grabens beträgt etwa 3, seine Breite ⅔ Meter, auf diese Länge fällt die Sohle gleichmäßig um 7½ Centimeter pr. Meter ab, bis kurz vor dem Ende, wo sich das Loch befindet, eine plötzliche Vertiefung von 1¼ Centimeter auf 40 Centimeter Länge eintritt. Aus dem Schlämmkasten zieht der Arbeiter mit einem kratzenartigen Instrument, der Kiste, die Schlämmmasse in die Gräben, deren oft mehrere neben einander liegen, und indem er das Wasser darüberfließen läßt, streicht er mit der Kiste, die ungefähr die Hälfte des Grabens breit ist, abwechselnd an jedem Seitenbret mehrmals hinauf. Die Oeffnungen an dem vorderen Brete werden geschlossen, sobald der Schlämmvorrath so hoch gestiegen ist, daß er selbst hindurchgehen würde. Man läßt nur das klare Wasser abfließen, wenn der Graben an seinem Fuße etwa 10 bis 12 Centimeter hoch mit Schlämmmasse angefüllt ist. Durch die Bearbeitung hat sich dieselbe nach ihrem spezifischen Gewicht geschichtet und man macht beim Abstechen

Abtheilungen, die entweder als taub weggelassen oder in derselben Art noch ein oder mehrere Mal, bis sie zur Verhüttung reif genug sind, durchgearbeitet werden. Anstatt in Schlämmgräben bewirkt man die Sonderung des Erzmehles vielfach auch in sogenannten Spitzkästen, das ist eine Anordnung von vier pyramidalen Kästen, in denen sich nach einander der Sand und die Schlämme je nach ihrer Feinheit absetzen. Beide Apparate dienen als Vorbereitung für die Herdarbeit.

Den Haupttheil des liegenden Herdes bildet ebenfalls eine aus Holz konstruirte, einige Meter lange, schwach geneigte, an den Seiten, außer der untersten, mit erhöhtem Rande versehene Tafel. Zu Häupten derselben befindet sich ein Kasten, in welchen beständig Wasser fließt und der zugleich das aus den Mehlführungen gehobene Gut aufnimmt. Ein Schaufelrad, das im Kasten geht, besorgt die gute Mischung des Inhalts, der nun, der Quantität des Wasserzuflusses entsprechend, beständig überfließt, durch kleine Rinnen geleitet auf der schiefen Ebene sich verbreitet und abwärts begiebt. Die Abwartung, die ein solches System erfordert, besteht darin, daß ein Arbeiter, der übrigens für vier Herde ausreicht, darüber wacht, daß das Mehl nicht zu dünn oder zu dick abfließe und Alles in gleichmäßiger Vertheilung die schiefe Ebene passire. Zu letzterem Zweck handhabt er ein Bretchen oder einen Besen (daher auch der Name Kehrherd). Mit diesem Werkzeuge sorgt er nicht

Fig. 30. Der Stoßherd.

nur für richtige Vertheilung, sondern er schiebt auch die Masse wiederholt wieder aufwärts, indem er sie dadurch zugleich aufrührt und zu mehrmaligem Herabgehen nöthigt. Uebrigens giebt es auch Herde, wo der Stoß des Wassers die ganze Arbeit allein besorgt.

Der auf der geneigten Ebene bleibende Rückstand heißt, nachdem er schmelzwürdig geworden, Schlich. Die gehaltreichsten Schliche sammeln sich natürlich wieder im oberen Theile der geneigten Ebene und werden zur Verhüttung fortgenommen, während das Uebrige nach Befinden noch mehrmals dem Schlämmprozesse unterworfen wird. Der endlich übrigbleibende werthlose Schlamm wird selbstverständlich dem abfließenden Wasser zum Mitnehmen überlassen, nicht ohne daß er noch manches Gute enthielte, das aber durch die zu feine Zertheilung unerreichbar geworden ist.

Die beweglichen oder Stoßherde (s. Fig. 30) arbeiten in gleichem Sinne wie die eben beschriebenen liegenden, aber sie fördern vermöge ihrer Einrichtung mehr als diese. Das Besondere an ihnen ist, daß die ganze geneigte Fläche, außer Zusammenhang mit dem Vertheilungskasten, zwischen vier Ständern an Ketten oder Stangen so aufgehangen ist, daß sie in eine schaukelnde Bewegung im Sinne ihrer Länge gesetzt werden kann. Während nun die flüssige Masse in bekannter Weise über die geneigte Ebene sich vertheilt, drückt ein einfacher Mechanismus (Daumenwelle) den beweglichen Herd in gewissen Zwischenräumen, etwa 30mal in der Minute, aus der Lage, die er frei hängend einnimmt, nach der Seite des Abflusses hin und läßt ihn dann wieder frei; der nun von selbst zurückfallende Herd geht gleich einem Pendel über seine tiefste Lage hinweg und prallt demzufolge an einen zu seinen Häupten befindlichen massiven Klotz, den Stauchklotz, an. Die Wirkung dieser sich immerfort wiederholenden erschütternden Stöße auf die aufgetragene Masse ist nun begreiflicher Weise eine solche, daß dieselbe aufgerührt, hierdurch das Obenaufkommen der leichteren Theile begünstigt und die Trennung auch noch dadurch befördert wird, daß die Masse durch jeden Stoß einen Antrieb oder Schneller nach rückwärts, nach der Höhe zu, erhält, wodurch zugleich in wirksamer Weise das erreicht wird, was beim liegenden Herd der Kehrbesen oder das Streichbret bewirkt.

Bei den geschilderten Aufbereitungsarbeiten sind der Neigungsgrad der Herdfläche, die Menge des zuströmenden Wassers, Größe des Korns, Kraft der Stöße am Stoßherd, Länge der Kanäle u. s. w. wohl zu beobachtende Umstände, die immer den Eigenschaften der betreffenden Erze möglichst genau angepaßt werden müssen; außerdem sind die Arbeiten so zu führen, daß auch die dem Schmelzofen zu übergebenden Schliche den möglichst gleichen Grad des Gehalts und der Zusammensetzung haben, weil nur unter dieser Bedingung das Ausbringen wohl gelingen kann.

Etwas Neues und gleichsam ein Mittelding zwischen ruhenden und beweglichen Herden sind rotirende Herde, die sich durch zufriedenstellende Arbeit, fast ohne menschliche Beihülfe, rasch empfohlen haben. Es sind große, aus Holz gebaute, auf einer Welle sitzende Scheiben, doch nicht flach, sondern nach der Mitte hin etwas ansteigend, im Ganzen also flach konisch. Die Welle, und somit auch der Herd, hat überdies eine seitliche Neigung von etwa 5 Grad. Indem der Herd, der natürlich mit den nöthigen Auffangerinnen umgeben ist, sich durch Maschinenkraft fortwährend langsam dreht, fließen ihm von seiner Mitte aus die Pochtrübe und das Läuterwasser zu, verbreiten sich über das Ganze und die Sonderung erfolgt dadurch vollständig, daß an einer Stelle die fertigen Schliche immerfort abfließen, also der Herd sich beständig selbst reinigt. Man hat es in der Gewalt, durch Verändern der Neigung, der Drehungsgeschwindigkeit u. s. w. diejenigen Bedingungen herzustellen, welche für einen bestimmten Zweck die angemessensten sind.

Wie man aus all diesem sieht, ist aber die nasse Aufbereitung ein Verfahren, das wegen seiner Umständlichkeit, die es zumeist mit sehr geringhaltigen Erzen zu thun hat, nur mäßige und geringe Erfolge geben kann und dessen Kosten einen großen Theil des Ertrages verschlingen müssen. In Freiberg z. B. werden jährlich Hunderttausende von Centnern armer Erze aufbereitet, die im Centner nur 1—1½ Loth Silber führen. Welche Massen sind da zu bewältigen und welcher Ballast von Abgängen! Hierzu kommt, wie schon bemerkt, noch der Uebelstand, daß die Scheidung niemals vollständig gelingt, ja der Verlust an den in den Abgängen stecken bleibenden Erztheilchen in einzelnen Fällen bis auf 50 Prozent angeschlagen wird. Trotzdem bleibt man bei diesen mangelhaften Einrichtungen noch stehen, da sie wenigstens gestatten, einem nicht unbeträchtlichen Theile der Bevölkerung Arbeit zu gewähren, für welchen ein Ersatz durch einen andern Nahrungszweig sich nicht so leicht finden läßt. Wir haben übrigens hier durchaus nicht die Absicht, alle Einzelheiten in den Anreicherungsverfahren der Erzschliche durchzugehen, dieselben richten sich auch in den speziellen Fällen viel zu viel nach besonderen Umständen, für Golderze, zumal in Kalifornien, wo die Handarbeit einen ganz andern Preis hat als im sächsischen Erzgebirge, werden theure Zermalmungsmaschinen und kostspielige Verfahren angewandt werden können, die anderswo den ganzen Bergwerksbetrieb unmöglich machen würden. Wir hatten nur einleitungsweise zu den Kapiteln, die sich mit der Gewinnung der einzelnen Metalle beschäftigen, ein flüchtiges Bild zu geben von der mechanischen Bearbeitung, welche im Allgemeinen die Erze erfahren, ehe sie im Schmelzofen zur Herausgabe ihres metallischen Kernes gezwungen werden.

Aber diese mechanische Bearbeitung genügt in vielen Fällen noch nicht. Das Erzmehl mag von allen Gesteinspartikelchen noch so gut befreit sein, so können doch darin Bestandtheile vorhanden sein, deren Entfernung man wünschen muß, weil dadurch die späteren Prozesse erleichtert, die Qualität der Produkte verbessert, vielleicht auch verwerthbare Nebenprodukte erzielt werden können. Da nun, wie wir annehmen, die mechanischen Hülfsmittel erschöpft sind, so bleibt nichts übrig als auf chemischem Wege den Zusammenhang der Stoffe, die man trennen will, zu lockern. Es muß die chemische Verwandtschaft der Stoffe unter einander zu Hülfe genommen werden, und aus Verbindungen, die für die Weiterverarbeitung nicht günstig sind, müssen die schädlichen Genossen dadurch entfernt werden, daß man sie durch solche ersetzt, mit denen leichter fertig zu werden ist. Man bietet dem metallischen Freunde, den man sich zu gewinnen sucht, eine Gesellschaft dar, die ihm unter obwaltenden Verhältnissen die angenehmere ist, der er also begierig sich anschließt und auf die man selbst genügenden Einfluß hat, um die ganze Genossenschaft nach seinen Zwecken zu lenken. Es ist das große Kunststück der Chemiker, die passendsten Freunde zusammenzuführen, und zwar unter Umständen, welche das gegenseitige Anschließen möglichst erleichtern, dabei aber immer die am leichtest zu führenden Zügel in der Hand zu behalten.

Und um aus den Erzen die Metalle schließlich zu isoliren, sie von Verbindungen los zu machen, an denen sie als nahe Verwandte begierig hängen, wird es mancher künstlichen Beschwichtigung, manches zeitweiligen Ersatzes, mancher augenblicklichen Beschäftigung, mancher Aufregung, die zu gestatten ist, damit andere Neigungen vergessen werden, auch schließlich manches gewaltsamen Zwangmittels bedürfen. Da die rohe äußere Gewalt, die mechanische Kraft, jetzt nichts mehr vermag, so müssen genügende Gründe, Beweise, Nothwendigkeiten, gegen die sich nichts einwenden läßt, aufgeführt werden. Und der Logik ist die Natur stets offen; — die gemeinste Erzstufe bietet darin ein besseres Bild als mancher Mensch mit der unsinnigen Benutzung seines „göttlichen freien Willens".

Vor allen Dingen ist es nothwendig, den einzelnen Bestandtheilen in ihrer Masse diejenige Beweglichkeit zu geben, welche ein freiwilliges Ausscheiden und freiwillige Verbindung ermöglicht; sie in einen Zustand zu bringen, der den Atomen die innigste Berührung gestattet. Das ist: sie selbst gasförmig oder flüssig zu machen, wenn diejenigen Stoffe, welche mit ihnen in Verbindung oder in gesellschaftlichen Austausch treten sollen, ihnen in solcher Form nicht zugeführt werden können, sie dahin zu führen, daß sie schmelzbar werden.

Ein kräftiger Agitator in allen chemischen Verhältnissen ist der Sauerstoff der atmosphärischen Luft; seine Mitwirkung wird in einer großen Zahl von Fällen nützlich werden können; unterstützt wird seine Thätigkeit durch die theils mechanische, theils chemische Wirksamkeit des Wassers und der Kohlensäure. Wo seine Macht nicht ausreicht, können Aetzmittel und Säuren angewandt werden, um die Lösbarkeit in Wasser herbeizuführen, oder mit Hülfe des Feuers werden Schmelzungen eingeleitet. In der freien Luft läßt man daher die Erze verwittern, d. h. einzelne ihrer Bestandtheile sich mit Sauerstoff verbinden, dadurch aus dem ursprünglichen Zusammenhange heraustreten und diesen lockern.

Brennen und Rösten. Aehnliche Wirkungen, wie die durch das Abwittern in langer Zeit erhaltenen, erreicht man rascher durch Erhitzung der Erze, durch das Brennen, welches schon dadurch wirksam wird, daß es manche Bestandtheile verflüchtigt und den Zerfall der Verbindung auf doppelte Weise herbeiführt, indem das Entweichen der gasförmigen Stoffe aus dem Innern auch mechanisch auf den gewünschten Effekt hinarbeitet. Die Erhitzung erfolgt entweder ohne Luftzutritt in Retorten u. dergl. und heißt dann Brennen oder Kalziniren, oder sie besteht in einem Durchglühen bei Zutritt der Luft (Rösten). Eine strenge Scheidung der beiderlei Maßregeln wird übrigens nicht gemacht und ist auch nicht nöthig, da Luftzutritt den verschiedenen hier zu verfolgenden Zwecken niemals hinderlich, eher förderlich ist. Das Brennen stellt sich oft ganz in Parallele mit dem Kalkbrennen; wie der feste Kalkstein dadurch mürbe und leicht gebrannt wird, daß ihm die Hitze seinen Wasser- und Kohlensäuregehalt zu allen Poren hinaustreibt, so sollen auch gewisse Erze, wie Eisenstein, Galmei, Kupferschiefer u. s. w., von Wasser, Kohlensäure, erdharzigen Stoffen u. s. w. befreit und dadurch mürber werden, während man in anderen Fällen die auflockernde Wirkung von der ausdehnenden Kraft der Wärme allein erwartet.

Die Wirkungen des Röstens sind mannichfaltiger. Indem man hierbei die Stoffe so weit ins Glühen versetzt, daß noch keine Schmelzung stattfindet, wohl aber die chemischen Thätigkeiten der Luft und der Hitze freies Spiel gewinnen, bezweckt man meistens eine Verflüchtigung einzelner Bestandtheile durch Oxydation, namentlich wenn Schwefel-, Arsenik- oder Antimonverbindungen vorliegen. So beginnt die Zugutemachung der Schwefelblei-, Schwefelzink- und Schwefelkupfererze mit der Röstung, um den Schwefel zu verjagen, der durch Verbrennung, d. h. durch Aufnahme von Sauerstoff, in Form schwefeliger Säure, wenigstens zum großen Theil, entweicht. Beim Schwefelquecksilber (Zinnober) gelingt die Vertreibung des Schwefels durch Verbrennung vollständig und kann unter gleichzeitiger Reduktion sofort das reine Metall gewonnen werden, während man bei den übrigen Metallen durch Rösten zunächst nur die Oxyde derselben erhält, die dann durch ein besonders unternommenes Schmelzen mit Kohle erst in gediegenes Metall verwandelt werden müssen. Beim Zinnerz endlich geht unter Umständen, wenn es mit Schwefel- oder Arsenikkiesen verunreinigt ist, eine Röstung der Wäsche voraus, welche bezweckt, die Schwefelmetalle in leichte, lockere Oxyde zu verwandeln, in welcher Form sie dann leichter durch die Wäsche zu entfernen sind.

Das Rösten selbst geschieht nach verschiedenen Methoden. Die ältere und noch häufig angewendete kommt ziemlich überein mit der Holzverkohlung in Meilern. Man schüttet auf einem offenen Platze oder in einer Grube auf einer Schicht Brennholz die Erze in kegelförmigen Haufen oder „Stadeln" auf, indem man zugleich durch die Mitte des Haufens mittels Scheiten einen Schlot anlegt. Hier hinein schüttet man glühende Kohlen. Wenn die Erze Schwefel enthalten, so gerathen sie bald selbst mit in Brand, und der Haufen kann mit einem geringen Holzaufwand gar gemacht werden.

Mitunter trifft man auch — namentlich bei der Kupfergewinnung — Anstalten, um einen Theil des beim Rösten sonst nutzlos verbrennenden Schwefels zu Gute zu machen. Man umhüllt den Rösthaufen mit einer dünnen Lage von Erde, Sand oder anderem Klein und verringert dadurch den Zutritt der Luft ins Innere so weit, daß ein Theil des Schwefels nur verflüchtigt, nicht zu schwefliger Säure verbrannt wird. An schalen- oder plattenförmigen Körpern, welche man um die Mündung des Schlotes anbringt, setzt sich dann derselbe in fester Form an. In Schweden erhält man größere Schwefelausbeute dadurch, daß man den Erzhaufen an einer abhängigen Stelle in gestreckter Form ansteigend formirt und vom oberen Ende aus einen kurzen Kanal von Ziegeln nach einer verdeckten Grube oder einer Hütte führt, worin der Schwefel sich niederschlagen kann, nachdem der Haufen gehörig mit Erde bedeckt und am unteren Ende angezündet wurde.

Dem Rösten in Haufen zunächst steht die Methode, bei der man die Erze abwechselnd mit Holz zwischen niedrigem Gemäuer aufschichtet und ausbrennt; bei den Arbeiten im neueren Stil kommen aber Oefen verschiedener Konstruktion in Anwendung, wie wir sie bei anderen Gelegenheiten noch kennen lernen werden; man unterscheidet sie im Allgemeinen als Schacht- und Flammenöfen. Den Begriff der ersteren giebt jeder Kalkofen. Ein solcher gestattet in seiner gewöhnlichen Konstruktion nur einen unterbrochenen Betrieb, d. h. man füllt ihn, um ihn nach erfolgtem Brande wieder zu entleeren. Bringt man aber die Feuerungen am Fuße des Ofens seitwärts, außerhalb des Füllraums an und leitet die Hitze durch Kanäle in diesen, so kann man immer neuen Rohstoff von oben nachfüllen und fertig Gebranntes unten herausziehen: man hat dann einen Ofen mit kontinuirlichem Betriebe. Die Ofenkonstruktion hat in den letzten Jahren enorme Fortschritte gemacht, da fast alle Arbeitsbranchen auf die rationelle Ausnutzung der immer theurer werdenden Brennmaterialien angewiesen sind und bei einer großen Anzahl derselben die Vervollkommnung der Heizapparate auch auf die Verbesserung ihrer Produkte einen wesentlichen Einfluß ausübt; wir nennen nur die Glasfabrikation, die Thonwaarenindustrien, die Herstellung von Schmiedeeisen und Stahl u. s. w. u. s. w. — An diesen Fortschritten partizipiren aber auch, oder können partizipiren, alle anderen Industriezweige, bei denen Feuerungsanlagen in Frage kommen; so hat man zuerst für die Bäckerei einen sogenannten rotirenden Ofen gebaut, dessen Prinzip in einer Drehscheibe beruht, welche sich in einem bis auf zwei entgegengesetzt gelegene Oeffnungen allseitig geschlossenen Ofenraume bewegt; die eine dieser Oeffnungen dient zur Feuerung, die andere zur Besetzung resp. Entleerung des Ofens mit dem darin gar zu machenden Materiale, welches auf die Drehscheibe aufgegeben wird. Da diese nun schrittweise immer in derselben Richtung gedreht wird, so leuchtet ein, daß das eingegebene Material successive alle Grade zunehmender Erwärmung durchmachen muß, bis es nach einer Drehung der Scheibe um einen Halbkreis in das Maximum der Hitze über der Heizstelle gelangt, um dann wieder ebenso allmählich abgekühlt zu werden, ehe es nach einer weiteren Drehung um 180° an die Entleerungspforte kommt. Von diesem rotirenden Backofen ging das vernünftige Prinzip auf die Ziegelbrennöfen über, warum soll es nicht auch für die Hüttenwerke zweckmäßige Anwendung gestatten, wenn man hier nicht die trommelartigen Rotationsöfen, wie wir späterhin einen solchen bei dem Puddelprozeß kennen lernen werden, vorziehen will. Zur Zeit allerdings sind die Schachtöfen und die Flammenöfen die Beherrscher des Terrains. Bei dem Brennen im Schachtofen ist man auf den natürlichen Luftzug beschränkt, wie er sich den Umständen nach im Innern gestaltet. Nur bei wirklichen Schmelzprozessen bedient man sich der Hülfe von Gebläsen. Die Flammenöfen dagegen gestatten eine Regulirung und hohe Steigerung des Zuges und man kann Flammen und Luft mit großer Wirksamkeit auf die Arbeitsmassen dirigiren.

Wo es sich darum handelt, durch die Hitze verflüchtigte oder durch den Luftzug fortgerissene staubförmige Substanzen wieder aufzufangen, schließt sich an den Ofen noch ein Sammelraum, die Kondensations- oder Gestübbekammer, durch welche die Feuerluft ihren Weg nehmen muß, bevor sie in den Schornstein gelangt. Dies ist zumal nöthig, wenn die Erze Arsenik enthalten, das sich in Form von arseniger Säure (Giftmehl) in diesem Kondensator niederschlägt. Auch andere nutzbare Dinge können nach Umständen durch denselben noch gesammelt werden; so hält man beim Rösten von Zinnstein geringe Spuren als Staub entwichenen Zinnoxydes durch solche Gestübbekammern noch zurück.

In manchen Fällen verarbeitet man die beim Rösten von Kiesen (Schwefelerzen) sehr reichlich auftretende schweflige Säure auf Schwefelsäure; in der Regel aber verbrennen bei dem Röstprozeß jährlich Hunderttausende von Centnern Schwefel nicht nur nutzlos, sondern oft zur großen Belästigung der Umgebungen der Hütten, die nur durch sehr hohe Schornsteine weniger fühlbar gemacht werden kann. Beispiele von großartigen Anstalten zur Zugutemachung der schwefligen Säure finden wir namentlich auch am Harz und im Mansfeldischen, wo die Kupferschieferverhüttung sich auf fabelhafte Erzmengen erstreckt.

Das Zugutemachen, das Ausbringen ihres Metallgehalts, ist der nächste Prozeß, der auf die Vorbereitung der Erze folgt. In den meisten Fällen geschieht dies durch Schmelzen im Feuer; doch giebt es auch für bestimmte Fälle (bei Silber, Platin u. s. w.) nasse Wege zum Ziele, und überhaupt sind die Methoden und Manipulationen, je nach der Natur und Beschaffenheit des Rohstoffes, so mannichfaltig, daß wir uns hier auf einige allgemeine Andeutungen zu beschränken haben werden, das Besondere aber besser auf die Betrachtung der einzelnen Metalle verschieben.

Die Schmelzarbeit gestaltet sich am einfachsten, wenn das Metall bereits in gediegener Form in den Erzen steckt; es ist dann nur eine Flüssigmachung desselben durch Hitze erforderlich, um es zum Verlassen seiner Gangart zu nöthigen. Dieser Fall kommt indeß selten und eigentlich nur beim Wismuth vor.

In vielen Fällen enthalten die Erze das Metall als Oxyd, in anderen zwar ist die Oxydform erst die Folge des Röstens, meist aber ist es diese Form, welche in dem Ofen dem Schmelzprozeß unterworfen wird. Im Oxyd ist, wie wir wissen, das Metall verbunden mit Sauerstoff, zu dessen Verjagung schon zu Zeiten, wo man von den stattfindenden Vorgängen nicht die entfernteste Ahnung haben konnte, die Erze mit Kohle zusammengeschmolzen wurden. In dem Schmelzofen wird die Verwandtschaft zwischen Kohlenstoff und Sauerstoff überwiegend, beide verbinden sich zu gasförmigen Produkten: Kohlenoxydgas und Kohlensäure, das Metall aber wird frei. Dieser Reduktionsprozeß ist besonders interessant für die Darstellung des Eisens aus seinen Erzen, nur daß in diesem Falle kein ganz reines Metall, sondern nur eine Verbindung von solchem mit Kohlenstoff (Roh- oder Gußeisen) erhalten wird. Vollzieht sich der Schmelzprozeß mit Kohle an solchen Erzen, die vorher zur Entfernung von Schwefel geröstet worden waren, so erfolgt, da hierdurch der Schwefel nie vollständig vertrieben werden kann, ein zweifaches Resultat: neben dem gediegenen Metall gewinnt man nämlich eine gewisse Menge geschmolzenes Schwefelmetall, ein Produkt, das im Hüttenwesen Stein genannt wird, und welches sich geradeso wie das Roherz verhält und deshalb mit solchem von Neuem dem Rösten unterworfen wird.

Schlacken und Zuschläge.

Die Aufbereitung hat das Erz in eine Form gebracht, in welcher es den chemischen Einwirkungen im Schmelzofen zwar leichter zugänglich geworden ist, allein so weit ist die Bearbeitung doch nicht gedrungen, daß man es von jetzt ab blos mit Erzbestandtheilen von einer bestimmten chemischen Zusammensetzung zu thun hätte. Im Gegentheil, da eine ziemliche Quantität vom Muttergestein, welches das Erz eingebettet enthielt, den Zerkleinerungsprozessen mit unterworfen werden mußte, so werden von diesem sich noch zahlreiche Theilchen mit in dem Erzmehle befinden, und dieses letztere selbst pflegt in der Regel ein Gemenge verschiedener metallischer Verbindungen vorzustellen. Da nun außerdem der Umstand in Betracht zu ziehen ist, daß die ausgeschmolzenen Metalltröpfchen vor dem Verbrennen oder dem Wiederoxydiren in dem heißen Schmelzofen geschützt werden müssen, dieses aber nur dadurch geschehen kann, daß man die Bildung einer flüssigen Schlacke veranlaßt, welche jene einzelnen metallischen Kügelchen, sowie sie aus dem Erze sich reduziren, aufnehmen und vor dem Zutritt der heißen Gebläseluft bewahren, so hat der Hüttenmann sein Augenmerk in doppelter Weise auf die Zusammensetzung der Schmelzmassen zu richten. Einmal nämlich muß er nach der chemischen Beschaffenheit seines Erzmehles diejenigen Reduktionsmittel wählen, mit deren Hülfe die Metallausscheidung am leichtesten bewirkt werden kann, dann aber muß er unter Berücksichtigung der aus den Erzen nebenbei entfallenden Schmelzprodukte die Entstehung einer geeigneten Schlacke veranlassen und also solche Substanzen dem zu verschmelzenden Gemenge zusetzen, welche mit den schon darin enthaltenen Stoffen gerade die gewünschten Verbindungen ergeben.

Je nach der Natur der Erze werden sich also diese Zusätze ändern, ein Umstand, der eine unausgesetzte Aufmerksamkeit erfordert. Mitunter finden sich die Vorbedingungen für eine gute Schlacke schon durch die Ganggesteine erfüllt, und es ist dann nur darauf zu achten, daß das Verhältniß von Erztheilen zu den Schlackentheilen innerhalb gewisser Grenzen sich bewegt. Mitunter auch stehen dem Hüttenmanne verschiedenartige Erze zur Verfügung, und durch eine geeignete Vermischung derselben kann er, ohne zu fremden Zusätzen greifen zu müssen, eine zweckmäßige Komposition der Schmelzmasse erreichen. Dieses Zusammenmischen verschiedener Erzsorten, behufs der Erzielung eines gleichartigen Schmelzproduktes, heißt gattiren, mischen oder möllern. Man gattirt auch ärmere Erze mit reicheren, denn es ist nicht unwesentlich, daß die Verschmelzung es womöglich immer mit einem Erzgemisch von gleichbleibendem Gehalt zu thun hat. Reicht aber das Gattiren nicht aus, oder giebt es dazu überhaupt keine Gelegenheit, dann muß zu fremden Zusätzen gegriffen werden, die je nach der Art ihrer Wirkung entweder „Zuschläge" oder „Flüsse" genannt werden. Aus dieser Bezeichnung schon geht hervor, daß die letzteren vorzugsweise auf die Schlackenbildung sich beziehen werden, und daraus können wir schließen, daß man unter Zuschlägen diejenigen Beimengungen versteht, welche die Ausscheidung des Metalles in gediegener Form bewirken. Ihnen liegt die chemische Hauptarbeit ob, den Flüssen dagegen ist aufgegeben, für eine gehörige Bedeckung zu sorgen, unter der sich das flüssig gewordene Metall als die schwerste Masse ungehindert in der Tiefe sammeln kann, ohne daß es hier sowol als bei dem tropfenweisen Herabrinnen den Wirkungen der heißen Gebläseluft direkt ausgesetzt ist, welche darauf ausgehen, das Metall wieder in den Oxydzustand zurückzuführen, in welchem es nur zu sehr geneigt sein würde, sich in der Schlacke aufzulösen, und für die Ausbeute so gut wie verloren wäre. Weiterhin folgt aber auch, daß die Schlacke nicht zu leichtflüssig sein darf, da sie sonst selbst möglicherweise entschlüpfen könnte, bevor sie ihre Funktionen beim Zusammenfließen des geschmolzenen Metalles erfüllt hat. Andererseits müssen jedoch auch zu zähflüssige Schlacken vermieden werden, da denselben wieder andere Uebelstände anhaften; namentlich trennen sie sich zu schwer von den Metallkörnern und behalten deren zu viele in sich zurück, welche für die Ausbeute dadurch verloren gehen. Die Flüsse sind auch Zuschläge, aber solche, welche die Schlacke nur dünnflüssiger zu machen haben; sie werden, wie gesagt, unter Umständen ganz wegbleiben können, wenn durch die Bestandtheile des Ganggesteines oder durch die anderen Zuschläge die Schlacke schon die erforderliche Beschaffenheit erhält.

Als Zuschläge kommen nun zur Verwendung Kohle, gebrannter Kalk, Kochsalz (Röst=
zuschläge), ferner Mineralien für die Bildung des Schlackenkörpers (Schmelzzuschläge),
wie Quarz und kieselsäurereiche Gesteine, z. B. Feldspath, Hornblende, Chlorit, Grün=
stein u. s. w., besonders auch Schlacken, Kalkstein, Gips, Schwerspath, Thonschiefer,
Lehm u. s. w., dann wieder Borax, Flußspath, Potasche, Glaubersalz, Salpeter. Für be=
sondere Fälle, wie bei der Verhüttung von Zinnobererz und Bleiglanz, giebt man metallisches
Eisen, bei der Silbergewinnung Zink, und unter andern Umständen zahlreiche andere Körper,
welche durch ihre chemische Eigenthümlichkeit den gewünschten Prozeß bewirken helfen. Das
natürliche Vorkommen, der erleichterte Bezug geben für die Wahl des einen oder des andern
dieser mineralischen Beistände oft den Ausschlag, und es kommen sogar Fälle vor, wo
Granaten als Zuschläge in den Schmelzofen wandern, natürlich sind dies solche, die als
Edelsteine keinen Werth haben würden. Als Flußmittel in engerem Sinne dienen Borax,
Flußspath, leichtfließende Schlacken, Potasche, Salpeter u. s. w. Die richtige Zusammensetzung
der Schmelzmasse, das Beschicken, wie es der Hüttenmann nennt, ist also eine Hauptsache.
Die Schmelzarbeit selbst leidet keine Unterbrechung; die Arbeitszeit ist deshalb in gewisse
Abschnitte getheilt, welche in der Regel 12 Stunden dauern, sogenannte Schichten, und
mit denen das Arbeitspersonal wechselt.

Neben dem Schmelzprozeß, der den Kern der hüttenmännischen Arbeiten bildet, sind
aber für die Verarbeitung gewisser Erze oder für die Zugutemachung von Abfällen be=
sondere Verfahren noch in Anwendung. Ueberhaupt läßt sich das große Gebiet der
Metallurgie durchaus nicht in ein feststehendes Schema bringen; jeder besondere Fall ver=
langt seine eigenthümliche Behandlung, die sich erst ergiebt als das Resultat der sorg=
fältigsten Vorprüfungen und der genauesten Vergleichungen nicht nur aller in Betracht
kommenden Materialienpreise und Arbeitslöhne, sondern auch der Preise, welche für die
verkäuflichen Produkte erlangt werden können. Da es sich in der Regel hierbei um ganz
enorme Ziffern handelt, so kann ein Pfennig an der richtigen Stelle erspart, für die
Rentabilität des Ganzen den Ausschlag geben; beispielsweise sind die großartigen Manns=
felder Kupferwerke in die Lage, ganz enorme Ausbeuten vertheilen zu können, namentlich
erst durch ein Verfahren gelangt, welches eine sehr vollständige Gewinnung des Silbers ge=
stattet, obgleich sich dieses Metall in dem Kupferschiefer selbst in kaum mehr als eben nach=
weisbaren Spuren vorfindet. Die übrigen Prozesse, welche neben der Schmelzarbeit her=
gehen, unterscheiden sich in der technischen Ausdrucksweise als trockne und als nasse.

Der trockne Prozeß, in specie die Anwendung von Hitze bei der Zugutemachung der
Erze, findet außer in der Schmelzarbeit auch noch Anwendung in der Sublimation und
Destillation, welche beide Verfahren nicht wesentlich von einander verschieden sind und
darauf hinaus gehen, ein durch erhöhte Temperatur in dampfförmigen Zustand überführ=
bares Metall oder eine solche Metallverbindung von den in ihren Erzen enthaltenen Neben=
bestandtheilen zu trennen. Die Zahl derjenigen Stoffe, welche ihrer Natur nach dieses
Verfahren zulassen, ist eine sehr beschränkte: Quecksilber, Zink und Arsenik und von ihren
Verbindungen arsenige Säure, Schwefelarsenik und Zinnober. Sind dieselben in den
Erzen schon in dem chemischen Zustande enthalten, in welchem sie gewonnen werden sollen,
so werden sie, nachdem sie gehörig zerkleinert worden sind, in einem geeigneten Ofen bei
Abschluß der atmosphärischen Luft erhitzt bis zu dem Grade, bei welchem sie sich verflüch=
tigen, und die Dämpfe in kältere Räume geleitet, in denen sie sich verdichten — einfache
Sublimation (oder Destillation, wenn das Produkt schon in den Erzen fertig enthalten ist).
Ist dagegen eine chemische Zersetzung einzuleiten, zu welchem Zwecke den Erzen entsprechende
Zusätze gegeben werden, so kann der Prozeß oft einen ziemlich verwickelten chemischen Vor=
gang darstellen. Im Verlauf der hüttenmännischen Arbeiten kommt der Destillations= und
Sublimationsprozeß auch vor, wenn es sich darum handelt, flüchtige Bestandtheile aus den
Erzmassen zu vertreiben, welche man, wie die arsenige Säure, nicht ungestraft in die freie
Luft entweichen lassen darf, oder, wie beim Silberamalgam, wo man das Quecksilber
wiedergewinnen will, das man zur Extraktion des Silbers den Erzen zugesetzt hatte.

Schlacken und Zuschläge.

Der nasse Weg, welchen die chemischen Hüttenprozesse einschlagen, kommt nur in wenig Fällen ausschließlich zur Anwendung, etwa bei der Extraktion des Platins oder des Goldes durch Königswasser, oder bei der Behandlung gewisser Kupfererze mit Schwefelsäure, welche man in neuerer Zeit eingeführt hat, um dieselben auf Kupfervitriol zu verarbeiten. In den meisten Fällen ist er nur ein Glied in der Kette der Behandlungsweisen, welche die Erze durchlaufen müssen, um ihre werthvollen Bestandtheile herzugeben, und es gehen ihm in der Regel Röstungen, Verwitterungen oder sonstige Vorbereitungen voraus; die ihm zufallende Aufgabe ist daher schon mehr eine Aufgabe für die angewandte Chemie als für die bloße Hüttenkunde.

So unterwirft man manche Kupfererze, namentlich Kupferkiese, der Röstung mit Salpeter, fängt die Gase in Bleikammern auf und verdichtet sie zu Schwefelsäure, die man dann zur Extrahirung der gerösteten Erze anwendet. Aus der Kupfervitriollösung aber gewinnt man das Kupfer, indem man Eisenbrocken damit zusammenbringt, welche sich auflösen und dafür das Kupfer metallisch niederschlagen, das nur im Flammenofen raffinirt zu werden braucht (Cementkupfer). — Aus Chromeisenstein gewinnt man doppelt chromsaures Kali durch Rösten mit Salpeter und Auflösung; Säuren benutzt man zur Trennung des Silbers vom Golde sowie zur Extraktion der Platinerze (Königswasser), und die Silbergewinnung nach dem Augustin'schen und dem Ziervogel'schen Prozeß, bei welchem die gerösteten Erze mit Kochsalzlösung behandelt werden, um das Silber in Chlorsilber zu verwandeln, welches dann leicht weiter zu verarbeiten ist, muß mit manchen andern Verfahrungsarten auch hierher gerechnet werden.

Man hat auch den elektrischen Strom in Mitwirkung gezogen, um mit seiner Hülfe Silber und Kupfer abzuscheiden, indessen sind dies Alles Verfahren von so besonderem Charakter, daß wir uns ihre Betrachtung sowie die der Apparate, Oefen u. s. w. für die einzelnen Fälle aufheben, in denen sie zur Anwendung kommen.

Die Erzeugnisse der Hüttenarbeit sind nun sehr mannichfaltig; waren es früher fast ausschließlich die gediegenen Massen eines einzigen oder weniger Metalle, die man als verwerthbare Produkte erhielt, so hat sich in der Neuzeit das Verhältniß gar sehr geändert, seitdem in den Nebenprodukten Einnahmequellen sich erschlossen haben, die durch die Massenhaftigkeit, mit der jene ins Spiel treten, oft die Bedeutung des Hauptmetalles in den Schatten stellen. Dadurch sind auch viele Hüttenwerke im eigentlichen Sinne des Wortes zu chemischen Fabriken geworden und der Hüttenchemiker zu einer ausschlaggebenden Persönlichkeit, sodaß das Züngelein von seiner Wage oft lange vorher die Schwankungen angiebt, welche später manche Aktien auf dem Kurszettel der Börse zeigen.

Für unsere Betrachtungen jedoch sind immer die ausgeschmolzenen Metalle, die sogenannten Edukte, die Hauptsache; sie sind fein — die Edelmetalle — oder gar, wie das Kupfer, oder roh, wie das Eisen, wenn sie den durchschnittlichen Gehalt zeigen, und werden noch raffinirt, wenn dieser Grad der Reinheit noch nicht genügt. In zweiter Reihe stehen dann die Hüttenfabrikate, wie schon der Name angiebt, Produkte, zu deren Gewinnung eigene Prozesse, die von der eigentlichen Metallausbringung unabhängig sind, eingeschlagen werden müssen. Hüttenfabrikate sind z. B. der Stahl, das Hartblei, Caput mortuum, Realgar u. s. w., während Nebenprodukte solche oft ebenfalls als Handelswaare verwerthbare Erzeugnisse genannt werden, die, wie die arsenige Säure, Eisenvitriol u. s. w., sich unbeabsichtigt ergeben, oder die als schädliche Substanzen besonders aufgefangen werden müssen.

In vielen Fällen kann die Hüttenarbeit den eigentlichen Zweck der Metallausbringung nicht in einem Zuge erreichen, sie muß im ersten Stadium sich mit einem Produkte begnügen, welches, wie der Kupferstein oder die Kobaltspeise, weiterhin erst wieder auf seinen eigentlichen Kern verschmolzen werden kann; dann werden auch bei anderen Prozessen mitunter Verbindungen gewonnen, z. B. Bleiglätte oder metallische Legirungen, silberhaltiges Blei, goldhaltiges Silber, die noch eine weitere Verarbeitung nöthig machen; solche Produkte heißen Zwischenprodukte. Abfälle endlich sind die Körper, auf deren Erzeugung zum

Zwecke einer Verwerthung es eigentlich gar nicht abgesehen ist, wie die Schlacken. Ihr Begriff schrumpft aber auch immer mehr zusammen, denn man lernt es täglich besser selbst Demjenigen eine nützliche Form zu geben, was man früher als werthlos auf die Halden verstürzte. Bekannt ist es, daß man in vorigem Jahrhundert die nickelhaltigen Ausscheidungen auf den Blaufarbenwerken als Abfälle wegwarf, und daß man späterhin, als die Neusilbertechnik erfunden war, die alten Schuttmassen als kostbare Erze wieder in den Ofen wandern ließ. So sind jetzt selbst die Schlacken zu Ehren gekommen, mit denen man vor Kurzem wenig mehr anzufangen wußte, als daß man sie etwa zum Wegebessern aufschüttete. Nicht nur daß man manche von ihnen ihrer glasartigen Natur wegen als Zuschläge wieder benutzt, gießt man auch die Hohofenschlacken zu Ziegeln, die ein vortreffliches Baumaterial geben; neuerdings sogar verwandelt man die flüssige Schlackenmasse dadurch, daß man ihr beim Ausfließen einen kräftigen Dampfstrahl entgegenbläst, in eine aus lauter feinen langen Fäden bestehende voluminöse Masse, sogenannte Schlackenwolle, die wie rohe Baumwolle sich als ein ausgezeichnetes Verpackungsmaterial, namentlich für Dampfröhren, benutzen läßt.

In Folgendem werden wir nun die Naturgeschichte der einzelnen Metalle etwas spezieller ins Auge fassen und die durch die beschriebenen Aufbereitungsmethoden vom tauben Gesteine möglichst befreiten Erztheilchen je nach ihrer Natur in den Hohofen oder in die Zinkhütte oder wo sie sonst der Hüttenchemiker hin verweist, begleiten. Diese allgemeinere Betrachtung wollen wir aber mit einer vergleichenden Zusammenstellung der Preise schließen, welche gegenwärtig für die gleiche Gewichtsmenge eines Zollcentners (50 Kg.) gelten. Es entspricht also ein Zollcentner

Kupfer	90— 95 Mark,	Nickel	2000—2500	Mark.
Zink	18— 24 »	Roheisen	4—9	»
Blei	24— 30 »	Silber	8400—9000	»
Zinn	150—180 »	Gold	139,100—139,500	»

Hohofen und Bessemerstahlbereitung.

> Des Wassers und des Feuers Kraft
> Verbindet sieht man hier;
> Das Mühl'rad, von der Flut gerafft,
> Umwälzt sich für und für;
> Die Werke klappern Nacht und Tag,
> Im Takte schlägt der Hämmer Schlag,
> Und bildsam von den mächt'gen Streichen
> Muß selbst das Eisen sich erweichen.
>
> Schiller.

Das Eisen und die Eisenindustrie.

Das Eisen in der Entwicklung der Völker. In Afrika und bei uns. Seine chemische Natur, Eisen und Kohlenstoff. Darstellung des Eisens. Die hauptsächlichsten Erze. Ihre Aufbereitung und ihre Verschmelzung im Hohofen. Das Roheisen. Das Schmiedeisen. Frischen und Puddeln. Quetschwerke. Dampfhämmer. Walzwerke. Ziehbänke. Gebläse und Feuerung. Der Stahl. Bedeutung des Kohlenstoffgehaltes. Stickstoff. Darstellungsweisen aus den verschiedenen Stahlsorten. Puddel-, Cement-, Uchatius-, Bessemerstahl. Der Gußstahl. Wootz. Krupp und seine Erzeugnisse. Der Eisenguß. Formen, nasse und trockne. Schalenguß. Kunstguß. Verzinnen, Verzinken und Emailliren. Der Stand der heutigen Eisenindustrie.

Nicht unpassend und fast prophetisch theilten die alten Astrologen, welche einst jedem der ihnen bekannten sechs Planeten die Firma eines Metalls beilegten, unserer Erde das Eisen zu: denn das Eisen liefert zum Bau der Erde einen gar großen Antheil; es ist auf derselben in ungeheuern Massen vorhanden und, wenn auch nicht für den Bergmann immer gewinnbar, thatsächlich überall gegenwärtig in Gesteinen, Erden, Sand und Schlamm, in Sümpfen und Gewässern. In der Chemie der Pflanze spielt das Metall eine werkthätige Rolle und in unsern Adern kreist es als unentbehrlicher Blutbestandtheil. Und eben so unentbehrlich ist das Eisen für uns geworden als äußeres Existenzmittel, als Unterhalter und Mehrer unseres industriellen Lebens, als Werkzeug zur Förderung von Civilisation und Wohlfahrt. Würde uns plötzlich alles Eisen entrückt, so wäre das ein Weltunglück, das gar nicht auszudenken wäre. Dennoch aber haben sowol in unsern wie in vielen andern Ländern einst Völkerschaften, freilich arme Halbwilde, gelebt, die weder Eisen noch ein anderes Metall kannten und sich ihre Geräthe: Aexte, Messer, Lanzenspitzen aus Steinen, ihre Nadeln aus Knochen u. s. w. herstellen mußten. Später traten an die Stelle der Steingeräthe solche von Kupfer und Bronze, und das war schon ein ungeheurer Fortschritt; der größte aber wurde gemacht, als man das Eisen gewinnen und verarbeiten lernte. Wann und wo diese wichtige Entdeckung gemacht wurde, darüber giebt es keine Kunde; wohl aber wissen wir, daß in den ersten Zeiten unserer Geschichtskenntniß, selbst noch in den Tagen des Homer, das Eisen ein seltener und in hohem Werth stehender Gegenstand war. Für die Helden des alten Griechenland hatte ein Stück Eisen, das uns kaum ein paar Pfennige werth sein würde, einen solchen Reiz, daß es als ein willkommener Siegespreis bei ihren Kampfspielen galt. Ein Schmied in seiner Arbeit mochte den Menschen des hohen Alterthums so gewaltig imponiren, daß man aus den Eisenarbeitern sogar mythologische Personen machte; denn sehr wahrscheinlich waren die Urbilder der Kyklopen, der rußigen Gesellen Vulkans mit dem großen Rundauge auf der Stirn, nichts weiter als simple Schmiede.

In den späteren griechischen Zeiten war die Völkerschaft der Chalyber, die am Schwarzen Meer saß, berühmt durch das von ihr gelieferte vorzüglich harte Eisen (Stahl), welches aus dem Eisensand ihrer Flüsse gewonnen worden sein soll. Andere stahlliefernde Chalyber saßen in Spanien an einem Flusse, der ebenfalls Chalybs hieß und eine besondere eisenhärtende Kraft besitzen sollte. Chalybs oder chalybisches Erz wurde hiernach der Gattungsname für gehärtetes Eisen überhaupt. Außer dem pontischen und spanischen Eisen war damals schon der indische Stahl sowie das Eisen von der Insel Elba geschätzt und das steirische stand bereits lange vor Christi Geburt in hohem Rufe. Daß die alten deutschen und nordischen Völker schon sehr frühzeitig und unabhängig von Griechen und Römern Eisen gewannen und bearbeiteten, ist mehr als wahrscheinlich, und deuten darauf schon die alten Heldengedichte und Sagen, in denen wunderbare Schwerter und Waffen und kunstreiche Waffenschmiede eine bedeutende Rolle spielen. Ueberhaupt mag es vorzugsweise der Krieger gewesen sein, der die Tugenden des Eisens zuerst erkannte und würdigte, während die simple Haus- und Landwirthschaft des Alterthums desselben viel eher entrathen konnte. Gebraucht doch noch heute der ukränische Bauer selbstgezimmerte Wagen, an denen auch nicht der kleinste eiserne Nagel zu finden. In der Sprache unserer Altvordern gab es für Degen und gediegen nur ein Wort, gidigan; das Schwert also hieß vorzugsweise das Gediegene, rein und lauter Metallische, und da gediegen im Grunde nichts Anderes besagt, als gediehen, so schildert uns das eine Wort zugleich die Genugthuung ob des gelungenen Werkes und das vorhergegangene mühevolle Bestreben.

Ja, ein hartes und mühsames Werk muß es gewesen sein, das widerspenstige Erz bis zum guten Schwert oder sonst einem schätzbaren Gebrauchsgegenstande zu veredeln; ist doch noch heute, wo allerdings noch das neuzeitige Moment der Massenproduktion hinzutritt, Alles, was sich auf Ausbringung und Verarbeitung des Eisens bezieht, eine mühebeladene, noch immer nicht zum Abschluß gelangte Kunst, trotz der Ausbildung, die sie durch unzählige Versuche und Erfahrungen bis zu unserer Zeit erlangt hat.

Wollte man bei der gänzlichen Unbekanntschaft mit dem Wie und Wo der ersten Eisenbenutzung von dem Grundsatz ausgehen, daß eine Erfindung da gemacht zu werden pflegt, wo die Verhältnisse dazu am günstigsten, die Schwierigkeiten am kleinsten sind, so könnte man sich versucht fühlen, dieselbe nach Afrika zu versetzen. In diesem schwarzbevölkerten Erdtheile, wo die Lebensweise der Menschen durch Jahrhunderte und Jahrtausende sich gleich zu bleiben scheint, ist die Eisenbearbeitung seit undenklichen Zeiten einheimisch; überall giebt es gute Eisenerze und Schmiede, die aus denselben die Geräthschaften des gewöhnlichen Bedarfs herzustellen wissen. Im Sudan, dem Mohrenlande, das hinter der Wüste Sahara anfängt, liegen nach der Erzählung Reisender Kugeln und Nieren guter, sehr leicht zu verschmelzender Eisenerze auf Schritt und Tritt umher. Die dortigen Schmiede bringen mittels eines kleinen Lehmofens mit Hülfe einiger Kohlen und eines Handblasebalgs das Metall aus und formen es zu Lanzeneisen für Männer oder zu Feldhacken für die Weiber, womit der Bedarf so ziemlich gedeckt sein mag. In den Zwischenzeiten, wo der schwarze Schmied keine Aufträge hat, schmiedet er auch Geld, ohne damit gegen ein Strafgesetz zu verstoßen.

Er formt kleine Eisenstückchen derart, daß sie die Gestalt einer Sichel en miniature haben, und diese werden als eine Scheidemünze im Verkehr überall genommen. Auch in den südlicheren, zum Theil erst neuerdings erschlossenen Theilen Afrika's bis zur Südspitze hin findet sich überall dieselbe ursprüngliche Erzscheide- und Schmiedekunst. Im eisenerzführenden Berg- und Hügellande arbeiten fleißige Schmiede für den Bedarf ihrer sowol als fremder eisenloser Gegenden, und der Landhandel, welcher den letzteren die willkommene Waare zuführt, hat nicht auf sich warten lassen.

Bei den südlichen Stämmen, den Damaras und anderen von uns als Hottentotten bezeichneten, dient das Eisen nicht blos als ein Stoff zur Herstellung von Geräthen des nothwendigen Bedarfs, sondern auch des Luxus. Ihre Zierrathen, besonders in Form von Brustschilden und Halsbehängen, bestehen aus hochpolirtem Eisen, dessen Glanz sie höher schätzen als den des Goldes oder Messings. Somit giebt es auch Menschen, bei denen der geheimnißvolle Reiz, den man dem Golde zuzuschreiben pflegt, nicht verfängt.

Fig. 33. Eisenschmelze in Afrika.

Jedes Volk aber, das wir in Eisen arbeiten sehen, hat Anspruch auf eine gewisse kulturhistorische Rangstufe, denn es gehört schon eine bedeutende technische Kunstfertigkeit und Erfahrung dazu, das Metall in gediegener Gestalt aus seinen natürlichen Verbindungen darzustellen, da diese letzteren nur selten eine dazu so geeignete Beschaffenheit besitzen, wie wir sie vorhin an den Eisenerzen Sudans gerühmt haben.

Nirgends auf Erden — wenn wir die räthselhaften, übrigens höchst seltenen Eisenmassen ausnehmen, die, aus der Luft gefallen, hier und da gefunden worden sind und die man unter dem Namen „Meteoreisen" als Kostbarkeiten in mineralogischen Sammlungen findet — hat die Natur das Eisen in seiner natürlichen Gestalt hingelegt, sondern stets verlarvt sie das Metall als Oxydul, Oxyd, kohlensaures Salz, Schwefelmetall u. s. w. Grund dieser Erscheinung ist die große Verwandtschaft des Eisens mit dem Sauerstoff und dem Schwefel, von denen aber die erstere so überwiegend ist, daß sie selbst den Schwefel aus seiner Verbindung mit dem Eisen vertreiben kann; wir finden ja oxydirte Eisenerze, die unbezweifelt einmal Schwefelkiese waren. Die Verbindung von Eisen und Sauerstoff ist das, was wir im gewöhnlichen Leben Rost nennen; das Rosten ist ein Sinnbild geworden des schleichenden, unabwendbaren Verderbens. Aber daß das Eisen diesem Prozesse so leicht unterliegt, ist von hoher Wichtigkeit für den Kreislauf des Stoffes überhaupt und für das Bestehen der organischen Gebilde im Besonderen; denn dadurch erst wird das Metall in den Zustand übergeführt, in welchem es sich nachgehends in den in Luft und Boden vorkommenden natürlichen Säuren aufzulösen vermag. Es ist eben diese Eigenschaft, welche das Wanderleben des Eisens, sein so zu sagen allgegenwärtiges Vorkommen ermöglicht und es von seinen ursprünglichen Lagerstätten herausgeführt hat in Lehm und Thon, Sand und Kies, in die Ackererde, aus der es emporsteigt in die Pflanze, und durch diese in den lebendigen Leib des Thieres und des Menschen, nicht um hier müßig zu kreisen, sondern um als Blutbestandtheil das Lebenselement, den Sauerstoff der eingeathmeten Luft, immerfort aufzunehmen und zur Wärme und Kräfteentwicklung zu verwenden. Und wenn hiernach der blutarme, bleichsüchtige Mensch zur Eisenquelle flüchtet, um sich Gesundheit und neue Lebensfrische zu trinken, so sind es hinwiederum dieselben Eisenquellen, welche das Metall auf dem wohlfeilsten Speditionswege auch in Gegenden schaffen, wo von eigentlichen Eisenerzen keine Spur zu finden ist. Da, wo die eisenführenden Wässer zu Tage treten und sich an der Oberfläche ihren weitern Weg suchen, verflüchtigt sich die Kohlensäure, die das Eisenoxydul in Auflösung erhielt; das letztere setzt sich, indem es durch rasche Aufnahme von noch mehr Sauerstoff zu Oxyd wird, in schlammförmigen oder auch porösen Massen ab und erhärtet endlich zu einem Erz, Raseneisen (Sumpf- oder Wiesenerz), das nur gesammelt und verhüttet zu werden braucht. Manche flachländische Gegenden haben gar keine andere einheimische Eisenversorgung; das Material ihrer Aexte und Pflüge ist ihnen buchstäblich aus der Erde zugequollen und das Sumpferz dasjenige Eisen, welches die Natur nicht nur wachsen ließ, sondern fortgehend noch wachsen läßt.

Der Charakter des Gewaltigen, Kyklopischen, unter welchem die Arbeit der Eisengewinnung heute sich uns darstellt und dessen Vorstellung schon die Worte Hohofen, Eisenhammer in uns erwecken, hat sich erst in neueren Zeiten damit verbunden. Jahrtausende hindurch blieb auch dieser technische Zweig ein Kleingewerbe, in Form und Umfang wol nicht viel anders, als dasselbe noch heute in Afrika ausgeübt wird. In Deutschland hatte man noch im 16. Jahrhundert zum Ausbringen nur kleine Herde oder niedrige Oefen von etwa 2 Meter Höhe, in denen man bei einem bedeutenden Metallabgange aus leichtflüssigen Erzen im gelungenen Falle eine Art Stabeisen, oft aber eine spröde Masse gewann, die erst noch einmal im Ofen behandelt werden mußte, um zu Weicheisen zu werden. Uebrigens waren lange Zeit die Deutschen in der Kunst der Eisengewinnung die Lehrer ihrer Nachbarvölker, und je nach der Natur der zu Gebote stehenden Rohstoffe bildeten sich in verschiedenen Gegenden verschiedene Methoden aus. Der Bau der Oefen, dieser für den Erfolg so wichtigen Gegenstände, erhöhte sich allmählich auf 3—4 Meter (Wolfsöfen), dann auf 5—7 Meter, womit man zur Konstruktion der Gebläseöfen gelangte, in welchen man, bei kontinuirlichem Betriebe, durch die erreichbare höhere Temperatur aus leichtflüssigen Erzen nicht mehr teigige stahlartige Eisenmassen für den Hammer, sondern tropfbar flüssiges Roheisen erhielt, das von Zeit zu Zeit aus dem Sammelbecken des Ofens abgelassen wurde. Oefen solcher Art sind für leichtschmelzbare Erze noch jetzt vielfach in Anwendung; aber das Bestreben, auch strengflüssigere Erze zu bewältigen, führte bei der Nothwendigkeit, die Hitze zu steigern, zu noch weiterer Erhöhung der Oefen, so daß sie endlich zu den jetzt vorzugsweise gebräuchlichen Hohöfen heranwuchsen, deren Höhe bis zu 20 Meter steigen kann.

Die Gewinnung dünnflüssigen Eisens war eine Entdeckung, und zwar eine der folgenreichsten. Bis zur Einführung des Hohofenprozesses (allem Vermuthen nach zu Anfang des 16. Jahrhunderts) konnte kein Schmied der ganzen Welt das Eisen in diesem Zustande gesehen haben, denn was in den kleinen vorzeitlichen Oefen gewonnen wurde, war,

Das Eisen und die Eisenindustrie.

wie wir weiterhin sehen werden, gar nicht der Schmelzung fähig. Die vom Hohofen gelieferte flüssige Masse kann aber sofort, wie sie ist, durch Gießen in Formen zur Erzeugung einer Menge nützlicher Gebrauchsstücke dienen; doch war anfänglich diese Benutzungsweise mehr Nebensache und gewann erst allmählich mit der Entwicklung des Maschinenwesens die großartigen Dimensionen, die sie in unseren Tagen hat. Vordem hatte das aus dem Hohofen erflossene Eisen hauptsächlich als Roheisen Wichtigkeit, weil es der Ausgangspunkt zur Gewinnung des hämmerbaren Eisens war, und es bildeten sich bei dieser Umwandlung die verschiedenen Methoden des Frischens aus, welche in neueren Zeiten, soweit der Gebrauch von Steinkohlen als Brennstoff Platz gegriffen hat, also fast allgemein, durch das sogenannte Puddeln beseitigt worden sind.

Fig. 34. Eine Hohofenanlage (Laurahüttenwerke).

In früherer Zeit wurden die Eisenhütten lediglich mit Holzkohlen betrieben; die Anwendung der Steinkohlen geht von den Engländern aus und bildet durch die hiermit erlangte Möglichkeit des Großbetriebes einen eminenten technischen Fortschritt, in Bezug auf die Güte des Produktes jedoch ist das Ausschmelzen mit Steinkohlen ein Rückschritt, so daß man das mit Holzkohlen erblasene Eisen, trotz der größeren Kosten, jetzt immer noch darstellt, da es zu gewissen Zwecken nicht entbehrt werden kann; ja man würde gern noch mehr davon produziren, wenn nicht die fortschreitende Lichtung der Wälder eine immer engere Beschränkung geböte. Am leichtesten hat noch Schweden die Lieferung von Holzkohleneisen und nimmt deswegen sowol wie durch seine guten Erze, in Bezug auf die Güte seines Metalls, unter den eisenerzeugenden Ländern einen hochwichtigen Rang ein. Die englische Stahlindustrie namentlich beruht zum großen Theil auf dem schwedischen Eisen. Dagegen haben sich in Bezug auf Massenproduktion und vielseitige Anwendung des Metalls die Engländer den ersten Platz errungen. Erst seit Ende des vorigen Jahrhunderts, mit

10*

der Einführung des Dampfgebläses, erhob sich dort die Eisenindustrie, um in der Folge wahre Riesenfortschritte zu machen. Die englischen Eisengruben wurden zu wahren Goldgruben dadurch, daß die günstige Natur die Mittel der Verwerthung in unmittelbare Nähe gelagert hatte. Denn die schönsten Eisenerze sind ein todter Schatz, wenn nicht ein ausreichendes und wohlfeiles Brennmaterial zur Hand ist. In England liegen aber Steinkohlen und Erze in nächster Nachbarschaft, oft so, daß beides aus einer und derselben Grube gefördert wird. In den deutschen Eisendistrikten des Niederrheins und Westfalens bestehen ähnliche günstige Bedingungen, und dort steht denn auch die Eisenindustrie auf einem Standpunkte der Entwicklung, der die Vergleichung mit England nicht zu scheuen braucht. Die deutsche Eisenindustrie hat sogar die englische in vielen Stücken eingeholt, in einzelnen, besonders in der Gußstahlerzeugung, entschieden überflügelt, und haben die deutschen Eisenwerke in der Regel auch nicht den städteähnlichen Umfang englischer Etablissements dieser Art, so giebt es doch einzelne, wie Krupp in Essen, die Laurahüttenwerke (s. Fig. 34), die Königshütte in Schlesien, Marienhütte in Sachsen u. s. w., welche auch in der Massenproduktion mit englischen in die Schranken treten können. Aus der Massenerzeugung aber besonders erklären sich die Fortschritte in der Verwendung des Metales, zu denen die Engländer das Beispiel gegeben haben. Die Millionen Centner geringen, spottwohlfeilen Eisens, welche die Hüttenwerke dort Jahr aus Jahr ein produziren, suchten Verwendung, und so begann die Konkurrenz des Eisens gegen Holz und Stein, erwuchsen die eisernen Brücken, Speicher, Wohnhäuser, Kirchen, Glaspaläste, Treppen, Straßenpflaster, Gewölbe und andere oft citirte Herrlichkeiten. Die Geschichte der Eisenbahnen verzeichnet in ihrem ersten Kapitel, daß in der Periode einer schlechten Eisenkonjunktur ein schottischer Grubenbesitzer die mangelhaft gewordenen Holzgleise seiner Pferdebahnen durch neben einander gelegte Eisenplatten ersetzte, weil er dafür zur Zeit keine bessere Verwendung hatte. Die Vortheile erwiesen sich jedoch bald so bedeutend, daß ohne Rücksicht auf den Preis des Materials fortan Eisenbahnen als selbstverständlich weiter gebaut wurden. Sie verschlangen enorme Mengen von dem neuen Baumateriale, dessen Verwendung sich in der Folge immer mehr verallgemeinerte. Der Umstand, daß England eigentlich gar kein inländisches Bauholz besitzt, begünstigte natürlich dessen Substituirung durch Eisen bedeutend. Auch bei uns werden die Baustämme alljährlich dünner und theurer, und das Eisen tritt successiv an ihre Stelle; schon jetzt finden eine Menge ausrangirter Eisenbahnschienen ihren Ruheplatz dergestalt, daß sie bei Neubauten die Stelle der hölzernen Tragbalken vertreten.

Die in ungeheurem Maße vermehrte Produktion des Eisens beschränkt sich aber heute nicht mehr auf England, sondern ist, Dank den riesigen Fortschritten der Technik, unter denen das Eisenbahnwesen allein schon hingereicht hätte, die frühere Eisenproduktion wenigstens zu verdoppeln, eine allgemeine geworden. In der Verwohlfeilerung ist im Laufe der Zeit das Unglaublichste, nicht nur in den Operationen des Ausbringens, sondern namentlich auch in der so wichtigen Rubrik Brennstoff geleistet worden. Von dem Gebrauche der Holzkohlen und Koaks ging man successiv über zu unverkohltem Holz, rohen Steinkohlen, selbst zu Braunkohlen und Torf. Weitere Kostenverminderung erwuchs aus der Benutzung heißer Gebläseluft und besonders der aus den Hohöfen abziehenden Hitze zum Behuf des Röstens und Frischens. Den jüngsten Fortschritt bildet die Anwendung der weiterhin näher zu besprechenden Gasfeuerung, welche die Anwendung auch des schlechtesten Brennmaterials noch zulässig macht.

Eisen und Kohlenstoff. Aber bevor wir weiter gehen, wird es nöthig sein, unsern eigentlichen Stoff näher ins Auge zu fassen und die Frage voranzustellen: „Was verstehen wir eigentlich unter Eisen? Es hat nämlich mit diesem Metalle eine ganz eigenthümliche Bewandtniß; während wir beim Kupfer, Zink, Silber u. s. w. Werth darauf zu legen haben, dasselbe in möglichstem Grade rein, von fremden Stoffen frei, zu erhalten, giebt es in der ganzen Technik gar kein reines Eisen. Unsere Ausbringungsprozesse liefern solches nicht, und wenn sie es thäten, würden wir es nicht brauchen können. Selbst zu dem schlechtesten Messer würde das ganz reine Metall viel zu weich sein. Es muß erst ein anderer Stoff hinzutreten, um dem Eisen seinen Werth, seine Härte zu verleihen, und das ist der Kohlenstoff. Der Kohlenstoff steht zum Eisen in einer verwandtschaftlichen Beziehung, wie zu keinem andern Metall. Auf trocknem, heißem Wege dringt er in den Metallkörper ein und verändert die Natur desselben je nach seiner Menge in verschiedener auffallender Weise. Jahrtausende gewann man brauchbares Eisen und wandte die richtigen Mittel dazu an, ohne über das Wie und Warum die leiseste Ahnung zu haben. Denn welche andere Theorie hätte sich ein alter Schmied oder Hüttenmann machen können, als etwa die, das Feuer treibt das Eisen aus? Da kam die neuere Chemie, die mit der Entdeckung des Sauerstoffes anhob, und lehrte, daß die Metallerze Oxyde, Verbindungen des Sauerstoffes mit Metall seien, daß in der Gluthhitze Kohle und Sauerstoff zu Kohlensäure zusammentreten und als solche, das Metall im gediegenen Zustande zurücklassend, entweichen. Das genügte für alle übrigen Metalle, bei dem Eisen stellten sich aber noch andere Verhältnisse heraus, und es mußten namentlich erst noch seine speziellen Beziehungen zum Kohlenstoff entdeckt werden, ehe man sich ein richtiges Bild von den bei der Eisenbereitung stattfindenden Vorgängen machen konnte. Es ist in der That ein wahres Glück, daß man von Alters her, um eine tüchtige Hitze zu erzeugen, kein anderes Mittel gekannt hat als Holz und Kohlen. Indem man nämlich von Haus aus die Kohle als bloße Hitzequelle betrachtete, hatte man doch in ihr zugleich den Stoff gewählt, der unbekannter Weise noch einen zweiten und dritten Dienst that, ohne welchen es mit der Darstellung eines brauchbaren Eisens sehr mißlich ausgesehen haben würde. Denn dadurch, daß der Eisenschmelzer seine Erze mit Kohle glühte, erhielt er, ohne es beabsichtigt zu haben, ein Kohleneisen, das mehr oder weniger dem Stabeisen oder dem Stahl ähnlich, dagegen aber zum Schmieden tauglich war. Er gewann dasselbe als einen Sumpf oder weichen Klumpen, da sich Eisen in diesem Zustande nicht klar schmelzen läßt. Als man späterhin in höheren Oefen mit größerer Hitze arbeiten lernte, erhielt man, weil dadurch die Anziehung zwischen Eisen und Kohlenstoff gesteigert wird, ein Eisen mit noch höherm Kohlegehalt und wieder mit anderen Eigenschaften, das dünnflüssige Gußeisen, das jedenfalls bei seinem ersten Auftreten eine unwillkommene Erscheinung war, da es sich dem Schmieden widersetzt und unter dem Hammer in Stücke geht. Aber man verzagte nicht und griff wieder zu dem Zwangsmittel Feuer, und dadurch und durch fortgesetztes Hämmern bearbeitete man die widerspenstige Masse, bis sie zahm und zäh zum brauchbaren Schmiedeisen wurde. Man trieb damit aber, ohne es zu wissen, den Antheil Kohlenstoff wieder aus, den das Gußeisen mehr hat als das Schmiedeisen.

Sonach hat man es, wenn von Eisen in technischem Sinne die Rede ist, niemals mit dem reinen Element, sondern stets mit einem Kohleneisen von mehr oder weniger Kohlegehalt zu thun. Die höchste Kohlungsstufe macht das Metall in der Hitze leichtflüssig, grob krystallisch, spröde, kurz zu Gußeisen; den geringsten Kohlegehalt hat das Schmiedeisen; zwischen beiden inne steht der Stahl, eine Mittelstufe, die sowol durch Herabsetzung der ersten als Erhöhung der zweiten erreicht werden kann, d. h. indem man entweder dem Gußeisen Kohlenstoff entzieht, oder dem Schmiedeisen solchen zusetzt, wie das weiterhin eingehender zu besprechen sein wird. Die richtige Erkenntniß und Unterscheidung der Natur des Stabeisens, Stahles und Roheisens verdankt man hauptsächlich den Untersuchungen des berühmten Metallurgen Karsten.

Aehnlich wie mit der Kohle verbindet sich das Eisen auch noch mit anderen Stoffen: Schwefel, Arsenik, Phosphor, Silicium, ebenso mit Metallen: Mangan, Wolfram, Chrom, Silber u. s. w. Diese Verbindungen zeichnen sich durch charakteristische Eigenschaften aus, die zum Theil das Eisen für seine technischen Verwendungen brauchbarer machen, zum Theil aber auch, wie die aus der Verwendung mit Schwefel und Phosphor hervorgehenden, ihm schädlich sind. Schwefel, Arsenik und Phosphor machen das Metall kurz, brüchig und spröde. Da nun in den Erzen sowol, wie in begleitenden Mineralien sehr häufig die Vorbedingungen für die Einführung nachtheiliger Elemente gegeben sind, so ist natürlich eine sorgfältige Berücksichtigung dieser Umstände für die Güte des erblasenen Metalles von großer Bedeutung. Das Arsen, das übrigens selten ganz in den Erzen fehlt, ist noch am wenigstens gefährlich. Der Phosphor bildet als Phosphorsäure besonders die Mitgabe der Raseneze; diese ergeben infolge dessen ein Eisen von großer Leichtflüssigkeit und werden daher auch meist zu Gußzwecken verarbeitet, das daraus bereitete Schmiedeisen leidet eben wegen seines Phosphorgehaltes an der sogenannten Kaltbrüchigkeit. Auf die selteneren Metalle, Chrom, Silber, Wolfram u. s. w., wird man weniger Acht haben, am allerwenigsten wird man sie absichtlich der Hohofenbeschickung mit beigeben, um die Güte des Roheisens zu erhöhen; sie kommen höchstens bei der Bereitung besonders feiner Stahlsorten in Betracht; dagegen ist das häufig in Gesellschaft der Eisenerze vorkommende Mangan für den Hohofenbetrieb von Wichtigkeit, als es einestheils die Bildung einer leichtflüssigen Schlacke begünstigt und dadurch die Entstehung des weißen Roheisens in niedriger Temperatur unterstützt, anderntheils in dieses selbst mit eingeht und es für die Aufnahme einer größeren Kohlenmenge geeignet macht, was vorzüglich für die Stahlerzeugung werthvoll ist. Es wird daher in vielen Fällen Mangan entweder in Form von Erzen oder, wo solche nicht zu haben sind, in Form von Legirungen (Ferromangan) der Beschickung absichtlich beigegeben.

Eisenerze. Aus dem bisher Gesagten geht schon hervor, daß bei weitem nicht alle Existenzformen des in der Natur so vielverbreiten Eisens sich zu einer vortheilhaften Ausbringung des Metalls eignen. Selbst unter den eigentlichen Erzen kommen diejenigen, die aus einer direkten Verbindung von Schwefel und Eisen bestehen, die sogenannten Kiese, für die Eisengewinnung nicht in Betracht, da die Produktion daraus zwar möglich, aber umständlich und kostspielig sein, außerdem aber auch kein gutes Metall daraus hervorgehen würde. Der Schwefel ist ein zu verderblicher Geselle für den Charakter des Eisens. Hat man doch noch genug zu kämpfen selbst mit derjenigen Partie dieses zudringlichen Gastes, die nicht durch die Erze, sondern durch das Brennmaterial (Steinkohle) und durch Zuschläge (schwefelsaure Erden) in den Schmelzbetrieb gelangt. Die Schwefelkiese finden daher anderweit ihre gelegentliche Verwendung; man gewinnt aus ihnen gediegenen Schwefel oder brennt einen Theil ihres Schwefelgehaltes aus und benutzt die entstehende schweflige Säure auf Schwefelsäure, während man den Rückstand, der immer noch einfach Schwefeleisen ist, an der Luft zu Eisenvitriol (schwefelsaurem Eisenoxydul) verwittern läßt. Oder man läßt die Kiese gleich an der Luft verwittern und gewinnt nur den Eisenvitriol, auch wie bei Bodenmais im Bayrischen Walde das sich ausscheidende Eisenoxydhydrat, das als Caput mortuum, als rothe Farbe und Polirmittel, in den Handel gebracht wird.

Als eigentliche brauchbare Eisenerze dienen nur die verschiedenen Oxydationsstufen des Metalls und das kohlensaure Eisenoxydul. Es sind in bergmännischer Unterscheidung folgende: Magneteisenstein, eine Mittelstufe zwischen Oxyd und Oxydul (Oxydoxydul), das eisenreichste Mineral, in reinem Zustande 72 Prozent Metall von vorzüglichster Beschaffenheit liefernd. Sehr häufig aber ist dies Erz mit Schwefelkiesen u. s. w. so versetzt, daß es gar nicht zu brauchen ist. Je nach seiner verschiedenen Dichtigkeit und den begleitenden Gangarten gehört es bald zu den schwer-, bald zu den leichtflüssigen Erzen; im Gemenge mit Kalkspath oder Hornblende z. B. gestaltet sich die Schmelzung und Schlackenbildung so günstig, daß es ohne alle Zuschläge zu Gute gemacht werden kann. Auf dem Magneteisenstein beruht hauptsächlich die vorzügliche Eisenproduktion Schwedens und Norwegens, ebenso auch die russische. — In der Natur verbreiteter und deswegen auch für die Eisenproduktion am allgemeinsten angewandt ist das eigentliche Eisenoxyd (69 Prozent Metall enthaltend), das je nach seiner Form bald als Eisenglanz, bald als Rotheisenstein, oder im Gemenge mit Thon als rother Thoneisenstein vorkommt; die besten dieser Erze haben einen Metallgehalt bis zu 65 Prozent. Auf Rotheisenstein baut man in Deutschland vielfältig, so namentlich am Harz, in Sachsen, Nassau u. a. Die dichten, fasrigen Varietäten sind auch als Blutstein oder Glaskopf bekannt. Die Insel Elba beherbergt eins der bedeutendsten Eisenglanzlager oder ist vielmehr ganz und gar ein Eisenerzklumpen. — Als Hydrat, d. h. in chemischer Verbindung mit Wasser, mit dem Gehalt von 50—60 Prozent Metall, erscheint das Eisenoxyd in Form von Brauneisenstein oder je nach den fremden Beimengungen als Gelb-, Schwarzeisenstein, gelber oder brauner Thoneisenstein,

Die Aufbereitung der Eisenerze.

Braunerz u. s. w. Diese Formen sind meist Verwitterungsprodukte und stark verunreinigt. Zu den thonigen Brauneisensteinen gehört auch das **Bohnerz**, so genannt, weil es in rundlichen Körnern von Erbsen= bis Bohnengröße vorkommt. Es findet sich im Württem= bergischen, in Baden, den Alpenländern, einigen Departements von Frankreich u. s. w. zu= weilen in mächtigen Lagern uud ist für die Schweiz das einzige bauwürdige Erz. Eisen= oxydhydrat neuester und noch fortgehender Bildung ist das schon erwähnte **Sumpf= oder Rasenerz**, und Eisenwerke, die solches konsumiren, pflegen sich schon von weitem aus= zuzeichnen durch die blaue Farbe ihrer Schlackenberge, herrührend von phosphorsaurem Eisenoxydoxydul. Eines der nicht unwichtigsten Eisenerze bildet endlich das kohlensaure Eisenoxydul, wenngleich sein Eisengehalt nur etwa 45 Prozent beträgt. Es tritt auf als **Spatheisenstein** (Eisenspath), oder in kugeligen und nierenförmigen Gestalten als **Sphärosiderit**. Beide kommen in Deutschland an verschiedenen Fundorten vor und werden gern benutzt; für England ist sogar der thonige Sphärosiderit, der zum Theil noch einen bedeutenden Kohlenstoffgehalt besitzt (Blackband), beinahe der einzige Eisenlieferant, denn er ist es eben, welcher sich vorzugsweise in Gesellschaft der Steinkohlen findet, so daß trotz des schwankenden und stets geringen Eisengehaltes dieses Minerals doch dessen vortheil= hafte Zugutemachung thunlich wird, zumal auch die Zusammensetzung desselben eine solche ist, die das Ausbringen nicht erschwert. — **Eisensilikate** (Kieseleisensteine), welche chemische Verbindungen der Kieselsäure mit Eisenoxyden darstellen und somit dieselbe Natur besitzen, wie die beim Eisenfrischen fallenden Schlacken, sind zwar in der Natur sehr häufig, aber an und für sich zur Eisengewinnung nicht vortheilhaft verwendbar, da sie nur mit bedeu= tendem Aufwande von Brennstoff und Kalkzuschlag sich verschmelzen lassen. Man benutzt sie daher meistens nur als Zuschlag zu anderen Erzen in solcher Quantität, daß sie nicht störend werden. Die Kieselsäure, Quarz oder Kiesel, macht immer die Erze streng flüssig, auch wenn sie nicht mit dem Eisenoxyde chemisch verbunden, sondern nur mechanisch als Ganggestein beigemengt ist. Solche Erze müssen mit Thon und Kalk beschickt werden, mit denen sich der Kiesel in der Schmelzhitze verbindet. Am günstigsten sind die Fälle, wenn der vorhandene Kiesel schon von Natur mit dergleichen Basen mehr oder weniger gesättigt ist, denn es kann dann sein, daß die Eisensteine ohne alle Zuschläge mit gehöriger Schlacken= bildung verschmelzen, oder doch nur geringe korrigirende Zusätze bedürfen.

Uebrigens erfolgt bei Kieselerzen zugleich mit der Eisenproduktion immer auch eine geringe Reduktion von Kieselsäure zu Silicium, welches zu den Elementen gehört, die wie der Kohlenstoff Verwandtschaft zu dem Eisen haben. Etwas Silicium ist daher fast mit jedem Roheisen verbunden, und so schädlich auch ein zu großer Gehalt davon ist, so schreibt man einer geringen Beigabe, wie sie sich bisweilen im Stahl, und gerade in den härtesten Sorten doch findet, einen vortheilhaften Einfluß auf den Härtegrad zu.

Die Aufbereitung der Eisenerze ist, wie schon erwähnt, immer sehr einfach, da kostspielige Operationen bei diesem Metall sich nicht bezahlt machen würden. Ueber die Arbeiten der Handscheidung, des Waschens, Verwitterns, Röstens ist bereits das Nöthige gesagt worden; auch das Gattiren findet in den meisten Fällen statt. Man vermischt zur möglichst vollständigen Ausscheidung des Metalls ärmere und reichere Erze, so daß ein Durchschnittsgehalt hergestellt wird, wie ihn die Erfahrung als den geeignetsten für das Ausbringen ergeben hat. Durch chemisch kalkulirte Zuschläge sucht man dann die Be= dingungen der vortheilhaftesten Schlackenbildung herzustellen. Regel ist, der Beschickung eine solche Zusammensetzung zu geben, daß die Schlacke eine etwas höhere Schmelzhitze braucht als das Metall, also die Reduktion des Eisens und die Aufnahme des Kohlenstoffs immer einen Schritt früher erfolgt als die Bildung der Schlacken, da letztere sonst einen bedeutenden Theil des Metalls als Oxydul in sich aufnehmen würden.

Zum Verschmelzen dient bei uns, wo es sich um die Erzeugung enormer Massen han= delt und wo das Roheisen zur Zeit noch das Material für die Schmiedeisen= und Stahl= bereitung ist, hauptsächlich der **Hohofen**, eine ältere Form (Blau= oder Blasofen) nur noch da, wo Eisen mittels Holzkohlen erblasen wird. Der wesentlichste Unterschied zwischen beiden Systemen besteht darin, daß der erstere eine offene Brust, der andere eine geschlossene hat, d. h. beim Hohofen ist der zu unterst befindliche Sammelort, der Herd, durch eine Oeffnung zugänglich, und es schlägt ein Theil der Flamme daraus, während bei jenem diese Oeffnung fehlt und der Herd nur ein Zapfloch hat, das von Zeit zu Zeit zum Behuf des Ablassens geöffnet wird. Hieraus ergiebt sich, daß der Blauofen, da er sich selbst reinigen muß, nur mit dünnflüssigen Schlacken arbeiten kann, wogegen beim Hohofen ein Abräumen des Herdes, das Abziehen zäher Schlacken, oft nöthig ist, zu welchem Zwecke er eben die offene Brust hat.

Der Hohofen. Die Einrichtung des Hohofens zeigt uns nun das Durchschnittsbild (f. Fig. 35). Der Haupthohlraum GV heißt der **Schacht**, der sich wieder trichterförmig verengende untere Theil die **Rast**, weil der niedergehende Inhalt des Ofens auf ihm eine Stütze findet; die größte Verengerung unterhalb der Rast (O) das **Gestell**, der unterste Raum H **Eisenkasten** oder **Herd**, der nach links nach A zu vortretende Theil desselben der **Vorherd**. Die obere Mündung G des Schachtes, wo die Ofengase herausschlagen und die Kohlen, Erze und Zuschläge eingestürzt werden, heißt die **Gicht**. Wo nicht der Hohofen in einen Erdabhang eingebaut ist, der eine Auffahrt gewährt, steht neben ihm ein Gebäude, in welchem ein Aufzug für die Beschickung angebracht ist, die dann auf einer Brücke dem Ofen zugeführt wird. Zuerst kommen ein paar Karren Kohle oder Koaks, dann eine größere Portion Erze, dann eine kleinere von Zuschlägen, und so geht es

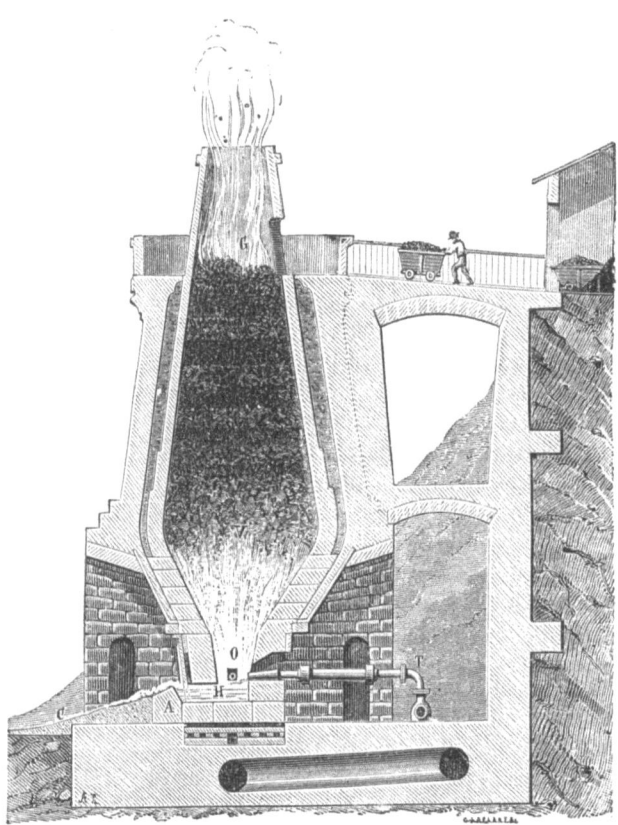

Fig. 35. Hohofen im Vertikaldurchschnitt.

kontinuirlich fort in dem Maße, wie die Füllung sich durch den Gang des Schmelzprozesses zusammensetzt. In der Abbildung, welche uns den Durchschnitt des Hohofens zeigt, erkennen wir die wechselnden Schichten von Erz und Zuschlägen einerseits und von Kohle andererseits an der verschiedenen Schraffirung. In der Mitte des Schachtes etwa werden die niedergehenden Schichten schon glühend, und in dem weitesten Theile V langen die Erze durch das in großer Menge sich entwickelnde Kohlenoxydgas schon reduzirt an als staubförmige Eisentheilchen, welche weiterhin nur noch von der Schlacke umhüllt und geschmolzen werden. Wie schon gesagt, erfolgt die Reduktion der Erze durch das Kohlenoxydgas, welches sich entwickelt, indem die im Gebläsefeuer gebildete Kohlensäure durch glühende Kohlenschichten hindurchgeht, innerhalb deren sie die Hälfte ihres Sauerstoffgehaltes abgiebt, zu Kohlenoxydgas wird und dadurch noch einmal soviel Kohlenstoff auch wieder in diese niedrigere Sauerstoffverbindung der Kohle übergeführt, welche in der Hitze eine sehr kräftige reduzirende Wirkung ausübt. In dem Gestell O aber herrscht die größte Hitze, denn hier strömt durch zwei oder drei Oeffnungen der (meistens schon vorher erhitzte) Gebläsewind ein; in dem unteren Raume sondern sich das flüssige Eisen und die auf demselben schwimmenden Schlacken, welche durch den Vorherd C ablaufen, während das Eisen selbst durch einen Schlitz (Stichloch) neben dem Wallstein A, der gewöhnlich mit Lehm und Koaks geschlossen ist, abgelassen wird, um entweder gleich zu Gebrauchsstücken ausgegossen zu werden (Hohofenguß) oder in länglichen Formen oder Rinnen zu erkalten und die sogenannten Gänze oder Flossen zu bilden, die sowol zu Gußwaaren umgeschmolzen als auch in Stabeisen verwandelt werden. Bei einem recht garen Gange leuchtet das Stichloch so hell, daß man Anfangs nichts im Gestelle unterscheiden kann, und funkensprühend ergießt sich die Masse gleich Lava in die Formen oder in die offenen Kanäle von Sand. Der Abstich gewährt einen überraschenden Anblick. Manchmal tritt die Eisenmasse so zähflüssig aus dem Ofen, daß sie nicht in Formen geleitet werden kann, sondern unmittelbar vor dem Stichloch unförmliche, kuchenartige Scheiben bildet (Schlackeneisen), dann aber wieder kann das verschmolzene Eisen so dünnflüssig sein, daß es mit großer Beweglichkeit hervorquillt. Bemerkt sei noch, daß bei jedem Abstich das Gebläse außer Thätigkeit gesetzt werden muß.

Der Hohofen und namentlich das Gestell muß von sehr feuerfestem Material aufgebaut sein. Die der Gichtflamme entweichende Wärme benutzt man, um die Gebläseluft zu erhitzen, wodurch die Temperatur im unteren Theile, wo die Luft in den Ofen eingepreßt wird, wesentlich erhöht wird. Es führt zu diesem Zwecke das Röhrensystem, durch das die Luft nach dem Gebläse geleitet

Fig. 36. Beschicken mit Erz und Kohle.

wird, in der Nähe der Gichtflamme vorbei. Die Anwendung von heißer Luft hat überall eine bedeutende Ersparniß an Brennmaterial und eine größere Produktionsfähigkeit des Ofens bewirkt; manches Werk verwendet daher Dampfmaschinen von 100 und mehr Pferdekraft blos zu den gewöhnlich doppelt wirkenden Cylindergebläsen. Ein neues Gebläsesystem beruht auf dem Gesetze, daß mehrere Luftströme, welche in einem Punkte zusammenstoßen, eine größere Wirkung äußern, als dieselbe Luftmasse in einem Strom. Man richtet daher die Ausgänge der einzelnen Luftkanäle gegen einander, so daß die Ströme ihre Stoßkräfte gegenseitig förmlich vernichten. Außerdem werden den Luftströmen auch wol Wasserdämpfe beigemischt, indem man glaubt, in den Zersetzungsprodukten, in welche sich das Wasser in der Hitze und bei Gegenwart von Kohle zerlegt, Wasserstoff und Sauerstoff, solche Stoffe zu erzeugen, welche der Hitzeerzeugung großen Vorschub leisten. Indessen hat man mit dieser Ansicht Unrecht, und wenn die Zuführung von Wasserdämpfen einen günstigen Erfolg gewährt, so beruht derselbe auf einer andern als der angegebenen Wirkung.

Der Vortheil dieser Einrichtung der Hohöfen besteht darin, daß diese selbst ununterbrochen im Gange bleiben können, bis eine größere Reparatur oder schlechter Geschäftsgang das Ausblasen nothwendig macht. Die Zeit unausgesetzten Betriebes nennt man eine Campagne. Wie lange sie dauern kann, hängt sehr von dem Material, der Bauart und anderen Umständen ab. Manche Oefen halten zwei bis drei, andere acht bis neun Jahre; man hat selbst Beispiele von fünfzehn- bis zwanzigjähriger Dauer. Beim Verschmelzen leichtflüssiger Erze mit Holzkohlen leiden die Oefen natürlich am wenigsten und halten am längsten aus. Höchst verschieden ist auch die Lieferungsmenge der Hohöfen, sie wechselt von 170—2400 Centner pr. Woche. Bei zufällig eintretendem Mangel an Schmelzmaterial braucht man den feiernden Ofen nicht auszublasen, sondern man dämpft ihn nur, d. h. verschließt ihn überall dicht und erhält ihn so wochen- und monatelang warm.

Roheisen heißt nun das metallische Produkt, welches im Hohofen aus den Eisenerzen gewonnen wird. Auf die Qualität desselben haben nicht nur die Beschaffenheit der Erze, der Zuschläge und des Brennstoffs sowie der Gehalt desselben an Kohlenstoff, Kieselsäure, Schwefel, Phosphor, Mangan u. s. w., sondern auch die dabei angewandten Hitzegrade, somit auch die Größe des Ofens, die Anwendung erhitzter oder kalter Gebläseluft und selbst noch die raschere oder langsamere Abkühlung des Metalls nach dem Ausgusse Einfluß. Es lassen sich daher eine nicht geringe Anzahl Roheisensorten unterscheiden, die vermöge ihrer Eigenschaften bald zu dieser, bald zu jener Verwendung mehr oder weniger geeignet erscheinen. Man kann aber alle unter zwei Hauptrubriken bringen: weißes und graues Roheisen, deren beliebige Erzeugung man in der Hand hat, da die hierzu nöthigen Bedingungen im Allgemeinen bekannt sind. Das weiße Gußeisen zeichnet sich durch seine große Härte aus, die bei dem sogenannten Spiegeleisen die Bearbeitung mit Stahlinstrumenten fast unthunlich macht. Es schmilzt leichter als das graue Gußeisen, bleibt aber immer zähflüssiger und eignet sich deshalb weniger zu kleinen Gußartikeln, wogegen es zur Stahlfabrikation bessere Verwendung findet. Auf dem Bruche zeigt es ein krystallinisches Gefüge, das oft blättrige Absonderungsflächen hat (daher Spiegeleisen). Der Gehalt an Kohlenstoff ist verschieden, er wechselt von 3,5 bis 6 Prozent. Bei dem grauen Gußeisen ist er zwar auch nicht größer, im Gegentheil, dasselbe hat einen Kohlengehalt, der nur bis etwa 4,8 Prozent steigt; allein während bei dem weißen Eisen alle Kohle bis auf höchstens 1 Prozent, das mechanisch beigemengt ist, chemisch mit dem Eisen verbunden ist, stellt sich bei dem grauen Eisen das Verhältniß anders. Von seinem Kohlegehalt sind mitunter bis zu 3,75 Prozent nur mechanisch als feine Graphitblättchen beigemengt, daher die dunklere Farbe. Aus leichtflüssiger Beschickung und bei einem gewissen niedern Stande der Schmelzhitze entsteht gern weißes Gußeisen. Es kann sich daher auch unabsichtlich in vielen Fällen, beim Beginn wie bei zufälligen Störungen des Betriebes, solches Eisen bilden. Absichtlich erzielt wird es durch Herbeiführung von Umständen, welche auf die Hitze mäßigend wirken, z. B. Verringerung des Mengenverhältnisses der Kohlen gegen die Erze, Aufschütten letzterer in dicken Schichten, Mäßigung der Gebläsekraft u. s. w. Durch Umkehrung dieser Bedingungen in ihr Gegentheil kann man in demselben Betriebe von der Produktion des weißen Eisens zu der des grauen übergehen.

Aus der Vergleichung des grauen und des weißen Roheisens scheint sich zu ergeben, daß die größere Menge chemisch gebundenen Kohlenstoffes die größere Härte des Eisens bedinge. In großer Hitze geht der Kohlenstoff die innige chemische Verbindung ein, aus der er aber gern wieder austritt, wenn die Abkühlung sehr langsam erfolgt; dabei bildet sich dann graues Eisen. Wird dagegen das geschmolzene Eisen rasch abgekühlt, sodaß der Kohlenstoff nicht Zeit findet auszuscheiden, so entsteht weißes Roheisen. Durch diesen Umstand hat man einigermaßen die Umwandlung der einen Sorte in die andere in der Hand, und die Praxis macht bei dem sogenannten Schalen oder Hartguß Gebrauch davon, indem sie durch eine oberflächliche schnelle Abkühlung der Gußstücke äußerlich bei denselben die Bildung einer dünnen Schicht weißen, harten Spiegeleisens herbeiführt, während im Uebrigen die Masse graues Eisen ist. Im Hohofen selbst entsteht unter gewöhnlichen Verhältnissen bei voller Hitze immer graues, dünnflüssiges Roheisen.

Durch abwechselndes Aufgeben schwächerer und stärkerer Schichten der Beschickung, namentlich der Erze, läßt sich eine Mischung beider Sorten erzeugen, Eisen, in welchem graue und weiße Partien durch einander gemengt liegen, und welches deshalb halbirtes Roheisen oder Forelleneisen heißt.

Schmiedeisen. Auf die zahlreichen Unterarten des Roheisens, welche innerhalb der beiden Hauptgruppen noch unterschieden werden, auf die Bedingungen ihrer Entstehung und die Rolle, welche die fremden Elemente, Mangan, Silicium, Schwefel u. s. w., dabei spielen, können wir nicht eingehen, da wir durch derartige subtile Einzelheiten uns den Ueberblick nicht erschweren wollen.

Wir wenden uns daher zu den anderen beiden Hauptarten des Eisens, die neben dem Gußeisen sich durch charakteristische chemische und physikalische Eigenschaften auszeichnen und wegen derselben besondere Verwendung in der Praxis finden. Diese anderen beiden Eisensorten sind das Schmiedeisen oder Stabeisen und der Stahl. Sie sind beide durch einen geringeren Kohlenstoffgehalt von dem Gußeisen chemisch unterschieden und werden aus dem letzteren dargestellt, indem man diesem einen Theil seines Kohlengehaltes

Fig. 37. Der Frischherd.

entzieht. Zu diesem Zwecke hat die Eisenhüttentechnik verschiedene Verfahren erfunden, von denen wir die wichtigsten im Verlaufe des Folgenden kennen lernen werden.

Damit nun also das leicht schmelzbare, aber spröde, unter dem Hammer zerfallende Roheisen in geschmeidiges, schmiedbares Eisen verwandelt werde, erhält es bei der Methode des Frischens oder Puddelns eine weitere Behandlung im Feuer; dabei ist aber ein anderer Gehülse unsichtbar mit am Werke thätig und eben so nothwendig zum Gelingen wie das feurige Element, das ist die Luft. Indem nämlich das Roheisen unter Zutritt der Luft wieder geschmolzen wird, verbrennt durch den Sauerstoff derselben ein Antheil des Kohlenstoffs im Eisen zu Kohlensäure, außerdem aber auch ein Antheil des Eisens selbst zu Eisenoxyd. Während jene als Gas davongeht, wirkt das Eisenoxyd auf das noch unveränderte Eisen weiter und entzieht ihm durch Sauerstoffabgabe noch mehr Kohlenstoff, bis endlich durch diese zweifache Wirkung der Kohlegehalt so gesunken ist, daß die Eisenmasse bei derselben Hitze anfängt dickflüssig, schließlich teigig zu werden, und diejenigen Eigenschaften anzunehmen, welche wir von dem Schmiedeisen verlangen. Die mit dem geringer werdenden Gehalte an Kohlenstoff auch geringer werdende Schmelzbarkeit giebt einen Maßstab für die Beurtheilung des Fortschreitens des Frischprozesses.

Das Frischen erfolgt im Frischfeuer auf dem Frischherd, der in Fig. 37 dargestellt ist. Er bildet eine Art niedrigen Ofen aus Eisenplatten, welcher mit Kohlen gefüllt und durch ein Gebläse angefacht wird. Man legt etwa 3½ Centner Roheisen auf einmal auf die Kohlenfüllung, dasselbe schmilzt ein und geht auf den Boden des Feuers, wo es sich bald in einen teigigen Klumpen verwandelt. Dieser wird mit Brechstangen zertheilt, gewendet und fleißig dem vollen Windstrome ausgesetzt, um die Einwirkung des Sauerstoffs zu begünstigen; er heißt die Luppe. Ist dieselbe etwa nach Verlauf von einer Stunde gar, dann wird sie aus dem Herde genommen, unter schwerem Hammer zu einem platten Kuchen ausgeschmiedet und mittels des Meißels in drei bis vier Stücke zerhauen. Diese Luppenstücke werden im Feuer während des Schmelzens einer frischen Roheisenmasse an der Herdseite wieder angewärmt, dann entweder einzeln unter sogenannten Schwanzhämmern zu Stäben ausgeschmiedet oder nur zu Kloben, die wieder glühend gemacht und mit Walzen zu Handelswaaren ausgereckt werden. Eine Frischung nimmt ungefähr fünf Stunden in Anspruch.

Das Frischen bezweckt aber nicht blos die Entkohlung, sondern auch die Reinigung des Eisens von einem großen Theile seiner fremden Beimengungen, theils auf chemischem, theils auf dem mechanischen Wege des Ausquetschens. Um diese Reinigung zu befördern, bedient man sich daher beim Frischen und Puddeln noch verschiedener Zuschläge, je nach der Beschaffenheit des Rohstoffes Kalk oder Braunstein mit Thon, zur Bekämpfung des Schwefels, Kochsalz, Schlacken u. s. w. Die Arbeiten ändern sich ferner ab, je nachdem graues oder weißes Roheisen verarbeitet wird. Es gestalten sich somit die Frischungsarbeiten oft viel komplizirter, als unsere kurze Darstellung sie schildern kann, und man kennt eine ganze Reihe mehr oder weniger abweichender Frischmethoden, die je nach ihrem

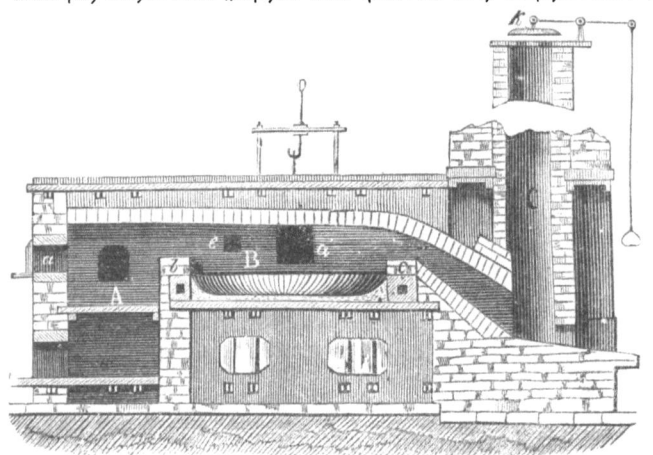

Fig. 38. Der Puddelofen.

Ursprunge oder der Gegend, wo sie besonders in Uebung sind, die deutsche, steirische, wallonische u. s. w. heißen. Nur bei ganz vorzüglichem Rohmaterial kommt man mit einmaligem Niederschmelzen zum Ziele; meist erhält man das Eisen zuerst nur halbgar und einer wiederholten Durcharbeitung bedürftig. Immer aber setzt es hierbei noch viele Schlacken ab, die sich theils auf dem Herde freiwillig absondern, theils bei dem nachfolgenden Hämmern und Walzen der glühenden Massen gewaltsam herausgequetscht werden.

Die neuere Art, rohes Eisen in feines oder Stabeisen zu verwandeln, bildet gewöhnlich einen Prozeß von größerem Maßstabe und geschieht in Puddelöfen, wovon Fig. 38 uns einen Durchschnitt zeigt. Der Hauptunterschied dieses Prozesses im Vergleich mit dem vorher betrachteten Frischen mit Holzkohlen liegt darin, daß hier Steinkohlen angewendet werden, welche wegen ihres schädlichen Schwefelgehaltes nicht wie jene mit der Eisenmasse in direkte Berührung kommen dürfen, sondern getrennt gehalten werden und nur durch ihre Flamme wirken. Daher haben wir im Bilde links unter A den Rost für die Kohlen, von wo aus die Flammen über die Feuerbrücke b hinweg nach dem Herde B schlagen, wo das Eisen liegt. Auf den Rost werden durch das Schürloch a flammende Steinkohlen geworfen, die durch die unten einströmende Luft, welche durch den Zug der überaus hohen Esse C angezogen wird, in starke Glut kommen und auf dem Herde B sehr starke Hitze entwickeln. Dieser Herd liegt voll Schweißofenschlacken, die durch die Ofenhitze auf ihrer Unterlage, einer Gußeisenplatte, bald in eine teigige Masse verwandelt werden, scheinbar kochen und ein Bett bilden, auf welches mittels der Oeffnung d etwa 3 Centner Roheisen gesetzt werden. Dasselbe geräth ziemlich schnell in Fluß und wird nun mit Rührkrücken und Brechstangen, die durch die Oeffnung e oder durch eine noch kleinere in der verschlossenen Thür d in den Ofen geführt werden, durchgearbeitet, gehoben und gewendet (gepuddelt), so daß durch den Sauerstoff der einströmenden Luft der Kohlengehalt im Roheisen größtentheils verbrennt und geschmeidiges Eisen zurückbleibt. Aus dem Eisenbrei auf dem Herde werden fünf bis sieben Luppen geformt, zusammengeschweißt, herausgenommen, unter einem Hammer gezwängt, d. h. in prismatische Form gebracht und sogleich zu Stäben ausgewalzt. Gewöhnlich sind diese Rohschienen noch zu sehr von Schlacken verunreinigt, als daß sie gleich brauchbares Schmiedeisen abgeben könnten. Sie werden daher mittels einer Schere in Stücke von 1 Meter Länge zerschnitten, über einander gelegt, in einen Schweißofen gebracht, der in der Regel mit dem Puddelofen zusammengekuppelt und ziemlich von gleicher Einrichtung ist, dort schweißwarm, d. h. hellglühend gemacht und hierauf erst durch ein Walzwerk in verschiedene Stäbe, Eisenbahnschienen, Blech u. s. w. ausgereckt. Um den Puddelherd möglichst kühl zu halten, strömt durch Röhren bei b und c kalte Luft oder Wasser, und zur Regulirung des Zuges dient die Klappe k auf der obern Essenöffnung, die von unten mehr oder weniger geöffnet werden kann. Ein Puddelofen kann mit den nöthigen Raffinirfeuern und Schweißöfen täglich etwa 36—40 Centner Roheisen verarbeiten, und fünf solcher sind nöthig, um das Erzeugniß eines Hohofens zu bestreiten.

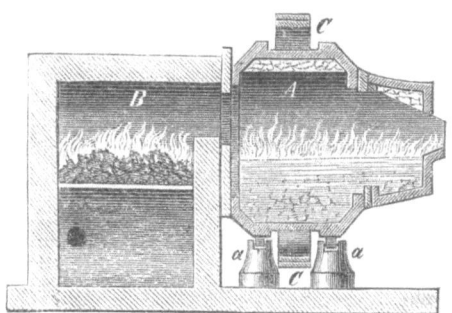

Fig. 39. Rotirender Puddelofen von Danks.

Das Puddeln ist eine sehr schwere und rein mechanische Arbeit, die durch Maschinenkraft zu ersetzen man schon lange bestrebt gewesen ist. Allein die darauf hin gerichteten Versuche hatten immer nur mangelhaften Erfolg. Die sogenannten mechanischen Puddler konnten nicht so recht das Arbeitsgebiet an sich ziehen. Da wechselte man das Prinzip, man sah davon ab, die Masse von oben her umzurühren, indem man ihre Unterlage beweglich machte; ähnlich wie in einer Trommel durch das Drehen derselben die darin enthaltenen Kaffeebohnen oder Lottonummern gemischt werden, sollte auch das geschmolzene Eisen auf einem rotirenden Herde behandelt werden, wobei man die Entkohlung des Eisens aber nicht durch atmosphärische Luft, sondern durch Zuführung sauerstoffreicher Eisenerze im Auge hatte.

Darauf gründet sich schon der Ellershausen'sche Prozeß, bei welchem an der Abstichöffnung des Hohofens dem ausfließenden Roheisen gepulverte Erze beigemengt werden, wodurch zwar nicht das Puddeln ganz und gar umgangen, aber doch wenigstens abgekürzt werden soll. Durchgreifender aber ist das neue Prinzip in dem rotirenden Puddelofen von Danks zur Ausführung gebracht worden, und die guten Erfolge, welche die Praxis bereits damit erreicht hat, machen es uns zur Pflicht, etwas näher uns damit zu beschäftigen, zu welchem Behufe wir uns auf die in Fig. 39 gegebene Durchschnittszeichnung beziehen.

Die beiden Haupttheile des Puddelofens, die Feuerungsstätte A und der Schmelzherd B, kehren in derselben wieder, aber während sie in Fig. 38 ein festgemauertes Ganze bilden, sind sie bei dem Danks'schen Ofen in der Art getrennt, daß der eine Theil mit der Feuerbrücke abschließt, der andere Theil, der Schmelzherd, sich hier nur dicht anschließt, im Uebrigen aber eine ganz besondere Einrichtung besitzt. Dieser Theil des Apparates hat nun die Form einer Trommel, welche auf vier kleinen starken Rollen aa ruht, von denen in unserer Abbildung nur zwei angegeben sind. An seinem Mantel ist ein Zahnrad C angebracht, mit dessen Hülfe die Drehung auf den Rollen bewirkt wird. Bei dieser Drehung bleibt die nach dem Feuerraum A führende Oeffnung immer in derselben Lage, so daß die Feuerluft ungehindert über die in B befindliche Schmelzmasse hinwegstreichen kann. Auf der entgegengesetzten Seite ist eine zweite Oeffnung, welche zum Beschicken, überhaupt als Arbeitsthür dient; die Feuergase ziehen in eine seitwärts gelegene Esse, die auf unserer Zeichnung nicht angegeben ist. Die Trommel ist aus zwei starken gußeisernen Hälften zusammengesetzt und inwendig mit einem feuerfesten Gemisch von Bauxit und Eisenerz ausgekleidet. Dieses Futter, welches zunächst nur dazu da ist, um die Einwirkung der Feuerluft auf den eisernen Mantel abzuhalten, enthält nun noch einen zweiten Ueberzug von

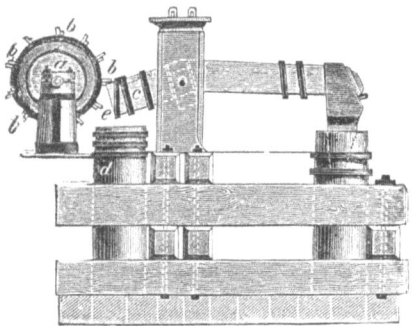

Fig. 40. Schwanzhammer.
a Die Welle. b Der Daumen. c Der kleine Arm des Hammers. d Der Prellklotz zum Aufhalten dieses Armes beim Niederdrücken durch den Schwanzring e.

Eisenerz, welches man darin schmilzt und durch Drehen des Herdes möglichst gleichmäßig auf der Wandung vertheilt und erstarren läßt. Dieses zweite Futter hat die chemische Mission, durch Sauerstoffabgabe den Kohlegehalt des Roheisens zu oxydiren. Wenn nämlich das letztere in der Trommel geschmolzen ist, wird dieselbe in langsame Umdrehung (1—2 Touren pro Minute) versetzt und ein feiner Wasserstrahl auf die Ofenwand geleitet, dadurch ein Abspringen der Erz- und Schlackendecke bewirkt, deren einzelne Stücke sich in der Schmelzmasse auflösen. Der Sauerstoff aus den Eisenerzen verbindet sich mit dem Kohlenstoff des Roheisens und entweicht als Kohlenoxydgas, das über der Schmelzmasse mit blauer Flamme verbrennt; die Eisenmasse selbst wird immer zähflüssiger, bis ihre Umwandlung in Schmiedeisen endlich vollständig erfolgt ist, was nach wenigen Minuten der Fall zu sein pflegt. Ist dieser chemische Theil des Prozesses beendet, so wird die Schlacke entfernt und Hitze und Umdrehungsgeschwindigkeit gesteigert, um das Eisen durch Hin- und Herwerfen zu ballen und zur Luppe zu formen, welche dann herausgezogen und dem Quetsch- oder Walzwerke überliefert wird. Das Gewicht der Luppe ist

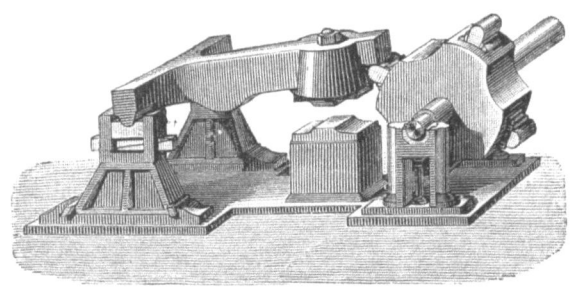

Fig. 41. Stirnhammer.

um 10—15 Prozent größer als dasjenige des Roheisens war, womit der Apparat beschickt wurde, weil aus dem Eisenerze eine nicht unbeträchtliche Quantität Eisen auf diese Weise mit erschmolzen worden ist, das gleichzeitig seine Umwandlung in Schmiedeisen erfuhr. Bei einem einmaligen Prozeß werden etwa 350 Kg. Roheisen in Bearbeitung genommen.

Zur Bearbeitung der von dem Frischherde oder aus dem Puddelofen kommenden Luppen bediente man sich seit langer Zeit schwerer, von Wasserrädern getriebener Maschinenhämmer, welche durch ihre imponirende Thätigkeit den Eisenwerken den selbst in romantische Tinten getauchten Namen „Eisenhammer" eintrugen. Sie sind entweder Schwanz- oder Stirnhämmer; der ganze Unterschied aber besteht nur darin, daß bei den ersteren (s. Fig. 40) die Daumen der Wasserwelle am Hintertheile des Hammers niederdrückend, bei den anderen an dessen Kopfe hebend wirken. In beiden Fällen erfolgt der Schlag nur durch die eigene Fallkraft des von der Welle ausgelassenen, 50—100 Centner schweren Hammers.

Neuerdings nun haben sich zu diesen alten frommen Schmiedegesellen auch jüngere, kräftiger und rascher wirkende Kollegen gefunden: das Quetschwerk, die Luppenmühle und der Dampfhammer. Der erste Apparat ist, wie Fig. 42 zeigt, ein Ding von großer

Schmiedeisen. 87

Einfachheit, und könnte in der Seitenansicht für ein Scherenwerk gehalten werden. Geschnitten wird indeß nicht; der wiegenartig geformte doppelarmige Hebel hat vielmehr an der Unterseite seines rechten Armes eine breite Fläche, und der unmittelbar darunter befindliche Theil bildet eine festliegende, solide Amboßplatte. Der linke Arm hängt mit der Maschinenwelle durch eine Kurbel zusammen, die ihn auf- und niederzieht, woraus die entsprechende Bewegung auch des freien Endes folgt, welches gleichsam den beweglichen Oberkiefer eines kauenden Riesenmaules vorstellt. Hier werden die weichen Eisenluppen eingeschoben und nach Bedürfniß gewendet und gerückt. Je weiter nach hinten, desto mehr drückende Gewalt erleidet natürlich die Masse; ihr Schlackeninhalt wird ausgepreßt, wie das Wasser aus einem Schwamm, und quillt zu beiden Seiten hervor. Durch die Quetschmaschine wird ein Stück Eisen in viermal kürzerer Zeit als durch den Hammer vollendet, d. h. für die Streckwalzen reif gemacht.

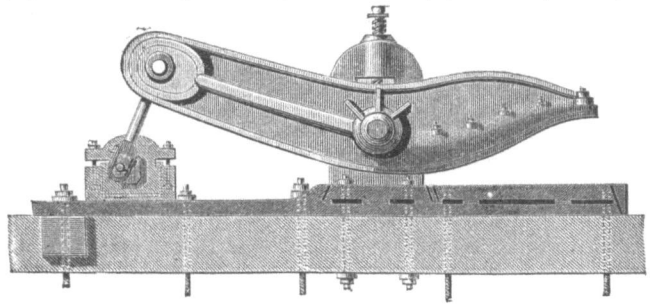

Fig. 42. Das Quetschwerk.

Ebenso wie das Quetschwerk arbeitet die anders gestaltete Luppenmühle. In einem starken Gestell dreht sich eine, im Durchmesser eine Mannslänge haltende, etwa ³/₄ Meter breite Eisenwalze, auf ihrer Oberfläche mit längslaufenden kantigen Rippen versehen. Unter ihr im Gestelle festliegend befindet sich eine Ummantelung, welche muldenförmig die untere Hälfte der Walze umschließt und mit gleichen, der Walze zugekehrten scharfen Rippen versehen ist

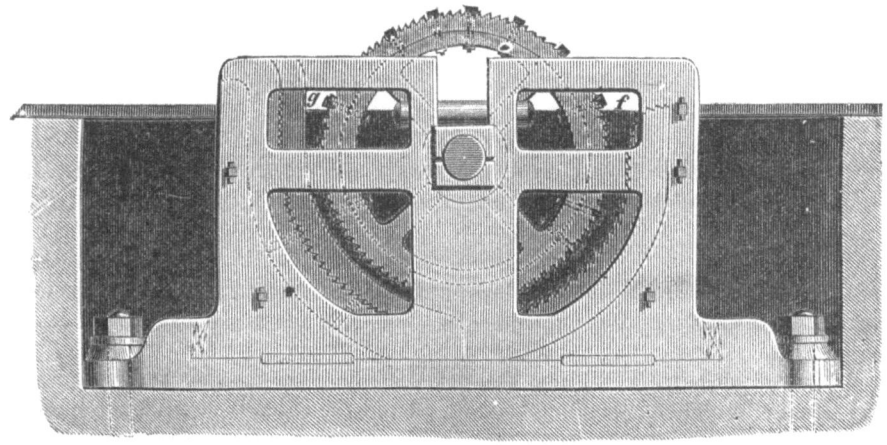

Fig. 43. Die Luppenmühle.

Der Abstand zwischen beiden Körpern bildet den Raum, in welchem die Luppen durch den Umschwung der Walze und die Wirkung der beiden Kantenflächen ihre Bearbeitung erhalten. Hierzu kommt aber noch, daß die Walze in der Mulde excentrisch, d. h. etwas mehr gegen den einen Muldenrand hin, liegt. Der Zwischenraum ist deshalb an der einen Seite weiter und verjüngt sich nach der andern Seite hin mehr und mehr. An der weiteren Seite (f in Fig. 43) werden die Luppen eingesteckt, an der engeren g sofort wieder ausgeworfen, denn die Walze macht in der Minute 25 Umgänge, und nach dieser ganzen Einrichtung läßt sich denken, daß die Eisenmasse auf dieser kurzen Durchreise ganz energisch gewalkt, gezängt und verbreitert werden muß.

Der Dampfhammer endlich, ein unentbehrlicher Gehülfe beim Verarbeiten großer Eisen- und Stahlmassen, leistet auch schon bei dem Ausschmieden der Luppen vortreffliche Dienste. Er besitzt neben anderen vortheilhaften Eigenschaften das Gute, daß seine Schläge senkrecht fallen, während die gewöhnlichen Hämmer in einem Kreisbogen gehen, und daß man jedem einzelnen Schlage den nach den Umständen gerade erforderlichen Stärkegrad, von der vollen Sturzhöhe bis herab zu Null, wo der Hammer im Fallen gänzlich aufgehalten wird, ertheilen kann.

Der Dampfhammer bildet sonach die gesteigerte Analogie des Menschenarmes, und die richtige Handhabung eines kleinen Hebels ist hinreichend, um ihn arbeiten zu lassen. Man hat den Dampfhammer kleiner, mit leichterem Hammerblock und um so rascherem Arbeitsgange, und größer, mit einem Hammerblock bis zu Hunderten von Centnern und mehr. Das Prinzip desselben ist einfach und auch ohne Eingehen auf das kleinere Beiwerk, welches zur Dirigirung des Dampfes dient, in der Abbildung (s. Fig. 44) verständlich. Das Oberstück der Maschine ist ein gewöhnlicher Dampfcylinder mit Kolben; die Kolbenstange geht dampfdicht durch den unteren Cylinderboden, und an ihr hängt der in einer Führung gleitende Hammerblock, eine Gußeisenmasse mit stählerner Beschuhung. Unter ihm steht der Amboß. Läßt man nun Dampf in den Cylinder unterhalb des Kolbens treten, so hebt sich dieser und der Hammer bis zu dem Augenblicke, wo man den Dampfzufluß unterbricht. Oeffnet man jetzt gleichzeitig dem Dampfe den vollen Austritt aus dem Cylinder, so stürzt der Block mit seiner ganzen Fallkraft herab. Oeffnet man den Ausströmungskanal nur theilweise, so fällt der Hammer mit verminderter Geschwindigkeit, und durch gänzliches Schließen kann man ihn in jedem Momente des Falles gänzlich aufhalten. Man hat die Direktion so in der Gewalt, daß man mit einem 50 Centner schweren Hammer auf dem Amboß liegende Nüsse aufknacken kann, ohne die Kerne zu beschädigen. Dieses gefügige Instrument ist der Dampfhammer natürlich nur so lange, als es von Menschenhand gespielt wird, d. h. so lange ein verständiger Arbeiter die Dampfsteuerung mit der Hand besorgt. Ueberläßt man es, wie eine andere Dampfmaschine, der Selbststeuerung, so kann es auch nur Maschinenmäßiges leisten: es thut dann lauter Schläge von gleicher Hubhöhe und von gleicher Kraft.

Das durch Puddeln erzeugte Stabeisen ist selten so rein und geschmeidig, wie das durch Frischen gewonnene; vielmehr liefert dieser letztere Prozeß im Allgemeinen ein reineres, dichteres, zäheres und härteres, also besseres Eisen als der Puddlingsprozeß, weil dort von Haus aus das reinere Holzkohleneisen verarbeitet wird und dann auch die Holzkohlen durchaus frei von schädlichen Beimengungen sind. Auch dadurch wird ein reineres Eisen erzielt, daß man beim Herdfrischen gemeinhin Hämmer anstatt der Walzen anwendet. Nichtsdestoweniger hat aber auch der Puddlingsprozeß seine Vortheile: die Arbeit ist einfacher, billiger und doch so durchgreifend, daß aus dem unreinsten Roheisen ein besseres Schmiedeisen noch hervorgeht, als dies beim Herdfrischen möglich wäre.

Direkte Stabeisenerzeugung aus den Erzen. Der Umweg, den die moderne Schmiedeisen- und Stahlerzeugung einschlägt, indem sie nicht, wie die Indier, direkt die Eisenerze für ihre Zwecke verarbeitet, sondern sich erst ein Zwischenprodukt, das Roheisen, herstellen muß, hat von Zeit zu Zeit immer wieder einmal den Gedanken erweckt, ob er nicht am Ende doch wol zu vermeiden sei, und ob es nicht möglich sei jene wichtigen Eisensorten direkt mit Umgehung des Hohofens aus ihren Erzen darzustellen. An Versuchen dazu hat es selbstverständlich nicht gefehlt. Man brachte es auch dahin, durch innige Mischung von Erz und Kohle bei geringer Hitze die Bildung eines Eisenschwammes einzuleiten, der später in einem besondern Ofen geschmolzen und von den anhaftenden Schlacken getrennt werden mußte; der Umstand war jedoch dabei immer hinderlich, daß die Verfahren, welche man vorschlug, für die Massenerzeugung zu komplizirt waren. Endlich ist aber in neuester Zeit der bekannte Industrielle Siemens, ein genialer Erfinder, nach vielfachen Anstrengungen auf einem ganz anderen Wege zu Erfolgen gelangt, welche für die Zukunft der Eisenindustrie epochemachend werden können.

Fig. 44. Der Dampfhammer.

Die Siemens'sche Erfindung datirt schon aus dem Jahre 1868 und hat mehrere Stadien durchlaufen. Zuerst war dieselbe darauf gerichtet, die Verunreinigungen des Roheisens und dessen übermäßigen Kohlegehalt dadurch zu oxydiren, daß man dem schmelzenden

Roheisen sauerstoffreiche Eisenerze zusetzte, welche durch die Sauerstoffabgabe selbst zu Eisen reduzirt wurden. Indessen zerfraß die eisenoxydulreiche Schlacke, die sich dabei bildete, alle Ofenwände in kurzer Zeit, und Siemens änderte das Verfahren dahin ab, daß in einem sogenannten Kaskadenofen auf einer höher und der Gaseinströmung näher gelegenen Ofensohle zuerst Erze und Flußmittel eingeschmolzen wurden, worauf diese flüssige Schmelzmasse abwechselnd in zwei tiefer gelegene Ofenabtheilungen abgelassen, hier mit Kohlen und Erzklein durchkrückt wurden, wodurch nicht nur die Reduktion der Erze zu Roheisen bewirkt, sondern auch der Puddelprozeß durch die Einwirkung der später zugerührten Eisenerze umgangen werden sollte. Endlich aber hat der Erfinder zu dem rotirenden Ofen, dem Rotator, gegriffen. Ein solcher Ofen, wie wir ihn ähnlich schon kennen gelernt haben, wird, nachdem er durch Generatorfeuerung zu Weißglühhitze gebracht worden ist, mit Eisenoxyderzen und den nöthigen Flußmitteln beschickt und in langsame Rotation versetzt. Wenn das Ganze in Fluß gekommen ist, wird die entsprechende Menge Kohle in nußgroßen Stücken beigegeben, zugleich aber eine etwas raschere Drehung eingeleitet, um eine innigere Vermischung der Erze mit der Kohle zu bewirken. Die Reduktion erfolgt sehr rasch, wie man an der Entwicklung des mit blauer Flamme verbrennenden Kohlenoxydgases bemerken kann. Ist diese Einwirkung beendet, so wird die Schlacke abgelassen und der Ofen schneller rotiren gelassen, um die Luppenbildung zu befördern.

Fig. 45. Walzwerk.

Zur Zeit freilich ist man auf diese Weise noch nicht dahin gelangt, in einem Zuge ein gleich gutes Stabeisen zu erzeugen, wie man es aus dem Roheisen durch das Puddeln erhält, allein für die Stahlbereitung liefert das Verfahren ein sehr brauchbares Material, das man zu diesem Behufe nur in einem Bade von geschmolzenem Roheisen aufzulösen braucht (Siemens-Martin-Prozeß). Es kann aber auch nicht außer Acht gelassen werden, daß die Zeit, seit der man sich diesen Versuchen hingegeben hat, eine verhältnißmäßig noch sehr kurze ist und daß die jetzigen Verhältnisse der Eisenindustrie nicht sehr zu kostspieligen Experimenten verlockend sind.

Die weitere Behandlung der durch den Puddlingsprozeß gewonnenen Rohschienen zur Gewinnung eines gleichmäßigeren und reineren Produktes heißt das Raffiniren. Es geschieht durch wiederholtes Glühen und Strecken der Eisenstücke mittels Hämmern oder Walzen, Zerschneiden, Uebereinanderlegen, Schweißen und Wiederauswalzen. Durch diese Behandlung wird dem Metall eine Beschaffenheit aufgezwungen, die es von Natur nicht besitzt. Seine Krystallisation wird zerstört, es wird zähe und biegsam; der Bruch bildet keine ebenen Bruchflächen, vielmehr ist er hakig, faserig, fast einem gesprungenen Tau zu vergleichen. Die eigentliche Struktur des Eisens aber ist die krystallinische; diese fasrige Textur ist eben nur ein künstliches Produkt der Bearbeitung, und es ist dem Techniker wohlbekannt, daß selbst das zäheste Schmiedeisen durch bloße Erschütterung mit der Zeit seine krystallinische Textur wieder anzunehmen vermag und so brüchig wird wie Gußeisen. Deshalb läßt man Eisenbahnachsen nur eine gewisse Zeit gehen und rangirt sie dann aus, wenn sie auch äußerlich noch so wohlerhalten aussehen.

In nothdürftiger Weise kann man übrigens, mit Umgehung aller Frischarbeit, durch einen bloßen Glühprozeß unter Luftzutritt oder in einer Umhüllung sauerstoffabgebender Mittel, wie Eisenoxyd u. dergl., das Gußeisen in weiches Eisen verwandeln. In der Praxis benutzt man dies, indem man allerhand kleine Gebrauchsstücke aus Gußeisen herstellt und dieselben dann dergestalt ausglüht, daß ohne Eintritt von Schmelzung ein Theil des

Schmiedeisen. 91

Kohlenstoffes verbrennt und ein weiches Eisen entsteht, das allerdings mit den sonstigen Unreinheiten des Roheisens beladen bleibt und daher keinen Anspruch darauf machen kann, für gutes Eisen zu gelten. Aber die so erzeugten Gegenstände sind sehr wohlfeil und können für gewisse Zwecke genügen. Es ist dieses das Produkt, welches mit dem Namen **schmiedbares Gußeisen** bezeichnet zu werden pflegt.

Fig. 46. Die Walzwerke auf einem Eisenhüttenwerke.

Die Form des in die Hände der Techniker übergehenden Eisens ist in der Regel die von Stäben, und es dienen zu dieser Formgebung Walzwerke, wie das in Fig. 46 abgebildete, nur daß dieses vermöge seiner Einschnitte speziell auf Eisenbahnschienen eingerichtet ist.

12*

Je nach der Form dieser Einschnitte, d. h. der Oeffnung, welche ein Einschnitt der Oberwalze und ein solcher der Unterwalze zusammen bilden, erhält man Quadrateisen, Stangen von gleichseitig viereckigem Querschnitt, Flacheisen mit langviereckigem, Rundeisen mit kreisrundem Querschnitt. Während die letztere Form, mehr und mehr verkleinert gedacht, in die Sorte des dicken Drahtes übergeht, verdünnt sich die Stabeisenform ihrerseits durch fortgesetzte Verflachung zu Bandeisen. Geringere Sorten Flach- und Bandeisen, bei denen es auf akkurate Form nicht ankommt, werden übrigens mit weniger Umständen zwischen glatten Walzen zu Tafeln ausgereckt, und diese dann auf Schneidwerken, Walzen mit schneidigen Scheiben, zugleich in mehrere Längsstreifen zerspalten. Was bei diesen Walzarbeiten nicht auf einmal zu erzielen ist, erreicht man nach und nach, indem man die durchgegangenen Körper durch verschiedene Walzlöcher schickt, welche der Form nach gleich, in der Größe aber abnehmend gestaltet sind. Sie erleiden daher immer eine bedeutende Streckung und infolge des Druckes Verdichtung.

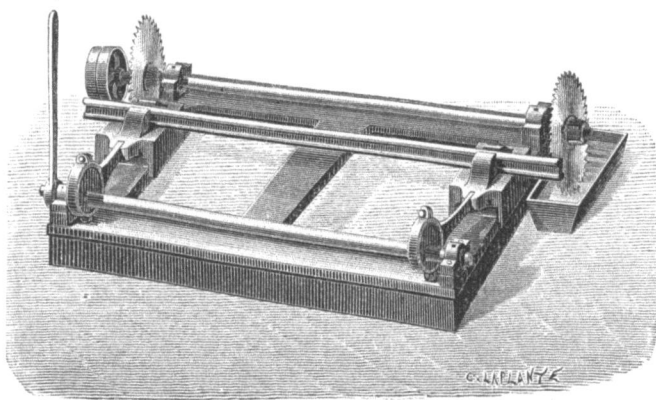

Fig. 47. Abgleichung der Eisenbahnschienen.

Die Eisenwerke bieten den Gewerken noch weitere Bequemlichkeiten dadurch, daß sie ihren Stäben auch andere Durchschnittsformen geben, z. B. oval, fünf-, sechskantig u. s. w. Die Bestimmung solcher Stäbe ist dann meistens die, daß sie mittels Durchschnitt zu Platten ausgestückelt werden, die nun bereits mehr oder weniger fertige Artikel, z. B. Schraubenmuttern, bilden. In solcher Gestalt heißt das Metall dann Modell- oder Façoneisen, und es können hierzu auch die dünnen quadratischen Stäbchen mit gewissen Abständen eingekniffenen Stellen gerechnet werden, welche die Nagelschmiede weiter verarbeiten (Zain- oder Nageleisen). Die steigende Verwendung des Eisens zu Schiffen und anderen Bauten, wie Brücken, Schuppen und Hallen, zu Balkenlagen u. s. w. hat auf mehrere Formen dieses Walzeisens geführt, welche man unter dem Namen Winkeleisen zusammenfaßt und bei welchen Materialersparniß und Leichtigkeit sich mit Festigkeit vortheilhaft verbinden. So hat man Winkeleisen im engern Sinne (L), T-Eisen (T), Doppel-T-Eisen (I), Kreuzeisen (+) ⁊c. Die weitaus bedeutendste Aufgabe aber ist den Walzwerken in der Herstellung der Eisenbahnschienen gestellt.

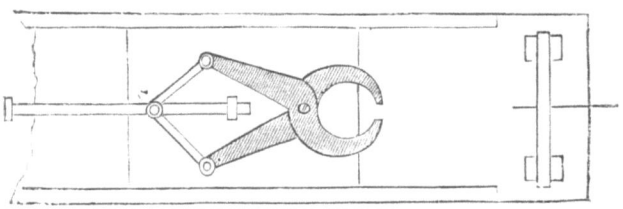

Fig. 48. Stoßzange.

Das Auswalzen des Eisens auf Streckwerken gewährt gleicherweise, und in noch höherem Grade als der Abstich des Hohofens und das Gießen mächtiger Gußstücke, ein anziehendes, fesselndes Schauspiel. Unter der gewaltigen Druckkraft der Walzen dehnt und streckt sich der im Augenblick noch formlose, weißglühende, grimmig Funken speiende Klumpen mit wachsgleicher Gefügigkeit länger und länger; immer biegsamer wird die Masse, so daß man an die Eisennatur desselben kaum noch glauben möchte. Sind die verlangten Dimensionen des Stabes oder der Schiene erreicht, so schleppt man das Eisen noch glühend nach einer aus einer Erdgrube ein Stück hervorragenden, sich mit ungeheurer Vehemenz drehenden Kreissäge (s. Fig. 47), um die verlorenen Enden abzunehmen und das Ganze in Stücke von gewünschter Länge zu zerlegen.

Fig. 49. Fabrikation der Leitungsdrähte für das atlantische Kabel in der Drahtzieherei von Webster und Horsfall in Birmingham.

In wenigen Sekunden hat die Säge einen solchen Durchschnitt vollendet, und jeder Schnitt ist begleitet von einem prachtvollen Feuerwerk sprühender, in allen Farben leuchtender, den ganzen Arbeitsraum bis zur Decke erfüllender Funken.

Zu den Erzeugnissen der Eisenwerke gehören endlich noch die rohen Bleche (Schwarzblech) und der Draht, so weit sich derselbe zwischen eisernen Walzenpaaren erzeugen läßt (Walzdraht). Beide Produkte dienen dann zum unmittelbaren Verbrauch oder gehen zur weiteren Verfeinerung in andere Hände über (Weißblech, gezogener Draht). Die Bleche werden bereitet, indem man möglichst weiches und dehnbares Eisen zu flachen Stäben auswalzt, diese in Stücken zerhaut oder durch eine Maschinenschere zerschneiden läßt (sie heißen Stürze, daher der professionelle Name Sturzblech für Schwarzblech) und solche dann zu Blech ausreckt. Es geschah dies früher durch Hämmern, jetzt allgemein und vortheilhafter durch Walzen, wobei eine größere Gleichförmigkeit erzielt wird. Selbstverständlich dienen hierzu ganz glatte Walzenpaare, welche eben so wie alle anderen aus sehr hart gegossenem Eisen bestehen. Die Bleche passiren bis zu ihrer Vollendung die Walzen mehrmals, indem sie zwischendurch wiederholt geglüht werden, um sie weich und geschmeidig zu erhalten. Die letzten Walzen (Schlichtwalzen) dienen zur Ausgleichung; es werden gleich eine Anzahl Bleche zusammen durchgeschickt, diese vor dem wiederholten Durchgange in andere Lagen zu einander gebracht und durch Klopfen mit einem hölzernen Hammer von Oxyd befreit. Die fertig gewalzten Bleche werden noch einmal in großen Packeten erhitzt, heiß mit einer starken Presse zusammengepreßt und mittels Maschinenscheren beschnitten.

Die Arbeit des Blechwalzens geschieht zwischen sehr harten, ebenen und glatten Walzenpaaren, die mit ihren starken Zapfen in gußeisernen, mit Messing gefütterten Lagern laufen. Die untere Walze bleibt immer auf ihrem Platze liegen, die obere kann mittels Stellschrauben gehoben und gesenkt werden, denn bei jedem neuen Durchgange der Blechtafeln muß, um ihre Stärke zu vermindern, die obere Walze der unteren mehr genähert werden. Die Herstellung von Stahlblech stimmt in der Fabrikation wesentlich mit dem hier beschriebenen überein, und in eben derselben Weise werden Kupfer, Messing, Argentan, Bronze, Zinn, Blei, Zink, Silber, Gold und Platin zu Blech ausgewalzt. Eine Menge Schwarzblech findet als solches seine Verwendung; anderes zieht ein zinnernes Kleid an und avancirt dadurch zu Weißblech, dem wir bei Besprechung des Verzinnens begegnen werden.

Zur Erzeugung der Drähte dienen, wie gesagt, verschiedene zusammenwirkende Walzenpaare, welche das Eisen nach einander passiren muß, um, an dem einen Ende in Form eines glühenden Knüppels eingesteckt, in überraschend kurzer Zeit am andern sich als Draht herauszuspinnen. Die Walzenpaare stehen entweder in einzelner fortlaufender Reihe, oder es liegen ihrer zwei bis drei über einander, wodurch die Reihe sich abkürzt. Die immer kleiner werdenden Löcher, vielleicht 12 bis 20, durch welche das Eisen gezwängt wird, bilden sich natürlich dadurch, daß je zwei vertiefte Rillen der Walzenpaare über einander liegen. Uebrigens sind diese Löcher nicht durchweg rund, sondern im ersten Drittel des Ganges vielleicht oval, dann quadratisch und erst gegen das Ende der Passage kreisrund. Hierdurch erhält das Metall eine Art Knetung von den Seiten her, und da gleichzeitig an zwei, drei oder mehr Punkten der Passage eine Streckung erfolgt, weil das folgende Paar mit einer etwas größeren Geschwindigkeit geht als das vorhergehende, so ist es begreiflich, daß das so angestrengte Eisen glühend bleibt und sich noch rothglühend auf den zuletzt stehenden Haspel aufwindet. Die hier sich bildenden Drahtringe werden alsbald in blecherne Kästen eingeschlossen und in einem Kühlraume langsam, damit sie weich bleiben, abgekühlt, dann mit sehr verdünnter Schwefelsäure der Glühspan abgebeizt, die Säure schließlich abgespült und die Drähte getrocknet.

Statt des hier beschriebenen Walzens der Drähte in den gröberen Nummern hatte man früher den Stoßzug, einen einfachen, von Wasser getriebenen Mechanismus, im Wesentlichen bestehend aus einer hin- und hergehenden großen Zange (s. Fig. 48), welche den durch ein Ziehloch gesteckten Eisenstab bei jedem Rückgange packte und ein Stück weiter hindurchzog. Sie dürfte nur noch auf kleinen, alten Drahtmühlen anzutreffen sein, da sie sich in der Geschwindigkeit gegen die Schnellwalzwerke wie der Kärrner zum Dampfwagen verhält;

überdies hinterläßt jeder ihrer Bisse eine Marke im Eisen, und deshalb ist auch der solchergestalt fabrizirte Draht weniger beliebt als der durch Walzen hergestellte.

Die weitere Verdünnung der Drähte geschieht jedenfalls auf Ziehbänken mit Hülfe des Zieheisens, einer Platte sehr harten Stahls, in welcher die stufenweise an Weite abnehmenden Ziehlöcher ausgearbeitet sind. Sie erweitern sich nach der Seite hin, wo der Draht eintritt, etwas trichterförmig und sind für feinere Zwecke, z. B. für Stahldraht zu musikalischen oder mathematischen Instrumenten, mit irgendwelchem harten Edelstein ausgefüttert. Neben der Ziehbank befindet sich ein Haspel, auf welchen der auszuziehende Draht aufgewunden ist; nachdem dessen Ende durch Hämmern verdünnt, durch das gewählte Ziehloch geschoben und an der jenseit des Zieheisens stehenden Trommel (Scheibe) befestigt worden, wird letztere durch Maschinenkraft in Umtrieb gesetzt. Es befinden sich gewöhnlich eine größere Anzahl solcher Scheiben neben einander, von welchen die eine immer den Draht von der andern abnimmt, nachdem er wieder ein Ziehloch passirt hat, und eben so viel als Trommeln thätig sind, stehen zwischen ihnen auch Zieheisen. Der Haspel dreht sich nur durch das Abziehen mit. Er kommt bei noch ziemlich dicken Drähten auch in Wegfall, indem man den Draht unmittelbar vorlegt und mit der Hand nachhilft. Die aufnehmende Trommel ist nach oben etwas verjüngt, um die Drahtrollen bequemer abnehmen zu können. Je dünner man den Draht haben will, um so mehr Löcher in abnehmender Größe muß er passiren. Durch das öftere Ausziehen wird er aber spröde und muß zwischendurch geglüht werden, was unter Luftabschluß in besonderen Oefen geschieht. Nach dem Glühen muß ihm dann erst wieder der Glühspan mittels Abscheuern oder Abbeizen benommen werden. Dünner Eisen- oder Stahldraht kann 35—40mal durch die Ziehlöcher gegangen und dazwischen 4—5mal geglüht worden sein.

Alteisen. Für die Erzeugnisse der Eisenwerke giebt es außer den Eisenerzen noch eine nicht zu verachtende Eisenquelle, die sogar oberflächlicher liegt als selbst das Raseners, deren Einfluß durchaus nicht zu unterschätzen ist, wenn auch auf den ersten Blick ihre Wichtigkeit nicht so evident in die Augen zu springen scheint, und die wir am geeignetsten an dieser Stelle betrachten, das ist das Alteisen. Obwol dasselbe in beschränktem Maße immer gesammelt wurde (der „Schüsseln für Alteisen" gebende bescheidene Schubkärrner ist ja jedem Dorfkinde eine bekannte Erscheinung), so fällt doch heutzutage der Stoff in viel größeren Massen ab als sonst und ist eine ansehnliche Handelswaare geworden. Welchen Abgang hat nicht allein eine Eisenbahn alljährlich, sowol an Schienen als an dem übrigen Geräth! Deshalb können selbst in erzarmen Gegenden Eisenwerke bestehen, lediglich durch Verarbeitung alten Materiales. Die ganze Thätigkeit ist dann vom Hohofenbetriebe unabhängig, und ein Werk, das sich vorzüglich auf Bahnschienen verlegt, bedarf nur mäßigen Zuschusses an Rohstoff, wenn es seine Schienen im abgenutzten Zustande immer wieder zurücknimmt.

Bei Zugutemachung alter Eisensachen werden die kleineren Stücke mittels Draht in Bündel gebunden (packetirt), die größeren zerschroten, und erleiden dann dieselbe Behandlung wie das Luppeneisen: man erweicht sie im Glühofen, schweißt sie unter Hämmern aus oder schickt sie durch Walzen, bis eine homogene Masse entstanden ist. Das Wort Packetiren wird überhaupt gebraucht, um das Zusammenschweißen über einander gelegter Stücke zu bezeichnen. Bei Anfertigung von Bahnschienen gehört dazu selbst ein gewisser Grad von Geschick und Sorgfalt, indem es sich hier (bei dem besseren deutschen Eisen allerdings weniger als in England) speziell darum handelt, Platten besseren und härteren Eisens obenauf und nach außen, geringeres Material dagegen ins Innere des Schienenkörpers zu bringen.

Verweilen wir noch etwas bei den neueren wichtigen Verbesserungen im Fache des Eisenhüttenwesens, die sich nicht blos auf den Hohofenbetrieb, sondern in vielen Fällen zugleich auch auf den Puddelprozeß beziehen. Die Anwendung der heißen Gebläseluft steht jetzt bei den allermeisten Werken in Anwendung und wird selbst beim Puddelprozeß nicht selten zu Hülfe genommen. Allgemeine Regeln für den passendsten Hitzegrad giebt es nicht, derselbe muß sich nach der Beschaffenheit der Materialien richten; im Durchschnitt wird er von 200 bis zu 400° C. bei bedeutender Pressung getrieben, doch kommen wol auch viel höhere Temperaturen in Anwendung, wenigstens spricht man von Generatorapparaten, mit denen sich die Gebläseluft bis auf 700° erhitzen lassen soll. Das Heißblasen hat in gewissen Fällen selbst auf die Güte des Produktes einen vortheilhaften Einfluß gezeigt, während im Allgemeinen nicht in Abrede zu stellen ist, daß das heiß erblasene Eisen infolge des raschen Ausschmelzens unreiner ist als kalt geblasenes. Der Hauptvortheil liegt aber in einer Ersparung von Brennmaterial, in der Erleichterung des ganzen Schmelzprozesses, und endlich in einer namhaft höheren Ausbeute an Eisen. Vermöge der erlangten höheren Hitzegrade geht der Betrieb rascher, zugleich regelmäßiger von Statten, und man kann die Menge der Zuschläge gegen sonst vermindern. Durch das Heißblasen ist namentlich in England die Benutzung roher Steinkohle in ausgedehnteste Anwendung gekommen; freilich eignet sich nicht jede Kohle, namentlich keine fette, backende dazu. Häufig genug aber wird auch bei Koaks heiß geblasen, wobei jedoch die Hitze leicht zu stark werden und das Eisen an Güte sehr verlieren kann. Das mit roher Steinkohle erblasene Eisen ist in der Regel von viel geringerer Qualität als das Koakseisen, es bildet die ordinärste und wohlfeilste Sorte.

Die Erhitzung der Gebläseluft geschieht entweder in einem Vorfeuer, das mehrere Röhren umspielt, durch welche die Luft vor ihrem Eintritt in den Ofen streichen muß, oder man läßt solche Röhren durch die aus dem Hohofen entweichenden Gase beheizen, die sonst in der Gichtflamme nutzlos verbrennen würden. Man fängt die Gase an der Mündung des Ofens ab, noch ehe sie sich entzünden, und leitet sie seitwärts in einen geschlossenen Raum unter die Gebläseröhren, wo sie in Vermischung mit Luft verbrennen. In noch anderer Weise zieht man die brennbaren Gase aus dem Oberraum des Hohofens selbst herab und bringt sie in direkte Mischung mit dem Gebläsewind. Die Art, wie dann der oberste Theil des Hohofens gebaut ist, ist aus den Abbildungen Fig. 50 und 51 zu ersehen. Entweder es führen Luftwege O O in einen ringsumlaufenden Kanal C C, aus welchem die Ofengase mittels eines saugenden Ventilators herausgezogen und durch das Rohr T zur Feuerstelle geleitet werden, oder die obere Oeffnung ist bei O O (s. Fig. 51) einfach durch ein Sturzblech C verschlossen, welches die Gase zwingt, durch T zu entweichen.

Die aus dem Hohofen entweichenden Gase lassen aber ihre Hitze auch noch anderweit verwenden. Zwar hat man davon wieder abstehen müssen, auch die Puddelarbeiten dabei zu betreiben, denn obwol man mit ihnen die Temperatur selbst bis zur Weißglut steigern kann, so stören doch die beiden Betriebe des Hoh- und Puddelofens einander, die Gase bringen schädlichen Staub mit u. s. w.; dagegen verwendet man sie mit außerordentlichem Vortheil zum Heizen von Dampfkesseln, Rösten der Erze, Heizen von Cementstahlöfen, selbst zum Kalk- und Ziegelbrennen.

Anlangend das Brennmaterial, so dienen für den Hohofen, bei welchem immer Erze und Brennstoffe zugleich in abwechselnden Schichten eingegeben werden, fast ausschließlich Holzkohlen, Koaks, Steinkohlen oder allenfalls Holz, das aber erst zerkleinert und gedörrt werden muß. Andere Stoffe, wie Torf, Braunkohlen, bei denen die vorherige Dörrung gar nicht zu umgehen ist, gestatten keine sichere Anwendung und sind schon wegen ihres meist großen Aschengehaltes mißlich. Dagegen sind zur Beheizung der Puddel- und Schweißöfen dergleichen geringere Brennstoffe anwendbar, zumal nach Einführung der sogenannten Gasfeuerung, welche selbst die Benutzung des geringsten Materials und allerhand kleinen Abfalls gestattet. Diese interessante Heizmethode, vor etwa 30 Jahren in Deutschland entstanden, ist nicht allein für die Metallurgie, sondern für die ganze Technik von so wichtigem Belange, daß wir sie unter die bedeutsamsten technischen Fortschritte zu zählen haben. Wir werden bei der Glasfabrikation Gelegenheit haben, uns die Anlage einer derartigen Feuerung anzusehen, begnügen uns daher an dieser Stelle mit einer allgemeinen Darlegung der Prinzipien.

Die Idee der Gasfeuerung fand ihren Ursprung gerade in den kurz vorher im Schwange gewesenen, aber ohne den gewünschten Erfolg gebliebenen Bestrebungen, die Hohofengase auf die Puddel- und Schweißöfen anzuwenden; sie besteht darin, daß man sich ähnliche Gase und von besserer Beschaffenheit, als sie der Hohofen giebt, in dem Maße, wie sie

gebraucht werden, absichtlich bereitet und somit über alle früheren Störungen und Unsicher=
heiten mit einem Male hinwegkommt. Nachdem dieser Gedanke von vielen Seiten mit Eifer
ergriffen worden und die Versuche ganz unerwartet günstig ausfielen, gewann die Gasfeuerung
eine rasche Verbreitung und wird ohne Zweifel in Zukunft noch viel allgemeiner werden.

Das Hauptstück zur Gasfeuerung ist der Generator, ein schlichter, schachtförmiger
Ofen, der dicht neben dem Arbeitsofen angelegt wird und bei Flammöfen die Stelle ein=
nimmt, wo sonst das gewöhnliche Rostfeuer seinen Platz hat. In diesen Ofen werden die
gehörig zerkleinerten und trockenen Brennstoffe von oben eingefüllt; da aber aus der Füll=
öffnung keine Gase entweichen dürfen, so ist dieselbe mit irgend einer Vorrichtung versehen,
welche einen Wechselverschluß gestattet, so also, daß das Material erst in den Generator
niedersinkt, nachdem eine Oeffnung zu oberst geschlossen und eine andere unterhalb auf=
gemacht worden. Das Material füllt den Generator stets bis zu einer bestimmten, ziemlich
beträchtlichen Höhe, und dies ist für den Prozeß wesentlich. Zu unterst in demselben be=
findet sich ein Feuerloch, gewöhnlich auch ein kleines Gebläse, das besonders bei sehr klarem
Brennstoff nöthig wird. Hier also wird helles Feuer unterhalten, dasselbe verbreitet sich
aber nicht weit nach oben, vielmehr ziehen nur die hier erzeugten glühenden Gase aufwärts
und erhitzen die Füllung so
weit, daß brennbare Gase —
Kohlenwasserstoff — aus ihr
abdestilliren, während gleich=
zeitig die im Unterfeuer
erzeugte Kohlensäure bei
ihrem Durchgange durch die
glühende Beschickung sich
durch Aufnahme von Kohlen=
stoff in Kohlenoxydgas, also
einen ebenfalls brennbaren
Stoff, zurückverwandelt. Das
Erzeugniß des Generators
ist also ein Gemenge meist
brennbarer Gase, das ent=
weder oben durch einen kur=
zen Kanal seitwärts ab und

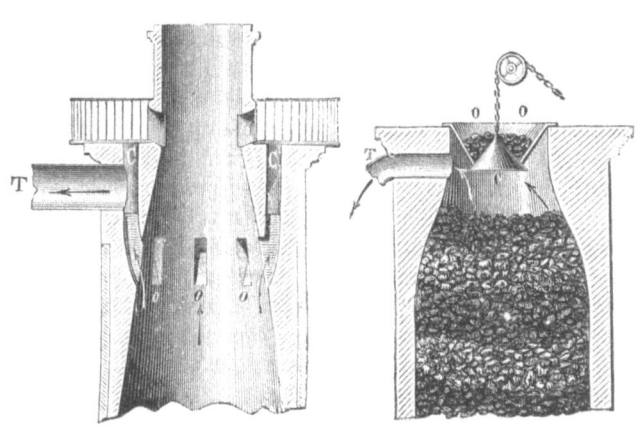

Fig. 50.   Fig. 51.
Ableiten der Gichtgase beim Hohofen.

direkt in den Feuerraum geleitet wird oder auch erst eine Gestübbekammer passirt, um mit
fortgerissenen Staub und Asche fallen zu lassen. Jedenfalls vor ihrem Eintritt in den Ofen
erhalten aber die Gase durch eine Anzahl Düsen eine Zumischung von Luft, die entweder
kalt eingeblasen oder meistens erst vorgehitzt wird, indem das Luftrohr in mehreren Win=
dungen in den Schornstein des Ofens gelegt ist. Auf der Stelle, wo die Luft eintritt und
die Bedingung des Brennens, den Sauerstoff, herzuführt, erfolgt die Entflammung der
Gase, und es fahren gleichsam so viel großartige Löthrohrflammen, als Düsen vorhanden
sind, in den Arbeitsraum. Zuweilen steigert sich freilich die Entflammung bis zu Explo=
sionen, wie das von solchen Gemischen, die immer eine Art Knallgas vorstellen, nicht
anders zu erwarten ist. Diese Zufälle werden aber unschädlich gemacht durch eine An=
zahl nach auswärts schlagender Klappen, welche in den Wandungen des Mischungs= und
Entzündungsraumes angebracht sind.

Es lassen sich bei der Gasfeuerung sogar schwefelhaltige Brennstoffe ohne Schaden
in den Betrieb bringen, denn die Schwefeldämpfe verbrennen in der Gasflamme sicher zu
schwefliger Säure, die auf das Metall gar keinen schädlichen Einfluß mehr ausübt.

Der Stahl. Die ganze heutige Eisenindustrie nimmt der Hauptsache nach immer noch
ihren Ausgangspunkt von dem Roheisen des Hohofens; von diesem leitet sich, wie wir
sahen, das Schmiedeisen ab, und der Stahl kann sowol aus dem einen als aus dem andern
erzeugt werden. Wie schon Eingangs erwähnt, mußte die alte Ausbringungsmethode in

kleinen Oefen immer ein mehr oder weniger stahlartiges Eisen ergeben; bei reinen Erzen, viel Aufwand an Kohlen, Zeit und Opfern an Abfall, läßt sich selbst ein guter, wenn auch nicht sehr harter Stahl auf diesem direkten Wege erzeugen. Heutzutage ist diese ganze alte Kleinindustrie, die sich zu der gegenwärtigen etwa verhält wie die Hausweberei zum Maschinenwebstuhl, im Untergehen begriffen und fristet sich nur in Ländern, wo der moderne Betrieb seinen Fuß noch nicht hingesetzt hat. Während aber unsere unter Leitung der Naturwissenschaften großgewordene Technik mit Stahl und Eisen ganz anders, selbstbewußter und großartiger manipuliren gelernt hat als frühere Zeiten, scheint doch die Theorie gerade des Stahles von ihrem Abschlusse noch ziemlich entfernt zu sein, denn noch ist es nicht völlig gelungen, die vielerlei darauf bezüglichen praktischen Erfahrungen unter feste Gesichtspunkte zu bringen. Zwar haben wir noch nicht Ursache, den Glauben an die Rolle des Kohlenstoffes im Eisen aufzugeben, aber wir wissen doch auch, daß verschiedene andere Elemente, in kleinsten Mengen dem Eisen einverleibt, demselben gleichfalls Härte und stahlartige Eigenschaften zu geben vermögen. Der Kiesel (Silicium) z. B., der selbst keine metallischen Eigenschaften besitzt, bildet neben Kohlenstoff einen kleinen Bestandtheil der meisten Stahlsorten, und man weiß, daß derselbe zur Härte des Stahls mit beiträgt, wie ja selbst von einem „Siliciumstahl" die Rede gewesen ist. Ganz ähnlich verhält es sich mit dem Mangan, wovon der Stahl selbst größere Mengen verträgt, und das, ohne dem Produkte durch seine Gegenwart zu schaden, selbst als ein Reinigungsmittel, welches andere schädliche Stoffe, wie Schwefel und Phosphor, zurückdrängt, betrachtet werden kann. Manganhaltige Eisenerze werden daher auch mit Vorliebe zur Stahlbereitung benutzt und haben den Ehrennamen Stahlerze erhalten. Hiernach deuten sich denn auch die Benennungen Silber-, Nickel-, Rhodium-, Wolframstahl u. a. von selbst; sie besagen, daß dem Stahl eine kleine Menge des betreffenden Metalls behufs der Verbesserung seiner Qualität absichtlich zugesetzt ist; oder sie besagen auch das nicht, sondern sind eine bloße Etikette, wie dies namentlich mit einem sogenannten Aluminiumstahl vorgekommen, in welchem Niemand Aluminium hat entdecken können. Bedeutende und unzweifelhafte Erfolge sind übrigens aus diesen Legirungsversuchen nicht hervorgegangen, von manchen war auch nur kurze Zeit die Rede; der Wolframstahl, der eine Zeit lang sehr beliebt war, hat von dieser Bevorzugung wieder eingebüßt. Die Anwendung des Wolframs datirt seit etwa 1856 und ist dem Bergwerksbesitzer Jakob in Wien zu verdanken. In den Zinngruben Altenberg und Zinnwald findet sich das Wolframerz, ein bis dahin nutzloses Mineral, bestehend aus wolframsaurem Eisenoxydul nebst eben solchem Manganoxyd, verunreinigt durch Schwefel und Arsenik. Nachdem man durch Rösten die letztern beiden Bestandtheile ausgetrieben, zieht man mit Salzsäure das Eisen und Mangan aus und behält Wolframsäure als ein gelbes Pulver. Man reduzirt dasselbe durch Glühen mit Kohle und erhält so das Wolframmetall, das wegen seiner Strengflüssigkeit stets nur als eine poröse, schwammige Masse erhalten wird. Auf Jakob's Veranlassung wurde dasselbe zu Legirungen mit Stahl versucht, und zwar nicht ohne Erfolg. Ein Zusatz von 5 Prozent Wolfram erhöht die Härte und Festigkeit des Stahls über die des besten englischen Gußstahls. Dieses neue Produkt machte eine Zeit lang viel von sich reden und wurde sehr zu schneidenden Werkzeugen empfohlen, die viel auszuhalten haben. Indeß wurde anderseits über zu schwierige Verarbeitbarkeit geklagt, und zur Zeit ist, wie gesagt, nicht viel mehr die Rede von Wolframstahl. Dagegen wurde das Wolframmetall als ein Zusatz zu Gußeisen empfohlen, das dadurch eine ganz besondere Härte erlangen soll.

Erst neuerlich hat man entdeckt, daß bei der Stahlbildung noch ein anderer Faktor eine Rolle und vielleicht eine ganz wichtige spielt, das ist der Stickstoff. In jedem untersuchten Stahl fand man, nachdem einmal die Aufmerksamkeit dahin gerichtet war, neben Kohlenstoff auch Stickstoff, und hiermit hatte man wenigstens die Erklärung dafür, warum gewisse, seit langer Zeit empirisch angewandte Mittel zur Einsatzverstählung, wie Hornspäne, Knochenmehl, Blutlaugensalz u. dergl., eine so vorzügliche Wirkung thun; es sind eben stickstoffhaltige Körper. In der Verstählung der Kupferplatten mittels einer salmiakhaltigen Eisenlösung haben wir sogar das Beispiel eines reinen Stickstoffeisens mit ganz stahlartigen

Eigenschaften. Doch es fehlt eben noch an einer Verknüpfung aller hier berührten That=
sachen und wir haben bis jetzt als Maß zur Beurtheilung der Stahlartigkeit immer noch
den Kohlenstoffgehalt festzuhalten.

Der Stahl, als ein Mittelding zwischen Stab= und Roheisen, das mit dem ersten die
Schweißbarkeit, mit dem zweiten die Schmelzbarkeit theilt, besitzt auch einen mittleren, wie=
wol beträchtlich schwankenden Kohlegehalt. Ueberhaupt scheint bei den Verbindungen zwischen
Kohlenstoff und Eisen das Gesetz der festen Proportionen, das Gerippe der ganzen Chemie,
gar nicht einzuschlagen. Man kann dem weichsten Eisen, das nur noch Spuren von Kohle
enthält, allmählich immer mehr Kohlenstoff zuführen; es wird vielleicht bei $^1/_2$ Prozent
stahlartig, aber immer noch weich sein; sobald das entsprechend behandelte Metall mit dem
Stein Funken giebt (und eine andere Probe dürfte es kaum geben), nennt es der Techniker
Stahl. Durch fortgesetzte Zuführung von Kohlenstoff wird endlich das frühere weiche
Metall zum leibhaftigen Gußeisen. Ein Kohlegehalt von $1^1/_2$ Prozent gilt bei reinem
Material für diejenige Stufe, auf welcher der Stahl nach dem Ablöschen eine große Härte
und zugleich die größte Festigkeit (das Gegentheil von Sprödigkeit) hat. Weiter hinaus kann
die Härte noch steigen, aber auch die Sprödigkeit steigt, so daß schon mit 2 Prozent alle
Schweißbarkeit verloren und die Grenze von Stahl und Roheisen erreicht ist. Diese
Kohlungsstufe, 1,9 bis 2 Prozent, besitzt auch mancher Gußstahl, von welchem dann eben=
falls keine Schweißbarkeit zu erwarten ist.

Die volle Brauchbarkeit des Stahls, seine Unersetzlichkeit als Stoff für schneidende
Werkzeuge, beruht aber auf der merkwürdigen, nur vom Roheisen einigermaßen getheilten
Eigenschaft, sich, ohne seine Stahlnatur zu verlieren, beliebig in einen Zustand großer
Weichheit und außerordentlicher Härte durch bloße Temperaturveränderungen versetzen zu
lassen. Wie bekannt, wird der Stahl durch bloßes Erhitzen und langsames Auskühlen so weich,
daß er sich wie das weichste Eisen behandeln und bearbeiten läßt, während er andererseits
wieder durch Glühendmachen und rasches Abkühlen (Eintauchen in kaltes Wasser u. dergl.)
einen Härtegrad erlangt, der sich bis zur Glashärte steigern läßt und der besten Feile
spottet. Andererseits läßt sich der glasharte Stahl durch gelindes Erhitzen (An= oder
Ablassen) wieder von seiner Sprödigkeit befreien und auf jeden andern Grad der Härte
zurückführen. Stark erhitzter, aber noch nicht glühender Stahl dagegen erhärtet durch Ein=
tauchen in kaltes Wasser nicht, sondern wird sogar auffallend weicher. Alle diese Erfahrungen
benutzt der Techniker zu seinen Zwecken, und es beruhen darauf eine Menge zum Theil
eigenthümlicher Härtekünste; so das Härten in geschmolzenem Blei oder Zinn, das Eng=
länder längere Zeit hindurch als ein viel beneidetes Geheimniß hüteten. Ohne auf diese
speziell eingehen zu können, sei nur erwähnt, daß der Techniker bei den Härtearbeiten einen
guten Anhalt hat an den wechselnden Farben (Anlauffarben), welche blanke Eisen= und
Stahlkörper in verschiedenen Temperaturen annehmen und die sich von unten auf in folgen=
der Reihe darstellen: Blaßgelb, Strohgelb, Braun, fleckig Purpurn, gleichförmig Purpurn,
Hellblau, Dunkelblau, Schwarzblau; bei noch höherer Steigerung der Hitze wird dieselbe
Farbenreihe noch einmal durchlaufen, nur in weniger deutlichen Nuancen.

Aus allem bisher Gesagten erhellt schon zur Genüge, daß es sich bei unserer heutigen
Art der Stahlerzeugung stets entweder um eine Entziehung oder um eine Zuführung von
Kohlenstoff handeln muß. Die erstere Maßregel bezieht sich auf das Roheisen und ergiebt
den Rohstahl, Schmelz= oder Puddelstahl; die zweite, am Schmiedeisen ausgeübt, liefert
den Brenn= oder Cementstahl. Ein drittes Verfahren hält zwischen beiden die Mitte: das
Zusammenschmelzen von Roh= und Schmiedeisen. Hier wird sowol genommen als gegeben,
indem beide Eisensorten sich in eine gegebene Menge Kohlenstoff pro rata zu theilen haben.
Die alte Stahlerzeugung war so sehr ein Werk des Zufalls, daß man das Produkt immer
erst darauf untersuchen mußte, ob es sich besser zu Schmiedeisen oder zu Stahl eigne; heut=
zutage hat es der Hüttenarbeiter schon bequemer, wenn er nämlich vom Roheisen ausgeht, an
dessen hohem Kohlenstoffgehalt er immer einen festen Stützpunkt hat, obgleich die verschie=
denen Qualitäten des Roheisens in der Bearbeitung auch berücksichtigt sein wollen.

Frischstahl. Die Umwandlung des Roheisens in Stahl geschieht auf verschiedene Art; bei dem ältesten, der Stabeisenbereitung entsprechenden Verfahren, dem Stahlfrischen oder Puddeln, auf den uns schon bekannten Frischherden bei Holzkohle oder in Flammenöfen bei Steinkohlenflamme. Das Produkt der letztern ist jedoch stets von geringer Qualität, nur für gewisse Zwecke geeignet, dabei aber wohlfeil und auf Massenproduktion berechnet. Die Anwendbarmachung der Puddelarbeit auf Stahl wollte Anfangs gar nicht glücken, doch das Bestreben, die theuren Holzkohlen entbehrlich zu machen, spornte zu immer neuen Versuchen. Eine Hauptschwierigkeit war überwunden, nachdem man sich entschlossen hatte, die Steinkohlen durch einen besondern Reinigungsprozeß von ihrem Schwefelgehalt zu befreien. Das schon lange übliche Verkoaken treibt den Schwefel nicht vollständig genug aus. Man griff daher zu der bei den Erzen gewöhnlichen nassen Aufbereitung der Kohlen, indem man sie zerkleinert und einer Wäsche unterwirft, analog der früher besprochenen Setzarbeit, und erreicht damit größtentheils die Trennung der Kohle von den schwefelhaltigen und anderen Mineralien. Der Schwefel durchzieht nämlich nicht die ganze Masse der Kohlen, sondern ist, in Verbindung mit Eisen als Schwefelkies, in Nieren und Körnern darin vertheilt; da diese beträchtlich schwerer als die Kohle selbst sind, so hat der Scheidungsprozeß den gewünschten Erfolg. Die starke Zerkleinerung der Kohlen hat nichts auf sich, da dieselben im Feuer doch wieder zusammenbacken.

Die Frischarbeit selbst anlangend, so ähnelt sie dem Eisenfrischen so sehr, daß der Nichtkenner den Unterschied kaum wahrnehmen möchte. Die Rücksichten die bei der Stahlbereitung gelten, sind hauptsächlich, daß die Bearbeitung im Allgemeinen bei geringerer Hitze und bei mäßigem Gebläse geschieht, daß die niedergeschmolzene Masse unter einer Schlackendecke geschützt und nur vorsichtig mehr unter als vor Wind gebracht wird. Zu einer Zeit wird daher vielleicht der Stahlfrischer sein Windloch fast ganz schließen, während es der Eisenfrischer erst recht weit öffnen würde, und der ganze Stahlfrischprozeß darf im Allgemeinen nur kürzere Zeit dauern, weil eben weniger Kohlenstoff verbrannt werden soll. Hieraus ergiebt sich übrigens, daß auch das Stabeisen auf seinem Entstehungsgange aus dem Roheisen in einem gewissen Momente Stahl gewesen sein muß. In manchen Anstalten schmilzt man in die Frischmasse altes Schmiedeisen mit ein, wodurch der Stahl eher gar wird.

Die beginnende Gare oder Reife des Stahls zeigt sich durch das Erscheinen geschmolzener Stahlkügelchen auf der Masse. Das fertige Produkt ist dann Rohstahl; es wird wie das Stabeisen aufgebrochen, zerschroten und in Stangen ausgeschmiedet, die man noch heiß in kaltes Wasser wirft und dadurch härtet. Durch Schläge oder Herabwerfen der Stangen oder auch schon der Metallkuchen von einer gewissen Höhe zerspringen sie, es trennen sich dabei die verschieden gearteten Partien, welche immer darin vorhanden sind, und dieser Selbstsortirung folgend, bringt man die im Ansehen der Bruchflächen gleichartigen Stücke zusammen und verbindet sie durch Schweißen und Aushämmern oder Walzen zu einem möglichst gleichförmigen Ganzen. So erhält man den **Gerbstahl**, der sich infolge des beim Gerben unvermeidlichen Kohlenstoffverlustes wieder mehr dem Stabeisen nähert, also weicher ist und bei zu langer Bearbeitung ganz zu Stabeisen werden würde.

Cementstahl. Anders gestaltet sich die Ueberführung des Stabeisens in Stahl; sie beruht auf dem Erfahrungssatze, daß Eisen in glühendem Zustande, mit kohlenstoffhaltigen Substanzen in Berührung gebracht, Kohle aufnimmt und sich von außen nach innen fortschreitend in Stahl verwandelt. Es ist diese Erfahrung vielleicht nicht viel jünger als der Gebrauch des Eisens selbst; jedenfalls aber wurde sie lange Zeit nur benutzt, um Werkzeugen und anderen kleinen Gegenständen eine oberflächliche Härtung zu ertheilen, bis sie sich auf die vollständige Verwandlung des Schmiedeisens selbst erstreckte, was aber auch schon lange her ist, denn man kann ein paar Jahrhunderte zurückgehen und doch die Cementstahlerzeugung schon auf der Stufe der Ausbildung finden, die sie heute einnimmt.

Die Umwandlung der zur Stählung bestimmten Eisenstäbe geschieht einfach durch mehrtägiges Glühen in geschlossenen Kästen in einer Umhüllung von Cementirpulver, in welchem eine stickstoffhaltige Kohle die Hauptsache ist. Am besten wirkt eine kalireiche

Laubholzkohle; solche von Birken=, Buchen= oder anderem Hartholz erhält den Vorzug. Die Wirkung wird noch verstärkt durch Zumischung von stickstoffreichen Substanzen, namentlich thierischen Stoffen (verkohltes Leder, Knochen, Horn), von Glanzruß und Holzasche, letztere angeblich wegen ihres Kaligehaltes. Andere hin und wieder genannte Zusätze, wie Kochsalz, Borax, Alaun u. s. w., scheinen als entbehrlich mehr oder weniger außer Gebrauch gekommen zu sein. In England soll man nur unvermischte Holzkohlen benutzen. Die Thatsache aber, daß der Zusatz von Thierkohle und Holzasche sich als entschieden vortheilhaft bewährt, sowie die anderweite Beobachtung, daß drei= bis viermal gebrauchtes Cementirpulver seine Wirkung verloren hat, leiten zu der Vermuthung, daß der inzwischen verloren gegangene Stickstoff nebst dem Kalium zwischen Eisen und Kohle eine Art Zwischenträgerrolle gespielt haben möchte.

Zum Cementiren hat man gewölbte Flammenöfen, in deren Innern zwei oder mehr aus feuerfesten Steinplatten aufgebaute, 3—4 Meter lange Kästen auf steinernen Unterlagen stehen, damit die Flammen auch unterhalb einwirken können. Auf eine unterste festgedrückte Schicht Cementirpulver folgt ein Satz Eisenstangen, auf diese wieder eine 1—2 Centimeter dicke Lage Pulver, dann wieder Eisen und so fort, bis der Kasten gefüllt ist. Die letzte Lage von Cementirpulver bedeckt man mit unschmelzbarem, angefeuchtetem Sande.

Ist der Ofen gefüllt, so wird das zum Beschicken und Ausräumen nöthige Eingangsloch vermauert, die Feuerung beginnt und wird allmählich gesteigert, so daß in etwa 24 Stunden die Cementationshitze (Weißglühhitze) erreicht ist. Als Brennmaterial dienen Holz, Steinkohlen, Gasfeuerung oder auch Hohofengase. Die Dauer eines Brandes hängt von der Beschaffenheit des Eisens, der Stärke der Stäbe, dem Brennmaterial und der Größe des Ofens ab. In kleineren Oefen kann ein Brand schon in vier Tagen beendigt sein, während in größeren 10—12 Tage erforderlich sind. Um das Fortschreiten der Stahl=

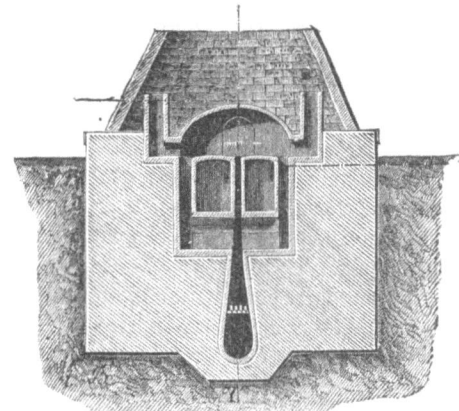
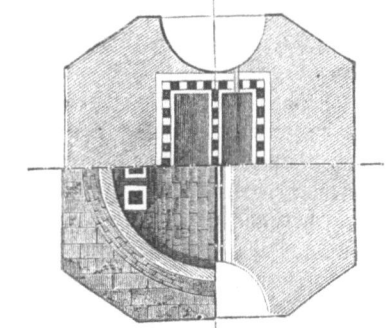

Fig. 52. Cementationsofen im Durchschnitt und von oben gesehen.

bildung verfolgen zu können, setzt man Probestangen in die Kästen ein, welche durch besondere vorgerichtete Oeffnungen herausgezogen werden können. Man zerbricht sie, um aus der Bruchfläche auf den Stand der Sache zu schließen. Dabei sieht man, wie die Stahlbildung von außen nach innen sich vollzieht, während der innere bläuliche Eisenkern durch immer enger werdende Grenzen sich markirt. Ist derselbe endlich verschwunden, so stellt man das Feuer ab, überläßt den Ofen noch mehrere Tage der Abkühlung und räumt ihn dann; 3—400 Centner ist das Gewicht einer gewöhnlichen Beschickung. War das Eisen rein, völlig ausgefrischt und von Glühspan frei, so kann man sich durch Nachwiegen überzeugen, daß dasselbe, indem es sich in Stahl verwandelte, Etwas zu sich genommen hat; die Gewichtsvermehrung beträgt gewöhnlich $3/4$ Prozent, bei weniger reinem Eisen können sich Abgang und Zunahme wenigstens balanciren, so daß das Gewicht nach wie vor dasselbe bleibt.

Das Eisen erlitt während des Stählungsprozesses keine Schmelzung, doch aber eine Erweichung; das zeigen sowol die Eindrücke des Kohlenpulvers als auch die Blasen oder

Bläschen, womit die Stäbe über und über bedeckt sind und die dem so erzeugten Materiale auch den Namen Blasenstahl verschafft haben. Man erklärt diese Erscheinung aus eingeschlossenen Partikelchen von Schlacke oder Hammerschlag, welche, als sauerstoffhaltig, Veranlassung gaben, daß sich Kohlenstoff und Sauerstoff zu Kohlenoxydgas verbanden, dessen Entweichen die zähe Stahlmasse nicht vollständig gestattete.

Man hat übrigens auch Cementstahl, welcher die beschriebene Behandlung in zwei oder mehreren Abschnitten erfahren hat, so daß derselbe dem Ofen unfertig entnommen, ausgeschmiedet und aufs Neue eingesetzt wurde.

Bemerkenswerth ist, daß das glühende Eisen nicht nur aus umgebenden festen Stoffen, sondern auch aus kohlehaltigen Gasen den Kohlenstoff zur Stahlbildung zu entnehmen vermag. Durch Experimente ist festgestellt und in England angeblich schon in praktischen Gebrauch gekommen, daß Schmiedeisen, in geschlossenen Behältern im Glühen erhalten, bei einer allmählichen Durchleitung von Leuchtgas sich im Laufe mehrerer Tage in Stahl verwandelt. Die Theorie von der Wirkung des Stickstoffes würde sich auch hier wieder bestätigen können, indem das rohe Leuchtgas davon zur Genüge enthält. Auch ein Cementiren in umgekehrtem Sinne ist denkbar und in England ausgeführt oder doch patentirt worden. Anstatt nämlich Stabeisen auf glühendem Wege zu kohlen, entzieht man Gußeisenstäben durch mehrtägiges Glühen einen Theil ihres Kohlenstoffes, wonach natürlich das Einsatzpulver von anderer Natur sein muß, anstatt Kohle zuzuführen muß es Sauerstoff abgebend sein. Eisenoxyde (Rotheisenstein u. dergl.) sind das hierzu passende Mittel. Dies Verfahren wurde vom Sektionsrath Tunner in Leoben 1855 zuerst ausgeführt und giebt ein wohlfeiles Material (**Glühstahl**), das sich im rohen Zustande zu gröberen Stahlartikeln, wie Radreifen, Achsen, überhaupt zu solchen Gegenständen, die ungehärtet bleiben, zweckmäßig verwenden läßt. Das aus dem Cementirofen kommende Gut ist ebenfalls ein Rohstahl, eine spröde, großblättrig krystallinische Masse, die ihre Gebrauchsfähigkeit erst durch weitere Bearbeitung erlangt. Man sortirt dieselbe und raffinirt sie durch Schweißen und Strecken zu Gerbstahl oder verwandelt sie noch gewöhnlicher durch Einschmelzen in Gußstahl.

Neben diesen beiden typischen Grundverfahren haben sich nun im Laufe der Zeit eine Anzahl sehr interessanter Stahlbereitungsprozesse entwickelt, die, dem Charakter der Großindustrie entsprechend, zumeist derjenigen Methode sich anschließen, welche auf der Umwandlung des massenhaft erzeugbaren Roheisens beruht. Unter ihnen sind die Verfahren von Bessemer einerseits und Uchatius, Martin andererseits die hervorragendsten.

Bessemerstahl. Wenn man bedenkt, daß Roh- und Puddelstahl dadurch erhalten werden, daß man das flüssige oder halbflüssige Roheisen einem Strome von Luft aussetzt, der einen Theil des Kohlenstoffes verbrennt, so erscheint es als ein naheliegender Fortschritt, durch flüssiges Roheisen Luft direkt hindurch zu treiben, wodurch sich die Berührungspunkte zwischen beiden Stoffen sehr bedeutend vervielfältigen müssen und also auch eine wesentliche Abkürzung des Prozesses zu erwarten sein müßte. Dennoch aber erschien, als der Engländer Bessemer 1854 zur Verwirklichung dieser Idee sein erstes Patent nahm, das Unternehmen gar Vielen als lächerlich. Es hat sich jedoch zu einer großartigen Bedeutung entwickelt, nachdem freilich zuvor ungemeine Schwierigkeiten überwunden werden mußten, so daß Bessemer erst 1862 wirkliche Proben seines Verfahrens vorlegen konnte, die nicht einmal sogleich gerechte Würdigung fanden, ja denen man sogar den Charakter des Stahls absprach. Indeß ist die Probezeit gleichfalls vorübergegangen und gegenwärtig steht das Verfahren in allen Ländern der Eisenindustrie in voller Ausübung. In Deutschland finden sich die Fabriken besonders häufig in dem rheinisch-westfälischen Eisendistrikt.

Bessemer suchte anfänglich in einem Zuge das flüssige Roheisen in Stahl zu verwandeln; es ist dies aber schwierig, da der Moment nicht leicht zu treffen ist, wo man mit der Verbrennung aufzuhören hat, um gerade noch so viel Kohlenstoff darin zu lassen, als zum Stahl gehört. Dies Verfahren ist daher jetzt aufgegeben; man verbrennt nunmehr den Kohlenstoff des Roheisens völlig und setzt nachher von feinem geschmolzenen Roheisen (Spiegeleisen), dessen Kohlenstoffgehalt bekannt ist, so viel zu, daß dadurch die ganze Masse zu Stahl wird. Ebenso gebraucht man statt der zuerst für das Bessemern angewandten Schachtöfen, in denen die Entkohlung vorgenommen wurde, jetzt allgemein sogenannte Birnen, große gußeiserne, retortenartige Hohlgefäße, deren Inneres mit feuerfestem Thon ausgekleidet ist und die drehbar in zwei Zapfen hängen. Der Boden der Birne ist hohl oder doppelt, in den Zwischenraum wird die Gebläseluft gepreßt; nach innen führen Luftwege in Form von etwa 1 Centimeter haltenden Löchern. In unserer Abbildung Fig. 53 ist ein Stück der Wandung dieses Apparates im Durchschnitt gezeichnet: ab und durch die punktirte Linie die Größe des Innenraumes angedeutet; xx sind die Luftkanäle, die aus dem Bodenraume B in die Retorte führen; die Gebläseluft selbst findet ihren Weg in die Büchse B durch das Rohr C, welches bei X in den hohlen Ring D einmündet, der seinerseits mit dem vom Gebläse herführenden Rohre F in offener Verbindung steht. Um den Zapfen Z dreht sich das Ganze. Der Gang des Prozesses ist dann folgender: das Roheisen wird in einem besonderen Ofen geschmolzen, aus dem es in den Birnapparat in flüssigem Zustande eingebracht wird. Der Birne giebt man zu diesem Behufe eine geneigte Lage und füllt sie nur soweit mit Roheisen an, daß die kleinen Einblaselöcher im Boden noch frei bleiben. Nunmehr setzt man das Gebläse in Wirksamkeit und bringt die Birne sogleich in die aufrechte Stellung zurück. Der Winddruck hält sich nun selbst die Kanäle frei; die Luft durchdringt das überstehende Eisen, der Kohlenstoff verbrennt auf das Lebhafteste und unter dem hierdurch entstehenden hohen Hitzegrade wird das Eisen noch dünnflüssiger, die Masse geräth unter Mitwirkung des treibenden Windes in lebhafte Wallungen und eine breite Feuergarbe nebst Funkenregen bricht oben aus der Birne hervor. Mit oder vor dem Kohlenstoff verbrennen auch andere schädliche Bestandtheile des Roheisens; im Anfange namentlich Silicium und Mangan, welche eine Schlacke bilden, später allerdings auch etwas Eisen. Das Feuerwerk zeigt daher in verschiedenen Momenten verschiedene Farbeneffekte, und hiernach läßt sich beurtheilen, ob der Prozeß beendet, der Kohlenstoff völlig verbrannt ist.

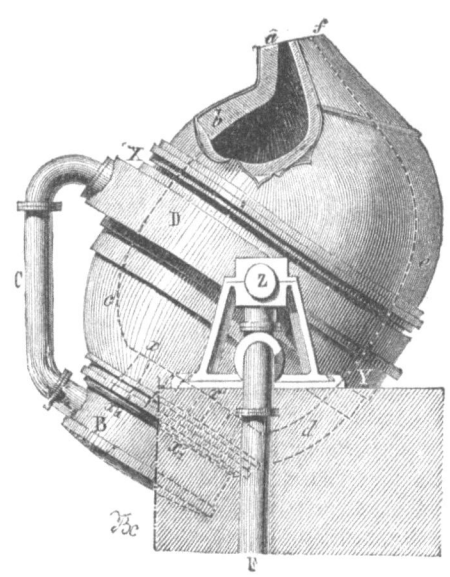

Fig. 53. Birnapparat zur Bessemerstahl-Bereitung.

In dem spektralanalytischen Apparate hat man ein ausgezeichnetes Mittel in der Hand, da es den Moment der Beendigung augenblicklich durch die Veränderung des Flammenspektrums zu erkennen giebt. Es dauert das ganze Abbrennen etwa 15—20 Minuten bei einer Beschickung von 100—200 Centnern Roheisen. Ist die Sache so weit, so wird die Birne gekippt, das Spiegeleisen in richtigem Verhältniß einfließen gelassen, die Birne wieder aufgerichtet und noch etwas Weniges der Vermischung halber geblasen. Die Masse wird nun ausgegossen, erkalten gelassen, und der Stahl ist zur weitern Verwendung fertig.

Zur Bewegung der riesigen Massen und Vorrichtungen, die bei diesem Prozesse zu handhaben sind, der Birnen und der glühendflüssigen Stahl- und Eisenmassen, sind selbstredend starke Elementarkräfte erforderlich; Menschenarme allein thun's nicht. Meistens arbeitet man mit zwei Birnen, die sich gegenüberstehen, so daß sie nach der Mitte ausgießen können, und hydraulische Vorrichtungen, Wasserdruck u. s. w., sind angewandt, um diese mächtigen Massen spielend zu bewegen. Das Drehen der Birnen, das Heben und Entgegenbringen des Gießkessels, das Bewegen dieses letztern über die Form, über welche er sich entleeren soll, alles Dies geschieht durch mechanische Mittel mit wunderbarer Leichtigkeit und Präzision. Von den Arbeitern hat jeder einen Hebel in Händen; auf Kommando des Meisters werden die Hebel hantirt, die Massen setzen sich in Bewegung und folgen genau dem Befehl und Willen des Menschen.

Die Verwendung des Bessemerstahls erfolgt nach zwei verschiedenen Seiten hin: ein Theil wird direkt durch Walzen, Schmieden, Schweißen u. s. w. in Gebrauchsgegenstände verwandelt, ein anderer wandert wieder in den Schmelztiegel und giebt Gußstahlwaaren. Die ganze Stahlerzeugung hat durch den Bessemerprozeß eine andere Gestalt gewonnen, sie ist zur Massenproduktion geworden, und die jetzt bestehende ungemeine Wohlfeilheit des Stahls macht ihn zu einer Menge von Dingen verwendbar, welche früher fast ausschließlich aus Gußeisen dargestellt werden mußten; umgekehrt aber sind seine Eigenschaften trefflich genug, um auch die theure Bronze in gewissem Grade zu ersetzen.

Man kann die Jahresproduktion von Bessemerstahl in Europa bereits auf 10 Millionen Centner annehmen. Davon fallen auf England allein $2/3$, und man kann daraus berechnen, wie einträglich diese Erfindung für ihren Urheber gewesen sein muß, da an derselben bis 1870 von jedem Centner eine Patenttaxe von 1 Mark entrichtet werden mußte. In der Güte des Stahls steht England aber zurück, weil sein Roheisen nicht das beste ist und der Stahl in der Qualität doch immer dem Eisen entsprechend ausfällt. Schweden und Oesterreich sind für die Stahlindustrie durch ihr gutes Eisen bevorzugt, und namentlich im letztern Lande ist die neue Stahlindustrie schon bedeutend hoch gegangen. Man liefert dort ganz stählerne Bahnschienen so wohlfeil, daß alle Konkurrenz ausgeschlossen ist; auch ganze Lokomotiven aus Stahl sind bereits in ziemlicher Anzahl gebaut. Die gewalzten Bleche bilden eigentlich ein ganz neues Material, das die Eigenschaften des Kupfers und Messings bei viel größerer Wohlfeilheit besitzt. Es läßt sich in kaltem Zustande biegen, stanzen, auf der Drehbank drücken u. s. w., dient mit großem Vortheil zu Kochgeschirren, Schalen, Lampentheilen u. dergl. und wird wahrscheinlich auch als Dampfkesselblech noch eine wichtige Rolle spielen. Der Bessemerstahl dürfte überhaupt alle früheren Stahlbereitungsmethoden bedeutend beschränken und ihnen nur für ganz spezielle Zwecke eine Bedeutung lassen.

Uchatiusstahl. Die Idee, Roheisen mit Eisenoxyden bei entsprechender Hitze zu verschmelzen und dadurch Stahl zu erzeugen, ist eine alte, die schon 1722 in einer Schrift von Réaumur ausgesprochen ist. Der Gang der Sache muß hierbei so sein, daß der Sauerstoff der Oxyde einen Theil des Kohlenstoffes im Roheisen verbrennt und verflüchtigt, also das Roheisen einmal auf diesem Wege an Kohlenstoff ärmer wird, und sodann dadurch, daß das reduzirte reine Eisen sich mit dem überschüssig noch darin enthaltenen verbindet. Es fand indeß dieses Prinzip zur Stahlerzeugung keine, oder nur die schon erwähnte beschränktere Anwendung, daß man bereits fertig gegossene kleine Eisensachen mit Eisenoxyden glühte (adoucirte) und so nachträglich in eine Art Stahl verwandelte. Neuerdings hat jedoch ein österreichischer Artillerieoffizier Uchatius das Prinzip neu erfaßt und auf eine Art der Stahlbereitung angewandt, die bei ihrem Auftreten viel von sich reden machte. Uchatius war der Erste, welcher entdeckte, daß die Kleinheit der zur Stahlbereitung verwendeten Roheisenstücke von entschiedenem Einflusse auf die Qualität des erzeugten Stahles sei. Sein Prozeß beginnt daher mit der Granulirung (Körnung) des Roheisens, das in Graphittiegeln geschmolzen und hernach durch Aufgießen auf bewegtes Wasser granulirt wird. Je kleiner diese Körner sind, um so besser fällt der Stahl aus. Dieses Granulireisen wird dann mit einem Gemenge von Spatheisenstein und etwas Braunstein und, wenn weicher Stahl erzeugt werden soll, unter Beigabe von Stabeisen niedergeschmolzen.

Es bleibt in dem Tiegel ein gleichförmiger, zäher und elastischer Stahl zurück, der in geeignete Formen ausgegossen und darauf ausgeschmiedet wird. Die Ausbeute ist aus oben angegebener Ursache höher als das dazu verwendete Roheisen. Es fällt sonach bei dieser Methode, zu der sich übrigens nur weißes Holzkohleneisen gut eignen soll, die Rohstahl- und Gußstahlgewinnung in einen Prozeß zusammen, was ihrer Wohlfeilheit nur förderlich sein könnte, wenn nicht andererseits der Umstand entgegenstände, daß viel Brennmaterial aufgeht und die Tiegel viel kosten, weil es schwer hält, Tiegel zu schaffen, welche den verschlackenden Einwirkungen des Eisen- und Manganoxyds gehörig widerstehen.

Die Bessemerstahlbereitung.

Fig. 54. Bessemerstahlbereitung mittels des Birnenapparates.

Man hat daher in England die Umwandlung nicht in Tiegeln, sondern im Flammenofen vorzunehmen versucht, und das hat zu dem Martin'schen Verfahren geführt, welches in neuester Zeit sehr viel von sich reden macht. Der Martinstahl ist ein sogenannter **Flußstahl**, als welcher er seiner Erzeugung nach in der Mitte zwischen dem Frischstahle und dem Cementstahle steht, indem sowol kohlenstoffarmes Stabeisen als auch kohlenstoffreiches Roheisen sich an seiner Zusammensetzung betheiligen. Das Roheisen wird auf der Sohle eines Flammenofens mit einer dünnflüssigen Schlacke eingeschmolzen und in das Bad solange Spatheisenstein eingetragen, bis das Ganze die zähe Beschaffenheit des Schmiedeisens angenommen hat, dann wird zu der Masse eine entsprechende Menge Roheisen gesetzt und hierdurch der Kohlenstoffgehalt auf die Stufe des Stahles gebracht. Uebrigens hat Siemens sein bereits erwähntes Verfahren der Schmiedeisenerzeugung direkt aus den Erzen auch auf die Stahlgewinnung angewandt, doch muß über die Erfolge erst die Zeit ihr Urtheil sprechen.

Der Gußstahl. Somit wären wir bei dem Schoßkinde unserer heutigen Technik angekommen, das aber in der That auch die ihm gewidmete Pflege durch solide Tugenden reichlich vergilt. Das Kind hat übrigens seinen hundertsten Geburtstag schon einige Zeit hinter sich; es ist aber jüngst auf deutschem Boden in ein neues Wachsthum getreten. Der erste und bedeutendste Pflegevater hier war Krupp in Essen. Durch ein neues Verfahren gewann er über den ungefügen Stoff eine Gewalt, die ihn erst dem Begriffe eines gießbaren Stahles näher brachte und es zugleich ermöglichte, denselben auf Stücke von verhältnißmäßig großen Dimensionen anzuwenden, so daß seitdem die Unterscheidung von Massen- oder Maschinengußstahl gegenüber dem alten Werkzeuggußstahl Platz gegriffen hat. Der Name Gußstahl besagt nämlich nicht, daß die aus ihm hergestellten Messer und sonstigen Geräthe wirklich gegossen seien; wer auf einem Rabiermesser u. dergl. das Wort Gußstahl — cast steel — entzifferte und darauf hin glaubte, er besitze eine gegossene Klinge, hat sich geirrt, ein Irrthum, der seine Nahrung zum Theil in dem Vorhandensein jener schon erwähnten, wirklich in Eisen gegossenen und dann adoucirten Gebrauchsartikel, wie schlechte Scheren und Messer, Lichtputzen u. dergl., gefunden haben mag. Der Stahl hat nichts von der Dünnflüssigkeit und Formfähigkeit des Gußeisens. Er wurde deshalb auch stets nur in Zaine von blasiger Struktur ausgegossen und dann weiter verschmiedet. Erst Krupp und seine Nachfolger (namentlich Meyer in Bochum in Anwendung auf Glockenguß) verstanden es, den Stahl in großen Massen so auszugießen, daß eine im Innern blasenfreie, gleichmäßige Masse erhalten wird.

Die Erfahrung lehrt und es ist beim Ueberdenken der Sache auch kaum anders zu erwarten, daß sowol der gefrischte als der Cementstahl in ihrer Masse der Gleichartigkeit ermangeln, daß sie stets an verschiedenen Stellen in Textur und Härte verschieden sind. Der geübteste Arbeiter kann durch noch so sorgfältiges Sortiren und Gerben keine vollständige, sondern nur eine ungefähre Gleichartigkeit herstellen. Dieser dem Gerbstahl anhängende Uebelstand ist ein lästiger, denn wenn es schon dem Laien verdrießlich ist, wenn ein gewöhnliches Gebrauchsmesser harte und weiche Stellen in der Schneide hat, wie erst dem Techniker, der ein mühsames Arbeitsstück, die Radwelle zu einer feinen Maschine, das Hemmungsrad einer Cylinderuhr u. s. w., fast vollendet hat und nun sehen muß, daß sich dasselbe nach dem Härten infolge der Ungleichartigkeit der Masse krumm gezogen, geworfen hat, worauf in der Regel das Wegwerfen folgen muß, oder wenn ein Stück, das eine hohe Politur erhalten soll, dieselbe nicht allerorts gleichmäßig annimmt.

Diese ernsten Unzuträglichkeiten brachten den englischen Uhrmacher Huntsman auf den Gedanken, eine Umschmelzung des Stahls zu versuchen, wahrscheinlich ausgehend von der Idee, daß die flüssige, ungleichartige Masse durch Zusammenrühren eine mittlere Gleichförmigkeit annehmen müsse. Nach Ueberwindung mannichfacher Hindernisse fielen die Versuche so gut aus, daß Huntsman im Jahre 1740 bei Sheffield eine Gußstahlfabrik anlegte, die noch gegenwärtig besteht und den Namen Huntsmanstahl in Umlauf gebracht hat. Ein zweites sich aufthuendes Etablissement lieferte den Marshalstahl.

Der Gußstahl. 107

Die ersten Gußstahlfabrikanten hatten lange Zeit und bis ins laufende Jahrhundert sowol mit Fabrikations= als äußeren Schwierigkeiten zu kämpfen; nach der einen Seite war es besonders die Forderung, die nothwendige sehr hohe Schmelzhitze zu erreichen, nach der andern das Vorurtheil der Konsumenten gegen das Produkt, bis sich allmählich heraus= stellte, daß dasselbe gleichförmiger und besser sei als der aus Deutschland bezogene Gerb= stahl. Von da an hatten Steiermark und Kärnten, sonst die monopolisirten Stahlliefe= ranten, eine mächtig emporwachsende Konkurrenz sich gegenüber. Denn der Gußstahl, wiewol auch seine Beschaffenheit von sorgfältiger Auswahl des Rohmaterials abhängt, ist vermöge seiner Gleichförmigkeit weit zuverlässiger zu bearbeiten, nimmt jeden beliebigen Grad von Härte an, demzufolge bürgerte er sich so ein, daß jetzt zu feineren Stahlarbeiten und allen Werkzeugen, die große Härte und Festigkeit haben sollen, nur dieser Stahl verwendet wird.

Die Bereitung des Gußstahls besteht in den meisten Fällen in einem Um= schmelzen des schon fertigen Rohstahls, wozu sowol Schmelz= als Cementstahl ver= wendbar ist. Dieser letztere, aus dem besten schwedischen und russischen Eisen bereitet, dient zur Erzeugung des vorzüglichsten In= strumentengußstahls, der in England in bedeutendem Umfange hergestellt wird, während Puddelstahl besonders in West= falen (Krupp, Meyer) verarbeitet wird, so weit ihn nicht der Bessemerstahl schon verdrängt hat; das Produkt ist Massen= oder Maschinengußstahl zur Erzeugung viele Centner schwerer Stücke (Geschütze, Glocken, Maschinentheile, Walzen, Achsen, Radreifen u. s. w.), von denen man beson= ders eine große Dichtigkeit und Zähigkeit verlangt.

Zur Erzeugung des Gußstahls in den gewöhnlichen Dimensionen (Instrumenten= gußstahl) nimmt man den in dünne Stäbe ausgereckten und gehärteten Rohstahl, zer= schlägt ihn in kürzere Stücke und setzt die= selben in etwa 40 Centimeter hohe urnen= förmige Tiegel ein, die nicht mehr als 12 bis 15 Kg. fassen. Die Tiegel werden mit gutschließenden Deckeln versehen, da

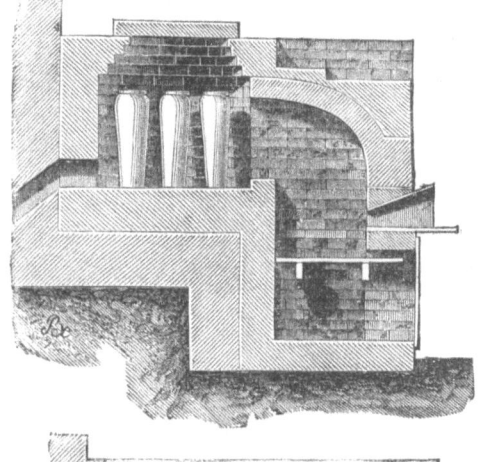

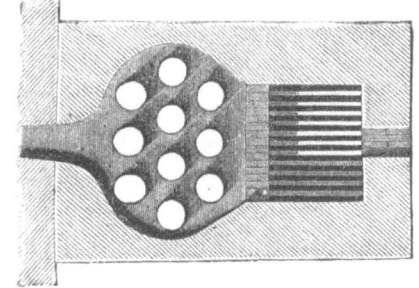

Fig. 55. Tiegelofen für Gußstahlbereitung im Durchschnitt und Grundriß.

die Abhaltung von Luft und Feuergasen von der Schmelzmasse eine selbstverständliche Hauptbedingung ist, weil unter deren Einfluß der Stahl sich gar bald verändern und ver= brennen würde. Die Tiegel sind ein wichtiger Gegenstand, müssen aus den besten feuer= festen Thon= und Chamottenmassen hergestellt sein und überdauern in der Regel nicht drei Schmelzungen, ohne defekt zu werden. Der Schmelzofen selbst wird schon nach drei= oder viertägigem Betriebe reparaturbedürftig, so stark muß die Weißglühhitze gesteigert werden, zu deren Erzeugung gewöhnlich Koaks dienen. Die kleinsten Oefen fassen nur zwei Tiegel; man hat aber auch größere, wie in Fig. 55 deren einer abgebildet ist, welcher zehn Tiegel hält. Ist nach drei= bis vierstündiger Einwirkung der Hitze der Stahl niedergeschmolzen, so kommt noch viel darauf an, daß derselbe in richtiger Temperatur, nicht zu heiß, nicht zu kalt, auch nicht zu rasch oder zu langsam, ausgegossen werde. Es dienen hierzu zweitheilige gußeiserne Formen verschiedener Größe, je nachdem sie eine oder mehrere Tiegelfüllungen aufnehmen sollen. Das Gußstück bildet eine Barre oder eckige Stange, die an und für sich

14*

keiner technischen Anwendung fähig ist. Denn abgesehen davon, daß der geschmolzene Stahl keine Form scharf ausfüllt, also von einem Vergießen gleich dem Gußeisen bei ihm keine Rede ist, zeigt er auf der Bruchfläche eine körnige, rauhe, unebene Beschaffenheit, eine Menge kleiner, blasenförmiger Löcher und inmitten meist eine größere, mit spitzen Krystallen ausgekleidete Höhlung. Das flüssige Metall muß daher erst in Erziehung genommen, d. h. durch Plätten, Schmieden, Walzen u. s. w. raffinirt werden. Beim Ausschmieden, das stets in einer Hitze zu geschehen hat, muß eine rasche, umsichtige, mehr subtile als gewaltsame Behandlung stattfinden und Weißglühhitze vermieden werden. Bessere Sorten verarbeitet man stets unter dem Hammer, während man bei geringeren, nach vorausgegangenem Dichtschmieden, auch die Walzwerke zu Hülfe nimmt. Ob der Gußstahl schweißbar sein wird oder nicht, hängt von dem Kohlenstoffgehalt ab; je höher dieser steigt, um so mehr geht die Schweißbarkeit verloren.

Fig. 56. Gußstahlerzeugnisse von Krupp auf b'

Ueber die kleinen Dimensionen, in welchen die Erzeugung des Gußstahls nach vorbeschriebener Weise sich halten muß, kann man auf zweierlei Weise hinauskommen. Man kann erstlich addiren, eine größere Summe aus mehreren kleinen bilden, indem man in einem vergrößerten Ofen eine Anzahl Tiegel zugleich verschmilzt und den Inhalt derselben vor dem Ausgießen in einem großen, vorher glühend gemachten Gefäße unter Umrühren vereinigt. So wird auch noch bei Krupp verfahren, und bei kolossalen Gußstücken sind Hunderte von Arbeitern beschäftigt, in militärischer Ordnung und im Laufschritt die Schmelztiegel, jeder von zwei Mann an einer Stange getragen, herbeizuschleppen und in das Sammelgefäß auszuschütten. Bei der andern Methode umgeht man die Tiegel ganz und schmilzt größere Stahlmassen direkt in dazu eingerichteten Flammenöfen. Da man aber hierbei das Metall vor nachtheiligen Veränderungen nicht durch einen Deckel schützen kann, so muß man für einen anderweiten Schutz, nämlich für eine Bedeckung durch eine feuerflüssige Masse sorgen, welche auf dem Metalltümpel schwimmt. Früher wurde die Art dieses Flusses von den englischen Stahlschmelzern geheim gehalten, bis man einsehen lernte, daß sich gewöhnliche Glasmasse, mit einem Boraxzusatz leichtflüssiger gemacht, hierzu am besten eignen müsse, da diese ganz die selbstverständliche Bedingung erfüllt, sich indifferent zu erhalten, d. h. der Metallmasse weder Etwas abzutreten noch zu entziehen.

So weit war man also mit dem Gußstahl schon lange gekommen, als plötzlich vor ungefähr 25 Jahren Krupp in Essen mit seinem neuen Fortschritt auftrat, der alle Fachleute der Welt in Staunen versetzte. Ihm war es gelungen, den Gußstahl in Stücken von nie geahnter Größe und untadelhaft gleichförmiger Beschaffenheit herzustellen, und zwar nicht durch bloßes Zusammengießen, sondern — und darin besteht das Wesentliche der Krupp'schen Technik — durch eine ganz energische Bearbeitung der Gußstücke mittels Dampfhämmer in heißem Zustande. Durch die Anwendung von Riesendampfhämmern in Dimension, wie sie vordem nicht annähernd gedacht worden waren, gewann Krupp die Möglichkeit größere und immer größere Gußmassen, die herzustellen auch vor ihm ausführbar gewesen wäre, nun auch in eine gleichmäßige innere Beschaffenheit zu versetzen, die sie erst verwendbar machte, und dadurch das werthvolle Material in vielen Fällen mit großem Vortheil da anzuwenden, wo man bisher mit Guß= und Schmiedeisen auskommen oder die theure Bronze benutzen mußte.

ndoner allgemeinen Industrie=Ausstellung 1862.

Die ganze Technik, der Maschinenbauer, der Baumeister, der Artillerist vorzüglich mußten das höchste Interesse haben, ein so vorzügliches Material wie den Gußstahl in ihr Bereich ziehen zu können, und so haben wir denn jetzt in Deutschland eine Anzahl Fabriken, die sich durch ihre Leistungen vortheilhaft auszeichnen; immer aber ist noch das Kohlenbecken an der Ruhr der Hauptsitz der Gußstahlerzeugung und Krupp der Matador aller Fabrikanten, sowol was die Ausdehnung des Geschäfts als die innere Güte seiner Produkte betrifft.

Das Krupp'sche Etablissement zu Essen steht an Großartigkeit, und mehr noch durch zweckmäßige und sinnreiche Einrichtungen einzig in der Welt da. Früherhin hatte hier Niemand Zutritt, und selbst die Abtheilungsvorsteher kannten jeder nur seinen Wirkungskreis. Neuerdings sind von der Regel Ausnahmen gemacht und Besucher angenommen worden; es kann auch wirklich nicht die Befürchtung auftauchen, daß Leute, wie der Schah von Persien, sich die Geheimnisse absehen und darauf hin Konkurrenzetablissements errichten würden. Aber auch eine ganz flüchtige Wanderung durch die enormen Anlagen ist eine volle Tagereise; es hat Souveräne gegeben, die nicht soviel Kartoffelfeld in ihrem Reiche hatten, als diese Werkstätten der höchsten Intelligenz einnehmen. Wir geben in Fig. 57 eine Ansicht des Krupp'schen Etablissements, ohne jedoch auf Beschreibung desselben im Einzelnen eingehen zu können.

Der Gußstahl dieser Anstalt ist jetzt umgeschmolzener Bessemerstahl, zu dessen Herstellung 18 Birnen vorhanden waren. Aus dem amtlichen Berichte über die Weltausstellung zu Wien ersehen wir, daß 1873 die Krupp'schen Werke 13 Hohöfen im Betriebe hatten, denen die Erze aus nicht weniger als 414 Eisensteingruben im Siegen'schen, bei Koblenz an der Lahn und selbst in Nordspanien gelegen, zugeführt wurden. Die Roheisenproduktion betrug monatlich gegen 60,000 Centner, sollte aber noch bedeutend gesteigert werden, indem 8 neue Hohöfen größerer Konstruktion damals im Bau waren. Die Gußstahlhütte enthielt 250 Tiegelgußstahlöfen, 390 Glühöfen, 161 Wärmöfen, 115 Puddlings- und Schweißöfen, 14 Kupol- und Flammenöfen, 160 diverse Oefen, 275 Verkoakungsöfen u. s. w. Außer den oben angeführten 18 Bessemerbirnen sind zur Gußstahlbereitung auch noch eine Anzahl Siemens-Martinöfen im Gange. Unter den 71 Dampfhämmern befindet sich einer von 1000 Centner Gewicht; im Durchschnitt sind zur Bedienung je eines Hammers vier Oefen erforderlich. Die 286 in Betrieb stehenden Dampfmaschinen repräsentiren nahezu 10,000 Pferdekräfte; 1000 Pferdekräfte allein erfordert ein einziges Walzwerk.

Die Gußstahlhütte beschäftigte gegen 12,000 Arbeiter und produzirt jährlich zwei und eine halbe Million Centner fertige Waaren; unter ihnen spielen die Eisenbahnschienen, deren alljährlich gegen 1 Million Centner erzeugt werden, mit die größte Rolle.

Daß in einem solchen Etablissement neben den genannten Großkräften auch eine Unzahl von kleineren Maschinen zur Weiterbearbeitung: Arbeitsmaschinen, Drehbänke, Schleif-, Hobel-, Frais-, Bohrmaschinen u. s. w., in Thätigkeit sind, ist selbstverständlich. Viele von ihnen haben für die eigenthümlichen Zwecke besonders erfunden werden müssen.

In der Artillerie brachte das Auftreten Krupp's bekanntlich eine totale Umwälzung zu Wege. Die Unverwüstlichkeit des Gußstahls für Geschützrohre stellt denselben hoch über jedes andere Material. Ein Rohr aus der so kostspieligen Bronze hält kaum mehr als 800 Schüsse aus; eine 12pfündige Granatkanone aus Gußstahl zeigte sich nach 3000 Schüssen noch völlig frei von jeder Abnutzung. Diese ungeheuren Vorzüge waren schon vor länger als 20 Jahren durch vielfache Versuche in Hannover, Braunschweig und Bayern erwiesen und anerkannt; aber dabei blieb es, bis Louis Napoleon in Italien die Krupp'schen gezogenen Kanonen spielen ließ und der ganze Ernst dieses Spieles der Welt vor Augen lag. Die Stahlkanone wurde nun plötzlich ein gesuchter Artikel und Krupp der Lieferant von Mordwerkzeugen par excellence. Die Kanonen werden übrigens wie die bronzenen aus dem Vollen gearbeitet und dann gebohrt; in Preußen besorgt man diese Bohrung selbst. Im jüngsten Deutsch-französischen Kriege haben die schwarzen Stahlkanonen große Arbeit geleistet und auch ihre schwache Seite offenbart: sie sind nämlich doch dem Springen unterworfen und die Bruchstücke richten weit umherfliegend Unheil an; man hat daher oft wieder die Bronzegeschütze belobt, welche nur aufreißen, ohne Schaden zu stiften. Zudem behalten letztere einen Metallwerth, der Stahl dagegen nicht.

Als Krupp 1851 auf der Londoner Industrieausstellung mit seinen Geschützrohren, mit Stahlblöcken bis zu 45 Centnern u. s. w. erschien, war er der Einzige, welcher damals eine im Gußstahlfache ertheilte Auszeichnung empfing. Als er im Jahre 1862 wieder erschien, hatte er seine Leistungen gegen früher auf das Zehnfache gesteigert. Nachthun konnte man es ihm weder in England noch anderswo; Deutschland stand und steht auch bis jetzt noch in diesem Fache einzig da.

Auf der Londoner Ausstellung von 1862 befand sich von Krupp (s. Fig. 56) ein massiver gußstählerner Cylinderblock von 20,000 Kg. Schwere, 3 Meter hoch und 110 Centimeter im Durchmesser, in dem Zustande, wie er aus dem Guß hervorgegangen war, ohne ausgeschmiedet oder mit Werkzeugen bearbeitet worden zu sein. Derselbe ward in kaltem Zustande, nachdem er etwas angesägt worden, unter dem Dampfhammer mit Schlägen von 1000centneriger Wucht, davon er über 100 aushielt, so lange bearbeitet, bis er mitten durchgebrochen war. Durch die Bruchflächen sollte vor Augen gelegt werden, wie die Fabrik ihren Stoff so vollkommen beherrscht, daß bereits der Rohguß rein, dicht und blasenfrei ist, das nachfolgende Schmieden also nicht die Verdichtung von Blasen und Poren zum Zweck hat.

Ein ähnlicher vierkantiger Block von 4000 Kg. Schwere, in der einen Hälfte roh gelassen, in der andern ausgeschmiedet, war der ganzen Länge nach durchbrochen worden.

Fig. 57. Totalansicht des Etablissements von Krupp.

Hierdurch wurde also nicht allein die gute Struktur des Rohgusses, sondern auch die Veränderung und Verbesserung desselben durch die Schmiedearbeit illustrirt. Auch sah man verschiedene imposante Barren und Platten, welche starken Verbiegungen ausgesetzt worden waren, um die bedeutende Zähigkeit des Materials ins Licht zu stellen.

Die Fabrikation der in Deutschland und England patentirten Eisenbahnräder ohne Schweißung war durch alle Stufen hindurch mit Proben belegt. Die Krupp'schen Räder liefen damals schon nicht nur auf europäischen, sondern auch auf amerikanischen und ostindischen Bahnen, und seine Achsen sind unübertroffen in Dauerhaftigkeit und Sicherheit. Schon seit Jahren hat die Krupp'sche Fabrik eine Entschädigung von 45,000 Mark ausgesetzt, wenn ihre Achsen in den ersten 10 Jahren der Verwendung brechen. In London sah man schlichte Stahlachsen für Eisenbahnwagen, dann solche mit stählernen Scheibenrädern, Kurbelachsen für Lokomotiven wie für Seeschiffe, letztere durch ein Exemplar von 15,000 Kg. Schwere vertreten; ferner andere wuchtvolle Stücke, wie Schiffsanker, Schraubenspindeln für mächtige Pressen u. s. w., endlich auch die berühmten Kanonen in einem Sortiment bis zum Hundertpfünder hinauf.

Aber Krupp, von Keinem erreicht, übertraf sich selbst, denn auf der Pariser Ausstellung von 1867 trat er mit einem Gußstahlblock von 40,000 Kg. Gewicht auf. Diesem Erzeugniß der Gußstahltechnik entsprachen die neben ihm ausgestellten, von welchen die große Kanone, deren Besprechung wir uns für später aufsparen, ein Gußstahlstück von 50,000 Kg. Schwere, die ganze Welt von sich reden machte. In Wien endlich zeigte er 1873 einen Gußblock von 5250 Centner und unter den Geschützen eine Stahlkanone von 732 Centner Gewicht. Den Beweis, daß es keine Dimension giebt, bis zu der er die Größe seiner Gußstücke nicht zu steigern vermöchte, hat Krupp damit hinlänglich geliefert.

Außer der Krupp'schen Fabrik zeichnet sich auch die von Meyer in Bochum durch ungewöhnliche Leistungen aus. Dieselbe hat sich neben der Herstellung von Achsen und Rädern für Eisenbahnen und vorzüglichen Stahlblechen besonders auf den Guß von Glocken verlegt und macht durch ihr Erzeugniß die theuren Glocken aus Bronze vollständig und mit großem Vortheil entbehrlich, denn sie berechnet das Kilogramm ihres Gusses nur mit $1\frac{1}{2}$ Mark, bei Glocken über 350 Kg. nur mit $1\frac{1}{5}$ Mark. Die Güte der Glocken, ihre Haltbarkeit, ihr reiner, kräftiger, weittragender Ton haben bereits weitgehende Anerkennung gefunden. Auf der Pariser Ausstellung von 1855 befanden sich zum ersten Male drei solcher Glocken. Da die Techniker die Sache für Schwindel, die Masse für Gußeisen erklärten, so blieb nichts übrig, als eine derselben zu opfern. Man überließ den Gegnern die Auswahl unter den dreien, schlug die bezeichnete in Stücke und ließ diese wiederholt ausschmieden und härten, wodurch denn allerdings ihre Stahlnatur zur Genüge erwiesen wurde.

Indischer Stahl. Während im Abendlande der Gußstahl erst neu erfunden werden mußte, kennt und übt man die Sache in Ostindien, wie es scheint, seit undenklichen Zeiten, freilich in sehr kleinen Dimensionen. Der indische Stahl, schon lange unter dem Namen Wootz oder Bombaystahl berühmt, liefert besonders zu den ausgezeichneten indischen und persischen Säbelklingen das Material und übertrifft durch seine Härte, die selbst beim Anlassen wenig verliert und die Verarbeitung der Masse sehr schwierig macht, den gewöhnlichen Gußstahl bei weitem. Man sucht ihn besonders für feine schneidende Werkzeuge. Uebrigens soll echter Wootz sehr selten und meist durch einen Stahl vertreten sein, der von Engländern in Ostindien aus dem dortigen guten Magneteisenerz mittels Holzkohlen erzeugt wird.

Die Methode des Indiers zur Gewinnung von Eisen und Stahl, von Reisenden mehrmals ausführlich beschrieben, erhebt sich, wie schon gelegentlich erwähnt, kaum über die der Schwarzen. In einem kleinen, aus Lehm und getrocknetem Kuhdünger erbauten Schachtofen schichtet man sandförmigen Magneteisenstein mit Holzkohlen, trocknem Kuhdünger und zerkleinertem Holz und facht das Feuer mit einem doppelten Blasebalg aus Ziegenfellen an, bis nach mehreren Stunden der Ofen in voller Glut ist. Nun setzt man das Blasen unter wiederholtem Nachgeben von Erz und Brennstoff noch acht Stunden lang fort, läßt dann erkalten und gewinnt eine Luppe gutes Schmiedeisen von etwa 20 Kg. Um daraus Stahl zu machen, zerschrotet man es in kleine Stücke und legt dieselben zusammen mit abgewogener Menge Kohle und grünen Blättern von bestimmten Hölzern und Gewächsen in kleine Thontiegel ein, deren jeder etwa $\frac{1}{2}$ bis 1 Kg. Eisen faßt. Die mit eingestampftem Thon geschlossenen und getrockneten Tiegel werden sodann in einen kleinen Gebläseofen dergestalt eingebaut, daß sie ein Gewölbe über dem Feuer bilden, welches nun 2½ Stunden lang in größter Hitze erhalten wird. Nach dem Erkalten entnimmt man jedem Tiegel einen kleinen geflossenen Stahlklumpen. Diese Produkte, weil ganz unhämmerbar, müssen erst in einem Gebläseofen wieder anhaltend geglüht werden, worauf man sie unter Handhämmern ausschmiedet. Die Erzeugung des echten Wootzstahles ist auf wenige Bezirke von Missore und auf Salem in Madras beschränkt, und soll derselbe aus chromhaltigen Eisenerzen erzeugt werden.

Ein anderes Produkt alter Industrie sind die dem Namen nach Jedem bekannten persischen oder Damaszenerklingen, die als wahre Wunder von Biegsamkeit, Zähigkeit und Festigkeit gelten und mit denen man, ohne daß sie leiden, eiserne Nägel zu durchhauen im Stande ist. Eine besondere Art Stahl hat man in denselben nicht gefunden, vielmehr eine Vereinigung verschiedener Stahlsorten oder Stahl= und Eisentheile, die in Blechform vielfach über einander gelegt, vielfach umgeschweißt, dabei schraubenförmig gedreht u. s. w. scheinen. Durch Aetzen mit Säuren ist dann das innere Gefüge, der Verlauf der einzelnen Fasern, sichtbar gemacht und tritt in Form von helleren und dunkleren, schön verschlungenen Adern und Linien (Damast oder Damaszirung) hervor, wie wir es an den Rohren der besseren Jagdgewehre bemerken können, die auf ähnliche Weise hergestellt werden.

Hier hätten wir also ein paar Proben, wo alte und fremdländische Industrien, auf bloße Empirie und lange Erfahrung gestützt, es sogar unserer heutigen Technik zuvorgethan. Wir müssen aber dabei bedenken, daß unsere Zeit andere, fabrikmäßige Gesichtspunkte hat, daß sie weniger darauf ausgeht, mit großem Arbeitsaufwand einzelne Meisterstücke zu schaffen, sondern zunächst möglichst viel und dieses allerdings auch möglichst gut liefern will.

Eisenguß. Schon in den ältesten Zeiten verstand man sich ganz vorzüglich auf den Metallguß, aber das Gußmaterial war hauptsächlich die Bronze; Gußeisen war gänzlich unbekannt und mußte es bleiben, bis die Erschmelzkunst sich zum Gebrauch des Hohofens, und zwar eines mächtigen, intensiv wirkenden Hohofens emporgearbeitet hatte, denn selbst das bei schwächeren Hitzegraden erblasene weiße Roheisen bildet, wie schon gesagt, noch kein geeignetes Gußmaterial, es ist zu dickflüssig; nur das bei höherer Hitze erflossene graue und höchstens halbirtes Roheisen kann für den Guß in Betracht kommen. Indem man im Verlauf der Zeit die Eisenschmelzöfen immer mehr erhöhte und erweiterte, die Gebläse verstärkte, hatte man anfänglich kein anderes Ziel vor Augen, als das der höheren Ausbeute, und somit erscheint es immerhin als ein Werk des Zufalls oder doch als eine ungesuchte Zugabe, daß uns im Roheisen ein Gußmaterial erwuchs, dessen Anwendung und Bedeutung sich ohne Unterlaß steigert, dessen Verkörperung uns in tausendfachen Formen, vom kolossalsten Bau= und Maschinenstück bis zum zierlichsten Gebilde des Luxus, entgegentritt.

Beim Metallguß überhaupt kommen selbstverständlich als die zwei Hauptsachen in Betracht die Gußmasse und die Formen. Was die letzteren anbetrifft, so hat das von ihnen zu Sagende meistens eine allgemeinere Bedeutung, denn es ist leicht begreiflich, daß man in eine zum Eisenguß hergerichtete Form in vielen Fällen auch andere Metalle wird gießen können. Die Metalle selbst dagegen verlangen, je nach ihrer besonderen Natur, schon mehr verschiedene Rücksichten und Behandlungsweisen.

Am wenigsten kostspielig gestaltet sich natürlich der Guß, wenn derselbe gleich vom Hohofen weg, in der ersten Schmelzung, vorgenommen wird. Die Masse behält dabei zwar alle ihre natürlichen Verunreinigungen, doch giebt es eine Menge Fälle, in denen dies weniger auf sich hat. In den meisten anderen Fällen wird jedoch das Roheisen zum Guß in kleineren Oefen (Kupolöfen) wieder eingeschmolzen. Das Roheisen verträgt je nach seiner Qualität eine gewisse Anzahl Umschmelzungen, und seine Festigkeit steigert sich dabei noch, bis eine Grenze erreicht ist, von wo ab sie bei weiterem Verschmelzen sehr rasch abnimmt.

Die natürlichen Verunreinigungen des Roheisens kommen auch beim Gießen in Betracht. Schwefelreiches Eisen wird nicht gut dünnflüssig und erstarrt ungleich; indeß schadet eine geringere Portion Schwefel nicht besonders, so daß eine Masse, die wegen ihres Schwefelgehaltes ein schlechtes Stabeisen geben würde, häufig noch zum Gusse tauglich ist.

Der Phosphor modifizirt ebenfalls das Gußeisen wesentlich, doch in einer Weise, die für manche Zwecke gern gesehen ist. Er macht das Metall sehr dünnflüssig, langsam erstarrend, ertheilt ihm ein dichtes, feines Korn und die Neigung, weiß zu werden. Zum Guß ist daher solches Eisen ganz passend und wird häufig dazu verwendet, namentlich das stets phosphorhaltige Erzeugniß des Raseneisenerzes. Doch fehlt ihm bei aller Härte die Zähigkeit, es taugt nur zu feinen Gußwaaren und zu Stücken, die keine mechanische Anstrengung und keine Stöße auszuhalten haben. Bei einem höheren Gehalt als etwa ½ Prozent Phosphor wird es zu brüchig. Das hochgekohlte graue Roheisen, welches beim Erstarren viele Graphitschuppen ausstößt und dadurch rauhe Oberflächen erhält, taugt nicht, wo es sich um scharfe Abformung handelt, dagegen ist es zu dem später zu erwähnenden Hart- oder Schalengusse, bei welchem die Außenseiten rasch erkalten und die Beschaffenheit des harten, weißen Roheisens annehmen, ganz an seinem Platze.

Fig. 58. Teller aus der Gräflich Stolberg'schen Eisenhütte.

Der Eisenguß mit Umschmelzung, also der nicht direkt vom Hohofen weg erfolgende, geschieht entweder aus Tiegeln, aus Flammenöfen oder aus den schon erwähnten Kupolöfen. Beim Tiegelguß setzt man das in kleinere Thon- oder Graphittiegel eingesetzte Roheisen (gewöhnlich nur 3—4 Kg.) der Hitze eines Zugofens oder kleinen Gebläseschachtofens aus; das Metall verändert sich dadurch wenig, da es nicht mit der Feuerung in direkte Berührung kommt, aber die Kostspieligkeit der Tiegel und der nöthige hohe Aufwand von Brennstoff machen das sonst bequeme Verfahren theuer, daher es ausschließlich für gewisse kleine Industrien, hauptsächlich zur Erzeugung von Bijouterie- und Kunstsachen dient, wo auf die Formgebung so viel geschlagen werden kann, daß der Werth des Materials dagegen nicht in Betracht kommt; denn man gießt Sachen von solcher Feinheit und Leichtigkeit, daß bis gegen 20,000 einzelne Stücke auf das Kilogramm gehen, und sich der Werth des Rohstoffes um das Viertausendfache steigert.

Das Gießen aus Kupolöfen ist der Betrieb derjenigen Anstalten, welche sich mit dem Guß von Maschinenstücken, Geräthen, Gefäßen u. s. w. befassen. Man verarbeitet hierbei

Eisenguß. 115

neben den aus dem Handel bezogenen Roheisenbarren viel altes Gußeisen, Bohr= und Drehspäne, gattirt verschiedene Eisensorten und setzt auch Schmiedeisenabfälle zu. Die Kupolöfen sind Schachtöfen von sehr verschiedener innerer Gestaltung, mit senkrechten, konischen, bauchigen u. s. w. Wandungen. Je nach dem Brennmaterial (man wendet nur Holzkohlen und gute Koaks an) unterscheidet man höhere (3—5 Meter) mit geringerer Weite für Kohlenbetrieb, niedrige (1—3 Meter) und weitere für Koaksbetrieb. Der Ofen ist oben offen, von feuerfesten Steinen erbaut oder einer dergleichen Thon= und Sandmasse aufgestampft und stets mit einem eisernen Mantel umgeben. Der Kupolofen hat eine geschlossene Brust; sonst ähnelt sein Betrieb im Kleinen dem des Hohofens, denn es wird derselbe mit ab= wechselnden Schichten von Eisen und Brennstoff beschickt und die Schmelzung durch Gebläse gefördert. Heiße Gebläseluft thut auch hier sehr gute Dienste. Aus der Asche des Brenn= materials, fremden Stoffen des Eisens und dem Kiesel, den die Ofenwände dazu liefern, ent= stehen denn auch bei dieser Schmelzung einige Prozente schlackiger Abfall; indeß so bedeutend wie im Hohofen sind die Umwandlungen nicht, schon weil das Schmelzen hier zu schnell geht.

Fig. 59. Guß von 100pfündigen Langgeschossen im Arsenal von Woolwich.

Das Eisen verändert seine chemische Beschaffenheit nicht bedeutend, doch pflegt es fein= körniger und dichter zu fallen als vom Hohofen. Die Kupolöfen arbeiten in der Regel nicht wie der Hohofen unausgesetzt, sondern man läßt sie die Nacht über unbenutzt.

Größere Eisenmassen, von 50—100 Centner auf einmal, bewältigt man in Flammen= öfen, die wegen des nöthigen starken Zuges bedeutend hohe Schornsteine, aber keine Ge= bläse haben. Das (unverkohlte) Brennmaterial brennt hier, wie uns bekannt, abgesondert, und nur die Flammen streichen über die zu schmelzende Masse. Diese liegt auf geneigter Fläche, und das Flüssige sammelt sich an der tiefsten Stelle, wo das Abstichloch ist. Bei diesen Oefen wirkt die Luft einigermaßen mit und verändert das Metall durch Verbrennen von Kohlenstoff. Es kommt also besonders darauf an, daß das Niederschmelzen rasch (in $3\frac{1}{2}$—4 Stunden) geschehe, da eine zu weit getriebene Entkohlung die Gießbarkeit beein= trächtigen würde. Durch eine theilweise Entkohlung gewinnt das Eisen aber an Weich= heit und zugleich an Festigkeit — Tugenden, die dem Kupolofenguß abgehen. Man bedient

15*

sich demnach des Gusses aus Flammenöfen, bei denen auch die Gasfeuerung anwendbar und in Gebrauch ist, einerseits zu großartigen Gußstücken überhaupt und dann zu solchen Gegenständen, von denen nicht allein Festigkeit, sondern auch eine gewisse Zähigkeit, ein Widerstand gegen Bruch verlangt wird, wie das z. B. in besonderem Maße bei Kanonenrohren erforderlich ist.

Die Uebertragung der geschmolzenen Masse aus dem Ofen in die Formen ist natürlich je nach der Größe der zu behandelnden Massen mehr oder weniger umständlich. Zuweilen läßt man das Eisen gleich vom Stichloche des Ofens weg durch eine mit Formsand ausgeschlagene Rinne in die Form laufen; meistens überträgt man es mittels Gießkellen von Gußeisen oder starkem Blech, die mit Lehm überstrichen sind. Eine solche, an einem 1—1½ Meter langen Stiele von einem Manne zu tragende Kelle faßt bis 25 Kg. Eisen.

Zu größeren Massen hat man Gießpfannen aus genietetem Kesselblech, welche 1 bis 200 Kg. fassen und von mehreren Personen auf einer Trage transportirt werden.

Fig. 60. Herstellung der Kastenform für größere Gegenstände.

Noch größere Pfannen mit 40, 60, 100 Centnern bewältigt man mittels eines Krahns, der sie hebt und fortführt. Zu den allergrößten Stücken von mehreren hundert Centnern Schwere sammelt man selbst mehrere solcher Krahnfüllungen erst in einem großen dickblechernen, mit Lehm ausgestrichenen und in einem Trockenofen stark erhitzten Kasten, der auf einem eisernen Wagen stehend an die Gußstelle gefahren wird, wo man durch Aufziehen eines Schiebers das Metall auslaufen läßt. Stets muß man, wie beim Metallguß überhaupt, die ganze zu einem Stücke benöthigte Metallmasse so zur Hand haben, daß sie in einem Flusse die Form füllen kann; ein absatzweises Gießen wäre ganz unstatthaft, denn das Gußstück würde kein innerlich vollkommen zusammenhängendes Ganzes bilden.

Formen. Die gute Beschaffenheit und richtige Behandlung der Formen ist natürlich bei der Gießerei eine Hauptsache. Ihre Herstellung bildet ein besonderes Geschäft und gestaltet sich je nach den verschiedenen Zwecken sehr mannichfaltig. Die Anfertigung der dazu nöthigen Modelle, so weit sie von Holz sind, besorgt der Modelltischler. Die Form=masse, in welche die Modelle eingeformt werden, ist in der Hauptsache gut gereinigter und gesiebter Sand von einer gewissen Beschaffenheit, öfter mit Koakspulver und anderen Zuthaten gemischt. Man unterscheidet nassen Sand (auch grüner Sand oder schlechthin Sand genannt) und Trockensand (Masse, fetter Sand). Der erste ist ohne fremde Beimischung und kann eben deshalb eine ihm gegebene Form nur so lange bewahren, als er feucht ist; der andere besitzt von Natur oder durch Zumischung mehr thonige Theile und hält die Formeindrücke auch nach dem Austrocknen fest. Während also die Einformung in beiderlei

Massen sich gleich gestaltet, erhalten die aus fettem Sand vor dem Einguß eine scharfe Austrocknung. Der Trockensandguß ist der gebräuchlichste für die Eisengießerei, und der Trockenraum für die Formen befindet sich über der Gichtöffnung des Schmelzofens.

Je nach der Gestalt der Gußstücke unterscheidet man offenen Guß (Herdguß) und Kastenguß, der bei kleineren Dimensionen Flaschenguß heißt. Herdguß kann nur statt= finden, wenn die Stücke blos eine Rechtseite haben, wie Ofen= und Inschriftplatten und sonstige einfache und geringe Gegenstände. Er erfolgt in feuchtem Sande auf dem Fuß= boden des Gießhauses, der hier unter dem Worte Herd zu ver= stehen ist. Das Mo= dell wird in eine Sandschicht einge= drückt und so lange mit Sand umstampft, bis derselbe gleiche Höhe mit dem Modell

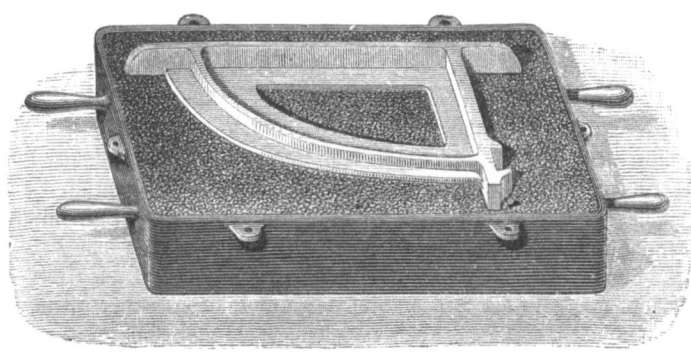

Fig. 61. Untere Hälfte des Kastens mit dem Modell.

hat, dann letzteres sorgfältig ausgehoben und das Metall in die Vertiefung gegossen. Handelt es sich um eine Grab= oder andere Schriftplatte, so setzt man auf ein gewöhnlich schon vorräthiges leeres Modell aus einem vom Schriftgießer oder Holzschneider gelieferten Schriftenvorrathe die verlangten Zeilen und kittet die einzelnen Buchstaben an ihre Stelle fest.

Für alle Fälle, wo dieser einseitige Guß nicht anwendbar ist, muß in einer Flasche gegossen werden, d. h. in einem eisernen Kasten, der aus zwei, oft auch aus mehre= ren über einander liegen= den Rahmen besteht. Der unterste Theil dieser Kasten hat bei größeren Dimen= sionen oft ein netzartiges Gerippe von Gußeisen= platten (s. Fig. 60), um dem Sande, der dazwischen ein= gestampft wird, mehr Halt zu geben; darauf wird dann die eine Hälfte des Modells, das seiner Dicke nach in zwei Theile geschnitten ist, eingeformt, indem man das

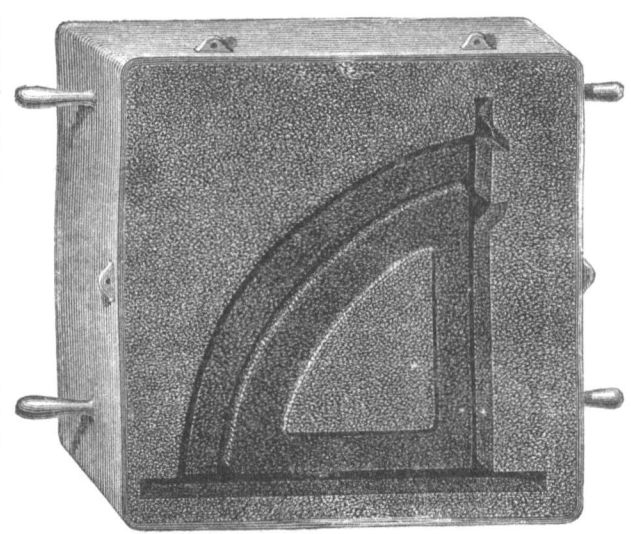

Fig. 62. Obere Hälfte des Kastens nach der Abformung.

halbe Modell auf ein Formbret mit der Formfläche nach oben legt, den Kasten übersetzt und dann mit Formsand feststampft und umkehrt. Dann paßt man die zweite Hälfte auf das Modell, setzt den zweiten Rahmen über den ersten und siebt eine Schicht Kohlenstaub auf. Nun siebt man zuerst Formsand auf das Modell, bringt nach und nach mehr auf und stampft ihn fest, bis auch der zweite Rahmen der Flasche gefüllt ist. Dann hebt man das Oberstück ab, während der Kohlenstaub verhindert hat, daß sich beide Hälften verbinden, nimmt das Modell aus der Form und bringt den Einguß an; man macht zugleich hier und da einige Verbindungen, wenn das Modell z. B. ein durchbrochenes Ornament ist, damit das Metall schnell überallhin gelangen kann; auch ein paar Kanäle, die an das Ende der Form führen (Luftpfeifen), werden angebracht, durch welche die eingeschlossene Luft entweichen kann. Endlich schließt man die Form und gießt sie mit der Kelle voll. Die Abbildungen Fig. 61 und 62 zeigen die Form eines Trägers für Transmissionen auf die Weise, wie sie beim Kastenguß hergestellt wird.

Diese Art zu formen findet aber nur da statt, wo das Modell so beschaffen ist, daß es keine Unterschneidung hat, also bequem wieder aus dem Sand genommen werden kann. Wenn dies aber nicht der Fall ist, so muß man Keilformen anwenden, und dies erfordert oft große Ueberlegung von Seiten des Formers. Es wird daher zuerst so viel von dem Gegenstande in der Flasche abgeformt, als sich ausheben läßt, und dann erst zu Keilformen geschritten. Gesetzt, es sei ein Arm mit einer halbgeschlossenen Hand zu formen, so wird, wenn er zur Seite liegt, die Hälfte des Armes mit der äußeren Handfläche, da sich diese aushebt, liegend eingeformt. Darauf bildet man, zuvor Kohlenstaub aufpulvernd, zwischen dem Daumen und der Hand einen Keil von Formsand, den man festballt und der sich für sich allein ausheben läßt; dann pulvert man wieder und bildet so nach und nach in der hohlen Hand Keil an Keil, so viel nöthig sind, so daß jeder allein ausgehoben werden kann. Kohlenpulver sondert alle Keile von einander. Sind nun Keile genug gemacht, so daß sich der übrige bloßliegende Theil aus der Form lösen würde, so pulvert man wieder und formt nun den Oberkasten ein. Hebt man diesen ab, so bleibt das Modell mit den Keilen im Unterkasten, worauf man nach und nach die einzelnen Keile vom Modell abhebt, in den Oberkasten an ihren Ort stellt und mit Draht an der Hinterseite befestigt. Stehen sie alle richtig, so hebt man das Modell aus dem Unterkasten, stellt diesen auf den Oberkasten und bildet nun den Einguß und die Luftpfeifen, worauf die Form gußfertig ist. Auf dem Abgusse bilden sich nun überall, wo zwei Keile an einander stoßen, kleine rippenförmige Vorsprünge, die sogenannten Gußnähte. Diese werden, wenn die Arbeit ausgeputzt (ciselirt) wird, mit Meißel und Feile fortgenommen.

Zum Gießen hohler Stücke, wie Hohlkugeln, Röhren, Mörser, gebraucht man einen sogenannten Kern, der in die Gußform gestellt resp. eingehängt wird und die Stelle des späteren Hohlraums einnimmt. Er besteht in der Hauptsache aus Lehm, öfter des besseren Zusammenhanges wegen mit Kuhhaaren gemischt und nach Umständen mit einem inneren Gerippe von Eisenstäbchen u. s. w. versehen. Der Lehm muß in einzelnen Schichten, die man erst wieder trocknen läßt, aufgetragen werden, erhält durch Pressen in Formen oder auf der Drehlade seine endgiltigen Umrisse und wird schließlich gebrannt. Bei größeren Sachen, besonders bei Röhren, macht man die Kerne auch hohl. Bei dem eigentlichen Lehmguß besteht die ganze Form aus diesem Material, und man wendet diese Gußart namentlich da an, wo es sich um so große Stücke handelt, daß das Formen in Kästen unthunlich wird; im Wesen kommt der Lehmguß mit dem später zu beschreibenden Glockenguß überein.

Die Modelle zum Guß sind entweder aus Holz oder, wenn sie zu häufigem Gebrauch dienen sollen, aus Messing, Zink, Zinn, Blei oder Gußeisen. Kunstsachen werden in Wachs modellirt, darüber die Thonformen angelegt und das Wachs ausgeschmolzen. Kopien schon vorhandener Stücke erzeugt man, indem man ihnen eine Hohlform in Gips entnimmt, in diese das Wachs gießt u. s. w. Das Einformen in die sandig-erdige Masse hat bei jedem einzelnen Gußstück von Neuem zu geschehen, da die Form nur den einzigen Guß aushält. Formen, in die sich immerfort ohne weitere Zurichtung gießen ließe, müßten von purem Metall sein. In solchen aber erfährt der Guß die schon erwähnte besondere Veränderung; er wird oberflächlich und selbst bis auf eine ansehnliche Tiefe hinein außerordentlich hart. Es ist dies eine Folge der raschen Abkühlung der Gußmasse durch die Form: das Metall schreckt ab. Der Guß in gußeisernen Formen heißt deshalb auch Schalen- oder Hartguß. Man benutzt ihn vorzüglich für Hartwalzen zur Blechfabrikation und zu Eisenbahnrädern, in England neuerdings zu den mehrhundertpfündigen Geschossen für Riesenkanonen, die man vorher aus Stahl machte, der aber durch den Hartguß völlig ersetzt wird. Häufiger wünscht man für diese Zwecke Härte nur an bestimmten Stellen des Gußstückes; um dies zu erreichen, verbindet man dann Massen- und Schalenguß mit einander, d. h. man setzt an die betreffende Stelle der Gießform statt der Sandmasse Eisen.

Fig. 63. Inneres eines Gießhauses.

Abstechen des Kupolofens. Aufbauen über einander gesetzter Kastenformen. Arbeiter, die Formen nachbessernd.

Dies findet z. B. statt beim Gießen von Amboßen und Pochstempelschuhen, bei Rädern für Eisenbahnwagen, wo man den Umfang des Modells durch einen eisernen Ring bildet u. s. w. Man wendet zu den Schalen auch Kupfer an, das eine noch raschere Ableitung der Hitze bewirkt und daher noch härtere Güsse giebt; doch ist der Hartguß im Allgemeinen nicht mehr von der Wichtigkeit wie früher, seitdem der Bessemerstahl in Gebrauch gekommen ist.

Für größere Stücke, die nicht durch Herdguß erzeugt werden, hat man in der Nähe des Gießofens die ausgemauerte Gießgrube. Dort stellt oder lehnt man die Formen ein und umdämmt sie häufig noch mit Sand, so daß nur die Eingüsse und Windpfeifen sichtbar bleiben. Vor die letzteren hält man beim Gießen brennendes Stroh, damit die brennbaren Gase, die sich aus den Kohlen= und etwa noch vorhandenen Wassertheilchen der Form erzeugen können, unschädlich verzehrt werden. Der Einguß geschieht entweder von oben oder auch dergestalt, daß man das Eisen mittels eines Kanals an der tiefsten Stelle in die Form treten und es in derselben aufsteigen läßt.

Bei Herstellung der so vielgestaltigen Gußformen giebt es eine große Menge von Methoden und Kunstgriffen, über die hinweggehend wir nur ein paar Beispiele herausgreifen wollen. Für lange Stücke von gleichbleibendem Durchschnitt, wie z. B. gerippte Balken, auch Röhren, genügt ein kurzes Modellstück, welches in dem Maße weiter gerückt wird, wie das Einstampfen der Formmasse fortschreitet. So formt man auch große Zahnräder oft nicht nach einem vollständig ausgearbeiteten Modell, sondern bildet erst die Form für das glatte Rad und modellirt dann die Verzahnung nach einem Stück mit nur wenigen Zähnen, oder nach einem einzelnen Zahn, oder man wendet gewisse Theil= und Einschneidemaschinen an, wo dann jedes Zahnmodell entbehrlich wird. Schrauben lassen sich in der gewöhnlichen Art in einem zweitheiligen Kasten gar nicht einformen, denn das Gewinde würde beim Ausheben des Modells den Sand mitnehmen. Ist die Schraube groß, z. B. für eine Presse, so umstampft man das Modell im Kasten mit der Formmasse bis unter den Kopf, formt diesen erst besonders ab und schraubt dann das Modell aus der Masse wie aus einer Mutter heraus. Sehr kleine, einfache Gußstücke werden stets in großer Anzahl auf einmal gegossen. So z. B. gießt man flache Stücke, die scheinbar eine Art durchbrochene Verzierung vorstellen, wo sich von einer Mittelleiste aus Leistchen und wieder Leistchen rechtwinkelig von einander abzweigen, alle zu beiden Seiten mit zugespitzten Körperchen wie ein Kamm oder gefiedertes Blättchen besetzt. Diese einzelnen Blättchen sind das, was man beabsichtigt; wenn man sie einzeln abbricht, so stellen sie Schuhzwecken dar, deren Erzeugung auf diese Weise sehr billig wird.

In neuerer Zeit wird das Eisen immer mehr als Material zu künstlerischen Gießprodukten herangezogen und der Kunsteisenguß wird nicht weniger gepflegt als der Bronze= und Zinkguß. Während Berlin uns schon seit geraumer Zeit durch eigenthümliche, zierliche Bijouterie= und Nippsachen den Beweis liefert, welcher zarten Ausformung das flüssige Eisen fähig ist, liefern jetzt verschiedene Gießereien in Deutschland, Frankreich und England interessante und schöne Kunstgüsse in größeren Formaten: als Statuetten, Säulen, Kandelaber, Prachtöfen, Kaminmäntel, Tische und andere Möbelstücke, Altargeräthe, Ornamente verschiedener Art u. s. w. In Deutschland und vielleicht in der ganzen Welt ist das vorzüglichste derartige Kunstinstitut die Gräflich Stolberg'sche Eisenhütte zu Ilsenburg am Harz. Ihre Produkte, welche, wie Fig. 58 (S. 114) beweist, die feinsten Darstellungen der plastischen Künste, getriebene und ciselirte Arbeiten der Gold= und Silberschmiede, reproduziren, zeigen eine unübertreffliche Schönheit und Zartheit des Gusses, meist ohne alle Nacharbeit.

Verzinnen, Verzinken, Emailliren u. s. w. des Eisens. Die Liebe zwischen Eisen und Sauerstoff gereicht uns zum großen Leide, denn sie erzeugt den Rost, zu dessen Bekämpfung wir kaum Waffen genug haben. Stahl und Gußeisen unterliegen dem Rosten noch leichter als das geschmiedete Metall. Für unsere stählernen, besonders schneidenden Instrumente besitzt man kaum ein anderes zuverlässiges Abhaltungsmittel als möglichste Trockenhaltung. Für die übrigen Gebrauchsgegenstände sucht man häufig Schutz in allerlei mehr oder minder wirksamen Anstrichen. Unter allen Ueberzügen, besonders für große Gußstücke, zeigt sich am dauerhaftesten der Steinkohlentheer, heiß auf das heiße Eisen getragen, oder besser dieses in jenen eine Zeit lang eingelegt. Bei Topfwaaren und dergleichen kleineren Sachen brennt man den aus Theer, Leinöl u. dergl. zusammengesetzten Firniß in einem Ofen ein. In einzelnen Fällen, wie beim Bruniren der Gewehrläufe, bekämpft man das Uebel durch sich selbst, indem man auf der Metallfläche eine künstliche Schicht gedrungenen Oxyds erzeugt, welche weiteren Angriffen des Sauerstoffs den Zugang versperrt. In anderen Fällen belegt man das Eisen in gleicher Absicht mit einer dünnen Schicht eines anderen Metalls, und die älteste hierher gehörige Maßregel bildet das Verzinnen, hauptsächlich benutzt zur Erzeugung des wichtigen Artikels Weißblech.

Um Weißblech zu erzeugen, werden die schließlich nach dem Walzen durch Glühen im geschlossenen Raume weich gemachten Eisenbleche durch Eintauchen in verdünnte Schwefelsäure oder auch in gesäuerten Roggenschrot oder Holzessig von Schmuz und Glühspan befreit und durch starkes Scheuern mit Sand und Wasser wird eine reine graue, nicht glänzende Oberfläche erzeugt. Die gescheuerten Bleche bleiben bis zum Augenblick der Verzinnung in reinem Wasser aufbewahrt. Zum Verzinnen dient eine Reihe viereckiger Pfannen, jede mit ihrer besonderen Feuerung versehen. Die erste Pfanne enthält geschmolzenen Talg; hier werden die Bleche eingestellt, bis alle Feuchtigkeit verdampft ist, die Bleche, die richtige Temperatur angenommen haben und mit einer gleichmäßigen Fettschicht bedeckt sind. Hierauf kommen sie sogleich in die zweite Pfanne, welche flüssiges Zinn enthält, das zur Abhaltung der Lufteinwirkung mit einer Schicht geschmolzenen Talges bedeckt ist. Dieses Bad heißt das Einbrennen. Die Tafeln bleiben darin etwa eine Stunde lang und überziehen sich mit einer Schicht, welche eine Legirung von Zinn und Eisen ist. Das Zinn des ersten Bades nimmt von den Tafeln ebenfalls Eisen auf. Aus dieser Pfanne gelangen die Bleche sofort in die zweite zum Abbrennen. Sie enthält das reinste Zinn, und in diesem löst sich zum Theil die erste Schicht wieder auf; es legt sich dafür reineres Zinn an und der Ueberzug wird gleichmäßiger. Da hiernach auch das Abbrennbad bald eisenhaltig wird, so muß dasselbe zu gehöriger Zeit durch frisches Zinn beschickt werden, während das unrein gewordene in die Einbrennpfanne gegeben wird. Haben die Tafeln im Abbrennbade einige Zeit verweilt, so nimmt sie der Arbeiter einzeln heraus, legt sie auf eine Tafel, wischt mit einem Bündel Hanf das überflüssige Zinn ab und taucht sie noch einmal auf einen Moment in eine kleinere Abtheilung derselben Pfanne, die reines Zinn enthält und wo durch eine sich anhängende Zinnschicht die Wischspuren sich ausgleichen. Hierauf kommen die Tafeln unverweilt in eine heiß gehaltene Pfanne mit Talg; in ihr läuft das noch überflüssige, mit dem Eisen nicht fest verbundene Zinn von den stehenden Tafeln ab, und es ist hier große Aufmerksamkeit auf den Temperaturgrad und die Dauer des Aufenthalts nöthig, da sonst leicht zu viel Zinn wieder abgeschmolzen wird. Das Fett, welches durch den ganzen Prozeß die Tafeln begleitet und zunächst den Zweck hat, Eisen und Zinn vor Oxydation zu schützen, erfüllt in diesem und dem noch folgenden Kessel, der in geringerer Wärme erhalten wird, außerdem auch eine andere Vermittlerrolle: es erhält beide Metalle auf einer gleichen Temperatur und verhütet die frühere Erkaltung des Zinns vor dem Eisen, deren Folge ein rissiger Ueberzug sein würde. Nachdem die Bleche in dem zuletzt erwähnten Talgbade genug verkühlt, erübrigt nur noch, sie von dem kleinen Zinnwulste zu befreien, der sich an die zu unterst gestandene Kante derselben angehangen hat. Man taucht sie deshalb in eine ganz flache Schicht schmelzenden Zinns, in welcher der Tropfrand sich erweicht und abschmilzt, worauf dann durch einen Klaps auf den oberen Rand die weiche Masse von der Tafel abgeschleudert wird. Nachdem sodann die Bleche durch Reiben mit Kleie und Kreide entfettet und mit Lappen nachgeputzt worden, sind sie fertig.

In einzelnen Fällen werden Gebrauchsgegenstände erst fertig geschmiedet und dann verzinnt, wie dies namentlich mit den gewöhnlichen Blechlöffeln geschieht. Das Verzinnen von gußeisernen Gefäßen im Innern ist durch das jetzt gebräuchliche Emailliren ziemlich beseitigt. Eine nasse Verzinnung (Weißsieden) bezieht sich in der Regel nur auf kleine Messing- und Bronzeartikel. Das Zinn schützt das Eisen vor dem Verrosten nur so lange, als es dasselbe vollständig deckt; hat die Feuchtigkeit aber erst einen kleinen Zugang zu letzterem gefunden, so geht das Rosten um so rascher von Statten, weil in einer Kette von Zinn, Eisen und Wasser, wie sie sich hier bildet, das Eisen das elektropositive Metall ist und also mit Macht den Sauerstoff anzieht.

Hiernach lag der Gedanke nahe, das Eisen zu verzinken, da Zink sich gegen alle anderen Metalle positiv verhält und diese also durch Berührung mit ihm geschützt werden, während es selbst oxydirt wird. Das verzinkte Eisen nannte man aus dieser Rücksicht Galvanisirtes, nicht als ob der Ueberzug ein galvanischer Niederschlag wäre, sondern weil es gleichsam unter den Schutz galvanischer Ströme gestellt sein sollte. Die Erfahrung lehrt jedoch, daß der Zinküberzug auch nur dann schützt, wenn er eine gut zusammenhängende Decke bildet, und daß an unganzen Stellen das Eisen ebenfalls rostet. So gut wie die Verzinnung schützt aber die Verzinkung jedenfalls auch, dabei ist das Zink noch härter und auch wohlfeiler. Man verzinkt denn auch in ziemlicher Ausdehnung Telegraphendrähte, Seildraht, Schrauben und Nägel, Steinklammern, Bleche, Kanonenkugeln u. s. w., und das Verfahren dabei ist in den Hauptzügen das folgende.

Nachdem die eisernen Gegenstände durch Beizen, Scheuern u. s. w. eine reine Oberfläche erhalten haben, giebt man ihnen erst eine leichte nasse Verzinkung, die für die nachfolgende Operation von Wichtigkeit ist. Man versetzt Zinkchlorid (salzsaure Zinklösung) mit einem kleinen Antheil Salmiak und legt in dieses Bad die Eisensachen etwa 1½ bis 2 Minuten lang ein. Es beginnt ein Austausch der Metalle, indem Eisen gelöst wird und Zink sich an dessen Stelle ablagert. Das solchergestalt mit einem feinen Zinküberzuge versehene Eisen wird aus dem Bade genommen, auf einer erhitzten Platte vollkommen getrocknet und noch heiß mit Zangen in geschmolzenes Zink eingelegt. Nach kurzer Zeit, wenn die Eisenstücke die Temperatur des umgebenden Zinks angenommen haben, hebt man sie heraus und klopft sie, damit das überflüssige Zink abfällt. Hiermit ist das „Galvanisiren" beendet. — In ähnlicher Weise läßt sich das Eisen durch Eintauchen auch überkupfern, ein Verfahren, das, wie auch das dem Verzinken analoge Verbleien, noch wenig geübt zu werden scheint und besonders zum Ueberkleiden der zum Schiffsbau gebrauchten riesigen Nägel dienen soll.

Endlich schützt man das Eisen auch durch einen Ueberzug von Email, was bekanntlich bei gußeisernen Kochgeschirren (auch geschmiedete emaillirte sind neuerdings zu haben) der Fall ist. Eiserne Kochgeschirre sind im nackten Zustande nicht wohl zu brauchen, da sie den Speisen einen üblen Geschmack und eine schwärzliche Färbung ertheilen. Man verzinnte daher anfänglich blecherne Gefäße und lernte neuerlich auch gußeiserne verzinnen; aber das Zinn hält sich nur so weit, als die Flüssigkeit im Topfe geht; das Ueberstehende schmilzt am Feuer ab und versetzt natürlich die Speisen mit Zinngraupen. Deswegen griff man zum Emailliren. Bei der sehr ungleichen Ausdehnung aber, die Metall und Email in der Hitze erleiden, war auch diese Aufgabe eine schwierige; der Ueberzug bröckelte ab. Mit der Zeit ist man jedoch durch viele Versuche dahin gelangt, daß wenigstens einzelne Fabriken wegen ihrer gut haltbaren Emaillirung Ruf haben. Für die Zusammensetzung der Glasur giebt es eine Menge Rezepte; im Allgemeinen verfährt man so, daß zu unterst eine wohlfeilere Mischung aufgetragen und auf diese eine feinere und mehr glasartige aufgesetzt wird. Zur Grundmasse dienen Quarzmehl, Borax, Thon, Feldspath, Gips, Kalk u. dergl., durch unvollkommenes Schmelzen im Feuer (Fritten) vereinigt oder auch nur naß zusammengemahlen, geschlämmt und als ein dünner Brei auf die Innenfläche der Gefäße aufgetragen. Zur Deckmasse, der eigentlichen Glasur, dienen zum Theil, mit Ausnahme des Thons, dieselben Stoffe, mit mehr Flußmittel und mit Zusatz von Zinkoxyd, öfter auch weißem Glase. Diese Mischungen werden stets gefrittet, fein gepulvert und auf den noch nassen ersten Grund unmittelbar aufgestäubt, worauf dann das Trocknen und Einbrennen der Glasur in der Hitze eines Muffelofens folgt.

Nachdem wir somit die gebräuchlichsten Schutzmittel gegen Rostschaden kurz besprochen, verlangt es gewissermaßen die Gerechtigkeit, auch noch zu sagen, daß der Rost keineswegs in allen Fällen der verhaßte Unheilstifter ist, wie allerdings in den meisten. Es giebt Fälle in der Technik, wo man ihn braucht und wo er wichtige Dienste leistet. Dies gilt namentlich bei Herstellung der mächtigen Gasbehälter, wie sie unsere Gasbeleuchtungsanstalten brauchen, und beim Bau der eisernen Schiffe. Die angestrengteste mechanische

Arbeit kann nicht erzielen, was der Rost in leichtester Weise besorgt. Man befeuchtet die Verbindungsstellen, und der entstehende Rost dichtet sie tadellos und so innig, daß eiserne Schiffe selbst auf den weitesten Reisen kein Wasser einlassen. Auf ähnliche Weise dichtet man die Fugen von Dampfkesseln, Röhrenleitungen u. dergl., oder kittet Eisenklammern in Stein, mittels eines Breies aus Eisenfeile und Wasser, versetzt mit etwas Salmiak und Schwefel, oder auch ohne den letzteren, und erzielt so eine steinharte Kittung, denn die Eisentheilchen vereinigen sich durch das Rosten zu einer kompakten Masse mit einander, die einen größeren Raum als vorher das Metall einzunehmen strebt und auf diese Weise die ihr angewiesenen Räume förmlich auswächst.

Haben wir nun im Vorstehenden über die Gewinnung und erste Verarbeitung des Eisens in seinen drei verschiedenen Modifikationen, so weit dies bei einem so vielseitigen Gegenstande auf engem Raume möglich, das Hauptsächlichste beigebracht und werden wir später bei Betrachtung verschiedener einzelner Industriezweige die Gestaltung dieses universellen Stoffes noch weiter verfolgen können, so bleibt doch noch ein weitgedehntes Feld für allgemeinere Betrachtungen übrig, auf dem wir wenigstens einige Blumen pflücken wollen, ohne uns beim Allbekannten und Alltäglichen lange aufzuhalten. Und selbst das Alltägliche wechselt die Physiognomie nach Umständen ganz bedeutend; ja Manches, was dem Einen alltäglich ist, bekommt ein Anderer nie mit Augen zu sehen. Zwar durchschneiden jetzt Eisenbahnen in allen Richtungen die Länder, und die Lokomotive zeugt in Stadt und Dorf mit lauter Stimme von der Bedeutung des Eisens; aber andere Eindrücke erhält man doch in der Handels- und Meßstadt, wo die eisernen Kunst- und Kurzwaaren und Geräthe in erstaunlichen Mengen sich darlegen; andere in der Hafenstadt, wo eiserne Schiffe kommen und gehen, die Roheisenbarren als Gegenstand eines wichtigen Welthandelszweiges ein- oder ausgeladen werden; andere in den Gegenden, wo die Hohöfen glühen und flammen; wieder andere in den Heimstätten der Fabrikation, wo das Metall sich zu den Millionen Gebrauchsartikeln des täglichen Lebens, oder zu kunstreichen, oft gewaltigen Maschinen gestaltet, oder wo diese Maschinen selbst im Dienste des Menschen ihr Tagewerk vollbringen, wo sie für ihn spinnen und weben, drucken, hobeln, sägen, schneiden, pressen, nähen und was die kaum aufzuzählenden Berufsarbeiten der Maschinen sonst noch sind. Es ist Thatsache, daß die Eisenproduktion in allen eisenerzeugenden Ländern im fortwährenden Steigen begriffen ist und natürlich auch der Verbrauch gleichen Schritt haltend sich erhöht; ohne Letzteres müßte das Metall viel wohlfeiler werden, was mit Ausnahme einzelner Schwankungen, wie sie die letzten Jahre allerdings in erstaunlicher Weise gezeigt haben, nicht der Fall ist.

Die Gesammtroheisenerzeugung auf der Erde beziffert sich auf ungefähr 315 Millionen Zollcentner (1875), davon entfallen auf

England, Wales und Schottland	142,000,000	Zollcentner.
Frankreich	27,620,000	»
Nordamerika	80,000,000	»
Deutschland	26,000,000	»
(woran sich Elsaß-Lothringen mit 4,100,000 Zollcentnern betheiligt)		
Belgien	9,000,000	»
Oesterreich-Ungarn	6,700,000	»
Rußland	6,000,000	»
Schweden gegen	6,000,000	»
Luxemburg	1,100,000	»
Australien	2,000,000	»
Italien	750,000	»
Spanien	1,200,000	»
Norwegen	500,000	»
Dänemark	300,000	»
Schweiz	150,000	»

Dazu kommen die übrigen amerikanischen Produktionsgebiete außer den Vereinigten Staaten mit ungefähr 1 Million Centner, Afrika schätzungsweise mit 500,000 Centner und Asien, über dessen verhältnißmäßig nicht sehr bedeutende Eisenerzeugung nichts Sicheres vorliegt.

Das ganze deutsche Erzeugniß macht nun freilich nur wenig mehr als den sechsten Theil dessen aus, was England produzirt, das seit mehr als einem Jahrhundert durch Energie und Unternehmungsgeist, unter Benutzung der ihm zu Gebote stehenden natürlichen Vortheile, sich zum Vorort der ganzen Welt gemacht hat für Alles, was mit der Produktion und Verarbeitung des Eisens zusammenhängt.

Indessen hat sich dies Verhältniß in den letzten Jahrzehnten auf ganz rapide Weise immer mehr zu Gunsten unseres Vaterlandes geändert, so daß, wenn auch der plötzliche Aufschwung, den die Jahre 1871 und 72 brachten, kein Maßstab für die dauernde Entwicklung unserer Montanindustrien sein kann, das stetige Vorschreiten, das sich sonst auch noch zeigt, mit gerechtem Stolze uns erfüllen muß.

Außer dem Krupp'schen Etablissement, dessen Schwerpunkt in der Stahlerzeugung und Verarbeitung liegt, haben wir in Deutschland noch eine große Zahl anderer Hüttenwerke, deren Leistungen ganz erstaunliche Ziffern ergeben. Die meisten und bedeutendsten dieser Werke liegen einerseits in Schlesien, andererseits in Rheinland mit Westfalen und Hannover; endlich umschließen die süddeutschen Staaten Bayern, Württemberg, Baden eine dritte Gruppe; Elsaß=Lothringen schließt sich an die rheinische Gruppe an, und Sachsen bildet ein Produktionsgebiet für sich. Ueberall hat das Zusammenauftreten von Eisenerzen und Kohlen die günstigen Vorbedingungen erfüllt.

In Oberschlesien arbeitet z. B. die vereinigte Königs= und Laurahütte mit 13 Hochöfen, in denen sie 1,850,000 Centner Roheisen erzeugt, welche in 120 Puddelöfen, 42 Schweißöfen, großen Walzwerken u. s. w. in 120,000 Centner Gußwaare und 1,400,000 Centner Stabeisen, Blech, Schienen u. s. w. umgewandelt werden. Borsigwerk bei Biskupitz beschäftigte 1872 1542 Arbeiter und produzirte 400,000 Centner Roheisen, 26,000 Centner Gußwaare, 300,000 Centner Walzeisen und 26,000 Centner Martinstahl, wozu 4 Hochöfen, 40 Puddelöfen, 21 Schweißöfen, 3 Martinöfen u. s. w. behülflich waren. Im Saarbrückener Bezirke sind es namentlich die Krämer'schen Werke zu St. Ingberth mit 1350 Arbeitern und einer Jahresproduktion von 535,000 Centnern Stabeisen, 36,000 Centnern Walzendraht u. s. w.; Adolf Krämer zu Quint bei Trier mit 1200 Arbeitern und 450,000 Centnern Stabeisen; Gebrüder Stumm zu Neunkirchen mit 2000 Arbeitern und 800,000 Centnern Schienen und Walzeisen, 53,000 Centnern Gußwaaren; die Burbacher Werke, welche mit 4 Hochöfen über 1 Million Centner Roheisen erschmelzen, das sie selbst zu Schienen und Façoneisen verarbeiten. In Elsaß=Lothringen finden wir große Eisenwerke in Ars sur Moselle bei Metz, ferner in Niederbronn. Im niederrheinisch=westfälischen Distrikt stehen die Werke von Hörde, die Steinhauser Hütte zu Witten, die Gute Hoffnungshütte bei Sterkrade, die Phönixhütten zu Laar bei Ruhrort die Westfälische Union in Hamm, die Georg=Marienhütte bei Osnabrück obenan in Bezug, auf das Produktionsquantum, das häufig 1 Million Centner Roheisen übersteigt. Das Siegener Land hat ebenfalls eine große Zahl nicht unbedeutender Werke. In Oesterreich sind die Hauptproduzenten die Innerberger Aktiengesellschaft, welche jährlich gegen 1,400,000 Centner Roheisen erzeugt und auf sehr mannichfachem Fabrikationswege verarbeitet, und die Steyrische Eisenindustrie=Gesellschaft.

Unter den französischen Eisenwerken steht Creuzot obenan. Seine Produktion belief sich 1872 etwa auf

14,300,000 Zollcentner Steinkohlen,
3,600,000 » Roheisen,
1,800,000 » Stabeisen,
1,200,000 » Stahl.

Das ausgeschmolzene Rohmaterial wird hier auch gleich in großartigem Maßstabe weiter verarbeitet, wie die für das genannte Jahr angegebene Erzeugung von 1000 Lokomotiven im Werthe von 7 Millionen Francs und von diversen Maschinen, Brücken u. s. w. von 8,500,000 Francs beweist. Ein Heer von 15,500 Arbeitern und 308 Dampfmaschinen mit 19,000 Pferdekräften trug zu diesen Ergebnissen bei.

Die Steigerung, welche die Eisenproduktion in Großbritannien und Irland seit 1740 erfahren hat, beweisen am besten die folgenden Zahlen:

1740 produzirten	Großbritannien und Irland	352,566	Centner Roheisen
1788	» » » »	1,380,000	» »
1796	» » » »	2,554,000	» »
1806	» » » »	5,246,000	» »
1826	» » » »	11,806,000	» »
1835	» » » »	20,320,000	» »
1840	» » » »	28,375,000	» »
1845	» » » »	30,735,000	» »
1855	» » » »	65,361,000	» »
1865	» » » »	97,931,000	» »
1868	» » » »	100,998,000	» »
1873	» » » »	130,250,000	» »
1874	» » » »	142,370,000	» »

In den Vereinigten Staaten von Nordamerika haben sich die Produktionsziffern von 1810 bis 1875 von 600,000 bis auf 80,000,000 Zollcentner emporgeschwungen, danach also die Roheisenerzeugung sich im Laufe von 65 Jahren verhundertunddreißigfacht. Indeß erwehrt sich Deutschland, die alte Heimat der Eisenindustrie, mit immer steigendem Erfolg der englischen Suprematie und Konkurrenz; ein Artikel nach dem andern, der früher nur englisch sein durfte, verschwindet vor einheimischen Erzeugnissen. In manchen Branchen schlägt die deutsche Fabrikation die Engländer nicht nur auf heimischem Boden, sondern selbst auf auswärtigen Märkten der Alten und Neuen Welt. Aachener und Iserlohner Nähnadeln sind genau so gut wie englische und werden auf dem Weltmarkte eben so gern genommen. Die deutschen Schneidwaaren brechen sich gleichfalls im Auslande immer mehr Bahn. Stahlsaiten für Klavierinstrumente, der Artikel, für welchen alle Welt den Engländern so lange tributpflichtig war, finden ihren Weg nach Deutschland nicht mehr; sie sind durch österreichische und preußische Fabrikate vollständig entbehrlich gemacht. Das deutsche Eisenbahnwesen hat sich bekanntlich schon länger von England völlig emanzipirt. Die Zeit, wo Deutschland seine Lokomotiven und Schienen von England kaufte, ist gewesen; die Schienen erzeugen wir selbst besser und dauerhafter, und die großartigen Maschinenfabriken zu Berlin, Chemnitz, Wien, München, Augsburg, Eßlingen und anderen Orten versorgen nicht nur die deutschen Eisenbahnen, sondern senden ihre Lokomotiven auch nach der Schweiz, Frankreich, Rußland, ja nach Indien u. s. w. Auf sämmtlichen deutschen und österreichischen Eisenbahnen waren nach offiziellen Erhebungen zu Ende des Jahres 1861 im Gange 4051 Lokomotiven; davon waren in Deutschland gebaut 3303, 281 stammten aus England, 189 aus Belgien, 59 aus Frankreich, 53 aus Amerika, 166 aus unbekannten Bezugsorten. Heute ist das Verhältniß noch bei weitem günstiger für uns geworden.

Im Eisen liegt eine ungeheure, scheinbar ganz unerschöpfliche Konkurrenzkraft; verdrängte es gleich bei seinem Bekanntwerden in dem Kulturleben der Völker die steinernen, kupfernen und bronzenen Werkzeuge, so schlug es in unseren Tagen die Bronze noch einmal auf ihrem scheinbar unbestreitbaren Gebiete, auf dem des Geschütz- und Glockengusses. Die Verdrängung des Holzes durch das Eisen geht von langer Hand her, schreitet aber fortwährend rascher vorwärts. Niemand, der eine Reihe von Jahren zurückdenken kann, ist der allmähliche Wechsel entgangen, der an die Stelle einer Menge hölzerner Haus- und Feldgeräthe weit zweckmäßigere eiserne setzte. Welch einen Fortschritt involvirt nicht allein der moderne eiserne Pflug, dieses so wirksame und kraftsparende Geräth, im Vergleich mit seinen älteren Kollegen, und welche zweckmäßigen neuen Ackergeräthe stehen außerdem heute dem Landwirth zu Gebote, an welche früher, wo noch das Holz den Hauptstoff bildete, gar nicht gedacht werden konnte. Einen anderen Dienst von steigender Wichtigkeit leistet das

Eisen in Form von Röhren, einen Dienst, der nur noch zum allerkleinsten Theile vom Holze nothdürftig übernommen werden könnte. Wer in einer großen, mit öffentlicher Gasbeleuchtung und Wasserleitung versehenen Stadt herumwandelt, kann sich gar keine Vorstellung davon machen, welche Massen von Eisen in Form von Röhren — und welche Kolosse von Röhren zum Theil! — unter seinen Füßen liegen; man muß sie eben anfahren und an ihren Ort legen gesehen haben, wo sie im Verborgenen auf lange Jahre hinaus für Wohlsein und Behaglichkeit von Hunderttausenden wirken. In seiner Anwendung als Baumaterial ersetzt das Eisen nicht nur das Holz, sondern hauptsächlich auch den Stein, und übertrifft beide sowol hinsichtlich der Dauer und Festigkeit, als besonders auch durch seine Anwendung zu Konstruktionen, die in jenen Materialen gar nicht möglich sind, so daß sich bereits eine besondere Eisenkonstruktion entwickelt hat, wovon die Industrie-Glaspaläste, großartige Gewächshäuser, noch mehr aber die eisernen Brücken Beispiele geben, und bezüglich deren wir auf den I. Band dieses Werkes verweisen.

Als Material für den Kunst- und Ornamentenguß hat das Eisen in unserer Zeit ebenfalls eine wichtige Rolle überkommen, wenn es auch einen Theil derselben jetzt wieder an das Zink abtreten muß. Auf jeder Industrieausstellung findet man Gelegenheit zu der Bemerkung, wie die Eigenschaften, die man von einem vollkommenen Gußmaterial verlangt, von dem Eisen in immer vorzüglicherer Weise erreicht werden; infolge dessen findet es jetzt auch zu Kunstgegenständen, zu denen früher nur Messing oder Bronze dienen konnte, eine ungemein ausgedehnte Verwendung. Die vorzüglichen Leistungen mancher Eisengießereien, wie der Gräflich Stollberg'schen, haben wir schon erwähnt, ihr Gebiet erstreckt sich von den kleinsten Gegenständen (Hembenknöpfe sogar werden aus Eisen gegossen) und von den feinsten bis zu den größten monumentalen Bildwerken. Auf einer der Weltausstellungen war ein Fächer aus Gußeisen zu sehen, der, wenn er auch nicht die Leichtigkeit der Straußenfedern hatte, doch von einer solchen Feinheit und Zartheit der Ausführung war, daß kein Beschauer, ohne darum zu wissen, ein außergewöhnliches Material darunter vermuthet haben würde. Eiserne Leibwäsche, Kragen aus lackirtem Blech, hat man bereits versucht — vielleicht bringt man es auch noch zu gegossenen Spitzen; denn aus Drähten sie herzustellen, würde keine Schwierigkeiten machen.

Wenig in die Augen des großen Publikums fallend, doch höchst wichtig für die Technik sind die Dienste, welche der Eisendraht in Form von Drahtseilen leistet. Hier tritt das Eisen theilweise sogar in Konkurrenz mit dem Hanf, denn hanfene Seile und Ketten waren früher das Einzige, was man kannte, bis in den Zwanziger Jahren unseres Jahrhunderts für bergmännische Zwecke auf dem Harze Drahtseile mit so gutem Erfolge versucht wurden, daß sie seitdem immer mehr in Aufnahme kommen. Bei dem Verarbeiten des Drahtes zu Seilen sind andere Rücksichten zu nehmen als bei der gewöhnlichen Seilfabrikation. Die Drähte würden an Haltbarkeit verlieren, wenn sie in sich selbst stark gedreht würden. Daher läßt man sie nur ganz gestreckte Windungen machen und bildet den Strang oder die Litze von gewöhnlich 6—10 Drähten dergestalt, daß sie um ein getheertes Hanfseil (Seele) herumlaufen. Der Draht selbst wird gewöhnlich verzinkt. Dreht man 6—8 solcher Litzen wieder um eine Hanfseele zusammen, so erhält man ein tüchtiges Rundseil. Gewöhnlich vereinigt man mittels Nieten von geglühtem Draht 6—8 solche Rundseile seitlich zu einem Flach- oder Bandseil, das nun ungeheurer Anstrengung fähig ist, um so mehr, wenn statt des Eisens Stahldraht genommen wird. Die Tragfähigkeit solcher Seile von gewöhnlichem Kaliber geht bis zu 100 Centnern, und dabei besitzen sie eine solche Dauerhaftigkeit, daß sie viele Jahre dienen können. Auch über ihren ursprünglichen Wirkungskreis in den Bergwerken hinaus leisten diese Seile sehr schätzbare Dienste. Denn wie sie dort als Förderungsmittel aus großen Tiefen unersetzlich sind, eignen sie sich auch zu Kraftleitungen auf große Entfernungen am vorzüglichsten, weil sie die wenigste mechanische Kraft selbst verzehren. So haben sich die Seile zum Eisenbahnbetriebe auf schiefen Ebenen als vollkommen sicher bewährt; auf der Durham-Sunderlandbahn in England treibt eine Dampfmaschine ein aus drei Stücken zusammengesetztes endloses Drahtseil von angeblich 15,000 Meter Länge.

Allgemeine Betrachtungen.

Für Fabriken, welche mit Wasserkräften arbeiten, liegt schon ein bedeutender Vortheil, ein großer Freiheitsgewinn in Anlage und Nachbau von Betriebsgebäuden darin, daß diese Fortleitung mit geringem Kraftverlust auf 300, 600—1200 Meter möglich und sicher ist, daß man solchergestalt 20, 40, 60 Pferdekräfte nach Oertlichkeiten versenden kann, die durch keine andere Art von Transmission erreichbar sind. Für eine derartige Transmission, die er „teledynamisches Kabel" nannte, erhielt der Elsässer Hirn auf der letzten Pariser Weltausstellung die Goldene Medaille.

Der großartigste und folgenreichste Sieg, den das Eisen in unserer Zeit errungen, ist gewiß sein Seesieg über das Holz. Schon lange war wol das Metall in Form von Ankern, Ketten u. s. w. mit in See gegangen, aber ein eiserner Schiffskörper, ein schwimmendes Gebäude aus einem Material, das selbst nicht schwimmen kann, war in früheren Zeiten etwas Unerhörtes. Nachdem jedoch die Einführung der Dampfmaschine als Bewegungsmittel in dem Schiffsbau schon die bedeutendsten Umwandlungen bewirkt hatte, mußte man nothgedrungen immer mehr und mehr Rippen, Platten und Verschalungen aus Eisen den immer größer werdenden Schiffen beigeben, und endlich schlug der Gedanke durch, den ganzen Schiffskörper aus Metall, aus Eisen, herzustellen. Immer größere und größere Schiffe wurden von Eisen gebaut, — die Kraft zu ihrer Bewegung ließ sich ja beliebig verstärken; allein der „Great-Eastern" zeigt uns wol das Grenzgebilde, bis zu welchem unter bestehenden Verhältnissen die Vergrößerung der Dimensionen sich steigern darf. Geraume Zeit später, nachdem die Handelsmarine sich schon in den vollen Besitz des Eisens gesetzt hatte, und ernstlich erst seit dem letzten Kriege gegen Rußland, entschlossen sich die Seemächte zum Bau eiserner Kriegsschiffe, und zu den mit Eisen armirten schwimmenden Batterien und Kanonenbooten gesellten sich nun Fregatten und, im Wettstreit mit den sich mächtiger entwickelnden Seegeschützen, Panzerschiffe und Monitors, bei denen, wie bei den alten Rittern, die Schwäche wol bald mit der Stärke des Harnisches wachsen wird.

In den drei Modifikationen des Eisens als Gußeisen, Stabeisen und Stahl besitzen wir eigentlich drei in ihren Eigenschaften weit verschiedene Metalle. Das Gußeisen besitzt eine bedeutende Festigkeit sowol gegen Druck als gegen Zerreißung; ein Stab von 1 Quadratcentimeter Querschnitt trägt, ohne zu reißen, bis zu 50,000 Kg.; aber es ist spröde, die Biegsamkeit und Zähigkeit geht ihm ab, welche das Stabeisen auszeichnet und dessen Widerstand gegen Zerreißung das Dreifache des Gußeisens beträgt. Der Stahl überbietet wieder das Stabeisen bedeutend, indem seine Widerstandskraft die des Stabeisens zwei- bis dreimal, also die des Gußeisens um das Sechs- bis Neunfache übertrifft. Bei der großen Konkurrenzkraft, die wir dem Eisen zuschrieben, ist es daher kein Wunder, daß es schließlich in seinen drei Modifikationen auch mit sich selbst konkurrirt. In der That sind die Fälle nicht selten, wo eine edlere Eisensorte mit der Zeit eine geringere im Dienst ablöst. Gegossene Eisenbahnschienen gab es nur in der Kindheit der Eisenbahnen, so lange dieselben lediglich in den Kohlenbergwerken als Transportmittel mit Pferdebetrieb dienten; sogleich mit dem Eintritt der Eisenbahn in den großen Verkehr wurden geschmiedete Schienen angewendet, denn unter dem schweren Fuß der Lokomotive zersprang das Gußeisen wie Glas. Seitdem weicht nun allmählich wieder das Stabeisen dem Stahl als Schienenmaterial. Längere Zeit schon hat man verstählte Schienen, bei denen nur der Kopf, der obere zumeist leidende Theil, aus einer aufgeschweißten Stahlplatte besteht, während neuerdings auch die ganz stählernen Schienen sich mehren, und wenn diese auch noch nicht ganze Länderstrecken durchziehen, so finden sie doch Verwendung auf solchen kürzeren Touren, die einer außergewöhnlich starken Abnutzung ausgesetzt sind. Der Vortheil bei solchem Wechsel liegt auf der Hand, wenn man sich vergegenwärtigt, daß die Haltbarkeit, der Widerstand gegen Druck, sich bei den drei Materialien wie 1 zu 2 zu 6 verhält, Gußstahl also gewissen Angriffen gegenüber dreimal so lange als Schmiedeisen und sechsmal so lange als Gußeisen benutzbar ist.

Bei den Brücken- und anderen Hochbauten kam ebenfalls zuerst Gußeisen, als Vertreter für Stein, zur Anwendung. Aber es ist in seiner Massenhaftigkeit ein zu schweres Material, hat zu viel an sich selbst zu tragen und erreicht in seiner Sprödigkeit die Bruchgrenze so bald, daß man ihm wenigstens keine sehr weiten Bogenspannungen zumuthen kann. Es folgte daher das Schmiedeisen, die Ketten= und Drahtbrücken, die blechernen Röhrenbrücken. Schon aber ist die Zeit gekommen, wo der Gußstahl in die Rolle eines noch besseren Brückenmaterials eintritt, denn es kann, wenn es sich um eine Konstruktion von einem bestimmten Widerstandsmaß handelt, dieselbe nach dem vorhin Gesagten aus Stahl zwei= bis dreimal leichter als aus Schmiedeisen und neunmal leichter als aus Guß= eisen genommen werden. Bei den holländischen Staatseisenbahnbauten benöthigte man flacher Brückenbogen bis zu 150 Meter lichter Weite, und da war es zuerst, wo man den Gußstahl als das am besten sich empfehlende Material wählte. Und so wie hier läßt sich in allen Fällen die Masse des Stahls um so viel verringern, als seine Güte gegen anderes Material höher steht. Dampfkessel z. B. aus Gußstahlplatten bewähren sich ausgezeichnet und brauchen nur halb so stark im Blech zu sein, als wenn sie von Eisen wären. Als die Franzosen die ersten Gußstahlkanonen über die Alpen führten, hatte man zunächst die über= raschende Niedlichkeit an ihnen zu bewundern, bis sie Gelegenheit bekamen, auch ihre übrigen Vorzüge geltend zu machen.

So sehen wir denn, wie in vieltausendfältiger Beziehung das Eisen in das Thun und Streben der Menschheit eingreift, wie ein treuer Freund helfend und fördernd, zu neuen Fortschritten und Ideen anregend. Und gleichwol bietet sich kaum eine andere Gabe der Natur so wenig freiwillig dar wie das Eisen: unscheinbar und dem schärfsten Auge seine wahre Natur verhüllend, liegt es als Erz zu unseren Füßen; doch der Geist des Menschen erkannte oder ahnte doch seinen Werth; er befreite es aus seinen Banden, pflegte und erzog es zu seinem treuesten und nützlichsten Diener. Freilich aber bedürfen wir zur Lösung der eisernen Schätze des für die Großförderung unersetzlichen Hauptschlüssels: der Stein= kohle; wo dieser nicht nahe zur Hand liegt, nützen ganze Eisenberge wenig oder nichts.

— Und was nicht war, nun will es werden,
Zu reinen Sonnen, farb'gen Erden,
In keinem Falle darf es ruh'n.
Es soll sich regen, schaffend handeln,
Erst sich gestalten, dann verwandeln;
Nur scheinbar steht's Momente still.

Goethe.

Zink, Kobalt, Wismuth und Genossen.

Geschichtliches. Heutige Bedeutung des Zinks. Zinkerze. Galmei und Blende. Aufbereitung und Verhüttung. Ausbringen des Zinks. Destillation des Zinks. Zugutemachen der Blende. Verunreinigung des Zinks. Seine Verarbeitung zu Platten, Blechen, Drähten u. s. w. Zinkguß. Zinkweiß. — Das Kadmium. Darstellung und Verwendung. Leichtflüssige Legirungen. — Kobalt und Nickel. Geschichtliches über diese Metalle. Kobalterze und ihre Verarbeitung zu Kobaltoxyd. Saffer und Smalte. Verwendung derselben. Das Nickel und seine Gewinnung aus den hauptsächlichsten Nickelerzen. Verschmelzen zu Speise und Stein und weitere Verarbeitung derselben. Das Neusilber, Weißkupfer, Argentan, Packfong und ähnliche Legirungen. Herstellung und Benutzung. — Antimon. Vorkommen und Erze. Spießglanz. Darstellung des Antimonmetalles. Antimonpräparate und Legirungen. Deren Verwendung. — Wismuth, sein Vorkommen. Gewinnung und Verwendung.

Nur wenige Jahrhunderte ist es her, daß die Welt Wissenschaft bekam von einem neuen Metall, dem Zink. Bis dahin hatte die deutsche Bergmannsbenennung Zink, unter welcher jetzt das Metall in aller Welt verstanden wird, einem gewissen Erze, dem krystallinischen Galmei, gegolten. Und doch hatte dasselbe Metall unerkannter Weise schon seit uralten Zeiten der Menschheit ganz wichtige Dienste geleistet, so daß seine Geschichte somit eigenthümlicher Weise in eine alte, geheime, und in eine neue, öffentliche, zerfällt. Wie bei Besprechung des Kupfers näher zu entwickeln sein wird, bildete nämlich das Zink schon in sehr frühen Zeiten einen Bestandtheil solcher Kupferlegirungen, die wir jetzt unter den Namen Bronze und Messing kennen. Es fehlt nicht an messingenen Alterthümern, namentlich unter den römischen Münzen. Aber die Metallarbeiter begnügten sich durch viele Jahrhunderte mit dem Erfahrungssatze, daß eine gewisse Erd- oder Steinart, mit Kupfer verschmolzen, dasselbe gelb und gießbar mache; das Wie und Warum kümmerte sie wahrscheinlich wenig oder sie machten sich darüber irgendwelche falsche Theorien; kurz,

Das Buch der Erfind. 7. Aufl. IV. Bd.

das reine Zink blieb im Alterthume unentdeckt, und der Umstand, daß bei ihm Reduktion und Verdampfung in Eins zusammenfallen, genügt auch, dies erklärlich zu machen. Dem spähenden Auge der alten Goldmacher freilich konnte die Existenz des metallischen Zinks nicht entgehen, wie es denn im 15. Jahrhundert zuerst von Basilius Valentinus und Paracelsus wirklich als besonderer eigenartiger Stoff erwähnt wird; aber man erkannte noch nicht seine Nutzbarkeit und legte ihm folglich keinen Werth bei, verwechselte es auch wol mitunter (Löhneiß noch 1617) mit Wismuth. Mehr Aufmerksamkeit mochte das leichte Zinkoxyd erregt haben, das bei der Behandlung von zinkhaltigen Stoffen mit Feuer als weißer Rauch emporstieg; dafür spricht die besondere Bezeichnung desselben als philosophische Wolle und weißes Nichts (lana philosophica, nihilum album). Der berühmte Chemiker Stahl gab zuerst (1718) die Theorie der Messingbereitung, indem er aussprach, daß sich dabei aus dem Galmei erst Zink metallisch reduzire und dann mit dem Kupfer in Verbindung trete. Nunmehr verlegten sich die Chemiker auf diese Zinkreduktion an und für sich, die unter der Bedingung, daß sie in geschlossenen Gefäßen vorgenommen wurde, weil an der Luft das Zink gleich wieder zu Oxyd verbrennt, nicht schwer war. Man lernte das Zink beliebig darstellen. — Früher schon soll Zinkmetall von China über Ostindien in den europäischen Handel gekommen sein; der Vertrieb kann sich aber, da die Nachfrage fehlte, kaum weiter erstreckt haben als auf die gelegentliche Uebersendung von Proben. Thatsache ist, daß gegenwärtig viel europäisches Zink nach Ostindien geht.

Man kannte das Zink in der ersten Zeit nur als ein ungeschmeidiges, keiner Dehnung fähiges Metall, das sich nicht walzen und hämmern, nicht einmal mit Sicherheit biegen und mit Schneiden und Feilen schlecht bearbeiten ließ. Für sein gewerbliches Fortkommen hatte ein solches Metall wenig Aussichten, und doch gestalteten sich seit Anfang unsers Jahrhunderts seine Angelegenheiten so günstig, daß es jetzt zu den wichtigsten Metallen gerechnet werden muß. Zuvörderst kam ihm die Entdeckung des Galvanismus zu Hülfe, welche das Zink in die Reihe der Elektrizitätserreger zu oberst stellte und ihm infolge dessen eine sehr ausgedehnte Verwendung für solche physikalische und technische Apparate anbahnte, die sich auf die Benutzung des Galvanismus gründeten. Von diesem Platze kann es nicht verdrängt werden, und seine hier erlangte Wichtigkeit würde allein hinreichen, dem Metall die Unentbehrlichkeit zu sichern, wenn es auch sonst zu nichts zu brauchen wäre. Ein sehr bedeutender Theil der gesammten Zinkproduktion konsumirt sich in unseren Tagen in den galvanischen Batterien der Telegraphenstationen, Werkstätten und Laboratorien verschiedener Art und opfert hier seine metallische Existenz zur Erzeugung galvanischer Ströme auf. Eine chemische Rolle spielt es im Hüttenwesen bei der Entsilberung des Werkbleies, zur Bereitung von Zinkvitriol, Zinkchlorid, Wasserstoffgas u. s. w.

Abgesehen von dieser an anderer Stelle verhandelten Mission des Zinks datirt seine höhere technische Geltung erst seit dem Jahre 1805, wo die Engländer Hobson und Sylvester die besondere Eigenschaft desselben entdeckten, unter gewissen Temperaturgraden eine ihm früher gar nicht zugetraute Geschmeidigkeit zu besitzen. Vom Siedepunkte des Wassers aufwärts, von 100—150° C., am vollständigsten bei 120° C., verliert das Zink sein krystallinisch blätteriges Gefüge und erhält so viel Geschmeidigkeit, daß es sich hämmern, walzen und zu Draht ziehen läßt. Ist es solchergestalt gestreckt worden, so bleibt es auch nach dem Erkalten zähe und biegsam. In höherer Hitze gehen diese Eigenschaften wieder verloren, das Metall wird dann wieder so spröde, daß es unter dem Hammer in Stücke springt, ja sogar sich pulvern läßt.

Mit der nun erlangten Möglichkeit, das Zink in Platten auszuwalzen, fand die Verwendung des Metalls einen größern Spielraum, wie andererseits in noch höherm Maße dadurch, daß man die alte Fabrikationsweise des Messings verließ und das Kupfer direkt mit dem Zinkmetall verschmolz. Bis vor etwa 30 Jahren blieb es in der Hauptsache bei diesen beiden Arten der Verwendung, und selbst da noch hatte das Zinkblech um seine Existenz zu kämpfen. Es war noch nicht von der Beschaffenheit wie heute, brach meistens schon nach dem ersten Hin- und Herbiegen durch, und in dem Zinklande Schlesien selbst ging man nur zaghaft an seine Benutzung als Dachmaterial. Als erste und ziemlich häufige Benutzung des Metalls zu Bauzwecken sah man dort mit Blech beschlagene äußere Fensterstöcke. Die Zinkhütten hatten eben noch zu lernen, aber sie lernten auch und lieferten ihre Waare allmählich schöner und geschmeidiger. Das Zink zeigt, als Dachblech und sonst dem Wetter ausgesetzt, eine ungemeine Dauer; zwar bedeckt es sich bald mit einer festsitzenden grauen Oxydulschicht, aber diese dient gleich einem Firniß zum Schutz, und die weitere Zerstörung durch Oxydation und Fortführung des Oxyds durch das Wasser geht dann ungemein langsam von Statten. Eine Oxydschicht, die nur den zehntausendsten Theil eines Millimeters dick ist, braucht nach Pettenkofer's Versuchen nicht weniger als 27 Jahre, bis sie gänzlich vom Regen fortgeführt ist. Demnach müßte das Blech eines Daches, wenn auch nur $1/2$ Millimeter dick, doch die Dauer von Hunderten von Jahren besitzen. In England Frankreich und Belgien sind Zinkdächer häufig und haben sich bei heftigen Stürmen als sehr vortheilhaft bewährt. In Deutschland sind sie theils durch unrichtige Eindeckung, theils durch schlechte Arbeit Anfangs etwas in Mißkredit gekommen und noch jetzt nicht häufig. Um Zink mit Vortheil zur Dachdeckung zu benutzen, müssen die Bleche dergestalt auf der Fläche befestigt werden, daß sie sich bei Temperaturwechsel frei ausdehnen und zusammenziehen können. Es darf keines derselben direkt aufgenagelt oder aufgelöthet sein, vielmehr müssen sie mittels Haften niedergehalten werden, so daß die Bleche nach jeder Richtung hin Spielraum zum Ausdehnen finden, was durch das französische Leistensystem erreicht wird.

Man suchte aber nach weiteren Verwerthungen des Zinks; die Spekulation bemächtigte sich des Gegenstandes, und je nachdem sich ein neuer Absatzweg ins Ausland oder eine neue Benutzungsweise zu zeigen schien, gingen die Preise manchmal hoch hinauf, um vielleicht rasch wieder zu stürzen, wenn die Erwartungen sich nicht verwirklichten. Der Centnerpreis des Zinks schwankte zwischen 10 und 40 Mark, ja, er ging sogar bis 80 Mark hinauf. Die heutigen Preisschwankungen bewegen sich meist zwischen 18—24 Mark.

Die Benutzungsarten des Zinks, die sich nach und nach hinzu gefunden haben, sind jetzt ziemlich zahlreich geworden. Außer seiner Verwendung in galvanischen Batterien und zu einzelnen chemischen Präparaten ist es besonders als Zusatz zu anderen Metallen in Gebrauch, und es setzt neben Messing und Bronze auch verschiedene neue Legirungen mit zusammen, unter denen das Argentan die technisch wichtigste ist. In Plattenform braucht man es zum Zinkdruck, und viele Seeschiffe werden statt des Kupfers mit Zink beschlagen. Neuerdings stellt man auch viele zu großen Schiffen gehörige Boote ganz aus Zinkblech her. Zinkdraht, den man in allen Durchmessern herzustellen versteht, empfiehlt sich durch Wohlfeilheit, Rostfreiheit, leichte Löthbarkeit u. s. w. Ins häusliche Leben findet das Zink in Blechen durch den Klempner immer mehr Eingang als Material zu Dachrinnen und Fallrohren, als Beschlag von Fensterstöcken, zu Badewannen, Waschbecken u. dergl.; nur zur Aufbewahrung nasser Stoffe, die zu Speise und Trank dienen sollen, selbst zu Wassergefäßen taugt es wegen seiner leichten Löslichkeit nicht. Mit allen Säuren fast geht das Zink sehr leicht Verbindungen ein, die in Wasser löslich sind, und da sich in den Flüssigkeiten der Nahrungsmittel häufig Säuren finden oder bei Gegenwart eines Stoffes, wie das Zink ist, leicht bilden, so ist es natürlich für Küchenzwecke nur in beschränktem Maße geeignet. Mit Zinklösung verunreinigte Substanzen schmecken widerlich und erregen Ekel und Erbrechen.

Plattenzink dient ferner zu Firmen, Thürschildern und Pflanzensignaturen. Bei letzteren sind die Inschriften mit einer chemischen kupferhaltigen Tinte aufgetragen, bei ersteren vertieft eingearbeitet und mit einer schwarzen Masse ausgefüllt. Fast allgemein in Anwendung sind Zinkbleche als Zwischenlagen beim Satiniren von Papier u. dergl. mittels Walzwerken. Eisen-Blech und -Draht werden nicht selten verzinkt, um sie gegen Rost zu schützen.

Die jüngste und noch in zunehmender Ausdehnung begriffene Anwendung des Zinks ist die zu gegossenen Kunst- und Gebrauchsgegenständen, und endlich wird ein beträchtlicher und steigender Antheil des Metalls gleich nach seiner Ausbringung wieder in Oxyd verwandelt und als Zinkweiß in den Handel gebracht. Auf beide spezielle Fächer kommen wir später zurück und betrachten zunächst Vorkommen und Verhüttung der Zinkerze.

Diese verschiedenen Verwendungsarten haben denn die Zinkgewinnung wesentlich gefördert, so daß die Ausbeute 1875 bis auf folgende Zahlen gestiegen war:

Schlesien produzirte gegen	880,000 Centner.
Die rheinischen Gesellschaften	220,000 »
Die Vieille montagne	704,000 »
Die übrigen belgischen Gesellschaften	200,000 »
Spanien	30,000 »
England	250,000 »
Frankreich	10,000 »
Oesterreich-Ungarn	40,000 »
Polen	30,000 »
	2,364,000 Centner.

Das reine Zink hat die bekannte, etwas ins Grauliche oder Bläuliche spielende Farbe, auf frischen Flächen einen lebhaften Metallglanz und ein etwas krystallinisches blättriges Gefüge. Sein spezifisches Gewicht beträgt 7,15 bis 7,3, je nachdem es blos gegossen oder auch noch gewalzt und gehämmert worden ist. Härter als Silber ist es, aber weniger hart als Kupfer; mit der Feile läßt es sich nicht gut bearbeiten, da es sich in den Riefen derselben festsetzt; es ist spröde, schmilzt bei 412°, an der Luft entzündet es sich bei 500° und verbrennt mit heller grünlicher Flamme, bei 1040° verflüchtigt es sich und läßt sich unter Abschluß der atmosphärischen Luft destilliren. Im käuflichen Zustande ist es gewöhnlich mit etwas Eisen und Blei verunreinigt.

Gewinnung des Zinkes aus seinen Erzen. Das eigentliche Zinkerz ist der Galmei (Zinkspath, edler Galmei), der schon im Alterthume bekannt war und Kadmia genannt wurde. Er ist natürliches kohlensaures Zinkoxyd. Die bedeutendsten Lagerstätten von Galmei befinden sich einerseits in der Gegend von Aachen an der belgischen Grenze, anderseits in Oberschlesien und den angrenzenden polnischen Gegenden. Die Ausbeutung ist an beiden Oertlichkeiten eine sehr alte, und das große Bergwerk am Altenberg (Vieille montagne) bei Aachen ist wahrscheinlich schon zu den Römerzeiten betrieben worden. Die Société anonyme des mines et fonderies de Zinc de la Vieille montagne hat den Altenberg 1837 von den Erben des Herrn Moselmann übernommen, sie produzirt jährlich nahe an 800,000 Centner theils auf belgischem, theils auf deutschem Gebiete, wo sie die Gruben von Bensberg, Ueckerrath und Mayen besitzt. Die Zinkproduktion beschäftigt hier gegen 6000 Arbeiter. Andere, minder ansehnliche Lagerstätten finden sich bei Wiesloch in Baden, Stolberg bei Aachen, Brilon und Iserlohn in Westfalen, Raibl und Bleiberg in Kärnten u. s. w. Die Wieslocher Gruben sind alte Baue, aus denen man im 11. Jahrhundert den Bleiglanz brach, der zwischen dem Galmei eingeschichtet war, den letzteren aber unbeachtet ließ. England hat keinen Galmei, Frankreich wenig, dagegen Spanien sehr viel. Letzteres Land führt wegen Mangels an Brennstoff sogar Galmei in Menge aus, der auf englischen, belgischen und preußischen Hütten, selbst auf der Vieille montagne, zu Gute gemacht wird, welche Gesellschaft auch die schwedische Zinkausbeute von Ammelberge bei Askersund, die im Jahre 1866 an 12,000 Tonnen Erze betrug, verwerthet. Die natürlichen Vorräthe von Zinkerzen in Spanien sollen ganz enorm sein, und würde dies Land für den Zinkbau um so wichtiger werden, je mehr die anderen Gruben sich erschöpfen, wenn die politischen Verhältnisse diesem Lande überhaupt eine wirthschaftliche Entwicklung gestatteten. Im Jahre 1866 waren aus spanischen Gruben gegen 700,000 Centner Zinkerze gefördert worden. In Oberschlesien z. B. soll der Rückgang der Produktion schon jetzt beginnen, weil die Erze bester Qualität seltener werden. Alle von langer Zeit her betriebene Galmeigruben lieferten ihr Gut direkt in die meist nahebei entstandenen Messinghütten, um dort ohne Weiteres mit Kupfer verschmolzen zu werden. In neueren Zeiten, wo nur das metallische Zink, das leicht verführbar ist, zur Messingbereitung dient, binden sich die Messinghütten nicht mehr an die Nähe der Galmeigruben.

Der Name Galmei begreift noch eine andere Erzart, das Kieselzinkerz, die wegen ihrer schönen Krystallisation auch Zinkglas heißt; dieselbe kommt zuweilen selbständig,

Gewinnung des Zinkes aus seinen Erzen.

sonst aber fast überall als Begleiter des eigentlichen Galmei vor und führt bei den Hütten= leuten den Namen gewöhnlicher Galmei, während das kohlensaure Zinkoxyd als edler Galmei unterschieden wird. Das Kieselzinkerz besteht aus kieselsaurem Zinkoxyd mit Wasser und enthält gegen 53 Prozent Zink.

Von allgemeinerem Vorkommen als die Sauerstoffverbindungen des Zinks ist dessen Verbindung mit Schwefel, die Zinkblende. Sie mengt sich so zu sagen in Alles und ist darum meist ein sehr ungern gesehenes Erz. Als Rohstoff für die Zinkgewinnung hat sie zwar nicht die Geltung wie der Galmei, wird aber doch verwendet, und zwar in neuerer Zeit in größerem Maße als früher. Zinkblende findet sich in großen Mengen in England; die starke Zinkproduktion Englands rührt aber dennoch nicht aus diesem einheimischen Rohstoff her, sondern größtentheils aus Zufuhren fremden Galmeis von Spanien und anderen Ländern.

Fig. 66. Rösten der Zinkerze im Flammenofen.

Ihrer Konstitution nach erscheint die Blende zur Verhüttung sehr einladend, da sie aus 2 Theilen gediegenen Zinks und 1 Theil Schwefel besteht und auch sehr rein vorkommt; aber die Schwierigkeit, beide Elemente zu trennen, und die dazu nöthigen Röstprozesse stehen dem wieder erschwerend und vertheuernd gegenüber, und die Verhüttung von Schwefelzink galt deswegen lange nur als ein nebensächliches und gedrücktes Geschäft. Indeß hat man in neuerer Zeit Röstöfen erfunden, in welchen die Blende vollständig entschwefelt werden kann, und hiermit hat sich denn auch die Verhüttung derselben verallgemeinert, und man stürzt jetzt sogar alte Halden um und sucht die früher beim Bau auf andere Erze weg= geworfene Blende wieder heraus.

An die Zinkerze schließt sich als Rohmaterial für die Zinkgewinnung ein Abfallprodukt, der Ofenbruch, Gichtschwamm, jene Massen, welche beim Verhütten von Kupfer=, Blei=, Eisenerzen u. s. w. sich in den oberen Theilen des Ofens ansetzen und zeitweise ausgebrochen werden. Sie stammen von den Zinkerzen, die unter die des Kupfers u. s. w. von Natur eingemengt waren. In der Ofenhitze wird das Metall flüchtig; die Dämpfe (Ofenkadmium) oxydiren und schlagen sich an kalten Stellen in fester Form nieder.

Die Zinkerze werden meistens durch Bohren und Schießen, mürbere Sorten des Galmei durch Hauarbeit aus ihren Lagerstätten gelöst. Sie finden sich in den jüngeren Gebirgsschichten, vornehmlich im Kalk und Dolomit auf Gängen, Lagern, Stöcken und in einzelnen Nestern. Die eine große Grube am Altenberge bei Aachen ist sogar ein Tagbau; sie ist aber im Laufe von 5 Jahrhunderten fast ganz geleert, nachdem sie ein Quantum von vielleicht mehr als 20 Millionen Centner Galmei geliefert hat.

Die Zubereitung der Zinkerze für den Ofenprozeß beginnt, was den Galmei und das fast immer damit vermengte Kieselzinkerz anlangt, meistens mit einem Ablagern an der Luft, damit Erz und Gangart durch Auswittern trennbarer werden. Die besten Stücke werden durch einfache Handscheidung abgesondert, das Erzklein, das ein geringeres Material ist, gewöhnlich in Trommeln gewaschen, durch Setzarbeit separirt und die kleinsten Theile geschlämmt.

Fig. 67. Vorderansicht eines belgischen Zinkofens.

Der gewöhnlichste Begleiter des Galmei ist Eisen, manchmal in solcher Menge, daß das Zinkerz, statt weiß, grau oder roth erscheint. Je größer der Eisengehalt, um so schwieriger ist die Verhüttung des Erzes, da das Eisenoxyd die thönernen Destillationsgefäße angreift und mit deren Masse leicht schmelzbare Schlacken bildet. Der aufbereitete Galmei unterliegt also zunächst einem Brennen nach Art des Kalkbrennens, um ihm das Wasser und die Kohlensäure zu benehmen, wogegen die Zinkblende eine wirkliche und zwar langwierige Röstarbeit erfordert, damit der Schwefel entfernt und die Masse in Oxyd verwandelt werde, weil nur in dem Maße, als dies erreicht ist, dieselbe auf metallisches Zink benutzt werden kann. In beiden Fällen besteht also die Absicht, aus den Erzen zunächst Zinkoxyd darzustellen. Die nachfolgende Reduktion könnte, was den Galmei betrifft, zwar auch ohne diese Vorbereitung stattfinden, aber sie wird durch das vorgängige Verjagen der Kohlensäure und des Wassers bequemer und an Metall ausgiebiger. Auch wird der Kieselgalmei dabei aufgelockert, der aber trotzdem viel widerspenstiger gegen die Reduktion ist als der eigentliche Galmei. Das Rösten der Blende geschieht auf dem Herde eines Flammenofens, da nur wenige Zinkblenden die

Gewinnung des Zinkes aus seinen Erzen.

Eigenschaft haben, in Haufen selbst fortzubrennen, nachdem sie einmal entzündet worden. Die Blende muß zu diesem Zwecke vorher grob gepulvert, in Schlich verwandelt werden. Sie geht dann durch die oxydirende Wirkung der Feuerluft unter häufigem Umrühren langsam über in ein Gemenge von Zinkoxyd und schwefelsaurem Zinkoxyd, aus dem nun unter Steigerung der Temperatur bis zur starken Glühhitze die Schwefelsäure so vollständig wie möglich verjagt werden muß (s. Fig. 66).

Das somit gewonnene Zinkoxyd, gleich viel ob aus Galmei oder Blende, erfährt nun behufs der Zugutemachung in beiden Fällen dieselbe Behandlung im Destillirofen. Der in Stücken gebrannte Galmei muß nur noch vorher zerkleinert werden, nachdem die jetzt an ihrer Farbe erkennbaren eisenschüssigen Erzstücke und anderes Ungehörige durch Auslesen entfernt worden ist.

Fig. 68. Schlesischer Zinkofen älterer Konstruktion.

Zum Ausbringen des Zinks aus seinem Oxyd benutzt man, wie bei den übrigen Metallen, die reduzirende Wirkung der Kohle; der Gang der Arbeit ist aber hier insofern ein anderer, als das reduzirte Metall nicht direkt niederschmilzt, sondern in Dampfform abgetrieben (destillirt) wird und sich erst in einiger Entfernung zu tropfbarem Metall verdichtet. Der Grund hierfür liegt in dem Umstande, daß der Hitzegrad, bei welchem das Zink aus dem Oxyd reduzirt wird, weit höher liegt als der Schmelzpunkt des Metalls; es findet also gleich beim Freiwerden eine solche Hitze vor, daß es in Dampf verwandelt wird. Das Zink geräth bei einer Temperatur von etwa 400° C., also bei noch nicht voller Glühhitze, in Fluß. Bei angehender Weißglühhitze kommt der Fluß ins Sieden, das Metall geht in Dämpfen fort, die in einem Kanal fortgeleitet werden können, das heißt, wenn keine atmosphärische Luft mit den Zinkdämpfen in Berührung kommt; hat aber die Luft Zutritt, so verbrennen die Dämpfe mit blendend weißer Flamme zu Zinkoxyd, das in zarten, schneeweißen Flocken umherfliegt. Dieses ist das weiße Nichts oder die philosophische Wolle. Aus solchem Verhalten des Metalls gegen den Sauerstoff ergiebt sich natürlich die

Hauptregel, daß bei dem Ofenprozeß sowol der Luftzutritt abgehalten als alle Zuschläge vermieden werden müssen, welche Sauerstoff abgeben können, weil hierdurch die Reduktion vereitelt und das reduzirte Metall immer wieder oxydirt werden würde.

Die Destillation des Zinks geschieht nach der schlesischen Methode in folgender Weise: Der gebrannte Galmei wird, mit dem gleichen Volumen Koaksklein vermengt, in feuerfeste thönerne Muffeln gebracht, von denen eine in Fig. 70 abgebildet ist. Eine solche Muffel hat zwei Oeffnungen; durch die mit einer Platte verschlossene untere werden die Rückstände herausgenommen, durch die obere wird das Gemenge mittels Schaufeln eingetragen und dann die knieförmige Vorlage eingekittet. Die Oefen nahmen früher gewöhnlich nur zwei Reihen von 5—6 Muffeln auf, wie man bei bb (s. Fig. 69) sehen kann; in der Neuzeit erhielten sie aber 30, ja selbst 40 Muffeln und sind dann im Stande bis zu 4000 Pfund Erze täglich zu verarbeiten.

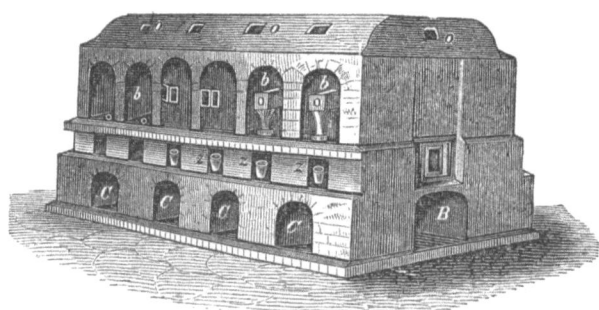

Fig. 69. Zinkofen.

Mitten über dem Raum B, der durch den ganzen Ofen geht, ist ein Rost, der mit Steinkohlen gefeuert wird, während der Rauch durch die Oeffnungen o o entweicht. Die knieförmige Röhre verbindet die obere Oeffnung der Muffeln mit den Tiegeln zz. Sind sämmtliche Muffeln gefüllt, so wird der Ofen (BC) gefeuert; jene kommen in Glut, dabei verflüchtigt sich das Zink, verdichtet sich in den Vorlagen und tröpfelt in die Gefäße bei z. Ist nach 24 Stunden die Destillation beendet, so trägt man sogleich eine zweite Füllung durch die am Kopfe der Vorlage befindliche, sonst mit einer Thonscheibe geschlossene Oeffnung, ebenso nach der Hand eine dritte; erst nach drei Destillationen wird die untere Platte der Muffel geöffnet und die Rückstände werden herausgeschafft. Diese bestehen aus Kieselsäure, aus dem Kieselgalmei zur Hälfte und mehr, Thonerde, Eisen und Manganoxydul, einigen Prozenten Zinkoxyd, zuweilen etwas Bleioxyd und Kohle. Springt während des Betriebs eine Muffel, so zeigt sie dies durch herausschlagende Flammen an, indem Zinkdämpfe herausbringen und sich an der Luft entzünden. Auch ohnedies fehlt es nicht an Oxydbildung; Oxyd und staubförmiges Metall setzt sich an der Mündung der Vorlage an, verstopft dieselbe zuweilen ganz und mischt sich auch dem abtropfenden Rohzink bei. Das Oxyd wird gesammelt und immer wieder mit verarbeitet, ausgenommen die ersten braungelb gefärbten Portionen, welche Kadmiumoxyd enthalten und auf dessen Gewinnung besonders verarbeitet werden. Wir kommen auf diesen interessanten Begleiter des Zinkes später noch besonders zu sprechen.

Fig. 70. Muffel zur Destillation des Zinks.

Bei der belgischen Methode der Zinkgewinnung geschieht die Reduktion nicht in Muffeln, sondern in cylindrischen, an dem hintern Ende geschlossenen Röhren von etwa 18 Centimeter Durchmesser im Lichten, welche vorn mit einer zweitheiligen konisch zulaufenden Ansatzröhre versehen sind, in der sich das herausdestillirte Zink ansammelt. Die eigentlichen Destillationsröhren liegen reihenweise über einander gebaut und etwas nach vorn geneigt in dem Ofen, wo sie von der Feuerluft umspielt werden. In England reduzirt man in Tiegeln, die im Boden eine Oeffnung haben, welche bei der Füllung mit einem Kork oder Holzpfropfen verschlossen wird; bei der Erhitzung verkohlt derselbe aber bald und gestattet den Zinkdämpfen den Ausgang in die angeschobenen Verdichtungsröhren, welche mit Wasser gekühlt werden, während der Deckel des Tiegels durch eine feuerfeste Thonplatte luftdicht geschlossen gehalten wird.

Das in vorbeschriebener Weise gewonnene Tropf= oder Rohzink wird nun in eisernen Tiegeln wieder eingeschmolzen, von Oxyd gereinigt und theils in Blöcken für Zwecke der Gießerei oder zur Messing= oder Zinkweißbereitung, theils in Form von Blechen in den Handel gebracht. 100 Centner gerösteter Galmei geben etwa 48 Centner Rohzink und diese wieder 41 Centner reines Metall, dazu 4 Centner aus den zu Gute gemachten Abgängen beim Umschmelzen, im Ganzen etwa 45 per 100. In 150 Centnern rohem Galmei, welche 100 Centnern gebranntem entsprechen, stecken aber 68 Centner Zink, daher sich ein Verlust von gegen 15 Prozent ergiebt, der theils schon beim Brennen, theils beim Destilliren ent= steht und entweder verflüchtigt und verstäubt oder in den Rückständen verblieben ist. Durch keine Methode der Zinkgewinnung läßt sich ein derartiger Verlust ganz verhüten.

Die Zugutemachung der Blende gehört erst der neueren Zeit an, in der man nach und nach durch Verbesserung der Ofenanlagen in den Stand gesetzt wurde, die Entschwefelung zu einer ziemlich vollständigen zu machen; man betreibt sie in England, Belgien und Deutschland, hier namentlich zu Stolberg bei Aachen, Linz am Rhein, Mühlheim an der Ruhr, Achenrain in Tirol, Davos in Graubünden und neuerdings noch an manchen anderen Oertlichkeiten; denn da, wie gesagt, die Schwierigkeiten der Ausbringung überwunden sind und Blendelager in viel größerer Verbreitung vorkommen als Galmeilager, so können sich jetzt Zinkhütten auch da etabliren, wo es früher nicht thunlich schien. Auch auf den Frei= berger Hütten wird Blende auf Zink verarbeitet und die abgetriebene schweflige Säure auf Schwefelsäure benutzt. Während man früher das schon erwähnte Röstverfahren dem eigentlichen Ausbringen stets vorangehen lassen mußte, hat man jetzt gelernt die Zinkblende auch direkt zu Gute zu machen, indem man zur Entschwefelung eine entsprechende Menge Eisenerz oder auch Roheisen der Beschickung, welche außerdem mit Kalk geschieht, zusetzt.

Das käufliche Zink hat stets noch Beimengungen bei sich, selbst die geschmeidigen Bleche, wie sie die Klempner verarbeiten. Am unschädlichsten erscheint Kadmium, das vormals besonders im schlesischen Zink bis zu 6 Prozent enthalten sein mochte, ohne daß dessen Dehnbarkeit merklich dadurch gelitten hätte. Jetzt, wo man den Stoff größtentheils besonders abscheidet und verwerthet, wird sich nur wenig und jedenfalls stets unter 1 Prozent darin auffinden lassen. Zu Zinkweiß bestimmtes Zink muß ganz frei davon sein, da das gelbe Kadmiumoxyd die rein weiße Farbe beeinträchtigen würde. Das kaum jemals fehlende Blei, in Staubform mit übergeführt, macht das Zink weicher, aber gleichzeitig mürber, weniger zäh; bei mehr als $1/2$ Prozent Blei wird das Metall zu mürbe und unter den Walzen rissig. Für Messing ist schon $1/4$ Prozent Blei im Zink nachtheilig. Eisen kommt gewöhnlich durch das Umschmelzen des Zinks in eisernen Kesseln und durch Ausgießen in dergleichen Blechformen mit ins Spiel. Kohlenstoff hat eine besondere Anhänglichkeit für das Zink, verändert aber seine physikalischen Eigenschaften anscheinend gar nicht. Störend wird er, wenn das Zink zu Erzeugung reinen Wasserstoffgases gebraucht werden soll, da er zum Theil vom Wasserstoff gelöst wird und so das Gas unrein und übelriechend macht. Dasselbe gilt von Arsen und Antimon, wovon kleine Mengen mit in das Metall kommen können, welche der Verflüchtigung beim Rösten der Blende entgangen sind. Das Zink kann auch verunreinigt werden durch sein eigenes Oxyd, wenn das Umschmelzen bei zu hoher Hitze erfolgt ist. Das Metall im Gemenge mit Oxyd heißt verbranntes Zink; es taugt weder zu Gußwaaren, da es sich nicht rein gießt, noch zu sonst einer Bearbeitung, nicht einmal gut zum Wiedereinschmelzen mit frischem Metall. Reiner von fremden Be= standtheilen erhält man das Zink schon, wenn man das Anfangs= und Endergebniß einer Destillation wegläßt und nur die mittlere Portion nimmt; sonst muß man das Metall be= hufs besonderer technischer oder chemischer Zwecke raffiniren. Dieses Raffiniren des Zinkes besteht in der Hauptsache darin, daß man das geschmolzene Metall zuerst durch Aus= gießen in kaltes Wasser granulirt, d. h. in Körner verwandelt, die man dann mit etwa $1/4$ ihres Gewichtes Salpeter mischt und in einem geschlossenen Tiegel schmilzt, oder auch das Metall daraus destilliren läßt. Der Kohlegehalt verbrennt hierbei, während Arsenik und andere fremde Metalle oxydiren und in der Schlacke bleiben.

Die Verarbeitung des Zinks zu Blech auf den Hütten geschieht in gewöhnlichen Walzwerken, nachdem das Metall vorher zu dünnen Platten von etwa 35 Centimeter Länge und 22 Centimeter Breite ausgegossen worden. Die besondere Rücksicht beim Zink ist, wie schon gesagt, die Beobachtung und Erhaltung der richtigen Walztemperatur, die zwischen 100 und 150 Grad liegt. Man hat deshalb einen Anwärmofen zur Hand, in welchen die Arbeitsstücke immer wieder gebracht und so weit, aber nicht weiter erhitzt werden, bis ein darauf gebrachter Wassertropfen zischt und siedet. Auch die Preßwalzen werden für die ganze Arbeitsdauer in einer Temperatur von 100 Grad erhalten, am einfachsten durch innere Dampfheizung. Für das Warmhalten der Bleche benutzt man statt des Ofens oder neben demselben auch eine siedend erhaltene Kochsalzlösung, in welche die Bleche eingelegt werden. Haben letztere eine gewisse Dünne erreicht, so geschieht das weitere Auswalzen packetweise.

Zinkguß. In neuerer Zeit hat das Zink eine erhöhte Bedeutung erlangt durch seine Verwendung als Gußmaterial. Das Zink gießt sich bei einer Temperatur, die nicht einmal die volle Glühhitze erreicht, ausgezeichnet; es giebt die Formen der Modelle unmittelbar in größter Schärfe und Feinheit wieder, so daß dieselben außer an den Löthfugen fast gar keiner Ueberarbeitung bedürfen. Aber das gegossene Zink zeigt die ganze dem Metall eigenthümliche Sprödigkeit, daher es zu Gegenständen, die Stöße und andere Anstrengung aushalten sollen, nicht gebraucht werden kann, und seine Anwendung sich auf Werke der Kunstbildnerei, Statuen, Gruppen u. s. w., ferner auf architektonische Verzierungen und kleine Gebrauchsgegenstände, wie Leuchter u. dergl., beschränkt. In den großen Industrieausstellungen der letzten zehn Jahre zeigte sich der Kunstguß in Zink bereits auf einer bedeutenden Stufe der Ausbildung. In Deutschland findet derselbe seine hauptsächlichste Pflege in Berlin und Wien, und die Wohlfeilheit der Herstellung von Zinkgüssen im Vergleich zur Bronze und selbst zum Eisen ist ein Moment, das denselben zur Empfehlung dient.

Der Zinkguß geschieht in Sandformen und unterscheidet sich in der Hauptsache nicht viel vom Eisenguß, ist aber viel leichter ausführbar, erstlich durch den niedrigen Schmelzpunkt des Metalls und dann durch dessen Löthbarkeit, welche gestattet, einzelne Theile für sich zu gießen und sie später zusammen zu löthen, was beim Eisenguß unthunlich ist. Während z. B. Figuren, Feuer- und Schreibzeuge, Leuchter und andere hohle Gegenstände von Eisen auf einmal mit dem Kerne gegossen werden müssen, kann man sie beim Zinkguß theilen, und so z. B. ein Säulenkapitäl aus vier gleichen Theilen zusammenlöthen, wodurch viel an Arbeit und Modell erspart wird. Flache Gegenstände, wie Thürfüllungen, Tisch- und Grabplatten, Geländer u. s. w., werden ganz wie beim Eisenguß hergestellt.

Ein Unterschied vom Eisenguß findet beim Zinkguß insofern statt, als bei letzterem fast niemals über Kern gegossen wird. Die starke Zusammenziehung des Metalls beim Erkalten verträgt den Kern nicht, der Guß würde über demselben zerreißen. Höchstens benutzt man einen Kern aus Sand, in dessen Mitte ein rundes Stück Holz u. s. w. mit eingeformt ist, das man gleich nach erfolgtem Gusse herauszieht. Der Kern bekommt dadurch eine Höhlung und kann vermöge dieser und der Natur des Sandes nun eher der Zusammenziehung des Metalls nachgeben. Oefter dagegen wendet man bei Hohlgüssen, so weit sie nicht aus Theilen zusammengesetzt sind, das beim Zinngießer und Gipsformer übliche Sturz- oder Dekantir- (Abschütte-) Verfahren an. Man füllt die Form völlig mit der Gußmasse und stürzt sie gleich darauf um; das noch Flüssige läuft aus, das an den Formwänden bereits Erstarrte giebt das hohle Gußstück. Je rascher das Dekantiren erfolgt, desto dünner wird die Gußwand, die man solchergestalt bis auf die Stärke einer Linie beschränken kann. Beim Gießen müssen die Formen heiß gemacht werden, damit die Erstarrung nicht allzurasch erfolge. Das Schmelzen des Zinks geschieht in Graphittiegeln, die Oefen gleichen denen der Gelbgießer, das Löthen erfolgt wie bei den Flaschnern mit Zinn und Blei.

Durch Zinkguß werden vielerlei Bauornamente, oft ganze Gesimse hergestellt; so ist z. B. das Hauptgesims der Berliner Universität, welches 1 Meter Ausladung hat, aus Zinkguß. Fast sämmtliche Fontaine-Aufsätze in den Gärten zu Potsdam bestehen aus demselben Material, unter Anderem ist die Froschgruppe von Kahle meisterhaft und in großen Dimensionen ausgeführt, und der Adler auf dem Berliner Schlosse mit 9 Meter Flügelspannung ist ebenfalls aus Zinkguß hergestellt und kostet nur 3000 Mark. Auch zu militärischen Zwecken hat das Zink neuerdings Verwendung gefunden, so zum Guß von Kartätschen=Kugeln, als Mantel von Granaten u. a.

Statuen, Monumente u. s. w. aus Zinkguß werden häufig der Haltbarkeit wegen mit einem Bronzeüberzug versehen. Sie konserviren sich zwar auch von selbst sehr gut, indem sie sich mit einer Oxydschicht überziehen, welche dem auflösenden Einfluß der Atmosphärilien ein schützendes Halt gebietet, allein die graue Farbe derselben ist so wenig gefällig, daß man gern eine andere Oberfläche vorzieht. Man überzieht Zinkgegenstände auch mit Oel= oder Firnißfarben, statuarische Werke häufig mit Weiß, um ihnen Marmorähnlichkeit zu geben. Im Allgemeinen passen aber solche Anstriche schlecht hierher, denn so fest dieselben auf Eisen haften, so unvollkommen auf Zink; es scheint eine chemische Wirkung zwischen Oel und Metall stattzufinden, in deren Folge der Anstrich gewöhnlich tausendfache Sprünge bekommt und abblättert. Man sucht sich dagegen durch vor= heriges Präpariren des Metalls mit Säuren u. s. w. oder durch einen schwachen galvanischen Ueberzug zu helfen. Künstler sehen aber keinerlei Anstrich gern, da er die feinen Umrißlinien beeinträchtigt. Könnte man durch irgend ein chemi= sches Mittel das Metall selbst dazu disponiren, daß es sich oberfläch= lich in eine Schicht des weißen, echten Oxyds verwandelte, so wäre — vorausgesetzt, daß die Löthfugen dieselbe Farbe annäh= men und daß die erzeugte Schicht sich dauernd und dicht erhielte — etwas sehr Angenehmes erreicht. Darauf zielte auch eine der Preis= aufgaben des Berliner Vereins zur Beförderung des Gewerbfleißes für das Jahr 1862 ab, die aber

Fig. 71. Pendule aus Zinkbronze aus der Ausstellung von 1867.

ihrer Lösung noch immer entgegensieht. Die schon erwähnten bronzirten Gußwaaren, zum Unterschied von echter Bronze Zinkbronze genannt, haben namentlich in Paris einen hohen Grad der Vollendung erhalten und glänzen in den Läden, vom Nichtkenner unerkannt, neben der echten Bronze, welche freilich für das feiner empfindende Auge den Vorzug der vornehmen Farbe voraus hat und ihres kostbareren Wesens wegen in Bezug auf Be= arbeitung einer höheren Rücksichtnahme sich erfreut. Aber für viele Geräthe des täglichen Lebens, die ihres massenhaften Verbrauches wegen sonst aus viel unvollkommneren Ma= terialien hergestellt werden würden, ist das Zink ein ausgezeichneter Stoff, der selbst höheren Ansprüchen genügen kann. Als Surrogat für die echte Bronze wird das Zink namentlich für Pendulen, Armleuchter, Nippes, Statuetten u. s. w. verwendet, und wir bilden in Fig. 71 einen von den Tausenden von geschmackvollen Gegenständen ab, welche auf der Pariser Welt= ausstellung von 1867 dem Zinkguß viele Liebhaber zuführten, und die Wiener Ausstellung von 1873 zeigte, daß auch in Deutschland seine Pflege eine sehr erfolgreiche geworden war.

Zinkweiß. Ein großer Theil des gewonnenen Zinks wird gegenwärtig wieder verbrannt, um es im Zustande des Oxyds, als Zinkweiß, zu benutzen, und da dieses ebenfalls ein Hüttenprodukt ist, so mag dasselbe gleich hier mit abgehandelt werden.

Das Zinkoxyd diente als „weißes Nichts" lange nur zu medizinischen Zwecken; obwol schon in vorigem Jahrhunderte französische und deutsche technische Chemiker vorschlugen, dasselbe als Vertreter des so schädlichen Bleiweißes zu benutzen, so kam es doch vor der Hand nicht dazu, hauptsächlich wol, weil der Stoff noch zu theuer war. Erst dem Maler Leclaire in Paris, der durch die vielen Erkrankungen in den Bleiweißfabriken bewogen wurde, sich mit dem Gegenstande ernstlich zu beschäftigen, gelang es, dem Zinkweiß Geltung zu verschaffen und dasselbe in Menge so wohlfeil herzustellen, daß es mit Erfolg dem Bleiweiß Konkurrenz machen konnte. Die Gesellschaft der Vieille montagne griff die Sache bald in großartigem Maßstabe an, gründete große Fabriken in Belgien, Frankreich und Deutschland und trug viel zur Verbesserung der Darstellung des Stoffes und seiner ausgedehnteren Verwendung bei. Infolge dessen stieg denn auch die Fabrikation bald ins Ungeheure, so daß sich jetzt die rheinische, belgische und schlesische Produktion nach Hunderttausenden von Centnern berechnet. Man sollte nun glauben, das Bleiweiß sei hiermit gänzlich aus dem Felde geschlagen, allein trotz Alledem haben weder die Fabrikation noch auch der Verbrauch des Bleiweißes auch nur im Geringsten abgenommen.

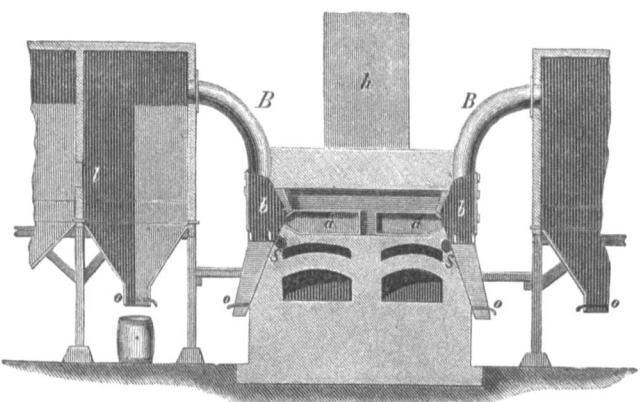

Fig. 72. Zinkweißofen, Durchschnitt.

Die Darstellung des Zinkweißes besteht aus dem Verbrennen der metallischen Zinkdämpfe zu Oxyd, wie solche schon oben erwähnt wurde, nur daß hier das Experiment nicht an freier Luft, sondern in einem geschlossenen Raume vorgenommen wird, in welchem die dazu nöthige Luft eingeführt wird.

In Fig. 72 ist die Durchschnitts- und in Fig. 73 die äußere Ansicht eines hierzu dienlichen, auf acht Retorten eingerichteten Ofens abgebildet. Wir haben hier in der Mitte zwischen zwei Reihen Auffangekammern einen Ofen, in welchem zwei Reihen thönerne Retorten zu je vier mit den Mündungen nach auswärts liegen (aa der ersten Abbildung). Vor jeder Mündung befindet sich ein Vorraum mit einer Thüre, welche nur für den Moment geöffnet wird, wenn frisches Zink in die Retorte zu schieben ist. Aus diesem Raume geht ein weites Rohr nach oben, welches das Verbrennungsprodukt, die Zinkblumen, in die erste Kondensationskammer führt. Eine ähnliche rohrartige Verlängerung führt abwärts und schließt mit einem Schieber; sie dient zum Auffangen derjenigen Theilchen, welche nicht dem Zuge nach oben folgen, sondern herabfallen. In dem Raume vor der Retortenmündung hat die Verbrennung zu erfolgen. Die hierzu nöthige Luft gelangt durch Kanäle dahin, die so gelegt sind, daß das Feuer sie mit heizt, also die Luft mit einem gewissen Hitzegrade in den Brennraum gelangt. Eine Eintrittsöffnung für diese Luft befindet sich unmittelbar unter jeder der Retortenmündungen.

Denken wir uns nun den Ofen bereits angefeuert, die Retorten glühend, so ist die Führung der Arbeit eine sehr einfache; man schiebt in jede Retorte eine oder zwei Tafeln oder einen Block Zink und wiederholt dies so oft als nöthig. Das Metall kommt in den Retorten bald zum Schmelzen und Sieden, die Dämpfe dringen aus der Mündung, finden hier heiße Luft und verbrennen demzufolge zu Oxyd. Vermöge des durch das ganze System herrschenden Zuges gelangen die flockigen Massen in die erste Kondensationskammer, welche der Hitze halber von Eisen ist; die folgenden sind von Holz oder von grobem Gewebe, das über Rahmen gespannt ist. In der ersten Kammer setzen sich die schwersten Theile ab, an den Wänden sowol als auf dem trichterförmigen Boden. Durch die anhaftenden Unreinigkeiten des Zinks sieht dieses erste Produkt mehr grau als weiß aus und wird entweder als billigere Waare verkauft oder nachträglich noch gereinigt. Was in der ersten Kammer nicht hängen bleibt, geht durch ein Loch in der Scheidewand in die nächstfolgende, und in derselben Weise weiter bis in die letzte, so daß in jeder folgenden sich feinere Waare absetzt. Alle Kammern sind so eingerichtet, daß sie von unten entleert werden können. Von den letzteren Kammern aus gehen, wie Abbildung 73 ersehen läßt, Luftkanäle GG, deren obere Einmündung mit einem Gazesieb versehen ist, nach abwärts und nehmen dann die Richtung in den Schornstein. Dieser wirkt durch seinen Zug ansaugend auf die Kanäle und durch diese auf die Kammern u. s. w. Im Schornstein liegt die Triebkraft der Cirkulation, nur muß er dazu hoch genug sein; wo dies nicht der Fall ist, muß eine besondere Vorrichtung, ein Ventilator u. dergl., die Dinge in gehörigem Athem erhalten.

Die Ausbeute aus den Kammern, die an sich verschiedene Sorten darstellt, wird meistens noch geschlämmt, wodurch noch mehr Sorten gewonnen werden, auch, da nöthig, mit chemischen Waschungen noch geschönt. Theilchen von Blei und Kadmium — Metalle, die das Zink in der Regel begleiten — machen nämlich die Waare gelblich, was durch Waschung mit schwacher Essig- oder Schwefelsäure oder mit einem kohlensauren Salz sich beseitigen läßt. Hiernach erscheint auch das Zinkweiß im Handel nicht in Form von Zinkblumen, sondern als mürbes Pulver, das beim Liegen ohne Luftabschluß selbst hart und grieslich werden kann, vielleicht infolge

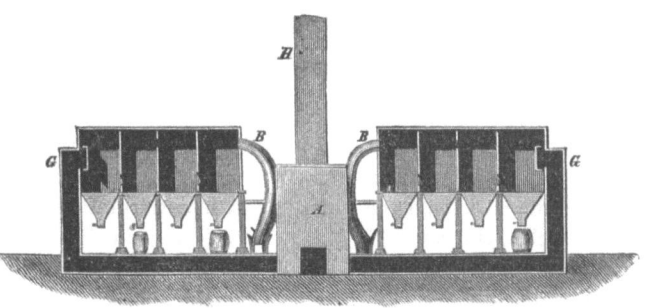

Fig. 73. Zinkweißofen, äußere Ansicht.

der Kohlensäure, welche das Pulver reichlich aus der Luft anzieht.

Was nun den Werth des Zinkweißes als Ersatzmittel von Bleiweiß anlangt, so hat die Erfahrung hierüber Folgendes festgestellt.

Außer daß das Zinkweiß von der Schädlichkeit der Bleipräparate nichts besitzt und sich mit Schwefelwasserstoff nicht im Geringsten schwärzt, kommt auch seine Anwendung nicht theurer als die von Bleiweiß, sondern eher wohlfeiler zu stehen. Allerdings kommt es an Deckkraft dem letzteren Farbstoff nicht gleich, und man braucht fünf Anstriche, um dasselbe zu erreichen, was drei Anstriche mit Bleiweiß bewirken; aber wegen seiner größern Leichtigkeit reicht man schließlich doch weiter damit als mit jenem, da 1 Kg. Zinkweiß dieselbe Fläche deckt wie 1¼ Kg. Bleiweiß, und zur Ausgleichung für die vermehrte Streicharbeit erspart man das so lästige Reiben. Die Zinkanstriche werden sehr hart, lassen eine schöne Politur zu und sind daher besonders für Lackarbeiten dem Bleiweiß unbedingt vorzuziehen. Neuere Waaren der Zinkhütten sind: Zinkgrau, ein wohlfeiles Anstreichemittel, ist ein fast lehmfarbenes Pulver, in Säuren wenig löslich, mehr erdiger als metallischer Natur und allem Anschein nach ein Kunstprodukt. Zinkstaub, der Verbrennung entgangenes und aus den Abgängen geschiedenes metallisches Zink in feinster Vertheilung. In dieser Form ist die Begier des Metalls nach Sauerstoff so verstärkt, daß der Staub als eines der stärksten Reduktionsmittel wirkt und in diesem Sinne zu chemischen und technischen Zwecken, z. B. in der Indigküpe, sowie besonders auch bei der Herstellung der Theerfarben Verwendung findet.

Von den zahlreichen Verwendungsarten, die das Zink sonst noch findet, als Zinkvitriol, als Chlorzink, als Hauptbestandtheil vieler Metallegierungen, wie des Messings, des Neusilbers u. s. w., sehen wir an dieser Stelle ab, wir werden an anderen Orten Gelegenheit finden, auf dieselben zurückzukommen.

Kadmium.

Unter den fremden Bestandtheilen der Zinkerze und des Zinks hatten wir das Kadmium mit aufzuführen. Es ist gewissermaßen der Bruder des Zinks und begleitet dieses sowol im Galmei als in der Blende. Am reichsten daran ist der schlesische Galmei; er enthält davon bis über 5 Prozent; an anderen Fundorten beträgt der Gehalt zwei, ein Prozent und weniger. Deshalb verlohnt sich auch besonders in jener Gegend die Zugutemachung und bringt den dortigen Zinkhütten einen annehmlichen Nebengewinn, da das Kilo Kadmium zur Zeit noch immer gegen 12 Mark kostet.

Das Kadmium wurde im Jahre 1818 fast gleichzeitig von Stromayer in Hannover und Hermann in Schönebeck entdeckt und als ein besonderes Metall erkannt. Hinsichtlich seiner Eigenschaften steht es zwischen Zinn und Zink; es ist zinkweiß, sehr dehn- und hämmerbar, stark glänzend, erblindet aber an der Luft und wird bleigrau. In den Handel kommt es gewöhnlich in dünnen, 20 Centimeter langen gegossenen Stangen.

Die Gewinnung des Metalls geschieht in den Zinkhütten wol ausschließlich auf dem Wege der Destillation, die Abscheidung auf nassem Wege erscheint umständlicher. Die trockene Gewinnung wird möglich durch den Umstand, daß das Metall schon bei einer Temperatur, bei welcher das Zink eben schmilzt, aber noch nicht dampfförmig wird, sich in Form braungelber Dämpfe verflüchtigt. Diese bilden also das Anfangsprodukt jeder Zinkdestillation, wenn sich überhaupt Kadmium in dem zu destillirenden Gemenge befindet; sie schlagen sich in Vermischung mit Zinkoxyd und Zinkstaub in der Vorlage als eine pulverige Masse nieder, die gesammelt und in Vermischung mit Kohle aus kleinen eisernen Retorten bei gelinder Hitze, um die Zinktheile hintanzuhalten, abdestillirt wird, wobei das Metall sich in blechernen Vorlagen tropfbar sammelt und erstarrt. Ist das Zink nicht als Oxyd, sondern als Metallstaub in der Masse, so führen die Kadmiumdämpfe viel Zink mit über und es werden dann zur gehörigen Trennung mehrere Destillationen nöthig.

Auf nassem Wege gewinnt man das Metall, wenn man jenes Destillat oder auch rohen Galmei in einer Säure löst und durch die noch saure Lösung Schwefelwasserstoff leitet. Hierbei wird kein Schwefelzink, sondern nur gelbes Schwefelkadmium gefällt, und eben dieser Niederschlag war es, der den Entdeckern die Existenz des neuen Metalles verrieth. Der gelbe Stoff wird für sich abgeschieden, sodann wieder mit starker Salzsäure zersetzt; man erhält eine Lösung von Chlorkadmium, aus welcher das Metall durch ein kohlensaures Alkali in Form von kohlensaurem Oxyd gefällt wird. Letzteres getrocknet und geglüht, giebt reines Oxyd, das schließlich in obenbezeichneter Weise in Vermischung mit Kohle der Destillation unterworfen wird. Die Gesammtproduktion an Kadmium beträgt pro Jahr nicht viel über höchstens 40 Centner, von denen Schlesien etwa 30 Centner erzeugt.

Schade, daß der hohe Preis des Kadmiums seiner Anwendung so enge Grenzen steckt. Dies Metall ist ein interessanter Stoff, dessen Eigenschaften, wie es scheint, noch nicht allseitig ermittelt sind. Mit Quecksilber in richtigem Verhältnisse zusammengeknetet, bildet das Kadmium einen sehr guten Zahnkitt, ein Amalgam, das sich weich in die Zahnhöhlung eindrücken läßt und darin sehr hart wird. Das Schwefelkadmium bildet eine ausgezeichnet schöne und haltbare gelbe Farbe, die bei den Oelmalern als Brillantgelb (jaune brillant) sehr beliebt ist; man befestigt es auch auf Seide und benutzt es seit Kurzem, um Toiletteseifen einen schön gelben Ton zu geben — sogenannte Honigseifen. Das Pulver wird dabei mit Oel angerieben und einfach in die warme Seifenmasse eingerührt. Für die Bereitung des Schwefelkadmiums als Malerfarbe muß man sich an das reine

Metall halten, das man in einer Säure auflöst und durch Schwefelwasserstoff ausfällt. Alle anderen Beimengungen verringern die Schönheit der Farbe; denn die meisten der Schwefelmetalle, welche durch Schwefelwasserstoff niedergeschlagen werden, haben intensiv schwarze oder braune Färbung und machen selbst in geringen Spuren ihre Gegenwart schon unangenehm dadurch bemerklich. Das reine schwefelsaure Salz ist in den Apotheken erhältlich, da es als Augenheilmittel offizinell ist. Jod- und Bromkadmium sind bei den Photographen vor anderen Jod- und Bromverbindungen bevorzugt wegen ihrer Beständigkeit, ihrer leichten Löslichkeit in Alkohol und Aether und weil sie dem Kollodium keine Färbung ertheilen.

Die Kadmiumgewinnung bildet immer nur ein Nebengeschäft der Hütten, und es müssen dabei große Mengen von Abfällen und Gestiebe wiederholt der trocknen Destillation unter Zusatz von Kohle unterworfen werden, um von dem geringen Prozentgehalt einen Theil zu gewinnen. Dadurch, daß der Zinkstaub eine Waare geworden war, konnte mit den Abgängen bequemer geräumt werden und die Darstellung des Kadmiums ließ infolge dessen nach.

Ein neues technisches Interesse hat das Metall erst kürzlich durch sein Verhalten in Legirungen gefunden. Mit gewissen Metallen, namentlich mit Gold, Kupfer, Platin, liefert das Kadmium, obwol selbst sehr weich und dehnbar, nur harte und sehr spröde Legirungen, dehn- und hämmerbare dagegen mit Blei, Zinn und Silber. Seine besondere, neu entdeckte Eigenschaft aber besteht darin, daß es als Bestandtheil sogenannter leichtflüssiger Legirungen denselben einen solchen Grad leichter Schmelzbarkeit ertheilt, wie es früher nicht bekannt war. Es macht hierbei das Wismuth überflüssig, auf welches sich die bisher benutzten derartigen Kompositionen gründeten. So geben z. B. 8 Theile Wismuth mit 5 Theilen Blei und 3 Theilen Zinn eine Legirung, die bei $94\frac{1}{2}°$ C. schmilzt; 2 Theile Wismuth, 4 Theile Zinn und 1 Theil Blei schmelzen etwas unter $94°$; 5 Theile Wismuth mit 3 Theilen Blei und 2 Theilen Zinn bei $91,7°$ C. Durch Einführung des Kadmiums an Stelle des Wismuth lassen sich nun diese Schmelzpunkte noch bedeutend weiter, auf $70°$ und selbst auf $63°$ herabsetzen, während eine solche Mischung nach dem Erkalten immer noch ein festes, biegsames, schmied- und feilbares Metall bildet. Es ist diese leichte Schmelzbarkeit eine Erscheinung, die bei Legirungen häufiger auftritt, aber noch keine genügende Erklärung hat finden können. Daß manchen Technikern, wie Galvanoplastikern, Graveuren u. s. w., eine solche das Siegellack in der Schmelzbarkeit noch übertreffende Metallmasse höchst erwünscht sein muß, unterliegt keinem Zweifel.

Kobalt, Nickel und die Neusilbertechnik.

Zwei nahe Verwandte und durch Gleichheit der Neigungen eng verbundene Freunde sind Kobalt und Nickel. Beide hatten, was sich auch in ihren Namen ausspricht, das Schicksal, erst lange verkannt zu werden; schließlich sind sie aber doch noch zu Geltung und Ansehen gelangt und haben sogar glänzende Carrièren in der Welt gemacht. Ihre Berufsarten jedoch haben sich ihrer inneren Begabung gemäß verschieden gestaltet: das eine wirkt mit Verleugnung seiner Metalleigenschaft im Fache der Farbenchemie, das andere hat in der Metallurgie eine wichtige und unbestrittene Stellung eingenommen. Von einem Kobaltmetall weiß nur die experimentirende Chemie Einiges zu sagen: es ist, sonst dem Nickelmetall ähnlich, wegen seiner sehr großen Strengflüssigkeit sehr schwer zu reduziren und verspricht bei seiner spröden Natur so wenig technischen Nutzen, daß nur selten eine Probe davon dargestellt wird. Das Nickelmetall dagegen ist nur in seinem gediegenen Zustande zu brauchen, es hat sogar sich zum Münzmetall aufgeschwungen, nachdem es vorher in einer viel verwandten Legirung, dem Neusilber, sehr werthvolle Eigenschaften gezeigt hatte. Bemerkenswerth ist das fast durchgängig gesellige Vorkommen von Kobalt und Nickel und ihr regelmäßiges Gebundensein an Arsenik und Schwefel; selbst wenn sie von diesen und anderen Begleitern durch Feuer und chemische Mittel getrennt sind, halten die beiden noch so fest zusammen, daß sie nicht ohne Schwierigkeit getrennt werden können.

In den Nickelerzen befindet sich mehr oder weniger Kobalt und umgekehrt, in manchen von beiden ziemlich gleich viel, weshalb auch die hüttenmännische Behandlung beider in der Hauptsache die nämliche ist. In den deutschen Namen Kobalt und Nickel, die in den Sprachen aller Industrievölker Aufnahme gefunden, haben wir unbezweifelt ein paar übellaunige Bergmannsbezeichnungen zu erkennen. Der Kobold war der neckende Berggeist, und nach ihm nannten die Bergleute auch alle Erze, die kein Metall hergaben und nach Arsenik und Schwefel rochen. Der Nickel ist noch heute bekannt als Bezeichnung einer widerwärtigen Persönlichkeit voller Mucken. Jetzt freilich haben beide Namen alles Anrüchige verloren, und ihre Träger sind geschätzte und gesuchte Leute geworden.

Das Kobalt kam früher zu Ansehen als sein mißliebiger Bruder, wenn auch, wie gesagt, nicht als Metall, das noch unentdeckt blieb, sondern infolge der Eigenschaft seines Oxydes, Glasflüssen eine schöne blaue Farbe zu ertheilen, was noch heute seine Hauptfunktion ist, entweder zur eigentlichen Glasfärbung, oder zur Erzeugung blauer Glasuren und Einbrennfarben, die ebenfalls zu den Glasflüssen gehören. Broquiart hat in schönen dunkelblauen Gläsern altägyptischen Ursprungs Kobaltoxyd als färbenden Bestandtheil nachgewiesen, und in Pompeji sind zahlreiche Bruchstücke sowol, als ganz erhaltene Gefäße ausgegraben, welche die charakteristische Kobaltfärbung zeigen. Man hat also jedenfalls die Kobalterze schon damals zu unterscheiden und für gewisse technische Zwecke zu verwenden gewußt, und einmal erkannt, mußte eine so effektvolle Farbekraft sich auch in unausgesetzter Benutzung erhalten. Wir sehen in der That sowol in den byzantinischen Emails, als in den Töpferwaaren der Araber und Perser, deren Ursprung weit in die ersten Jahrhunderte unserer Zeitrechnung zurückgeht, das Kobalt als blaufärbenden Stoff in ausgedehnter Anwendung, und ebenso sind die ältesten chinesischen Porzellane damit bekorirt, so daß man also nicht von einer ersten Entdeckung dieses Farbemittels im 16. Jahrhunderte reden darf, wie dies bisweilen geschieht.

Um 1550 nämlich soll durch Zufall von einem erzgebirgischen Glasmacher Christoph Schürer, indem er von den dort herumliegenden Kobalterzen etwas in einen Hafen schmelzenden Glases warf, um zu sehen, was daraus werden würde, das Kobaltblau erfunden worden sein. Es ist vielmehr diese Erzählung, wenn sie überhaupt wahr ist, blos auf die aus dem blauen Glase dargestellte Farbe zu beziehen, welche damals wol zuerst in dieser Gestalt erzeugt worden sein mag. Schürer soll das Geheimniß seiner Entdeckung an die Engländer verkauft haben, welche nun Blaufarbenwerke anlegten und die Erze dazu aus Sachsen kommen ließen. Bald darauf entstanden auch in Böhmen solche Anstalten; aber englische wie böhmische gingen ein, als Kurfürst Johann Georg I. die Ausfuhr der Kobalterze aus Sachsen verbot und selbst Blaufarbenwerke, welche jetzt noch bei Schneeberg bestehen, anlegte. Von Sachsen kam nun lange Zeit hindurch alles Kobaltblau, und die Darstellungsweise wurde hier als Fabrikgeheimniß streng gehütet. Die Holländer betheiligten sich an dem Geschäft in so weit, daß sie sächsisches Blau bezogen, noch weiter verfeinerten und unter besonderem Namen wieder vertrieben. Erst im Jahre 1733 wurde die Hauptgrundlage der Kobalterze von dem schwedischen Chemiker Brandt als ein besonderes Metall erkannt und damit die Wissenschaft um eine Thatsache bereichert, aus welcher jedoch die Technik, wie gesagt, noch nichts zu machen gewußt hat.

Kobalterze und ihre Verarbeitung. Die hauptsächlichsten Kobalterze sind: Arsenkobalt (Speiskobalt), die in seinem Namen angegebenen Bestandtheile enthaltend, worunter das Kobalt zum Theil durch Nickel und Eisen vertreten ist. Dies wichtigste Kobalterz Sachsens kommt hauptsächlich bei Schneeberg und Annaberg mit Silber-, Wismuth- und Kupfererzen vor, ferner bei Joachimsthal in Böhmen, Saalfeld in Thüringen, Riechelsdorf in Hessen, im Nassauischen, in Steiermark, Spanien, England, Nordamerika; Glanzkobalt (Verbindung von Arsen- und Schwefelkobalt), gegen 35 Prozent Kobalt enthaltend, findet sich hauptsächlich in Schweden (Tunaberg), Norwegen, auch in Cornwall; schwarzer Erdkobalt, in der Hauptsache ein Gemenge von Mangan- und Kobaltoxyd mit einigen dreißig Prozent Kobalt; ferner als Zersetzungsprodukt von Arsenikkobalt: Kobaltblüte, ein arseniksaures Kobaltoxyd. Von diesen Erzen sind Glanzkobalt und Speiskobalt die häufigsten und am meisten zur Verarbeitung kommenden.

Die erste Behandlung der Erze, nachdem sie durch Aussuchen, Pochen, Schlämmen u. s. w. möglichst von taubem Gestein und anderen Erzen getrennt sind, was aber nicht in vollständiger Weise thunlich ist, bildet stets ein umsichtiger Röstprozeß, denn es muß vor allen Dingen das Arsenik, beim Glanzkobalt Arsenik und Schwefel, ausgetrieben werden. Beide entweichen in Form saurer Dämpfe; der Arsendampf (arsenige Säure) wird in besondere Kammern (Giftthürme) geleitet, um sich da in Form eines weißen Staubes (das bekannte, höchst gefährliche Giftmehl) abzusetzen. Gifthütten nennt daher das Volk mit Recht alle Arsenikerze verarbeitenden Werke. Das massenhaft abfallende Arsenikmehl wird übrigens zum größeren Theile immer wieder gebraucht als Zusatz bei Beschickung der Smalteglashütten und dient hier, wie wir nachher sehen werden, als ein nothwendiges Reinigungs- und Trennungsmittel.

Das durch Rösten erhaltene Produkt würde, wenn es reine Kobalterze gäbe, der blaufärbende Stoff, das Kobaltoxyd, in reinster Beschaffenheit sein und derselbe würde ohne Weiteres zur Bereitung eines vorzüglichen blauen Glases dienen können. Wie aber die Natur die Erze von sehr verschiedenem Gehalt und stets sehr gemischt liefert, so ist auch das Röstprodukt ein Gemisch von Oxyden und Salzen und enthält neben dem Kobaltoxyd oder Oxydul nach Umständen Nickel, Kupfer, Eisen, Wismuth, theils oxydirt, theils als schwefel- und arsensaure Salze, nebst unzersetzten Arsen- und Schwefelmetallen. Daß man mit dieser unreinen Masse dennoch gute, reinfertige Smalte erzeugen kann, ist durch die bald zu erklärende Wirkung des Arseniks und des Schwefels ermöglicht. Man sorgt demnach auch dafür, daß beide aus der Röstmasse nicht völlig entfernt werden, und setzt der Sicherheit wegen der nachherigen Schmelzmasse wieder Arsenik zu. Würde die Röstung zu weit getrieben, was der Hüttenmann todtrösten nennt, so bekäme man alle in der Mischung vorhandenen fremden Metalle ebenfalls in Form von Oxyden, die, einem Glasflusse zugesetzt, die reine blaue Farbe, welche das Kobaltoxyd für sich hervorbringt, jedes in seiner Art, benachtheiligen würden. Am unliebsamsten wirkt hierbei das in anderer Hinsicht so werthvolle Nickel, welches das Blau in ein ungefälliges Violet zu verwandeln strebt; am wenigsten schädlich ist das Eisen, das man demnach bei den geringeren Blaufarbensorten nicht so sehr fürchtet.

Die Blaufarbenwerke liefern dreierlei Fabrikate: **Oxyd, Zaffer und Smalte**. Die gerösteten Kobalterze bilden nach vorstehend Gesagtem bereits das unreine Kobaltoxyd; um es in reinem Zustande zu erhalten, müßte man die Masse in Säuren lösen und die einzelnen Bestandtheile durch chemische Mittel, wie sie unten beim Nickel näher angedeutet sind, trennen und reinigen. Dies geschieht auf den sächsischen Blaufarbenwerken nicht, oder nur für ganz besondere Zwecke, im Allgemeinen benutzt man zur Darstellung des Kobaltoxydes die bei der Blaufarbenbereitung abfallende Nickelspeise, welche immer noch einen Gehalt an Kobalt besitzt, der bei der Weiterverarbeitung der Speise auf Nickel in Form von Oxyd gewonnen wird. Dieses Oxyd, ein unscheinbares braunschwarzes Pulver, ist nun die eigentliche Farbequelle in ihrer Reinheit; es ist der unersetzliche Blaustoff für Porzellan-, Glas- und Emailmaler u. s. w. und geht gewöhnlich erst durch die Hände der Laboranten, welche jenen Künstlern ihre sämmtlichen Farbensortimente, mit Fluß versetzt und in den verschiedensten Schattirungen liefern. Ist doch jeder Töpfer und selbst der Erzeuger geringen Steinguts, der blau bedruckten Teller und Tassen u. s. w., lediglich auf Kobaltblau angewiesen. Für solche niedere Zwecke dient freilich gleich das oben erwähnte Röstprodukt, welches mit allen darin steckenden Unreinheiten in verschiedenen Graden mit Quarzmehl vermischt wird, um dann nach Zusatz von Potasche gleich einen schmelzfähigen Blaufluß zu bilden. In dieser Vorbereitung heißt die Masse, die je nach ihrem Quarzgehalt ein helles oder dunkleres Blau giebt, Zaffer.

Das Hauptfabrikat bildet die **Smalte** in ihren verschiedenen Feinheitsgraden, Sorten und Nummern. Die Prozedur ihrer Bereitung ist in der Hauptsache eine Glasmacherarbeit, und die Smalte ist ein gepulvertes, durch Kobaltoxyd blau gefärbtes Glas. Wie bei diesem, so geschieht die Bereitung in einem gewölbten, mit mehreren Glashäfen besetzten und mit Arbeitsöffnungen versehenen Ofen. Die Beschickung der Häfen besteht aus einem Gemenge der gerösteten Erze mit Quarz, Potasche und Arsenikmehl, Alles fein gepulvert und innig vermischt. Bei der Zusammensetzung der Mischung ist natürlich der Kobalt der Erze maßgebend, und die Antheile der übrigen Stoffe haben sich hiernach zu richten. Ein jeder Hafen faßt etwa drei Centner Beschickung; zum Flüssigmachen und Läutern des Flusses sind etwa acht Stunden nöthig. Anfangs wird die Schmelze umgerührt, später nicht mehr, damit der Glasfluß sich reinigen, die sogenannte Speise zu Boden sinken und etwa entstehende Glasgalle sich an der Oberfläche sammeln kann.

Die chemischen Vorgänge bei dem Schmelzprozesse sind nun folgende: Potasche oder vielmehr das Kali der Potasche, indem die Kohlensäure fortgeht, bildet mit dem Quarz im feurigen Flusse Glas; das gegenwärtige Kobaltoxyd geht als Oxydul sehr bereitwillig in die Verbindung ein und färbt sie blau; andere Metalle, zunächst Eisen, würden denselben Verbindungsweg einschlagen, wenn nicht Arsenik und unter Umständen Schwefel eine Art Sicherheitspolizei bildeten. Arsenik oxydirt erstlich vorhandenes Eisenoxydul zu Oxyd, was der Glasmasse ziemlich unschädlich ist; Arsenik nimmt ferner das Nickel in Beschlag, verbindet sich mit ihm und hindert es, sich dem Glasfluß einzuverleiben; demselben Zuge näherer Verwandtschaft folgend, hängt sich der Schwefel dem gewöhnlich vorhandenen Kupfer an. Es entstehen somit verschiedene Arsenikverbindungen, welche sich vermöge ihrer Schwere am Boden der Glashäfen ansammeln und hier durch ein Loch, das für gewöhnlich mit einem Thonpfropfen geschlossen ist, abgelassen werden. Diese metallisch aussehende spröde Masse heißt nun die Nickelspeise, denn sie enthält den Nickelgehalt der verarbeiteten Erze, und nach Umständen einen sehr reichen, bis 50 Prozent und darüber betragend. Neben Arsenik und Schwefel findet sich in der Speise Kupfer und Eisen und etwas Kobalt. Ein etwa vorhandener Gehalt an Wismuth steckt ebenfalls in der Masse gediegen. Der Kobaltgehalt wird nachträglich bei der nassen chemischen Behandlung der Rückstände noch eingeholt; man ließ ihn absichtlich in die Speise kommen, weil, wenn die Glasschmelze so weit getrieben würde, daß aller Kobaltgehalt absorbirt wäre, dann auch Nickel u. s. w. mit eingehen und die Farbe verderben würde. Früher wurde die Speise als nutzlos auf die Halden gestürzt, ist aber dort längst sorgfältig aufgenommen worden und bildet jetzt den Hauptrohstoff für die Nickelgewinnung.

Hat sich der schöne, dunkelblaue Glasfluß im Hafen geläutert, so ist die Hauptsache gethan, und die folgende Behandlung der Masse besteht nur noch im Zerkleinern und sortirenden Schlämmen. Man schöpft die Masse mit Kellen aus den Häfen, gießt sie in kaltes Wasser aus und besorgt sogleich einen neuen Einsatz. Durch das kalte Wasser schrickt die Glasmasse ab und wird zerbrechlicher. Man zerkleinert sie durch Pochen oder Zerquetschen zwischen Walzen und dann weiter unter Beigabe von Wasser durch Zermahlen zwischen granitnen Mühlsteinen. Den erhaltenen feinen Schlamm sortirt man durch Zusammenmischen mit vielem Wasser, aus welchem sich zuerst das Gröbste, Streublau, dann in einem zweiten Faß, in welches die Trübe sogleich weiter geschafft wird, die eigentliche Farbe, Couleur, absetzt; ein dritter Niederschlag im nächsten Faß giebt eine hellere Farbe, den Eschel, und dann gelangt die Flüssigkeit, wie alle anderen, welche bei nachmaligem Auswaschen der Sorten abfallen, in ein großes Reservoir, wo sich die letzten trübenden Theile sehr langsam absetzen. Sie bilden den Sumpfeschel, der entweder als geringstes und hellstes Blau verkauft oder wieder mit zum Glassatz geschlagen wird. Streublau verkauft sich zum Theil als blauer Streusand, zum größten Theil gelangt es wieder auf die Mühle zu weiterer Zerkleinerung.

Die Erscheinung, daß das Kobaltblau, obwol aus einem gepulverten Glasfluß bestehend, sich doch nicht scharf, sondern mild und mehlartig anfühlt, erklärt sich daraus, daß von den glasbildenden Stoffen Kiesel und Kali das letztere in größerem Antheile darin vorhanden ist, als zu hartem Glase gehören würde; der an sich farblose Träger des Blau bildet daher ein sogenanntes Wasserglas, welches den Glastheilchen gleichsam eine Schlichte ertheilt und auch die Erscheinung erklärt, daß die Smalte durch bloße Behandlung mit Wasser in ihrer Farbennuance noch etwas geändert wird.

Die Smalte hat außer ihrem reinen schönen Blau auch den Vorzug einer Dauerhaftigkeit, wie sie sonst wenig Farben besitzen, denn nur die wenigen chemischen Mittel, welche Glas angreifen, zerstören auch die Smalte. Sie dient deshalb vorzüglich zu Fresco= und Zimmermalerei, zu Anstrichen für dem Wetter ausgesetzte Gegenstände, z. B. Firmenschilder, und verbindet sich ihrer verwandten Natur halber sehr gut mit Wasserglas. Als Einbrennfarbe kann sie, wie sich denken läßt, ebenfalls gebraucht werden, doch hält man sich hierbei für feinere Arbeiten lieber an das reine Oxyd; für gröbere, wie Töpferglasuren u. s. w., an den Zaffer. Außerdem dient das Kobaltblau zum Bläuen von Papier und Wäsche, beim Zurichten von Batist, feinem Nähgarn u. s. w. Das jetzt so massenhaft fabrizirte künstliche Ultramarin, das so schön und wohlfeil ist, hat die Anwendung des Kobaltblau in manchen Zweigen sehr beschränkt; wo es indeß auf Widerstand gegen Licht, Wärme, Feuchtigkeit und allerlei Dünste ankommt, hält jenes mit dem Kobaltblau keinen Vergleich aus. In den Papierfabriken hat sich das Ultramarin festgesetzt, weil es sich gleichmäßiger in der Papiermasse vertheilen soll als die Smalte; im Bereich des häuslichen Verbrauches scheint sich Altes und Neues in die Arbeit getheilt zu haben.

Noch vor dem Auftreten des Ultramarin erhob sich für die sächsischen Blaufarbenwerke eine schwere Konkurrenz durch die in Schweden und Norwegen eröffneten Gruben; die dortigen Werke haben aber die Produkte der sächsischen an Schönheit nicht erreichen können, sie sind eingegangen und ihre Erzgruben werden für die sächsischen Blaufarbenwerke ausgebeutet. Kleinere Anstalten dieser Art giebt es noch zu Joachimsthal und Altsattel in Böhmen, in Rheinland, Westfalen, wo Siegen'sche Erze verarbeitet werden, und zu Schwarzenfels in Hessen. Auch England fabrizirt in neuerer Zeit Kobaltpräparate aus Erzen, die von alten Halden in Chili als Schiffsballast nach Europa kommen.

Das Kobalt, das bei aller Konkurrenz doch wenigstens das Bereich der blauen Schmelzfarben wol immer unbestritten behaupten wird, beschränkt sein Farbevermögen nicht auf Blau, sondern weist in verschiedenen chemischen Präparaten eine ganze Farbenskala auf, von Blau, Roth, Violet, Grün und Gelb. Hierauf gründen sich andere, zum Theil alte, zum Theil ganz neue farbentechnische Benutzungsweisen, die noch kurz erwähnt werden mögen. Kobaltultramarin, ein altes, noch in Sachsen fabrizirtes Präparat, eine schöne blaue Malerfarbe bildend, besteht aus Kobaltoxydul an Thonerde gebunden, hergestellt durch Tränkung von Thon mit der Lösung eines Kobaltsalzes, Trocknen und scharfes Glühen der Masse, schöner aber durch Versetzen jener Mischung mit einer solchen von Alaun, Eindampfen und mehrstündiges Glühen, bis die Säuren der beiden Salze verjagt sind. Sie war früher wichtig als Stellvertreterin des natürlichen, aus dem Lasurstein gewonnenen und sehr theuern Ultramarin. Nach demselben Muster bereitet man jetzt eine neue, schön himmelblaue, gut deckende und dauerhafte Oel= und Aquarellfarbe, Cörulein, bestehend aus Kobaltoxydul und Zinnoxyd mit einem starken Zusatz von Gips. Phosphorsaures Kobaltoxydul für sich bildet ein rothviolettes Präparat, das sich durch Erhitzen vielfach nuanciren läßt. Kobalt= und Zinnoxyd zusammen geglüht verbinden sich zu einer lange bekannten dunkelgrünen Masse, Rinman's Grün, die zu ihrer Dauerhaftigkeit und Unschädlichkeit nur mehr Feuer haben sollte, um eine tadellose grüne Farbe zu sein. Endlich existirt auch, wenigstens für das Laboratorium, ein Kobaltgelb, das salpetrigsaure Kobaltoxydkali, und eine sehr schöne, pfirsichblütfarbene Kobaltbronze.

Die königlich sächsischen Blaufarbenwerke führen ein sehr reichhaltiges Waarensortiment: 3 Sorten Zaffer à Centner 150, 129 und 90 Mark; 24 Eschel zum Bläuen von Papier, Weißzeug, Stärke, 174—24 Mark; 13 Couleur als feuerbeständige Schmelzfarben zu selben Preisen; 7 Ultramarin zu Oel= und Wasserfarben, zu Buntdruck und für künstliche Blumen, 33—5 Mark das Pfund; 9 Sorten Oxyde für Porzellan und Steingut, 18—4½ Mark das Pfund; 2 Blausand; ferner phosphorsaures und arsensaures Kobaltoxyd und Cölin (Cörulein) und 35 Sorten Kobaltgrün. Der Oxyde sind chemisch genommen zwei, Oxyd und Oxydul; im Zaffer sind beide gemischt enthalten.

Die genannten Werke produziren jetzt jährlich zwischen 6- und 7000 Centner Farbwaaren im Werthe von 750—780,000 Mark. Es werden sowol sächsische als aus fremden Ländern, namentlich aus Schweden, bezogene Erze verarbeitet.

Das Nickel. Im Nickel haben wir eines der in der Geschichte der Technik nicht seltenen Beispiele, daß ein als unbrauchbar und darum werthlos geachteter Stoff, durch die fortschreitende Wissenschaft besser erforscht, plötzlich einen Gebrauchswerth und zuweilen selbst eine hohe Bedeutung erlangt. Die wegwerfende bergmännische Bezeichnung Nickel galt, wie schon erwähnt, früher einem Erze, das dem Anschein nach ein reines Kupfererz sein mußte und doch trotz aller Bemühungen kein Kupfer hergab, vielmehr die Verhüttung der Kupfererze, unter die es sich mischte, nur erschwerte. Dies ist der heute noch aus alter Gewohnheit so genannte Kupfernickel, der aber eben kein Kupfer, sondern das jetzt so wohl gewürdigte Nickelmetall, gebunden an Arsenik, enthält. Sein wissenschaftlicher Name ist daher Arseniknickel. Als Nebenbestandtheile kann er Blei, Kupfer, Eisen, Wismuth u. s. w. führen. Kobalt enthält er fast beständig, und zwar als Vertreter des Nickel, dessen Gehalt dann um so viel weniger beträgt. Das Arseniknickel mit etwa 44 Prozent Nickelgehalt bildet das häufigste Vorkommniß und ist daher das hauptsächlichste Nickelerz; in geringeren Mengen, zum Theil in Gesellschaft von jenem, finden sich Nickelglanz, Nickelkies oder Haarkies (Verbindung von Schwefelnickel und Arseniknickel) mit 64 Prozen Nickel, und Nickelspießglanzerz (Verbindung von Schwefelnickel und Antimonnickel), das in reinster Form nur 26 Prozent Nickel enthält. Durch Zersetzung dieser Erze entsteht Nickelocker oder Nickelblüte (arseniksaures Nickeloxyd), meist nur als hellgrüner Ueberzug oder Anflug auf den Erzen, daher technisch unwichtig, jedoch als Erkennungszeichen der Erze von Werth. Die Nickelerze finden sich aber in der Regel nicht in so reiner Absonderung, um durch einen einfachen Prozeß verhüttet zu werden, sondern kommen meist vor im Gemenge mit anderen arsenik- und schwefelhaltigen Erzen, in denen dann das Nickel und das mit ihm auftretende Kobalt oft nur einen sehr kleinen Bestandtheil und gewisse andere Metalle die Hauptsache bilden, so daß letztere als Nebenprodukte gewonnen werden. Ja, es sind sogar diese Nebenprodukte, und nicht die reinen Erze, die Hauptquelle der Nickelproduktion. Das hauptsächlichste derselben bildet die Kobaltspeise, die auf Blaufarbenwerken bei der Smaltebereitung abfällt. Sie besteht im Wesentlichen aus Arseniknickel, in welchem ein Theil des Nickels durch Kobalt vertreten ist. Aehnliche Speisen, mit starkem Gehalt an Schwefelblei, fallen bei der Verhüttung mancher Bleierze ab, und auch aus Kupferschlacken und Kupferstein wird hier und da ein kleiner Nickelgehalt ausgezogen, da dessen hoher Preis manche Mühe recht gut lohnt.

Nickel gehört bis jetzt zu den ziemlich seltenen und schwierig zu gewinnenden, daher auch theuern Metallen. Im März 1864 ist jedoch in Piemont ein angeblich außerordentlich reiches Lager von Arseniknickel entdeckt und in Angriff genommen worden, und in Spanien soll es Nickelerze in Menge geben. Italien scheint sich auf den Verkauf seiner Erze beschränken zu wollen, die nach Belgien, Frankreich u. s. w. gehen.

Die bisherigen nickelgewinnenden Gegenden sind: Oberungarn, soll etwa 6000 Centner Nickelerze jährlich gewinnen; das Produkt kommt als Speise in den Handel. Metallisches Nickel kommt meistens aus Sachsen (Johanngeorgenstadt), Böhmen und Kurhessen. Salzburg und Steiermark (Schladming) liefern weniger; bedeutender dagegen ist in neuerer Zeit die Ausbeute in Nassau und Hessen (Dillenburg, Riechelsdorf, Bieber) aus nickelhaltigen Kupfer- und Schwefelkiesen. Kleine Nickelerträge fallen ferner aus dem mansfeldischen Kupferschiefer und den Bleierzen vom Rammelsberg im Harz, als Nebenprodukt; in England verarbeitet man die Rückstände bei der Chlorbereitung aus Braunstein auf Kobalt und Nickel. In den sächsischen Schmelzhütten zu Freiberg gewinnt man aus Blei- und Kupferstein als Nebenertrag $\frac{1}{2}$ Prozent Silber und $2\frac{1}{2}$ Prozent Kobalt und Nickel. Das eigentliche Kupfernickel findet oder fand sich wenigstens in den erzgebirgischen Gruben zu

Die Verarbeitung der Nickelerze.

Schneeberg, Annaberg, Gersdorf und Freiberg vielleicht noch am häufigsten; es hatte sich dort im Laufe der Zeit so angesammelt, daß zu Anfang dieses Jahrhunderts um die dortigen Schmelzhütten große Halden dieses verachteten Stoffes vorgestürzt lagen, welche ganz plötzlich Werth und Geltung bekamen. Das Meiste ging Anfangs, bis man es selbst brauchen lernte, nach England, wo sich in Birmingham zeitig die neue Industrie des Neusilbers einheimisch gemacht hatte.

Das metallische Nickel wurde erst 1751 von Cronstedt als besonderes Element entdeckt; Bergmann lehrte es bald darauf aus dem Kupfernickel rein darstellen, aber erst die neuere Zeit erhob es zu dem Range eines gesuchten Artikels, anfänglich nur zur Neusilberbereitung; neuerdings jedoch auch wegen seiner Verwendung als Münzmetall. Reduzirt man Nickeloxyd bei starker Weißglühhitze mit Kohle, so erhält man einen Metallkönig, der nur noch mit etwas Kohlenstoff verbunden ist. In diesem Zustande ist es weißgrau, von Ansehen dem Platin ähnlich; in völliger Reinheit ist es fast silberweiß. Es hat etwa die Härte des Eisens, läßt sich kalt und glühend in Platten strecken und zu Draht ziehen und nimmt dann eine sehnige Struktur an. Polirt zeigt es einen schönen, luftbeständigen Glanz. Seiner Strengflüssigkeit nach ist es nur mit dem Schmiedeisen zu vergleichen; auf der letzten Wiener Ausstellung waren gegossene Platten von reinem Nickelmetall zu sehen, die als Elektroden, zur Erzeugung des galvanischen Stromes, Verwendung finden sollen. Eine andere Analogie mit dem Eisen besitzt es in der Eigenschaft, vom Magnet angezogen und dann selbst anziehend zu werden. Es erscheint überhaupt als ein Freund und Begleiter des Eisens, sowol in Erzen als besonders auch in vielen Meteorsteinen, in denen sich gediegenes Nickel zuweilen ganz rein, meistens aber mit mehr oder weniger gediegenem Eisen legirt findet.

Das Nickel aus seinen Bererzungen in den metallischen Zustand oder auch nur in eine technisch verwendbare Form zu versetzen, erfordert viele und umständliche Arbeiten, so daß das Metall auch dann immer noch ein theures bleiben wird, selbst wenn neu erschlossene Lagerstätten die Erze in größerer Menge liefern würden.

Die **Verarbeitung der Nickelerze** liegt nur in ihrem ersten und rohesten Theile in den Händen des eigentlichen Hüttenmannes, dessen Hauptwerkzeug das Feuer ist; ihm ist es zunächst aber nicht um die Darstellung des Metalles selbst, sondern vielmehr um Gewinnung einer möglichst nickelreichen Speise oder eines Steines zu thun. Dann kommt in der Regel die nasse Chemie, die Laboratoriumsarbeit, welche die Speise je nach ihrer Beschaffenheit auch verschieden behandelt, um Nickel, Kobalt, Arsenik u. s. w. zu trennen und die in Oxydform gewonnenen Metalle nach Bedarf wieder in den regulinischen Zustand überzuführen. Hier sind vielerlei Methoden denkbar und in Anwendung, nicht selten als Fabrikgeheimniß ängstlich gehütet, daher sich hierüber nur das Hauptsächlichste anführen läßt.

Die Fälle, wo reines Kupfernickel zur Verhüttung gelangt, sind nicht häufig. Seine Behandlung, wie die aller übrigen arsenik- und schwefelhaltigen Erze, besteht in gründlichem, mitunter mehrmaligem Rösten und Niederschmelzen unter angemessenen Zuschlägen von Quarz, Lehm, Kalkspath u. s. w., um erst Rohstein und nach weiterer Röstarbeit sogenannten Konzentrationsstein zu gewinnen. Das Eisen geht beim Schmelzen in die Schlacke, zu deren Bildung eben die Zuschläge beigegeben werden. Es ist jedoch nicht immer möglich, dieses Metall auf solche Weise vollständig zu beseitigen, und muß man einen Rest davon, der sich auch in den Konzentrations- oder Raffinationsstein gern noch einschleicht, auf andere Weise entfernen. Das Arsenik wird durch das Rösten verjagt und in Form arseniger Säure (Giftmehl) in Kondensationskammern aufgefangen. Der Konzentrationsstein wird dann entweder weiter auf metallisches Nickel und Kupfer verarbeitet, oder man arbeitet darauf hin, die beiden Metalle zusammen in einer Legirung abzuscheiden, welche unter der Bedingung, daß sie möglichst arsenik- und eisenfrei ist, sogleich auf Neusilber verarbeitet wird, denn der Kupfergehalt ist hier begreiflicherweise nicht hinderlich, da ja ohnehin dieses Metall zugesetzt werden müßte. So wird z. B. im Nassauischen verfahren, wo ein sehr zusammengesetztes Erz zur Verarbeitung kommt, bestehend aus Quarz, Dolomit und Schwefelverbindungen von Eisen, Kupfer, Nickel, Kobalt und Wismuth.

Durch Röst-, Schmelz- und Reduktionsarbeiten wird das Unbrauchbare beseitigt und eine Legirung von durchschnittlich 3 Theilen Nickel und 5 Theilen Kupfer erhalten, welche ohne Weiteres zur Darstellung von Neusilber dient. Auf den Blaufarbenwerken werden Kobalt-Nickelerze in schon beschriebener Weise auf ihren Gehalt an Kobalt benutzt; das Nickel bleibt in der Speise, welche dann die Beschaffenheit eines natürlichen Nickelerzes mit wenig Kobaltgehalt hat und wie ein solches weiter bearbeitet wird.

Unter Speise versteht man sonach ein Hüttenprodukt, in welchem eines oder mehrere Metalle hauptsächlich an Arsenik gebunden sind. Denkt man sich an Stelle des Arseniks Schwefel, so heißt das Produkt Stein. Unter Umständen liefert ein und derselbe Schmelz-prozeß beides. Speise, Stein oder reiche Nickelerze, wo solche zu haben sind (Kupfernickel), bilden nun den Ausgangspunkt, wenn es sich darum handelt, das Nickel auf nassem Wege in seiner metallischen Gestalt herzustellen. Die Massen werden zunächst fein gepulvert und unter Zusatz von Kohle einer eindringlichen und andauernden Röstung (zwölf Stunden) im Flammenofen unterworfen. Der Zweck ist, den Schwefel und das Arsen zu verjagen und alle vorhandenen Metalle in den oxydirten Zustand überzuführen; doch gelingt das so vollständig nicht, wie man wünscht, da namentlich ein Antheil Arsen in Verbindung mit Nickel zurückbleibt. Das Röstgut wird dann, wenn es von Natur kein Silber enthält, oder dieses nicht schon vorher, wie bei der sächsischen Kobaltspeise, ausgezogen worden, in Salz-säure gelöst, und aus der Lösung werden die verschiedenen Metalle durch geeignete Reagentien ausgeschieden. Waren die Erze wismuthhaltig, so hat zunächst eine reichliche Verdünnung der Lösung mit Wasser stattzufinden, wobei sich das Metall als unlösliches basisches Chlor-metall (Wismuthweiß) ausscheidet. Die klar abgezogene Lösung wird mit etwas Chlorkalk versetzt, um das vorhandene Eisen in Oxyd und die arsenige Säure in Arsensäure zu ver-wandeln. Durch Zusatz von Kalkmilch werden dann beide Stoffe als arsensaures Eisen-oxyd gefällt. War der Eisengehalt nicht hinreichend zur Bindung alles Arseniks, so wurde derselbe vorher durch Zusatz von Eisenchlorid ergänzt. Mehr Kalk, als zum Fällen des Arseniks und Eisens gerade erforderlich, darf nicht angewandt werden, da sonst alsbald Kupfer und Nickel in den Niederschlag folgen würden. Das Kupfer wird vielmehr für sich durch Einleitung von Schwefelwasserstoffgas (statt dessen vielleicht auch durch Schwefel-barium oder Schwefelcalcium) in Form von Schwefelkupfer ausgefällt, so daß die abfiltrirte Flüssigkeit nun nichts weiter als Nickel und Kobalt enthält. Durch Kochen derselben mit Chlorkalk wird letzteres Metall in Superoxyd verwandelt, das sich niederschlägt und das Nickel allein in Lösung läßt. Durch Kalkmilch fällt man nunmehr auch dieses in Form von wasserhaltigem Oxydul, das, gewaschen, getrocknet und in Mischung von Kohlenpulver stark geglüht, das Nickelmetall als eine poröse Masse zurückläßt.

In Joachimsthal, wo der Hauptgehalt der reichen Erze Silber mit mehreren Prozenten Kobalt und Nickel ist, löst man dieselben nach der Röstung in verdünnter Schwefelsäure und vollendet die Lösung mit Salpetersäure. Die gewonnene Lauge versetzt man mit Kochsalz-lösung, welche den ganzen Silbergehalt als Chlorsilber niederschlägt, und verfährt mit dem Reste zur Reinigung und Trennung von Kobalt und Nickel ähnlich wie oben gesagt.

Ein von Wöhler angegebenes Verfahren, das den großen Vortheil einer gründ-licheren Entfernung des Arseniks gewährt, gründet sich, statt auf die Oxydirung, auf die Schwefelung der Metalle. Geröstete Speise oder Kupfernickel wird mit ihrem dreifachen Gewicht Schwefel und eben so viel Potasche in gelinder Glühhitze in Tiegeln zusammen-geschmolzen und dadurch werden alle Stoffe mit Schwefel gesättigt. Das Schwefelkalium (Schwefelleber) ist in Wasser löslich und das Schwefelarsenik ist es durch eine chemische Verbindung mit der Schwefelleber ebenfalls geworden. War also die Schmelzarbeit richtig geleitet, so wird man durch einfaches Auslaugen der erkalteten Schmelzmasse mit Wasser den ganzen Arsenikgehalt los und behält in Form schwärzlicher, metallisch glänzender Kry-stallnadeln Schwefelnickel, Schwefelkobalt und Schwefeleisen. Durch eine Mischung von Schwefel- und Salpetersäure lassen sich diese Schwefelmetalle auflösen und durch die an-gegebenen und andere chemische Mittel aus der Lösung fällen und trennen. In anderer

Weise schmilzt man auch die Nickelspeisen mit einem Gemenge von Potasche oder Soda und Salpeter, wobei durch Wasser ausziehbares schwefelsaures und arseniksaures Kali sich bilden und das Nickel nebst den übrigen Metallen als Oxyde zurückbleiben.

Es wird indeß das Gesagte hinreichen, um auf diesem chemischen Gebiete einige orientirende Gesichtspunkte zu gewinnen. Die Scheidekunst hat viele Behelfe, und es mögen sich viele der angeführten Methoden zum Theil anders gestalten; ja, es wird vielleicht kaum in zwei Anstalten völlig nach einem und demselben Rezept gearbeitet, denn einestheils ist die Natur der Erze, welche zur Verarbeitung gelangen, anderntheils ist das verkäufliche Produkt, auf welches hingearbeitet wird, den lokalen Umständen angemessen, verschieden und danach richtet sich selbstverständlich das Verfahren.

Das Nickelmetall kommt gegenwärtig hauptsächlich als Würfelnickel, d. h. in kleine Würfel geformt, in den Handel. Das auf chemischem Wege gefällte, gewaschene und fein gepulverte Oxyd wird nämlich mit etwas Mehlteig zusammen geknetet, die Masse ausgerollt und in Würfel geschnitten. Diese Stückchen setzt man nach völliger Austrocknung mit Kohlenpulver im Schmelztiegel ein und reduzirt das Metall bei starker Weißglühhitze. Es bleiben kleine Würfel zusammengesinterten Metalles zurück, die in einer Drehtonne mit Wasser von den Rauhigkeiten befreit und etwas polirt werden. Das Metall hat in dieser Form nicht seine reine weiße Naturfarbe, sondern sieht bräunlichgelb oder geblichgrau aus. Es enthält mehr oder weniger Kobalt, das dem Zwecke der Neusilberdarstellung nicht schadet, dann kleine Mengen von Kohle, Eisen, Schwefel, Arsenik und etwas reichlicher Kieselerde. Beim Auflösen eines Nickelwürfels in Salpetersäure erscheinen die Unreinheiten als nicht unbedeutender Bodensatz. Es ist demnach diese Waare immer noch ein unreines Produkt und überdies je nach den verschiedenen Bezugsquellen von sehr abweichender Zusammensetzung, was ebenso von dem käuflichen zusammengepreßten Nickelschwamm gilt, welcher durch Glühen von oxalsaurem Nickelsalz als metallischer Rückstand erhalten wird. Man kann es daher direkt zur Neusilberbereitung noch nicht, oder vielleicht nur zu den geringen Sorten benutzen. Die Neusilberfabriken müssen das käufliche Nickel noch einer läuternden Schmelzung unterwerfen. Dies ist bei der großen Strengflüssigkeit des Metalls eine schwierige und langwierige Arbeit, wozu ein sehr feuerfester Flammenofen gehört. Nach vielstündigem Feuern erweicht sich endlich die auf der geneigten Sohle des Ofens liegende Masse, und das reine Metall sammelt sich träge tropfend im Auffangtiegel zu einem schönen reinen Metallkönig an. In reinem Zustande hat das Nickel eine fast silberweiße Farbe und ein spezifisches Gewicht von 9. Es ist ziemlich hart, aber dabei dehnbar und läßt sich zu Draht und Blech ausarbeiten.

Das Nickelmetall an sich hat in neuerer Zeit Gönner gefunden, die seine Verwendungen zu vervielfältigen streben, und wie es scheint mit Glück. Namentlich hat sich eine Fabrik Montefiori, Levi & Comp. bei Lüttich große Mühe um die Ausbreitung der Nickeltechnik gegeben. Seine Benutzung zu Scheidemünzen datirt schon etwas länger zurück, hat aber in der Neuzeit durch den Vorgang des Deutschen Reiches einen großen Aufschwung genommen, welcher die Nachfolge anderer Staaten wol herbeiführen dürfte, wenn auch Belgien sich wieder den Bronzemünzen zuwenden sollte, wie es neueren Zeitungsnachrichten zufolge den Anschein hat. Ferner hat die Verwendung des Metalls zu Kunstarbeiten Aussicht auf Erfolg. Die Gegenstände haben einen Farbenton ähnlich dem beliebten oxydirten Silber und werden nicht schwarz. In Legirung mit Kupfer hat man es zu Lagerzapfen an Lokomotiven u. s. w. angewendet, die zwar eine große Dauer zeigen, ihrer sonstigen Eigenschaften wegen jedoch nicht zu empfehlen scheinen. Man hat gelernt, aus der Lösung von schwefelsaurem Nickelsalz das Metall durch den galvanischen Strom niederzuschlagen, und braucht dies nicht allein zum Vernickeln von Holzschnitten, metallnen Druckplatten und überhaupt in der Galvanoplastik zur Erzeugung silberähnlicher Niederschläge, sondern selbst zur Darstellung abnehmbarer Bleche zu weiterer Verarbeitung.

Die Gesammtproduktion an Nickel dürfte sich auf etwa 20,000 Centner jährlich belaufen. Daran partizipiren:

Das Deutsche Reich . . mit	9500	Centner.
Oesterreich . . . . . »	2000	»
Belgien . . . . . . »	380	»
Frankreich . . . . . »	400	»
Schweden und Norwegen »	1400	»
Brasilien . . . . . »	2000	»
Nordamerika . . . . »	3500	»

Der Preis des Nickelmetalles war früher, wo dasselbe fast nur zu Luxusgegenständen Verwendung fand, ein sehr schwankender, je nach der Beliebtheit, deren sich zeitweilig die Neusilberwaaren erfreuten; durch die Verallgemeinerung der Technik sind diese Verhältnisse etwas nivellirt worden, doch finden immerhin noch ziemliche Schwankungen statt. So stieg, als das Deutsche Reich sein jetziges Münzsystem beschlossen hatte, der Preis per Kilogramm von 12 Mark auf mehr als 30 Mark. Für die Jahre 1874—1879 war das Verbrauchsquantum der deutschen Reichsregierung zu 15,000 Centner angegeben; indessen ist ein solcher Bedarf nur ein einmaliger, da späterhin der entstehende Abgang ein verhältnißmäßig geringer sein muß.

Die Nickelmünzen, welche nur als Scheidemünzen eingeführt sind, empfehlen sich vor den Kupfermünzen durch einen größeren Widerstand gegen das Abnutzen, außerdem aber auch durch den höheren materiellen Werth, der ihnen innewohnt, und welcher erlaubt, sie kleiner und handlicher zu gestalten als die Kupfer- oder Bronzemünzen. Merkwürdigerweise hat man in einer Münze mit baktrischem Gepräge, welche danach unter Euthydemos geschlagen worden sein mußte, fast genau dieselbe Metalllegirung gefunden, welche unsere jetzigen deutschen Nickelmünzen zeigen. Wenn dem keine Fälschung zu Grunde liegt, so hätte man also schon vor 2000 Jahren Nickelmünzen gehabt; die Sache ist aber jedenfalls sehr vorsichtig aufzunehmen, und so lange nicht andere Belege zur Stelle geschafft worden sind, darf, wenn auch nicht an dem Nickelcharakter der Münze, aber wenigstens an ihrem echten Ursprunge gezweifelt werden. Der erste Staat, welcher das Nickel als Münzmetall einführte, war die Schweiz (1850); ihr folgten 1856 die Vereinigten Staaten von Nordamerika, 1860 Belgien, 1872 Brasilien und 1873 das Deutsche Reich. Nicht überall ist die Legirung dieselbe, während die Schweizermünzen in den 20, 10 und 5 Centimesstücken je 15, 10 und 5 Prozent Silber und durchgängig 10 Prozent Nickel, im Uebrigen Kupfer und Zink enthalten sollen, sehen die anderen Staaten von einem Silberzusatz ganz ab. Die amerikanischen Münzen hielten erst das Verhältniß von Nickel zu Kupfer wie 12 : 88, wandten sich aber später dem von Belgien angenommenen 25 : 75 zu, welches auch die deutschen Nickelmünzen zeigen.

Das Metall besitzt ferner in seinen Salzen und anderen chemischen Präparaten einen eben so reichen Farbenfond wie sein Gefährte, das Kobalt; sie zeigen nach Umständen sehr schöne Nuancen von Grün, Blau oder auch von Gelb; Chlornickel bildet, bei starker Hitze sublimirt, goldglänzende Schüppchen. Von einer farbentechnischen Benutzung des Nickels ist indeß zur Zeit noch nichts bekannt, was wol daher kommt, daß alle seine Effekte durch andere Stoffe schöner und billiger zu erreichen sind.

Das Neusilber. Gold und Silber sind schon für das Auge zu angenehme Gegenstände, als daß man nicht hätte bestrebt sein sollen, wenigstens scheinbar etwas dem Aehnliches künstlich herzustellen. Die Erzeugung gold- und silberähnlicher Legirungen hat daher den Erfindungsgeist und die Bemühungen der Techniker oft und in ausgedehntem Maße in Anspruch genommen. Was die Nachahmung des Silbers betrifft, so konnte man zwei Ausgangspunkte nehmen. Das feine Zinn kommt an sich schon in Farbe und Glanz dem Silber nahe, aber es ist viel zu weich; die Bemühungen gingen daher einerseits dahin, durch Legirung mit anderen Metallen das Zinn zu härten, und damit gelangte man in England zu den unter dem Namen „Britanniametall" bekannten Metallgemischen. Andererseits hielt man sich an das Kupfer. Wie dasselbe durch Zusammenschmelzen mit Zink eine gelbe Legirung giebt, so verliert es seine Naturfarbe völlig durch Verbindung mit Arsenik und wird weiß.

Das Neusilber.

Diese schlimme Verbindung war früherhin unter dem Namen „Weißkupfer" in ziemlich starkem Verbrauch zu Knöpfen, Gürtlerwaaren und selbst Tischgeräthen, bis man sich von der Schädlichkeit des Stoffes überzeugte, der, in Säuren sehr leicht löslich, fortwährend die Gefahr von Arsenikvergiftungen nahe legte. Dieser Uebelstand und das Auftreten des Neusilbers haben denn auch das Weißkupfer gänzlich beseitigt.

In dem Nickel hatte sich ein anderes und unschädliches Mittel gefunden, das Kupfer weiß zu färben, und wenn wir die Dinge in ihrem Zusammenhange betrachten, so werden wir zu dem Ergebniß kommen müssen, daß in Anwendung dieses Kunstgriffs die Chinesen unsere Lehrmeister oder doch Vorgänger gewesen sind. Das in China längst gebräuchliche und seit etwa einem Jahrhundert in Europa bekannte Weißmetall (Packfong) besteht, wie Engström schon 1776 durch Analyse fand, aus den drei Metallen des Neusilbers: Kupfer, Nickel und Zink. Zu einer nützlichen Anwendung dieser Kenntniß kam es jedoch vor der Hand noch nicht. Erst später brachten Suhler Gewehrfabrikanten eine ähnliche Legirung in Gebrauch, indem sie daraus Gewehrgarnituren und Sporen fertigten. Diese Legirung bestand nach Keferstein aus

Kupfer	40,4
Nickel	31,6
Zink	25,4
Zinn	2,6
	100.

Den Anstoß zur Entstehung der gegenwärtigen umfassenderen Neusilberindustrie gab der Verein zur Beförderung des Gewerbfleißes in Preußen, indem er eine Preisaufgabe für die Erfindung einer Legirung stellte, welche im Ansehen dem 12löthigen Silber gleich= käme, sich zur fabrikmäßigen vielseitigen Verarbeitung eigne und ohne Gefahr für die Ge= sundheit zu Speise= und Küchengeräth dienen könne. Infolge der hierdurch angeregten Ver= suche errichteten 1824 Gebrüder Henniger in Berlin eine Fabrik für Weißkupfer= oder Neusilberwaaren, während gleichzeitig Geitner in Schneeberg dieselbe Legirung darstellte und unter dem Namen Argentan in den Handel brachte. In Sachsen gilt daher Geitner als Erfinder des Argentans. Den Dank, eine neue interessante Industrie daselbst eingeführt und damit ein früher werthloses Produkt des sächsischen Bergbaues in Geltung gebracht zu haben, verdient er jedenfalls, und das Schneeberger Neusilber gilt noch heute als das beste.

Die somit in Deutschland zuerst aufgekommene Legirung fand bald auch in Frankreich und England Eingang und wurde namentlich in letzterem rasch ein Gegenstand rührigen Fabrikbetriebes. In Frankreich wurde der Name Neusilber nicht gestattet und man nannte dort das Metall maillechort. In England heißt es insgemein deutsches Silber (german silver, auch in Frankreich argent allemand), dann Packfong. Besondere Sorten sind in England Elektron und Tutenay; das letztere bezeichnet eine Legirung, wie sie in ganz derselben Zusammensetzung auch bei den Chinesen viel gebraucht werden soll. Sie unter= scheidet sich durch einen höheren Antheil Zink und ist dadurch leicht schmelzbar und gut ge= eignet zu Gußwaaren, weniger zu sonstiger Verarbeitung, für welche sie zu hart und wenig fügsam ist. Auch sonst haben mehrfach Fabrikanten ihrem Metall neue klangvolle Namen beigelegt. So nennen jetzt, um Aelteres nicht zu erwähnen, die Wiener eine schön silber= ähnliche Sorte Neusilber Alpacca, und von anderer Seite offerirt man Lunaid, was wenigstens einen Sinn hat, denn luna (Mond) hieß bei den Alchemisten auch das ihm gewidmete Silber; Lunaid ist also „silberähnlich" und entspricht in sprachlicher Hinsicht völlig dem „Argentan". Alfenid ist eine ältere französische Benennung guten Neusilbers, die sich forterhalten hat. Dieses und die ganz ähnliche Alpacca kommen öfters versilbert vor. Unter China= und Perusilber versteht man aus Neusilber gefertigte und galvanisch gut versilberte Geräthe, etwa 2 Prozent des Gewichts an Silber haltend. Sie sehen dem= nach den echt silbernen bei viel größerer Wohlfeilheit völlig gleich und haben vor den silber= plattirten kupfernen den Vorzug, daß, wenn auch mit der Zeit der Silberüberzug hier und da sich abnutzt, doch nicht die unangenehme Kupferfarbe zum Vorschein kommt.

Der Begriff Neusilber ist eigentlich ein ziemlich elastischer, insofern die Verhältnisse der drei Bestandtheile in nicht allzu engen Grenzen schwanken können. Thatsächlich ist das Nickel das weißmachende Prinzip, und das Neusilber mit dem höchsten Nickelgehalt ist stets das beste. Das gleich Anfangs hinzugenommene Zink sollte jedenfalls nur die Schmelzung und Verarbeitungsfähigkeit der Legirung ermöglichen. Aber da man bemerkte, daß etwas mehr Zink das Ansehen nicht sonderlich beeinträchtigte, so legte man von dem wohlfeilen Metall mehr zu oder brach an dem theuren ab, womit dann schließlich freilich immer nur ein gelbgraues, unscheinbares Produkt herauskam. Im Allgemeinen wird der Zinksatz so hoch genommen, daß das Gemisch bei Weglassung des Nickels Messing geben würde; man kann sich also die Vorstellung von Neusilber dadurch vereinfachen, daß man sich denkt, es sei ein durch Nickel weiß gemachtes Messing. In Berlin sollen drei Sorten Neusilber nach folgenden Verhältnissen dargestellt werden:

	Kupfer.	Nickel.	Zink.
Beste Sorte	52	22	26
Mittel	59	11	30
Ordinär	63	6	31

Wiener Neusilber soll aus 3 Theilen Kupfer, 1 Theil Nickel und 1 Theil Zink bestehen, und dasselbe Verhältniß herrscht bei solchem Metall, das zum Auswalzen in Bleche und zum Drahtziehen bestimmt ist. Als die reichste Legirung von sehr schönem Ansehen, die aber wegen der Schwerflüssigkeit schon schwierig herzustellen und zu verarbeiten ist, wird bezeichnet:

	Kupfer.	Nickel.	Zink.
Chinesisches Packfong a.	45,7	33,3	21
Chinesisches Packfong b.	43,4	16,6	40
dergl. bessere Qualität	40,4	31,6	25,4 und 2,6 Eisen.

Im chinesischen Packfong sollen sich fast immer 2—3 Prozent Eisen finden, das demnach als absichtlich zugesetzt erscheint. Es erhöht die Weiße, den Glanz und die Politurfähigkeit, bewirkt aber auch Härte und Sprödigkeit, daher die europäischen Fabrikanten in der Regel darauf sehen, möglichst eisenfreie Zuthaten zu erhalten. Doch macht man zuweilen wol auch einen Zusatz von 2—3 Prozent Eisen oder Stahl, wenn es mehr auf schöne Farbe als auf Gefügigkeit abgesehen ist. Von etwas Arsenikgehalt war das frühere Neusilber nicht freizusprechen; es schadet, wenn auch bei der geringen Menge nicht der Gesundheit, desto mehr aber gleich dem Eisen der Geschmeidigkeit. Bei den jetzigen besseren Bereitungsweisen des Nickels bildet der Arsenikgehalt höchstens ein verschwindendes Minimum.

Gutes Neusilber kommt in der That dem 12löthigen Silber im Ansehen nahe und läßt sich auch im Strich auf dem Probirstein kaum von demselben unterscheiden. Beim Aufbringen von Scheidewasser findet sich indeß der Unterschied: der Neusilberstrich verschwindet rascher als der von Silber und giebt bei Zusatz von Kochsalzlösung keine weiße Trübung, wie dieses. Ein noch schöneres und völlig dem Silber ähnliches Produkt wird erhalten, wenn dem Neusilber wirkliches Silber, etwa $\frac{1}{3}$ und mehr, zugesetzt wird; es sind aber dergleichen Legirungen, wie es scheint, nicht in Gebrauch. Das Neusilber wird von sauern Flüssigkeiten weit weniger als Kupfer oder Messing angegriffen und kann daher ohne Gefahr mit Genußmitteln in Berührung gebracht werden.

Die besseren Sorten Neusilber sind hinsichtlich ihrer Dehnbarkeit und sonstigen Eigenschaften dem Messing ähnlich und lassen sich fast eben so leicht wie dieses strecken, in Blech und Draht verwandeln u. s. w. Eine Eigenthümlichkeit, die ursprünglich im Kupfer liegt und für die Bearbeitung desselben wie aller Kupferlegirungen von großer Wichtigkeit ist, ist auch dem Neusilber geblieben: es wird, wenn es in der Bearbeitung hart geworden, durch Anwärmen und Ablöschen in kaltem Wasser wieder weich und geschmeidig, eine Prozedur, die sich beliebig oft wiederholen läßt.

Die Bereitung des Neusilbers durch Zusammenschmelzen der Bestandtheile besorgen die dasselbe zu Gebrauchsartikeln weiter verarbeitenden größeren Fabriken, die in Deutschland ihren Sitz namentlich in Berlin und Wien haben, selbst; für die Kleingewerbe sorgen Anstalten wie die Schneeberger, die nur Bleche und Drähte resp. dünne Stäbe in den Handel bringen. Das Nickelmetall, sofern es nicht als Würfelnickel in Anwendung kommt, wird in kleine, haselnußgroße Brocken zerstoßen, eben so Kupfer und Zink zerkleinert und das Gemisch in den Schmelzhafen eingesetzt — doch so, daß zu unterst und oberst etwas unvermischtes Kupfer zu liegen kommt — mit einer Schicht Kohlenpulver bedeckt und bei starkem Flammenfeuer eingeschmolzen. Zur leichteren Verbindung der verschiedenen Metalle bereitet man auch wol zunächst aus einem Theile des Kupfers und Zinks ein Messing, schmilzt das Uebrige für sich und setzt nach und nach das zerkleinerte Messing zu. Da der Fluß mit einem eisernen Stabe fleißig zusammengerührt werden muß, so entsteht immer einiger Zinkverlust durch Abbrand, welcher durch einen überschüssigen Zusatz dieses Metalls auszugleichen ist. Ist die Masse für den Guß bestimmt, so pflegt man ihr bis zu 3 Prozent Blei einzuverleiben. Das für die übrigen Zwecke bestimmte Metall wird meistens in Bleche von verschiedener Stärke oder in dicke, runde oder viereckige Drähte zum Gebrauch für Sporer u. s. w. ausgewalzt, oder endlich wie Messing zu dünneren Drähten auf der Ziehbank gezogen. Die Verarbeitung des Neusilbers, sei es durch Walzen, Hämmern u. s. w., ist unter allen Umständen eine kalte; ein schmiedbares Metall ist es eben nicht. Ist der Fluß im Schmelzhafen zur Reife gediehen, so gießt man die Masse zwischen Tafeln von Gußeisen zu Platten von 20—30 Centimeter Länge, $12\frac{1}{2}$—$22\frac{1}{2}$ Centimeter Breite und 8—12 Millimeter Dicke aus, die dann durch kaltes Hämmern oder Walzen nach Bedarf verdünnt werden. Diese mechanische Behandlung muß aber Anfangs sehr behutsam geschehen; nach jedem Ueberhämmern oder Durchgange durch die Walzen wird das Metall bis zur angehenden Glut erhitzt, darf aber nicht eher wieder in Bearbeitung genommen werden, bis es vollständig erkaltet ist, entweder durch Eintauchen in kaltes Wasser, oder auch durch Abkühlung an der Luft. Ist das einigermaßen krystallinische Gefüge des ausgegossenen Metalls durch die Bearbeitung erst zerstört, so kann man ihm schon mehr zumuthen, und es läßt sich dann fast eben so gut wie Messing verarbeiten. Man hat daher auch Argentanblech von derselben Dünne wie das aus Tomback gewalzte Rauschgold, und es dient als Rauschsilber zu gleichen Zwecken wie jenes.

Bei der fabrikmäßigen Verarbeitung des Argentans zu den verschiedenen Gebrauchsartikeln kommen alle modernen technischen Vortheile in Anwendung. Die Durchschnitt- oder Ausschlagmaschine dient gleichsam als Zuschneider für eine Menge Sachen. Sie stößt aus den Platten oder Blechen allerhand Formen aus, deren Bestimmung zuweilen schwer zu erkennen ist. Ein ausgestoßener Löffelzuschnitt z. B. hat mit einem Löffel kaum eine entfernte Aehnlichkeit: es ist ein kurzes, plumpes Ding; ist es aber durch ein paar Stahlwalzen gegangen, in welche die verlangte Form beiderseits eingravirt ist, so hat es sich zum eleganten Löffel gestreckt und geformt, an dem weder Etwas fehlt noch zu viel ist. Andere Zuschnitte zu hohlen Gegenständen oder Reliefs kommen in die Prägwerke, wo die einzelnen Stücke in stählerne Hohlformen gepreßt und dann durch Löthen mit einander vereinigt werden. Die dünnsten Blechsachen werden auf Drehbänken mittels Drückstählen über Formen gezogen (Drückarbeit), eine Methode, die bei allen in Blech arbeitenden Industriezweigen eine immer größere Ausdehnung gewinnt und mit großem Vortheil die Bearbeitung mit Hammer und Punzen vertritt. Solide Theile endlich, wie Füße, Schafte u. dergl., werden gegossen, und so kann ein komplizirtes Stück in seinen verschiedenen Theilen alle Darstellungsmethoden erfahren haben, bis es schließlich durch Löthen zu einem wohlgefälligen Ganzen vereint wird.

Antimon und Wismuth.

Antimon. Bescheiden bis zur Selbstverleugnung, für sich allein in der technischen Welt keine Rolle spielend, in völliger Reinheit selten hergestellt und doch in vielfacher Beziehung nützlich, reiht sich das Antimon seinen übrigen metallischen Kollegen an. Gediegen, mit sehr wenig Silber und Eisen gemengt, findet sich das Metall nur in vereinzelten Fällen. Das bergmännisch wichtigste Antimonerz ist der Antimonglanz oder Grau= spießglanzerz, ein dreifaches Schwefelantimon. Das Antimon gehört somit, und zwar in stark ausgesprochener Weise, zu den schwefelfreundlichen Metallen. Aus Zersetzungen und Umwandlungen des Antimonglanzes entstanden kommen vor: Antimonblüte (natür= liches Antimonoxyd, Weißspießglanzerz), Antimonblende (Rothspießglanzerz) und Antimonocker. Ferner giebt es — nur bei Stolberg am Harz — Zinkenit, aus An= timon, Blei und Schwefel bestehend, sowie Bournonit, mit denselben Bestandtheilen nebst Kupfer, im Erzgebirge und auf dem Harz.

Die Antimonerze finden sich hauptsächlich auf Gängen und Lagern im Granit, Thon= schiefer und Gneis, häufig in Begleitung von Kupfer=, Silber=, Blei= und anderen Erzen. In den meisten Fällen ist daher das Antimon ein ungern gesehener Begleiter anderer Metalle, der das Ausbringen dieser erschwert. Nur wo die Antimonerze die einzige oder doch hauptsächlichste Ausfüllung der Gänge bilden, besteht ein eigentlicher Antimonbergbau. Eine solche schon von Alters her ausgebeutete Lokalität findet sich bei Arnsberg in West= falen, ferner an einigen anderen Punkten Westfalens und Rheinpreußens, in Oesterreich (Oberungarn), England und Frankreich. In neuerer Zeit ist das in Algier in großer Menge vorkommende Weißspießglanzerz die Hauptquelle für Frankreich und England ge= worden; doch führt letzteres auch noch von Borneo Spießglanz ein. Die für unseren deutschen Markt maßgebenden Werke liegen in Ungarn.

Das Schwefelantimon (Spießglanz oder Spießglas) bricht entweder in derben, in verfilzten oder blätterigen Massen, oder, wo es ungestört krystallisiren konnte, als Bündel an einander liegender prismatischer Nadeln von blau= oder stahlgrüner Farbe und starkem Metallglanz. Die Bekanntschaft mit diesem auffälligen Naturprodukt und sein Ge= brauch scheint bis ins hohe Alterthum zurückzugehen. Wie noch heute, so schwärzten sich die Frauenzimmer der Morgenländer damit oder mit einem Präparat daraus die Augen= brauen und malten sie größer, eine Sitte, auf die schon im Alten Testament bei Ezechiel hingewiesen wird. Bei den Griechen hieß daher dieser Stoff der „augenerweiternde"; die Römer nannten es stibium, und Plinius erwähnt es schon als Arzneimittel.

Die Erkennung des Antimonmetalles als eines eigenthümlichen Körpers scheint in das 15. Jahrhundert zu fallen; früher hielt man es für eine Art Blei oder verwechselte es mit Wismuth, und die Alchemisten des Mittelalters machten sich mit Spießglanz und Antimon viel zu schaffen. Namentlich hat sich der als Chemiker seiner Zeit nicht un= berühmte französische Klostergeistliche Basilius Valentinus (1460) mit den Arznei= wirkungen des Antimons viel beschäftigt. Da ihm bei seinen desfallsigen Versuchen, sagt man, verschiedene Mönche starben, so habe der Stoff den französischen Namen antimoine, latinisirt antimonium — Mittel gegen Mönche — erhalten. Nach anderen Indizien ist jedoch der letztere Name viel älter.

Das metallische Antimon hat in seinem Verhalten Manches, was die Aufmerksamkeit und die Hoffnungen der Goldmacher erregen konnte. Schmilzt man, was oft als Spielerei ausgeführt wird, vor dem Löthrohr etwas Metall und läßt es auf eine horizontale Fläche fallen, so zerstreut es sich in eine Menge umherfahrender Kügelchen, deren jedes, weil sich das geschmolzene Metall rasch oxydirt, eine weiße Spur wie einen Kreidestrich hinterläßt. In Ruhe gelassen, bedeckt sich die geschmolzene Perle mit einer Vegetation feiner, aus Oxyd bestehender Spitzen. Für uns besagen diese Erscheinungen weiter nichts, als daß das Metall, nachdem es von seinem liebsten Gefährten, dem Schwefel, getrennt ist, eben so be= gierig ist, sich mit Sauerstoff zu verbinden; den Alchemisten schien es natürlich eine für ihre Zwecke bedeutungsvolle Transmutation. Das langdauernde Leuchten des erkaltenden Metallflusses und die schöne, sternförmige Krystallisation, die sich auf der Oberfläche des im Tiegel unter einer Bedeckung erkalteten Metalles bildet, sahen ebenfalls wie vielver= sprechende Anzeichen aus. Noch anziehender mußte das Verhalten des Antimons zum Golde erscheinen. Man darf nur ein Stückchen dieses dehnbarsten aller Metalle den

Dämpfen von Antimon aussetzen, so verbinden sich beide Metalle, und das Gold wird sofort spröde und brüchig. Hierdurch schien eine gewisse noble Natur des Antimonmetalles angedeutet, und man benannte es daher mit dem noch unvergessenen Namen regulus, kleiner König. Später wurde unter „Regulus" jeder erschmolzene Metallkern verstanden.

Die Leichtflüssigkeit des Schwefelantimons gestattet, daß man diesen Rohstoff für die Darstellung des regulinischen Metalls aus seinen Beimengungen direkt ausschmilzt, nachdem er vorher durch Handscheidung aus dem Gröbsten von dem begleitenden Quarz, Schwerspath, Kalkstein u. s. w. befreit worden ist. Nach der alten Weise geschieht dies Aussaigern in Töpfen, die zu zwei und zwei in einander gestellt sind. In dem Boden des oberen, der das Erz aufnimmt, befinden sich einige Löcher, in dem unteren sammelt sich das durchtröpfelnde Schwefelantimon, nachdem die Töpfe reihenweise zwischen zwei Mauern gestellt, die Zwischenräume mit Brennstoff ausgefüllt und der Brand in Gang gesetzt ist. Aus ökonomischen Rücksichten wendet man in Frankreich Saigeröfen an, die den weiter unten bei der Wismuthgewinnung dargestellten ähnlich sind. Geneigte gußeiserne Röhren, die mit feuerfestem Thon ausgekleidet sind, weil das Schwefelantimon das Eisen angreift, werden in mehrwöchentlich fortdauerndem Betriebe aller drei Stunden mit einer Ladung von 2—3 Centnern Erz beschickt und das ausschmelzende Rohantimon fängt man in Tiegeln auf. Am schnellsten und massenhaftesten, jedoch mit dem meisten Verlust, läßt sich die Saigerarbeit auf der geneigten Fläche eines Flammenofens bewirken. Man kann dieses Ausschmelzen, bei welchem stets Verlust an zurückbleibendem und verflüchtigtem Antimon stattfindet, durch zweckmäßige nasse Aufbereitung mittels Setzarbeit und Pochwerken auch ganz umgehen.

Ungefähr ein Zehntel alles gewonnenen Rohantimons mag in pharmazeutischen Gebrauch übergehen; das Uebrige fällt sonstigen technischen Verwendungen anheim. In das Laboratorium des Apothekers, zur Bereitung des Brechweinsteins, Goldschwefels, Kermes u. s. w. können wir ihm nicht folgen; das Hauptaugenmerk ist hier natürlich die größtmögliche Reinheit der Präparate, namentlich die Beseitigung des Arseniks, das sich wie bei allen Schwefelmetallen immer einmischt.

Das einfachste Verfahren zur Gewinnung des reinen metallischen Antimons besteht in der Verschmelzung des Schwefelmetalls in der Rothglühhitze mit Schmiedeisen (Eisenabfälle oder auch Hammerschlag). Die nahe Verwandtschaft zwischen diesem und dem Schwefel hat zur Folge, daß sich Schwefeleisen bildet und das Antimon frei wird. Das so verschmolzene Metall enthält aber stets Eisen und erfordert, um dasselbe zu oxydiren und abzuscheiden, ein nochmaliges Umschmelzen unter Zusatz von Salpeter.

Eine andere Gewinnungsmethode weicht von der eben beschriebenen Reduktionsarbeit gänzlich ab und gelangt in zwei Schritten, Rösten und Reduziren, zum gediegenen Metall. Bei einem vorsichtigen Röstbetriebe verflüchtigt sich der Schwefel des Spießglanzes, nachdem er sich in schweflige Säure verwandelt hat; an seine Stelle bei dem Antimon tritt aber sofort der Sauerstoff der Luft, und das Röstprodukt (Spießglanzasche) bildet nun ein unreines Oxyd oder richtiger ein Salz, antimonsaures Antimonoxyd, denn das Metall gehört zu den säurebildenden, d. h. sein Oxyd erhält durch Aufnahme von noch mehr Sauerstoff die Natur einer Säure, was bei unserer Röstarbeit wenigstens theilweise geschieht. Das nachfolgende Reduziren der Spießglanzasche besteht nun wie immer in der Beseitigung des Sauerstoffs, wozu ein Glühen mit bloßer Kohle hinreichen würde. Da aber das Röstgut immer noch unzersetztes Schwefelantimon enthält, überdies eine Schlackendecke geschaffen werden muß, um das Oxyd an der Verflüchtigung zu hindern, so vermischt man die Kohle mit Soda oder wendet zur Reduktion rohen Weinstein an, der Kohle und Kali schon zu seinen Bestandtheilen zählt. Die Reduktion geschieht in Tiegeln bei starker Rothglühhitze. Der Regulus sammelt sich am Boden, und man läßt ihn, ohne auszugießen, unter der Schlackendecke langsam erkalten, damit er die sternige krystallinische Oberfläche annehme, die man im Handel besonders gern sieht, obwol sie eigentlich nichts über die Qualität besagt und eisenhaltiges Antimon die Krystallisation sogar schöner zeigt als reineres.

Um das Metall von den begleitenden Unreinigkeiten, Eisen, Arsenik, Kupfer, Blei u. s. w., zu reinigen, schmilzt man es zwei- bis dreimal unter Zuschlag von Stoffen um, welche die Unreinigkeiten aufnehmen und in die Schlacke überführen sollen. Gewöhnlich dienen hierzu Salpeter, Soda, Schwefelantimon und Schwefeleisen u. s. w.

Das Antimon ist ein zinnweißes, stark glänzendes Metall von sehr deutlichem blätterigen Krystallgefüge und so spröde, daß es sich leicht zu Pulver stoßen läßt. Als selbständiges metallisches Material in der Technik zu dienen ist es sonach ungeeignet; sein Nutzen liegt vielmehr besonders in der Fähigkeit, andere Metalle, mit denen es legirt wird, zu härten. Beim Schmelzen verdampft es, wie gesagt, sehr leicht, indem die Dämpfe Oxyd bilden; in hoher Hitze entzündet es sich und verbrennt gleich dem Zink mit leuchtender, starken weißen Oxydrauch ausstoßender Flamme. In der Weißglühhitze unter Ausschluß der Luft läßt es sich ganz wie Zink destilliren. Das Hauptlösungsmittel des Oxyds (oder des Metalls bei Zusatz von Salpetersäure) bildet die Salzsäure; die Lösung bildet das unter dem Namen Antimonbutter (Antimonchlorid) bekannte Aetz- und Beizmittel. Salpetersäure löst das Metall nicht, sondern verwandelt es nur in ein weißes Pulver, das je nach der Stärke der Säure aus Oxyd oder Antimonsäure oder aus beiden besteht. In der Glasfärberei und Schmelzmalerei dient das Antimonoxyd zur Erzeugung gelber Farben.

Der natürliche Spießglanz hat verschiedene technische Verwendungen. Er dient z. B. in der Feuerwerkerei und besonders in Vermischung mit chlorsaurem Kali zu Sätzen, die sich durch Schlag oder Reibung entzünden und explodiren, demnach bei Herstellung von Reibzündhölzchen und Zündhütchen. Für Fälle, wo das natürliche Produkt nicht rein genug erscheint, erzeugt man sich die Masse auch auf künstlichem Wege durch Zusammenschmelzen von 5 Theilen Antimonmetall und 2 Theilen Schwefel; beide Stoffe vereinigen sich unmittelbar unter schwachem Erglühen.

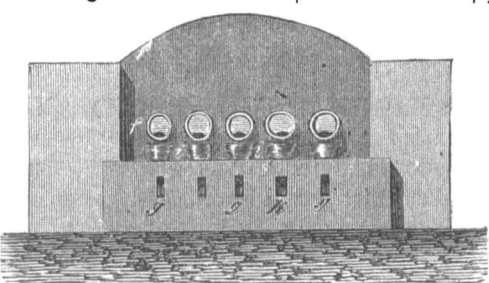

Fig. 74. Wismuth-Saigerofen. Vorderansicht.

Die nahe Beziehung zwischen Antimon und Schwefel tritt auch bei nassen chemischen Operationen zu Tage. Kommen irgendwelche Antimonlösungen (Antimonchlorid, Brechweinstein oder dergleichen) mit schwefelhaltigen Lösungen (Schwefelleber, unterschwefligsauren Salzen, Schwefelwasserstoff u. s. w.) zusammen, so entsteht jederzeit ein Niederschlag von Schwefelantimon. Eigenthümlich aber und gerade umgekehrt wie beim Quecksilber zeigen diese Niederschläge eine Orange- oder Zinnoberfarbe, während die natürliche Verbindung immer ein schwärzlich metallisches Aeußere hat. Man verwendet demnach das Antimon zur Herstellung eines schönen Farbstoffes, Antimonzinnober, der namentlich als Oelfarbe dem gewöhnlichen Zinnober Konkurrenz zu machen geeignet ist. Wir werden im Kapitel von den Mineralfarben hierauf zurückkommen.

Dem Antimon begegnen wir bei vielen harten Legirungen, die namentlich als Lagermetalle und zu Metallspiegeln dienen; das weiche Zinn z. B. erstarkt durch Antimonzusatz so weit, daß es als Britanniametall sich dem Silber einen Schritt näher stellen kann, und auch das Blei giebt in Verbindung mit Antimon seine weiche Natur gänzlich auf und wird eine harte, starre, freilich auch spröde Masse. Eine halb und halb natürliche Legirung des Bleies mit Antimon wird schon auf Blei- und Silberhütten als Nebenprodukt erhalten und Hartblei genannt. Es geht, je nachdem es mehr antimon- oder arsenikhaltig ist, als direkt verwendbarer Stoff entweder nach den Schrift- oder Schrotgießereien. Die ausgedehnteste, dauerndste und wichtigste Verwendung findet das Antimon aber in den ersteren, zu Letternmetall (siehe Bd. I, S. 425), und somit haben also nicht nur vielerlei Techniker, sondern namentlich auch Alle, die da Bücher schreiben, setzen, drucken und lesen — und derer sind ja sehr Viele — Ursache, dem Antimon einen freundlichen Blick zuzuwenden.

Wismuth. Ein im äußeren Ansehen dem Antimon ziemlich ähnliches Metall, doch von viel seltnerem Vorkommen und im Kaufwerthe dieses um das 10—20fache überflügelnd, ist das Wismuth. Im Alterthum nicht bekannt oder nicht unterschieden, findet sich dasselbe zuerst 1520 bei Agricola als besonderes Metall erwähnt. Was aber die wahrscheinlich bergmännische, ursprünglich Wismat, Bisemut u. s. w. lautende Benennung eigentlich besagen soll, erscheint sehr dunkel.

Das Wismuth gehört zu den wenigen Metallen, welche die Natur hauptsächlich in gediegenem Zustande, in Form von baumähnlichen Figuren, Blechen, Graupen u. s. w. giebt. Die Gewinnung ist daher eine leichte, indem sie in einem bloßen Ausschmelzen aus den begleitenden Erzen und Gesteinen besteht, was bei der Leichtflüssigkeit des Metalles sehr rasch von Statten geht. Ein eigentlicher Wismuthbergbau besteht indeß in Europa nirgends, denn dieses Metall tritt nicht gesondert auf, sondern mengt sich mit Kobalt- und Silbererzen, Kupfernickel u. s. w. und bildet bei Verhüttung dieser einen Abfall, der nach dem heutigen Stande der Dinge einen sehr annehmbaren Nebengewinn abwirft. Außer in gediegenem Zustande kommt das Metall, wiewol seltener, als Oxyd (Wismuthocker) und in Verbindung mit Schwefel (Wismuthglanz), zu Schneeberg auch als kieselsaures Wismuthoxyd (Wismuthblende) vor. In den früheren Zeiten des sächsischen Blaufarbenbetriebes beachtete man das dabei auftretende Wismuth kaum. Es floß beim Rösten der Kobalterze gleich in der ersten Hitze aus und fiel durch den Rost ins Aschenloch. Man nannte es demzufolge Aschblei. Jetzt betreibt man die Sache ökonomischer und saigert vorher den Wismuthgehalt in besonderen Oefen mit schräg liegenden gußeisernen Röhren aus, wie die Abbildungen Fig. 74 und 75 darstellen. Die Röhren werden in dunkler Rothglut erhalten und haben vorn am tiefen Ende einen Verschluß von Thonplatten mit Aussparung einer kleinen Oeffnung, durch welche das Wismuth in vorgesetzte eiserne Schalen tropft.

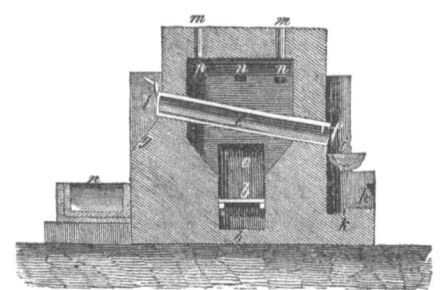

Fig. 75. Wismuth-Saigerofen. Durchschnitt.

Was beim Aussaigern in den Erzen zurückbleibt, geht beim nachfolgenden Blauschmelzen in die Nickelspeise über, hält sich aber auch da gesondert und gediegen, so daß man es durch Pochen und Sortiren größtentheils absondern kann. Auch bei der nassen Scheidung von Kobalt, Nickel u. s. w. gewinnt man noch einen Rest Wismuth durch Ausfällen mit Wasser. Das Wismuth hat, wie Antimon, Blei und Zinn, die Eigenschaft, daß seine Lösungen in Säuren keine Verdünnung mit Wasser vertragen, sondern dabei in ein unlösliches, basisches Salz, d. h. Oxyd mit wenig Säure, und in ein saures, das aufgelöst bleibt, zerfallen. Mit vielem Wasser kann man daher fast den ganzen Metallgehalt als weißes Pulver ausfällen, das sich durch rohe Potasche u. s. w. auf Metall reduziren läßt.

In dieser verschiedenen Weise gewann man auf den Werken des sächsischen Erzgebirges jährlich etwa 300 Centner Wismuth, die einzige disponible Menge, seitdem England nichts mehr produzirte. Sie hätte auch zu den geringen technischen Verwendungen wohl ausgereicht, aber das Metall erlangte eine früher nicht gekannte medizinische Wichtigkeit, und infolge der steigenden Nachfrage stieg der Pfundpreis, sonst 1½ Mark, fort und fort bis zu 18, 21 Mark und selbst noch höher, unter welchen Umständen natürlich alle technische Verwendung aufhörte. In den letzten Jahren hat aber die Sache eine abermalige Wendung genommen durch das Auffinden ergiebiger Erzlagerstätten in Peru sowol als in Australien. Das erstere Land liefert ein Mineral mit 94 Prozent Wismuth, der Rest ist Kupfer und Antimon; das australische Erz besteht nur aus Wismuth und Kupfer. Von beiden Ländern kommen jetzt reichliche Zufuhren solcher Erze, die überdies arsenikfrei sind, nach den sächsischen Hüttenwerken, und es sind demzufolge die Metallpreise bereits mehrmals herabgesetzt worden.

Das käufliche Wismuth leidet an denselben Unreinheiten wie das Antimon; will man es rein haben, so muß man es in Salpetersäure lösen, mit Wasser fällen und den Niederschlag wieder reduziren, oder man schmilzt das Metall unter Zuschlag von kalzinirter Soda und Schwefel um. So rein braucht man es übrigens nur in der Apotheke, wohin ein kleiner Theil des Wismuths gleich dem Antimonium geht, während das übrige zu verschiedenen Legirungen seine Verwendung findet. Der mit Wasser aus salpetersaurer Lösung erhaltene Niederschlag bildet in seinen feinsten Sorten als Spanischweiß ein Schminkmittel, das trotz seiner Schädlichkeit noch immer florirt; übrigens dient es auch als ein gutes, die Farben nicht beeinträchtigendes Flußmittel für Porzellan-, Glas- und Emailmalerei. Eben dieses altbekannte Spanischweiß oder Perlweiß ist es nun, das neuerdings als Bismuthum subnitricum in so hohes medizinisches Renommé gekommen ist. Es leistet nämlich bei Dysenterie und Cholera sehr gute Dienste und ist namentlich für heißere Länder, wie Algier, Indien u. s. w., bereits ein unentbehrlicher Bedarfs- und Bezugsgegenstand geworden, ja die Quantitäten, welche unter Umständen lediglich für diese Heilzwecke zeitweilig konsumirt werden, sind so bedeutend, daß der Preis des Wismuthmetalles z. B. ganz wesentlich durch das körperliche Wohlbefinden der französischen Armee in Algier beeinflußt werden kann.

Die Aehnlichkeit des Metalls mit dem Antimon erstreckt sich auf die leichte Schmelzbarkeit, das ausgezeichnete krystallinisch-blätterige Gefüge und die Sprödigkeit, so daß es ebenfalls leicht zu Pulver gestoßen werden kann. In seinem Prachtgewande sieht man es, wenn man es schmilzt, die geschmolzene Masse oberflächlich erkalten läßt, ein Loch in die Kruste stößt und das noch Flüssige ausgießt. Die Innenwände sind dann mit schönen Krystallisationen besetzt, welche beim völligen Erkalten an der Luft mit bunten Farben anlaufen. Dies Farbenvermögen zeigt unter Umständen auch das Oxyd, wenn es Bestandtheil einer Glasur ist. Hierauf beruht das Farbenspiel gewisser neuartiger Porzellanartikel.

Bei der Verwendung des Wismuthmetalls zu Legirungen (mit Zinn und Blei), von denen schon beim Kadmium die Rede war, kommt lediglich die Leichtflüssigkeit derselben in Betracht. Aus Zinn und Blei z. B. setzen Zinngießer, Orgelbauer, Glaser u. s. w. ihr Schnellloth zusammen: haben sie es aber mit sehr bleihaltigem, also leichtflüssigem Zinn zu thun, so müssen sie auch ein um so leichtflüssigeres Loth haben und fügen dann zu der Zinnbleilegirung noch Wismuth. Auch die Schriftgießer verwenden etwas Wismuth zur Erleichterung des Gusses, aber nicht zum Vortheil der Waare, denn dies Metall macht alle Legirungen spröde und leicht zerbrechlich. In einigen Ländern ist es gesetzlich, daß an Dampfkesseln an einer gewissen Stelle eine leichtflüssige Wismuthlegirung in die Wandung eingesetzt wird. Steigt die Temperatur des Kessels höher als zulässig, so schmilzt das Stück aus und das Kesselwasser erhält einen Ausweg ins Feuer.

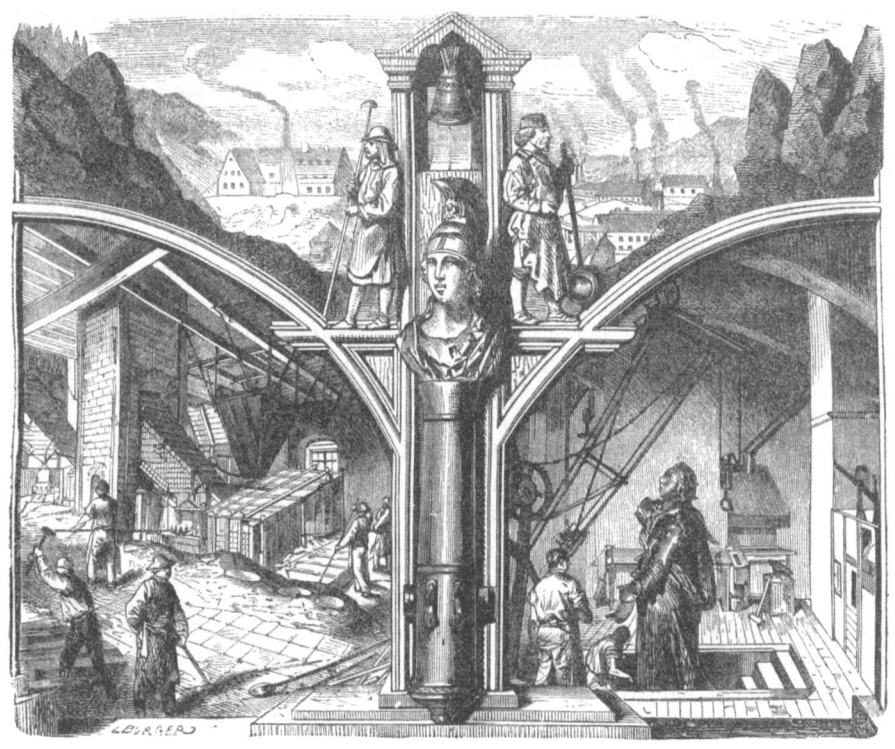

Nun zerbrecht mir das Gebäude,
Seine Absicht hat's erfüllt,
Daß sich Herz und Auge weide
An dem wohlgelungnen Bild.
Schwingt den Hammer, schwingt,
Bis der Mantel springt!
Wenn die Glock' soll auferstehen,
Muß die Form in Stücke gehen.

Schiller.

Das Kupfer.

Geschichtliches. Vorkommen. Gediegenes Kupfer. Kupfererze. Ihre Verhüttung. Mansfelder Hüttenprozeß. Cementation. Kupferblech und Kupferdraht. Legirungen. Bronze und Messing. Glockenguß. Geschützguß. Statuenguß.

In der technischen Rangordnung, welche den Metallen ihren Platz nach dem Belange ihrer praktischen Verwendbarkeit anweist, kommt das Kupfer unstreitig gleich nach dem Eisen, ja es übertrifft dieses in Hinsicht der Vielseitigkeit der Verwendung, hauptsächlich durch seine Brauchbarkeit zu einer beträchtlichen Anzahl höchst nützlicher Legirungen. Ihrem eigenthümlichen Naturell nach, in ihren Eigenschaften, Tugenden und Untugenden gehen dagegen beide Metalle weit aus einander.

Mit dem Kupfer war die Natur lange nicht so freigebig wie mit dem Eisen, denn obwol dasselbe in keinem Erdtheile und Lande gänzlich fehlt, so bleibt es doch immer ein seltner Artikel und ist nur um das Fünf- bis Sechsfache des Preises vom besten Eisen zu kaufen. Indeß ist doch die Produktion im Ganzen so reichlich, daß die Preise stetig herabgehen, namentlich infolge der großen Erzbezüge aus fremden Ländern. Während die Centnerpreise noch 1859 nach Qualität auf 115—100 Mark standen, stehen sie jetzt auf 90—75 Mark. Gäbe es des Kupfers so viel, daß es im Preise dem Eisen gleichkäme, so würde es in vielen Fällen, namentlich beim Dienst im Freien, dieses mit Vortheil ablösen.

Das Buch der Erfind. 7. Aufl. IV. Bd.

Anders als in den Augen des Bergmanns gestaltet sich das Vorkommen des Kupfers in denen des Chemikers; wie derselbe überall Eisen nachzuweisen vermag, so auch in fast ebenso universeller Verbreitung einen Gehalt an Kupfer, selbst im menschlichen Körper. Namentlich erscheint dasselbe als beständiger Begleiter des Eisens und beide führen dann sehr häufig das Arsen als Dritten im Bunde mit sich.

Allen Anzeichen zufolge ist das Kupfer viel früher in den Dienst des Menschen getreten als das Eisen (vgl. darüber die Einleitung zum I. Bande dieses Werkes). Der Umstand, daß sich das erstere zuweilen schon gediegen in der Natur vorfindet, sowie seine leichte Bearbeitbarkeit durch bloßes Hämmern, machen dies leicht erklärlich.

Die jüngsten Beispiele, wie noch Völker sich mit Kupfer statt des Eisens beholfen haben, lieferten die alten Mexikaner, Peruaner, überhaupt die Amerikaner vor Entdeckung dieses Welttheils durch die Europäer. Doch finden sich auch in Europa und Asien in Grabhügeln, Altarplätzen und sonst Proben von kupfernen Aexten, Hämmern, Meißeln, Pfriemen, Zierrathen, Lanzen und Pfeilspitzen, Helmen und Schwertern ohne Spuren von Eisen, vielleicht die Reliquien von wenig gebildeten, nomadischen, nördlichen und nordöstlichen Völkern, die sich an das zunächst Erreichbare halten mußten (in Sibirien findet sich schönes, gediegenes Kupfer), während man an den Sitzen alter Bildung, in Aegypten, Griechenland u. s. w., schon längst neben dem Kupfer auch Eisen und Stahl besitzen konnte. Weit häufiger jedoch bestehen die in der Erde gefundenen Zeugen der Vorzeit, statt aus reinem Kupfer, aus Legirungen desselben (Bronze) entweder mit Zinn oder Zink oder mit beiden zugleich. Die Kunst, das Kupfer durch solche Zusätze zu verbessern, zu härten und gießbar zu machen, muß also nach solchen handgreiflichen Belegen eine uralte sein. Wenn man alle Andeutungen, welche in der Bibel und in anderen alten Schriftwerken in Bezug auf Bronze gegeben sind, vergleicht, so findet sich nicht, daß zwischen ihr und reinem Kupfer ein wesentlicher Unterschied gemacht wird. Hiernach aber wird die alte Geschichte des Kupfers besonders unklar. Das „Erz" der Bibel sowol wie das aes der Römer und das chalkos der Griechen kann eben so gut Kupfer wie Bronze oder Messing bedeuten. Die Griechen unterscheiden selbst einen weißen, schwarzen und rothen Chalkos, und später fand sich noch ein Goldkupfer (aurichalcum) hinzu. Unter diesen Sorten befand sich also jedenfalls auch das Messing, denn die Verschmelzung des Kupfers mit Zinkoxyd (Galmei) geht weit ins Alterthum zurück. Während aber die Griechen ihre Benennung von der Stadt Chalkis auf Euböa ableiteten, das vielleicht ein vorzüglicher Fabrikationsort war, knüpften die Römer an eine andere Oertlichkeit an, denn das lateinische cuprum soll aus aes cypricum entstanden sein, also cyprisches Metall bedeuten, weil sich nach Plinius auf der Insel Cypern das Kupfer in großen Mengen gefunden habe. Aus cuprum leiteten die abendländischen Völker ihre Benennungen ab (Kupfer, copper, cuivre), und so haben wir die den gewöhnlichen Annahmen von dem folgeweisen Auftreten der Metalle direkt zuwiderlaufende Erscheinung, daß das Eisen bei den germanischen Völkern eine ursprachliche Benennung hat, das Kupfer dagegen durch ein Fremdwort bezeichnet werden mußte.

Vorkommen. Gediegen findet sich das Kupfer nicht selten auf Gängen und Klüften mit Kupfererzen oder in Begleitung anderer Metalle; es tritt in Krystallform, häufiger in Platten und Blechen, drahtförmig, ästig oder moosförmig u. s. w. auf. In vielen solchen Fällen ist es jedoch in so großer Zertheilung eingesprengt, daß ein lohnender Abbau nicht möglich ist. Massenhafte Funde des gediegenen Metalls werden nur an ein paar Oertlichkeiten, am Ural und in Nordamerika, gemacht. In letzterer Gegend findet man es stückweise als Geschiebe auf der Oberfläche zerstreut und am Obern See der Vereinigten Staaten hat man dergleichen Klumpen von den riesigsten Dimensionen aufgefunden; in den Zeitungen wurde eines solchen von 3200 Kg., sowie zwei anderer von 1250 und 975 Kg. Gewicht erwähnt. Natürlich müssen solche obenauf liegende Proben Zeugniß geben von unterirdischen Schätzen, und so haben sich auch dort am Obern See Kupfergruben aufgethan, die schon jetzt von großer Bedeutung sind und es noch mehr werden dürften. Das riesigste Kupferstück, in Gestalt einer dicken, 22 Meter langen Platte, wurde 1869 in einer Tiefe von

160 Meter unter der Oberfläche entdeckt. Man berechnete sich den Ertrag hieraus auf eine halbe Million Dollars. Sonst hat Amerika in Peru, Chile, Cuba und an anderen Orten sehr reiche Kupfererzlager aufzuweisen und neuerlich ist auch Australien in die Reihe bedeutender Kupferländer eingerückt. Aus Südamerika kommt Kupfersand in großen Quantitäten nach Europa, der zum reichlichen Theile aus gediegenen Kupferkörnern bestehen soll und in England verschmolzen wird. In Sibirien, in ein paar benachbarten Distrikten des Kirgisenlandes, sind erst vor einigen Jahren neue Lager gediegenen Kupfers von fabelhaftem Reichthum entdeckt worden. Man fand 8 Meter unter der Oberfläche das reine Metall in großen Stücken, und in noch größerer Tiefe Klumpen im Gewicht bis zu 500 Pud, das wären nicht weniger als 10,000 Kg., wenn nicht die weite Entfernung etwas zur Vergrößerung beigetragen hat, denn die Geschichte spielt noch ziemlich 500 Meilen hinter Nischnei-Nowgorod.

Das natürliche gediegene Kupfer erscheint äußerlich braun oder grün angelaufen, gewöhnlich mit einer mehr oder weniger dicken Oxydkruste überkleidet, verhält sich aber sonst wie das erschmolzene und ist sogleich zur Verarbeitung tauglich. Man betrachtet dasselbe als jüngeres Erzeugniß, durch chemische oder metallelektrische Einflüsse erst aus Kupfererzen reduzirt.

Die technisch wichtigsten Kupfererze lassen sich in zwei natürliche Gruppen bringen; in Sauerstoffverbindungen und Schwefelverbindungen. Die wichtigsten in technischer Hinsicht sind folgende: **Rothkupfererz**. Besteht aus Kupferoxydul und kommt theils sehr schön in Oktaëdern krystallisirt, theils derb vor. In seinen reinsten, jedoch seltenen Varietäten enthält es gegen 89 Prozent reines Kupfer. Unter den neuerlich entdeckten vortrefflichen Erzen Australiens macht das Rothkupfererz einen beträchtlichen Antheil aus. Malachit und Kupferlasur sind Verbindungen von Kupferoxyd mit Kohlensäure und Wasser. Der erstere, von schön grüner Farbe, findet sich in dichten, großen Massen vorzüglich schön in Sibirien. Bekanntlich dient der Malachit in seinen besten Stücken zu allerlei Kunst- und Schmuckwaaren, und nur das hierzu Werthlose kommt der Kupfergewinnung zugute. Aehnlich ist es mit der smalteblauen Kupferlasur, deren reinste Stücke zur Bereitung einer Malerfarbe benutzt werden. Sowol wegen des Kupfergehalts, des leichten Ausbringens und der Güte des daraus gewonnenen Metalls sind die vorgenannten sehr geschätzte Kupfererze. Nach Lage der Dinge ist man bei der Kupfergewinnung aber allermeist auf geschwefelte Kupfererze angewiesen. Solche sind: Kupferglanz und Halbschwefelkupfer, in ganz reinem Zustande aus ziemlich 80 Prozent Kupfer und dem Rest Schwefel bestehend, meist noch durch etwas Schwefeleisengehalt verunreinigt, auch zuweilen Schwefelsilber enthaltend. Buntkupfererz, eine Verbindung von Schwefelkupfer und Schwefeleisen, kommt in England (namentlich in Cornwall), Schweden und Deutschland (Freiberg) gewöhnlich in Begleitung anderer Kupfererze vor. Kupferkies, ebenfalls Schwefelkupfer mit Schwefeleisen, messing- oder goldgelb, auch bunt, ist das am häufigsten auftretende und zu Gute gemachte Erz, häufig mit anderen Mineralien gemengt, zuweilen auch etwas Gold oder Silber führend, die größten Massen im Rammelsberge auf dem Harz, zu Röraas in Norwegen, Falun in Schweden; besonders schön krystallisirt findet es sich bei Freiberg und Klausthal, in Cornwall u. s. w. Fahlerze und Giltigerze heißen verschiedene Verbindungen, in denen zum Schwefelkupfer und Schwefeleisen noch Schwefelantimon oder Schwefelarsenik tritt und worin das Eisen oft durch Zink, das Kupfer theilweise durch Silber ersetzt ist. Man unterscheidet hiernach Grau-, Weiß- und Schwarzgiltigerz, Kupferfahlerz u. s. w. Das Silber kann im Schwarz- und Weißgiltigerz von 5 bis über 30 Prozent steigen. Kupferschiefer endlich bildet ebenfalls, namentlich im Mansfeldischen, einen Gegenstand des Bergbaues, ist aber kein besonderes Erz, sondern ein kalkig-thoniger, an der Luft zerfallender, meist von bituminösen (erdharzigen) Stoffen geschwärzter Schiefer, in welchen verschiedene metallische Substanzen, namentlich Kupferglanz und Kupferkies, Buntkupfererz, gediegenes Kupfer, Silber, Kobalterze, Zinkblende u. s. w., eingesprengt sind. Der Mansfelder Bergbau hat sich vermöge zweckmäßiger und wirthschaftlicher Einrichtungen viele Jahrhunderte erhalten, in den letzten Jahrzehnten sogar zu ganz enormer Ausbeute erhoben, obgleich der Kupfergehalt des Schiefers nur 1, 2 bis 3 Prozent beträgt und gar nicht lohnen würde, ohne die dabei abfallende kleine Silberausbeute. Die Erstreckung dieses höchstens 50 Centimeter mächtigen Schieferflözes im Mansfeldischen berechnet sich nach Quadratmeilen. Ein anderes Kupferschiefergebirge umgürtet als ein schmaler Wall den nordwestlichen Theil des Thüringerwald=Rückens und erstreckt sich westlich bis Riechelsdorf in Hessen. Es ist seit Jahrhunderten Gegenstand des Baues auf Kupfer, Silber, Kobalt und Wismuth.

Verhüttung der Erze. Die Kupferhüttenprozesse richten sich nach der Beschaffenheit der Erze und sind demnach sehr verschieden. Außer den trockenen Prozessen des Röstens und des Reduzirens mit Kohle, welche bei fast allen Metallen sich wiederholen, greifen hier nämlich noch verschiedene nasse Verfahren Platz, welche sich theils auf die Eigenschaft des Kupfers stützen, durch Eisen sich in metallischer Form aus seinen Lösungen niederschlagen zu lassen, theils auch die möglichst vollkommene Abscheidung von Silber bezwecken. Die trockenen Prozesse also unterscheiden sich in der Hauptsache je nachdem sie es blos mit oxydirten oder mit geschwefelten Erzen zu thun haben. Am verwickeltsten gestalten sie sich bei den geschwefelten Erzen, welche außer Kupfer noch vielerlei andere Metalle, und namentlich Blei enthalten, und bei den Fahlerzen, welche auch noch auf Silber verarbeitet werden. Dagegen ist die Behandlung oxydirter Erze, also von Rothkupfererz, Malachit und Kupferlasur, sehr einfach. Dieselben werden schwach geröstet, dann unter Zuschlag von kupferreicher Schlacke, Kalkstein und Kohlen in einem sogenannten Krummofen niedergeschmolzen. Das hierbei fallende sogenannte Schwarzkupfer wird mit der Schlacke in den Vortiegel abgestochen, in die Form von dünnen Scheiben (Rosetten) gebracht, indem man die Schlacke mit Wasser ablöscht, abzieht und die darunter erstarrte Kruste von Kupfer abnimmt. Das Aufspritzen von Wasser und Wegnehmen der hierdurch entstehenden Scheiben wiederholt sich, bis der Tiegel leer ist.

Die geschwefelten Erze sucht man durch das Rösten in den Oxydzustand überzuführen, wiederholte Schmelzungen ergeben einen immer reicher werdenden Kupferstein, dessen Reduktion man entweder in Flammenöfen vornimmt, wo alsdann der im Stein enthaltene Schwefel die Reduktion des zugleich mit darin enthaltenen Kupferoxydes bewirkt, während man in Schachtöfen den möglichst konzentrirten Kupferstein durch Verschmelzen mit Kohle reduzirt. Bei geeigneten Verbindungen oder Gemengen von Schwefelkupfer und Schwefeleisen findet zuweilen eine besondere anreichernde Röstmethode, das **Kernrösten**, Anwendung. Man setzt die Massen in faustgroßen Stücken einer steigenden Hitze aus und es tritt hierbei eine Umsetzung der Bestandtheile in der Weise ein, daß die Stücke im Innern einen dichten Kern erhalten, der fast das ganze Kupfer enthält, umgeben von einer äußern porösen Rinde von Eisenoxyd mit wenig Kupfergehalt, die sich auf mechanischem Wege leicht absondern läßt.

Bei dem alten **Mansfelder Kupferhüttenprozeß** kommen die komplizirtesten Verhältnisse vor. Man brennt erst den Schiefer in hohen, mit Reißholz geschichteten Haufen, wobei man die schwer brennbaren Stücke mit bitumenreicheren zu mengen bemüht ist. Ein solcher Haufen brennt je nach der Witterung 12, 14—16 Wochen. Die Schiefer werden dadurch leichter und hellfarbiger; die bituminösen Theile sind zerstört, ein Theil des Schwefels abgetrieben, die metallischen Bestandtheile zum Theil oxydirt. Der gebrannte Schiefer wird nun in Schachtöfen mittels Holzkohlen oder Koaks niedergeschmolzen, wobei eine solche Gattirung der kalk=, thon= und eisenreichen Stücke angestrebt wird, daß die Bildung einer guten Schlacke erfolgt. Als Zuschlag dienen Flußspath und Schlacken von der Rohkupferschmelze. Aus einer Beschickung von 48 Centnern, die eine 15stündige Behandlung erfordert, ergeben sich neben einer Unmasse Schlacken 4—5 Centner Kupferstein, der durchschnittlich 32 Prozent Kupfer und $0{,}085$, also wenig über $1/_{12}$ Prozent, Silber enthält. Der übrige Gehalt besteht aus Schwefel, Eisen, Zink nebst geringer Menge von Arsenikkobalt und Arseniknickel. Der Kupferstein wird nun zuerst in Flammenöfen geröstet, wodurch man den sogenannten Konzentrationsstein erhält; dieser unterliegt dann weiteren Röstungen für sich und wird dabei nach jedem Feuer mit Wasser ausgezogen. Bei den Röstprozessen tritt Sauerstoff sowol an den Schwefel als an das Kupfer und es bilden sich so die Bestandtheile des sogenannten Kupfervitriols, Schwefelsäure und Kupferoxyd; ein Theil des letztern löst sich in der Schwefelsäure auf, die Vitriollösungen dampft man ein und läßt sie krystallisiren. Nach dem letzten Rösten hat man ein Produkt, das dem Rothkupfererz ähnlich ist und so wie dieses verhüttet wird. Ist der Silbergehalt des dabei erhaltenen Schwarzkupfers bedeutend genug, um die Kosten des Abscheidens zu tragen (es gehört dazu wenigstens $1/4$ Prozent), so unterwirft man es dem später zu beschreibenden Saigerprozeß. Bei dem geringen Silbergehalte jedoch, den die Mansfelder Kupferschiefer haben, hat man daselbst in der Neuzeit den Saigerprozeß aufgegeben und sich der nassen Extraktion des Silbers zugewandt. Nach dem Augustin'schen Verfahren erfolgt dieselbe, indem man den zu Mehl zerkleinerten Kupferstein wiederholt röstet, und zwar zuerst für sich, wodurch die Sulfate zum größten Theile in Oxyde übergehen, und sodann mit Kochsalz. Dadurch wird alles vorhandene Silber in Chlorsilber übergeführt, welches durch eine heiße konzentrirte Kochsalzlösung, von welcher die übrigen metallischen Bestandtheile nicht aufgenommen werden, vollständig aufgelöst wird. Aus dieser Lösung aber ist das Silber durch metallisches Kupfer sehr leicht abzuscheiden und braucht dann nur noch zusammengeschmolzen zu werden. Das Ziervogel'sche Verfahren, welches aus dem Augustin'schen sich entwickelt, und dieses auch da, wo keine antimon- oder arsenhaltigen Erze vorliegen, meist verdrängt hat, umgeht das Rösten mit Kochsalz, indem aus dem gerösteten Kupferstein das Silbersulfat direkt mit heißem Wasser ausgezogen und aus dieser etwas kupferhaltigen Silberlösung das edlere Metall

Fig. 77. Saigerherd.

mittels metallischen Kupfers ausgefällt wird. Den so entsilberten Kupferstein verschmilzt man in Mansfeld mit Koaks. Der Anwendung der nassen Extraktion ist vorzugsweise das Aufblühen der Mansfelder Werke in den letzten Jahrzehnten zuzuschreiben, weil der über die Kosten hinausgehende Ertrag, den die dortige Verhüttung gewährt, fast nur in dem Plus von Silber besteht, welches den an sich schon armen Erzen entnommen werden kann.

Der schon erwähnte Saigerprozeß, der jetzt nur noch auf reichere Mittel angewendet wird, hat es nicht mehr mit einem Zwischenprodukte der Verhüttung, wie der Kupferstein ist, zu thun, sondern mit dem Schwarzkupfer. Man schmilzt dasselbe zu diesem Behufe, nachdem es in Stücke zerschlagen ist, in einem niedrigen Bleischachtofen mit Werkblei oder anderen bleihaltigen Zuschlägen nieder, wobei man eine Legirung von 1 Theil Kupfer mit 4 Theilen Blei zu erhalten sucht. Diese sticht man ab, gießt sie in eiserne Formen zu runden Scheiben (Frischstücke), setzt sie dann in der Weise auf, wie auf dem in Fig. 77 abgebildeten Saigerherd angedeutet, umgiebt die Scheiben mit Kohlen und schmilzt (saigert) bei allmählich gesteigerter Temperatur das Blei ab, welches das im Schwarzkupfer enthaltene Silber mit sich führt; es fließt durch die Saigergasse nach dem Vortiegel t ab. Ist das Blei nach einer Saigerung schon silberhaltig genug, so giebt man es auf den Treibherd; im andern Falle verwendet man es zur Entsilberung einer weitern Partie von Schwarzkupfer. Die auf dem Saigerherd zurückgebliebenen Frischstücke (Kienstöcke) röstet man in einem eigenthümlichen Darrofen bei hoher Temperatur, wodurch eine sehr kupferreiche Glätte, der Darrost, abfließt und ein noch bleihaltiges Schwarzkupfer zurückbleibt, welches man auf dem Kupfergarherd vollends zu Gute macht. Viel weitläufiger noch ist die Verhüttung der geschwefelten Erze, unter denen der Kupferkies das wichtigste ausmacht. Diesen röstet man in offenen Stadeln und entfernt dadurch zuvörderst einen Theil des Schwefels, alsdann schmilzt man die Masse in Flammenöfen nieder und erhält zunächst neben Schlacken den Rohstein, ein Schwefelkupfer, das zerschlagen, von der Schlacke gesondert und, wiederum gut geröstet, in gleicher Weise geschmolzen wird, und nun erst einen kupferreichen Stein (Dünnstein) giebt. Am umständlichsten aber ist die Verhüttung des Kupferschiefers, weil man erst das Bitumen und die schweflige Säure austreiben, sodann gattiren und den spärlichen Erzgehalt sammeln muß. Im Mansfeldischen und in Kurhessen geschieht dies in sehr ähnlichen Gebläseschachtöfen, wie sie bei der Zinn- und Bleigewinnung in Gebrauch sind.

Die Ausbringung des Kupfers ist, wie schon aus dem Gesagten erhellt, um so mühsamer und kostspieliger, je mehr die Erze mit anderen Stoffen gemengt sind. Unter diesen fremden Begleitern macht aber das Eisen die große und rühmliche Ausnahme, daß es nicht schädlich, sondern im Gegentheil für den ganzen Kupferschmelzprozeß höchst nützlich und nothwendig ist, so daß man in Fällen, wo es nicht bereits als Schwefeleisen im Erze vorhanden ist, dasselbe dagegen kieselige Bestandtheile enthält, sogar Eisen zusetzt, um der Kieselsäure für die Schlackenbildung eine metallische Basis zu bieten. Ohne Zuschlag von Eisen oder Kalk würde man hier wenig Kupfer erschmelzen, denn dasselbe würde, sobald

Fig. 78. Garofen zu Kupfer.

es zu Oxydul geworden, in die Schlacke eingehen, was jetzt an seiner Stelle das Eisenoxydul und der Kalk thun. Die Rolle des Eisens bei der Kupfergewinnung ist also im Allgemeinen eine beschützende; es opfert sich förmlich zur Erhaltung des Kupfers auf.

Die fremden Bestandtheile des Schwarzkupfers, des ersten Produkts bei der Kupfergewinnung, sind hauptsächlich Schwefel, Eisen, Blei, Antimon, Arsen, Wismuth, Zink und Nickel. Zu ihrer möglichsten Beseitigung unterliegt nunmehr das Schwarzkupfer (silberhaltiges nach vorhergegangenem Saigerprozeß) dem Garmachen, das heißt, es wird auf einem Garherd (s. Fig. 78) oder in einem kleinen Flammenofen unter Belegung mit Holzkohlen niedergeschmolzen. Die Garherde sind den Eisenfrischfeuern sehr ähnlich, nur ist die Herdgrube o hier rund und aus schwerem Gestübbe geformt. Da die oben genannten Metalle sich leichter mit dem Sauerstoff verbinden (oxydiren) als das Kupfer, so ist die Möglichkeit gegeben, letzteres durch Oxydation von ihnen zu befreien, und dies ist eben der Zweck des Garmachens. Durch Blasebälge wird der Oberfläche der schmelzenden Masse fortwährend Luft und damit neuer Sauerstoff zugeführt, um die Oxydation zu unterhalten. Die Verunreinigungen gehen nun theils als Dämpfe (Antimon, Arsen) durch den oberhalb angebrachten Mantel fort, theils bilden sie Schlacken, die rechts über die geneigte Fläche abfließen. Den Fortschritt der Gare erkennt man, indem man ab und zu eine Eisenstange in die flüssige Masse taucht, schnell wieder herauszieht, im Wasser ablöscht und die dem Eisen anhangende Kupferschicht prüft. Ist die Gare vollendet, so stellt man das Gebläse ab, reinigt die Oberfläche des geschmolzenen Metalls von Kohlen und Schlacken und reißt Scheiben (Rosetten), d. h. man zieht die obere erkaltete und bis auf eine gewisse Tiefe erstarrte Kruste ab, bis der größte Theil des Kupfers in solche verwandelt ist. Die ersten Rosetten sind die feinsten.

Das Rosettenkupfer bildet aber immer noch kein völlig brauchbares Material zur Verarbeitung, es fehlt ihm die Hämmerbarkeit, weil gewöhnlich das Metall eine Quantität Kupferoxydul enthält, welches durch ein erneutes Umschmelzen der Rosetten erst reduzirt, in Metall verwandelt werden muß; diese Arbeit heißt das Hammergarmachen, das oft

auch erst auf den Kupferhämmern vorgenommen wird. Es erfolgt gleichfalls auf den Gar=
herden durch Schmelzen unter Zusatz von Holzkohlen und bei schwachem Gebläse. Die
hierbei fortwährend mit der Eisenstange herausgezogenen Proben prüft man dergestalt,
daß man sie erst heiß auf ihre Hämmerbarkeit versucht, dann sie in Wasser abkühlt und
auch kalt hämmert. Sobald sie beide Proben bestehen, ist die Gare eingetreten und das
Kupfer wird mit Kellen in eiserne, mit Lehm überzogene Formen geschöpft, wobei man,
um das schädliche Spratzen zu vermeiden, gern eine nicht zu hohe Temperatur wählt,
außerdem auch durch Umrühren mit Holzstangen die Masse gleichmäßig macht. Die durch
das Gießen in die Formen erhaltenen Blöcke heißen **Hartstücke** und gelangen zur weiteren
Bearbeitung unter Walzen oder Hämmer.

Bei der englischen Methode des Zugutemachens der Kupfererze in Flammenöfen treten
hauptsächlich Kohle und Kohlenoxydgas als Reduktionsmittel auf.

Haben wir nunmehr die trockenen Methoden der Kupfergewinnung betrachtet, so bleibt
noch die beim Kupfer vorzugsweise thunliche **nasse Gewinnung** — theils mit, theils ohne
Beihülfe des Feuers — um so mehr zu erwähnen, da dieselbe in jüngster Zeit in verschieden=
artiger Gestalt in die Praxis eingeführt worden ist. Handelt es sich bei solchen Prozessen
auch nicht immer um die Gewinnung metallischen Kupfers, sondern bleibt man mitunter
beim Kupfervitriol stehen, so ist daran zu erinnern, daß dieses allen unseren Lesern bekannte
prachtvolle blaue Salz nach der heutigen Lage der Dinge in vielen Fällen auch nur als
Durchgangsstufe zu metallischem Kupfer zu betrachten ist, indem der jetzt so massenhafte
Verbrauch seinen hauptsächlichen Grund in der **Galvanoplastik** findet. Den letzten Theil
der Hüttenprozesse, die endliche Abscheidung des regulinischen Metalles, besorgt hier eine
besondere Kraft, die auch zugleich formbildend wirkt.

Eine von Alters her betriebene, mehr beiläufige und zusammenhanglos dastehende
nasse Kupfergewinnungsmethode bildet die sogenannte **Cementation**. Die Grubenwässer
der Kupfergruben enthalten durch Verwitterung von Kupferkiesen immer mehr oder weniger
Kupfervitriol, bilden also stark verdünnte Kupfersalzlösungen. Legt man daher Eisenstücke
hinein, so überziehen sie sich allmählich mit Kupfer, bis endlich das ganze Eisen ver=
schwunden und dessen Stelle von Kupfer eingenommen worden ist. Wo es sich der Mühe
lohnt, nimmt man die Grubenwässer förmlich in Behandlung, läutert sie und läßt den Nieder=
schlag in großen Kästen vor sich gehen. So gewinnt man zu Neusohl und Schmölnitz in
Ungarn jährlich mehrere tausend Centner Kupfer dadurch, daß man Wasser in alte Gruben=
baue leitet, alte verwitterte Schlackenhalden auslaugt und aus den Lösungen das Kupfer
durch Eisen niederschlägt. Aehnlich verfährt man zu Falun in Schweden, auf der englischen
Insel Anglesea u. a. a. O. Die ursprüngliche Kupfervitriollösung verwandelt sich durch den
Cementationsprozeß in eine solche von Eisenvitriol, den man durch Eindunsten und Krystal=
lisirenlassen auch noch zu Gute machen kann.

Zu Stadtberg in Westfalen ist eine Extraktionsmethode von Kupfererz mittels Säure
im Gange. Ein Schiefer, der etwa 10 Prozent kohlensaures Kupferoxyd in mulmiger
Form, zum Theil auch in Form von Malachit und Lasur enthält, wird in gemauerten Be=
hältern aufgeschichtet, die eigentlich kleine Schwefelsäurekammern vorstellen, denn es werden
in einem benachbarten Brennofen durch Röstung von Schwefelkiesen und Zinkblende unter
Zusatz von etwas Salpeter schweflige Säure und Stickoxyd gebildet und diese Gase nebst
Wässerdämpfen in die Erzkammer geleitet. Hier entsteht denn auch Schwefelsäure, welche
sich sogleich mit Kupferoxyd sättigt und als Kupfervitriollösung durch den rostförmigen
Boden der Kammer abfließt. Mit drei solchen Vorrichtungen, die dort im Gange sind und
deren jede 1200 Centner faßt, werden die reicheren Erze in 8 Wochen, die ärmeren schon
in 4 Wochen erschöpft. Die erhaltene Vitriollösung giebt, nachdem sie auf ein spezifisches
Gewicht von 1,25 konzentrirt worden, durch hineingeworfene Eisenabfälle Cementkupfer und
als Nebenprodukt Eisenvitriol, der besonders zu Gute gemacht wird und bei einer Menge
von jährlich 5400 Centnern größtentheils die Kosten deckt. Das gewaschene und von
Eisenstückchen abgesiebte Kupfer wird in Flammenöfen verschmolzen.

Andere Methoden gründen sich auf Anwendung der Salzsäure. Zu Braubach im Nassauischen z. B. wird der durch mehrfaches Umschmelzen angereicherte, etwas silber- und goldhaltige Kupferstein in feines Pulver verwandelt, das erst noch kalzinirt und dann mit verdünnter Salzsäure unter stetem Rühren zusammengebracht wird. Die klar abgezogene, das Kupfer enthaltende Flüssigkeit wird mit Dampf zum Sieden erhitzt und mit Kalkmilch gemischt. Das hierdurch ausgefällte grüne Kupferoxyd wird durch Pressen entwässert, getrocknet und zu Metall reduzirt.

Solche Maßnahmen, bei welchen es sich um das Ausziehen des Kupfers mittels einer Säure handelt, sind übrigens nur ausführbar, wenn die betreffenden Erze frei von kohlensauren Verbindungen des Kalks, der Magnesia und des Eisens sind. Diese lösen sich sonst vor dem Kupfer und binden so viel Säure, daß schon ein Gehalt von wenigen Prozenten die Rechnung zu Schanden macht.

Es giebt übrigens noch zahlreiche Methoden, um die geringen Kupfergehalte mancher Erze zu gewinnen, und jede von ihnen, weil sie sich allemal nach der Natur der mit in Wechselwirkung tretenden nebensächlichen Stoffe zu richten hat, ist von den andern verschieden. Es kann aber hier nicht der Ort sein, auf diese Einzelheiten einzugehen; es mag uns genügen, Hauptzüge zu einem übersichtlichen Gesammtbilde zusammengestellt zu haben.

Die Kupferproduktion der Erde ist, gegen die Eisenproduktion gehalten, freilich eine sich in viel niedrigeren Ziffern bewegende. Trotzdem aber fällt ihr Ertrag wirthschaftlich ganz eminent ins Gewicht durch die Arbeit, welche von dem theureren Metalle in verhältnißmäßig viel ausgedehnterer Weise bei der Herstellung der tausendfach verschiedenen Gegenstände in Anspruch genommen wird, welche die edelsten Werke der Kunst eben sowol als die feinsten Apparate der Wissenschaft und der Mechanik umfassen.

Man veranschlagt gegenwärtig die Kupfererzeugung der Erde auf ein Gesammtquantum von 1,500,000 Centnern, sicher aber zu gering. Davon entfällt auf Europa mehr als die Hälfte, und von der europäischen Produktion nimmt wieder England den Löwentheil für sich in Anspruch, denn 1875 hat es aus seinen reichen Lagerstätten in Cornwallis, Swansea u. a., mehr aber noch aus fremden Erzen 350,000 Centner erschmolzen. Darum wird auch der Gebrauch des Kupfers wol nirgends in dem Grade ausgedehnt gefunden, wie in England. Die Kupferausbeute in Deutschland wird — wol zu niedrig — auf 120,000 Centner jährlich angegeben, denn die Mansfelder Werke allein bezifferten ihren Beitrag für 1872 mit 110,000 Centnern Gar- und Raffinat-Kupfer. Oesterreich-Ungarn stellt sich mit 60,000 Centnern in die Reihe. Sonst sind für die Kupfererzeugung noch von Belang Schweden und Norwegen mit über 40,000 Centnern, Belgien mit 20,000 Centnern, Spanien mit 40,000 Centnern und Rußland durch seine Lager am Ural und Altai, aus denen es jährlich gegen 150,000 Centner gewinnt. Von außereuropäischen Ländern ist Chile mit 280,000 Centnern in erster Reihe stehend, Nordamerika folgt mit 200,000 Centnern, Cuba mit 40,000, Bolivia und Peru mit 30,000 Centnern. Das kupferreiche Asien läßt sich nicht taxiren, jedenfalls aber überschreitet es die Ziffer, welche ihm nach der obengegebenen Gesammtziffer bleiben würde. Die australischen und ein guter Theil der amerikanischen, auch viel norwegische Erze, gehen zur Verarbeitung nach England, das übrigens auch noch Frankreich, Spanien und Portugal, Italien, Cuba, Vereinigte Staaten, Südamerika (stark namentlich Chile), das Kapland, also fast die halbe Welt, in Anspruch nimmt. Ein unsern Handel zur Zeit noch wenig berührendes Produktionsland mit einer Fülle des schönsten Kupfers ist Japan; sein weites Absatzgebiet bildet ganz Ostasien. Eine beträchtliche Kupferproduktion hat auch Armenien, deren Ausfuhrhafen Trapezunt am Schwarzen Meere ist. Trotz der schlechten türkischen Wirthschaft sollen jährlich 130,000 Centner ausgeführt werden.

Das reine Kupfer zeichnet sich vor allen anderen Metallen durch seine angenehme rothe Farbe aus; es nimmt eine sehr schöne Politur an, und seine Beständigkeit ist groß genug, um für viele Zwecke in unvermischter Gestalt Verwendung finden zu können. Es ist ziemlich hart, dennoch aber sehr dehnbar, wie das unechte Blattgold beweist, das der

Hauptsache nach aus dünngeschlagenem Kupfer besteht; es wird deswegen auch zu den feinen Drähten ausgezogen, welche bei den elektromagnetischen Apparaten eine so große Rolle spielen, und eignet sich gerade hierzu vortrefflich, weil es die Elektrizität viel besser leitet als das Eisen. Sein spezifisches Gewicht ist nahezu 9; sein Schmelzpunkt, der etwas höher als der des Silbers und etwas niedriger als der des Goldes ist, liegt ungefähr bei 1300°. Geschmolzen zeigt es eine eigenthümliche meergrüne Farbe und beim Wiederfestwerden die mit dem Namen des „Spratzens" bezeichnete Eigenthümlichkeit, welche in dem plötzlichen Entweichen kleiner Blasen eingeschluckten Gases besteht und das Auffliegen zahlreicher kleiner Kupferkügelchen zur Folge hat, eine Erscheinung, die man deswegen auch „Kupferregen" nennt. Bei großer Hitze und in sauerstoffreicher Luft verbrennt das Kupfer mit grüner Farbe der Flamme; bei gelinder Erwärmung, namentlich in feuchter Atmosphäre, überlaufen blanke Kupferflächen anfänglich mit schönen Regenbogenfarben, bis sich schließlich eine mattrothe Oberfläche von Kupferoxydul bildet.

Seine Verwendung in reiner Form sowol als in Verbindung mit anderen Körpern ist sehr bedeutend. Das meiste Metall der Kupferwerke erhält, so weit es nicht als Rosettenkupfer zum Wiedereinschmelzen als Hauptbestandtheil für die viel verwendeten Legirungen, Bronze, Messing, Neusilber u. s. w., bestimmt ist, die Form von Blech oder Platten, in welcher Form es zur Weiterverarbeitung in allerhand Gefäße, Röhren, Kessel, Beschläge, Münzen u. s. w. dient. Das Ausschlagen zu Blech geschah früher auf Hammerwerken, Kupferhammer genannt, jetzt hat man dazu Walzwerke wie die sind, welchen wir schon beim Eisen begegneten; nur ungewöhnlich große Kessel und dergleichen werden gleich unter einem Maschinenhammer ausgetrieben. Liegt der Garofen dem Walzwerk nahe genug, so werden die aus dem garen Kupfer gegossenen Barren sogleich in noch glühendem Zustande durch die Walzen gelassen, im andern Falle aber erst wieder in einem Herdfeuer zum Rothglühen gebracht. Dieses Glühendmachen wiederholt sich vor jedem neuen Durchlassen durch die Walzen, bis die Barre sich in eine Platte von etwa 4—5 Meter Länge und etwa 2 Meter Breite verwandelt hat. Ist diese Plattenform erreicht, so können die Bleche auch durch kaltes Walzen weiter verdünnt werden und eine Erhitzung ist nur zwischendurch nöthig, wenn das Metall unter den Walzen zu hart geworden. Man taucht dann die Bleche heiß in kaltes Wasser, und dadurch wird das Metall nicht wie der Stahl gehärtet, sondern es hat im Gegentheil seine Weichheit wieder erlangt. Das Weichwerden durch plötzliches Abkühlen ist eine sehr charakteristische Eigenschaft des Kupfers. Durch die mehrfache Erhitzung und Verkühlung überziehen sich die Platten aber mit einer Oxydschicht, welche durch Beizen und Scheuern entfernt werden muß, wobei man als Lösungsmittel Ammoniak, nach hergebrachter Weise in der Form von gefaultem Urin, anwendet. Schließlich erhalten die Platten zwischen Schlichtwalzen noch eine gewisse Glätte, worauf sie zu den im Verkauf gangbaren Größen zerschnitten werden.

Das Walzwerk liefert auch Kupfer in Form von Stäben und dicken Drähten, um namentlich zum Behuf des Drahtziehens, zu Nägeln und anderen kleinen Gebrauchsgegenständen zu dienen. Für das Drahtziehen bildet das Kupfer vermöge seiner großen Dehnbarkeit ein sehr geeignetes Material; ein Stab von etwa 30 Centimeter Länge und 2½ Centimeter Stärke läßt sich in einen Draht verwandeln, der mehr als eine Meile lang und dünner als ein Menschenhaar ist. In so feiner Verdünnung dient das Kupfer namentlich zu sogenannter Leonischer Waare, d. h. Tressenarbeit, zu welchem Zwecke es vergoldet oder versilbert wird. Die Belegung mit dem edlen Metall geschieht schon an der zum Draht bestimmten Kupferstange und das Gold und Silber muß daher die ganze Operation des Drahtziehens mit durchmachen. Als telegraphische Leitung läuft der Kupferdraht über alle civilisirten Länder der Erde und selbst unter Meeren hindurch, während nicht minder bedeutende Längen dünnerer Drähte zu den Apparaten auf den Telegraphenstationen, ferner zu Rotations- und Induktionsmaschinen, kurz überall da verbraucht werden, wo es sich um Benutzung des Elektromagnetismus handelt. Für die gewöhnlichen Erdleitungen hat das Kupfer aber dem billigeren Eisen weichen müssen.

Das Kupfer besitzt wie kein anderes Metall die Eigenschaft, sich durch kaltes Hämmern in beliebige Formen treiben zu lassen, ohne zu reißen oder zu springen. Hierauf gründet sich namentlich das Geschäft des Kupferschmieds. Die Kessel und andere Hohlwaaren werden von ihm aus flachem Blech ausgehämmert, und für die Zwecke der Zuckerfabriken, Brauereien u. s. w. werden Kessel, Destillirblasen, Vacuumpfannen u. s. w. jetzt bis zu ganz enormen Dimensionen hergestellt. Wo die Treibkunst nicht anwendbar ist oder nicht hinreicht, tritt dann das Zusammennieten einzelner Stücke ein. Die Bildsamkeit des Kupfers ist oft durch das Kunststück dargethan worden, daß man aus Kupfermünzen, bis herab zum Pfennig, Theekesselchen und andere dergleichen Miniaturgeräthschaften getrieben hat, und zwar so, daß am Boden derselben ein Theil der Prägung geschont worden war und als Ursprungszeugniß dienen konnte. Aber auch zu wirklichen Kunstgebilden, z. B. zu Statuen, ist das Treiben in Kupfer öfter benutzt worden, und mehrere Hauptstädte, wie Berlin, Wien u. s. w., haben schöne Proben davon aufzuweisen.

In anderer Weise dient das Kupfer seit langer Zeit der Kunst im Fache des Kupfer- und Landkartenstichs, und nicht minder spielt es im Seedienst eine wichtige Rolle, indem es erstlich an Stelle des so leicht verderblichen Eisens zu allerhand großen Nägeln und Bolzen beim Schiffsbau, und dann in Plattenform hauptsächlich zum Beschlagen der hölzernen Schiffe dient. Der Kupferbeschlag soll vornehmlich die bohrenden Seethiere von der Beschädigung des Holzes und die Schalthiere vom Festsetzen an den Schiffskörper abhalten, weil durch diese blinden Passagiere die Beweglichkeit des Schiffes im Wasser ganz beträchtlich vermindert werden kann. Hier wirkt das Kupfer hauptsächlich durch die giftigen Eigenschaften seiner Lösungen; es muß sich also in seinem Dienste aufopfern; infolge dessen hält denn auch eine Schiffsverkupferung, bis sie abgenommen werden muß, nicht viel länger als etwa 6 Jahre und ist dann so dünn geworden wie ein Mohnblatt. Eine ähnliche, aber mehr auf seine Dauerhaftigkeit sich gründende Rolle als Bedeckungsmaterial spielt das Kupfer in der Baukunst als Ueberzug für Bedachungen, obwol es der Neuzeit für diese Zwecke bereits etwas zu kostspielig geworden zu sein scheint, da man an seiner Stelle vielmehr jetzt das Zink verwendet. Wer sich aber des angenehmen Effektes erinnert, den alte Kupferdächer, wie z. B. das Japanische Palais in Dresden eins trägt, mit ihrer durch das Alter hervorgerufenen grünen Färbung hervorbringen, der wird bedauern, daß für solche Verwendungen von dem schönen Materiale nicht genug zur Verfügung steht. Die russischen Kuppelbauten, die sehr häufig noch dazu vergoldet sind, haben in diesem Falle immer ein kupfernes Dach.

In Form von Münzen endlich geht uns das Kupfer ja täglich durch die Hände, sowol offen als Kupfermünze, als versteckt in den Nickel-, Silber- und Goldmünzen, die ohne Ausnahme, wie auch alle zu Gefäßen, Geräthen und Schmuck verarbeiteten Edelmetalle, einen Zusatz von Kupfer haben, weil sie sonst für den Gebrauch zu weich sein würden.

Als Material für den Metallguß eignet sich das Kupfer an sich, nach dem schon beim Hüttenprozeß Gesagten, schlecht oder eigentlich gar nicht, wird auch in der Praxis dazu wol niemals benutzt, höchstens zu ganz großen Schiffsnägeln. Die Eigenschaft der Gießbarkeit erhält es vielmehr erst durch Verbindung mit anderen Metallen, und somit kommen wir in das ausgedehnte Departement der

Legirungen des Kupfers. So vielfach und wichtig die Anwendung des unvermischten Kupfers ist, so ist doch seine Benutzung in legirtem Zustande noch bei weitem ausgedehnter. Es tritt hierbei eine zweite vorzügliche Eigenschaft dieses Metalles ans Licht; denn so wie wir beim reinen Metall seine vorzügliche Dehnbarkeit hervorzuheben hatten, so hier die Gefügigkeit, womit es sich in die Verschmelzung mit anderen Metallen schickt. Wahrscheinlich ist es sogar geeignet, mit allen metallischen Elementen Legirungen einzugehen. Die gebräuchlichsten und daher am besten studirten Legirungen des Kupfers sind die mit Zinn, Zink, Nickel, Blei und den edlen Metallen. Hierzu ist als werthvollste Bereicherung in jüngster Zeit noch die Legirung mit Aluminium (Aluminiumbronze) getreten, welche bei Besprechung dieses letztern Metalls mit betrachtet werden soll.

Durch das Legiren im Allgemeinen haben wir das Mittel in der Hand, aus den gebräuchlichen 10—12 Metallen eine lange Reihe neuer Verbindungen herzustellen, mit neuen Eigenschaften begabt, die sich öfters aus den Eigenschaften der Einzelbestandtheile gar nicht würden vorhersagen lassen. Da man nicht blos zwei, sondern auch drei und vier Metalle in höchst verschiedenen Verhältnissen legiren kann, so würde die Zahl der wenigstens theoretisch möglichen Legirungen geradezu in die Tausende gehen. Vom Kupfer als Grundlage ausgehend, führt die technische Literatur allein wenigstens 70 brauchbare Legirungen dieses Metalles mit Zinn, resp. Zink, Gold, Silber, Blei, Antimon, Nickel, Wismuth, Eisen u. s. w., auf. Von Alters her bekannt und die Basis wichtiger Industriezweige bildend, sind aber die beiden Gruppen, in denen einerseits das Zinn, andererseits das Zink dem Kupfer vermählt und deren allgemeine Bezeichnung durch die Benennungen Bronze und Messing gegeben ist. Streng geschieden sind die beiden Departements insofern nicht, als auch bei gewissen Bronzen das Zink eine Rolle spielt und ihnen dadurch eine Mittelstellung anweist.

Durch das Zusammenschmelzen des Kupfers mit Zinn entsteht eine Masse, welche härter als das Kupfer, klingender, sehr politurfähig und hauptsächlich im Schmelzen von dünnerem Fluß, also geeignet ist, die Gußformen voll und scharf auszufüllen. Da diese Masse überdies beim Erkalten nicht wie das Kupfer selbst blasig wird, so bildet sie ein ausgezeichnetes Material für die Metallgießerei, wogegen andererseits die ursprüngliche Zähigkeit des Kupfers um so mehr verloren gegangen ist, je höher der Antheil des Zinns genommen wurde. Bei 1 Theil Zinn auf 2 Theile Kupfer, oder noch bestimmter 35 Theilen Zinn auf 65 Theile Kupfer ist die Legirung am sprödesten, von Farbe weiß oder hell stahlgrau und kaum noch durch die Feile angreifbar; mit abnehmendem Zinngehalt tritt eine weichere Konsistenz und die bekannte röthlichbraune Farbe immer mehr hervor. Sinkt der Zinngehalt unter 18 Prozent, so läßt sich die Masse in der Rothglut zwischen Walzen noch gut strecken, aber nicht kalt hämmern, was selbst bei 5 und weniger Prozent Zinn nicht so gut angeht wie bei unvermischtem Kupfer. Andererseits sind, wie natürlich, Legirungen von mehr Zinn als Kupfer um so weicher, je mehr das erste Metall vorherrscht.

Wird der Mischung aus Kupfer und Zinn noch Zink zugesetzt, so erhält man eine Masse, welche hinsichtlich ihrer Eigenschaft zwischen der Kupferzinnbronze und dem nur aus Kupfer und Zink bestehenden Messing steht. Der Zinkzusatz bringt in die Farbe der Mischung das Gelb, und wenn der Zinngehalt im Verhältniß zum Zink klein ist, so kann sogar ein schöneres und höheres Gelb erzielt werden, als dem gewöhnlichen Messing eigen ist, ein Umstand, den man sich zu Nutze macht, wenn es sich um den Guß von Sachen handelt, die nachher vergoldet oder goldfarbig gefirnißt werden sollen.

Bronze. Die Beschaffenheit der Bronzen des Alterthums ist durch chemische Untersuchung noch vorhandener Münzen, Waffen und Geräthe mehrfach geprüft worden. Man fand immer in der Hauptsache Kupfer und Zinn oder Kupfer und Zink, daneben häufig und gerade in den ältesten Stücken auch Blei in so starker Vertretung, daß ein absichtlicher Zusatz unverkennbar ist, z. B. bei altrömischen Münzen fast bis zu $1/4$ der ganzen Masse. Bei den Münzen mag sich der Zusatz aus ökonomischen Rücksichten erklären; auch das chinesische Kupfergeld scheint, nach einigen Proben zu urtheilen, immer ziemlich stark mit Blei versetzt zu sein. Andere Bestandtheile der alten Bronzen, wie Eisen, Kobalt, Nickel, zuweilen selbst ein wenig Silber, sind stets an Menge so geringfügig befunden worden, daß sie für unabsichtliche Beimischungen, veranlaßt durch die Unreinheit der Hauptmetalle, angesehen werden müssen. Dagegen gab es im Alterthum auch eine berühmte und von den Römern zu Luxusarbeiten sehr geschätzte Legirung, das sogenannte korinthische Erz, welche aus Kupfer und Silber bestand.

Die Bronze hat, abgesehen von ihrer wirklichen Nützlichkeit, im Laufe der Zeiten mehrfache günstige Chancen für sich gehabt. In der Blütezeit Griechenlands herrschte die Vorliebe für bronzene Statuen in hohem Grade, so daß selbst ungeheure Kolosse dieser Gattung hergestellt wurden. Der römische Konsul Mutian soll zu Athen 3000 bronzene

Statuen und eben so viel zu Rhodus und Delphi gefunden haben. Im Mittelalter herrschte eine andere, der Bronze günstige Geschmacksrichtung, die Vorliebe für viele und möglichst große Kirchenglocken, bis eine neuere Zeit in derselben das Hauptmaterial fand für Kanonen und andere Zerstörungsmaschinen. Während sie aber dieses letztere Gebiet wieder an den Stahl größtentheils hat abtreten müssen, hat sich andererseits die Lust am Denkmalsetzen wieder sehr gehoben, und außerdem sichert ihr die heutige Industrie in Anwendung auf allerlei Kurz- und Kunstwaaren eine immerhin beträchtliche Verwendung. Im Allgemeinen unterscheidet man **Glockenmetall** (Glockenspeise), **Geschützmetall** und **Statuenbronze** als drei Sorten, die je nach ihrer Bestimmung eine etwas andere Zusammensetzung erhalten. Es giebt erstlich schon für diese drei keine feststehende Norm, und dann hat man noch eine Menge anderer Zusammensetzungen für andere Zwecke, die alle das Kupfer zur Grundlage und noch ein, zwei oder drei andere Metalle zu Begleitern haben und zur Klasse der Bronzen gehören. Wir wollen in Nachstehendem wenigstens eine abgekürzte Uebersicht solcher Kompositionen geben.

a. Kupfer und Zinn.

	Kupfer.	Zinn.
Glockenmetall	4	1
» für Uhrglocken	100	33
Kanonenmetall	100	10—11
Medaillenbronze	92	8
Lagermetall für Lokomotivachsen	86	14

b. Kupfer, Zinn und Zink.

	Kupfer.	Zinn.	Zink.
Mannheimer Gold	91	15	9
	80	18	2
Metall zu Lagern, Radbüchsen, Pumpen u. s. w.	82	16	2
	88	10	2
Statuenbronze, rothgelbe Grenze	84,42	4,30	11,28
» hochgelbe »	65,95	2,49	31,58
Scheidemünzen in Frankreich, Schweden und in der Schweiz	95	4	1
» » Dänemark	90	5	5

c. Kupfer, Zinn, Zink und Blei.

	Kupfer.	Zinn.	Zink.	Blei.
Statuenbronze	78,5	2,9	17,2	1,4
Thomson's Glockenmetall	80,0	10,1	5,6	4,3
Metalle zu Achsenlagern u. s. w.	{ 79	8	5	8
	38	15	1,5	0,5

Es läßt sich denken, daß so verschiedene Zusammensetzungen auch verschieden geeigenschaftete Produkte geben müssen, die sich bald für diesen, bald für jenen Zweck besser eignen werden. In Rücksicht darauf, daß die Masse nicht blos vergossen, sondern auch überarbeitet, durch Hämmern, Feilen, Abdrehen u. s. w. behandelt werden soll, muß man von ihr auch eine gewisse Weichheit und Geschmeidigkeit verlangen, welche manche dieser Legirungen nicht besitzen. Mischungen, die etwa 85 Prozent Kupfer und den Rest in Zinn oder bis zu 8 Theile des ersteren und 1 Theil des letzteren enthalten, sind schon von Natur etwas weich und geschmeidig. Man kann diese Eigenschaft erhöhen und selbst anders beschaffene Legirungen weich machen, indem man dieselben stark erhitzt und dann plötzlich abkühlt. Die Bronze erleidet hierdurch eine Erweichung wie das Kupfer und wird unter dem Hammer, der Prägepresse und mit Schneidinstrumenten bearbeitbar, ein Umstand, der für die Anwendbarkeit dieses Stoffes von wesentlichem Belang ist, um so mehr, da sich der ursprüngliche Härtegrad durch einfaches Erhitzen und langsames Erkaltenlassen leicht wieder herstellen läßt.

Eine ganz eigenthümliche Rolle scheint der Phosphor den Kupferlegirungen gegenüber zu spielen, wenigstens wird die von Künzel erfundene sogenannte Phosphorbronze in neuester Zeit als Glockengut sowol wie als Geschützmetall, zu Kunstguß und für Maschinentheile ihrer vortrefflichen Eigenschaften wegen empfohlen. Zwar sind die Versuche wol noch nicht abgeschlossen und das letzte Urtheil wird immer noch die Zeit zu sprechen haben, indessen sind die Eigenschaften der Phosphorbronze so auffällige, daß sehr wohl anzunehmen ist, manche von ihnen werden der neuen Legirung eine dauernde Verwendung sichern, auch wenn die Hoffnungen, die man mancherseits jetzt an ihr Auftreten knüpft, sich nicht in vollem Umfange verwirklichen sollten. Ein ganz geringer Zusatz von Phosphor schon, 0,5 Prozent, giebt einer aus 90 Theilen Kupfer und dem Rest Zinn bestehenden Bronze einen warmen, goldrothen Ton, erhöht die Elastizität, Festigkeit und Härte ganz beträchtlich und macht sie als Gußmasse so dünnflüssig, daß die feinsten Formtheile davon ausgefüllt werden. Dazu soll man es in der Hand haben, durch Abänderung der Mischungsverhältnisse einzelne dieser Eigenschaften ganz besonders zu steigern, so daß für alle denkbaren Verwendungsarten das geeignetste Material im Voraus zu berechnen wäre. Namentlich wird die Phosphorbronze für die Herstellung von Geschützrohren angerathen, ein Feld, auf dem allerdings die größten Massen konsumirt werden würden, wenn der Gußstahl wieder seine Herrschaft abzugeben bewogen werden könnte.

Die Behandlung der Bronze beim Schmelzen und beim Gießen, namentlich größerer Stücke, bietet dagegen gewisse Schwierigkeiten, die aus der ungleichen Natur der verschiedenen Metalle entspringen. Die Zusammensetzung der Masse ändert sich durch die ungleiche Einwirkung des Sauerstoffes auf die verschiedenen Bestandtheile während der ganzen Dauer der Schmelzung. Man wird also schon beim Einschmelzen, wenn eine bestimmte Proportion der Bestandtheile verlangt wird, dem unvermeidlichen Verluste durch Oxydation Rechnung tragen müssen. Ferner ist es zweckmäßig, das Zusatzmetall nicht einfach auf das im Tiegel schmelzende Kupfer aufzuwerfen, sondern es sogleich unter die Oberfläche zu treiben, womöglich auch die leicht oxydirbaren Metalle in bereits legirtem Zustande zuzusetzen. In der Lütticher Stückgießerei z. B. trägt man zu 100 Theilen schmelzenden Kupfers vorerst nur 8 Theile Zinn ein und vollendet dann den Fluß durch Zusetzen einer schon vorräthig gehaltenen Legirung aus 2 Theilen Kupfer und 1 Theil Zinn.

Auch die verschiedene Schwere der Bestandtheile macht sich bei schmelzenden Metallgemischen geltend. Beim ruhigen Stehen und langsamen Erkalten eines solchen kann das erhaltene Gußstück bei der Untersuchung ein ganzes Sortiment von Bronzen aufweisen, zu unterst die kupfer-, zu oberst die zinnreichsten, auch nach außen hin sind die Gußstücke oft anders zusammengesetzt als im Kern. Dazu scheint auch in den Metallen ein Bestreben zu walten, sich in bestimmten festen Verhältnissen besonders gern zu legiren, wodurch weitere Gruppirungen angeregt werden. Allen diesen Separationsgelüsten muß durch tüchtiges Verrühren der Masse unmittelbar vor dem Laufenlassen gesteuert werden; sind aber die Gußstücke groß und war noch dazu die Gußmasse heißer als gerade nöthig, so daß die Abkühlung sich verzögert, so beginnt die Sonderung in den Gußformen von Neuem, und es fallen leicht Stücke von ungleicher Beschaffenheit der Masse. Der Zielpunkt und die Kunst des Gießers besteht demnach darin, die Masse genau bei einem solchen Grade laufen zu lassen, wo sie zwar noch die Formen gut ausfüllen kann, dann aber auch schnell erstarrt.

Zum Schmelzen der Bronze im Großen wendet man Flammenöfen an, die in einem großen Raume, dem Gießhause, erbaut werden, der zugleich zum Form- und Gießraume dient; kleinere Gegenstände gießt man aus Tiegeln. Man feuert entweder Holz- oder Steinkohlen, welche eine rasche, starke Hitze geben.

Glockenguß. Indem wir nun den Bronzeguß in seinen verschiedenen Branchen etwas näher betrachten wollen, läßt sich sogleich bemerken, daß der Glocken- und Kanonenguß hinsichtlich der Masse, die sie verarbeiten, einander sehr nahe stehen, sowol nach deren Zusammensetzung als nach den Quantitätsverhältnissen. Beide, und zwar der Stückguß ganz konsequent, halten sich nur an Gemische von Kupfer und Zinn; jeder andere Zusatz würde nach Ansicht der Sachverständigen den Widerstand schwächen, den die Geschützrohre sowol der mechanischen Anstrengung als den chemischen Einflüssen der Pulververbrennung leisten müssen. Nur der Phosphor scheint merkwürdiger Weise auch in dieser Beziehung eine Ausnahme zu machen.

Den Glockenguß anlangend, so soll alten Chroniken und der noch lebendigen Sage zufolge in früheren Zeiten auch Silber, so viel ein frommes Publikum davon als Opfergabe herbeibringen wollte, hinzugekommen sein. Wenn man nun auch anzunehmen geneigt sein könnte, daß ein Silberzusatz auf den Ton einer Glocke einen vortheilhaften Einfluß haben werde, so hat sich doch, sonderbar genug, noch in keiner alten Glocke Silber nachweisen lassen, und man kommt so auf die Vermuthung, es könnte durch die Gießer ein zunftmäßiger Hokospokus geübt worden sein und das Loch zum Einwerfen der Silbersachen gar nicht zu der Schmelzmasse geführt haben. Ja, es scheint sogar erwiesen, daß Silber in einer Glocke dem Tone nicht nur nicht förderlich, sondern gegentheils geradezu nachtheilig ist. Um nämlich die Sache auf praktischem Wege aufzuklären, goß man in England aus einer bestimmten Legirung vier Versuchsglocken dergestalt, daß die Masse der ersten blieb, wie sie war, und die übrigen in steigender Menge einen Silberzusatz erhielten. Der Erfolg war: die silberfreie Glocke klang weitaus am besten, die übrigen in dem Maße schlechter, als sie mit dem theuern Metall versetzt waren, das man sonach anderweit viel besser anwenden kann.

Die Glockenspeise also bildet ein Kompositum von durchschnittlich 78 Theilen Kupfer und 22 Theilen Zinn. Das gelblichgraue Metall hat einen dichten, feinkörnigen Bruch, schmilzt leicht und wird sehr dünnflüssig, daher die Zierrathen und Inschriften der Glocken auch immer scharf und rein im Guß kommen. Vermöge seiner Härte und Sprödigkeit ist es sehr klangreich, mit dem Kupfer theilt es aber die Eigenschaft, daß Härte und Sprödigkeit nur vorhanden sind, wenn der Guß, wie bei Herstellung der Glocken, langsam abgekühlt ist; beim raschen Abkühlen wird es weich und hämmerbar. Es ist daher möglich, aus ganz ähnlich zusammengesetzten Legirungen durch Schmieden dünnwandige Lärmbecken, wie die chinesischen Gongs oder Tamtams, zu verfertigen, während gewöhnlicher Glockenguß so spröde ist, daß eine Nachbearbeitung der Glocke auf der Drehbank, um etwa ihren Ton etwas zu ändern, sich nicht thunlich zeigt. Die Glocke muß also den Ton, den sie erhalten soll, schon aus dem Gusse mitbringen. Die Tonstufe und der gute Klang hängen sowol von der Masse des Metalls als von deren Vertheilung, also von der Form und den Dimensionen, dem Umfang, der Höhe, Wandstärke, wie auch von dem Grade der Elastizität des Metalls ab; die Regeln hierfür sind den Erfahrungen einer sehr langen Praxis entnommen, und es darf ohne Nachtheil nur unbedeutend davon abgewichen werden. Die Glocke besitzt ihre größte Wandstärke am Schlagringe, d. h. an dem Umkreise, gegen welchen der Klöppel schlägt. Die größte Weite ist gewöhnlich das 15fache, die Höhe das 12fache von der Dicke am Schlagringe. Die Schwere des Klöppels beträgt etwa den 40sten Theil von dem Gewicht der Glocke.

Während man kleine Glocken für Häuser, Bahnhöfe u. s. w. in Sandmodellen, wie andere Gelbgießerarbeiten, fertigt, gießt man Thurmglocken in Lehmformen und geht dabei folgendermaßen zu Werke. Der magere, aber nicht sandige Formlehm wird mit Pferdemist, Flachsscheben oder Kälberhaaren gemengt. Die Form wird vor dem Gießofen in der Dammgrube aufgeführt; die Grube ist etwas tiefer als die Glocke hoch werden soll, weil erstlich das einfließende Metall etwas Fall haben und dann auf dem Boden der Grube ein Fundament von Steinen für die Form gelegt werden muß. Zuerst schlägt der Former einen hölzernen Pfahl in der Mitte der Grube ein, legt das Fundament um denselben und mauert auf diesem den Kern aus Ziegelsteinen hohl auf. Der Kern hat ungefähr die Form und Größe, daß er den Innenraum der verlangten Glocke ziemlich ausfüllt. Durch Auftragen mehrerer Schichten feinen Lehms auf den Steinkern wird der Körper noch aufgehöht und ihm dann mittels einer sogenannten Lehre die richtige Form ertheilt. Die Lehre ist ein Stück Bret, dessen eine Seite nach dem innern Profile der Glocke ausgeschnitten

und scharfkantig gemacht worden ist. Sie ist an einer im Centrum über dem Pfahle an=
gebrachten eisernen Spindel befestigt, und indem sie um den abzugleichenden Kern herum=
geführt wird, nimmt sie von der weichen Hülle desselben so viel weg, daß eben die gewünschte
innere Form der Glocke gebildet wird.

Der so weit fertige Kern wird geäschert, d. h. mit in Wasser oder Bier angerühr=
ter Asche bestrichen, damit der nunmehr folgende Formtheil (die Dicke) nicht an dem
Kerne hängen bleibe. Jetzt bringt man in den Hohlraum des Kernes Feuer, trocknet
ihn damit völlig aus und beginnt nun mit dem Auftragen einer neuen Lehmschicht,
welche man schließlich durch eine zweite Lehre rundet und in die verlangte Gestalt bringt.

Fig. 79. Eine Glockengießerwerkstatt.

Da diese Lehre nach dem äußern Profil der Glocke geschnitten ist, so ist einleuchtend, daß diese
Schicht, die eben die Dicke oder das Hemd heißt, das ganze Ebenbild der Glocke, mit Ausnahme
der Henkel, darstellen muß. Auf dieses eigentliche Modell setzt man denn auch Alles, was
über die allgemeine Oberfläche der Glocke hinausragt, also Inschriften, Wappen, Reifen
und sonstige Verzierungen. Diese Gegenstände sind in Formwachs bossirt und werden an
gehöriger Stelle mittels Terpentin angeklebt, nachdem schon vorher die ganze Außenseite
des Modells, zur Verhütung des Zusammenbackens mit dem dritten und letzten Formtheil,
mit einer Mischung von Wachs und Talg überstrichen worden. Dieser Theil, der Mantel,
entsteht wieder durch Auftragen mehrerer Lehmschichten auf das Modell, die erstere aus der
feinsten Masse mittels des Pinsels, die folgenden weniger umständlich. Auch auf die äußere
Oberfläche des Mantels wendet man keine besondere Sorgfalt, da auf sie nichts ankommt.
So ist denn endlich ein Mauer= und Klebwerk entstanden, das äußerlich nur die rohe Form

der Glocke zeigt und aus drei Schichten, Kern, Dicke und Mantel besteht. Der letztere erhält eine Stärke von 10—15 Centimeter. Jetzt wird noch der Kreuzhenkel (die Krone) der Glocke als besonderes Modellstück gefertigt und dem Mantel aufgepaßt.

Die Krone hat an verschiedenen Stellen Windpfeifen. Durch umgelegte eiserne Reifen und Bänder giebt man dem aus Mantel und Krone bestehenden Modellstück die nöthige Verstärkung, damit es bei der nachfolgenden Prozedur seinen festen Zusammenhalt bewahre. Nachdem nämlich auch der Mantel durch Feuer vollständig getrocknet worden und dabei Wachs und Talg aus dem Innern der Form ausgeschmolzen sind, windet man mittels eines Krahnes das Mantelstück aus der Grube empor, so daß es frei in der Luft schwebt. Die mittlere Schicht, welche dem Metall Platz machen soll, wird nun stückweise vom Kerne abgebrochen, die Gußflächen des Kerns und Mantels genau untersucht und alles Schadhafte nachgebessert. Nachdem endlich auch die Höhlung des Kerns mit Erde ausgefüllt worden, läßt man das schwebende Mantelstück wieder nieder und sorgt, daß es genau seine vorige Stelle wieder einnehme. Die Fuge zwischen dem untern Mantelrand und der Steinsohle wird mit Lehm verstrichen, die Dammgrube bis oben mit Erde gefüllt und diese fest zusammengestampft. Der Einguß befindet sich am obersten Theile des Mantels.

So steht denn die aus Lehm gebrannte Form, „festgemauert in der Erden", bereit, den feurigen Guß in ihr Inneres aufzunehmen, mit dessen Herrichtung man am Gießofen bereits in voller Arbeit sein wird, denn es gehört eine Zeit von 4—6 Stunden dazu, um das Metall in vollen Fluß und in gießfertigen Zustand zu bringen. Man schmilzt erst alles Kupfer nieder, setzt dann $2/3$ des benöthigten Zinns zu, und nachdem diese Legirung gut im Flusse und die Oxyde (das Gekrätz) von der Oberfläche abgeräumt sind, fügt man das übrige Zinn bei. Ist der Moment des Gusses gekommen, so wird der Zapfen am Abstichloch, der das Metall im Ofen zurückhält, mit einer Eisenstange weggestoßen, und jetzt läßt sich bei der Sache weiter nichts mehr thun, als zuzusehen, wie der feurige Fluß durch das Gerinne strömt und im Einguß des Modells verschwindet, und auf das Blasen der Windpfeifen zu hören, ob sie eine stete und ruhige Füllung der Form anzeigen. Nach vollendetem Gusse läßt man das Ganze einen bis zwei Tage erkalten, räumt dann die Gießgrube, zerschlägt den Mantel, hebt die Glocke mittels des Krahnes aus, sägt die Gießzapfen und Angüsse ab, entfernt die Unebenheiten und giebt der Glocke durch Schleifen mit Sandstein u. dergl. ein schmuckes Ansehen. Auf unserem Bilde (s. Fig. 80) links sieht man das Innere einer Glocke dergestalt mit einer Art Maschine bearbeiten.

Beim Glockenguß verfällt etwa $1/10$ des Metalls der Verschlackung, und um diesen Betrag muß die Masse größer als das Gewicht der Glocke genommen werden. Erhält eine Glocke beim Gießen oder später einen Sprung, so hilft man ihr gründlich nur durch Umgießen; ein nothdürftiges Hülfsmittel gewährt für nicht zu tief greifende Wunden das Aussägen: man bohrt zu Ende des Sprunges ein Loch durch die Glockenwand und führt zwei den Sprung einschließende Schnitte, die in dem Loche zusammentreffen, und schneidet somit zwei Abfallstreifen heraus. Hierdurch ist die hauptsächlich tonverderbende Berührung der Sprungflächen aufgehoben und die Glocke bekommt wieder einen Klang, der freilich nicht die Schönheit und Fülle des ursprünglichen haben wird. Den Ton einer Glocke prüft man am besten durch eine Stimmgabel, welche man anschlägt und sogleich an die Glocke ansetzt. Haben beide genau denselben Ton, so klingt die Glocke mit, bei der geringsten Abweichung aber bleibt sie stumm.

Als Erfinder des Glockengusses gilt Paulinus, Bischof zu Nola in Campanien, der ums Jahr 400 lebte. Es ist aber nur erwiesen, daß in Nola, in dessen Nähe sich ein vorzügliches Kupfererz fand, in alten Zeiten die Glockengießerei in bedeutender Blüte stand und ein starker Handel mit Glocken getrieben wurde. Zuerst schafften sich einzelne Klöster Glocken an und läuteten nun zu Gebet und Gottesdienst, während man früher geblasen hatte. Der Gebrauch ging dann allmählich auch auf andere Kirchen über. In Deutschland finden sich Glocken im 11. Jahrhundert, und seit dem 14. blühten die berühmten Glockengießerfamilien zu Nürnberg und Augsburg.

Der Geschmack für kolossale Glocken ist verschwunden, ebenso wie der Geschmack an der Spielerei der Glockenspiele. Die Kaiserglocke, welche in einem Gewicht von 500 Centner für den Kölner Dom gegossen worden ist, übertrifft bei weitem alle in der letzten Zeit gegossenen Glocken an Größe. Dem erhabensten Bauwerk deutscher Architektur gewidmet und aus Metall von französischen Kanonen gegossen, welche in dem glorreichen Kriege 1870 erbeutet worden waren, hat diese Glocke für jeden Deutschen den Werth eines Reichskleinodes, dessen merkwürdige Geschichte von dem ersten verunglückten Guße bis zu der nach langen vergeblichen Versuchen endlich glücklich erreichten Tonsprache das Interesse daran noch erhöht. Am stärksten scheint das Wohlgefallen an Glocken in Rußland zu sein; Moskau soll deren bis zum Brande im Jahre 1812 nicht weniger als 1706 besessen haben. Die eigentliche große Moskauer Glocke, schon 1737 zerbrochen, wog angeblich 3860 Centner; die 1812 herabgestürzte und gebrochene Glocke des Kreml 1260 Centner; in Nowgorod befindet sich eine von 620 Centnern, in Wien eine 1711 gegossene von 354 Centnern; die größte der Liebfrauenkirche zu Paris ist 256 Centner schwer, wird also von der großen „Susanne" zu Erfurt noch um 19 Centner übertroffen.

Fig. 80. Bronzevase von Barbedienne in Paris. Ausstellung 1867

Eine vielbesprochene Neuigkeit waren einmal Stahlstabgeläute, die sich erstlich durch große Wohlfeilheit und außerdem durch ihre Leichtigkeit zu empfehlen suchten. Diese Institute haben garkeine äußere Aehnlichkeit mit Glocken; es sind in einen Winkel gebogene stählerne Schienen ∧, die an der Spitze befestigt sind und deren frei abstehende Schenkel mit Hämmern angeschlagen werden. Wer sie gehört, wird wissen, daß sie zwar nicht gerade wie Glocken klingen, aber sie klingen doch und sind für kleine Ortschaften jedenfalls ausreichend.

In jüngster Zeit hat sich denn aber wie in das Geschützwesen so auch der Gußstahl in die wirkliche Glockengießerei eingedrängt und der Bronze Konkurrenz gemacht. Die in Bochum gegossenen Stahlglocken scheinen sich langsam Bahn zu brechen; ihr Ton ist gut und sie sind viel wohlfeiler als bronzene. Freilich ist zu erwägen, daß das Springen einer solchen nur neue Umgießkosten verursacht, während eine verunglückte Stahlglocke so gut wie keinen Materialwerth mehr hat.

Geschützguß. Die ältesten Geschütze wurden gleichsam zusammengebottchert, d. h. man setzte Eisenstäbe wie Faßdauben zu einer Röhre zusammen und trieb über das Ganze eiserne Reifen. Selbst von ledernen Kanonen ging die Rede, was vielleicht so zu verstehen ist, daß man solche aus Stücken bestehende Rohre durch Ueberlegen von Leder gasdichter zu machen suchte. Später lernte man das Gestäbe zusammenschweißen, aber da die Ansprüche an die Geschütze sich mehr und mehr steigerten, und besonders als man statt der früheren Steinkugeln eiserne einführte, mußte sich die Mangelhaftigkeit der weichen Stabeisenrohre immer deutlicher herausstellen, und man ging daher schon frühzeitig zum Geschützguß über. Wann und wo man zuerst Geschütze goß, ist unermittelt. Die ersten deutschen Bronzegeschütze, von welchen Nachricht vorhanden ist, wurden 1372 von Aarau in Augsburg gegossen. Im 17. Jahrhundert goß man Eisenrohre aus dem Hohofen über den Kern, also gleich hohl; um die Mitte des 18. wurde zuerst, wie jetzt allgemein, in Eisen wie in Bronze aus dem Vollen gegossen und die Hohlung später ausgebohrt.

Mit der Zusammensetzung der Bronze nahm man es in früheren Zeiten aus Mangel an Kenntniß nicht sehr genau. Seit der Mitte des vorigen Jahrhunderts fing man an, für größere Reinheit des Geschützmetalls zu sorgen, und ließ namentlich auch das Zink weg, in Frankreich infolge einer allgemeinen Regierungsanordnung. Indeß hat ein kleiner Gehalt an Zink, bis 3 Prozent, auch seine Vertheidiger gefunden, und man hat nachweisen wollen, daß er in dieser Menge der Haltbarkeit nicht schade, wohl aber das Metall dünnflüssiger und dadurch gußfähiger mache. Die dänische Artillerie soll ihrer Bronze noch jetzt Messing zufügen.

In neuerer Zeit betrachtet man eine Legirung von 9 Theilen Kupfer und 1 Theil Zinn als die eigentliche Geschützbronze, obwol sich die Masse nicht für alle Kaliber gleichbleibt und namentlich für die kleineren Rohre der Antheil des Kupfers gegen das Zinn noch etwas erhöht wird.

Von nicht geringem Einfluß auf die Güte des Gusses wie auf die Beschaffenheit des Materials sind übrigens die Veränderungen, welchen die Masse nach dem Ausgießen unterliegt. Sowol eine zu rasche als eine zu langsame Abkühlung bringt Nachtheile, und man ist nicht einmal einig darüber, welches die kleineren sind. Es scheinen sich in der Masse gern zwei Legirungen zu bilden, eine sehr harte und spröde, weiße, aus 23 Theilen Zinn und 77 Theilen Kupfer bestehend, und eine schwerer schmelzbare, röthlichgelbe. Die erstere ist schwerer und sinkt bei ruhigem Stehen nach der Tiefe, oder trennt sich in der gelben in Körnern, zuweilen von Bohnengröße. Man nennt sie Zinnflecke, weil man die Masse anfänglich für reines Zinn ansah. Durch starkes Umrühren der geschmolzenen Masse unmittelbar vor dem Ausguß suchen die Gießer beide Legirungen möglichst zu einer homogenen Masse zusammenzumischen.

Da man, wie gesagt, alle Kanonen- und Haubitzrohre voll gießt und sie erst durch Ausbohren zu Rohren macht, so bedarf man nur einer Hohlform, welche über ein Modellstück gebildet ist, das äußerlich die Gestalt einer Kanone hat. Es giebt zwei Gußmethoden, die ältere in Lehm, und die neuere, viel rascher fördernde, in Massesand, welche jetzt die erstere großentheils verdrängt hat. Der wesentliche Unterschied zwischen beiden besteht darin, daß man dort ein Modell aus Lehm bildet, das bei jedem Gusse verloren geht, während man hier über ein metallenes formt, das immer wieder gebraucht werden kann. Das Einformen in Lehm geschieht im Wesentlichen ganz wie beim Glockenguß. Der Modellkörper wird über eine viereckige eiserne Spindel durch Auftragen von Lehmschichten und schließlich durch Aufsetzen der Inschrift und Verzierungen aus Wachs hergestellt. Ueber denselben wird wie beim Glockenguß die Hohlform hergestellt und mittels dieser der Guß bewirkt. Das Gußstück zeigt aber nicht blos die Gestalt des Rohres, sondern hat an jedem Ende noch einen Ansatz. Das viereckige am Hinterende heißt der Stollen; er dient zur Befestigung des Rohrs auf der Bohr- und Drehbank und wird nach geleistetem Dienst abgeschnitten. Am Vorderende sitzt eine cylindrische Verlängerung von 45 Centimeter Länge oder mehr, der verlorene Kopf, der noch vor dem Ausbohren abgeschnitten werden muß. Derselbe wird deswegen mit angegossen, damit er durch seine Schwere, die 16, 20 und mehr Centner beträgt, die Masse des eigentlichen Rohres dichter und gleichmäßiger macht.

Rascher zum Ziele führt der Massen= oder Kastenguß. Das Geschützmodell sammt Gießkopf ist hier in Metall, meistens Bronze, dünnwandig gegossen und besteht aus mehreren Stücken, welche ganz, wie schon beim Eisenguß beschrieben, in entsprechend geformten eisernen, zweitheiligen Kästen mit dem Formsand umstampft werden.

Fig. 81. Blumenvase von vergoldeter Bronze von Hollenbach in Wien.

Nach Vollendung der Form nimmt man die Kästen aus einander und die Modelle heraus, bessert schadhafte Stellen nach, schlichtet die ganze Innenseite mit einem Gemisch von Milch und Graphit, trocknet die Form und schließt sie wieder. Die Formen kommen stehend, das Vorderende zu oberst, in die Gießgrube, werden hier mit Erde umstampft und sind so zum Empfang des Engusses fertig.

Das Bohren der Hohlung in die Kanon= und Haubitzröhre geschieht mittels besonderer Bohrmaschinen, die entweder horizontal oder senkrecht wirken. Erstere sind zugleich mit Vorrichtungen zum Abdrehen der äußeren Oberfläche der Röhre und zum Abschneiden der Stollen und verlorenen Köpfe versehen. Bei ihnen dreht sich das Rohr gegen den festliegenden Bohrer, bei senkrechten dagegen dreht sich der Bohrer, welchem das Rohr aufwärts steigend zugeführt wird. Mörser werden wie Glocken über einen Kern gegossen, daher nicht ausgebohrt, sondern nur nachgedreht.

Bei den meisten Bronzegeschützen geht das Zündloch nicht durch die Masse des Rohres, sondern durch ein rundes, zapfenartiges Einsetzstück von reinem Kupfer, welches an betreffender Stelle vermöge eines sehr guten Schraubengewindes eingesetzt ist. Das Kupfer wiedersteht besser als die Bronze dem Ausbrennen und der dadurch verursachten Erweiterung des Zündlochs. Wurde das Geschütz vernagelt, d. h. durch Eintreiben einer scharfkantigen Stahlspitze in das Zündloch unbrauchbar gemacht, so geschieht die Wiederherstellung am schnellsten durch Herausnahme des Einsatzes und Einschrauben eines Ersatzstückes.

Der **Statuenguß**, auch Kunst- und Erzguß genannt, arbeitet nach Modellen, die von Künstlerhand ausgeführt sind. Dem Gießer fällt die Aufgabe zu, das Original in allen seinen Theilen so genau und vollständig als möglich wiederzugeben, und die geschickte Lösung dieser Aufgabe, die Ueberwindung der dabei auftretenden Schwierigkeiten ist nichts Kleines; es kann daher auch ein Gießer in seinem Fache ein berühmter Mann sein. In früheren Zeiten waren Gießer und Bildner gewöhnlich in einer Person vereinigt. Die Kunstgießerei in Erz stand schon im griechischen Alterthum auf einer hohen Stufe der Ausbildung. Sie lebte im Mittelalter zuerst wieder in Italien auf, und wundervolle Werke sind aus dem 13. und den späteren Jahrhunderten von dieser Kunst uns erhalten, in welcher Benvenuto Cellini als einer der letzten großen Meister glänzte; auch deutsche Meister erstanden, wir erinnern nur an den Nürnberger **Peter Vischer**, den Schöpfer des berühmten Sebaldusgrabes mit gegen hundert Figuren, und die neue Zeit hat dem Bronzeguß für monumentale Zwecke eine ganz besondere Aufmerksamkeit wieder geschenkt, wie das Luther-Denkmal in Worms und das Reiterstandbild Friedrich des Großen in Berlin zeigen.

Das Ideal des Kunstgusses wäre, ein jedes Bildwerk aus einem einzigen Stück zu gießen. Häufig jedoch erscheint dies unthunlich wegen der Komplizirtheit des Werkes, oder zu gewagt wegen seiner Größe, und man muß sich entschließen, einzelne Theile abgesondert herzustellen und sie dann durch Zusammenfügen zu einem Ganzen zu vereinigen. Jedenfalls sucht man aber die Anstückelung so einzurichten, daß die Fugen in Partien verlegt werden, wo sie am wenigsten ins Auge fallen. In einzelnen Fällen hat man jedoch auch gewagt, ganz kolossale Bildwerke in einem Stück zu gießen; man giebt dabei der Form statt der aufrechten eine horizontale Lage. Ein gelungenes Beispiel hiervon giebt die Statue von Robert Peel in London.

Standbilder bedürfen für ihre ruhige Existenz kein besonders festes, gegen Anstrengung und Stöße abgehärtetes Material; dagegen hat man mehr auf einen schönen Farbenton, auf die Fähigkeit, sich nach dem Guß für die Ciselirungsarbeiten nicht spröde zu zeigen, mit der Zeit oder auf künstlichem Wege eine schöne Patina anzunehmen, sowie darauf zu sehen, daß die Legirung leichtflüssig ist und die Formen gut ausfüllt. Legirungen von Kupfer mit Zinn und Zink zugleich entsprechen diesen Anforderungen am besten. In den bewährtesten Mischungen beträgt der Zinkgehalt zwischen 4 und 10, der Zinngehalt zwischen 2 und 6 Prozent, auch wird in vielen Fällen ein geringer Bleizusatz gegeben, welcher auf die dunklere Färbung der Bronze von Einfluß ist.

Was die Formen zu dieser Art des Kunstgusses anbelangt, so sind die Methoden zur Herstellung derselben sehr verschieden; die älteste und wahrscheinlich schon von den alten griechischen Künstlern geübte gestaltet sich folgendermaßen. Man richtet zuerst einen Kern her, welcher schon die Figur in allen ihren Theilen, aber nur in roher Ausführung und etwas kleiner darstellt, als das Bild werden soll, gewöhnlich aus einer Masse von Gips, Ziegelmehl und zähem Thon. Verlangt das Bild einen Kern, der sich allein nicht tragen würde, so unterstützt man ihn durch ein Gerippe von eisernen Stäben und Reifen. Gewisse Stäbe dieses Gerippes dienen zugleich zur künftigen Befestigung des Standbildes in seinem

Postament, andere zur Absteifung zwischen dem Kern und dem nachher aufgebrachten Mantel. Ist die Kernfigur vollendet, so wird sie mit Feuer getrocknet und sodann mit einer Wachsschicht von höchstens 2½ Centimeter Dicke in ihrer ganzen Oberfläche belegt und überzogen.

Fig. 82. Bronzestandbild Friedrich des Großen von Rauch in Berlin.

In dieser Gestalt unterliegt nun die Figur der weiteren Ausarbeitung durch den modellirenden Künstler; er hat alle Einzelheiten mit möglichster Genauigkeit auszuführen, und von seinem Geschick und Genie hängt der Grad der Vollkommenheit des künftigen Kunstwerkes ab. Sobald diese Kunstarbeit gethan ist, fertigt man, in ähnlicher Weise wie bei den schon früher besprochenen Güssen, die äußere Umhüllung, den Mantel. Begreiflich muß dieses Geschäft in seinem ersten Stadium mit größter Subtilität ausgeführt werden.

Man braucht dazu ein Material, das alle Feinheiten des Modells aufzunehmen und festzuhalten vermag, ohne durch das Trocknen zu schwinden und dadurch etwa die modellirten Züge karrikirt wiederzugeben. Das gewöhnliche Material besteht aus Thon und gestoßenen Schmelztiegeln. Man trocknet, pulvert und siebt die Masse höchst fein und rührt sie mit Wasser zu einem rahmartigen Brei an. Sorgfältig pinselt man nun erst eine Lage wie einen Anstrich auf die Form, läßt nach jedesmaligem Trockenwerden deren mehrere folgen, bis eine Dicke erreicht ist, welche gestattet, zu größerer Lehmmasse überzugehen. Wenn endlich die erforderliche Dicke erreicht ist, welche natürlich mit der Größe des Gußwerkes zunehmen muß, so armirt man den Mantel mit eisernen Stäben und Bändern und setzt dann das Modell der Hitze aus, welche das Wachs ausschmilzt und den Thon trocknet. Durch die Entfernung des Wachses entsteht der Hohlraum, welcher das Gußmetall aufzunehmen hat. Der Kern schwebt nunmehr frei in der Form, bis auf einige Eisenstangen, welche von ihm in den Mantel übergehen. Das Nachgeben eines einzigen solchen Ankers könnte Veranlassung geben, daß der Kern eine Wendung macht und entweder die Form beschädigt oder sonst zu einem Fehlgusse Anlaß giebt, der wenigstens das Nachgießen und Ansetzen einzelner Theile des Bildes nothwendig machen würde.

Statt dieser Methode, welche das Unbequeme hat, daß der Künstler gewissermaßen im Finstern tappt, indem er niemals einen Einblick in das Innere der Form gewinnen kann, wendet man jetzt häufiger ein abgeändertes Verfahren an, das gerade den umgekehrten Weg geht. Von dem Originalmodell, welches der Künstler über ein Eisengerippe aus Formgips in ganzer Größe ausgeführt und künstlerisch vollendet hat, nimmt man einen dicken, schalenförmigen Abguß von Gips in so viel Stücken, als die Umrisse des Bildes erfordern. Nachdem man dieselben probeweise zu einem Ganzen zusammengestellt, nimmt man in Tafeln von gleicher Dicke ausgewalztes und in Streifen geschnittenes Modellwachs und belegt damit die Innenseite aller Abgußstücke in solcher Stärke, als die Wandungen des metallenen Gusses haben sollen. Mit geeigneten Werkzeugen wird das Wachs in alle Vertiefungen des Modelles gehörig eingedrückt. Die mit Wachs gefütterten Formentheile sollen nun in ein Ganzes vereint auf den Kern gebracht werden, dessen Bildung also hier erst in zweiter Stelle stattfindet. In der Gießgrube hat man einstweilen das Gerippe dieses Kernes aus eisernen Stäben zusammengesetzt; dasselbe einschließend baut man nun die Formstücke auf, natürlich von unten anfangend, und gießt die Höhlung, sowie die Arbeit fortschreitet, mit einem Brei aus Gips, Sand und Ziegelmehl aus, welcher bald erhärtet, alle Zwischenräume zwischen den Eisenstücken und dem Wachsmodell ausfüllt und die Hauptmasse des Kernes bildet. Jetzt kann man die äußere Gipsform behutsam abnehmen und hat nun ebenfalls ein Wachsbild, wie wir es vorhin anscheinend auf eine viel weniger umständliche Weise entstehen sahen. Dennoch ist dieses neuere Verfahren das leichtere, geht rasch von Statten und gewährt den Vortheil, daß das ursprüngliche künstlerische Modell nicht verloren geht, sondern zu weiteren Abgüssen verfügbar bleibt. Zur endgiltigen Form für den feurigen Guß würde der Gips aber nicht taugen; an seine Stelle tritt daher nun feuerfeste Formmasse, aus welcher ganz in der Weise, wie bei der vorhin beschriebenen Methode, die Gußform mit Mantel und Hohlraum hergestellt wird. Selbstverständlich ist durch Kanäle stets dafür gesorgt, daß das Wachs unbehindert ausfließen kann. Von Wachs waren auch die Modelle für den Einguß und die Windpfeifen, aus denen die durch das einströmende Metall verdrängte Luft entweichen kann; sie wurden vor Anlage des Mantels dem Wachsbild angesetzt. — Zur Veranschaulichung des bisher Gesagten möge das beigegebene Innenbild einer Gußform dienen (s. Fig. 83). Der Gegenstand ist ein Pferd in natürlicher Größe, also ein Stück, das in einem Gusse gegeben werden kann. Wir erblicken da im Innern ein merkwürdiges System von Linien, das fast das Ansehen eines anatomischen Bildes giebt, und wir können auch in der That darin etwas Aehnliches wie Knochen, Arterien und Venen unterscheiden. Die Knochen sind von Eisen, im Bilde am schwächsten angedeutet und mit a bezeichnet. Einzelne Barren gehen freilich, dem Vergleiche spottend, aus dem Thiere hinaus, durch den Mantel hindurch, in das umgebende Stampf- und

Statuenguß.

Mauerwerk und in den Grund der Gießgrube, um dem Ganzen Halt zu geben. Die im Bilde dunkel gehaltenen Kanäle b können die Arterien vorstellen; in ihnen rinnt das flüssige Metall hinab und verbreitet sich nach allen Theilen der Form, während in entgegengesetzter Richtung durch die Luftwege c die Luft davongeht. Das Metall fließt sonach in immer dünneren Verzweigungen, während umgekehrt die Luft aus solchen nach den Hauptkanälen gedrängt wird. Die Anlage beider Kanalsysteme muß so berechnet sein, daß diese beiderseitigen Strömungen ungehindert vor sich gehen können und nicht etwa irgendwo eine Portion Luft eingesperrt bleibt, denn dies würde im glücklichsten Falle Gußblasen geben, während bei größeren Quantitäten, da die Luft in der Glühhitze sich bedeutend ausdehnen würde, wol gar eine Sprengung der Form stattfinden könnte. Die Form soll sich von unten aufsteigend mit dem flüssigen Metall füllen, daher führen die Hauptkanäle sogleich nach der Tiefe, die Abzweigungen aber sind nach oben gekrümmt, damit sie auch dann noch fortfließen, wenn das allgemeine Niveau der Gußmasse bereits ihre Mündungen überstiegen hat. Dagegen treten die Luftkanäle außer Wirksamkeit in dem Maße, wie sie sich von unten auf mit Metall an-

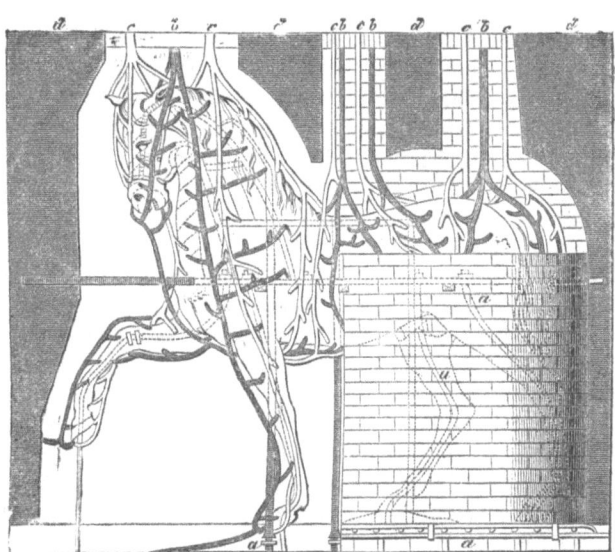

Fig. 83. Gußform einer Pferdestatue.

füllen. Ist schließlich die Füllung beendet und die Eingüsse b nehmen nichts mehr auf, so giebt es in der ganzen Form und ihren Aufsätzen keinen Hohlraum mehr. Dieses komplizirte Geäder nun, das eigentlich in natura noch vielfacher und nur der Deutlichkeit wegen in der Zeichnung einfacher gehalten ist, empfängt, wie gesagt, seine Anlage ebenfalls in Formwachs, und zwar nachdem das Wachsmodell seine vollständige Ausarbeitung, den letzten Strich des modellirenden Künstlers, bereits erhalten hat. Die Former bilden dann mit aus Wachs gerollten dickeren und dünneren Stöcken, Stäben und Stäbchen das ganze System, legen es an die Oberfläche des Bildes kunstgerecht an und führen die Hauptkanäle über die Form empor, um die Eingüsse für das Metall und die Auswege für die Luft zu gewinnen. Ueber das Ganze, das Bild sammt diesen Anlagen und Aufsätzen, wird erst der Gußmantel geformt. Je nachdem die einzelnen Theile mehr oder weniger der Wirkung des Gewichtsdruckes ausgesetzt sind, ist nun die Dicke der Wachsschicht, nach welcher sich die Dicke der späteren Bronze richtet, verschieden.

Wo die Größe oder die Komplizirtheit des Gußwerkes das stückweise Gießen nöthig macht, muß natürlich jedes einzelne Stück mit seinem Kern besonders versehen werden. Beim Guß der Bavaria war auch der Kern aus Formsand zusammengesetzt, indem man die betreffenden Theile in den vom Modell genommenen Hohlformen in Formsand ausdrückte und diese Kernstücke durch Abnehmen an der Bildfläche um die veranlagte Metallstärke abminderte.

Gießen. Dieser letzte Akt gestaltet sich der Natur der Sache nach bei allen Großgüssen, sie mögen eine Bildsäule, Glocke, Relief oder ein Geschützrohr betreffen, ziemlich gleich. Die Form ist in der Gießgrube festgestampft, das Metall im Ofen ist durch sorgfältig beobachtetes Schmelzen klar und dünnflüssig geworden. Unmittelbar vor dem

Moment des Gusses wird es noch einmal aufs Vollkommenste gerührt und gemengt, dann erst durch die Oeffnung des Stichloches im Ofen laufen gelassen. Die braunglühende Masse fließt durch den geneigten offenen Kanal und sammelt sich oberhalb der Form in einem trichterförmigen Bassin, in welches die Eingüsse münden. Letztere sind noch durch Pfropfen geschlossen; sobald genug Metall in dem Bassin angekommen ist, werden jene zurückgezogen, und die Masse rinnt mit voller Gewalt und großer Geschwindigkeit in die Tiefe hinab. Ein stetiges Dröhnen oder Beben wird aus der Grube hörbar — stürmisches Gepolter ist ein schlimmes Zeichen — die Luftpfeifen entwickeln dicken, gelben Qualm; nach wenigen Minuten ist die ganze für das Werk berechnete Menge des Metalls eingeströmt, und es soll noch so viel übrig bleiben, daß auch die Eingüsse sich füllen; ist daher der Fluß ruhig verlaufen und das Metall steht gleichmäßig in allen Eingüssen, so ist auf einen gelungenen Guß zu rechnen; das Ausbleiben dieses Zeichens würde entweder einen Rechnungsfehler in Bezug auf die Metallmenge beweisen oder anzeigen; daß die Form Schaden genommen und das Metall einen unbeabsichtigten Ausweg gefunden habe. Nach mehreren Tagen ist der Guß in der Grube erkaltet, dieselbe kann aufgegraben, das äußere Modell abgebrochen und das Gußstück aus der Grube gehoben werden.

Die Zapfen, welche durch das Stehenbleiben des Flusses in den Eingüssen und Luftpfeifen entstanden, werden nun abgesägt, ebenso wird vom Kern und der Eisenrüstung das Ueberflüssige entfernt. Die aus der Figur herausstehenden Eisenstangen werden bis unter die Oberfläche des Bildes weggenommen, die Vertiefungen mit Bronzemetall ausgeschlagen. Ist so das Bild aus dem Groben von überstehenden Metalltheilen und von anhängendem Formsand befreit, so erfolgt das letzte Eiseliren durch die Künstlerhand, welches ihm die eigentliche Vollendung giebt. Mit Meißel, Feile und Schaber verleiht der Ciseleur, je nach seinem Kunstgefühl, wie der Bildhauer in Marmor, seinem Bilde Glätte, Weichheit und Rundung der Formen, Leben und Ausdruck.

In Deutschland geben eine nicht geringe Anzahl künstlerisch und technisch gelungener Kunstwerke, denen sich immer noch neue anschließen, ein schönes Zeugniß von der Vorzüglichkeit seiner Modelleure, Ciseleure und Gießer. Als gelungener Kolossalguß steht die Bavaria in München einzig da, und wir wollen bei diesem so interssanten wie imposanten Kunstwerk etwas länger verweilen. In zwei Abbildungen bringen wir dem Leser erstlich das werdende, dann das vollendete Riesenbild vor Augen, dessen Verhältnisse zur Größe lebender Menschen durch eine dritte Abbildung veranschaulicht werden. Das erste Bild (s. Fig. 84) zeigt das Gießhaus, im Vordergrunde den Kopf der Bavaria mit seinen edlen Zügen, der zugleich eine Vorstellung von der Großartigkeit des Ganzen giebt, wenn man bedenkt, daß in seinem Innern sechs Personen Raum haben. Auf unserm Bilde wird der Guß eben von dem noch daran haftenden Formsande gereinigt und die Blätter werden von den Angüssen und Luftpfeifen befreit. Im Hintergrunde wird der fertig gegossene Arm aus der Dammgrube gehoben, nachdem man unten bereits die Form zerschlagen hatte. Außerdem erblicken wir noch verschiedene Formen, Büsten, auch ein vollendetes Monument.

Die vollendete Statue der Bavaria (s. Fig. 85) hat mit dem 10 Meter hohen Postament eine Höhe von 32 Meter, und das dazu verwendete Erz (1560 Centner) ist aus eroberten norwegischen und türkischen Kanonen gewonnen; unten ist die Metallstärke durchschnittlich $1\frac{3}{4}$ Centimeter, oben $1\frac{1}{4}$ Centimeter, und das Erzbild hat, ohne Piedestal, 233,000 Gulden gekostet. Durch eine Thür an der Rückseite des Piedestals gelangt man auf einer steinernen Treppe von 66 Stufen in die Figur, die etwa bis zur Höhe der Waden ausgemauert ist. Von da ist der innere Raum frei (er erinnert an ein Bergwerk), aus welchem Nebengänge in den Löwen hineinführen. Eine Treppe von Gußeisen führt durch den Hals in den Kopf empor; sie hat 58 Stufen. Im Kopfe sind zwei Sofas wie in einem Zimmerchen, und wie Fig. 86 zeigt, haben mehrere Personen (6—8) zugleich darin Platz; die Nase bildet einen ganz bequemen Sitz für sich.

Nachdem König Ludwig von Bayern den Entschluß gefaßt hatte, ähnlich der Walhalla, jenem Ehrendenkmal berühmter Deutscher aus allen Zeitaltern, in der Nähe von

München eine nur dem Bayernvolke gewidmete Ruhmeshalle zu bauen, trat auch die Idee ins Leben, vor diesem Prachtbau ein Standbild der Bavaria, das Symbol Bayerns, aufzustellen und durch den Bronzeguß einer kolossalen Statue den gewaltigen Aufschwung zu zeigen, welchen die Erzgießerei in München genommen hatte.

Fig. 84. Inneres des Münchener Gießhauses (Modellsaal.)

Der berühmte Bildhauer Schwanthaler wurde mit dem Entwurfe und der Anfertigung des Modells beauftragt, und Stiglmayer, unter dessen verständiger Leitung die Erzgießerei die bedeutendsten Fortschritte gemacht hatte, sollte den Guß ausführen, starb aber während der Arbeit, und erst sein Neffe, Ferdinand Miller, hatte die Genugthuung, diesen Koloß auszuführen, der seine Nebenbuhler nur in den längst zerstörten Kolossen des hohen Alterthums findet. — Schwanthaler verließ die anfänglich gefaßte Idee einer Statue nach griechischen

Vorbildern und wandte sich zu dem Bilde einer deutschen Heldenjungfrau mit Schwert und Kranz, begleitet vom bayerischen Wappenlöwen. Ein kleines, nur 27½ Centimeter hohes Statuettchen war das erste Vorbild zu dem großartigen Koloß, welcher die Bewunderung der Beschauer erregt. Nach diesem wurde das erste Modell in einer Höhe von 6 Meter ausgeführt, dann das wirkliche danach übertragen und in Gips modellirt.

Fig. 85.
Die Bavaria auf der Sendlinger Höhe bei München.

Hierzu ward zuerst ein 40 Meter hoher Thurm von Holz als Modellhaus erbaut, mit Gängen und Galerien in verschiedener Höhe, mit Aufzügen, Steigwerken und Fahrstühlen versehen, um in jedem Augenblicke schnell an jeden bestimmten Ort gelangen zu können. Ein 3 Meter hoher Ziegelbau diente der Gestalt zum Postamente; viele Centner Eisenwerk, Bänder und Anker lagen bereit, um die innere Verbindung des Modells zu bewirken. Hunderte von Fäßern mit Gips waren aufgeschichtet, um daraus die erforderliche Masse zu bilden. Ungeheure Planen und Laken hingen, zum Studium des Faltenwurfs, von dem oberen Gebälke herab, und vier Jahre nur durch die Wintermonate unterbrochener Arbeit gehörten dazu, das ungeheure Modell, von der Sohle bis zum Scheitel 18 Meter hoch, das den Arm mit dem Kranze noch 3 Meter hoch über das Haupt erhebt, bis zum Kern- und Modellguß der einzelnen Stücke der Bavaria und des Löwen zu vollenden. Zuerst wurde der untere Theil bis zum Gürtel auf dem Unterbau modellirt und dann das früher besonders geformte Bruststück mit dem Kopfe und den Armen aufgesetzt, hierauf aber das Ganze nochmals überarbeitet. Dies geschah im Herbste 1842 und Schwanthaler leitete diese Arbeit selbst.

Nachdem das Modell vollständig überarbeitet war, wurde es von oben herab wieder abgebrochen oder vielmehr zerschnitten, so daß es in zwölf Theile zerfiel. Die beiden Arme mit Schwert und Kranz wurden zuerst gegossen, und die Riesenhaftigkeit dieser einzelnen Gußtheile läßt die Schwierigkeit der Einformung und des Gusses ahnen, welcher die Errichtung eines Ofens verlangte, in dem 25,000 Kg. Metall zugleich geschmolzen werden konnten.

Wenn auch weniger durch das Großartige der bewältigten Massen, so stehen doch nicht minder durch künstlerische Vollendung einige Werke der neueren Erzgießerei in erster Linie. Wir dürfen nur an das Schiller-Goethe-Standbild in Weimar und an das Luther-Denkmal in Worms erinnern, beides Werke des unvergeßlichen Rietschel, welche der deutschen Kunst einen würdigen Platz neben der antiken Erzbildnerei sichern. —

Der Luft und Witterung ausgesetzt, nehmen Bronzestatuen im Laufe der Jahre den bekannten grünen Ueberzug an, der nicht nur seines Ansehens halber als „edler Rost" oder als Patina geschätzt wird, sondern auch, indem er das weitere Eindringen der chemischen Einwirkung von Luft und Feuchtigkeit verhindert, zur Konservirung der Bilder wesentlich beiträgt. Ursache dieser Erscheinung ist die Oxydation des Kupfers, die bekanntlich auch an alten Kupferdächern durch schöne grüne Farbe sich bemerklich macht. Der Ueberzug besteht aus basisch kohlensaurem Kupferoxyd von der Zusammensetzung des Malachits. Was die natürliche Chemie auf diese Weise in vielen Jahren bewerkstelligt, sucht man rascher auf künstlich chemischem Wege zu erreichen, um neuen Werken das schöne Ansehen von alten zu geben, indessen sind alle Verfahren unzulänglich, da keines einen Rost von so vornehmem Aussehen, solcher Feinheit, Dichte und Dauerhaftigkeit hervorzubringen vermag, wie ihn die echte Patina darstellt. In großen Städten, mit ihren schwefligen Ausdünstungen aus Kloaken, Gasleitungen, dem Rauch von Stein- und Braunkohlen, erleidet die Bronze statt einer Oxydirung eine Schwefelung; es entsteht ein Ueberzug von schwarzem Schwefelkupfer. Das abschreckendste Beispiel giebt London, wo alle Bronzestatuen sich förmlich in Mohren verwandelt haben.

Fig. 86. Im Kopfe der Bavaria.

Ebenso, wie manche Kupferlegirungen sich durch sehr große Härte auszeichnen und infolge dessen zur Herstellung von mancherlei Maschinentheilen qualifiziren (Phosphorbronze), giebt es wieder andere (mit 8 bis 10 Prozent Zinngehalt), die durch Erhitzen und rasches Abkühlen einen Grad von Weichheit erhalten, der sie zum Prägen geeignet macht. Man fertigt daraus Bronzescheidemünzen, wobei nicht sowol Ersparungszwecke maßgebend sind, als vielmehr der Wunsch, den Münzen größere Dauer zu geben, als das weiche Kupfer hat. Es bleibt aber die Prägung der Bronze im Vergleich zu dem feinen weichen Kupfer eine schwierige Arbeit, die man bei der Medaillen-Prägung zuweilen dadurch umgangen hat, daß man die Medaillen wirklich aus weichem Kupfer prägte und nachträglich oberflächlich bronzirte. Beim Kupfer erhält man einen solchen Ueberzug sehr schön rothbraun in folgender Weise: man setzt die Münzen in Eisenoxyd (Eisenroth, caput mortuum) oder überzieht dieselben mit diesem Pulver, nachdem man es zu Brei angemacht, und trocknet dann die Stücke. In diesem Zustande setzt man sie in Rothglut, wobei das Eisen einen Theil Sauerstoff abgiebt, der an das Kupfer tritt; mithin ist es eine Verwandlung in Oxydul, welche beim Kupfer Platz greift und dasselbe als Bronze erscheinen läßt.

Während bei uns gegenwärtig die Verarbeitung von Kupferlegirungen sich an verhältnißmäßig wenig festgehaltene Rezepte bindet, ist in anderen Ländern, und namentlich in Ostasien, diese Kunst in viel mehr erweiterter Ausübung. Man weiß die verschiedenartigsten Farbenwirkungen durch geeignete Mischung der Metallmassen hervorzubringen und diese verschiedenfarbigen Legirungen zu künstlerischen Effekten zu verwerthen. Selbst Gold setzt man bis 10 Prozent zu, und Legirungen von Silber und Kupfer findet man, in denen die beiden Metalle fast zu gleichen Theilen vertreten sind. Besonders ausgezeichnet sind die zu gewöhnlicheren Zwecken angewendeten Bronzen durch einen oft recht beträchtlichen Bleigehalt, der bis zu 12 und mehr Prozent steigt. Ihm verdanken die daraus dargestellten Gegenstände eine besonders schöne schwärzliche Patina. Goldhaltige Bronzen werden durch Sieden in einer kupfervitriol=, alaun= und grünspanhaltigen Lösung behandelt, welche von der Oberfläche das Kupfer auflöst und eine leichte Goldschicht hervorruft, die eine schöne bläuliche Färbung bewirkt u. s. w., kurz, es läßt sich von den Japanesen auch in diesem Zweige der Metalltechnik noch viel lernen.

Wir übergehen die zahlreichen Rezepte, durch welche mittels Eintauchens und namentlich durch Sieden in gewissen metallsalz= und säurehaltigen Flüssigkeiten Kupfer und Messing ebenfalls bronzirt und Bronze selbst in ihrem Farbetone erhöht werden kann, und bemerken nur, daß man es in vielen Fällen durch nachträgliches sorgsames Erhitzen in der Gewalt hat, die erhaltenen Bronzetöne noch zu verändern, namentlich dunkler zu machen. Auf der letzten Wiener Ausstellung waren von Pariser Fabrikanten sehr schöne schwarze Bronzen ausgestellt, die durch ihre feine Färbung viele Liebhaber fanden. Andererseits sind in den letzten Jahren wieder gewisse goldgelbe Legirungen in die Mode gekommen, wie sie im 17. und 18. Jahrhunderte namentlich zu Leuchtern und Dekorationsgegenständen verarbeitet wurden. Aus solchen werden namentlich in Wien reizende Luxusartikel hergestellt, deren Ausführung und Ausstattung die Bronze schon in Konkurrenz mit den Edelmetallen treten läßt, da Vergoldung und Versilberung sowol, als auch die sorgfältigste Ciselirung und die Verzierung mit Edelsteinen, Emails, Mosaiken u. s. w. auf dieselben angewendet wird. Wir gaben einige Abbildungen von derartigen kunstgewerblichen Erzeugnissen, in deren Hervorbringung Wien, Dank des Einflusses, welchen das Oesterreichische Museum gewonnen hat, selbst Paris überflügelt. Berlin und Iserlohn erzeugen neben theureren Gegenständen auch viel billige Waare. Die Aluminiumbronze wird ihrer schönen Farbe, messinggelb, wegen zu solchen Artikeln vielfach angewendet, häufiger aber werden messing= oder tombackähnliche Metallmischungen verarbeitet, deren Oberfläche bei feineren Gegenständen echt vergoldet, sonst nur mit Goldfirniß überzogen wird.

Messing. Betrachten wir das Wort Messing einen Augenblick auf seine sprachliche Herkunft, so finden wir, daß die Forschung damit nicht viel anzufangen gewußt hat. Nach einem Autor des Alterthums hießen die Leute am Schwarzen Meere, welche die Vergilbung des Kupfers durch Verschmelzen mit einer gewissen Erde zuerst betrieben haben sollen, die Mössinözier, ihr Produkt also mössinözisches Erz. Wäre diese Benennung nachweislich im Alterthum allgemein üblich gewesen und ließe sie sich von Griechen auf Römer und spätere Völker verfolgen, so würden wir hierin den Ursprung unseres Wortes finden; es findet sich aber keine Spur hiervon. Nur die Deutschen haben dies Wort, und die Polen und andere slavische Völker, denen die Deutschen in technischen Dingen Lehrer waren, haben dasselbe nach ihrer Zunge eingerichtet. Es mag also wol so viel heißen sollen wie „Mischung". Heißt ja auch jetzt noch im Mecklenburgischen das durch Fritz Reuter selbst in die Literatur eingeführte komische Gemisch von Plattdeutsch und Hochdeutsch, das die Halbgebildeten reden, um ganzgebildet zu erscheinen, „Missingsch". Die Volkssage, daß die Nürnberger das Messing erfunden, kann ihren Grund nur darin haben, daß in jener gewerbfleißigen Stadt im Mittelalter das Messing so massenhaft verarbeitet wurde, wie vielleicht an keinem andern Orte der Welt. Messing heißt die Legirung des Kupfers, in welchem das Zink die Hauptrolle spielt, während in der Bronze dieselbe vom Zinn vertreten ist. Uebergänge zwischen beiden sind häufig und die Grenzen nicht bestimmt zu ziehen.

Die Legirungen des Kupfers mit Zink haben in der Technik eine viel mannichfaltigere Verwendbarkeit als die entsprechenden mit Zinn; ihre Farbenschattirungen können von der Weiße des Zinks bis zum tiefen Goldgelb variiren. Die Zusammensetzung der schlechthin unter dem Namen Messing begriffenen Legirungen ist so schwankend, daß sich kaum eine Formel dafür feststellen läßt. Nicht zwei Messingwerke stimmen in dem Gehalt ihrer Masse überein; man hat den Kupfergehalt von 50 bis über 80 Prozent gefunden.

Das Messing hat im Allgemeinen mit dem Kupfer die Eigenschaft, im kalten Zustande in hohem Grade dehn= und hämmerbar zu sein; es läßt sich mit Leichtigkeit strecken, zum dünnsten Blech walzen, zum feinsten Draht ausziehen und durch Treiben in jede beliebige Form bringen. Da diese Eigenschaft vom Kupfer herstammt, so ist es natürlich, daß dieselbe mit der

Höhe des Kupfergehaltes zunimmt. Andererseits hat der Zinkzusatz dem Kupfer Eigenschaften ertheilt, welche der Legirung werthvolle Vorzüge vor dem reinen Metall verleihen. Das Messing ist härter, der Abnutzung und atmosphärischen Einflüssen weniger unterworfen als jenes, besitzt eine angenehmere Farbe und große Politurfähigkeit. Als Gußmaterial betrachtet besitzt das Messing einen niedrigeren Schmelzpunkt als das Kupfer, ist in geschmolzenem Zustande weit dünnflüssiger und füllt die Form gut aus, ohne wie jenes blasig zu werden. Zu dem Allen tritt noch die weit größere Wohlfeilheit des Messings im Vergleich zum Kupfer, und wir haben hier den seltenen Fall, daß ein Stoff durch Zusatz eines anderen, wohlfeileren, nicht nur verwohlfeilert, sondern auch in seinen Eigenschaften wesentlich verbessert wird.

Hiernach ist es natürlich, daß das Messing in so ausgedehnter Anwendung steht, sowol zu kleineren Gußstücken als zu anderen Verarbeitungen, daß wir demselben im Haus- und täglichen Leben, in Anwendung auf kleine Maschinen, Apparate, Geräthschaften u. s. w. immer und immer wieder begegnen. Nur in der Küche zu eigentlichem Koch- und Speisegeschirr taugt das Messing eben so wenig wie das Kupfer; es ist noch leichter lösbar in Säuren als dieses, und seine Auflösung enthält statt eines Giftes deren zwei.

Das gewöhnliche Messing, so duktil es in der Kälte sein kann, ist in glühendem Zustande brüchig und geht unter dem Hammer in Stücke. Ein schmiedbares Messing war in den Augen der Werkleute lange ein Unding, doch hat sich schließlich ein solches noch gefunden; Legirungen von 60 Theilen Kupfer und 40 Theilen Zink bis 70 : 30 sind in glühendem Zustande unter Hämmern und Walzen streckbar.

Fig. 87. Uhr aus vergoldetem Messing im Stile Louis XIV. von Susse Frères in Paris. Wiener Ausstellung 1873.

Für gewöhnlich enthält das Messing noch eine bald mehr, bald minder große Zahl verunreinigender Metallbeimischungen, aus der unvollkommenen Reinheit der zur Bereitung verwendeten Metalle oder Erze herrührend, die indeß, wenn sie gewisse Grenzen nicht überschreiten, keinen sehr nachtheiligen Einfluß ausüben. Blei oder Zinn können sogar erwünscht sein, und man setzt sie in manchen Fällen, wo sie fehlen, zu. Blei (etwa 2 Prozent) giebt dem Messing mehr Weiche und Dehnbarkeit, und das Messing für Graveure wird mit etwas Zinn versetzt, weil es dann scharf vor dem Stichel losgeht und der Span sich williger hebt und aufwindet. Einen nützlichen Gehalt an Eisen zeigt das seit einigen Jahren aufgenommene Aich- oder Sterrometall, das als eine Legirung von 60,2 Kupfer, 38,2 Zink und 1,6 Eisen befunden worden. Es gleicht an Farbe dem gelben Messing, hat auf dem Bruch ein Korn wie gehärteter Stahl, ist in der Hitze schmiedbar und von einer größeren Widerstandsfähigkeit als Eisen, so daß es in kleinen Mechanismen und anderen Anwendungen den Stahl zu ersetzen geeignet scheint. In Oesterreich ist es als Kanonenmetall verwendet worden.

Ist das Kupfer in den Legirungen in größerem Antheile als $2^{1}/_{2}$ Theile zu 1 Theil Zink vorhanden (es können z. B. 5—10 Theile Kupfer auf 1 Theil Zink kommen), so gehören sie in die Klasse des Rothgusses (Rothmessing, Tomback). Diese kupferreichen Legirungen werden mit zunehmendem Kupfergehalt tiefer an Farbe, feiner im Korn, weicher und dehnbarer. Das rothe Messing findet gleich dem gelben zu den verschiedensten Zwecken Verwendung, sowol in gegossenen Artikeln als zu Kurzwaaren. Der tiefere Farbenton macht die kupferreichen Legirungen besonders geeignet für Artikel, die vergoldet werden; sie dienen daher in großer Ausdehnung zu Bijouterien, Knöpfen u. dergl.

Handelt es sich um bloßen Zierrath oder um Gegenstände, bei denen der äußere Schein die Hauptsache ist, so wird man diesen kultiviren, also auf die Erhöhung des Farbentons hinarbeiten, und die zum Theil schon wieder vergessenen Namen Similor, Pinschbeck, Prinzmetall u. s. w. geben Zeugniß von den Bemühungen, dem Golde Rivalen zu geben oder doch ein „armer Leute Gold" herzustellen. Seit einigen Jahren ist wieder ein künstliches Gold, das Talmigold, aufgetaucht, das besonders zu Uhrketten verarbeitet im Handel erscheint. In der That hat es eine schöne goldgelbe Farbe und hält dauerhaften Glanz. Man fand es bestehend aus Kupfer 86,4, Zink 12,2, Zinn 1,1, Eisen 0,3, das letztere wahrscheinlich nicht absichtlich beigesetzt.

Die Legirungsgrenzen, innerhalb welcher schöne goldgelbe Produkte erhalten werden, liegen überhaupt ungefähr von 80 Kupfer, 20 Zink, bis 88 Kupfer, 12 Zink. Setzt man solchen Legirungen ein wenig Blei zu, so bewirkt dies nach dem Poliren einen gewissen Reflex, welcher ihnen Aehnlichkeit mit dem grünen Golde giebt. Unbezweifelte Goldmacher in den Augen ihres speziellen Publikums sind die Nürnberger und Fürther, wenn sie aus einer Mischung von 11 Theilen Kupfer und 2 Theilen Zink, also einer Sorte Tomback, das Schaum- oder Klebegold schlagen für die Aepfel und Nüsse des Christbaums, oder gelbes Messing zu dem beliebten Knittergold dünn auswalzen.

Wie schon beim Zink bemerkt, verstand man sich schon lange auf die Erzeugung von Messing, bevor man wußte, daß ein besonderes Metall existire, welches zu dem Kupfer tretend dessen Farbe und Eigenschaften beeinflusse.

Die alte Methode, bei welcher das Zugutemachen des Zinks und seine Verschmelzung mit Kupfer in eine Operation zusammenfällt, war Jahrtausende hindurch die allein bestehende. Ganz beseitigt ist übrigens das alte Verfahren noch heute nicht, sondern es kommt hier und da noch in Anwendung, da es in der That durchaus nicht unvortheilhaft ist. Zur Bereitung des Messings nach dieser Art dienen Windöfen, wie die Abbildung (s. Fig. 88) einen darstellt. Sie fassen gleichzeitig 7—8 Tiegel aus feuerfestem Thon, die auf einem Rost stehen und mit glühenden Steinkohlen umgeben sind. B sind die Thüren, C die Aschenlöcher, A die Deckel der Kaminröhre, welche durch in den Kanälen befestigte Säulen unterstützt sind. In einem besonderen hölzernen Kasten wird das Gemenge von 27 Kg. Kupfer, 41 Kg. Galmei und $^{1}/_{3}$ des Volumens beider an Kohlenstaub zur Füllung von sieben thönernen Tiegeln zum Schmelzen geknetet. Das Kupfer kommt in kleinen Stücken in die Tiegel. Zu diesem Zwecke wird also vorher das Garkupfer gebrochen oder granulirt, d. h. geschmolzen in kaltes Wasser gegossen und nachher erst mit der Zinkbeschickung zusammen in den Tiegeln eingeschmolzen. Früher mußte man den Schmelzprozeß zweimal durchführen, da man mit dem Galmei dem Kupfer nur 20—27 Prozent Zink auf einmal einverleiben kann. Der erste Ausguß hieß Arcot (Roh- oder Stückmessing); er wurde wieder zerschlagen oder in dünne Platten gegossen und mit neuem Zuschlag eingeschmolzen. Jetzt setzt man das fehlende Zink in metallischer Form zu und erspart das doppelte Schmelzen. Ebenso verfährt man mit dem Ofenbruch, der für sich, ohne Zusatz von Zinkmetall, kein Messing giebt. Aus den Tiegeln nun, welche die Kupfer=, Zink= und Kohlemischung enthalten und die einer sich nach und nach steigernden Hitze ausgesetzt werden, entsteigen nach 6—7stündigem Feuern, wobei schließlich fast Weißglühhitze gegeben wird, der Masse Zinkdämpfe. Das Zink hat also seine Reduktion aus dem Erz begonnen. Man mäßigt nun das Feuer, um erstlich nicht zu viel Zink zu verjagen und dann auch das Kupfer nicht zu rasch in Fluß zu bringen; es soll vielmehr nur tröpfelnd in der Beschickung niedergehen und so den Zinkdämpfen die größte Oberfläche darbieten. Nach abermals 6—7 Stunden hören die Zinkdämpfe auf, ein Zeichen, daß die Vereinigung vollendet ist. Man hebt die Tiegel mit Zangen aus dem Ofen und entleert sie in einen vorher glühend gemachten größeren Tiegel, der vor dem Ofen in einer Grube steht, rührt die Masse gut durch einander, reinigt sie oberflächlich und gießt das Metall aus. Der Plattenguß in eisernen Formen gelingt nicht gut, daher man Granittafeln anwendet, deren zwei eine Gußform bilden. Aus einander gehalten werden sie durch an den Rändern zwischengelegte vierkantige Eisenstäbe, welche die Dicke der Messingplatte bestimmen. Die Steinplatten erhalten auf der Gußseite einen Ueberzug von Lehm, der mit Kohlenfeuer angetrocknet ist und etwa 20 Güsse aushält, und auf den Lehm einen dünnen Ueberzug von Kuhkoth, welcher aber nach jedem Gusse erneuert werden muß. Man rechnet, daß drei Gewichtstheile Steinkohle nöthig sind, um in dieser Weise einen Theil Messing zu gewinnen. Die Schmelzung in Flammenöfen ist ebenfalls versucht worden, der Verlust durch Abbrand ist aber sehr bedeutend.

Die direkte Darstellung des Messings aus seinen beiden Bestandtheilen, wie sie jetzt vorzugsweise üblich ist, erfordert eine fast nur halb so lange Schmelzzeit; man kann größere Mengen auf einmal bearbeiten, und der Verlust durch Verflüchtigung von Zink ist geringer. Auch hat man es hierbei besser in der Gewalt, Legirungen von einem vorher bestimmten Verhältniß herzustellen. Das Zusammenschmelzen beider Metalle kann

Fig. 88. Ofen einer Messingschmelzhütte.

indessen nicht so geschehen, daß zuerst das Kupfer geschmolzen und das Zink sodann hineingerührt würde; dies würde keine gut gereinigte Masse geben, und die plötzlich entstehenden Zinkdämpfe müßten fast unvermeidliche Explosionen verursachen. Man legt vielmehr das Zink in kleinen Brocken zu unterst in den Tiegel, obenauf das ebenfalls zerkleinerte Kupfer, und bedeckt das Ganze mit einer dicken Schicht Kohlenstaub. Die Vereinigung erfolgt auf diese Weise ganz allmählich. Ist der Satz in Fluß, so erfolgt der Ausguß, wie schon gesagt, in schweren Tafeln, und zwar erhält man Messing oder Tombak, je nachdem das Verhältniß von Kupfer und Zink auf das eine oder andere eingerichtet war. Die Behandlung beider für die fernere Verarbeitung ist ganz dieselbe. Die Tafeln werden meistens mit Kreissägen der Länge nach zertheilt und die Stücke sodann weiter ausgereckt, früher unter Hämmern, jetzt meistens auf Walzwerken. Diese Streckarbeit geschieht stets auf kaltem Wege, da die gewöhnlichen Messing= und Tombacksorten in glühendem Zustande nicht geschmeidig sind. Nach jedem Durchgange aber, oder beim Dünnerwerden nach zwei oder drei Durchgängen durch die Walzen, müssen die Tafeln ausgeglüht werden, um ihnen die Walzhärte zu benehmen. Da die Walzen sehr rasch arbeiten, darf auch das Ausglühen und Wiedererkalten der oft sehr langen Platten keinen Aufenthalt verursachen. Man hat daher einen geschlossenen Ofen oder Flammenherd mit zwei gegenüber stehenden eisernen Aufzugthüren, durch welche eine Eisenbahn geht. Zwei eiserne Karren werden abwechselnd, so daß immer einer im Ofen steht, be= und entladen, indem man zwischen die auf einander gelegten Platten

Bohrspäne u. dergl. bringt, damit die Hitze durch dieselben cirkuliren kann. Werden die Bleche dünner, so walzt man vier, sechs und mehr mit einander. Viele Blechgattungen werden solcher Art auf den Walzwerken ganz fertig gemacht, andere, sehr dünne und breite, werden blos in die Länge gestreckt und unter Schnellhämmern, die 400 Schläge in der Minute machen, fertig geschlagen. Nach beendigtem Walzen werden die durch Oxydation geschwärzten Tafeln rein gebeizt und mittels eines Messers zur Erzeugung des Glanzes geschabt. Die starken Tafeln erhalten diese Bearbeitung auf einer Hobelmaschine.

Zum Behuf des Drahtziehens schneidet man Blech von passender Stärke zu Stäbchen, die dann durch den Drahtzug weiter ausgereckt werden; sonst geht das meiste Messing in Form von Tafeln und Blechen in den Konsum, seltener als Stückmessing, welches nach dem Schmelzen lediglich in Gestübbe ausgegossen und noch heiß in Stücke geschlagen wurde. Die dicksten und breitesten Tafeln dienen zu größeren Arbeiten, wie zu Pumpenstiefeln, Spritzrohren u. dergl.; zerstückelt dienen sie den Graveuren zur Herstellung starker Prägeplatten. Etwas schwächeres Tafelmessing gebrauchen Gürtler, Wagenarbeiter u. dergl. Zu den dünneren Blechformen gehören Uhrmachermessing, federhart gewalzt, Trommelmessing, Rollmessing (in Rollen aufgewickelt); façonnirtes Messing kommt vor als Uhrmachertrieb, Nägelmessing u. s. w.

Messingguß. Nächst dem Eisen ist Messing dasjenige Material, welches am häufigsten zur Herstellung von Gußwaaren dient. Das Gießen in Messing und die Herstellung der zugehörigen Formen ist Sache der Gelbgießerei; die Tomback verarbeitende Rothgießerei unterscheidet sich sonst von jener in nichts Wesentlichem. Der Gürtler gießt ebenfalls neben Bronzesachen viele seiner Produkte in Messing.

Zum Schmelzen dienen Graphittiegel, welche bei Koaksfeuerung sechs bis acht, bei Holzkohlen gegen zwölf Schmelzungen aushalten. Ein Tiegel enthält gewöhnlich 15 bis 26 Kg. Messing. Zu den Formen benutzt man thonhaltigen Sand, der in zu magerem Zustande durch Beimengung von Kleister, Dextrin oder Sirup bündiger gemacht wird, während man zu fetten durch Mischung mit Kohlenstaub verbessert. Die Modelle werden entweder von Holz angefertigt und zum Schutz gegen die Feuchtigkeit mit einem Lack überzogen, oder für Fälle, wo sie immer wieder gebraucht werden sollen, aus Zinn oder Messing. Das Einformen und Gießen geschieht in Kästen oder Flaschen, wie bei der Eisengießerei. Das Messing erfährt beim Erkalten des Gusses eine kräftige Zusammenziehung, weshalb erstens die Modelle etwas größer gemacht werden müssen, als die Güsse werden sollen, und zweitens die Nothwendigkeit sich ergiebt, diese sofort nach dem Erstarren durch Entfernung der Formen bloßzulegen, damit sie sich frei zusammenziehen können. In der Form liegend würde die Formmasse sie daran hindern, und der Guß würde daher in vielen Fällen zerreißen. Der Gießer muß auf diesen Umstand Rücksicht nehmen. Er kann z. B. nicht ohne Weiteres eine messingene Schraubenmutter um eine eiserne Schraube gießen; das Messing würde, weil es früher erkaltet und sich zusammenzieht als der Eisenkern, entweder reißen oder nach dem Erkalten so fest an der Schraube sitzen, daß diese sich nicht losdrehen ließe. Wird aber die Schraube vorher mit einem dünnen Lehmbrei bestrichen, so daß sie nach dem Trocknen einen ganz dünnen Ueberzug von Lehm hat, so kann nunmehr das Messing umgegossen werden. Der Lehm läßt sich mit Wasser fortspülen und die Schraube ist drehbar. Eigentlicher Lehmguß kommt beim Messing nur in einzelnen Fällen vor, wie z. B. bei der Herstellung von Feuerspritzenstiefeln und Walzen für den Zeugdruck.

*Immer wechselnd, fest sich haltend,
Nah und fern, und fern und nah,
So gestaltend, umgestaltend —
Zum Erstaunen bin ich da.*

Goethe.

Blei, Zinn und Quecksilber.

Blei. Geschichtliches. Erze. Gewinnung des Bleies aus denselben. Der Sumpfofen. Raffiniren des Bleies auf dem Treibherde. Der Silberblick. Glätte. Pattinsoniren. Entsilbern des Bleies durch Zink. Frischen der Glätte. Technische Verwendungen desselben zu Schrot, Kugeln, Platten, Röhren, Draht. Giftige Eigenschaften. — Das Zinn. Geschichte. Vorkommen in England und im Erzgebirge. Ostindisches Zinn. Gewinnung des Zinnsteins auf Seifen und durch Bergbau. Aufbereitung und Verschmelzung. Reinigung des Zinns. Technische Verwendung. Verzinnen. Weißsieden. Zinnguß. Legirungen und Zinnpräparate. — Das Quecksilber. Was man früher davon hielt. Seine Eigenschaften. Festes Quecksilber. Schädlichkeit der Quecksilberdämpfe. Vorkommen und Gewinnung. Quecksilberwerke von Almaden, Rheinbayern, Idria, Kalifornien. Zinnober. Verhüttung desselben. Reinigung des metallischen Quecksilbers. Verwendungsarten. Amalgame und sonstige Verbindungen.

Blei ist aller Wahrscheinlichkeit nach eines der am längsten bekannten Metalle; es ist von ihm die Rede in den ältesten Ueberlieferungen, in der Bibel (Moses und Hiob) unter dem Namen Badil, und im Homer, wo es molybdos heißt. Das auffallende und vielversprechende Ansehen der Bleierze und die Leichtigkeit, mit welcher sie das reine Metall hergeben, machen das frühe Bekanntwerden erklärlich. Aus den Römerzeiten haben wir von Plinius bestimmte Nachrichten über den Gebrauch des Bleies; man verwendete es zum Belegen der Schiffsböden und zu Wasserleitungsröhren, die man nach Plinius' Angabe mit einer Legirung von 2 Theilen Blei und 1 Theil Zinn löthete, und von welchen noch jetzt Ueberbleibsel vorhanden sind. Es waren das die kleinen Vertheilungsröhren des Wassers, die es aus den gemauerten Kanälen in die Häuser führten. Auch die Anwendung des Bleioxyds, der Bleiglätte, zu Töpferglasuren soll im Alterthum schon gebräuchlich gewesen sein, und daß man dasselbe auch zu Glasflüssen verwendete, ist durch Untersuchung alter Gläser gefunden worden.

Das Buch der Erfind. 7. Aufl. IV. Bd.

Als Bezugsquelle des Bleies mochte den alten Mittelmeervölkern das so sehr bleireiche Spanien dienen, wo schon, lange bevor die Römer das Land in Besitz nahmen, Bleibergwerke in Betrieb waren. Die Alchemisten belegten das Metall mit dem Namen des Saturn, was noch jetzt in einigen Apothekernamen beibehalten ist.

Das Blei ist in vielerlei Beziehung ein unedles Metall: es besitzt weder Klang noch Elastizität und Zähigkeit, wird von Agentien angegriffen, die anderen Metallen nichts anhaben (z. B. Kochsalz und selbst reines Wasser); seine Lösungen und alle seine Präparate sind Gifte; dennoch besitzt es physikalische und chemische Eigenschaften, die ihm eine häufige und mannichfache Verwendung sichern. Seine Haupteigenschaft ist seine Weichheit und seine Biegsamkeit, die auch durch die Bearbeitung nicht wesentlich beeinflußt wird. Es hat ein sehr hohes spezifisches Gewicht, 11,35, und da es sehr leichtflüssig ist, so dient es vielfach zum Ausgießen hohler Gegenstände, die dadurch ein größeres Gewicht erlangen sollen. Es schmilzt schon bei 332° und verdampft bei Weißglühhitze; erstarrt zeigt es in der Regel keine ausgeprägte Krystallisation, indessen vermag es bei gewissen Hüttenprozessen in Krystallformen aufzutreten, welche dem Tesseralsysteme angehören (Würfel, Dodekaëder, Oktaëder). Seine Farbe ist grau, auf frischen Schnittflächen hat das Metall lebhaften Glanz, den es aber an der Luft sehr rasch verliert.

Auch in Hinsicht seines Vorkommens ist das Blei ein ziemlich gemeiner Stoff, der massenhaft, wenn auch geographisch ungleich vertheilt, auftritt. In Europa sind besonders die westlichen und zum Theil die südlichen Gegenden reich an Blei, während der Norden und Osten dessen sehr wenig besitzen. Am reichlichsten bedacht in fast allen seinen Provinzen ist Spanien, das nur industriöser sein müßte, um den ganzen Bleimarkt zu beherrschen; seine gegenwärtige Lieferung wird auf $2^{3}/_{4}$ Millionen Centner Erz jährlich angegeben, 1875 lieferte es 1,232,000 Centner Blei; noch mehr (1875: 1,550,000 Centner) liefert England, welches in seinen die Kohlenformation begleitenden Kalkbergen, besonders in Northumberland, Durham, Cumberland und Wales, einen großen Bleireichthum besitzt. Frankreich hat wenig Blei und ergab in dem genannten Jahre nur ein Quantum von 400,000 Centnern; dagegen brachte Preußen allein im Jahre 1872: 1,080,144 Zollcentner Blei, Oesterreich-Ungarn 200,000 Centner in den Handel. Von den übrigen Staaten treten nur noch Italien hervor mit 750,000 Centnern und Belgien mit 225,000 Centnern, während Schweden und Rußland sich mit weit geringeren Ziffern (resp. 12,000 und 25,000 Centnern) abfinden. Die deutschen Bleierzfundorte sind besonders der Harz (Goslarer Blei), das Erzgebirge (Freiberger Hütten), Oberschlesien mit der großartigen Staatsanstalt Friedrichshütte zu Tarnowitz, das rheinisch-westfälische Schiefergebirge, der Schwarzwald; in Oesterreich sind es die Kärntner Alpen und namentlich die Gegend um Bleiberg in Illyrien. Bleierze liegen, wo sie vorkommen, meist so massenhaft, daß die Metallausbringung viel größer sein könnte, wenn der Markt im Stande wäre, zu entsprechenden Preisen mehr davon aufzunehmen. Wie die Bleipreise aber stehen (circa 22 Mark der Centner), sind Bleilager, die nicht wenigstens ein Minimum Silber enthalten, unter Umständen gar nicht bauwürdig. Am wenigsten kann dies Metall weite Landverfrachtung ertragen. Ungarn könnte Unmassen von Blei liefern, wenn es Abnehmer dafür hätte. Nordamerika hat im Innern Bleierze in Menge, aber es bezieht doch, wenigstens für den Bedarf seiner Oststaaten, jährlich noch ziemliche Quantitäten aus England und Deutschland.

Das Blei kommt in geringer Menge gediegen in der Natur vor; obwol es den Einwirkungen der atmosphärischen Luft schlecht widersteht, hat es an manchen Orten doch seinen regulinischen Zustand sich zu bewahren gewußt, allein die Mengen, in denen es solcherart auftritt, sind so gering, daß sich ein wirthschaftliches Interesse nicht daran knüpfen kann. Für die technische Verwerthung haben nur die Bleierze Interesse, und unter ihnen ist der Bleiglanz (einfach Schwefelblei) das hauptsächlichste Material für die Bleigewinnung. Er kann unter den vielartigsten Verhältnissen, auf Gängen und Lagern, in älteren und neueren Gebirgsarten auftreten; besonders gern jedoch hält er sich an das Kalkgebirge oder er erscheint wenigstens gewöhnlich in Begleitung von Kalk. Da in Kalksteinen auch der eigentliche Sitz des Schwefels ist, so bot sich zum Zusammentreffen und zur Verbindung beider Elemente die Gelegenheit so oft, daß das meiste Blei als Schwefelmetall vorkommt. Da das Blei bei Weißglühhitze Dampfgestalt annimmt, so kann man sich den Bleiglanz als krystallisirten Niederschlag von Schwefel= und Bleidämpfen vorstellen. Ja, in Blei= hütten entstehen diese Bildungen oft von Neuem, indem sich aus den Ofendämpfen in Spalten des Ofengemäuers die zierlichsten Bleiglanzkrystalle ansetzen. Der natürlich vor= kommende Bleiglanz ist ein sehr schönes Erz von dunkelblaugrauer Farbe und lebhaftem Metallglanz; er krystallisirt in deutlich ausgeprägten Würfeln oder in den zwischen dem Würfel und dem Oktaeder liegenden Uebergangsformen des tesseralen Systems; immer ist er durch sein ausgezeichnetes Spaltungsvermögen charakterisirt, das ihn stets wieder zu würfelförmigen, ganz regelmäßig geformten Stücken zerspringen läßt, wenn ein größeres Stück in kleinere zerschlagen wird. In der Regel ist auch der Bleiglanz silberhaltig, aber in sehr geringem Grade, und gerade die silberärmsten Proben zeigen die schönsten und größten Krystallflächen. Der Bleiglanz läßt sich zuweilen in großen, soliden Blöcken aus= brechen; so hob man z. B. vor einigen Jahren in einer Grube bei Aachen ein Stück von 864 Kg. Gewicht, und in einer polnischen Klosterkirche findet sich sogar eine aus diesem Material gehauene Heiligenstatue. Der Luft ausgesetzt verliert jedoch das Erz mit der Zeit seinen Glanz, wird trübe und unscheinbar.

Neben dem Bleiglanz und oft aus ihm durch Verwitterung entstanden findet sich bis= weilen kohlensaures Bleioxyd (Weißbleierz) in solchen Quantitäten vor, daß es bei der Verhüttung einen Bestandtheil ausmacht; außerdem kann der häufig vorkommende Bournonit, aus Schwefelblei mit Schwefelkupfer und Schwefelantimon bestehend, auf diese drei Metalle benutzt werden. Andere, in geringeren Mengen auftretende Bleierze, wie Grün=, Braun=, Roth=, Gelb=, Buntbleierz, Bleivitriol u. s. w., welche Verbindungen von Bleioxyd mit verschiedenen mineralischen Säuren, Phosphorsäure, Chromsäure, Schwefelsäure, darstellen, haben wenig technisches Interesse. Den Bleiglanz an sich benutzt man gepulvert zu Streu= sand, zur Töpferglasur (franz. alquifoux) sowie zum Ausputz kleiner bergmännischer Industrie=Erzeugnisse, bei weitem am meisten aber wird er verhüttet. Er enthält etwa 86 Prozent metallisches Blei; von fremden Metallen, die natürlich ebenfalls als Schwefel= verbindungen auftreten, finden sich meistens einige Prozent Zink (Zinkblende), dann Silber, Kupfer, Arsen, Antimon u. s. w. Der sehr häufig vorhandene Silbergehalt gewährt natürlich das größte Interesse, und trotz seiner Geringfügigkeit bildet daher der Bleiglanz zuweilen ein wichtiges Material zur Silbergewinnung. Ein Gehalt von 1 Prozent Silber ist schon ein bedeutender und nur als Ausnahme vorkommender; meistens enthält ein Centner Bleiglanz nur $3\frac{1}{3}$—$3\frac{1}{2}$ Loth Silber, aber auch diese Wenigkeit wird zu Gute gemacht, und ihr zu Liebe heißt manche Grube dann immer noch eine Silbergrube.

Die **Gewinnung des Bleies** aus seiner Vererzung gestaltet sich am einfachsten bei dem Weißbleierz, das indessen nur in selteneren Fällen (in der Eifel z. B.) für die Ver= hüttung reichlich genug vorhanden ist. Mit Koaksklein vermischt und im Flammenofen unter einer Schlackendecke erhitzt, reduzirt sich das Erz leicht und läßt seinen Metallgehalt ausfließen. In allen anderen Fällen hat man es mit Schwefelverbindungen, also zunächst mit Abtreibung des Schwefels, zu thun. Aber auch die Verarbeitung reinen Bleiglanzes bietet keine Schwierigkeiten, nur durch die Mitanwesenheit anderer Metalle wird der Prozeß mitunter sehr komplizirt, und die Methoden zur Gewinnung erleiden hiernach mancherlei Abwandlungen, lassen sich jedoch auf zwei Hauptklassen, Röstarbeit und Niederschlagarbeit, zurückführen.

Die Aufbereitung und der Zerkleinerungsgrad des Bleierzes richten sich nach der Be= schaffenheit und Reinheit desselben, sowie nach dem nachher einzuschlagenden Verfahren des Ausbringens. Durch Handscheidung werden die reinen Erzstufen abgesondert und von der Gangart durch Hämmer möglichst befreit; die unreinen werden gepocht und durch Siebsetzen und Schlämmen gereinigt und konzentrirt. Die Zerkleinerung der reinen Erze fällt weg, wenn der Schwefel durch Niederschlagarbeit vom Blei getrennt werden soll.

Diese Niederschlagarbeit beruht darauf, daß beim Zusammenschmelzen von Schwefelblei mit metallischem Eisen der Schwefel wegen seiner größeren Verwandtschaft zu letzterem sich vom Blei trennt und an das Eisen tritt, so daß flüssiges Schwefeleisen und metallisches Blei entstehen. Es dient hierzu ein Schachtofen mit Gebläse, der wegen seines sehr vertieften Tiegels auch Sumpfofen genannt wird. Hier werden die Bleierze in Vermischung mit bleihaltigen Abfällen von früheren Schmelzungen, Eisenfrischschlacken und gekörntem Roheisen bei lebhaftem Koaksfeuer niedergeschmolzen. Der Schacht des Ofens ist 6—7 Meter hoch, höchstens 1 Meter weit, zuweilen oben rund, meist viereckig. Die Esse liegt seitlich von dem Schachte, weil die entweichenden Gase erst ihren Weg durch sogenannte Gestübbekammern nehmen müssen, in denen sich die durch die Gebläseluft mit fortgerissenen Erztheilchen niedersetzen. Am untern Theile, in der Sohle des Schachtes, liegt der Tiegel, Herd oder Sumpf, welcher zum Theil noch aus der Brust des Ofens hervorragt. Hier sammeln sich alle Schmelzprodukte; die Schlacken fließen auf einer geneigten Trift ab, während man durch eine Stichöffnung die Metalle in einen besondern tiefer liegenden Stichtiegel absticht, wo sich das Blei von dem Bleistein und Schwefeleisen sondert und letztere in Scheiben abgehoben werden. Das zuerst ablaufende heißt Jungfernblei; die Rückstände werden zwei- bis dreimal ausgeschmolzen, so daß in 8—10 Stunden die ganze Schmelzpost von 20—30 Centnern abgetrieben ist.

Die Schmelzprodukte, wie sie aus dem Ofen fließen, ordnen sich in dem Stichtiegel nach ihrer Schwere von selbst in vier Schichten: zu oberst schwimmt die Schlacke, aus den Erden der Gangart, Eisenoxydoxydul und Bleioxyd bestehend; darunter der Stein (Bleistein, Schwefelblei mit etwas Schwefeleisen, Schwefelkupfer u. s. w.); dann die Bleispeise (die Gehalte von Zink, event. Arsenik, Nickel, Kobalt, mit etwas Schwefel, Blei und Silber); zu unterst das Blei, den größten Antheil des Silbers und Etwas von den übrigen Metallen enthaltend. Bei dem bald zu beschreibenden Flammenofenbetriebe, wo die Schmelze nicht so dünnflüssig gemacht, sondern mehr breiartig gelassen wird, bleiben diese fremden Stoffe, während das Blei aus ihnen aussaigert, auf dem Herde des Ofens liegen.

Nächstdem hat man auch eine sogenannte ordinäre Bleiarbeit, welche bei armen, mit anderen Schwefelmetallen stark verunreinigten Erzen Anwendung findet und ein unreineres Blei giebt. Man vertreibt dabei den Schwefel durch Rösten der Erze in freien Haufen und unterwirft dann das Röstgut einer desoxydirenden Schmelzung mit Kohle.

In mehrfacher Hinsicht vortheilhaft ist die Bearbeitung der Bleierze in Flammenöfen, die Röstarbeit. Sie geht rascher von Statten, bedarf keiner Gebläse, gestattet rohe Brennmaterialien, verlangt keinen Eisenaufwand u. s. w. Im Flammenofen also unterliegt zunächst der auf die Sohle geschichtete Bleiglanz der oxydirenden Einwirkung einer lebhaft ziehenden Flamme. Analog dem, was wir von früher aus der Verhüttung geschwefelter Metalle wissen, werden wir annehmen können, daß das Blei im oxydirten Zustande zurückbleibt und durch Zusammenschmelzen mit Kohle reduzirt wird. Im Allgemeinen ist dies auch richtig, doch mit einiger Einschränkung; denn der Ofen giebt schon lange flüssiges gediegenes Blei aus, bevor eine Einwirkung von Kohle stattgefunden hat. Es wird dies durch das Auftreten gewisser Zwischenprodukte im Ofen, Bleioxyd (Bleiglätte), schwefelsaures Bleioxyd, Halbschwefelblei u. s. w., bewirkt, welche in der Hitze eine derartige Umsetzung ihrer Bestandtheile eingehen, daß ein Theil des Bleies dadurch schon frei wird und in metallischer Form ausfließt.

Während man nämlich in der ersten Röstperiode die volle oxydirende Flamme unter fleißigem Umkrücken auf die Röstmasse wirken läßt, erreicht man einen Punkt, wo noch vorhandener unzersetzter Bleiglanz und schwefelsaures Bleioxyd sich nach chemischen Aequivalenten etwa die Wage halten. Von diesem Moment an beschränkt man den Zug im Ofen auf ein Minimum und verstärkt die Hitze. Es beginnt nun unter den verschiedenen Produkten eine chemische Aktion, bestehend aus Abgabe und Aneignung von Sauerstoff, in deren Folge schwefelsaures Bleioxyd und Bleiglanz (und ebenso dasselbe Salz und Halbschwefelblei) sich so umsetzen, daß schweflige Säure entsteht, welche entweicht, und metallisches Blei,

Verarbeitung der Bleierze auf Blei.

welches in den Vortiegel abfließt. Die gasförmige schweflige Säure wird zuweilen in Bleikammern geleitet und zu Schwefelsäure verarbeitet. Etwa in der dritten Stunde der Bleiarbeit beginnt der rothglühende Ofen Blei auszugeben, am häufigsten beim Umrühren der Erzmasse. Hört endlich dieser Bleifluß auf, so nimmt man die reduzirende Wirkung der Kohle zu Hülfe, denn es ist noch genug Masse im Ofen, aber in solchem Mengenverhältniß des Bleiglanzes und Bleivitriols, daß nur noch Bleioxyd sich bilden könnte. Man zieht demnach die Masse auf den hintersten Theil des Herdes, bedeckt sie mit den vom Feuerungsraum genommenen glühenden Kohlen und macht ein neues starkes Feuer an. Nach einiger Zeit rührt man die Masse um, und es fließt aufs Neue Blei aus. Das Bedecken mit frischen Kohlen und das Rühren wird so lange wiederholt, bis kein Metall mehr fließen will.

Fig. 90. Bleiöfen.

Auch der jetzt bleibende schlackige Rückstand enthält noch eine ziemliche Quantität Blei und dient deshalb entweder als Zuschlag bei neuen Schmelzungen oder wird für sich auf dem Pochwerke in Schlieche verwandelt und im Flammenofen mit Kohle reduzirt, wobei ein unreineres Blei gewonnen wird.

Fast in jedem Lande sind übrigens die Einrichtungen und Manipulationen bei der Bleiverhüttung etwas verschieden; die vorstehende Beschreibung bezieht sich zunächst auf den Kärntner Schmelzprozeß, welcher am direktesten metallisches Blei giebt; die englische oder schottische Methode erzeugt mehr Halbschwefelblei, aus welchem beim Erkalten metallisches Blei aussaigert; die französische arbeitet blos auf Bleioxyd, das einer Reduktion durch Kohle bedarf. In einzelnen Fällen, namentlich wo man stark mit fremden Metallen verunreinigte Erze verarbeitet, bewirkt man die nach Beendigung des Röstens noch nöthige weitere Trennung statt durch Kohle durch Einwerfen von Eisen, also durch eine Methode, welche Röst- und Niederschlagsarbeit mit einander verbindet.

Das auf die eine oder die andere Weise erschmolzene Blei ist nun entweder verkäufliche Waare (Kaufblei), wie gewöhnlich das zuerst ausfließende Jungfernblei, oder aber es ist wegen der darin vorhandenen fremden Metalle zu direkter Verwendung noch nicht geeignet und unterliegt dann noch einer weiteren Behandlung, die, besonders wenn unter den abzuscheidenden Metallen sich Silber befindet, bedeutungsvoll wird. Je mehr fremde Stoffe vorhanden sind, um so mehr Umstände macht ihre Abscheidung, weil sie sich nie auf einmal fassen, sondern nur schrittweise austreiben lassen. Ist der Silbergehalt irgend lohnend, so scheidet man zunächst diesen ab und beseitigt damit schon einen Theil der übrigen Stoffe; entsilbertes oder kein Silber führendes Blei wird erforderlichen Falls für sich besonders raffinirt.

Die **Abscheidung des Silbers** aus dem Blei, welches in diesem Falle Werkblei heißt, wird durch zwei verschiedene Mittel bewirkt, die Treibarbeit und das erst seit etwa 30 Jahren aufgekommene Pattinsoniren. Die erste Methode beruht auf der größeren Oxydationsfähigkeit des Bleies gegenüber dem Silber in hoher Temperatur und geschieht unter Einwirkung eines lebhaften Gebläses in einer Art Flammenofen, dem Treibherde, von dem uns Fig. 91 eine Totalansicht und Fig. 92 eine Durchschnittszeichnung giebt.

Fig. 91. De Treibherd.

Auf diesem Treibherde wird auf einer Unterlage von Holzasche und Kalk, auf welche die Bleinäpfe, Bleibrote, gegeben werden, die Masse geschmolzen, während aus den Düsen des Gebläses ein starker erhitzter Luftstrom darauf geleitet wird.

Es ist eine bekannte Erscheinung, daß sich auf geschmolzenem und der Luft ausgesetztem Blei sofort eine graue oder röthliche aschenähnliche Haut bildet (Bleiasche). Dieselbe ist schon ein Oxydationsprodukt, aber ein nur wenig sauerstoffhaltiges (Suboxyd), mit metallischen Bleitheilchen gemischt. Auf der Sohle des Treibherdes dagegen, wo unter der Heizflamme das Blei sehr bald in Fluß kommt, verwandelt der Luftstrom dasselbe in wirkliches rothes Oxyd (Glätte), die bei ihrer leichten Schmelzbarkeit alsbald flüssig wird, den Bleifluß bedeckt und durch eine Rinne, die Glättgasse, vom Treibherd fortfließt. Zunächst bilden sich auch hier auf der Bleioberfläche schwärzliche oder braune Krusten, schaumige und schlackige Massen (Abzug, Abstrich), welche neben etwas Blei und Glätte aus allerlei Unreinigkeiten bestehen und namentlich einen guten Theil der in dem Werkblei steckenden fremden Metalle in Oxydform enthalten. Diese Abstriche müssen so lange immer wieder

Abscheidung des Silbers.

abgekrückt werden, wie sie neu entstehen. Sie verändern sich im Laufe der Arbeit in Aussehen und Gehalt; es kommt z. B. eine Periode, wo der Abstrich besonders reich an Antimon ist; dieser wird für sich gethan und auf Hartblei verarbeitet; dann kommt silberhaltige schwarze Glätte, die natürlich noch weniger weggeworfen wird. Das Silber ist also für den oxydirenden Einfluß des Gebläses auch nicht völlig unangreiflich, aber das meiste erhält sich doch am Grunde des Treibherdes. Stößt endlich die Masse auf dem Treibherde Schaum und Asche nicht weiter aus, so hat man den reinen rothen Fluß der eigentlichen Glätte.

Nunmehr beginnt das letzte Treiben. Man verstärkt das Gebläse, öffnet die Glättgasse und die Glätte fließt aus dem Ofen. Die Glättgasse ist eine in der Lehmwand des Ofens geschnittene Rinne, die allmählich tiefer gemacht wird. Alles noch vorhandene Blei wird so nach und nach in Glätte verwandelt, die der Luftstrom beständig der Glättgasse zutreibt. Wird endlich der letzte Rest Blei oxydirt, so bildet die Glätte nur noch eine dünne, in bunten Farben spielende Haut; diese zerreißt schließlich und ein Klumpen oder Klümpchen geschmolzenes Silber kommt plötzlich zum Vorschein; dies ist der beliebte Silberblick. Die Treibarbeit ist damit beendet, und man bricht die Sohlenfütterung des Ofens aus, die sich ebenfalls voll Glätte gesogen und in welche auch das Silber verschiedene Wurzeln getrieben und Körner gesetzt hat. Die ausgeflossene Glätte erkaltet in Kästen oder auf Klumpen, klüftet sich und zerfällt, wobei sich zweierlei, im Wesen übrigens nicht verschiedene Formen des Oxyds bilden: gelbe zusammenhängende Stücke (Silberglätte) und rothe, schuppige und zerreibliche Massen (Goldglätte). Die Glätte ist schon eine Handelswaare von nicht geringerem Centnerpreis als der des gewöhnlichen Bleies; gewöhnlich bestimmt man zur Kaufglätte die rothe Modifikation, alles Uebrige wird wieder zu Metall reduzirt (verfrischt) und giebt entweder direkt oder nach erfolgter Raffinirung Kaufblei.

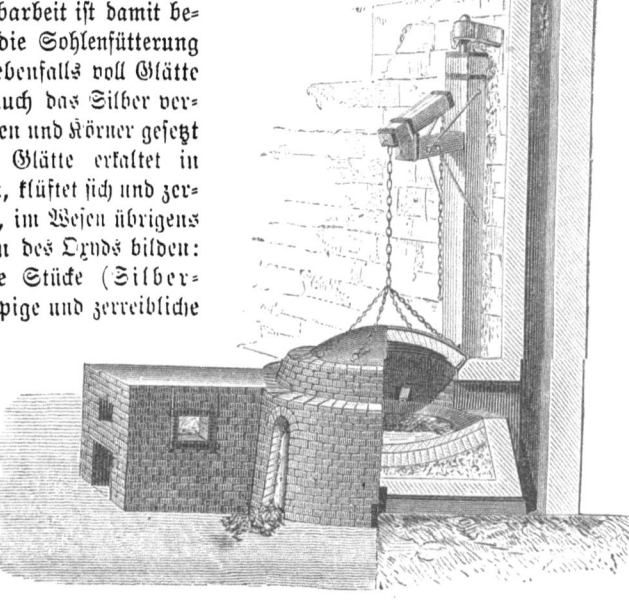

Fig. 92. Der Treibherd (Durchschnitt).

Die andere Entsilberungsmethode, das Pattinsoniren, ersetzt zwar die Treibarbeit nicht vollständig, aber kürzt sie bedeutend ab und empfiehlt sich auch sonst als sehr vortheilhaft. Sie beruht auf der Beobachtung des Engländers Pattinson, daß in einer silberhaltigen Bleimasse, wenn solche im geschmolzenen Zustande unter beständigem Umrühren langsam abgekühlt wird, bei einer gewissen Temperatur, nahe dem Schmelzpunkte des Bleies, Krystalle entstehen und untersinken, welche fast aus reinem Blei bestehen, während das Silber in dem noch flüssigen Blei zurückbleibt. Man schmilzt demnach 50—100 Centner Blei auf einmal in gußeisernen Kesseln ein, nimmt dann das Feuer weg und verschließt alle Ofenöffnungen, so daß eine mäßige, die Masse eben flüssig erhaltende Temperatur längere Zeit konstant bleibt, und rührt den Fluß mit eisernen Stangen gut um. Die entstehenden Bleikrystalle werden mit durchlöcherten Schippen ausgeschöpft und in einem anderen Kessel wieder eingeschmolzen, wie ebenfalls die länger flüssig bleibende Masse in einer Reihe von Kesseln wiederholt derselben Manipulation unterworfen wird. Hieraus entstehen die sehr annehmbaren Vortheile, daß man erstlich eine Partie sehr reines Blei vorweg nimmt, das sogleich als raffinirtes oder doppelt raffinirtes verkäuflich ist, und daß zweitens eben dadurch die Bleimasse, in welcher der Silbergehalt steckt, mehr und mehr vermindert, also silberreicher wird. Sie unterliegt schließlich dem Prozeß des Abtreibens, der aber nun, wo nicht so große Massen zu bewältigen sind, weit weniger Zeit und Kosten in Anspruch nimmt.

Es giebt auch eine noch neuere Entsilberungsmethode, welche bei dem durch Pattinsoniren schon angereicherten Blei an Stelle des Abtreibens treten kann: die Scheidung von Blei und Silber durch Zink. Zink und Blei legiren sich nämlich nicht; im geschmolzenen Zustande schwimmt ersteres auf letzterem wie Oel auf Wasser. Gießt man also in einen silberhaltigen Bleifluß geschmolzenes Zink — nach Maßgabe des vorhandenen Silbers 1—5 Prozent — rührt die Mischung durch und läßt sie dann in Ruhe, so steigt das Zink empor und nimmt den Silbergehalt bis auf ein Minimum mit sich. Das silberhaltige Zink wird, nachdem es zur Scheibe erstarrt ist, vom Blei abgehoben und der Destillation unterworfen, wobei das Silber zurückbleibt.

Die Zurückverwandlung der beim Abtreiben gewonnenen Glätte in metallisches Blei, das Frischen, ist eine einfache Arbeit und geschieht, wie sich leicht denken läßt, durch Verschmelzen derselben mit Kohle in kleinen Schacht- oder Flammenöfen.

Fig. 93. Bleiwalzwerk.

Alles erfrischte oder sonst gewonnene Blei, sofern es noch zu unrein für Kaufblei ist, wird raffinirt. Durch gelindes Schmelzen in einem Läuterofen schon kann ein reineres Blei erhalten werden, denn die fremden Stoffe bleiben als schwerer flüssig zurück. Weiterhin rührt man dann das geschmolzene Blei mit frischen Holzstangen um, wodurch ein Aufschäumen entsteht, das die durch Oxydation gesonderten Unreinigkeiten in die Höhe bringt. Natürlich muß man zu rechter Zeit aufzuhören verstehen, denn selbst das reinste Blei würde sich sonst schließlich bis auf den letzten Rest in Asche verwandeln.

Das Blei kommt in viereckigen Blöcken oder muldenförmigen Güssen in den Handel und zeigt bezüglich seiner Reinheit große Verschiedenheiten. Selbst eine und dieselbe Hütte liefert oft Bleie von verschiedener Reinheit. Als die reinste Sorte gilt das Villacher Blei. Wo das Pattinsoniren geübt wird, kann übrigens jede Hütte ihren bezüglichen Antheil reinen Bleies liefern. Probirblei, das etwa dreimal soviel kostet als das Werkblei, ist ganz reines, völlig silberfreies Metall, wie es in Münzstätten und Probirämtern zur Silberprobe gebraucht wird.

Die **technische Verwendung des Bleies** ist eine vielfache und zum Theil allbekannte. Es theilt dieses Metall mit dem Eisen das Privilegium, dem Herrn der Schöpfung als hauptsächlichstes Zerstörungsmittel gegen seines Gleichen und seine niederen Mitgeschöpfe zu dienen. Und merkwürdig genug erwartet er von demselben Stoff, der ihm Wunden schlug, auch deren Heilung, indem er ihn in Essig aufgelöst als Bleiwasser auflegt. Die bedeutende Schwere des Bleies, die es nebst seiner Geschmeidigkeit zu Geschossen tauglich macht, eignet es eben so gut zu Gewichten, Schwungkugeln und für viele Fälle, wo gewissen leichten Dingen mehr Standfestigkeit gegeben werden soll.

In Form von Platten, Blechen und Blättern von allen Dimensionen leistet das Blei die mannichfachsten Dienste, z. B. zum Dachdecken, dünner gewalzt zum Belegen feuchter Wände, gezogen zu Fensterblei, in größter Verdünnung als Bleifolie, die dann häufig noch

Technische Verwendung des Bleies.

mit Zinn plattirt wird; das Ausrollen des Bleies zu dickeren oder schwächeren Platten und zur dünnsten Folie geschieht zwischen Metallwalzen ohne alle Schwierigkeit. Hauptsächliche und zum Theil unersetzliche Dienste leistet ferner das Metall für Fälle, wo seine Widerstandsfähigkeit gegen gewisse starke Säuren (Schwefelsäure, Salzsäure, Flußsäure) in Anspruch genommen wird, in den größten Dimensionen in Form von Schwefelsäurekammern, dann zu Abdampfpfannen für Schwefelsäure, Alaun und Vitriol, zu Entwicklungs- und Aufbewahrungsgefäßen für Flußsäure u. s. w.

Aus dicken gewalzten Platten fertigt man große Bleigefäße, Kästen u. s. w., indem man diese durch Löthen des Bleies mit sich selbst vereinigt, nach neuerem Verfahren am besten bei der Hitze eines Stromes von Wasserstoffgas, das man mittels eines langen Kautschukschlauches aus dem Entwicklungsgefäß ableitet und so, an dem metallenen Endrohr des Schlauches entzündet, bequem benutzen kann, um die Fugen der Bleigefäße so fest zu verschmelzen, als sei Alles aus einem Stück gegossen.

Gußwaaren aus Blei giebt es wegen der geringen Widerstandskraft des Metalls nicht viele; außer Spielsachen und anderen kleineren Dingen bilden Kugeln und Schrot die häufigsten Gußgegenstände. Im Schrot haben wir das interessante Beispiel eines Metallgusses ohne Anwendung einer Form; die allgemeine Anziehung der Körper, die den Bau der Welt zusammenhält, giebt auch dem Schrotkorn seine runde Gestalt. Das Schrotmaterial ist Hartblei oder gewöhnliches Blei mit einem Zusatz von 1—3 Tausendsteln Arsenik.

Fig. 94. Ziehbank für Bleiröhren.

Wenn das Blei in gußeisernen Kesseln geschmolzen, dann mit Holzkohlenpulver bedeckt und bis zum Rothglühen erhitzt ist, rührt man mit einem Eisendrahtkörbchen jene Arsenikmenge zu. Die Metallmasse wird dann auf ein kegelförmiges Sieb von Eisenblech gefüllt, welches auf einem Gestelle ruht, unten weite Löcher hat und mit Bleiasche ausgekleidet ist. Durch dieses Sieb rinnt das Blei und fällt von einem Thurm wol 30—50 Meter tief in ein Wassergefäß, worauf die Bleitropfen an der Luft oder im Ofen getrocknet werden. Das Sortiren geschieht auf geneigten hölzernen Tafeln mit Randleisten; die Schrote rollen darauf aus der Spalte eines Troges, die länglichen laufen seitwärts, die runden geradeaus in untergestellte Siebe durch Löcher von verschiedener Größe; dann werden letztere mit etwas Graphit in Tonnen polirt.

Eine Verbesserung, welche den unerläßlich scheinenden hohen Fallthurm entbehrlich macht, wird von Smith in New-York angewandt; er setzt die fallenden Bleitropfen einem sehr schnell aufsteigenden Luftstrome aus. Die Vorrichtung selbst besteht aus einem blechernen Rohre — beispielsweise etwa 15 Meter hoch und $2/3$ Meter breit — in welches unten seitwärts ein Rohr einmündet, um den Wind eines Gebläses einzuleiten. Oben auf ersterem Rohre befindet sich die Schrotform. Indem hier das heiße Metall innerhalb geringeren Fallraums mit eben so viel abkühlender Luft in Berührung kommt als bei größerer Fallhöhe in ruhiger Luft, erreicht man seinen Zweck auch ohne Thurm und noch dazu bequemer.

Bleiröhren im innern Durchmesser von 1,5—8 Centimeter finden ihre häufigste Verwendung zu Gas- und Wasserleitungen im Innern der Gebäude, wozu sie wegen ihrer Biegsamkeit und fast unbeschränkten Länge besonders geeignet sind; ferner zu Leitung verschiedener Flüssigkeiten in Fabriken u. s. w. Die Röhren wurden früher stets auf einer Ziehbank gezogen, wie in Fig. 94 zu sehen, d. h. eine kurze, dicke Bleiröhre wurde verdünnt und verlängert, indem man sie durch abnehmend kleinere Löcher eines Zieheisens passiren ließ. Hierzu gehört ein Dorn, ein runder, glatter Eisenstab, der in der Röhre liegt und ihr Inneres offen und glatt erhält. Früher nahm man den Dorn so lang wie die beabsichtigte Röhre und sah sich dadurch in der Länge beschränkt, weil bei einem einigermaßen langen Rohre der Dorn schwer herauszuziehen ist; sodann lernte man mit einem kurzen Dorn arbeiten, der, von hinten festgehalten, dem Zuge nicht folgte, sondern in der Mitte des Ziehlochs stehen blieb. Neuerdings werden die Röhren größtentheils nicht mehr gezogen, sondern gepreßt, wobei das vorher gegossene kurze Rohrstück, unter Anwendung einer außerordentlich starken mechanischen Kraft, gleich in einem Gange fertig wird und dabei auf das mehr als Hundertfache verlängert werden kann. Das zu streckende Rohrstück kommt in ein starkes, eisernes röhrenförmiges Gehäuse zu liegen und füllt den Hohlraum gerade aus. Vorn hat dasselbe ein kleines rundes Loch, den Preßring; hinten liegt ein Preßkolben, von dessen Centrum aus ein dünnerer cylindrischer Ansatz so weit nach vorn geht, daß sein vorderes Ende auch bei der hintersten Lage des Kolbens noch vorn inmitten des Preßringes zu sehen ist. Das so entstehende ringförmige Loch ist nun der einzige Ausweg für das Blei, wenn der Kolben durch die Kraft einer mächtigen Schraubenspindel mit Rädervorgelege oder durch eine hydraulische Presse vorgetrieben wird. Es ist also das Prinzip der Spritze, das hier zu Grunde liegt. Die Aehnlichkeit wird noch größer, wenn nicht kalt, sondern warm gepreßt wird. Dann befindet sich das Blei im geschmolzenen Zustande in dem Hohlraume, der das Spritzrohr vorstellt, wird hier durch eine Wärmvorrichtung warm gehalten, beim Austritt aber durch einen kalten Vorschlag gekühlt. Begreiflicherweise ist zum Warmpressen eine viel geringere mechanische Kraft hinreichend. Der Dorn sitzt mitunter bei dieser Manier nicht am Kolben, sondern wird im Preßringe durch einen Quersteg festgehalten, denn wenn dieser die eintretende Bleimasse auch theilt, so thut sie sich infolge ihrer teigigen Flüssigkeit doch gleich darauf wieder zusammen. In unserer Abbildung Fig. 95 jedoch ist er am Kolben P selbst befestigt; das durch umgebendes Feuer flüssig gehaltene Blei befindet sich in dem Stiefel R, welcher durch das Eingußrohr E gefüllt werden kann. Die Dicke der Röhren wird durch die Bohrung der Einsatzplatte F bestimmt.

Die Glätte, innere Dichtigkeit und Porenfreiheit des solchergestalt gepreßten Bleies dient ihm so sehr zur Empfehlung, daß man auch Platten auf diesem Wege herstellt. Man preßt weite Röhren und läßt sie gleich beim Austritt durch mechanische Vorrichtungen aufschneiden und platt legen.

Denkt man sich das Mundloch der Röhrenpresse stark verengt und ohne Dorn, so wird sie gepreßten **Draht** liefern. In dieser Weise werden wol die meisten wenigstens dickeren Bleidrähte jetzt hergestellt, dünnere in der alten Art durch Ziehen. Bleidraht, obwol seine Widerstandskraft gegen Zerreißen gering ist, wird doch verschiedentlich benutzt, so namentlich von Gärtnern als wetterfestes Mittel zum Anbinden von Spalierbäumen, Wein u. dergl.; ferner braucht man ihn an Jacquardstühlen, zur Dichtung an Maschinen, ebenso an Stoßfugen eiserner Röhren u. s. w. So verschwindet viel Blei wieder in die Verborgenheit, wie das ja auch bei Bauten zum Eingießen eiserner Steinklammern geschieht.

Die metallischen Bleiwaaren, welche öfter schon auf den Hüttenwerken fabrizirt werden, sind Schrote, Rehposten, Kugeln, Röhren, Bleche und Drähte. Die Freiberger Bleiwaarenfabrik debitirt 12 Nummern Draht, 30 verschiedene Blechstärken und über 50 Kaliber Röhren, unverzinnt, innerlich oder äußerlich oder beiderseits verzinnt, stärkere bis 18, dünnere bis 30 Meter lang und durchweg mit der Angabe, wie viel Druck in Atmosphären und in Wassersäulenfußen sie aushalten.

Vom Blei als Bestandtheil von Legirungen hatten wir schon mehrfach (Buchdruckerei, Bronze, Zinn) Gelegenheit zu reden, daher wir hier darüber hinweggehen können; eine besonders wichtige Rolle spielt es als hauptsächlicher Bestandtheil des Schnellothes der Klempner, bei der Herstellung der Orgelpfeifen, die jetzt in der Regel nur einen sehr geringen Zinnzusatz (4 Prozent) erhalten, in Legirung mit Zinn und Antimon als Zapfenlagermetall u. s. w. Auch den **Chemikalien** des Bleies begegnen wir noch an

Technische Verwendung des Bleies.

verschiedenen anderen Stellen dieses Werkes: so der Glätte als Bestandtheil gewisser Gläser und der Töpferglasur, dem Superoxyd bei der Fabrikation der Zündhölzchen, endlich dem Bleiweiß, den rothen und gelben Oxydationsstufen sowie einigen farbigen Salzen in dem Abschnitt von der Farbenbereitung. Unter den Bleisalzen sind Bleiweiß, chromsaures Bleioxyd (Chromgelb) und Bleizucker Gegenstände des technischen Großbetriebes. Der letztere dient nicht nur zur anderweiten Darstellung vieler Präparate, besonders des Chromgelbs, sondern auch für sich zur Firnißbereitung, in der Medizin und hauptsächlich als Beizmittel in der Färberei und Druckerei.

So mancherlei Nutzen uns aber auch das Blei gewährt, so ist es doch eigentlich des Menschen Freund nicht, denn seine Lösungen, wie die als Staub oder in irgend einer Form in den Körper aufgenommenen Präparate, äußern giftige Wirkungen, wie wohl bekannt ist, aber nicht immer gehörig gewürdigt wird. Die sich so leicht bildende Oxydhaut des Bleies verbindet sich mit den schwächsten Säuren und löst sich infolge dessen selbst in Wasser, das immer etwas angesäuert ist. Deshalb sind auch bleierne Wasserleitungsröhren nur mit großer Vorsicht, unter Berücksichtigung aller Umstände und namentlich der chemischen Beschaffenheit des betreffenden Wassers, anwendbar. Gleichwol sind solche Röhren bei Wasserleitungen ganz allgemein in Gebrauch. Als ein Schutzmittel erzeugt man jetzt gewöhnlich einen inneren Beleg von Schwefelblei, indem man das Rohr für einige Zeit mit einer Lösung von Schwefelleber gefüllt liegen läßt. Es bildet sich eine Lage von weichem Schwefelblei, nach deren Wegschaffung eine dem Blei fest anhaftende dünne feste Schicht zum Vorschein kommt, die in der That einen wirksamen Schutz gegen Auflösung gewährt. Eine gewöhnliche Verzinnung ist eher schädlich als nützlich; es treten galvanische Wirkungen auf, welche das Zinn rasch zerstören,

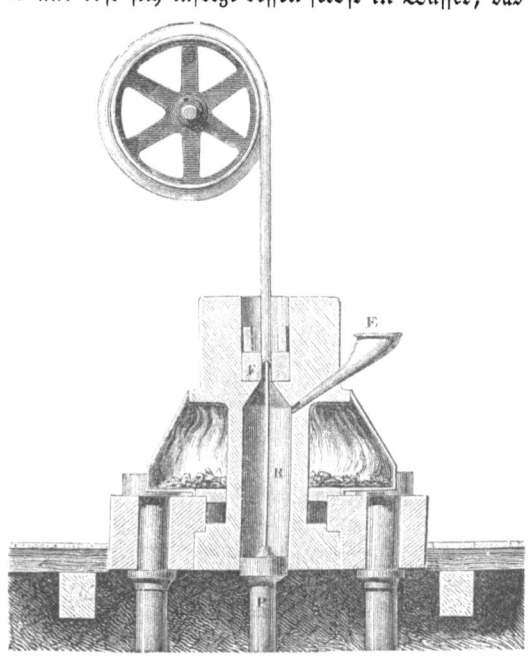

Fig. 95. Pressen der Bleiröhren.

und auch das Auskunftsmittel, die Röhren innen aus einer stärkern Lage Zinn, äußerlich aus Blei herzustellen, ist nicht durchaus zweckmäßig befunden worden.

Da das Blei in seinen Verbindungen sehr gefährliche giftige Eigenschaften hat, so muß es mit Sorgfalt überall da vermieden werden, wo es mit auflösenden, namentlich sauren Flüssigkeiten in Berührung kommen und in gelöster Form sich den Speisen beimischen könnte. Das vielfach übliche Spülen der Weinflaschen mit Schrot zum Beispiel ist oft schon Veranlassung zu Erkrankungsfällen geworden, wenn einzelne Schrotkörner in dem Gefäß zurückgeblieben waren, die sich späterhin in dem darauf gefüllten Weine aufgelöst hatten. Schmählicherweise wurde, früher wol öfter als jetzt, sogar Blei in Form von Bleizucker sauern Weinen absichtlich zugesetzt, um denselben einen süßeren Geschmack durch ein nicht gährendes Mittel zu geben.

Die Auffindung des Bleies, wo man Verdacht auf dasselbe hat, ist glücklicherweise so leicht, daß sie auch von Laien vorgenommen werden kann. Alle löslichen Bleisalze (unlösliche Präparate, wie Bleiweiß, Mennige, Massicot, können durch Salpetersäure in lösliche verwandelt werden) geben mit Schwefelsäure sowie mit Salzsäure einen weißen, mit

Schwefelwasserstoff oder Schwefelleberlösung einen schwarzbraunen, mit chromsaurem Kali einen gelben Niederschlag (Chromgelb). Auch ungelöste weiße Bleipräparate werden durch die Schwefelprobe sofort geschwärzt. Mit Chromgelb gefärbtes bleihaltiges Papier verräth sich beim Entzünden und Wiederausblasen durch schwammartiges Fortglimmen, muß daher auch als feuergefährlich wohl im Auge behalten werden.

Das Zinn.

Unter den sechs oder sieben Metallen, welche sich schon von Alters her im Dienste des Menschen befinden, mußte das Zinn in den frühesten Zeiten eine ganz besonders wichtige Stelle einnehmen, denn ohne Zinn hätte es ja keine Bronze geben können, die doch einmal — wenn auch unbestimmt, seit wann und wie lange — die Stelle des noch unentdeckten Eisens nothdürftig vertreten haben muß. Zinn und Kupfer leisteten hier im Verein, was keinem einzelnen möglich war, und die Erklärung hierfür liegt in dem Umstande, daß das Zinn trotz seiner Weichheit doch in Verbindung mit anderen Metallen, ausgenommen das Blei, in der Regel harte Legirungen bildet, eine Eigenschaft, die den Adepten des Mittelalters so außer der Ordnung erschien, daß sie dem Zinn den Titel des „Teufels unter den Metallen" (diabolus metallorum) einbrachte.

Die Entdeckung des Zinns konnte keine großen Schwierigkeiten haben, denn obschon sich das Metall von Natur nicht in gediegenem Zustande darbot (erst neuerdings soll es in kleinen gediegenen Körnern in sibirischen Waschgoldlagern gefunden worden sein), so mußte sich doch schon dessen Oxyd, der Zinnstein, durch seine bedeutende Schwere und Härte

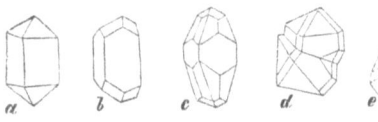

Fig. 96. Zinnerzkrystalle.

sowie durch seine ausgezeichnete Krystallisation sehr bald als etwas Besonderes zu erkennen geben, und der leichteste Schmelzversuch mit Kohle genügte dann, um das Metall ans Licht zu bringen. Schon ein zufällig über Zinnstein brennendes Holzfeuer konnte dies bewirken.

Das Vorkommen der Zinnerze ist ein seltenes. Trotzdem war bei den alten Kulturvölkern, die um das östliche Mittelmeer saßen, und auf die wir ja hauptsächlich mit unserer Kenntniß der Vorzeit angewiesen sind, das Zinn bereits ein bekannter Artikel und, da sich nirgends im Orient Zinnlager finden, zugleich ein wichtiger Gegenstand des auswärtigen Handels. Das Zinn gehörte zu den Haupthandelsartikeln der Phönizier; sie holten es aus dem Lande, das noch heute das europäische Hauptmagazin bildet, aus dem südwestlichen England (Cornwall und Devonshire). Die Eingeborenen jenes Zinnlandes selbst, erzählt ein alter Autor, verschifften ihr Zinn in Nachen aus Korbgeflecht, die mit Thierhäuten überzogen waren, über das Meer nach den Küsten des heutigen Spaniens, von wo sie es über Land weiter nach den Handelsplätzen am Mittelmeere brachten.

Bei den Griechen hieß das Zinn kassiteros, und schon Homer erwähnt es unter diesem Namen, der für die Griechen ein Fremdwort ohne Erklärung war, daher nach Herodot sich die Ansicht gebildet hatte, das Volk oder die Inseln, von denen das Zinn herkomme, hießen die Kassiteriden. Schon bei Aristoteles, der 322 v. Chr. starb, finden sich indeß die Zinngruben von Cornubia erwähnt, womit recht wohl das spätere Cornwall gemeint sein kann. Der Römer Plinius, der übrigens die Kassiteriden für eine Fabel hält, kennt das Zinn unter dem Namen Weißblei (plumbum album oder candidum), unterscheidet es vom eigentlichen Blei (Schwarzblei, pl. nigrum) und beschreibt die Eigenschaften beider. Nach ihm gab es auch an den Westküsten der Pyrenäischen Halbinsel (Lusitanien und Galicien) bedeutende Zinnwäschen; was jetzt noch dort gefunden wird, erscheint ganz unerheblich.

Das Zinn diente im Alterthum, außer zur Erzeugung der Bronze, an und für sich auch zu allerlei Gefäßen, ferner zum Verzinnen, namentlich kupferner Gegenstände, durch Eintauchen in geschmolzene Zinnmasse, eine Erfindung, welche Plinius den Galliern zuschreibt.

Man betrieb auch schon frühzeitig das Versetzen des Zinns mit Blei in verschiedenen Verhältnissen, und diese Vermengung oder auch wol völlige Verwechselung zweier Stoffe verursacht oft die Unklarheit in alten Erwähnungen und Namen.

Fig. 97. Zinn- und Kupferbergwerk „Providence" in Cornwall.

So scheint das Wort stannum anfänglich eine Legirung bezeichnet zu haben und erst später für das reine Zinn gebraucht worden zu sein. Stannum ist das latinisirte stan, das ist der einheimische Name des Zinns bei den alten Bewohnern von Cornwall, während Zinn, eigentlich tin, wie es die Engländer schreiben, dem Chinesischen entnommen sein soll.

Ein kleiner Theil Englands also besaß seit vorgeschichtlicher Zeit oder mindestens seit 3000 Jahren das besondere Privilegium, die Welt mit Zinn zu versorgen, ohne daß die Vorräthe sich erschöpft hätten, denn noch heute produzirt jener Landstrich alljährlich gegen 150,000 Centner Zinn, wogegen die übrige Ausbeute Europa's als eine Kleinigkeit erscheint. Dieselbe beschränkt sich wesentlich auch nur auf eine Lokalität in Deutschland, das östliche sächsisch-böhmische Erzgebirge, dessen Gruben etwa seit dem 12. und 13. Jahrhundert in Betrieb gekommen sind und in den ersten Zeiten, wo der ganze Abbau noch von Tage aus niedergetrieben wurde, zum Theil außerordentlich ergiebig gewesen sein sollen. Die ganze Ausbeute des Erzgebirges beträgt indeß gegenwärtig nur gegen 4000 Centner jährlich, wovon $2/3$ auf die sächsische und $1/3$ auf die böhmische Seite fallen. Was sonst noch in Frankreich, Spanien, Portugal gewonnen wird, ist unbedeutend und nur die Nachlese alter Zeiten.

Fig. 98. Zinnmine auf Banka.

Von außereuropäischen Bezugsquellen hat namentlich Ostindien eine große Bedeutung für den heutigen Zinnhandel erlangt. Das südöstliche Asien ist sehr reich an Zinn, sowol auf dem Festlande Ostindiens, Birma, Siam und der Halbinsel Malakka, wie auch auf den den Holländern gehörenden Inseln Banka und Billiton, welche die Primasorte geben, und zwar so reichlich, daß die Holländer jährlich 4—5000 Tons, à 20 Centner, Metall nach Europa bringen und dadurch die Beherrscher des hiesigen Marktes sind. Das Malakkazinn, auf verschiedenen Küstenpunkten der Halbinsel gewonnen, führen die Engländer unter dem Namen Straits-tin ein. Auch China soll sehr reich an Zinn sein, und in der Neuen Welt findet sich dasselbe in Mexiko, Peru und Brasilien, während neuerdings aus Kalifornien das Auffinden höchst reicher Erzlager gemeldet wird. Bis jetzt zeigt sich amerikanisches Zinn nur unbedeutend am europäischen Markte, dagegen liefert seit Kurzem Australien einen Beitrag; es kommen aus Victoria und Neusüdwales Zinnerze nach England, und englische Berichte bestätigen den großen Reichthum von Zinnstein, theils auf Gängen, theils als Seifenzinn in Neusüdwales. In Queensland sollen sich Zinnlager (sogenannte Seifen) in 170 Meilen Länge finden, deren Metallgehalt auf 13 Millionen Pfd. Sterl. geschätzt wird, und Neusüdwales soll allein 25mal mehr Zinn zu produziren im Stande sein als Cornwall.

Zinnerze und ihre Verarbeitung. Die gewöhnlichste Form, in welcher das Zinn in der Natur vorkommt, ist die eines sehr harten und schweren Gesteins, das theils derb,

Zinnerze und ihre Verarbeitung. 207

theils in tetragonalen Krystallen vorkommt, wie sie uns Fig. 95 in den selteneren einfachen Formen a, b, c und in den gewöhnlicher auftretenden Zwillingsgestalten d und e vorführt. Der sogenannte Zinnstein ist ein Zinnoxyd und enthält im reinen Zustande 73½ Prozent Metall und 21½ Prozent Sauerstoff. An gewissen Oertlichkeiten sind die ursprünglichen Muttergesteine der Zinnerze durch gewaltige Naturkräfte zertrümmert, pulverisirt, verwaschen und weggeführt worden, und alle Metalle, die den Zinnstein sonst begleiteten, spurlos verschwunden; er selbst aber, unangreifbar für Luft, Wasser und Säuren, ist in Schutt und Erdreich eingebettet zurückgeblieben, wie es sonst nur Gold, Platin und Edelsteine thun. Häufig sind die einzelnen Krystalle noch gut erhalten, gewöhnlich aber haben sich ihre scharfen Kanten verloren und sie stellen nur rundliche Körner, sogenannte Zinngraupen vor.

Fig. 99. Schmelzhütte auf Banka.

In dieser Art des Vorkommens war das Zinnerz nicht allein am leichtesten zu entdecken, sondern man erhielt auch mit geringer Arbeit sogleich das schönste Metall, denn das Erz hat hier durch Naturwirkungen eine Säuberung oder Aufbereitung erfahren, wie sie auf künstlichem Wege gar nicht oder doch nur mit schweren Kosten beschafft werden könnte. Die Orte, wo derartige Zinnerze gewonnen werden, heißen Seifen, was so viel bedeutet wie Wäschen, denn in der That besteht die ganze Arbeit, um das Erz in schmelzwürdigem Zustande zu gewinnen, nur in einem Verwaschen des aufgegrabenen Erdreichs und Gruses. Dieses Seifen- oder Waschzinn ist bei weitem reiner als das sogenannte Bergzinn, dessen Erz man aus seiner natürlichen Felsenlagerstätte hervorarbeitet. In Cornwall bildet neben der Bergarbeit die Gewinnung von Seifenzinn einen regelmäßigen Betrieb, im Erzgebirge finden sich die Zinngraupen nur selten und im Schuttlande gar nicht, sondern lediglich in Klüften des Zinngebirges selbst.

In Ostindien beruht die Zinngewinnung ausschließlich auf Wascharbeit in Schuttland, denn zinnhaltige Gebirgsstöcke sind dort gänzlich unbekannt und man würde sie auch nicht bearbeiten. Alles indische Metall ist daher gutes Waschzinn. Man gräbt und wäscht das Erdreich dort entweder ganz oberflächlich oder wenigstens nur bis zu verhältnißmäßig geringer Tiefe und hält sich hauptsächlich, wie auch in Peru und Mexiko, an das Anschwemmungsland von Gebirgsflüssen. Die Abbildung Fig. 98 giebt uns eine Vorstellung von einer

Zinnmine der größten Art (Kolongmine), die auf Banka fast ausschließlich von Chinesen bearbeitet werden. Der primitive Charakter der ganzen Behandlungsweise prägt sich noch entschiedener in der Abbildung von dem Schmelzhause aus, welches Fig. 99 uns vor Augen führt.

Der Zinnstein, gewöhnlich rothbraun bis schwarz, findet sich, in Granit, Porphyr, Gneis, Thonschiefer, Grünstein u. s. w. eingewachsen und durchsetzt in mehr oder weniger starken Gängen das Muttergestein, aus dem er dann auf bergmännische Weise gewonnen wird. Kommt das Erz in kleinen Partikelchen zerstreut im Gestein vor, so heißt dieses in Sachsen Zwitter. Obwol oft nur $\frac{1}{2}$ Prozent und weniger Zinn enthaltend, werden diese Zwitter doch verarbeitet und durch mühsame Poch- und Schlämmarbeit zu Schliche angereichert, die dann verschmolzen wird.

Wenn die zinnführenden Felsmassen, wie meistens der Fall, sich zwischen anderes, unhaltiges Felsgestein eingedrängt oder von ihm mantelartig umgeben finden, so nennt man sie Stockwerke. Als Beispiele für diese Art des Vorkommens können die beiden Durchschnittsansichten zweier sächsischer Zinnlagerstätten dienen. Im Altenberger Zinnstock (s. Fig. 100) durchschwärmen eine Menge Zinnerzgänge a, von einigen Centimetern bis $\frac{1}{3}$ Meter Mächtigkeit, den Fels in allen Richtungen; die mehr senkrechten größerer Adern b sind unhaltig.

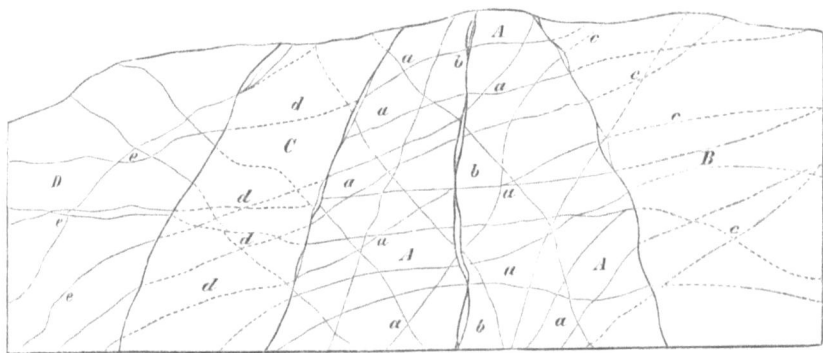

Fig. 100. Durchschnitt des Altenberger Zinnstocks.

Taub werden ferner alle Adern in den Seitenpartien B und C, in denen der Fels in Granit und Syenitporphyr übergeht, während sich der Erzgehalt in der Mittelpartie A findet, und dann in D, wo die Masse wieder in Feldsteinporphyr übergeht, noch einmal auftritt, sodaß dieselben (vorher tauben) Adern sich hier neu und reichlicher wieder füllen.

In dem Zinnwalder Stock (s. Fig. 101) sind die mehr lagerartigen Zinnerzgänge von durchschnittlich $\frac{1}{3}$ Meter Mächtigkeit weit regelmäßiger geordnet. Das Muttergestein ist ein grobkörniger porphyrartiger Granit, die unhaltige Umlagerung B besteht aus Feldsteinporphyr.

So weit man sich von dem Walten der Natur in den früheren Bildungsstadien unserer Erde eine Vorstellung machen kann, scheinen die zinnerzhaltigen Stöcke jüngere Felsgebilde zu sein, die sich im feuerflüssigen Zustande zwischen älteren, diese zerspaltend, empordrängten, im Erstarren zerklüfteten und dadurch Gelegenheit boten, daß von unten möglicherweise aufsteigende metallische Dämpfe sich in ihnen kondensiren konnten. Die Betrachtung der Art und Weise, wie die Natur ihre Zinnvorrathskammern eingerichtet, läßt erkennen, wie es möglich sein mußte, solche Lagerstätten zu entdecken und von oben her, in offenen Gruben, auszubeuten.

Den Zinnstein gewinnt man aus seiner natürlichen felsigen Lagerstätte entweder durch Sprengen mit Pulver, oder man wendet das Feuersetzen an. Die Erze gelangen dann erst zur trocknen, später zur nassen Aufbereitung. In Sachsen brennt man sie zunächst in offenen Haufen, um die darauf folgende Pocharbeit zu erleichtern. Das Pochmehl (rothe Schliche) wird, nachdem es gewaschen worden, in Sachsen an die Schmelzwerke der

Regierung abgeliefert, die es nach der durch Proben ermittelten Taxe ankaufen und weiter verarbeiten. Die Schlieche unterliegt weiterhin einer Röstung in Flammenöfen bei Holzfeuer, durch welche die fremden Beimengungen theils verflüchtigt, theils in leichtere, also durch Waschen zu entfernende Oxyde verwandelt werden. Der Zinnstein bleibt hierbei ungeschmolzen und unverändert, und auch das ungern gesehene Wolfram wird dadurch nicht beseitigt. Das Arsenik geht als arsenige Säure fort und wird in einer Giftkammer aufgefangen. In Cornwall, wo sich viele Kupfererze unter das Zinnerz mischen, läßt man deshalb die geröstete Schlieche einige Zeit an der Luft verwittern, bis das Schwefelkupfer sich zu Kupfervitriol oxydirt hat, den man mit Wasser auszieht. Das braune, geröstete Erzpulver unterliegt hierauf der zweiten nassen Aufbereitung auf Stoß= und Kehrherden, wobei eine Menge Unreines fortgewaschen wird und die Waschwasser sich von mitgenommenem Eisenoxyd gewöhnlich ganz roth färben. Die solchergestalt konzentrirte Schlieche enthält nun 40—60 Prozent Zinnmetall und gelangt nach dem Trocknen zum Ausschmelzen in den Ofen. In Altenberg hat man, wie verlautet, die Zubereitung der Schlieche sehr abgekürzt, indem man das Pochmehl mit Säuren (Schwefel= oder Salzsäure) behandelt und dadurch einen Theil der fremden Stoffe auszieht.

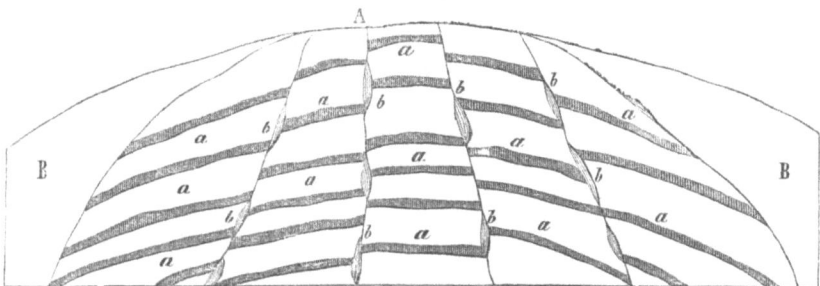

Fig. 101. Durchschnitt des Zinnwalder Zinnstocks.

In den sächsischen und böhmischen Hütten dienen zur Zinngewinnung aus Stein gemauerte Gebläseschachtöfen von 3—4 Meter Höhe mit geschlossener Brust, nur mit einem Abstichloch am vordersten, tiefsten Theile der Sohle. Ueber der Gicht des Ofens sind Kondensationskammern aufgebaut zum Auffangen der Gestübbe, oder des Gestiebes, welches bei diesem Betriebe in Menge fortgeht und als metallhaltig nicht verloren gehen darf.

Das Zinnausschmelzen geschieht kontinuirlich längere oder kürzere Zeit hindurch (gewöhnlich 6—7 Tage), indem beständig Erz, Kohle und Zuschläge oben schichtweise eingetragen und unten als Metall oder Schlacken abgezogen werden. Wo man es mit reinem Seifenzinn zu thun hat, ist kein anderer Zusatz nöthig als Kohle; das unreine Bergzinn verlangt indeß verschlackende Zuschläge zur Bindung der fremden Metalle, Quarz gegen einen Eisengehalt, Kalk gegen Wolfram u. s. w. Zinnschlacken von vorherigen Schmelzungen, Schmelzrückstände und Gestiebe machen ebenfalls und in großer Menge die Reise durch den Ofen wieder mit. Im Schmelzofen fügt sich nun das an sich feuerste Zinnoxyd willig der vereinten Wirkung von Feuer und Kohle, und die vielleicht viele Millionen Jahre alte, solide Verbindung von Zinn und Sauerstoff wird durch die Einmischung stärkerer Verwandtschaft gelöst. Das Metall und die flüssigen Schlacken treten, wenn es Zeit ist, das Stichloch zu öffnen, in einen vorliegenden, muldenförmigen Raum, den Vorherd, wo die Schlackendecke zu Platten erstarrt, die abgezogen und in Wasser geworfen werden, um dann zerkleinert der weiteren Ausnutzung zu unterliegen. Die Hitze des Ofens wird so geführt, daß die Stoffe stets in dunkler Rothglut das Stichloch verlassen.

In England geschieht die Reduktion des Bergzinns auf dem Herde eines Flammenofens, wo die Schlieche in Vermischung mit Steinkohlenklein und Zuschlägen einer viel stärkeren Schmelzhitze ausgesetzt sind, so daß das Ausbringen zwar rasch und wohlfeil erfolgt, man aber auch ein stark verunreinigtes Metall erhält.

Der ruhig stehende Zinnfluß reinigt sich theilweise dadurch, daß er die fremden, weniger leichtflüssigen Metalle sich zu Boden setzen läßt. So bilden sich schon im Vorherd Härtlinge, Legirungen von Zinn und Eisen, die auch Wolfram, Arsenik u. s. w. aufnehmen. Die oberen Schichten können als ziemlich reines Zinn abgeschöpft werden.

Im Allgemeinen jedoch genügt diese Reinigung noch nicht, und man verschreitet, gewöhnlich unmittelbar vom Abstichkessel weg, zu einer weiteren Läuterung, welche das Pauschen heißt. Auf die abschüssige Sohle des Pauschherdes, der unten eine Rinne und einen Sammeltiegel hat, wird eine handhohe Schicht glühender Holzkohlen gebracht und das mit Kellen aus dem Abstichtiegel geschöpfte Metall, ungeschmolzen, in Blöcken dahin gelegt. Das leichtflüssige Zinn rinnt langsam durch die Kohlen nieder, die schwerer schmelzbaren Metalle bleiben halb erstarrt, mit Zinn vermischt, zwischen denselben hängen. Durch Klopfen mit hölzernen Schlägeln nöthigt man sie, noch etwas Zinn fahren zu lassen. Diese Rückstände, welche Dörner heißen, sind in ihrer Beschaffenheit den Härtlingen ähnlich und kommen zur weiteren Ausnutzung zu den Schlacken. Sehr unreines Zinn verlangt ein zwei- oder mehrmaliges Pauschen oder Durchlassen.

Das endlich bis zur Qualität einer Handelswaare gediehene Metall wird schließlich mittels Formen oder durch Ausgießen auf eine Metalltafel in die gewöhnlichen Gestalten des Handels — Blöcke, Barren, Kuchen — gebracht und mit dem Qualitätsstempel versehen. Das englische Bergzinn führt, in 2—3 Centner schwere Blöcke gegossen, den Namen Blockzinn; das viel bessere, auf Seifen gewonnene Metall heißt Körnerzinn und rangirt in Reinheit und Preis gleich nach dem von Banka und Malakka.

Die Formgebung des Körnerzinns für Handelszwecke ist eine eigenthümliche, denn dasselbe wird weder in Formen gegossen, noch gerollt, sondern gebrochen oder eigentlich gesprengt. Bis nahe zum Schmelzen erhitzt, wird das sonst so milde Metall ganz spröde und brüchig; man erhitzt demnach die Blöcke, bis die Kanten zu schmelzen anfangen, und wirft sie von einer Höhe herab auf harten Boden oder zerschlägt sie mit Hämmern. Das Metall zerspringt in eine Menge stabförmiger oder cylindrischer Stückchen mit schön glänzenden krystallinischen Flächen, und diese Krystallisation dient eben als Kennzeichen der Reinheit.

Schlacken, Dörner, Härtlinge verursachen noch beträchtliche Arbeit, um den starken Zinngehalt, den sie einschließen, noch möglichst herauszubringen. Völlig gelingt dies niemals, und einige Prozente gehen immer verloren. Die Schlacken kommen zunächst in der Regel sofort wieder in den Ofen, denn sie enthalten neben mechanisch eingeschlossenen Zinntheilchen auch noch Oxyd, das zu reduziren ist. Nach Umständen schmilzt man sie auch für sich aus oder unterwirft sie, wenn sie ganz besonders reich an Körnern geworden, dem Prozeß des Pochens und Waschens, wobei öfter noch ein sehr gutes Zinn erhalten wird. Die letzten Ueberbleibsel nebst Dörnern und Härtlingen, Ofenbruch und Flugstaub, bilden die ärmste und unsauberste Gesellschaft, welcher aber doch noch ein Tribut abgezwungen wird; man verschmilzt sie für sich bei starker Hitze und erhält durch dieses sogenannte Schlackentreiben noch ein sehr unreines Zinn geringster Sorte.

Die technische Verwendung des Zinns ist eine vielseitige, wie schon die Erfahrung des täglichen Lebens ergibt. Die hauptsächlichste Benutzung bildet dermalen das Ueberziehen anderer Metalle mit Zinn, die Verzinnung. Außer der schon besprochenen Darstellung des Weißblechs verzinnt man hauptsächlich Kupfer und Gußeisen, auch Blei. Der Verwendung verzinnter bleierner Röhren für Wasser und andere Flüssigkeiten ist früher bereits Erwähnung gethan worden. Außer der gewöhnlichen Verzinnung durch Eintauchen in geschmolzenes Zinn hat man auch eine nasse, das sogenannte Weißsieden, die auf kleine Messinggegenstände, wie Stecknadeln, Kettchen, Ringe u. s. w., Anwendung findet. Man siedet die Gegenstände in einem verzinnten Kupferkessel mit feingekörntem Zinn, Weinstein und Wasser, oder bringt sie mit denselben Zuthaten oder auch mit Zinnsalz und heißem Wasser in Tonnen, welche um eine Achse drehbar sind. Das im Messing enthaltene Zink scheidet aus der Lösung metallisches Zinn, welches als eine dünne Schicht das Messing überzieht, die freilich nur wenig Dauer haben kann.

Die technische Verwendung des Zinns.

Die Verwendung des Zinns zu Küchen= und Hausgeräthen, die Zinngießerarbeit, ist in dem letzten Jahrhundert sehr in den Hintergrund getreten, bedauerlicherweise, müssen wir sagen, denn das Zinn ist ein sehr schönes, edles Metall, das leicht verarbeitbar, wie es ist, und von ziemlichem Werthe zur Ausführung besserer Geräthe aufforderte. Die blank gescheuerten Zinngeschirre, sonst der Stolz der Hausfrau, haben größtentheils dem Porzellan, Glas und anderem Material weichen müssen, sei es aus Rücksichten der Wohlfeilheit oder größeren Bequemlichkeit, sei es, daß der schädliche Bleigehalt, den das gewöhnliche Zinn immer führt, Bedenken erregte. Nicht so leicht zu ersetzen wie im Hauswesen und oft unentbehrlich ist manchen Gewerbszweigen das Zinn als Material für Kessel, Pfannen, Destillirblasen u. s. w., namentlich in den chemischen Branchen der Färberei, Farbenfabrikation und in ähnlichen Zweigen. Ohne alles Blei wird fast gar kein Zinn verarbeitet, denn dieses wird dadurch nicht allein wohlfeiler, sondern läßt sich auch besser gießen. Das mäßigste Verhältniß ist 32 Theile Zinn und 1 Theil Blei (vierstempeliges Zinn), aber die Mischungsverhältnisse gehen herunter bis 2 Theile Zinn und 1 Theil Blei (dreipfündiges Zinn). Ueber die Einhaltung der verschiedenen Legirungen bestehen gesetzliche Vorschriften; dennoch wurden die Zinnteller u. s. w., wenn sie mitunter zum Umgießen gegeben wurden, grauer und grauer, namentlich als noch das Umgießen von Herumziehern als Gewerbe betrieben wurde. Es ist aber schon ein Prozent Blei hinreichend, um Glanz und Farbe des Zinns zu beeinträchtigen. Mit mehr Blei wird die Mischung immer weicher und mißfarbiger. Man sucht daher auch wol durch kleine Zusätze von Antimon, Kupfer, Zink und Wismuth dem stark bleihaltigen Zinn mehr Härte zu ertheilen.

Die gewöhnliche Probe zur ungefähren Beurtheilung der Qualität des Zinns besteht im Schmelzen und Ausgießen des Metalls auf eine Fläche. Ist das Metall rein oder nur sehr wenig bleihaltig, so erstarrt es mit weißer, spiegelnder Oberfläche; 1 Theil Blei mit 4 Theilen Zinn verräth sich durch eine dichte Vegetation nadelförmiger Krystalle; 1 Theil Blei und 2 Theile Zinn zeigen große, runde, glänzende Flecke, welche bei gleichen Theilen Zinn und Blei ebenfalls, aber klein und sehr zahlreich erscheinen. Auch andere metallische Unreinheiten des Zinns verrathen sich durch ästige und sternige Krystallisation. Reines Zinn läßt beim Biegen ein eigenthümliches Knirschen hören, und man kann diese Thatsache sehr wohl als ein ungefähres Prüfungsmittel benutzen. Seine Farbe ist ein schönes Silberweiß mit schwach bläulichem Anfluge; es ist sehr weich, nach dem Blei das weichste der häufiger vorkommenden Metalle, sehr dehnbar, sodaß es zu ganz dünnen Blättern (Stanniol) durch Walzen oder durch Schlagen ausgereckt werden kann. Das spezifische Gewicht des Zinnes ist 7,28; der Schmelzpunkt liegt bei 228°, bei Weißglühhitze fängt das geschmolzene Metall an zu sieden und sich langsam zu verflüchtigen. Bei Zutritt von sauerstoffhaltiger Luft anhaltend geschmolzen, überzieht sich der erst glänzende Spiegel mit einer grauen Haut, welche aus Zinn und Zinnoxyd besteht, allmählich geht das ganze Zinn in gelblichweißes Zinnoxyd, sogenannte Zinnasche, über.

Der Zinnguß geschieht wol nur ausnahmsweise gleich dem Messingguß in Sandformen, denn die Güsse bilden meistens Handelswaare, werden also in vielfachen Exemplaren erzeugt, und damit ist die Anwendung bleibender Formen geboten. Am besten, aber theuersten sind solche von Messing; außerdem dienen gußeiserne, für flache Gegenstände auch in feinem Sandstein oder Schiefer ausgearbeitete. Gipsformen sind bequem, halten aber wenig Abgüsse aus. Kleine Formen macht man auch aus Zinn oder Blei. Das Anhängen des Zinns in den Formen verhütet man durch Anräuchern, oder man giebt einen Anstrich von Kreide, Thon, Lehm u. s. w. und läßt ihn trocknen. Man unterscheidet Heiß= und Kaltgießen, d. h. mit stark und mit wenig erhitztem Metall; das erstere bezieht sich auf Formen von Messing und Eisen, das andere auf die weniger haltbaren. Hat man im ersteren Falle das Metall in die erhitzte Form gegeben, so kühlt man dieselbe sofort äußerlich mit nassen Lappen und bewirkt dadurch einen besonderen Grad von Härte und Klang, sowie Schärfe und Reinheit des Gusses. Den Vortheil des Gusses in einzelnen Theilen mit nachherigem Zusammenlöthen macht sich der Zinngießer in ausgedehntem Maße zu Nutze und gießt nur die einfachsten Sachen als Ganzes, wodurch er die Herstellung komplizirter Formen umgeht. Die meisten Zinngießerformen sind aus mehreren Theilen zusammengesetzt und wenigstens zweitheilig. Die Formen zu hohlen Gegenständen haben ein Kernstück; bei solchen jedoch, deren Inneres nicht ins Auge fällt und daher keine reine Fläche zu haben braucht, wendet man das schon beim Zinkguß erwähnte Stürzen an.

Die Vollendung der fertigen Gußstücke geschieht, sofern sie rund sind, auf der Drehbank durch Abdrehen und nachheriges Poliren mit Seife und Smirgel, Achat u. dergl. Nichtrunde Gegenstände erhalten ihre Bearbeitung durch Raspeln, Feilen, Schaben und Glätten mit einem Glättstein.

Das Zinn, welches der Orgelbauer verarbeitet, enthält ebenfalls immer Blei in verschiedenen Verhältnissen. Das gewöhnlichste Verhältniß ist 10 Theile Zinn und 4 Theile Blei. Doch giebt es auch noch viel unedlere Verhältnisse; während früher die Reinheit und Kostbarkeit des Materiales als eine Bedingung der Reinheit des Tones angesehen wurde, hat die neuere Zeit auch hierin sich von den ganz gewöhnlichen Rücksichten der Billigkeit immer mehr ins Schlepptau nehmen lassen. Die bleihaltigsten Mischungen schämt sich der Orgelbauer Zinn zu nennen, sie heißen Metall. Zinnfiguren bestehen aus 4 Theilen Zinn und 3 Theilen Blei oder auch aus beiden zu gleichen Theilen. Eigenthümlich durch ihr glänzendes Aeußere verhält sich eine stark bleihaltige Legirung von 29 Theilen Zinn und 19 Theilen Blei; es ist die Masse, aus welcher der sogenannte Zinnschmuck (Zinnbrillanten) besteht, der auf Theatern und Maskenbällen zu Hause ist. Man taucht brillantenähnlich geschliffene Glasstückchen in das geschmolzene Metall; beim Herausziehen bleibt ein Häutchen hängen, das nach dem Erkalten von selbst abfällt und auf der Hohlseite die Glätte und den Glanz des polirten Glases zeigt. Aus einiger Entfernung gesehen macht die vertiefte Figur den Eindruck eines erhaben geschliffenen, blitzenden Krystalles.

Zähigkeit besitzt das Metall fast gar keine, und von Zinndraht ist daher eigentlich keine Rede. Dagegen ist, wie schon gesagt, die in der Weichheit des Metalls begründete Dehnbarkeit eine bedeutende und gestattet die Verwendung desselben in Form ganz dünner Blätter, die als Zinnfolie oder Stanniol bekannt sind. Die wichtigste Verwendung des Blattzinns bildet die zur Herstellung des Spiegelbeleges, worauf wir später zu sprechen kommen; sonst dient dasselbe vielfach als saubere Enveloppe für Chokoladen, Parfümerien, als Kapseln zum luftdichten Verschluß von Flaschen u. dergl. Zur Zinnfolie verwendet man das reinste und deshalb geschmeidigste Zinn, das erst in Form von Stäben ausgegossen und sodann durch Hämmern oder Walzen weiter ausgearbeitet wird. Zur Schlägerei dienen leichte, rasch gehende Schwanzhämmer von circa 35 Kg. Gewicht mit etwa 300 Schlägen in der Minute. Hammer wie Amboß sind natürlich auf der Schlagbahn gut gestählt und polirt. Die Zinnstäbe gelangen der Reihe nach unter dreierlei Hämmer, Streckhammer, Zainhammer und Platthammer, sie werden anfänglich blos gestreckt und schließlich erst in die Breite getrieben. Sowie die Zaine einige Dünne erlangt haben, werden ihrer mehrere übereinander gelegt, dann die Verdoppelung beim Ausplatten fortgesetzt, bis endlich 32—192 Blätter aufeinander liegen, die man winkelrecht beschneidet, auseinander nimmt und die fehlerhaften ausschließt. Ein großer Theil der jetzt verkäuflichen Zinnfolie besteht übrigens aus beiderseits mit Zinn plattirtem Blei. Da sich beide Metalle beim Strecken ähnlich verhalten, so erreicht man beim Einlegen einer Bleiplatte zwischen zwei Zinnplatten und Auswalzen zu Stanniol eine Vereinigung der drei Theile zu einem Ganzen. Man prüft ein solches Produkt, welches bis zur Hälfte und mehr aus Blei bestehen kann, durch wiederholtes Eintauchen in mäßig starke Salpetersäure. Die reine Zinnfolie verwandelt sich hierbei ganz in weißes Pulver, Zinnoxydhydrat, während andernfalls das bleierne Mittelstück übrig bleibt.

Legirungen. Begegnet uns das Zinn sonach in den meisten Fällen schon als eine Zusammensetzung mit mehr oder weniger Blei, so wird es durch seine Legirungsfähigkeit auch noch anderweit verwendbar. Hinsichtlich der Bronze, worin Kupfer der Hauptstoff, Zinn das Hülfsmittel ist, verweisen wir auf den vom Kupfer handelnden Abschnitt; herrscht in den Kupferlegirungen das Zinn bedeutend vor, so entstehen Mischungen, die sich der Zinnfarbe nähern, übrigens aber beträchtlich härter sind als das reine Zinn. Andere härtende Zusätze geben Zink, Wismuth und namentlich Antimon. Mit Anwendung solcher Zusätze in verschiedenen Nüancen lassen sich Kompositionen mit verschiedenen Eigenschaften herstellen, worunter das Britanniametall in Form von Löffeln, Leuchtern, Gefäßen u. s. w. die populärste sein dürfte. Die Darstellung dieser Legirung ging von der Zinngießerei aus, wo man sich, wie gesagt, bestrebte, das stark bleihaltige Zinn durch Zusatz von Antimon u. dergl. zu verbessern. Hieraus erwuchs mit der Zeit die Einsicht, daß man unter Weglassung des Bleies auch etwas Besseres wählen könne, und es entstanden verschiedene Zusammensetzungen, unter denen das Britanniametall sich bis jetzt fast allein in Geltung behauptet hat. Zu seinen Vorzügen gehört, daß es sich sehr schön und scharf gießen und ebenso zu Blech auswalzen, zu Draht ziehen, prägen, drücken und auf der Drehbank bearbeiten läßt, endlich auch eine schöne Politur annimmt. Ueber die Zusammensetzung der Legirung existiren mancherlei Angaben, jedenfalls deshalb, weil die verschiedenen Fabriken, die namentlich in England zu Hause sind und große Massen von Waaren, oft galvanisch versilbert, produziren, selbst nicht nach einerlei Rezept arbeiten. Als einfachstes Verhältniß erscheint die Legirung von 9 Theilen Zinn und 1 Theil Antimon; es scheinen aber häufig kleine Mengen von Zink und Kupfer absichtlich zugesetzt zu werden. Britanniametall und Neusilber sind also ihrer Bestimmung nach Kollegen; obgleich auf ganz verschiedene Weise entstanden, verfolgen sie denselben Zweck, ein weißes Metall zu bilden, das so viel wie möglich dem Silber ähnlich aussehen soll. Besteht doch das unechte Blattsilber auch aus nichts weiter als aus Zinn, mit etwas Zink versetzt, und das Musiv- oder Muschelsilber aus Zinn, Wismuth und Quecksilber. Eine Verbindung des Zinns mit Schwefel aber (Zweifachschwefelzinn), aus goldgelben weichen Schüppchen bestehend, bildet das Gold (Musivgold) im Malkasten der Knaben.

Auch in seinen Salzen und anderen Präparaten ist das Zinn von Interesse und technischer Wichtigkeit. Schmilzt man Zinn unter Zutritt der Luft, so überzieht es sich zunächst mit einer grauen Haut, die aus unvollkommenem Oxyd und Metalltheilchen besteht (Zinnkrätze); bei fortgesetztem Erhitzen verwandelt sich endlich das Ganze in gelblichweißes Oxyd, in der Technik Zinnasche genannt. Obwol das Oxyd in dieser Pulverform in nichts an den natürlichen Zinnstein erinnert, so ist es doch nicht allein chemisch derselbe Stoff, sondern besitzt auch in seinen Theilchen die ganz gleiche edelsteinähnliche Härte wie jener und bildet demzufolge das vorzüglichste Smirgel- und Polirmittel auf Stahl. Man hat, weil sich die Zinnasche für diesen Zweck nur schwierig durch Schlämmen präpariren läßt, neuerdings ein hübsches Verfahren entdeckt, um dieselbe direkt in vorzüglicher Feinheit zu gewinnen. Es wird eine Lösung von Zinnsalz mit einer solchen von Kleesäure heiß vermischt, der hierbei entstehende weiße Niederschlag von kleesaurem Zinnoxydul gut ausgewaschen, getrocknet und sodann in einer Schale über Kohlen oder Spiritusflamme unter beständigem Umrühren erhitzt. Die Säure wird hierbei zersetzt und in Gasform ausgetrieben, während das Oxydul zu Oxyd wird und als voluminöses leichtes Pulver von erwünschter Feinheit zurückbleibt. Glasflüssen ertheilt eingeschmolzenes Zinnoxyd eine undurchsichtige weiße Farbe und bildet demzufolge seit lange das Hauptmittel zur Herstellung von Email und feinen weißen Glasuren. Verschiedene Zinnsalze endlich sind für die Färberei, Zeugdruckerei und theilweise für die Farbentechnik (zu Lackfarben) von hoher Bedeutung und ausgedehntestem Gebrauch; denn wenngleich das Zinn in sich selbst keinen Farbenfond besitzt, so leistet das Oxyd doch ausgezeichnete Dienste als Beizmittel, d. h. als Träger und Festiger der Farbstoffe. Die hierher gehörigen Präparate sind: einfach Chlorzinn, das speziell so genannte Zinnsalz, entstehend durch Auflösen von Zinn in Salzsäure; zweifach Chlorzinn (Zinnbutter), Zinn in Königswasser gelöst; Pinksalz, aus Chlorzinn und Salmiak bestehend; Sodastannat oder zinnsaures Natron, in welchem das Zinnoxyd seine basische Natur aufgegeben und dem Alkali gegenüber die Stelle einer Säure eingenommen hat.

Das Quecksilber.

Argentum vivum — lebendiges Silber — nannten die alten Römer das merkwürdige Element, zu dessen Besprechung wir nun kommen, und die späteren Völker sammt den Deutschen thaten es ihnen nach, denn unser altdeutsches quick oder queck bedeutet eben auch lebendig; es findet sich beispielsweise noch in Quickborn, lebendiger Born.

Die Griechen nannten das Metall Wassersilber (Hydrargiron), und die alten Goldmacher infolge ihrer geträumten Beziehungen zwischen Planeten und Metallen belegten es mit dem Namen des eilfertigen Planeten Merkur.

Bekannt ist das Quecksilber seit sehr langen Zeiten. Die spanischen Zinnobergruben von Almaden waren nach Plinius den Griechen schon 700 Jahre vor Christi Geburt bekannt; auch erfuhr man bald, daß im Zinnober das Quecksilber enthalten sei, und lernte es ausscheiden. Von irgend einem wichtigen Gebrauche des Metalls im Alterthum weiß man aber nichts. Die Verwendung des Zinnobers als Malerfarbe war die Hauptsache; dagegen wurde dasselbe in den Augen der Adepten ein höchst wichtiger Stoff, mit dem sie fort und fort experimentirten. Mit Ausnahme Agricola's, der das Quecksilber für ein eigenes Metall hielt, betrachteten die Anderen dasselbe als ein noch unreifes, der Erziehung fähiges Edelmetall, als den flüchtigen Geist aller Metalle, gleichsam als eine Metallseele, die sich austreiben und anderswo wieder inkorporiren ließ. Noch die Gelehrten des 17. und 18. Jahrhunderts waren über die Natur des Quecksilbers im Unklaren und wollten es höchstens für einen metallähnlichen Körper, ein Halbmetall, gelten lassen, bis durch die neue, mit der Entdeckung des Sauerstoffs beginnende Chemie der Stoff nicht allein in die Rechte eines eigenen, in die Reihe der Metalle gehörigen Grundstoffes eingesetzt wurde, sondern gerade auch das erste Mittel abgeben sollte, durch welches, indem man auf deutlich in die Augen fallende Weise den Sauerstoff damit verbinden und wieder davon abtrennen konnte, die Existenz dieses wichtigen Gases am augenscheinlichsten darzuthun war.

Das **metallische Quecksilber** hat einen ganz außerordentlich niedrigen Schmelzpunkt; der Temperaturgrad, bei welchem es sich als solider Körper gleich den übrigen Metallen zeigt, liegt weit unter Null, aber er ist zu erreichen und das Metall in die feste Form überzuführen. Dieses Experiment führte zuerst Braun im Jahre 1769 zu Petersburg mit Hülfe einer künstlichen Kältemischung aus. Im hohen Norden, selbst noch in Schweden, Norwegen und Rußland, giebt die Natur die hierzu nöthige Kälte von **39—40° C.** nicht selten gratis, und Reisende hatten daher öfter erwünschte Gelegenheit, das Festwerden des Metalls in ihren Thermometern und Barometern eintreten zu sehen. So z. B. benutzten die Offiziere der 1819 unter Parry gegen den Nordpol anstrebenden Expedition die Gelegenheit, um mit großen Massen festgewordenen Quecksilbers Versuche anzustellen. Man fand, daß es in Bezug auf Härte, Streck- und Hämmerbarkeit und Klang die Mitte halte zwischen Zinn und Blei; wie diese beiden wird es immer spröder und brüchiger, je näher es dem Punkte des Schmelzens kommt. Ein Stückchen festes Quecksilber, in die Hand genommen, erregt augenblicklich ein Gefühl, als habe man ein glühendes Eisen angefaßt — ein eigentlicher kalter Brand. Die Farbe des Metalles ist die des Zinns, an der Luft erhält es sich ziemlich blank und ist nur in geringem Grade dem Oxydiren ausgesetzt. Sein spezifisches Gewicht ist 13,5.

Das Quecksilber besitzt weder Geschmack noch Geruch, es kann auch ohne Schaden verschluckt werden, indem es der Körper unverändert wieder abführt. Man hat es deshalb mitunter zur Lösung gefährlicher Darmverschlingungen benutzt. Von heftiger Wirkung dagegen ist das in Dunstform eingeathmete Metall, sowie die Oxyde und Salze desselben innerlich genommen. Bei jeder Temperatur — in der Kälte natürlich am wenigsten und beim Sieden in einer Hitze von 360° am meisten — verdampft das Quecksilber unmerklich für Auge und Nase und eher noch durch ein Gefühl im Munde angezeigt. In größerer Menge eingeathmet, sind Quecksilberdämpfe im höchsten Grade giftig. Die gewöhnliche erste Wirkung ist die Erregung von Speichelfluß; dann leiden die Lungen und der ganze Körper.

Ein schreckliches Beispiel solcher Vergiftung ereignete sich in den Quecksilbergruben zu Idria am 11. Mai 1803, wo durch Entzündung schlagender Wetter ein Brand ausgebrochen war. Die ganze 1300 Mann starke Knappschaft wurde von den in großer Menge sich bildenden Metalldämpfen gefährlich ergriffen; 900 Mann wurden von einem beständigen Zittern befallen, das besonders bei Nacht sich einstellte und sie zu aller Arbeit unfähig machte; die übrigen 400 kamen zwar etwas leichter davon, blieben aber doch zeitlebens kraftlos und konnten nur halbe Arbeitszeiten halten. Das Quecksilber geht sehr charakteristische Verbindungen mit vielen anderen Elementen ein, namentlich verbindet es sich sehr leicht mit einer Anzahl von Metallen; diese Legirungen heißen Amalgame.

Vorkommen und Gewinnung. Die geographische Vertheilung des Metalls ist an sich spärlich; noch seltener sind die Oertlichkeiten, wo seine Gewinnung lohnend betrieben werden kann.

Fig. 102. Quecksilberwerk Neu-Almaden in Kalifornien.

Infolge der ungemeinen Theilbarkeit des flüssigen Quecksilbers und seiner leichten Verflüchtigung finden sich Partikelchen davon hier und da im jüngeren Gebirge und im Schuttland eingeschlossen. So z. B. steckt die Gegend von Lissabon auf beiden Seiten des Tajo von den Spitzen der Hügel bis tief unter die Meeresfläche voller Quecksilberkügelchen; man kann den Gehalt auf viele Tausende von Centnern veranschlagen, aber alle Versuche des Ausbringens erwiesen sich als unlohnend. Andere solche hoffnungslose Lagerstätten finden sich in Frankreich, Toskana und vielleicht noch an manchen Orten. Auch das große Rußland hat fast keine eigene Erzeugung und führt jährlich wenigstens 1000 Centner aus Spanien ein. Hier, in der Provinz Andalusien, liegen in Europa die bedeutendsten Gruben, die von Almaden, welche trotz 2000jähriger Bearbeitung noch kaum über 300 Meter ausgetieft worden sind. Das Quecksilbererz (Zinnober, Schwefelquecksilber, aus dem das Metall sehr leicht darzustellen ist) liegt hier, eingeschlossen von Thonschiefer, in Gängen von mitunter 20 Meter Mächtigkeit. Es arbeiten 700 Berg- und 200 Hüttenleute, und das jährliche Erzeugniß beträgt etwa gegen 25,000 Centner (1875). In Rheinbayern giebt es Gruben, die bis ins 17. Jahrhundert reiche Erträge gaben, später fast auf Null sanken, jetzt aber durch besseren Betrieb wieder eine mäßige Ausbeute (kaum 100 Centner) liefern. Der einzig bedeutende europäische Fundort nächst dem spanischen ist Idria in Krain,

1497 entdeckt und seitdem ausgebeutet, mit einer Produktion von 7666 Centner (1872). Infolge besserer Behandlung ist das hier gewonnene Quecksilber reiner als das spanische. Auf der Wiener Ausstellung von 1873 war ein eiserner Kessel mit 15,000 Pfund Quecksilber aus Idria zu sehen. Ungefähr ein Drittel der Produktion wird gleich an Ort und Stelle zu künstlichem Zinnober verarbeitet. Die Erzeugnisse von Idria nebst kleinen Beiträgen aus Böhmen, Ungarn und Siebenbürgen machen die österreichische Quecksilberproduktion aus. Andere Fundorte von Quecksilber und Quecksilbererzen in Oesterreich sind Eisenerz in Steyermark, einige Gegenden Kärntens, Ungarns und Siebenbürgens, und Horozowitz in Böhmen, wo auch Quecksilbergewinnung betrieben wird.

Außereuropäische Quecksilber gewinnende Länder sind Japan, China, Peru (3200 Centner 1872) und seit 1850 in bedeutendem Maße Kalifornien. Hier wurden unweit San Francisco mächtige Lager von Zinnober entdeckt, sofort in Betrieb gesetzt und Neu-Almaden getauft. Schon 1855 betrug hier die Ausbeute etwa halb so viel wie die ganze spanische Produktion. Dieser Fund war insofern ein Glück für die ganze Welt, als in neuerer Zeit das Haus Rothschild, als Uebernehmer sämmtlicher Erträge der spanischen Gruben, die Preise dieses Metalls um mehr als das Doppelte gesteigert hatte; seit jener wohlthätigen Konkurrenz sind sie ungefähr auf das alte Niveau zurückgekehrt. Früher ging ein großer Antheil des spanischen Quecksilbers über Meer nach den Silberbergwerken von Mexiko zum Behuf der Silbergewinnung; seit Eröffnung der Gruben von Neu-Almaden ist der Preis des Centners Quecksilber dort von 130 auf 45 Dollars gesunken. Anlaß, in Kalifornien Zinnoberlager zu vermuthen und danach zu suchen, gaben wahrscheinlicherweise die dortigen Eingeborenen, welche den Stoff seit langen Zeiten gern zu einer Universalschminke, d. h. zu einem Anstrich über den ganzen Körper, verwenden und in diesem Putze unbewußt als Geschäftsreisende dienten, mit der eigenen Haut als Empfehlungskarte.

Ueber die Quecksilberproduktion China's und Japans ist nichts Sicheres bekannt; chinesisches Quecksilber fand sich früher auf dem europäischen Markte, eingeschlossen in Röhren aus dicken Bambusstämmen, und man hielt China für sehr reich an diesem Metall, während sich jetzt zeigt, daß es selbst bedeutende Mengen aus Kalifornien bezieht.

Die Quantitätsverhältnisse der Quecksilbergewinnung ergaben sich für das Jahr 1866 aus der folgenden Uebersicht. Es produzirten:

Almaden	32,400	Flaschen,
Idria	7,225	"
Uebriges Europa (Italien, Westfalen)	2,500	"
Neu-Almaden (Kalifornien)	35,150	"
Neu-Idria "	6,045	"
Mine de Lac "	2,980	"
Guadalupe "	1,654	"
Mont du Diable "	80	"
	88,034	

Es kamen mithin

auf Europa	42,125	Flaschen,
auf Kalifornien	45,909	"
	88,034	

Seitdem freilich hat sich durch Kalifornien, welches gegen 60,000 Centner 1875 allein produzirte, das Zweiundeinhalbfache der spanischen Produktion, das Verhältniß zu diesem Lande beträchtlich geändert.

Die Goldgewinnung in Kalifornien mittels Amalgamation verzehrt von der dortigen Ausbeute einen sehr beträchtlichen Antheil. Der Rest wird ausgeführt, meist nach China, in zweiter Stelle nach Mexiko. Letzteres Land ermangelt selbst nicht ganz dieses Metalles; es gewinnt auf verschiedenen Gruben jährlich etwa 2500 Centner, verbraucht aber in seinem Silberbergbau 14,000. Das österreichische Produkt gelangt in die Hände eines einzigen Hauses und kommt am norddeutschen Markte gar nicht zum Vorschein. Italien hat in Toskana einige Hütten, die aber unter wenig günstigen Verhältnissen arbeiten, denn sie feiern, sobald die Preise niedrig stehen. — Alles Metall kommt in verschraubten eisernen Flaschen von ungefähr 35 Kg. Inhalt in den Handel.

Das Quecksilber ist ein ganz entschieden schwefelliebendes Metall, und sein einziges, für die Gewinnung bedeutendes Erz ist der natürliche Zinnober, der in 100 Theilen 86¼ Prozent dieses Metalles (das Uebrige Schwefel) enthält und sich auf Lagern und Gängen im Schiefer-, Uebergangs- und Flözgebirge vorfindet. Nur in vereinzelten Partien bricht derselbe so rein, daß er seine schöne rothe Farbe ungetrübt zeigt und sogleich als Farbmaterial dienen kann (Bergzinnober); der meiste Zinnober ist ein künstliches, durch Wiederverbindung des metallischen Quecksilbers mit Schwefel erhaltenes Fabrikat. In Idria bricht man viel als Lebererz, das ein unreiner, mit Thon und erdharzigen Stoffen gemengter Zinnober ist. Auf und nahe den Zinnobergängen, auch sonst zwischen den Spalten von Schiefer und in Höhlungen, findet sich ferner — als ob der Schwefel nicht hingereicht hätte — metallisches Quecksilber in größeren und kleineren Kügelchen, zuweilen etwas silberhaltig. Diese geben, besonders gesammelt, das Jungfernquecksilber, das aber immer nur einen kleinen Theil des ganzen Ertrages bildet. Im Allgemeinen gilt der mit anderen Mineralstoffen verunreinigte Zinnober, wenn er die Hälfte seines Gewichtes Metall giebt, schon für ein reiches Erz.

Die **Verhüttung** der quecksilberhaltigen Mineralien besteht in einem einfachen Destillationsprozeß, wobei aber für ein Trennungsmittel der beiden flüchtigen Bestandtheile Schwefel und Quecksilber zu sorgen ist, denn Zinnober, in einen kalten Raum überdestillirt, setzt sich wieder als Zinnober ab. Beschickt man dagegen die Retorte mit einem Gemenge von Zinnober und Kalk oder Eisenklein, so geht nur das Metall in Dampfform fort, während Kalk oder Eisen den Schwefel binden, so daß im ersten Falle Kalkschwefelleber, im zweiten Schwefeleisen entsteht. In einer anderen und zwar Großbetriebs-Weise benutzt man als Trennungsmittel den Sauerstoff der Luft, indem man die Erze in einem Schacht- oder Flammenofen der unmittelbaren Einwirkung des Feuers aussetzt. Der Schwefel verbrennt hier zu schwefliger Säure, die mit den Quecksilberdämpfen durch ein System von Niederschlagkammern zieht und am letzten Ende entweicht, indeß das Metall sich tropfbar niederschlägt.

In Almaden benutzt man einen cylindrischen, oben geschlossenen Schachtofen, der durch ein durchbrochenes Gewölbe in eine obere und untere Hälfte getheilt ist; die untere bildet den Feuerraum. Ohne besondere Vorbereitung wirft man durch ein zu oberst angebrachtes Loch, das nachgehends mit einer Platte verschlossen wird, das Erz zunächst in faustgroßen Stücken, giebt kleineres Metall nach und schließlich den kleinsten Abfall nebst den rußartigen Produkten früherer Destillationen, die mittels Thon zu Ziegeln geformt sind, auch Bruchstücke von alten, mit Quecksilber durchdrungenen sogenannten Aludeln. Dieses letztere, aus dem Arabischen stammende Wort bezeichnet aus Thon gebrannte birn- oder kürbisförmige Flaschen ohne Boden mit einem Hals an jedem Ende, deren man bei jedem Ofen einige Hundert braucht. Indem man einen Hals in den andern steckt und die Fugen verkittet, entstehen geschlossene Kanäle, die einerseits in den oberen Theil des Ofens, andererseits, nachdem sie eine Strecke von mehr als 20 Meter über eine etwas schräg abfallende Fläche hingelaufen, in eine Kondensationskammer münden. Die Beschickung eines Ofens beträgt gegen 300 Centner, woraus 25—30 Centner, ausnahmsweise auch mehr Quecksilber gewonnen wird. Man feuert mittels Reisig erst mit gelinder, dann stärkerer Hitze, bis in etwa 15 Stunden das Abtreiben beendet ist. Die Quecksilberdämpfe nebst den Verbrennungsprodukten nehmen ihren Weg durch die Reihen der Aludeln, hinterlassen da schon verdichtetes Metall, während das überfließende am Ende der Kanäle in einem Gerinne aufgefangen wird. Was beim Eintritt in die am Ende stehende Kammer noch dampfförmig ist, verdichtet sich in derselben vollends oder entweicht mit den Verbrennungsgasen und der schwefligen Säure aus dem oberhalb angebrachten Schlote. Nach zwei bis drei Tagen, wenn das Ganze erkaltet ist, nimmt man die Aludeln aus, setzt sie wieder zusammen, räumt den Ofen aus und beschickt von Neuem. Man erhält auf diese Art das Quecksilber mit Rußtheilen verunreinigt. Nach Absonderung derselben füllt man es in Quantitäten von 80 Pfund (40 Kg.) in eiserne Flaschen.

In Idria hat man die früher ebenfalls gebrauchten Aludeln beseitigt und benutzt, wie die Abbildung (s. Fig. 103) zeigt, nur eine Reihe von Niederschlagkammern. Hier werden blos die reichen Stufen sofort der Destillation unterworfen, das Grubenklein erst gewaschen, gesetzt und geklaubt. A ist der Schachtofen, den man sich in der Mitte stehend und die Zeichnung eben so weit nach links wie nach rechts fortgesetzt zu denken hat. Derselbe ist durch drei durchbrochene Gewölbe mm, nn und oo in vier Abtheilungen gebracht, deren untere E als Feuerherd dient. Die erste Etage darüber füllt man mit Erzstücken locker aus, bringt obenauf in irdenen Schüsseln den mit Kalk versetzten Zinnoberschlich und die Rückstände früherer Brände, röstet bei gelindem Feuer die ganze Beschickung langsam durch und begünstigt durch Einleitung von Luft in die oberen Räume das Verbrennen des Schwefels, dessen letzte Theile sich bei steigender Temperatur mit dem Kalk verbinden, so daß alles Quecksilber vollständig abdestillirt. Als Dampf entweicht nun dasselbe nach den auf beiden Seiten liegenden Kammern K, 1—6. In 1 verdichtet sich das meiste Quecksilber, weiterhin immer weniger, aber viel saures Wasser. Auf den eisernen Bodenplatten sammelt sich das mehr oder minder unreine Quecksilber und läuft in Rinnen nach einem Kanal außerhalb ab. In neuerer Zeit hat man Flammenöfen mit ununterbrochener Destillation eingeführt, die sich namentlich bei den ärmeren Erzen bewähren und bedeutend an Zeit und Brennstoff sparen. In der Rheinpfalz geschieht die Zersetzung der Erze mittels Kalk in eisernen Retorten, von denen 30—50 Stück in einem Galeerenofen liegen. Zur Kondensation leitet man hier und da die Quecksilberdämpfe auch in Vorlagen, die man mit kaltem Vorschlagwasser versieht.

Die gewöhnliche Nachbearbeitung des Quecksilbers, um es zu trocknen und von Unreinheiten zu befreien, besteht im Verreiben mit zerfallenem Kalk und Filtriren durch Leder, Zwillich oder Filz. Völlig rein ist jedoch hiermit das Quecksilber nicht, sondern enthält stets noch mehr oder weniger fremde Metalle, von denen schon ein geringes Quantum hinreicht, um das Quecksilber an der Luft erblinden zu lassen und ihm eine dickliche Beschaffenheit mitzutheilen. Um eine noch vollständigere Reinigung zu erzielen und das gewöhnlich im Quecksilber aufgelöste Blei, Zinn, Zink, Wismuth und Kupfer zu entfernen, kann es zunächst von Neuem unter Zuschlag von Zinnober destillirt werden, wobei die fremden Stoffe, vom Zinnober in Schwefelmetalle verwandelt, größtentheils im Rückstande verbleiben. Wismuth und Zink jedoch destilliren mit und müssen auf nassem Wege durch Schütteln mit Säuren u. s. w. entfernt werden, was sich auch auf die ganze Reinigung erstrecken kann. Chemisch reines Quecksilber kann übrigens nur erhalten werden durch Destillation von feinem Zinnober mit Eisenfeilspänen.

Verwendungsarten. Das Quecksilber nebst seinen Präparaten findet zu technischen, wissenschaftlichen, arzneilichen u. s. w. Zwecken so vielfache und verschiedenartige Verwendung, daß sich gleichsam die Zerfahrenheit dieses Metalls auch auf seinen Gebrauch erstreckt. Wir sind diesem Metall im Laufe unserer Betrachtungen schon oftmals und namentlich bei der Besprechung physikalischer Apparate begegnet und werden noch oft seine Eigenschaften nützlich angewendet finden, so bei der Spiegelfabrikation in dem Abschnitt vom Glase, bei der Gold- und Silbergewinnung, der Feuervergoldung, der Lichtbildnerei nach Daguerre, der Fabrikation künstlichen Zinnobers in der Farbenbereitung u. s. w. In Kalifornien hat die Goldwäscherei fast ganz aufgehört, da alles goldführende Schwemmland schon durchgewaschen ist, zum Theil mehr als einmal. Die jetzige Gewinnung ist reiner Bergbau auf goldhaltigen Quarz, der nach feinster Pulverisirung mit Quecksilber in die laufende Amalgamirtonne kommt. Hierbei kommt sehr zu Statten, daß das Quecksilber viel mehr Gold auszieht, wenn ihm ein wenig Natrium einverleibt worden war.

Es ist nämlich in jüngster Zeit die interessante Eigenheit am Quecksilber entdeckt worden, daß es sich durch ein Minimum von 1 oder 2 Tausendstel Natrium oder auch Kalium in einen Zustand versetzen läßt, wo es eine in hohem Grade vermehrte Anziehung, Affinität

Verwendungsarten des Quecksilbers. 219

oder wie man es sonst nennen will, zu allen Metallen zeigt, mit denen es überhaupt Amalgame bilden kann. Die Bildung erfolgt augenblicklich, auch wenn Unreinheiten der Oberflächen vorhanden sind, die für gewöhnlich die Amalgamation verhindern. Der Unterschied im Verhalten von reinem und versetztem Quecksilber wird recht augenfällig, wenn ein Tropfen von jedem auf ein Stück Blattgold gesetzt wird. Der reine Tropfen flacht sich zwar etwas ab, wird aber nicht merklich breiter, wogegen der natriumhaltige sich mit erstaunlicher Schnelligkeit über das Gold verbreitet und in wenigen Sekunden eine Fläche überzieht und weiß färbt, welche viel hundertmal größer ist als die des ursprünglichen Tropfens. Dieselbe gesteigerte Anhänglichkeit, wie gegen fremde Metalle, zeigen die Atome des versetzten Quecksilbers auch unter sich: es hat sein zerfahrendes und zerstäubendes Wesen verloren und läßt sich nunmehr sicherer und ökonomischer handhaben. Eine Erklärung der eigenthümlichen Wirkung eines so kleinen Zusatzes hat man bis jetzt nicht gefunden; die patentirten Verkäufer des versetzten Quecksilbers nennen es „magnetisches". Sein Gebrauch in Kalifornien ist allgemein und seine guten Dienste bei der Silbergewinnung sind ebenfalls schon erprobt. Auch bei der frühern kalifornischen Wäscherei bediente man sich des Quecksilbers zum Einfangen der feinsten Goldtheilchen, die in den Waschapparaten hängen blieben.

Das Quecksilber leistet seine vielfachen und zum Theil sehr wichtigen Dienste sowol in gediegener Form, als in Verbindung mit anderen Metallen, oder in Form irgend eines chemischen Präparates. Als flüssiges schweres Metall dient es vor allen Dingen und fast ausschließlich zur Füllung von Thermometern, für

Fig. 103. Quecksilberkammern in Idria.

Barometer, Manometer und andere Gas=, Dampf= und Wasserdruckmesser. Dem experimentirenden Chemiker ist das Quecksilber wichtig zum luftdichten Absperren für sogenannte pneumatische Apparate bei Arbeiten mit Gasen. Durch Schütteln mit Wasser, Terpentinöl u. s. w., oder durch Verreiben mit Zucker, Schwefel, Fett (Quecksilbersalbe) läßt sich das Metall so fein zertheilen, daß es sein ganzes metallisches Ansehen einbüßt und als graues Pulver erscheint. Es fließt aber nach Entfernung der Zwischenmittel doch wieder zusammen; nur mit dem Schwefel verbindet es sich bald zu schwarzem Schwefelquecksilber, dem aethiops minerals der Apotheker.

Die Verbindungen des Quecksilbers mit anderen Metallen heißen ausnahmsweise nicht Legirungen, sondern Amalgame. Da ein starres Metall weit unter seinem Schmelzpunkte flüssig wird, wenn es mit einem bereits flüssigen in Berührung kommt, so entstehen die Amalgame auf kaltem Wege durch bloßes Zusammenrühren oder Kneten. Bei den meisten Metallen erfolgt die Verbindung leicht und rasch; bei einzelnen aber, wie Kupfer, Eisen, Nickel, nur auf Umwegen. Alle Amalgame werden in der Hitze zerlegt und das Quecksilber ausgetrieben. Sie sind um so weicher, je mehr Quecksilber sie enthalten. Manche, namentlich die mit Kupfer, Gold u. s. w., werden allmählich sehr hart und dienen vorzüglich als Zahnkitt. Oberflächliche Amalgamationen von Zink=, Kupfer= und Eisenplatten erhält man durch Anreiben des Quecksilbers auf die mit einer sauren Flüssigkeit benetzte Platte.

28*

Die technisch wichtigsten Amalgame sind die mit Zinn zur Spiegelbelegung und die mit Gold und Silber entweder zum Behuf der Vergoldung und Versilberung im Feuer, oder zur Ausscheidung dieser Edelmetalle aus ihren Erzen. In beiden Fällen dient das Quecksilber nur als Vehikel oder als Träger und geht im ersten Falle ganz, im zweiten wenigstens theilweise verloren.

Die **chemischen Verbindungen** des Quecksilbers sind sehr mannichfaltig; sie schlagen großentheils ins Fach des Apothekers, bei welchem früher die Quecksilberpräparate noch weit zahlreicher als gegenwärtig anzutreffen waren. Einige finden auch technische und anderweite Anwendung. Mit dem Sauerstoff bildet das Metall schon bei anhaltendem Erhitzen in sauerstoffhaltiger Luft ein schwarzes, unbeständiges Oxydul und das eigentliche Oxyd, bekannt unter dem Namen des **rothen Präzipitats**. Das Oxyd wie dessen Salze sind sämmtlich heftige Gifte. Es giebt basische, neutrale und saure Quecksilbersalze und außerdem noch Doppelsalze, welche aus der Verbindung dieser mit Ammoniak entstehen. Das salpetersaure Oxydsalz bildet das bei der Vergoldung gebrauchte Quickwasser.

Während bei den Apparaten zur Erzeugung galvanischer Elektrizität das Quecksilber in metallischem Zustande schon längst eine wichtige Rolle spielt, ist ihm neuerdings in der Form eines Salzes eine anderweite Funktion in demselben Fache übertragen worden. Die Zinktafeln der galvanischen Batterien werden bekanntlich oberflächlich amalgamirt, damit die Säure oder andere erregende Flüssigkeiten das Zink nicht zu rasch zerstören und gleichmäßiger angreifen. Für die sogenannten konstanten, d. h. lange fortwirkenden Batterien benutzt man meistens statt verdünnter Säure eine Salzlösung, und es hat sich kein Salz passender dazu erwiesen als das schwefelsaure Quecksilber. Es wirkt als Verwandtes günstig auf die Erhaltung der Amalgamirung und erzeugt schwache, aber viele Monate andauernde Ströme.

Wie mit dem Schwefel verbindet sich das Quecksilber auch leicht in zweierlei Verhältnissen mit Chlor, Jod, Brom, Cyan. Das Quecksilberjodid hat eine schön scharlachrothe Farbe und findet einige Anwendung in der Färberei und Zeugdruckerei. Wir kommen später auf diese Farbstoffe noch zu sprechen. Am meisten verbraucht und darum im Großen fabrizirt werden die beiden Chlorverbindungen, das Chlorür und Chlorid, ersteres bekannt unter dem Apothekernamen Kalomel oder mercurius dulcis, letzteres als das bösartige Aetzsublimat. Beide können auf verschiedenen nassen und trockenen Wegen hergestellt werden. Das Kalomel, wegen seiner geringen Löslichkeit das mildeste Präparat, bildet bekanntlich ein stark gesuchtes Arzneimittel, namentlich in der Kinderpraxis, da es diese kleinen Geschöpfe merkwürdigerweise viel besser vertragen als Erwachsene. Das Aetzsublimat dagegen ist ein energisches, fressendes Gift, als Arznei- und Aetzmittel daher nur in kleinster Menge und mit größter Vorsicht verwendbar. Bekannt ist seine Anwendung als fäulnißwidriges Konservirungsmittel thierischer und pflanzlicher Körper. Als Abhaltungs- und Tödtungsmittel von Insekten sowie als Konservirungsmittel des Holzes hat es sich ganz vorzüglich bewährt. Freilich ist es hier, z. B. zur Erhaltung von Eisenbahnschwellen, fast zu theuer. Außerdem dient es in der Zeugdruckerei zum Aetzen von Stahl, in der Chemie als chlorabgebender Stoff, sowie als Ausgangspunkt für viele andere Präparate. Ammoniak giebt in einer Sublimatlösung als weißen Niederschlag eine Verbindung beider Stoffe, die unter dem Namen des weißen Präzipitats offizinell ist. Endlich betheiligt sich das Quecksilber noch an der Zusammensetzung des Knallquecksilbers, eines Präparates, das aus einer Mischung von salpetersaurer Quecksilberlösung mit Alkohol beim Erhitzen niederfällt und als ein besonderes Salz, knallsaures Quecksilberoxydul, betrachtet wird. Es dient als Zündmasse für Zündhütchen u. dergl., da es sehr leicht und unter Feuererscheinung und entsprechender Wärmeentwicklung seine lose verbundenen Bestandtheile wieder auseinander fallen läßt und sich in Quecksilberdämpfe, Stickstoff, Kohlensäure und Wasserdampf zersetzt. Eine gelinde Erwärmung, ein Schlag oder Stoß kann schon diese Explosion bewirken.

Die Edelmetalle.

Fürsten prägen so oft auf kaum versilbertes Kupfer
Ihr bedeutendes Bild, lange begnügt sich das Volk.
Schwärmer prägen den Stempel des Geist's auf Lügen
und Unsinn;
Wem der Probirstein fehlt, hält sie für redliches Gold.

Goethe.

Das Silber.

Geschichtliches. Alte Bezugsländer. Vorkommen in der Natur. Gediegenes Silber und Silbererze. Gewinnung des Silbers aus denselben. Amalgamiren. Silberscheidung auf nassem Wege. Eigenschaften und Verbindungen des Silbers. Legirungen. Silberdraht. Versilbern. Plattiren. Gold- und Silberschmiede. Das Münzwesen. Geschichtliches. Die Münztechnik. Bullion. Schrot und Korn. Gießen der Zaine. Das Ausschlagen der Platten. Justiren. Rändeln. Prägen und Prägemaschinen.

Edelmetalle nannten die Alchemisten das Gold und das Silber, nicht nur weil dieselben an Farbe und Glanz allen anderen voranstehen, sondern besonders auch, weil sie am wenigsten geneigt sind, ihre Individualität, d. h. ihren Metallzustand, sich nehmen zu lassen, sich mit anderen Stoffen zu verbinden. Gab es doch für das Gold, den König der Metalle, nur ein einziges Auflösungsmittel, das deshalb auch Königswasser genannt wurde, und das strahlende Metall führte den Namen der Sonne, wie das sanfte, leuchtende Silber den des Mondes. Für uns ist noch das Platin dem Begriff der Edelmetalle beigesellt worden.

Der dem Gold und Silber von jeher beigelegte hohe Werth, ihr angenehmes Aeußere, ihre Beständigkeit, verhältnißmäßige Seltenheit u. s. w. hatten zur Folge, daß man sie sehr zeitig als bequemes Tauschmittel benutzte; man wog sich dieselben Anfangs zu, wie noch jetzt in Afrika und Kalifornien, machte sich dann die Geschäfte bequemer und formte sie zu Barren oder Platten von bestimmtem Gewicht, dessen Betrag man für alle künftigen Tauschfälle darauf stempelte, und so entstand bei allen Völkern, die es zu einer gewissen Kulturstufe brachten, in ganz natürlichem Verlaufe das Geld, der nervus rerum, die Triebfeder der Dinge und das Strebeziel aller Menschen.

Ganz außerordentlich und theilweise unglaublich waren die Anhäufungen edler Metalle in alten Zeiten, wie uns die Bibel und die Profanschriftsteller erzählen. Abraham schon war ein Mann reich an Vieh, Gold und Silber, aber seine Nachkommen David und Salomo leisteten im Zusammenhäufen edler Metalle wirklich Großartiges; Salomo machte, wie im 1. Buch der Könige erzählt wird, daß in Jerusalem des Silbers so viel war wie der Steine; es wurde für Nichts geachtet.

Auf das Vorkommen des Goldes namentlich, dessen glänzende Natur und leichte Bearbeitung sofort auffallen mußte, wird man frühzeitig und an vielen Orten aufmerksam geworden sein. Das älteste wirkliche Bezugsland für Edelmetalle wird man aber wol in Indien zu suchen haben. Die alten ägyptischen Könige hielten sich an die Reichthümer ihrer Nachbarländer Nubien und Aethiopien. Die Griechen gewannen im eigenen Lande Silber und Gold, aber die reichsten Quellen kostbarer Metalle bot in alten Zeiten die spanische Halbinsel. Ungeheure Mengen von Silber namentlich schleppten Phönizier, Karthager und Römer lange Zeit aus diesem Lande weg. Der Silberreichthum Spaniens mußte Hannibal die Mittel liefern zur Bekämpfung der Römer, und noch jetzt glaubt man die Gruben zu kennen, aus denen er sein Silber bezog (angeblich 300 Pfund täglich), und die Stollen, durch die er Tag und Nacht das Wasser herausschaffen ließ. Aber sie sind ersoffen, wie der Bergmann sagt, und man weiß nicht, ob sie verlassen wurden wegen Mangels an Ausbeute oder wegen Ueberfluß an Wasser. Die Araber noch sollen viel Silber in Spanien gegraben haben. Die Glanzperiode aber, wo nach Diodor's Erzählung bei Waldbränden das geschmolzene Silber in Strömen von den Pyrenäen niederfloß, ist längst dahin; außer einigen bescheidenen Silbergruben hält man sich auch hier schon an den Silbergehalt der Bleierze, den man früher nicht achtete oder auch nicht zu gewinnen wußte, und der früher schon erwähnte Pattinson'sche Prozeß hat in Spanien ein günstiges Arbeitsfeld gefunden.

Hauptquellen des Metallreichthums im Mittelalter waren österreichische und ungarische Gruben, von denen die berühmten Werke zu Schemnitz und Kremnitz schon von den Römern betrieben worden sein sollen; sicherer wird der Anfang ihres Betriebes ins 8. Jahrhundert versetzt. Seit dem 10. Jahrhundert etwa — denn Zuverlässiges weiß man nicht — kamen die berühmt gewordenen Silbergruben zu Joachimsthal in Böhmen, die Gruben im Harze und die im Sächsischen Erzgebirge von Anfangs fabelhaft reichem Ertrage in Betrieb; sie werden mit mäßigem Erfolge noch heute gebaut, während die lange Zeit berühmten Silberbergwerke Norwegens und Schwedens wie verschollen und zur Zeit wenigstens ganz unerheblich sind. In Sachsen wurden in den letzten Jahrzehnten im Durchschnitt noch circa 27,500 Kg. jährlich gewonnen, aber der Ertrag ist im allmählichen Sinken begriffen. Preußen zieht aus der Entsilberung des Kupfersteins im Mansfeld'schen und der Bleierze im Düren'schen eine nicht unbeträchtliche Silbermenge, die 1872 die Höhe von 22,900 Kg. allein für die Mansfelder Kupferschiefer bauende Gesellschaft betrug. Im Allgemeinen sind die Erzeugungskosten des deutschen Silbers nicht viel niedriger als dessen Kaufwerth; aber volkswirthschaftliche Rücksichten gebieten doch die Fortführung der Werke und selbst den Aufwand beträchtlicher Verbesserungskosten.

Ueber die Gesammtproduktion der Erde an Edelmetallen sind nur annähernde Zahlen aufzustellen, da aus den reichsten Produktionsgebieten Amerika's und den Australischen Kolonien nur unsichere Angaben zu Gebote stehen. Nach den Berichten des Landamtes, die indeß nicht sehr genau sein können, weil viel Gold und Silber ausgeführt wird, ohne registrirt zu werden, lieferte der Westen Amerika's (die Staaten und Territorien Kalifornien,

Nevada, Oregon, Washington, Idaho, Montana, Utah, Arizona, Colorado, Mexiko und Britisch-Columbien)

  im Jahre 1870 circa 70,000,000 Dollar Gold und Silber,
  » » 1871 » 58,284,029 » » » »
  » » 1872 » 62,236,914 » » » »
  » » 1873 » 72,258,623 » » » »

Gold und Silber theilen sich in das Ganze in dem Verhältniß von 28 : 45. In Australien ist noch immer die Kolonie Viktoria im Ertrage obenanstehend. Ist auch die Maximalleistung von 2,762,461 Unzen im Werthe von 11,9 Millionen Pfd. Sterl., welche sie 1856 zeigte, nicht wieder erreicht worden, so beträgt doch der jährliche Export von ganz Australien nach England durchschnittlich 8 Millionen Pfd. Sterl.; der Gesammtertrag der Wäschereien wird also noch um ein Wesentliches höher anzunehmen sein. Die Ausbeute Rußlands, asiatischer- wie europäischerseits, wird für das Jahr 1867 durch die Ziffer von 435 bis 438 Millionen Gulden repräsentirt, und ebenso hoch dürfte sich der Ertrag für 1873 belaufen. Gegenüber solchen Werthen verschwinden die übrigen Länder freilich fast gänzlich, obwol gerade sie die ältesten und berühmtesten Lagerstätten von Edelmetallen enthalten.

  Die Spanier fanden in den ersten 50 Jahren nach der Entdeckung Amerika's dort nur Gold oder doch nur wenig Silber; erst nachdem Peru erobert worden, war das reichste Feld gewonnen, auf dem sich nun unzählige Gold- und Silbergruben erschlossen. Keine aber erlangte solche Berühmtheit, wie die reiche Mine von Potosi, welche gegen 1545 unter Umständen entdeckt wurde, wie sie in Bd. III. nach der gangbaren Erzählung wiedergegeben sind. Jedoch die Klumpen und Aeste gediegenen Silbers sind in aller Welt immer nur das Wenigste, bilden gleichsam nur den Ausputz, und die Hauptmasse einer Silbergrube ist mit Blei, Schwefel und anderen Dingen vererzt. Zur Abscheidung des Silbers von diesen gehören zunächst Kenntnisse, woran die Spanier nicht eben schwer zu tragen hatten. Man ließ daher die Indianer gewähren, die rationell genug die reicheren Silberze mit Bleiglanz und Kohle in thönerne Gefäße schichteten und den Satz im Feuer ausschmolzen. Aber eine vortheilhaftere Gewinnungsmethode that sehr noth, und so verfiel man um 1560 auf die Ausziehung des Silbers durch Quecksilber, eine Methode, die überall raschen Eingang fand. Von da an hing der Silberertrag aller mexikanischen und peruanischen Bergwerke wesentlich davon ab, wie viel Quecksilber ihnen zugeführt werden konnte. Schon daß man so frühzeitig nach einem so umständlichen Hülfsmittel griff, muß die Vorstellungen von dem Silberreichthum Amerika's in gewisser Art moderiren. Die spanisch-amerikanische Erfindung der Amalgamation fand mit der Zeit ihren Weg auch nach Europa. In Schemnitz wurden zuerst von 1780 an glückliche Versuche damit gemacht, die bald auch in Freiberg aufgenommen wurden, wo man diese Methode verbesserte und von wo aus sie sich unter dem Namen der europäischen Amalgamation weiter verbreitete. Freiberg und das Mansfeldische waren überhaupt die Lokalitäten, wo das Amalgamationsverfahren auf die höchste Vollkommenheit gebracht wurde, bis schließlich 1845 die mansfeldischen Bergbeamten Augustin und Ziervogel mit zwei neuen Entsilberungsmethoden auf nassem Wege auftraten, die einfacher und weniger kostspielig waren und sowol die Amalgamation als die Entsilberung durch Blei, wenn nicht verdrängt, doch wesentlich beschränkt haben.

  Seit 1809, wo in Amerika die politischen Bewegungen eintraten, welche Spanien den Verlust seiner amerikanischen Besitzungen brachten, damit aber noch nicht aufhörten, kam die Ausbeutung der amerikanischen Silbergruben bedeutend in Abnahme und sie gewann erst in neuerer Zeit durch Einfluß des nordamerikanischen und europäischen Unternehmungsgeistes wieder eine ansehnliche Steigerung. Große, vielversprechende Länder, wie der ganze Norden von Mexiko, harren mit Lagern von Silber, Gold und Quecksilber, noch des Bergmanns; auch das Goldland Kalifornien hat ein silbernes Gesicht enthüllt; auf der Ostseite der Schneealpen (Sierra nevada), die sich durch das Land ziehen und an der Westseite Gold in Menge liefern, hat man reiche Silbererzlager in einer Erstreckung von 100 englischen Meilen Länge entdeckt, die man mit großem Gewinn angefangen hat, zu bearbeiten. Nach allem Diesen ist mit Sicherheit anzunehmen, daß Amerika auch künftig noch die erste Stufe unter den Silber produzirenden Ländern einnehmen wird.

Das **Vorkommen des Silbers** in der Natur ist ein ziemlich mannichfaltiges. Gediegen findet es sich in schwachen Adern, Aesten, Drähten und Plättchen, seltener in größeren Klumpen und Platten. Zuweilen enthält das gediegene Silber einige Prozente Antimon, Kupfer oder Arsenik; im eigentlichen Antimonsilber, dem Haupterz des Harzer Werkes zu Andreasberg, beträgt das Antimon 23 Prozent. Ferner amalgamirt sich das Silber zuweilen mit Quecksilber (Chili, Moschellandsberg in Bayern) oder legirt sich mit Gold zu einer weißgelben Verbindung. In Kalifornien greifen in gewissen Gegenden die Gold- und Silberregion in einander ein, und es hat sich ein güldisches Silber oder silberhaltiges Gold gebildet, von welchem die Unze mit 9 Dollars bezahlt wird.

Die wichtigsten Silbererze sind: Silberglanz, aus $86\frac{1}{2}$ Prozent Silber und $13\frac{1}{2}$ Prozent Schwefel bestehend, kommt mehr oder weniger auf fast allen Silbergruben vor, in besonders großen und reinen Stücken namentlich zu Freiberg, Johanngeorgenstadt, Joachimsthal, in Formen wie das gediegene Silber, metallisch glänzend und völlig geschmeidig und biegsam, so daß es sich wie ein gediegenes Metall prägen läßt. Es existiren davon Joachimsthaler und sächsische Schaumünzen, letztere mit dem Brustbilde König August's von Polen. Ebenso wichtig, wie der Silberglanz für Sachsen, Böhmen, Ungarn u. s. w., ist das Sprödglaserz oder Schwarzgültigerz, aus Silber, Antimon und Schwefel bestehend, und das Rothgültigerz (Silberblende), in seinen beiden Varietäten als dunkles und lichtes, das erstere aus Silber, Antimon und Schwefel, letzteres aus Silber, Arsenik und Schwefel bestehend. Weißgültigerz (Silberfahlerz) enthält geschwefeltes Silber, Kupfer, Eisen und Zink im Gemisch. Hierzu kommen noch solche geschwefelte Erze, in denen das Kupfer vorherrscht und welche neben anderen Metallen (Blei, Antimon, Arsenik) Antheile von Silber enthalten, der silberhaltige Kupfererzglanz mit zuweilen mehr als der Hälfte Silber, und dann vorzüglich die Bleiglanze, welche in der Regel zwar nur sehr wenig Silber führen, diesen ihren geringen Gehalt aber durch die Menge ihres Vorkommens gewissermaßen entschuldigen und einen immerhin bedeutenden Faktor für die europäische Silbergewinnung abgeben. Hornsilber (Chlorsilber) ist für Europa eine Seltenheit, von ansehnlichem Belange jedoch für die Silbergewinnung in Sibirien, Mexiko, Chili und Peru.

Gewinnung des Silbers. Was nun die Extraktion des Silbers aus seinen verschiedenen Erzen anlangt, so giebt es hierfür verschiedene Methoden, die sich im Allgemeinen in nasse und trockne unterscheiden lassen. Zu den ersteren gehört die Amalgamation mittels Quecksilbers, die Auflösung und Fällung nach Augustin's, Ziervogel's u. A. Verfahren. Die trockne Behandlung beruht auf der Gewinnung eines silberhaltigen Bleies und Abscheidung des Silbers aus diesem Werkblei durch Abtreiben, Pattinsoniren oder mittels Zinks, wie schon beim Blei besprochen wurde.

Während es sich nämlich dort darum handelte, den kleinen natürlichen Silbergehalt des Bleiglanzes zu gewinnen, setzt man bei den eigentlichen Silbererzen absichtlich Blei zu, damit dasselbe den Silbergehalt aufnehme und sodann wieder herausgebe. Blei und Quecksilber spielen demnach bei der Silbergewinnung eine und dieselbe Rolle, sie sind Mittel und Werkzeuge zur Abscheidung; nur bedarf das erstere dazu der Hitze, während das andere auf kaltem Wege wirkt.

Die Extraktion mittels Quecksilbers, das Amalgamiren, ist aus chemischen wie aus ökonomischen Gründen nur thunlich bei den eigentlichen Silbererzen, nicht bei den silberhaltigen Erzen anderer Metalle. Das ältere Verfahren wird in Amerika noch heute fast in derselben Weise betrieben, wie es vor 300 Jahren eingeführt wurde. Es ist wahrscheinlich für die dortigen Verhältnisse das passendste, denn die Erze sind im Allgemeinen nicht reicher als bei uns, das Blei ist sehr theuer, und der Brennstoff sehr rar. Die aus der Grube kommenden Erze unterliegen einer Handscheidung, wobei die reicheren, mehr als 1 Prozent Silber enthaltenden Stücke abgesondert und für den Schmelzprozeß bleiben; der Rest unterliegt der Amalgamation, für welche die Erze zunächst aufs Feinste gepulvert werden.

Gewinnung des Silbers.

Die Zerkleinerung geschieht zuerst auf Trockenpochwerken und wird dann auf Roß- oder vielmehr Maulthiermühlen unter Granitsteinen mit Zusatz von ein wenig Wasser zu Ende geführt. Den von den Mühlen erhaltenen Schlamm läßt man an der Sonne einige Konsistenz gewinnen und schafft ihn dann auf den Amalgamationsplatz (patio), einen gepflasterten und ummauerten Hof, setzt die Masse in große Haufen und vermengt sie durch Umschaufeln und Eintreiben von Maulthieren (s. Fig. 105) zunächst mit einer Quantität Seesalz. Nach einigen Tagen fügt man, bei abermaliger gründlicher Durcharbeitung, das Magistral hinzu, eine Masse, die aus gut geröstetem Kupferkies (oder statt dessen Kupfervitriol) und geröstetem Eisenkies (Schwefeleisen) besteht. Es beginnen nun, begünstigt von der Sonnenhitze, in der feuchten Masse gewisse chemische Umsetzungen. Das Silber findet sich nämlich in den Erzen theils in gediegenen Partikelchen, theils als Chlorsilber, theils als Einfach- oder Mehrfach-Schwefelsilber. Der Zweck ist zunächst, möglichst alles Silber in Chlorsilber überzuführen. Dies geschieht in Gegenwirkung zwischen den schwefelsauren Salzen des Magistrals und dem Kochsalz, indem schwefelsaures Natron sowie Kupfer- und Eisenchlorid gebildet wird, welche letztere, bei Gegenwart von überschüssigem Kochsalz, das Schwefelsilber in Chlorsilber umwandeln, während wieder Schwefeleisen und Schwefelkupfer entsteht. Sobald diese Reaktionen in Gang gekommen, wird ein Theil des Quecksilbers zugesetzt und mittels Durcharbeitens innig einverleibt. Das Quecksilber zersetzt nun wieder das Chlorsilber durch Entziehung des Chlors, es entsteht Quecksilberchlorür und metallisches, reines Silber, das sich in metallisch gebliebenem Quecksilber auflöst. Das Umarbeiten der Haufen dauert mehrere Tage lang, dann wird wieder eine Beschickung von Quecksilber und gegen den Schluß hin meist noch ein dritter Zusatz gegeben. Die ganze Arbeit währt auf den

Fig. 105. Amalgamationsplatz zu Salgado in Mexiko.

besten Amalgamirwerken 12—15 Tage im Sommer, 20—25 Tage im Winter. In der ganzen Zeit wird die Amalgamation unterstützt durch fleißiges Umarbeiten, der Fortschritt derselben häufig durch Probiren erprüft, Fehler durch Zusatz von mehr Magistral oder, bei einem Zuviel von diesem, durch Zusatz von Kalk korrigirt. Man verwendet achtmal so viel Quecksilber, als man den Silbergehalt der Erze schätzt, und gewinnt davon etwa drei Viertel zurück. Der Rest geht verloren und wird in Form von Quecksilberchlorür beim nachfolgenden Waschen mit fortgeschwemmt. Um 1 Kg. Silber zu gewinnen, muß man also ein Opfer von 2 Kg. Quecksilber bringen. Ist endlich die Amalgamation in der Masse zur Vollständigkeit gediehen, so stürzt man diese in mit Wasser gefüllte Kufen, wo sie von stehenden, mit Querarmen versehenen Wellen gerührt und gequirlt wird. Die Unreinigkeiten suspendiren sich dadurch im Wasser und werden mit diesem abgelassen, während das flüssige Amalgam sich am Boden sammelt. Letzteres preßt man in Filzsäcken, wobei flüssiges, noch etwas silberhaltiges Quecksilber durchgeht, das man wieder zur Amalgamation verwendet, während das zurückbleibende steifere Amalgam der Destillation unterworfen wird, welche das Quecksilber austreibt und das Silber frei macht.

Bei dem europäischen oder Freiberger Verfahren geht man rationeller zu Werke, sodaß man am Kilogramm Silber nur 25 Gramm Quecksilber verliert, indem man durch Zusatz von metallischem Eisen die Verchlorung des Quecksilbers wieder rückgängig macht.

Zur Amalgamation, wie sie auf dem Freiberger Werk Halsbrücke geübt wird, eignen sich am besten Erze, die im Centner 110—130 Gramm Silber enthalten; bei silberreicheren würde zu viel in den Rückständen verbleiben, während ärmere die Kosten nicht lohnen würden. Die Bestandtheile der Erze sind in der Hauptsache Schwefelmetalle nebst erdigen und quarzigen Bestandtheilen. Gewöhnlich setzt man den durch Handscheidung sortirten Erzen noch silberhaltigen Schwefelkies (Schwefeleisen) zu, damit die benöthigte Menge Schwefel in der Masse sei. Man pulverisirt auf Trockenpochwerken Alles aufs Feinste, mischt dann etwa $^1/_{10}$ des Gewichts Kochsalz zu und röstet die Masse unter fleißigem Wenden in Flammenöfen. Dabei verwandelt sich durch chemische Umsetzungen nicht nur alles Silber in Chlorsilber, sondern auch die anderen Metalle sind zu Chloriden geworden, die sich in der Hitze zum Theil verflüchtigen. Die Röstmasse bringt man nach dem Erkalten auf Siebwerke, das zurückbleibende Grobe kommt, nachdem es zerkleinert und mit Kochsalz gemengt worden, zur weiteren Röste, das Feine wird ganz nach Art des Getreides zwischen granitenen Steinen vermahlen und gebeutelt und ist dann zum Amalgamiren (Anquicken) geschickt.

Fig. 106. Der Amalgamirapparat in Freiberg.

Zum Anquicken hat man eine Anzahl hölzerner, mit Eisenreifen gebundener Tonnen, die horizontal in Zapfen liegen und durch Maschinenkraft in Umlauf gesetzt werden (s. Fig. 106). In jede Tonne kommt zunächst eine Füllung von 12 Centnern Erzmehl, 4 Centnern Wasser und 50 Kg. zerstückeltem Schmiedeisen. So läßt man die Tonnen 2 Stunden langsam umlaufen. Hier entstehen schon durch Aufeinanderwirkungen der sich im Wasser lösenden Salze und des Eisens zweckfördernde chemische Veränderungen. Sodann wird das Quecksilber (5 Centner) hinzugegeben, mit dem die Fässer noch 16—20 Stunden lang gedreht werden. Es tritt Erwärmung der Masse ein, welche die Zersetzung befördert, in deren Folge nicht allein das Chlorsilber, sondern auch die Chloride der fremden Metalle in regulinischen Zustand übergeführt werden und in das Amalgam eingehen, das somit außer dem Silber noch Kupfer, Antimon, Blei, Gold u. s. w. enthalten kann. Ist der Prozeß so weit gediehen, so füllt man die Fässer ganz mit Wasser auf und läßt sie noch $1^1/_2$—2 Stunden laufen, gegen das Ende mit verminderter Geschwindigkeit. Das Amalgam hat sich nun vereinigt und bildet die unterste Schicht in den Fäffern. Man läßt es ablaufen und bringt den übrigen Inhalt in große Bottiche, um noch den Rest heraus zu waschen. Das freiwillig abgelaufene Amalgam wird mittels kleiner Rinnen in Zwillichbeutel geleitet. Aus diesen sickert schon durch die Eigenschwere ein Theil des überschüssigen Quecksilbers ab; später wird durch starkes Pressen der Beutel noch mehr abgeschieden, und so behält man ein steifes Amalgam übrig, das aus 82—83 Theilen Quecksilber, 10—12 Theilen Silber und 5 bis 8 Theilen fremder Metalle, hauptsächlich Kupfer mit wenig Blei, Zink und Antimon besteht. Zur Entfernung des Quecksilbers daraus ist nichts nöthig als Hitze; man bringt das Amalgam in eisernen Schalen unter eine gußeiserne Glocke, die von außen mit Kohlenfeuer erhitzt wird, oder vortheilhafter, man schiebt jetzt die Schalen in eiserne Retorten. Das durch die Hitze verflüchtigte Quecksilber wird in einem Verdichtungsraum wieder tropfbar und unter Wasser aufgefangen, während auf den Schalen ein Kuchen unreinen Silbers zurückbleibt (Tellersilber), das wie jedes auf andere Art gewonnene noch eine Reinigung (Raffination) zu bestehen hat.

Fig. 107. Feinbrennen des Silbers.

Auf anderen chemischen Erfahrungssätzen beruhen die in der neueren Zeit bei der Verhüttung armer Erze zu ganz besonderer Wichtigkeit gelangten nassen Methoden der Silbergewinnung, von denen hier die Auguftin'sche und Ziervogel'sche kurz beschrieben werden sollen, welche besonders bei der Extraktion silberhaltiger Kupfererze dienen, bei denen früher auch die Amalgamation in Anwendung kam. Des Ersteren Methode gründet sich auf die Eigenschaft des Chlorsilbers, sich in Kochsalzlösung aufzulösen. Die Erze sind demnach so zu behandeln, daß sich jene Silberverbindung bildet. Dies geschieht, indem sie, der Hauptsache nach aus Schwefelverbindungen bestehend, in fein gepochtem Zustande zuerst für sich und dann nach erfolgter Vermischung mit Kochsalz geröstet werden. Bei der ersten Röstung bilden sich Sulfate (schwefelsaure Metallsalze), die zum Theil bei gesteigerter Hitze sich in Oxyde verwandeln; durch das Rösten mit Kochsalz wird alles Silber dann in Chlorsilber übergeführt. Um dieses Chlorsilber auszuziehen und für sich zu erhalten, ist später nichts weiter erforderlich als die Behandlung des Röstmehls mit konzentrirter heißer

Kochsalzlauge, in welcher das Chlorsilber sich auflöst. Die gewonnene Silberlauge bringt man dann auf Fässer, worin metallisches Kupfer enthalten ist; das Silber wird hier durch das Kupfer gefällt, es setzt sich als Schlamm zu Boden, während die nun kupferhaltige Flüssigkeit auf ähnliche Weise durch Cementation mittels Eisen ausgenutzt wird.

Die Ziervogel'sche Methode zieht das beim Rösten entstandene schwefelsaure Silberoxyd mit heißem Wasser aus und schlägt das darin enthaltene Silber durch metallisches Kupfer nieder, wobei man, da aus der Röstmasse auch schwefelsaures Kupfer in Lösung geht, Kupfervitriol als Nebenprodukt erhält. Andere Vorschläge betreffen die Anwendung anderer Lösungsmittel statt der Kochsalzlösung, namentlich das in der Photographie allgemein gebrauchte unterschwefligsaure Natron, doch hat keins dieser Verfahren auch nur annähernd eine solche Bedeutung für die Praxis erlangt, wie die genannten.

Die Gewinnung des Silbers durch Schmelzarbeit gestaltet sich nach der Natur der gegebenen Erze sehr verschieden, immer aber benutzt man bei derselben als Extraktionsmittel, gewissermaßen als trocknes Lösungsmittel für das metallische Silber, das Blei, welches mit dem Edelmetalle sich leicht legirt und aus dieser seiner Verbindung verhältnißmäßig leicht sich wieder abscheiden läßt.

Silberhaltige Kupfererze werden daher entweder durch die gewöhnliche Kupferhüttenarbeit zuerst auf Schwarzkupfer verarbeitet und aus diesem das Silber durch Saigerung mit Blei geschieden, oder man erhält das silberhaltige Blei durch das Niederschmelzen der Kupfererze mit geröstetem Bleiglanz, oder man verschmilzt die Kupfererze nur auf Rohstein, der das Silber einschließt und sodann durch Verschmelzen mit geröstetem Bleiglanz oder Glätte verbleit wird. Aus der Schmelze erhält man das silberführende Blei durch Saigerung, deren Ausführung wir früher schon besprochen haben. Am komplizirtesten sind die Arbeiten, wenn silberhaltige Kupfer- und Bleierze zusammen vorkommen. Es sind dann wiederholte Schmelzungen nöthig, welche indeß immer auch die Erzeugung eines silberhaltigen Werkbleies einerseits und silberhaltigen Rohkupfers andererseits zum Zweck haben. Erze, die kein Kupfer enthalten, werden zwar ähnlich behandelt, nur wird der Rohstein als werthloses Produkt nicht weiter in Betracht gezogen. Ganz reine Silbererze, welche kein anderes Metall enthalten, kommen in so geringfügigen Mengen vor, daß auf ihre gesonderte Verhüttung nur in den seltensten Fällen Rücksicht zu nehmen sein wird. Das silberhaltige Werkblei, das Endergebniß aller dieser Methoden, unterliegt endlich der Treibarbeit, welche ebenfalls, wie auch das Pattinsoniren, bereits bei Gelegenheit des Bleies ihre Besprechung gefunden hat.

Weder das mit Blei erschmolzene, noch das aus Auflösungen niedergeschmolzene, noch das durch Amalgamation gewonnene Silber ist rein genug, um als Feinsilber gelten zu können; es enthält noch einige Prozent fremder Metalle, deren Wegschaffung die letzte Arbeit, das Feinbrennen, ausmacht. Dieses Feinbrennen besteht aus einem Umschmelzen unter Luftzutritt und ist bei dem durch Treibarbeit gewonnenen Silber, wo der noch zu entfernende fremde Stoff eben nur ein Ueberrest von Blei ist, eigentlich nichts weiter als eine wiederholte Treibarbeit. Es dient hierzu eine Art Mulde oder Schüssel, der sogenannte Test, aus einer absorbirenden Masse (Knochen- oder ausgelaugte Holzasche, Mergel u. s. w.) durch Einstampfen in eine eiserne Unterlage geformt, die entweder unter einer großen Muffel dem freien Luftzuge, oder vortheilhafter im Flammenofen der Wirkung eines Gebläses ausgesetzt wird. Durch die oxydirende Wirkung der Luft verwandelt sich der Bleigehalt des schmelzenden Silbers vollends in flüssige Glätte, die man aber nicht von der Silberfläche ablaufen läßt, da sie sich von selbst in die poröse Masse des Testes einzieht. Enthält das Silber neben Kupfer, Antimon u. s. w. dagegen wenig oder gar kein Blei, so setzt man dem Silberfluß solches absichtlich zu, weil die Oxyde der übrigen Metalle zu ihrer Verschlackung der Bleiglätte bedürfen. So reinigt sich das Silber bis etwa auf $1/4$ Prozent darin bleibender unedler Metalle und heißt dann Brand- oder Feinsilber. Nur ein etwaiger Goldgehalt, der durch alle Strapazen hindurch fest zum Silber gehalten hat, muß, wenn es der Mühe lohnt, auf anderem Wege herausgezogen werden.

Eigenschaften und Verbindungen des Silbers. So hätten wir denn das schöne weißglänzende Metall in den Zustand seiner Gediegenheit überführen sehen, freilich nur, damit es zum Behuf der Verarbeitung zu Münzen und Geräthen bald wieder mit einem unedlen Metall, dem Kupfer, verbunden werde, das seine schöne Farbe allerdings etwas beeinträchtigt. Das reine Silber ist nämlich für die meisten Zwecke zu weich, daher zu sehr der Abnutzung unterworfen. Zwar ist es immer noch härter als Gold, aber doch bedeutend weicher als das Kupfer; man stärkt und härtet es deshalb in verschiedenen Abstufungen, indem man ihm Kupfer zusetzt, und bezeichnete früher den Feingehalt dieser Legirungen durch die Zahl der in der Mark (16 Loth) enthaltenen Lothe Silber, so daß z. B. ein Silber, das aus 13 Theilen Silber und 3 Theilen Kupfer besteht, 13löthig hieß. Neuerdings hat dafür jedoch die Bezeichnung nach Tausendtheilen Platz gegriffen. Zwölflöthiges Silber z. B. erhält hiernach die Bezeichnung 0,750, d. h. in 1000 Theilen enthält es 750 Theile Feinsilber und 250 Theile Kupfer. Das Silber gehört zu den schweren Metallen; sein spezifisches Gewicht bewegt sich in den Grenzen von 10,5 bis 10,6, je nachdem das Metall blos geschmolzen oder durch Hämmern und Prägen noch dichter gemacht worden ist.

Feines Silber hält sich an der Luft in Farbe und Glanz vollkommen beständig, mit Kupfer versetztes natürlich nur so weit, als es nach Höhe des Kupfergehaltes möglich ist. Geräth eine Silbermünze ins Feuer, so wird sie nach und nach ganz schwarz; an dieser Veränderung ist jedoch lediglich das Kupfer schuld, indem sich durch Einwirkung der sauerstoffhaltigen Luft ein Häutchen schwarzen Kupferoxydes bildet. Durch Eintauchen in eine Säure kann dasselbe leicht entfernt werden, und es tritt dann die blosgelegte Oberfläche reineren Silbers zu Tage. In ähnlicher Weise verschaffen uns Silberarbeiter und Münzwerkstätten wenigstens für einige Zeit den Anblick des feinen Silbers; sie sieden ihre bis zum Poliren fertigen Stücke in verdünnter Schwefelsäure, welche nur das Kupfer auflöst und die Oberfläche in einer sehr dünnen Schicht als Feinsilber zurückläßt (das Weißsieden).

Die schwache Seite des Silbers ist seine Neigung zum Schwefel, die sich schon in seiner häufigen Vererzung ausspricht. In schwefligen Dämpfen färbt sich das Silber gelb, braun u. s. w. infolge einer oberflächlichen Bildung von Schwefelsilber; in schwefligen Lösungen (Schwefellebern) ist die Bildung noch intensiver und dunkelfarbiger. Man benutzt dies mitunter bei Herstellung von Schmucksachen, denen durch Eintauchen in Schwefelleberlösung eine schwärzlich=graue Oberfläche ertheilt wird. Man nennt solche Sachen, wiewol unzutreffend, oxydirtes Silber. Eigentliches oxydirtes Silber oder Silberoxyd läßt sich zwar auch, aber nur auf chemischem Wege, darstellen; man erhält es als graubraunes Pulver durch Niederschlag aus einer salpetersauren Silberlösung mittels Aetzkali. Das schmelzende reine Silber hingegen widersteht der Oxydation im geschmolzenen Zustande, und seine Neigung zum Sauerstoff ist so gering, daß auch das gefällte Oxyd in der Rothglühhitze und selbst schon bei längerer Einwirkung des Sonnenlichts den Sauerstoff fahren läßt und wieder metallisch wird. Dennoch giebt es eine merkwürdige Beziehung zwischen Silber und Sauerstoff. Geschmolzenes Silber nämlich, unter der Bedingung, daß es frei von fremden Metallen ist, verschluckt eine Menge Sauerstoff, etwa das 22fache seines eigenen Volumens, ohne ihn chemisch zu binden, und stößt ihn beim Erstarren mit Heftigkeit wieder von sich. Diese Erscheinung, das **Spratzen** genannt, gewährt bei größeren Massen — 20 bis 25 Kg. etwa — ein eigenthümlich interessantes Schauspiel. War eine solche Masse längere Zeit im Fluß und wird dieselbe der Abkühlung überlassen, so fängt die sich an der Oberfläche zuerst bildende feste gewölbte Kruste bald an zu reißen, noch sehr flüssiges Silber dringt heraus und überfließt in dünnen Schichten die Oberfläche. Dies ist jedenfalls einer bloßen Ausdehnung infolge einer innerlichen Krystallisation zuzuschreiben. Bald jedoch beginnt die Gasentbindung: die Decke erhebt sich hier und da zu kleinen Hügeln oder Blasen, welche unter Bildung baumförmiger Figuren platzen und Ströme von Sauerstoff herausschießen lassen, während man innerhalb das flüssige Silber in heftiger Wallung sieht und kleine Ströme desselben gleich der Lava aus einem Vulkan herausquellen. Sowie die Kruste dicker wird, steigen die Blasen höher auf, das Gas sprengt sie explosionsartig, und um das Bild von Miniaturvulkanen vollständig zu machen, werden kleine Tropfen flüssigen Silbers weit umher geschleudert.

Das beste Lösungsmittel des Silbers ist die Salpetersäure; außerdem löst es sich aber auch in heißer konzentrirter Schwefelsäure. Aus den Lösungen fällen Salzsäure, Kochsalz und alle anderen chlorhaltigen Stoffe das Metall als käsiges Chlorsilber. Auf diesem Verhalten beruhen die besten Silberproben. Man löst eine bestimmte Menge unreines Silber in Salpetersäure und probirt, wie viele Tropfen einer Kochsalzlösung von genau bestimmter Stärke nöthig sind, um alles Silber als Chlorsilber auszufällen. Die salpetersaure Silberlösung giebt eingedunstet das unter dem Namen Höllenstein bekannte, scharf ätzende Salz, das gewöhnlich bei gelinder Hitze geschmolzen und in Stängelchen gegossen ist. Sonst nur als ärztliches Aetzmittel, zum Schwärzen der Haare u. s. w. benutzt, hat dasselbe seit dem Auftreten der Photographie eine viel größere Bedeutung und Anwendung gefunden. Bedenkt man, wie viele der neuen von Höllenstein lebenden Künstler schon bei uns vorhanden sind, daß in England und Frankreich vielleicht noch viel mehr, in Nordamerika über alle Maßen viel photographirt wird, so dürften die Silbermengen, welche beispielsweise Sachsen jährlich erzeugt, zur Deckung des allgemeinen photographischen Bedarfs kaum hinreichen. Allerdings sind dieselben nicht verloren, denn aus den Rückständen der photographischen Ateliers werden die edlen Metalle (auch Gold wird ja zu photographischen Zwecken verwendet) mit großer Sorgfalt wieder herausgezogen und aufs Neue, gereinigt und in entsprechende Verbindung gebracht, dem Kreislaufe des technischen Lebens übergeben.

Das Silber ist sehr geeignet, sowol mit dem Gold als mit dem Kupfer Legirungen zu bilden. Diese sind auch, wenn wir von kleinen Ausnahmen, z. B. dem Silberstrahl, absehen, die einzigen technisch gebräuchlichen. In dem gewöhnlichen Arbeitssilber haben wir, wie gesagt, stets eine Legirung mit Kupfer. Durch den Zusatz von Kupfer wird das Silber härter, verliert nur wenig von seiner Geschmeidigkeit und läßt sich immer noch gut hämmern, walzen, zu Draht ziehen u. s. w.; nur wo eine besonders große Geschmeidigkeit verlangt wird, wie bei getriebener Arbeit und den feinsten Drähten, muß man feines oder sehr wenig versetztes Silber anwenden. Das legirte Silber ist leichtflüssiger und gießt sich besser und schärfer aus als reines. Das mit Kupfer legirte Silber, an sich schon härter als feines, besitzt die Eigenschaft, durch Hämmern, Walzen u. s. w. an Härte noch bedeutend zuzunehmen; durch Ausglühen läßt sich jedoch die Masse immer wieder erweichen. Um die Legirung von Kupfer und Silber ganz homogen zu machen, setzt man eine sehr geringe Quantität Zink zu.

Silberdraht. Was über das Drahtziehen bei früherer Gelegenheit schon gesagt wurde, gilt im Allgemeinen auch für die Herstellung des Drahtes aus Edelmetallen, nur daß hier meist hohe Feinheitsgrade hergestellt werden, die ihre schließliche Ausbildung auf kleinen Handleiern erhalten. Feines Silber läßt sich zu den dünnsten Drähten ausspinnen und muß oft an 150 immer enger werdende Ziehlöcher passiren. Dasjenige, was man echten Golddraht zu nennen pflegt, ist fast stets Silberdraht mit einer schwächeren oder stärkeren Vergoldung. Gold für sich wäre nicht haltbar genug, vor Allem auch zu theuer. Diesen silbernen Golddraht erzeugt man folgendermaßen. Wenn der zum Drahtziehen bestimmte Silberstab einigemal durch die großen Zieheisen gezogen ist, so wird er mit einer feinen Feile der Länge nach gefeilt, etwas rauh gemacht und dann mit Gold belegt. Das zu diesem Zwecke verwendete sogenannte Fabrikgold ist $1/16$ Millimeter dick, und die Blätter sind 8 bis 9 Centimeter im Quadrat groß. Man breitet sie auf ein glattes Kupferblech aus und rollt die glühend gemachte Silberstange darüber hin, an welche sich das Gold sogleich fest anhängt. Ist dies geschehen, so umwindet man die Stange mit Leinwand und erhitzt sie fast bis zum Glühen, worauf man sie mit Blutstein polirt und so beide Metalle innig mit einander verbindet. Man kann die Vergoldung nach Befinden mehrfach über einander legen. Die polirte Stange wird dann mit Wachs bestrichen und der Ziehbank übergeben. Durch die ungeheure Streckung, welche sie hier im Fortgange der Arbeit erleidet, verdünnt sich der Goldüberzug in fabelhaftem Grade, ohne daß er zerreißt und eine Lücke ein Durchblicken des Silbers erkennen läßt.

In gleicher Weise leihen Gold und Silber auch dem Kupfer ein Feierkleid, so daß Draht, der seinem innern Wesen nach nichts Anders ist als Kupfer, in seiner äußern Erscheinung entweder als Gold- oder als Silberdraht auftritt. Man bezeichnet solchen dann als unechten oder leonischen Draht. Um in leonischen Golddraht verwandelt zu werden, erhalten die Kupferstäbe zunächst oft eine Belegung mit Silber und darauf erst die schwache Goldschicht. So wird das Böse mit Gutem doppelt überwunden, sodaß auch bei der Abnutzung die ordinäre Kupferfarbe nicht unmittelbar zum Vorschein kommen kann. Echte wie unechte Gold- und Silberdrähte der feineren Nummern werden öfter noch durch Walzen flach gedrückt (geplättet) und bilden dann den zu Zwecken der Verzierung vielfach gebrauchten Lahn. Oefter wird dem Drahte für die mannichfachen Zwecke seiner Verwendung in der Tressen- und Posamentenfabrikation noch eine besondere verschönernde Zurichtung gegeben, er wird kordirt, d. h. er bekommt auf seiner Oberfläche einen engen Schraubengang eingeschnitten, natürlich sehr leicht und fein, und erhält dadurch ein mattes, gewelltes Ansehen, gleichsam als wäre der feine Gegenstand eine aus noch viel feineren Fäden zusammengedrehte Schnur. Die hierzu nöthige Kordirmaschine ist ein kleines, einfaches Geräth, an welchem das Hauptstück, eine in ihrer Achse durchbohrte kleine Stahlspindel, durch ein Tretrad in rascher Umdrehung erhalten wird, während man den durch die Spindel gesteckten Draht gleichmäßig durchzieht. Ein feines Schneideisen am vorderen Ende der Spindel besorgt den Einschnitt.

Versilberung. Die ungemeine Dehnbarkeit der Edelmetalle ist es, welche es ermöglicht, nicht nur andere Metalle, sondern auch die verschiedenartigsten festen Stoffe mit dünnen Lagen jener schönen, kostbaren Elemente zu überziehen und dadurch in allen Fällen den daraus dargestellten Gegenständen ein glänzenderes, vornehmeres Aussehen, in vielen Fällen auch eine größere Beständigkeit zu geben. Man begreift dieses Verfahren allgemein unter dem Namen der Vergoldung oder Versilberung, je nachdem das eine oder das andere der genannten Metalle dazu gebraucht wird. Für die leichteren Stoffe, Stein, Holz, Papier und Leder, dienen Gold und Silber in der Gestalt ganz zarter Plättchen, Häutchen, Blattsilber und Blattgold, deren Herstellung, das Fach der Goldschlägerei, beim Gold zu besprechen sein wird; für die Metalle (Kupfer, Messing, Tomback, Neusilber) werden dauerhaftere Ueberzüge erzeugt durch Aufschmelzen in der Hitze mit oder ohne Benutzung des Quecksilbers, sowie durch Plattiren. Bei diesem letzteren Verfahren, das schon länger als 100 Jahre geübt wird, überzieht man gleich die Kupferbleche, aus denen Gebrauchsgegenstände hergestellt werden sollen, mit einer dünnen Platte reinen Silbers oder, wenn es sich um Vergoldung handelt, entweder gleich oder nach Zwischenschaltung eines Silberbeleges, mit Gold, das in diesem Falle von noch bedeutend geringerer Dicke verwendet wird. In neuerer Zeit findet diese Plattirung jedoch mehr auf Neusilber als auf Kupfer ihre Anwendung. Die zu plattirenden unedlen Metallstücke werden zuerst ganz rein geschabt, sodann läßt man sie zur Verdichtung einigemal durch ein Walzwerk gehen, schabt sie wieder und bedeckt sie mit einem gleichfalls geschabten, etwa papierstarken Silberblatt. Meistens hat man vorher das Kupfer mit einer Lösung von Höllenstein bestrichen, die durch das Metall zersetzt wird, sodaß sich auf dem Kupfer schon ein metallisches Silberhäutchen gebildet hat, welches die Verbindung besser vermittelt. Bei der Goldplattirung dient zu gleichem Zwecke Chlorgoldlösung. Das aufgelegte Silberblatt wird über die Ränder des Kupfers umgebogen, ein ausgeglühter Eisendraht um dieselben herumgelegt und die so verbundenen Platten über Kohlenfeuer einer starken Rothglut ausgesetzt. Hierbei überfährt man das Silber kräftig und anhaltend mit einem eisernen Reiber, um unter Austreibung der Luft eine möglichst innige Berührung zwischen den beiden Metallen herzustellen. Die so vereinigte Platte wird glühend herausgenommen und sogleich mehrmals durch die jedesmal enger gestellten Walzen eines Streckwerks gehen gelassen. So wird durch bloßes festes Aneinanderliegen, ohne Schmelzung oder Löthung, ein solcher Zusammenhalt der beiden Metalle erzeugt, daß sie auch bei dem weiteren Auswalzen auf kaltem Wege sich gleichmäßig mit einander strecken und, einzelne Fehlfälle ausgenommen, kein Auseinanderklaffen erfolgt.

Die Silberlage beträgt dem Gewicht nach $1/40$ bis $1/10$ des Ganzen. Auch bei der schwachen Lage von $1/40$, und wenn das Blech zu der geringen Dicke von $1/5$ Millimeter ausgewalzt wird, also die Silberlage nur $1/200$ Millimeter dick darauf liegt, ist sie immer noch viel stärker als in den meisten anderen Fällen der Versilberung.

Man übt auch eine Plattirung auf fertige Gegenstände von Eisen, bei denen Dauerhaftigkeit mit Eleganz verbunden sein soll. Solche sind namentlich Theile zu Kutschgeschirren und Reitzeugen, Thürgriffe, Eßbestecke u. s. w. Die eisernen Stücke werden zunächst verzinnt, dann papierdünnes Silber zur Umhüllung passend zurecht geschnitten, umgelegt, durch Drücken, Klopfen und Reiben, oder auch durch Einstampfen in Hohlformen anschließend gemacht, durch Umwinden mit Draht noch mehr gesichert und endlich das Ganze über Kohlenfeuer erhitzt. Hier schmilzt das Zinn und vereinigt die Plattirung mit dem Kern, worauf dann durch Schleifen, durch den Polirstahl, durch Eiseliren u. s. w. die Oberfläche ausgeglichen und geschönt wird.

Für solche Gebrauchsgegenstände aber, welche an verschiedenen Stellen einer ungleichen Abnutzung unterliegen, hat das Verfahren den Uebelstand, daß das theure Silber auf die geschützteren Partien ebenso stark aufgetragen wird als auf die mehr in Anspruch genommenen, was eine unnöthige Silberausgabe zur Folge hat. Man hat deswegen in der Neuzeit der galvanischen Versilberung vielfach den Vorzug gegeben, weil sie den Vortheil bietet, einmal ganz genau die Quantität des aufzubringenden Silbers vorher festsetzen und dann dieselbe beliebig auf einzelne Stellen der Gegenstände vertheilen zu können.

Da wir bereits im II. Bande dieses Werkes den Gegenstand besprochen haben, können wir hier bezüglich der theoretischen Grundbegriffe auf das dort Gesagte verweisen und uns auf einige rein praktische Angaben beschränken.

In eminentem Maße wird diese Technik in den weltberühmten Etablissements von Christofle in Paris und Karlsruhe ausgeführt, und die Messer und Gabeln, Bestecke und andere Geräthe, welche jährlich aus diesen Werkstätten hervorgehen, zählen nach Hunderttausenden, sodaß im großen Publikum geradezu der Name Christofle jetzt zu einer Bezeichnung für die substantielle Beschaffenheit jener Erzeugnisse geworden ist. „Christofle" bezeichnet eine Metallwaare, die aus einem festen billigeren Kern besteht, der mit einer mehr oder weniger starken Schicht reinen Silbers auf galvanoplastischem Wege überzogen worden ist. Die bemerkenswerthe Industrie galvanisch versilberter Metallgeräthe datirt erst seit Anfang der vierziger Jahre und verdankt, nachdem Jacobi, Bunsen, Böttger in Frankfurt, u. A. die wissenschaftlichen Vorbedingungen aufgeklärt hatten, ihre praktische Ausbildung dem bekannten Londoner Goldschmied Elkington, dem auch neben de Ruolz in Frankreich 1840 ein Brevet verliehen wurde. Christofle, ein junger Mann von 24 Jahren, war zu dieser Zeit bereits Chef eines der größten Bijouteriewaarengeschäfte der Welt. Er begriff die Tragweite des galvanischen Verfahrens und kaufte zu hohen Preisen den beiden Patentinhabern ihre Vorrechte ab, was ihm allein Elkington gegenüber eine halbe Million Franken kostete, und ihn doch nicht vor langwierigen Prozessen gegen unberechtigte Konkurrenten schützte, die bald erschienen, um an dem Ertrage der rasch aufblühenden Technik zu partizipiren.

Im Jahre 1847 betrug die Umsatzziffer, welche das Haus Christofle mit seinen galvanisch veredelten Metallgeräthen machte, bereits zwei Millionen Franken, eine Summe, die sich bis 1859 auf sechs Millionen erhob. In diesem Jahre wurde für Deutschland die Filiale in Karlsruhe eröffnet, die in gleicher Weise, wie das Pariser Etablissement, beigetragen hat, den nützlichen, schönen und billigen Erzeugnissen immer allgemeinere Aufnahme zu verschaffen. Der Gebrauch silberner Eßgeräthe hat sich durch Christofle in Bevölkerungsschichten verpflanzt, die vordem nicht daran denken konnten, sich denselben zu gestatten. Und doch ist das Silber nicht blos vom Gesichtspunkte des Schönen, sondern auch von dem Standpunkte einer rationellen Gesundheitspflege dasjenige Metall, welches eigentlich allein auf unserem Tische erscheinen sollte. Die galvanisch versilberten Gegenstände stehen den massiv silbernen in Bezug auf Schönheit durchaus gleich; ihre Oberfläche besteht aus dem reinsten Silber, was bei jenen sogar nicht in dem Maße der Fall ist; in Bezug

Versilberung.

auf Festigkeit haben sie unbestreitbare Vorzüge, denn das Material des inneren Körpers wird nicht von der Weichheit und Biegsamkeit genommen, welche immer dem Silber anhaftet. Der Preis endlich ist geradezu in das Belieben des Käufers gestellt; denn er kann die Stärke der Versilberung selbst vorher bestellen und sicher sein, daß die durch die aufgestempelte Marke angegebene Quantität reinen Silbers auf seinen Geräthen auch wirklich vorhanden ist. Alle Versilberung geschieht unter Kontrole von Wageapparaten, welche den Prozeß erst in dem Momente beenden, wo die verlangte Silbermenge niedergeschlagen ist. Wir haben schon erwähnt, daß außerdem der Niederschlag auch so geleitet wird, daß sich an den der Abnutzung besonders unterworfenen Stellen eine Schicht von entsprechend größerer Dicke absetzt, während die geschützteren Partien leichter behandelt werden.

Die eigentliche Masse der Christofle=Geräthe besteht jetzt fast durchweg aus Neusilber oder dem entsprechend zusammengesetzten Legirungen, welche in ihrer Farbe von dem Silber nicht zu sehr verschieden sind, während in der ersten Zeit auch Kupfer, Messing und dergleichen Kompositionen als Grundlage verarbeitet wurden.

Eine dritte Art der Versilberung ist die im Feuer, bei welcher man auf die blankgescheuerte Metallfläche ein Silberamalgam aufreibt und das in demselben enthaltene Quecksilber durch Ausglühen vertreibt. Die zurückbleibende Silberschicht hat sich mit dem Metall fest verbunden und erhält durch Poliren ihren Glanz. Anstatt des fertigen Amalgams bedient man sich auch verschiedenartiger Gemenge, aus denen sich beim Verreiben auf der Metallfläche das Amalgam bildet; natürlich muß entweder fein zertheiltes metallisches Silber oder ein Silbersalz neben einem Quecksilbersalz (gewöhnlich Quecksilberchlorid) darin enthalten sein, die übrigen Bestandtheile sind wechselnd Kochsalz und Salmiak, oder auch, wenn statt metallischem Silber Chlorsilber angewendet wird, noch ein Zusatz von Zinkvitriol. Wir werden beim Golde ausführlich die Feuervergoldung zu besprechen Gelegenheit haben, welche eine weit bedeutendere Rolle spielt als die Versilberung, und begnügen uns an dieser Stelle mit dem Hinweis darauf, da in Bezug auf die technische Ausführung die Natur des Edelmetalles von keinem wesentlichen Belang ist.

Die Versilberungsmethoden auf kaltem Wege durch Zersetzen einer Silberlösung, welche durch Anreiben ihren Silbergehalt fahren läßt, beruhen auf der bekannten chemischen Wechselwirkung, infolge derer das Kupfer das Silber aus seinen Verbindungen leicht austreibt, und es sind unzählige Vorschriften und Rezepte für dergleichen Verfahren vorhanden. Da auf diese Weise aber eine nur sehr schwache Versilberung erhalten werden kann, so macht man nur zu gewissen Zwecken von diesem billigen Verfahren Anwendung.

Die eigentliche Bearbeitung der Edelmetalle erfolgt in den Werkstätten der Gold= und Silberschmiede. Hier wird das Material zuerst in Graphittiegeln geschmolzen und nach bestimmten Vorschriften das Silber mit Kupfer, das Gold meist mit Silber und Kupfer versetzt. Es werden dann Stäbe oder Platten daraus gegossen, und wenn sie auf den richtigen Gehalt probirt sind, mit dem giltigen Zeichen (Stempel) versehen. Da es sich selten um Gußstücke aus Edelmetallen handelt, so werden die Zaine und Platten größtentheils zu Blech gewalzt oder zu Draht gezogen und aus diesen sodann beliebige Gegenstände hergestellt. Stärkere Sachen, wie Schüsseln, Teller, Löffel, Gabeln, werden aus Zainen oder Platten direkt durch bloßes kaltes Hämmern gearbeitet. Viel häufiger jedoch formt man auch solche Stücke aus gewalztem Blech, denn unsere Zeit will selbst die Luxussachen wohlfeil haben, also müssen sie dünn und leicht sein. Gefäße und überhaupt größere hohle Gegenstände werden hergestellt durch Biegen und Drücken des Blechs, durch Behandlung mit verschiedenen Hämmern (zum Theil aus Holz und Horn), nach der Weise des Klempners. Viele runde Sachen, wie Becher u. dergl., werden auf der Drehbank über Formen gedrückt; andere werden mit Hämmern oder mit Anwendung von Punzen verschiedener Art getrieben, Techniken, welche in der ungemeinen Weichheit und Dehnbarkeit des Silbers ihre besondere Berechtigung finden. Der dabei benutzte Amboß besteht aus einer in einem Kranze drehbaren steinernen oder eisernen Kugel, die oberhalb mit einem Kitt aus Pech, Terpentin u. dergl. belegt ist, denn das zu treibende Blech bedarf natürlich einer etwas nachgiebigen Unterlage. Hohlgefäße, auf welche Verzierungen zu treiben sind, pflegt man mit einem geschmolzenen Kitt voll zu gießen. Die Arbeit kann dann selbstverständlich nur von einer Seite her, von außen nach innen, erfolgen. Die Zeichnung wird auf die Außenseite aufgetragen und die ganze Fläche so mit Punzen, Hämmerchen, Stempeln bearbeitet, daß alles Zwischenliegende hinein getrieben wird und die Verzierungen dadurch reliefartig hervortreten. Die feine Modellirung verlangt natürlich eine sehr geübte Hand und ausgebildet künstlerischen Sinn. Umgekehrt werden aber, und dies in den häufigeren Fällen, die Reliefs von innen oder von unten heraus gearbeitet, wozu ähnliche Werkzeuge dienen, außerdem aber auch eigenthümlich geformte kleine Amboße mit verschiedenartig gerundeter Oberfläche, Spitzen, Dorne u. s. w. verwendet werden, über welche das weiche Silber in die verlangte Form gehämmert wird. Die Kunstgriffe, welche hierbei in Anwendung kommen, sind so subtiler und von der Persönlichkeit des Künstlers so abhängiger Art, daß eine Beschreibung in den Einzelheiten nicht wohl versucht werden kann. Die edle Technik der Treibarbeit ist leider durch das massenhaft und billiger liefernde Stanzen, auch durch die Galvanoplastik sehr verdrängt worden.

Im Uebrigen hat die Verarbeitung des Silbers nichts Besonderes vor anderer Metallbearbeitung voraus. Dieselben Verfahren des Schmelzens, Gießens, Feilens, Ciselirens werden dort wie hier in Anwendung gebracht, nur daß der höhere Werth des Materials ein sparsameres Inachtnehmen und der vorwiegend auf das Schöne gerichtete Zweck eine sorgfältigere, künstlerisch geleitete Behandlung voraussetzt. Zur Verbindung einzelner Bestandtheile zu einem Ganzen dient das Löthen, beim Silber mit Silberloth, aus Silber mit mehr oder weniger Kupfer oder Messing bestehend, bei Gold mit Goldloth, aus Gold, Silber und Kupfer. Auf diese mancherlei Verfahrungsarten, welche fast nur die mechanische Bearbeitung der Edelmetalle bezwecken, werden wir im VI. Bande dieses Werkes noch einmal zu sprechen kommen, wo wir der Bijouterie ein besonderes Kapitel widmen.

Das Schleifen und Poliren der Silberwaaren erfolgt durch successive Anwendung von Bimsstein, blauem Wasserschleifstein, Kohle und Wasser, worauf bei den mehr kupferhaltigen Legirungen (12löthig und darunter) erst das schon erwähnte Weißsieden folgt. Das hierdurch erzeugte dünne Oberflächenhäutchen von Feinsilber muß nun aber geschont werden, weshalb keine angreifenden Mittel weiter zulässig sind, sondern die Politur erst mit dem Stahl und zuletzt mit Blutstein zu geben ist; feineres Silber dagegen kann glänzend geschliffen werden und erhält dadurch einen schöneren Reflex als durch den Stahl; es dienen dazu Tripel mit Oel auf Leder, endlich Polirroth mit Branntwein.

Beim Gold- und Silberarbeiter entstehen wie in anderen Werkstätten eine Menge kleiner Abschnitzel, Feilspäne u. dergl., welche man hier natürlich nicht wegwirft, sondern nebst Allem, was noch Theilchen edler Metalle enthalten könnte, sorgfältig sammelt und wieder zu Gute macht. Dahin gehören der Staub vom Arbeitstisch und Fußboden, der beim Schleifen entstehende Schlamm, Reste von alten Schmelztiegeln, Putzlappen und Polirleder, selbst der Ruß aus Schmelzöfen und Essen. Alle diese Dinge heißen im Allgemeinen Gekrätz und werden jetzt meistens in besonderen Gekrätzanstalten eingeschmolzen, die aus der Verarbeitung ein Geschäft machen, oder diese wird von den Werkstätten selbst besorgt. Man glüht zuerst das Gemisch, um die verbrennlichen Theile zu zerstören, trennt dann die erdigen Theile durch Schlämmen ab und gewinnt endlich Gold und Silber durch Amalgamation oder Schmelzen, worauf dann noch die Scheidung beider Metalle, wenn sie im Gekrätz zusammen vorkommen, zu erfolgen hat.

Das Münzwesen. Die Geschichte der Münzen ist eine sehr alte, wenn wir den Begriff des Wortes Münze in seiner erweiterten Bedeutung nehmen, wo er jedes mit einem seinen Werth angebenden Stempelzeichen versehene Metallstück bedeutet, welches allgemein als Verkehrsmittel in Geltung stand. Zwar sind uns keine Exemplare von den Goldstücken erhalten, welche Abimelech an Sarah gab, noch auch von dem Gelde, das Abraham an die Kinder Ephron austheilte, oder von den hundert Ketschitah's, welche die Kinder Hemor's von Jakob empfingen, und von denen berichtet wird, daß jedes Stück mit dem Zeichen eines Lammes gestempelt war. Aber wenn wir auch keine anderen Belege haben, als diejenigen, welche die schriftliche Ueberlieferung giebt, so ist diese doch hinlänglich beweiskräftig, wenn es sich darum handelt, das Alter eines Gebrauchs nachzuweisen, der sich naturgemäß entwickeln mußte, sobald der Begriff von Eigenthum und Werth in dem Menschen Wurzel gefaßt und die Bildung sich auch nur auf diejenige Stufe der Bedürfnisse erhoben hatte, welche sich mit den von der Natur direkt und überall gebotenen Erzeugnissen allein nicht mehr befriedigen lassen. Tauschen führt zu Geldbedarf.

Im Osten Asiens sollen die Chinesen schon 2000 Jahre v. Chr. Metallmünzen gekannt haben — allein was hätten diese nicht Alles schon vor undenklichen Zeiten besessen! Denjenigen Völkern, welche ihre Kulturentwicklung von den Küstenländern des Mittelländischen Meeres herleiten dürfen, haben wol die Phönizier das Münzen gelehrt.

Die ältesten Münzen, welche sich in dem Pariser Münzkabinet befinden — oder wenigstens vor der heillosen Wirthschaft der Commune befanden, sind von einzelnen griechischen Staaten geschlagen worden, indessen ist wol anzunehmen, daß hier das gemünzte Geld nicht zuerst erfunden, sondern daß es erst nach Vorgang der in allen Richtungen des Handels und Verkehrs weit vorgeschritteneren Phönizier diesen nachgemacht wurde. Jene ältesten, uns überlieferten und für das Bedürfniß des Handels geschlagenen Münzen stehen in ihrer Ausführung trotz der geringen Hülfsmittel und fast barbarischen Zustände der Prägetechnik auf einer hohen Stufe künstlerischen Werthes. Und es muß uns dies um so mehr auffallen, als später, unter bei weitem günstigeren äußeren Verhältnissen, eine ähnliche Vollkommenheit lange verschwunden war und erst sehr spät wieder erreicht worden ist.

Die einzelnen Staaten, deren es damals — zu Solon's Zeiten — in Griechenland sehr viele gab, hatten wappenartige Abzeichen, durch welche sie ihre Münzen unterschieden; so tragen die äginetischen Münzen eine Schildkröte, Rhodos führte eine Rose, Athen einen Oelkrug u. s. w. Diese Wahrzeichen sind der einen Seite der Münze eingeprägt, welche gewöhnlich etwas konkav ausgehöhlt ist. Die andere konvexe Seite trägt in den ersten Zeiten kein Gepräge, sondern nur zufällige Eindrücke, welche von der Beschaffenheit des unteren Theiles des Stempels, einer napfähnlichen Unterlage, herrühren, in welcher die Münzen ihr Gepräge erhielten. Allmählich aber empfand der Künstler, daß sich auch die andere Seite zur Verzierung eigne, und er gravirte in den unteren Theil des Prägestockes ein vertieftes Bild — fast immer die Schutzgöttin der Stadt — Minerva oder Ceres —, welches nun auf der Münze erhaben zum Abdruck kam. Dieser Fortschritt und seine allmähliche Ausbildung ist besonders schön bei den alten Syrakuser Münzen zu beobachten. Auf der Vorderseite zeigen dieselben das Attribut der Stadt, ein sehr schön ausgeführtes Viergespann, die Rückseite hat bei den ältesten Münzen kein Gepräge, nur eine quadratische Erhöhung, wie sie zufällig von der mit geringer Sorgfalt behandelten unteren Prägeplatte hervorgebracht worden ist. Nach einiger Zeit aber erscheint in der Mitte dieser viereckigen Erhöhung ein kleiner, flach gehaltener Kopf von fast ägyptischem Charakter, jedoch in so mangelhafter Ausführung, daß man der Vermuthung Raum geben muß, es habe ein ganz anderer und viel weniger geübter Künstler, als der, welcher den Stempel zur Vorderseite geschnitten, vielleicht ein Arbeiter aus eigenem Antriebe, sich an einer Gravirung versucht. Noch späterhin jedoch ist auch der bisher vernachlässigten Seite eine größere Sorgfalt zugewendet worden, und es macht sich diese zunächst darin geltend, daß das Bild mehr und mehr Ausdehnung gewann und endlich fast die ganze Rückseite ausfüllte. Auf den vollkommensten Syrakuser Münzen sehen wir denn schließlich beide Seiten mit gleicher Vollendung behandelt; das Viergespann auf der einen ist geblieben, der ursprüngliche und mangelhafte Versuch aber auf der anderen hat sich endlich zu dem schönen Kopf der Proserpina veredelt, und es sind genug Exemplare übrig geblieben, um die einzelnen Stadien dieser Vervollkommnung belegen zu können. Die in Rede stehenden Münzen gehören mit zu dem Besten, was die alte Kunst hervorgebracht hat.

Die Stempelschneider von Syrakus sind überhaupt durch ihre Leistungen ganz besonders berühmt geworden, und namentlich sind zwei derselben, Frenetos und Simon, durch ihre in künstlerischer Beziehung hervorragenden Arbeiten bekannt. Es existirt noch eine Münze, zu der sie Beide im Wettstreit die Stempel geschnitten haben.

Der Gebrauch, auf den Münzen den Namen oder das Portrait des Oberhauptes des Staates anzubringen, soll aus Asien stammen. Zu Artaxerxes' Zeiten trugen die Münzen das Bild einer knieenden königlichen Figur, welche einen Speer schleudert. Dies erklärt den Ausspruch des Agesilaos, daß er von 30,000 Bogenschützen besiegt worden wäre: er meinte damit die 30,000 Goldstücke, welche die Perser den verbündeten Griechen bezahlt hatten, um ihn zu verrathen. Später kam der Kopf des Königs auf die Münzen, und die Makedonier nannten zuerst den Namen ihres Königs auf den Münzen.

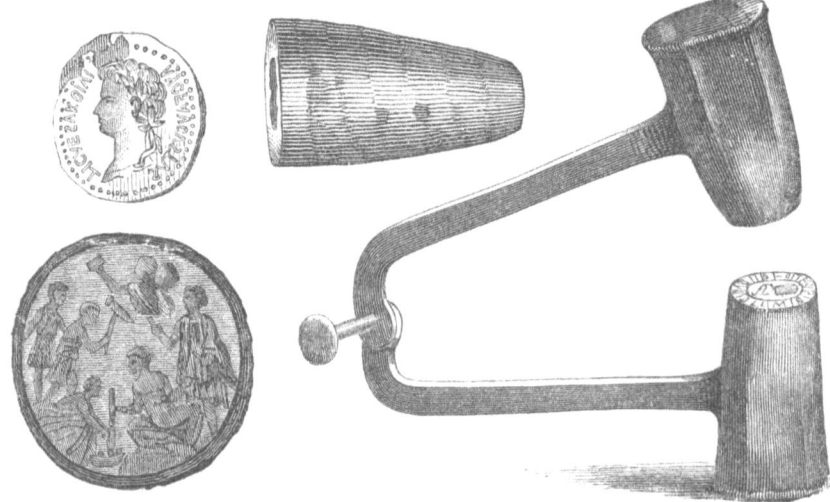

Fig. 108. Alter Prägapparat, Prägstempel und Münzen aus Antiochien.

In den letzten Jahren der Regierung Philipp's kamen durch die neu entdeckten Gold- und Silberminen ungeheure Massen edler Metalle in den Besitz des Königs, die dieser prägen und mit seinem Namen stempeln ließ. Der Name Philipp, der noch von späteren römischen Schriftstellern einer Goldmünze beigelegt wird, stammt daher, obwol dieser „Philippd'or" im Laufe der Zeit in seinem Gepräge mannichfache Aenderungen erfahren hatte.

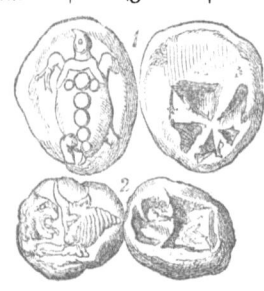

Fig. 109. 1. Aeginetische Silberdrachme. 2. Lydische Goldmünze.

Die Römer lernten zu Servius Tullius' Zeiten das Münzen von den Griechen kennen. Die älteste Goldmünze, welche man kennt, stammt aus dem Jahre 206 v. Chr., die älteste Silbermünze aus dem Jahre 269 v. Chr. Außer Silber und Gold münzte man auch Erz, und dies Material hat im Anfange sogar eine sehr hervorragende Rolle gespielt, denn die Römer waren mit ihrer Münzkunst noch sehr weit zurück, als dieselbe in Griechenland bereits die höchste Ausbildung erlangt hatte. Von den rohen Barren und Goldklumpen, deren sie sich zum Ausgleich bedienten, waren sie zuerst dahin gekommen, Metallplatten zu gießen, denen sie die Figur einer Kuh, eines Hahnes, eines Merkurstabes oder dergleichen gaben und welche als Werthzeichen kursirten. Dieselben hatten ein bestimmtes Gewicht von 1 Pfund oder 12 Unzen und infolge dessen für den Verkehr die größten Unbequemlichkeiten; die Münze hieß das aes grave; das runde Aß kam später in Gebrauch, als man an der Schwerfälligkeit jener Tauschmittel Anstoß genommen hatte, aber erst der lebhaftere Verkehr mit Karthago, Griechenland und Spanien zwang die Römer, von ihren unförmlichen Münzen — nummi aerei oder nummi aenei — abzugehen und anstatt dieselben zu gießen, sie zu prägen. Daß das Silber als Münzmaterial vor dem Golde in Anwendung war, haben wir schon erwähnt. Es war ebenso bei den Griechen gewesen, welche zuerst reines Silber, dann neben Silber auch Gold prägten und sich im Anfange auch der Ausmünzung sehr reinen Metalles befleißigten. Im Laufe der Zeit verschlechterte sich aber der Gehalt und es sind besonders die Münzen der syrischen Könige durch die geringe Qualität ihrer Masse ausgezeichnet.

Die römischen Münzen aus der Zeit vor dem Kaiser Severus sind sehr rein und in denen des Kaisers Vespasian sollen die Beimengungen nur 0,1 Prozent betragen. Unter Severus aber schon wurde das Münzmaterial schlechter und unter Claudius Gothicus hatte man bereits das Kunststück ausüben gelernt, Bronzemünzen in einer Silberauflösung weiß zu sieden — nummi tincti; man prägte damals gar kein reines Silber mehr. Diokletian erst schrieb wieder besseren Gehalt vor.

Fig. 110. Vorderseite   Fig. 111. Rückseite einer in einer kleinasiatischen Stadt geprägten Münze.

Wie in Griechenland die einzelnen kleinen Staaten, so prägten in Rom die größten Familien eigene Münzen und wahrten sich dies Vorrecht sehr eifersüchtig. Bald ahmten sie dabei griechische Muster nach: so sehen wir namentlich das Viergespann häufig angebracht; bald erfanden sie eigene Zeichen, und besonders sind die Köpfe des Apoll, der Minerva und der Juno oder das Bildniß eines Kaisers häufig wiederkehrende Prägungen. Außerdem aber trugen diese Münzen auch Inschriften, Monogramme, Namen und Wahlspruch desjenigen, der sie schlagen ließ.

Der Form nach waren die alten Münzen oval oder kreisrund und oft von ziemlich beträchtlicher Dicke. Die anfänglich schüsselförmige Gestalt ging beim Fortschritt in der Münztechnik in die scheibenförmige über, und das Gepräge war meistens hervorstehend.

Fig. 112. Münze mit dem Kopf Alexander's des Großen, unter Lysimachos von Thrakien geprägt.

Fälschungen kamen auch schon sehr zeitig vor. Unter Aurelian gab eine solche die Ursache zu einem Aufstande, in welchem gegen 7000 kaiserliche Soldaten getödtet worden sein sollen. Die Schuldigen, welche Münzen von schlechtem Gehalt ausgeprägt hatten, entdeckt worden waren und deswegen verfolgt wurden, hatten den Tumult selbst hervorgerufen, um sich der Strafe zu entziehen. Der Handel hatte durch die schlechten Münzen sehr gelitten, und um ihm wieder aufzuhelfen, ließ der Kaiser die Falsifikate einziehen und durch bessere Münzen ersetzen. Tacitus erließ ein Verbot gegen die Ausprägung von Legirungen sowol von Gold mit Silber als von Kupfer mit Blei. Ein Gesetz gegen das Beschneiden der Münzen wurde vom Kaiser Konstantin am 26. Juli 309 erlassen, der sich überhaupt durch eine umfassende Gesetzgebung um das Münzwesen verdient gemacht hat. Außer in Rom wurde in einer Anzahl bedeutender Städte des abendländischen Kaiserreiches gemünzt. Besondere Beamte, die in den betreffenden Orten ihren Wohnsitz hatten, standen der kaiserlichen Münze vor und hielten Aufsicht über die Befolgung der gesetzlichen Vorschriften. Sie hießen Münzprokuratoren — procuratores monetarum — und ein solcher war auch zu Trier installirt, woselbst sich eine Münzwerkstätte befand. Die Münzstätten sind auf den Prägungen dieser Periode durch die

Fig. 113. Alexander als Eroberer Indiens auf einer Münze des Königs Ptolemäos I. von Aegypten.

Anfangsbuchstaben der Städtenamen angegeben, und es bedeutet z. B. ALE. Alexandrien; — CAR., KAR. oder KART. Karthago; — LUG. oder LUGD. Lyon; — TR., Trevir. Trier; — ROM., ROMA., URB. ROM. Rom u. s. w. Andere Initialen wieder beziehen sich auf gewisse Serien der Ausmünzung, wie ja jetzt auch bei den Banknoten solche durch Lit. A., Lit. B. u. s. w. bezeichnet werden; kurz die Mannichfaltigkeit der antiken Münzen ist eine sehr große, wie man aus den auf uns gekommenen Belegstücken sehen kann.

Aber trotz all der guten wirthschaftlichen Eigenschaften, auf welche solche Thatsachen schließen lassen, waren die römischen und auch noch die byzantinischen Münzen in künstlerischer Beziehung sehr mangelhafte Erzeugnisse, und erst die Araber brachten wieder auch wirklich schöne Münzen zu Stande. Die alten arabischen Münzen tragen in der Regel nur die Werthangabe und den Namen des Herrschers, unter welchem das Stück geschlagen wurde. Für das Abendland schien die Kunst der Stempelschneiderei so gut wie verloren gegangen zu sein; denn selbst ein als Goldschmied sonst berühmter Künstler, der lange Zeit unter König Dagobert und Chlodwig II. dem technischen Theile des Münzwesens mit vorgestanden zu haben scheint, St. Eloi, hat nur unvollkommene Prägungen geliefert. Unter den Karolingern wurde von den Münzfabriken eine Abgabe für das Staatsoberhaupt erhoben, und von Pipin an haben sich die Regenten viel mit der Ausbildung dieses Zweiges der Staatsökonomie beschäftigt. Im Jahre 844 wurde ein ausführliches Gesetz über Werth, Gehalt und Gewicht der Münzen, über deren Verfälschungen u. s. w. erlassen.

Fig. 114. Amerikanisches Silber.

Seit dieser Zeit ungefähr oder wol nur wenig früher sind deutsche Münzen geschlagen worden, denn wenn vordem in Trier eine Münzstätte thätig war, so kann diese als eine römische hier nicht weiter in Betracht gezogen werden.

Wir brechen hier diesen kurzen geschichtlichen Rückblick ab, da es nicht in unserer Absicht liegen kann, Erörterungen weiter zu spinnen, die uns von unserem eigentlichen Gegenstande zu weit abführen, und wenden uns der technischen Seite desselben wieder zu, die es mit der Umformung der Edelmetalle in verkehrsgiltige Stücke zu thun hat.

Fig. 115. Amerikanisches Silber.

Gold und Silber sind an und für sich schon baares Geld, wenigstens im Welthandel; wenn wir lesen, daß dieses oder jenes Schiff Kontanten mitgebracht habe, so braucht dies nicht gemünztes Metall zu sein, sondern es kann eben so gut auch rohes in Form von Barren, Staub oder dergleichen gemeint sein. Die edlen Metalle haben sich zu Werthmessern für alle Produkte emporgeschwungen, und das Ausmünzen bildet eben nur eine Bequemlichkeitsmaßregel behufs der besseren Theilbarkeit und zur Ersparung des Wägens und Probirens. Die ungemünzten Metalle heißen Bullion; auch sind fremde Münzen, die man nicht zählt, sondern ebenfalls verwiegt, in diesen Begriff mit eingeschlossen. Indem man fremde Münzen, wie das an europäischen Handelsplätzen mit außereuropäischem Gelde zu geschehen pflegt, nur nach Gewicht annimmt, ignorirt man die von den fremden Regierungen darauf gesetzte Prägung und Werthangabe und behandelt den Stoff gleich den ungemünzten Barren. Fremdes Handelssilber erscheint meist in anderen als den bei den europäischen Hüttenwerken gebräuchlichen Barren= und Scheibenformen; die Abbildungen Fig. 114, 115 und 116 zeigen, wie südamerikanisches und chinesisches Rohsilber auszusehen pflegt.

Die russische Regierung hat den Versuch gemacht, ein anderes Edelmetall, das Platin, als Münzmetall einzuführen, nach kurzer Zeit aber sah sie sich veranlaßt, dies Unternehmen wieder aufzugeben. Einmal ist die Platinaproduktion der Erde nicht groß genug, und dann findet dieses Metall in der Technik eine so vielfache Verwendung, für die kein anderes eintreten kann, daß man es der wichtigeren Mission nicht entziehen darf. Außerdem aber wurden die im Aussehen unscheinbaren bleifarbigen Münzen, die doch einen sehr hohen Werth repräsentirten, im Publikum nur ungern und mit Mißtrauen aufgenommen. Man sieht also, daß zum Gelde auch eine wohlgefällige äußere Erscheinung gehört.

Bekanntlich verwendet man weder zu Gold= noch zu Silbermünzen die reinen Metalle, sondern legirt dieselben der größeren Härte wegen mit mehr oder weniger Kupfer. Bei Scheidemünzen steigt in der Regel der Kupfergehalt, damit sie nicht zu klein ausfallen, bedeutend; so enthielt z. B. die Legirung zu $2\frac{1}{2}$=Silbergroschenstücken auf 2000 Theile nur 375, die zu ganzen und halben Silbergroschen nur 220 Theile Silber. Im Deutschen Reiche werden nach dem Münzgesetz vom 4. Dezember 1871 und 4. Juli 1873 derartige silberarme Legirungen nicht mehr ausgemünzt; alle Silbermünzen sind von derselben Feinheit, die kleinsten Scheidemünzen, 1—10 Pfennige, werden aus Kupfer oder Nickel geschlagen. Der Feingehalt der Silbermünzen ist 0,900; sodaß

1 Fünfmarkstück, welches 27,77 Gramm wiegt, 25 Gramm reines Silber enthält;
1 Zweimarkstück, " 11,11 " " 10 " " " "
1 Einmarkstück, " 5,55 " " 5 " " " "
1 Fünfzigpfennigstück, " 2,77 " " 2,5 " " " "

Es wiegen also 90 Mark in Silber 1 Pfund ($\frac{1}{2}$ Kg.), oder 1 Pfund Feinsilber ist enthalten in 100 Mark Silbermünze, gleichviel welcher Art dieselbe ist, da eben so wol 20 Fünfmarkstücke, 50 Zweimarkstücke, 100 Markstücke, als auch 200 Fünfzigpfennigstücke oder 500 Zwanzigpfennigstücke 1 Pfund Feinsilber enthalten. Das ganze Gewicht einer Münze heißt Schrot, das Gewicht des darin enthaltenen Edelmetalles Korn, und die gesetzliche Feststellung des Verhältnisses von Schrot und Korn bildet den Münzfuß.

Bei den Kurantmünzen ist es Regel, daß der ihnen beigelegte Werth nur nach der Quantität des darin enthaltenen Edelmetalls berechnet ist, der Kupferzusatz

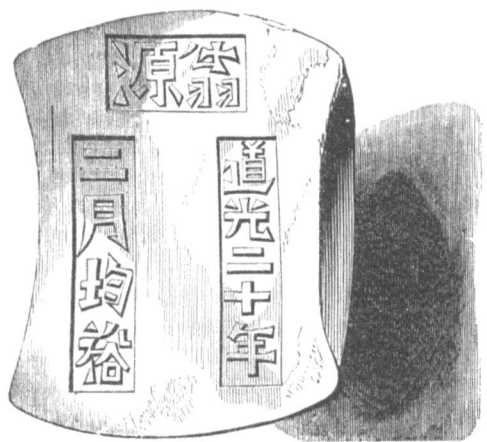

Fig. 116. Chinesisches Silber.

also nicht in Anrechnung kommt. Bei den Scheidemünzen ist dies nicht festzuhalten wegen des bedeutend höheren Arbeitsaufwandes, den ihre Herstellung erheischt. Der reelle Werth der Scheidemünze ist daher gewöhnlich etwas geringer als der Nennwerth, sie besitzt demnach schon etwas von dem Charakter einer Marke, bei welcher es auf den inneren Werth gar nicht ankommt. Auch der Preis der Kurantmünzen steht natürlich etwas höher als der des ungemünzten Metalls, denn einerseits müssen die Fabrikationskosten in Anschlag gebracht, andererseits soll dadurch auch der Vernichtung durch Einschmelzen vorgebeugt werden. Diese Preiserhöhung heißt der Schlagschatz. Vor etwa hundert Jahren betrug derselbe noch bis zu 9 Prozent; seit aber die Münztechnik so bedeutend vervollkommnet ist, wird er immer geringer und beträgt jetzt nur noch 6 Prozent; ja die Engländer und Franzosen schlagen aus dem Metall, das 3091 Francs kostet, nicht mehr als 3100 Francs, wonach also an 3100 Francs nur 9 Francs verdient werden. Bei Scheidemünzen kann der Schlagschatz bis über 70 Prozent betragen.

Aufgabe der Münzkunst ist es nun, erstlich Legirungen herzustellen, welche genau das vom Gesetz vorgeschriebene Verhältniß von Edelmetall und Zuschlag darstellen, hieraus

Stücke zu formen, welche möglichst genau das gleiche Gewicht und den gleichen inneren Gehalt haben, und endlich diesen Stücken eine Prägung zu geben, welche die Nachahmung durch Fälscher in möglichst hohem Grade erschwert. Bei aller Vervollkommnung der Technik ist es aber doch unvermeidlich, daß die einzelnen Stücke in Schrot und Korn etwas variiren, da namentlich beim Guß der Zaine die Legirung an verschiedenen Stellen sich etwas ungleich gestalten kann. Man hat daher gewisse Fehlergrenzen des Zuviel und Zuwenig festgesetzt, innerhalb welcher ein Geldstück noch umlauffähig bleibt. Dieser erlaubte Fehler heißt das Remedium (Toleranz, Münznachsicht), das sowol am Schrot als am Korn, also am Gewicht wie am Feingehalt, stattfinden kann. Früher hatte das Remedium sehr weite Grenzen, und manche absichtliche Verkümmerung konnte sich darunter verstecken; jetzt hat man die erlaubte Fehlergrenze auf wenige Tausendstel beschränkt.

Die Reihe von Operationen, durch welche das Rohmetall in Münzen umgeformt wird, ist folgende: 1) Schmelzung der Legirung; 2) Gießen in Barren; 3) Strecken der Barren zu Blechen; 4) Ausschneiden der Münzplatten aus den Blechen; 5) Justiren der Platten; 6) Sieden und Beizen derselben; 7) Rändeln und 8) Prägen, beides Letztere häufig zusammenfallend.

Um eine genau bestimmte Legirung herzustellen, muß man natürlich vor Allem die Zuthaten zu derselben genau kennen. Diese können bestehen aus angekauften Gold- und Silberbarren, aus alten, einzuschmelzenden Münzen, aus altem Geräthesilber u. s. w. Ueberall hat der Münzwardein zunächst den reinen Gold- oder Silbergehalt auf das Genaueste zu ermitteln, um hiernach die Rechnung für die neue Legirung aufstellen zu können. Chemisch reines Gold und Silber giebt es im Handel nicht; im besten Falle sind 2, oft aber bis zu 5 und 8 Tausendstel fremde Metalle, beziehentlich Silber, Blei, Kupfer u. s. w. darin enthalten. Alte Münzen und Geräthe bestehen an sich schon aus Legirungen. Bei separater Umprägung ersterer kann ein Silberzusatz erforderlich werden, in den übrigen Fällen ist es Aufgabe, zu ermitteln, wie viel Kupfer zuzusetzen ist, um die verlangte Legirung zu erhalten. Enthält das Silber Gold — und seien dies auch nur 2 Tausendtheile — so sucht man

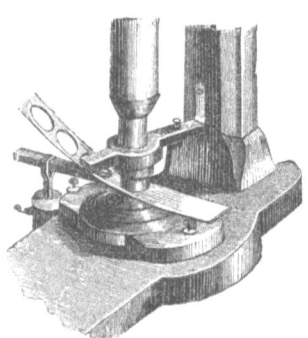

Fig. 117.
Fallwerk zum Ausschlagen der Platten.

dasselbe zu gewinnen, und anstatt das Metall in die Münze zu geben, überläßt man es vorher den Scheideanstalten. Von dieser Goldscheidung, die man oft noch an alten Münzen mit Vortheil ausführt, wird beim Golde weiter die Rede sein.

Das Einschmelzen der zu der Legirung erforderlichen Metalle geschieht in sogenannten Passauer Graphittiegeln in Windöfen, die mit Koaks oder Kohlen geheizt werden, bei großem Betriebe auch in großen gußeisernen, 2—300 Kg. Silber fassenden Tiegeln. Zum Schmelzen des Goldes dienen kleinere Thontiegel. Man macht erst das Schmelzgefäß glühend, setzt dann die Metallbarren ein und giebt, wie die Schmelzung fortschreitet, andere nach. Zur Abhaltung der Luft bekommt das Metall eine Decke von Kohlenpulver. Ist die Schmelzung erfolgt, so wird die Masse mit eisernen Stäben gut durchgerührt, der Münzwardein nimmt eine Probe, und sobald dieselbe die Richtigkeit der Legirung erweist, schreitet man zum Gießen der Barren oder sogenannten Zaine, was mittels eiserner Schöpflöffel in eiserne Formen geschieht. Scheidemünzmetall gießt man in Sandformen, weil in Eisenformen das Kupfer zu spröde werden würde.

Die Zaine sind 30—60 Centimeter lang, 4—5 Millimeter dick und fast so breit wie der einfache oder — bei zweireihigem Ausschlagen — doppelte Durchmesser der zu prägenden Münze, da beim Plätten (Auswalzen) die Breite nur wenig zunimmt.

Die gegossenen und erkalteten Zaine werden auf einem besonderen Walzwerke zwischen Stahlwalzen gestreckt. Nach je zwei- bis dreimaligem Durchgange durch die Walzen müssen

Münzwesen.

sie wieder ausgeglüht werden, sonst werden sie zu hart und dehnen sich nicht mehr aus. Die nach der nöthigen Dicke gewalzten Zaine werden dann in Längen von 1¼ Meter geschnitten. Auch gießt man wol, namentlich in England, breitere Platten, die nach dem Strecken der Länge nach auf einem Kreissägewerke in Streifen geschnitten werden.

Die möglichst genau abgeglichenen und gerichteten Zaine werden in eine neue Maschine gebracht, um daselbst ausgestückelt, d. h. in runde Scheiben oder Platten von der gehörigen Größe verwandelt zu werden. Dies geschieht mittels eines Durchschlags, der entweder ein Hebelwerk oder, für größere Münzen, ein Fallwerk mit Balancier und Druckschraube ist. Ein geschickter Arbeiter kann von den kleinen Scheiben zu Scheidemünzen in der Stunde 6—7000 Plättchen ausschlagen. Für gröbere Münzsorten hat man von Maschinenkraft bewegte Durchschnittmaschinen. Die übrig bleibenden durchlochten Bleche nennt man Schroten; sie werden natürlich bei nächster Gelegenheit wieder mit eingeschmolzen.

Fig. 118. Alte Rändelmaschine.

Die Arbeit der Ausstückelungsmaschine besteht in jedem Falle in einem kurzen Auf- und Niedergehen eines Schiebers, an dessen unterem Ende ein stählerner Drücker oder Stempel angebracht ist, dessen Durchschnittsfläche so groß ist, wie die Münzstücke werden sollen. Beim Niedergehen tritt derselbe in einen genau passenden Stahlring. Liegt nun zwischen dem Ringe und Stempel eine Platte, so muß der Theil, welcher die Oeffnung des Ringes deckt, dem starken Drucke weichen; die Kanten des Ringes und Stempels schneiden ihn ab, wie die zwei Theile einer Schere, und er fällt als Rundplatte unten durch.

Nachdem die ausgeschlagenen Münzplatten vollkommen gereinigt und untersucht worden sind, werden sie justirt, d. h. ihrem Gewichte nach vollständig berichtigt. Denn so große Genauigkeit auch immer beim Walzen der Zaine angewendet worden, so kommen doch stets Abweichungen im Gewicht vor, da selbst scheinbare Kleinigkeiten auf die verschiedene Dicke der Platten Einfluß haben. So fällt die letztere z. B. schon etwas verschieden aus, je nachdem die Walzen langsamer oder schneller sich drehen. Zum Justiren hat man eigene Wagen, sogenannte Justirwagen, mittels derer diese Operation schnell von Statten geht. Nur große Münzen, Fünf- und Zweimarkstücke und Goldmünzen, werden einzeln justirt.

Von den zu schweren Stücken werden von denselben Arbeitern, welche das Wägen besorgen, auf einer kleinen Maschine sofort so viel Späne abgehobelt, bis das richtige Gewicht erreicht ist. Würde man diese Vorsichtsmaßregel nicht beobachten, so wäre das Geschäft von Spekulanten, sogenannten Kippern und Wippern, die ehedem ihr Wesen in ausgedehntem Maße trieben, immer noch einträglich genug, um die schwereren Münzstücke zurückzuhalten und einzuschmelzen und nur die zu leichten dem Verkehr zu lassen und so dem Staate einen großen Verlust zu verursachen, wenn derselbe einmal veranlaßt wäre, seine Münzen einzuziehen. Das kleine Kurant wird im Ganzen justirt, d. h. es werden so viel Stücke, als eine Mark wiegen sollen, auf die Wage gezählt und zugleich gewogen. Haben diese das richtige Gewicht, so kümmert man sich um die einzelnen Stücke nicht. Zu schwere Stücke werden mit zu leichten gemengt und dann abermals gewogen. Die Fortschritte der Münztechnik erlauben es jetzt, daß auch das gröbere Kurant, die Markstücke und, wenn es nöthig wäre, selbst die kleinen Funfzigpfennigstücke einzeln justirt werden könnten, indem man eigene Wagetische baut, die 10—20 Justirwagen zugleich tragen, deren beide Schalen, die eine mit dem Passirgewicht, auf der Tafel ruhen. Aus Trichtern fällt auf jede leere Schale eine Münzscheibe, nun heben sich langsam alle Wagen gleichzeitig; die leichten Platten gehen aufwärts, die richtigen liegen in der Mitte und die zu schweren ziehen abwärts. Sind alle Wagen zur Ruhe gekommen, so erfolgt gegen alle gleichzeitig ein scharfer Schlag, und die Münzscheiben fliegen vorwärts, die zu leichten in das zu oberst liegende, die richtigen in das mittlere, die zu schweren in das untere Fach vor jeder Wage. Dann senken sich die Wagen wieder, um neue Platten zu empfangen u. s. w. Ueber die Sortirwage in der Londoner Bank, die sogenannte Cottonwage, siehe Bd. II. Die zu leichten Scheiben werden wieder eingeschmolzen, die zu schweren aber in einer besonderen Maschine etwas abgehobelt, dann neu justirt, bis sie richtig geworden sind. Ein geübter Justirer bearbeitet etwa 1200 Platten täglich.

Sobald die Münzplatten vollkommen justirt sind, werden sie **fein gesotten**. Die Platten erscheinen nämlich durch die verschiedenen Stufen der Bearbeitung, namentlich von dem wiederholten Ausglühen her, zum größten Theile mit einer schwärzlichen Oxydschicht bedeckt, die vor dem Prägen fortgeschafft werden muß, so daß die Kupferplatten hellroth, die Gold= und Silberplatten aber die Farbe des reinsten Goldes oder Silbers zeigen. Sie werden zu diesem Zweck in einem Kessel mit sehr verdünnter Schwefelsäure gesotten. Wie bedeutend diese Wirkung der Schwefelsäure sei, welche das in der Mischung enthaltene Kupfer an der Oberfläche auflöst und nur das edle Metall dort unverändert läßt, erkannte man am besten an der kleinen Scheidemünze, welche neu blendend silberweiß erschien, während nach kurzem Gebrauch die eigentlich rothe Farbe der Metallmischung wieder zum Vorschein kam. Goldplatten werden bisweilen noch durch Absieden in einer Auflösung von Salpeter, Kochsalz und Alaun schöner gefärbt. Die durch das Sieden ganz rein, aber nicht glänzend, sondern matt erscheinenden Metallplatten werden einmal justirt, da sie durch das Sieden einen geringen Prozentsatz an Gewicht verlieren, dann in Drehtonnen mit Wasser und Kohlenpulver oder Sägespänen gescheuert und abgetrocknet, und sind so endlich zum Prägen fertig.

Die durch all diese verschiedenen Prozesse vorbereiteten Münzplatten müssen zuerst **gerändelt**, d. h. mit einer Verzierung auf der flachen Seite des Umfanges versehen werden, welche das Beschneiden verhindern soll. Bei Kupfer= und Scheidemünzen ist der Rand glatt, bei Silber= und Goldmünzen aber besteht die Verzierung aus Kerben, Schuppen, Blättern oder Punkten, bei den größeren aus einer Umschrift, die bisweilen erhaben ist. Zum Rändeln hat man mancherlei Apparate erfunden und Fig. 118 zeigt uns eine Rändelmaschine, wie sie früher, wo man sich auch noch sehr unvollkommener Prägemaschinen bediente (s. Fig. 122), in Gebrauch war. Jetzt dienen dazu bei weitem rationellere Vorrichtungen, die **Kräusel**= oder **Rändelwerke**, welche sehr verschieden eingerichtet werden können. Wir geben die Abbildung von zwei verschiedenen Systemen, bemerken aber, daß derselbe Zweck noch durch andere Apparate sich erreichen läßt. Die beiden Rändeleisen,

E und D in Fig. 119, enthalten jedes die Hälfte von der Randverzierung erhaben auf ihrer gekrümmten Oberfläche. Sie bestehen aus glashartem Stahle und sind, jedes mit zwei Schrauben, nämlich E auf das festliegende Stück AB und D auf das Ende des Hebels PD, der sich um eine Achse dreht, befestigt. Man ertheilt dem Stabe P mit der Hand eine hin- und hergehende Bewegung. Der Vorgang, der sich vollzieht, während die Münzplatte zwischen den Rändeleisen sich befindet, erklärt sich von selbst. Die Krümmungen beider Rändeleisen sind Kreisbogenstücke, deren Mittelpunkt mit dem Drehpunkte des Hebels zusammenfällt. Die Münzplatte geht nur sehr gedrängt zwischen beide hinein. a ist eine von unten heraufkommende senkrechte Röhre, welche mit Platten angefüllt wird. Den Boden derselben vertritt ein Kolben, der sich bei jedem Gange um eine Plattenstärke hebt, und damit jedesmal eine neue Platte so weit empor schiebt, daß sie zwischen die Eisen D und E tritt. Der mit dem Hebel PD bewegliche Arm F, der in seine Anfangsstellung zurückgegangen ist, stößt dann diese Platte vor sich her, die von der Nuth zwischen den beiden Rändeln aufgenommen und von a nach b vorwärts geführt wird, bis sie, fertig geändert, bei c ausfällt.

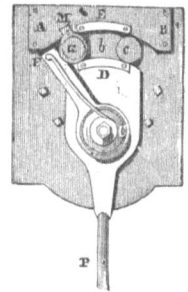

Fig. 119.
Rändelwerk mit bogenförmigen Rändeleisen.

Ein anderes Rändelwerk ist das in Fig. 120 abgebildete; a und b sind die beiden Rändeleisen, welche enge Falzen haben, auf deren schmaler Kante das Randmuster eingegraben ist. Das Rändeleisen a wird durch die Zahnstange e mittels des Zahnrades d durch eine Kurbel hin- und herbewegt; bei f wird die Platte eingelegt, sofort von dem Rändeleisen ergriffen, gerändelt und bei g wieder ausgeworfen. Durch die Stellschrauben i i, welche durch den Steg h gehen, wird das Rändeleisen b gehörig angenähert und festgestellt.

Damit alle Platten zum Rändeln genau in gleicher Größe hergestellt werden, pflegt man sie vor dem Rändeln zu stauchen, wodurch der Rand etwas breiter und vollkommen cylindrisch wird. Unsere Abbildung Fig. 121 zeigt die dazu gehörige Maschine. TT ist ein massives gußeisernes Gestell, in welchem sich, um v, eine Scheibe w bewegt; zwischen beiden

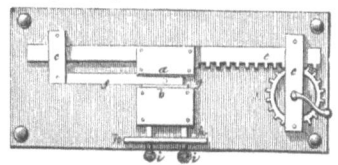

Fig. 120.
Rändelmaschine mit geraden Rändeleisen.

bleibt ein Zwischenraum, der nach der Größe der Münzplatte verschieden und genau so groß im Durchmesser ist, wie der Prägring des Fallwerks. Die Platten werden oben eingeschlossen, durch die sich drehende Scheibe glatt gepreßt und fallen bei h wieder aus der Maschine.

Das Prägen der Münzen, das Aufdrücken der Vorder- und Rückseite, des Avers und Revers, wird mittels zweier tief gravirter stählerner Stempel verrichtet, welche gehärtet und gelb angelassen sind und zwischen denen eine jede Münzplatte einem augenblicklichen Stoße ausgesetzt wird. Die Maschine, in welcher zu diesem Behufe die Prägestempel angebracht sind, ist ein sogenanntes Fallwerk, d. h. ein Prägwerk, in welchem eine mittels eines Balanciers rasch nieder-

Fig. 121.
Stauchen der Platten.

getriebene Schraube wirkt, wie solches überhaupt in der Metallfabrikation vielfach Anwendung findet. Die Abbildung Fig. 123 stellt den Durchschnitt eines solchen Prägwerks dar, welches jedoch in den großen Münzstätten in dieser Form nicht mehr oder nur für besondere Zwecke angewendet wird.

AA ist eine starke und zwar dreigängige Schraube mit flachen Gängen, die sehr genau geschnitten sind. Es setzen sich nämlich am Fuße statt eines Schraubenganges deren drei an, die sich neben einander um die Spindel winden. Dadurch erhält die Schraube eine sehr starke Steigung, so daß die Spindel bei der Umdrehung sich sehr schnell und hoch hebt und eben so schnell fällt, und zwar mit größerer Gewalt, da bei starker Steigung die

Reibung weniger Kraftverlust verursacht. Die drehende Bewegung wird der Spindel durch einen Schwengel oder Balancier mitgetheilt, dessen Arme ⅔—1 Meter lang und an den Enden noch mit schweren Kugeln versehen sind, um den Schwung und Stoß zu verstärken. Dieser Balancier ist dem sechseckigen Kopf B der Schraube aufgesetzt. Um dem Balancier die Kreisschwingung zu ertheilen, welche den Niedergang der Schraube zur Folge hat, sind mehrere Arbeiter nöthig. Durch die Drehung steigt die Schraubenspindel in einer Mutter von Bronze NN, welche fast die ganze Länge der Schraube umfaßt und selbst wieder einen Cylinder bildet, der in dem massiven Körper des aus Gußeisen bestehenden Prägstockes eingeschraubt ist. Bei dem Abwärtsgehen stößt die Spindel sehr heftig auf den stählernen Prägklotz K. Der Widerstand der unteren Theile dient nicht allein dazu, den Stoß zu schwächen, sondern es entsteht durch die Elastizität eine rückwirkende Kraft, welche das Wiederaufsteigen der Schraube begünstigt.

Fig. 122. Altes Prägwerk.

Die Schraubenspindel ist aus Gußeisen, allein ihr Schuh QI besteht aus gehärtetem Stahl und ist unten etwas gewölbt. Nach oben hin hat dieser Schuh einen cylindrischen Ansatz Q, mit dem er auf eine eigenthümliche Weise in der Spindel befestigt ist. Schrauben und jede andere Befestigung würden nämlich durch die unzähligen Stöße sich sehr schnell abnutzen; unverwüstlich ist aber folgende Art. Das Loch für den Ansatz wird in der Spindel etwas zu eng gebohrt und die Spindel dann glühend gemacht, wodurch sie sich ausdehnt, das Loch sich also so viel erweitert, daß der Ansatz Q kalt eingeschoben werden kann. Beim Erkalten zieht sich die Spindel wieder zusammen und hält den Ansatz Q außerordentlich fest.

Der Prägklotz K ist ein wenig ausgehöhlt, aber weniger als die Erhabenheit des Schuhes QI beträgt, so daß beide Flächen sich genau genommen nur in einem Punkte berühren; der Gebrauch aber vergrößert die Berührungsflächen sehr bald. Die durch die Spindel vermittelte auf- und absteigende Bewegung theilt sich dem Oberstempel G mit; die beiden Grundflächen von G und K sind vollkommen horizontal. Der Unterstempel P

Münzwesen.

liegt darunter und die zu prägende Platte wird in den Zwischenraum geschoben, der sich zwischen beiden befindet und der durch das Steigen der Spindel vergrößert wird. Es geschieht dies entweder mit der Hand oder mittels mechanischer Vorrichtungen, deren Angabe auf der Zeichnung diese selbst undeutlich machen würde. Die stählernen Stempel enthalten das Gepräge, das die Münze zeigen soll, verkehrt und vertieft, und die Ränder liegen genau senkrecht über einander. Die Stempel müssen sehr hart sein, da sie einen ungeheuren Druck auszuhalten haben. Um sie zu verfertigen, wird für jede Seite eine Matrize mit dem Gepräge erhaben aus weichem Stahl geschnitten und nachher gehärtet; nun setzt man die Matrize in die Prägschraube und legt ein Stück weichen Stahl unter, in welchen dann durch eine mehrmals wiederholte Prägung die erhabene Gravirung der Matrize sich vollkommen genau und scharf vertieft abdrückt und den künftigen Prägstempel bildet, der vor dem Gebrauch natürlich erst mit aller Sorgfalt gehärtet werden muß. Auf solche Weise kann man mittels einer Matrize sehr viele einander genau gleichende Prägstempel erzeugen. Man prägt sonach nicht nur das Geld, sondern auch schon die Stempel zu dem Gelde. Der Unterstempel ist unten etwas gewölbt und ruht auf einer ebenfalls gewölbten Unterlage D, so daß er seine Stellung etwas verändern kann, im Falle der Druck nicht überall gleichmäßig, d. h. die Münzplatte nicht durchgängig genau gleich ist. Das Ganze steht fest auf dem Boden RR und dergestalt erhöht, daß der Balancier, wenn mit einem solchen der Druck ausgeübt wird, in der Brusthöhe der Arbeiter liegt.

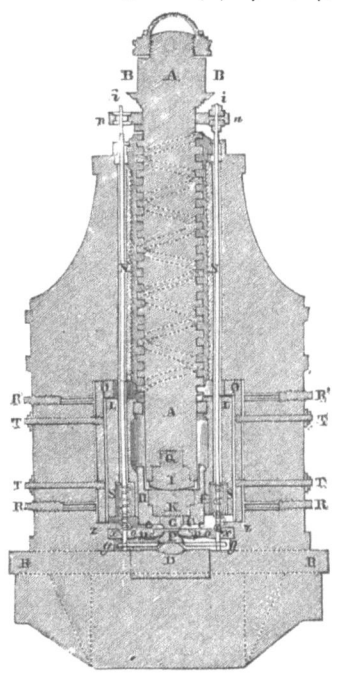

Fig. 123.
Durchschnitt eines Prägwerks, Fallwerk.

Der Raum C zwischen dem Ober- und Unterstempel, in welchem die Münzplatte liegt, ist von einem stählernen Ringe ee umgeben, der genau den Durchmesser der Münzplatte hat und durch vier Federn op auf seinem Platze erhalten wird. Dieser Prägering dient dazu, der Münzplatte die kreisrunde Gestalt zu erhalten und alle Münzen genau gleich groß zu machen. Vor und bei dem Prägen steht der Rand dieses Ringes um die Dicke der Münzplatte höher als die gravirte Fläche des Unterstempels; wenn aber der Oberstempel nach dem Stoße wieder steigt, so hebt sich entweder der Unterstempel oder der Ring senkt sich, so daß das geprägte Stück aus dem Ringe frei wird und zur Seite geschoben werden kann. Während dann der Oberstempel wieder zu fallen beginnt, tritt Alles in seine alte Lage zurück, und es kann eine neue Münzplatte in den Ring gelegt werden.

Nicht selten benutzt man den Ring zugleich, um dem Rande der Münzen diejenige Form zu geben, welche ihm sonst durch das Rändeln ertheilt werden muß. Die Verzierungen, welche der Rand erhalten soll, sind in diesem Falle auf der Innenseite des Ringes vertieft gravirt und drücken sich an der Münze erhaben ab. Bestände aber hier der Ring wie bei der glattrandigen Prägung aus einem einzigen Stück, so würde er die fertige Münze nicht wieder von selbst auslassen. Man macht ihn daher aus drei Theilen, welche infolge ihrer Federkraft beim Heben des Stempels etwas aus einander klaffen; in dieser Form heißt er ein Springring.

Die unteren Theile KG des Fallwerkes, welche den Oberstempel enthalten, sind in eine Büchse HF eingeschlossen, welche mittels der Ansätze LL in dem Falze O sich senkrecht auf und ab bewegen kann. Durch den Stoß der Prägschraube wird diese Büchse mit dem Stempel abwärts getrieben, durch die Spiralfeder SS aber wieder emporgehoben, sobald die Schraube steigt. Die Schraube A nimmt aber beim Steigen den Ring nn mit in die Höhe und dieser die Stäbe ii, welche an ihrem unteren Ende den Ring gg tragen, auf dem der Unterstempel P ruht, der also mit emportreten, sich durch den Prägring drängen und die geprägte Münzplatte aus demselben herausheben muß, da der Ring ee durch die Platte XX in ZZ gehalten wird. Die Schrauben R'R' und TT dienen dazu, die Büchse HF in Stellung und Gang genau zu reguliren.

Wir haben schon erwähnt, daß das Einlegen der Münzplatten in den Prägring bei den älteren Prägmaschinen mit der Hand geschah, daß man aber bei den neueren Prägmaschinen einen mechanischen Zuführer angebracht hat, welcher durch die Prägschraube mit bewegt wird und die Münzplatte unten in den Ring schiebt, die fertige Münze aber in einen nebenstehenden Korb schleudert, so daß der Arbeiter nur die Münzplatten in den Zuführer zu bringen und die fertigen Münzen fortzuschaffen hat.

Das Fall= oder Stoßwerk, sonst die einzig gebrauchte Prägmaschine, hat in neuerer Zeit meistens vortheilhafteren Mechanismen weichen müssen. Die alte Maschine war zeitraubend wegen der großen Kreisschwingung, welche dem Balancier gegeben werden mußte; infolge ihrer gewaltsamen Wirkung wurde sie leicht reparaturbedürftig, und ein besonders fühlbarer Mangel war, daß sie mit Menschenkraft betrieben werden mußte und mit keiner Dampfmaschine in Verbindung zu bringen war.

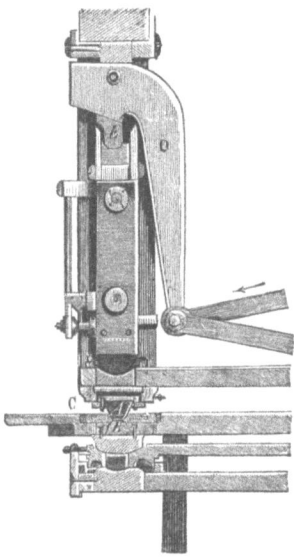

Fig. 124. Prägstock und Kniestück eines Kniehebelprägwerks.

Die neueren Prägmaschinen beruhen auf Anwendung des Kniehebels, und die Abbildungen Fig. 124 und 125 versinnlichen den Mechanismus der jetzt in den Münzwerkstätten fast allgemein gebräuchlichen Apparate. Die Wirkungsweise derselben ist ziemlich leicht zu begreifen; A (s. Fig. 124) ist der Oberstempel, B der Unterstempel; zwischen beide legt ein Schieber die zu prägende Münzplatte ein und wirft vorher die fertig geprägte zur Seite, nachdem dieselbe durch Senkung des Ringes C frei geworden ist. Die Stange F (s. Fig 125) ist excentrisch mit der Schwungradwelle verbunden und wird dadurch abwechselnd erst vorgeschoben, dann wieder zurückgeschoben. Dabei ertheilt sie dem knieförmigen Stück D eine pendelnde Bewegung, welche sich durch das Ansatzstück E (s. Fig. 124) überträgt und dieses beim Vorgange nach unten drückt. Bei der Stellung, welche die Maschine auf der Zeichnung hat, findet gerade Prägung statt; geht dann D wieder rückwärts, so wird auch E in eine schiefe Stellung gebracht, es drückt den Bolzen und den Oberstempel nicht mehr nieder, sondern hebt dieselben, so daß das Unterlegen einer neuen Münzplatte geschehen kann.

Diese Maschinen sind zuerst von Uhlhorn in Grevenbroich bei Aachen verfertigt worden, und alle später gebauten sind Nachbildungen dieser. Außer einer höchst akkuraten und sehr schnellen Arbeit haben die Uhlhorn'schen Maschinen auch den Vortheil, daß sie Vorrichtungen besitzen zur Verhütung von Unglücksfällen, die dadurch entstehen könnten, daß der Schieber einmal gar keine Münzplatte unterlegte, oder dieselbe nicht vollständig in den Ring des Unterstempels einführte, oder daß andernfalls ein geprägtes Stück nicht weggeschoben würde und eine neue Platte auf dasselbe zu liegen käme. In solchen Fällen stellt die Maschine von selbst ihre Bewegung augenblicklich ein. Eine andere sinnreiche Einrichtung, die sich an allen Hebelprägpressen findet, besteht darin, daß der Unterstempel in dem Momente, wo die Prägung erfolgt, eine ganz kleine Achsendrehung (höchstens $\frac{1}{2}$ Linie am Umkreise großer Münzen) macht, wodurch das scharfe Ausprägen sehr gefördert und mit weit geringerer Kraft erzielt werden kann, indem das Metall durch diese seitliche Bewegung gewissermaßen schraubenartig in die Vertiefungen hineingedreht wird.

Münzwesen.

Zur Bedienung bedürfen derartige Maschinen nur einen Mann, der mit zählender Handbewegung die Platten unausgesetzt in richtigem Tempo auf eine schiefe Fläche niederlegt, auf der sie hinabgleiten, um eine nach der andern vom Schieber (Zubringer) in den Prägring geschoben zu werden. Nach erhaltener Prägung befördert die Maschine die Stücke auf einem andern Wege selbst heraus und läßt sie in ein Sammelgefäß fallen. Zu den Vortheilen der Hebelpressen gehört der sehr wesentliche, daß die Prägung bei allen Stücken ganz gleichmäßig erfolgt, was bei den von Menschen getriebenen Spindelpressen so wenig zu erwarten war, als daß ein Mensch mit einem Hammer immerfort ganz gleich kräftige Schläge führen könnte.

Die Kniehebelwerke fördern in gleicher Zeit das 8—10fache dessen, was die alten Spindelpressen liefern konnten. Da mit einem Umgange des Schwungrades sich alle Prozesse abwickeln, welche zur Prägung einer Münzplatte gehören, so hat man durch die Steigerung der Geschwindigkeit es ganz in der Hand, die Anzahl der in das Sammelgefäß fallenden Gold- oder Silberstücke in einer gewissen Zeit, allerdings innerhalb gewisser Grenzen, beliebig zu vermehren; denn die Leistung eines einzigen solchen Kniehebelwerkes erstreckt sich bequem auf 36 bis 40 größere, oder 50 bis 60 mittlere, oder 75 kleinere Münzen in der Minute.

In Fig. 126 geben wir schließlich noch die Ansicht eines Prägwerkes, welches von dem Engländer Hague für die kaiserliche Münze in Rio Janeiro in Brasilien gebaut worden und dadurch interessant ist, daß bei demselben

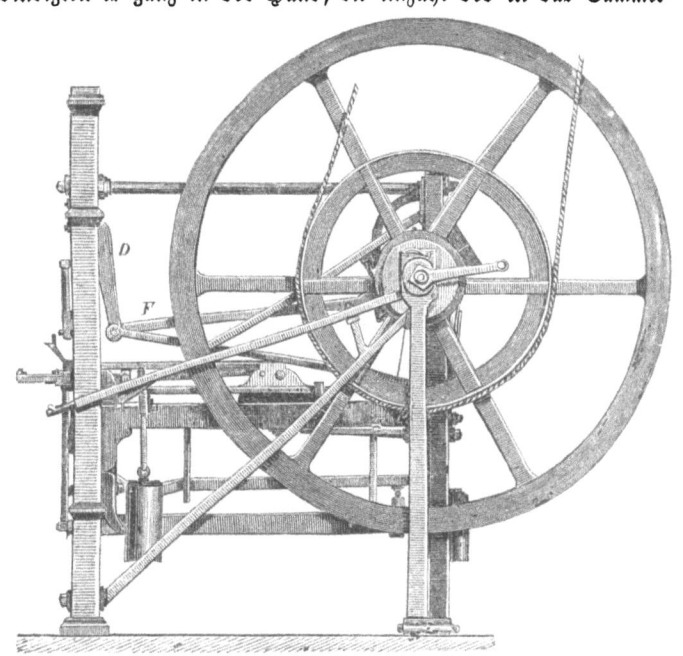

Fig. 125. Das Uh'horn'sche Kniehebelprägwerk.

der Druck der atmosphärischen Luft in sinnreicher Weise zum Prägen benutzt wird. Diese Maschine enthält acht Prägestöcke BB, von denen uns in der Zeichnung fünf zu Gesicht kommen. Dieselben sind von Gußeisen und in den gemauerten Unterbau fest eingefügt. CCC sind die Schraubenspindeln, welche durch Ketten, die sich um die Köpfe EE schlingen, aufgezogen werden. Die acht Prägestöcke sind um den Umfang eines großen Cylinders angebracht, welcher durch das Spiel einer Dampfmaschine luftleer gemacht wird; mit ihm stehen die horizontalen Cylinder DD, für jeden Prägstock einer, in Verbindung. Diese Cylinder werden, wenn der große Rezipient A entleert wird, gleichfalls entleert, die äußere Luft sucht den Kolben hineinzustoßen, an der Kolbenstange aber hängt die Kette, die durch die rasche Abwicklung auch die Schraubenspindel zu raschem Hinabgehen bringt und, da dies noch durch die Mitwirkung des schwungradähnlichen Kopfes E besondern Nachdruck erhält, dem Prägestempel Kraft genug mittheilt, um die untergelegte Metallplatte zur Münze umzuformen. Ist die Prägung ausgeführt, so wird die Verbindung des Cylinders D mit dem Rezipienten unterbrochen, dafür aber der Raum unter dem Kolben des Prägecylinders mit der atmosphärischen Luft in Kommunikation gesetzt, so daß also das

Schwungrad den Kolben mit Leichtigkeit wieder auf seinen äußersten Stand bringen kann. Durch dieselbe Bewegung ist auch die Kette mit dem Prägestempel zurückgegangen und Raum und Zeit für das Unterschieben einer neuen Münzplatte gewonnen worden. Im nächsten Moment wird die äußere Luft wieder abgeschlossen, die Verbindung mit dem luftleeren Rezipienten hergestellt, der Kolben mit Heftigkeit angesaugt und eine neue Prägung ausgeführt. Das durch l und m bezeichnete Hebel- und Räderwerk erlaubt eine gesonderte Ausrückung, so daß ein oder der andere Prägecylinder aus dem allgemeinen Spiele ausgeschaltet werden kann, wenn man entweder nicht mit allen arbeiten will oder vorzunehmender Reparaturen wegen nicht mit allen zugleich arbeiten kann. Die Steuerung der Kolben besorgt die Maschine selbstthätig, und nachdem, was früher schon gesagt worden ist, läßt es sich denken, daß die Leistung dieses achtfachen Prägeapparates eine ganz enorme ist — wenn es ihm nicht an dem nöthigen Metall fehlt.

Fig. 126. Äußere Ansicht einer Prägmaschine für Rio Janeiro.

Medaillenprägung. Auf dieselbe Art wie die gewöhnlichen Geldmünzen werden auch die Medaillen hergestellt. Da sie nicht bestimmt sind, von Hand zu Hand zu gehen, so unterliegen sie viel weniger der Abnutzung und es kann deswegen das Gepräge im Ganzen viel mehr hervortretend, im Einzelnen viel subtiler ausgeführt werden. Es zeigen denn auch Medaillen in der Regel ein sehr erhabenes Relief, und dessen Ausprägung ist es allein, was einige Abweichungen von dem bei den Münzen üblichen Prägeverfahren bedingt. Es wird nämlich in den meisten Fällen das Relief nicht durch einen einmaligen Stempeldruck hervorgebracht, was eine sehr bedeutende Kraftanstrengung erfordern würde, abgesehen von dem Umstande, daß durch das gewaltsame Hineinpressen der Metallmasse in die Vertiefungen des Stempels derselbe sehr leicht beschädigt werden könnte und namentlich die schärfer hervortretenden Lineamente Gefahr laufen würden, abzubrechen oder sich zu verquetschen. Man prägt vielmehr die Medaille auf mehrere Male, indem man dazwischen das Metallstück immer wieder ausglüht und die etwa bei dem Erwärmen entstandene matte Oberfläche blank beizt. In anderen Fällen, wo es sich um die Herstellung ganz besonders erhabener Reliefs handelt, giebt man der Platte von vornherein durch Gießen eine die Erhabenheiten im Rohen schon andeutende Oberfläche, die dann unter dem Prägestempel vollends ausgearbeitet wird.

Auflockerung der Gold führenden Schichten durch Wasser.

Das Buch der Erfindungen. 7. Aufl. IV. Bd.   Leipzig: Verlag von Otto Spamer.

Fern von gebildeten Menschen, am Ende der Reiche,
wer hilft euch
Schätze finden und sie glücklich zu bringen ans
Licht?
Nur Verstand und Redlichkeit helfen; es führen die
beiden
Schlüssel zu jeglichem Schatz, welchen die Erde ver=
wahrt.
Goethe.

Gold, Platin und seine Genossen.

Geschichte des Goldes. Vorkommen in der Natur und Gewinnung aus dem Gestein und dem Sande der Flüsse. Alle Goldwaschereien, in Deutschland, am Rheine, im Böhmerwalde u. s. w. Die neuen Goldländer. — Mexiko. Kalifornien. Australien. Ural und Sibirien mit den dort gebräuchlichen Aufbereitungsmethoden. Eigenschaften des Goldes und Verwendung. Legirungen. Goldschlägerei. Farben des Goldes. Das Platin. Vorkommen und Gewinnung. Verarbeitung. Seine Bedeutung für die Naturwissenschaften und die Technik. Iridium. Palladium u. s. w.

Gold, das edelste der Metalle, dessen Symbol die Alles wirkende Sonne ist, war allem Anschein nach einer der ältesten Handelsartikel, und vielleicht ist im Alterthume Indien noch eher das Bezugsland für dieses Metall gewesen, als das später so viel gesuchte Ophir, aus welchem Salomo die unermeßlichen Reichthümer zuflossen, die der Weise, dem Alles eitel war, doch mit viel Behagen um sich anhäufte. Möglicherweise darf man auch alte Sagen von entlegenen Ländern, in denen Goldschätze von Ungeheuern gehütet werden, der Lage nach auf Gegenden nördlich von Indien beziehen, so daß also damals schon die ansehnlichen Fundorte im südöstlichen Rußland zum Theil erkannt und benutzt sein könnten. Das noch heute nicht verarmte Afrika (es soll schon vor der Entdeckung der Goldfelder im Kaplande ungefähr 30,000 Kg. jährlich geliefert haben) war im Alterthum nicht minder eine bedeutende Goldquelle. Ja, es giebt überhaupt kaum ein Land, welches nicht zu irgend einer Zeit auf Gold ausgebeutet worden wäre. So lieferte Arabien sehr feines und zu Schmucksachen gesuchtes Gold, in Aegypten gab es Goldwäschen, die Schätze des Krösos sollen aus kleinasiatischen Flüssen gewaschen worden sein; die Griechen gewannen im eigenen

Lande Gold, und von der Goldgewinnung auf der silberreichen spanischen Halbinsel unterrichten uns viele alte Urkunden. Die reichste Goldquelle der Römer war wol Illyrien; dort fanden sie angeblich das Metall massenweise in größter Reinheit durch bloßes Auflesen wie durch Graben. Lange kann indeß dies Eldorado nicht vorgehalten haben, denn jenes Volk kühner Eroberer hat sich sehr zeitig schon die viel größere Mühe nicht verdrießen lassen, in den deutschen Alpen goldführende Quarze zu brechen, und noch heute sieht man an vielen Stellen in den Alpen, so z. B. oberhalb Gastein, in bedeutender Höhe solche Römerbaue.

Daß man in früheren Zeiten in Deutschland, wie z. B. auf dem Thüringer Wald, in den schlesischen Gebirgen u. s. w., Gold gewonnen, namentlich aus Bächen gewaschen hat, ist noch jetzt im Volke nicht vergessen. Im 11., 12. und 13. Jahrhundert soll allein Goldberg in Schlesien wöchentlich $37^1/_2$ Kg. geliefert haben, also ungefähr doppelt so viel wie jetzt das gesammte Europa. Davon ist indessen nichts weiter geblieben, als das Sprüchwort, daß die Goldberger Todten in Gold ruhen. Zahlreiche Seifenhügel (ausgewaschener Sand) im Böhmerwalde geben Zeugniß, daß einstmals auch hier die Goldwäscherei schwunghaft betrieben wurde. Heutzutage ist in Europa, von Rußland abgesehen, nur noch Oesterreich — namentlich durch Siebenbürgen und Ungarn — von einiger Bedeutung für die Goldgewinnung (im Jahre 1865 3648 Münzpfunde), während Deutschlands Erträgniß so unbedeutend geworden ist, daß die statistische Aufstellung der Bergprodukte des Zollvereins vom Jahre 1862 an Gold nicht mehr als $9^1/_2$ Kg. aufführt, wovon 5 Kg. auf Sachsen und $4^1/_2$ Kg. auf Hannover und Braunschweig kommen. Der Hauptsache nach sind dies die kleinen Nebengewinne aus goldhaltigem Silber und anderen Erzen. Hierzu mögen noch für mehrere tausend Mark Waschgold aus dem Rheine kommen, dem ehemals sehr berühmten deutschen Goldstrom, der von Straßburg bis Mannheim, am oberen Ende am reichlichsten, das edle Metall in seinem Sande führt. In den letzten Jahren haben sich die Produktionsziffern nicht unwesentlich höher gestellt, so für Preußen 1870 auf 297,7 Pfund (Hessen-Nassau 275 Pfund und Hannover 22,7 Pfund), 1873 gar auf 611,7 Pfund; von Einfluß können aber solche Beträge nicht sein.

Aus dem Gesagten schon läßt sich ersehen, daß das Gold an sich gar kein so seltener Stoff ist, als man gewöhnlich anzunehmen pflegt; es ist vielmehr allgemein verbreitet und in diesem Punkte vielleicht nur mit dem Eisen zu vergleichen. Die Orte aber, die eine ausgedehntere Gewinnung gestatten, wie sie in den letzten Jahrzehnten neu entdeckt worden sind und ungeheure Erträge gegeben haben, liegen der Natur der Sache nach meist in weiter Ferne, in Gegenden, wohin die Alles für ihren Nutzen ausbeutenden Menschen nur ausnahmsweise bis dahin verkehrten, in Amerika: Mexiko, Brasilien, Peru, Kalifornien, Nevada, Arizona, Montana, Utah, Colorado, Britisch-Columbien, Neu-Schottland; in Australien: Neu-Südwales, Queensland, die westlichen und südlichen Territorien, Victoria, Neu-Seeland und Tasmanien; in Afrika: Natal und die Transvaal-Republik, liefern die größte Menge des Goldes; Rußland mit dem goldreichen Ural folgt erst in dritter Linie hinter Australien und Ungarn noch später.

Arten des Vorkommens. Die Eigenthümlichkeiten, die das Gold in der Art seines Vorkommens zeigt, erklären sich aus seinen physikalischen und chemischen Eigenschaften. Noch edler in seiner Natur als das Silber, hält es sich stets gediegen; es ist durch die in der Natur vorkommenden Säuren unangreifbar, macht sich freiwillig weder mit Schwefel noch mit Sauerstoff gemein. Nur der mechanischen Zertheilung unterliegt es infolge seiner Weichheit leicht und in einem hohen Grade. Eigentliche Golderze, d. h. solche, in denen das Metall in Verbindung mit Schwefel, Arsen, Sauerstoff u. dergl. vorkommt, giebt es daher für die Gewinnung nicht, wenn man nicht die natürlich vorkommenden Legirungen mit Silber u. s. w. dazu rechnen will. Die goldführenden Gesteine enthalten das Gold immer in gediegener Form. So findet es sich in manchen Gebirgs- und Erzarten in so feinen Theilchen eingesprengt, daß es dem bloßen Auge unerkennbar bleibt. Schwefelkiese enthalten häufig etwas Gold und heißen dann Goldkiese; ebenso kommt es im Kupfer- und Arsenikkies, in der Zinkblende, im Graupießglanzerz u. s. w. vor. In Felsarten, wie

Quarz, Gneiß, Glimmer= und Talkschiefer, Granit, Trachyt u. s. w., steckt es ebenfalls häufig und dann entweder ebenso mikroskopisch verlarvt oder als Freigold in Schüppchen, Blättchen, Aederchen und Adern als Ausfüllung von Rissen, Spalten und Klüften. Bei weitem das vorzüglichste Muttergestein des Goldes ist der Quarz; im Kieselfels ruht das Gold am liebsten, und selbst wenn der Zahn der Zeit die feste Lagerstätte zernagt hat, findet sich der edle Gast in dem zurückgebliebenen Sande eingebettet. Auch der alltäglichste Sand kann ein Minimum an Gold enthalten. In Glashütten findet man zuweilen am Boden von Glashäfen, die mehrere Wochen zum Schmelzen gedient haben, einige Körnchen ausgeschmolzenen Goldes. Sind die Goldpartikeln innerhalb des Muttergesteines von größerem Umfange gewesen, so finden sich auch in den diluvialen Sandlagern, welche die Ueberreste jener Gesteine sind, mehr oder minder große Klumpen. In Petersburg befindet sich ein Kabinetsstück von uralischem oder sibirischem Golde, in Größe und Form annähernd einem kleineren Mauerziegel gleichend, dessen Hauptflächen von beiden Seiten eine trichter= förmige Durchlochung zeigen. In den so entstandenen Vertiefungen finden sich die glänzenden Krystallflächen des ehemaligen Muttergesteines, Quarz, sehr deutlich noch abgeformt, ein Beweis, daß die Krystalldruse in dem Hohlraume bereits gebildet war, als sich das Gold darin ansammelte. Dieses Stück wurde frei im Sande liegend gefunden und war vielleicht der Rest einer viel größeren Platte.

Sonach finden wir das Gold, genau wie das Zinn, unter zweierlei Verhältnissen, auf primärer und sekundärer Lagerstätte, d. h. entweder in ein Muttergestein eingewachsen oder unter den Trümmern desselben im Anschwemmungslande. Durch den andauernden natür= lichen Schlämmprozeß mußten von den zerkleinerten Felsstücken die leichteren Theilchen immer mehr abgetrennt, unedle Metalle oxydirt und als Oxyde fortgeschwemmt werden, so daß schließlich nur die schwersten und widerstandsfähigsten Theile vereinigt blieben. Wir treffen demnach häufig, wie im Ural, in Australien und bei uns im Böhmerwalde, die nächsten Zonen an dergleichen Urgebirgen mit goldführendem Sande bedeckt, der außer Körnern von edlem Gestein und Erz Zinngraupen, Granaten, Saphire, Zirkone, Rubine, Topase u. s. w. enthält, so daß solcher Sand mitunter ein förmliches Mineralienkabinet der kostbarsten Spezies darstellt. Am Ural gesellen sich zu den genannten Mineralien noch im gediegenen Zustande Platin und dessen besonderes Gefolge von Palladium, Iridium, Os= mium u. s. w. An derartigen Fundorten hat die Natur in ihrer Weise und in angemessenen Zeiträumen eine Aufbereitungsarbeit besorgt, die dem golddurstigen Menschen sehr wohl zu Statten kommt und ohne die es um seinen Bedarf an diesem Metall mißlich genug aus= sehen würde. Denn das Gold aus dem Felsen herauszufördern ist eine schwere und kost= spielige Arbeit, welche man nur nothgedrungen und in der Regel unter Verzichtleistung auf außerordentliche Gewinne unternimmt, die aber gleichwol in der Neuzeit auch in dem goldreichen Kalifornien und Australien zum Theil hat ergriffen werden müssen. Der bei weitem größte Theil alles gewonnenen Goldes ist wie gesagt Waschgold, welches auf ziemlich kunstlose Weise aus goldführendem Sande und Geröllen abgeschieden wird. Die goldführenden Erze werden zwar keineswegs übergangen, vielmehr wird noch sorgfältiger als bei dem Silber die geringste Spur des Alles beherrschenden Stoffes verfolgt, aber die Menge, welche auf solche Weise dem allgemeinen Gebrauche gewonnen wird, ist so gering im Verhältniß, daß wir zunächst uns mit denjenigen Vorkommen beschäftigen dürfen, welche wirthschaftlich die bedeutendsten sind, und die außerdem auch ganz einfache Gewin= nungsmethoden voraussetzen.

Die Natur also und speziell die Mitwirkung des Wassers hat dem Goldsucher die Arbeit ganz wesentlich erleichtert; trotzdem aber giebt es Anstrengungen und Mühe genug, und den reichen Funden, welche Einzelne gemacht haben, stehen Entbehrungen und Enttäuschungen Tausender entgegen, von deren Art und Umfang uns die Schilderungen Bret=Harts über= zeugende Bilder geben. In den leichtesten Fällen liegt allerdings der goldführende Sand öde und unfruchtbar noch zu oberst und das Waschen kann unmittelbar von der Oberfläche ausgehen; in anderen Fällen ist schon Wald auszuroden und eine Schicht Gewächserde wegzuschaffen. In den Goldparadiesen Kalifornien und Australien muß in der Regel erst in die Tiefe gegraben werden, und namentlich in letzterem Lande hat die Bodenarbeit oft mit den größten Schwierigkeiten zu kämpfen. Aus den gemachten Erfahrungen ergiebt sich die Regel, am liebsten die alten Betten vorzeitlicher Bäche auszubeuten; aber sie liegen meist tief, oft haustief unter der gegenwärtigen Oberfläche. Es ist also wenigstens bei Inangriffnahme einer Gegend ein reines Glücksspiel, wo man einzuschlagen hat, um auf einen solchen Goldfaden zu kommen. Wer einen Treffer gezogen, stößt, nachdem die oberen armen Lagen weggeschafft worden sind, endlich auf eine verhältnißmäßig dünne Schicht von Sand und Grus, in der sich das Gold gesammelt hat; bald ist dieselbe reich, bald lohnt auch hier sich kaum die Mühe; ist sie aber aufgewaschen, dann ist der Goldsucher mit dieser Grube zu Ende.

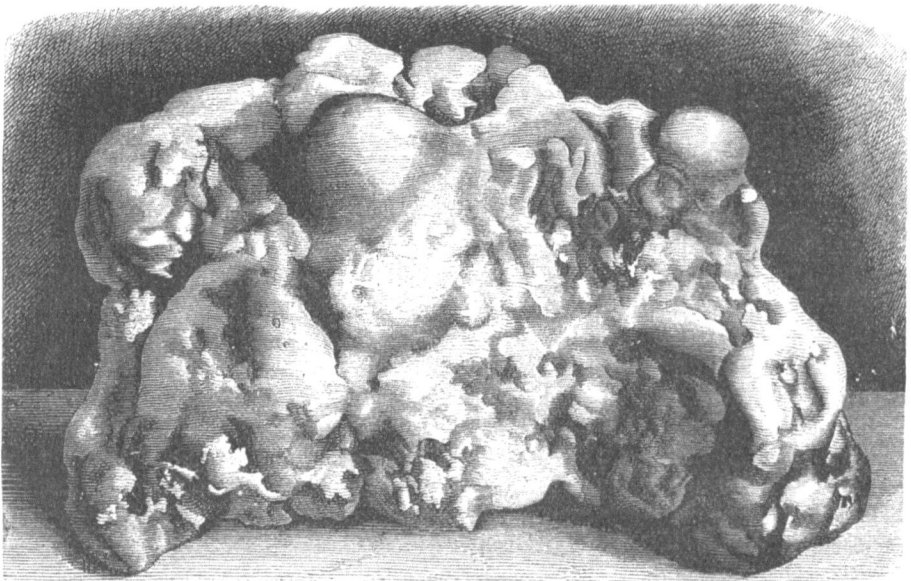

Fig. 128. Goldstück in seiner natürlichen Größe und Form, in Kalifornien gefunden.

Sind der Gruben mehrere auf einem kleineren Bezirk entstanden, so sucht man aus der Lage der gelungenen die Richtung zu errathen, welche der ehemalige Goldfluß genommen haben könnte; in der Verlängerung nach zwei entgegengesetzten Seiten bekommt nun das Terrain einen muthmaßlichen Werth und hier etabliren sich alsbald neue Gruben, die aber dennoch häufig leer ausgehen, wenn vielleicht der ehemalige Wasserlauf die Caprice hatte, gerade hier eine Krümmung zu schlagen. Daß sich die Metalltheile in dem Bette der raschesten Strömung schon niedersetzen mußten, ohne sich, wie die leichteren Sandtheile, erst weiter verschleppen zu lassen, ist durch die spezifische Schwere des Goldes begründet. Auf solchen alten, aus den Bergen kommenden Rinnsalen, die später durch Bergschutt oder Anschwemmung hoch überstürzt wurden, scheint auch der einst so berühmte Bergbau zu Goldberg am nördlichen Fuße des Riesengebirges beruht zu haben.

Amerika hat schon zweimal, zuerst bei seiner Entdeckung und dann in der Gegenwart, durch seine Goldreichthümer auf den Weltverkehr bedeutenden Einfluß geübt. Aber das von den Spaniern so häufig gesuchte Eldorado, jener See mit goldreichen Ufern, einer goldstrahlenden Stadt und einem mit Gold bedeckten König, ließ sich nicht finden. So reich das zunächst durchsuchte Peru an Silber war, so erwies es sich doch in Bezug auf seine Goldproduktion als weit hinter den Erwartungen seiner Eroberer stehend. Nirgends lag das Gold zum Aufraffen, und es wird erzählt, daß ein gequälter Häuptling eine künstliche Mine anlegen, d. h. Gold in eine Felsspalte einstopfen ließ, um sie seinen spanischen Drängern zeigen zu können.

Vorkommen in Brasilien.

Von den alten Peruanern hat man später vermuthet, daß sie ihren Besitz an Gold auf dem Wege des Handels erworben haben könnten, wozu besonders Brasilien die Gelegenheit geboten haben würde; denn Brasilien erwies sich in der Folge als das goldreichste Land des Südens von Amerika. Man kennt dort etwa 40 verschiedene Oertlichkeiten, wo Gold gefunden wird; am häufigsten da, wo auch die Diamanten gewonnen werden, in der Provinz Minas Geraes. Negersklaven aus Afrika mußten hier die aus der Heimat mitgebrachte Fertigkeit des Goldwaschens zu Gunsten ihrer weißen Herren ausüben; doch blieb die Ausbeutung wegen Mangel an Arbeitskräften immer hinter dem zurück, was sie hätte sein können, und ist mit der Zeit noch bedeutend gesunken. Sie soll jetzt einen Jahresertrag von etwa 300 Kg. geben, während sie auch in der besten Zeit 3000—3500 Kg. nicht überstiegen hat.

Fig. 129. Erste Ansiedlung der Goldsucher.

Das Goldwaschen geschieht in Brasilien derart, daß man zuerst die goldführende Erde in eine Reihe Bassins bringt, welche treppenförmig über einander liegen. Man leitet dann einen Wasserstrom durch dieses System, welcher im obersten Bassin ein- und im untersten wieder ausfließt. In jedem Bassin steht ein Mann oder mehrere, welche beständig im Sande rühren und dadurch veranlassen, daß die leichteren Theile vom Wasser mit fortgenommen werden. Der Sand, welcher durch diese Operation viel goldreicher geworden ist, wird darauf in einem runden, kegelförmigen, einem chinesischen Hut ähnlichen Troge geschlämmt. Man giebt etwas Goldsand und Wasser hinein und versetzt ihn in eine drehende Bewegung, welche die Goldkörner in die unterste Spitze des Kegels bringt, so daß der größte Theil des Sandes abgenommen werden kann. Läßt sich das Gold in dieser Weise nicht völlig abscheiden, so vermischt man den Rest mit Quecksilber, welches das Gold auflöst, die quarzigen Theile aber und selbst die Platinkörner zurückläßt. Dann folgt das uns bekannte Abtreiben des Quecksilbers in der Hitze. An manchen Orten leitet man auch das Wasser von Gebirgsbächen durch die goldhaltigen Schichten und läßt es, wenn sein Lauf etwas ruhiger geworden, über Ochsenfelle laufen, deren Haarseite nach oben zu in dem Bette des Flusses liegt. Die goldführenden schweren Niederschläge, welche sich auf diese eher absetzen als der erdige Schlamm, den das Wasser weiter mit fortführt, gewinnt man sodann durch Ausklopfen jener Häute und verarbeitet sie auf geeignete Weise weiter. Indessen ist dies primitive Verfahren immer mehr abgekommen.

Weiter nördlich zu Bolivia, Neugranada, Venezuela sind auch seit langer Zeit Goldwäschereien in Betrieb, und vor mehreren Jahren verursachten die Berichte eines neuentdeckten Goldgebietes am Rio Choquecomata in den Nachbarländern bedeutende Aufregung.

Mexiko war von Anfang an als Goldland bekannt; in seinen öden nördlichen Distrikten trieben die berüchtigten Gambusinos (Goldsucher) ihr Wesen. Wegen Wassermangel bestand ihre Arbeit meistens in einem oberflächlichen Spüren nach Goldkörnern (Pepitas). In der nördlichen Hälfte Amerika's entstanden Goldwäschereien in Virginien, Nord- und Südcarolina, Georgia und selbst in Canada. Aber alles bisher Genannte war gleichsam nur ein Vorspiel zu dem Hauptstück, das sich in unserer Zeit in Kalifornien eröffnete. Auch von diesem Lande war längst bekannt, daß es an edlen Metallen reich sein müsse.

Fig. 130. Goldgräber, die Gegend untersuchend.

Gegen 300 Jahre sind vergangen, seit Franz Drake seine berühmten Reisen in der Südsee machte, und schon in den betreffenden Berichten heißt es von Kalifornien, man könne keine Hand voll Erde aufheben, ohne Gold- und Silberbestandtheile darin zu finden. Noch öfter wurden diese Beobachtungen in der Folge bestätigt, aber Niemand dachte an eine Unternehmung in diesem unbekannten, von wilden Indianern bewohnten Lande. Die spezielle Entdeckung datirt von 1847 und knüpft sich bekanntlich an den Schweizer Sutter, der in einem Seitenthale des Sacramentoflusses eine Sägemühle anlegte, an einem Bache, in welchem allerdings buchstäblich jede Hand voll Sand glänzende Goldtheilchen sehen ließ. Dies war der Fund, der einen Wendepunkt in der Geschichte des Weltverkehrs bilden sollte. Aus weiteren und immer weiteren Kreisen, aus der Neuen und Alten Welt, strömten nach dem Bekanntwerden desselben die Menschen zu dem heilbringenden Sacramento; rasch wurden neue Goldlager entdeckt, eines reicher als das andere; es fand sich Gold in allen Wasseradern sowie in ausgetrockneten Flußbetten, und man verfolgte es bis an die Abhänge der Hügel, von denen es herabgeschwemmt worden war. Bald folgte der Entdeckung am Sacramento eine neue im Süden, an der Grenze von Mexiko, wo sich am Flusse San Joaquino, in den Schluchten einer gewaltigen, wilden, vulkanischen Felsennatur, ein Goldfeld von 50 Quadratmeilen aufthat.

Erst 1851 entdeckte man, daß auch in höheren Gebirgsgegenden Kaliforniens Gold zu holen sei.

Wir können uns hier nicht über die speziellen Wirkungen des kalifornischen Goldfundes und Goldfiebers, über das fast fabelhaft zu nennende Entstehen einer großen, reichen, im Welthandel bereits überaus wichtigen Stadt im Laufe weniger Jahre u. s. w. verbreiten. Zur Zeit haben sich die hochgehenden Wogen schon wieder sehr beruhigt, aber durch die Goldgewinnung ist der Westen Amerika's in die Reihe der bedeutendsten Verkehrsländer getreten, und einmal erschlossen und durch die großartigste Eisenbahn der Welt mit dem Osten verbunden, entstehen dort auch ohne Fortdauer der ersten Bewegungsursache von Tag zu Tag neue Krystallisationspunkte der Arbeit und der Civilisation.

Fig. 131. Goldwaschen mit Hülfe der Wiege.

Die Umgebungen der Flüsse Sacramento und San Joaquin sind gegenwärtig ziemlich ausgebeutet. Ohne harte Arbeit ist nicht so leicht mehr Gold zu gewinnen, und die Zeit, wo in wenigen Wochen fabelhafte Reichthümer erbeutet wurden, ist vorüber. Ja man ist den Goldspuren schon bis in die innersten Eingeweide der Felsen nachgegangen, indem man das anstehende Gestein losbricht und aus demselben die edlen Körner zu erlangen sucht. Der Wäscher ist heute sehr vergnügt, wenn er täglich für 2 Dollars Gold gewinnt. Von den Ufern des Sacramento weg haben sich daher die meisten der kleineren Gesellschaften weiter ins Hochgebirge gewendet. Die Ausrüstung dieser Leute ist immer die gleiche mit Flinte, Revolver, Hacke, Schaufel, Küchengeschirr und der unerläßlichen Küpe. Sobald die Goldgräber in der auserwählten Gegend angekommen sind, beginnen sie von der anscheinend günstigen Stelle Besitz zu nehmen, indem sie Stäbe einschlagen und daran eine Anzeige über ihr zeitweiliges Eigenthum befestigen. Während die Einen noch die Zelte aufschlagen und wohnliche Einrichtungen treffen, schreiten die Andern sofort mit ihren Werkzeugen zur Untersuchung des Bodens. Man gräbt ein Loch 3, 4, 6 Meter tief, macht mittels der Küpe (einer Art blecherner Schüssel) wiederholte Waschproben zur Prüfung des gehobenen Erdreichs, bis entweder die Hoffnung ausgeht und man das Loch verläßt, um an anderer Stelle ein zweites, drittes u. s. w. einzuschlagen, oder bis andernfalls der Boden sich wirklich goldhaltig zeigt und zum Dableiben auffordert.

Unter Mühseligkeiten aller Art, oft bei einer durch nichts gemilderten, wochenlang anhaltenden Sonnenglut, auf die wieder monatelanges kühles Regenwetter, das heißt Regen in Strömen, folgt, häufig bei Mangel an Lebensmitteln und Wasser, ja oft mit verlorener Arbeit, wird jetzt das Auswaschen der Erde fortgesetzt. Man gebraucht hierzu zwei Instrumente, die unter den Namen Wiege und Longtom bekannt sind. Die Wiege, deren man sich auch in anderen Theilen Amerika's von jeher zum Goldwaschen zu bedienen pflegte, besteht aus einem mehrere Meter langen Kasten, über dessen gerundeten Boden kleine hölzerne Kloben in der Quere eingenagelt sind. Am oberen Ende befindet sich ein grobes Sieb, am unteren Ende ist die Wiege offen. Das Ganze ruht auf Schaukelbalken.

Fig. 132. Goldwaschen an der Wasserrinne.

An einer solchen, immer nahe am Ufer eines Flusses oder Baches aufgestellten Maschine müssen mindestens vier Menschen arbeiten. Während der Eine die goldhaltige Erde ausgräbt, trägt ein Zweiter dieselbe zur Maschine und wirft sie in das Sieb. Der Dritte hält die Wiege durch Schaukeln in anhaltend lebhafter Bewegung und der Vierte gießt Wasser über das Sieb (siehe Fig. 131). Dadurch bleiben die größeren Steine in demselben zurück, die erdigen Theile dagegen werden weggespült; die härteren sowie der Kies rollen nach und nach am unteren offenen Ende der Maschine heraus; das Gold selbst aber, mit einem schweren, feinen schwarzen Sande vermischt, bleibt hinter den Querhölzern sitzen. Das so vermischte Gold läßt man dann in Pfannen laufen, in denen es der Sonne ausgesetzt wird, bis es gänzlich trocken ist, worauf der Sand einfach weggeblasen wird und das Gold in glänzenden Körnern zurückbleibt.

Das Auswaschen mit dem Longtom erfolgt ungefähr auf dieselbe Weise. Dieses Instrument wurde an Ort und Stelle von einem Amerikaner, Namens Tom, erfunden, und da man es gewöhnlich 3—4 Meter lang macht, so hat man seinem ursprünglichen Namen das Beiwort „Long" (lang) hinzugefügt. Andere einfache Vorrichtungen zur Trennung des Goldes von Sand und Erde tauchten mehrfach auf und fanden ihre Liebhaber; hier erwarb sich ein Schaufelrad oder sonstiges Rührwerk Beifall, dort benutzte man einen starken, heftig auffallenden Wasserstrahl zur Trennung von Gut und Schlecht u. s. w. Immer aber ist viel Wasser vonnöthen; daher wurde das Goldwaschen in Kalifornien durch Austrocknen der Bäche so erschwert. Um diesem Uebelstande abzuhelfen, bildeten sich Gesellschaften, welche die sogenannten Drydiggings in den höheren trockenen Gegenden auch in der dürren Zeit mit Wasser versorgten. Infolge dessen entstanden großartige Wasserbauten; künstliche Seen speisten ein Netz von Kanälen und andere Anlagen führten das Wasser von Flüssen über Berg und Thal der Minenlandschaft zu. Die Gesammtlänge dieser vielfach verzweigten Kanäle betrug 1858 bereits über 1235 deutsche Meilen und die Anlagekosten beliefen sich auf 58 Millionen Mark. Einzelne Flüsse, deren Grund goldhaltig erscheint, werden abgedämmt, in ein neugegrabenes Bett geleitet und hierauf die trocken gelegten Gründe weiter bearbeitet.

Art des Vorkommens. 257

Gegenwärtig hat sich, wie schon gesagt, die Gestalt der Dinge in Kalifornien großentheils geändert. Das Goldwaschen ist unlohnend geworden und ist bereits gegen die Verarbeitung des festen Gesteins, des goldhaltigen Quarzes, in den Hintergrund getreten.

Fig. 133. Goldgewinnung aus Gruben mittels Wasserleitung und Siebes.

Was die Natur in langen Zeiträumen dem Menschen vorgearbeitet hatte, haben Millionen gieriger Hände im Laufe weniger Jahre zum besten Theil in Beschlag genommen. Jetzt muß der Mensch das Zerkleinern des Felsens selbst ausführen. An Stelle der langsamen

Das Buch der Erfind. 7. Aufl. IV. Bd. 33

Thätigkeit der Natur sind Quarzmühlen getreten, welche unaufhörlich das feste Gestein in ein feines Pulver verwandeln. Durch Schlämmen des Pulvers werden die Goldtheilchen desselben konzentrirt und schließlich das Metall durch Quecksilber ausgezogen. Ohne die Entdeckung der reichen Quecksilberminen am Joaquinoflusse wäre aber auch diese Ausbeutung kaum möglich gewesen. Jene Minen sind viel reicher als die europäischen und kamen sehr gelegen zur Gewinnung der Schätze an Gold und Silber, welche gleichzeitig im Osten der kalifornischen Hochgebirge in gänzlich unfruchtbaren, schauerlichen Fels- und Sandwüsten entdeckt worden sind und sogleich viele Tausende von Schatzgräbern aus Kalifornien an sich gezogen haben.

Noch einmal wurde das Volk der Goldgräber in fieberhafte Aufregung gesetzt und Tausende strömten dem höheren Norden der amerikanischen Westküste zu: der „Fraserfluß" war das neue Losungswort. Hier, auf englischem Territorium, in einem nur von Indianern bewohnten Lande, waren neue Goldlager entdeckt worden.

Die Unsicherheit des Fundes aber, die sich bald herausstellte, die großen Beschwerlichkeiten des Terrains, ungemeine Theuerung der Lebensmittel, das rauhe Klima, das nur fünf Monate im Jahre zu arbeiten gestattet, verscheuchten die Goldsucher meist wieder. Indeß ist wenigstens ein Beweis mehr gegeben, daß das westliche Küstengebirge Nordamerika's auf eine sehr weite Erstreckung hin, freilich meist in schauerlichen Gebirgen und Wüsten, große Metallreichthümer birgt, die noch auf lange Zeit den Unternehmungsgeist wach halten dürften. Der Reichthum an Silber und Golderzen, sagt Hochstetter, scheint sich über den ganzen westlichen Theil des nordamerikanischen Kontinents in einer Ausdehnung von mehr als 1 Million engl. Quadratmeilen zu erstrecken, über Neumexiko, Arizona, Utah, Nevada, Kalifornien, Oregon, Washington Territory und über Theile von Dacota, Ultrasko und Colorado. Diese ungeheure Region ist durchzogen von Norden nach Süden auf der Pacificseite von der Sierra Nevada, und der Cascade Mountains, sodann von den Blue- und Humboldt-Mountains, auf der Ostseite von der Doppelkette der Rocky Mountains, mit dem Wasatsch, dem Wind-River-Gebirge und der Sierra Madre. Das ganze System der fünf Hauptketten ist durch Querketten verbunden und dadurch das Land in eine entsprechende Zahl von Becken getheilt, welche fruchtbares, zur Agrikultur geeignetes Land enthalten, das die dichteste Bevölkerung ernähren könnte. Die Gebirge sind außerordentlich reich an Gold- und Silbererzen und beinahe täglich kommen neue Entdeckungen ans Licht. Die edlen Metalle kommen auf Quarzgängen oder im Schwemmlande vor. Neben dem Reichthum an Gold ist kein Land so reich an Silberminen als Nevada und Neumexiko, und die Entdeckungen in Colorado, dem südwestlichen Theile von Kalifornien und in der von da hinauf bis zum Salmon-River und nördlich von demselben sich erstreckenden Region veranlassen immer neue Minenunternehmungen. Einstweilen ist Wunders genug geschehen in der so raschen Besiedelung Kaliforniens und in dem Aufschießen einer Weltstadt, wie San Francisco, wodurch das nördliche Amerika gleichsam ein zweites, nach Westen gerichtetes Gesicht bekommen hat: San Francisco ist das New-York des Westens geworden. Glücklicherweise beruht aber der Flor Kaliforniens nicht mehr auf dem Goldreichthum seines Gebietes, sondern in soliderer Weise auf der ungemeinen Fruchtbarkeit seines Bodens und auf dem vortrefflichen Ausfuhrhafen von San Francisco, der die Pforte geworden ist für einen immer wichtiger werdenden Handel mit den Ländern der Südsee und Ostasiens.

Nicht lange nach dem Auflodern des Goldfiebers in Kalifornien machte dasselbe einen weiten Sprung in den fünften Welttheil, um da einen ganz ähnlichen Verlauf zu nehmen. Schon seit 1844 hatte der englische Geolog Murchison die Aufmerksamkeit auf die östlichen Berge Australiens hingelenkt, wegen ihrer merkwürdigen Aehnlichkeit mit den Goldgebirgen des Ural. Seine Ueberzeugung, daß sich dort Gold finden müsse, war so fest, daß er den unbeschäftigten Bergleuten von Cornwallis rieth, zum Behuf des Goldschürfens nach Neusüdwales auszuwandern. Einzelne Personen hatten auch auf diese Veranlassung hin gesucht und gefunden und selbst australisches Gold nach London gesandt. Andere hatten schon früher darum gewußt, aber das Geheimniß für sich behalten. Da erboten sich Zwei, der Regierung für eine Prämie die Gegend anzuzeigen, wo sich das Gold finde. So kam es allmählich an den Tag, daß die Fundorte 200 englische Meilen westlich von Sydney, im Bathurst- und Wellingtonbezirke, vorhanden waren. Das war im Mai 1851, und das Goldfieber fand in der durch die Nachrichten aus Kalifornien schon stark aufgeregten Bevölkerung eine widerstandslos empfängliche Menge. Alles drängte nach einer Hügelgegend bei Bathurst, dem ersten Fundorte, den man mit dem Namen Ophir beehrte, und jene Symptome, die zu wiederholten Malen das Auftreten des krankhaften Goldrausches in Kalifornien, Brasilien u. s. w. begleitet hatten, zeigten sich mit überraschender Schnelle auch hier. Die Stadt Bathurst selbst war bald wie ausgestorben. Die Matrosen verließen die Schiffe im Hafen von Sydney, die Werkstätten der Handwerker leerten sich, Groß und Klein, Jung und Alt wanderte aus, und es bildeten sich in den Küstenorten, besonders Melbourne, ganze Züge von Goldgräbern.

Das Gold fand sich bald als Staub vor, bald in kleineren und größeren Klumpen, und die erste Ausbeute war eine sehr bedeutende; bis zum 19. August 1851 wurden bereits 28,000 Pfd. Sterl. aus Sydney nach England verschifft; ja, der erste in Australien noch im Quarzfelsen steckend aufgefundene Goldklumpen war zugleich — wenigstens vor der Hand — der größte aller, er wog 53 Kg. Die Ophirminen blieben jedoch nicht der Hauptsammelplatz der Goldgräber. Die Ufer und das Bett des Turon, der neun deutsche Meilen nordwestlich von Bathurst in den Macquarie fällt, wurden von nicht minder zahlreichen Glücksjägern eingenommen; im Durchschnitt arbeiteten 30- bis 40,000 Menschen hier, wenn auch nicht alle das ganze Jahr hindurch. Der am meisten besuchte Fleck war Fredericks-Bale an der westlichen Seite des Mac-

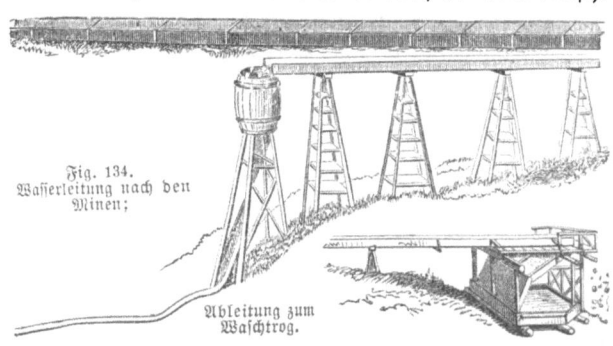

Fig. 134. Wasserleitung nach den Minen; Ableitung zum Waschtrog.

quarie, wo alles Land Privateigenthum und die Bevölkerung eine ziemlich beträchtliche ist. Auch gegen Süden hat man reiche Lager entdeckt, an den Ufern des Abercrombie-Flusses zwischen Bathurst und Melbourne. Außerdem fanden Andere in der Nähe der Seeküste Goldminen, circa 40 Meilen südlich von Sydney an den Ufern des Flusses Murru. Die Port Philipp-Kolonie hat 10 Meilen nordwestlich von Melbourne ebenfalls ihre Goldminen. Kurzum, es überwogten die Tausende von Goldsuchern das Land in immer größerer Ausdehnung, denn es fanden sich Goldspuren von Neusüdwales aus südwestlich über 12 Breitengrade hin bis in die Provinz Victoria, wo sich ein zweites Centrum der Goldausbeutung bildete. Das Thal von Ballarat und der Mount Alexander waren hier die Anziehungspunkte und gaben in der ersten Zeit manche kolossale Ausbeute. In Ballarat kommen die meisten Tiefbauten (bis zu 70 Meter) vor, und auch die ansehnlichsten Goldklumpen wurden hier, in der Tiefe an Größe zunehmend, gefunden. Sie liegen in Thonschiefer, und die Art ihres Vorkommens erweckte die absonderlichsten Hypothesen. Das Gold von Ballarat ist das feinste; das australische Metall überhaupt ist feiner als das kalifornische, das einen Iridiumgehalt und dadurch einen grünlichen Schimmer hat. Die Fundstätten von Ballarat waren es auch, welche den ersten australischen Riesenklumpen von 53 Kg. in die zweite Stelle versetzten. Am 11. Juni 1858 wurde daselbst eine Masse gefunden, welche 2195 Unzen wog und den Feingehalt von 99,20 ergab. Man taufte den Klumpen Welcome (Willkommen), versteigerte ihn zu Melbourne und löste daraus über 9000 Pfd. Sterl. Im Jahre 1871 am 5. Januar fand man bei (Australisch) Berlin einen Klumpen Gold, der dem Welcome an Größe nur etwa um $1/5$ nachgab, er wog

33*

1621 Unzen und ist als der Precious bekannt. Alle diese renommirten Fundstücke waren auf der Wiener Ausstellung 1873 in vergoldeten Gipsfacsimiles zu sehen.

Auch in Australien ist der durch die ersten leichten Gewinne erzeugte Taumel mit seinen Extravaganzen aller Art gewichen; die Goldgewinnung geht in einem ruhigeren Geleise und hat sich mit den übrigen Erwerbszweigen besser ins Gleichgewicht gesetzt. Obgleich man den goldhaltigen Boden nach vielen Tausenden englischer Quadratmeilen rechnet und dabei ein paar hundert Meilen noch unzertrümmertes goldführendes Quarzgebirge zur Disposition hat, so daß es der Ausbeutung auf viele Jahrhunderte nicht an Material zu fehlen scheint, so sind doch die Gewinnungsarbeiten schon schwieriger geworden und müssen durch verbesserte Methoden mit Hülfe von Dampfmaschinen, Quarzmühlen u. s. w. betrieben werden. Die Uebersicht des Ausbringens in den ersten sieben Jahren von 1851—1857 ist merkwürdiger Weise fast genau dieselbe, wie die Kaliforniens in der gleichen Zeit; sie läßt das erste Volljahr (1852) als das glänzendste im Ertrag erscheinen, dem kein gleiches wieder gefolgt ist. Es werden angegeben nach Tausendkilogrammgewichten: 20 (1851), 250 (1852), 102 (1853), 85 (1854), 100 (1855), 107 (1856), 90 (1857), zusammen also das hübsche Quantum von 754,000 Kg.

Die Gesammtproduktion Australiens an Gold seit dem 1. Oktober 1851 bis zum 1. Oktober 1861 war auf der Londoner Industrieausstellung 1862 durch einen im Volumen gleich großen vergoldeten Obelisken dargestellt, der eine Höhe von 13 Meter und eine Basis von 8,5 □Meter hatte. Er repräsentirte ein Gewicht von 896,947½ Kg., eine Masse von gegen fast 50 Kubikmeter und einen Werth von 104,649,728 Pfd. Sterl. Halten wir daneben, was die Statistik aus dem gleichen Zeitraume als russische Produktion angiebt, so finden wir 170,500 Kg. verzeichnet und einen Jahresdurchschnitt von circa 25,000 Kg. Dies wäre nur $1/8$ von dem, was Kalifornien und Australien zusammen liefern, immerhin aber bedeutend genug, um Rußland zur Zeit noch die dritte Stelle unter den goldproduzirenden Ländern zu sichern, wenn Afrika, wo neuerdings ebenfalls großartige Goldfelder entdeckt worden sein sollen, ihm diesen Rang nicht streitig macht.

Zwei Gegenden Rußlands sind es namentlich, welche Gold liefern, eine am Ural und eine später entdeckte im östlichen Sibirien. Im Jahre 1814 betrug die Menge des in Rußland gewonnenen Goldes kaum 2 Kg., 1825 aber durch Aufnahme der uralischen Wäschereien bereits über 4500 Kg. Das ertragreichste Jahr daselbst war 1832 mit circa 6500 Kg.; seitdem ist die dortige Produktion bereits wieder gesunken. Die sibirischen Wäschereien, welche 1828 ihren Anfang nahmen, sind mit der Zeit immer bedeutender geworden und haben die uralischen bald überholt; denn während im Jahre 1841 die Erträge beider Lokalitäten ungefähr gleich standen, hatte Sibirien schon im nächsten Jahre fast das Doppelte des uralischen Ertrages aufzuweisen, und es läßt sich annehmen, daß diese östlichen Distrikte auch in Zukunft die Hauptschatzkammer Rußlands bleiben werden. Im Ural ist die Arbeit sehr wenig lohnend; man wäscht noch, wenn in 100 Pud nur $1/3$ Solotnik oder in mehr als einer Million Kilogramm nur 1 Kg. Gold in Aussicht steht. Bei weitem nicht alles im Sande steckende Gold wird durch das Waschen herausgeschafft, man gewinnt etwa $1/25$ oder $1/30$ des Ganzen. Dies wird glaublich durch Versuche, welche man gemacht hat, den Sand auszuschmelzen: es wurden hierbei aus 112,720 Pud Sand etwas über 6 Pud Gold erhalten. Trotz dieses gewaltigen Unterschiedes ist es der Kosten wegen ganz unmöglich, den Schmelzprozeß beim Sande anzuwenden. Der Kieselsand ist nur mit einem Alkali (Soda oder Potasche) schmelzbar, es läuft also die Operation auf Erzeugung eines in Wasser löslichen Glasflusses (Wasserglas) hinaus, in welchem die Goldtheilchen untersinken. Auch nirgend anderswo hat sich diese Methode als vortheilhaft erwiesen.

Bei der enormen Massenbewältigung, welche am Ural erforderlich ist, war man bald darauf bedacht, sich die Arbeit durch Maschinen zu erleichtern. Nebenstehendes Bild giebt die Ansicht der dort gebräuchlichen sinnreichen Centrifugalwaschmaschine. Das Gefäß, in welchem durch den Umschwung die Trennung der verschieden schweren Substanzen bewirkt wird, ist das mit B bezeichnete konische Hohlgefäß, das 2,3 Meter lang ist und 1 Meter im Durchmesser hält. Es ist mit halbzölligen Löchern durchbohrt und wird von einer Welle getragen, die durch ein System von Rädern mit einem Wasserrade in Verbindung steht und durch dieses in Umschwung versetzt wird, so daß der Hohlkegel 30—40 Umdrehungen in der Minute macht. Ein an der Welle befestigter Arm treibt die doppelte Pumpe C, welche Wasser in eine Cisterne hebt. In die offenen Enden des Kegels münden wasserführende, von der Cisterne ausgehende Röhren, während der Goldsand in den Trichter E und von da in das Siebgefäß gelangt. Dasselbe entläßt nun, wie in jeder Centrifugalmaschine, die feineren Theile durch seine Löcher auf eine unter ihm befindliche schiefe Ebene, die gröberen durch seine offenen Enden in einen auf der Zeichnung nicht sichtbaren Behälter. Die schiefe Ebene besitzt Querleisten und hält somit die leichteren Metallstücke zwischen denselben zurück, während die schwereren von den in den Behälter geworfenen Steinen leicht gesondert werden.

Fig. 135. Centrifugalwaschmaschine zum Goldwaschen im Ural.

Das Wasser gelangt von der schiefen Ebene nach der Rinne G, die abermals Querhölzer besitzt. Schwere Rahmen, die mit eisernen Messern besetzt und an Pendeln (H) aufgehangen sind, rühren den niedergeschlagenen Schlamm auf, indem sie durch die Querstangen (L) in schwingende Bewegung versetzt werden. Hierbei lagern sich die schwereren Goldtheile zu Boden, während die leichteren Stoffe in den Trog G' gelangen und nochmals gewaschen werden. Innerhalb 10 Stunden waschen mittels dieser Maschine 26 Arbeiter 4000 Centner Sand aus; 10 derselben sind beschäftigt, die unbrauchbaren Schlammtheile wegzuschaffen. Im Allgemeinen ist das Gold am Ural verzweifelt dünn gesäet. Nur einmal wurde (1842) ein Kapitalfund gemacht, als man einen Waschdistrikt bereits als ausgebeutet verließ und nur wie zum Spaß auch die Stelle noch durchnahm, auf welcher der Aufseherschuppen gestanden hatte. Es fand sich daselbst das in Petersburg aufbewahrte schöne Kabinetsstück von 34 Kg. Gewicht.

Das Bekanntwerden der ausgedehnten Goldfelder Ostsibiriens, Gouvernement Jeniseisk, ist hauptsächlich den zahlreichen, vom Gouvernement veranstalteten Schürfversuchen zu danken. In dem Buche des Russen Skarjatin, „Memoiren eines Goldjägers", finden sich über die dortigen Verhältnisse, das Stillleben vor der Entdeckung und über den durch den allgemeinen Reichthum ins Thörichtste übertriebenen Luxus nach derselben, interessante Aufschlüsse, welche den Beweis geben, daß die Menschen dem Golde gegenüber allerorten dieselben sind. Nur in den Städtchen und Dörfern längs der großen sibirischen Heerstraße war früher ein nothdürftiger Kleinverkehr vorhanden; seitab davon war die menschliche Arbeit fast für nichts geachtet, die ersten Lebensbedürfnisse waren so gut wie umsonst zu haben; die reichsten Gaben der Natur, Getreide, Vieh, Früchte, Fische, waren in Hülle und Fülle da, ohne Absatz zu finden. An Gold war aber solcher Mangel, daß zu Bestreitung ungewöhnlicher Ausgaben, zu Steuern, zu den Kosten einer Hochzeit oder der Loskaufung eines Militärpflichtigen, eine Bauernfamilie sich mitunter auf länger als ein Jahr zur Frohnarbeit verdingen mußte.

Den schlagendsten Gegensatz zeigen diese so stillen Gegenden einige Jahre später. Das Zuströmen vieler Tausende von Geschäftsleuten und Arbeitern, die oft mit vielen Tausend Rubeln Verdienst aus den Gruben zurückkehren, um ihn baldmöglichst wieder unter die Leute zu bringen; das rasche Reichwerden der Grubenbesitzer und der dadurch einreißende, unglaublich verschwenderische Luxus, dem sich selbst die Arbeiter hingeben; das Zuströmen von Industrie- und Luxusartikeln aller Art, die alle zu fabelhaften Preisen Abnehmer finden; der nie geträumte Wohlstand, der sich von Jahr zu Jahr mehr in Stadt und Land, bei Hoch und Niedrig einbürgert und den kleinsten Bauer in die Verhältnisse eines reichen Gutsbesitzers versetzt, das Alles giebt ein sehr lachendes Bild, das indeß auch der Schattenseiten nicht entbehrt. Hier wie in Kalifornien traten gleichzeitig mit den süßen Früchten die ekelhaftesten Auswüchse des Goldhungers zu Tage. Fieberische Hast, Ruhelosigkeit, Gier, Neid und ihre Hülfstruppen und Mittel zur Erlangung immer größeren Reichthums, waghalsige Spekulation, Spiel, Mißachtung der Arbeit, Genußsucht und Verachtung des eigenen und des Lebens der Andern bildeten — wie überall — auch in dem früher so idyllischen Lande den trüben Hintergrund zu dem kurzen Verlaufe glänzender Tage. Hat man in Sibirien ein Goldfeld nach vielleicht vielen gefahrvollen Irrfahrten in der Wildniß ausfindig gemacht, so benutzt man den Winter, um über Schneefelder und gefrorene Flüsse erst Lebensmittel, Arbeitsgeräthe und sonst Nöthiges hinzuschaffen, einige Hütten zu bauen u. s. w. Im März langen dann die Arbeiter an, bauen aus dem überall in Menge vorhandenen Holz Quartiere, Magazin und Schmiede, eine Maschine wird aufgestellt, das Areal vom etwaigen Holzbestande und der goldhaltige Schurf von der Erddecke befreit. Damit ist der Sommer herangekommen; das Auswaschen beginnt und dauert bei einer nur einigermaßen ergiebigen Wäsche bis zum September, wo die Natur wieder Feierabend gebietet, und bis zu welcher Zeit nicht nur das Anlagekapital gedeckt, sondern auch ein Gewinn erzielt sein muß. —

Von all den großen Goldquellen war also vor 30 Jahren so gut wie nichts bekannt. Bedenkt man, wie manche Million Pfund des edlen Metalls sie seitdem in den Verkehr geworfen, wie dadurch die Menge des früher in Umlauf befindlichen Goldes wenigstens verdoppelt, ja vielleicht verdreifacht worden ist, so könnte man sich versucht fühlen, unser Zeitalter vor allen anderen ein goldenes, wenigstens das goldreichste zu nennen. Es scheint sogar, als sollten sich die Goldfundorte noch immer vermehren und das Goldfieber gleich der Cholera eine gewisse Permanenz erhalten. Auch die nach Europa gekehrte Küste Amerika's hat sich in ihrem obern Theile als goldführend erwiesen, und in Neuschottland, wo sich zuerst in der Grafschaft Halifax in einem kleinen Bache und in dem benachbarten Quarzgestein Gold fand, brachte die Nachricht davon Anfangs der sechziger Jahre bald Tausende von Goldsuchern auf die Beine. Anfangs spärlich, fand sich an anderen Punkten (Tanger, Tunenburg) der Goldgehalt bedeutender, theils als Staub, theils in kleinen Stückchen. Selbst der Sand, die Felsspalten der Meeresküste und die weit im Meere liegenden Sandbänke sowie die anstehenden Massen von Schwefel- und Arsenikkies wurden als goldführend erkannt. Gleich im ersten Anlauf wurde auf einzelne Konzessionen für 10,000 und mehr Dollars Gold gewonnen; Andere fanden weniger, Etliche auch gar nichts, denn der Goldkobold hat überall dieselben Capricen. Am sichersten gewinnt immer die englische Regierung, die sich hier wie in Australien die Erlaubnißscheine zum Graben unter allen Umständen bezahlen läßt. Eine weitere Gelegenheit hierzu hat sich in Canada gefunden, wo am und

Gewinnung des Goldes aus festem Gestein und güldigen Erzen.   263

im Flusse Chaudière und in seinen Nebenflüssen seit dem Sommer 1863 ebenfalls emsig auf Gold gewaschen und jedenfalls auch solches gefunden wird; jedoch ist der Reinertrag gegenüber dem anderer Länder ein unbedeutender.

Fig. 136. Pochwerke der Goldbergwerke von Vörös-Patak.

Gewinnung des Goldes aus festem Gestein und güldigen Erzen. In den bisher gedachten Fällen war die Erlangung des Goldes eine wenn auch mühsame, doch ihrem Verfahren nach sehr einfache; sie komplizirt sich aber da, wo das Gold aus seinen Erzverstecken herausgezogen werden soll. Immer ist es indessen auch hier in gediegenem Zustande. In Tirol z. B. — um auf unser bescheidenes europäisches Goldverhältniß zurückzukommen — findet sich in Schwefelkiesen etwas Gold und Silber. Die sehr fein gepochten Erze mischt man in umlaufenden Tonnen mit Quecksilber unter Wasserzufluß; die von dem Wasser aus den Mühlen fortgeführten Schliche kommen in Schlämmgraben und unterliegen sodann dem Silberschmelzprozeß, während das Quecksilber, nachdem es vier Wochen in den Tonnen verblieben ist, herausgenommen, gewaschen, durch Leder gepreßt und das zurückbleibende Amalgam in bekannter Weise abdestillirt wird.

Von größerer Wichtigkeit für die europäische Produktion sind indessen die Goldgruben von Ungarn und Siebenbürgen. Die ungarischen Fundorte sollen schon seit 2000 Jahren ausgebeutet worden sein; sicher ist ihre Bebauung seit dem 8. Jahrhundert. An den Hauptfundorten Königsberg, Schemnitz und Felsö=Banya findet sich das gediegene Gold in Schwefelsilber eingesprengt; in Siebenbürgen mehr in Gängen von Quarz, eisenschüssigem Kalkstein, Schwerspath, auch Schwefelsilber; an anderen Punkten kommt das Siebenbürgen eigenthümliche Tellurgold vor. Am reichsten an Goldminen und Wäschereien ist der westliche Theil dieses Landes, wo, wie bei Vörös=Patak, bisweilen ganze Berge durch mehr als tausendjährige Bergmannsarbeit wie Honigscheiben durchlöchert sind. Mit dem Nachspüren goldhaltiger Adern ist es aber nicht blos gethan, sondern da das ganze Gestein goldhaltig ist und das edle Metall in sehr fein zertheilten Blättchen, Flittern oder Körnern eingemengt erscheint, so hat der Bergmann die ganze Masse zu brechen und auf die Pochmühle zu schaffen, wo sie zerkleinert wird. Bei Vörös=Patak finden sich aus uralten Zeiten Gänge, in denen der Bergmann auf dem Bauche liegend arbeiten muß, aber auch prachtvolle, geräumige Stollen aus den Römerzeiten. Gegenwärtig bearbeiten meist arme Bauern die Gänge und liefern das aus dem zerstampften Gesteine ausgeschlämmte Gold nach Abrud=Banya ab. Neben den eigentlichen Goldminen sind aber auch Goldwäschereien im Gange, die meistens von Zigeunern nach derselben Weise, wie in Brasilien üblich, betrieben werden. Die Goldwäscher treten in Gesellschaften von 80—100 Personen zusammen, stehen unter einem Oberhaupte und liefern ihre Ausbeute an eines der k. k. Goldeinlösämter ab. Fast alle Flüsse Siebenbürgens führen in ihrem Sande Gold mit sich, und werden, besonders in ihrem Oberlauf, ehe sich ihr Sand mit fruchtbarer Erde mischt, von Goldwäschern an vielen Orten ausgebeutet.

Fast eben so alt und noch berühmter sind die Goldbergwerke Ungarns. Das Sprüchwort behauptete: „Kremnitz hat Mauern von Gold, Schemnitz von Silber, Neusohl von Kupfer." Es will heute freilich nicht mehr recht passen, denn die Gold= und Silberadern geben spärlichere Ausbeute, ein Theil der alten Minen steht unter Wasser, aber dennoch liefert der Grünstein, in dessen quarziger Gangmasse das Metall eingesprengt ist, jährlich noch 15,000 Mark Silber und 250 Mark Gold. Die Gangsteine werden auch hier ganz klein geschlagen, in Pochmühlen durch schwere Blöcke zu feinem Schlamm zermalmt, dann die Masse auf einer schiefen Ebene ausgebreitet und mit Wasser überströmt, welches die leichteren Theile fortführt, dagegen die schweren Metallplättchen liegen läßt. Durch Schmelzen reinigt man hierauf das Metall weiter und scheidet es von seinen geringeren Beimischungen. Der Hauptort des Bergwerksbetriebes ist seit langer Zeit das im Eipelthal gelegene Schemnitz. Die Bergwände dieser Stadt sind von Silberadern durchzogen und daher das ganze Terrain derselben durch Stollen unterminirt. Ueber 18,000 Arbeiter sind in den Gruben, Poch=, Wasch= und Schmelzwerken thätig, ein Wassergöpel hebt das wilde Grubenwasser 180 Klafter oder gegen 300 Meter hoch und fördert es aus dem Leopoldschacht zu Tage, während ein Dampfpochwerk das silberhaltige Gestein zermalmt. Früher lieferten die Gruben so reichen Ertrag, daß — sagt man — die Häuer silberne Nägel an den Schuhsohlen trugen; jetzt wird etwa für 2 Millionen Gulden jährlich gewonnen.

Wo goldhaltige Schwefelkiese verarbeitet werden, da bewirkt man das Ausziehen des kostbaren Bestandtheiles außer durch Amalgamiren auch dadurch, daß man die Kiese erst an der Luft verwittern läßt, wobei dieselben zum Theil in Eisenvitriol verwandelt werden, den der Regen auslaugt. Den Rückstand unterwirft man dann der Wäsche und den damit zusammenhängenden Schlämmprozessen, welche einen angereicherten Schlich ergeben, den man mit Quecksilber extrahirt. Goldhaltige Blei=, Kupfer= und Silbererze behandelt man durch verschiedene, uns meistens schon bekannt gewordene Schmelzarbeiten.

Die Kupfererze verarbeitet man auf Schwarzkupfer, dem man das Gold oder Silber durch Blei entzieht und dieses abtreibt. Oder man schmilzt die besseren Erze nach dem Rösten gleich mit bleihaltigen Zuschlägen, während man sehr goldreiche Silbererze durch Eintränkarbeit mit Blei behandelt und durch Abtreiben eine Gold-Silberlegirung gewinnt, die durch Affination geschieden wird.

Alles hüttenmännisch gewonnene Gold kommt im Allgemeinen sehr theuer zu stehen, und das Gesammterträgniß ist, wie schon gesagt, im Verhältniß zu dem der Goldwäscherei ganz unbedeutend. Wir gehen daher nicht tiefer auf die hier einschlägigen Methoden ein und erwähnen auch in Bezug auf die ebenfalls vorgeschlagenen nassen Extraktionsmethoden nur, daß man vor einiger Zeit große Hoffnungen auf das Chlor setzte, mit welchem man selbst alte Halden mit nur $1/50,000$ Gold auszubeuten gedachte. Die Methode wurde zu Reichenstein in Schlesien auf alte Arsenikabbrände angewandt. Die Brände werden in große Bottiche aus Steingut gefüllt, dieselben verdeckt und Chlorgas eingeleitet. Am folgenden Tage laugt man die Masse mit Wasser aus, fällt das Gold mit Schwefelwasserstoff, filtrirt und verbrennt die Filter sammt der darin enthaltenen Mischung von Gold und Schwefel, löst dann die verkohlte Masse in Königswasser auf und fällt das Gold durch Eisenvitriol. Man hat sich sogar bemüht, denselben Prozeß auf den goldhaltigen Sand anzuwenden, der bei Goldberg und Löwenberg sich in einer Fläche von 20 Quadratmeilen unter der Oberfläche findet.

Wenn nun durch diese subtilen Methoden auch im Ganzen nur wenig erlangt wird, so ist das Wenige bei der ungemeinen Verdünnungsfähigkeit des Goldes immerhin genügend, um einen weitreichenden Schein zu verbreiten; als Münze oder Barren freilich kann es dem übrigen Goldertrage der Erde gegenüber in keinen Betracht kommen.

Die **Gesammtproduktion an Gold** beträgt nach den vorhandenen und bis 1873 reichenden Angaben, die für manche Gegenden jedoch auf bloßen Schätzungen beruhen können, da durchaus nicht alles Gold angemeldet, was gefunden wird, jährlich gegen 833 Millionen Mark, von denen beinahe 300 Millionen Mark auf Amerika allein entfallen. Zu diesem Betrage tragen bei:

Kalifornien, Arizona, Nevada, Oregon und andere Staaten und Territorien der Union	135,000,000 Mark,
Britisch-Columbien, Vancouver-Insel und Neu-Schottland	25,800,000 »
Mexiko	84,000,000 »
Südamerika	54,000,000 »
Amerika	298,800,000 Mark.

Australien: Neu-Südwales, Queensland, Westaustralien, Südaustralien und Victoria	330,000,000 Mark,
Neu-Seeland und Tasmanien	51,000,000 »
Asien	34,500,000 »
Afrika: Südafrika, Natal und Transvaal-Republik	9,750,000 »
Rußland	84,000,000 »
Uebriges Europa	25,500,000 »
	534,750,000 Mark.

Seit 1848 bis 1866 hatte Kalifornien allein für 5170 Millionen Francs Gold in den Verkehr geliefert, und die Kolonie Victoria in Australien in dem kürzeren Zeitraume von 1851 bis 1866 für 146 Millionen Pfd. Sterl. oder nahe an 4 Milliarden Francs beigetragen.

Raffiniren. Jedes Gold enthält mehr oder weniger Silber, zuweilen auch, wie das kalifornische, Iridium; das hüttenmännisch gewonnene kann nebst dem Antimon Zinn und Blei enthalten. Von diesen unedlen Metallen ist schon $1/2000$ hinreichend, die Dehnbarkeit des Goldes wesentlich zu beeinträchtigen, weswegen das sogenannte Berggold noch raffinirt werden muß. Dies geschieht, indem man es mit etwas Borax und Salpeter verrührt und einschmilzt. Hierbei oxydiren sich die fremden Metalle (Silber ausgenommen) und schwimmen als Schlacken obenauf. Das Silber wird man in den meisten Fällen auch nicht darin lassen, und die Scheidungsmöglichkeit der sehr fest verbundenen beiden Genossen beruht auf ihrem verschiedenen Verhalten zu Säuren; Silber löst sich in Salpetersäure, etwas schwerer in Schwefelsäure; dem Golde können beide Säuren nichts anhaben. Die alte Methode der Gold=Silberscheidung mittels Salpetersäure heißt die Quartation oder Scheidung durch die Quart, weil man ehemals annahm, daß in der Legirung das Silber zu $^3/_4$, das Gold zu $^1/_4$ enthalten sein müsse, wenn die vollständige Trennung gelingen solle; man gab deshalb in Fällen, wo jenes Verhältniß nicht erreicht war, das fehlende Silber zu. Später fand sich, daß die Operation auch schon thunlich sei, wenn die Mischung aus 2 Theilen Silber und 1 Theil Gold besteht. In der Münze zu Philadelphia wird dieses sonst ziemlich verlassene Scheidungsverfahren an kalifornischem Golde folgendermaßen ausgeführt: Nachdem die Goldsendungen probirt sind, wird das Gold granulirt und so viel Silber beigegeben, daß auf 1 Theil Gold 2 Theile Silber kommen. Man schmilzt in Tiegeln von 75 Kg. Inhalt also 25 Kg. Gold und 50 Kg. Silber. Die Legirung wird wieder granulirt und in großen Steinkruken mit starker Salpetersäure angesetzt. Am 7. Tage zieht man die Silberlösung ab, die schon das meiste Silber enthält, und digerirt noch einige Stunden mit frischer Säure. Das zurückbleibende Feingold, das etwa noch 1 Prozent oder weniger Fremdes enthält, wird gewaschen, unter einer hydraulischen Presse zu Kuchen geformt und durch Hitze getrocknet. Aus der abgezogenen Silberlösung fällt man das Silber mit Salzwasser als Chlorsilber, welches man mittels Zink zu reinem Metall reduzirt. Um ein Kilogramm Gold fein zu machen, werden $4^1/_2$ Kg. Salpetersäure verbraucht.

Durch ein sehr altbekanntes Verfahren, die sogenannte Cementation, kann das Gold ebenfalls von einem Theile der ihm beigemengten fremden Metalle befreit und somit feiner gemacht werden. Dies Verfahren findet gegenwärtig fast nur noch Anwendung auf fertige Gold= und Vergolderarbeiten und bildet dann hier das sogenannte Färben, welches, indem es den Zweck hat, der Oberfläche das Ansehen feinsten Goldes zu geben, dieselbe Rolle spielt wie das Weißsieden beim Silber. Man setzt die Gegenstände (oder, wenn man massives Gold auf diese Weise raffiniren will, das in dünne Bleche oder Graupen verwandelte Metall) in thönerne Kapseln, umgiebt sie mit dem aus Ziegelmehl, Kochsalz und entwässertem Eisenvitriol bestehenden Cementpulver und setzt dieselben einer mäßigen Glühhitze aus. Je nachdem eine wirkliche Scheidung oder die bloße Schönung beabsichtigt wird, dauert nun die Glühung länger oder kürzer, im ersten Falle 10 Stunden und mehr. Das Gold wird nach und nach von außen nach innen schließlich durch die ganze Masse entsilbert, denn beim Glühen entwickelt sich aus dem Kochsalz Chlor, durch die Schwefelsäure des Vitriols ausgetrieben; das Chlor verbindet sich mit dem Silber und etwa noch vorhandenen anderen Metallen zu Chloriden, welche ausfließen und von dem Ziegelmehle aufgesogen werden. Infolge dieser Extraktion wird das verfeinerte Gold ganz mürbe und porös und muß umgeschmolzen werden. Für das bloße Färben ist, wie gesagt, das Verfahren kürzer und subtiler einzurichten, aber auch hier wird infolge der lösenden Wirkung des Chlors die Goldoberfläche matt und muß, so weit sie nicht so bleiben soll, wieder polirt werden.

Zur Abscheidung kleiner Mengen Gold aus Silber (das Umgekehrte geht nicht) dient zur Zeit ganz allgemein das Kochen der granulirten Metallmasse mit Schwefelsäure (Affination), ein Verfahren, das erst seit Anfang dieses Jahrhunderts in Aufnahme gekommen ist und jetzt ein Hauptmittelglied in der Verarbeitung alter goldhaltiger Silbermünzen ausmacht. Das Silber oxydirt vorerst auf Kosten der Schwefelsäure und es findet eine Entwicklung von schwefliger Säure statt, welche durch einen gut ziehenden Schornstein abgeleitet werden muß. Der größte Theil des Silbers wird in schwefelsaures Silberoxyd verwandelt, das Gold in Verbindung mit einem kleinen Theile Silber bleibt zurück. Man hebt dann gewöhnlich diese Silberlösung in bleierne Kästen und überläßt sie der Ruhe; das darin in feinen Stäubchen schwebende Gold setzt sich dabei allmählich zu Boden. Der Niederschlag wird noch einmal in gleicher Weise in einem kleineren (Platin=)Kessel mit

Säure gekocht, um den Rest des Silbers zu lösen; auch aus dieser Lösung setzt sich dann das reine Gold als ein Pulver ab, welches in einem Kesselchen mit heißem Wasser mehrfach gekocht, nach dem Trocknen eingeschmolzen und in Stangen gegossen wird. Um das Silber aus seiner schwefelsauren Lösung zu gewinnen, stellt man einfach Kupferplatten darein, auf welche sich das Metall in glänzenden Blättchen chemisch rein niederschlägt. Es braucht dann nur noch mit Wasser gewaschen, getrocknet und eingeschmolzen zu werden, um eine wegen ihrer Reinheit namentlich für photographische Zwecke sehr gesuchte Kaufwaare zu geben.

Früher verstand man kleine Goldgehalte des Silbers nicht abzuscheiden. Jetzt macht man alles Das mit annehmlichem Gewinn zu Gute. Es giebt in den meisten Großstädten und Handelsplätzen Goldscheideanstalten (Affiniranstalten); große Massen von Kron- und Laubthalern und anderen alten Stücken haben schon ihren Weg durch diese Scheideküche genommen. Frankreich begann zuerst seine Silbermünzen in dieser Weise umzuarbeiten und fand bald viele Nachahmer. Man nimmt gewöhnlich den Goldgehalt alten Silbers auf $1/1000$ seines Gewichts an, was bei der Einfachheit und Wohlfeilheit des Affinationsverfahrens noch einen ganz ansehnlichen Nutzen übrig läßt.

Einen Beleg für die Oekonomie, mit welcher diese Scheidungen durchgeführt werden müssen, geben die Bedingungen, unter denen die Affiniranstalten arbeiten. In Frankreich ist allgemein üblich, daß für das Kilogramm des affinirten Metalles ein Arbeitspreis von $5-5^{1}/_{2}$ Francs bezahlt wird; das ausgeschiedene Kupfer verbleibt der Affiniranstalt, wogegen alles Silber und Gold dem Eigenthümer zurückgegeben wird. Als die badische Regierung in den sechziger Jahren einer Scheideanstalt in Frankfurt a/M. Silber zum Affiniren gab, verpflichtete sich die letztere, alles Silber in Barren zurückzugeben und für das aus 1 Kg. Silber gezogene Gold außerdem $0{,}68$ Mark zu vergüten. Das Arbeitslohn der Affiniranstalt bestand also nur, abgesehen vom Kupfer, in dem Mehr an Gold, das sie abzuscheiden vermochte.

Um andererseits Silber aus Gold zu scheiden, giebt es verschiedene, wiewol nicht völlig genügende Schmelzmethoden: so die Scheidung durch Schmelzen mit Schwefelantimon, mit Schwefel, mit Bleiglätte, ferner die schon erwähnte Cementation. Auf nassem Wege steht die Quartation zu Gebote, statt deren es aber vortheilhafter erscheinen kann, das Ganze in Königswasser aufzulösen, wobei das Silber als käsiges Chlorsilber den Rückstand bildet. Die Affination mit Schwefelsäure ist nur thunlich, wenn man so viel Silber zuschmilzt, daß dieses in der Mischung überwiegt. Ist das Gold auch von einem etwaigen Gehalt an Platin oder Iridium zu reinigen, so sind fernerweite Maßregeln zu nehmen, so daß also das Gold, bevor es als ganz rein gelten kann, oft einen langen Läuterungsweg durchzumachen hat.

Verwendung des Goldes. Sind wir bei Betrachtung der Goldproduktion auf ganz ungeahnte Ziffern gestoßen, so liegt die Frage nahe, wo alle die Massen hinkommen, und ob nicht bei der fortwährenden Dazugewinnung des Goldes so viel werden müsse, daß eine allmähliche Entwerthung die Folge wäre. Damit hat es indessen seine guten Wege, denn in bei weitem höheren Grade als die Produktion ebler Metalle hat Handel und Verkehr an Ausdehnung zugenommen, so daß die früher hinreichenden Metallmünzen jetzt sogar nur zum Theil das Bedürfniß decken; ja sogar ist in der neuesten Zeit durch die allgemeinere Einführung der Goldwährung die Sachlage gerade eine umgekehrte geworden. Da jetzt für solche Länder, welche einen derartigen Wechsel der Währung vornehmen, aus der Silberwährung zur Goldwährung übergehen, das genannte Metall das Hauptmaterial für die Münzen wird, von denen je nach den Anforderungen des Verkehrs pro Kopf eine gewisse Menge geprägt werden muß, so liegt sogar die Gefahr näher, daß für diese Zwecke das vorhandene Gold nicht ausreicht. Daß es gegenüber dem Silber im Preise gestiegen ist, weil dies letztere Metall in entsprechend größeren Massen demonetisirt worden ist und als eingeschmolzenes Metall andere Verwendungen hat suchen müssen, das haben die letzten Jahre zur Genüge gezeigt; diese Verhältnisse können sich aber noch viel empfindlicher bemerkbar machen, wenn plötzlich viele andere große Staaten dem Beispiele Deutschlands folgen und ihre Finanzpolitik die Durchführung solcher Währungsänderungen nicht mit der erforderlichen Voraussicht bewirkt. Während in den Ländern des lateinischen Münzvereins (Frankreich, Spanien, Belgien, Italien, Schweiz) 1865 das Preisverhältniß des Silbers zum Golde wie 1 : 15,50 angenommen wurde, hat sich dasselbe jetzt auf ungefähr 1 : 16 gestellt.

Bei den Münzen geht im Umlauf durch die bloße Abnutzung ein beträchtlicher Theil des Metalls verloren. Man hat diesen Verlust auf $1/40$ Prozent des Gewichts, aber auch auf $1/10$ und gar auf $1/6$ Prozent angeschlagen, so daß z. B. ein kursirender Louis'dor alljährlich um 1—2 Pfennige an Werth verlöre. Ferner ist der Verbrauch des Goldes in der Industrie ungeheuer gestiegen, und Gold prangt jetzt nicht nur in Form von Schmuck und Geräthen, sondern selbst auf den dauerlosesten Artikeln. Alle die leichten galvanischen Vergoldungen, alles Blattgold, was auf Leder, Papier, Holz u. s. w. seinen Platz findet, die Vergoldungen auf Porzellan und Glas, ebenso das Gold, welches in der Photographie verbraucht wird, und vieles andere sind für weiteren Gebrauch verloren und kehren ins Reich der Atome zurück. Nach all diesem ist sonach kein Ueberfluß, sondern eher ein künftiger Mangel an Gold zu befürchten, da sich wol nicht aller 20 Jahre ein neues Kalifornien oder Australien aufthun wird.

Betrachten wir das Gold in seinem eigenen Wesen etwas näher. Das reine Gold wurde lange Zeit für das schwerste Metall gehalten, bis man fand, daß das Iridium noch schwerer sei. Das spezifische Gewicht des Goldes variirt im gegossenen Zustande zwischen $19\frac{1}{4}$ und $19\frac{1}{2}$ und ist noch etwas höher, wenn das Metall durch Bearbeitung verdichtet wird. Seine Festigkeit ist nicht so gering, als man bei seiner Weichheit vermuthen sollte; die große Biegsamkeit und Dehnbarkeit wirkt der Zerbrechlichkeit entgegen. Zum Schmelzen bedarf das Gold etwas höherer Hitze als Silber und Kupfer; in geschmolzenem Zustande, wobei es sich weder verflüchtigt noch oxydirt, leuchtet es mit meergrüner Farbe; beim Erstarren zieht es sich beträchtlich zusammen. In sehr dünnen Blättchen oder feinen Drähten der Hitze einer sehr starken elektrischen Batterie ausgesetzt, verbrennt das Gold mit grüner Flamme. Diese Erscheinung beruht indeß wahrscheinlich blos auf einer Verstäubung des glühenden Metalls, denn Goldoxyd als dunkelbraunes Pulver wird nur auf indirekte Art durch Niederschlag erhalten, und die Verbindung zwischen Gold und Sauerstoff ist so locker, daß das Oxyd in der Hitze bald wieder zu Gold wird, ja dem bloßen Tageslicht ausgesetzt sich schon mit einem Goldhäutchen überzieht. Auf dieser geringen Verwandtschaft des Goldes mit Sauerstoff beruht großentheils seine Unlöslichkeit in Säuren und die Beständigkeit seines Glanzes. Edler als das Silber, leidet das Gold auch nicht durch schweflige Dämpfe und widersteht dem Zusammenschmelzen mit Schwefel. Mit Chlor, Phosphor, Arsenik verbindet sich das Gold direkt, ebenso mehr oder weniger leicht mit Brom, Jod und Cyan; durch Niederschlag aus einer Auflösung mittels Schwefelwasserstoffgas entsteht auch ein Schwefelgold als schwarzes Pulver. Das Chlor bildete lange Zeit den einzigen Schlüssel zur Einführung des Goldes in die lösende Chemie. Rührt man fein vertheiltes Gold in Wasser und leitet Chlorgas ein, so wird das Gold gelöst. Lange schon, bevor das Chlor bekannt war, benutzte man dieses Gas unbewußt im Königswasser zur Goldlösung. Das Königswasser ist nämlich ein Gemisch von Salz- und Salpetersäure und wirkt, indem die Salpetersäure durch ihren Sauerstoffgehalt den Wasserstoff der Salzsäure zu Wasser oxydirt und das Chlorgas frei macht. Das Chlor verbindet sich mit dem Golde zu Goldchlorid, welches mit gelber Farbe in Wasser löslich ist und die gewöhnliche Ausgangsstation auch für andere Goldpräparate abgiebt. Eine merkwürdige Verbindung ist das mit ungeheurer Kraft explodirende Knallgold, welches durch Kochen von Goldchlorid mit Ammoniakflüssigkeit erhalten wird. Um aus dem Goldchlorid metallisches Gold wieder abzuscheiden, können viele Stoffe benutzt werden, welche die Chemie als reduzirende kennt. Gewöhnlich dient hierzu Eisenvitriol oder Kleesäure.

Unter gewissen Umständen bewirkt das Gold rothe Färbungen. Goldchlorid z. B. färbt Haut, Papier u. s. w. purpurfarben. Dasselbe oder Goldoxyd unter Glasflüsse geschmolzen, giebt das geschätzte Rubinglas. Wird Goldchlorid mit einer Lösung von Zinnsalz vermischt, so erhält man einen schön purpurfarbenen Niederschlag, der getrocknet fast schwarz aussieht. Dies ist der berühmte **Cassius'sche Goldpurpur**, der seine Verwendung in der Porzellanmalerei zu schönen rothen Tönen findet.

Goldoxyd hat nicht die Eigenschaften einer starken Basis, vielmehr verhält es sich den Alkalien gegenüber wie eine Säure und bildet mit ihnen sowol Salze als Doppelsalze in ziemlicher Anzahl. Alle erweisen sich leicht zersetzbar unter Farbenveränderung; sie sind daher für den Photographen als lichtempfindliche Salze von Wichtigkeit und werden vielfach benutzt, die Bilder zu kräftigen und ihnen verschiedene Töne zu ertheilen. Solche Präparate des Photographen sind außer dem Goldchlorid das **Goldchlorid-Chlornatrium** und **unterschwefligsaure Goldoxydnatron**, welches par excellence den Namen Goldsalz (sel d'or) führt. Dem Cyangoldkalium sind wir bereits bei der galvanischen Vergoldung begegnet. Das Gold tritt so gern in diese Verbindung, daß es, in eine Lösung von Cyankalium gelegt, sich unmittelbar, wenn auch langsam, darin auflöst. Rascher erfolgt die Lösung, wenn man das Gold zum positiven Pol einer galvanischen Batterie macht.

So viel aus der Chemie des Goldes. Wenden wir uns nun zu der technischen Verwendung des Metalles an sich, so interessiren uns außer dem über denselben Gegenstand bereits bei früherer Gelegenheit Gesagten (Münzen, Drahtziehen u. s. w.) namentlich die Legirungen, die Goldschlägerei und die noch übrigen Methoden der Vergoldung.

Legirungen. Das Gold legirt sich mit mehreren Metallen, doch haben nur seine Legirungen mit Kupfer und Silber Bedeutung; außerdem verarbeitet die Bijouterie eine Legirung von 5—6 Theilen Gold und 1 Theil Eisen unter dem Namen Graugold. Mit Quecksilber tritt es merkwürdig leicht zu einem Amalgam zusammen. Ein Stück Gold, z. B. ein Ring, nur kurze Zeit in Quecksilber gelegt, schwillt infolge der Amalgamation zur Unförmlichkeit auf. Die Weichheit des Goldes sowie sein hoher Preis bedingen mehr noch als beim Silber einen härtenden und verwohlfeilernden Zusatz, daher dasselbe fast stets in Form einer Legirung mit Kupfer oder Silber verarbeitet wird. Selbst das weichste Dukatengold enthält noch etwa 2 Prozent Kupfer. Die Legirung mit Kupfer heißt die rothe, die mit Silber die weiße, die mit beiden die gemischte Karatirung. Der Zusatz ist meistens sehr beträchtlich, da z. B. 14karätiges Gold schon einen Stoff zu feineren Arbeiten abgiebt. Der Ausdruck „14karätig" will aber besagen, daß in 24 Theilen (die Mark = 24 Karat) sich 14 Theile Gold und 10 Theile Zusatz befinden. Zu geringeren Schmucksachen wird aber viel schlechteres, 6-, 4- und 3karätiges Gold massenhaft verarbeitet. In letzterem Falle, wo also eine Mischung von 7 Theilen Kupfer mit 1 Theil Gold vorliegt, muß man ein besseres Ansehen durch oberflächliche Vergoldung herstellen. Die weiße Karatirung, d. h. der Zusatz von Silber allein, wird selten angewandt, weil solches Gold blaß, messinggelb aussieht; öfter gebraucht man die rothe und am meisten die gemischte Karatirung mit sehr verschiedenen Verhältnissen des Silber- und Kupferantheils, je nach der gewünschten mehr gelben oder mehr rothen Färbung. Man hat namentlich für Bijouteriesachen durch verschiedene Legirungen mehrere Farbennuancen herzustellen gesucht, um durch Zusammenstellungen neue Effekte zu gewinnen. Außer rothem und gelbem Gold verarbeitet man auch das schon erwähnte graue, welches durch Aenderung des Eisen- oder Stahlzusatzes mehr bläulich fällt (blaues Gold); eine Legirung von 7 Theilen Gold und 3 Theilen Silber ist grünlichgelb, erscheint aber durch Zusammenstellung mit rothem Gold blaßgrün (grünes Gold). Durch Verwendung von reinem Silber oder Platin gewinnt man zu dieser Farbenskala noch das Weiß.

Für Münzzwecke gelten verschiedene Mischungsverhältnisse. Die Zwanzigfrancsstücke sind zu $^{900}/_{1000}$ ausgeprägt, was 21 Karat $7^{1}/_{5}$ Gramm entspricht; ebenso war der Feingehalt der jetzt wieder eingezogenen Goldkronen und ist auch der Gehalt unserer jetzigen Reichsgoldmünzen. Die Münzeinheit, die Mark, wird repräsentirt durch ein Gewicht von 0,3585 Gramm feinen Goldes; ein Zwanzigmarkstück enthält also 7,170 Gramm, woraus hervorgeht, daß aus dem Pfunde Feingold

    69¾   Zwanzigmarkstücke,
139½   Zehnmarkstücke,
279   Fünfmarkstücke

geprägt werden, und bei einem Feingehalte von $^{900}/_{1000}$

251,10   Fünfmarkstücke, oder
125,55   Zehnmarkstücke, oder
 62,775 Zwanzigmarkstücke

ein Pfund wiegen müssen.

Die Legirung mit Kupfer oder Silber macht das Gold, das trotz seiner Weichheit zu den schwerflüssigen Metallen gehört, weit leichtflüssiger und sein Ein- und Umschmelzen bequemer, ohne daß es dadurch zu einem eigentlichen Gußmaterial würde. Gegossene Goldwaaren giebt es schon nicht wegen des hohen Preises des Metalls, und dann auch weil dasselbe sich beim Erkalten sehr stark zusammenzieht. Man gießt daher meistens nur Zaine und arbeitet dieselben durch Strecken, Hämmern u. s. w. weiter aus. Ueberhaupt ist der Verbrauch des Goldes zu massiven Gegenständen, von Münzen abgesehen, in unseren Zeiten der geringste. Die eine seiner Haupttugenden, seine immense Dehnbarkeit, gestattet es, den edlen Stoff in so fabelhaft dünnen Schichten anzubringen, daß das Gold sogar ein wohlfeiler, häufig anwendbarer Stoff wird und man so zu sagen selbst das nackte Elend noch vergolden könnte.

Die **Goldschlägerei**, deren Geschäft die Verwandlung des Goldes, Silbers u. s. w. in die dünnsten Blättchen ist, hat schon seit sehr alten Zeiten bestanden, und der alte volksthümliche Ausspruch, daß man einen Dukaten so weit ausschlagen könne, um einen Reiter sammt seinem Pferde zu vergolden, ist nicht übertrieben. Die Goldschläger verarbeiten theils feines Gold, theils solches, welches einen sehr geringen Zusatz ($^1/_{80}$) Silber oder Kupfer enthält, je nach der Farbe, welche man dem Golde geben will. Als Feingold benutzt man gern das Scheidegold, das aus der Entgoldung alter Silbermünzen gewonnen wurde. Das Gold wird geschmolzen und in einem Einguß zu einem Stabe gegossen, dieser auf einem kleinen Walzwerke bis auf 2½ Centimeter Breite und 1 Millimeter Dicke ausgewalzt, endlich aber in Stücke von 15 Centimeter Länge geschnitten, aus welchen ein Gebind gemacht wird. Dies wird gehämmert, und zwar erst in die Länge und dann in die Breite, wodurch das Metall nach beiden Seiten ausgedehnt und bis auf die Stärke eines Papierblattes verdünnt wird. Die einzelnen, 6⅔ Dekagramm wiegenden Metallstreifen werden nun in viereckige Blätter, Quartiere, von 2½ Centimeter im Quadrat, geschnitten, und Blatt für Blatt zwischen die 150 Blätter der **Pergament- oder Quetschform** gebracht, welche 7½ Centimeter im Quadrat halten. Die ganze Form, nämlich die Blätter in eine Pergamentkapsel eingeschoben, wird nun auf einem Granitblock mit dem 2½—7½ Kg. schweren Formhammer so lange geschlagen, bis sich die Goldblätter so weit ausgedehnt haben, daß sie ebenfalls Quadrate von 2½ Centimeter Seitenlänge bilden. Dadurch sind sie aber hart geworden; sie werden daher in eine eiserne Kapsel eingelegt und mit derselben geglüht, wodurch sie wieder die nöthige Weichheit erhalten; dann kommen sie in die Form von 10 Centimeter und werden in dieser ausgeschlagen, bis sie Quadrate von 10 Centimeter Seitenlänge bilden. Jedes der einzelnen Blätter schneidet man nun in vier gleiche Theile und bringt je einen derselben zwischen zwei Blätter der Hautform, welche aus dem sogenannten Goldschlägerhäutchen, der besonders zubereiteten äußeren Haut des Blinddarmes vom Rindvieh, besteht. Diese Form hat 600 Blätter, und die vorher 2½ Centimeter im Quadrat haltenden Goldblätter werden abermals bis auf 7½ Centimeter ausgedehnt, dann wieder in vier Theile geschnitten und in die bekannten, aus dem röthlichen Goldschlägerpapier bereiteten Büchelchen eingelegt, welche meist in die Buchbindereien und Portefeuillefabriken wandern.

Das Goldschlägerhäutchen ist ein wichtiger Gegenstand beim Goldschlagen und von dessen Güte hängt die Schönheit des Produktes vorzüglich ab. Es ist auch ein theurer Artikel, dessen Herstellung und Behandlung sehr umständlich ist und viel Sorgfalt erheischt. Um den Häutchen die Sprödigkeit zu benehmen, die sie beim Schlagen erhalten, müssen sie bisweilen mit Essig befeuchtet werden; außerdem aber sind sie immer glatt zu pressen und trocken zu halten, da sie leicht Feuchtigkeit aus der Luft anziehen. Beim Schlagen müssen sie ganz trocken sein und nöthigenfalls vorher durch Wärme getrocknet werden. Die englischen Häutchen gelten für die besten und werden von deutschen Goldschlägern viel benutzt; doch hat man sie in neuerer Zeit in Nürnberg in gleicher Güte herzustellen gelernt.

Auch das Schlagen, das beim Fortgange der Arbeit mit immer leichteren Hämmern geschieht, ist eine Arbeit, die bei aller Einfachheit viel Geschick erfordert. Die Form wird mit der einen Hand gehalten und beständig so geführt und gewendet, daß die Schläge in richtiger Vertheilung fallen; ferner muß der Form von Zeit zu Zeit eine solche nicht näher zu beschreibende Bewegung ertheilt werden, daß die durch die Schläge bewirkte Anhaftung zwischen den Goldblättchen und den Häutchen wieder gelöst wird und erstere sich in ihre zunehmende Breite strecken können. Indeß erhält man auch bei geschickter Arbeit kaum die Hälfte des verwendeten Goldes in gut ausgeschlagenen Blättern; der Abfall (Schaum, Schawine) wird entweder wieder eingeschmolzen oder dient zur Darstellung von echter Bronze oder Muschelgold.

Fig. 137. Goldschläger.

Zu dem Behufe werden die feinen Abfälle mit Honig zu einem Teige gemischt und auf das Sorgfältigste gerieben. Der Honig, der nur zum Zwecke der Zertheilung zugegeben war, wird mittels Wasser wieder ausgezogen und das Metall als ein höchst zartes Pulver gesammelt.

Wo die Goldschlägerei fabrikmäßig betrieben wird, sind die Arbeiten getheilt und werden die leichteren, bei denen es namentlich auf gewandte und feinfühlige Finger ankommt, in der Regel von Frauenzimmern ausgeführt. Sie besorgen das Einlegen in die Quartiere, das Entleeren und Wiederfüllen der Hautformen, das Sortiren der ganz gebliebenen Blätter von den zerrissenen, das Abzählen und die Verpackung, während das Schlagen ausschließlich von Männern ausgeführt wird.

Die aus dem feinsten Golde herstellbaren Blättchen sind so dünn, daß 10,000, auf einander gelegt, erst die Dicke eines Millimeters erreichen. Versucht man es, sie noch

dünner zu schlagen, so fangen sie an zu reißen, während sie vorher, obschon ganz durch=
scheinend, vollkommen dicht sind. Dennoch ist die Grenze der Dehnbarkeit des Goldes
durch dieses Schlagen noch nicht erreicht, und auf dem Wege des Drahtziehens läßt sich
die Verdünnung so weit treiben, daß die einen Silberdraht überziehende Goldschicht nur
$1/6,000,000$ eines Millimeters Dicke besitzt.

Man hat verschiedene Arten von Blattgold. Die stärkste Sorte heißt Fabrikgold
und dient zum Vergolden von Silberdraht. Das Franzgold der Buchbinder hat einen
Zusatz von etwas Silber, erscheint daher hell in der Farbe. Zwischgold wird erhalten,
wenn man ein sehr dünnes Blatt Feingold und ein eben so dünnes Blatt Feinsilber heiß
auf einander walzt und durch die gewöhnliche Goldschlägerarbeit vereinigt. Diese Blätter
sind auf einer Seite gelb und auf der anderen weiß. Das Feinsilber wird eben so behandelt
wie das Gold, aber nicht so oft und so dünn geschlagen. Unechtes Blattgold und Blatt=
silber wird wie das echte hergestellt; ersteres besteht aus Tomback, letzteres aus Zinn.

Fig. 138. Sortiren und Füllen der Quetschformen.

Vergoldung. Mit Blattgold wird ein großer Theil der Vergoldungen, namentlich
auf nichtmetallische Stoffe, ausgeführt. Es gehört hierzu immer irgend ein Bindemittel
zum Festhalten des Goldes. Bei der haltbareren Oelvergoldung und =Versilberung
wird dem vollkommen geebneten Gegenstande ein Ueberstrich von Leinölfirniß und ge=
schlämmtem Ocher für Gold, oder von Leinölfirniß und Bleiweiß für Silber gegeben, und
wenn derselbe so trocken ist, daß der Finger noch ein wenig darauf haftet, werden die
Gold= und Silberblättchen aufgelegt. Diese Art gestattet aber kein Poliren, und die
schönen hellpolirten Spiegel= und Bilderrahmen sind durch Wasservergoldung erzeugt.
Bei dieser, welche im Ganzen viel schwieriger und umständlicher, aber auch viel ver=
gänglicher ist als die Oelvergoldung, werden die Gegenstände zuerst mit Leim getränkt und
dann mit 6—8 Lagen eines aus Leimwasser und geschlämmter Kreide bestehenden Grundes

Vergoldung. 273

angestrichen, wobei aber jede folgende Lage erst dann aufgetragen werden kann, wenn die vorhergehende durchaus trocken ist. Dieser Grund wird dann mit Bimsstein trocken und endlich mit einem Pinsel feucht geschliffen, nun das sogenannte Poliment, eine Mischung von fein geriebenem Bolus, Graphit, Leim und ein wenig Wachs, aufgetragen und auf dieses werden dann die Gold= und Silberblättchen aufgelegt.

Fig. 139. Vergolden eines größeren Stückes im Feuer.

Nach dem vollkommenen Trocknen können die zu polirenden Stellen mit Blutstein oder Achat polirt werden, die matten aber erhalten einen Ueberstrich von sehr dünnem Leimwasser, das mit einem geringen Zusatz von Drachenblut gefärbt ist. Neuerdings wendet man bei Anfertigung der Holzleisten statt Goldes blos Blattsilber an, dem man durch Ueberziehen mit einem gelben Firniß jede beliebige Goldnuance ertheilt. Diese Leisten haben ein sehr goldähnliches Ansehen, kosten weniger und können ohne Schaden gewaschen werden.

Man kann mit Blattgold aber auch Metalle ohne jedes Zwischenmittel vergolden Bei dieser im Ganzen selten, am meisten noch auf Stahl ausgeführten Methode werden die zu vergoldenden Stellen mit Scheidewasser angeätzt, die Stücke bis zum Blaulaufen erhitzt, die Goldblätter aufgelegt und angedrückt. Nachdem das Erhitzen und Auflegen drei- oder viermal erfolgt ist, wird mit dem Polirstahl Politur gegeben. Man ritzt auch zur besseren Anhaftung des Goldes die Stellen vorher mit einem scharfen Instrument (rauhe Vergoldung) und braucht dann natürlich etwas mehr Goldblätter, um die Ritzen unsichtbar zu machen.

Die solideste Vergoldung von Metallen (Bronze, Messing, Silber und Kupfer) ist die **Feuervergoldung**. Ihre Haltbarkeit rührt daher, daß hier unter Einfluß von Rothglühhitze ein wirkliches Anschmelzen oder die Bildung einer Legirung erfolgt, die zwischen dem Grundmetall und dem Gold in der Mitte liegt. Behufs der Vergoldung im Feuer werden zu einem Theile des in dünne Bleche ausgewalzten und rothglühend gemachten Goldes 6—8 Theile Quecksilber zugesetzt, wodurch das Gold aufgelöst und ein Amalgam gebildet wird, von welchem man nach dem Erkalten durch Auspressen das überschüssige Quecksilber absondert. Die zu vergoldende Metallmasse wird nun ausgeglüht, nach dem Erkalten mit Schwefelsäure rein gebeizt, dann in eine Mischung von Salpetersäure, Salz und etwas Ruß getaucht und damit abgerieben, und darauf das Amalgam mittels einer zuvor in die obige Mischung (oder das aus einer Auflösung von Quecksilber in Salpetersäure bestehende Quickwasser) getauchten Bürste aus Messingdraht aufgetragen. Nach dem Auftragen wird der Gegenstand mit Wasser abgespült, getrocknet, dann über glühenden Kohlen erhitzt und hierbei nach Erforderniß gedreht und gewendet. Dabei wird das Quecksilber verflüchtigt und das Gold bleibt in einer dünneren Lage auf dem Metall zurück; es wird mit Essig abgerieben und mit Blutstein polirt. Das Vergolden kann nach Befinden zwei- bis dreimal wiederholt werden, um die Goldschicht zu verstärken.

Bronzene und messingene Gegenstände unterliegen vor dem Vergolden noch einer Vorbereitungsarbeit, dem **Abbrennen**. Dasselbe besteht aus einem Glühendmachen, Erkaltenlassen und Abbeizen der dabei entstandenen Oxydhaut durch eine Säure. Hiermit wird aus der Oberfläche der Grundmasse Zink verflüchtigt und eine reinere Kupferfläche erzeugt, welche das Amalgam besser annimmt und der Vergoldung einen wärmeren Ton verleiht. Gegenstände, welche ganz oder theilweise matt sein sollen, werden nach dem Vergolden mattirt. Die nachher zu polirenden Stellen erhalten eine unschädliche Bedeckung aus Kreide und Gummi u. s. w., die zu mattirenden eine Komposition, welche in der Hitze Chlor entwickelt und dadurch das Gold angreift und ihm den Glanz nimmt. Um den Ton der Vergoldung mehr zu röthen, wendet man nach dem Abtreiben des Quecksilbers Glühwachs an, womit das noch warme Stück bestrichen und neuerdings der Hitze ausgesetzt wird. Das Wachs enthält als Hauptingredienz Grünspan, welcher in der Hitze Kupfer an die Unterlage abgiebt, so daß sich oberflächlich eine wirklich rothe Karatirung erzeugt. Gelbes Glühwachs, Zinkvitriol enthaltend, färbt die Goldoberfläche heller gelb u. s. w.

Die beim Feuervergolden entstehenden Quecksilberdämpfe und auch die beim Mattiren sich entwickelnden Gase sind für die Gesundheit der Arbeiter höchst gefährlich. Die Werkstätten müssen daher vor allen Dingen einen stark ziehenden Schornstein haben; auch sucht man wol bei Bearbeitung großer Massen den Mund vor den Dämpfen durch eine Maskirung noch mehr zu schützen.

Eisen und Stahl nehmen das Goldamalgam nicht direkt an; man hilft sich bei ihnen entweder mit der nassen Amalgamirung, welche aus einem Sieden der Gegenstände in Wasser mit Quecksilber, Zink, Eisenvitriol und Salzsäure besteht und wobei das Eisen sich mit einem dünnen Quecksilberspiegel überzieht, oder man ertheilt den Stücken vorher eine dünne Verkupferung, wonach die Vergoldung keine Schwierigkeit hat. Auf die Vergoldung von Porzellan und Glas kommen wir bei den betreffenden Gegenständen noch zu sprechen.

Viel weniger dauerhaft als die Vergoldung im Feuer sind die **kalte** und die **nasse Vergoldung**. Unter letzterer begreift man alle Methoden, bei denen das Gold in Form einer Auflösung zur Anwendung kommt. Die kalte Vergoldung (Anreiben) ist auf Kupfer, Messing, Tomback, Argentan und Silber anwendbar und kommt besonders bei letzterem in Gebrauch. Man löst das Gold in Königswasser bis zu dessen Sättigung auf, mit der Auflösung werden feine Leinwandlappen getränkt, getrocknet und zu Zunder verbrannt. In diesem steckt das metallische Gold in feinster Vertheilung, und es wird so mittels eines in Essig getauchten Korkes auf die zu vergoldenden Metallflächen gerieben, welche vorher blank gemacht sein müssen. Bei hinlänglich fortgesetztem Reiben bildet sich durch das bloße Anhängen von Goldtheilchen die Vergoldung, die schließlich polirt wird. Sie hat ein schönes Ansehen und wird selbst mitunter gebraucht, um schwach im Feuer oder galvanisch vergoldete Sachen aufzubessern.

Von den Methoden der nassen Vergoldung diente früher, vor Einführung der galvanischen Vergoldung, hauptsächlich der sogenannte Goldsud, um Bijouteriesachen und anderen kleinen Gegenständen rasch eine dünne Vergoldung zu geben. Die hierzu dienliche Lösung ist sogenanntes goldsaures Kali, eine Komposition aus Chlorgoldlösung und doppeltkohlensaurem Kali mit Wasser. In einem Porzellan= oder emaillirten Gußeisengeschirr erhält man dieselbe im Sieden, taucht die Gegenstände an blanken Kupferdrähten hängend hinein und zieht sie in einer Minute vergoldet wieder heraus. Die Methode paßt für Kupfer, Messing und Tomback; für Eisen und Stahl nur dann, wenn sie vorgängig leicht überkupfert worden sind; für Silber ist sie ungeeignet.

An kleinen Stahlwaaren, wie Scheren, Näh= und Stricknadeln, findet sich öfter ein Hauch von Vergoldung, meist nur stellenweise als Verzierung angebracht. Man hat sie zu diesem Zweck in Goldäther eingetaucht oder damit bepinselt; auf ein gelindes Erwärmen erscheint dann gleich das Goldhäutchen. Der Goldäther entsteht durch Zusammenschütteln von Chlorgoldlösung mit Schwefeläther. Zink und alle vorher verzinkten Metalle lassen sich bequem stellenweise vergolden, wenn man aus einer Lösung des schon erwähnten Cyangoldkaliums mit Kreide und etwas Weinstein einen Brei macht, den man an beliebigen Stellen aufpinselt und dann wieder abwäscht.

Bei allen nassen Vergoldungsmethoden findet eine reduzirende chemische Thätigkeit statt. Die unedlen Metalle haben zu dem Partner des Goldes (Chlor, Cyan) mehr Anziehung, als das sich so leicht aus allen chemischen Fesseln freimachende Edelmetall. Es erfolgt eine Scheidung einerseits und Neuverbindung andererseits. Kommen hierbei außerdem elektrische Ströme ins Spiel, so gehen diese Umsetzungen lebhafter vor sich und lassen sich auch unter Umständen hervorrufen, wo sie freiwillig nicht stattfinden würden, wie wir bereits früher gesehen haben.

Somit hätten wir das Gold begleitet auf seinem Lebenslaufe, meist aus winziger Vertheilung in der Natur mühevoll zusammengebracht, sehr selten sich in größeren Massen darbietend, doch schließlich wieder der Zerstücklung und weitgehender Vertheilung, ja großentheils einer wirklich homöopathischen Verdünnung anheimfallend.

Das Platin und seine Begleiter.

Nach einer alten Weltanschauung, welche in dünkelhafter Weise den Menschen als letzten Zweck der Natur ansah, sollten die Gaben der Natur gerade in solcher Menge und Vertheilung vorhanden sein, wie es für den Herrn der Schöpfung, zu dessen Besten ja Alles nur existirte, am zweckmäßigsten geeignet war. Die Steinkohlen staken nur deshalb so tief im Gebirge, damit sie sparsamer verbrannt würden. Diese Ansicht hätte, wenn durch nichts Anderes, allein schon durch das Platin gestürzt werden können. Platin ist in Berücksichtigung seiner technisch eminent werthvollen Eigenschaften offenbar zu wenig in der Natur vorhanden und das Metall deswegen viel zu theuer. Man könnte Platin in großen Massen sehr gut brauchen, und nicht etwa zu Glanz und Luxus, wozu es sich, obwol ein Edelmetall wie Gold und Silber, doch weniger als diese eignet, sondern vorzugsweise im

Dienste der Wissenschaft, Industrie und Technik. Es hat seinen eigentlichen Platz in den Laboratorien der Naturforscher und in den Werkstätten und Fabriken der praktischen Chemie und der physikalischen Technik; wichtige Entdeckungen sind durch seine Hülfe gemacht und für die Herstellung zahlreicher Apparate ist es unentbehrlich; eines der Haupttriebräder in dem Kreislauf der chemischen Verwerthung der Rohstoffe besteht aus Platin, denn ohne Platingeräthe würde die Fabrikation künstlicher Schwefelsäure in dem Umfange, in dem sie heute betrieben wird und betrieben werden muß, geradezu nicht möglich sein.

Eine alte Geschichte hat das Platin nicht. Wir sind zuerst durch das metallreiche Amerika mit dem neuen Elemente bekannt gemacht worden, und da dasselbe unter den nämlichen Verhältnissen wie das Waschgold im Sande sich zu finden pflegt und seine ursprüngliche Lagerstätte noch jetzt nicht sicher bekannt ist, so konnte auch seine Entdeckung nicht füglich anderswo als in Goldwäschereien erfolgen. Dies geschah in der ersten Hälfte des vorigen Jahrhunderts im ehemals spanischen Südamerika. Es wurde da zwischen Gold ein anderes schweres weißes Metall in Sand- und Körnerform gefunden, mit dem man zunächst nichts anzufangen wußte. Man nannte es in Ableitung von dem Worte plata (Silber) platina, Kleinsilber, oder etwas dem Silber Aehnliches. Eigentlich war die erste Benennung platina del Pinho, weil es sich zuerst in dem goldführenden Sande des Pinhoflusses in Neugranada fand; später ergaben sich noch weitere Fundorte in Brasilien, Columbien, Mexiko, Peru und auf San Domingo, von denen die in Columbien, am westlichen Abhange der Anden, die bedeutendsten sind. Bevor aber noch ein Gebrauch des neuen Stoffes gefunden worden war, wurde schon ein Mißbrauch desselben gefürchtet. Es fand sich nämlich, daß sich eine ziemliche Menge dieses Metalls in das Gold einschmelzen ließ, ohne dessen Gewicht und Farbe zu verändern, und aus Furcht vor möglichen Goldverfälschungen ließ nun die spanische Regierung die ersten gesammelten Vorräthe sämmtlich in die See werfen. Mit der Zeit wurde man besser mit den Eigenschaften dieses Stoffes bekannt. Der Engländer Wood brachte es 1741 zum ersten Mal nach Europa. Die Schweden Steffen und Lewis bestimmten es 1754 als ein eigenes Metall, aber erst 1803 wurde ermittelt, daß das rohe Platin (Platinerz) eigentlich eine Vereinigung von fünf oder sechs Metallen sei: Palladium, Rhodium, Iridium und Osmium, wozu sich später noch das Ruthenium fand. Das Vorkommen dieser Metalle in Gesellschaft des Platins ist so beständig, daß man sie ganz allgemein Platinmetalle zu nennen pflegt.

Bis zum Jahre 1822 war Amerika der alleinige Platinlieferant; in diesem Jahre entdeckte man in den Goldwäschereien am östlichen Abhange des Ural dasselbe Mineral, und bald war seine Anwesenheit im Sande in größerer oder geringerer Menge längs der ganzen Uralkette konstatirt. Die Wäschen von Nischni-Tagilsk und Kuschwinsk sind bisher die ergiebigsten geblieben. Die reichen Taginsk'schen Gruben, welche der Familie Demidoff gehören, die an die Regierung 15 Prozent des gewonnenen Rohplatins als Grundsteuer abgiebt, liegen auf dem höchsten Kamme des Ural flach unter der Oberfläche in Sandschichten. Die Ausbeutung am Ural gestaltete sich gegenüber der amerikanischen bald so bedeutend, daß gegenwärtig Rußland die Preise des Platins bestimmt. Denn während Columbien, Brasilien und Haiti (San Domingo) zusammen etwa 425 Kg. im Jahre liefern, beträgt das russische Ausbringen über 2250 Kg., von Borneo kommen etwa 120 Kg. Nach Aussage von Sachkennern ließe sich die Platingewinnung am Ural noch in weit größerem Maßstabe betreiben.

Gegenwärtig steht also ein jährliches Einkommen von etwa 2800 Kg. Platin dem Konsum zur Verfügung, denn wenn das Metall auch anderwärts, z. B. in Ava u. s. w. vorkommen soll, so wird doch von dorther nichts geliefert und es giebt demnach der Hauptsache nach nur zwei Bezugsländer. Hierbei hilft es nichts, sondern hat nur ein theoretisches Interesse, zu wissen, daß das Platin an sich gar nicht so selten, sondern in feinster Vertheilung eigentlich ein sehr verbreiteter Stoff ist. Es soll sich nach Pettenkofer in fast allem Gold und Silber des Handels, so weit es nicht Scheidemetall aus dem Affinirprozeß ist, und nach französischen Chemikern in vielen Gesteinen und Mineralien, namentlich der Alpen, finden.

Selbst Gußeisen und Stahl aus verschiedenen Bezugsländern enthielten Platin, freilich höchstens nur $1/10$ Gramm im Centner.

Vorkommen. In demselben alten Schuttland und Anschwemmungssand, in welchem Gold vorkommt, kann auch das Platin liegen. Doch sind die platinreichen Lager arm an Gold und dem dasselbe anzeigenden Quarzsande, so daß eine andere Gebirgsart, über welche man jedoch noch zweifelhaft ist, das Muttergestein des Platins sein mag. Da sich das gediegene Platinerz mitunter verwachsen mit Chromeisenstein und Serpentin gefunden hat, so hat man vermuthet, daß es ursprünglich im Serpentinfels zu Hause sei. In Columbia dagegen wurde es mit Syenit verwachsen auf Quarz- und Brauneisensteingängen entdeckt. Wie das Gold, kommt auch das Platin nur gediegen in der Natur vor, doch stets in großer Gesellschaft anderer Mineralien und Metalle, mit denen es theils im Gemenge liegt, theils verwachsen, theils auch legirt ist. Ein Stück sogenanntes Platinerz kann daher einen sehr unsichern Werth haben, indem es durchaus reines Platin sein, aber auch nur ein paar Prozent davon enthalten kann. In den meisten Fällen finden sich die Platinmetalle zu feinem Sand zerkleinert, in kleinen Schüppchen, in Körnern von Erbsengröße, selten in größeren Stücken und Klumpen. Theils zeigen sie Metallglanz, theils ein unscheinbares schwärzliches Aeußere. Das größte bis heute in Amerika gefundene Stück Platinerz, das sich jetzt in Madrid befindet, wiegt noch nicht ganz 1 Kg. (820 Gramm), dagegen ist der Ural an größeren Klumpen reicher; man fand deren von 5—10 Kg., der größte bekannte wiegt $16^{1}/_{2}$ Kg. Auf der ergiebigsten, der Regierung gehörigen Wäsche am Ural erscheint das Platinerz in Gestalt eines gleichartigen grauen Sandes mit einzelnen metallisch glänzenden Flittern; es enthält bis 88 Prozent reines Platin.

Außer den schon angeführten vier oder fünf neuen Metallen, die man erst bei Gelegenheit des Platins kennen lernte und welche die eigentliche Leibgarde desselben ausmachen, und außer dem Golde, pflegen sich als Begleiter vorzufinden: Magnet-, Titan- und Chromeisenstein, Zirkon, Spinell, Quarz, Serpentin u. s. w.

Reindarstellung des Platins. Die Scheidungsarbeiten haben natürlich mit den gewöhnlichen Hüttenprozessen gar nichts gemein und fallen lediglich ins Bereich des chemischen Laboratoriums. Der Gang des Verfahrens im Allgemeinen ist, daß die Platinerzmasse in Königswasser gelöst, daraus das Platin mittels Salmiak gefällt und dieser Niederschlag geglüht wird. Man erhält so das Metall in Form einer pulverigen Masse, welche durch starkes Pressen, Glühen und Hämmern in den Zustand des kompakten Metalls gebracht wird. Bevor man Erz und Sand in diese Behandlung nimmt, wird man es durch Waschen und Auslesen möglichst von fremden Bestandtheilen trennen. Mittels eines Magnets lassen sich eisenhaltige Theile herausziehen; es giebt auch sowol im amerikanischen als im russischen Erz Körner, welche eine wirkliche Legirung von Platin und Eisen darstellen und ebenfalls dem Magnete folgen.

Die Unlöslichkeit in einfachen Säuren theilt das Platin mit dem Golde; ja es ist in seinem rohen Zustande selbst gegen das Königswasser widerständiger als dieses; man braucht zur Lösung eine große Quantität unter Anwendung von Hitze. Durch kaltes, schwaches Königswasser läßt sich der etwa vorhandene Goldgehalt vorweg herausziehen, sowie schon durch bloße Salzsäure das gemeine Metall, Kupfer, Eisen u. s. w. In Petersburg, wo jedenfalls die größte Platinscheideanstalt besteht, in welcher fast alles uralische Rohplatin zu Gute gemacht wird, beginnt man gleich mit der Lösung in heißem Königswasser. In dreißig in einem Sandbade stehenden großen Porzellanschalen, jede von $12^{1}/_{2}$—$17^{1}/_{2}$ Kg. Inhalt, ist das Platinpulver der Erhitzung in Königswasser von 1 Theil Salpeter und 3 Theilen Salzsäure ausgesetzt. Hat nach 8—10 Stunden die Entwicklung rother Dämpfe aufgehört, so zieht man die Flüssigkeit von dem ungelösten Rückstande ab und vermischt sie mit Salmiaklösung, so lange noch ein gelber Niederschlag entsteht. Dieser ist ein Doppelsalz aus Chlorplatin und Chlorammonium. Um aus diesem Platinsalmiak das Metall zu gewinnen, ist ein bloßes Glühen hinreichend, der Salmiak verflüchtigt sich dabei und läßt das Platin zurück. Das Glühen geschieht in einer Platinschale und das Metall erscheint sodann als ein höchst feines, lockeres graues Pulver, als sogenannter Platinaschwamm, welcher in einem Metallmörser unter gelindem Drucke verrieben und dann gesiebt wird. Das Pulver schüttet man in ein gußeisernes Rohr und treibt mittels einer sehr kräftigen Presse einen stählernen Stempel nach. Durch den starken Druck bekommt das Pulver so viel Zusammenhang, daß es nunmehr eine dicke runde Scheibe, einen kurzen Cylinder darstellt. Sind eine Anzahl solcher Cylinder vorhanden, so setzt man sie einige 30 Stunden lang der Hitze eines Porzellanofens aus. Hier sintern die Theilchen noch mehr zusammen und die Scheiben erscheinen nach dem Brande merklich kleiner. Das Metall ist in diesem Zustande schon schmiedbar und zu manchen Verwendungen geschickt, wird aber gewöhnlich noch zu kleinen Barren geschmiedet oder zu Blechen ausgewalzt, oder auch zu Draht in verschiedener Dicke verarbeitet. Der Preisunterschied zwischen rohem und gereinigtem Platin ist ein bedeutender. Von ersterem kostet das Pfund in Petersburg ungefähr 200 Mark, von letzterem bis gegen 350 Mark. Die große Menge Königswasser, die bei dieser Methode verbraucht wird, macht sie ziemlich kostspielig. Vortheilhafter erscheint in dieser Hinsicht ein anderes Verfahren. Man schmilzt das Platinerz mit 2—3 Theilen Zink zusammen. Das giebt eine höchst spröde Legirung, die sich leicht in feines Pulver verwandeln läßt. Aus diesem zieht man mit verdünnter Schwefelsäure Zink und Eisen, dann durch Salpetersäure den größten Theil der übrigen Metalle, löst endlich den platinhaltigen Rest in Königswasser und verfährt nach Herstellung des Platinsalmiaks wie oben gesagt.

Eigenschaften und Verwendung. Unzerstörbar, gleich dem Golde, hat das Platin fast die Festigkeit des Eisens und Kupfers. Doch ist diese Eigenschaft eigentlich eine entliehene und rührt von einem geringen Gehalt von Iridium her, das leicht bei dem Metall verbleiben kann. An und für sich ist das Platin weicher als Silber. Ein Iridiumgehalt in gewissen Grenzen ist daher eher nützlich als schädlich, wenn das Platin zu Zwecken dienen soll, wo eine gewisse Härte und Elastizität erwünscht ist, namentlich bei seiner Anwendung auf Schmelztiegel und andere Instrumente. An Dehnbarkeit steht das weiche Platin dem Golde wenig und dem Silber gar nicht nach; es läßt sich so dünn wie Blattsilber schlagen und schon durch gewöhnliche Mittel des Drahtziehens aus geschmiedeten Stängelchen oder schmalen Blechstreifen in sehr feinen Draht verwandeln. Man kann aber durch einen Kunstgriff die Verfeinerung noch weiter treiben: man umgiebt einen Platindraht mit einer stärkeren Schicht Silber und zieht nun das Ganze so fein als möglich aus. Der Platinkern folgt immer mit und erscheint, nachdem die Silberschicht durch Salpetersäure abgeätzt worden, als ein unfühlbares, ja kaum sichtbares Härchen. Wollaston erhielt ein solches Kunstprodukt so fein, daß sein Durchmesser 0,0006 Millimeter nicht überstieg.

Bei dem Widerstande des Platins gegen Oxydation und andere chemische Einflüsse wird dasselbe überall das dreimal so theure Gold vertreten können, wo es nicht auf die Farbe des letztern ankommt. Dies ist z. B. der Fall in Anwendung auf die Arbeiten der Zahnkünstler, und sein Verbrauch hierzu dürfte im Ganzen nicht unbedeutend sein, wenn man erfährt, daß eine einzige Fabrik in Philadelphia monatlich 300 Unzen Platin, à Unze 8 Dollars, zu Nieten für künstliche Zähne verbraucht. In der Form von Blattmetall vertritt das Platin zuweilen das Silber zum Belegen von Rahmen, Schnitzarbeit u. dergl., wobei es sich besonders neben der Vergoldung gut ausnimmt und gegen das Silber den Vorzug besitzt, nicht wie dieses durch schwefelige Dämpfe geschwärzt zu werden.

Von größter Wichtigkeit ist aber das Platin für Zwecke, wo es sich um einen Stoff handelt, der mit dem Widerstande gegen die stärksten Säuren zugleich die Eigenschaft weder zu zerspringen noch zu schmelzen besitzt. In den chemischen Laboratorien findet das Platin in Form mannichfacher Geräthe, als Retorten, Tiegel, Abdampfschalen, Löffel, Zangen, Spatel, Blech und Draht, viel Verwendung. Größere Abdampfgefäße dieser Art bedürfen namentlich die Schwefelsäurefabriken wie auch die Goldscheideanstalten, und es wird vorzüglich in den ersteren die Kostspieligkeit des Platins stark empfunden. Einer Schwefelsäurefabrik, die täglich 80 Centner konzentrirte Säure liefert, kostet die Platinblase und einige Nebentheile, Röhre, Stöpsel u. s. w., die auch von Platin sein müssen, mindestens

60,000 Mark, und doch muß man das theure Möbel haben, wenn man nicht unter dem Risiko, jeden Augenblick ein Zerspringen gewärtigen zu müssen, Glasgefäße anwenden will. Nur durch das Platin wurde eine großartige Fabrikation der Schwefelsäure möglich, und wer die Wichtigkeit dieses Lösungsmittels für eine große Reihe technischer Zweige zu würdigen weiß, wird auch die guten Dienste des Platins dabei gern anerkennen. Uebrigens weiß der Chemiker wohl, daß er seinen Platingefäßen nicht Alles und Jedes zumuthen darf und sie vor manchen Einflüssen sorgsam zu hüten hat. Er wird ihnen z. B. keinen Inhalt geben, welcher Chlor entwickelt, weil dieses zum Platin wie zum Gold der eigentliche Löseschlüssel ist. Das Gleiche gilt von Brom, Jod, Phosphor und Schwefel. Dann darf das Metall nicht mit glühenden Kohlen in direkte Berührung gebracht werden, weil es leicht aus der Asche Silicium aufnimmt, infolge dessen brüchig wird und Löcher bekommt. Auch Lithionverbindungen, Aetzkali, schmelzender Salpeter u. s. w. greifen das Platin an, und zum Schmelzen von Metallen können Platingefäße wegen zu befürchtender Legirungen nicht gebraucht werden; Blei, Zinn u. dergl. veranlassen sofort Brüche und Löcher. Lange Zeit war Paris der Hauptbezugsort für Platingeräthe. Erst seit 1857 verfertigt man sie auch in Deutschland (Hanau) fabrikmäßig.

Gleich dem Kupfer, Gold und Silber läßt sich auch das Platin galvanisch niederschlagen, indessen gelang es noch nicht, metallene Gefäße so dicht damit zu überziehen, daß sie für Säuren gleich denen aus gediegenem Metall gebraucht werden könnten. Es bleibt, um an Platin zu sparen, nur der Ausweg des Plattirens mit Platinblech.

Das Platin ist im gewöhnlichen Feuer ganz unschmelzbar; in der Weißglühhitze erweicht es indeß und läßt sich gleich dem Stabeisen schweißen, nur insofern etwas schwieriger, als es die Hitze sehr rasch wieder abgibt. Die gewöhnliche Formgebung geschieht daher durch Hämmern, Treiben, Walzen u. s. w., und wo Löthungen sich nöthig machen, benutzt man dazu feines Gold. In den letzten Jahren hat die Technik des Platins einen neuen Aufschwung genommen, nachdem sich französische Chemiker darauf verlegt hatten, größere Massen des Metalls zu schmelzen. In einem kleinen Ofen, der in seinen Leistungen einem Knallgasgebläse gleichkommt, gelang es in der That, Massen von über 10 Kg. allmählich zusammenzuschmelzen. Der Brennstoff ist ein Gemisch von Leuchtgas und reinem Sauerstoffgas, und die entwickelte Hitze ist so stark, daß die besten irdenen Schmelztiegel flüssig wie Glas werden würden. Man benutzt daher einen Tiegel oder vertieften Herd, der aus einem Stück Kalk geformt ist. Durch Zusammengießen der Schmelzungen aus mehreren kleinen Oefen lassen sich Barren erzeugen, größer als es jeder Bedarf erheischt. In einer Londoner Platinfabrik wurden in solchen Schmelzapparaten schon 100 Kg. Metall auf einmal in Fluß gebracht. Das umgeschmolzene Platin ist eine schöne homogene Masse, gefügig wie Kupfer und eben so leicht zu verarbeiten. Es läßt sich auch ganz bequem gießen und füllt die Formen gut aus. Infolge dieses Umschwunges wird schon jetzt überall umgeschmolzenes Platin verarbeitet, und die großen Schwefelsäurekessel, diese sonst so mühevollen Werke, werden in Sand gegossen oder vorgegossen. Welche Vortheile die Technik hierin gefunden, läßt sich schon daraus entnehmen, daß gegenwärtig Schwefelsäurekessel zu etwa ein Viertel der früher gangbaren Preise angeboten sind.

Auf der letzten Pariser Ausstellung von 1867 und ebenso in Wien 1873 waren die Fabriken, welche sich mit der Ausscheidung, Reindarstellung und Weiterverarbeitung der edeln Metalle und namentlich mit der Herstellung von Platingefäßen, wie solche in der chemischen Technik gebraucht werden, befassen, besonders glänzend vertreten. Der Glasschrank, den z. B. Matthey & Comp. ausgestattet hatten, enthielt mehrere Platindestillirblasen zur Konzentrirung der Schwefelsäure, welche die Kleinigkeit von einigen zwanzig oder dreißig Tausend Francs jede kosteten. Sie waren ohne Löthung aus einem einzigen Stück Platin hergestellt. Ein geschmiedeter Barren von chemisch reinem Platin repräsentirte einen Werth von 27,500 Francs; gegossenes Platin, Platinblech, Platindraht, Platinröhren in großen Massen, ebenso Legirungen von Platin und Iridium waren ausgestellt. Außerdem aber die Begleiter des Platins: Palladium, Rhodium, Osmium, denen wir noch einige Augenblicke der Betrachtung schenken wollen.

Palladium, Osmium, Iridium. Von den Begleitern des Platins findet sich das Palladium in geringer Menge manchmal als gediegener Körper in den Platinerzen. Es gleicht dem Platin in vielen Eigenschaften, in der Farbe ähnelt es mehr dem Silber, sein spezifisches Gewicht ist nur halb so groß wie das des Platin, nämlich 11,3—11,8, auch ist es viel leichter schmelzbar als dieses und löst sich schon in Salpetersäure. Man benutzt es zu feinen nautischen Instrumenten, da es durch Seewasser nicht wie Kupfer und Silber anläuft, sowie zu künstlichen Gebissen und Impfnadeln. Aus der allgemeinen Lösung der Platinerze erhält man es durch Fällen mit Cyanquecksilber als Cyanpalladium, welches beim Glühen reines Palladium liefert. Interessant ist das Palladium auch durch seine Verwandtschaft zum Wasserstoff, von dem es große Mengen aufnimmt, indem es damit förmliche Legirungen bildet, in denen das gasartige Element sich ganz wie ein Metall verhält. Rhodium, Iridium und Ruthenium lassen sich ebenfalls aus der sauren Lösung abscheiden, nachdem Platin und Palladium gefällt worden sind. Das Iridium ist ein sehr sprödes Metall und für sich wenig zu technischer Anwendung geeignet. Es ist der schwerste aller bekannten Körper, denn sein spezifisches Gewicht ist 23—24. Man verfertigte daraus die Spitzen der sogenannten Goldschreibfedern, zieht aber jetzt hierzu das Rhodium vor. Osmium ist ein Stoff von anderm Charakter als die übrigen Platinmetalle, es ist ein säurebildendes Metall, das gar keines technischen Gebrauches fähig scheint. Beim Glühen verflüchtigt es sich als Osmiumsäure. Im Platinerz findet es sich zu einem größern Theil mit Iridium legirt in Form eines schwarzen Pulvers, das den größten Theil der bei der Lösung in Königswasser übrig bleibenden Rückstände bildet. Diese haben sich in den Scheideanstalten bisher überall in beträchtlicher Menge angesammelt, da man sie nicht zu verwerthen wußte. Nach den von Deville und Debray gefundenen Ergebnissen dürften sie jedoch bald an die Reihe kommen und ihren Gehalt an Iridium hergeben müssen. Es hat sich nämlich herausgestellt, daß das Iridium in viel größerer Menge, als man glaubte, dem Platin zugesetzt werden kann, und daß dessen gute Eigenschaften dadurch nur gesteigert werden. Bei 10—15 Prozent Iridiumgehalt widersteht das Platin der Hitze und den Säuren besser und ist viel härter als im reinen Zustande; Legirungen mit 20 Prozent widerstehen selbst dem Königswasser fast vollständig. Es zeigt hierbei keinen Nachtheil, wenn in die Legirung auch Rhodium mit eingeht. Sonach scheint es, daß man — wenigstens für bestimmte Zwecke — nicht mehr nöthig haben wird, durch die umständliche nasse Scheidung auf die Darstellung reinen Platins hinzuarbeiten, sondern durch den Schmelzprozeß im Knallgas Legirungen aus Platin, Iridium und Rhodium erhalten kann, die vielleicht sogar technisch vortheilhafter sind.

Verbindungen und Verwendung des Platins. Mit Kupfer oder mit Kupfer und Zink legirt giebt das Platin goldähnliche Verbindungen. Zur Anfertigung künstlicher Gebisse sind Legirungen von Platin mit Gold, Silber oder mit beiden in Gebrauch.

Das gewöhnliche Lösungsmittel des Platins ist das Chlor; das Platinchlorid entspricht ganz dem Goldchlorid und hat in Lösung dieselbe braun- oder rothgelbe Farbe. Aus ihm lassen sich die weiteren Verbindungen ableiten, die im Allgemeinen ebenfalls denen des Goldes analog sind. So theilen beide Metalle die Neigung zur Bildung von Doppelsalzen, und wie das Gold, so bildet auch das Platin mit Ammoniak eine explodirende Verbindung, Knallplatin. Auch mit dem Schwefel verbindet sich das Platin in zwei Verhältnissen, und durch Oxydation des Doppelschwefelplatins mittels Salpetersäure wird schwefelsaures Platinoxyd, eine andere gebräuchliche Lösung, erhalten. Alle Platinpräparate sind durch Hitze und reduzirende Agentien leicht auf das metallische Platin zurückzuführen. Neuerdings macht man davon in der Porzellanmalerei Gebrauch zur Hervorbringung eines grauen Tones.

Um das Studium der Platinchemie haben sich in hervorragender Weise Berzelius und Döbereiner verdient gemacht. Des Letzteren Name ist besonders durch die bekannte

Platinzündmaschine populär und mit dem des Platins eng verknüpft worden. Und hiermit kommen wir auf eine weitere interessante Eigenschaft des Platins zu sprechen, die dasselbe zwar mit vielen anderen Körpern theilt, in der es aber, was die Wirkung anbelangt, von keinem erreicht wird. Es ist das die Eigenschaft fester Körper, gasige Stoffe an ihrer Oberfläche mit mehr oder weniger Kraft festzuhalten und zu verdichten. Je poröser ein solcher Körper, je größer seine Oberfläche ist, um so mehr wird sich dies Vermögen bemerklich machen. Von der Holzkohle wissen wir, daß sie, wenn alle Luft und Feuchtigkeit durch Hitze aus ihr vertrieben sind, mancherlei Gase bis zum 90fachen ihres Volumens verschlucken kann. Das höchst fein zertheilte metallische Platin, der Platinschwamm, und mehr noch das Platinschwarz oder Platinmohr, übertreffen nun die Kohle an Porosität noch bei weitem, und an ihnen zeigen sich die Wirkungen der Gasverdichtung in ausgezeichneter Weise. Schon das kompakte metallische Platin zeigt eine sehr große Anziehungskraft. Bringt man ein Stückchen Platinblech, nachdem es mit einer Säure rein gewaschen, in Knallgas (Mischung von Sauer= und Wasserstoffgas), so zwingt das Metall die beiden Gase, sich allmählich zu Wasser zu verbinden, das sich wie ein Thau auf demselben niederschlägt; allmählich geräth das Platin dabei ins Glühen, wodurch natürlich das gebildete Wasser in Dampf verwandelt wird, ohne daß es jedoch in seine Bestandtheile wieder zerfällt; etwa noch vorhandenes Knallgas würde zur Explosion kommen. Alkoholdampf, mit Sauerstoff oder atmosphärischer Luft, wird unter denselben Umständen durch Platin entzündet. Befindet sich eine Spirale feinen Platindrahtes in der Flamme eines Spirituslämpchens, und wird dieses ausgelöscht, nachdem das Drähtchen glühend geworden, so glüht dasselbe fort, so lange als Spiritusdünste aus dem Lämpchen aufsteigen. Diese aber werden durch das Metall, indem es ihre Verbindung mit Sauerstoff bewirkt, in Essigsäure verwandelt, und darauf gründet sich eine interessante Methode der Schnellessigfabrikation sowie das Räucherlämpchen Döbereiner's, welches freilich sich nicht besonders beliebt machen konnte, weil darin neben der Essigsäure auch ein anderes Produkt, Aldehyd, gebildet wird, das von unangenehmer Wirkung auf die Geruchsnerven ist.

In der Döbereiner'schen Zündmaschine wirkt der uns schon bekannte Platinschwamm. Indem er die Luft und den in ihr enthaltenen Sauerstoff auf ein sehr geringes Volumen komprimirt, ist es sehr wohl denkbar, daß bei dieser Zusammendrängung die Gase andere Eigenschaften als im gewöhnlichen Zustande annehmen. Das Streben des so komprimirten freien Sauerstoffs nach Verbindung mit anderen Elementen wird mächtig gesteigert, und sowie der Strahl des Wasserstoffs, welcher in dem Apparate entwickelt wird, auf den mit verdichtetem Sauerstoff erfüllten Platinschwamm auftrifft, beginnt augenblicklich die Wasserbildung; die hierbei entwickelte Verbrennungshitze macht das Schwämmchen glühend, und an diesem kleinen intensiven Feuerherde entzündet sich rückwärts der Wasserstoffstrahl.

Platinmohr ist noch feiner zertheilt als der Platinschwamm. Er kann auf verschiedene Weise erhalten werden, am besten durch Auflösen von Platinchlorür in heißer Aetzkalilauge und allmähliches Hinzufügen von Alkohol. Das niederfallende Platin bildet ein schwarzes abfärbendes Pulver. Es soll nach Döbereiner das 250fache seines Volumens Sauerstoff in seinen Poren verdichten können und wirkt daher noch energischer als der Platinschwamm. Alkoholdämpfe entzündet es zwar nicht, wie das gediegene Platin, verwandelt sie aber, wenn sie mit Luft gemischt sind, in Essigsäure, wobei es sich erhitzt.

Nach allen vorerwähnten Beispielen hat also das Platin eine ausgezeichnet starke oxydirende Kraft; es disponirt, ohne sich dabei selbst zu ändern, den Sauerstoff dahin, daß er weit leichter und energischer mit anderen Elementen in Verbindung tritt, als unter gewöhnlichen Umständen. Bedenkt man, wie so manche wichtige technische Operationen, wie eben die Essigfabrikation, die der Schwefelsäure u. s. w., auf Oxydation beruhen, so kann man nur bedauern, daß ein so viel versprechendes Hülfsmittel der allgemeinen technischen Benutzung durch seinen hohen Preis zur Zeit noch so gar unzugänglich gemacht ist.

Trachte, daß dein Aeuß'res werde
Glänzend, und dein Inn'res rein;
Jede Miene und Geberde,
Jedes Wort ein Edelstein.

Rückert.

Aluminium und Magnesium. Die Edelsteinlieferanten.

Was sind Erden? Die Thonerde und ihr Vorkommen in den Edelsteinen und anderen Mineralien. Beryllerde und Talkerde. Die Herstellung echter Edelsteine durch Gaudin, Ebelmen, Daubré u. s. w. Thonerdesalze. Das Aluminium von Wöhler zuerst dargestellt. Gewinnungsmethode. Erzeugung im Großen durch St. Claire-Deville. Verschiedene Darstellungsverfahren. Aluminiumfabrikation in Frankreich. Eigenschaften des Aluminiums. Aluminiumtechnik. Fabriken. Verwendungsarten. Das Aluminium als Münzmetall eine verkehrte Idee. Legirungen. Das Magnesium, Vorkommen und Eigenschaften, Legirungen und Aussichten.

An Gold und Silber schließen sich für uns einige Metalle, welche zwar nicht beanspruchen können, gleiche Werthschätzung als edle zu erfahren, wie jene, die aber ihrer Verbindungen und theilweise auch des großen Ansehens wegen, in das sie sich selbst in der Neuzeit zu bringen vermocht haben, in deren nächste Nähe gestellt werden mögen, diejenigen Metalle nämlich, welche die basische Grundlage der Edelsteine bilden. Der prachtvolle Rubin, der nächst dem Diamant für das edelste Gestein gehalten wird, stellt uns in seiner chemischen Zusammensetzung eine Verbindung dar, welche neben der Kieselerde wol die bedeutendste Masse Baumaterial zur Bildung unsers Erdkörpers gegeben hat. Er ist eine Erde, wie die Verbindungen gewisser Metalle mit Sauerstoff genannt werden, und zwar nichts Anderes als reine krystallisirte Thonerde, also ein metallisches Oxyd, wenn wir so wollen ein Erz, wie etwa der Galmei ist, nur mit anderer metallischer Grundlage.

Das metallische Element in der Thonerde ist das vor mehreren Jahren namentlich durch Reklamen französischer Chemiker oft genannte Aluminium, welches darin zu 54 Prozent enthalten ist; die übrigen 46 Prozent sind Sauerstoff. Genau dieselbe Zusammensetzung hat außer dem Rubin noch ein anderer Edelstein, der Saphir, der sich von jenem überhaupt nur durch die Verschiedenheit der Farbe unterscheidet. Er ist blau, während der Rubin mannichfaltige rothe Farbennuancen zeigt. Die ganze Familie, der diese beiden Brüder angehören, nennt der Mineralog Korund. Sie begreift Mineralien in sich, welche dem Diamant an Härte am nächsten stehen, und dies sowol als ihre große Seltenheit, ihre ausgezeichnet schönen Farben, ihre Durchsichtigkeit und ihr Feuer machen diese Mineralien zu den gesuchtesten Schmucksteinen, welche in besonders schönen Exemplaren selbst dem königlichen Diamant im Preise gleichgestellt werden. Die schönsten Varietäten kommen aus Ceylon; doch lieferten auch China, Brasilien und Sibirien Steine dieser Art von hohem Werth. Merkwürdiger Weise hält die Zone, welche wir bewohnen, wie in der Produktion organischer Gebilde, auch auf dem Gebiete der unorganischen Welt die gemäßigte Mitte. Die blendendsten Farben und die phantastischsten, reichsten Formen scheint in der Pflanzen- und Thierwelt nur der heiße Süden hervorbringen zu können. In edlen Metallen und kostbaren Steinen dagegen rivalisirt mit ihm der eisige Norden. Das östliche Asien, das südliche Amerika und der unwirthliche Ural sind die Hauptfundorte nicht nur des Rubins und des Saphirs, sondern auch des Diamantes und der übrigen aristokratischen Suite im Heere der Mineralien. Ist ja ein solcher Offizier aus jenem Hauptquartier unter unsere Gemeinen versprengt worden, so hat seine Uniform in der Regel den Glanz verloren, und er vermag nur durch die inneren Eigenschaften sich über seine gewöhnliche Umgebung zu erheben. So kommt bei uns zwar der Korund auch vor, allein in einem Gewande, in welchem er nicht mehr auf den Namen Rubin oder Saphir Anspruch machen kann. Er stellt nämlich eine graue, bläulich gefärbte Masse dar, welche Smirgel genannt wird. Als Schmuckstein ist er in dieser Gestalt nicht zu gebrauchen, allein seine große Härte, welche er unverändert als Zeichen seiner edlen Herkunft bewahrt hat, läßt ihn als ein ausgezeichnetes Schleifmaterial für andere Edelsteine nützlich werden. Es ist ein Knecht mit adliger Gesinnung, durch die er immer noch Anderen Schliff und Politur beibringt.

In all diesen Substanzen finden wir die Thonerde rein, mit keinem anderen Stoffe vermischt, ausgenommen die unbedeutenden Beimengungen, welche die verschiedene Färbung bedingen und die in der Regel irgend ein Metalloxyd sind. In unzähligen anderen Mineralien aber treffen wir die Thonerde mit noch anderen Körpern vergesellschaftet, und in diesen Verbindungen macht sie eben einen Hauptbestandtheil unserer Gebirge aus. Der gewöhnliche Töpferthon, die Porzellanerde, die Walkerde, der Lehm und ähnliche Substanzen bestehen aus Thonerde und Kieselsäure. Alle dergleichen Vorkommnisse sind aber erst sekundäre Produkte. Sie sind entstanden durch Umwandlungen krystallisirter Mineralien, welche den Einwirkungen der Atmosphäre, des Wassers, der Temperaturveränderungen mit ihren theils mechanisch, theils chemisch wirkenden Kräften nicht dauernden Widerstand zu leisten vermochten. Meist sind sie erzeugt durch Verwitterung des Feldspaths, eines Minerales, welches, aus kieselsaurer Thonerde und einem kieselsauren Alkali bestehend, in nur wenigen Gebirgsarten fehlt und durch seine Zersetzung, bei der die löslichen Bestandtheile durch das Wasser fortgeführt werden, die thonigen Massen als unlösliche Rudera zurückgelassen hat. Die Porzellanerde und alle verwandten Verbindungen sind die Ueberbleibsel zersetzter Granite, Klingsteine, Porphyre und ähnlicher Felsarten, an deren Zusammensetzung der Feldspath den wesentlichsten Antheil hat.

Außer in diesen Mineralien ist die kieselsaure Thonerde noch in einer großen Zahl anderer enthalten, die ein größeres Interesse für sich nur von den Mineralogen in Anspruch nehmen. Wichtig aber wird sie für uns ganz besonders wieder da, wo sie in Gesellschaft mit ähnlich gearteten Körpern, wie sie selbst einer ist, auftritt. Solche Körper, Erden, sind die Beryllerde und die Magnesia oder Bittererde, von denen aber nur die letztere eine größere Verbreitung auf der Erde hat und unter Anderm auch im Meerwasser als

Chlormagnesium vorkommt, während die erstere sich nur in einigen wenigen Mineralien findet. Die Beryllerde besteht aus Beryllium und Sauerstoff, die Magnesia aus Sauerstoff und Magnesium; Beryllium wie Magnesium sind zwei Metalle, die sich aus ihren Oxyden gerade so wie das Aluminium auf geeignete Art darstellen lassen, und von denen das letztere wenigstens unsere Aufmerksamkeit noch besonders in Anspruch nehmen wird.

Diese Erden insgesammt haben ebenfalls sehr noble Tendenzen; eine große Zahl der seltensten Edelsteine werden aus ihnen gebildet. So ist der Spinell eine Verbindung von Thonerde und Magnesia; Smaragd, Beryll, Aquamarin bestehen aus kieselsaurer Thonerde und kieselsaurer Beryllerde, der Granat enthält kieselsaure Thonerde mit kieselsaurem Eisenoxyd verbunden. Im Topas ist die Thonerde an Flußsäure gekettet, und im Verein mit Schwefelnatrium und Schwefeleisen setzt sie den Lasurstein zusammen, aus dem bis vor noch nicht zu langer Zeit das echte Ultramarin, jene kostbare blaue Farbe, ausschließlich bereitet wurde. In neuerer Zeit ist es indessen den Chemikern gelungen, diese Farbe künstlich aus den Bestandtheilen des Lapis lazuli darzustellen, und für den Preis, welchen man früher für ein Loth Lasurstein-Ultramarin zu bezahlen hatte, kann man jetzt mehrere Pfunde eines eben so schönen und in jeder Beziehung gleichen Farbstoffes haben.

Im chemisch reinen Zustande, in welchem die Thonerde nur höchst selten in der Natur vorkommt, erscheint sie uns als eine weiße erdige Substanz, geruch- und geschmacklos, da sie in Wasser nicht löslich ist. Sie läßt sich künstlich leicht aus ihren Salzen darstellen und ist dann in Kalilauge löslich. In gewöhnlichem Flammenfeuer ist sie unschmelzbar. Sie ändert zwar vor dem Löthrohr und in starker Ofenhitze ihre Natur in etwas, indem sie härter wird, in eigentlichen Fluß kann sie jedoch nicht gebracht werden.

Edelsteinfabrikation. In der Hitze, welche das Knallgasgebläse zu erzeugen vermag, ist es gelungen, kleine Quantitäten Thonerde zu schmelzen, und man hat auf solche Weise künstliche Edelsteine erhalten, denen man durch Eisen- oder Chromoxyd die schöne Farbe der natürlichen geben konnte. In Paris sind dahin zielende Versuche in großer Zahl angestellt worden, allein wenn auch die so dargestellten Rubine von den natürlichen durch nichts sich unterscheiden, da sie mit denselben nicht nur in Bezug auf Glanz, Farbe und Härte, sondern auch, was die Krystallform anbelangt, vollständig übereinstimmten, so genügte doch diese Methode der Edelsteinfabrikation nicht, weil die zu Gebote stehende Hitze viel zu gering war, um einigermaßen größere Massen in Fluß zu bringen. Gaudin berichtet zwar, daß er im Knallgasgebläse reine Thonerde zu einer haselnußgroßen, wasserhellen Korundkugel zusammengeschmolzen habe, welche im Innern eine mit Krystallen ausgekleidete Höhle gehabt habe; das Verfahren war aber doch zu mühsam, als daß er es zur Darstellung künstlicher Edelsteine im Großen hätte anwenden können. Eben so wenig, wie mit reiner Thonerde, waren mit Gemischen, welche die Zusammensetzung des Beryll, Granat u. s. w. repräsentiren, günstige Erfolge auf dem Wege der Schmelzung zu erlangen. Dagegen haben Verfahren, welche von anderen chemischen Voraussetzungen ausgehen, in der Darstellung künstlicher Edelsteine zu Resultaten geführt, von denen es nur verwunderlich ist, daß sich ihrer die Technik noch nicht zu weiterer Ausdehnung bemächtigt hat.

Das Verfahren, welches Ebelmen in Paris einschlug, gründet sich auf Folgendes: Es giebt Stoffe, welche die Eigenschaft besitzen, sich mit den Erden (Thonerde, Talkerde u. s. w.) zu verhältnißmäßig leicht schmelzbaren Verbindungen zu vereinigen, bei einer Hitze aber, wie sie in einem Porzellanofen erzeugt werden kann, zu verdampfen und sich aus jenen Verbindungen wieder zu isoliren, so daß die Erden dabei ausgeschieden werden und wieder in ihren unlöslichen Zustand übergehen. Unter diese Substanzen gehört vor allen Dingen die Borsäure, das borsaure Natron (Borax), kohlensaures Kali, kohlensaures Natron und noch einige andere. Wenn man also diejenigen Bestandtheile, aus denen z. B. der Spinell (Talkerde und Thonerde) besteht, in fein pulverisirter Form und in den betreffenden Gewichtsverhältnissen gemengt, in schmelzende Borsäure allmählich einträgt, den Tiegel aber, der das Gemenge enthält, nachdem sich Alles gelöst und in ein ruhig schmelzendes Glas verwandelt hat, noch einige Zeit einer gesteigerten heftigen Hitze aussetzt und dafür sorgt

Edelsteinfabrikation.

daß sich die Luft über dem Tiegel fortwährend erneuert, so wird sich ein großer Theil der Borsäure verflüchtigen und der zurückbleibende Rest schließlich nicht mehr im Stande sein, die ganze Thonerde und Talkerde in Lösung zu erhalten. Ein Theil, dessen Borsäure-Aequivalent verdampft ist, wird sich ausscheiden, und ganz wie im Salz, das sich aus seiner verdunstenden Lösung absetzt, wird der freiwerdende Theil Krystalle von Thonerde, Talkerde oder Spinell bilden. Diese Krystalle lassen sich durch Zusatz von Metalloxyden zu der schmelzenden Masse färben; so bewirkt Chromoxyd eine rothe, Kobaltoxyd eine blaue, Eisenoxydul eine grüne Farbe, wie sie den Chrysoberyll auszeichnet u. s. w.

Ebelmen hat auf diese Weise eine große Anzahl von Edelsteinen künstlich dargestellt, indem er sich bald der Borsäure, bald anderer Substanzen als Lösungsmittel bediente. Außer diesen kostbaren Produkten erzeugte er auch eine große Menge von Mineralien, deren Darstellung zwar weniger ein so allgemein praktisches Interesse bietet, wie die der Edelsteine, welche aber für die Beurtheilung der Hypothesen über die Entstehung der Mineralien, ihr Ausscheiden aus der ursprünglichen Gesteinsmasse, mithin über die allmähliche Bildungsweise und Metamorphose des festen Gerüstes unserer Erde, von der größten Wichtigkeit sind; ein neuer Beweis, wie eng die materiellen Bedürfnisse der Menschheit an die Lösung oft scheinbar sehr weit abliegender wissenschaftlicher Probleme geknüpft sind. Und nicht nur Mineralien, wie wir sie in der Natur auffinden, sondern auch solche sind im engen Laboratorium erzeugt worden, die in den weiten Ländergebieten, welche der Mensch durchsucht hat, noch nicht auf oder in der Erde angetroffen worden sind. So ergänzt der Forscher die schöpferische Thätigkeit der Natur, welche, den Reichthum ihrer Produktion allenthalben zu entwickeln, selbst in allen ihren Reichen nicht genugsame Gelegenheit findet, indem er die Bedingungen verändert und so die Bildung neuer Produkte

Fig. 141. H. Sainte-Claire-Deville.

veranlaßt, welche unter gleichen Verhältnissen allerdings auch ohne sein Zuthun entstanden sein würden. Dadurch öffnet er uns manche Lücke, durch die hindurch wir einen Blick in die hinter uns liegenden Epochen der Erdbildung wagen dürfen.

Daubré, Ste.-Claire-Deville und Caron, welche — namentlich der Erstgenannte — sich um die Erkenntniß der Mineralgenesis und um die Darstellung von künstlichen Edelsteinen große Mühe gegeben haben, wendeten ein etwas anderes Verfahren an. Sie ließen die Thonerde aus gasförmigen Verbindungen sich ausscheiden und vermochten auf diese Weise günstigere Bedingungen für die Entstehung großer Individuen zu erreichen, als Ebelmen, der sie aus flüssigen Auflösungen herauskrystallisiren ließ. Daubré z. B. erhitzte Fluorsilicium und leitete die Dämpfe über pulverförmige reine Thonerde. Dabei zersetzte sich das Fluorsilicium dergestalt, daß sich Fluoraluminium und Kieselsäure bildeten, indem der Sauerstoff der Thonerde mit dem Silicium Kieselsäure bildete, das Fluor aber mit dem freigewordenen Aluminium zu Fluoraluminium zusammentrat. Die Kieselsäure verbindet sich nun mit Thonerde, welche sich noch zur Genüge vorfindet, und die kieselsaure Thonerde vereinigt sich mit dem Fluoraluminium zu einem Doppelsalz, welches in chemischer Zusammensetzung ganz dem Topas entspricht. Die Masse, welche Daubré erhielt, bestand in der That auch durch und durch aus kleinen Topaskrystallen.

Die Edelsteine, wie alle übrigen Mineralien, sind — wie schon beiläufig erwähnt wurde — nicht etwa willkürliche Zusammenhäufungen ihrer Bestandtheile, vielmehr sind es Doppel= und mehrfache Verbindungen, deren einfachere Bestandtheile in sehr simplen Verhältnissen zu einander stehen. Der Beryll z. B. besteht aus Kieselsäure, Beryllerde und Thonerde, so daß stets auf ein Atom kieselsaure Beryllerde zwei Atome kieselsaure Thonerde kommen. Wenn man nun in einer Röhre ein glühendes Gemenge von Beryllerde und Thonerde der Einwirkung von Fluorsiliciumdämpfen aussetzt, so entsteht, jener Doppelverbindung zu Gefallen, von selbst allemal ein Atom kieselsaure Beryllerde, wenn zwei Atome kieselsaure Thonerde gebildet werden; die Entstehung des einen regt die Entstehung des andern an. Nur ist zu berücksichtigen, daß diejenige Erde, zu deren Metall das Fluor in der Glühhitze die größte Verwandtschaft hat, im Ueberschuß angewendet werde, damit die Bildung der Kieselsäure auf keine Schwierigkeiten stoße. Und wie Topas und Beryll, so kann man durch entsprechende Darbietung anderer Erden und sonstiger Bestandtheile auch zahlreiche andere Mineralien herstellen.

Freilich ist ein Uebelstand bei dem Daubré'schen Verfahren: die ganze Masse bäckt zusammen und die im Innern befindlichen Krystalle sind schwer isolirt und von praktisch verwendbarer Größe zu bekommen. Diesem Nachtheil begegnen die Methoden, deren sich Ste.=Claire=Deville und Caron bedienen. Fluoraluminium und Borsäure verwandeln sich beide in großer Hitze in Dämpfe; leitet man diese Dämpfe zusammen, so erfolgt nach beistehendem Schema eine chemische Zersetzung:

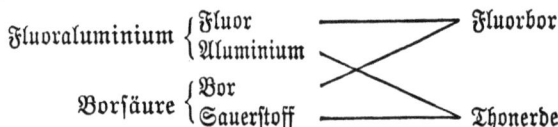

Das Fluor verbindet sich mit dem Bor der Borsäure, welche aus Bor und Sauerstoff besteht, zu Fluorbor. Der Sauerstoff der Borsäure dagegen geht an das aus dem Fluoraluminium sich ausscheidende Aluminium und bildet damit Thonerde, welche, indem sie plötzlich aus einer gasförmigen Verbindung sich abscheidet, von dem Bestreben geleitet wird, Krystalle zu bilden. Dauert nun die Zusammenführung von Fluoraluminium= und Borsäuredämpfen längere Zeit fort, so werden die entstehenden Krystallindividuen immer mehr und mehr durch neuen Ansatz sich vergrößern, und es ist den Entdeckern dieser Methode gelungen, auf diese Weise farblosen Korund darzustellen, dessen einzelne völlig durchsichtige Krystallindividuen eine Größe von über 8 Millimeter hatten. Leider fehlte den Krystallen die einer solchen Ausdehnung entsprechende Dicke, durch welche allein erst sie als Schmucksteine verwendbar werden. Wenn man Fluorchrom zusetzte, eine Substanz, die in der Hitze ebenfalls flüchtig ist, so erschienen die Korundkrystalle gefärbt und stellten bald rothe Rubine, bald blaue Saphire dar; auch fanden sich grüne Krystalle, die ihre Farbe ebenfalls dem Chrom verdankten, und die dem in der Natur nur höchst selten vorkommenden orientalischen Smaragd entsprachen. Das Chrom vermag also wahrscheinlich in drei verschiedenen Verbindungen als färbende Substanz aufzutreten. Statt Fluoraluminium allein kann man ein Gemenge mit Fluorberyllium anwenden, wodurch man Chrysoberyll oder Smaragd erhält u. s. w. u. s. w.

Bedingungen der Herstellung großer, zu Schmucksteinen geeigneter Krystalle sind ein allmähliches Erhitzen der zu verflüchtigenden Körper, dann gleichmäßige Erhaltung der höchsten Temperatur, die aber nie höher gesteigert werden darf, als zur langsamen Verdunstung gerade erforderlich ist, um eine nie unterbrochene, aber immer nur in geringen Mengen statthabende Ausscheidung der Edelsteinmasse zu unterhalten, endlich das Arbeiten mit möglichst großen Quantitäten. Es dürfte sich vielleicht auch noch vortheilhaft erweisen, die Borsäure einestheils sowie die Fluormetalle anderntheils in gesonderten Gefäßen zu erhitzen und in einer gemeinsamen Vorlage, in welche man die Dämpfe leitet, erst die gegenseitige Einwirkung vor sich gehen zu lassen, da die Hitzegrade der Verflüchtigung für die verschiedenen Substanzen verschieden sind. —

Wichtiger für die Praxis aber als die künstlichen Rubine, Saphire und Smaragde sind zur Zeit noch die Thonerdesalze, unter denen der Alaun die erste Stelle einnimmt. Wir kommen bei einer spätern Gelegenheit noch ausführlicher auf seine Darstellung und Verwendung zu sprechen. Wenn man eine Auflösung von reinem Alaun mit Aetzkali vermischt, so treibt dieses die Thonerde aus ihrer Verbindung mit Schwefelsäure als einen weißen, voluminösen Niederschlag aus. In einem Ueberschuß von Kalilauge ist dieser Niederschlag wieder auflöslich. Er besteht aber nicht aus bloßer Thonerde, dieselbe ist vielmehr in ihm mit Wasser verbunden; er ist sogenanntes Thonerdehydrat, welches man durch starkes Glühen wasserfrei machen kann.

Das Aluminium. Nachdem Davy die Alkalien als Verbindungen eigenthümlicher Metalle mit Sauerstoff erkannt und Kalium und Natrium aus dem Kali und Natron dargestellt hatte, schloß man mit Recht auch auf Metalle in den Erden, und es lag nahe, nach demjenigen Metall zu forschen, von dem man wußte, ohne daß man es aber je gesehen hatte, daß es in der Thonerde enthalten sei.

Die Darstellung des Aluminium (von aluminia, die Thonerde, alumen lateinische Benennung des Alaun) gelang zuerst dem deutschen Chemiker Wöhler, der in den zwanziger Jahren bereits ein Verfahren angab, nach welchem dasselbe aus seinen Verbindungen abzuscheiden sei, und welches von Deville zu Anfang der fünfziger Jahre ohne Aenderung noch befolgt wurde. Nach diesem Verfahren wurde von den Chemikern dann und wann die Bereitung des Aluminiums als ein Experiment in den Laboratorien vorgenommen. Natürlich stellte man nur immer sehr geringe Quantitäten her, denn die bekannt gewordenen Eigenschaften des neuen Körpers ließen von einer großartigeren Gewinnungsweise weder für die Wissenschaft noch für die Praxis etwas Erhebliches hoffen.

Als aber der schon genannte französische Chemiker Ste.=Claire=Deville in Paris große Quantitäten dieses silberweißen Metalles, welches in vielen seiner Eigenschaften von den übrigen Metallen auf eine so eigenthümliche Weise abstach, daß es schon dadurch dem großen Publikum höchst merkwürdig werden mußte, aus der allgegenwärtigen und überall umsonst zu habenden Thonerde darstellte, da jubelte die ganze Welt über „das neue Metall" und gab sich, durch die überschwenglichen Schilderungen der unkundigen Presse aufgeregt, mit Entzücken den hochfliegenden Träumereien hin, nicht ahnend, daß ihm etwas längst Bekanntes aufgetischt worden sei. Nie hat man den Thon mit größerem Respekt betrachtet, als da man erfuhr, daß derselbe ein Erz sei, aus dem man wie aus den Eisenerzen ein Metall herausschmelzen könne, welches dem Silber den Rang ablaufen sollte.

In was sich Deville's Arbeit von der Wöhler's unterschied, das war — ganz abgesehen noch davon, daß der Gedanke, die Erfindung, dem deutschen Forscher gebührt — weiter nichts als die größere Menge Aluminiums, welche jener dargestellt hatte. Dazu aber war nichts weiter nöthig gewesen als Geld. Und dies hatte die französische Regierung geschafft, deren Kassen den Unternehmungen immer offen standen, welche die Phantasie der neuigkeitsdurstigen Hauptstadt zu beschäftigen, den Eigendünkel ihrer kindischen Bewohner zu kitzeln geeignet schienen; so wurde auch Deville in den Stand gesetzt, seinen Versuchen die größte Ausdehnung zu geben. Die grande nation sah im Geiste die ganze herrliche Armee schon in blitzenden Aluminiumhelmen und Aluminiumküraffen und sich als die Schöpferin einer epochemachenden Industrie.

Nun haben sich jene anfänglichen Schwärmereien, welche auch in dem nachechoenden Deutschland einen ziemlichen Nachklang fanden, im Laufe der Zeit allerdings, wie die vorurtheilsfrei Blickenden voraussahen, sehr abgekühlt, so daß man jetzt kaum mehr davon bemerkt, als dann und wann eine ephemere Zeitungsnotiz über eine versuchte neue Anwendung;

indessen hat ihrer Zeit die Sache die Gemüther doch zu viel bewegt, und der Name Aluminium ist zu lange Stichwort gewesen, als daß wir nicht an dieser Stelle das Hauptsächlichste über seine Darstellung, seine Eigenschaften und Verwendungen zusammenstellen sollten.

Um das Aluminium aus seinen Verbindungen abzuscheiden, verfolgt man dasselbe Prinzip, welches bei der Gewinnung des Eisens aus seinen Erzen angewendet wurde, das heißt, man macht das Metall frei, indem man einen Körper auf die Thonerde einwirken läßt, der eine größere Verwandtschaft zum Sauerstoff derselben hat, als das Aluminium. Solche Körper sind nun die leichten Alkalimetalle, Kalium und Natrium, welche Davy zuerst aus den Alkalien, Kali und Natron, dargestellt hat. Sie verbinden sich so begierig mit dem Sauerstoff, daß sie sich an der Luft rasch in Oxyd verwandeln; auf Wasser schwimmend verbrennen sie, indem sie das Wasser zersetzen und sich den Sauerstoff desselben aneignen; ihre Verwandtschaft zu Chlor, Fluor u. s. w. ist nicht minder groß. Man könnte nun die Thonerde direkt durch Kaliummetall zersetzen, indessen hat es schon Wöhler praktisch für vortheilhafter gefunden, statt desselben das Chloraluminium anzuwenden, und später ist durch Rose in Berlin das Fluoraluminium an dessen Stelle getreten, dessen Bereitung nur geringe Umstände macht, da es schon ziemlich rein in einem in Grönland massenhaft vorkommenden Minerale, dem Kryolith, enthalten ist. Man schichtet dieselbe — gleich viel welche von beiden Verbindungen man nimmt, die Thonerde oder das Fluoraluminium — mit Kalium in einem Tiegel, so daß abwechselnd stets eine Lage Kalium auf eine Lage der Aluminiumverbindung folgt. Das Gemenge wird allmählich erhitzt. Schon bei ziemlich niedriger Temperatur fängt das Kalium an zu schmelzen und zersetzt sogleich die nächsten Partien des Salzes, indem es sich z. B. bei Chloraluminium mit dem Chlor zu Chlorkalium verbindet, das Aluminium aber frei macht, welches man als graues Pulver beim Auflösen der geschmolzenen Masse in Wasser auf dem Boden des Gefäßes findet. Der chemische Prozeß, der bei dieser Zersetzung vorgeht, ist so energisch, daß die ganze Masse in die heftigste Glühhitze geräth, und man deshalb auch Sorge zu tragen hat, daß der Tiegel nicht zersprengt wird.

Genau nach diesem von Wöhler angegebenen Verfahren stellte 1853 Deville sein Aluminium her. Späterhin sind einige Abänderungen getroffen worden, die aber das Wesentliche nicht berühren. Anstatt des Kaliums wandte man das ganz analog sich verhaltende wohlfeilere Natrium an, und die französische Industrie bedient sich dieses Metalles ausschließlich. Nach anderer Richtung hin versuchte man die kostspieligen leichten Metalle ganz zu umgehen, indessen ist darin zur Zeit ein praktischer Erfolg noch nicht erreicht worden und die Pariser Ausstellung von 1867 hatte seit der letzten Londoner Ausstellung (1862) keinen Fortschritt in der Aluminiumdarstellung zu verzeichnen. Die Aluminiumtechnik verarbeitete bis in die Neuzeit, wo ein elektrochemisches Verfahren in England aufgetaucht ist, über dessen Erfolge indessen nichts Näheres bekannt ist, immer nur Metall, welches durch Reduktion mit Natrium gewonnen wird. Bei der Anwendung von Chloraluminium im Großen, das man sich erst auf ziemlich mühsame Weise herzustellen hat, setzt man demselben, um seine Flüchtigkeit in hoher Temperatur zu verringern, Kochsalz zu. Dieses Gemisch wird zu 10 Theilen mit 5 Theilen Kryolith, der als Flußmittel dient, vermengt, dann mit 2 Theilen Natrium auf die glühende Herdsohle eines Flammenofens gebracht und hier so lange der Einwirkung einer starken Hitze ausgesetzt, bis das Ganze eine ruhig schmelzende Masse bildet. Diese wird sodann durch ein Stichloch abgezogen, so daß zuerst die Schlacke und hierauf erst das Aluminium fließt; das letztere reinigt man durch Umschmelzen in Graphittiegeln.

Die Herstellung eines reinen Chloraluminiums verlangt eine ganz reine Thonerde, und für die Aluminiumindustrie war daher das Auffinden eines Minerals, welches dieselbe enthält, von Wichtigkeit. Ein solches wird im Var (Gebirgspaß von Ollioules bei Toulon) bergmännisch gewonnen und besteht in der Regel aus 60 Prozent Thonerde, 25 Prozent Eisenoxyd, 3 Prozent Kieselerde und 12 Prozent Wasser.

Wie schon erwähnt, kann man statt des Chloraluminiums auch zugleich fein pulverisirten Kryolith anwenden, den man mit entwässertem Kochsalz und Natrium in großen gußeisernen

Schmelztiegeln schichtet und in einem guten Ofen bis zum völligen Schmelzen der Masse erhitzt. Das reduzirte Aluminium sammelt sich am Boden an.

Fabrikmäßige Darstellung des Aluminiums in Frankreich. Das Mineral, welches man in Frankreich, wo die Aluminiumindustrie sich am lebhaftesten entwickelt hat, zur Bereitung verwendete, kommt meistens aus Baux, von welchem Fundorte es auch den Namen Bauxit hat. Es ist bis auf ein Sechstel von Kieselsäure freie Thonerde. Behufs der Aluminiumdarstellung wird es gepulvert, im Verhältniß von 8 zu 5 mit kalzinirter Soda gemischt und auf dem Boden eines Flammenofens erhitzt. In dem Maße, wie die Hitze steigt, verliert die Kohlensäure ihre Verwandtschaft zu dem Natron, sie entweicht endlich und das letztere geht mit der Thonerde eine Verbindung ein, welche im Wasser löslich ist, während das etwa in dem Minerale oder in der Soda enthalten gewesene Eisen unlöslich wird und durch Filtriren abgeschieden werden kann. In das klare Filtrat leitet man Kohlensäure, welche jetzt in der Kälte und in wässeriger Lösung wieder geneigt ist, sich mit dem Natron zu verbinden. Dabei scheidet sich die Thonerde als eine gelatinöse Masse aus, welche selbst im getrockneten Zustande noch 30—40 Prozent Wasser gebunden enthält: es ist Thonerdehydrat. Aus dieser Thonerde stellt man sich als zur Aluminiumbereitung zweckmäßigen Körper eine Verbindung von Chloraluminium mit Chlornatrium auf folgende Weise dar. Man bereitet aus der erhaltenen Thonerde, reinem Kochsalz und feinem Holzkohlepulver in entsprechenden Mengenverhältnissen etwa faustgroße Kugeln und schichtet dieselben in der Manier, daß zwischen ihnen genug Zwischenraum bleibt, in einer Retorte auf, von deren Gestalt und Betrieb die Abbildung Fig. 142 eine Ansicht giebt. Um diese Abbildung aber vollständig zu verstehen, wird es nothwendig sein, den Vorgang der chemischen Umwandlung vorher ins Auge zu fassen, welcher in dieser Retorte eingeleitet werden soll.

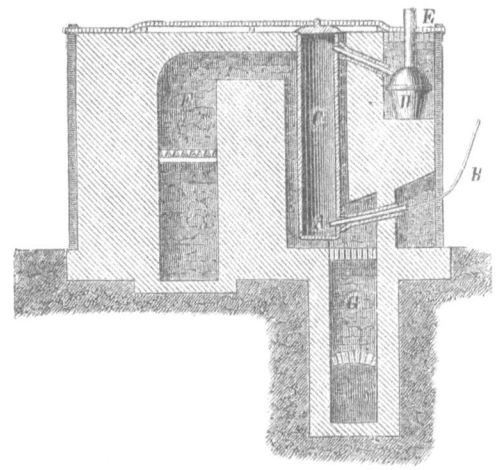

Fig. 142.
Retortenofen für die Darstellung des Aluminiumchlorürs.

Es wird nämlich jenes Gemisch in der Glühhitze einem Strome von Chlorgas ausgesetzt, welcher durch die Verwandtschaft, die zwischen Chlor und Aluminium besteht, bewirkt, daß sich der Sauerstoff der Thonerde von dem Aluminium trennt und sich mit der vorhandenen Kohle zu Kohlenoxydgas verbindet, während an seine Stelle Chlor tritt. Das Kohlenoxydgas entweicht und nimmt auch einen Theil des gebildeten Chloraluminiums als Dampf mit fort. Der andere Theil aber verbindet sich mit dem Chlornatrium zu einer Doppelverbindung, welche gleichfalls flüchtig ist und in einer Vorlage aufgefangen und kondensirt wird, während die nicht kondensirbaren Gase durch die Esse abgeführt werden. In unserer Abbildung ist nun A die Oeffnung, durch welche das mittels der Röhre B zugeleitete Chlorgas in die Retorte C eingeführt wird, D die Vorlage, in der sich die Doppelverbindung der Chloride verdichtet; durch E entweichen die unkondensirbaren Gase, von F aus wird die Retorte geheizt, und in den Aschenraum G werden die abgetriebenen Rückstände hinabgedrückt, wenn der Prozeß beendet ist. In den französischen Fabriken geht derselbe Tag und Nacht unausgesetzt, und es ist ungefähr alle 12 Stunden eine Beschickung mit neuem Materiale nothwendig. Das in der Vorlage sich sammelnde Produkt ist von grünlichbrauner Farbe, leicht opalisirend, und erinnert in seinem Aussehen an Kolophonium.

Zur Reduktion dieses Körpers bedarf man nun, wie uns bekannt ist, eines andern Stoffes, der mehr Verwandtschaft zu dem Chlor hat als das Aluminium und dieses aus seiner Verbindung frei machen kann. Wir wissen, daß das Natriummetall als ein geeignetes Reduktionsmittel in Gebrauch ist, und indem wir alles Uebrige, was sich auf die Gewinnung dieses Metalls bezieht, als bekannt voraussetzen, gehen wir sogleich dazu über, seine Verwendung zu dem in Rede stehenden Zwecke ins Auge zu fassen.

Das Natrium wird zu diesem Behufe auf geeignete Weise und unter Abhaltung der atmosphärischen Luft, am besten unter Steinöl, in etwa nußgroße Stücke geschnitten. Das Chloraluminium ist inzwischen innig mit Kryolithpulver gemengt worden, und in dieses Gemenge werden die Natriumbrocken eingemischt, die einzelnen Partien dieser Mischung aber so rasch wie möglich durch die obere Oeffnung des in Fig. 143 abgebildeten Flammenofens auf den Herd desselben gegeben und alle Oeffnungen und Zugänge, durch welche atmosphärische Luft eintreten könnte, dicht verschlossen. Unter lauter einzelnen schwachen Detonationen erfolgt nun im Innern des Ofens die Zersetzung der Chlorverbindung durch das Natrium. Ist Alles ruhig geworden, so läßt man den Ofen etwa noch eine Stunde stehen, ehe man ihn öffnet.

Die Masse, welche im Innern infolge der durch die Zersetzung bedeutend gesteigerten Erhitzung geschmolzen ist, hat sich nach dem spezifischen Gewicht in verschiedene Schichten gesondert, welche das Aluminiummetall einschließen. Die leichteren, hauptsächlich aus den Bestandtheilen des Kryoliths und Kochsalzes bestehenden Schlacken liegen über dem Metall und werden, so weit sie nicht selbst schon über den an einer Seite niedrigeren Rand des Herdes gelaufen sind und sich in einem besonderen Raum gesammelt haben, von diesem mittels Krücken heruntergezogen. Das Metall selbst wird für sich herausgebrochen, und aus den zu unterst liegenden schweren Schlacken, welche noch viele kleine Aluminiumkugeln eingeschlossen enthalten, werden diese auch noch gesammelt, indem man die Masse pulverisirt und einem Schlämmprozeß unterwirft.

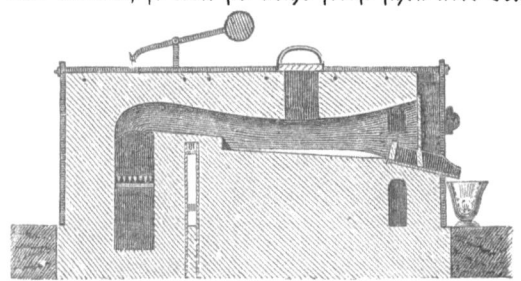

Fig. 143. Flammenofen zur Darstellung des Aluminiums.

Eigenschaften des Aluminiums. Das auf eine oder die andere Art nun gewonnene Aluminium ist ein Metall von silberweißer Farbe, die es aber nur in ganz reinem Zustande besitzt und auch dann nicht dauernd behält. Gewöhnlich erscheint es mit einer Oberfläche, welche der Farbe nach zwischen dem Platin und Zinn steht. Es ist nur $2\frac{1}{2}$ mal so schwer wie das Wasser, gleich große Stücke sind also 5 mal leichter als silberne und 7 mal leichter als goldene. In Bezug auf seine Festigkeit ähnelt es in gegossenem Zustande dem Messing; es ist ziemlich zähe, läßt sich hämmern, walzen und zu Draht ausziehen. Ebenso kann man es pressen und treiben, wobei es aber zweckmäßig ist, sich eines Firnisses aus Terpentinöl und Stearin zu bedienen, mit dem man das Metall überzieht. In seinem chemischen Verhalten zeigt es eine große Verwandtschaft zum Sauerstoff, weshalb es auch in der Natur nie gediegen gefunden wird und in regulinischer Form den Einwirkungen chemischer Reagentien gegenüber eine große Unbeständigkeit zeigt. Von ganz reinem Wasser wird es nicht angegriffen, wol aber von alkalischen Flüssigkeiten, und es löst sich unter Wasserstoffentwicklung sehr leicht, wenn im Wasser eine freie Säure enthalten ist, mit der sich die Thonerde verbinden kann. Konzentrirte Säuren greifen es weniger an. Man hat diesen letzteren Umstand immer in erster Reihe hervorgehoben, um auf die vollständige Unzerstörbarkeit des Metalles hinzuweisen. Eben so gut könnte man aber das Eisen ein beständiges Metall nennen, weil man aus eisernen Retorten unbeschadet die stärksten Säuren destilliren kann, während es doch im Freien eine Beute des Wassers und der Luft wird.

Aluminiumtechnik. Was kann man nun von einem Metall erwarten, das von schwachen Alkalien sowol als von schwachen Säuren angegriffen wird, da es ja kaum eine Flüssigkeit giebt, die nicht hinlänglich saurer oder alkalischer Natur wäre, um die äußere, schöne Oberfläche des Aluminiums sehr bald zu zerstören oder es in seiner ganzen Masse allmählich aufzulösen! Thee, Wein, Bier, Kaffee, alle Fruchtsäfte sind Vernichtungsmittel, selbst der Schweiß beraubt ihn seiner Politur, indem er Aluminiumschmuck oberflächlich angreift und die Bildung ganz gewöhnlicher Thonerde veranlaßt. Wäre also auch die Farbe des Aluminiums eine viel schönere, als sie in der That ist, und könnte man ihm auch die höchste Politur geben, es würde dieser seiner leichten Angreifbarkeit wegen doch nicht im Stande sein, das Silber in der Reihe der schmückenden Metalle zu ersetzen. Durch die anfänglichen Reklamen angestachelt, hat zwar besonders die französische Industrie sich die Verarbeitung des Thonerdemetalles angelegen sein lassen, und es bestehen drei Fabriken, in denen Aluminium im Großen erzeugt wird, eine zu Nanterre bei Paris (Morin & Co.), eine zu Salyndres (Merle & Co.) und eine in Amfreville-mi-Voie bei Rouen. England besitzt zu Washington, Newcastle-on-Tyne, eine Aluminiumfabrik (Gebrüder Bell), außerdem eine zu Battersea bei London. Dieses dürften zur Zeit die hauptsächlichsten Bezugsquellen für das Metall sein, von welchem man vor kaum noch 20 Jahren einen so ungemeinen Einfluß erwartete. Die Produktion aller dieser Fabriken zusammen ist sehr wenig ins Gewicht fallend, sie betrug 1874 nicht mehr als 35 Centner, von denen 20 auf Frankreich, die übrigen 15 auf England fallen. Es scheint sogar, daß sie gegen früher wieder etwas zurückgegangen ist.

Durch die Darstellung im Großen ist der Preis des Aluminiums, welcher 1856 für das Zollpfund noch 1200 Mark betrug, allerdings wesentlich gesunken, so daß man jetzt das Kilogramm für 80—100 Mark kaufen kann; allein für die Zwecke, zu denen sich das Metall vielleicht mit wirklichem Nutzen verwenden ließe, ist es immer noch zu theuer.

Wenn wir als eine Uebersicht über die aus Aluminium darstellbaren oder vielmehr dargestellten Artikel den Bericht über die letzte Weltausstellung ansehen, so finden wir, daß es eine Hauptverwendung in der Bijouterie gefunden hat. Brochen, Knöpfe, Nadeln, Kämme, Armbänder, Medaillen, Stockgriffe, Spielmarken, Operngläserröhren, Filigranarbeiten, Spitzen, Tressen und dergleichen Gegenstände sind vielfach daraus gearbeitet, und in diesen mannichfachen Formen ist es in das Publikum gebracht worden. Es giebt, neben Gold gestellt, einen recht hübschen Effekt, besonders wenn seine Oberfläche matt gehalten und ciselirt ist. Allein die Liebhaberei zu solchen Dingen dauerte doch nur so lange, als die Sache neu und in Aller Munde war.

Die einzige Eigenschaft, durch welche das Aluminium sich zu einer praktisch wichtigen Verwendung qualifiziren könnte, ist seine große Leichtigkeit. Ihr verdankt es auch die Einführung in die französische Armee, denn wenn auch nicht Helme und Kürasse, so sind doch eine Anzahl der Adler, welche die Regimenter als Standarten führen, aus Aluminium angefertigt worden. Seiner Leichtigkeit wegen schlug man vor, das Aluminium als Münzmetall zu verwerthen, weil man hoffte, die Falschmünzerei dadurch unmöglich zu machen. Dies ist jedoch eine Selbsttäuschung, denn es ist nichts leichter, als einem Körper von einer bestimmten Größe ein geringeres spezifisches Gewicht zu geben: man darf ihn nur hohl machen oder mit spezifisch leichteren Substanzen ausfüllen. Dagegen ist es absolut unmöglich, durch irgend welche Kunststückchen den spezifisch schwersten Körper durch einen andern zu ersetzen, und wenn es sich um die Herstellung von Münzen handeln sollte, welche den Falschmünzern das größte Kopfzerbrechen machen, so wäre jedenfalls das Iridium dazu das geeignetste Material, denn dasselbe übertrifft in seinem spezifischen Gewicht das Platin noch um 3, das Gold um 4,5.

Legirungen. Hat man nun solchergestalt vom Aluminium an sich wenig zu hoffen, so ist demselben am Ende doch nicht alle Hoffnung auf größere zukünftige Anerkennung abzuschneiden. Was das reine Metall nicht zu erringen vermochte, das vermögen vielleicht seine Verbindungen mit anderen Metallen. Das Aluminium geht sehr leicht Legirungen mit anderen Metallen ein, und namentlich sind diejenigen mit Kupfer durch Eigenschaften ausgezeichnet, welche ihnen das Interesse der Metallarbeiter zuwenden dürften. Merkwürdigerweise amalgamirt es sich nicht mit dem Quecksilber. Eine Legirung von 90 Prozent

Kupfer und 10 Prozent Aluminium hat eine goldgelbe Farbe, die sich an der Luft sehr schön erhalten soll, weswegen auch davon zu Schmuckartikeln als Imitation des Goldes Anwendung gemacht worden ist. Eine schönfarbige, feinkörnige und durch Härte, Dehnbarkeit und Gußvollkommenheit hervorstechende Bronze erhält man aus 1 Theil Aluminium, 95 Theilen Kupfer und 4 Theilen Zinn. Legirungen von 90, 92½ oder 95 Theilen Kupfer und beziehentlich 10, 7½ oder 5 Theilen Aluminium sollen sehr günstige Eigenschaften, besonders große Härte besitzen, wie daraus hervorgeht, daß aus der Bronze (90 : 10) in der Fabrik Christofle in Paris ein Zapfenlager für eine Polirscheibe angefertigt wurde, die in der Minute 2200 Umdrehungen zu machen hatte, welches Lager 18 Monate in Gebrauch blieb, während alle früher angewandten Metallkompositionen im günstigsten Falle nur drei Monate aushielten.

Die Aluminiumtechnik — so weit von einer solchen noch die Rede sein kann — befindet sich fast ausschließlich in den Händen der Franzosen, und es ist kein geringes Lob für dieselben, daß es ihnen durch ihre geschmackvollen Formen gelungen ist, einen Stoff noch wohl oder übel über dem Wasser zu erhalten, dessen eigenes Wesen eine besondere Berücksichtigung nicht beanspruchen kann.

Das Magnesium. Wie das Aluminium lange Zeit bekannt war, ehe es im großen Leben seine Rolle zu spielen begann, so hat auch das Magnesium — bereits 1829 von dem französischen Chemiker Bussy aus der Magnesia oder Talkerde dargestellt — erst in den letzten Jahren die Aufmerksamkeit der großen Welt auf sich zu ziehen vermocht, und zwar in ganz eigenthümlicher Weise als Leuchtmaterial.

Wenn wir an das Ende einer stählernen Uhrfeder ein Stückchen brennenden Schwamm heften und sie damit in reinen Sauerstoff bringen, so verbrennt der Stahl unter prachtvollem Funkensprühen. Verdampfendes Zink läßt sich schon in freier Luft entzünden und brennt mit blendender Flamme; Kalium und Natrium zersetzen sogar das Wasser und verbrennen mit brillantem Licht in dem frei werdenden Sauerstoff. Von allen den genannten Metallen aber entwickelt keines einen so intensiven Glanz bei seiner Verbrennung wie das Magnesium, dessen Darstellung mit der des Aluminiums im Wesentlichen übereinstimmt, nur daß man statt Thonerde die entsprechenden Magnesiaverbindungen anzuwenden hat, welche man aus dem in der Natur sehr rein vorkommenden Magnesit herstellen kann.

Zur Darstellung des Magnesiums sind jedoch außer dem genannten Verfahren, welches der Deville'schen Aluminiumbereitung entspricht, noch mannichfache andere Methoden in Vorschlag gebracht worden; denn wie für sein Schwestermetall, so gab es auch für das Magnesium zu Anfang der sechziger Jahre eine Zeit, in welcher sich die Chemiker und Metallurgen mit Vorliebe seinem Studium hingaben. Anstatt der künstlich dargestellten Chlormagnesium-Chloralkalimetalle empfahl Reichardt 1865 den in den Staßfurter Salzwerken natürlich vorkommenden Carnallit als Rohmaterial für die Magnesiumbereitung. Der Carnallit ist eine wasserhaltige Verbindung von Chlorkalium und Magnesium und hat die Formel (K Cl, 2 Mg Cl + 12 HO). Er wird geschmolzen und unter Zusatz von 100 Theilen Flußspath auf 1000 Theile Carnallit durch 100 Theile Natrium reduzirt.

Die Franzosen haben sich dies Verfahren gleichfalls angeeignet und der Moniteur scientifique, welcher das Magnesium für eine spezifisch französische Domäne zu halten scheint, berichtet über die Arroganz, derer sich ein Deutscher durch seine Verbesserung schuldig gemacht hat, folgendermaßen: „Während die französischen Gelehrten sich abmühen, das Magnesium herzustellen, hat ein Subjekt des Herrn von Bismarck, „qui veut absolument nous brûler la politesse", eine neue Methode der Bereitung dieses Metalles veröffentlicht, Mr. Reichardt." Das war 1868, zwei Jahre freilich vor 1870.

Die lebhaften Hoffnungen, welche sich bei dem Bekanntwerden auch an dieses neue Metall knüpften, hatten die Errichtung fabrikfähiger Etablissements im Gefolge, in denen das Magnesium im Großen dargestellt werden sollte. Am bekanntesten sind die Magnesium-Metal-Company in Manchester und die American Magnesium-Company in Boston; sie liefern bei weitem den größten Theil des im Handel vorkommenden Metalles und haben ihre größten Aufträge wol den Kriegs= und Marineministerien zu verdanken gehabt, welche von der Leuchtkraft des Metalles sich zweckmäßige Wirkung versprachen. So wurden z. B. in der Fabrik zu Manchester von dem Staatssekretär des Kriegsministeriums mehrere hundert Pfund Magnesium bestellt, als 1867 die abessinische Expedition ausgerüstet wurde.

Ein Magnesiumdraht von der Dicke eines starken Pferdehaares, an einer Kerze entzündet, bewirkt ein so starkes Licht, als es 70 auf einen einzigen Punkt konzentrirte Paraffinkerzen nicht hervorzubringen vermöchten; dabei verbrennt in einer Minute etwa ein Meter dieses Drahtes. Infolge der Verbrennung entsteht aus dem Metall Magnesia, jene leichte weiße Substanz, die in den Apotheken als nihilum album, weißes Nichts, zu bekommen ist, und der wir in verschiedenen Edelsteinen, dem Spinell, Hyazinth, Chrysolith u. s. w., schon begegnet sind. Wenn auch nicht in dem Maße wie die Thonerde verbreitet, so ist doch die Magnesia oder Bittererde ein in der Natur sehr häufig vorkommender Körper. Sie ist in großer Menge im Meerwasser enthalten; sie setzt zahlreiche Mineralien mit zusammen, so namentlich den in den Abraumsalzen vorkommenden Carnallit, ferner den Kieserit, Schönit und Kainit, und bildet in Verbindung mit Kohlensäure als kohlensaure Talkerde und in Gesellschaft mit kohlensaurem Kalk ein verbreitetes Gestein, den Dolomit.

Der ungemeinen Intensität des Magnesiumlichtes wegen hat man eifrig sich bestrebt, seine Verwendung zu verallgemeinern, um dadurch rückwirkend die Herstellungskosten des Metalles zu verringern. Man wollte es namentlich für Leuchtthürme sowie für manche Zwecke der Photographie in Anwendung bringen. Denn da es wie das elektrische Licht nur da seine zweckmäßigste Ausnutzung erfahren kann, wo große Lichtmassen für eine kurze Zeit auf einen einzigen Punkt konzentrirt werden sollen, so eignet sich das Magnesiumlicht zur Straßenbeleuchtung eben so wenig wie jenes. Dagegen ist das leichtverbrennbare Metall ein erwünschtes Effektmittel für die Kunstfeuerwerkerei sowie für die Theaterbeleuchtung, und wenn die Bayreuther Musterbühne mit ihren Dekorationsausschreitungen auch außerhalb der Circussphäre Einfluß gewinnen sollte, so dürfte den Magnesiumproduzenten eine günstige Konjunktur bevorstehen. Gegenwärtig werden von den bereits oben angeführten beiden größten Fabriken in Manchester und in Boston nicht viel mehr als 75 Centner jährlich dargestellt, von denen drei Fünftel auf England und zwei auf Amerika entfallen.

Das Magnesium selbst ist ein silberweißes, mattglänzendes Metall, welches schon bei gewöhnlicher Rothglühhitze schmilzt; es ist in diesem Zustande aber schwer beweglich und fast teigig, so daß es Formen schlecht ausfüllt; bei ungefähr 1020° verwandelt es sich in Dampf. Es ist noch leichter als das Aluminium, denn sein spezifisches Gewicht beträgt nur $1{,}743$. Mit anderen Metallen läßt es sich in mannichfachen Verhältnissen zusammenschmelzen, und diese Legirungen scheinen für seine Verwendung als Leuchtkörper Vortheile zu bieten. Denn da das Kilogramm metallisches Magnesium zur Zeit noch gegen 450 Mark kostet, so dürften Metalle, wie Zink (welches, zu 1 Theil mit 2 Theilen Magnesium legirt, die Flamme nur etwas bläulich färbt, ohne ihr an Stärke etwas zu rauben), als Verwohlfeilerungsmittel sehr willkommen sein. Eine Legirung von 1 Theil Zink und 3 Theilen Magnesium giebt eine grüne, 1 Theil Strontium mit 2 Theilen Magnesium eine prachtvolle rothe Flamme. Mit Kupfer giebt das Magnesium eine messinggelbe Bronze, die indessen für ihre Eigenschaften zu theuer ist.

Weh' Dem, der zu sterben geht
Und Keinem Liebe geschenkt hat —
Ein Krug, der zu Scherben geht
Und keinen Durst'gen getränkt hat.
Rückert.

Töpferwaaren und Porzellan.

Geschichtliches über die Töpferkunst in Aegypten, Griechenland, Italien (Etrurien) u. s. w. Die Rohmaterialien. Thonarten. Ziegelbrennerei. Thonpfeifen. Terracotta. Formen der gewöhnlichen Töpferwaare auf der Drehscheibe und in Gips. Die Glasur. Majolika oder Fayence. Geschichte dieses Kunstzweiges. Palissy. Josuah Wedgwood. Delfter und deutsche Fayencen. Steinzeug, die Thonwaaren des Niederrheines. Das Porzellan. Geschichte desselben. Bei den Chinesen. Seine Erfindung durch Böttger und Tschirnhausen. Meißen. Ausbreitung der Fabrikation des Porzellans. Porzellanmarken. Formen, Glasiren, Brennen, Malen und Vergolden des Porzellans. Fabrikation der Porzellanknöpfe.

Wir haben in der Einleitung zum ersten Bande dieses Werkes (S. 95—98) bereits auf die Bedeutung hingewiesen, welche die Gefäßindustrie für das Kulturleben der Welt hat, ohne uns dort eingehender mit den Einzelheiten dieses wichtigen Gegenstandes zu beschäftigen. Jetzt bietet sich uns dagegen im systematischen Verlaufe unserer chemischen Betrachtungen Gelegenheit, den bei weitem wichtigsten Theil dieses Kapitels ins Auge zu fassen, denn es kann weder die Herstellung von Gefäßen aus Holz, Leder oder aus den natürlich vorhandenen

Geschichtliches.

Schalen der Früchte, aus Muscheln u. s. w., noch die aus Metallen, ja selbst nicht die Benutzung des Glases zu den in Rede stehenden Zwecken, eine nur annähernd so hervorragende Stellung beanspruchen, wie die Verarbeitung des Thones. Nach der griechischen Benennung des Thones Keramos, nennt man das ganze Gebiet der Thonverarbeitung **Keramik**.

Wie weit dieselbe, die Kunst der Töpferei, in das Alterthum zurückgeht, darüber vermögen wir nur sehr mangelhafte Nachweise zu geben. Wissen wir doch kaum zu bestimmen, wie viele Jahrtausende die ersten geschichtlichen Ueberlieferungen der alten Kulturvölker hinter uns zurückliegen, um wie viel schwieriger müssen die Versuche sein, den bei weitem früheren Zeitpunkt nachzuweisen, wo sie die ersten Staffeln einer Technik, wie die Töpferei ist, erstiegen, welche für Erfordernisse der ursprünglichsten Art arbeitet. Tief unter dem langsam sich absetzenden Schlamme des Nil sind glasirte Thonscherben hervorgegraben worden, die, wenn anders die Rechnung aus der Dicke der Schlammschicht und des alljährlich sich absetzenden Niederschlages richtig ist, vor mehr als 13,000 Jahren gebrannt worden sein müssen. In den alten Pfahlbauten, deren Ueberreste neuerdings in großer Zahl entdeckt worden sind, hat man Scherben von Thongefäßen aufgefunden, ja die Anhäufung derselben zu langhin sich ziehenden, massenhaften Bänken giebt der Vermuthung Grund, daß schon damals die Herstellung von Geschirren über den persönlichen Bedarf hinaus in fabrikmäßiger Weise betrieben worden ist, und die älteste Sage von der Erschaffung des Menschen aus Thon deutet außerdem darauf hin, daß die Bildsamkeit dieses fast überall natürlich vorkommenden Materiales in der allerältesten Zeit schon benutzt wurde.

Welcher Art freilich die Herstellung von Gebrauchsgegenständen in diesen ersten Kulturperioden der Menschheit war, darüber stehen uns für die Schlußfolgerung nur

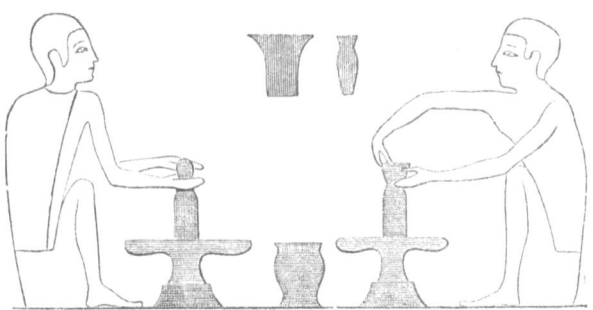

Fig. 145. Altägyptische Töpfer an der Scheibe arbeitend.

Anhalte zu Gebote, welche sich aus der Analogie ergeben; wir werden aber wenig fehlgehen, wenn wir sie so einfach als möglich annehmen, so wie sie noch jetzt von rohen Völkerschaften geübt wird. Direkt belehren uns über diese Frage aber schon die ältesten Dokumente, welche uns über die Kulturbestrebungen der Menschen die Zeit entzifferbar aufbewahrt hat. Auf ägyptischen Basreliefs finden wir wiederholt die Abbildungen der verschiedenen Manipulationen, die bei der Bearbeitung des Thones eine Rolle spielen. Wir sehen den rohen Thon mit Füßen kneten damit er plastischer werde; Erzeugnisse verschiedener Formen werden theils aus freier Hand, theils auf der Töpferscheibe daraus gebildet (s. Fig. 145) und die daneben dargestellten Geräthe lassen schließen, daß dieselben Handgriffe, wie heute, auch schon damals angewendet wurden. Andere Figuren zeigen uns das Brennen, die Gestalt der Oefen, das Einsetzen der Geschirre in dieselben, das Entleeren, ja sogar die rothe Farbe der altägyptischen Thongeschirre, und in den Grabkammern von ägyptischen Großen sind uns sogar zahlreiche kleine Mumienbilder mit sauber eingepreßten Inschriften und mit einer blaugrünlichen Glasur überzogen aus jener Zeit erhalten.

Daß die Israeliten ebenfalls schon in den frühesten Zeiten die Kunst der Töpferei verstanden, das beweisen zahlreiche Stellen des Alten Testaments. So sagt Sirach:

Also ein Töpfer, der muß bei seiner Arbeit sein und die Scheibe mit seinen Füßen umtreiben und muß immer mit Sorgen sein Werk machen und hat sein gewisses Tagewerk.

Er muß mit seinen Armen aus dem Thon sein Gefäß formiren und muß sich zu seinen Füßen müde bücken.

Er muß denken, wie er es fein glasire, und früh und spät den Ofen fegen.

Wenn auch nicht mit den ersten Anfangsgründen, denn auf diese kommt naturgemäß jedes Volk von selbst, so sind doch höchst wahrscheinlich die Griechen durch die Aegypter mit den Vervollkommnungen der Töpferkunst bekannt gemacht worden. Zu Homer's Zeiten gab es auf der Insel Samos Töpfereien, welche eine große Berühmtheit besaßen, so daß der blinde Sänger dieselben durch ein Gedicht verherrlichte, welches die Meinung hervorrufen könnte, als sei es durch den Besuch eines großen Etablissements der Neuzeit veranlaßt worden, so übereinstimmend sind die darin geschilderten Verfahren mit den heutigen. Außerdem sind uns die Namen vieler der bedeutendsten griechischen Töpfer aufbewahrt geblieben, so des Dibutades von Sikyon, dessen Gefäße in Menge nach Korinth gebracht wurden (wann er lebte, ist unbekannt); Koröbos von Athen, um 1500 v. Chr.; Tales, der Sohn des Perdix und Neffe des Dädalos; Therikles von Korinth, nach welchem eine Sorte Vasen den Namen erhielt u. s. w. Uebrigens griffen auch andere Kunstzweige fruchtbar in das Töpfergewerbe ein, und es erschien einem Phidias, Polyklet, Myron u. A. nicht zu gering, Zeichnungen für die Werke der Töpfer zu entwerfen.

Fig. 146.
Die Vase des Argesilaos. Werk eines kyrenischen Töpfers (500 v. Chr.).

Wie alle Bildung und Kunstfertigkeit, so nahm auch die Gefäßkunst ihren Weg von Griechenland nach den südlichen Theilen Italiens, um von hier aus in den Lebensorganismus des römischen Reiches überzugehen.

Zwar mag auch in den dortigen Landschaften lange vorher schon eine eigenthümliche Kultur bestanden haben, auf die Ausbildung der fruchtbaren Zweige aber wurde der von Griechenland ausgehende sonnig belebende Hauch von der wesentlichsten Förderung. Die charakteristischen Formen etrurischer Bildnerei erlangen durch den Einfluß griechischer Muster eine wunderbare Verschönerung. Durch die Sitte der Alten, Aschenkrüge und Urnen in die Grabstätten zu setzen, ist uns ein großes Material für die Beurtheilung des damaligen Geschmackes und der technischen Fähigkeiten, demselben gerecht zu werden, überliefert und durch ausgedehnte Ausgrabungen zugänglich gemacht worden. Betrachten wir die in Museen und Sammlungen vereinigten Gefäße, Urnen, Lampen, Aschen-, Henkelkrüge, Vasen u. s. w., so müssen wir über den Reichthum der Formen und ihre unübertreffliche Schönheit nicht minder als darüber erstaunen, daß alle Erzeugnisse der Kunstgewerbe damaliger Zeit von einer Reinheit, von einer Naivetät und doch von einer Harmonie in allen Zweigen der Geschmacksrichtung Zeugniß ablegen, welcher sich wieder zu nähern auf dem Wege der Absicht und Spekulation unserer Tage kaum möglich sein dürfte. Wir geben in Fig. 146 und 147 die Abbildung eines der berühmtesten Werke etrurischer Töpferkunst, die nach dem Gegenstande ihrer Malerei sogenannte Vase des Argesilaos, und zwar zeigt uns Fig. 146 die innere Malerei, Fig. 147 die äußere Form und Zeichnung. Das Kunstwerk hat eine Höhe von etwa 28 Centimetern, einen Durchmesser von gegen 30 Centimeter und befindet sich in der National-Bibliothek in Paris. Eine der bedeutendsten Sammlungen von Vasen assyrischer, ägyptischer, griechischer, etrurischer und römischer Herkunft befindet sich in München.

Ziergefäße aus der königl. Porzellanmanufaktur in Berlin.

Geschichtliches.

In Rom standen zu Plinius' Zeiten besonders die Irdenwaaren aus Tralles in Lydien, Erythrä in Jonien, Adria in Oberitalien, Rhegium und Cumä in Unteritalien in hohem Ansehen. Die Henkelkrüge von Kos waren so geschätzt, daß sie die Patrizier an ihre Klienten vertheilten, wenn sie bei besonderen Gelegenheiten deren Gunst sich sichern wollten. Das Material, aus welchem alle diese Gefäße hergestellt waren, bestand aus einem farbigen, rothen oder rothbraunen Thone und die Malerei meist nur aus einer schwarzen Zeichnung auf der natürlichen Farbe des Grundes. Als die ältesten der griechischen Thongefäße sieht man die aus gelblich-grauen oder bräunlich-gelben Thone mit schwarzen oder braunen Zeichnungen an, dann folgen der Zeit nach die mit schwarzen Figuren auf rothem Grunde, endlich die mit rother Zeichnung auf schwarzem Grunde. Wenn mehrere Gefäße dieselbe Malerei erhalten sollten, so erleichterte man sich die Arbeit, indem man die Zeichnung in Papier ausschnitt, diese Schablone um das Thongeschirr legte und dasselbe in den flüssigen Farbstoff tauchte. Alle ausgeschnittenen Stellen des Papiers ließen auf dem Gefäß sich Farbstoffe absetzen, während die übrigen Partien davon frei blieben. Später wurden erhaben aufliegende Ornamente auch vergoldet.

Die Römer betrieben die Töpferei in ausgedehnter Weise und in künstlerischer Vollendung auch in den von ihnen angelegten Kolonien, wie die in der Neuzeit aufgegrabenen Töpferwerkstätten beweisen; so zu Rheinzabern, wo man bis zum Jahre 1858 bereits 70 altrömische Töpferöfen und 36 Ziegelöfen blosgelegt hatte. Die römischen Geschirre zeichnen sich aus durch ihre schöne korallenrothe Masse, die man, wie es scheint, beliebig zu erzeugen verstand, die sogenannte terra sigillata, Siegelerde. Verziert wurden diese Geschirre häufig durch erhabene Ornamente, welche man mit Stempeln preßte.

Fig. 147. Die Vase des Argesilaos. Aeußere Ansicht.

Es ist aber auch bekannt, daß in alten slavischen Gräbern in Deutschland, Polen und Rußland ebenfalls irdene Gefäße in großer Zahl gefunden werden, und die eigenthümlichen Formen derselben beweisen auch zur Genüge, daß die Töpferkunst bei diesen Völkern einen selbständigen Entwicklungsgang genommen hat.

Obwol schon in dem Seite 295 angeführten Ausspruche Sirach's der Glasur Erwähnung geschieht und auch altägyptische Scherben von glasirtem Thon gefunden worden sein sollen, so scheinen doch die aufgeschmolzenen Ueberzüge, die man den Irdenwaaren geben lernte, und wodurch man sie dauerhafter und für Flüssigkeiten undurchdringlich macht, eine Erfindung zu sein, die nur bei einzelnen Völkern gemacht worden war und sich nicht allgemein verbreitete. Vielleicht bestand sogar die alte Glasur für gewöhnlich nur in einem Ueberzuge von Harz oder dergleichen, wie ihn heute noch manche Stämme in Südamerika ihren Thongeschirren geben, um denselben die Porosität zu nehmen. Die in Deutschland ausgegrabenen Gefäße sind bis auf die rothen römischen von unglasirter Masse. Die Griechen und Römer aber lernten Glasur und Farben einschmelzen, und die Schmelzmalerei war in Italien bereits zur Zeit des Porsenna einheimisch. Die alte Glasur ist überaus dünn, als ob sie mit dem Polirstahl hervorgebracht wäre; dieser Umstand hat ihre Untersuchung erschwert. Indessen ist es nicht unwahrscheinlich, daß sie, wie Franz Keller vermuthet, für die rothe römische Töpferwaare mittels Borax hervorgebracht worden ist, dessen charakteristischer Bestandtheil, die Borsäure, sich beim Brennen verflüchtigte. Die Malerei wurde immer unter der Glasur angebracht; die bereits aufgeschmolzene Glasur zu bemalen, soll erst Anfangs des 15. Jahrhunderts von dem Florentiner Luca della Robbia erfunden worden sein. —

Die Völkerwanderung hatte das Fortschreiten der Kultur in Europa auf gewaltsame Weise nicht nur unterbrochen, sondern auch die alten Ueberlieferungen verschüttet und unwirksam gemacht. Wie sich dies auf allen Gebieten bemerklich macht, so tritt es namentlich in den der Kunst verwandten Zweigen der Stoffbearbeitung zu Tage. Erst die Araber befruchteten wieder die abendländische Technik und Erfindung durch ihre eigenthümlichen, phantasievollen Schöpfungen sowie durch Einführung neuer Verfahren, die bei diesem hochgebildeten und namentlich auch in chemischen und technischen Kenntnissen allen anderen weit überlegenen Volke inzwischen zu großer Vollkommenheit sich ausgebildet hatten. Perser und Araber waren namentlich in der Kunst, prachtvoll gefärbte Glasuren und Emails, aufzuschmelzen, Meister. So kamen durch die Kreuzzüge und später über Unteritalien und Spanien durch die Mauren neben anderen Erzeugnissen einer edlen Gewerbthätigkeit auch vorzügliche Gläser und Thonwaaren nach Europa, die zur Nachahmung reizten. Die Majolika hat ihren Namen nach der Insel Majorka, wo maurische Töpfereien bestanden. Im 15. Jahrhundert nahm dann mit allen übrigen Künsten auch die Thonbildnerei einen großartigen Aufschwung, der sich von Italien aus allmählich über ganz Mitteleuropa verbreitete. In Frankreich brachten Beauvais, Paris (Palissy), Limoges, Nevers, Rouen, in Deutschland Nürnberg, Bayreuth, Siegburg und Köln mit dem ganzen Niederrhein, in Holland Delft zur Zeit der Renaissance wundervolle Thonwaaren hervor. Im 18. Jahrhundert aber gerieth die Industrie im Allgemeinen mit der ganzen Geschmacksrichtung allmählich wieder in Verfall, welchen auch das eben erfundene Porzellan, das rasch zu großer Vollkommenheit gebracht wurde, nicht aufhalten konnte, ja, der durch dasselbe sogar in gewisser Beziehung mit beschleunigt wurde. — Viel weiter noch zurück als im Abendlande reicht die nachweisbare Erfindungsgeschichte der Töpferei bei den Chinesen. Schon zu den Zeiten des Kaisers Hoang-Ti, welcher um 2650 v. Chr. regierte, gab es große kaiserliche Töpfereien und angestellte Oberaufsichtsbeamte über dieselben. Indessen wollen wir uns bei den Erfindungen des auserwählten Volkes der Mitte nicht besonders aufhalten, da uns hierzu das Porzellan noch bessere Gelegenheit darbieten wird. Vielmehr wollen wir, da sich die einzelnen Vervollkommnungen der Kunst nicht genügend ohne einen Einblick in den technischen Theil derselben verstehen lassen, uns eine Bekanntschaft zu verschaffen suchen mit dem Wesentlichen der Töpferei bezüglich der Stoffe, welche sie verarbeitet, der Methoden, nach denen dies geschieht, und schließlich der Produkte, die sie auf solche Weise hervorbringt.

Das **Rohmaterial der Keramik** ist der Thon und die ganze Kunst, mag sie nun in der Herstellung von Ofenkacheln bestehen, oder in der Erzeugung der künstlichsten Werke, wie sie die Porzellanmanufakturen in Meißen oder Sèvres hervorbringen, ja sogar die Fabrikation von Ziegeln und gebrannten Steinen, beruht in gleicher Weise auf der Eigenschaft des Thones, bei großer Hitze in einen Zustand beginnender Schmelzung zu gerathen, wodurch seine Theilchen an einander backen und die innere Masse Härte und Festigkeit gewinnt. Wir haben im vorigen Abschnitte, wo wir den einen Hauptbestandtheil des Thones, die Thonerde, gelegentlich der Darstellung künstlicher Edelsteine zu betrachten hatten, schon gesehen, daß diese Erde an sich so gut wie unschmelzbar ist; in Verbindung mit Kieselsäure, als kieselsaure Thonerde, wird sie in der Hitze weich, und diese Eigenschaft läßt sich durch Zusatz von geeigneten anderen Substanzen modifiziren, so daß wir für die verschiedenen Zwecke der Töpferei auch verschiedene Gemenge werden verarbeiten sehen. Da der Thon ebenso wie der Lehm Rückstände verwitterter feldspathhaltiger Gesteine sind, und diese zum Theil aus Mineralien zusammengesetzt waren, welche Eisen, Kalk, Kieselerde (Quarz), Magnesia und dergleichen Bestandtheile enthalten, so werden sich diese Stoffe, soweit sie unlöslicher Natur sind, auch im Thone wiederfinden können. Die löslichen Bestandtheile, wie Kali, Natron u. s. w., sind dagegen durch das Wasser entweder ganz oder zum größten Theile ausgelaugt worden, welcher Prozeß eben das Wesen der Verwitterung ausmacht.

Nicht alle Thone sind für die Zwecke der Töpferei geeignet. Der beste ist der Porzellan- oder Pfeifenthon, welcher vollkommen eisenfrei ist und beim Brennen daher eine ganz weiße Masse liefert. Je mehr Eisen im Thon enthalten ist, um so mehr sind die

Rohmaterial der Keramik.

daraus gebrannten Gegenstände gefärbt, und die Nuancen, welche dabei zum Vorschein kommen, wechseln von den leichtesten Farbentönen bis zu dem tiefen Schwarz durch alle Nuancen von Gelb, Roth und Braun; Thone, die sich grau oder bläulich brennen, sind seltener. Das Eisen übt übrigens nicht nur einen färbenden Einfluß, sondern es ist, ebenso wie der Kalk, das Kali u. s. w., auch gern geneigt, schmelzbare Schlacken zu bilden, daher Thone, welche diese Bestandtheile in großer Menge enthalten, durchaus nicht zu den feuerfesten gerechnet werden können. Wenn wir die Thonwaaren im großen Ganzen ins Auge fassen und dazu auch die Erzeugnisse der Ziegeleien rechnen, so können wir für manche Zwecke Thone von gewissen Eigenschaften noch als recht gut verwendbare bezeichnen, die für die feineren Werke der Gefäßbildnerei durchaus untauglich sein würden.

Die Thone unterscheiden sich zunächst in **plastische**, bildsame, zu denen der gewöhnliche Töpferthon gehört, und in **unplastische**, wie die Porzellanerde. Die ersteren sind dadurch charakterisirt, daß sie mittels Wassers einen ausgezeichneten Schlämmprozeß durchgemacht haben, welcher sie von allen fremdartigen gröberen mineralischen Bestandtheilen, wie Quarzkörner u. s. w., befreit hat. Sie liegen nicht mehr auf der ursprünglichen Lagerstätte ihrer Muttergesteine, vielmehr sind sie von den Fluten weitergeführt und an Stellen, wo die Strömung ruhiger ging, abgesetzt worden. Daher denn auch das feine Gefüge und die konstante chemische Zusammensetzung, welche auf 1 Atom Kieselerde 1 Atom Thonerde und 2 Atome Wasser erkennen läßt; außerdem aber zeichnen sie sich durch einen wechselnden Gehalt an freier Kieselerde und bisweilen durch eine geringe Quantität organischer Beimengungen aus. Sie fühlen sich fettig an und lassen sich in feuchtem Zustande in alle möglichen Formen bringen, weswegen sie auch ein sehr geeignetes Material für die Bildhauer und Erzgießer sind, welche ihre Modelle aus ihnen herstellen. Der Luft ausgesetzt, verlieren diese Thone ihren Wassergehalt und werden fest; sie erhalten aber ihre Bildsamkeit wieder, wenn sie in Wasser aufgeweicht werden. Werden sie geglüht, so schwinden die reinsten Sorten nur wenig, erhärten aber ohne zusammenzusintern und bekommen dadurch eine große Porosität. Sie werden dabei heller, denn die organischen Bestandtheile, welche die blaue, graue oder schwärzliche Färbung verursachen, verbrennen in der Glühhitze. Minder reine Sorten, vorzüglich solche, welche Eisen, Kalk, Kali u. dergl. enthalten, erweichen in der Glühhitze mehr oder weniger, backen dabei zu einer fast gar nicht mehr porösen Masse zusammen und schwinden in ihrem Volumen oft sehr beträchtlich. Diese Thone eignen sich zur Fabrikation von Gefäßen, in denen Flüssigkeiten aufbewahrt werden

Fig. 148. Hebräer, unter der Aufsicht ägyptischer Wächter Ziegel streichend.

sollen (Steinzeugthon), während die vorher erwähnten (die sogenannten Pfeifen= thone) dazu nur beschränkte Anwendung finden können. Geht der Gehalt an verschlack= baren Basen über eine gewisse Grenze hinaus, so können die Thonwaaren bei großer Hitze förmlich in Fluß kommen; in diesem Falle treten dann die etwa vorhandenen Metalloxyde, Eisen und Mangan, mit ihrer intensiv färbenden Kraft hervor, wie wir an manchen glasigen, verbrannten Ziegeln beobachten können. Die feuerfesten Thone bestehen fast aus reiner kieselsaurer Thonerde.

Von den verschiedenen Thonarten finden also in der Industrie Verwendung der **Lehm** oder die **Ziegelerde**, der **Thonmergel** für gewöhnliche Töpferwaare, der **Letten=** oder **Töpferthon** für glasirte Geschirre ordinärer Fayence, der feuerfeste **Pfeifenthon** für Fayence, sogenanntes Steingut, und die **Porzellanerde** für Porzellan.

Die mageren Thone, welche im Gegensatz zu den bildsamen fetten nur eine geringe Elastizität besitzen, wie die Porzellanerde, liegen meist noch an der Stelle, wo sie aus der Zer= setzung der feldspathhaltigen Gesteine entstanden sind; sie besitzen daher gewöhnlich auch noch alle übrigen unlösbaren Mineralbestandtheile des ursprünglichen Materials, Quarz u. s. w., in sich und müssen vor ihrer Verarbeitung für manche Zwecke erst von jenen Beimengungen durch Schlämmen, Kneten, Auslesen u. dergl. befreit werden. Um ihre Bildsamkeit zu er= höhen, werden sie sehr häufig mit fettem Thone versetzt. Der Lehm ist sandhaltiger Thon. Wir wenden uns zunächst dem einfachsten Zweige der Thonwaarenindustrie zu, der

Ziegelfabrikation, jener uralten Erzeugung von künstlichen Bausteinen, welche fast von allen, selbst den unkultivirtesten Völkern, betrieben wird, und von der wir schon auf altägyptischen Bauwerken Abbildungen, wie Fig. 148, und in der Bibel schriftliche Zeugnisse finden. Sie verlangt für ihre Zwecke eine verhältnißmäßig nur geringe Vorbereitung des Rohmaterials. Der durch Ausstechen gewonnene Thon wird mittels Durchknetens von den gröberen Beimengungen, Steinen, Wurzelstücken u. s. w., befreit; wenn er zu fett ist, in durch die Erfahrung festgestellten Verhältnissen innig mit Sand gemischt. Um aber ein gleichmäßiges Rohmaterial zu erhalten, ist es noch nöthig, den Thon vorher gehörig mit Wasser zu durchtränken, ihn einzusumpfen, was in besonderen Gruben geschieht, wo= möglich ihn auch, gleich nachdem er gestochen worden ist, erst einen Winter hindurch in lose aufgeschichteten Haufen durchfrieren zu lassen. Enthält er Bestandtheile, die beim Brennen schädlich wirken und durch Auslesen nicht entfernt werden können, so müssen die= selben durch Schlämmen beseitigt werden, ein Prozeß, der vortheilhaft besonders mit solchen Thonen vorgenommen wird, welche für feinere Artikel, Façonsteine, Terracotten u. s. w. dienen.

Anstatt des Durchknetens mit Füßen, werden jetzt allgemeiner die **Thonschneide= apparate, Thonmühlen,** angewandt; der gebräuchlichste besteht aus einem kegelförmigen, durch eine vertikale Achse beweglichen Fasse, das sich in einem Bottiche dreht und in seinem Umfange mit schmiedeisernen Klingen versehen ist, welche den eingeworfenen Thon zer= schneiden, durch ihre schraubenförmige Stellung in einander kneten und nach unten drücken, so daß unten eine gleichmäßig durchgearbeitete Masse herausquillt.

So vorbereitet wird der Thon zu Ziegeln geformt, was sehr einfach ist, indem die Lehmmasse in den gewöhnlichen Fällen nur in hölzerne Rahmen von der entsprechenden Größe kräftig eingedrückt und das Ueberflüssige abgestrichen wird. Die Formen werden an den Innenwänden mit Wasser benetzt, damit der Thon nicht daran haften bleibt. In manchen Gegenden netzt man die Formen nicht, sondern bestreut sie, wie auch die geformten Steine, mit feinem Sande. Die Ziegel werden dadurch oberflächlich zwar nicht so glatt, man kann aber trockneres Material verarbeiten und an den so erzeugten Steinen haftet der Mörtel besser. Feinere Steine werden natürlich mit größerer Sorgfalt behandelt, mit einem Lineal von Pflaumenbaumholz glatt gestrichen, besonders getrocknet, auch wol in lufttrockenem Zu= stande nachgepreßt oder geschnitten und geglättet. Streicht man dann die geglätteten Seiten mit einem feinen Thonschlicker, der, wenn seine Feuchtigkeit in die Masse eingezogen ist, mit einem breiten Messer glatt gestrichen wird, so erlangen solche Steine durch das Brennen das Aussehen von fein geschliffenen, die sich durch den Thonschlicker auch beliebig färben lassen

Das Formen, die Anfertigung der Steine aus dem Lehm, erfolgte früher durchgängig mit der Hand (Ziegelstreichen). In der Neuzeit aber hat auch hier die Maschinenthätigkeit sich Eingang verschafft. Nicht nur daß das Durchkneten des Lehmes oder Thones nicht mehr mit den Füßen oder Händen geschieht, sondern mittels eigenthümlicher Quetschwalzwerke, Brechmühlen und anderer Apparate, welche durch Pferdekraft, Mühlräder oder Dampfmaschinen in Bewegung gesetzt werden, so hat man auch das Formen der gehörig vorbereiteten Masse besonderen Maschinenvorrichtungen übertragen. Es ist dadurch nicht nur eine viel raschere Produktion, sondern auch eine viel größere Mannichfaltigkeit der darstellbaren Formstücke ermöglicht worden. Dieselben werden auf diese Weise nicht mehr wie bei der alten Methode durch Einzelformen erzeugt, vielmehr wird der plastische Thon mit Hülfe einer starken Presse durch eine Oeffnung gezwängt, welche ihm eine solche Gestalt giebt, daß für die Herstellung der einzelnen Stücke nur noch ein Durchschneiden nothwendig ist.

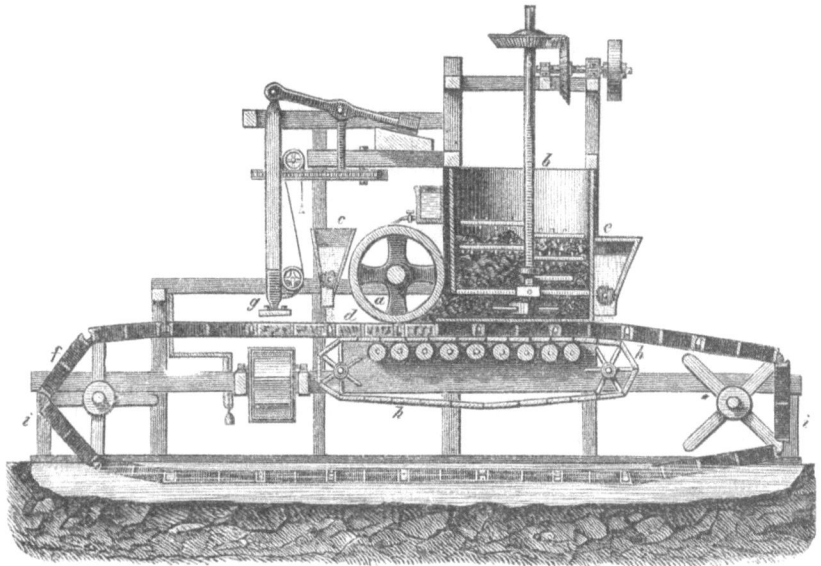

Fig. 149. Maschine zum Formen der Ziegel aus trockenem Lehm.

Für Ziegelsteine kommt die Thonmasse als ein vierkantiges Prisma heraus, für Drainröhren wird sie über einen cylindrischen Dorn gepreßt, gerade wie bei der Herstellung der Bleiröhren geschieht, und die mancherlei Formziegel, deren Erzeugung früher so viele Umständlichkeiten im Gefolge hatte, lassen sich auf diese Weise, wo es nur auf die Form der Oeffnung ankommt, mit derselben Schnelligkeit wie gewöhnliche Backsteine gewinnen. Das herausquellende Thonstück wird mittels eines Drahtes oder einer Messerschneide, die von der Maschine in entsprechenden Intervallen an der Oeffnung vorübergeführt wird, durchschnitten und dadurch jedesmal ein selbständiges Stück isolirt von einem Querschnitt, der mehrere Ziegelgrößen in sich enthält. Haben die solchergestalt erlangten Lehmprismen die Länge des Bretes erreicht, über welches sie vorgeschoben werden, so theilt sie ein Arbeiter mittels eines Rahmens, welcher drei, vier oder mehr, je nach der Stärke der zu erzeugenden Ziegel, entsprechend weit von einander gespannte Drähte enthält, in einzelne Stücke, so daß mit jedem Schnitt zwölf, sechzehn oder mehr Steine fertig werden.

Es giebt sehr zahlreiche Konstruktionen von Ziegelmaschinen, die verschieden sind je nach der Art des Rohmateriales, welches verarbeitet werden soll, und nach den Produkten, die man damit zu erzeugen beabsichtigt. Ziegelmaschinen der eben geschilderten Art, die sich aber auch noch durch Zugabe von Thonschneideapparaten, Walzwerken u. dergl. sehr mannichfach gestalten, eignen sich besonders für nasse Thone, welche in sich einen ziemlichen

Zusammenhalt besitzen. Da es aber für manche Zwecke, wo es auf äußerste Schärfe und Glätte nicht ankommt, sehr vortheilhaft ist, den Thon möglichst trocken zu verarbeiten, weil man dabei wesentlich an Brennmaterial spart, so hat man hierfür andere Formmaschinen erfinden müssen, welche eine kräftigere Zusammenpressung der weniger zusammenhängenden Masse gestatten. Das Charakteristische dieser Trockenpressen liegt darin, daß bei ihnen nicht die einzelnen Formstücke aus einem kontinuirlichen Thonstrange geschnitten werden, sondern daß die Steine einzeln in Formen gepreßt werden müssen, wie es bei dem Formen mit der Hand geschieht. In Frankreich ist eine Ziegelmaschine vielfach in Gebrauch, die wir in Fig. 149 abbilden. Bei derselben fällt der Thon unmittelbar aus dem Thonschneideapparat in die eisernen Ziegelformen f i, die zu einer Kette ohne Ende if i mit einander verbunden unter der Trichteröffnung des Thonschneiders b vorbeipassiren und nachdem sie sich hier gefüllt haben, unter eine kräftige Druckwalze a gelangen, welche die Zusammenpressung bewirkt. Die Formen bestehen aus vierseitigen Rahmen, wie sie bei dem Streichen mit der Hand ähnlich in Gebrauch sind. Während der Füllung und Pressung ruhen dieselben auf eisernen Platten, die für sich ebenfalls zu einer Kette ohne Ende hh zusammengefügt auf Rollen in gleicher Geschwindigkeit mit jenen vorrücken. Hinter der Preßwalze aber fallen die Bodenplatten von der Form d ab, um unterhalb ihrer Führungsrollen wieder zurückzukehren, das Formstück wird durch einen von oben nach unten sich bewegenden Stempel g aus dem Rahmen gedrückt und auf einem Tuch ohne Ende dem Trockenplatze zugeführt. Die Formen passiren auf dem Rückgange ein Wasserbassin und werden, ehe sie sich mit Thon füllen, durch ein Siebwerk mit feinem Sande ausgestreut, ebenso wird hinter den Walzen die obere Seite der Preßstücke noch durch das Siebwerk c besandet.

Die auf die eine oder die andere Art hergestellten Thonziegel müssen vollkommen lufttrocken sein, ehe sie gebrannt werden können. Bei den trockengepreßten Steinen ist ein besonderes Austrocknen oft nicht erst nöthig, bei den gestrichenen oder naßgepreßten dagegen erfordert dieselbe oft längere Zeit und die Anlage großer luftiger Trockenschuppen.

Das Brennen der Ziegel erfolgt entweder in festen Oefen oder meilerartig durch den sogenannten Feldbrand, welche letztere Methode in Gegenden, wo billiges Kohlenklein zu haben ist, und wo die Ziegelei nicht als eine große Fabrikationsanlage, sondern mehr für vorübergehende Zwecke betrieben werden soll, trotz ihrer sehr rohen Prinzipien dennoch vortheilhaft sein kann. Es werden dabei die völlig lufttrocknen Steine so über einander geschichtet, daß jeder Stein von dem andern durch eine dünne Lage Kohlenpulvers getrennt ist, wobei aber horizontale und vertikale Feuerkanäle, die mit Brennmaterial ausgesetzt werden, ausgespart worden sind; das Ganze wird schließlich äußerlich mit Rasenstücken bedeckt, und nur oben werden einige Zugöffnungen gelassen, aus denen die Verbrennungsgase entweichen können. Das Anzünden geschieht von besonderen Feuerungskanälen aus, die am Boden angebracht und mit trockenem Holze gleich beim Aufbauen des Haufens zugesetzt worden sind. Der Betrieb eines solchen brennenden Haufens ist ganz ähnlich der Meilerverkohlung. Je nach dem Winde und dem Fortschreiten des Brandes werden Zuglöcher geöffnet, so daß sich das Feuer, welches erst die unteren Schichten ergreift, immer weiter nach oben zieht und allmählich den ganzen Haufen durchglüht. Ein solcher Brand dauert ziemlich lange; dabei schwindet durch das Ausbrennen des Kohlenkleins das Volumen des Meilers, und es gehört viel Uebung und Geschick dazu, beim Zusammensetzen sowol als beim nachherigen Abbrennen auf dieses Zusammenfallen der einzelnen Schichten Rücksicht zu nehmen, damit nicht das Ganze regellos in sich einstürzt und anstatt gutgebrannter Ziegel nutzlose Bruchstücke liefert.

Die Ziegelbrennöfen können sehr verschiedenartig konstruirt sein. Die alten sogenannten deutschen Brennöfen sind ohne Gewölbe, oben offen, und werden, nachdem sie völlig eingesetzt sind, nur mit Ziegelstücken oder Amsen zugedeckt. Sie sind nicht sehr praktisch, denn nicht nur daß bei ihnen ein großer Theil der Hitze nutzlos vergeudet wird, es entsteht auch sehr viel Abfall; die obersten Schichten sind häufig ganz unvollkommen gebrannt, während die innen liegenden Schichten oft verbrannt werden. Die holländischen

Oefen sind mit einem vollen Zirkelgewölbe geschlossen; sie sollen aber in Betreff der Feuerungs=
ersparniß ebenfalls weit hinter denen zurückstehen, welche mit einem flachen Bogensegment
überwölbt sind. Uebrigens ist für die innere Einrichtung des Ofens die Natur des Brenn=
materials von ganz wesentlichem Einfluß.

Die Neuzeit hat durch den enormen Aufschwung, den die Bauthätigkeit genommen,
die Ziegelfabrikation auch dem Fabrikationsbetriebe der Großindustrie genähert. Nicht
nur daß die Maschinen für Zurichtung und Formung immer mehr Eingang finden, auch
bei den Feuerungsanlagen macht man sich die Erfahrungen, welche auf anderen technischen
Gebieten in der Ausnutzung der Heizkraft gewonnen worden sind, zunutze. So geht
man von den alten Oefen, welche die heißen Feuergase unbenutzt entweichen lassen, mehr
und mehr ab, indem man sich dem vernünftigen Prinzip der Siemens'schen Generativ=
feuerung zuwendet. Dieses Prinzip ist in verschiedener Art und von Arnold in seinem
Ringofen sogar schon Ende der dreißiger Jahre in Anwendung gebracht, allein erst in den
letzten fünfzehn Jahren für den Großbetrieb zu fast allgemeiner Annahme gekommen.
Jetzt giebt es der Systeme, die sich mit großer Lebhaftigkeit um den Vorrang streiten, schon
eine große Zahl. Wir können an dieser Stelle natürlich nur das Charakteristische, welches
ihnen zu Grunde liegt, hervorheben, die Einzelheiten der Ausführung und Abweichung
müssen wir übergehen.

Zum Unterschiede von den alten Ziegelöfen, welche nach jedem Brande ausgekühlt
werden mußten, um entleert und frisch wieder gefüllt werden zu können, sind die in Rede
stehenden neueren Oefen kontinuirliche, d. h. der Brand kann ohne Unterbrechung mit
immer frischem Steinmaterial geführt werden; nach ihrer Anordnung heißen sie allgemein
Ringöfen. Sie haben das Eigenthümliche, einmal, daß sie aus einem in sich zurück=
laufenden ringförmigen Raume bestehen, zweitens, daß dieser Raum durch Herablassen von
eisernen Schiebern in einzelne Brennräume abgegrenzt werden kann, deren jeder sich mit
der Esse in Verbindung setzen läßt, und endlich, daß die Feuerung innerhalb dieser
Brennräume von oben mittels Nachschütten von Kohlenklein auf die bereits glühenden
Steine geschieht. Zur Einführung des Brennmateriales sind in der Gewölbedecke Feuer=
öffnungen angebracht, und die Steine müssen an den darunter liegenden Stellen so gesetzt
werden, daß für jenes der nöthige Raum bleibt.

Soll ein solcher Ringofen in Betrieb kommen, so wird er zunächst in seinem ganzen
Umfange mit lufttrockenen Steinen ausgesetzt. Wir wollen annehmen, er läßt sich durch
Schieber in zwölf einzelne Brennräume abgrenzen. Es wird dann die Kammer 12 an die
erste Kammer stoßen. Alle Kammern bis auf 12 und 1 sind gegen einander offen, die
Feueröffnungen in der Decke überall geschlossen, ebenso alle Schornsteinschieber. Vor Be=
ginn des Brennens aber, das mit Kammer 1 anfangen soll, benutzt man die Kammer 12
als Zugangsraum zur ersten Kammer, vor die man eine gemauerte Querwand zieht, in
welche eine Rostfeuerung gelegt wird, da das Anfeuern des Ofens von außen erfolgen muß.
Bevor man nun Feuer giebt, schließt man eine Anzahl Kammern, etwa sechs von den
folgenden durch den Schieber ab, so daß sie einen einzigen Brennraum bilden, öffnet in der
sechsten Kammer den Zug zum Schornsteine und leitet so die abziehenden heißen Feuergase
aus Kammer 1 durch die nächsten fünf Kammern, in denen die Hitze allmählich an die
Steine abgegeben wird, diese sich soweit vorwärmen, daß, wenn 1 gar gebrannt ist, 2 schon
ins Glühen gekommen ist.

Die Feuerung selbst unterhält man von vorn nur so lange, bis die ersten Steine ge=
nügend heiß geworden sind, um das von oben einzuschüttende Kohlenklein in Brand setzen
zu können; dann vermauert man vorn, und unterhält das Feuer nur noch von oben immer
weiter vorschreitend, indem man neue Feueröffnungen aufmacht und die vorher benutzten
dagegen schließt. Für die zum Verbrennen nöthige Luft sind besondere Kanäle gelassen,
die ebenso folgeweise geöffnet und geschlossen werden, wie der Brand vorschreitet.

Jetzt ist der Ofen vollständig im Gange. Die abziehenden Feuergase geben den größten
Theil ihrer Hitze nutzbar ab, die zuströmende Feuerluft aber, welche durch die eben

gebrannten weißglühenden Ziegelgitter strömen muß, ehe sie auf das Brennmaterial trifft, erhitzt sich, indem sie abkühlt, so bedeutend, daß der Wärmeeffekt der Brennstoffmenge entsprechend auf das höchste Maß gesteigert wird.

Sobald nun der Brand soweit vorgeschritten ist, daß man anfängt in die Kammer 2 Brennstoff einzuschütten, so zieht man eine neue Kammer, die Kammer 7, mit in den Betrieb, indem man den Schieber zwischen 6 und 7 aufzieht, 7 von 8 aber absperrt und ebenso aus 7 den Kanal nach dem Schornstein aufmacht, während der von 6 geschlossen wird. Und so fort, so daß die abziehenden Feuergase immer fünf Kammern vorwärmend durchstreichen müssen, ehe sie in die Esse gelangen. Der Weg, den die einströmende Luft durch die abkühlenden Steine zu machen gezwungen wird, wird ebenfalls immer länger, bis endlich die Ziegel kalt genug geworden sind, um aus dem Ofen herausgenommen zu werden. Ehe dies geschieht, hat man die betreffende Kammer durch die Schieber abzusperren; man besetzt sie sofort wieder mit frischen Steinen und hat nun den Kreislauf so eingeleitet, daß der Ofen ununterbrochen im Gange bleiben kann; denn die anfänglich zwischen 12 und 1 behufs der Anfeuerung angelegte Trennungsmauer, ist mittlerweile auch wieder herausgebrochen worden; für die zuströmende Feuerluft sind, wie schon erwähnt, genügend andere Einströmungsorte vorhanden.

Das ist das Prinzip der Ringöfen, das in seinen verschiedenen Ausführungen (wir nennen außer dem Arnold'schen nur die nach ihm aufgetauchten von Ville neuve, Hoffmann, Paul Löff) verschiedene Gestalt angenommen hat; für die Großziegelei sind jedenfalls seine Vortheile ganz bedeutende. — Möglicherweise aber erwächst ihm doch noch eine Konkurrenz, indem neuerdings ein System aufgetaucht ist (Bock), bei welchem der Verbrennungsherd nicht wechselt, sondern wo die Steine nach Art eines Paternosterwerkes in eisernen mit Chamottsteinen ausgefütterten Wagen successive über die festliegende Feuerstätte gefahren, hier gar gebrannt und dann durch einen vorgewärmten Ziegelwagen ersetzt werden. Die Vorwärmung der Feuerluft geschieht ebenfalls in einem geschlossenen Kanale, indem die zuströmende Feuerluft an den abkühlenden Steinen sich erhitzt. Die Ziegelöfen würden auf diese Weise den kontinuirlichen Backöfen ähnlich werden. —

Ehe wir nun zu der eigentlichen Töpferei übergehen, haben wir noch eines besonderen Produktes der keramischen Kunst mit einigen Worten zu gedenken, der

Thonpfeifen, deren weltgeschichtliche Bedeutung freilich durch die Cigarren einen bedeutenden Stoß erlitten hat. Trotzdem daß zu ihrer Vollendung eine Unzahl Manipulationen vorgenommen werden und von dem Auskneten des Thones an bis zum letzten Poliren ganze Reihen von Arbeitern sich in die Hände arbeiten müssen, ist der Preis dieses Artikels doch ein so niedriger, daß nur die Massenproduktion eine Erklärung dafür geben kann. Der beste Pfeifenthon (Pfeifenerde) muß sehr fein und feuerfest sein und sich in der Hitze ganz weiß brennen. Er wird auf das Sorgsamste geschlämmt, die Pfeife aber aus ihm so geformt, daß man zuerst eine lange, dünne, runde Walze herstellt, an deren einem Ende ein größeres Thonklümpchen für den Kopf gelassen wird. Dieser Thoncylinder wird mit einem Drahte der Länge nach durchbohrt und sodann der Kopf in einer zweitheiligen Messingform ausgedrückt, der Draht vollends bis in die Höhlung des Kopfes hineingestoßen, der überschüssige Thon abgeschabt, das Knöpfchen mit dem Fabrikstempel versehen und nun die so weit fertige Pfeife geeignet aufgestellt, damit sie trocknen kann. Das Brennen geschieht in besonderen Oefen, in denen jede Pfeife für sich um eine in der Mitte stehende Säule so arrangirt werden kann, daß sie die anderen nicht berührt (s. Fig. 150); nach dem Brennen werden die besseren Sorten noch mit einem Gemisch von Seife, Wachs und Traganth bestrichen; hierauf werden sie polirt oder wenigstens mit einem wollenen Lappen glatt gerieben, die gewöhnlichen Sorten aber nur oberflächlich von den gröbsten Fehlern befreit.

Bei der Fabrikation der Thonpfeifen werden ganz andere Handgriffe und Apparate, Oefen u. s. w. in Anwendung gebracht als bei der Herstellung von Geschirren; es ist deswegen jene auch nicht zu dem eigentlichen Gewerbe der Töpferei mit zu rechnen, und wie die Ziegelfabrikation konnte sie von uns hier nur gelegentlich kurz mit erwähnt werden.

Eintheilung der Töpferwaaren. Terracotta.

Anders ist es nun mit denjenigen Thonwaaren, welche in unendlich verschiedenen Formen als Gefäße zum gewöhnlichen Gebrauch oder zur Zier als Belege von Wänden und Möbeln, Fliesen und Platten, als figürlicher Schmuck, Statuen, Gruppen, Büsten, plastische Ornamente als Geräthe der mannichfachsten Art, vom Stockgriff bis zum reich modellirten Porzellanlustre hergestellt, das weite Gebiet der eigentlichen Thonbildnerei erfüllen.

Eintheilung der Töpferwaaren. Alle Thonwaaren zusammen zerfallen in zwei große Gruppen, die wir kurzweg als die von weicher und die von harter Masse bezeichnen können. Die weichen Massen sind in gebranntem Zustande noch erdig, kleben an der Zunge, sind undurchsichtig, in ihrer Textur mehr oder weniger locker und weniger klingend als die harten Massen, deren einzelne Theilchen durch ein schmelzendes oder wenigstens in der Hitze sinterndes Bindemittel zusammengehalten werden, und die daher mit ihren Bruchstellen nicht an der Zunge haften, dichter, feinkörniger und klingend sind, und eine gewisse Durchscheinendheit zeigen, die bei dem Porzellan so bedeutend ist, daß man Lichtbilder, die sogenannten Lithophanien, daraus verfertigt.

Zu den weichen Thonwaaren gehören: die Terracotten, die Gefäße der Naturvölker, die Urnen des Alterthums, mögen sie nun eine matte oder eine glasirte Oberfläche zeigen; ferner die mit bleihaltiger Glasur überzogenen und oberflächlich oft gefärbten Fayencen, das im gewöhnlichen Leben fälschlich sogenannte Steingut, die gewöhnliche Töpferwaare, und endlich die feineren mit Zinnglasur oder Zinn- und Bleiglasur weiß oder farbig emaillirten Fayencen (Delft, Rouen u. s. w.), und die Majoliken.

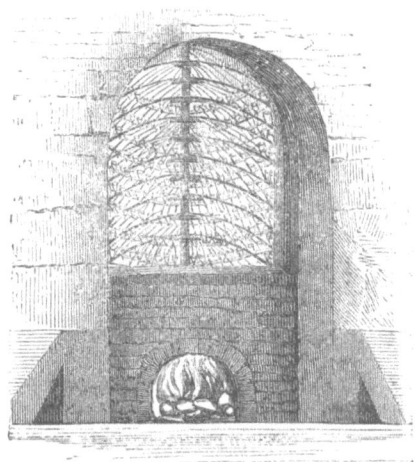

Fig. 150. Brennen der Thonpfeifen.

Zu den harten Massen, aus kieselerde- und mitunter alkalihaltigem Thone, dagegen haben wir zu zählen: die oberflächlich matten feinen englischen Steingutwaaren, welche in der Masse gewöhnlich blau, schwarz, braun oder jaspisartig gefärbt sind, die Wedgwood-Fabrikate, ferner die durch Salzglasur glänzenden Steinzeuge gewöhnlicher Art (Milchäsche u. s. w.), die schönen niederrheinischen alten Gefäße, die Steinzeuge mit glasartiger Glasur, die englische Queenswaare u. s. w., und endlich die Porzellane.

Es liegt in der Natur der Sache, daß, da der wesentliche Unterschied zwischen weicher und harter Waare durch das Auftreten eines sinternden Bindemittels (Kieselsäure, Alkali) bedingt wird, durch das Mehr oder Weniger hiervon Uebergänge hervorgerufen werden können, welche die Grenzen nahezu verwischen. Ein solches Beispiel haben wir schon in den Ziegelfabrikaten, welche in allen Abstufungen bis zu völliger Verglasung vorkommen können, und es giebt ebenso noch viele andere Produkte, welche man ebenso gut der einen wie der anderen der oben angegebenen Unterabtheilungen einordnen könnte, da in Betreff der Zusammensetzung der Glasurmassen gleicherweise Variationen vorkommen.

Terracotta bedeutet nichts Anderes als gebrannte Erde, und man bezeichnet mit diesem Namen eine große Zahl verschiedenartiger Produkte, deren Eigenthümlichkeit hauptsächlich in einer trockenen erdigen Masse sowie im Mangel jeder oder wenigstens im Mangel einer feuerbeständigen Glasur besteht. Da die verhältnißmäßig geringe Hitze, welche bei dem Brande angewandt wird, sowie die Abwesenheit eines schmelzenden Bindemittels der Konservirung der Form günstig ist, so findet man als Terracotten gewöhnlich plastische Kunstwerke ausgeführt, die in solcher Art eine nur wenig kostspielige Wiederholung gestatten. Sie werden entweder mit Hülfe von Formen hergestellt oder aus freier Hand modellirt, und diese Technik hat für den bildenden Künstler den großen Vorzug, skizzenhaften Entwürfen durch das Brennen eine große Dauerhaftigkeit zu geben, ohne den Reiz der Ursprünglichkeit zu verwischen. In diesem Sinne verhalten sich Terracotten zu ausgeführten plastischen Kunstwerken gewissermaßen wie Radirungen zu Oelgemälden. Die ihnen eigene röthliche oder braune Färbung wirkt sehr günstig. Auf der Pariser Ausstellung von 1867 waren Terracottagruppen von Leopold Harzé in Brüssel, das Reizendste was in diesem Materiale wol jemals ausgeführt worden ist. Zu welchem Kunstwerke ein an und für sich geringer Stoff erhoben werden kann, wird der begreifen, welcher die durch Witz und Laune der Erfindung, Grazie der Darstellung und Feinheit der Ausführung hinreißenden Possen gesehen hat. Und wiederum mußte man gestehen, daß in keinem anderen Material, weder in Holz noch in Elfenbein, Bronze oder Silber es möglich gewesen wäre, die ursprüngliche Idee des Künstlers in gleicher Vollendung zum Ausdruck zu bringen, wie es hier in gewöhnlichem Thon geschehen war. Vortreffliche Terracottenfiguren werden auch in Italien gemacht.

Die gewöhnliche Terracotta bezeichnet den ersten Fortschritt, den die Thonbildnerei bei allen Völkern gleichmäßig gemacht hat; denn es mußte sehr bald die Ueberlegung darauf führen, die zuerst nur an der Luft getrockneten Thongebilde der wirksameren Hitze des Feuers auszusetzen, um sie zu härten, und die ältesten Ueberreste, welche wir in den Gräbern der Römer, Griechen, Kelten, Slaven u. s. w. finden, sind nichts Anderes als Terracotten. Die alten Griechen excellirten in der Kunst der Herstellung großer und schöner Gefäße aus Terracotta, welche sie glasirten und reich durch Bemalung ornamentirten; die Römer standen ihnen nicht nach, sie verstanden es vorzüglich dem Thone jene Beschaffenheit zu geben, welche ihn nach dem Brande tief korallenroth erscheinen läßt. In der Zeit der Renaissance spielten in der Architektur plastische Ornamente, Füllungen mit figürlichen Darstellungen, eine große Rolle und die zahlreichen Werke, welche von Luca della Robbia und aus seiner Schule sich noch in Toscana finden, beweisen, daß die größten Künstler der Zeit das Material für würdig hielten, um mit der kostbaren Bronze und mit dem Marmor zu rivalisiren. Die späteren dieser Arbeiten sind farbig glasirt und nähern sich damit schon den Erzeugnissen, die wir als Fayence und Majolika bezeichnen. Bei uns haben die Terracotten vorzugsweise für die Architektur Werth erlangt, welche vielfach Ornamente und äußere Theile, Füllungen, Gesimse, Aufsätze, Statuen u. s. w. daraus darstellt. Das neue Berliner Rathhaus liefert einen schönen Beweis von der Leistungsfähigkeit unserer Terracottafabrikanten, unter denen Ernst March in Charlottenburg in dieser Beziehung die erste Stelle einnimmt, und von dem reizvollen Effekt, welcher mit diesen Erzeugnissen zu erreichen ist. Eine glänzende Probe davon war auch der Triumphbogen, den gelegentlich der Wiener Weltausstellung die Wienerberger Ziegelfabrik ganz allein aus ihren Erzeugnissen errichtet hatte, und an welchem alle die verschiedenen Behandlungsweisen, welche das Material erlaubt: Reliefformung, Glasur, Emaillirung, Bemalung, Vergoldung u. s. w. zu prächtiger künstlerischer Gesammtwirkung vereinigt waren.

Mengt man den Thon mit anderen Bestandtheilen, z. B. mit Chausseestaub, so erhält man Kompositionen, die man zu gewissen Zwecken gut verwenden kann und welche unter dem Namen Siderolith bekannt sind. Da die innere Masse gewöhnlich von nicht sehr schöner und reiner Farbe ist, so giebt man den Siderolithwaaren sowol wie solchen Terracotten bisweilen Anstriche von Oelfarben oder undurchsichtige, farbige Glasuren von sehr leichtflüssiger Natur. Die alten Terracotten sind häufig mit einer sehr feinen Glasur überzogen, welche dem dünnen japanesischen Lack in der Wirkung sehr nahe kommt, aber mineralischer Natur ist und am ähnlichsten sich auf einer Art brauner, sehr feiner, ebenfalls weicher Geschirre wieder findet, die Anfangs des vorigen Jahrhunderts von Böttcher, dem Erfinder des Porzellanes, in Dresden gemacht wurden.

Die gewöhnlichen Töpferwaaren, namentlich solche, welche zur Aufnahme von Flüssigkeiten dienen sollen, müssen einen zusammenhängenden Ueberzug erhalten, der das Durchsickern durch die Poren verhindert. Zu der bloßen gebackenen Erde, der Terracotta, kommt also hier noch ein Anderes, was auf das Aussehen und die sonstigen Eigenschaften wesentlich verändernd einwirkt, so daß man derartige Gegenstände nicht mehr unter jene

Terracotta. Die Töpferei. 307

rechnet, obwol in der Hauptmasse eine große Verschiedenheit nicht besteht und natürlich auch die Behandlungsart der Materialien übereinstimmt. Diese, von der Zubereitung des Thones bis zur Fertigstellung der gebrannten Produkte nothwendigen Manipulationen und Verfahren bilden das eigentliche Wesen der **Töpferei**, das wir gleich hier kurz uns ansehen wollen, weil seine Grundzüge auch für alle anderen Gebiete der Keramik dieselben bleiben.

Die **Töpferei** hat ihr Material nach ihren Zwecken zuzurichten. Der Thon wird also vor seiner Verarbeitung zuerst auf seine Eigenthümlichkeit untersucht und, wenn er dem beabsichtigten Zwecke nicht ganz entsprechen sollte, beziehentlich mit einer fetten oder mageren Sorte vermengt. Diese Mischung sumpft man ein, das heißt, man läßt sie einige Zeit an der Luft in Berührung mit Wasser liegen, wol auch frieren, wodurch die organischen Bestandtheile zerstört werden und das Ganze in einen Zustand der Gährung kommt.

Fig. 151. Triumphbogen errichtet von der Wienerberger Ziegelfabrik, auf der Wiener Weltausstellung von 1873.

Hierauf schlämmt man den Thon und knetet oder schneidet ihn, um alle gröberen Theile und die Steine daraus zu entfernen. In größeren Werkstätten benutzt man zum Kneten und Reinigen der Masse Maschinen, ähnlich den Brechmühlen, wie sie in Ziegeleien gebräuchlich sind, sogenannte **Thonmühlen**. Kurz, ehe der Thon wirklich geformt wird, unterwirft man ihn einer Behandlung, die ihn in eine völlig gleichmäßige, plastische, von organischen Beimengungen möglichst freie Masse verwandelt.

Das Formen selbst geschieht der Hauptsache nach auf zweierlei Weise, nämlich entweder auf der Scheibe oder in Hohlformen. Die **Behandlung auf der Scheibe** dient für alle Gegenstände, welche in ihrer Grundform kreisrund sind. Der Arbeiter sitzt bei der Arbeit, wie es Fig. 152 zeigt, an einer beweglichen Scheibe, die mit ihrem Mittelpunkte auf einer senkrechten Welle befestigt ist. Oben dreht sich die Welle in einem Halseisen, unten aber in einer Pfanne, und nahe am Fuße ist eine zweite Scheibe, die Tretscheibe, befestigt. Auf diese setzt der Arbeiter seinen Fuß, und indem er ihn rasch von sich stößt oder nach sich zieht, versetzt er die untere Scheibe in eine drehende Bewegung, welcher die obere folgen muß. Auf die Mitte der letzteren legt der Töpfer — nehmen wir an, er wolle einen gewöhnlichen cylindrischen Topf machen — ein hinreichend großes Stück weichen Thones und versetzt die Scheibe in Umdrehung, während er die Hand gegen den Thon preßt, der dadurch die Form eines Cylinders annimmt. Indem er die beiden Daumen in die Mitte des Thons drückt und die Hand zu schließen strebt, bildet sich die innere kreisrunde Höhlung.

Fig. 152. Arbeiten an der Töpferscheibe.

Der Thon, der ausweichen muß, drängt sich nun nach oben, der Arbeiter folgt mit seinen Händen nach, und so hebt sich allmählich die Wand cylindrisch in die Höhe, wie dies im Vordergrunde unseres Bildes dargestellt ist. Zuletzt wird der obere Rand umgelegt, das vorläufig vollendete Gefäß mit einem Drahte von der Scheibe abgeschnitten und zum Trocknen zur Seite gestellt. Das ganze Verfahren geht ungemein schnell, und ein ziemlich großer Topf der Art kann so weit fast in derselben Zeit vollendet werden, die wir gebraucht haben, das Verfahren zu beschreiben.

Die Erfindung der Töpferscheibe ist eine sehr alte und es hat den Anschein, als ob die verschiedenen Völker ganz selbständig darauf gekommen wären. Die Griechen schrieben die Erfindung dem Tales, einem um die Mitte des 12. Jahrhunderts v. Chr. lebenden Handwerker, Andere wieder dem Theodorus von Samos zu, wahrscheinlich aber dürfte die Vorrichtung ein noch bei weitem höheres Alter beanspruchen. Uebrigens giebt es Völkerschaften, welche kreisrunde Gefäße von sehr bedeutenden Dimensionen ohne Anwendung der Scheibe herzustellen wissen, so die Arowaken und Warauen in Südamerika, die bis 2 Meter hohe Töpfe lediglich durch spiralförmiges Aufeinanderlegen dünner, langer Thonwülste erzeugen.

Die Töpferei. 309

Handwerkszeug ist für die gewöhnliche Arbeit an der Scheibe nicht viel mehr nöthig als eine kleine Holzschiene zum Glätten und Ebenen der Flächen und ein Tasterzirkel, um die Dicken zu messen, obschon fast in allen Fällen das Augenmaß der sicherste Leiter des Arbeiters sein muß. Zur Seite steht ein Gefäß mit Wasser, um den Thon, wenn er bei der Arbeit zu trocken wird, ein wenig anzufeuchten und geschmeidiger zu machen. Ist die Form etwas zusammengesetzter, geschweift, wie z. B. bei dem zweiten Arbeiter im Hintergrunde, so muß allerdings die Hand auch noch die Hauptsache thun, aber es wird mit allerlei Stäbchen und Formhölzchen verschiedener Art nachgeholfen, um die schärferen Umrisse zu geben, bis auch hier die gewünschte Gestalt hervorgebracht worden ist. In der Regel bedienen sich die Töpfer für die Vollendung ihrer Gefäße hölzerner Schablonen, Leeren, das sind kleine Bretchen, die genau nach dem Durchschnitt der verlangten Form ausgeschnitten sind.

Fig. 153. Die Formerei.

An die bereits im Rohen vorgeformte, schnell rotirende, weiche Thonmasse recht genau angedrückt, zwingen sie diese, ihre Umrisse anzunehmen. So werden Vasen, Flaschen und einfache Teller und Schüsseln gemacht. Für die gewöhnlichen Gefäße dient ein vertikales Stativ mit verstellbaren horizontalen Stäbchen als Maßstab und Leere.

Werden die Sachen mit Henkeln versehen, so bildet der Arbeiter dieselben aus freier Hand und klebt sie mit etwas verdünntem Thon an das fertige Gefäß an. Ausgußöffnungen, sogenannte Schneppen, Schnauzen, entstehen dadurch, daß der Arbeiter gegen den Rand des fertigen Gefäßes den Daumen und den Mittelfinger der einen Hand legt und mit dem Zeigefinger den Rand zwischen beide hineindrückt.

Das bis jetzt beschriebene Arbeiten an der Scheibe liefert aber nur kreisrunde Gegenstände und auch diese nur ganz glatt. Sobald es sich um ovale oder eckige oder auch runde, verzierte Formen handelt, tritt ein anderes Verfahren ein, nämlich das Drücken in Formen, die Formerei. Ovale Gefäße werden zwar auch noch auf der Scheibe hergestellt, welche zu diesem Zwecke eine Einrichtung hat wie das Ovalwerk der Drehbank, oft aber auch, und für eckige und dergleichen Gegenstände ausnahmslos, wird der weiche Thon in Formen gepreßt, in denen die Oberfläche des darzustellenden Gegenstandes vertieft ausgearbeitet ist. Hierzu wird er erst auf einer Tafel mit Walze, wie dies im Hintergrunde unseres Bildes (s. Fig. 153) geschieht, in Platten ausgearbeitet, ungefähr so, wie der Bäcker den Kuchenteig macht, und dann eine solche Platte in oder über die Form gelegt, an die Unterlage überall fest angedrückt, wo zu viel ist, abgeschnitten, wo zu wenig ist, zugesetzt und mit weicher Masse angeklebt, so daß die Form ganz ausgefüllt wird. Ist nur eine Seite gemustert, so wird die andere mit Bossirhölzern oder der Hand geebnet; sind aber beide Seiten mit reliefartiger Musterung versehen, so muß auch die Form zwei Theile haben, einen äußern und einen innern, zwischen welche das Thonblatt eingepreßt wird. Für sehr zusammengesetzte Gegenstände besteht die Form auch wol aus mehr als zwei Stücken, da man sie sonst nicht wieder von dem geformten Gegenstande würde entfernen können. Hervorspringende Verzierungen u. dergl. werden besonders geformt und angesetzt. Die Platten zu Ofenkacheln u. dergl. werden wie die Lehmziegel von einem würfelartig geformten Thonblock mit einem dünnen Metalldraht abgeschnitten.

Die Formen, in welche die Thonmasse gedrückt wird, sind meistens von Gips, dessen Porosität das im Thon enthaltene Wasser aufsaugt und dadurch ein leichtes Ablösen von der Form gestattet; für manche Zwecke hat man auch Formen von Holz, Stein oder Metall.

Die geformten Gegenstände müssen an der Luft getrocknet werden; dadurch erlangen sie einige Festigkeit und können nun das Brennen, das ihnen erst die volle Härte giebt, aushalten. Sollen die Gefäße indessen zur Aufnahme von Flüssigkeiten dienen, so muß, ehe sie gebrannt werden können, noch für die Glasur gesorgt werden.

Die Glasur wird in Form eines dünnen Breies auf die lufttrockenen Gefäße aufgegossen oder =gestrichen, oder man taucht dieselben gleich in den Brei ein. Ist darauf die Waare abermals trocken geworden, so wird sie gebrannt, und zwar werden gewöhnliche Töpferwaaren auf diese Weise in einem Brande fertig; feinere Gefäße jedoch müssen, wie wir noch sehen werden, sowol vor als nach der Glasur gebrannt werden.

Die Masse für gewöhnliche Glasur besteht fast immer aus einem Gemenge von Bleioxyd (Glätte) mit Thon, Lehm oder Sand. Will man eine farbige Glasur, so hat man noch die färbende Substanz zuzusetzen. Alle Bestandtheile werden zwischen einem Paar Mühlsteine unter Wasserzusatz aufs Feinste zusammengemahlen. Als Farbemittel dienen verschiedene Metallverbindungen, z. B. Smalte für Blau, Eisenvitriol für Roth, Schwefelantimon für Gelb, Kupferasche für Grün, Braunstein für Schwarz.

Das Wesen und die Wirkung der Glasur besteht darin, daß sie in der Hitze in Fluß geräth und sich in eine Art Glas verwandelt, welches die Poren des Thones ausfüllt und eine glatte Oberfläche erzeugt. Ist das Schmelzmittel Bleioxyd, so bildet sich kieselsaures Bleioxyd als glasiger Körper. Je stärker der Bleizusatz, desto leichtflüssiger wird die Glasur, desto weniger Hitze ist also zu ihrer Erzeugung nöthig; sie wird aber auch in demselben Grade minder hart und dauerhaft. Eine solche leichtflüssige Glasur erhält mit der Zeit eine Unzahl feiner Sprünge und ist wohl geeignet, an saure Flüssigkeiten und Fette, die in die Gefäße gebracht werden, Blei abzugeben und sie dadurch zu vergiften. Man hat sich daher schon vielfach die Aufgabe gestellt, das Blei als gesundheitsschädlich ganz aus den Glasuren zu verbannen, und es werden häufig sogenannte Sanitätsgeschirre ausgeboten, die eben durch diesen Namen andeuten sollen, daß sie bleifrei sind. Im Allgemeinen aber ist das Blei nach wie vor in Gebrauch geblieben, und wenn die Bleiglasur nur hart genug gemacht wird, so ist wol auch nicht viel von ihr zu fürchten. Eher wäre den Töpfern selbst die Abschaffung des Bleioxyds zu gönnen, da deren Gesundheit durch Einathmen des bleihaltigen Staubes so schwer leidet. Der Grund, warum das Blei noch keinen Stellvertreter gefunden, liegt hauptsächlich darin, daß die vorgeschlagenen Materialien, z. B. Gemenge von Feldspath, gebranntem Borax, Glas u. s. w., theils zu theuer, theils immer noch zu strengflüssig sind. Statt der Bleiglätte, Bleioxyd, kommt sehr gewöhnlich Bleiglanz, das sogenannte Glasurerz, zur Anwendung. Da dieses Mineral aus Schwefel und Blei besteht und der erstere Bestandtheil in der Hitze wegbrennt, so ist das Resultat das nämliche wie bei der Glätte.

Bei härterer Waare, die unter stärkeren Hitzegraden gebrannt wird, kommt als Glasurmittel Kochsalz in Anwendung, entweder als Zusatz zu anderen Stoffen, oder auch, wie beim Steinzeug, ganz allein. Die Anwendung ist sehr einfach; man wirft das Salz in den heißen Ofen und überläßt es allein den chemischen Verwandtschaften, die gewünschte Wirkung hervorzubringen. Die starke Hitze verdampft das Salz, und da zugleich durch das Verbrennen des Holzes Wasserdämpfe gebildet werden, so zersetzen sich Salz- und Wasserdämpfe; es entsteht Salzsäure, welche entweicht, und Natron, das mit der Kieselerde der glühenden Gefäße eine glasartige Verbindung eingeht, welche ihrem Wesen nach ganz mit gewöhnlichem harten Glas übereinkommt und die Geschirre oberflächlich mit einer feinen harten Glasur überzieht.

Fig. 154. Glasiren der Thonwaaren.

Das Brennen erfolgt in eigens dazu konstruirten Oefen, in welche die trockenen und mit der Glasurmasse überzogenen Töpferwaaren eingesetzt werden; hier werden sie im Flammenfeuer Anfangs mäßig, dann immer stärker erhitzt, bis die Masse durchgeglüht und die Glasur geflossen ist. Dann werden alle Oeffnungen des Ofens geschlossen und die Waare wird bis zur völligen Abkühlung darin gelassen. Unglasirte Stücke, wie Blumentöpfe u. dergl., können in und über einander gesetzt werden; glasirte dagegen dürfen sich nicht berühren, weil sie sonst zusammenbacken würden. Bessere Stücke werden in Kapseln gebrannt, die Malerei in Muffeln.

Diesem Entwicklungsgange folgen nun der Hauptsache nach alle Thonwaaren. Nur die feineren Sorten erfahren eine sorgfältigere und im Einzelnen komplizirtere Behandlung; von ihnen sind die Majoliken oder Fayencen besonders dadurch interessant, daß sie vor Erfindung des Porzellans die edelsten Erzeugnisse der Keramik waren und auf ihre Vervollkommnung Jahrhunderte lang großer Fleiß und oft bedeutende Kunstfertigkeit verwendet wurde. Dadurch haben diese alten Geschirre großes kunsthistorisches Interesse erhalten.

Die **Majolika** oder die **Fayence** ist ihrer Masse nach ebenfalls den weichen Thonwaaren zuzuzählen und in den gewöhnlichen Sorten in nichts von dem unterschieden, was man bei uns fälschlicherweise Steingut nennt, obwol das mit diesem Namen Bezeichnete kaum härter als die gewöhnliche Töpferwaare ist. Aus solcher Masse bestehen unsere gewöhnlichen weißen Teller und Kaffeegeschirre, auch, wie schon gesagt, die feinen weißen Ofenkacheln. Der dazu verwendete Thon ist oft kalkhaltig und brennt sich bei den Fayencen und ähnlichen Irdenwaaren weiß, oft aber gelb oder röthlich, in welchem Falle er dann mit einer undurchsichtigen Glasur überzogen wird. Gewöhnlich wird zu der Glasur außer dem Bleioxyd noch Zinnoxyd genommen, das den Fluß weiß und undurchsichtig macht, also ein Email giebt. Waaren dieser Art werden stets zweimal gebrannt, einmal vor und einmal mit der Glasur, eventuell auch mit der Bemalung, die unmittelbar auf der eingetrockneten noch nicht gebrannten Glasurmasse aufgetragen wird. Man gebraucht die Namen Majolika und Fayence besonders für die künstlerisch oft sehr werthvollen alten Geräthe dieser Art und für die in dem Stile derselben neuerdings wieder häufiger hergestellten Erzeugnisse der Töpferei, und zwar macht man in der Regel den Unterschied, daß man mit Fayence vorzugsweise die weißen oder weißgrundigen Geschirre bezeichnet, während man die in bunten Farben bemalten oder mit gefärbten Glasuren überzogenen kunstvolleren Produkte Majolika nennt. In ihrem eigentlichen Wesen kommen, wie gesagt, beide fast gänzlich überein.

Fig. 155. Terracotta von Luca della Robbia.

Der Name Majolika stammt aller Wahrscheinlichkeit nach von Majorca ab, dem Namen jener Insel, welche die Pisaner 1115 von den Mauren eroberten. Unter der Beute, die sie dabei machten, befanden sich auch zahlreiche jener kunstvollen irdenen Geschirre, in deren Herstellung die Mauren Meister waren; sie wurden zur Erinnerung an den Sieg in die Wände der Kirchen eingemauert und so zu Vorbildern, die zur Nachahmung reizten. Vielleicht auch, daß schon vordem in Unteritalien die Technik der maurischen Gefäßbildnerei nachzumachen versucht worden war.

In dem übrigen Europa stand die Kunsttöpferei auf einer sehr tiefen Stufe. Für Deutschland ist zwar in dem Grabmal des Herzogs Heinrich IV. von Schlesien, das seinem ganzen Stile nach um 1290 errichtet worden sein muß, ein Zeugniß erhalten, das uns auf das Gegentheil hinweisen könnte; allein dasselbe ist zu vereinzelt, um allem Andern gegenüber beweiskräftig genug zu sein. Immerhin ist jenes Denkmal eine der werthvollsten Ueberlieferungen für die Kunstgeschichte. Es zeigt die Gestalt des Herzogs in liegender Figur lebensgroß auf einem Sarkophage, dessen äußere Wand von 21 Figuren in Bogennischen eingenommen wird. In den Zwickeln sind geflügelte Engelsköpfe angebracht. Das Ganze ist in Terracotta ausgeführt und soll mit schöner Glasur in lebhaften Farben versehen sein, und dies würde allerdings beweisen, daß in Deutschland die bunten Glasuren weit eher in Gebrauch waren, als in Italien, wo Luca della Robbia anerkanntermaßen erst um 1420 das undurchsichtige Zinnemail erfand, das sich namentlich zur Bemalung vortrefflich eignete.

Für Italien war also zunächst das Bekanntwerden mit maurischen Thonwaaren, die in prächtigen Farben glasirt als Wandbelege, zu Fußböden oder als Ziergefäße eingeführt wurden, der erste Anstoß, um bei der allgemeinen Wiedergeburt der Künste Anfangs des 15. Jahrhunderts die Aufmerksamkeit auch der Thonbildnerei wieder zuzuwenden und nach Mitteln zu suchen, um ihre malerischen Effekte zu erhöhen. Durch den Bildhauer Luca della Robbia wurde solcherart für Italien ein fast neuer Kunstzweig geschaffen, und indem er seine zum Schmuck der Bauwerke bestimmten Terracotten mit einer weißen Glasur überziehen lernte, die sich beliebig färben und bemalen ließ, erhob sich das heruntergekommene Gewerbe bald wieder auf eine höhere Stufe. Seine vordem nur für den gewöhnlichen Verbrauch geschaffenen Erzeugnisse erlangten höhere Schönheit, die sie zur Ausschmückung der Wohnungen geeignet erscheinen ließ; auf die Hervorbringung von Ziergefäßen wurde mit der steigenden Werthschätzung mehr und mehr Sorgfalt und Kunst verwendet. So ging allmählich aus dem Rohen und Unvollkommenen jene berühmte italienische Majolika hervor, deren schönste Werke aus der Blütezeit der italienischen Malerei, aus der ersten Hälfte des 16. Jahrhunderts, stammen.

Fig. 156. Marke des Giorgio.

Die Wiege der italienischen Majolika ist das Herzogthum Urbino, wo die Herren von Pesaro, die Familie Malatesta, einen kunstliebenden Hof hielten. Pesaro hatte große Töpfereien. Anfänglich wurde ein Thon verarbeitet, der sich braun brannte. Um ihm eine

Fig. 157. Marke des Xanto von Urbino.

helle Oberfläche zu geben, überzog man ihn mit einer dünnen Schicht weißer Erde von Siena, einer sogenannten Engobe; nachdem er einmal gebrannt war, wurde er gemalt und glasirt. Diese alten, aus zweierlei Erde bestehenden Geschirre heißen Halbmajoliken, Mezzamajolika; sie zeigen in ihrer Dekoration noch deutlich den maurischen Einfluß; ihre Färbung umfaßt nur Gelb, Blau, Grün und Schwarz, und der künstlerische Werth dieser zur Dekoration bestimmten Gegenstände ist ein nicht sehr hoher. Allmählich aber lernte man weiße Thone allein verarbeiten,

Fig. 158. Fabrikzeichen von Nevers.

und die feine Majolika besteht dann durchweg aus einer weißen oder gelblich-weißen Masse und hat Zinn-, oder vielmehr Zinn-Bleiglasur. Halbgebrannt wurden die Gefäße mit Emailschlicker überzogen, trocknen gelassen, dann bemalt und schließlich häufig noch mit einer dünnen Bleiglasur überzogen; dadurch, daß die Glasur mit der Malerei zusammenschmolz, erhielt die letztere eine große Lebhaftigkeit. Der Metallustre, welchen viele der besseren Majoliken zeigen, erforderte wahrscheinlich ein drittes Brennen.

Fig. 159. Monogramm des Bernhard Palissy.

Da das Bemalen auf die nur getrocknete Emailmasse erfolgte, welche die Farbe sofort einsaugte, und nachträgliche Verbesserungen, wie sie bei der Porzellanmalerei möglich sind, wo auf die schon gebrannte Glasur die Farben aufgetragen werden, sich hier nicht vornehmen ließen, so erforderte die Dekorirung der Majoliken sehr geschickte Zeichner, die mit sicherer Hand, keck und leicht, das Gemälde in einem Wurf auszuführen vermochten. In diesem Umstande beruht der eigenthümliche Reiz und der künstlerische Werth, den gute Majoliken haben, obgleich ihre Farbenskala häufig nur einen geringen Umfang besitzt.

Fig. 160. Delfter Marken.

Luca della Robbia's Werke der ersten Periode zeigen nur Weiß und Blau; erst später traten dazu Violett, Gelb, Grün und Roth. So sind auch die früheren mit sienischer Malerei verzierten Majoliken vorzugsweise in gelben und blauen Farbentönen ausgeführt;

das Rubinroth kam erst später dazu und wurde in Gubbio von Giorgio Andreoli von Pavia erfunden, der seit 1498 in Gubbio ansässig war und die Majolikamalerei auf die höchste Stufe hob. Von ihm gemalte Geschirre werden jetzt mit enormen Preisen bezahlt und sind an dem Monogramm kenntlich, wie es alle Künstler der damaligen Zeit jedem ihrer Werke einzugraben oder aufzumalen pflegten. Fig. 156 zeigt die Marke von Giorgio, Fig. 157 die des Xanto von Urbino, eines ebenfalls berühmten Meisters, der um 1530 bis 1535 blühte. Die erstere läßt außer der Jahreszahl der Verfertigung die Anfangsbuchstaben M(aestro) G(iorgio), die zweite F(rancesco) X(anto) A(vello) R(ovigo) lesen.

Die farbenschönsten Majoliken mit Purpurlustre sind aus den Werkstätten von Gubbio und Pesaro hervorgegangen, und es scheint, als ob der genannte Andreoli hier auch die Erzeugnisse anderer Orte nachträglich noch auf Bestellung mit jenem irisirenden Metallschimmer überzogen habe. Vergoldung kam erst 1569 durch Lanfranco in Anwendung, zu einer Zeit, in der die höchste Blüte der Majolikatechnik bereits vorüber war.

Fig. 161. Majolikaplatte von Ginori in Doccia bei Florenz, auf der Wiener Ausstellung von 1873.

In Urbino, wo man nicht so brillante Farben hervorzubringen vermochte, wandte man um so größere Aufmerksamkeit der Vervollkommnung der Zeichnung zu. Herzog Guidobald verschaffte seinen Majolikamalern Rafael'sche Cartons zu Vorlagen; auf diesen Umstand ist wol auch der Ursprung des Namens Rafaelgeschirre zurückzuführen, mit dem man gewisse Majoliken bezeichnet, deren Bemalung man früher mancherseits dem großen Urbinaten selbst zuschrieb. In Urbino waren unter Anderen besonders berühmt Battista Franzo von Venedig (1540—60) und Orazio Fontana. Von hier wandten sich im Laufe der Jahre und namentlich als die Majolikamalerei in Urbino in Verfall zu gerathen anfing, viele Künstler weg nach anderen Orten, und zu den schon bestehenden Werkstätten erwuchsen so neue Mittelpunkte dieser Technik. Außer Gubbio und Urbino wurde in der guten Zeit diese Kunst mit großem Erfolge namentlich in Casteldurante, Pesaro und Faenza gepflegt. Von letzterem Orte haben die weißgrundigen Geschirre den Namen Fayencen erhalten, welche späterhin zur Nachahmung des in Mode gekommenen chinesischen Porzellans überall fabrizirt wurden. Mit der Zeit aber wurden die Leistungen selbst der vordem berühmtesten Anstalten in den allgemeinen Verfall mit hineingezogen, so daß manche der sogenannten Bauernmajoliken, Geschirre, welche von den gewöhnlichen Töpfern auf dem Lande gemacht wurden, mehr richtigen Geschmack in der Verzierung zeigen, als die Tafelstücke der Reichen. Dann kam die Porzellanperiode auch für Italien, während welcher das Interesse für die übrige Kunsttöpferei fast ganz erstarb. Erst nach und nach erhob sich an den Mustern der Alten wieder der Muth, Aehnliches zu versuchen, und es steckt in jedem Italiener so viel traditionelle Kunstfertigkeit, daß er auch sofort die Mittel wieder findet, das nachzumachen, was der heimische Boden schon einmal hervorbrachte. Auf den Weltausstellungen von Paris 1867 und in noch größerer Mannichfaltigkeit auf der von Wien 1873 sah man denn auch aus den alten Kunststätten Faenza, Gubbio, Bologna, Florenz Majoliken und Fayencen, die in der Imitirung alter Meisterwerke es zu einer Vollendung gebracht hatten, daß es selbst dem Kenner oft schwer werden dürfte, das Original von der Kopie zu unterscheiden, wenn absichtlich eine Täuschung bezweckt werden sollte. Die Majoliken von Ginori in Doccia bei Florenz haben Weltruf erlangt. In eigener Erfindung freilich stehen die heutigen Italiener den alten auch jetzt noch nach.

In Frankreich wurden vom 16. Jahrhundert an die Fayencen mit großer Vollkommenheit gemacht. Hier aber hatte auch durch einen genialen Künstler, der wegen seiner Ausdauer und wegen seiner Schicksale unser besonderes Interesse in Anspruch nimmt, die Majolikatechnik eine eigenthümlich selbständige Entwicklung gefunden: durch Palissy.

Wie in Rabelais' Roman „Gargantua und Pantagruel", welcher 1535 erschien, zu lesen ist, gab es damals zwar schon große Töpfereien um Beauvais, welche durch ihre Erzeugnisse berühmt waren, denn unter den Trophäen des Panurg werden aufgezählt „ein Saucennapf, eine Salatschüssel und ein Trinkkrug von Beauvais", und es scheinen diese Geräthe nicht werthlos gewesen zu sein, da sie für würdig gehalten wurden, auf der Tafel der Vornehmen zu prunken. Die besseren Erzeugnisse jedoch kamen meist aus Italien, und auch späterhin finden wir noch, daß italienische Künstler vielfach herbeigezogen wurden, um die französischen Arbeiter zu unterweisen.

Palissy dagegen, der autodidaktische Kunsttöpfer, verdankt die größten seiner Erfolge nur der eignen Arbeit und dem eignen Scharfsinn. Im Anfang des 16. Jahrhunderts geboren und seiner Profession nach ein Glasmaler, sah er in seinem 30. Jahre eine schön emaillirte Majolika, wie man glaubt eine Arbeit Hirschvogel's aus Nürnberg. Sofort ergriff ihn der Gedanke, etwas Aehnliches zu schaffen. Ohne chemische Kenntnisse fing er an, alle Dinge zu zerstoßen und zu mischen, von denen er glaubte, „daß Etwas daraus werden könne". Er zerschlug irdene Töpfe, strich seine Mischungen darauf und versuchte sie in einem nothdürftig selbst erbauten Ofen in Fluß zu bringen. Er quälte sich ein paar Jahre allein. Dann trug er seine Scherben in eine benachbarte Töpferei, jedoch das Glück begünstigte ihn deswegen nicht mehr. In einer Glashütte, an die er sich nun wendete, fingen endlich, weil da die Hitze viel stärker war, einzelne seiner Glasurproben zu fließen an.

Fig. 162. Bernhard Palissy.

Bei einem letzten verzweifelten Versuche mit mehr als 300 Proben hatte er die Freude, daß ein Stück sich nach dem Erkalten mit einem weißen Email bedeckte, die ihm, wie er sagte, „himmlisch schön" erschien. Ehe er aber zu diesem ersten Erfolge gelangte, waren wenigstens schon 10 Jahre der drückendsten Noth und Plage dahin gegangen; oft konnte er kaum Brot für die Seinigen schaffen, da Alles für Töpfe, Holz und Ingredienzien daraufgegangen war. Dazu verbitterte ihm ein ungeduldiges Weib das Leben, und selbst mit der Erfindung seines Email war seine Prüfungszeit noch nicht zu Ende. Da die Kochtöpfe seiner Nachbarn nicht die Gegenstände sein konnten, welche er mit der für ihn so kostbaren Masse hätte überziehen können, so mußte er sein Augenmerk darauf richten, Kunstgeschirre zu erzeugen. Er baute mit eigener Hand wieder einen Brennofen, der ihm freilich zu einem Alles verschlingenden Ungeheuer wurde. Und als er den ersten mühsam vorbereiteten Brand nach eigenen künstlerischen Zeichnungen angefertigter Geschirre durchgeführt hatte und eine lohnende Frucht jahrelanger Mühen und Entbehrungen erwartete, da zeigten sich seine Hoffnungen durch ein neues, unvorhergesehenes Mißgeschick vereitelt. Der Mörtel seines Ofens war voller Kiesel, die von der gewaltigen Hitze sprangen, und so waren seine Gefäße, obwol sonst sehr schön, mit Kieselsplittern dicht besetzt und dadurch gänzlich verdorben. Noch manche Anstrengung sah er so durch irgend ein Ungemach verloren; aber er harrte aus, erweiterte durch bittere Erfahrungen seine Kenntnisse und schritt stufenweise endlich doch einer hohen Meisterschaft in seiner Kunst entgegen. Fünfzehn oder sechzehn Jahre tappte er, wie er selbst sagt, in der Irre; in den späteren Jahren vollendete er aber Werke, die zu großem Rufe gelangten und ihm die Mittel verschafften, sich zu nähren und weiter zu bilden. Palissy vervollkommnete sich zu einem ausgezeichneten plastischen Künstler, der in seinen Werken durch die Mannichfaltigkeit und Schönheit der Ornamentit überrascht. Sehr häufig sind die als Ziergeräthe gedachten Platten, Schüsseln, Aufsätze mit ganz naturalistischen Nachbildungen aus dem Thier= und Pflanzenreiche versehen, von merkwürdiger Treue und Sorgfalt der Ausführung. Namentlich sind es Fische, Amphibien und kleinere Thiere, die in Farrnkräutern, Wasserblumen u. s. w. ihr Stillleben treiben.

Fig. 163. Emaillirte Platte von Bernhard Palissy.

In der Färbung herrschen in der Regel bräunlich=grüne, blaue und mattgelbe Töne vor, wodurch allerdings der Gesammteindruck leicht beeinträchtigt wird. Die Modellirung dagegen ist meisterhaft, und der Ruhm Palissy's stieg so, daß dieser endlich zum Hofkünstler ernannt und nach Paris gezogen wurde.

Als aber die Hugenottenverfolgungen ausbrachen, konnte selbst seine hohe Gönnerschaft ihn, den eifrigen Protestanten, nur vor dem Tode, nicht aber vor dem Gefängniß schützen. Wie es heißt, kam er in die Bastille und starb darin.

Um dieselbe Zeit, in der Palissy seine Versuche machte, fand auch anderwärts in Frankreich die Kunsttöpferei erfolgreiche Förderung. Katharina von Medici, die Tochter eines Herzogs von Urbino, berief durch einen ihrer Verwandten, den Herzog Louis von Gonzaga, Majolikakünstler aus Italien, welche die Fayencefabrikation in Nevers nach italienischem Muster einrichteten. Lange Zeit lieferte diese Stadt vortreffliche Produkte. Die besten Erzeugnisse von Nevers führen seit dem 17. Jahrhundert als Fabrikzeichen gewöhnlich ein roh gemaltes N(evers) oder die beiden verschlungenen Buchstaben J. S. (Jacques Senlis, ein dort im 18. Jahrhundert lebender Töpfer von Ruf). In Moustier ferner sowie in Rouen blühten ebenfalls Fayencemanufakturen auf, deren Erzeugnisse ihrer Ornamentation wegen heute noch bewundert werden.

Aus dem 16. Jahrhundert, jener der Kunst so günstigen Zeit, stammen auch die berühmten und unter dem Namen „Henrhdeux=Waare" bekannten Fayencen, welche neuerdings bezeichnender „Fayencen von Oiron" genannt werden. Im Ganzen sind ihrer nicht mehr als 55 Stück bekannt, und sie werden sowol ihrer Seltenheit als ihres großen Kunstwerthes wegen mit fabelhaften Summen bezahlt. Das Kensington=Museum z. B. kaufte einen Trinkkrug dieser Art aus der Pourtalès'schen Sammlung für 27,500 Francs. Wie neuere Forschungen nachgewiesen haben, stammen diese Gefäße, auf welche erst seit 1839 die Aufmerksamkeit der Kunstkenner wieder gelenkt worden ist, nicht aus Italien, sondern von dem Schlosse Oiron in der Gegend von Thouars, welches Arthur Gouffier, Gouverneur Franz des Ersten, seiner Wittwe Helene von Hangest hinterlassen hatte, wo diese kunstliebende Frau jeden Sommer verbrachte, und wo sie unter Anderem aus Liebhaberei auch eine Kunsttöpferei unterhielt, für welche François Cherpentier als Techniker und der Bibliothekar Jehan Bernart als Zeichner thätig waren. Ihrer bezüglichen Dekoration nach zu schließen, sind die Erzeugnisse dieses Ateliers, welchem bedeutende Künstler mit Rath und That zur Seite gestanden haben müssen, zu Geschenken an französische Große bestimmt gewesen.

Fig. 164. Oirongeschirre. Nachbildungen von Minton auf der Wiener Ausstellung von 1873.

Eine Anzahl davon trägt die Initialen Heinrich's des Zweiten und seiner Gemahlin, zwei verschlungene C und ein H, worin man fälschlicher Weise immer den Namenszug der Diana von Poitiers hat erkennen wollen. In ihrer schönen, bunten Dekoration sieht man den Einfluß orientalischer Motive. Ihrer technischen Herstellung nach aber sind die Oirongeschirre Unica, nicht minder durch das Verfahren selbst, als durch die wundervolle Ausführung. Nach Brogniart's Untersuchungen bestehen dieselben aus dreierlei Masse: zunächst aus einem Kern von Pfeifenerde, sodann aus einer darüber liegenden Schicht feinen weißen Thones und endlich aus einem dunkelbraunen oder sonstwie gefärbten Thone, welcher zu den Einlagen verwendet wurde. Denn die Ornamente sind nicht wie bei anderen Fayencen mit dem Pinsel aufgemalt, sondern aus der hellen Deckschicht zuerst ausgegraben und dadurch sichtbar gemacht, daß diese Gravirung mit gefärbter Thonmasse ausgefüllt und oberflächlich wieder geglättet worden ist. Eine dünne durchsichtige Glasur überzieht das Ganze, welches somit nicht eigentlich zu den Fayencen gerechnet werden kann, sondern ein ganz besonderes Genre für sich darstellt, das man etwa in Parallele mit den tauschirten Metallarbeiten setzen könnte. Die Herstellungsweise ist so subtil und schwierig, daß für Imitationen, wie solche auf der Wiener Ausstellung unter Anderm von Minton zu sehen waren, 5—600 Gulden verlangt wurden. Dieselben waren in der eigenthümlichen Technik der Originale hergestellt; wir geben in Fig. 164 zwei derselben in Abbildungen.

Gegenwärtig hat man sich in Frankreich bestrebt, ganz wundervolle Majoliken hervorzubringen, Kunstwerke, die in Bezug auf die Technik die alten mindestens erreichen. Eine beträchtliche Zahl von Künstlern in Paris, Deck obenan, dann Parvillée, Collinot, ebenso an anderen Orten, haben die Fortschritte der Chemie wohl zu verwerthen verstanden, und durch die Schönheit ihrer Emaillen, durch die Pracht der Farben, die sie einzuschmelzen gelernt haben, ein Kunstmaterial geschaffen, welches den Hülfsmitteln der vergangenen Jahrhunderte an Vollkommenheit weit überlegen ist. In Bezug auf Verwendung desselben, in Bezug auf dasjenige, was dem künstlerischen Schaffen vorbehalten ist, Formgebung und Dekorirung, begnügt man sich nicht mit der Nachahmung jener mustergiltigen alten Geschirre, die in ihrer edlen Erfindung immer die Lehrmeister der Späteren bleiben werden. Man reproduzirt zwar, und massenhaft in großartigem Fabrik-

Fig. 165. Fayencevasen von Geoffroy in Gien.

betriebe z. B. in Choisy le Roi, in Gien u. a. O., immer noch mit mehr oder weniger Freiheit die Majoliken von Palissy, die Fayencen von Rouen, Moustier u. a. O., persische und italienische Werke, daneben aber beweisen uns die eigenen Schöpfungen der zuerst genannten

Fig. 166. Fayencen in persischem Stile von Parvillée in Paris.

französischen Keramisten, daß das lang verkannte Material von ihnen wieder zu einer künstlerischen Bedeutung erhoben worden ist, die es in mancher Beziehung sogar weit über das Porzellan stellt. Eine in französischer Schule großgewordene Fayencefabrik zählen wir seit 1871 zum Deutschen Reiche, die von Utzschneider & Co. in Saargemünd, deren geschmackvolle Massenproduktion durch ein eigenthümliches Ueberdruckverfahren unterstützt wird.

Ueber Frankreich kam im 16. Jahrhundert die Majolikatechnik nach den Niederlanden. Hier aber beschränkte sie sich mehr und mehr auf die Erzeugung von Fayencen, welche als Nachahmung der durch die Holländer massenhaft importirten japanischen und chinesischen Porzellane großen Absatz fanden. Die Kunsttöpferei war, durch vortreffliches Material der Niederungen begünstigt, schon auf hoher Stufe, hatte aber früher, wie am ganzen Niederrhein, sich mehr mit der Herstellung von harter Waare, Steinzeug, befaßt, worauf wir später zu sprechen kommen. Die weiße Zinnglasur der Fayencen jedoch, welche eine blaue Bemalung erlaubte, wie sie die theuren Porzellane zeigten, ließ den neuen Industriezweig rasch zu großer Blüte gedeihen, und namentlich war es Delft, wo sich in Stadt und Umgegend förmliche Töpferkolonien entwickelten. Ihre Erzeugnisse, häufig chinesische Muster nachahmend, finden sich noch allerwärts, namentlich als Ziergefäße, Vasen u. dergl. auf Kaminen und Schränken in alten Familien.

Fig. 167. Josuah Wedgwood.

Niederländische Töpfer waren es denn auch, die, als Protestanten verfolgt, ihre Kunst unter der Königin Elisabeth nach England brachten. Die feine Masse aber, in deren Erzeugung England die übrigen Länder überholte, wurde erst dadurch gefunden, daß ein gewisser Astbury die Erfindung machte, Pfeifenerde mit kalzinirtem gepulverten Feuersteine (Silex) zu mischen; dadurch wurde die englische Fayence zu einer harten Waare und unserem Steinzeuge ähnlich, wirkliches Steingut.

Die wirksamste Förderung und Ausbildung jedoch verdankt die englische Thonwaarenindustrie einem einzigen Manne, Josuah Wedgwood. Dieser, der Sohn eines Töpfers, geboren 1730 zu Staffordshire, brachte zu einer Zeit, wo durch Massenproduktion und die Hast, so billig wie nur möglich zu produziren, der ursprünglich edle Charakter der Fayencen ganz verloren gegangen war, seinen Arbeiten dadurch wieder höheren Werth bei, daß er ihnen geschmackvollere Formen gab, die er den schönen antiken Mustern nachbildete, wozu er die bedeutendsten Maler und Bildhauer, wie Flaxmann, heranzog und die in Kunstsammlungen erhaltenen klassischen Geräthe eifrig studirte. Fleiß, Ausdauer und die erlangte künstlerische Ausbildung brachten ihn dahin, daß er 1770 eine kleine Fabrikstadt für seine Arbeiter anlegen konnte, der er den Namen Etruria gab, und die er durch eine eigene Kunststraße von zwei Meilen Länge mit der Nachbarschaft verband; vorher schon hatte er die Anlage des Kanals zwischen dem Trent und Mersey begonnen. Wedgwood starb 1795 zu Etruria, und jetzt segnet eine Bevölkerung von gegen 40,000 Menschen, die in jenem Bezirke — den Potteries — ihr tägliches Brot mit allen möglichen Töpfer- und Steingutarbeiten verdienen, das Andenken des Mannes, der, aus ihrem eigenen Stande hervorgegangen, durch Genie, Charaktergröße und Ausdauer einen hochbedeutenden Industriezweig schuf. Seit 1851, wo die Ergebnisse der ersten Weltausstellung zu London von den Engländern mit Energie zur Hebung des Kunstgewerbes benutzt wurden, hat eine große Zahl von Thonwaarenfabrikanten sich die Veredlung der Fayence und namentlich auch der Majolika-Industrie angelegen sein lassen. In dem Etablissement von Minton in Stoke upon Trent (Staffordshire) besitzt England jetzt vielleicht die großartigste Kunsttöpferei der Welt, deren Hervorbringungen namentlich durch die Pracht der Farbe ihres Email, durch das Feuer der Glasur und durch die eigenthümlichen Farbentöne, die zu erzeugen eben nur Mintons gelingt, die Bewunderung auf allen Weltausstellungen erregt haben. Bis zu welchen Größen sich die englische Thonwaaren-Industrie in ihren Ausführungen versteigt, beweist die große Majolika-Fontaine unseres Tonbildes, welche auf der Londoner Ausstellung von 1862 ein Hauptanziehungspunkt für das große Publikum war, ein Werk der Töpferkunst von 15 Meter Höhe und 13 Meter im Durchmesser, einen reichgegliederten Fontaineaufsatz darstellend, auf dem Gipfel die mehr als lebensgroße Gruppe St. Georg mit dem überwundenen Drachen und umgeben von zahlreichen Schalen, wasserspeiendem Gethier, Genien, Nymphen, Pflanzenbildungen und all dem dekorativen Schmuck, den nur Form und Farbe geben können.

Fig. 168. Deutsche Fayence aus dem 16. Jahrhundert.

In Deutschland endlich hat die Geschichte der Fayence ein höheres Alter als in allen den Ländern, welche diesem Kunstzweige, von Italien unmittelbar oder mittelbar beeinflußt, erst im 16. Jahrhunderte Pflege angedeihen ließen. Wir haben schon des Breslauer Grabmales des Herzogs Heinrich gedacht, das mit Glasurmalerei überzogen ist; andere Belege scheinen für verschiedene Orte zu beweisen, daß daselbst im 13. und 14. Jahrhundert die Thonbildnerei über gewisse eigenthümliche Verfahren schon verfügte, die anderwärts erst später in Anwendung kamen. Vielleicht erklärt sich dies aus dem hohen Grade der Ausbildung, dessen sich die Glasmalerei in Deutschland erfreute; die technischen Erfahrungen dieser Kunst konnten leicht Anwendung auf dem verwandten Gebiete finden. Wenigstens sehen wir eine berühmte Glasmalerfamilie Nürnbergs, die Hirschvogel, von dem Ende des 15. Jahrhunderts an sich der Kunsttöpferei zuwenden, und die besonders ihrer Farben und Glasuren, aber auch ihrer Modellirung wegen berühmten Werke, die wir von ihnen noch kennen, sind zum Theil gleichzeitig mit denen des Luca della Robbia entstanden, so daß wir für sie einen selbständigen deutschen Ursprung annehmen dürfen.

Der ältere Hirschvogel, Veit, soll zwar auf einer Reise nach Italien 1503 in Urbino die dortige Majolikafabrikation kennen gelernt und erst nach seiner Rückkunft in Nürnberg eine Werkstätte für die Herstellung von emaillirten Thonwaaren eingerichtet haben; indessen zeigen seine Arbeiten nicht nur in Bezug auf Erfindung der Form und der Verzierung einen so ursprünglich deutschen Charakter, auch seine Farben und Glasuren sind den italienischen gegenüber so anders, daß, wenn die obige Annahme richtig ist, Italien doch nicht viel mehr als die Anregung zuzuschreiben sein würde. Alles Uebrige, die ganze Hirschvogel'sche Technik, fußt auf Momenten, die sich theils aus seiner Beschäftigung mit der Skulptur (die Reliefverzierungen aller seiner Thonwaaren), theils aus der von ihm geübten Glasmalerei (seine eigenthümlichen Emaillen und Glasuren) ergeben. Berühmt sind namentlich die Hirschvogel'schen Oefen, die von seinen Söhnen Veit und August auch nach seinem Tode noch gemacht wurden, und von denen sich einige der schönsten auf der Nürnberger Burg befinden.

Die Majolika-Fontaine von der Weltausstellung zu London 1862.

Das Buch der Erfindungen. 7. Aufl. IV. Bd.

Leipzig: Verlag von Otto Spamer.

Majolika oder Fayence.

Von Nürnberg aus verbreitete sich die Majolika= und Fayencetöpferei weiter; Augsburg und die Gegenden bis an den Bodensee, anderwärts wieder Bayreuth und das ganze Franken, Sachsen, Schlesien u. s. w. nahmen sie auf und entwickelten sie auf besondere Weise. Aus dem 16., 17. und 18. Jahrhunderte sind noch viele Belegstücke erhalten, welche den hohen Kunstgeschmack dokumentiren, der in der Zeit der Renaissance in alle Kreise gedrungen war. In der Gegend von Regensburg und Bayreuth war schon frühzeitig die Herstellung eigenthümlicher braunmassiger Geschirre betrieben worden, deren Oberfläche mit erhabenen oder vertieften Verzierungen versehen war; nach dem Vorgange Hirschvogel's bemalte man sie nun auch noch mittels Emailfarben. Die aus Kreußen und Umgegend stammenden Apostel=, Kurfürsten=, Jagdkrüge sind Beispiele davon. Aehnliche Sachen scheinen auch an anderen Orten, in Sachsen oder Schlesien (Piastenkrüge), gemacht worden zu sein; die Bunzlauer Töpfereien hatten ebenfalls Ruf, doch gehörten die Thonwaaren der letztgenannten Orte mehr den harten Massen als den Fayencen an; bei einem geschichtlichen Rückblick lassen sich aber die Grenzen noch viel weniger streng innehalten als bei einer Systematisirung, die sich auf die physikalischen Eigenschaften bezieht.

Mit dem Auftreten des Porzellans zu Anfang des vorigen Jahrhunderts verlor die Fayencefabrikation ihre Führerschaft. Die besseren Kräfte wandten sich dem edleren Materiale zu, und der vordem auf wirklicher Kunststufe stehenden Technik blieb fast nur noch die Aufgabe, für das gewöhnliche Gebrauchsgeschirr zu sorgen. An die Stelle der Bemalung trat das Ueberdruckverfahren, das anfänglich von Kupferstichen geübt, nach Erfindung der Lithographie sofort sich dann dieser billigen Vervielfältigungsmethode bemächtigte und Schritt für Schritt die Fayence bei uns immer mehr in

Fig. 169. Rococo=Ofen in Majolika von Seydel & Sohn in Dresden.

Verfall brachte. Von Majolikamalerei im guten Sinne war bis vor wenigen Jahren fast gar keine Rede mehr.

In der neuesten Zeit erst haben, auf Anregungen, die von Frankreich und England ausgegangen sind, diese Verhältnisse sich auch in Deutschland wieder gebessert, wenigstens ist der Anfang dazu gemacht worden, neben dem Porzellan auch den übrigen Erzeugnissen der Thonbildnerei, und namentlich der Fayence und der Majolika, einen künstlerischen Charakter wiederzugeben. Etablissements wie die von Villeroy und Boch in Mettlach, Fleischmann in Nürnberg, Klammert in Znaim, Merckelbach in Grenzhausen, Seydel & Sohn in Dresden, Schütz in Cilli u. A. haben rasch sich auf eine bewundernswürdige Stufe emporgeschwungen. Auch in Nürnberg und Berlin sind Majolikafabriken entstanden, denen es unzweifelhaft gelingen wird, ihre hohen Ziele zu erreichen.

Das größte der genannten Etablissements ist das ersterwähnte; fast alle Branchen der Thonwaarenindustrie umfassend, hat es indessen eine besondere Aufmerksamkeit der Erzeugung von Fliesen zu Wand- und Fußbodenbekleidung zugewandt; Fleischmann facsimilirt alte Oefen und Dekorationsgegenstände, in Znaim und Grenzhausen wird ebenfalls nach alten Mustern gearbeitet, während Seydel & Sohn in Dresden und Schütz in Cilli die Entwürfe lebender Künstler ausführen. Auf der Wiener Ausstellung von 1873 erregte ein Seydel'scher Ofen, den wir in Fig. 169 in Abbildung geben, durch die Schönheit seines Email, durch die Sorgfalt, mit der die eigentliche Masse der Kachel bearbeitet war, durch Genauigkeit der technischen Ausführung ebenso wie durch geschmackvolle Erfindung gerechtes Aufsehen; die Münchener Ausstellung von 1876 dagegen hat die Schütz'schen Majoliken, nach Zeichnungen Wiener Künstler, als dem Besten ebenbürtig gezeigt, so daß wir hoffen dürfen, daß nach solchem Vorgange auch anderwärts in der Thonwaarenindustrie der Einfluß edlerer Geschmacksrichtung sich wieder Geltung verschaffen wird.

Von den Fleischmann'schen Imitationen alter Thonwaaren geben wir in Fig. 170 einige in Abbildungen, welche zugleich für die Illustration der Originale dienen können. Der erste, sogenannter Landknechtskrug, sowie der dritte sind im Original Hirschvogel'schen Ursprungs; der zweite ist einer der unter dem Namen Kölner Pinten bekannten Krüge, welche aber in vollkommenster Art nicht in Köln, sondern in Siegburg gefertigt wurden, und wie der in Nr. 4 dargestellte Kreußener Krug nicht zu den Fayencen, sondern zu den später zu besprechenden Steinzeugen gehörten.

Ueber die moderne Fayencetechnik noch etwas hinzuzufügen, erscheint unnöthig, da sie im Wesentlichen sich nicht von den früher geübten Verfahren unterscheidet und bereits wiederholt besprochen worden ist. Plastische Gegenstände, Figurengruppen und Reliefs werden in Formen vorgebildet und aus freier Hand nachgearbeitet wie die Terracotten; bei Gefäßen, Platten u. dergl. greifen die Methoden Platz, die auch bei den gewöhnlichen Thongeschirren angewendet werden. Die Malerei der feineren Gegenstände erfolgt wie bei der Majolika. Zum Bemalen dient ein mit Metalloxyden gefärbter, leicht schmelzbarer Glasfluß, der mit Spieköl aufgetragen wird.

Die Massenproduktion der Tafelservice, wie sie in ausgezeichneter Weise in Saargemünd von Utzschneider geübt wird, macht vielfach von dem Verfahren des Ueberdrucks Gebrauch. Sollen Kupferstiche oder Lithographien auf solche Waare abgedruckt werden, so schwärzt man die Druckplatte statt mit Firnißfarbe mit einer Farbe aus Oel und fein zermalenem schwarzen oder blauen Glasfluß ein, druckt sie auf sehr dünnes Papier ab und legt dies noch feucht mit der bedruckten Seite auf den zu verzierenden Gegenstand. Der schon einmal gebrannte Thon saugt die Farbe begierig ein, worauf man das Blatt, von dem der Abdruck fast ganz verschwunden ist, wieder abnimmt, die Waare mit einer glasartigen Glasur versieht, zum zweiten Male brennt, so daß die Zeichnung unter der Glasur erscheint. Mehrfarbige Darstellungen werden entweder durch Ausmalen der übergedruckten Zeichnung mit dem Pinsel oder durch Ueberdruck von sogenannten Abziehbildern, die gleich in den betreffenden Schmelzfarben ausgeführt sind, dargestellt; solche Farben, die unter der Glasur sich nicht einbrennen lassen, müssen besonders aufgesetzt werden und verlangen ein nochmaliges Brennen. Durch Lustreglasuren giebt man den Fayencen ein gold=, silber= oder kupferglänzendes Aussehen. Zu dem Goldlustre wird Gold in Königswasser aufgelöst, etwas Zinn zugesetzt und Etwas von dieser Auflösung mit Schwefelbalsam und Terpentinöl versetzt auf die zu vergoldenden Stellen aufgetragen. Silberlustre entsteht durch Platinalösung, die ähnlich behandelt wird; Chloreisen giebt eine stahlähnliche schwarzgraue Oberfläche u. s. w. Durch gemusterte Stempel kann man sehr hübsche Effekte erzielen, denn dadurch, daß die gefärbte durchsichtige Glasurmasse in den vertieften Stellen eine dickere Schicht bildet, erscheinen diese je nach dem Grade ihrer Vertiefung nach dem Brennen mehr oder weniger dunkel, während die erhabenen Partien, mit dünnerer Glasurschicht überdeckt, eine hellere Färbung zeigen.

Fig. 170. Nachbildungen alter Krüge von Fleischmann in Nürnberg

Harte Masse, Steinzeug. Neben den fayenceähnlichen weichen Thonwaaren wurden in Deutschland schon frühzeitig Geschirre gebrannt, die in ihrer Masse insofern eine andere Zusammensetzung zeigen, als Bestandtheile darin mit auftreten, welche mit dem Thone bei großer Hitze schmelzbare Verbindungen geben und im scharfen Feuer daher mindestens ein Zusammensintern der inneren Substanz bewirken. Solche Bestandtheile sind theils kalkiger, theils alkalischer, theils kieseliger Natur; sie geben der Masse einen nahezu muschligen, scharfkantigen Bruch, wie er allen Flußmitteln eigenthümlich ist, und eine Härte, die oft bedeutend genug wird, um dem Stahle Funken zu entlocken. Aus diesen Eigenschaften schreibt sich der Name Steinzeug, der diesen Fabrikaten zum Unterschiede von der weichen Waare gegeben wird. Es liegt in der Natur der Sache, daß die Steinzeuge ihrer Herstellung nach sehr alt sein müssen, denn die Vorbedingungen für ihre Zusammensetzung finden sich in vielen natürlich vorkommenden Erden. Immerhin aber wird die Töpferei im Allgemeinen schon soweit gekommen sein müssen, daß sie Oefen zur Verfügung hat, welche eine höhere Hitze ausgeben, da die für die gewöhnlichen Thongeschirre hinreichenden Temperaturen für das Brennen der Steinzeuge nicht genügen.

Wir finden denn auch diese harten Thonwaaren, als deren bekannteste Repräsentanten wir die gewöhnlichen Milchäsche ansehen können, fast überall und oft gleichzeitig mit weichen Geschirren dargestellt. Und zwar wurden aus Hartmasse nicht blos gewöhnliche Gebrauchsgeschirre gefertigt, sondern dieselbe diente auch zu dekorativen Zwecken, und hat sogar in manchen Gegenden die Töpferei, namentlich zur Zeit der Renaissance, auf eine Kunsthöhe gebracht, auf der sie ihre Werke getrost neben die besten italienischen Majoliken stellen konnte.

Da die Steinzeugmasse von selbst für Flüssigkeiten undurchdringlich ist, bedarf sie keiner Glasur; der schärfere Brand macht übrigens die Anwendung der leichtflüssigen Zinn= und Bleiglasuren unthunlich; wo also eine oberflächliche Verglasung erwünscht ist, wird diese mit anderen Mitteln bewirkt werden müssen. In der Regel bedient man sich der schon erwähnten Salzglasur, in manchen Fällen aber wendet man auch gepulverten Feuer= stein oder dergleichen an. Diese Mittel aber, und ganz besonders der scharfe Brand, schränken nun die Farbenauswahl für die Bemalung sehr ein. Von den Metallfarben, welche in der Majolikamalerei Anwendung finden, können, wenn nicht die Waare wieder= holt gebrannt werden soll, nur die wenigen gebraucht werden, welche Scharffeuer aushalten, wie z. B. Kobalt für Blau, Braunstein für Violett. Aus diesen Gründen hat die Stein= zeugtechnik ihren künstlerischen Schwerpunkt auch nicht in der Bemalung, sondern in der Formgebung gesucht, in der Modellirung, in der Ausarbeitung von Reliefverzierungen, Gravirungen u. dergl., welche keinen Eintrag an ihrer Schärfe durch eine dicke Glasur etwa erleiden, und die sie nur sparsam durch wenige Farbentöne zu heben versucht.

Steinzeugähnliche Massen kommen bereits in den ägyptischen Hinterlassenschaften vor, das sogenannte ägyptische Porzellan; in China und Japan wurden sie ebenfalls in frühesten Zeiten hergestellt. Mit Untersuchungen außereuropäischer Gegenstände wollen wir uns aber nicht aufhalten. Für Deutschland hat diese Technik eine besondere Be=

Fig. 171. Deutsche Steinkrüge aus dem 16. und 17. Jahrhundert.

deutung seit dem 15. Jahr= hundert gewonnen, weil die künstlerische Richtung dieses Gewerbes, bei uns ohnehin mehr auf plastische Gestaltung als auf malerischen Schmuck gerichtet, sich des feinen dauer= haften Materiales mit Vor= liebe bemächtigte und damit Wundervolles geleistet hat.

Wir haben weiter oben schon erwähnt, daß in Franken, Sachsen u. a. O. Steinzeug= geschirre sehr zeitig gemacht worden sind; von Frankreich wissen wir Aehnliches aus den nördlichen Provinzen; die Thonwaaren von Beauvais, die bis ins 14. Jahrhundert hinauf sich verfolgen lassen, gehören auch dieser Gattung an. Die vollendetste Ausbildung fand aber dieser Zweig des Kunsthandwerks in den Gegenden des Niederrheines, und bezeichnet die Mitte des 16. Jahrhunderts die Zeit seiner schönsten Blüte. Namentlich waren es die Striche um Köln, Koblenz, Nassau mit dem sogenannten Kannenbäcker=Ländchen, und die Gegend um Bonn, welche dazu das Beste beitrugen. In Museen und Privatsammlungen sind ihre Erzeugnisse in vielen Exemplaren noch erhalten: Krüge von allen denkbaren Formen und in reicher Mannichfaltigkeit, verziert durch Reliefdarstellungen oder eingepreßte Ornamente, mit Wappen, Inschriften und Jahreszahlen, ferner Kannen, vasenartige Ge= fäße, Flaschen von phantastischen Formen, in derselben Art behandelt, Schreibzeuge, Salz= fässer, Figuren u. s. w. u. s. w. Natürlich stehen sie nicht alle gleich hoch in Bezug auf Schönheit der Form und Ausführung, die besseren aber zeigen einen so fein entwickelten originalen Kunstsinn, daß unsere gesammte Silberschmiedekunst noch von ihnen lernen kann, und auch die gewöhnlichen beweisen, daß in der Zeit ihrer Entstehung das Handwerk selbst in seinen niedrigsten Leistungen sich dem veredelnden Hauche der Kunst nicht entziehen mochte.

Die Masse dieser vordem fälschlicherweise immer als Flandrische Krüge bezeichneten Thonwaaren ist entweder rein weiß, wie in den Kölner, richtiger Siegburger, konischen Pinten und Krügen, oder gelblichgrau, wie die der Nassauer, vielfach mit Wappen und

Mascarons (Bartkrüge) gezierten Gefäße, oder schmuzig graublau (Frechen). In letzterem Falle wurde durch eine dicke, gewöhnlich braune Glasur die Farbe des Thones verdeckt, freilich auf Kosten der Schärfe der Reliefs. Die letzteren selbst, scenische Darstellungen aus der biblischen Geschichte, so z. B. die Geschichte der Susanna, der Mythologie, aus dem gewöhnlichen Leben (Bauerntänze, Zechgelage, Landsknechte), Masken, Ornamente und Sinnsprüche, Wappen, Devisen, Jahreszahlen und Töpferzeichen, wurden in Formen ausgedrückt und als dünne Plättchen auf das vorgearbeitete Gefäß aufgelegt; vertiefte Verzierungen entweder aus freier Hand eingegraben oder mittels metallener Stempel eingedrückt. Zur Färbung dienten außer der schon genannten braunen Glasur nur wenige Töne Blau, Violett, Schwarz zur Hebung der Reliefs. — Die schönsten dieser kunstvollen Gefäße, die ihrer Zeit als Dekorationsstücke auf Kaminen und Schränken figurirten und neben silbernen und goldenen Geräthen zum Tafelschmuck der Reichen dienten, wurden in Siegburg gemacht und bildeten einen bedeutenden Handelsartikel, der, weil er über Köln ging, „Kölnische Waare" genannt wurde. Sie zeichnen sich durch eine sehr schöne reine, elfenbeinähnliche Färbung, scharfe Reliefs von guter Zeichnung und eine sehr dünne Salzglasur aus. Wenn sie gefärbt sind, so ist dies in Blau in sehr maßvoller Vertheilung. Die Nassauer Krüge dagegen sind vielfach außer mit Blau, auch mit Violett gehöht. Diese Töpferarbeiten sind es hauptsächlich, die jetzt wieder häufig nachgeahmt werden, am besten an einer der alten Produktionsstätten selbst, in Grenzhausen, sehr gut auch zu Freysing in Bayern und anderwärts.

Durch den Dreißigjährigen Krieg erlitt die Kunsttöpferei infolge der allgemeinen Verarmung einen bedeutenden Stoß.

Fig. 172. Pilgerflasche. Deutsches Steinzeug aus dem 16. Jahrhundert.

Zwar wurden in der Folgezeit immer noch gute Sachen gemacht, aber für die Prachtstücke fehlten die Abnehmer, und die Lockerungen ihrer Satzungen, welche die Zünfte erfahren hatten, machte ihren Einfluß bemerklich in der Verschlechterung der Produkte. Die billigere Fayence, die in Mode kam, endlich das Porzellan thaten das Ihrige — und erst die Neuzeit hat das Steinzeug wieder zu Ehren gebracht, freilich in der Hauptsache immer nur erst durch Nachahmung der alten Formen und Verfahren. In den Figuren 171 und 172 geben wir die Abbildungen einiger solcher alten Steinkrüge. Eine ähnliche Pinte, wie sie in Fig. 171 in der Mitte dargestellt ist, findet sich auch unter den Fleischmann'schen Nachbildungen auf S. 323, von denen der Kreußener Krug ebenfalls zu den Steinzeugen, und zwar zu den eingangserwähnten bayerischen gerechnet werden muß.

Da das Steinzeug, um für Flüssigkeit undurchdringlich zu sein, keiner besonderen Glasur bedarf, so findet es ausgedehnten Verbrauch zu Wirthschaftszwecken, für die es sich auch seiner Festigkeit und Dauerhaftigkeit wegen empfiehlt. Für die Bierländer sind Steinzeugkrüge ein lebhaft begehrter Artikel; will man doch neuerdings gefunden haben, daß in durchsichtigen Glasgefäßen das Bier sich rasch in seiner chemischen Zusammensetzung verändere, während das in den undurchsichtigen Steinkrügen nicht der Fall sein soll.

Der Zubereitung der Masse wird eine größere Sorgfalt gewidmet, als bei den gegewöhnlichen Töpferwaaren; der Thon wird fein geschlämmt und mit den erforderlichen Zusatzmitteln versehen, welche das Sintern befördern, wie Feldspath, Gips, Kalk, Baryt, Knochenasche, in England häufig Feuerstein (englische stoneware), ebenso mit den Metalloxyden, durch welche man die Masse färben will. Die feinen Wedgwoodmassen sind vielfach durchaus gefärbt, besonders blau, violett oder schwarz; dagegen bezeichnet man mit Carrara und Parian in England ganz weiße Steinzeuge, welche dem Biscuitporzellane sehr nahe stehen. Mitunter zieht man der Ersparniß halber eine Art Engobirung vor, indem man auf die getrockneten Geschirre die gefärbte Thonmasse nur als eine oberflächliche Schicht aufgießt. In dieser Weise werden z. B. die bekannten Bunzlauer Geschirre erzeugt, die an sich eine gelbliche Masse haben, aber mit einer braunen Farbe überzogen sind, welche aus einem bolusartigen Thone und aus gemahlenen Glasscherben besteht. Die Passauer Schmelztiegel werden aus einem mit Graphit versetzten Thone gebrannt. Die Bearbeitung, das Formen, ebenso das Brennen bietet nichts Besonderes, abgesehen davon, das letzteres bei höherer Temperatur stattfindet, als für die gewöhnlichen Töpferwaaren angewandt wird.

Das Porzellan.

Die Porzellanfabrikation bildet unstreitig den edelsten Zweig der Thonverarbeitung und liefert ein Produkt, welches bei ausgezeichneter Schönheit die schätzenswerthesten Eigenschaften aller übrigen Thonwaaren in sich vereinigt. Bei vollkommener Undurchdringlichkeit, außerordentlicher Härte und Feuerbeständigkeit widersteht es einem raschen Temperaturwechsel so gut, daß es selbst zu Kochgeschirren angewendet werden kann, und durch seine rein weiße Farbe, verbunden mit einem gewissen Grade von Durchscheinbarkeit, eignet es sich sehr gut zur Anbringung von Malereien und bildet somit einen werthvollen Stoff nicht nur zum häuslichen und technischen Gebrauch, sondern nicht minder zu den Luxusartikeln, welche eine künstlerische Vollendung erhalten sollen.

Das Porzellan ist eine Erfindung der ostasiatischen Völker und wahrscheinlich der Chinesen. Es wurde von diesen und den Japanern schon Jahrtausende früher gefertigt als in Europa, und zwar in einer Vollkommenheit, wie sie bei uns nur an wenigen Orten erreicht worden ist. In den chinesischen Geschichtsbüchern kommt das Porzellan zuerst unter der Dynastie der Hang vor, ein Zeitraum, der in die Jahre 185 vor bis 87 nach Christo fällt.

Der erste Porzellanofen stand zu Chan-Nan in der Provinz King-Si. Jetzt soll man in China Ortschaften finden, welche, wie das Dorf Rüitchin, mehrere tausend Porzellanöfen in Thätigkeit haben. Die Portugiesen, welche den frühesten Handel mit jenen nach Osten gelegenen Theilen der Erde trieben, brachten gegen das Jahr 1500 oder wenig später das erste chinesische Porzellan nach Europa; infolge des großen und allgemeinen Beifalls, den die Waare fand, führten sie immer größere Massen davon ein, und sie waren es auch, die ihm seinen Namen gaben. Derselbe ist von der Porzellanschnecke entlehnt, an deren Schale der eigenthümliche Lustre des Porzellans erinnert. Diese Schnecke heißt aber bei den Portugiesen ihrer Form halber porcella (Schweinchen), und so hat nicht etwa die Schnecke vom Porzellan ihren Namen, sondern die Sache verhält sich eben umgekehrt. Die Gefäße, welche man aus Ostasien nach Europa brachte, glänzten als Raritäten in den Kunstkabineten, ja sie wurden fast mit Gold aufgewogen, denn Kurfürst August II. von Sachsen gab dem ersten Könige von Preußen für 48 chinesische Gefäße, die sich zum Theil jetzt noch in der Gefäßsammlung des Johanneum befinden, ein ganzes Dragonerregiment. Mit den Porzellangeschirren wanderte aber nicht die Erfindung selbst in Europa ein, dieselbe mußte vielmehr hier noch einmal gemacht werden, was bekanntlich erst geschah, nachdem volle

200 Jahre lang das chinesische Porzellan keinen Nebenbuhler auf dem europäischen Markte gehabt hatte; denn die Fayencen, in specie die Delfter, welche zur Nachahmung des chinesischen Porzellans in gleichem Stile geformt und bemalt wurden, waren allenfalls ein äußerliches Surrogat, allein keinesfalls erreichten sie in Bezug auf ihre inneren Eigenschaften ihre ostasiatischen Vorbilder. Es heißt, die Chinesen hätten ihre Kunst sehr geheim gehalten; es scheint aber eher, daß die Fremden es nur nicht verstanden, sich Belehrung zu verschaffen; denn die Chinesen haben all ihr Wissen und Können seit lange schon in bänderreichen Encyklopädien niedergelegt, und es ist vor wenigen Jahren das Buch der Porzellanbereitung, wie früher das des Seidenbaues, von dem französischen Gelehrten Julien übersetzt worden. Für uns ist dieses Werk indessen nur dadurch interessant, daß es zeigt, wie die Chinesen fast genau dasselbe Verfahren einschlagen wie wir, und mit ganz den nämlichen Materialien arbeiten.

Merkwürdiger Weise findet selbst die Analogie statt, daß auch in China die Regierung diese Industrie von Anfang an in die Hand genommen hat und die Staatsfabrik das Musterbild für die Privatunternehmungen wurde. Die kaiserliche Fabrik blüht noch jetzt; sie bildet eine große, ausgedehnte Fabrikstadt mit vielen Tausenden von Arbeitern und hatte im vorigen Jahrhundert über 3000 Brennöfen.

In dem erwähnten chinesischen Lehrbuche der Porzellanfabrikation sind nicht nur alle hierbei vorkommenden Operationen genau beschrieben, sondern auch durch zahlreiche Abbildungen versinnlicht, wie es die Chinesen in allen ihren Werken lieben.

Fig. 173. Chinesische Porzellangefäße.

Wir nehmen Gelegenheit, um unseren Lesern auf S. 339 eine Probe chinesischer Darstellungsweise zu liefern, indem wir in den Figuren 222—225 einige dieser Bilder herausheben.

Die chinesischen Porzellane, welche heute genau noch in demselben Stile gefertigt werden, wie vor Jahrhunderten, zeichnen sich durch eine höchst gleichartige Masse und durch eine Glasur aus, die mit jener so völlig verschmolzen ist, daß der Uebergang aus der mehr erdigen Massensubstanz in die glasartige Oberfläche durchaus unmerklich stattfindet. Die Malerei ist in ebenso origineller Weise gehalten, wie die Form, und wenn beide auch unseren Begriffen von Schönheit nicht immer entsprechen, so kann doch die erstere nicht blos in ihrem rein technischen Theile, sondern auch in ästhetischer Beziehung unseren Porzellandekorateuren manchen werthvollen Fingerzeig zur Beachtung geben. Jedenfalls ist die Gesammtwirkung, welche die farbige Verzierung chinesischer und japanesischer Porzellane hervorbringt, immer eine harmonische, was man von den in den Einzelheiten oft viel besser ausgeführten Malereien unserer Porzellanfabriken nicht immer sagen kann. Dazu verfügen die Chinesen über zahlreiche Verfahrungsarten, welche unseren Porzellankünstlern nicht geläufig sind; in der Emaillirung sind sie bis jetzt geradezu unerreichbar. Uebrigens hat sich auch an dem scheinbar konservativsten Volke der Erde der Fluch der Zeit vollzogen, die neueren Porzellane sind bei weitem nicht mehr von der Schönheit und Güte der alten, das Kunsthandwerk hat sich bei ihnen, wie bei uns, verschlechtert.

Entwicklung der europäischen Porzellanbereitung. Die Beliebtheit und Kostbarkeit des chinesischen Porzellans mußte natürlich den Nachahmungstrieb heftig anregen; man bemühte sich, eine ähnliche Masse herzustellen, und so kam zuerst in Frankreich, im Jahre 1695, ein nachgeahmtes Porzellan zum Vorschein, das zwar im Aeußern dem echten sehr ähnlich war, aber wenig von dessen guten Eigenschaften an sich hatte, denn es war nicht dauerhaft in der Hitze, überhaupt zu weich, und bestand eigentlich aus nichts Anderem als aus einer Glasmasse, die durch weiße Substanzen undurchsichtig gemacht war (Frittenporzellan). Dabei war seine Anfertigung höchst umständlich und die Masse zum Formen so wenig bildsam, daß man mit einem Zusatze von Seife oder Gummi nachhelfen mußte, was natürlich nicht zur Güte des Produktes beitragen kann.

Das Wahre aufzufinden war den Deutschen vorbehalten, und zwar wurde die Erfindung des Porzellans in Sachsen gemacht, nicht, wie man gewöhnlich glaubt, durch Zufall, sondern nach langen Versuchen, die der berühmte Naturforscher Ehrenfried Walter Graf von Tschirnhausen zuerst angestellt hat, um die nutzbaren Mineralien des Landes Sachsen industriell zu verwerthen. Diese Versuche führten ihn auch dahin, die kostbaren Porzellangefäße, für welche sein prachtliebender Fürst August der Starke eine große Vorliebe hatte, nachahmen zu wollen, und es scheint, daß seine Bestrebungen nicht unglücklich gewesen sind, denn in der Biographie, welche die Akademie der Wissenschaften zu Paris von Tschirnhausen, der Mitglied dieser gelehrten Körperschaft war, herausgab, heißt es: „Während seines Aufenthaltes zu Paris (1701) machte Herr von T. dem Herrn Homberg Anzeige von einem Geheimniß, welches er entdeckt habe, ebenso wichtig als dasjenige der Herstellung seiner großen Linsengläser; das ist die Porzellanbereitung. Herr von T. hat Homberg von seinem Porzellan mitgetheilt, im Austausch gegen einige andere Geheimnisse, und gegen das Versprechen, in seinem Leben keinen Gebrauch davon zu machen."

Die Quelle, welche diese Notiz enthält und die Persönlichkeit Homberg's, der ein berühmter Chemiker war, beweist, daß, wenn auch ein dem echten chinesischen Porzellan völlig entsprechendes Produkt von Tschirnhausen 1701 noch nicht gefunden worden war, seine Arbeiten in dieser Richtung doch bereits zu namhaften Erfolgen geführt haben mußten. In der Dresdener Gefäßsammlung bewahrt man als angeblich von Tschirnhausen herrührend fünf kleine Krüge auf, die allerdings noch von einer fertigen Porzellantechnik weit entfernt sind, die aber immerhin insofern über den Böttger'schen Erzeugnissen stehen, als sie in ihrer Masse ganz weiß sind, während jene lange Zeit nur von brauner, dem chinesischen Porzellan durchaus unähnlicher Masse gefertigt werden konnten.

Während sich also Tschirnhausen mit Versuchen befaßte, Porzellan aus inländischen Materialien herzustellen, erhielt der Kurfürst Nachrichten über einen gewissen Böttger, der, aus Schleiz gebürtig (4. Februar 1682), in Berlin bei einem Apotheker gelernt hatte und dann plötzlich unter großem Aufsehen daselbst als Goldmacher aufgetreten war. Eigentlich hatte er nur von einem italienischen Charlatan etwas Goldpulver mit der Weisung erhalten, erst nach seiner Abreise Gebrauch davon zu machen. Da alle diese Goldpulver und Tinkturen stets goldhaltig waren, so war es keine Kunst, durch Vergolden von schlechten Knöpfen und dergleichen Kunststücke die Leute zu täuschen. Böttger aber gab sich selbst für den Erfinder aus, weshalb der preußische König sich seiner Person zu versichern suchte. Der Adept entging jedoch seiner Verhaftung durch die Flucht nach Sachsen — Wittenberg — von wo ihn Preußen mit Ungestüm zurückforderte.

Da man indessen von der unwiderlegbaren Ansicht ausging, einen wirklichen Goldmacher auch in Sachsen gebrauchen zu können, so wurde er nicht ausgeliefert, sondern nach Dresden gebracht, um hier für sein engeres Vaterland seine edle Kunst nutzbar zu machen. Dies that er zwar auch — aber auf eine unvorhergesehene Art. Mit der eigentlichen

Goldmacherei war es natürlich nichts; denn obgleich Böttger sich rühmte, das Arkanum, wie man es nannte, zu besitzen, so jagte er dennoch große Summen durch den Schornstein, ohne damit auch nur ein Gran Gold zu erzeugen. Alle Schmeicheleien und Drohungen konnten dem Aermsten nicht ein Geheimniß entreißen, das er in der That nicht besaß. Sie waren aber belästigend genug, um unserem Alchemisten Sachsen zu enge zu machen. Er wollte nach Wien entfliehen, von wo ihm vortheilhafte Anerbietungen gekommen waren; allein der Versuch mißlang und hatte eine nur um so ängstlichere Bewachung zur Folge.

Zur besonderen Beaufsichtigung Böttger's und seiner Arbeiten war Tschirnhausen bestellt worden, und es ist mehr als wahrscheinlich, daß dieser kenntnißreiche und zugleich praktisch denkende Gelehrte, die Fähigkeiten seines Schützlings wohl erkennend, und um denselben eine nützliche Richtung zu geben, der Porzellanbereitung nachzugehen ihn veranlaßte. Der Fluchtversuch Böttger's nach Oesterreich geschah im Jahre 1703, die darauf folgende Zeit verbrachte Böttger auf der Albrechtsburg in Meißen; 1706 saß er auf dem Königsteine, im nächsten Jahre dagegen wurde er in Dresden selbst auf der damals sogenannten Venusbastei, der heutigen Brühl'schen Terrasse, in Gewahrsam gehalten, immer aber vom Könige reichlich mit den Mitteln versehen, seine Versuche fortzusetzen. Im strengsten Verschlusse, von Wachen fortwährend umgeben, mußte er hier seine Arbeiten ausführen, und es war gewiß nicht das Ergebniß freien, freudigen Forschens, wenn es ihm endlich gelang, wie man sagt, bei Anfertigung eines Schmelztiegels, eine rothe Masse zu erzeugen, welche mit dem Porzellan manche Aehnlichkeit hatte und deshalb große Hoffnungen erregte. Dergleichen rothe Geschirre aus der ersten Zeit der europäischen Porzellanbereitung finden sich noch häufig in Sammlungen und bei Liebhabern. Das echte Porzellan fand Böttger erst ein paar Jahre

Fig. 174. Johann Friedrich Böttger.

später, nachdem ihm das mineralische Pudermehl von Aue bei Schneeberg, eine sehr reine Porzellanerde, in die Hände gefallen war. Die Entdeckung der Porzellanerde bei Aue schreibt man einem Hammerschmied Johann Schnorr zu, der zuerst bei der Beaufsichtigung seiner Zugpferde auf die eigenthümliche weiße Erde aufmerksam geworden sein soll, welche diese mit ihren Hufen herausgerissen. Da zu jener Zeit der Gebrauch des Haarpuders allgemein und Schnorr ein spekulativer Kopf war, so schien es ihm ein einträgliches Unternehmen, die weiße Erde zu trocknen, zu reinigen, auf das Feinste zu schlämmen und sie dann als Ersatz für das viel theurere feine Weizenmehl zu verkaufen. Ein Packet solcher Pudererde gelangte auch Böttger in die Hände, der als Gefangener wahrscheinlich manchmal Gelegenheit gehabt haben wird, für seine Toilette selbst zu sorgen. Der Versuch, sie auf Porzellan zu verarbeiten, gelang auf das Vortrefflichste; der Stein der Weisen zwar nicht, aber etwas bei weitem Nützlicheres war gefunden und der Bedrängte gerettet. Des weißen Porzellans, als seiner Erfindung, erwähnt Böttger zuerst in einem Memorial, das er im März 1709 dem Könige überreichte.

Tschirnhausen war das Jahr vorher gestorben. Sein Antheil an der Erfindung der Porzellanbereitung wird wol von vielen Seiten zu gering angeschlagen; unter Anderm ist wahrscheinlich auch der Umstand, daß, weil sich für die ersten braunen harten Geschirre keine geeignete Glasur fand, man dieselben oberflächlich durch Schleifen glättete und polirte, auch wie Glas gravirte, auf seinen Einfluß zurückzuführen. Denn zur Herstellung seiner großen Benngläser unterhielt Tschirnhausen im Plauenschen Grunde Schleifmühlen, und es mußte ihm von selbst der Gedanke kommen, das rauhe Porzellan wie das Glas zu behandeln, um ihm ein gefälligeres Aeußere zu geben. Auch die glasähnliche Glasur, die man an gewissen dunkelbraunen Geschirren bemerkt, welche man als ältestes sächsisches Porzellan zu bezeichnen pflegt, könnte auf Tschirnhausen hinweisen, der im Ostragehege bei Dresden eine Glashütte in Betrieb hatte.

Die alten braunen Thonwaaren selbst, die der Erfindung des weißen Porzellans vorausgingen, auch noch bis 1730 neben diesem mit gemacht worden sein sollen, sind unter sich von einem so verschiedenen Charakter, daß ein Zusammenhang mit dem Porzellane selbst mitunter gar nicht zu erkennen ist. Als Böttger=Porzellan bezeichnet man erstens eine harte, schön rothe oder braunrothe Masse, gesintert und ohne Glasur, mitunter geschliffen und gravirt, aus der Kannen, Tassen, Schalen, Krüge, plastische Darstellungen, namentlich Reliefs u. dergl. dargestellt wurden. Beim Brennen überzog sie sich in den ersten unvollkommenen Oefen oft mit einer graubraunen bis schwärzlichen Haut (Eisenporzellan), die nach dem Wegschleifen die braune Grundmasse wieder hervortreten ließ. Diese Masse, von Böttger selbst Jaspisgeschirr genannt, ist mehr ein Steinzeug als ein Porzellan. Die zweite Gattung sind harte Geschirre mit einer sehr spröden dunkelbraunen oder schwarzen Glasur von glasähnlicher Beschaffenheit, häufig vergoldet, aber trotzdem wenig von gewöhnlichem guten Töpfergeschirr verschieden. Endlich bezeichnet man als Böttger=Porzellane noch eine Sorte von Thonwaaren, die wieder aus einer dunkelrothen Masse bestehen, mit einer ausgezeichnet schönen, dem japanesischen Lack ähnlichen, sehr feinen Glasur überzogen und auf dem dunkelbraunen Grunde mit Vergoldung oder Versilberung, in welche die Zeichnung und Schattirung gewöhnlich mit der Nadel radirt ist. Diese letzteren Geschirre haben ihrem Wesen nach mit dem Porzellane gar nichts gemein, sie sind von erdiger Masse, ohne sinterndes Bindemittel, kleben an der Zunge, sind ungemein leicht und stellen eine sehr vollkommene Terracotta dar, bei deren Herstellung es jedenfalls auf Nachahmung der japanesischen Lackwaaren abgesehen war. Wie lange sie fabrizirt worden sind, darüber fehlen die Nachrichten; es scheint indessen sicher, daß es nicht diejenigen rothen Porzellane sind, von deren Fabrikation die Meißner Berichte sagen, daß sie neben der weißen Waare bis gegen 1730 betrieben worden sei. Unter diesen sind jedenfalls die rothen Jaspisporzellane zu verstehen.

Als nun die Erfindung 1709 soweit gediehen schien, daß man an die Nachahmung chinesischer Gefäße gehen konnte, wurde, um eine ausgedehnte Produktion zu ermöglichen, im Jahre 1710 die Albrechtsburg in Meißen zur Porzellanmanufaktur eingerichtet. Böttger aber wurde, obschon reich belohnt und in den Freiherrnstand erhoben, immer noch streng bewacht, weil man sein Entweichen und ein Verrathen des Geheimnisses fürchtete. Er starb nach einem ziemlich dissoluten Lebenswandel, und zwar, da er stets verschwenderisch wirthschaftete, in Armuth, am 13. März 1719. So wenig erfreulich nun im Ganzen auch das Bild ist, das wir uns von dem Charakter des Erfinders des Porzellans machen können, so söhnt uns doch das Werk, welches ihm seinen Ursprung verdankt, die Porzellanmanufaktur in Meißen, einigermaßen wieder mit ihm aus. Von Anbeginn Staatsanstalt gewesen und geblieben, hat sich diese erste außerchinesische Porzellanfabrik lediglich der Pflege ihrer Industrie hingeben können, ohne ängstliche Rücksichtnahme auf die augenblickliche Geschmacksrichtung der Menge künstlerischen Richtungen folgend. Dadurch haben die Meißner Porzellane, jene für die Kultur nicht hoch genug zu schätzenden Erzeugnisse eines neuen, auf die Geschmacksentwicklung bedeutungsvoll wirkenden Kunstzweiges, sich mit Raschheit auf die Höhe der Vollendung geschwungen und auf derselben erhalten.

Es ist nun hier zwar keineswegs unsere Absicht, für die heutige Zeit und für alle Branchen der Industrie damit einem Prinzip der Staatsindustrie, wie es nicht nur die sächsische Regierung in Betreff des Porzellans angewendet hat, sondern, wie es auch von anderen Staaten bisher bei diesem Kunstzweige beliebt wurde, das Wort reden zu wollen.

Fig. 175. Die Albrechtsburg in Meißen, die erste europäische Porzellanmanufaktur.

Vor anderthalbhundert Jahren aber waren die Verhältnisse in vielen Beziehungen noch unentwickelte, die technischen Künste, die wissenschaftlichen Hülfsmittel standen bei uns noch auf schwachen Füßen — und wenn sich unter solchen Umständen eine neue Richtung in das Ganze fördernder Weise Bahn brechen sollte, so konnte sie dies unbeirrt nur durch diejenigen Unterstützungen, welche damals allein noch von den Höfen ausgehen konnten.

In den ersten Zeiten waren es hauptsächlich chinesische Muster, welche die Meißner Fabrik nachzuahmen versuchte. Sie erlangte darin auch eine solche Meisterschaft, daß selbst

Kenner in Zweifel gerathen könnten, ob dem Original oder der Kopie der Vorzug größerer Trefflichkeit eingeräumt werden müsse. Von der Gefäßbildnerei ging man sehr bald auf die Herstellung rein plastischer Gegenstände, Büsten, Statuetten, Blumen und Thiergruppen über, welche von den ausgezeichnetsten Künstlern geformt und gemalt wurden. Dergleichen alte Erzeugnisse sind in Auffassung und künstlerischer Ausführung bewundernswürdig und werden heute mit oft viel höheren Preisen bezahlt, als zur Zeit ihrer Erzeugung.

Damals indessen, als das Geheimniß der Porzellanbereitung gefunden war, waren die materiellen Erträge der Fabrikation keine sehr großartigen. Es wurde fast ausschließlich für den Hof gearbeitet, und wenn man auch bemüht war, sich einen möglichst weiten Markt zu suchen, so gelang dies unter der unordentlichen Administration Böttger's doch nur mangelhaft. Im Jahre 1710 war das erste weiße Porzellan als Probe auf der Ostermesse zu Leipzig erschienen; in derselben Messe wurden für 3357 Thaler rothe Geschirre abgesetzt. Von 1720 begann jedoch unter Leitung des Malers Herold die glänzende Zeit, in welcher namentlich auch durch den Bildhauer Kändler die entzückenden Gruppen, Vasen u. s. w. modellirt und durch den Vorschub, welchen das Material einer barocken, ausschweifenden Gestaltung leistete, der Rococostil auf die Höhe seiner ornamentalen Ausbildung gelangte, die wundervollen Thierfiguren rühren ebenfalls von Kändler her.

Fig. 176. Meißner Porzellanmarke.

Das Personal der Fabrik war 1732 auf 378 Köpfe gestiegen. Durch den Siebenjährigen Krieg aber erlitt der Fortgang bedeutende Störungen und erst nach großen Anstrengungen konnte man das Verlorene wieder einbringen. Die schönen Porzellane, welche in der darauf folgenden Periode wieder gemacht worden, bezeichnet man gewöhnlich nach dem Grafen Marcolini, der 1774 die obere Leitung der Fabrik übertragen erhielt. Indessen ist das technische Verdienst wol mehr dem Hofmaler Dietrich und dem damaligen Arkanisten Holzwig zuzuschreiben.

Die ängstliche Geheimhaltung, welche mit Böttger getrieben worden war, blieb als erstes Fabrikgebot in Meißen Richtschnur. Trotzdem aber gelangte, wie erzählt wird, durch einen in die Porzellanbereitung eingeweihten Arbeiter die Kenntniß davon sehr bald nach Wien, wo 1718 eine Porzellanfabrik, die zweite europäische also, angelegt wurde, und von dort aus, sowie durch Arbeiter, die von Meißen nach Berlin und anderwärts hingingen,

Fig. 177. Wiener Marke.

gewann der neue Industriezweig bald weitere Ausbreitung. Zunächst entstanden zu Höchst am Rhein (1740), bald darauf zu Ansbach und Bayreuth, später zu Fürstenberg (1744), 1750 zu Berlin (Wegely), 1754 zu Frankenthal und anderwärts Fabriken, welche zum Theil aber bald wieder eingingen. Andere bestehen noch jetzt, ohne daß es indessen auch nur einer gelungen wäre, den Ruhm der Meißner Mutteranstalt zu verdunkeln. Die ältesten Meißner oder Dresdner Geschirre enthalten die Buchstaben K. P. M., Königl. Porzellan-Manufaktur; sehr zeitig schon aber zeichnete die Fabrik ihre Produkte mit den jetzt noch gebräuchlichen und in der ganzen Welt bekannten gekreuzten Kurschwertern (s. Fig. 176), die in blauer Farbe gewöhnlich nur mit ein paar Pinselstrichen ausgeführt sind. Für den Gebrauch des Kurfürsten bestimmtes Geschirr trug die Chiffre A. R. Gegen 1720 wurden eine Zeit lang die Stichblätter der beiden Schwerter über die Mitte hinaus nach innen zu verlängert, so daß sie sich kreuzten; auch befindet sich in dem Innenraume zwischen denselben bisweilen ein kleiner Kreis oder ein Stern (Marcolini). Die Wiener Fabrik hatte zur Marke einem dem österreichischen Wappen entnommenen Schild (s. Fig. 177), Frankenthal nahm um 1755 zum Zeichen einen springenden Löwen, den Helmschmuck der Pfalz, vertauschte denselben aber später gegen die gekrönten Buchstaben C. T. (Pfalzgraf Carl Theodor), [s. Fig. 178], in blauer Farbe auf das Porzellan gemalt. Hanung, der Gründer der Fabrik (gestorben 1761), führte als Marke den Anfangsbuchstaben seines Namens und ein f (Frankenthal); gewöhnlich steht daneben noch eine auf das Muster bezügliche Nummer (s. Fig. 179). Die Frankenthaler Fabrik ging 1800 ein, wo die Vorräthe und Utensilien verkauft und damit im Bayerischen Rheinkreise eine Fayencefabrik errichtet wurde.

Entwicklung der europäischen Porzellanbereitung. 333

Von den übrigen namhaften deutschen Porzellanfabriken sind in der Zusammenstellung auf dieser Seite die Marken mit enthalten, und zwar zeigt Fig. 180 zwei derselben von Nymphenburg in Bayern (1758 gegründet), die zweite davon ist das bayerische Wappen, auf altem Porzellan mittels Stempel eingepreßt; Fig. 181 die Marke der von Herzog Carl Eugen zu Ludwigsburg 1758 errichteten, 1824 aber wieder eingegangenen Fabrik.

Fig. 178—218. Marken der namhaftesten Fayence= und Porzellanfabriken.

Ein noch kürzeres Leben hatte die von dem Fürstbischof zu Fulda gegründete Fabrik, welche der großen Betriebskosten wegen schon 1780 geschlossen wurde; Marke blau, Fig. 182. Die Berliner Fabrik von Wegely (1750), später von Gotzkowski betrieben und nach dem Hubertusburger Frieden von Friedrich dem Großen als Staatsanstalt übernommen, welcher als Herr von Dresden die nötigen Kenntnisse sich leicht verschaffen konnte, auch große Quantitäten Porzellanerde fortführen ließ, hatte als erstes Zeichen einen Scepter (s. Fig. 183), später wurde ein Adler, noch später ein Reichsapfel über den Buchstaben K. P. M. (Kgl. Porzellan=Manufaktur) zugefügt. Rudolstadt in Thüringen, um die Mitte des vorigen

Jahrhunderts entstanden, führte ein R, blau; Ravenstein in Meiningen die in Fig. 184; Limbach, nicht weit davon entfernt liegend, die in Fig. 185 angegebene Marke; Großbreitenbach ein Kleeblatt, Weilsdorf einen bloßen Strich; Ilmenau ein L; Gotha bis zum Jahre 1802 ein R, von da ab ein G, Ansbach ein A, Gera ein G u. s. w. Die Mainzer Fabrik bei Höchst, durch einen aus der Wiener Fabrik entlaufenen Arbeiter Ringler angelegt, ging infolge des Einfalls der Franzosen 1794 wieder ein; ihre Porzellane sind kenntlich an dem Zeichen Fig. 186, dem Wappen des ehemaligen Erzbisthums, einem kleinen vergoldeten Rade; dasselbe ist bisweilen in Roth, bisweilen auch in Blau ausgeführt, und bedeutet diese Farbenverschiedenheit vielleicht eine Verschiedenheit der Güte oder der Fabrikationszeit. Die Porzellane der später bei Höchst von Dahl errichteten Fabrik haben zwar das alte Zeichen beibehalten, demselben aber zur näheren Bestimmung ein D beigesetzt. Fürstenberg (im Braunschweigischen) zeichnete mit einem blauen F (s. Fig. 187).

In Frankreich kam die Porzellanfabrikation erst etwa 30 Jahre später in Gang als in Meißen. Es war zwar das Geheimniß der Bereitung, wie es von Meißen nach Wien und Frankenthal gekommen war, auch von hier den Franzosen bekannt geworden, und namentlich heißt es, daß der Gründer der Frankenthaler Fabrik, Hanung, der französischen Regierung darauf bezügliche Mittheilungen gemacht habe; aber es zeigte sich der fatale Umstand, daß in ganz Frankreich das unerläßliche Kaolin sich nicht finden wollte, während der Bezug aus anderen Ländern überall durch Ausfuhrverbote unthunlich geworden war. Die Porzellanfabriken, welche unter solchen Verhältnissen in Frankreich entstanden, konnten daher in ihren Erzeugnissen mit den deutschen Porzellanen in keiner Weise konkurriren. Viele von ihnen gingen nach kurzem Bestande wieder ein, und die Franzosen wären wol in Bezug auf Porzellan von anderen Ländern abhängig geblieben, wenn nicht ein besonderer Zufall ihnen hülfreich geworden wäre.

Eines Tages suchte Frau Darret, die Gattin eines armen Barbiers in St. Yrieux bei Limoges, Thon, um ihre Wäsche weiß zu machen, und fand an einem nahen Bergrücken einen weißen, speckartigen Stein, der ihr dazu passend schien. Sie übergab denselben ihrem Manne, welcher darin etwas Besseres als Walkerde zu erkennen glaubte und ihn dem Apotheker Villaris in Bordeaux zeigte; dieser rieth auf Kaolin und sandte sogleich eine Probe davon an den Chemiker Macquer, welcher sie alsbald auch als solches erkannte. Man fand an dem betreffenden Orte ein reiches Kaolinlager, und der unscheinbare Stoff, welcher von einer armen Frau gefunden wurde, brachte nun die Porzellanmanufaktur Frankreichs plötzlich in die Höhe. Im Jahre 1774 war die große Porzellanmanufaktur Sèvres mit der Erzeugung von echtem Porzellane in vollem Gange; sie ist jetzt noch eine der größten und bedeutendsten in der ganzen Welt und ihre Modelle und Malereien gehören zu den besten und stilvollsten.

Als die Wiege dieser berühmten französischen Porzellanmanufaktur muß jedoch St. Cloud angesehen werden. Hier waren schon seit langer Zeit feine Töpferwaaren der verschiedensten Art gefertigt worden, die an der in Fig. 188 dargestellten Marke erkennbar sind oder an einer strahlenden Sonne, welche nach 1702 angenommen wurde, nachdem Ludwig XIV. der Fabrik große Rechte verliehen hatte. Eigentliche Porzellane wurden aber in dieser Zeit hier eben so wenig gemacht wie in Chantilly, wo auch bereits seit 1735 eine ausgezeichnete Thonwaarenfabrik bestand (Marke Fig. 189). Zu Clignancourt blühte um die Mitte des vorigen Jahrhunderts ein ähnliches Etablissement, dessen Produkte das Wappen des Herzogs von Orleans, ältesten Sohnes des Königs, führten, ein auf drei Spitzen ruhendes Dach (s. Fig. 190). Lange vorher, ehe Böttger in Sachsen das Porzellan erfand, hatte man in diesen und anderen Werkstätten die Nachahmung chinesischer Geschirre versucht. Es existirt bereits aus dem Jahre 1664 ein Patent, welches einem Pariser Fayencefabrikanten Reverend ertheilt wurde, um „indische Porzellane" nachzumachen; allein, was auf diese Weise heraus kam, war nichts anderes als eine feine Fayence, wie sie zu ähnlichem Zwecke Holland schon lange erzeugte. Nichts desto weniger bezeichnete man solche Nachahmungen als Porzellane, und namentlich gab man diesen Namen auch einer durchscheinenden Masse, welche von 1695 in St. Cloud vorzugsweise gemacht wurde, nur daß man sie zum Unterschiede von dem echten Porzellane (porcelaine dure) weiches Porzellan (porcelaine tendre) nannte. In der Verarbeitung derselben erlangte man eine ziemliche Vollkommenheit, es ist aber, wie gesagt, dieses weiche oder Frittenporzellan, wie es bei uns heißt, eine mehr glasartige Masse, welche ohne Zusatz von Kaolin bereitet wird und mehr ein unvollständig geschmolzenes Glas vorstellt als ein wirkliches Porzellan. Die Masse des Frittenporzellans wird aus einem schmelzbaren Kieselalkali, Mergel und Kreide zusammengesetzt, fein gemahlen, mehrere Monate als Brei aufbewahrt, getrocknet, wiederholt gemahlen und endlich, um sie plastisch zu machen, mit Seifen- oder Leimwasser versetzt. Das Brennen geschieht in Kapseln, dabei verzieht sich indessen die Masse leicht, da eine viel geringere Hitze schon genügt, um sie gar zu brennen, als für das harte Porzellan. Als Glasur dient ein sehr bleihaltiges Glas. Nicht viel anders verhält sich das Reaumur'sche Porzellan, welches dem gewöhnlichen Bein- oder Milchglase nahe kommt.

Als nun in Sachsen das echte Porzellan gefunden worden war, verdoppelten sich natürlich die Anstrengungen auch in Frankreich. Man versuchte die von Deutschland erlangten Rezepte auszuführen, da aber das Rohmaterial fehlte, so konnte man zu keinen Resultaten gelangen. Die Fabrik von St. Cloud wurde 1752 nach Sèvres verlegt, nachdem sich der König mit einem Drittheil Kapital an derselben betheiligt hatte, und nahm nun den Titel Manufacture royale an. Sie fabrizirte immer noch ausschließlich porcelaine tendre. Nachdem man aber 1765 die echte Porzellanerde bei Limoges entdeckt hatte, wurden Anstalten getroffen, neben dem Frittenporzellane auch wirkliches hartes Porzellan darzustellen, und von 1769 wurden in Sèvres beide Arten neben einander fabrizirt. Dies dauerte bis in dieses Jahrhundert hinein; erst da, unter Brogniart's Leitung der Fabrik, fing die harte Masse des echten Porzellanes an, die pâte tendre zu verdrängen. Die Erzeugnisse der Fabrik von Sèvres tragen als Marke ein doppeltes L (Louis); von 1753 an wurde in den Innenraum dieses Monogramms jedes Jahr ein neuer Buchstabe, von A an das ganze Alphabet durch, gesetzt (s. Fig. 191), so daß 1776 das Z erreicht war; 1777 fing das Alphabet wieder von vorn an, aber die Buchstaben wurden doppelt genommen und die Porzellane, welche mit R R bezeichnet sind, gehören demnach dem Jahre 1794 an. Von diesem Jahre an wechselte die Marke mit der in Fig. 192 abgebildeten (République Française), 1800—1804 verschwand auch diese und die Buchstaben M. NLE (Manufacture nationale) mit dem Worte sèvres traten an ihre Stelle; 1804 wurde das Nationale durch IMPLE (Imperiale) ersetzt, und von 1810—1814 florirte der Napoleonische gekrönte Adler als Zeichen. Später nahm Ludwig XVIII. wieder den alten Namenszug hervor mit einer Lilie in der Mitte, Karl X. den seinigen unter einer Krone, dem entsprechend Louis Philipp; die Republik von 1848—1850 aber nahm die Marke S mit der Jahreszahl. Der schon erwähnte Hanung oder Hannong errichtete im letzten Viertel des vorigen Jahrhunderts auch zu Paris eine Fabrik, welche mit H signirte; aus derselben Zeit stammen noch die Marken M. A. P. von Morelle; S von Souroup; zwei sich kreuzende Pfeile (s. Fig. 193) von Locre (1773); ein gekröntes A mit einer rothen Lilie von Le Boeuf (1780—1793) u. s. w. Gegenwärtig ist die Porzellanfabrikation in Frankreich ein sehr ausgedehnter und zu hoher Vollkommenheit entwickelter Industriezweig, dessen Hauptsitze Paris und Limoges sind.

In Spanien gründete König Karl III. 1759 bei Madrid in den Gärten seines Palastes Il Buen Retiro eine Fabrik, deren Produkte theils durch Lilien, wie deren drei in Fig. 194 angegeben sind, theils durch zwei verschlungene C (s. Fig. 194) bezeichnet sind. Der letztere Namenszug hat manchmal eine Krone, und die Buchstaben sind dann gewöhnlich verzerrt, wie es Fig. 196 angibt. Derselbe Monarch hatte früher schon in Neapel eine Fabrik gegründet, deren mit gemalten Reliefs verzierte Erzeugnisse unter dem Namen „Capo di Monte-Porzellane" von Sammlern hoch bezahlt werden (Marke Fig. 198). Die Zeichen Fig. 199 und 200 kommen neapolitanischen Porzellanen aus anderen Fabriken zu, welche ebenfalls in der letzten Hälfte des vorigen Jahrhunderts arbeiteten. Doccia in Toscana führte entweder das Zeichen Fig. 201 oder einen Stern (s. Fig. 202), ähnlich der

Marke von Lenove in der Lombardei (blau oder roth). Das alte Venetianer Porzellan hat einen großen rothen Anker (f. Fig. 203); Vieneuf in Piemont (1750 gegründet) ein Kreuz mit den Anfangsbuchstaben des Ortes und Gründers Dr. Gioanetti (f. Fig. 204). Vista bei Oporto führte die Marke Fig. 197.

Aus der Schweiz sind vorzüglich zwei Marken, ein Fisch (f. Fig. 205) auf dem Porzellan von Nyon im Kanton Waadt und ein blaues Z (f. Fig. 206) auf dem um die Mitte des vorigen Jahrhunderts in Zürich gefertigten Porzellan, bemerkenswerth.

In Holland entstanden während des Siebenjährigen Krieges Porzellanfabriken; von ihnen ist namentlich die im Haag und die Amsterdamer bekannt. Die letztere hat ein A als Zeichen, die erstere (1778 errichtet) die in blauer Farbe roh ausgeführte Zeichnung eines Storches, der entweder auf einem Beine steht oder mit einem Frosch im Schnabel auffliegt (f. Fig. 207). Doornik oder Tournay (1750—1800) führte zwei gekreuzte Schwerter mit vier kleinen Sternchen dazwischen (f. Fig. 208).

In England fand die Porzellanfabrikation schon frühzeitig einen günstigen Boden und in den Fabriken von Bow und Chelsea, welche vor 1750 errichtet worden sind, wurden ausgezeichnete Werke hervorgebracht. Das Bower Porzellan ist jetzt sehr selten und wird mit enormen Preisen bezahlt; kenntlich ist es an einer Biene, die entweder nur darauf gemalt oder so modellirt ist, als ob sie auf dem Porzellan säße. Das Chelsea=Porzellan hat, wenn es überhaupt mit einem Fabrikzeichen versehen ist, einen Anker, der, gewöhnlich ziemlich roh und mit rother Farbe gemalt, nur bei ganz feiner Waare, wie der letzte der in Fig. 209 abgebildeten, in zarten Goldstrichen ausgeführt ist. Als die Fabrik in Chelsea 1765 einging, siedelten die besten ihrer Arbeiter nach Derby über, wo bereits 1751 eine Porzellanfabrik gegründet worden war. Dadurch kam der Anker als Marke nach Derby und wurde in dem D, wahrscheinlich dem früheren Zeichen der Fabrik, angebracht (f. Fig. 210). Später, unter Georg III., als das Derby=Porzellan großen Ruf erlangt hatte, wurden zwei gekreuzte Schwerter mit einer Krone und dem Buchstaben D zur Bezeichnung gebraucht (f. Fig. 211). Beide Marken sind entweder in Hochroth oder in Violett, bei sehr feinen Porzellanen auch in Gold ausgeführt.

Fig. 219. Große Porzellanvase aus der Meißner Fabrik, ausgestellt in London 1862.

Worcester, gleichzeitig mit der Fabrik Derby errichtet, excellirte hauptsächlich in der Nachahmung japanesischer und chinesischer Porzellane und benutzte auch derartige Marken; als eigenthümliches Zeichen aber diente ein halber Mond, in Blau unter die Glasur gemalt, bisweilen auch ein W und später eine schachbrettartige Zeichnung (f. Fig. 212 und 213). Plymouth wurde um 1760 von Cookworthy errichtet; wahrscheinlich haben die naheliegenden reichen Zinnlagerstätten die Veranlassung gegeben, dieselbe Marke (f. Fig. 216) zu wählen,

Entwicklung der europäischen Porzellanbereitung.

welche als Zinnstempel dient. Der unter Fig. 217 abgebildete Dreizack, roth und bisweilen mit dem Namen Swansea verbunden, ist das Zeichen für die 1750 gegründete Porzellanfabrik gleichen Namens; Bristol hat ein blaues Kreuz, Leeds signirt durch eine Pfeilspitze und mittels der Buchstaben GG; Rockingham durch einen Greif; das alte Shropshire-Porzellan führt den Buchstaben S; Wedgwood bezeichnete seine Waaren mit seinem vollen Namen, manchmal in Verbindung mit dem seines Theilhabers Bentley.

Führen wir nun noch an, daß die kaiserliche Porzellanfabrik in Petersburg in der Regel den Namenszug des herrschenden Regenten mit der russischen Krone als Zeichen trägt, z. B. das Porzellan aus der Zeit Katharina's II. das Zeichen Fig. 215, ferner daß Fig. 214 die Marke der polnischen Fabrik Korzec darstellt, und daß die königliche Fabrik in Kopenhagen (seit 1775) drei wellenförmige Linien, den Sund, Großen und Kleinen Belt bedeutend, führt (s. Fig. 218), so dürften wir damit die Aufzählung der bedeutendsten und in der Geschichte des Porzellans interessantesten europäischen Fabriken beendet haben. Bedauern müssen wir bei diesem Rückblick, daß einige derjenigen Fabriken, denen die künstlerische Pflege des Gewerbes besonders anvertraut schien, Wien und Nymphenburg z. B., entweder ganz eingegangen oder zu gewöhnlichem Krämerbetriebe herabgesunken sind.

Fig. 220. Porzellan-Service aus der Kgl. Porzellanmanufaktur zu Berlin, entworfen vom Bildhauer J. Mantel; dekorirt nach Zeichnungen von v. Blomberg.

Unter den Porzellanfabriken, welche zu allen Zeiten ihres Bestehens sich ihren Ruhm bewahrt haben, stehen die zu Meißen und Sèvres obenan, sowol was die Güte des Materials als die Vortrefflichkeit der Form und Vollendung der künstlerischen Ausführung, Malerei und Vergoldung anbelangt. Neben ihnen dürften die Porzellanfabrik in Berlin und von englischen die von Worcester und die Minton'sche einen hohen Rang beanspruchen. Zu bemerken ist aber immerhin, daß, wenn wir die Porzellane von 1777 und die von heute mit einander vergleichen, in den hundert Jahren dieser Zweig der Kunsttöpferei eine künstlerisch wesentlich höhere Stufe nicht erklommen hat. Die Fortschritte beziehen sich auf technische Verfahren, infolge deren Porzellan zu einem billigen Verbrauchsartikel hat werden können, es hat aber die Massenproduktion im Allgemeinen einen leider nicht günstigen Einfluß gehabt, der sich auch in den Erzeugnissen der höchststehenden Anstalten bemerklich macht. Die letzten Ausstellungen in London (1862), Paris (1867) und Wien (1873) haben das hindurch empfinden lassen, wenngleich die zur Anschauung gestellten Prachtstücke zeigen, daß für besondere Zwecke das Können wol vorhanden ist. Wir geben einige der Werke, welche daselbst zu sehen waren, in Abbildung. Meißen hatte die Vase hingesandt (s. Fig. 219), ein Kunstwerk nach Zeichnungen von Schnorr von Carolsfeld ganz in antikem Stil ausgeführt, welches in der Höhe fast 2 Meter mißt. Außer diesen Dimensionen, welche der Herstellung ungemeine Schwierigkeiten in den Weg legen, weil bei dem Brennen die Masse des Porzellans erweicht und durch das große Gewicht die Form unfehlbar verdrückt und verschoben werden würde, wenn man nicht die subtilsten Vorsichtsmaßregeln anzuwenden verstände, ist ganz besonders die meisterhafte Ausführung der Malerei zu bewundern, welche das berühmte Dianabad von Albani, in der Dresdner Galerie, vorstellt.

Sèvres, dessen Porzellanfabrik unter ihren Direktoren Männer wie Brogniart, zuletzt Regnault und Ebelmen hatte, ist immer durch seine zarten Farben berühmt ge-

Fig. 221. Worcester-Porzellan, Flacon; ausgestellt in Paris 1867.

wesen, deren Geheimniß noch aus der Periode der pâte tendre sich herschreibt und die der geschmackvolle Sinn der Franzosen zu reizenden Effekten zu verwerthen weiß.

Berlin wirkt mehr durch strenge Formen und solide technische Ausführung, mitunter etwas nüchtern, namentlich in Bezug auf seine Färbung. Die in Fig. 220 dargestellte Garnitur sowie die auf unserem Tonbilde dargestellten Gegenstände bringen einige seiner durch Form und Verzierung ausgezeichneten Gefäße zur Anschauung. Freilich müssen wir bei allen diesen Darstellungen darauf verzichten, durch den Holzschnitt auch nur eine entfernte Andeutung des Reizes zu geben, welchen das Material ausübt, und den Zauber der Farben, der bei derartigen Kunstprodukten den Gesammteindruck wesentlich bestimmt, sich vorzustellen, müssen wir der Phantasie unserer Leser überlassen.

Das Flacon (s. Fig. 221) aus der 1752 gegründeten Worcester-Porzellanmanufaktur ist eine Nachahmung der alten Oriongeschirre.

Porzellanbereitung. Gehen wir zur Herstellung des Porzellans aus seinen Rohmaterialien über, so haben wir im Wesentlichen wieder dieselben Vornahmen zu beachten, die schon bei der gewöhnlichen Töpferei vorkommen, nur daß wegen der größeren Kostbarkeit der Produkte auch die Auswahl der Materialien und die darauf verwendete Arbeit eine bei weitem sorgfältigere sein wird. Andererseits aber hängt die Eigenthümlichkeit des Produktes mit besonderen Umständen zusammen, welche auch wieder ganz besondere Rücksichtnahmen bei der Fabrikation bedingen.

Rohmaterialien. Das Porzellan ist bekanntlich eine milchweiße, etwas durchscheinende, mit einer ganz durchsichtigen, in der Regel bleifreien Glasur bedeckte Masse. Seine beiden Grundstoffe sind Kaolin und Feldspath, und da auch die Glasur aus Feldspath hergestellt wird, so begreift es sich, daß schließlich eine sehr gleißmäßige, innig vereinte Masse daraus entsteht, bei welcher von Glasurrissen u. dergl. keine Rede sein kann. Das Kaolin ist unschmelzbar; der Feldspath sintert aber im Feuer. Das Porzellan besteht demnach aus weißen, undurchsichtigen Körperchen, die mit einer glasigen Masse durchtränkt und verbunden sind. Die Halbdurchsichtigkeit desselben ist hieraus leicht erklärlich. Die Chinesen nennen sehr treffend das Kaolin die Knochen, den Feldspath das Fleisch des Porzellans.

Kaolin bezeichnet eine ganz reine weiße Erde, die aus der Verwitterung von Granit, Syenit, Gneis, Porphyren und dergleichen feldspathhaltigen Gesteinen zurückbleibt. Sie ist wie der Lehm für die Ziegel und der Thon für die gewöhnlicheren Töpferwaaren der

Rohmaterialien.

Hauptmassentheil und findet sich nicht blos in China, sondern in mehr oder minder großer Menge in fast allen Ländern der Erde, auf deren Oberfläche die obengenannten Gesteine vorkommen, so namentlich zu St. Yrieux bei Limoges, St. Stephans in Cornwall, in Sachsen zu Aue bei Schneeberg, Seilitz bei Meißen, Sornzig bei Mügeln, Rasephas bei Altenburg, in der Gegend von Halle u. s. w.

Fig. 222. Brechen des Feldspaths.

Fig. 223. Stampfen des Feldspaths.

Fig. 224.
Formen auf der Scheibe.

Fig. 225.
Brennen in offenen und geschlossenen Oefen.

Porzellanbereitung bei den Chinesen.

Der Hauptsache nach besteht das Kaolin aus kieselsaurer Thonerde (50—75 Prozent), freier Kieselsäure (1—10 Prozent), Wasser (8—12 Prozent) und Rückständen des alten Muttergesteines. Je weniger von den letzteren darin enthalten sind, um so geeigneter ist die Masse für die Porzellanbereitung; indessen läßt sich durch entsprechende Behandlung, Schlämmen u. dergl., oft ein unreines Kaolin zu einem ganz tauglichen Materiale umwandeln. An und für sich ist das Kaolin unschmelzbar und deswegen auch ohne Vermischung mit anderen Stoffen in der Gefäßfabrikation nicht zu verwenden.

Der hauptsächlich auf die Schmelzbarkeit hinwirkende Rohstoff ist zweitens der Feldspath, ein Mineral, das in verschiedenen Varietäten in der Natur vorkommt und durch ausgezeichnete Krystallisirbarkeit charakterisirt ist. Er besteht aus kieselsaurem Alkali (Kali oder Natron) und kieselsaurer Thonerde. Das kieselsaure Alkali ist durch Wasser ausziehbar, und dieser Umstand veranlaßt die Verwitterung feldspathführender Gesteine. Der Feldspath ist an sich schmelzbar und, außer daß er der Porzellanmasse zugesetzt wird, dient er deshalb auch, oberflächlich aufgetragen, zu einer ausgezeichneten Glasur. Als Gemengtheil vieler krystallinischer Gesteine kommt der Feldspath bisweilen in großen, derben Massen vor, deren Ausbeutung für die Porzellanfabrikation von großer Bedeutung ist.

Zu dem Kaolin und dem Feldspath kommt als dritter Bestandtheil noch die Kieselerde oder Quarz. Der Quarz, ein weißes, vielfach vorkommendes und in seinen reinsten krystallisirten Varietäten als Bergkrystall bekanntes Mineral ist ein Mittel, um feldspathreiche Porzellanerden strengflüssiger zu machen, indem er mit dem Feldspath und der Thonerde schwerer schmelzbare Verbindungen eingeht. Außerdem dient er auch zur Zusammensetzung der Glasuren, als deren Nebenbestandtheile ferner wol noch gestoßenes Glas, Soda, Potasche, Kochsalz, Borax, Zinnoxyd, Gips, färbende Metalloxyde u. s. w. Anwendung finden; doch sind dies meist Surrogate, um den Feldspath zu umgehen.

Betrachtet man ein Porzellansplitterchen unter dem Mikroskop, so stellt sich die Grundmasse, das Kaolin, als feine Stäbchen dar, die sich bei stärkerer Vergrößerung in Reihen von Kügelchen auflösen. Aus einem Kaolin, das noch viel unzersetzten Feldspath enthält, kann man ohne weitere Zumischung Porzellan machen, wie dies in der That in manchen Fabriken, beispielsweise zu Sèvres, geschieht.

Alle Bestandtheile des Porzellans werden durch Stampfen, Mahlen zwischen Steinen und Schlämmen mit Wasser in das feinste Pulver verwandelt. Die Porzellanerde, derjenige Bestandtheil, welcher seiner Entstehung nach am seltensten eine gleichartig zusammengesetzte Masse darstellt, vielmehr oft ziemlich beträchtliche Mengen des unzersetzten oder halbzersetzten Muttergesteins und seiner schwer verwitterbaren Bestandtheile enthält, muß vor allen Dingen einer Raffinirung unterworfen werden, welche alle fremdartigen Stoffe daraus entfernt. Dieser Prozeß besteht in einem höchst sorgfältigen Schlämmen. Das Kaolin läßt man, wie es von seinem Fundorte kommt, mit einer großen Menge Wasser in umfangreichen Bottichen sich erweichen und verwandelt es darauf durch anhaltendes Rühren in eine gleichmäßige dünne Milch, welche in den Schlämmapparat in demselben Maße abfließt, als frisches Wasser oben zuströmt.

Die gröberen Gesteinsstücke bleiben schon im Rührbottich zurück, der feinere Sand aber wird mit fortgeführt, und die Milch wird deshalb gezwungen, zunächst eine lange, nur ganz wenig geneigte Rinnenleitung langsam zu passiren, in welche sich die schwereren Theile absetzen. Die feinsten Kaolinkörnchen kommen erst in großen Kufen zur Ruhe, in welchen die Milch längere Zeit stehen gelassen und aus denen von Zeit zu Zeit das überstehende klare Wasser durch Abflußröhren, welche beliebig verstellt werden können, abgezogen und durch frische Milch ersetzt wird. In diesen Kufen, die in größeren Fabriken zweckmäßig aus Cementmauerung hergestellt werden, bildet die Porzellanerde den Bodensatz, sie ist hier von feinster, gleichmäßiger Beschaffenheit und in feuchtem Zustande von einer gewissen Plastizität, immerhin aber ohne andere Zusätze noch nicht zu verarbeiten. Mit diesen, welche, nachdem sie auf das Feinste zermahlen worden sind, einen ähnlichen Raffinirungsprozeß haben durchmachen müssen, wird sie in der Regel im Zustande flüssiger Schlämpe in den angenommenen Verhältnissen zusammengerührt, das Gemisch nochmals geschlämmt, der abgewässerte Schlamm sodann ausgepreßt und die halbtrockene Masse nach gehöriger Durcharbeitung in Ballen geformt. Diese überläßt man in Kellern einer Art freiwilliger Gährung oder Rottung, die wenigstens ein Jahr, in China (sagt man) 40—50 Jahre unterhalten wird, und wodurch der Thon sich mehr aufschließt und an Bildsamkeit gewinnt. Die Masse erleidet

Erzeugung des Porzellans.   341

hierbei eine eigenthümliche, noch nicht genau genug untersuchte Veränderung. Sie schwärzt sich nämlich bisweilen, indem die darin enthaltenen Spuren organischer Substanzen in Fäulniß übergehen; mitunter entwickeln sich erst mikroskopische Organismen, deren Keime jedenfalls durch die Luft zugeführt werden und deren besondere Färbung bei ihrer Massenhaftigkeit einen braunen oder schwärzlichen Ueberzug hervorbringt. In noch anderen Fällen kann auch Schwefeleisen im Spiele sein, denn dies Gemenge stößt oft einen deutlichen Geruch nach Schwefelwasserstoff aus. An der Luft wird das Ganze allmählich wieder weiß.

Die gegohrene Masse wird abermals durchgearbeitet und daraus werden dann die Gegenstände ziemlich in derselben Art wie bei der Töpferei gefertigt, nur daß beide Arbeiten, Dreherei und Formerei, stets Hand in Hand gehen und alle geformten Gegenstände womöglich noch in Gipsformen fertig gedreht werden. Die kurze und wenig bildsame Beschaffenheit der Porzellanmasse macht aber die Verarbeitung viel schwieriger als die der fetten Thonmassen.

Fig. 226. Mahl- und Schlämmapparat in einer Porzellanfabrik.

Ist daher ein Gegenstand, Vase, Tasse u. dergl., auf der Scheibe leidlich vorgedreht, so giebt man ihm seine weitere Ausbildung, indem man ihn auf eine Gipsform bringt, welche auf der Scheibe abgedreht worden ist und, auf der Achse befestigt, sich mit dieser dreht, während man die Porzellanmasse durch Drücken und Streichen an die Wände der Form genau anzulegen sucht. Da der Gips aus der thonigen Masse lebhaft Wasser zieht, so erlangt diese dadurch so viel Konsistenz, daß die Formstücke sich nachher leicht davon ablösen lassen. Hohle Körper formt man in zwei Hälften, die man dann mit dünner Masse — dem Töpferleim — zusammenkittet und mit feuchten Schwämmchen polirt. Bei durchbrochenen Gegenständen werden bisweilen die Durchbrechungen mit freier Hand aus dem Massiven herausgeschnitten. Büsten, Statuen u. dergl. müssen auf alle Fälle noch aus freier Hand nachgearbeitet, ciselirt u. s. w. werden, wenn sie lufttrocken sind. Vertiefte Ornamente werden eingedrückt, erhabene gleich mit geformt, oder auch wie Henkel u. dergl. für sich hergestellt und dann mit Töpferleim angekittet.

Teller und Schüsseln erhalten ihre Gestalt aus entsprechend dünnen Platten, Schwarten, die aus der Thonmasse mit einer dem Nudelholz ähnlichen Walze vorgerichtet werden; dieselben schlägt man sodann über eine auf der Scheibe befindliche Form, welche das Innere bildet, und dreht die äußere Form mittels der Schablone ab, läßt aber den Gegenstand so lange auf der Unterlage, bis er lufttrocken ist und sich nicht mehr verziehen kann. Lufttrockene, sogenannte lederharte Gegenstände werden nicht selten noch auf der Drehbank ganz wie Holz ausgearbeitet.

Manche Sachen werden auf eigenthümliche Weise in zwei- oder mehrtheiligen, dickwandigen Gipsformen gegossen. Eine solche Form schließt man unten und füllt sie ganz mit Porzellanmasse, die etwa so dick ist wie fette Sahne. Nun saugt der Gips das Wasser aus der anliegenden Masse und verdichtet diese; wenn man die Form unten öffnet, fließt die übrige Masse aus und es bleibt nur die verdichtete Wand in der Form sitzen, so daß man, wenn dieselbe wieder trocken geworden ist, beim Oeffnen der Form das fertige Gefäß herausnehmen kann. Statt des Abzapfens von unten wird öfters das Umstürzen der Formen angewandt; bei kleinen Gefäßen zieht man wol auch die innere, flüssig bleibende Masse mit einer Spritze heraus. Man kann auf diese Weise Schalen u. dergl. herstellen, die so dünn und zart wie Postpapier sind. Denselben Effekt einer ungewöhnlichen Dünne erreicht man auch durch Anwendung von Centrifugalmaschinen, indem etwas dünner Brei in eine Mutterschale gethan und diese in anhaltenden raschen Umlauf gesetzt wird. Die weiche Masse muß infolge der Centrifugalkraft an den Wänden in die Höhe steigen, und wenn das Drehen lange genug anhält, so wird sie dadurch ohne Zweifel so austrocknen, daß sie nicht wieder zurückfließt und weiter getrocknet und gebrannt werden kann. Für ganz große Hohlgefäße wendet man, um den Porzellanthon in den Innenraum der Form allseitig und gleichmäßig anzupressen, luftdicht geschlossene Formen an, in die man mittels einer Kompressionspumpe verdichtete Luft hineinpreßt u. s. w. u. s. w.

Ist für die gewöhnlichen Artikel des Gebrauches die Behandlung der Porzellanmasse der Hauptsache nach ganz mit derjenigen übereinstimmend, welche der Thon für die Töpferwaaren erfährt, so verlangen die feineren Erzeugnisse oft eine Ausarbeitung, welche bei weitem mehr an die Arbeit des Modelleurs und Bildformers erinnert und dem fertigen Produkte den Charakter einer schönen Freiheit der Erfindung, eine gewisse individuelle Selbständigkeit als Kunstwerk verleiht. Denn die vielgestaltigen, figurreichen und mit Ornamenten- und Blumenwerk ausgestatteten Rahmen, Kandelaber, Vasen, Gruppen u. s. w., welche in Porzellan ausgeführt werden, können zwar in vielen ihrer einzelnen Theile geformt werden; diese Formerzeugnisse werden aber an sich schon der verbessernden Nachhülfe aus freier Hand bedürfen und bei dem schließlichen Zusammensetzen der Köpfe, Arme, ja der einzelnen Finger einer Hand muß allein der künstlerische Sinn des Ausführenden das Richtige treffen. Und endlich giebt es Gegenstände, die durchaus aus freier Hand modellirt werden müssen, wie die Blumen, welche besonders bei dem Meißner Porzellan ihrer Naturwahrheit wegen unsere Bewunderung erregen und bei denen die einzelnen Blätter zwischen den Fingern aus kleinen Klümpchen Porzellanmasse geformt und mit ihren Ausschnitten, Aederchen und Stellungen versehen werden. Wenn man daher in eine solche Formerei oder, wie es in der Meißner Fabrik heißt, in das Departement der „Gestaltung" tritt, so schwindet bald die Idee von der mechanischen Vervielfältigung durch bloßes Abformen, der man bisher sich hingegeben hat, ja die freie Handarbeit tritt bei figürlichen Darstellungen sogar fast in den Vordergrund. Von einer einzigen Form kann überdies nur in den seltensten Fällen die Rede sein und schon bei den einfachsten Figuren sind mehrere Theilformen nöthig.

Je reicher die Ausstattung, um so größer ist die Zahl der Zusammensetzungsstücke, und es werden in Meißen Bildwerke hergestellt, zu denen bis 80 und mehr solcher Theilformen gehören. Mancherlei Kunstgriffe müssen außerdem noch gelten. So sieht man an den zierlichen Rococofiguren, welche eine Spezialität der Meißner Fabrik sind, Schleier, Miederbesätze u. s. w., die wie die feinste Spitzenarbeit durchbrochen und gezackt und aus lauter einzelnen Fäden zusammengesetzt erscheinen.

Dieselben werden von ganz besonders in dieser Arbeit geübten Händen ausgeführt und zwar mittels des Pinsels; jeder Faden wird förmlich in seine Lage gesponnen. Mit dem Pinsel nämlich nimmt die Arbeiterin etwas von der zu einem sahnesteifen Teige angerührten Porzellanmasse auf, betupft damit einen Punkt, wo die Spitze ansitzen soll, und zieht rasch den Pinsel zurück. Da die Porzellanfigur schon verglüht ist, so saugt sie das Wasser aus dem Pinsel rasch ein und es setzt sich ein kleines Teigknöpfchen an, das sich beim Abziehen des Pinsels in die Länge auszieht. Freilich reißt das Fädchen bald ab, aber dadurch, daß seine Spitze wiederholt aufs Neue betupft wird, verlängert es sich nach und nach doch in der gewünschten Weise. Und so wird ein Zäckchen nach dem anderen, eine Spitze nach der anderen angesetzt, die durch das Brennen dann ihre Festigkeit erhalten. Andererseits werden solche Nachahmungen auf rein mechanischem Wege gemacht, indem man wirkliche Spitzen in einem ganz dünnen Brei von Porzellanmasse einweicht, so daß sich alle Fäden davon vollsaugen; das feuchte Gewebe wird sodann an der betreffenden Stelle der Figur arrangirt, getrocknet und gebrannt. Dabei werden die organischen Fäden zerstört, die geringe Menge Porzellanmasse aber, die sie aufgesaugt hatten, erhält ihre Form, und nachdem sie durch das Brennen sich gefestigt hat, stellt sie ein überraschend zierliches Abbild des ursprünglichen Gewebes dar.

Die Lichtbilder oder Lithophanien, jene bekannten dünnen, unglasirten Porzellanplatten, welche, gegen das Licht gehalten, malerische Darstellungen, Landschaften, Figuren u. s. w. mit einer wunderbaren Weichheit der Schatten- und Lichtabstufungen hervortreten lassen, werden in flachen Gipsformen, Matrizen, gepreßt. Diejenigen Stellen, welche im Bilde dunkel erscheinen sollen, erhalten eine größere Dicke; die helleren, lichtreichen Partien werden in der Masse ganz dünn hergestellt, so daß sie von dem durchgehenden Lichte auch nur wenig zurückhalten. Ihre Darstellung beginnt mit der Anfertigung eines Wachsbildes, das in allen seinen Theilen einer fertigen Lithophanie gleicht und aus denselben Gründen die nämliche Wirkung macht. Eine Wachstafel wird zu dem Ende auf einer Glasscheibe, die ihre Beleuchtung von der unteren Seite erhält, nach der darauf entworfenen Zeichnung so lange mit Bossirhölzern bearbeitet, bis die gewünschte Wirkung erreicht ist. Von dieser Originalplatte wird ein Gipsabguß genommen, welcher nach dem Trocknen als Form dient.

Die geformten und an der Luft oder in gelinder Wärme vollkommen ausgetrockneten Gegenstände kommen zuerst in den Vorglühofen, wo sie in einem starken Hitzegrade so weit erhärten, daß sie glasirt werden können. Die Glasur ist gewöhnliche Porzellanmasse, aber ziemlich stark mit irgend welchen Flußmitteln versetzt; in verschiedenen Fabriken ist sie verschieden. In Meißen besteht sie aus 37 Prozent Quarz, eben so viel Kaolin von Seilitz, 17,5 Prozent Kalk und 8,5 Prozent gemahlenen Porzellanscherben. Sie wird als ein dünnes Schlämmwasser dargestellt, in das der Arbeiter die Waare taucht. Die sich anhängende dünne Schicht wird nöthigenfalls durch Auftragen mit dem Pinsel ergänzt. In England verwendet man in neuerer Zeit vielfach Borsäure zu der Glasur. Die schon betrachtete Methode des Glasirens durch Eintauchen oder Auftragen der Glasurmasse ist nicht die einzige gebräuchliche, sondern man wendet auch die Glasur in Pulverform an und bestäubt damit die etwas feuchten Waaren. Zu solcher in der Regel nur für billige Porzellane tauglichen Glasur kann ein Gemenge von Zinkblende und Glaubersalz dienen. Ferner kann man gewisse Substanzen, wie Kochsalz, Borsäure u. s. w., die sich in der Hitze verflüchtigen, in den Ofenraum bringen und von diesen die Glasur bilden lassen. Gewisse Metalloide sind dazu auch tauglich und geben, wenn ihre kieselsauren Salze gefärbt sind, sehr hübsche Lustres, die namentlich in England sehr beliebt sind. Diese Art des Glasirens wird smearing genannt.

Brennen. Die glasirten Gegenstände kommen, wenn sie ganz trocken sind, in Kapseln oder Kästen von feuerfestem Thon, damit sie im Ofen nicht von der Asche oder den Flammen verunreinigt werden, und mit jenen Kästen in den Brennofen. Derselbe ist kreisrund, mit Zügen erbaut und hat mehrere, in der Regel drei Etagen, um darauf die Gegenstände nach dem zu ihrem Ausbrennen nöthigen Hitzegrade vertheilen zu können, der oft bis auf 1800° C. gesteigert wird. Wenn das Porzellan weißglühend geworden ist, was man an einer herausgezogenen Probe erkennt, schließt man den Ofen ganz und läßt ihn langsam auskühlen. Das Gutbrennen dauert in der Regel 17—18 Stunden, das Verkühlen dagegen mehrere, bis 5 und 6 Tage.

Wir geben in Fig. 227 die Durchschnittsansicht eines mit Brennwaaren gefüllten Porzellanofens. Der cylindrische Körper desselben geht nach oben in einen kegelförmigen Schlot über. Die Wandungen sind, um die Hitze zusammenzuhalten, gewöhnlich doppelt, mit einer Zwischenfütterung von Asche u. dergl. Aeußerlich ist das ganze Gemäuer mit einem Netz von starken Eisenschienen umgeben. An der untersten oder auch an dieser und der folgenden Etage befinden sich ringsum vier Feuerstellen, die etwas ausgerückt sind, um die Flamme reiner in den Ofen treten zu lassen. Das Feuerungsmaterial war früher ausschließlich Holz, jetzt wendet man jedoch fast überall mit dem besten Erfolge Stein-, auch Braunkohlen an. Diese geben zwar eine unreinere Flamme, was aber, da alles Porzellan in Kapseln gebrannt wird, wenig auf sich hat; bei Generativfeuerung, die auch in der Porzellanindustrie sich sofort Eingang verschafft hat, fällt jener Uebelstand von selbst weg. Die Kapseln sind runde, schachtelartige Gefäße, die von feuerfestem Thone gebrannt sind (Chamotte) und säulenartig so auf einander gesetzt werden können, daß die nächstobere immer die unter ihr stehende als Deckel verschließt. In den Kapseln stehen die Porzellangegenstände auf kleinen, eben geschliffenen Platten aus Kapselmasse, sogenannten Pumpsen. Größere Gegenstände, wie z. B. die in Fig. 219 abgebildete Vase, müssen, da die Porzellanmasse beim Brennen weich wird, zusammensintert, um nicht durch ihr eigenes Gewicht zusammen-

Fig. 227. Porzellanofen im Durchschnitt.

gedrückt zu werden, besonders gestellt und auf das Behutsamste durch Streben von Chamotte unterstützt werden, so daß die weiche Masse nicht die ganze Last allein zu tragen hat. Diese Unterstützung einzelner Theile, welche, wenn sie auch hohl, dennoch für ihre oft sehr schwachen Ansatztheile zu schwer sind, hat auch bei kleineren, aber zusammengesetzten Gegenständen stattzufinden und ihre Ausführung verlangt große Geschicklichkeit.

Die oberen Räume des Ofens, wo die Hitze begreiflicher Weise am schwächsten ist, dienen zum ersten Brande, zum Verglühen, außerdem zum Brennen von Kapseln, zum Rösten des Feldspaths u. dergl. Bei dem Verglühen, welchem die Porzellane behufs Aufnahme der Glasur unterworfen werden, verliert die Masse etwa $1/8$ ihres Gewichtes und die Gefäße schwinden nur unmerklich; bei dem nachfolgenden Glattbrennen aber, wobei die Waare in den untersten Räumen des Ofens der stärksten Weißglühhitze ausgesetzt ist, tritt ein beträchtliches Deformiren ein. Hier kommt die Glasur in Fluß, die ganze Masse erweicht und erlangt die geschätzte durchscheinende Beschaffenheit. Die Regulirung des Feuers ist beim Porzellanbrennen eine Sache von der größten Wichtigkeit und erfordert sehr viel Umsicht, damit die Hitze von allen Seiten die Gegenstände gleichmäßig umspielt, weil sonst ein Verziehen die Folge sein würde. Uebrigens dringen die Ofengase mehr oder weniger doch in die Kapseln ein, und die chemische Beschaffenheit derselben ist daher namentlich in Bezug auf gemalte Waaren von Einfluß.

Je nach der Menge und der Beschaffenheit der einzelnen Bestandtheile liefert die Porzellanmasse nach dem Brande ein sehr verschiedenartiges Produkt. Sind alle Materialien im Zustande vollständiger Reinheit verwendet worden, so ist die Farbe vollständig weiß. Ein geringer Gehalt an Eisen aber ist schon hinreichend, um eine gelbliche Färbung zu bewirken. Die größere oder geringere Durchscheinbarkeit hängt von dem Verhältniß des Kaolins zu dem Feldspath ab. Das kaolinreichste Porzellan ist das Biscuit, eine sehr strengflüssige, unglasirte Masse, aus der namentlich Statuen hergestellt werden. Berühmt sind, wegen der künstlerischen Ausführung, die Meißner Erzeugnisse in dieser Branche. Die von England aus unter dem Namen Pari'sches Porzellan oder Parian und Carrara in den Handel gebrachten Porzellane, welche den berühmten parischen und Carrara-Marmor nachahmen sollen, erreichen, wenn man sie den Porzellanen und nicht lieber den Steinzeugen zuzählen will, das seit lange schon in Meißen erzeugte Statuenporzellan an Schönheit nicht.

Die Erzeugnisse eines Brandes zeigen sich beim Entleeren des Ofens aber nicht alle von gleicher Beschaffenheit. Größere oder kleinere Fehler kommen zahlreich vor und es muß ein genaues Sortiren erfolgen, nach welchem die weiße Waare in Feingut, Mittelgut, Ausschuß und Bruchgeschirr gesondert wird. Das Feingut muß völlig fleckenlos, milchweiß und fehlerfrei in der Glasur, ohne Blasen und matte Stellen sein und darf sich natürlich weder verbogen haben noch Risse zeigen. Kleine Fleckchen oder mangelhafte Stellen in der Glasur, die man aber durch die Malerei verstecken kann, geben die zweite Sorte; übrigens brauchen die Fehler nur sehr wenig merkbar zu sein, um in renommirten Porzellanfabriken die Waare schon unter den Ausschuß zu verweisen. In Meißen und auch in anderen Fabriken bezeichnet man die verschiedenen Grade durch besondere Marken.

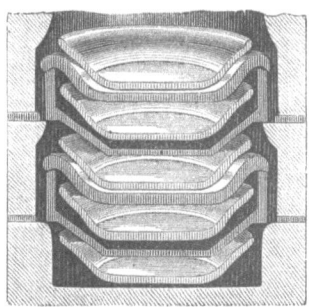

Fig. 228. Brennen in Kapseln.

Fabrikation der Porzellanknöpfe. Der Schwerpunkt der Porzellantechnik liegt, wie bei der Keramik überhaupt, in der Herstellung von Gefäßen einerseits und in der von plastischen Ornamenten, Figuren und Gruppen andererseits. Allein neben diesen Dingen hat das schöne, leicht formbare Material nach und nach Verwendung zu Gebrauchsgegenständen gefunden, als Surrogat für Marmor, Elfenbein und andere Stoffe, deren Bearbeitung mit der Hand geschehen muß und welche demzufolge eine massenhafte Formung der einzelnen kleinen Gegenstände nicht wie das Porzellan gestatten. In dieser Hinsicht ist eine der merkwürdigsten die Verwendung des Porzellans zu Knöpfen, wo es als ein Ersatzmittel für Email, Perlmutter, Elfenbein, Metall und dergleichen Materialien dient. Die Erzeugung des Porzellans aus einer plastischen Masse ermöglicht, die komplizirten Arbeiten des Drehens, Bohrens, Glättens u. s. w., welche bei anderen Rohstoffen nöthig sind, um aus ihnen einen Knopf zu formen, zu umgehen, indem die Formung einfach durch Pressen geschieht, und da sich dies Verfahren gleichzeitig auf große Quantitäten ausdehnen läßt, während bei der Bearbeitung mit der Hand jeder Knopf einzeln vorgenommen werden muß, so wird es auch wesentlich billigere Erzeugnisse liefern können.

Die Fabrikation der Porzellanknöpfe ist besonders in Frankreich, in Briare, auf eine hohe Stufe der Vollkommenheit gebracht worden. Sie hat sich aus der Fabrikation emaillirter Knöpfe, welche seit langer Zeit daselbst betrieben wurde, entwickelt. Wir wollen uns nicht dabei aufhalten, des Längern aus einander zu setzen, wie die Porzellanmasse zubereitet wird.

Es geschieht dies ganz analog jenen Verfahren, welche in Gefäßfabriken eingeschlagen werden, nur daß die verschiedene Anforderung, welche bei Knöpfen sich weniger auf größtmögliche Festigkeit bezieht, auch eine etwas abweichende Zusammensetzung gestatten wird. Die Masse wird als ziemlich trocknes Pulver verarbeitet.

Zwischen den vier Säulen einer hydraulischen Presse liegt eine starke Stahl- oder Bronzeplatte, in welcher 4- bis 500, nach Befinden noch mehr Vertiefungen eingravirt sind, wie sie der Form der herzustellenden Knöpfe entsprechen. Der Arbeiter nimmt eine Handvoll der pulverigen Porzellanmasse und streicht sie über die Platte, so daß sich alle Vertiefungen mit derselben anfüllen; den Rest kehrt er ab. Hierauf läßt er die obere Preßplatte heruntergehen. Da dieselbe auf ihrer unteren Fläche eben so viele kleine Erhöhungen hat, wie die Matrize Vertiefungen, und jene in diese hineinpassen, so wird die Porzellanmasse durch den starken Druck so weit zusammengepreßt, daß die einzelnen geformten Knöpfchen genug Zusammenhang erlangen, um transportirt werden zu können, ohne zu zerfallen. Vorher aber müssen noch die Löcher hineingestochen werden, was durch eine zweite Pressung mittels einer mit Nadelgruppen versehenen Platte geschieht, durch deren Druck alle Knöpfe auf einmal mit Löchern versehen werden. Knöpfe, welche eine Oese erhalten sollen, verlangen eine andere Bearbeitung, und erhalten anstatt der durchgehenden Löcher eine bis in die Mitte reichende Vertiefung, welche schraubenähnlich gebohrt wird, damit die zum Befestigen der Oese hineingeschmolzene Lothmasse Halt bekommt. Sind die Knöpfe in solcher Weise vorbereitet, so wird die Matrize entleert, indem ein Bogen Papier über sie gespannt, sie selbst umgekehrt, leise geklopft und in die Höhe gehoben wird. Der Papierbogen, mit den geformten Knöpfen in einen Rahmen gespannt, wird in diesem zum Ofen transportirt. Die Oefen stehen in parallelen Reihen in einer weiten Halle (s. Fig. 229) und sind derart in unausgesetzter Thätigkeit, daß der Brenner in dem Moment, wo er eine fertig gebrannte Platte aus der Muffel herauszieht, von einem Arbeiter einen jener Papierrahmen erhält auf welche die von der Matrize gepreßten Knöpfe übertragen worden sind.

Dieser Papierbogen wird auf die noch glühende Platte gelegt, er verbrennt sofort, aber die kleinen Thonkörperchen liegen nun in regelrechter Anordnung neben einander, ohne sich zu berühren, und können in den Ofen geschoben, um daselbst gebacken oder gebrannt zu werden.

In sechs bis zehn Minuten, je nach der Größe, sind die Knöpfe gebrannt, und in dieser Zeit müssen so viele frische Rahmen zum Ofen geliefert worden sein, als Muffelplatten in Thätigkeit sind. Gewisse Knöpfe sind damit fix und fertig und können sofort auf die Karten geheftet und in den Handel gebracht werden. Andere aber werden noch bemalt oder vergoldet oder erhalten Oesen und unterliegen demzufolge noch einer verschiedenartigen Behandlung.

Das Bemalen besteht in der Regel in dem Anbringen einer kreisförmigen farbigen oder vergoldeten Verzierung oder in einem schottischen Muster von rechtwinkelig sich kreuzenden bunten Linien. Das letztere wird aufgedruckt, die kleinen Ringe aber werden mit dem Pinsel ausgeführt, indem der Knopf, von zwei Spitzen in seinen Löchern gehalten, durch ein Zahngetriebe in sehr rasche Umdrehung versetzt und der in Farbe getauchte Pinsel mit seiner Spitze einen Augenblick an der betreffenden Stelle daran gehalten wird. Der Arbeiter oder die Arbeiterin, welche dies ausführt, hat einen Apparat vor sich, auf welchem Hunderte von Knöpfen zu gleicher Zeit aufgesteckt sind und sich drehen, so daß in der kürzesten Zeit alle dieselben mit ihrer Verzierung versehen werden können.

Das Anbringen der Oesen ist komplizirter. Es setzt zunächst eine schraubengangähnliche Vertiefung im Knopf selbst, ein entsprechend großes Körnchen Löthmasse, ein kleines Metallschild, welches an den Knopf angelöthet wird, und die Oese selbst voraus, welche ihrerseits an dem kleinen Schilde befestigt ist. Selbstverständlich helfen auch hier überall Maschinen; die Vertiefungen werden hineingepreßt, die Schildchen aus Blechtafeln ausgeschlagen und die Oesen aus Messingdraht mittels Maschinen zu Tausenden auf einmal hergestellt. Allein die Maschinen können nicht Alles thun und besonders ist noch nicht gelungen, die Vereinigung der Oesen mit den Schildchen anders zu bewerkstelligen, als mit der Hand.

Fig. 229 Aeußere Ansicht der Brennöfen für die Fabrikation von Porzellanknöpfen.

Daraus hat sich in der Umgegend von Briare für solche Leute, welche, wie Schäfer, Kindermädchen u. A., eine leichte Nebenbeschäftigung bei ihrer Arbeit treiben können, ein eigenthümliches Thätigkeitsfeld eröffnet. Anstatt daß dieselben, wie bei uns, etwa stricken, machen sie dort Oesen für die Porzellanknopffabriken zurecht.

Die Operation des Aufsetzens und des Anlöthens erfolgt dann ebenfalls wieder in durchbrochenen Rahmen, welche Sicherheit geben, daß die Oese an die richtige Stelle kommt. Schließlich werden alle solche Knöpfe noch auf ihre Festigkeit geprüft, ehe sie dutzendweise auf Karten geheftet und in den Handel gebracht werden. —

Die Porzellanmalerei. Das Porzellan kommt nach dem Brennen aus dem Ofen als eine weiße, etwas durchscheinende Masse mit einer glänzenden oder matten Oberfläche, je nachdem es vorher glasirt worden ist oder nicht. In vielen Fällen soll es aber mit Farben dekorirt, bemalt, werden und das kann auf doppelte Weise geschehen. Halten nämlich die anzuwendenden Farben das Scharffeuer des Brennens aus, so kann die Bemalung unter der Glasur, gleich auf die lufttrockenen Geräthe angebracht werden und kommt man dann mit einem einmaligen Brande aus. Dieses Verfahren gestattet aber nur wenige Farben: Blau, Schwarz, Grün; außerdem verlangt das Malen auf der trockenen, die Farbe sofort einsaugenden Masse, wie die Majolikamalerei, eine sehr sichere Hand, da ein

Fig. 230. Einbrennen der Farben in Muffeln.

falscher Strich nicht wieder zu beseitigen ist. Es werden daher in der Regel nur einfachere Dekorationen unter der Glasur angebracht und namentlich Gebrauchsgeschirre in dieser Art verziert, welche allerdings den praktischen Vortheil gewährt, daß durch die darüberliegende Glasur die Malerei geschützt wird. Die Malerei auf der Glasur gebietet über einen bei weitem größeren Farbenreichthum, außerdem ist ihr der Umstand günstig, daß vor dem Brennen die Farbe nicht fest auf der Unterlage haftet und behufs von Verbesserungen wieder weggewischt werden kann. Sie wird daher für ausgeführtere Gemälde und bunte Dekorirung verwendet und läßt eine sehr feine, zarte Behandlung zu. Allerdings hat sie nicht die Dauerhaftigkeit der Scharffeuerfarben, denn sie bildet immer eine etwas hervorstehende Decke von geringerer Härte, welche der Abnutzung leichter unterworfen ist, und verlangt ein wiederholtes Brennen, damit die Farben in Fluß kommen und sich mit der Glasur verbinden. Porzellanmalereien mit einigermaßen reicher Farbenabwechselung müssen immer mehrmals in die Glühhitze und können nur nach und nach vollendet werden. Ja, gerade die zartesten Partien, wie Fleischtöne u. dergl., erfordern die meisten Brände.

Zur Porzellanmalerei gehören, wie zur Glasmalerei, mineralische Farben, Metalloxyde; sie können mehr Körper haben als die Glasfarben, da bei ihnen nicht, wie bei jenen, Durchsichtigkeit Bedingung ist. Man hat Farben für volles und halbes Feuer, und solche, die noch leichtflüssiger sind, in Muffeln eingebrannt werden und nur Rothglühhitze verlangen. Die gewöhnlichen Farbstoffe sind: Goldpurpur für alle Farben vom Rosa bis zum Karmin und Violett, Eisenoxyd für andere rothe Töne, Blau, Braun, Gelb, Violett, Antimonoxyd mit Bleiglas für Strohgelb, Kobaltoxyd für Blau, Kupferoxyd für Grün, Chromoxyd für Gelb, Titanoxyd für Gelb, Roth und Grün, Eisen-, Mangan-, Kobaltoxyd und Iridiumoxyd für Schwarz u. s. w. Diese Farbstoffe werden in Gestalt eines möglichst zarten Pulvers mit Spieköl verrieben und mit dem Pinsel aufgetragen. Aber nicht in allen Fällen kann man gleich das entsprechende Metalloxyd anwenden, um den gewünschten Farbeneffekt zu erreichen, in vielen Fällen muß dasselbe vorher mit einem Flußmittel zusammengeschmolzen werden, wodurch es verglast wird, und man unterscheidet demzufolge die ersteren von den letzteren als Schmelzfarben von den Frittefarben. Als Farbenflußmittel wendet man verschiedenartige Verbindungen, Bleigläser, Borax, für die Vergoldung auch basisch salpetersaures Wismuthoxyd an.

Die Porzellanmalerei. 349

Das Einbrennen der Farben geschieht, soweit es nicht gleich mit bei dem Gutbrennen stattfinden kann, in Muffeln; das sind allseitig geschlossene feuerfeste Räume von beschränkten Dimensionen, die von der Feuerluft gleichmäßig umspielt werden. Diese Muffeln, je nach der Art der darin zu brennenden Gegenstände von verschiedenem Querschnitt, sind aus Chamotten zusammengesetzt und haben Abzugsröhren für die bei dem Einschmelzen der Farben sich entwickelnden Gase, welche aber nicht in den Ofenraum, sondern womöglich direkt ins Freie führen, damit die Ofengase nicht in das Innere der Muffel eindringen und auf die Farben verändernd einwirken können. Nach diesem Verfahren des Einbrennens nennt man die auf die Glasur zur Anwendung kommenden Farben Muffelfarben, im Gegensatz zu den Scharffeuerfarben, welche unter der Glasur eingebrannt werden.

Fig. 231. Gemalter Porzellantisch von der Kgl. Porzellan-Manufaktur in Meißen, 1867 in Paris ausgestellt.

Die umständliche Art der Ausführung und die Schwierigkeit, die Farbenwirkung nach dem Brande schon während des Malens zu beurtheilen, denn die meisten der angewandten Metallfarben sehen vor dem Einbrennen ganz anders aus als nachher, das sind Hindernisse welche der Porzellanmalerei zwar immer nur einen beschränkten Wirkungskreis zu Dekorationszwecken zulassen, da der schaffende Künstler für die höchsten Kunstzwecke in der Oelmalerei ein ungleich ausdrucksvolleres Hülfsmittel besitzt. Auch der Umstand, daß die Porzellangemälde eine ziemlich eng bemessene Größe aus technischen Gründen nicht überschreiten können, fällt hierbei ins Gewicht. Trotzdem aber sind auf diesem Gebiete Leistungen hervorgetreten, die als selbständige Kunstwerke hohen Werth besitzen; so z. B. der in Fig. 231 abgebildete, 1867 in Paris ausgestellte Tisch aus der Meißner Fabrik, welcher nach Entwürfen ihres berühmten Direktors Schnorr von Carolsfeld ausgeführt ist.

Die Vergoldung des Porzellanes geschieht durch wirkliches metallisches Gold, welches aus seiner Lösung in Königswasser durch Oxalsäure gefällt worden ist und in diesem Zustande ein überaus zartes Pulver darstellt. Dasselbe wird mit dem Flußmittel innig zusammengerieben und mit dem Pinsel aufgetragen. Nach einem anderen Verfahren wird Muschel- oder Malergold, aus den Schabinen der Goldschläger bereitet, mit Honig fein gerieben und mittels Flusses eingebrannt. Dieses Gold hat nach dem Brennen keinen Glanz und muß ihm die Politur erst durch nachherige Behandlung mit dem Polirstein gegeben werden. Anders ist es bei der sogenannten Glanzvergoldung, wol auch Meißner Vergoldung genannt, weil sie in Meißen zuerst angewendet wurde; bei dieser kommt das Gold glänzend aus dem Brande heraus und bedarf eines nachherigen Polirens nicht. Erzielt wird der Effekt durch Anwendung einer Lösung von Schwefelgold oder Knallgold in Schwefelbalsam. Diejenige Vergoldung, wegen der die alten Meißner Porzellane berühmt sind, ist aber nicht nach diesem Verfahren ausgeführt, sondern in besonders reicher Weise nach der erst erwähnten Manier durch Auftrag von metallischem Golde.

Meister in der farbigen Dekoration des Porzellans sind oder waren vielmehr die ostasiatischen Porzellankünstler, Chinesen, Japanesen, Indier früher, denn ihre heutigen Leistungen stehen lange nicht mehr auf der Stufe der Vollkommenheit, die sie vor Jahrhunderten innehatten. Von ihnen finden wir auch Verfahren geübt, welche bei uns gar nicht oder nur ausnahmsweise in Anwendung kommen, so namentlich die Emaillirung, d. h. Bemalung mit dicken farbigen Schmelzflüssen, welche auf der Glasur erhaben hervortreten, sogar die Emaillirung in Cloisonné mit aufgelötheten Messinglinien wird wundervoll ausgeführt; ferner die Gravirung der Masse vor dem Glasiren, das Dekoriren mit Lack u. s. w., kurz, wie für Böttger, so kann die alte ostasiatische Thonwaarenindustrie auch für uns noch die Lehrmeisterin sein.

Unter den Mustern, welche die europäische Porzellanfabrikation in ihren ersten Zeiten hauptsächlich chinesischen und japanischen Vorbildern entnahm, befindet sich eins, das ausschließlich in Meißen gemacht und heute eben so noch wie schon vor hundert Jahren gekauft wird. Es ist dies das sogenannte Zwiebelmuster, von welchem wir in der Abbildung am Schlusse dieses Kapitels ein Beispiel geben, jenes Muster, welches wol keinem unserer Leser unbekannt ist, denn es ist unbestritten das verbreitetste und in der langen Zeit seiner Herstellung hat es den Weg über die ganze Erde gefunden. So unschön dasselbe scheinbar in seinen Einzelheiten ist, so macht es doch in seiner Gesammtheit einen überaus vortheilhaften Eindruck. Eine Tafel, mit derartig blau dekorirtem Geschirr besetzt, ist in der harmonischen Gesammtwirkung, die sie auf das Auge hervorbringt, die geeignetste Folie für jeden dekorativen Aufsatz, und während durch die Bemalung das Weiß der Gefäße angenehm unterbrochen wird, nimmt diese selbst doch die Aufmerksamkeit nicht besonders in Anspruch. Und daß die in diesem unscheinbaren Muster ausgedrückten Dekorationsgesetze solche sind, die auf jeden Menschen ihre angenehme Wirkung üben, das beweist die eminente Verbreitung des Zwiebelmusters, das immer und immer wieder und auch von Denen gekauft wird, welche seine ästhetische Berechtigung leugnen.

Die Kunsttöpferei nicht allein, auch die Gefäßfabrikation im großen Ganzen hat allen Grund, den einfachen Prinzipien der Ornamentik sich wieder zuzuwenden, welche einestheils in der Kunst der Alten sich aussprechen, anderntheils von allen den Völkern noch geübt werden, welche unvermischt ihre Nationalität und damit eine gewisse Naivetät sich erhalten haben.

Von jeher sind die Gefäße sowol infolge ihrer Herstellung aus den mannichfachsten Materialien, als auch wegen ihres überaus verschiedenartigen Zweckes Objekte für die Künste gewesen, die sich an ihrer Gestaltung und Verzierung häufig zuerst mit entwickelt haben und durch diese Gegenstände des allgemeinsten Gebrauches auf die Geschmacksbildung des Volkes wesentlichen Einfluß gewannen. Das Porzellan hat bei uns trotz seiner ungemeinen Verbreitung seine Mission in dieser Beziehung in nur geringem Grade erfüllt. Nicht als ob nicht tabellos schöne Erzeugnisse und wahrhafte Kunstwerke aus seinem Materiale hergestellt worden wären. Sèvres, Berlin, Meißen, Worcester und andere Staatswerkstätten haben

Wundervolles genug geliefert; aber für das gewöhnliche Leben ist die Privatindustrie von einer größeren Bedeutung, zumal dieselbe durch ihre Massenproduktion gutes Porzellan so billig gemacht hat, daß dasselbe jetzt zu den Geräthen des täglichen Gebrauches überall Verwendung findet. Wenn man deren Erzeugnisse betrachtet, so kommt man häufig in Zweifel, ob die Verwendung eines so schönen Materiales zu so unschönen Formen trotz seiner Billigkeit nicht noch eine Verschwendung genannt werden müsse. Unsere Kannen, Krüge, Schüsseln, Tassen erinnern an krankhafte Geschwülste übeltraktirter Körpertheile oft viel eher, als an jene einfachen Formen, die von der Natur gegeben scheinen, denn sie finden sich fast übereinstimmend unter den unverdorbenen Völkern aller Zonen. Rumänien und Serbien haben eine Landbevölkerung, welche auf der Staffel der Kultur gewiß tiefer steht als die Bevölkerung, für welche unsere Porzellanfabriken arbeiten. Die Weltausstellungen von Paris und Wien gaben aber Gelegenheit, die edlen, reinen Formen der serbischen und rumänischen Töpferarbeiten mit denen zu vergleichen, welche bei uns gäng und gäbe sind, und es blieb keinen Augenblick zweifelhaft, daß dort der Thon eine höhere Weihe erhalten hatte, als vielfach bei uns das Porzellan. Wie beputzte Schützenkönige kleiner Städte, die auf ihren Leib eine unpassende Uniform gezogen und den pomphaften Tand ganzer Jahrhunderte geladen haben, mit Regenschirm, Ordensband, Epauletten und dicken tombackenen Uhrketten — neben nackten griechischen Götterjünglingen, so stehen häufig die Erzeugnisse unserer Töpfergewerbe neben ihren mehr als zweitausendjährigen Vorgängern.

Zwar hat, wie nicht geleugnet werden kann, sich in den letzten zehn Jahren Manches schon zum Bessern gewendet. Wir haben Porzellanfabriken, welche neben ganz billiger Verkaufswaare vortreffliche künstlerische Sachen ausführen: in Schlesien (Altwasser), Thüringen (Rudolstadt), Böhmen (Schlackenwerth, Karlsbad), Ungarn (Herend) und andere Orte geben die besten Belege dafür, aber das genügt nicht. Gerade daß das gewöhnliche Geschirr in Form und Erscheinung überhaupt veredelt wird — und es braucht damit nicht vertheuert zu werden — das ist der Punkt, von welchem aus die Keramik eine Bildungsaufgabe erfüllen kann, wozu sie die Technik mit den reichsten Mitteln versehen hat.

Meißner Teller mit dem sogenannten Zwiebelmuster.

Nicht Fabel ist es vom Pygmalion,
Daß ihm den Stein belebet Göttergunst;
Das ist der allgemeine Sinn davon:
Den Tod belebt die Liebesbrunst der Kunst.
Rückert.

Kalk, Cement und Gips.

Verbreitung des Kalkes in der Natur. Der kohlensaure Kalk. Seine Verwendung. Aetzkalk. Brennen in Kalköfen. Löschen. Der Mörtel. Hydraulische Mörtel und Cemente. Portland- und Roman-Cement. Der Gips. Vorkommen. Zusammensetzung. Anhydrit. Entwässerung. Gipsgießerei. Baryt und Strontian.

Der Kalk ist einer der verbreitetsten Grundstoffe der Natur. Wenn er sich auch der Menge nach nicht in so hervortretender Weise wie die Kieselerde an der Zusammensetzung der Mineralien und Gesteinsarten betheiligt, so sind doch die Verbindungen der Erden, zu deren Sippe die Kalkerde gehört, so zahlreich und verschiedenartig, daß sie durch die Mannichfaltigkeit ihrer Erscheinungsweise die Kieselsäure sogar noch übertreffen. Eine sehr große Anzahl der verbreitetsten Mineralien zählen den Kalk zu ihren wesentlichsten Bestandtheilen und in ihnen kommt er häufig in Gesellschaft von Manganoxydul, Eisenoxydul, Talkerde u. s. w. vor, Stoffe, die chemisch sehr ähnlich geartet sind, und die der zudringliche, überall gegenwärtige Geselle häufig verdrängt, um sich an ihre Stelle zu setzen. Ein Gleiches muß er sich freilich auch von ihnen bisweilen gefallen lassen,

Verbreitung des Kalkes in der Natur.

Unter den zahlreichen und überall vorkommenden Mineralien, welche Kalkerde zu ihren Bestandtheilen zählen, giebt es natürlich eine große Zahl, welche sie nur nebensächlich und in geringer Quantität enthalten. Andere aber, die auch zu den weitverbreiteten gehören, bestehen fast ausschließlich aus ihr, und diese liefern dann Beispiele von lokalem Massenvorkommen eines Körpers, wie sie in der festen Erdrinde nur bei diesem Stoffe beobachtet werden. Kein anderer Stoff, selbst die Kieselerde und die Thonerde nicht ausgenommen, kann sich rühmen, in so ungeheuren Quantitäten auf einmal an einer bestimmten Oertlichkeit aufzutreten, wie der Kalk. Nur das Wasser, in den grundlosen Tiefen der Meere angehäuft, vermag ihm darin Konkurrenz zu machen. Große, meilenweite Ablagerungen von Kalkgebirgen, oft eine Mächtigkeit von mehreren tausend Metern erreichend, treten an vielen Orten der Erde auf, und diese Gebirge bestehen der Hauptsache nach aus nichts weiter als aus Kalkerde und Kohlensäure. Der gewöhnliche Kalkstein, der Marmor, Kalkspath, Arragonit und die Kreide sind kohlensaure Kalkerde. Mit Schwefelsäure verbunden bildet die Kalkerde den Gips, mit Phosphorsäure den Apatit und Phosphorit. Alle diese Verbindungen sind, obwol nur in geringem Maße, so doch unter gewissen Umständen in Wasser löslich. Da nun die Kalkerde, wie schon erwähnt, als Vertreterin einer Anzahl anderer Basen in vielen Mineralien vorkommt und daher in keiner Gebirgsart ganz fehlt, so enthält auch jeder Ackerboden, der ja erst aus der oberflächlichen Verwitterung des festen Felskörpers unserer Erde entstanden ist, Kalkerde an eine oder die andere Säure gebunden. In dem durchsickernden Wasser löst sie sich, und von der Pflanze aufgenommen und in Kraut und Stengel, Blüte und Frucht mit übergeführt, findet sie so ihren Weg in das dritte Reich, dessen eigentliche Stütze sie wird, indem die Bildung von Knochen, Zähnen, Schalen und Gehäusen lediglich durch die Kalkzufuhr, welche die Pflanze dem Thiere vermittelt, ermöglicht wird.

In den Diluvialschichten findet man unter den Ueberresten längst vergangener Thiergeschlechter Zähne des Mammuth, von denen ein einziger oft die Größe eines Kannenmaßes hat — nur mit Kalk sind sie gewachsen. Und andererseits die weißen Felsen der englischen Küste — sie bestehen aus Kreide, den Anhäufungen der Kalkgehäuse untergegangener Infusorien, von denen jeder Kubikmillimeter viele Tausende enthält.

Aber nicht nur an sich ist die Kalkerde für das Wachsthum der Organismen von der größten Wichtigkeit, sie wird es noch mehr durch ihre basischen Eigenschaften, infolge der sie jene Säuren, welche ebenfalls für Pflanzen und Thiere unentbehrliche Nahrungsprodukte sind, namentlich die Phosphorsäure, sodann aber auch Schwefelsäure, Salpetersäure und Kohlensäure, an sich bindet und in den belebten Kreislauf des Stoffes einführt. Große Massen von Kalk werden daher zur Verbesserung der Felder verwendet, namentlich des schweren, zähen und feuchten Thonbodens.

Im kohlensauren Kalk der Erdrinde ist ohne allen Vergleich mehr Kohlenstoff vorhanden, als das gesammte Thierreich, alle Pflanzen, Wälder und Wiesen enthalten, auch wenn wir noch die in der Erde als Torf und Kohlen vergrabenen Reste vorweltlicher Pflanzendecken und selbst den Kohlenstoff, welcher in der Kohlensäure der viele Meilen hoch über uns flutenden Atmosphäre enthalten ist, dazu rechnen.

Denn wenn der gesammte Kohlenstoff, welcher in der Kohlensäure der atmosphärischen Luft enthalten ist, plötzlich als dichte schwarze Kohle herunterfiele, so würde, nach den Schätzungen, die man darüber anstellen kann, die ganze Erde doch nur mit einer Schicht von noch nicht 1 Millimeter Dicke damit überzogen werden; und wenn wir Alles, was an Pflanzen grünt und an Thieren den Boden, das Wasser und die Luft belebt, uns plötzlich derart vernichtet denken, daß der in ihren Körpern enthaltene Kohlenstoff ausgeschieden und eben so gleichmäßig über die Erde ausgebreitet würde, so ist das schon eine hohe Annahme, wenn wir die Dicke dieser Schicht auch zu 1 Millimeter annehmen, denn nach Liebig erzeugt ein Morgen fruchtbaren Landes, mag er mit Holz oder Wiese bestanden sein, jährlich im Durchschnitt nicht mehr als 500 Kg. Kohlenstoff, was eine gleichmäßige Decke von $7/25$ Millimeter ergeben würde. Der in der Erde als fossile Kohle vergraben liegende

Kohlenstoff, auch wenn er doppelt so viel betragen sollte, als jetzt noch athmet und lebt, würde mit den vorgenannten Quoten zusammen doch nur die Erde mit einer Schicht von 4 Millimeter Dicke überziehen können, und gleichwol betrüge das Gewicht dieser Kohlenschicht gegen sechzig und einige Billionen Centner. Wenn man nun dagegen bedenkt, daß jeder Centner kohlensaurer Kalk, Marmor, Kreide u. s. w. den achten Theil seines Gewichtes an reinem Kohlenstoff enthält, so darf man nur eine Kalkschicht von wenig über $2\frac{1}{2}$ Centimeter Dicke um die ganze Erde sich gelegt denken, um darin eben so viel Kohlenstoff vertreten zu wissen, als Thier- und Pflanzenreich und Atmosphäre zusammen enthalten. Wer aber nur einigermaßen die Zusammensetzung der Mineralien und Gesteine kennt, der wird ohne Besinnen zugeben, daß gegen den wirklichen Gehalt der Erde an kohlensaurem Kalk jene berechnete Menge nur den verschwindenden Bruchtheil eines Prozents ausmacht.

Ein Stoff von so allgemeinem Vorkommen und infolge seiner chemischen und physikalischen Eigenschaften auch von so großer Verwendbarkeit, von dem wird zu vermuthen sein, daß er von den Menschen zu den mancherlei Zwecken ihres Bedarfs herangezogen worden ist. Und in der That dient der kohlensaure Kalk, in seiner natürlichen Gestalt als Baustein sowol, als auch in den edleren Varietäten des Marmors, dem Bildhauer als das ausgezeichnetste Material zur Ausführung seiner künstlerischen Ideen. Für die zeichnenden Künste sind der Lithographen-Kalkstein und die Kreide werthvolle Hülfsmittel. Der durchsichtige, krystallisirte Kalkspath, und besonders der klare Doppelspath von Island, hat für den Physiker ein ausgezeichnetes Interesse, indem er das schönste Beispiel eines doppeltbrechenden Körpers darstellt und demzufolge für die Konstruktion der Polarisationsapparate von großer Wichtigkeit ist. In der chemischen Technik ist die Kreide das vielgebrauchte Mittel zur Bindung und Wegschaffung der Schwefelsäure, u. A. bei der Fabrikation von Stärkezucker. Neben der kohlensauren Kalkerde findet auch der schwefelsaure Kalk, der Gips, in dem Zustande, wie er in der Natur gefunden wird, Verwendung. Zu manchen Zwecken aber erfahren beide Körper eine besondere Behandlung, infolge derer ihre chemische Natur eine andere wird: sie werden gebrannt, und zwar der kohlensaure Kalk, um ihn von der Kohlensäure zu befreien und ihn in Aetzkalk zu verwandeln, der Gips dagegen, um seinen natürlichen Wassergehalt zu verjagen. Gebrannter Kalk und gebrannter Gips haben ganz besondere Eigenschaften, wegen deren sie außerordentlich nützlich werden. So ist der erstere für unsere Bautechnik als Hauptbestandtheil des Mörtels nicht nur ein unentbehrlicher Stoff, er dient auch der Landwirthschaft als ein wirksames Düngemittel durch seine Fähigkeit, alkalihaltige Gesteine aufzuschließen, und schon um dieser beiden Verwendungsarten willen geschieht die Ausbeutung der natürlichen Kalklager und das Brennen der daraus gewonnenen Kalksteine überall in ausgedehntem Maße.

Der kohlensaure Kalk kommt in für die technische Verwendung zum Brennen geeigneter Form in der Natur sehr häufig vor. Alle geologischen Formationen enthalten Kalkgesteine, und von dem sogenannten Urkalk an, der in Gneis und Glimmerschiefer eingelagert die reinsten Statuenmarmore liefert, treffen wir ihn durch alle Schichten, oft sehr schöne buntfarbige und zierlich geaderte Gesteine bildend, die als Kunstmaterial auch ungebrannt verarbeitet werden. Wir haben das mannichfache Vorkommen des Kalksteins schon im III. Bande dieses Werkes besprochen und können uns hier damit begnügen, auf jene Stellen aufmerksam zu machen.

Zum Brennen kann man die verschiedenartigsten Kalksteine verwenden, deren Prüfung man vornimmt, indem man sie mit einer starken mineralischen Säure, am besten mit Salzsäure, übergießt. Das lebhafte Aufbrausen verräth den Gehalt an Kohlensäure, welche in diesem Falle durch die stärkere Salzsäure aus ihrer Position vertrieben wird. Es entsteht salzsaurer Kalk, oder wie es in der Sprache des Chemikers heißt, Chlorcalcium, während die Kohlensäure, an die Luft gesetzt, verfliegt. Die Kalkerde selbst ist in diesem Falle nicht frei geworden, sie hat nur den Umgang gewechselt; anders ist es beim Brennen, wo das strenge Gebot der Hitze die Trennung von der Kohlensäure bewirkt, ohne daß ein Ersatz geboten wird. Hier bleibt die Kalkerde verwittwet allein zurück und zeigt dann ganz veränderte Eigenschaften; sie ist ätzend und scharf geworden und sucht mit allen Kräften eine Wiedervereinigung, sei es mit Kohlensäure, sei es mit Kieselsäure — ist im ersten Anlauf auch schon mit Wasser zufrieden. Dadurch, daß sie dann in diese Vereinigung Alles mit hineinzieht, wird der gebrannte Kalk im Mörtel zu einem ausgezeichneten Bindemittel. Wenn der gewöhnliche, der kohlensaure Kalk, einer heftigen Hitze ausgesetzt wird, so zeigt er, je nach den Umständen, ein verschiedenes Verhalten. Geschieht nämlich die Erhitzung in einer allseitig verschlossenen Röhre, so kommt die Masse ins Schmelzen und erlangt beim Erstarren ein krystallinisches Gefüge, und wahrscheinlich ist die natürliche Bildung des Marmors auf keine andere Art vor sich gegangen, als aus gemeinem Kalkstein durch Einwirkung großer Hitze unter entsprechend großem Druck von außen. Ist ein solcher Druck aber nicht vorhanden, so entweicht die Kohlensäure als Gas und es bleibt reine Kalkerde zurück. Beim Glühen in einer geschlossenen Röhre entweicht zwar auch ein Theil der Kohlensäure, aber nur so viel, als sich in der Röhre ansammeln kann, bis darin eine gewisse Spannung erzeugt ist, welche die noch übrige Kohlensäure zwingt, in ihrer Verbindung zu bleiben, und derartige Spannungen können im Innern der Erdrinde sehr leicht vorkommen. Ist aber durch die Hitze alle Kohlensäure verjagt, so erleidet die übrigbleibende reine Kalkerde, der sogenannte Aetzkalk, durch weitere, auch noch so große Hitze keine Veränderung mehr; man benutzt dies Verhalten neuerdings in der Art, daß man daraus Schmelztiegel für Platin und andere schwerflüssige Metalle formt. Der Aetzkalk ist von ganz entschieden basischen Eigenschaften, die ihn zu einem technisch wichtigen Körper machen. Wir werden später Gelegenheit haben, auf seine Verwendungen in der Seifenfabrikation, bei der Gasbereitung, der Glasmacherei, bei der Sodafabrikation und zu vielen chemischen Produkten zu sprechen zu kommen.

Das Brennen der Kalksteine geschieht entweder in Meilern, wie die Kohlenbrennerei, oder gewöhnlicher in besonders dazu gebauten festen Oefen, Kalköfen. Die erstere Methode, welche nur für vorübergehende Zwecke gewählt wird, findet dann gleich in möglichst unmittelbarer Nähe der Kalkbrüche, überhaupt aber nur da statt, wo das Brennmaterial, Kohlenklein, einen sehr geringen Verkaufswerth hat. Der Aufbau der Meiler erfolgt über radial nach dem Mittelpunkt zu gelegten Heizkanälen aus Schieferplatten, Ziegeln oder dergleichen. Zwischen den aufgesetzten Kalksteinen wird, wie beim Ziegelbrande, das Brennmaterial eingestreut und durch hölzerne Stangen das Feuer weiter geleitet. Aeußerlich wird der Meiler, der 3—5 Tage brennt, mit Lehm verschmiert.

Die Kalköfen sind in ihrer Form verschieden, sie lassen sich aber im Wesentlichen in zwei Klassen eintheilen: in solche mit unterbrochenem Betriebe, in denen jede Füllung für sich abgebrannt wird, und in solche mit ununterbrochenem Gange, in denen, wie bei den Schüttöfen, zu einer Gicht kontinuirlich rohe Kalksteine aufgegeben werden, während man am Boden die gebrannten herausnimmt. Diese letztgenannten kontinuirlichen Oefen sind wieder verschieden, je nachdem der oben aufgegebene Kalkstein mit Schichten von Brennmaterial abwechselt, oder die Feuerung so in der Umfassungsmauer angelegt ist, daß nur hier die Flamme mit dem von oben nachsinkenden Kalksteine in Berührung kommt.

Die Kalköfen mit unterbrochenem periodischen Betriebe haben einen Innenraum, der im Durchschnitt bald cylindrisch, bald eiförmig gestaltet ist. Der Feuerraum wird darin erst durch Zusammensetzen roher Kalksteine abgegrenzt. Auf dies Gewölbe werden die übrigen zu brennenden Steine geschichtet, bis der Ofen gefüllt ist. Häufig haben solche Oefen gar keinen Feuerrost und stellen sich dann natürlich in Betreff des Brennmaterialverbrauchs am allerungünstigsten. Das Brennen geschieht in der Art, daß man in dem Feuerraume erst mit einem leichten Brennstoffe, Reisigholz, Heidekraut u. s. w., ein rasches Rauchfeuer anmacht, welches nur den Zweck hat, die Steine vorläufig zu erwärmen, damit sie bei der stärkeren Hitze nicht zu sehr zerspringen. Es genügt nicht, um die Steine gar zu brennen. Dazu muß das Feuer so bedeutend verstärkt werden, daß selbst die obersten Steine im Schachte weißglühend werden. In 36—48 Stunden ist in der Regel das Ziel erreicht. Der Inhalt des Ofens ist dabei um etwa $1/6$ seines Volumens zusammengeschwunden.

Die Kohlensäure entweicht durch die Gicht, wobei auch brennbare Ofengase noch mit ausströmen und eine Gichtflamme, wie bei den Hohöfen, bilden können.

Die Oefen mit ununterbrochenem Gange können, wie gesagt, so eingerichtet sein, daß wie bei den alten Hohöfen oben durch die Gicht Kalkstein und Brennmaterial in abwechselnden Schichten aufgegeben wird. Bei diesen wollen wir uns aber nicht aufhalten, da die andere Art, von denen uns Fig. 234 einen im Durchschnitte darstellt, sich durch eine viel zweckmäßigere Benutzung des Brennmaterials auszeichnet. Der Schacht wird hier durch die Mauern dd und ee gebildet, die zwischen sich einen Raum lassen, welcher mit Asche ausgefüllt ist. Eine solche Einrichtung ist zweckmäßig, weil sie die durch die Hitze bewirkte Ausdehnung der Mauer leichter geschehen und auch etwaige Reparaturen an den der Zerstörung ausgesetzten Innenwandungen bequemer vornehmen läßt. Um diese Schachtmauern zieht sich ein Mantel AA, zu keinem anderen Zweck, als um Räumlichkeit für den einstweiligen Aufenthalt der Arbeiter oder zur Aufbewahrung der Kalksteine oder des Brennmaterials zu gewinnen; das letztere auch vielleicht durch die von dem Ofen ausstrahlende Wärme zu trocknen. Die Feuerungen h befinden sich zu mehreren, drei oder fünf, rings um den Ofen etwa 4 Meter über der Schachtsohle B bei C angebracht, sie gehen durch die Füchse bb in das Innere. Unterhalb des Rostes liegt bei i der Aschenraum, der in einen größeren Aschenbehälter E führt. Wenn ein solcher Ofen angefeuert werden soll, so wird er erst in seinem unteren Theile bis in die Höhe von C mit Holz angefüllt und dieses angebrannt. Es hat dies nur den Zweck, dem Ofen die nöthige Erwärmung zu geben, welche zu einem guten Zuge nothwendig ist. Die seitlichen Feuerungen stehen daher zuerst auch außer Wirksamkeit. Hat sich der Ofen erwärmt, so werden die Seitenfeuerungen h in Thätigkeit gesetzt und der Schacht zuerst mit bereits gar gebrannten Kalksteinen bis an das Niveau gefüllt, wo die Feuerluft durch b wirksam wird. Von hier ab beginnt die Füllung mit rohem Kalkstein, der, indem unten bei a der gebrannte Kalk herausgezogen wird, durch die Glutregion herabsinkt und gar gebrannt wird. Der Schacht hat eine Höhe von etwa 12 Meter, auf der Gicht kann noch ein Kegel von mindestens $1^1/_4$ Meter Höhe aus rohen Kalksteinen errichtet werden, die sich hier vorwärmen und allmählich herabsinken. Man sieht ein, daß, wenn ein solcher Ofen keine Beschädigung erleidet, der Betrieb darin so lange fortgesetzt werden kann, so lange man überhaupt rohen Kalkstein und Brennmaterial zur Verfügung hat. — Das ist, was sich in der Kürze über die gebräuchlichsten Kalköfen sagen läßt. Es wäre zwar noch zu erwähnen, daß auch das Prinzip der Ringöfen, welches wir beim Ziegeleibetriebe kennen gelernt haben, auch hier sich Eingang zu verschaffen versucht hat, indessen scheinen die Aussichten keinen günstigen Erfolg zu versprechen.

Da die natürlich vorkommenden Kalksteine nicht eine gleiche chemische Zusammensetzung haben, und namentlich da ihnen oft Bestandtheile beigemengt sind, welche durch die Hitze verändert werden und entweder schon für sich oder indem sie mit Kalkerde zusammentreten, ins Schmelzen kommen, so sind auch die dem Kalkofen entnommenen Produkte, der gebrannte Kalk, oft von sehr verschiedener Tauglichkeit.

Reiner kohlensaurer Kalk giebt, nach dem Brennen mit Wasser übergossen, gelöscht, einen fetten Brei, es ist sogenannter fetter Kalk. Häufig aber enthält der Kalkstein kohlensaure Talkerde und nähert sich dadurch dem Dolomit, der aus gleichen Atomen kohlensaurer Kalkerde und kohlensaurer Talkerde besteht. Solcher Kalk wird schon, wenn er 20 bis 25 Prozent von dem zweiten Bestandtheile enthält, für die eigentlichen Verwendungen unbrauchbar; er ist zu mager. Ein Gehalt an Kieselerde ist ebenfalls sehr nachtheilig, weil der kieselsaure Kalk, der dann entsteht, in der Hitze ein schmelzendes Glas bildet und die ganze Masse leicht zu einem festen, zusammengesinterten Klumpen zusammenbäckt, der sich mit Wasser natürlich nicht löscht. Es ist dies jedoch nicht die Ursache des sogenannten todtgebrannten Kalkes, der sich, mit Wasser angemacht, ebenfalls nicht löschen will. Das Todtbrennen wird vielmehr durch eine sehr plötzliche Glut herbeigeführt, bei der sich ein halbkohlensaurer Kalk bilden soll, der, wie die Kalkbrenner behaupten, später sich nicht mehr gar brennen lasse. Zu groß kann eine allmählich gesteigerte Hitze nicht leicht werden.

Das Löschen des Kalkes. Zu vielen technischen Verwendungen gebraucht man den Aetzkalk in einem mehr oder weniger flüssigen Zustande, er wird deshalb mit Wasser angerührt, gelöscht. So wie er aus dem Kalkofen kommt, ist er natürlich von Kohlensäure und auch von Wasser frei. Zu dem letzteren Körper hat aber die reine Kalkerde eine große Verwandtschaft. Sie geht mit ihm eine Verbindung ein (Kalkhydrat), welche sich in geringer Menge in Wasser auflöst (Kalkwasser). Bei der Aufnahme von Wasser schwillt der gebrannte Kalk auf, er wächst oder gedeiht, wie der technische Ausdruck lautet.

Das Löschen darf nicht in der Art geschehen, daß man die gebrannten Steine ins Wasser wirft, sondern man befeuchtet sie durch Uebergießen allmählich. 100 Theile Kalk nehmen ungefähr 32 Theile Wasser auf, dabei erhitzen sie sich beträchtlich und zerfallen in ein feines, ganz trocknes Pulver, welches nun erst, in mehr Wasser eingesumpft, den Kalkbrei liefert, wie er zur Bereitung des Mörtels gebraucht wird.

Mörtel ist weiter nichts als Kalkbrei, welchem Sand oder ein sandiger Körper, auch Lehm u. s. w., um seine Masse zu vermehren und ihn billiger zu machen, zugesetzt wird. Doch wirken Zusätze von Lehm und dergl., die dem sogenannten Sparkalk gegeben werden, immer die Qualität verschlechternd. Guter Mörtel hat eine sehr bindende Kraft, denn er wird allmählich hart und eignet sich deshalb vortrefflich zur Vereinigung von Bausteinen oder als Abputzmaterial für Gebäude. Der gewöhnliche oder Luftmörtel ist schon nach einigen Tagen bis zu einem gewissen Grade erhärtet, seine größte Festigkeit erlangt er aber nur langsam, infolge mancher noch nicht einmal genau bekannten chemischen Prozesse, die Jahrhunderte lang in ihm zwischen seinen Bestandtheilen und den Bestandtheilen der atmosphärischen Luft thätig sein können.

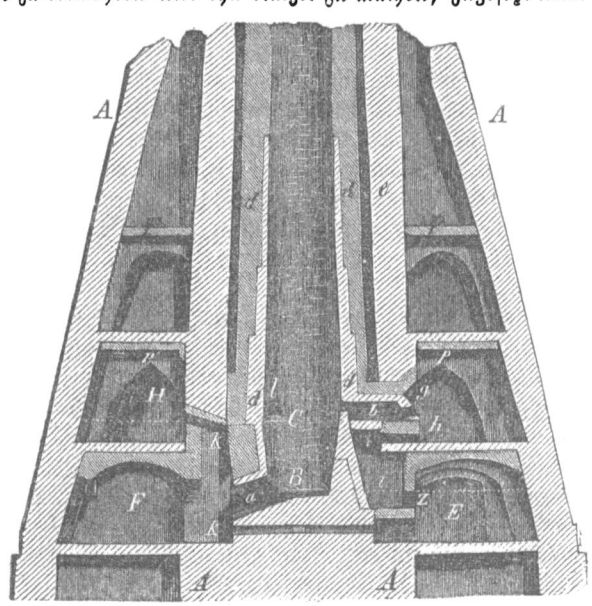

Fig. 234. Kalkofen mit ununterbrochenem Gange.

Allgemein wird angenommen, daß die Ursache der Erhärtung die Aufnahme von Kohlensäure aus der Luft und ferner die Vereinigung der Kalkerde mit Kieselsäure sei, die theils in dem beigemengten Sande dargeboten wird, theils in den Bausteinen enthalten ist. Denn es ist notorisch, daß auch solcher Mörtel hart wird, der nicht mit Quarzsand, sondern mit kleinen Kalkkörnern angemacht worden ist. Die Entstehung des schon erwähnten halbkohlensauren Kalkes ($CaO, CO_2 + CaO, HO$) soll auch eine Bedingung des Festwerdens sein, kurz, es sind eine Menge Ansichten darüber aufgestellt, und Mörtel von allen Arten und allen Jahrhunderten sind chemisch analysirt worden, ohne daß auf irgend eine Weise die Frage endgiltig entschieden worden wäre. Denn bald fand sich in jungen Mörteln ein kieselsaures Kalksalz gebildet, bald aber enthielten sehr alte und sehr feste Mörtel so gut wie gar keine Kieselsäure mit dem Kalke verbunden. Und damit scheint wenigstens positiv nachgewiesen, daß die Funktion des Sandes im Mörtel nicht blos darauf beruht, das Material für eine chemische Verbindung zu liefern, sondern daß er auch in physikalischer Weise eigenthümlich wirksam auftritt; und allem Anschein nach ist gerade diese Wirkung höher anzuschlagen, als es gewöhnlich geschieht.

Ganz reiner Kalkbrei würde vor allen Dingen sehr langsam erhärten und nachher in sich selbst auch immer noch nicht eine sehr große Festigkeit besitzen; dagegen würde zwischen zwei kieselhaltigen Gesteinsflächen eine sehr dünne Kalklage genügen, um sie fest mit einander zu verbinden. Da nun aber bei Bauarbeiten die aneinanderstoßenden Steinflächen nicht so zu bearbeiten sind, daß sie fast keinen Zwischenraum lassen, dieser aber auf alle Fälle mit Mörtel ausgefüllt werden muß, so setzt man dem Kalk so viel Sand zu, daß nach inniger Vermischung zwischen den einzelnen Sandkörnchen nur ganz dünne Kalklagen sich befinden, welche die Sandkörner zu einer festen Masse verkitten. Diese Masse bildet nun förmlich einen Baustein für sich, der genau die Form des zwischen den Werkstücken gewesenen Zwischenraumes hat und beiderseitig mit diesen sich durch eine dünne Kalkschicht verbindet, und die Festigkeit des Verbandes wird bei richtiger Mischung des Mörtels nahe kommen dem Mittel aus der Festigkeit des Quarzes (Sand) und der Festigkeit der kiesel- und kohlensäurehaltigen Verbindung, in die im Laufe der Zeit die Kalkerde übergeht. Es folgt daraus, daß für einen guten Luftmörtel reiner Sand der beste Zusatz ist.

Hydraulische Mörtel. Es giebt kalkige Mineralien, welche die ganz besondere Eigenschaft haben, wenn sie gebrannt und in der Art wie der reine Kalk mit Wasser und Sand zu einem Mörtel angerührt werden, unter Wasser zu erhärten, und die deshalb für Wasserbauten ein ausgezeichnetes Material sind. Diese Mineralien haben eine bestimmte chemische Zusammensetzung und enthalten außer kohlensaurem Kalk theils freie Kieselsäure, theils kieselsaure Verbindungen, unter denen namentlich kieselsaure Thonerde (der gewöhnliche Thon) als nothwendig und charakteristisch zu bezeichnen ist. Die besten natürlichen hydraulischen Kalke enthalten 24—30 Prozent Thon, eine Zusammensetzung, welche viele Mergel besitzen, die daher auch ohne Weiteres gebrannt und bei Wasserbauten als Mörtel benutzt werden können.

Gewöhnlichen Kalkmörtel kann man übrigens auch durch entsprechende Zusätze zu hydraulischem Mörtel machen. Solche Zusätze heißen Cemente, und es eignen sich dazu sowol natürlich vorkommende Mineralien, als künstlich dargestellte Verbindungen. Verschiedene Trasse, wie der „poröse Stein" von Andernach, aus dem Brohlthale, die Puzzuolane von Puzzuoli bei Neapel, das Santorin von der gleichnamigen Insel, sämmtlich vulkanischen Ursprungs, sind dergleichen natürliche Elemente, die seit langen Zeiten zu diesem Zwecke verbraucht werden. Bei ihnen hat die Natur den Glühprozeß schon vollzogen, welchem alle anderen Materialien, die man zu künstlichen Cementen machen will, erst unterworfen werden müssen. Wir müssen also unterscheiden 1) natürliche hydraulische Kalke, d. h. solche Mineralien oder Gesteine, welche, auf gewöhnliche Weise gebrannt, ohne Zusatz eines fremden Bestandtheiles die Eigenschaft besitzen, unter Wasser in kurzer Zeit zu erhärten; 2) natürliche Cemente, welche, dem fetten Kalke zugesetzt, diesem jene Eigenschaft ertheilen, und 3) künstliche hydraulische Kalke, wozu der Portland-Cement zu rechnen ist, während der Roman-Cement zu den natürlichen hydraulischen Kalken zählt.

Die natürlichen hydraulischen Kalke auf künstlichem Wege nachzumachen, wurde zuerst gegen den Ausgang des vorigen Jahrhunderts in England versucht, und zwar gelang dies zuerst dem Erbauer des berühmten Eddystone-Leuchtthurms, John Smeaton. Smeaton entdeckte in der Nähe des Bristolkanals einen thonhaltigen Kalkstein, der, gebrannt, unter Wasser erhärtete und eine bedeutende Bindekraft zeigte. Der Thongehalt war aber zu gering und der daraus gewonnene Cement konnte die theuere Puzzuolani bei dem Bau des Leuchtthurms nicht ersetzen. Smeaton griff daher zu einem Kalkstein von Barnow, der 22 Prozent Thon enthielt und welchem noch die Hälfte seiner Masse Eisenerzabfälle und der vierte Theil grober Sand beigemischt wurde. Damit wurde das berühmte und segensreiche Bauwerk errichtet. Ein Eisengehalt im Cement scheint von besonderem Nutzen, denn auch diejenigen thonigen Kalksteinnieren, welche später, nach der Erfindung Smeaton's, von Parker zur Herstellung von Cement verarbeitet wurden und die über der englischen Kreideformation, namentlich an den Ufern der Themse, zahlreich eingebettet liegen, verdanken ihre braungelbe Farbe einer nicht unbeträchtlichen Beimengung von Eisenoxyd.

Parker ließ sich 1796 sein Verfahren patentiren und errichtete darauf die noch bestehende Roman-Cementfabrik, welche unter der Firma Parker, Wyatt & Comp. bis in die neueste Zeit bestanden hat. Die Fabrik verarbeitet ihr Rohmaterial in folgender Art. Die Thonnieren werden in einem Kalkofen so heftig gebrannt, daß sie anfangen zu sintern, hierauf zu Pulver gemahlen und können in dieser Form gleich als ein ausgezeichneter hydraulischer Mörtel dienen. Lange Zeit war der aus dem sogenannten Sheppy-Steine hergestellte Roman-Cement in England in ausschließlichem Gebrauch, und die großartigsten Bauten sind mit ihm ausgeführt worden, außer dem Themsetunnel die London Docks, die Royal-Exchange, das Britische Museum u. s. w. Später, als das Rohmaterial nicht mehr zureichen wollte, griff man (Ingenieur James Forst) zu eisen- und manganhaltigen Mergeln, die an der Küste von Essex vorkommen, und fabrizirte daraus in großen Etablissements sehr gute Cemente. Andere Versuche folgten, zahlreiche Patente wurden gegeben; den bedeutendsten Fortschritt machte aber ein Maurer, Joseph Aspdin in Leeds, welcher auf Jahre lang fortgesetzte Versuche den berühmten Portland-Cement erfand.

Den Portland-Cement, dessen Bereitung Aspdin patentirt wurde, erhält man durch Brennen eines in der dortigen Gegend vorkommenden gemeinen Kalksteines und durch innige Vermischung dieses Produktes mit einer gleichen Menge Thon. Die mit Wasser plastisch gemachte Masse wird getrocknet, in einem Kalkofen gebrannt und sodann ebenfalls gemahlen. Der Portland-Cement kommt als eine grünlichgraue, feinsandige Masse in den Handel und führt seinen Namen deshalb, weil er an Farbe dem in England als Baumaterial viel benutzten Portlandstein nahe steht. Nach anderen Verfahren brennt man Flußthon innig mit Kreide gemengt (Pasley), und Pettenkofer weist darauf hin, daß wahrscheinlich manche natürliche Mergelsorten, die man in Bayern so schon zu Cementen brennt, noch bessere Produkte geben würden, wenn man die Masse vor dem Brennen mit Kochsalzlösung tränkte. Es gründet sich dieser Vorschlag auf die Thatsache, daß der in England verwendete Flußthon durch das eindringende Flutwasser salzhaltig gemacht worden ist.

Der Gehalt an Alkali unterscheidet die Portland-Cemente von den Roman-Cementen, welche keine alkalischen Bestandtheile, dagegen einen Gehalt an Aetzkalk besitzen, der den Portland-Cementen abgeht. Die Vorgänge beim Erhärten kommen wol bei beiden auf dasselbe hinaus, auf die Bildung eines kieselsauren Kalkthonerde-Doppelsalzes, und dazu scheint das Alkali insofern von günstigem Einfluß, als es die Kieselsäure in den leicht löslichen Zustand überführt.

Während Roman- und Portland-Cement lange Zeit ein Monopol als Handelsartikel hatten, bestehen jetzt überall Cementfabriken, auch in Deutschland, und bilden einen bedeutenden Geschäftszweig. Die Cemente von Stettin, Bonn, Ulm, Kassel und neuerdings Berlin haben sich einen sehr guten Ruf erworben. Tirol liefert aus der Gegend von Kufstein vortreffliche natürliche hydraulische Kalke.

Das rasche Erhärten und die große Widerstandskraft des hydraulischen Kalkes machen ihn ganz vorzüglich geeignet zur Herstellung künstlicher Steine, namentlich solcher, welche in besonderen Formen oder Farben zur Ausschmückung von Baulichkeiten, Mosaikfußböden und dergleichen Anwendung finden sollen. Solche Kunststeinfabriken bestehen auch in Deutschland in ziemlicher Anzahl, nicht blos für dekorative Gegenstände, sondern auch zur Erzeugung von Röhren, Trögen und sonstigen Artikeln, die früher der Steinmetz lieferte. Wir wollen uns nicht dabei aufhalten, auf die hunderterlei verschiedenartigen Bestandtheile, wirksame und unwirksame, hinzuweisen, welche mit den kalkigen Bindemitteln zu einer formbaren Masse vereinigt werden, oder die Pigmente zu nennen, mittels derer den Produkten das Aussehen bunter Marmore oder anderer Gesteine gegeben wird. Die unlöslichen mineralischen Bestandtheile sind fast ohne Ausnahme geeignet, in Pulverform dem Cementbrei mit zugesetzt zu werden, wenn irgend ihre Farbe keine störende Wirkung hervorbringt; und der Werth einer Vorschrift vor der anderen besteht in der Regel nur in der größeren Ersparniß des werthvollsten Bestandtheiles des Cementes oder des Gipses, welche dieselbe vor anderen gewährt. —

Der **Gips** ist schwefelsaure Kalkerde. Er kommt in der Natur in geringer Menge fast in allen Wässern gelöst, in größeren Massen jedoch derb vor und bildet unter verschiedenen Formen bald nesterförmige Einlagerungen in den Gebirgsgesteinen, bald Gangausfüllungen, bald ganze Gebirgszüge, wie am südlichen Rande des Harzes, wo der Gips eine meilenlange Mauer von Osterode bis Obersdorf bei Sangerhausen zusammensetzt. Der Gips ist etwas in Wasser löslich und es bedarf 1 Theil 445 Theile Wasser von 14° C., oder 420 Theile von 20½° zur Lösung. Dennoch findet sich der Gipsstein mitunter, so am Harz und namentlich im Pariser Becken, in so kompakter Beschaffenheit, daß er als Baustein verwendet wird. Die meisten alten Häuser von Paris bestehen daraus und sind gleich an ihrem schwarzen, verwitterten Ansehen kenntlich.

Die reinsten Varietäten des Gipses sind ganz weiß und erscheinen bisweilen in schönen, durchsichtigen, oft ziemlich großen Krystallen. Das bekannte Marienglas oder Fraueneis gehört darunter. Häufiger aber ist der derbe Gipsstein, welcher gepulvert mannichfache Verwendung in der Farbentechnik, in der Papierfabrikation als beschwerender Stoff, um dem Papiere mehr Masse zu geben u. s. w., findet. Unreine Sorten sind oft gestreift, gebändert, marmorähnlich gezeichnet und werden deswegen, sowie da sie sich sehr leicht bearbeiten lassen, wie der Marmor zu Gegenständen mancher Art verarbeitet. Eine besonders reine Varietät des dichten Gipses ist der Alabaster, der viel zu kleineren Bildhauer- und Drechslerarbeiten benutzt wird, da er seiner Weichheit wegen sich viel leichter als Marmor behandeln läßt. Fasergips, Schaumgips u. s. w. sind Mineralien, die nur durch eigenthümliche Struktur sich unterscheiden.

Im natürlichen Zustande enthält der Gips außer den beiden Bestandtheilen Kalkerde und Schwefelsäure auch noch Wasser. Der Anhydrit dagegen, ein ebenfalls in der Natur vorkommendes Mineral, ist schwefelsaurer Kalk ohne Wasser. Der Gips nun kann von seinem Wassergehalt durch Erhitzen befreit werden, er behält dann aber immer, wie der gebrannte Kalk, das Bestreben, Wasser wieder anzuziehen und soviel aufzunehmen, als das in der Natur vorkommende krystallisirte Mineral davon enthält. Dabei verändert sich der gebrannte Gips; er schwillt auf und bekommt Festigkeit, so daß er, wenn er vorher zu dem feinsten Pulver gestoßen war, nun eine starre, in sich zusammenhängende Masse darstellt. Auf diese bemerkenswerthe Eigenschaft gründet sich seine ganz eigenthümliche Verwendung, die eine sehr mannichfaltige ist, da sich einerseits mit Wasser angerührter feiner Gipsbrei in alle Formen bringen läßt, den feinsten Modellirungen derselben sich anlegt und beim Festwerden dieselben zum schärfsten Abdruck bringt, demnach als Abformungsmaterial ganz ausgezeichnete Dienste leistet, andererseits nach dem Erhärten seine Festigkeit hinreichend groß wird, daß plastische Gegenstände, Abgüsse von Bildwerken, namentlich auch für ornamentale Zwecke (Stuck oder Stuckatur), daraus auf sehr billige Weise hergestellt werden können.

Um den Gips nun dafür geschickt zu machen, brennt man die Steine auf ähnliche Weise, wie den kohlensauren Kalk, entweder in besonders konstruirten Oefen, oder auch blos in geheizten Backöfen, in welche die Steine auf Eisenblechen eingeschoben werden. Da jedoch das Wasser schon bei einer Temperatur, die noch unter der Glühhitze steht, entweicht, erfahrungsmäßig aber festgestellt ist, daß der gebrannte Gips die meiste Bindekraft dann besitzt, wenn er noch nicht seinen ganzen Wassergehalt verloren hat, so ist eine sorgfältige Regelung der Temperatur eine Hauptbedingung für die Herstellung eines guten Produktes. An einigen Orten brennt man daher den Gips auch am liebsten bei Nacht, weil man dann das Nahen des Glühens, bis zu welchem die Hitze nicht gesteigert werden darf, an den vorausgehenden Farbenveränderungen besser erkennen kann. Ueberhitzter Gips verliert seine Fähigkeit, Wasser wieder aufzunehmen, er ist todtgebrannt.

Wenn die Steine gebrannt sind, werden sie zerschlagen und zu Pulver gemahlen. Für die feineren Zwecke der Bildnerei zieht man es aber vor, besonders reine Gipssteine vor dem Brennen zu pulverisiren, und erhitzt das Pulver sodann entweder in eisernen Kesseln oder auf Eisenblechen unter fortwährendem Umrühren, ein Verfahren, welches Bildhauer und andere Gips konsumirende Künstler häufig mit eigener Hand verrichten, und wozu sie dann das Mehl von Alabaster oder Fraueneis gebrauchen.

Um den gebrannten pulverigen Gips zu Formstücken oder Bildwerken zu verwenden, rührt man ihn mit reinem Wasser in einem des Anhängens wegen mit Oel ausgestrichenen Gefäße an, wobei man dafür zu sorgen hat, daß der Brei durchweg gleichmäßig und vorzüglich ganz frei von Luftblasen ist. Statt reinen Wassers kann man auch eine dünne Leimlösung, saure Milch und andere Flüssigkeiten anwenden und dem Gipse dadurch entweder eine gewünschte Farbe, größere Härte, Durchscheinendheit oder andere Eigenschaften mittheilen. Der Grad der Konsistenz, welche man dem Gipsbrei zu geben hat, richtet sich nach dem Zwecke. Zu Figuren und Abdrücken, welche die Originale auf das Genaueste wiedergeben sollen, bereitet man sich eine dünne Masse, die allerdings langsamer erhärtet, dabei aber Zeit hat, die feinsten Räume auszufüllen und sich den zartesten Vertiefungen anzulegen, während man massige Erzeugnisse, bei denen es auf so subtile Feinheit nicht ankommt, aus dickerem Brei formt, der rascher erhärtet.

Gipsformen. Verhält sich solchergestalt der Gipsbrei ähnlich wie eine geschmolzene Metallmasse, so werden für die Darstellung der Modelle und Formen auch ähnliche Vorschriften gegeben werden können, wie wir schon früher beim Guß von Kunstsachen befolgt sahen. Entweder man macht Modelle von Wachs, über welche man durch fortgesetzte Aufstriche von Gips eine Form herstellt, aus welcher, wenn sie die erforderliche Dicke erlangt hat, das Modell durch Erhitzen herausgeschmolzen wird. Derartige Formen können im Ganzen erhalten werden; oder aber man hat feste Körper abzuformen, und dann wird oft der Fall eintreten, daß man die Form, um sie abzulösen, zerstückeln muß. Da bei jedem Abguß derselbe Fall sich wiederholen würde, so hat man auf diesen Umstand bei solchen Formen, die öfters benutzt werden sollen, schon von vornherein Rücksicht zu nehmen. Nach der Beschaffenheit des abzuformenden Modells macht sich der Künstler einen Plan, um unter Beobachtung der einspringenden Stellen die Gipsform in möglichst große Stücke zu zerschneiden, welche man für jeden Abguß mit sehr dünnem Gipsbrei wieder zusammenkittet. Das Zerschneiden geschieht mit einer feinen Säge. Bei sehr großen Modellen von Thon, deren Masse sich aus der ganzen Hohlform nur schwierig entfernen lassen würde, und die auch ein Zersägen über dem Modell nicht gestattet, legt man, ehe der erste Gipsüberzug aufgestrichen wird, einen Faden so über das Modell, daß er dasselbe passend in zwei Hälften theilt, und indem man ihn durch die fertig aufgestrichene, aber noch nicht vollständig erhärtete Gipsmasse abzieht, schneidet man aus dieser die beiden Formstücke, deren Trennungsflächen man mit einer in Oel getauchten Feder bestreicht, damit sie nicht wieder zusammenbacken. Genügt die Theilung in Hälften nicht, so kann man durch mehrere solcher Fäden auch kleinere Formstücke noch ablösen.

Formen des menschlichen Körpers, Arme, Hände u. s. w., können der Natur der Sache nach auf keine bequemere Art angefertigt werden, als daß man den abzuformenden, vorher von allen Härchen befreiten und gut eingeölten Theil ringsum mit Gipsbrei umgibt. Dabei muß er gehörig unterstützt sein, damit nicht durch Anstrengung oder Erschlaffung eine unbeabsichtigte Thätigkeit der Muskeln während der Abformung eintritt. Man legt nun wol einen Faden und theilt damit die Form in zwei Haupttheile; es genügt dies jedoch nur in seltenen Fällen, um die Form frei abheben zu können. Oefters muß man sie in mehrere Stücke zersprengen oder zersägen, und man bereitet dies vor, indem man mittels eines feinen Bossirholzes in die Formmasse, so lange sie noch weich ist, an den passendsten Stellen Einritzungen bis beinahe an die Haut macht. Ist der Gips vollständig erhärtet, so treibt man in diese Klüfte kleine Keile und zerbricht damit die Form in einzelne Stücke, die zum Behufe des Abgießens mit Fäden wieder verbunden werden. Die Anfügestellen sind auf den Abgüssen als erhabene Näthe zu bemerken und werden, um die Treue des Bildes nicht zu beeinträchtigen, in der Regel nicht verputzt. Bei der Abformung großer Statuen befolgt man noch ein anderes Verfahren, wobei man durch aufgesetzte Thonblättchen oder durch geöltes Kartenpapier die Figur mit lauter oben offenen Kästchen überzieht, in welche man den Gipsbrei eingießt. Die Trennung der einzelnen Formtheile erfolgt sehr leicht und die Wiedervereinigung geschieht ganz auf die nämliche Weise, wie wir schon angegeben haben. Wie als Formmaterial dient weiterhin der gebrannte Gips auch zur Herstellung der Gußstücke.

Das **Gießen des Gipses** verlangt vor Allem eine Form, von welcher sich die leicht anhaftende Gußmasse ohne Schwierigkeit wieder ablösen läßt. Ist daher die Form auch von Gips, so muß sie vor dem Guß gut eingeölt werden. Daß beim Gießen selbst alle die eigenen Vorsichtsmaßregeln zum Entweichen der in der Form eingeschlossenen Luft getroffen werden müssen, wie beim Metallguß, versteht sich von selbst. Der Gipsbrei darf nicht sehr steif sein, so daß er sich in der Form, ohne daß diese vollständig damit angefüllt zu sein braucht, nach allen Seiten hin schwenken lassen kann. Fängt er an zu erstarren, so gießt man das noch Flüssige aus der Form heraus. Auf solche Weise erhält dieselbe nur einen dünnen Ueberzug im Innern; durch mehrmaliges Wiederholen dieser Manipulation aber verstärkt man die Schicht, bis sie die genügende Dicke erreicht hat.

Bei sehr großen Gegenständen, namentlich bei Figuren, die man nicht in einzelnen Stücken gießen will und deren Form man nur schwierig durch Drehen und Wenden mit der Gipsmasse auf die angegebene Weise würde ausfüllen können, treibt man den leichtflüssigen Brei mit Hülfe der Centrifugalkraft in die einzelnen Abtheilungen des Hohlraumes, indem man die Form auf eine rotirende Scheibe setzt, welche, je nachdem der Gipsbrei Theile ausfüllen soll, die näher oder entfernter der Drehungsachse liegen, in mehr oder weniger rasche Umdrehung versetzt wird.

Um den Gipsgegenständen den trockenen Ton zu benehmen, der ihnen im Vergleich zu der weichen Durchscheinendheit des Marmors ein kaltes, todtes Ansehen giebt, kann man sie mit geschmolzener Stearinsäure oder mit Paraffin tränken. Es ist dies Verfahren jedoch nur bei kleinen Gegenständen anwendbar. Dagegen lassen sich solche Gipsabgüsse, die den atmosphärischen oder sonstigen zerstörenden Einflüssen ausgesetzt werden sollen, zweckmäßiger Weise durch Eintauchen in Lösungen von Leim, Alaun oder Borax härten. Man macht von dieser Eigenschaft besonders auch zur Belegung von Wandflächen Gebrauch, indem man die Gipsmasse mit Leimwasser anmacht und geeignete Farbestoffe zusetzt; durch Ineinandermengen solchen verschiedenartig gefärbten Breies in weichem Zustande lassen sich Marmor und ähnliche bunte Gesteine nachahmen. Die Flächen werden glatt gestrichen, nach dem Erhärten fein geschliffen, schließlich noch, um den Glanz zu heben, mit Leinöl getränkt und mit Terpentinöl und weißem Wachs polirt (Stuckmarmor, Oelstucatur).

Als Industriezweig wird die Gipsgießerei vorzüglich in Italien betrieben, von wo unzählige Abgüsse alter und neuer plastischer Kunstwerke nach allen Ländern der Erde vertrieben werden. Wenn auch nicht ausnahmslos, so hat in diesen Erzeugnissen der Gips für die Welt doch eine große ästhetische Bedeutung, denn er ist das einzige Mittel der Vervielfältigung für Werke, von denen weder Beschreibungen noch Abbildungen genügende Vorstellungen zu erwecken im Stande sind. Ohne ihn würde das Studium der alten Kunst mit seiner unvergleichlich befruchtenden Kraft ein höchst mühsames, weil nur an denjenigen Orten vorzunehmendes sein, wo die überlieferten Werke in natura aufbewahrt werden, wenn es nicht geradezu unmöglich wäre, weil die der Zerstörung entgangenen Bildwerke weithin in den Sammlungen zerstreut sich finden, und eine vergleichende Nebeneinanderstellung, wie sie jetzt mit verhältnißmäßig geringen Mitteln zu ermöglichen ist, nie zu bewerkstelligen sein würde.

Der Gebrauch des gebrannten Gipses als plastisches Material ist übrigens sehr alt, er wird schon von Herodot erwähnt. Nach diesem Vater der Geschichtschreibung soll zu seiner Zeit schon in Aethiopien die Sitte geherrscht haben, die Leichname der Verstorbenen an der Sonne zu trocknen, um sie sodann mit Gips zu überziehen und auf diese Weise ein Abbild zu erhalten, das mit Farben bemalt wurde. Vitruv erwähnt des Gipsstuckes, und Plinius weist auf die Verwandtschaft des Gipses mit dem Kalk hin. Es scheint aber, daß in späteren Zeiten von der eigenthümlichen Bildsamkeit unsers Materials kein Gebrauch gemacht worden ist, und wenn sie früher wirklich in der gedachten Weise gekannt war, das Arbeiten in Gips in Vergessenheit gekommen ist; wenigstens nimmt man an, daß unsere heutige Gipstechnik zuerst um das Jahr 1300 in Italien von Margaritone geübt und besonders im 15. Jahrhundert von Bildhauern und Baukünstlern der Frührenaissance vervollkommnet worden sein soll.

An die Betrachtung der Kalkerde schließen wir noch mit einigen Worten die Erwähnung zweier Erden, welche in chemischer Beziehung mit jener große Aehnlichkeit haben: Baryt und Strontian. Sie sind, wie die Kalkerde, die Oxyde metallischer Elemente (Barium und Strontium) und kommen in der Natur theils in Verbindung mit Kohlensäure, öfter aber und in größeren Massen in Verbindung mit Schwefelsäure als Schwerspath (schwefelsaurer Baryt) und als Cölestin (schwefelsaurer Strontian) vor.

Barytsalze dienen schon länger bei der Feuerwerkerei: chlorsaurer und salpetersaurer Baryt färbt die Flamme prachtvoll grün, wie sie der salpetersaure Strontian feurig roth färbt. Anstatt des Gipses dient sein pulverisirter Schwerspath auch als Zusatz zur Papiermasse und sein hohes spezifisches Gewicht ließ ihn unter den Papierfabrikanten viel Liebhaber finden. Man verwendet ihn ferner zu Deckfarben, um sie heller zu machen, als Bestandtheil gewisser Gläser und Thonwaaren. Ein viel schönerer weißer Farbeartikel und deswegen bereits der Gegenstand einer lebhaften Fabrikation ist aber der künstlich erzeugte, aus Auflösungen niedergeschlagene schwefelsaure Baryt, das sogenannte Blanc fixe oder Permanentweiß, worüber Näheres bei den Ersatzmitteln für Bleiweiß. Leider ist die Fabrikation bei uns eine schwierige, da als Rohstoff nur Schwerspath zu Gebote steht; der viel leichter zu behandelnde kohlensaure Baryt (Witherit) findet sich massenhaft nur in England. Da man aber in der Färberei bei der Darstellung der vielgebrauchten essigsauren Thonerde nicht mehr Bleizucker (essigsaures Bleioxyd) und schwefelsaure Thonerde zum Austausch ihrer Bestandtheile mit einander zusammenbringt, sondern statt des Bleisalzes essigsauren Baryt anwenden kann, so ist damit der Barytverwerthung als Farbstoff ein günstiges Feld eröffnet. Das Chlorbarium (salzsaurer Baryt) ist ein gutes Mittel gegen Kesselstein in dem Falle, wenn mit gipshaltigem Wasser gearbeitet wird. Außerdem scheint es, als ob der Baryt in der Glasmacherei dem Bleioxyd die Rolle streitig machen wolle. Er läßt sich wie dieses in die Glasmasse einführen, und da er derselben ebenfalls eine ungemein starke Brechbarkeit zu ertheilen vermag, so dürfte der Umstand, daß die Barytgläser der Verwitterung und der mechanischen Verletzung ihrer größern Härte wegen weniger unterworfen sind als die Bleigläser, viel zu seiner Aufnahme in jenen wichtigen Industriezweig beitragen.

Die Strontianverbindungen haben außer der erwähnten Benutzung in der Kunstfeuerwerkerei keine weitere Verwendung gefunden; das Interesse, das sie erregen, ist lediglich ein wissenschaftliches. Ebenso wenig zeigen sich die aus den Erden darstellbaren Metalle, das Barium und das Strontium, für technische Zwecke so geeignet, daß ihre Abscheidung im Großen versucht werden sollte. Diese Metalle gehören, wie auch das Calcium, zu einer Gruppe, deren spezifisches Gewicht zwischen 2 und 3 schwankt; sie verbrennen mit lebhaftem Glanze an der Luft. Das Strontium ist von messinggelber Farbe.

ALAUNBEREITUNG NACH AGRICOLA 1557

Ein kleiner Ring
Begrenzt unser Leben,
Und viele Geschlechter
Reihen sich dauernd
An ihres Daseins
Unendliche Kette.
           Goethe.

Alaun, Soda und Salpeter.

Die Alkalien im Haushalt der Natur. Geschichtliches. Kali und Natron. Die Potasche und ihre Gewinnung. Aetzkali. Der Alaun. Alaunerze und Alaunsiederei. Schwefelsaure Thonerde. Die Soda; natürliche und künstliche. Leblanc's Verfahren zur Bereitung der letzteren. Kochsalz. Chemische Vorgänge dabei. Auslaugen. Reindarstellung. Wasserfreie kalzinirte und krystallisirte Soda. Der Salpeter. Natürliche Salpetererzeugung in der Luft und im Boden. Salpeterplantage. Raffiniren. Natron- oder Chilisalpeter. Vorkommen, Gewinnung und Verarbeitung desselben auf salpetersaures Kali. Die Salpetersäure. Ihre Darstellung und Wirkungsweise. Königswasser. Chlor- und Salzsäure.

Binden und Lösen — was giebt es für des Menschen Handeln Bestimmenderes? Das ganze Leben bewegt sich zwischen diesen beiden Polen. Jeder Entschluß, selbst der geringste, bindet den freien Flug unseres Geistes und giebt ihm feste Form und Richtung; jedes Entsagen, selbst das leichteste, löst unserem Willen die Fessel. Unbegrenzte Freiheit ist nur im Schlaf, im Tod und Vergessen; aber sie erzeugt kein Gebilde, sie ist der wesentliche Zustand des Nichts. Und wie im Reiche geistiger Thätigkeit, so ist in der großen Natur alles Werdende ein Binden, alles Bestehende ein Gebundenes, alles Vergehen ein Wiederzerfallen der Gebilde in ihre Elemente. Wie viele Einzelringe aber auch die schön gegliederte Kette natürlicher Erscheinungen zusammensetzen, es sind zwar alle von gleicher Bedeutung für das fertige Gebilde; das Entstehen aber fördern die einen mehr, die anderen weniger.

Wie ein Taschenspieler eine Anzahl Reifen auf hundertfache Art mit einander verschlingt und dir, wenn du sie betrachtest, jeder derselben in sich geschlossen und fest erscheint, bis auf zwei oder drei, die eine fein versteckte Feder öffnet, so daß von diesen allein das Entstehen der wechselnden Figuren abhängt, so verbindet die Allzauberin Natur durch wenige bewegliche Mittelglieder die Menge aller übrigen schwerbeweglichen Stoffe zu unzähligen Körpern.

Und diese wenigen Mittelglieder sind die Alkalien, leichtbeweglich durch ihre Löslichkeit im Wasser, mit dem sie den Kreislauf durch alle Reiche der Erde machen: Kali, Natron, Lithion und die in neuerer Zeit durch die Spektralanalyse dazu entdeckten Cäsion, das Oxyd des Cäsiummetalles, Rubidion und Thallion. Zwar in der Art seiner Zusammensetzung ganz anders beschaffen, in seinem Verhalten aber von so großer Uebereinstimmung mit den genannten, daß es fast zu denselben gezählt werden kann, ist das Ammoniak, eine Verbindung von Stickstoff und Wasserstoff, die wir aber dieser ihrer abweichenden Konstitution wegen hier nur beiläufig mit erwähnen werden. Was die Alkalien, chemisch genommen, sind, daß wir sie als Oxyde besonderer leichter Metalle ansehen müssen, das Kali als Kaliumoxyd, das Natron als Natriumoxyd, das Lithion als Lithiumoxyd u. s. w., wie sie in der Natur als Bestandtheile der festen Gesteine vorkommen und aus diesen durch das Wasser aufgelöst werden, den starren Felsen zerfallen und zu dem pflanzentragenden Boden werden lassen, das zu betrachten haben wir beiläufig schon Gelegenheit gehabt.

Die Kieselsäure, an welche die Alkalien in den Steinen meistentheils gebunden sind, wird im Laufe der Verwitterung von der Kohlensäure der Luft zum Austritt gezwungen, und es entsteht nun kohlensaures Salz, das bei seiner großen Löslichkeit bald von den Wässern ausgezogen und in die weite Welt eingeführt wird zu allerlei Bestimmung und Wandlung. Je heißer durch die unterirdische Glut die Wasser auf die von ihnen durchsickerten Gesteine einwirken, um so stärker ist ihre versetzende Kraft, um so mehr werden sie von den löslichen Bestandtheilen aufnehmen, wie wir an Mineralwässern beobachten können. Denn die Alkalien können im Boden oder Wasser noch öfter Veranlassung finden, von einer Säure auf die andere überzugehen. Jedenfalls dürfen wir nicht erwarten, die Alkalien anders als in Form von Salzen in der Natur anzutreffen. Was von den Alkalien in den Kreis des Pflanzenlebens aufgenommen ist, erscheint hier gebunden an die Säure, welche sich in den Gewächsen je nach ihrer Natur und durch Einwirkung der Alkalien bilden (Pflanzensäuren). In der Traube des Weinstocks z. B., der ein starker Kalikonsument ist, finden wir doppeltweinsaures Kali (Weinstein), in den Vogelbeeren äpfelsaures, in der Citrone citronensaures Kali oder Natron u. s. w. Aeschern wir aber Pflanzenkörper ein und laugen die Asche mit Wasser aus, so erhalten wir stets nur wieder kohlensaures Salz, denn die Pflanzensäuren werden durch das Feuer zerstört aber alsogleich durch Kohlensäure, das Produkt der Verbrennung jener, ersetzt.

Kommt irgendwo ein Natronsalz mit Chlorgas, mit Dämpfen von Salzsäure oder salzsäurehaltigem Wasser zusammen, so wird Kochsalz gebildet werden. Da aber solche Begegnungen in der freien Natur doch nur sehr vereinzelt vorkommen dürften, so fehlt uns eigentlich eine klare Vorstellung darüber, unter welchen Umständen die ungeheueren Massen Kochsalz, die theils in den Meeren aufgelöst, theils in der Erde als Steinsalz aufgespeichert liegen, einst gebildet worden sein mögen. Wir müssen uns damit begnügen, daß dieses so wichtige Material in unerschöpflicher Menge da ist, daß nicht allein sämmtliche Weltmeere als stark verdünnte Salzlösungen zu betrachten sind, sondern auch längst ausgetrocknete Meere uns ihren Salzgehalt in Form mächtiger Steinsalzlager hinterlassen haben. Und selbst wo eine solche Salzniederlage von Menschen noch unentdeckt in der Erde ruht, ist sie vielleicht vor Jahrtausenden schon von irgend einer Quelle auf ihren unterirdischen Reisen aufgefunden worden; diese kann durch den Salzstock nicht hingehen, ohne sich durch Auflösen mehr oder weniger davon anzueignen, und tritt endlich als segensreiche Salzquelle irgendwo in das Bereich der Oberwelt.

Außer mit Kieselsäure und Chlor treten die Alkalien im Mineralreiche auch noch mit Salpetersäure als salpetersaures Kali und salpetersaures Natron, mit Schwefelsäure als schwefelsaure Salze im Alaun, die Alkalimetalle mit Jod als Jodkalium und Jodnatrium, mit Brom als Bromkalium, mit Fluor (im Kryolith als Fluoraluminiumnatrium) und dergleichen verbunden auf. Sind nun auch für die Zwecke der Technik alle diese Vorkommnisse von Werth, so nehmen doch einzelne derselbe unsere Aufmerksamkeit ganz besonders in Anspruch durch die Massenhaftigkeit ihres Auftretens, demzufolge sie für die Verarbeitung auf künstlichem Wege zu Ausgangspunkten werden, und namentlich sind in dieser Beziehung das Kochsalz, die kohlensauren Verbindungen, Potasche und Soda, der Alaun sowie endlich der Salpeter als Kali- und Natronsalpeter bemerkenswerth.

In althistorischer Beziehung läßt sich über Kali und Natron nicht viel beibringen, wie dies ja mit anderen technischen Dingen eben so geht. Die alten Griechen hatten ein Nitron, das sie zum Waschen brauchten, und das wol nichts Anderes als natürliches kohlensaures Natron aus afrikanischen Natronseen gewesen sein wird. Erscheint auch die gewöhnliche Erzählung von der Erfindung des Glases an sich unglaublich, so lernen wir doch daraus, daß das Nitron ein Handelsartikel und auch seine Dienlichkeit zum Glasmachen bekannt war, wenn auch als die gewöhnlichen Rohstoffe für Glas bei den Alten nur Asche und Sand genannt werden. Aus Asche mittels Kalk Aetzlauge zu machen, scheint Griechen und Römern bekannt gewesen, die Bereitung von Seife aus Aetzlauge und Talg aber eine Erfindung der Deutschen oder Gallier zu sein. Das Laugensalz, das als Rückstand beim Eindampfen der Aschenlauge erhalten wird, dürfte bei dieser leichten Darstellungsweise schon sehr lange bekannt gewesen sein. Im 13. Jahrhundert bereits wird es erwähnt. Später wurde es Handelsartikel und erhielt den Namen Potasche, weil man es seiner Zerfließlichkeit halber in zugebundenen Töpfen (Pots) versendete. Lange aber dauerte es, ehe man erkannte, daß man zwei verschiedene Laugensalze erhält, je nachdem die Asche von Hölzern oder Landpflanzen überhaupt, oder von See- und Küstenpflanzen stammt. Man benutzte Jahrhunderte lang beiderlei Aschen zum Glasmachen, wie es die Gelegenheit gab. Auch sind beide Salze sich in den meisten Stücken sehr ähnlich, nur daß das Kalisalz, die Potasche, aus der Luft Wasser anzieht und feucht und zerfließlich wird, während das Natronsalz oder die Soda immer mehr austrocknet. Erst im Anfange des 18. Jahrhunderts wurde man auf die chemischen Unterschiede aufmerksam, und der Berliner Chemiker Marggraf setzte 1758 die Eigenthümlichkeit des Natrons außer Zweifel; er wies auch nach, daß es einen Bestandtheil des Kochsalzes wie des Glaubersalzes ausmache.

Wenden wir uns zunächst den Kaliverbindungen zu, so ist das kohlensaure Salz dasjenige, welches wir überall und auf dem kürzesten Wege der Natur abgewinnen können.

Die Potasche. Das kohlensaure Kali wird aus den durch Verbrennung von Landpflanzen erhaltenen Aschenrückständen dargestellt. Da sich in der Asche alle diejenigen mineralischen Bestandtheile wiederfinden müssen, welche die Pflanze dem Boden entzogen hat, so werden wir vermuthen dürfen, bei Aschenanalysen auf eine ziemlich zahlreiche Gesellschaft von Stoffen zu stoßen, denn es ist uns bekannt, daß in der Pflanzenerde neben Alkalien auch Kalk-, Magnesia-, Thonerde-, Eisensalze und dergleichen enthalten sind. Alle diese Salze aber werden, sobald sie löslich sind, auch von den Pflanzen mehr oder weniger leicht aufgenommen, und wenn sie auch nicht zur Bildung von pflanzlichen Organen verarbeitet werden, weil viele ihnen dazu nicht nothwendig sind, so werden sie doch in der Asche vorübergehend sich mit vorfinden können. In Gesellschaft dieser Basen treten Kieselsäure, Kohlen-, Phosphor-, Schwefel-, Salz- und Salpetersäure in den Organismus der Pflanzen ein, der ihrer zur Bildung seiner Produkte nicht entrathen kann. Sie müssen wir, mit Ausnahme der Salpetersäure, deren Salze nicht feuerbeständig sind, ebenfalls in der Asche wieder antreffen. Und je nach der Natur der Pflanze finden wir sie auch darin, und zwar in derselben Pflanze immer in ganz gleichbleibenden Verhältnissen, die nur durch das verschiedene Alter, die Jahreszeit und die besondere Beschaffenheit des Bodens in besonderer, aber ebenfalls gesetzmäßiger Weise beeinflußt werden.

Durch Behandeln der Aschenrückstände mit Wasser kann man die alkalischen Bestandtheile von den erdigen, weniger löslichen oberflächlich trennen, und namentlich geht das kohlensaure Kali, welches den vorwiegendsten Bestandtheil derselben ausmacht, vollständig in Lösung. Dasjenige, was man erhält, wenn man diese Lösung eindampft, ist die sogenannte rohe Potasche.

Sie wird im Großen auf ganz dieselbe ursprüngliche Weise dargestellt, die wir eben angegeben haben. Es giebt holzreiche Ländergebiete in Amerika, Rußland, Illyrien, Ungarn, im Böhmerwalde u. s. w., wo jenes Naturerzeugniß bei der verhältnißmäßig geringen Bevölkerung, oder weil ungünstige Bodenverhältnisse einen Weitertransport des Holzes nicht gestatten, nur einen geringen Werth hat, so daß, wenn auch die besten Stücke der Stämme verbraucht werden können, doch die Aeste und Zweige nutzlos verrotten würden, wenn nicht die Holzhauer oder öfters eine besondere Klasse von Arbeitern, die Aschenbrenner, es sich angelegen sein ließen, diese Holzreste in große Haufen zusammenzuschichten, trocknen zu lassen und sodann zu verbrennen, um die dabei übrig bleibende Asche zu sammeln. Die Waldasche wird nun von ihnen entweder selbst auf rohe Potasche verarbeitet, oder weiter an größere Etablissements verkauft, wo dieselbe ausgelaugt wird. Dieser Prozeß und der darauf folgende der Reinigung, Krystallisirung und des Kalzinirens ist ein so einfacher, daß wir an dieser Stelle wenig darüber zu sagen brauchen. Die rohe Waldasche oder die aus den Oefen bei Holzfeuerung gesammelte Brennasche wird in gepulvertem Zustande auf einem durchlöcherten und mit Stroh belegten Boden in große Bottiche gebracht und in der Art mit Wasser behandelt, daß das aus dem ersten Bottich ablaufende noch einmal über die in dem zweiten Bottich enthaltene Asche geht u. s. w. In den letzten Bottich kommt die frische Asche, hier sättigt sich die Lösung vollends. Die allmählich sich erschöpfende Asche aber wird aus einem Bottich in den anderen gebracht und kommt auf diese Weise mit immer geringhaltigeren Lösungen zusammen, bis sie endlich in das erste Auslaugegefäß gelangt, wo das einströmende frische Wasser ihr die letzten Spuren löslicher Bestandtheile entzieht. Die Auslaugung geschieht in der Regel nur mit kaltem Wasser, weil darin die hauptsächlichsten, in der Asche enthaltenen Verunreinigungen nicht gut löslich sind. Durch Abdampfen der Lauge, was unter fortwährendem Umrühren zu geschehen hat, erhält man die Potasche als eine feste Masse, durch organische Beimengungen braun gefärbt; um sie davon und von dem 6—10 Prozent betragenden Wassergehalt zu befreien, wird sie im Flammenofen bis zum Glühen erhitzt (kalzinirte Potasche). Die Ausbeute an Potasche ist bei verschiedenen Pflanzen sehr verschieden; während 1000 Kg. Fichtenholz noch nicht $1/2$, Pappelholz etwa $3/4$, Eichenholz anderthalb Kilogramm geben, enthalten die krautartigen Gewächse viel mehr, Brennesseln bis 25 Kg., Wickenkraut $27\frac{1}{2}$, Erdrauchkraut sogar 79 Kg. kohlensaures Kali.

Was das Raffiniren der Potasche und ihre Ueberführung in den Zustand chemischer Reinheit anbelangt, so geschieht dies lediglich auf dem Wege des Umkrystallisirens. Selbst die Trennung von dem kohlensauren Natron, welches in der aus Pflanzenasche dargestellten Potasche immer enthalten ist, gelingt auf keine andere Weise leichter und vollständiger, als unter Benutzung der verschiedenen Löslichkeit beider Salze.

Für die meisten Zwecke, zu denen die Potasche verwendet wird, ist aber eine absolute Reinheit gar nicht einmal nothwendig. Der Seifensieder begnügt sich gern mit minder gereinigter und dafür billigerer Waare, während freilich der Glasfabrikant für besonders feine Gläser ein sehr reines Produkt verlangt. Da, wo es auf chemische Reinheit ankommt, wie in Apotheken und chemischen Laboratorien, beschaffte man früher das Salz durch Glühen von Weinstein (weinsteinsaurem Kali), wobei die Weinsteinsäure zu Kohlensäure verbrennt, die an Stelle jener mit dem Kali verbunden bleibt. Dies ist das alte Sal tartari. Heutzutage hat man andere Methoden der Reindarstellung.

Aber nicht blos aus Wäldern und Steppen, sondern auch aus Weinbergen und von Zuckerrübenfeldern wird jetzt Potasche bezogen, allerdings nur unter der Bedingung, daß diesen Kulturländern der Kaliverlust auf andere Weise im Dünger ersetzt werden muß, wenn sie ertragfähig bleiben sollen, denn Weinstock wie Rüben verlangen einen kalireichen Boden. Vom ersteren sind es die Weinhefe und die Trebern, welche getrocknet, kalzinirt und ausgelaugt werden. Bei der Gewinnung des Rübenzuckers fällt ein mit Salzen sehr verunreinigter Sirup ab, den man in geistige Gährung versetzt und aus dem man Spiritus abdestillirt. Die verbleibende Schlämpe, welche das Salz enthält, ist ein lästiges Nebenprodukt, das nicht einmal in kleine Gewässer entlassen werden darf, also nothgedrungen verarbeitet werden muß, obgleich dabei selten und höchstens bei ganz wohlfeilem Brennmaterial sich ein kleiner Gewinn herausstellt. Bei den umständlichen Arbeiten des Eindampfens, Kalzinirens, Auslaugens, Wiedereindampfens u. s. w. ist darauf hinzuarbeiten, daß die fremden Salze, Soda, schwefelsaures Kali und Chlorkalium, möglichst durch Krystallisation abgeschieden werden. Auch läßt sich die Sache so leiten, daß Potasche und Soda (letztere etwa 10 Prozent) beisammen bleiben, da dies Gemisch auch eine Verkaufswaare ist. Einen Uebelstand hat jedoch diese aus Rübenschlämpe gewonnene Potasche, der sie zur Verwendung für optische Gläser untauglich macht; es ist dies ein geringer Gehalt von phosphorsaurem Kali, infolge dessen die Gläser trübe werden.

Interessant ist auch die Thatsache, daß eine nicht unbedeutende Menge Potasche aus den bei der Schafwollwäscherei abfallenden Wollschweiß enthaltenden Wässern dargestellt wird; man dampft die Wässer in besonders konstruirten Flammenöfen unter Mitwirkung eines Exhaustors ab und kalzinirt den Rückstand. 100 Gewichtstheile der gewöhnlichen Wollen geben etwa 15 Gewichtstheile kalzinirtes Rohprodukt und 5 Theile gereinigte Potasche.

In allen diesen Fällen empfangen wir also das Kali aus zweiter Hand, und dies schien auch so bleiben zu sollen, denn den Stoff im Mineralreich selbst, namentlich im Feldspath aufzusuchen, hatte man zwar angefangen, aber auch bald wieder aufgehört; die Sache war zu kostspielig. Da that sich unerwartet eine Gelegenheit auf, Kali aus der Erde graben zu können: es wurde das ungeheure Steinsalzlager von Staßfurt erschlossen und man fand als Zugabe, weit werthvoller als das Salz selbst, in den oben aufliegenden Abraumschichten Kalivorräthe, die wol in Jahrhunderten nicht zu erschöpfen sind.

In dem ungeheuren Verdampfungsprozeß salziger Wasser, der hier in urweltlichen Zeiten stattgefunden, krystallisirte regelrecht zuerst das Kochsalz aus und den Schluß machten die leichter löslichen, daher am längsten flüssig bleibenden Salze. Es bildet sich unter Anderem in großen Mengen ein aus Chlorkalium, Chlormagnesium und Wasser bestehendes Salz, Carnallit, aus welchem sich der erstere Bestandtheil, das Chlorkalium, durch Lösen und Krystallisiren leicht abscheiden läßt. Dieser Carnallit ist der hauptsächlichste Kalilieferant, und seinetwegen ist die Entdeckung der Staßfurter Schätze gleich wichtig für die Technik, den Handel wie für die Landwirthschaft Deutschlands geworden. Millionen von Centnern Düngesalz für kalibedürftige Felder werden von dort bezogen, und eine Anzahl Fabriken an Ort und Stelle verarbeiten das Chlorkalium theils zu Potasche, theils zu Salpeter. Demzufolge ist die deutsche Industrie nicht mehr so sehr wie früher auf russische, illyrische und amerikanische Potasche angewiesen, und der englische Salpeter aus Ostindien hat bei uns gar keinen Markt mehr. Die Umwandlung des Chlorkaliums in Potasche geht im Allgemeinen denselben Weg wie die Bereitung von Soda aus Kochsalz: der Rohstoff wird durch Schwefelsäure in schwefelsaures Kali (Kalisulphat) verwandelt, dieses durch Glühen mit kohlensaurem Kalk und Kohle in Schwefelcalcium und kohlensaures Natron übergeführt und letzteres aus der Schmelze mit Wasser ausgelaugt.

Nach dem Funde zu Staßfurt hat man auf manchen anderen Salzwerken fleißig nach ähnlichen Vorkommnissen umgeschaut, aber erst in einem Falle geschah dies mit Erfolg: auf der galizischen Saline Kaluscha am Fuße der Karpaten. Dort hat sich Chlorkalium sowol in trockenen Schichten als in der Sole gelöst gefunden, wogegen man in dem berühmten Bergwerke Wieliczka nicht nur vergeblich, sondern zu großem Schaden nachgegraben hat, indem dadurch ein unheilvoller Wassereinbruch verursacht worden ist. Die jetzige Potaschenfabrikation läßt sich annähernd durch folgende Zahlen veranschaulichen:

1) Aus Holzasche (Rußland, Nordamerika, Ungarn, Galizien) . . . . 20,000,000 Kg.,
2) » Rübenasche (Frankreich, Belgien, Deutschland, Oesterreich) . . 12,000,000 »
3) » Schafschweiß (Frankreich, Belgien, Deutschland, Oesterreich) . 1,000,000 »
4) » schwefelsaurem Kali (Deutschland, Frankreich, England) 15,000,000 »
Sa. 48,000,000 Kg.

Aetzkali. Obwol die Kohlensäure nur eine schwache Säure ist, so ist sie doch in vielen Fällen ein Hemmniß, welches die beachsichtigte Verbindung noch schwächerer Körper mit dem Kali hindert. Die Seife z. B. ist **fettsaures Kali**; die Fettsäure aber, die sich aus dem Talg, Oel u. s. w. leicht bildet, wenn eine starke Basis, mit der sie sich verbinden kann, auf diese Körper einwirkt, ist nicht stark genug, um im Kampfe mit der Kohlensäure die Oberhand zu erringen. Will man daher Fette mit Kali verseifen, so darf man dieses nicht als kohlensaures Salz mit jenen zusammenbringen, sondern man muß zuvor die Kohlensäure davon trennen und reines Kali, Aetzkali, darstellen. Dies geschieht leicht, wenn man eine starke Potaschenlauge mit Aetzkalk kocht. Es geht dabei die Kohlensäure an den Kalk, mit welchem sie eine unlösliche Verbindung bildet; dadurch wird das Kali frei.

Aus seiner Lösung läßt sich das Aetzkali auch in fester Form durch Abbampfen darstellen. Es erscheint dann als eine weiße, schmelzbare Masse, die theils als Pulver, theils in harten, unregelmäßig gestalteten Stücken oder in Form runder cylindrischer Stängelchen in den Handel gebracht und namentlich in chemischen Laboratorien als Reagens mannichfach verwendet wird. Es ist sehr begierig, Wasser anzuziehen, und kann von einem gewissen Wassergehalt selbst durch Erhitzen bis zum Schmelzen nicht befreit werden, daher auch der Name **Kalihydrat** für das Aetzkali. Durch Aufnahme von Wasser aus der Luft zerfließt es, dabei sättigt es sich auch mit Kohlensäure und wird wieder kohlensaures Kali. Leitet man in eine Lösung von Kali Kohlensäure so lange, wie Etwas davon aufgenommen wird, so erhält man nicht blos das gewöhnliche kohlensaure Kali der Potasche,

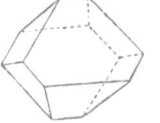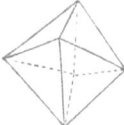

Fig. 236. Krystallform des Alauns.

sondern ein Salz, welches auf dieselbe Menge Kali die doppelte Menge der Säure enthält, **doppeltkohlensaures Kali**. Entsprechend verhält sich auch das Natron, und bekanntlich ist das doppeltkohlensaure Natron dasjenige Salz, welches in der künstlichen Bereitung der kohlensauren Wasser, im Brausepulver u. dergl. eine Hauptrolle spielt.

Der **Alaun** ist ein anderes längst bekanntes und technisch verwendetes Salz, in welchem das Kali einen Hauptbestandtheil ausmacht, und zwar tritt dasselbe darin in seiner Verbindung mit Schwefelsäure als schwefelsaures Kali auf. Der Name schon — von alumen, nach welchem alumina die Thonerde heißt — deutet darauf hin, daß außer dem Kalisalze darin noch ein anderer Körper enthalten sein wird, und in der That besteht der gewöhnliche oder Kalialaun aus einer Verbindung von schwefelsaurem Kali mit schwefelsaurer Thonerde und Wasser. Solchergestalt kann er eigentlich eben so gut unter die Thonsalze gerechnet werden. Es ist aber weder die Thonerde noch das Kali absolut nothwendig zur Konstituirung eines Salzes, welches die charakteristischen Eigenschaften der Alaune haben soll. Anstatt des Kali kann sich mit der schwefelsauren Thonerde eben so gut schwefelsaures Ammoniak zu einem Doppelsalz verbinden, das ebenfalls in schönen weißen, oktaëdrischen Krystallen (s. Fig. 236) aus seinen Lösungen anschießt und denselben Gehalt an Krystallwasser, dieselben Aequivalentverhältnisse besitzt. Andererseits läßt sich die Thonerde durch Eisenoxyd oder Chromoxyd vertreten, und ein derartiger Ersatz ist äußerlich nur an der verschiedenen Farbe des Produktes zu erkennen: eines der interessantesten Beispiele der Isomorphie. Kehren wir aber zu dem uns zunächst interessirenden gewöhnlichen Kalialaun, dem Doppelsalz von schwefelsaurem Kali und schwefelsaurer Thonerde, zurück.

Von dem Alaun spricht schon Plinius in seiner „Historia naturalis", indessen geht aus seiner Beschreibung hervor, daß er mit demselben Namen wol zweierlei verschiedene Salze bezeichnet hat, den Eisenvitriol, welchen er schwarzes alumen nennt, und vielleicht unseren Alaun, weißes alumen, und in ähnlicher Weise sind wol auch die von Dioskorides und Anderen gebrauchten Benennungen nicht ganz strikt auf das jetzt mit dem Namen Alaun bezeichnete Salz zu beziehen. Nichtsdestoweniger scheint aber den Alten, wenn auch nicht in ganz reinem Zustande, so doch in Gemengen mit anderen Salzen, der Alaun bekannt gewesen zu sein, denn die Art des Gebrauchs, welche davon angegeben wird, in der Färberei der Zeuge, stimmt mit seiner heutigen Verwendung ganz überein. Geber, der schon früher von uns erwähnte arabische Chemiker, gedenkt (Mitte des 8. Jahrhunderts) des Alauns in unverkennbarer Weise und giebt die Art und Weise seiner Gewinnung an. Zu Anfange des 13. Jahrhunderts finden wir Alaunwerke in Kleinasien (Smyrna), in Italien, namentlich im Neapolitanischen, auf der Insel Sizilien und im 15. Jahrhunderte zu Tolfa im Kirchenstaate erwähnt. Die Kunst der Alaundarstellung war aber aus dem Orient hierher verpflanzt worden. Daß sich in Deutschland manche Gegenden zur Alaunsiederei eigneten, weil das Salz in gewissen Grubenwässern enthalten sei, darauf macht schon Basilius Valentinus (in der zweiten Hälfte des 15. Jahrhunderts) aufmerksam, und kurze Zeit später erfahren wir, daß an verschiedenen Orten, im Lüneburgschen, bei Plauen in Sachsen u. s. w., Alaun erzeugt worden ist.

Die hauptsächlichste Verwendung fand der Alaun damals wie heute noch in der Färberei, daneben aber spielte er auch in der Heilmittellehre eine große Rolle. Der Kalialaun kommt in der Natur an manchen Orten, namentlich in vulkanischen Gegenden, wie in der Auvergne, in Sizilien u. s. w., fertig gebildet vor.

Die Errichtung der ältesten Alaunwerke von Civita Vecchia soll dadurch veranlaßt worden sein, daß ein gewisser Johann de Castro, welcher einen Handel mit Farben und Zeugstoffen nach Kleinasien trieb, in der Gegend von Tolfa eine Pflanze (Ilex aquifolium) sehr häufig wachsend antraf, die auch in den Alaungegenden Kleinasiens sehr gewöhnlich war. Daraus schloß er, daß sie in Italien dieselben Bodenbestandtheile zu ihrer Ernährung finden möchte wie dort, und daß sich aus dem angegebenen Grunde die Anlage von Alaunsiedereien in Italien lohnen würde. Der Erfolg bestätigte seine Vermuthung, und der Bedarf des vielgebrauchten Salzes, welches früher allein von den Mauren und Türken bezogen worden war, konnte durch die inländische Produktion vollständig gedeckt werden. Papst Pius II. suchte die Darstellung des Alauns zu monopolisiren, indem er durch allerhand Einschränkungen den Bezug von auswärts erschwerte.

Die **Darstellung des Alauns** geschieht auf die zweckmäßigste und beinahe ausschließlich angewandte Weise derart, daß man solche Gesteine, in denen sich entweder der Alaun bereits fertig gebildet vorfindet, oder aus denen er entstehen kann durch Verwitterung und indem man vielleicht einen oder den anderen fehlenden Bestandtheil zusetzt, im Freien zuerst der Einwirkung der atmosphärischen Einflüsse aussetzt, sie sodann auslaugt und aus der Lösung die Salze durch Auskrystallisiren gewinnt.

Die Gesteine, welche dazu sich besonders eignen, sind die schon genannten Alaunschiefer, bituminöse Schiefer von schmuzig dunkler, zuweilen sogar schwarzer Farbe, die sich durch einen Gehalt an Schwefelkies auszeichnen, und der Alaunstein oder Alumit, ein Mineral, welches aus etwa 30 Prozent Thonerde, 10 Prozent Kali, 35 Prozent Schwefelsäure und Wasser besteht, demnach bis auf übrig bleibende Thonerde sich unter günstigen Verhältnissen vollständig in Alaun verwandeln kann. Alaunerze im großen Ganzen nennt man alle die natürlich vorkommenden Mineralien, welche Thonerde und Schwefelkies enthalten und bei ihrer Verwitterung den wichtigsten Bestandtheil des Alauns, schwefelsaure Thonerde, bilden. Um das Doppelsalz darzustellen, wird bei ihnen schwefelsaures Kali zugesetzt werden müssen.

Bei manchen Alaunsteinen, z. B. bei denen von Tolfa, welche sowol Kali und Thonerde als auch Schwefelsäure enthalten und die dann in der Regel als eine Verbindung von Alaun mit wasserhaltiger Thonerde anzusehen sind, genügt es schon, der Thonerde durch Erhitzen das Wasser zu entziehen. Dadurch verliert dieselbe ihre bindende Kraft auf den Alaun, sie bleibt unlöslich, während sich der letztere durch Wasser ausziehen läßt.

Das Erhitzen geschieht entweder in Haufen oder in Oefen, ähnlich denen, die man zum Kalkbrennen anwendet. Das Auslaugen mit Wasser, Abdampfen, Krystallisirenlassen und Reinigen der Lösung geschieht auf ganz analoge Weise wie bei der Potasche, und wie wir bei der Soda noch ausführlicher betrachten werden.

Komplizirter ist dagegen die Darstellung des Alauns aus den Alaunerzen, zu denen auch der Alaunschiefer und die Alaunerde zu rechnen sind. Der Hauptmasse nach bestehen diese Gesteine aus kieselsaurer Thonerde mit beigemengtem Schwefelkies. Der letztere soll sich durch Sauerstoffaufnahme aus der Luft in Schwefelsäure verwandeln und in dieser Form an die Thonerde binden. Es geschieht dies bei lockern, porösen Gesteinen, in denen die einzelnen Schwefelkiespartikelchen für die Einwirkung der Luft frei daliegen, schon bei gewöhnlicher Temperatur; dichtere Erze müssen dagegen durch Erhitzen, beziehentlich Glühen, vorher mürbe gemacht, geröstet werden. Man schichtet die Steine auf einen dichten, undurchlässigen Thonboden in Haufen zusammen, in denen ihre bituminösen Bestandtheile verbrennen und durch die dabei entstehende Erhitzung die Schwefelmetalle oxydiren sollen.

Fig. 237. Alaunfeld mit Röstofen.

Die Entzündung geschieht entweder durch beim Aufsetzen besonders angelegte Feuerkanäle, in denen bei Beginn des Röstprozesses ein Feuer angemacht wird, oder dadurch, daß man über und um ein brennendes Kohlenfeuer zuerst größere Schieferstücke schichtet, und sowie diese in Brand gerathen sind, den Aufbau des Haufens weiter und weiter fortführt, so daß sich derselbe wie ein Kohlenmeiler selbst in Brand erhält.

Formen und Dimensionen der Rösthaufen sind sehr verschieden. In den großartigen Alaunwerken von Hurlet und Campsie bei Glasgow umfassen die Rösthaufen zweier Fabriken allein einen Raum von ungefähr 20 Morgen und enthalten bei einer Länge von 40—60 Meter, einer Breite von 7 Meter und einer Höhe von 5 Meter bis zu 26,000 Tonnen Erz. Die Behandlung der Haufen in Bezug auf Regulirung der Hitze bedient sich ganz derselben Mittel, welche bei der Verkohlung in Meilern angewendet werden.

Die Erfahrung hat festgestellt, wann auf den Haufen nicht mehr aufgebaut werden darf; es wird derselbe dann mit einer Decke ausgelaugten Erzes umgeben, bemantelt, und der Abkühlung überlassen. Im Allgemeinen gebraucht ein Haufen von den angegebenen Größenverhältnissen, um vollständig durchgeröstet zu werden, eine Zeit von 5—12 Monaten. Die Auslaugung geschieht in gemauerten Cisternen, in welche ein falscher Boden von Latten eingelegt ist. Auf diesen werden die gerösteten Erze etwa 50 Centimeter hoch aufgeschichtet und mehrmals mit immer schwächerer Lauge von früheren Waschungen behandelt, bis endlich die letzte Erschöpfung mit reinem Wasser erfolgt. Hat man dadurch schließlich eine siedewürdige Lauge erhalten, so schreitet man, nachdem dieselbe durch Absetzen sich hinlänglich geklärt hat, zur Eindampfung, die in eisernen Pfannen oder auch in Flammenöfen (s. Fig. 238) geschehen kann. In die Verdampfpfannen dd kommt die Lauge, über deren Oberfläche a die Flamme vom Rost r ausgehend wegschlägt und durch den Schornstein e entweicht. Die Lauge wird aus den Gefäßen hh mittels der Hähne i in die Pfanne gelassen; die verschließbaren Oeffnungen mm dienen zum Reinigen der Pfannen, nn zur Beobachtung des Prozesses. Durch das Rohr f leitet man die Lauge aus der höheren Pfanne in die tiefere und durch op läßt man die konzentrirte Lauge ab.

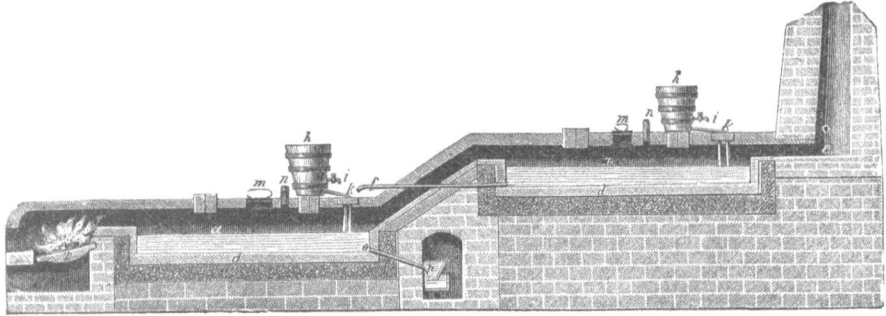

Fig. 238. Abdampfofen für Alaunlösung.

Außer einer, in der Regel aber verhältnißmäßig geringen Menge fertig gebildeten Alauns enthält die Rohlauge schwefelsaure Thonerde und schwefelsaures Eisenoxydul als vorwiegende Bestandtheile, daneben aber schwefelsaure Salze von Natron, Kali, Magnesia, Mangan, ferner Chlorkalium, Kochsalz, Chloraluminium u. s. w. Das schwefelsaure Eisenoxydul wird bei dem Eindampfen durch Sauerstoffaufnahme aus der Luft in eine unlösliche rothe Verbindung umgewandelt, die sich als sogenannter Vitriolschmand ausscheidet. Wo neben der Darstellung von Alaun auch die Gewinnung von Eisenvitriol beabsichtigt wird, vermeidet man dies durch Hineinwerfen von metallischen Eisenstücken in die Lauge.

Ist der entsprechende Konzentrationsgrad erreicht, so setzt man (je nachdem es sich um die Darstellung von Kalialaun oder von Ammoniakalaun handelt) so viel schwefelsaures Kali oder schwefelsaures Ammoniak zu, als nothwendig ist, um die schwefelsaure Thonerde zu binden. Ein Theil der begleitenden Salze hat sich als weniger löslich bereits während des Abdampfens ausgeschieden und ist entfernt worden; ein Rest dagegen setzt sich noch in den Schüttelkästen ab, in welche die Lauge geleitet und wo der Zusatz des Alkali vorgenommen wird. Sobald die heißen Flüssigkeiten zusammenkommen, beginnt die Bildung und Abscheidung von Alaunkrystallen, weil dies neue Salz weniger löslich ist als jedes der beiden ersten für sich.

In den Schüttelkästen sorgt man nun dafür, daß die Mischung fortwährend durch Umrühren oder Schütteln gestört wird, um die Ausbildung großer Alaunkrystalle, welche viel von der unreinen Mutterlauge einschließen würden, zu verhindern. Man gewinnt also lauter kleine Krystallchen, sogenanntes Alaunmehl, und dies ist für die Reinigung des Salzes von anhängender Eisenlösung durch Waschen von Belang; denn eisenhaltiger Alaun ist für die meisten Zwecke, namentlich in der Färberei und Zeugdruckerei, untauglich

Natronalaun wird daher auch gar nicht fabrizirt, denn er ist zu löslich, giebt daher auch kein Mehl, sondern beim fortgesetzten Eindampfen gleich Krusten, so daß die Gelegenheit zum Waschen verloren geht. Dagegen ist es ganz gleichgiltig, ob ein Alaun Kali oder Ammoniak enthält, und nicht selten kommen beide zugleich vor, wenn z. B. neben kalihaltigen Rohstoffen Ammoniakwasser aus Gasfabriken oder gefaulter Urin verarbeitet wird. Das Alaunmehl wird hierauf durch mehrmaliges Uebergießen mit kaltem Wasser von der anhängenden Mutterlauge befreit, in einer Pfanne durch hineingeleitete Wasserdämpfe zur Auflösung gebracht und die konzentrirte Lösung der Ruhe überlassen. Es bilden sich aber auch hier noch keine großen, durchsichtigen Krystalle, vielmehr setzt sich das Salz als eine dichte weiße Masse an den Wänden ab, und man hat daher ein nochmaliges Auflösen, mit dem man wiederholte Waschungen verbindet, nöthig, um die im Handel beliebte Form zu gewinnen.

Fig. 239. Waschen des Alauns.

Bevorzugte Alaunsorten sind der römische und neuerdings der ihm gleichkommende Munkacs'sche. Sie werden aus sehr guten Alaunschiefern dargestellt und sind fast absolut eisenfrei.

Von den mannichfachen Verwendungen des Alauns werden die hauptsächlichsten als Beizmittel in der Färberei und Zeugdruckerei, zum Leimen des Papiers, zum Weißgerben, zur Bereitung von Lackfarben u. s. w. in den betreffenden Abschnitten näher dargelegt sein. Es ergiebt sich da, daß in den meisten Fällen nur die Thonerde des Salzes der wirkende Bestandtheil ist; dies hat denn in neuerer Zeit darauf geführt, statt des Doppelsalzes Alaun blos die schwefelsaure Thonerde anzuwenden, und zwar mit Vortheil, da für gleichen Kaufpreis im letzteren Präparat etwa $1/4$ Thonerde mehr erhalten wird als im Alaun. Die Thonerde wird am reinsten in Fabriken erhalten, welche

Fig. 240. Alaunkrystallgruppe.

Kryolith verarbeiten (s. bei der Sodafabrikation); man trägt sie in heiße Schwefelsäure, filtrirt und dampft zur Sättigung ein, bis die Masse dickflüssig wird und eine herausgenommene Probe rasch erstarrt. Man gießt sie in bleierne Kästen und erhält so durchscheinende weiße Tafeln, welche die Kaufwaare bilden.

Die Soda. Von der Natur fertig gebildete Soda kommt in einzelnen Erdgegenden in ziemlich großen Mengen vor, in den sogenannten Natronseen, welche dieselbe — freilich mit anderen Salzen, namentlich Koch= und Glaubersalz, verunreinigt — aufgelöst enthalten, so daß das Salz, wenn diese Lachen durch die Sonnenhitze ausgetrocknet sind, in Krystallen oder Krusten zurückbleibt und gesammelt werden kann. Auch gräbt man wol das damit durchzogene Erdreich ab, laugt es aus und läßt die Lösung abdunsten. Solche Oertlichkeiten finden sich in Aegypten und anderwärts in Nordafrika, ferner in Südamerika, Mexiko, Ungarn u. s. w. Eine allgemeinere und früher die hauptsächlichste Gewinnung der Soda geschieht indeß durch Einäscherung gewisser Meerpflanzen, sowol solcher, die im Wasser selbst wachsen (Tange), als solcher, die am Strande ihren Standort haben. Man wird daraus schon schließen können, daß das kohlensaure Natron ein in chemischer Beziehung dem kohlensauren Kali analoges Salz ist. Es ähnelt demselben nicht nur in Farbe, Löslichkeit, im Verhalten anderen Salzen, Säuren und Basen gegenüber, sondern es zeigt auch seine alkalische Basis, das Aetznatron, welches durch Kochen von Sodalösung mit Aetzkalk erhalten wird, mit dem Aetzkali die größte Uebereinstimmung.

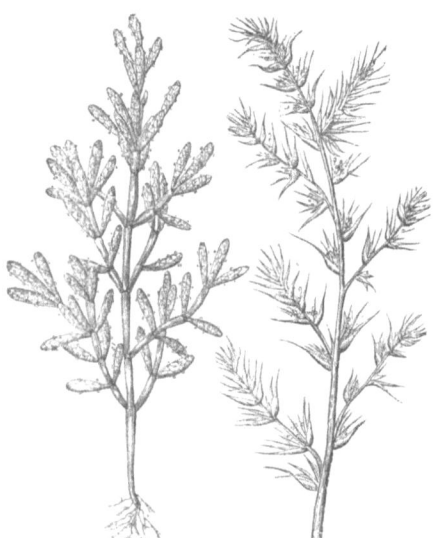

Fig. 241. Sodapflanze und Glasschmalz.

Die Urquelle der natürlichen Soda bildet sonach das Meer, und die darin wachsenden Pflanzen sind die Sammler, welche das Salz aus seiner großen Verdünnung im Meerwasser ausscheiden und in sich konzentriren. Freilich liefern sie die Soda nicht rein, sondern im Gemisch mit viel Kali, Kalksalzen u. s. w. Das sodareichste Produkt dieser Art wird an einigen Punkten der spanischen Küsten aus der den Botanikern als Salsola soda bekannten Pflanze gewonnen und im Handel Barilla genannt. Man säet zu diesem Zweck die Pflanze auf großen Feldern, welche vom Meere abgedämmt sind, aber durch Schleußen zeitweilig unter Wasser gesetzt werden. Die gereiften Pflanzen werden abgemäht, getrocknet, die Samen ausgerieben und dann die Pflanzen in Erdgruben verbrannt. Der Rückstand an Aschen und Salzen bildet halbverschlackte, harte Klumpen, die, so wie sie sind, in den Handel kommen. In ganz ähnlicher Weise benutzt man an anderen Orten andere wild wachsende Pflanzen. In Südfrankreich, namentlich bei Narbonne, gewinnt man aus Glasschmalz (Salicornia annua) das Salicor, eine Waare mit etwa 15 Prozent Sodagehalt, in anderen Gegenden aus verschiedenen Pflanzen die Blanquette, mit mehr Kochsalz= als Sodagehalt, besonders zur Seifenfabrikation gern gebraucht wegen der hohen Preise des Kochsalzes in Frankreich. In der Normandie heißen die Aschen, welche durch Verbrennung getrockneter Seetange gewonnen werden, Varce, und in Schottland, Irland, den Orkney=Inseln u. s. w. Kelp. Die Seetang=Einsammlung hatte auf der Insel Jersey z. B. eine Wichtigkeit, wie am Rhein oder in anderen Gegenden die Ernte des Weins.

Alle diese Meerstrandindustrien sind aber in der Gegenwart zur Unbedeutendheit herabgesunken, und was davon noch übrig geblieben, bezieht sich hauptsächlich auf die Gewinnung von Jod. Der allergrößte Theil der Soda, welche in der chemischen Industrie so massenhaft Verwendung findet, ist künstliche, aus Kochsalz dargestellte. Es stammt diese Fabrikation aus Frankreich und ist, wie so mancher andere Fortschritt, ein Erzeugniß der Noth gewesen. Als zur Zeit der Revolution die Einfuhr fremder Soda nach Frankreich gesperrt war und die alten Sodafabriken zur Deckung des inneren Bedarfs völlig unzureichend waren, entstand unter Fabrikanten und Chemikern ein lebhafter Wetteifer in Erfindung von Methoden, um die Soda durch Umwandlung des Kochsalzes zu gewinnen. Das Verfahren des Chemikers Leblanc, der dasselbe in einer neu errichteten Fabrik praktisch und im Großen bethätigt hatte, wurde als das beste befunden und hat auch heute noch durch nichts Vortheilhafteres ersetzt werden können, obschon selten ein Jahr vergeht, wo nicht Vorschläge zu anderen Verfahrungsweisen auftauchen.

Die **Leblanc'sche Methode** erreicht ihr Ziel in zwei Schritten. Betrachten wir das Rohmaterial, Kochsalz, der Kürze halber als salzsaures Natron, so ist, um daraus Soda zu machen, nichts erforderlich, als an Stelle der Salzsäure Kohlensäure zu setzen. Die Kohlensäure aber ist zu schwach, um die Salzsäure aus ihrer Stelle zu vertreiben; die Schwefelsäure thut dies leicht und man verwandelt deswegen zuerst das Kochsalz in schwefelsaures Natron, das bekannte Glaubersalz. Durch einen weitern chemischen Prozeß wird dieses letztere Produkt wieder zerlegt, die Schwefelsäure zersetzt und so vom Natron getrennt und durch Kohlensäure ersetzt. Hierzu kommt als dritter Theil der Fabrikation noch das Auslaugen, Krystallisiren und Kalziniren der so gewonnenen rohen Soda.

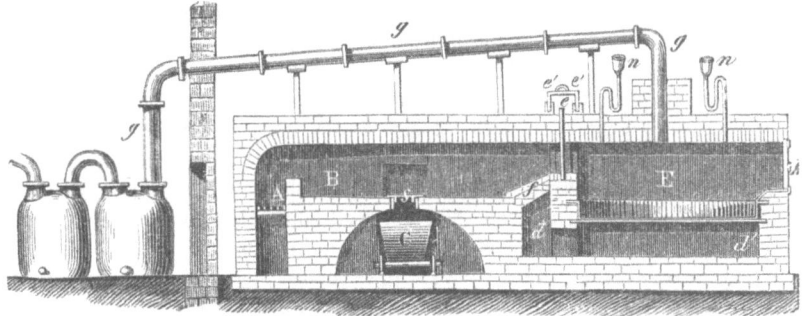

Fig. 242. Ofen zur Umwandlung des Kochsalzes in Glaubersalz.

Die Zersetzung des Kochsalzes durch Schwefelsäure und die Bildung von Glaubersalz und Salzsäure erfolgt unter Anwendung von Wärme sehr willig, und der Prozeß wäre ein sehr einfacher, wenn nicht die Salzsäure beseitigt werden müßte. Denn obwol sie auch ein nutzbarer Artikel ist, so fällt doch in den Fabriken so ungeheuer viel davon ab, und sie ist daher so wohlfeil, daß der Fabrikant in vielen Fällen auf ihre Bereitung verzichten möchte. Ihrer Giftigkeit wegen darf man sie nicht in die Luft entweichen lassen. Die ersten Vorrichtungen, die Salzsäure abzufangen, bestanden darin, daß man in den Schloten eine Füllung von Koaksklein, zerkleinerten Ziegeln oder dergleichen anbrachte, durch welche fortwährend Wasser herabtröpfelte. Die so gewonnene flüssige Säure ist aber zu wasserreich, als daß sie zu technischen Zwecken viel taugen könnte; man ist daher, wo man diese verdünnte Säure nicht ins Freie laufen lassen darf, oft gezwungen, eine konzentrirte Säure zu bereiten, die man dann zu verkaufen oder selbst so gut als möglich zu verwenden sucht. Deswegen ist mit der Sodafabrikation gewöhnlich die Erzeugung von Chlorkalk, Zinkchlorid oder doppeltkohlensaurem Natron u. s. w. verbunden.

Die zweckmäßigste Kondensationsmethode für die Salzsäure ist diejenige, wobei die Dämpfe derselben durch eine große Anzahl Wasser enthaltender Verdichtungsballons geführt und so fast ganz in dem Wasser zurückgehalten werden. Der Träufelapparat mit Koaks fällt dabei nach Umständen entweder ganz weg oder man bringt ihn ans Ende der Verdichtungsreihe in dem des Zuges wegen dastehenden hohen Schlot noch an, nur um die geringen Mengen sauren Gases noch unschädlich zu machen, die auf dem Wege durch die Ballons nicht verdichtet worden sind. Uebrigens sind entschlüpfte salzsaure Dämpfe in den Fabriken trotzdem, und namentlich in der Nähe der Zersetzungsöfen, oft häufig genug, um den Besucher zu Husten und Thränen zu reizen.

Zur Zersetzung des Kochsalzes dienen Flammenöfen von der Einrichtung, die unser Bild Fig. 242 versinnlicht, und zwar steht ein solcher Ofen entweder gesondert oder er ist mit dem für die folgende Operation nöthigen Schmelzofen in Eins verbunden.

Wir sehen, daß der Ofen zwei innere Räume hat: der Raum B mit der Feuerung A stellt einen gewöhnlichen Flammenofen vor; an denselben schließt sich eine zweite Abtheilung E, welche mit beheizt werden muß, daher die Züge niederwärts bei d d' und unter der eisernen, mit Blei gefütterten Versetzungspfanne hinlaufen, welche die Abtheilung E einnimmt. In die Scheidewand, welche beide Abtheilungen trennt, ist eine Schieberthür eingesetzt, die nur für einen gewissen Moment des Betriebes geöffnet wird. Die Abtheilung B ist im Inneren mit einer Lage sehr hart gebrannter feuer- und säurefester Steine ausgekleidet. Die Oefen sind in der Regel 4—5 Meter lang und $1\frac{1}{2}$—2 Meter weit. Der Gang der Arbeit ist nun der, daß das Salz durch die Eintragthür h in die Pfanne E gebracht wird und hier die erste, sodann im Ofen B am offenen Feuer noch eine weitere Bearbeitung erhält. Ist die Pfanne mit einer Ladung von mehreren Centnern Salz beschickt und die Eintragthür dicht geschlossen, so läßt man von oben durch bleierne Trichter das bestimmte Quantum Schwefelsäure hinzulaufen. Die Zersetzung beginnt, durch die Hitze von unten unterstützt, sofort, und die reichlich auftretenden Dämpfe von Salzsäure entweichen, da sie keinen anderen Ausweg finden, durch die steingutene Röhrenleitung g und gelangen auf diesem Wege in eine Reihe oder Doppelreihe von ebenfalls steingutenen Verdichtungsballons, deren jeder bei $\frac{1}{2}$—$\frac{2}{3}$ Füllung 100—150 Kg. Wasser enthält. Die Zahl dieser Ballons kann 30, 40 und mehr betragen. Die Säure, die aus diesem Theile des Apparates gewonnen wird, ist die reinste, weil sie mit den Gasen des Ofenfeuers außer Berührung geblieben. Anders gestalten sich die Sachen in dem Ofenraum B. In der Pfanne E nämlich wurde die Masse Anfangs flüssig, da etwa gleiche Gewichtstheile Salz und Säure eingetragen wurden. Mit der Zeit wird die Masse aber durch das Entweichen von Wasser- und Säuredämpfen dick und klümprig, und dann ist es Zeit, ihr eine verstärkte Hitze angedeihen zu lassen. Die seitlichen Arbeitsthüren und die Schieberthür der Mittelwand werden nun geöffnet und die Salzmasse wird von E nach B hinübergekrückt. Hier erfährt sie, während in E eine neue Beschickung in Arbeit genommen ist, die unmittelbare Einwirkung des Feuers, die Zersetzung vollendet sich und es wird noch eine ziemliche Menge Salzsäure ausgetrieben, bis endlich die Masse sich zusammenballt und zu einem harten, festen Körper austrocknet. Dies ist jetzt das (kalzinirte) **Glaubersalz** oder wasserfreie schwefelsaure Natron. Man öffnet einen Deckel in der Herdsohle und krückt das Salz unmittelbar in einen untergeschobenen eisernen Karren, der es seinem weitern Schicksal zuführt. Die Salzsäuredämpfe aber, welche aus dem Flammenofen fortgeführt wurden, gehen ebenfalls durch eine Reihe tiefer stehender, im Bilde nicht angedeuteter Verdichtungsgefäße; die Verdichtung erfolgt hier schwieriger, weil sie durch die begleitenden Verbrennungsgase behindert ist. Schließlich geht alles Dampfförmige, was aus der oberen und unteren Verdichtungsreihe übrig geblieben, in den hohen Schornstein, der durch kräftigen Zug die Dinge im Gange erhält.

Die gewonnene Glaubersalzmasse wird, nachdem sie ausgekühlt ist, sogleich in weitere Behandlung genommen: man pulverisirt und mengt sie mit etwa dem gleichen Gewicht kohlensauren Kalkes, d. h. Kreide oder eines ähnlichen Minerals, und der Hälfte ihres Gewichts Stein- oder Holzkohlenklein innig zusammen und bringt dies Gemisch in den Glühofen. Der Glühofen ist ein schlichter Flammenofen von möglichster Länge, damit die durchziehende Flamme auswirken kann; die Länge beträgt gewöhnlich 6—7 Meter bei 2 bis 3 Meter Breite. Das Innere des Ofens ist durch Fallthüren in seiner Decke zugänglich, durch welche die Masse eingestürzt wird, und ebenso durch mehrere Seitenthüren, von wo aus die Arbeiter mit schweren eisernen Krücken die Masse bereiten und während der Schmelzarbeit fleißig durchrühren müssen. Ist ein solcher Ofen zu Anfang seines Betriebes einmal in Glut gesetzt, so folgen sich auch die Beschickungen Tag und Nacht so lange als möglich, d. h. bis der Ofen schadhaft wird und Reparaturen bedarf. Wie viel aber ein Ofen auf eine Portion verschlucken muß und wie viel Zeit er zur Verdauung braucht, hängt von seiner Größe sowie vom zugesetzten Material, ob Kreide oder Kalkstein, ab. Ein Ofen von den bezeichneten Dimensionen gehört zu den größeren und kann 15—18 Centner auf einmal fassen, die etwa eine vierstündige Bearbeitung erfordern. Andere Fabriken dagegen arbeiten mit viel kleineren Oefen, die etwa 3 Centner auf einmal fassen und allstündlich neu beschickt werden können. Die Beschickungsmasse wird zunächst in der hintern Partie des Ofens, die vom Feuer am weitesten entfernt ist, eingeschüttet und hier vorgehitzt, während eine frühere Partie im vordern Raume ihre Bearbeitung erfährt; ist dieser Ort geräumt, so wird jene Masse vorgezogen und hinten neues Material aufgeschüttet. Die Wirkung des Feuers auf die Masse ist zunächst die, daß die letztere oberflächlich in Fluß geräth; ist dies der Fall, so wird mit Schaufeln gewendet, dann der Ofen geschlossen und die Hitze höher getrieben, bis das Ganze zu einer teigartigen Masse zusammenschmilzt und Blasen zu werfen beginnt, welche beim Zerplatzen mit blauen Flämmchen verbrennen; das Verbrennende ist Kohlenoxydgas. Gleichzeitig beginnt das Rühren und Durcharbeiten, um die chemischen Vorgänge zu befördern. Allmählich werden die blauen Lichter, die anfänglich in großer Menge und Lebhaftigkeit erscheinen, seltener und schwächer, und man schließt den Prozeß ab, noch ehe sie ganz verschwinden, weil dies von Vortheil für die Ausbeute ist. Die immer noch teigige Masse wird aus dem Ofen in untergesetzte eiserne Kästen gekrückt, wo sie bald zu dem schwarzen steinigen Körper erhärtet, der die Schmelze heißt.

In England sind seit mehreren Jahren schon neue Sodaöfen, die rotirenden Cylinderöfen, in Anwendung gekommen, wie wir ähnlich sie schon im Eisenhüttenprozeß kennen gelernt haben. Sie haben sich so gut bewährt, daß dort wol keine neu entstehende Fabrik die alten Handöfen errichten wird, und die ganz allgemeine Einführung der Cylinderöfen dort nur noch eine Frage der Zeit ist. In der Anlage sind diese Oefen allerdings viel kostspieliger (circa 40,000 Mark), sie bieten indessen große Vortheile: man braucht circa 25 Prozent weniger Feuerung, als bei einer entsprechenden Anzahl Handöfen, das Produkt ist entschieden besser (hochgrädiger) als das aus den alten Oefen, und endlich wird der Fabrikant von den immer höher steigenden Ansprüchen der Sodaschmelzer und ihrer Geschicklichkeit emanzipirt, indem die Bearbeitung der schmelzenden Masse mit den Krücken wegfällt. Während in einem Handofen in England pro Tag 24—27 Chargen zu je

Fig. 243. Sodabrennofen.

3 Centner Sulphat gemacht, im Ganzen also 72—81 Centner Sulphat verarbeitet werden können, verschluckt ein Cylinderofen kleinster Art 300 Centner Sulphat täglich. Diese Oefen eignen sich daher nur für sehr große Fabrikanlagen; wo man nicht mindestens täglich 600 Centner Sulphat in Soda verwandelt, kann man nur einen einzigen solchen Ofen anlegen und bei Reparaturen desselben muß die ganze Fabrik stillstehen; auch ist die spezielle Aufsicht für mehrere Oefen nicht kostspieliger als für einen einzigen. Fabriken obigen Umfangs (einer Jahresproduktion von 120,000 Centnern kalzinirter Soda entsprechend) dürften freilich in Deutschland nur höchst wenige existiren, selbst ein einziger rotirender Ofen würde schon für die große Mehrzahl unserer Fabriken zu viel sein; in England sind in einer Fabrik schon zehn solcher Oefen in Betrieb gesetzt worden, welche 807,000 Centner kalzinirte Soda pro Jahr produziren, während die gesammte deutsche Sodaproduktion sich nur auf 724,539 Centner kalzinirte und 128,776 Centner krystallisirte Soda (im Jahre 1872) belief. —

Jeder einzelne Cylinderofen erfordert eine Dampfmaschine, selbst wo mehrere derselben vorhanden sind, weil man die Umdrehungsgeschwindigkeit und Manipulation des Cylinders beim Füllen und Entleeren nur auf diese Weise völlig beherrschen kann. Dagegen kann eine größere Maschine die Quetschwalzen für das Sulphat und den Elevator für sämmtliche Oefen betreiben. Eine Eisenbahn läuft über alle Oefen in solcher Höhe hin, daß ein Einfülltrichter, in welchen man den Inhalt der Wagen stürzt, noch immer hoch genug über den Cylindern bleibt, um ihre Rotation nicht zu hindern. Eine kleinere Eisenbahn ist quer unter den Ofen gelegt, auf welcher die fertige Schmelze aufnehmenden Wagen laufen. Man füllt immer erst die Kreide oder den Kalkstein mit ⅔ der Kohle in großen Stücken ein; die große Hitze, welcher die Blöcke plötzlich ausgesetzt werden, bringt in wenigen Minuten die immer in ihnen enthaltene Feuchtigkeit zum explosionsartigen Verdampfen und zertheilt den Kalkstein in viel billigerer Weise, als es durch Mahlen geschehen würde. Man läßt nun den Kalkstein mit der Kohle so lange rotiren, bis sich ein Theil desselben in Aetzkalk verwandelt hat und die genaue Beobachtung des Zeitpunktes, wenn man mit dieser Operation aufhören soll, ist die Hauptsache für den Arbeiter, der vor einem Schauloche in der hinteren Stirnwand des Cylinders sitzt und den Hebel der Dampfmaschine vor sich hat; in der Regel dauert diese vorbereitende Arbeit eine Stunde. Erst dann wird das Sulphat mit dem Rest der Kohle zugesetzt und die eigentliche Schmelzung vollendet. Die ganze Operation dauert ungefähr 2½ Stunden. Durch die Bildung von Aetzkalk bezweckt man eine Auflockerung der Schmelzkuchen beim Auslaugen, indem sich der Kalk löscht. —

Chemische Vorgänge. Fragen wir nun, welche Veränderung die große chemische Künstlerin, die Hitze, in dem Gemisch von Glaubersalz, Kalk und Kohle zu Wege gebracht, so ist die Antwort nicht so einfach, denn die Vorgänge erscheinen verwickelt und trotz vielfacher Versuche auch noch nicht völlig aufgeklärt. Wenn schwefelsaures Natron und kohlensaurer Kalk ihre Bestandtheile austauschen, so entsteht neben schwefelsaurem Kalk (Gips) das gewünschte kohlensaure Natron, und in der That soll ein Theil des Salzes auf diesem direkten Wege entstehen. Ein anderer und größerer Theil aber bildet sich folgendermaßen: die Kohle wird in der Glühhitze so sauerstoffbegierig, daß das Glaubersalz, eine Verbindung von Natrium mit Sauerstoff und Schwefel mit Sauerstoff, seinen ganzen Gehalt an Sauerstoff verliert und dadurch zu Schwefelnatrium (Natronschwefelleber) reduzirt wird. Dieses tritt sofort in Wechselwirkung mit dem Kalk; der Kalk (Calcium und Sauerstoff) muß seinen Gehalt an Kohlensäure und Sauerstoff dem Natrium abtreten, das hierdurch zu kohlensaurem Natron sich vervollständigt; das isolirte Calcium findet aber einen neuen Partner an dem gleichfalls übrig gebliebenen Schwefel und beide bilden Schwefelcalcium (Kalkschwefelleber), was in die Abgänge geht und beim nachfolgenden Auslaugen auf dem Filter bleibt. Da das einfache Schwefelcalcium nicht so unlöslich im Wasser ist, daß man durch Auslaugen der Schmelze eine reine Sodalösung erwarten dürfte, so nimmt man von vornherein etwas mehr Kalk, als nach der Berechnung nothwendig wäre, und bewirkt dadurch das Entstehen einer Doppelverbindung von Schwefelcalcium mit Kalk, welche im kalten und selbst im warmen Wasser unlöslich ist.

Die rohe Soda oder erkaltete Schmelze bildet eine kompakte, schlackige Masse, die für die fernere Bearbeitung zerschlagen werden muß. Sie ist von unverbrannt gebliebener Kohle schwarz oder grau und erhält, je nach dem Reinheitszustande der Rohstoffe, nach dem Mischungsverhältniß und der Dauer der Schmelzarbeit, sehr verschiedene Dinge in verschiedenen Mengen. Die Behandlung im Ofen kann sowol unzulänglich sein, als über das Ziel hinausgetrieben werden, daher der Schmelzer ein erfahrener und umsichtiger Mann sein muß. Der Natrongehalt (theils kohlensauer, theils ätzend) beträgt gewöhnlich einige 30 Prozent des Ganzen, die Kalkschwefelleber etwa eben so viel; daneben kommen vor in kleineren Mengen Koch- und Glaubersalz, Aetzkalk, Schwefeleisen, unlösliche erdige Salze u. s. w. Trotz dieser Unreinheit kann die rohe Masse schon zu einigen technischen Zwecken verwendet werden, zur Seifenfabrikation, zum Bleichen, zur Erzeugung ordinären Glases u. s. w. Sie scheint aber jetzt kaum noch ein Gegenstand des Handels zu sein, da sich das Publikum entschieden den reineren Produkten zugewendet hat; alle große Fabriken liefern gereinigte, kalzinirte und krystallisirte Soda.

Durch Auslaugen der Rohmasse in warmem Wasser werden also die löslichen und brauchbaren Theile von den unlöslichen Verunreinigungen getrennt. Die Verfahrungsweisen dabei sind verschieden. Man kann die Masse grob zerstückt in die Wasserkästen werfen und läßt sie darin, durch Umrühren unterstützt, zerfallen, bis man schließlich das

Klare ab- und — so lange es nöthig — in einen anderen Kasten auf frische Masse pumpt. Bisweilen läßt man die Rohmasse vor dem Auslaugen noch einige Zeit an der Luft liegen, damit das ätzende Natron Kohlensäure aufnehme, wodurch die harten Stücke zerfallen.

Das Auslaugen soll möglichst erschöpfend und doch mit möglichst wenig Wasser erfolgen, weshalb man die Lauge durch mehrere Filtrirkästen der Reihe nach passiren läßt, so daß sie aus jedem Etwas aufnimmt und schließlich vom letzten so stark abläuft, daß sie zum Abdampfen reif ist. Am besten dient folgende Einrichtung: Auf einer stufenförmigen Unterlage (s. Fig. 244) steht eine Reihe großer eiserner Behälter, die mit warmem Wasser beschickt und durch Dampfrohre warm erhalten werden. Heberartige Verbindungsrohre leiten die Flüssigkeit abwärts aus einem Kasten in den anderen; sie sind so eingerichtet, daß sie die Lauge, die sie an der Oberfläche des einen Kastens entleeren, in der Nähe des Bodens vom nächsten, höherstehenden, entnehmen müssen. Kleinere Blechkästen, die siebartig durchlöchert sind und die gepulverte Schmelzmasse enthalten, sind der Reihe nach an Traghölzern in die Behälter eingehängt und reichen etwa bis auf deren halbe Tiefe hinunter. Denken wir uns nun die Auslaugung im Gange — und sie wird wenigstens acht Tage lang darin unausgesetzt erhalten — so werden wir in allen Behältern Lauge finden, und zwar im obersten die schwächste, weil alles neue Wasser nur hier zugeleitet wird. Von hier aus geht die Flüssigkeit allmählich durch alle Behälter, kommt mit sämmtlichen darin hängenden Sieben in Berührung und fließt aus dem letzten als gesättigte Lösung ab. Die Siebe machen ihrerseits ebenfalls einen Weg, aber dem der Lauge entgegengesetzt. Immer nach 4—5 Stunden werden dieselben nämlich umgehängt, so daß jedes um einen Kasten oder ein Fach weiter rückt. Damit wird unten, in der stärksten Lauge, ein Platz leer, und hierher kommt ein Sieb mit neuer Beschickung, aus welchem die schon ziemlich gesättigte Flüssigkeit immer noch Etwas aufzunehmen vermag. Dagegen wird das zu oberst überschüssig gewordene Sieb entfernt und sein jetzt völlig ausgelaugter Inhalt weggeworfen, wenn nicht nach neuerer Praxis noch der Schwefel (s. d.) daraus abgeschieden werden soll.

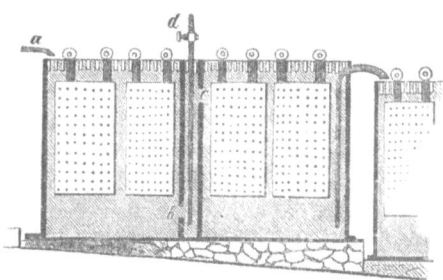

Fig. 244. Auslaugeapparat.

Die vom Auslaugeapparat kommende gesättigte Lauge wird nunmehr abgedampft. Nach älterer Art versiedet man sie zu diesem Zwecke genau so, wie in Salzwerken die Sole, in bleiernen oder eisernen Pfannen, die von unten geheizt werden; gegenwärtig jedoch hat die Verdampfung durch Oberfeuer den Vorzug. Die Laugenpfannen stehen in einem Flammenofen, der mit Koaks gespeist wird, da diese die reinlichste Flamme geben. Flamme und Feuergase sind durch den gedrückten Bau des Ofens genöthigt, dicht über die Oberfläche der Lauge hinzustreichen, was ein sehr lebhaftes Sieden und Verdampfen bewirkt. In manchen Fabriken ist der Schmelzofen mit den Verdampfungsapparaten so verbunden, daß für letztere kein besonderes Feuer nöthig ist, sondern die aus ersterem abziehende Hitze auch für den zweiten Zweck genügt. Die Abdampfung von oben gewährt große Bequemlichkeit für die gewöhnliche Pfannenheizung, denn da bei ihr der Boden der Pfanne kaum warm wird, so bildet sich daselbst auch nicht die harte Salzkruste, deren beständige Aufstörung bei der alten Methode so viel Arbeit machte; das Sodasalz scheidet sich vielmehr in einzelnen kleinen Krystallen ab, die sich ruhig zu Boden setzen und die man in der Pfanne belassen kann, bis sie ziemlich voll davon ist. Vom Beginn der Krystallisation bis zu einem gewissen Punkt derselben scheidet sich fast reines kohlensaures Natron aus, welches man als beste Waare vorwegnehmen kann und das den Namen gereinigte, wasserfreie Soda führt. Es bedarf dann keiner Unterbrechung mehr, sondern man kann nun mit dem Abdampfen bis fast zur Trockenheit fortfahren und das so erhaltene, mit den Unreinheiten der Lauge behaftete feuchte Salz weiter zu Gute machen.

Das aus den Abdampfpfannen gezogene Salz läßt man so weit als möglich abtropfen und befördert das Ausziehen der Mutterlauge schließlich durch Aufgießen von etwas kaltem Wasser. Vortheilhaft und auch schon vielfach in Anwendung ist das Herausschleudern der Mutterlauge auf der Centrifugaltrockenmaschine. Um die feuchte Salzmasse nicht allein zu trocknen, sondern auch das Krystallwasser auszutreiben, wird sie wieder mit Hitze, am gewöhnlichsten in einem Flammenofen, behandelt, was das Kalziniren heißt. Die Temperatur wird hierbei nicht so hoch gesteigert, daß die Soda schmilzt, vielmehr hält man die Hitze des schmelzenden Bleies für die beste. Während der Bearbeitung muß die Masse fortwährend gerührt und gewendet werden, und sie erscheint nach dieser Behandlung als ein ziemlich weißes Pulver, d. i. kalzinirte Soda. Die Masse hat durch das Kalziniren nicht nur ihr Wasser verloren, sondern ist auch in ihrem Gehalte verbessert worden. Durch den Einfluß der durchziehenden Luft, der Wasserdämpfe und der Kohlensäure, welche das Feuer aussendet, ist das in der Masse noch enthaltene Schwefelnatrium oxydirt und theils in schwefelsaures, theils in kohlensaures Natron, der Aetznatrongehalt gleichfalls in kohlensaures Natron verwandelt worden.

Die kalzinirte Soda in reinerem oder unreinerem Zustande (3—25 Prozent fremde Salze enthaltend) bildet die Hauptmasse der Fabrikation und des technischen Verbrauchs, für welchen sie gewöhnlich nur noch gemahlen und gesiebt wird.

Es wird aber auch nicht wenig krystallisirte Soda verbraucht. Diese wird dargestellt, indem man das kalzinirte Salz in möglichst wenig heißem Wasser wieder auflöst, die Lauge klärt und dann das Salz herauskrystallisiren läßt. Oder man umgeht auch wol das Kalziniren und läßt dafür die vom ersten Abdampfen gewonnene rohe Soda längere Zeit der Luft ausgesetzt liegen, um der anhängenden Mutterlauge Gelegenheit zu geben, sich mit Kohlensäure zu sättigen. Ist dieses Salz oder die kalzinirte Soda im heißen Wasser gelöst, so läßt man die Lösung einen Tag in Ruhe, damit die Unreinheiten sich absetzen, siedet sie dann in Kesseln noch weiter ein, zerstört die gelbliche Farbe durch Chlorkalk und läßt die Lauge in große, flache eiserne Krystallisirpfannen laufen. Die Pfannen werden vollauf gefüllt, so daß, wenn man eiserne Stäbe querüber legt, diese mit der Flüssigkeit in Berührung sind. Die Stäbe geben den Anhaltpunkt für die sich bildenden Krystalle, die öfter bis zu Fußlänge anwachsen. In 9—10 Tagen, je nach der Luftwärme, ist das Salz aus der Mutterlauge herausgewachsen, während die Unreinigkeiten in dieser zurückbleiben. Dies ist nun jene Soda, welche fast in jedem Kramladen zu haben ist. Die Hausfrauen und Wäscherinnen kaufen, wie es scheint, ganz allgemein nur dieses und nicht das kalzinirte Salz, vielleicht weil sie glauben, damit besser zu fahren. Aber obwol bei gleichem Gewicht das letztere ziemlich das Doppelte kostet, ist die größere Wohlfeilheit doch nur scheinbar, denn das krystallisirte Salz enthält, trotzdem es in harten, trockenen Krystallen erscheint, weit über die Hälfte (63 Prozent) Wasser, und so laufen, näher besehen, die Preise ganz auf Eins hinaus.

Für manche Zwecke, zumal für die Fabrikation guten weißen Glases, ist die gewöhnliche Soda noch nicht rein genug und muß raffinirt werden, was nur in einer Wiederholung der früheren Bearbeitung besteht. Bringt man gute krystallisirte Soda wieder ins Feuer und treibt ihr das Krystallisationswasser aus, so erhält man, wie sich denken läßt, beste kalzinirte; ebenso lassen sich aus dem oben erwähnten bevorzugten Produkt der gereinigten wasserfreien Soda die beiden gewöhnlichen Sorten besonders rein darstellen, indem man jenes entweder kalzinirt oder auflöst und wieder krystallisiren läßt.

Die Mutterlaugen, welche sowol bei dem Abdampfungs- als Krystallisationsprozeß übrig bleiben, enthalten neben den fremden Stoffen noch Natron genug, daß es sich verlohnt, sie weiter zu verarbeiten. Man mischt die Flüssigkeiten so weit mit Kohlenklein und Sägespänen, daß sich Klumpen daraus formen lassen, welche man durch Trocknen und Kalziniren noch auf eine geringe Sorte Soda verarbeitet.

In gleicher Weise, wie die Potasche durch Aetzkalk in Aetzkali, wird auch die Soda in Aetznatron umgewandelt und zur Bequemlichkeit für Seifensiedereien, Bleichereien u. s. w.

als besonderes Fabrikat in den Handel gebracht, sowol in Form stark konzentrirter Lauge, als zu einer festen weißen Masse eingedampft.

Ein neuerdings in Gebrauch genommenes, viel Bequemlichkeit bietendes Material zur Gewinnung reiner Soda und reinen Aetznatrons ist das Mineral **Kryolith**; dasselbe hat sich bis jetzt nur bei Jvitut an der Arsukbucht im südlichen Grönland gefunden; es wurde schon 1795 von **Schumacher** entdeckt und von **d'Andrada**, wegen seiner Aehnlichkeit mit Eis, Eisstein oder **Kryolith** genannt. Eine chemische Untersuchung von **Abildgaard** zeigte, daß aus diesem Minerale Flußsäure, Thonerde und ein Alkali, welches für Kali gehalten wurde, zu gewinnen sei. Klaproth wies jedoch nach, daß dieses Alkali Natron ist. Weitere Untersuchungen von **Vangelin, Berzelius** und **Deville** stellten die genaue quantitative Zusammensetzung dieses Minerales als eine Verbindung von Fluornatrium mit Aluminiumsesquifluorid unzweifelhaft fest. Fast ein halbes Jahrhundert verstrich jedoch, bevor die Wissenschaft zeigte, welche große Bedeutung der Kryolith für die Industrie habe; 1849 wies J. Thomsen in Kopenhagen nach, daß der Kryolith mit Leichtigkeit durch Kalk und Kalksalze sowol auf trockenem, als auch auf nassem Wege zersetzt werde, und auf dieser so spät erst gemachten Beobachtung beruht die ganze Kryolithindustrie. 1854 wurde die erste größere Sendung von 56 Tonnen nach Dänemark gebracht; seit dieser Zeit sind über 100,000 Tonnen (à 20 Centner) von Grönland ausgeführt worden. Von der jährlichen Ausfuhr erhält kontraktmäßig Amerika 6000 und Europa 4000 Tonnen. In Amerika wird der Kryolith erst seit 1865 verarbeitet; in Europa verwenden ihn vier Fabriken. Hierbei wird durch den Kalk sowol das Fluornatrium, als auch das Aluminiumsesquifluorid (Fluoraluminium) zersetzt; der Kalk, aus Calciummetall und Sauerstoff bestehend, giebt seinen Sauerstoff an das Natrium ab und bildet Natriumoxyd (Natron), während das Calcium sich mit dem Fluor verbindet. Ebenso nimmt ein anderer Theil des in dem zugefügten Kalk enthaltenen Calciums das Fluor des Fluoraluminiums auf und bildet ebenfalls wieder Fluorcalcium, während der Sauerstoff dieser Kalkpartie sich mit dem Aluminium zu Aluminiumoxyd (Thonerde) verbindet. Da der Kryolith eisenfrei ist, so erhält man, wenn man auch einen eisenfreien Kalk zur Zersetzung desselben benutzt, hierbei eine eisenfreie Thonerde, was für die Bereitung von schwefelsaurer Thonerde und von Alaun von Wichtigkeit ist. Auf diese Weise erhält man demnach Natronlauge, die durch Einleiten von Kohlensäure in Sodalauge verwandelt werden kann.

Bei der Zersetzung des Kryolithes auf trockenem Wege glüht man denselben mit Kreide (kohlensaurem Kalk); es bildet sich in diesem Falle eine Verbindung von Thonerde mit Natron und Fluorcalcium; die geglühte Masse wird mit Wasser ausgelaugt, wobei das Thonerdenatron sich löst, während das Fluorcalcium zurückbleibt. Die Lösung des Thonerdenatrons wird dann durch Einleiten von Kohlensäure (welche man durch Verbrennen von Koaks erhält) zersetzt und in kohlensaures Natron (Soda) und sich abscheidendes Thonerdehydrat verwandelt. Das früher einen werthlosen Abfall bildende Fluorcalcium wird jetzt in der Glasfabrikation mit verwendet.

Bei dem beschränkten Vorkommen des Kryolithes und der großen Entfernung Grönlands läßt sich jedoch voraussagen, daß die Fabrikation von Soda aus diesem Minerale eine großartige Ausdehnung nicht gewinnen wird, und daß man das interessante Mineral mehr der Thonerde als des Natrons wegen verarbeiten wird; besonders da in den letzten Jahren ein neues Verfahren der Sodafabrikation, das sogenannte **Ammoniak=Soda= Verfahren**, aufgekommen ist, nach welchem schon mehrere Fabriken in Belgien und Deutschland arbeiten.

Man war schon seit langer Zeit bemüht, ein Verfahren zu finden, **direkt aus Kochsalz (Chlornatrium) Soda herzustellen**, ohne daß man nöthig hat, dasselbe erst in Sulphat (schwefelsaures Natron) zu verwandeln, und es sind auch eine große Zahl von Vorschlägen und Versuchen gemacht worden, die sich jedoch sämmtlich in der Praxis nicht bewährt hatten; das Ammoniak=Soda=Verfahren scheint jedoch ein solches zu sein, welches sich in der Praxis zu halten vermag, wenigstens in Deutschland, wo man noch nicht wie in

England das Leblanc'sche System mit den kostspieligen rotirenden Oefen betreibt, die man natürlich dort nicht gern wieder verlassen wird. Das Ammoniakverfahren gründet sich auf die schon längst bekannte Thatsache, daß eine konzentrirte Chlornatriumlösung durch doppeltkohlensaures Ammoniak so zersetzt wird, daß sich doppeltkohlensaures Natron und Chlorwasserstoffammoniak bilden, von welchen das erstere sich ausscheidet, während das letztere gelöst bleibt. Das Chlorwasserstoffammoniak (Salmiak oder Chlorammonium) wird dann durch gebrannten Kalk zersetzt und zwar so, daß Ammoniak in Freiheit gesetzt und wieder gewonnen wird, so daß man nur nöthig hat, diesem wieder Kohlensäure zuzuführen, um es wieder zur Zersetzung neuer Mengen von Kochsalz zu verwenden. Das von der Salmiaklösung getrennte doppeltkohlensaure Natron wird durch Glühen in einfach kohlensaures Natron (Soda) verwandelt, wobei es die Hälfte seiner Kohlensäure verliert.

Schon im Jahre 1838 ließen sich die beiden Engländer Harrison Dyar und John Hemming auf dieses Verfahren ein Patent geben; man versprach sich auch große Erfolge, allein die Sache kam bald wieder ins Stocken, da in jener Zeit das Ammoniak noch nicht massenhaft und wohlfeil genug zu beschaffen war und auch die mechanischen Einrichtungen noch nicht als genügend sich erwiesen. Auch wies Aethon nach, daß ein nicht unbeträchtlicher Theil des Kochsalzes der Zersetzung hierbei entginge. Erst durch die Bemühungen von Türk, Schlössing, Solvay, Marguerite, de Sourdeval, James Young, Honigmann und Gerstenhöfer wurde das Ammoniak-Soda-Verfahren soweit ausgebildet, daß eine allgemeinere Einführung desselben wahrscheinlich ist. Namentlich wird jetzt durch Zusatz von etwas Alkohol, den man jedoch durch Destillation immer wieder erhält, die Abscheidung des Natriumbicarbonates erleichtert und vervollständigt. —

Wir haben uns mit der Soda sehr ausführlich beschäftigt, weil ihre Fabrikation, Hand in Hand gehend mit der Darstellung von Salzsäure, Glaubersalz, Chlorkalk und anderen ungemein wichtigen Artikeln, so recht eigentlich den Kernpunkt der technischen Chemie bildet. Die Glasfabrikation und die Seifensiederei hängen von der billigen Massenerzeugung der Soda ganz direkt ab, und welche Bedeutung für das merkantile nicht nur, sondern für das wissenschaftliche und sittliche Leben diese beiden Industriezweige haben, braucht wol nicht erst erklärt zu werden.

Doppeltkohlensaures Natron. Das doppeltkohlensaure Natron (Natronbicarbonat) ist ein bekannter Hausfreund geworden durch seine Mitwirkung bei der Erzeugung kohlensauren Wassers. Ebenso dient es zur Herstellung anderer moussirender Getränke, künstlicher Mineralwasser, Brausepulver, Magenpulver oder eigentlich Magenverderbepulver (Bullrich's Salz). Das sogenannte Sodawasser ist simples kohlensaures Wasser, in welchem etwas doppeltkohlensaures Natron gelöst ist. Von der Soda unterscheidet sich das letztere durch nichts als durch einen doppelt so großen Kohlensäuregehalt, und eben dieser bewirkt den milderen und bessern Geschmack im Vergleich zu der ungenießbaren Soda. Der zweite Antheil Säure läßt sich aber der krystallisirten Soda leicht einverleiben; es ist nur nöthig, daß man das Salz eine Zeit lang in einer Atmosphäre von Kohlensäure liegen läßt. Man hat dazu paarweise gemauerte Kammern, damit man den Kohlensäurestrom in die eine leiten kann, während man die andere räumt und neu beschickt. In den Kammern liegt das angefeuchtete Salz auf mit Leinwand bespannten Rahmen geschichtet. Indem es die Kohlensäure aufnimmt, läßt es von seinem Krystallisationswasser $9/10$ fahren, dieses träufelt ab und weil es dabei Salz in Auflösung mitnimmt, stellt es eine gute, wieder verwendbare Sodalauge dar. Eine chemische Probe zeigt, wann die Umwandlung des Salzes beendet ist. Man bedarf also neben den Kammern nur eines Entwickelungsapparates für Kohlensäure, die man aus Kalk durch Uebergießen mit Salzsäure gewinnen kann, und hierzu ist die schwächste, die sonst kaum zu verwenden wäre, anwendbar.

Der Salpeter. Der weitere Verkehr mit unseren beiden Bekannten, dem Kali und Natron, führt uns jetzt in eine Fabrik, vor deren Großartigkeit sämmtliche technische Institute der Welt in Nichts verschwinden: wir meinen die Salpeterfabrikation, die Bildung von Salpetersäure und salpetersauren Alkalien, welche die Natur unausgesetzt auf eigene

Hand betreibt. Das Lokal dieser Fabrik ist nicht kleiner als die ganze Erdoberfläche und hat überdies zwei Stockwerke, den Erdboden und den Luftkreis.

Die atmosphärische Luft besteht bekanntlich aus zwei gasartigen Elementen, Stickstoff und Sauerstoff, genau denselben, welche in einer unserer stärksten Säuren, der Salpeter= säure, enthalten sind; der Unterschied ist nur der, daß in der Luft die beiden Elemente blos gemischt, in der Salpetersäure dagegen chemisch mit einander verbunden sind. Welche Eigenschaften die Salpetersäure hat und wie wir sie uns darstellen, darauf kommen wir später zu sprechen; vor der Hand haben wir ihre Entstehung in der Natur zu betrachten. Eine chemische Vereinigung der beiden Elemente Stickstoff und Sauerstoff findet erwiesener= maßen regelmäßig im Luftkreise statt, aber in so geringem Maßstabe, daß erst der wissen= schaftlich geschärfte Blick die Vorgänge erkennen und beobachten konnte. Nichtsdestoweniger wird durch die Unaufhörlichkeit und durch das Ueberallstattfinden die Massenproduktion eine so ungeheuere, daß sie dem gewaltigen Bedarfe des natürlichen Kreislaufes vollständig genügt.

Im Regen= und Schneewasser läßt sich Salpetersäure, wenn man große Mengen davon eindampft, deutlich nachweisen; sie erscheint indeß nicht in freiem Zustande, sondern gebunden, in der Regel an Ammoniak. Im Gewitterregen ist der Gehalt am stärksten, ebenso in dem Regen, der zuerst nach längerer Trockenheit fällt. Wird aber Salpetersäure aus der Luft herniedergeführt, so muß sie oben auch entstanden sein, denn aus dem Boden kann sie nicht stammen, weil sie hier niemals im freien Zustande vorkommt, noch vorkommen kann. Die Kraft, welche im Luftmeer Theilchen von Sauer= und Stickstoff zu Salpetersäure zusammen= bindet, ist, wie wir Grund anzunehmen haben, die Elektrizität, also der Blitz und sonstige elektrische Luftvorgänge. Als Davy durch gewöhnliche, unter einer Glasglocke befindliche Luft eine Reihe elektrischer Funken hatte schlagen lassen, erhielt er Salpetersäure, denn die mit eingesperrte Lösung von Aetzkali hatte sich in Salpeterlösung verwandelt.

Anders verhält es sich mit dem Ammoniak, der flüchtigen Verbindung von alkalischer Natur, welche aus 1 Atom Stickstoff und 3 Atomen Wasserstoff besteht (NH_3), und die in Lösung allen unseren Lesern unter dem Namen Salmiakgeist bekannt ist. Es wird zwar von der Salpetersäure aus der Höhe mit hinabgeführt, entstammt aber auf alle Fälle den unteren Regionen, denn die Nase belehrt uns in Ställen, frisch bedüngten Feldern und auf Abtritten hinlänglich, daß bei der Fäulniß animalischer Abfälle Ammoniakgas (kohlen= saures) in Menge in die Lüfte geht, obgleich der Landwirth diesen werthvollen Dünger= bestandtheil gar nicht gern ziehen lassen mag. Da erscheint denn die Salpetersäurebildung in der Luft als eine doppelt wohlthätige Veranstaltung der natürlichen Wohlfahrtspolizei: sie schafft das Ammoniak aus einem Bereiche, wo es nichts nützt, dahin, wo es nützen kann, d. h. sie wirkt zugleich luftreinigend und bodendüngend. Der Stickstoff, welcher nament= lich in den Samen der Pflanzen vorkommt und als Nahrungsmittel zur Bildung der thierischen stickstoffhaltigen Verbindungen verarbeitet wird, wird solchergestalt in einem ewigen Kreislaufe herumgetrieben, in welchem er regelmäßig wieder in die Zwischenphasen von Ammoniak oder Salpetersäure tritt, ganz in entsprechender Art, wie die kohlenstoff= haltigen Verbindungen aus der Kohlensäure entstehen und in dieselbe bei ihrer Zersetzung wieder zurückgehen. Die auffallend günstige Wirkung eines schönen Gewitterregens auf die Pflanzenwelt mag sich daher wol auch vorzugsweise aus seinem Reichthum an Salpeter= säure und Ammoniak erklären lassen.

Uebrigens bleibt auch eine direkte Umwandlung des in die Luft gelangten Ammoniaks in Salpetersäure durch Oxydation (Sauerstoffaufnahme) noch denkbar, bei welcher Salpeter= säure und Wasser entstehen. Diese Verwandlung, die sich durch das Experiment leicht be= werkstelligen läßt, spielt wahrscheinlich bei der Salpetersäure im Boden die Hauptrolle, so daß die meiste oder alle hier erzeugte Salpetersäure erst Ammoniak gewesen, welches durch Hinzutritt von Sauerstoff in Salpetersäure umgemünzt worden wäre.

Die **Salpetererzeugung** im Boden erscheint aber als eine weitaus massenhaftere, wenn auch nicht zu vergessen ist, daß die atmosphärische Fabrikation eine allumfassende, die terrestrische dagegen nur an die Oertlichkeiten gebunden ist, wo die Bedingungen der Salpeter=

bildung sich zusammenfinden. Diese Bedingungen aber sind: 1) Vorhandensein faulender stickstoffhaltiger Substanzen, vorzüglich also, als die stickstoffreichsten, thierischer und menschlicher Abgänge; 2) Gegenwart von Alkalien oder alkalischen Erden; 3) leichter Zutritt der Luft, also Porosität des salpeterbildenden Materials; 4) Feuchtigkeit, jedoch ohne einschwemmende Nässe; 5) Wärme, und endlich 6) als ein gutes Unterstützungsmittel, Humus. Hiernach kann man schließen, daß schon jeder kultivirte oder überhaupt fruchtbare Boden eine mehr oder minder ausgiebige Salpeteranlage vorstellt, denn alle aufgezählten Bedingungen finden sich bis zu einem gewissen Grade in ihm vereinigt. Auf Düngerstätten, in Komposthaufen, Ställen und anderen ähnlichen Lokalitäten treten die Umstände allerdings günstiger zusammen, und daher geht hier auch die Fermentation und Salpeterbildung entsprechend lebhafter von Statten. Wo es auf künstliche Gewinnung von Salpeter abgesehen ist, in den sogenannten Salpeterplantagen, besteht das Künstliche eben nur darin, daß man die geeigneten Stoffe zusammenbringt, gehörig mischt und abwartet; die Hauptsache, die Salpeterbildung, besorgt die Natur immer selbst und ganz ebenso wie da, wo sie aus freier Hand, ohne menschliches Zuthun, arbeitet. In warmen, fruchtbaren Ländern kann sich in dem reichen, von der Natur fort und fort gedüngten Boden sogar bedeutend mehr Salpeter von selbst erzeugen und ansammeln, als in kühleren Gegenden auf künstlichem Wege zu beschaffen ist, so daß das Produkt dort nach dem Aufhören der Regenzeiten in Ausblühungen reichlich zu Tage tritt. Die Gewinnung geschieht dann wie die des Natrons sehr einfach durch Auslaugen der salpeterreichen Erde und durch Eindampfen der Flüssigkeit.

In solchem Falle befindet sich z. B. Ungarn, das den Bedarf Oesterreichs deckt, Spanien und Aegypten, vor allen aber das feuchtheiße Ostindien. Hier, namentlich in Bengalen, wo die tropische Natur mit einer Energie Naturgebilde schafft und wieder zerstört, von der der Nordländer kaum eine richtige Vorstellung gewinnen kann, ist der Boden so salpeterreich, daß die Brunnen davon salzig schmecken und schon das bloße Brunnenwasser einen kräftigen Dünger, namentlich für Körnerfrüchte, abgiebt. Ostindien war denn eine Zeit lang auch die Quelle, aus welcher fast ganz Europa mit Salpeter versorgt wurde.

Die einheimische Erzeugung von Kalisalpeter in Salpeterplantagen hat auch gegenwärtig größtentheils aufgehört und besteht nur noch etwa in Polen und Schweden, wo die Bauern sich seit langer Zeit mit diesem Geschäft befassen. Statt der früheren Plantagen finden wir dagegen jetzt in Europa Anstalten zum Raffiniren des indischen Rohsalpeters und zum Umbilden des chile'schen Natronsalpeters in den gewöhnlichen Kalisalpeter, der allein nur zur Fabrikation des Schießpulvers verwendet wird. Diese letztere Industrie und das schon besprochene massenhafte Vorkommen von Kali in dem Staßfurter Salzlager haben ihrerseits den Markt für den indischen Salpeter beschränkt. Zu beklagen ist diese Aenderung der Dinge eben nicht, denn die einheimische Salpetergewinnung verringerte die Düngermasse, die unsere jetzige Landwirthschaft für ihre Felder so nothwendig braucht und von welcher sie ohnehin nie genug hat.

In Frankreich war zur Zeit der Revolution die Gewinnung des Salpeters besonders beschwerend dadurch, daß die Regierung, um ihrem Bedarf an Schießpulver zu genügen, ein Zwangsrecht auf alle Salpetererde ausübte. Durch besondere Angestellte wurde auf den Gehöften die Erde der Ställe, Miststätten u. s. w. untersucht, wenn probehaltig befunden, ausgelaugt und darauf wieder an Ort und Stelle gebracht; auf diese Weise sollen jährlich gegen 4 Millionen Pfund gewonnen worden sein.

Ohne auf den veralteten Plantagenbetrieb näher einzugehen, sei zur Erläuterung unseres Gegenstandes noch Folgendes bemerkt. Damit eine Salpeterbildung überhaupt stattfinden könne, muß eine Basis vorhanden sein, mit welcher sich die entstehende Säure sogleich zu einem Salz verbinden kann. In den Plantagen gab man daher möglichst viel kalihaltige Stoffe in die Gährhaufen, aber auch noch Kalk zur Aushülfe, damit sich wenigstens Kalksalpeter bilden konnte. Im natürlichen Salpeterboden ist auch nicht lauter Kali zu erwarten, sondern daneben Kalk, Magnesia, Natron, die sich alle mit der Salpetersäure verbinden werden. Um nun alle diese in der ersten Lauge enthaltenen Salze in Kalisalpeter zu verwandeln, ist nur erforderlich, daß man der Lauge Potaschenlösung (kohlensaures Kali) zusetzt, so lange dadurch ein Niederschlag erzeugt wird. Durch chemischen Austausch der Stoffe entsteht nämlich aus kohlensaurem Kali und salpetersaurem Kalk salpetersaures Kali und kohlensaurer Kalk, der als weißer unlöslicher Absatz sich ausscheidet; ganz das Gleiche geschieht mit dem Magnesiasalz, nur daß hier kohlensaure Magnesia, ein gleichfalls unlösliches Pulver, gebildet wird. Der Natronsalpeter endlich, dessen Quantität gering ist, verwandelt sich mit dem kohlensauren Kali ebenfalls in Kalisalpeter und kohlensaures Natron. Diese Behandlung der Lauge heißt das Brechen. Es wird erspart, wenn man der Salpetererde vor dem Auslaugen eine hinreichende Menge Holzasche zusetzen kann. Diese giebt ihre Potasche her, welche die Umwandlung gleich auf dem Filter bewirkt.

Der Kalk hat ein ganz besonderes Vermögen, die Stickstoff= und Sauerstoffbestandtheile in Komposthaufen oder sonstwie chemisch zu binden und Kalksalpeter zu bilden. In Indien gewinnt man solchen nicht nur aus Pflanzenboden, sondern auch aus gewissen Kalksteinhöhlen, und in Belgien besteht ein ähnliches Verhältniß. Dort finden sich drei Höhenzüge eines höchst porösen Polypenkalks, der an sich schon salpeterhaltig ist, aber seine kondensirende Kraft erst voll entwickelt, wenn er gepulvert in die feuchten Komposthaufen mit eingeschichtet wird. Hier geht auf Kosten der Luft die Salpeterbildung, also die Bereicherung des Düngers mit Stickstoff, äußerst kräftig vor sich. Dieses Mineral leistet daher der belgischen Landwirthschaft bedeutende Dienste, besondere Salpeteranlagen scheint man aber dennoch nicht auf sein Vorkommen gegründet zu haben.

Die aus natürlicher oder künstlicher Salpetererde gezogene Lauge muß, um für siedewürdig zu gelten, an der Senkwage einen Gehalt von mindestens 10—14 Prozent Salpeter anzeigen. Sie wird dann in einem eisernen Kessel über Feuer eingedampft. Das Eindampfen hat aber nicht blos die Gewinnung des Salzes in Krystallen, sondern auch eine weitere Reinigung, namentlich von Kochsalz (Chlornatrium) und von Chlorkalium, zur Folge. Das Kochsalz, und in etwas weniger scharf ausgesprochenem Grade das Chlorkalium, besitzen nämlich die Eigenheit, daß siedendes Wasser von ihnen nicht mehr aufzunehmen vermag als kaltes; der Salpeter dagegen, der von eiskaltem Wasser $7\frac{1}{2}$mal sein eigenes Gewicht Wasser braucht, um sich aufzulösen, braucht dazu vom siedenden Wasser nur $\frac{2}{5}$. Beim Erkalten einer gesättigten heißen Lösung von Salpeter und Kochsalz wird sich also wol der größte Theil des ersteren Salzes, aber nur ein sehr geringer des letzteren ausscheiden, und man hat es durch Wiederholung dieser Operation in seiner Hand, die Reinigung beliebig weit zu treiben. Gewöhnlich aber beschränkt man sich an den Erzeugungsorten auf die Darstellung des Rohsalpeters und überläßt die unumgänglich nöthige weitere Reinigung besonderen Anstalten.

Zum Zweck der Pulverfabrikation muß die Reinigung, das Raffiniren, aufs Aeußerste getrieben werden, da schon ein ganz geringer Rest von Kochsalz oder Chlorkalium ein Feuchtigkeit anziehendes Pulver geben würde. Früher verließen sich die Pulverfabriken nur selten auf eine fremde Raffiniranstalt, sondern besorgten diese Bearbeitung selbst, so daß das Salpeterraffiniren fast ein integrirender Theil der Pulverfabrikation war. Heutzutage ist aber die beste Kaufwaare so gut raffinirt, daß sie dem Pulverfabrikanten völlig genügt. Außer zu Schießpulver wird der Kalisalpeter auch noch in der Feuerwerkerei, zu medizinischen Zwecken und als Zusatz zum Salz beim Einpökeln des Fleisches benutzt.

Beim Raffiniren benutzt man wieder die verschiedenen Lösungsverhältnisse des Salpeters und der Chlorsalze. Die vom Kochsalz fast völlig befreite Lösung wird aufs Neue unter Zusatz von Leim gesotten, wobei ein reichlicher, fleißig abzunehmender Schaum entsteht. Durch den Leim wird die Lauge entfärbt und von den braunen organischen Stoffen befreit. Nachdem die Flüssigkeit einige Zeit in einer Wärme von etwa 90° der Ruhe und Klärung überlassen gewesen, wobei sich noch etwas Kochsalz absetzt, wird sie vorsichtig in die Krystallisationsgefäße gegeben. Hier erwartet man natürlich kein Ausscheiden von Kochsalz, sondern nur Salpeterkrystalle, und fügt daher der heißen Lauge eine angemessene Portion kaltes Wasser bei. Dieser einfache Kunstgriff giebt der Lauge gerade einen solchen Grad von

Verdünnung, daß das darin noch befindliche Kochsalz in Auflösung bleiben kann und sich nur Salpeter als Mehl, weil man die Lauge fortwährend umrührt, in dem Maße absetzt, wie die Lauge verkühlt, was mehrere Stunden lang andauert. Giebt die Mutterlauge keine Krystalle mehr her, so kommt sie zurück in die Rohlauge, das ausgekrückte Mehl aber läßt man abtropfen und giebt es dann in die Waschkästen. Dies sind große, nach dem Boden hin enger werdende Kästen (s. Fig. 245) mit Löchern dicht über demselben, die mit Korken verstopft sind. Man schlägt die Kästen gehäuft voll Salpetermehl, gießt mit einer Brause gesättigte Salpeterlösung auf und läßt sie ein paar Stunden mit der Masse in Berührung, worauf man die Pfropfen zieht und das Flüssige ablaufen läßt. Die gesättigte Salpeterlösung kann keinen Salpeter mitnehmen, verdrängt aber die Mutterlauge, welche das Kochsalz enthält. Diese Waschungen werden nach Bedarf mehr oder weniger oft wiederholt, bei der letzten aber nimmt man nicht mehr Salpeterlösung, sondern ein wenig reines Wasser.

Nachdem das Salpetermehl mehrere Tage zum Abtropfen in den Waschkästen gestanden, giebt man ihm die Form, in der es in den Handel kommen soll: man trocknet es entweder auf beheizten Metallplatten unter beständigem Umrühren, damit es sich nicht klümpert, und erhält es so als sandiges Pulver; oder man läßt es bei möglichst geringer Hitze schmelzen und gießt es zu Broten aus, in welcher Form der Salpeter am transportabelsten, aber nicht zu allen Zwecken gut verwendbar ist. Als Ladenartikel findet sich der Salpeter bekanntlich meistens in Form großer Krystalle. Diese erhält man, indem man Salpetermehl in heißem Wasser bis zur Sättigung löst und ungestört erkalten läßt.

In Betreff der chemischen Konstitution des Kalisalpeters sei bemerkt, daß derselbe in 100 Gewichtstheilen aus $46^3/_5$ Kali und $53^2/_5$ Salpetersäure besteht und ohne alles Krystallwasser ist; denn die geringe Menge Feuchtigkeit, welche der groß krystallisirte Salpeter an sich hat, ist nur ein mechanisches Anhängsel, welches beim Krystallisiren zwischen den säulenförmigen Krystallformen des Salzes eingesperrt wurde.

Natronsalpeter. Eine ebenso merkwürdige als räthselhafte Erscheinung bieten einige Gegenden der Neuen Welt: dort hat die Natur in gewissen Distrikten, wo zur Zeit alle Bedingungen der Salpeterbildung zu fehlen scheinen, ungeheure Vorräthe von Natronsalpeter (salpetersaures Natron) aufgespeichert. Der schmale Strich Landes an der Westseite von Südamerika, den die Staaten Peru und Chile einnehmen, und der westlich von der See, östlich von dem Andengebirge begrenzt wird, bildet in dem südlichsten Theile von Peru und der Provinz Taragala eine 1000 Meter hohe Hochebene mit steil abfallender, sandiger Küste. Dieses Hochplateau ist eine vollständige, sonnenverbrannte Wüste, denn es fällt hier niemals Regen, der einen Pflanzenwuchs ernähren könnte. Aber der Boden bietet andere Reichthümer: auf eine Erstreckung von wenigstens 80 englischen Meilen findet sich Salpeter (Chilisalpeter) in verschiedenen Oertlichkeiten angehäuft und in sehr verschiedener Weise des Vorkommens. Bald tritt er an der Oberfläche als Ausblühungen zu Tage, die wie schmuziger Schnee aussehen, bald liegt er in Vertiefungen, die ausgetrockneten Teichen ähnlich sind und ein 5—8 Centimeter starkes Salzlager haben. In Höhlen und Klüften kommt der Salpeter in festen Massen vor und wird wie in einem Steinbruche durch Sprengen und Loshauen gewonnen; anderswo liegen die Krystalle einzeln bei einander und bilden kaum 1 Meter unter der Oberfläche weithin verlaufende Schichten, die wie Kies aufgegraben werden. Der salzreichste Strich ist die Ebene von Tamarugal, und die Menge des sich hier vorfindenden Salzes ist eine so ungeheure, daß ganz Europa auf lange Jahre hinaus seinen Bedarf von da beziehen kann, und dazu finden sich noch in der angrenzenden Wüste Atakama, welche zu Bolivia gehört, ebenfalls Salpeterlager, vielleicht in nicht geringerer Menge. Hin und wieder finden sich statt Salpeterlager solche von Kochsalz, und Kochsalz ist auch derjenige Stoff, welcher die hauptsächlichste Verunreinigung des Chilisalpeters bildet. Als andere gelegentliche Beigaben finden sich Eisen und Jod, Glaubersalz, Soda, salzsaurer und borsaurer Kalk u. s. w. Hiernach ist der Salpetergehalt der Rohmasse ein sehr verschiedener und variirt von 20—85 Prozent; für viele Zwecke ist darum auch eine Reinigung durch Umkrystallisiren erforderlich.

Welchen Umständen das Vorkommen jener Salzreichthümer in so beschaffenen Gegenden zuzuschreiben sei, darüber läßt sich nicht einmal eine plausible Vermuthung aufstellen Genug sie liegen da unter demselben Himmelsstrich, und in nicht gar weiter Entfernung davor liegen die Guano=Inseln, zwei natürliche Schatzkammern, welche für die Handels=, Industrie= und Ackerbauverhältnisse des so entlegenen Europa eine zwar erst in dem letzten Menschen=alter, aber dafür sehr weitgehende Bedeutung erlangt haben, während man schon seit mehr als 100, ja, was die Guano=Inseln betrifft, über 200 Jahre um ihre Existenz wußte.

Erst von 1820 ab wurden einige Schiffsladungen Chilisalpeter versuchsweise nach England gebracht, ohne Abnehmer finden zu können, so daß man sie, um nicht noch den Zoll bezahlen zu müssen, ins Meer warf. In Nordamerika blieben die ersten Versuche ganz eben so erfolglos. Bald jedoch lernte man den Werth der Waare besser würdigen, und es nahm mit den Dreißiger Jahren ein regelmäßiger Handel seinen Anfang, der seitdem von Jahr zu Jahr gestiegen ist, so daß allein England im Jahre 1859 schon 800,000 Centner konsumirte.

Die Gewinnung dieser Waare an Ort und Stelle ist übrigens von der Natur nicht ganz so mundrecht gemacht. Die Salpeterfundorte liegen zwar nur wenige Meilen (10 bis 15 engl. Meilen) vom Küstenrande einwärts, aber die steile, sandige und klüftige, oben noch überdies mit einem Bergzuge gekrönte Küste ist so unpraktikabel, daß sich, wenigstens nach südamerikanischen Ansichten, keine Chausseen anlegen lassen; der Salpeter wird daher auf gewundenen Saumpfaden von Maulthieren in Säcken herabgebracht, und zwar gehen die Züge entweder nach dem Hafenorte Iquique in Peru oder nach Concepcion in Chile; nach jedem dieser beiden einzigen Verschiffungs=punkte sind aber von den Gewinnungsorten aus drei Tagereisen erforderlich. Unterwegs auf beiden Linien liegen zwei Siedereianlagen, wo die Rohmasse mit siedendem Wasser ausgezogen und die Lauge durch Verdampfen krystallisirt wird. Hier findet sich nicht einmal ausreichend das dazu nöthige Wasser; das Trinkwasser muß zu Schiffe aus anderen Gegenden hergebracht werden, die zum Raffiniren ge=

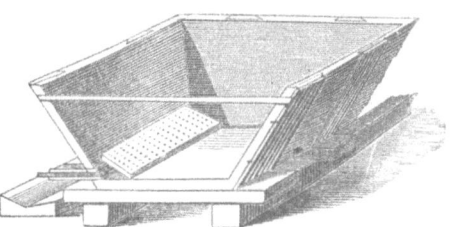

Fig. 245. Waschkasten zur Salpeterbereitung.

brauchten Steinkohlen kommen von England und gehen vom Hafen aus ebenfalls auf Maul=eselrücken nach den Salinen. Unter solchen Verhältnissen ist es erklärlich, daß der Transport der Waare von den Fundorten bis zum Hafen ganz eben so viel kostet, wie die Verschiffung von da um die Südspitze Amerika's herum nach Europa. Dennoch ist das Salz noch um Vieles wohlfeiler als der Kalisalpeter, so daß auch die Landwirthschaft ihre Rechnung dabei fand, dasselbe als Dünger zu verwenden. Für chemische Fabriken bildet der Natron=salpeter (den man auch kubischen oder Würfelsalpeter nennt, obgleich er in Rhomboëdern krystallisirt) einen sehr werthvollen Stoff, namentlich zur Fabrikation der Salpetersäure und zum Gebrauch bei der Schwefelsäurebereitung, zu beiden Zwecken natürlich erst dann, wenn er von Chlorsalzen gut gereinigt ist. Zur Salpetersäure eignet er sich sogar vortheil=hafter als der Kalisalpeter, denn 85 Gewichtstheile Natronsalpeter enthalten eben so viel Säure wie 101 Theile Kalisalpeter. Zur Pulverfabrikation dagegen ist das Salz ungeeignet, weil es, wenn auch von Kochsalz und anderen fremden Stoffen gereinigt, an der Luft feucht wird. Das daraus bereitete Pulver brennt zu langsam ab, und so hat das Salz nach dieser Seite hin nur für die Feuerwerkerei einige Bedeutung, wenn es sich um langsam ver=brennende Sätze oder um einen speziellen Farbeneffekt handelt. Der Natronsalpeter färbt nämlich die Flamme pomeranzengelb.

Verwandlung des Natronsalpeters in Kalisalpeter. Durch chemischen Austausch läßt sich der Natronsalpeter direkt in Kalisalpeter umarbeiten, und es wird diese Verwand=lung in Raffinerien in großem Umfange ausgeübt. Nur bewegt sich dieser Geschäftszweig bezüglich der Rentabilität in ziemlich engen Grenzen, die von den temporären Handels=preisen sehr beeinflußt werden. Man löst in angemessenen Mengen einerseits Natronsalpeter, andererseits gereinigte Potasche in möglichst wenig heißem Wasser und mischt die Lösungen zusammen. Die Salpetersäure geht an das Kali und die Kohlensäure tritt dafür an das Natron. Das salpetersaure Kali muß von dem kohlensauren Natron durch einen zweckmäßig geleiteten Abdampfungs- und Krystallisationsprozeß getrennt werden. Aus 100 Gewichtstheilen reinen Natronsalpeters und 81 Theilen reiner Potasche entstehen so $118\frac{1}{2}$ Theile Kalisalpeter und $62\frac{1}{2}$ Theile Soda. Die Verwandlung von Potasche in Soda schließt keine Preissteigerung, sondern das Gegentheil ein, und so muß denn der höhere Werth des Kalisalpeters Spesen und Gewinn allein decken. Weit vortheilhafter aber gestaltet sich die Fabrikation, wenn statt der Potasche Chlorkalium angewandt werden kann, und da dies jetzt in Staßfurt in unbeschränkter Menge disponibel ist, so hat man natürlich von der Potasche ganz abstrahirt. In Staßfurt beschäftigen sich mehrere große Fabriken mit Umarbeitung des Chilisalpeters. Die doppelte Zersetzung der beiden Stoffe ergiebt Kalisalpeter und Chlornatrium (Kochsalz), die ebenfalls und unschwer auf dem Wege der Krystallisation getrennt werden.

Salpetersäure. Luft und Erde sind, wie wir gesehen haben, die Eltern des Salpeters; die Erde liefert das Beharrliche, Nichtflüssige, die Basis; die Luft das Flüchtige, Geistige, die Säure, und zwar eine Säure von solcher Energie, wie man sie in dem schwach salzig und kühlend schmeckenden Salpeter nicht verborgen glauben sollte. Die Trennung der Säure von der Basis ist auf verschiedenen Wegen möglich, nur nicht in der Art, wie man z. B. die Schwefelsäure von Eisenvitriol abtreibt, durch trockene Destillation; in diesem Falle nämlich gehen die Bestandtheile der Säure, Sauerstoffgas und Stickstoffgas, einzeln fort, die Säure zersetzt sich. Schon bei mäßiger Erhitzung giebt der Salpeter unter Aufschäumen einen Theil seines Sauerstoffes ab und wird damit zu salpetrigsaurem Salz; bei weiter getriebener Erhitzung folgt auch der übrige Sauerstoff in Begleitung des Stickstoffes, und ätzendes Alkali bleibt übrig. Die Säure läßt sich aber unzersetzt abscheiden, wenn dem Alkali zum Ersatz eine andere, stärkere Säure dargeboten wird, mit der es ein neues Salz bilden kann. Hierzu passende Mittel und Wege mag die alte empirische Chemie frühzeitig gefunden haben, denn schon die arabischen Chemiker kannten die Salpetersäure, wie ihre Schriften beweisen; ja, es ist nicht unwahrscheinlich, daß sie sogar den alten Aegyptern bekannt war, wenigstens hat man auf Mumiengewändern schwarze Zeichnungen gefunden, die mit einer Silbertinte gemacht sind, so daß die Annahme einer Bekanntschaft mit Höllenstein (salpetersaures Silberoxyd) und folglich mit Salpetersäure erlaubt scheint. In den alten alchemistischen Schriften tritt die Salpetersäure unter mehrerlei Namen auf, von denen aqua fortis noch heute verständlich ist; auch die Benennung „Scheidewasser" schreibt sich aus dem Mittelalter her.

Die **Darstellung der Salpetersäure** ist sonach eine ganz einfache Operation und kommt in ihrer heutigen Form vielen anderen Abtreibungsarbeiten, namentlich der Entwicklung von Salzsäure aus Kochsalz, so gleich, daß dieselben Apparate zur Erzeugung sowol von Salz- als von Salpetersäure dienen können.

Die frühere Methode zum Abtreiben der Salpetersäure, welche wol auch die im Alterthum geübte sein mag, bestand darin, daß man ein Gemisch von Salpeter und Eisenvitriol in Retorten glühte und die sauren Dämpfe in gekühlten Vorlagen auffing. Im Rückstande verblieb ein Gemenge von Eisenrost und schwefelsaurem Kali. Im Grunde thut unsere heutige Fabrikation dasselbe, nur in anderer Form. Wir zersetzen den Salpeter durch Schwefelsäure und gewinnen so die Salpetersäure bei viel geringerer Hitze. Der Unterschied ist nur der, daß wir jetzt zur Salpetersäure zwei Fabriken brauchen, während unsere Vorgänger beide in einem Topfe vereinigten. Denn durch Glühen von Eisenvitriol wird ebenfalls Schwefelsäure (Vitriolöl) erhalten; ist zugleich Salpeter vorhanden, so dampft die Schwefelsäure nicht fort, sondern wirft sich gleich im Moment des Freiwerdens auf dieses Salz, verbindet sich mit dessen Basis und macht die Salpetersäure frei.

Im Kleinen bedient man sich, wenn man Salpeter mit Schwefelsäure behandelt, zum Abtreiben gläserner, in einem Sandbade liegender Retorten und fängt die übergehende

Die Darstellung der Salpetersäure.

Säure in kalt gehaltenen Vorlagen auf. Auch in Fabriken war und ist zum Theil jetzt noch dies Verfahren gebräuchlich, nur daß man hier die Zahl der Retorten und ihre Größe möglichst steigert, so daß eine davon bis 25 Kg. Salpeter auf einmal fassen kann. Um eine größere Anzahl Retorten mit einem Feuer beheizen zu können, dient ein Galeerenofen, in welchem zu beiden Seiten eine Reihe tiefer gußeiserner Kessel eingemauert ist, in deren Hohlraum die Retortenkörper nebst einer umgebenden Sandschicht Platz haben. Die an die Retortenhälse angekitteten Vorlagen werden zur Abkühlung beständig mit Wasser überrieselt, das in kleinen Rinnen auf jede einzelne hingeleitet wird. Daß hierbei ein oder der andere Glaskörper springt, ist freilich nicht ganz abzustellen. In neuerer Zeit wendet man daher mehr thönerne und gußeiserne Apparate in Retorten- oder Cylinderform an, wie einen der letzteren unsere Abbildung (s. Fig. 246) unter A zeigt. Das Eisen wird von den Säuren weit weniger angegriffen als man denken sollte, wenigstens so weit der Inhalt die Gefäßwände berührt; oben aber, wo nur Dämpfe die Innenwand treffen, die viel stärker an dem Eisen fressen würden, ist dasselbe durch eine thönerne Ausfütterung geschützt. Die Vorlagen sind zwei oder drei gläserne oder steinerne, mit Verbindungsrohren versehene Bauchflaschen DF, die in kaltem Wasser stehen. Die salpetersauren Dämpfe verflüssigen sich hier, ohne daß man Wasser in die Vorlagen selbst zu geben braucht. Das Wasser, welches zum Bestehen der Salpetersäure gehört, kommt schon als Dampf mit aus dem Entwicklungsapparate. Die Verbindungsrohre E gehen nur von Hals zu Hals und tauchen niemals in die Säure der Flaschen, um keinen hemmenden Druck zu erzeugen. Zuweilen läßt man das Kühlwasser um die Flaschen weg und stellt dafür eine längere Reihe derselben auf, verläßt sich also auf die bloße Luftkühlung. Wenn die entfernteste Flasche während des Betriebes stets vollkommen kalt bleibt, so ist für die Kühlung hinreichend gesorgt. Was aus dem letzten Gefäß unverdichtet entweicht, läßt man durch einen Schlot ins Freie ziehen. Je nachdem man starke und rauchende oder verdünnte Säure haben will, wendet man konzentrirte oder verdünnte Schwefelsäure an; von den beiden

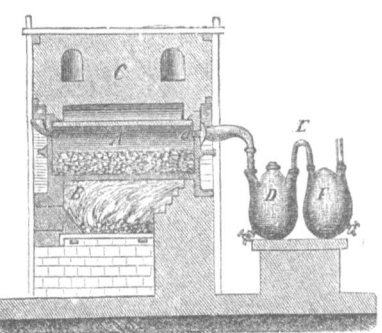

Fig. 246.
Apparat für die Darstellung der Salpetersäure.

Salpetersalzen aber wird man im Fabrikbetrieb des bessern Rechnungsergebnisses halber wol stets den Natronsalpeter wählen, während im Kleinen, wo der Geldpunkt nicht so entscheidend ist, der Kalisalpeter seine Vorzüge hat, weil dieses Salz sich weit leichter als der Natronsalpeter durch Umkrystallisiren reinigen läßt, daher sogleich fast chemisch reine Säure aus ihm erhalten werden kann. Der chemischen Rechnung gemäß würden 1 Gewichtstheil konzentrirte englische Schwefelsäure und 2 Gewichtstheile Salpeter in schwefelsaures Kali und Salpetersäure gerade aufgehen; man wird aber in der Regel das Doppelte der Schwefelsäure anwenden, weil nur so alle Salpetersäure glatt und farblos erhalten wird. Der Rückstand ist dann auch nicht Glaubersalz, sondern doppeltschwefelsaures Kali. Wird die Verdoppelung unterlassen, so scheidet sich nur die Hälfte der Salpetersäure in gelinder Hitze aus; die andere erfolgt erst, wenn die Feuerung bis nahe zum Glühen gesteigert wird; aber dann ist sie braun, weil zum Theil zersetzt und in salpetrige Säure verwandelt. Dies Gemisch von Salpetersäure und salpetriger Säure heißt rauchende Salpetersäure, weil sie an der Luft starke, stickend riechende, braune Dämpfe ausstößt. Sie besitzt eine noch stärker oxydirende und lösende Eigenschaft als die reine Säure und wird, weil sie zu gewissen Zwecken sehr dienlich ist, absichtlich dargestellt.

Ist das Salz in den Apparat gebracht, so werden die Thüren des Cylinders geschlossen und sammt den Rohrverbindungen gehörig verkittet, die Schwefelsäure wird durch einen bleiernen Trichter eingelassen und zu heizen angefangen. Zuerst entsteht einige Unruhe, bei Natronsalpeter sogar ein starker Aufruhr im Cylinder, bis endlich Alles in ruhigen Fluß kommt.

In dem Maße, wie die dampfförmige Salpetersäure daraus entweicht, wird die Masse dickflüssiger, bis die Zersetzung vollendet ist. Dieser Zeitpunkt ist eingetreten, wenn man in den Ballons nichts mehr tropfen hört. Man stellt dann das Feuer ab, läßt den Apparat 24 Stunden lang auskühlen und öffnet ihn, um einerseits den festgewordenen Salzkuchen aus dem Cylinder herauszuschlagen, andererseits die Säure von den Ballons zu ziehen. Wenigstens die ersten beiden Ballons geben Säure von gehöriger Stärke, während der Gehalt in den folgenden immer mehr abnimmt und diese schwache Säure das nächste Mal gleich Anfangs in die ersten, dem Cylinder am nächsten stehenden Ballons gegeben wird.

Für den großen technischen Konsum ist die Säure, wie sie die Fabriken liefern, rein genug, während sie für pharmazeutische und manche technische und chemische Zwecke noch rektifizirt werden muß. Salzsäure und Chlor, von dem hartnäckigen Begleiter des Salpeters, dem Kochsalz, herrührend, fehlen nie ganz. Durch Zutröpfeln von salpetersaurer Silberlösung läßt sich alles Chlor entfernen, indem es mit dem Silber als unlösliches Chlorsilber ausgefällt wird. Neuerdings benutzt man aber lieber die größere Flüchtigkeit der beiden Gasarten zu ihrer Abtrennung.

Man war lange Zeit der Ansicht, daß die Salpetersäure nur mit einem gewissen Wassergehalt bestehen könne, weil alle Versuche, ihr diesen zu entziehen, damit endeten, daß die Säure selbst in ihre Bestandtheile zerfiel. Neuerlich jedoch ist es gelungen, wasserfreies salpetersaures Silberoxyd durch trocknes Chlorgas so zu zersetzen, daß sich Chlorsilber, Sauerstoff und wasserfreie Salpetersäure bilden; letztere destillirt durch ein in Eis liegendes Glasrohr, wo sie selbst zu eisartigen Krystallen erstarrt. Das Rohr muß aber alsbald an beiden Enden zugeschmolzen werden, und man kann nun die seltenen Krystalle vorzeigen, vorausgesetzt, daß das Rohr immer hübsch kalt gehalten wird, denn in gewöhnlicher Zimmertemperatur schmilzt die Masse, und dann dauert es auch nicht lange, daß sie in ihre gasigen Bestandtheile zerfällt und mit großer Gewalt ihr gläsernes Gefängniß zertrümmert. Die wasserfreie Salpetersäure hat aber, gleich der wasserfreien Schwefelsäure, nur ein theoretisches Interesse. Auch in gewässertem Zustande beruht ein großer Theil ihrer Wirkungen auf ihrer leichten Zersetzbarkeit, wobei unter Abgabe von Sauerstoff die Säure auf eine der tieferen Oxydationsstufen herabgeht. Die wasserfreie Salpetersäure enthält auf 1 Atom Stickstoff 5 Atome Sauerstoff (NO_5), die salpetrige Säure auf 1 Atom Stickstoff 3 Atome Sauerstoff (NO_3); mit noch weniger Sauerstoff giebt der Stickstoff das Stickstoffoxyd (NO_2) und Stickstoffoxydulgas (NO). In diese Produkte geht nun auch die Salpetersäure über, wenn ihr Sauerstoff entzogen wird, und zwar sehr gern, so daß sie, obwol eine sehr kräftige, doch keine sehr konstante Säure genannt werden kann.

Durch das Bestreben, Sauerstoff abzugeben, wird die Salpetersäure zu einem der kräftigsten Oxydationsmittel, sowol metallischen als nichtmetallischen Stoffen gegenüber. Blei, Zink, Kupfer u. s. w. werden von der Salpetersäure energisch aufgelöst, indem erst ein Theil sich zersetzt, braune Dämpfe salpetriger Säure entläßt und der freigewordene Sauerstoff das Metall oxydirt, worauf das Oxyd in der übrigen Säure sich leicht auflöst.

Die mancherlei technischen Anwendungen der Salpetersäure auf Metalle, zum Auflösen, Aetzen, Brüniren u. s. w., sind schon allgemeiner bekannt; aber ihre Zahl erscheint unbedeutend gegenüber der großen Zahl von Fällen, wo die technische und die experimentirende Chemie sich der Salpetersäure zur Erzielung höchst mannichfacher, oft sehr merkwürdiger Wirkungen und Umwandlungen an organischen Körpern bedient. Diese Fälle sind eben so schwer vollständig aufzuzählen als in Klassen zu bringen. In den meisten ist die Wirkung eine oxydirende, es wird Sauerstoff abgegeben und salpetrige Säure entweicht; in anderen Fällen geht auch Stickstoff in das neue Erzeugniß ein. Die Oxydirung kann unter Umständen ein sehr heftiger Vorgang werden, so daß z. B. Terpentinöl, mit starker Salpetersäure übergossen, sich sofort mit lebhafter Flamme entzündet. Viele organische Körper, wie die lebendige Haut, Federn, Kork, Holz, färben sich mit Salpetersäure gelb, infolge der Bildung von Pikrinsäure; Indigo wird fast ganz in diesen gelben Farbstoff verwandelt, aber die Erzeugung desselben aus dem theuren Indigo gehört jetzt nur noch unter die theoretischen Experimente, seitdem man in Steinkohlentheer einen viel billigeren Rohstoff dafür gefunden hat. Man braucht nur den Theer mit Salpetersäure zu mischen und nach der ersten heftigen Reaktion die weitere Zersetzung durch Kochen zu unterstützen, um, wenn auch nicht das Ganze in Pikrinsäure verwandelt, doch eine ganz acceptable Menge aus der Masse herauskrystallisiren zu sehen. Von den zahlreichen organischen Körpern, die nur aus Kohlenstoff, Wasserstoff und Sauerstoff bestehen, dürfte es wenige geben, die nicht durch Salpetersäure schon in der Kälte, sicher aber in der Hitze, durch Oxydation eine solche Umänderung erfahren, daß ganz andere Stoffe aus ihnen entstehen, was natürlich stets mit Zersetzung der Salpetersäure unter Entweichen rother salpetriger Säure verbunden ist. Sägespäne, Stärke u. s. w. kann man durch anhaltendes Kochen mit Salpetersäure in Oxalsäure verwandeln; Zucker mit Salpetersäure gekocht, bis letztere ganz verschwunden ist, giebt zwei neue Säuren, Kleesäure und Zuckersäure u. s. w. Eine interessante Zersetzung findet in den Fällen statt, bei welchen der Prozeß so verläuft, daß die Säure salpetrigsaure Dämpfe ausstößt und dadurch zur Untersalpetersäure (NO_4) wird, die sich mit dem behandelten Stoff zu einem neuen Produkt verbindet. Man bezeichnet solche Erzeugnisse im Allgemeinen mit dem Namen Nitrokörper; der populärste derselben ist die Schießbaumwolle. Durch bloßes kurzes Einweichen in starke Säure verwandelt sich die Baumwolle, ohne daß ihr Aeußeres sich merklich verändert hätte, in den bekannten Konkurrenten des Schießpulvers. Nur ihr Gewicht zeigt, daß etwas Besonderes mit ihr vorgegangen, denn sie ist um $2/3$ schwerer geworden. In gleicher Weise entsteht aus Glycerin Nitroglycerin, aus Mannazucker Nitromannit, auch Knallmannit genannt, ein krystallisirter Körper, der durch Stoß explodirt; ebenso aus Benzol das Nitrobenzol (Mirbanöl), aus welchem man zunächst das Anilin und aus diesem die bekannten prächtigen Farben erzeugt u. s. w.

Das **Königswasser** ist eine bloße Mischung von Salpetersäure und Salzsäure (für viele Fälle genügt auch das billigere Gemisch von salpetersaurem Natron und Salzsäure), welches als auflösendes und oxydirendes Mittel da noch von großer Wirkung ist, wo jeder seiner beiden Säurebestandtheile für sich zu schwach sein würde. Gold z. B. ebenso wie Platin ist weder in Salzsäure noch in Salpetersäure allein löslich; beide Säuren in Vereinigung jedoch vermögen die Auflösung des Königs der Metalle zu bewirken, und deshalb hat das Gemenge auch den Namen Königswasser erhalten. In Wirklichkeit spielt auch hier die Salpetersäure die Rolle eines oxydirenden Körpers: das Gold ist nur in dem Chlor der Salzsäure löslich; in dem Königswasser besteht aber ein fortwährender Prozeß von Trennung und Verbindung; Sauerstoff verläßt allmählich die Salpetersäure, entreißt der Salzsäure die entsprechende Menge Wasserstoff und bildet Wasser, während das freiwerdende Chlor sich alsbald mit dem Golde zu flüssigem Chlorgold verbindet. Ist also die eine der beiden Säuren in der Flüssigkeit erschöpft, so hört die Wirkung auf.

Salzsäure und Chlor. Diese beiden Körper sind uns im Verlaufe unserer Betrachtungen so oft schon begegnet, daß es wol geeignet sein dürfte, uns an dieser Stelle noch etwas mit ihnen zu beschäftigen. In der Natur treffen wir die Salzsäure nirgends fertig gebildet vor; trotzdem daß wir sie aus dem Kochsalz ganz auf dieselbe Weise abzuscheiden vermögen, wie die Salpetersäure aus dem Salpeter, nämlich durch Destilliren mit Schwefelsäure, ist sie im Kochsalze doch nicht in gleicher Weise wie die Schwefelsäure im schwefelsauren Kali fertig gebildet enthalten und eben so wenig in den Mineralien, wie Hornblei, Hornsilber u. s. w., welche dem Kochsalze analoge Metallverbindungen darstellen.

Alle diese Verbindungen sind, wie wir schon früher erwähnten, nicht eigentliche Salze, das heißt Verbindungen von Basen und Säuren, vielmehr ist in ihnen das Chlor nur einfach mit einem anderen Elemente verbunden: es sind chemische Verbindungen erster Ordnung wie die Oxyde; ihrer salzähnlichen Natur wegen heißen sie Haloidsalze.

Derjenige Körper nun, der im Kochsalz mit Natrium, im Hornsilber mit Silber, im Hornblei mit Blei vergesellschaftet ist, ist das Chlor, ein gasförmiges Element von grünlichgelber Farbe und einem erstickenden Geruch und Geschmack. Ihm ähnlich, nicht nur im chemischen Verhalten, sondern auch in vielen äußerlichen Eigenschaften, sind eine Anzahl anderer Körper: Jod, Fluor und Brom, die mit dem Chlor zusammen die Klasse der Haloide bilden und auf welche wir bei der Photographie noch zu sprechen kommen.

Das Chlor verbindet sich mit dem Sauerstoff in verschiedenen Verhältnissen zu Säuren; die Verwandtschaft der beiden sich sehr ähnelnden Körper ist jedoch nur eine geringe, und die Chlorsauerstoffverbindungen zerfallen daher leicht wieder in ihre Bestandtheile, wodurch sie zu noch kräftigeren Oxydationsmitteln werden, als selbst die Salpetersäure eins ist. Bei den Feuerzeugen begegnen wir einer derselben, der Chlorsäure. — Von größerer Beständigkeit ist die Wasserstoffverbindung des Chlors, welche ebenfalls die Natur einer Säure hat und deswegen Chlorwasserstoffsäure heißt. Dies ist unsere gewöhnliche Salzsäure.

Ihre Darstellung aus dem Kochsalz gelingt mit wasserfreier Schwefelsäure nicht, weil weder in dieser noch in dem Chlornatrium der nöthige Wasserstoff enthalten ist, der sich mit dem vom Natrium sich freimachenden Chlor vereinigen könnte. Bei Gegenwart von Wasser dagegen wird allemal mit einem Atom Chlornatrium ein Atom Wasser zersetzt; der Sauerstoff desselben geht an das Natrium, wodurch letzteres zu Natron wird, das mit der Schwefelsäure schwefelsaures Natron giebt; der Wasserstoff verbindet sich mit dem Chlor zu der gasförmigen Säure, welche in Wasser aufgefangen wird und in der Mehrzahl der Fälle auch nur in solch wasserhaltigem Zustande zur Wirkung gelangt. —

Lösen wir ein Metall oder ein Oxyd, z. B. Zink oder Kalk, in Salzsäure, so haben wir nach alter Vorstellung salzsaures Zink, salzsauren Kalk; dampfen wir aber die Lösungen ein, bis nichts mehr fortgeht, so bleibt, wie schon gesagt, nur ein einfaches Elementenpaar übrig, Chlorzink, Chlorcalcium; Sauerstoff und Wasserstoff fehlen, sind als Wasser fortgegangen. Sonach ist ein Operiren mit Salzsäure in den meisten Fällen einem solchen mit freiem Chlor ganz konform. Für manche Zwecke, namentlich für den so wichtigen der Bleicherei, ist es aber erforderlich, das Chlor frei zu machen, also Chlorgas zu erzeugen, und das geschieht wieder durch Zerlegung der Salzsäure, durch Entziehung ihres Wasserstoffes. Das Werkzeug dazu ist der Sauerstoff; er nimmt den Wasserstoff hinweg, um mit ihm Wasser zu bilden. Den Sauerstoff hinwiederum entnimmt man einem Ueberoxyd, d. h. einem Oxyd, das mehr Sauerstoff enthält als zur Bildung von Salzen gehört. Der einzige ökonomisch verwendbare Stoff dieser Art ist der Braunstein, das Ueberoxyd des Metalles Mangan. Man bringt ihn mit Salzsäure oder, was auf eins hinausläuft, mit Kochsalz und Schwefelsäure, wo dann die Salzsäure erst bei der Operation entsteht, in den Entwickelungsapparat, welcher erwärmt wird; das entstehende Chlorgas zieht durch ein Rohr nach seinem Bestimmungsorte ab, und im Apparat verbleibt außer festen Rückständen eine Lösung von Chlormangan, bis vor Kurzem ein werthloser Abfall, in welchem die Hälfte des Chlors der Salzsäure verloren ging. Durch ein neues Verfahren (von Weldon) ist aber die Sache viel günstiger gestellt worden, und man kann nun mit einer und derselben Menge Mangan immerfort operiren, indem man aus dem Chlormangan immer wieder Ueberoxyd herstellt. Man übersättigt unzersetzt die Lösung desselben mit Kalk und leitet durch das Gemisch von Kalk und Manganoxydul so lange Luft, bis ein schwarzer Schlamm entsteht, der sogleich an Stelle frischen Braunsteins benutzbar ist.

Das Chlor ist bekanntlich ein energisches Bleichmittel; ebenso benutzt man es zur Zerstörung übler Gerüche und Krankheitsstoffe. In manchen Fällen bleicht man mit dem Gas direkt, z. B. die Lumpen in Papierfabriken; um es aber zu einer transportablen Waare zu machen, muß man es an Kalk binden; man leitet es daher in eine Kammer, in welcher feuchter Kalk auf Hürden liegt. Dieser sättigt sich mit dem Gas und giebt es nachgehends an die Luft allmählich, auf Zusatz einer Säure aber rasch ab. Ueber die Verwendung des Chlorkalks zum Bleichen enthält der folgende Band Näheres. Dr. G. Heppe.

Glasgemälde aus dem Etablissement der Gebrüder Chance in Birmingham.
(Die Sage von Robin Hood.)

Nie dachten wir im Meer, im Erdschacht ferne,
Daß wir, des Nassen Kinder und des Kalten
Wo wir die Bande der Natur getragen,
Daß die der Kunst wir trügen hier so gerne.
Rückert.

Das Glas und seine Verarbeitung.

Bedeutung des Glases. Geschichte seiner Erfindung. Die Glasindustrie der Alten. Römische und arabische Gläser. Die Venezianer. Ausbildung der Glastechnik in Deutschland und bei den modernen Völkern. — Das Glas in seinen chemischen Eigenschaften. Bestandtheile und Rohmaterialien. Die Kieselsäure. Glasbereitung. Arbeiten in der Glashütte. Die Oefen. Zusammensetzung der Glasmasse. Schmelzen derselben in Hafen. Aufarbeitung. Das Blasen von Hohlglas, Pfeife, Schere, Nabeleisen u. s. w. Formen. Tafelglas. Gießen der Spiegelplatten. Schleifen und Poliren. Belegen mit Amalgam. Gepreßtes Glas. Gefärbte Gläser. Glasrohren. Perlenfabrikation in Murano, Millefiori, Petinet u. s. w. Vollendung und Verzierung der Glaswaaren. Schneiden. Bohren. Schleifen. Glasmalerei. Geschichte. Technisches. Das Wasserglas.

In unseren jetzigen Kulturverhältnissen können wir uns keine Vorstellung darüber machen, welchen Weg die Entwicklung nicht nur bei uns, sondern unabhängig von uns auch bei allen gebildeten Völkern der Erde gegangen sein würde, wenn das Glas nicht erfunden worden wäre. Nicht nur, daß uns damit ein geradezu unersetzliches Material für zahlreiche Zwecke des Nutzens und Vergnügens mangeln würde und wir alle jene Geräthe zu entbehren gezwungen wären, deren Herstellung in der zweckmäßigsten Form eben nur das Glas gestattet, sondern — und das wäre noch viel bedeutsamer — es würde für uns ein reiches Feld der Erfahrungen, wissenschaftlicher, künstlerischer und technischer Erfolge gar nicht einmal existiren, welche zu erreichen mit Hülfe des Glases möglich geworden ist. Und wenn wir in Unkenntniß dieser Zustände auch den Mangel nicht fühlen würden, so wäre derselbe doch sicher so bedeutend, daß wir behaupten können, die Erfindung des Glases ist eines der bedeutsamsten Kulturmomente geworden.

Welche veränderte Formen müßte in unserem rauhen Klima das Leben haben, wenn wir unsere Wohnungen nicht durch Glasfenster licht und behaglich zu machen im Stande wären!

Weiterhin aber, was wäre unser Wohlbefinden, unsere Industrie, ohne die tausend und abertausend Glasgeräthe und Glasgefäße, die wir zu unzähligen Zwecken gebrauchen! Es ist geradezu zu verneinen, daß die Naturwissenschaften, Chemie, Physik, Astronomie, Optik u. s. w., eine nennenswerthe Entwicklung hätten erreichen können, und der Standpunkt unserer geistigen Bildung würde in Ermangelung dieses unschätzbaren Materials ein bei weitem niedrigerer sein.

Geschichte des Glases. Bei dem hohen Alter der Glasindustrie ist es nicht zu verwundern, daß wir von dem Entwickelungsgange derselben und den ersten Erfindern des Glases keine sichere Kunde besitzen. Plinius erzählt uns: Ein Schiff mit Nitrum (darunter ist vielleicht die Soda, aber nicht der Salpeter zu verstehen, wenn er auch jetzt diesen Namen führt) sei bei stürmischem Wetter in der Nähe der Mündung des Flusses Belus an die Küste getrieben worden; die Schiffer hätten, um ihre Speisen zu kochen, da sie am Ufer nur Sand, aber keine Steine fanden, einige Klumpen des Salzes auf den Sand gelegt und ihren Kessel daraufgesetzt; da habe sich denn, nachdem sie ihre Mahlzeit beendet, zu ihrem Erstaunen ein durchsichtiges Glas auf dem Sande gefunden, und die intelligenten Schiffsleute hätten diese zufällige Entdeckung mit Glück in ihrem Nutzen auszubeuten verstanden. Der Sand dieses kleinen Flusses in Galiläa, der am Fuße des Berges Karmel entspringt, stand in der That noch lange Zeit in dem Rufe, zur Verglasung besonders geeignet zu sein, und wurde daher, außer daß an Ort und Stelle selbst viele Glashütten entstanden, auch anderwärts sehr gesucht und weit verschickt.

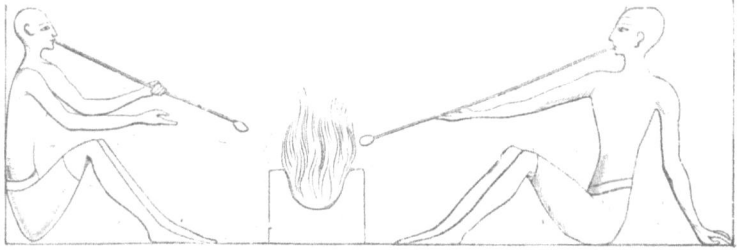

Fig. 248. Abbildungen von Glasbläsern auf altägyptischen Baudenkmälern.

Indeß kann man deshalb die von Plinius wiedergegebene Erzählung doch nicht für buchstäblich wahr halten; es erscheint schon unwahrscheinlich, daß es in so unmittelbarer Nähe des Berges Karmel keine Steine zum Daraufstellen des Kessels solle gegeben haben, dann aber ist vor allen Dingen die Hitze, welche sich unter den angegebenen Umständen entwickeln konnte, lange nicht stark genug, um eine Verglasung zu bewirken. Indessen darf man wol annehmen, daß die ersten Glasflüsse Erzeugnisse des Zufalls waren, wie auch die Oertlichkeit ihres Ursprunges sehr wahrscheinlich an den Küstenländern des östlichen Mittelländischen Meeres zu suchen ist, denn die hier wohnenden Völker, Aegypter, Phönizier u. s. w., trieben seit den ältesten Zeiten gewisse Industriezweige, besonders Töpferei und Metallurgie, welche vermöge der dabei vorkommenden hohen Hitzegrade fast nothwendig auf die Erfindung des Glases hinführen mußten. Zudem wuchsen ihnen die nothwendigen Bestandtheile, Sand und Natron, gleichsam in die Hand, denn auch letzteres ist ein natürliches, in jenen Ländern häufiges Erzeugniß.

Es ist nicht ganz ausgemacht, ob die Phönizier, der gewöhnlichen Annahme nach, in der ersten Zeit die alleinigen Glasfabrikanten waren, oder ob sie nur, als rührige Erwerbsleute, sich vorzugsweise des Handels mit dieser Waare bemächtigt hatten; denn auch die Aegypter waren seit alten Zeiten mit der Bereitung des Glases, mit dem Schleifen und Vergolden desselben vertraut, wie die gläsernen Schmucksachen beweisen, die sich in ihren Grabgewölben finden. Diese Gläser sind alle gefärbt und undurchsichtig, namentlich finden sich oft blaue Gläser, dann häufig grüne in verschiedenen Nuancen, gelb, roth, braun, weiß, schwarz, selten amethystrothe. Aus verschiedenen Thatsachen wird es wahrscheinlich, daß mindestens 1600 Jahre v. Chr. schon Glas gemacht worden ist. Hieroglyphen auf alten

Geschichte des Glases.

Skarabäen und Glasperlen, wenn dieselben wirklich die Namen gleichzeitig lebender Monarchen angeben, würden der Glasmacherkunst dieses hohe Alter vindiziren, und die bekannten Abbildungen der Glasbläser, welche sich zu Beni-Hasan befinden, sind von Hieroglyphen umgeben, aus denen hervorgehen soll, daß jene Zeichnungen noch vor dem Auszuge der Kinder Israels aus Aegypten gefertigt worden sind. In den Figuren 248 und 249 sind uns Beispiele solcher Darstellungen vorgeführt, welche Manipulationen veranschaulichen, die wir heute noch in jeder Glashütte beobachten können.

Die Glasfabriken von Sidon, deren Ursprung man aber auch nicht mit irgend nur genügender Sicherheit verfolgen kann, haben uns Reste ihrer Produkte hinterlassen, aus denen große Kunstfertigkeit, sowol in Bezug auf Form als auf Farbe spricht. Im Britischen Museum in London befinden sich mehrere Glasfragmente, auf denen der Name des Verfertigers eingepreßt ist, unter anderen ein durchsichtiger blauer Henkel, der auf der einen Seite die griechische Inschrift APTAΣ ΣEIΔΩ, auf der anderen die lateinische ARTAS SIDON trägt. Auch ein Stück blaues Hohlglas findet man dort unter den sidonischen Ueberresten, welches inwendig mit weißem Email überfangen ist. Die ältesten Glaswaaren sind fast ausschließlich Schmuckgegenstände und Zierrathen. Auf die praktischen Verwendungsarten kam man erst später, sie wurden aber sehr bald weit ausgedehnt, denn man findet bei den alten Aegyptern bereits Glasgegenstände von großen Dimensionen, wie Särge u. s. w., und im Heraklestempel zu Thyrus sollen nach Herodot ganze Säulen aus Smaragd bestanden haben; unter Smaragd meint man aber in diesem Falle gefärbten Glasfluß verstehen zu müssen.

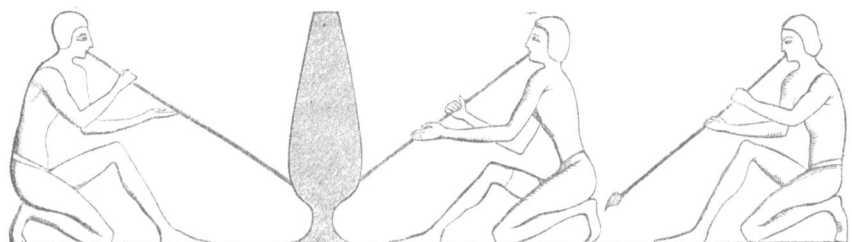

Fig. 249. Abbildungen von Glasbläsern auf altägyptischen Baudenkmälern.

So lange man das Glas nur gießen oder pressen konnte, mußte seine Verwendung eine beschränkte bleiben. Die Kunst des Blasens aber ist jedenfalls erst lange nach der Erfindung des Glases überhaupt gemacht worden; wenn man daher aus den Glashütten von Sidon und Alexandrien außer geschnittenen und geschliffenen Gläsern auch solche, die mit vieler Kunst geblasen sind, ja sehr schöne Ueberfanggläser sieht, so wird man die ersten Anfänge noch um Vieles zurückdatiren dürfen.

Mag nun die Erfindung des Glases den Phöniziern oder den Aegyptern oder sonst einem der alten Kulturvölker an den Gestaden des Mittelmeeres zugeschrieben werden, oder mag, was bei der Einfachheit der Vorgänge sehr wohl möglich ist, die Erfindung selbständig an verschiedenen Orten gemacht und weiter vervollkommnet worden sein, jedenfalls verbreitete sich die Kunst sehr bald mit den schönen Erzeugnissen, die einen lebhaft begehrten Handelsartikel bildeten. Die Juden betrieben frühzeitig die Glasmacherei, und Perser und Griechen lernten von diesen Völkern, mit denen sie in vielfache Berührung kamen. Von den Indiern rühmt Plinius, daß sie sehr schönes Glas aus zerbrochenem Krystall machten, und daß sie die Edelsteine nachzuahmen verständen.

Man kannte in jenen Zeiten in Aegypten bereits die Kunst, mehrere verschiedenartig gefärbte Gläser mosaikartig mit einander zu vereinigen und regelmäßige Muster dadurch hervorzubringen. Ein Basrelief des Britischen Museums (Fragment) stellt einen männlichen Kopf dar, dessen Gesicht aus einer gelben Glasmasse gebildet ist, während die Haare blau und kokardenartig mit weißen, blauen und gelben Ringen verziert sind; ein blauer und grüner Kopfputz ziert den Scheitel und das Ganze steht auf rothem Grunde.

Obwol jünger als die ältesten ägyptischen Gläser, aber doch immer noch ziemlich weit zurückreichend, denn man rechnet, daß sie wol 1100 Jahre vor Christi Geburt schon in der Erde gelegen haben mögen, sind die Glasüberreste, welche man aus den Ruinen von Niniveh ausgegraben hat. Kapitän Layard fand daselbst eine kleine, etwa 10 Centimeter hohe Vase von grünlichem, durchsichtigem Glase, mit einem in Relief gearbeiteten Löwen und einer Inschrift in Keilschrift.

Von Erzeugnissen der griechischen Glasindustrie ist nicht viel auf uns gekommen, dessen Ursprung zweifellos wäre. Nichtsdestoweniger aber darf man mit Sicherheit annehmen, daß diese Kunst auch bei diesem Volke erfolgreich betrieben worden ist, wenngleich sie nicht die hohe künstlerische Ausbildung erlangt hat, deren sich die keramischen Künste rühmen konnten. Der griechische Name des Glases, ὕαλος, ist koptischen Ursprunges, was auf die Richtung deutet, aus der die Kenntniß des farblosen Glases nach Griechenland gekommen war. Der ältere Ausdruck λίθος χυτή, geschmolzener Stein, bezeichnet wol nur undurchsichtige und durch ihre Färbung dem Jaspis, Achat u. s. w. ähnliche Massen. Sehr schöne Glasgefäße altgriechischen Ursprunges sind hier und da gefunden worden, so 1852 eine prachtvolle Amphora an der Stelle des alten Pentikapäon am Kimmerischen Bosporus, bei Modena u. s. w. — Bei weitem zahlreicher aber sind die römischen Ueberlieferungen dieser Art, und die Portlandvase, welche um die Mitte des 16. Jahrhunderts in der Umgegend von Rom gefunden wurde, ist als eines der schönsten Werke berühmt. Sie befindet sich jetzt ebenfalls im Britischen Museum und besteht ihrer Masse nach aus einem blauen Glase, welches reich mit weißen Reliefs verziert ist (s. Fig. 250). Die römische Glastechnik fußte auf der Ausbildung, welche die Kunst in Aegypten erlangt hatte, und namentlich waren es die Glashütten von Alexandrien, welche, wie sie einen großen Theil von Italien mit ihren Erzeugnissen versorgten, ihre besten Werke nach Rom schickten und späterhin selbst Arbeiter und Künstler lieferten, welche die dort geübten Verfahren nach Rom übertrugen.

Bekannt waren indessen Glaswaaren den Römern schon lange vorher. Darüber kann kein Zweifel sein, wenn man bedenkt, daß unter den italischen Völkern mit den Phöniziern und Aegyptern über Malta, Korsika u. s. w. ein lebhafter Verkehr bestand, und daß die Etrusker, in allen gewerblichen Künsten sehr vorangeschritten, auch in der Glasmacherei eine so hohe Künstlerschaft erreicht hatten, daß sie sogar schon jene Millefiori genannte Technik auszuüben verstanden, deren Wiederaufnahme wir erst den Venetianern verdanken. In Süditalien hat die Glasmacherkunst sehr zeitig schöne Werke hervorgebracht; die Ausgrabungen in Pompeji beweisen, daß zu Anfang unserer Zeitrechnung hier die vollendetsten Arbeiten ausgeführt wurden. Surrentinum (Sorent) war durch seine Schleifereien und Ciselirungen kameenartig verzierter Gefäße berühmt. In all diesen Gläsern, den süditalischen sowol wie den an die etruskischen sich anschließenden, erkennt man in der Verwandtschaft mit griechischer Kunst die Art ihres Herkommens. Direkt übte dagegen die ägyptische Glasmacherei ihren Einfluß, als im Jahre 26 n. Ch. unter Kaiser Augustus eine große Menge von Glaswaaren als Tribut nach Rom geliefert wurde, deren Anfertigung die Glashütten von Alexandrien lange beschäftigte.

Die erste Glashütte wurde in Rom unter Nero errichtet, sie lieferte aber nur schlechte Trinkgläser. Die feinen Gläser waren zu jener Zeit noch so theuer, daß genannter Kaiser für ein Paar schöne Glastassen über 3000 Mark nach jetzigem Gelde bezahlte. Im Jahre 210 n. Chr. gab es aber in Rom schon so viele Glasmacher, daß man sie in ein besonderes Stadtviertel zu verweisen für nöthig fand; denn die Römer hatten mittlerweile mit der Verwendung des Glases einen enormen Luxus getrieben, es wurde in großen Massen selbst in der Baukunst angewandt als Belege der Fußböden und zur Verzierung der Wände. Daß die Römer Glasfenster hatten, ist durch die Auffindung von Fensterscheiben in den Ruinen von Pompeji erwiesen. Sie scheinen gleich in der erforderlichen Größe gegossen worden zu sein, denn sie haben keine geschnittenen, sondern rundlich geflossene Ränder. Unter Kaiser Tiberius soll die Erfindung gemacht worden sein, Glas biegsam und hämmerbar zu machen; den Erfinder aber habe der Kaiser enthaupten lassen, damit das

Geschichte des Glases.

Geheimniß, durch welches Gold und Silber entwerthet werden müsse, nicht bekannt werde. Ist diese Geschichte auch eine Fabel, so beweist sie doch die Theilnahme, welche man der Glastechnik zuwandte, und wenn wir heutzutage noch die Glasgefäße ansehen, welche an Orten römischer Niederlassungen, namentlich in den Rheingegenden bei Bingen und anderwärts, ausgegraben worden sind, so finden wir nicht nur in Bezug auf Schönheit der Form die höchste Vollendung, sondern wir sehen daran auch eine Kunstfertigkeit in der Materialbehandlung, einen Reichthum der technischen Verfahrungsweisen, eine Sicherheit in deren Anwendung, wie sie jetzt nur ausnahmsweise bei uns angetroffen werden kann; ja es kommen Dinge vor, die selbst mit allen Hülfsmitteln unseres Jahrhunderts unerreichbar erscheinen. Vom dritten Jahrhundert ab gerieth jedoch die römische Glasindustrie in Verfall; das Material selbst zwar blieb in Anwendung, aber seine künstlerische Verwendung verlor sich mehr und mehr und damit allmählich auch die Kunstfertigkeit seiner Bearbeitung.

In alten germanischen und slavischen Gräbern finden sich zwar auch Glasüberreste, allein dieselben sind insofern als historische Belege von geringer Bedeutung, weil man nicht im Stande ist zu erkennen, ob sie von den Urbewohnern jener Landstriche gefertigt oder auf dem Wege des Handels erlangt worden sind. Wenn es eigene Produkte sind, wofür allerdings die Formen bisweilen zu sprechen scheinen, dann dürfte die Glasmacherei bei den Slaven ein höheres Alter haben als bei den Germanen. Denn in den Grabstätten jener finden sich Glasringe noch mit Steinwerkzeugen und Steingeräthen vergesellschaftet, während die alten Deutschen, bevor sie das Glas kennen gelernt zu haben scheinen, bereits eine ziemliche Stufe in der Metallbearbeitung erstiegen hatten. In den altnordischen Heldenliedern und Mythen findet man übrigens das Glas öfters erwähnt, und ebenso war bei den keltischen Völkern das schöne Material mit ihren heiligen Anschauungen und Gebräuchen verknüpft. Glasgefäße, Armbänder, Perlen u. dergl. findet man häufig in keltischen Grabstätten; im Ganzen aber blieb die Glasindustrie doch wol immer eine exotische Pflanze, die auf dem kalten Boden keine gedeihliche Entwicklung fand.

Fig. 250. Die Portlandvase.

Es sind antike Gläser analysirt worden, und obwol von verschiedenen Fundorten und verschiedenem Aussehen, das auf eine abweichende Zusammensetzung hätte schließen lassen sollen, zeigen sie doch sämmtlich eine große Uebereinstimmung. Die alkalische Basis in derselben ist das Natron — aus der ägyptischen Soda, dem nitrum der Alten — und erst die Einführung der Soda aus den Seepflanzen statt der ägyptischen Soda scheint den geringen Kaligehalt, der sich wol in einzelnen alten Glassorten findet, bewirkt zu haben. Daß zu dem Glassatze auch schon Braunstein genommen wurde, geht aus der chemischen Untersuchung ebenfalls hervor, und wahrscheinlich ist es dieses Mineral, welches Plinius mit „magnes lapis" als einer Zuthat erwähnt und welches man fälschlicherweise für Magnetstein gehalten hat. Da nun auch Kalk, theils aus Muschelschalen, wahrscheinlich aber auch als Marmor — denn der „lapis alabandicus" des Plinius könnte wol auf Marmor gedeutet werden — unter die Bestandtheile gehörte, so haben wir alle diejenigen Substanzen schon beisammen, welche auch jetzt noch für die gewöhnlichen Weißhohlglassorten in Anwendung sind. Außer dem schon erwähnten Flusse Belus war der Volturnus wegen seines guten Sandes bei den alten Glasmachern ganz besonders berühmt, etwa ebenso wie es heute die Sandablagerungen von Fontainebleau und Nifelstein bei Aachen sind.

Da in der ägyptischen Soda ein ziemlicher Gehalt an Kochsalz sich findet, so mußte beim Schmelzen des Glases viel sogenannte Galle (schwefelsaures Natron und Kochsalz) sich absondern, und es war nothwendig zur vollständigen Läuterung, die Masse einem zweimaligen Schmelzprozeß zu unterwerfen, was Plinius auch besonders erwähnt.

Der Ursprung des deutschen Namens Glas scheint darauf hinzudeuten, daß diese Erfindung von Rom aus den nördlicher wohnenden Völkern bekannt geworden sei. Denn Glas ist entstanden aus dem lateinischen glastum, welches seinerseits von dem griechischen γλαύσσω oder γλάσσω abstammt; alle drei mit ihren verwandten Zweigen bedeuten aber nichts Anderes als glänzen, gleißen. So viel ist wol als sicher anzunehmen, daß die Gallier von den Römern in der Kunst der Glasmacherei unterrichtet worden und nach England die Kenntnisse nicht viel später gelangt sind. In den ursprünglichen Heimstätten der Glasindustrie, in den Gegenden, wo die beiden Erdtheile Asien und Afrika sich berühren, wurde dieselbe, wie es scheint, fort und fort gepflegt. Aus dem 10. Jahrhundert wenigstens haben sich noch einzelne Glasgefäße erhalten, andere sind durch Kreuzfahrer mit in das Abendland gebracht worden oder als Geschenke der Fürsten hierher gekommen; sie werden jetzt als Kostbarkeiten in den Sammlungen aufbewahrt. Als eigenthümlich ist an ihnen die schöne Farbe der Masse und die häufig in leuchtenden Emailfarben ausgeführte Dekoration hervorzuheben. Das Grüne Gewölbe in Dresden besitzt einige solcher Gläser, andere finden sich im Schatze des Stefansdomes zu Wien, im Britischen Museum zu London, zu Paris u. s. w. In Byzanz wurden bunte Glasflüsse zu den Mosaikwürfeln hergestellt, und Damaskus sowie Smyrna waren als Fabrikationsorte berühmt.

Im Abendlande wurde, wie jede andere Kunstübung, so wahrscheinlich auch die auf römischen Ueberlieferungen einestheils, anderentheils auf griechischen und byzantinischen Fundamenten beruhende Glasindustrie ausschließlich wol nur in den Klöstern gepflegt, bis mit dem erstarkenden Städtewesen die Zünfte die Erziehung der technischen Künste sich angelegen sein ließen. Im 9. Jahrhundert werden unter den im Kloster Konstanz thätigen Werkleuten auch Glasbrenner genannt.

Die wesentlichste Förderung mußte die Glasindustrie erfahren, nachdem es üblich geworden war, mit Glas die Lichtöffnungen der Wohnungen zu verkleiden. Dies setzte jedoch schon eine ziemliche Billigkeit des Materials voraus und ganz besonders die Fertigkeit, größere Scheiben von ziemlicher Dünne herzustellen.

Glasfenster gab es nun zwar, wie bereits erwähnt, schon zur Zeit vor Christi Geburt, in großem Maßstabe angewendet finden wir sie in der Mitte des 5. Jahrhunderts in der Sophienkirche zu Konstantinopel und 674 wurden Kirche und Kloster zu Weremouth in Durham mit solchen versehen; allein dieselben waren so kostspielig und daher so selten, daß sie zu dem größten Luxus gerechnet wurden. Ließ doch noch im Jahre 1573 der Herzog von Northumberland, wenn er von seinem Schloß Alnwick-Castle verreiste, die Glasfenster von seiner Dienerschaft herausnehmen, damit sie nicht durch die Witterung zu viel Schaden leiden sollten. Die ersten Glasfenster bestanden noch nicht aus einzelnen großen Scheiben, sondern vielmehr aus lauter kleinen Stückchen, die mosaikartig und in verschiedenen Farben zu Mustern zusammengesetzt die ersten Anfänge der Glasmalerei darstellen. Mit der allmählich erlangten Fertigkeit, größere Scheiben zu erzeugen, wurden die Glasfenster billiger und kamen allgemein in Gebrauch; damit aber erwuchs ein Verbrauchsartikel, dessen steigender Bedarf auf die ganze Industrie sich sehr einflußreich erweisen mußte. Die Dichter des Mittelalters erwähnen des Glases sehr häufig in ihren Bildern, so daß damals Spiegel, künstliche Schmucksteine, Ringe neben allerhand Gefäßen reichlich in Gebrauch gewesen zu sein scheinen. Auch selbst, als in Venedig die Glasindustrie bereits eine hohe Bedeutung erlangt hatte, wurden gewisse Glasfabrikate, so namentlich Spiegel aus den nördlichen Ländern und besonders aus Deutschland und Flandern, nach Venedig als Handelswaare gebracht. Diese Länder haben also jedenfalls nicht erst über Venedig ihre Kunst bekommen, sondern darin zeitig schon eine selbständige Entwicklung gefunden.

In der weltmächtigen Lagunenstadt aber gelangte die Glasmacherkunst zu einer Stellung und zu einem Einfluß, den sie anderswo nicht wieder gefunden hat. Durch die Beziehungen zum Orient, welche Venedigs Aufblühen begünstigten und späterhin auch dem ganzen Leben ein eigenthümliches Gepräge gaben, war die Glastechnik neben anderen griechischen und sarazenischen Künsten nach Venedig gelangt. Schon im 9. Jahrhundert wurden auf Murano Mosaiken gemacht; die Periode des glänzendsten Aufschwunges datirt aber seit der Eroberung von Konstantinopel 1204 durch Enrico Dandolo, welche alle Mittel und Elemente üppigen Lebens von Byzanz in die Residenz des Dogen verlegte. Zwar blieb noch lange Zeit die byzantinische Tradition herrschend, und besonders in der Mosaik zeigt sich dies bis weit hinein in das 14. Jahrhundert, von da ab aber schlug die ganze italienische Kunst neue Bahnen ein, und die Bewegung der Wiedergeburt, die sich auf alle Lebenskreise bezog, ergriff nach und nach die ganze gebildete Welt.

Venedig, durch Reichthum, Machtstellung und weitreichende Verbindung besonders dazu geeignet, wurde in erster Reihe mit tonangebend. Erzgießer, Baumeister, Maler, allerlei Handwerker wanderten dahin und bildeten sich in der glänzenden Stadt aus, die allen schönen Künsten reichlohnende Thätigkeit verschaffte. Die Glasbläserei war nun unter den gewerblichen Künsten diejenige, welche am eigenartigsten herausgewachsen war, deren Erzeugnisse infolge dessen auch als kostbare Handelswaare überall hin verbreitet wurden und auf die Geschmacksrichtung anderer Länder ihren Einfluß ausübten. Die Geschichte dieses Industriezweiges in Venedig bietet soviel allgemeines Interesse Erweckendes, daß wir uns etwas eingehender damit befassen dürfen.

Die venetianische Glasindustrie. Durch einen Beschluß des Großen Rathes von Venedig waren im Jahre 1291 alle Glasöfen, die im Bisthum Rialto sich aufgethan hatten, auf die Insel Murano verlegt worden — ut ars tam nobilis semper stet et permaneat in loco Muriani (damit die so edle Kunst immer bestehe und fortdauere auf Murano), wie ein Senatsbeschluß von 1383 erklärt. Uebrigens waren in Venedig zu dieser Zeit schon die Glasmacher sehr zahlreich, und bereits drei Jahrhunderte früher, aus dem Jahre 1091, wird eines gewissen Petrus Flavius als eines „Phiolarius" Erwähnung gethan. Die Phioleri de Muran erhielten weitgehende Privilegien und ihre Bestätigungsurkunden sind noch im dortigen Museum aufbewahrt, ebenso wie die Verfassung, welche sich die Zunft selbst gegeben. Nach derselben theilten sich deren Angehörige in vier Klassen: die Glasbläser, die Anfertiger von Spiegel- und Fensterglas, die Perlenmacher und die Schmelzbläser, welche letztere aus den bunten Glaspasten, Stäben, Emaillen die mannichfachsten Kunsterzeugnisse an der Lampe hervorbrachten. Jede dieser Klassen hatte ihre besonderen Regeln. Die ganze Genossenschaft aber wurde überwacht durch den Comparto, eine aus der Zahl der Patroni (Fabrikbesitzer) zusammengesetzte Kommission von fünf Mitgliedern, welche einem Mitgliede des Rathes der Zehn untergeordnet war und alljährlich — anfänglich am St. Martialstage, später am Feste des heiligen Nikolaus (6. Dez.), des Schutzheiligen der Glasmacher — durch sämmtliche Meister neu gewählt wurde. Der Obmann des Comparto führte den Titel Gastaldo; er ernannte als Unterbeamte zwei Soprastanti, Inspektoren, welche das Recht hatten, zu jeder Stunde in jede Fabrik einzutreten, um über die gewissenhafte Befolgung der Vorschriften zu wachen. Die Angelegenheiten der Genossenschaften wurden in Generalversammlungen, deren der Gastaldo jährlich zwei zusammenberief und an denen sämmtliche Patrone und Meister Theil nehmen mußten, verhandelt.

Der Comparto entschied nach den vorgelegten Probearbeiten, ob ein Arbeiter würdig sei, Meister zu werden, oder nicht, wie er auch die Aufnahme neuer Meister gänzlich sistiren konnte, wenn die Zahl der schon vorhandenen im Vergleich mit der Arbeit hinreichend groß erschien. In Murano durfte kein Fremder die Glasmacherei ausüben, ein Gesetz vom Jahre 1489 bestätigte dieses Recht; ja nicht einmal Theilhaber einer in Murano bereits bestehenden Fabrik konnte ein Fremder werden. Die Patroni oder Fabrikbesitzer mußten eingeborene Muranesen oder Venetianer sein, und die Letzteren standen sogar erst in zweiter Reihe, denn sie wurden nur aufgenommen, wenn sich nicht genug Muranesen um Aufnahme in die Genossenschaft beworben hatten.

Diese sorgte aber auch für ihre Angehörigen und hatte zu solchem Zwecke ihre öffentliche Unterstützungskasse, in welche jeder Patron eine je nach dem Umfange seiner Fabrik abgemessene Steuer, und jeder Meister einen zweitägigen Lohn beisteuern mußte. Aus derselben erhielten unverschuldet ins Unglück gerathene Patrone, wenn sie zehn Jahre der Genossenschaft angehört hatten, eine Pension von jährlich 70 Dukaten, ein Meister 40 Dukaten u. s. w.

Aus allgemeiner Beisteuer wurden Schulen unterhalten. Die Insel hatte ihre eigene Rechtspflege, auf ihrem Gebiete durfte sich kein Sbirre der Republik, auch nicht deren Haupt, der Missier grande, betreten lassen. Der Muranese ließ sich nur von den eigenen Beamten verhaften und der höchsten Behörde überliefern. Die Glasmacher fühlten sich edel genug, ihre Töchter durften sich mit venetianischen Patriziern verheirathen und die Kinder erbten den Rang des Vaters; dem Muranesen standen die Aemter der Republik offen, er durfte — eine ganz besondere Auszeichnung — die Casa di coltelli (eine Scheide mit zwei Schwertern) tragen. Die Insel hatte auch ihr Goldenes Buch, in welches seit 1602 die Namen sämmtlicher eingeborenen Muranesen sowie ihrer Nachkommen eingetragen wurden. Sie ließ in der Münze von Venedig eigene Gold- und Silbermünzen, die sogenannten Oselle, prägen — kurz, es war ein edles Gewerbe, die muranesische Glasmacherei.

Dafür wurde aber auch die Geheimhaltung ihrer Verfahren auf das Strengste bewacht und jede Verletzung mit den härtesten Strafen geahndet. Flüchtlinge, welche die Geheimnisse verrathen hatten, wurden zur Rückkehr aufgefordert, ihre Angehörigen als Geißeln eingekerkert, und wenn auch dies nicht half, griff die Republik zu den extremsten Mitteln und schickte ihnen Agenten nach, um sie zu ermorden.

Trotzdem aber sind auch in anderen Ländern die Methoden der venetianischen Glasindustrie bekannt geworden, und namentlich hat sich im Fichtelgebirge die Fabrikation von Schmelz und Perlen, wahrscheinlich durch Venetianer, welche die Gegend häufig nach Erzlagerstücken durchsuchten, eingebürgert.

Die Kunst, gefärbte Gläser zu machen, künstliche Edelsteine und Emaillen, scheint ziemlich zeitig schon in Murano und in Venedig bekannt und in Uebung gewesen zu sein. Es wird berichtet, daß die Angaben des Marco Polo für die Glasmacher Briani und Domenico Miotti die Veranlassung gewesen seien, künstliche Granaten, Achate u. dergl. zu machen. Diese Erzeugnisse hätten sie in Bassora zu sehr hohen Preisen verkauft, und darauf hin habe Miotti die Herstellung derselben als Margaritae — welches dort sowol Perlen als Edelsteine bedeutete — im Großen betrieben. Der Name Perlen würde in dieser seiner eigenthümlichen Anwendung demnach einen sehr frühzeitigen Ursprung haben. Wenn aber derartige Imitationen damals schon hergestellt wurden, so ist es mehr als wahrscheinlich, daß die Kunst, Glasflüsse zu färben, schon im 11. und 12. Jahrhundert eine hohe Vollkommenheit erreicht hatte. Und daß diese Kunst mit ihren Erfolgen auch nicht immer ganz gewissenhaft umging, beweist ein Erlaß des Senats vom Jahre 1445, welcher Denjenigen, der künstliche Edelsteine für echte verkaufte, mit einer Geldstrafe von 1000 Dukaten und zwei Jahren Gefängniß bedrohte.

Martino da Canale, ein venetianischer Chronist, berichtet, daß man im Jahre 1268 am 23. Juli zu Ehren der Thronbesteigung des Lorenzo Tiepolo ein Siegesdenkmal aus Glas von Murano errichtet habe. Gläserne Karaffen werden 1279 schon erwähnt, und zehn Jahre später wurde für den Leuchtthurm am Molo von Ancona eine Laterne bestellt, zu welchem Behufe eine besondere Gesandtschaft nach Venedig abgesandt wurde. Ebenso wurden sehr frühzeitig schon Glastafeln zu Fensterscheiben hergestellt, wie ein Rescript vom Jahre 1308 beweist, welches gestattet, für das Kloster von Assissi Fensterscheiben bis zum Werthe von 100 Lire zu fertigen.

Die kirchliche Baukunst, welche bunte Glasfenster mit ausschließlicher Vorliebe anbrachte, übte eine begünstigende Wirkung auf die Glasindustrie aus, und namentlich ist es

Giovanni von Murano, der im zweiten Jahrzehnt des 14. Jahrhunderts wegen seiner herrlich gefärbten Glasflüsse zu Kirchenfenstern berühmt war. Nicht minder berühmt waren die beiden Beroviero, Angelo und sein Sohn Martino, welche aus besonderer Gunst von der Republik die Erlaubniß erhielten, den Einladungen der Herren von Ferrara, Mailand und Florenz zu folgen und selbst nach Konstantinopel zu gehen, um sich mit den Kunsterzeugnissen dieser Länder bekannt zu machen; die Brüder Luna, welche im 17. Jahrhundert dasselbe Vorrecht genossen und durch die besondere Freundschaft Cosimo's des Zweiten von Toscana ausgezeichnet wurden, Bertelini, Briati und schließlich im 18. Jahrhundert die Familie Miotti, welcher wir die Erfindung des künstlichen Aventurin verdanken.

Fig. 251. Museum für Glasindustrie auf der Insel Murano.

Glasspiegel sind zuerst in Murano 1308 gefertigt worden; wenig später (1317) erfand man ein besonders geeignetes Glas zur Spiegelfabrikation. Indessen ist es unrichtig, wenn man die Spiegel aus Glas selbst eine venetianische Erfindung nennt. Wir haben weiter oben schon erwähnt, daß lange vorher in deutschen Gedichten der gläsernen Spiegel Erwähnung geschieht; ja es ist bekannt, daß bereits die Römer sich der Obsidianspiegel bedient, und zu vermuthen, daß sie darauf hin auch geschwärzte Gläser als Spiegel bald benutzt haben werden. Hier kann es sich aber nur um die Glasspiegel mit Metallbeleg handeln, welche allerdings ein sorgfältiges Schleifverfahren und den Gebrauch des Zinnamalgames voraussetzen. Beides ist in Deutschland eher als in Venedig ausgebildet worden.

Waren aber schon in sehr frühen Zeiten die venetianischen Gläser berühmt, so bezeichnen doch erst das 16. und 17. Jahrhundert das Stadium ihres höchsten Glanzes.

Die Zeit der Renaissance, welche allen Künsten einen frischen Aufschwung gab, brachte auch die Glasmacherkunst zu ihrer Blüte. Durch zahlreiche Entdeckungen war man völlig Herr des Materials geworden, und der Kunstsinn der damaligen gebildeten Welt suchte die Werke der muranesischen Werkstätten als kostbaren Schmuck der Wohnungen und Galerien.

„Die erstaunlichen Werke der Künstler von Murano" — schreibt Salviati, der sich um die Wiedererhebung der altberühmten Industrie hohe Verdienste erworben hat, „führten selbst die Barbaren in Versuchung. Sie kamen mit ihrem Goldstaub, mit ihren Elefantenzähnen, mit Gewürzen und Thierfellen, um den venetianischen Sand zu erhandeln, welchen Fleiß und Genie in kostbare Geräthe umgewandelt hatten. Die Zeitgenossen dieser Epoche sind es, begabt mit einer hervorragenden Intelligenz und mit einer ausdauernden Geduld, welchen man die Prachtstücke, die heute noch der Schmuck der Sammlungen sind, die glänzenden Dekorationen der berühmtesten Monumente des Mittelalters zuzuschreiben hat: die Nachahmungen der Perlen, des Marmors und der Edelsteine, wie Chalcedon und Aventurin, die gefärbten Gläser und die bunten Scheiben für die Glasgemälde der Kirchen, die Emaillen für die Mosaiken, die künstlich geblasenen Geräthe für den häuslichen Gebrauch, die Spiegelgläser, Lustres und Kandelaber, geziert mit gläsernen Blumen und Blattwerk u. s. w. u. s. w."

Der Tourist, welcher heute die Dogenstadt besucht und auch auf der Insel Murano landet, muß er sich nicht traurigen Betrachtungen hingeben beim Anblick dieser einst so blühenden Bevölkerung, die jetzt in einem Zustande des Herabgesunkenseins dahin lebt? Jedermann weiß, daß Murano damals 30,000 Einwohner und mehr als 40 große Fabriken in allen Branchen der Glasmacherei zählte. Jetzt hat die Insel kaum 5000 Einwohner.

Fürsten besuchten die Ateliers, und König Heinrich III. von Frankreich gab gelegentlich eines solchen Besuches seinem Entzücken über die wundervollen Leistungen dadurch Ausdruck, daß er sämmtlichen Meistern Adelsbriefe verlieh. Das war die Zeit, wo die Republik Venedig ein Jahreseinkommen von 8 Millionen Dukaten von Murano bezog.

Indessen sank die Glasindustrie auch von ihrer Höhe herab, als der Glanz der Republik anfing zu erbleichen. Der allgemeine Geschmack, der zu Ende des 18. Jahrhunderts gegen die vorher gegangenen Jahrhunderte viel von seinem künstlerischen Gehalte verloren hatte, unterstützte die vorwiegend auf Befriedigung feinerer Bedürfnisse gerichtete Kunst nicht mehr hinlänglich. Dazu kam, daß in anderen Ländern Anstrengungen gemacht worden waren, das Glas selbst zu erzeugen und sich von Venedig unabhängig zu machen, Anstrengungen, die hauptsächlich auch darauf gerichtet gewesen waren, zur Kenntniß der Geheimnisse und Verfahrungsarten zu gelangen, welche auf Murano üblich waren. So waren namentlich nach Böhmen, Steiermark und Kärnten venetianische Glasmacher einzuwandern veranlaßt worden. Außer Flandern und Deutschland hatte auch Frankreich in der Spiegelfabrikation erhebliche Fortschritte gemacht; kurz, Murano mit seinen Ateliers ging mehr und mehr zurück. Ein Zweig seiner früheren Kunstthätigkeit nur erhält sich noch frisch, das ist die Perlenfabrikation, welche auch heute noch wie vor Hunderten von Jahren ihre bunten Erzeugnisse in Millionen von Pfunden alljährlich über die ganze Erde verbreitet.

Alles Andere aber war in Vergessenheit gerathen, und als es sich 1859 darum handelte, die schon lange schadhaft gewordenen Mosaiken der Markuskirche zu restauriren, suchte man vergeblich in den noch bestehenden Glasfabriken nach Emaillen, durch die man ausgefallene Partien ergänzen könnte. Da erfaßte Dr. Salviati den Gedanken, die alte Kunst wieder zu beleben. Obgleich Advokat, war er doch hinreichend mit chemischen und archäologischen Erfahrungen und vor Allem mit einer lebhaften Begeisterung ausgestattet, um den vorgesteckten Zweck zu erreichen. Zuerst suchte er Emaillen wieder darzustellen, wie sie für die großen Mosaiken gebraucht werden, und als ihm dies gelungen war, wandte er sein Augenmerk den anderen Zweigen der Glasmacherkunst zu, welche vordem in Murano geblüht hatten, und die Gegenstände des täglichen Bedarfes hervorbringend, dadurch zu einer Einnahmequelle zu werden versprachen. Durch antiquarische Forschung und Vergleichung, durch Errichtung eines besonderen Museums, durch Zeichenschulen und Ateliers für Modelleure ist denn sein Etablissement auch in sehr kurzer Zeit dahin gekommen, das Glas wieder in ganz der alten Schönheit der Masse herzustellen und in der früheren Leichtigkeit der Form zu bearbeiten. Und wenn beim Anblick der seltsamen, verschnörkelten Gestalten, welche der Besucher unter der Hand des Glasbläsers, oft wie es scheint ganz zufällig, entstehen sieht, sein an ganz andere Formen gewöhnter Geschmack sich oft nicht sofort zurechtfindet und ihm Manches barock erscheint, so darf die Ursache dafür weniger darin gesucht werden, daß die Formen der alten venetianischen Glaskünstler, in deren Geiste und Stil man fortarbeitet, an sich unschön wären, als darin, daß wir im Verlaufe der Zeit dahin gekommen sind, gewisse und sehr werthvolle Eigenschaften des Glases ganz zu übersehen, das Material einseitig aufzufassen, seine Verwendbarkeit und damit auch seine Gestaltung zu künstlerischen Zwecken ängstlich zu beschränken.

Fig. 252. Venetianische Gläser nach alten Mustern, von Salviati aus der Ausstellung von 1867.

Hören wir, was Salviati selbst darüber schreibt: „Dasjenige, was die böhmischen, französischen, englischen, belgischen u. s. w. Gläser charakterisirt, ist ihre große Durchsichtigkeit und ihr hoher Glanz. Es scheint, als ob ihr Zweck allein wäre, den Krystall zu imitiren. Damit hängt es zusammen, daß die Erzeugnisse daraus, um die an sich schönen Eigenschaften zu bester Geltung zu bringen, geschliffen werden und die Abwechselung der Form, der Nachdruck des Contour allein durch dieses mechanische Mittel hervorgebracht wird. Es kann auf solche Weise wol ein bestechender Effekt erzielt werden, aber dieser Effekt ist gegen die wahre Natur des Glases erreicht worden, denn gerade diejenigen Eigenschaften, welche dem Glase von Natur innewohnen, welche sein eigenthümliches Wesen ausmachen, sind unausgebildet, unausgenützt geblieben. Das ist seine Leichtigkeit und seine Bildsamkeit. Das venetianische Glas besitzt diese wesentlichen Eigenschaften des Glases. Seine Leichtigkeit ist die Folge von Verfahrungsarten, welche von denjenigen sehr verschieden sind, die anderer Orten seit der letzten Hälfte des vorigen Jahrhunderts angewandt werden, um dem Glase Masse, Brechungsvermögen, Durchsichtigkeit und Glanz zu geben —

Eigenschaften, welche das Vorrecht des Kryſtalles ſind. Seine Bildſamkeit (ductibilité) erlaubt ihm, wenn es durch Hitze erweicht worden iſt, jeden Reichthum und jede Mannichfaltigkeit der Form und Farbe, welche die Kunſt und die Phantaſie des Arbeiters ihm mittheilen wollen.

„Da man die Natur verkehren und aus dem Glaſe einen Pſeudokryſtall machen wollte, indem man ſeine Maſſe ſchwer und kalt machte, um ihr Durchſichtigkeit und Glanz zu geben — hat man ihm ſeine Reize geraubt. Die alten Glaskünſtler von Murano beſaßen zwei weſentliche Erforderniſſe, um ihre Induſtrie zu einer Kunſt zu erheben und aus ihrer Kunſt eine Induſtrie zu machen: das bildſame Material, zu deſſen Vervollkommnung die Erfahrungen von Jahrhunderten beigetragen hatten, und das feine künſtleriſche Gefühl — ein eigenthümlicher Inſtinkt, welcher dieſem Lande und dieſer Klaſſe von Menſchen eigen zu ſein ſcheint. Denn dieſes künſtleriſche Gefühl iſt mit dem Verfall der Kunſt ſelbſt nicht verloren gegangen, und ihm iſt es zu verdanken, daß jene ſelbſt ſo bald ſich wieder erheben konnte." Wenn dies nun auch, als von einem ganz beſondern Geſichtspunkte aus betrachtet, etwas zu einſeitig und ausſchließlich iſt, ſo liegt trotzdem einiges Wahre und Berückſichtigenswerthe darin.

Die Salviati'ſchen Erzeugniſſe waren ſchon auf der Londoner Ausſtellung von 1862 vertreten und erwarben ſich gerechte Bewunderung. Sie bildeten ebenſo Glanzpunkte der letzten Pariſer Ausſtellung wie der Wiener Ausſtellung von 1873, und wer Gelegenheit gehabt hat, ſie dort zu ſehen, der wird es dem Dr. Salviati Dank wiſſen, daß er eine Kunſtrichtung wieder erweckt hat, die zu den hervorragendſten der Renaiſſancezeit gehörte.

Von Italien aus wurde im 15. Jahrhunderte und in den darauf folgenden Zeiten die deutſche Induſtrie auf das Günſtigſte beeinflußt, und die Glasmacherkunſt namentlich erhielt eine friſche Belebung, die ſich beſonders in Böhmen bemerklich machte, das damals das gewerbfleißigſte und reichſte Land des Deutſchen Reichs war und zu Italien in vielfachen Handelsbeziehungen ſtand. Allein es würde ungerecht ſein, wollte man die hervorragenden deutſchen Leiſtungen, welche jene Jahrhunderte aufweiſen, allein auf ſolche italieniſche Befruchtung zurückführen, vielmehr ſtehen die nördlichen Länder in vieler Hinſicht ganz ſelbſtändig da, Lehrende eher als Lernende.

Die **deutſche Glasmacherkunſt** ſtand im Mittelalter und namentlich vom 14. Jahrhundert an in hoher Blüte. Die wundervollen Glasgemälde, welche wir in vielen Städten noch wohl erhalten finden, beweiſen uns die Vollkommenheit, mit der man es verſtand, die Glasmaſſen zu färben. Eben ſo wie für die ernſten Zwecke der kirchlichen Baukunſt war aber die Verwendung des Glaſes auch für die heiteren Bedürfniſſe geſellſchaftlichen Verkehrs ein bevorzugtes und mit großem techniſchen Geſchick verwendetes Material. Im 13. Jahrhundert werden Glaſer und Spiegelmacher unter den Wiener Gewerken oftmals erwähnt; geringere Gläſer wurden, wie es ſcheint, im Wiener Walde geſchmolzen, und um die Mitte des 15. Jahrhunderts waren Glasfenſter nichts Außergewöhnliches. Venetianiſches Glas machte man zu Anfang des 15. Jahrhunderts in Wien ſchon nach. In Frankfurt a. M., Augsburg und anderwärts waren im erſten Viertel des 14. Jahrhunderts ſchon Trinkgläſer üblich; ebenſo in Flandern. In Bezug auf die Form bieten ſpäter die deutſchen Gläſer der Gothik, auch ſelbſt noch die der Renaiſſance zwar nicht die Mannichfaltigkeit der venetianiſchen, dagegen aber ſehr charakteriſtiſche Gefäße, welche unter ihren eigenthümlichen Namen Jahrhunderte lang in konſervativer Weiſe dargeſtellt wurden. Der Willkomm, das Paßglas, der Tummler, Stieſel, Aengſter, vor allen der Römer, jene klaſſiſche Form des Rheinweinglaſes, ſind ſolche Trinkgefäße, in deren Erfindung ſich der echte deutſche Humor und häufig auch ein feines Schönheitsgefühl bekunden. Die merkwürdigen Gläſer, welche man noch unter den Erbſtücken alter Familien, in den Rathhäuſern und in den Bibliothekſälen vormaliger Reichsſtädte findet, erinnern uns an die Kultur jener Zeit, deren künſtleriſcher Geiſt ſpäter Jahrhunderte lang geſchlafen oder höchſtens ein unbehagliches Scheinleben zeitweilig unter fremdem Einfluß geführt hat. Unſere Abbildung, Fig. 253, zeigt uns einige der genannten Formen.

Deutsche Glasmacherkunst.

In der Zeit der Renaissance gewann eine Dekorationsmanier, welche die Venetianer von den Arabern und Byzantinern angenommen hatten, große Ausbreitung, das Bemalen der Gläser mit Emailfarben und das Vergolden. Auch das Schleifen und Graviren wurde sehr vervollkommnet, und finden sich Gläser mit den feinsten, mittels des Diamantes ausgeführten Radirungen. Für die Gläser, welche emaillirt werden sollten, wurde gewöhnlich eine grüne oder grünliche Masse verwendet, farblose Krystallgläser verarbeitete man vorzugsweise nur zu Spiegeln, in deren Herstellung Deutschland den anderen Ländern nichts nachgab. Die Bemalung mittels eingebrannter Emailfarben erstreckt sich auf die allerverschiedensten Gegenstände. Hauptsächlich aber sind es in der besten Zeit Wappen, darunter der Reichsadler mit den Wappen der Kurfürstenthümer oder der Reichsstädte, dann aber auch Familienwappen mit allerhand Devisen, Innungssymbole, Spielkarten, figürliche Darstellungen u. s. w. oft in sehr zierlicher Ausführung. Die Fabrikationsorte für diese Gläser anzugeben, will nicht in allen Fällen gelingen; es scheint, als ob ihre Erzeugung sehr weit verbreitet gewesen sei; eine Hauptbezugsquelle jedoch war lange Zeit das bayerische Fichtelgebirge, wo der Sage nach venetianische Goldsucher die Glasbereitung eingeführt haben sollen, und von wo jene bekannten Gläser auch herstammen, die mit dem Bilde eines schloßgekrönten Berges, des Ochsenkopfes, geziert sind, von dem vier Flüsse ausgehen. In der letzten Hälfte des 18. Jahrhunderts verschlechterten sich die bemalten Gläser, deren älteste durch Jahreszahlen bestätigte Exemplare bis etwa in die vierziger Jahre des 16. Jahrhunderts hinaufreichen.

Außerdem aber begegnen wir aus der damaligen Zeit Gläsern von den zierlichsten Formen, zu denen unverkennbar die Erzeugnisse

Fig. 253. Altdeutsche Gläser.

von Murano die Modelle gewesen sind, und nicht minder geschmackvoll sind die Verzierungen, welche entweder durch aufgeschmolzene Glasbündel oder Fäden von verschiedenartiger Farbe, durch Filigran oder Millefiori und ähnliche künstliche Verfahren hergestellt worden sind. Ja, Manche sind der Ansicht, daß viele der als Venetianer Produkte hochgeschätzten Flügelgläser deutschen Ursprungs seien. In späterer Zeit verlor sich freilich der reine Geschmack, wie auf anderen Gebieten so auch bei den Erzeugnissen der Glaskünstler, und es sind manche falsche Richtungen zu bemerken, welche nicht nur ihrer Zeit sich ganz allgemein in Aufnahme zu bringen und zu halten wußten, sondern sogar in unseren Tagen wieder hervorgesucht worden sind, wo man leider das Alte häufig als übereinstimmend mit „schön" ansieht und es, anstatt dasselbe in das Raritätenkabinet zu verweisen, wo es zur Vergleichung und Belehrung an seinem Platze ist, da in den Vordergrund stellt, wo man dem Auge eine angenehme, edle Erholung geben will oder geben sollte.

Von den deutschen Gläsern bilden die in specie „böhmische" genannten Glaswaaren eine besondere Klasse, deren Eigenthümlichkeit in den verschiedenen Methoden des Schleifens und Gravirens beruht, welche zu ihrer Formgebung und Verzierung angewandt werden. Die facettirten Oberflächen, welche sich rasch beliebt machten, bedingten starke Wandungen, und dieser Umstand mußte die Form der böhmischen Gläser wesentlich beeinflussen; dieselben wurden im Gegensatz zu den venetianischen und den übrigen deutschen Gläsern schwerer, und während die letzteren in phantastischen, zierlichen Formen, wie sie das Material vor der Glasbläserlampe auszubilden gestattet, in Verbindung verschiedenartig gefärbter Massen und theilweise in Bemalung mit Emailfarben ihre Effekte suchten, verzichteten die böhmischen Glaskünstler auf diese Vortheile, mehr dahin strebend, brillante Lichtreflex- und Brechungseffekte hervorzubringen und so mit dem Glase der Wirkung des natürlichen Krystalles nahe zu kommen. Natürlich bemühte man sich auch, ein möglichst weißes Glas zu erzielen, worauf man anderwärts weniger Gewicht legte.

Diese eigenthümliche Glasindustrie faßte in dem waldreichen Böhmen sehr zeitig Fuß; die Gegend von Steinschönau, wo heute noch der Hauptsitz der Glasmacher ist, hatte 1442 bereits eine Glashütte, die Peter Berka bei St. Georgenthal errichtete; in Falkenau, Kreibitz u. a. O. entstanden deren bald ebenfalls. Betriebsame Händler führten die Waaren weit hinaus und erreichten einen Absatz, der bei der Mannichfaltigkeit der Erzeugnisse, deren Neuheit und Billigkeit den Venetianern empfindliche Konkurrenz machte. Es lag in der Natur der Produkte, daß bei ihrer Herstellung die Arbeitstheilung sich hier bald von selbst einführte. Das in den Hütten dargestellte Rohglas mußte auf Schleifmühlen fertig gemacht werden, und die dabei thätigen Arbeiter fanden es zweckmäßig, je nur auf gewisse einzelne Artikel sich zu beschränken. An den Abhängen des Iser- und des Riesengebirges faßte die Herstellung künstlicher Edelsteine Wurzel. Farbige Glasflüsse, Korallen, Glasschmuck, Knöpfe u. dergl., wie sie heute noch in der Gegend von Turnau und Gablonz erzeugt werden, wurden dort schon in der zweiten Hälfte des 17. Jahrhunderts fabrizirt; die erste Glashütte soll aber bereits 1536 Georg Vander, ein Schwede, in Grunwald errichtet haben. Die Glasschleiferei und besonders die Gravirung jedoch blieb dem ursprünglichen Gebiete treu, hier erwuchs Haida zu einem wichtigen Mittelpunkte. Durch die Krystallschleifer, welche Rudolf II. an seinem Hofe mit großer Vorliebe beschäftigte, erhielt die Glasschleiferei tüchtige künstlerische Kräfte vorgebildet, deren Technik sich bis heute erhalten hat. Zwar ist die böhmische Glasindustrie, vorzugsweise auf marktgängige Erzeugnisse angewiesen, auch dem entarteten Geschmacke der Zeit verfallen, und mehr als jeder andere Industriezweig mußte sie dies bei der Stillosigkeit, zu der namentlich der überseeische Verkehr sie zwang; allein die Fähigkeit, Gutes hervorzubringen, ist ihr nicht abhanden gekommen. Ab und zu erblicken wir selbst unter gewöhnlichen und billigen Waaren Gegenstände, die in ihrer Ausführung mustergiltig sind, und seit in dem letzten Jahrzehnt der Einfluß des Oesterreichischen Gewerbemuseums in allen gewerblichen Kreisen sich durchgesetzt hat, haben Männer wie Lobmeyr, auf dessen Leistungen wir noch besonders zu sprechen kommen, bewiesen, daß das böhmische Glas immer noch den Sieg über alle anderen zu erringen im Stande ist.

Das böhmische Glas wurde durch seinen eigenthümlichen Stil einflußreich auf die Entwicklung der Glasindustrie anderer Länder, namentlich Belgiens und Englands. In Belgien bestanden Glashütten schon im ersten Drittel des 15. Jahrhunderts; deutsche Arbeiter aus dem Schwarzwalde führten um 1760 das neue Verfahren ein, Scheibenglas durch das sogenannte Blasen in Cylindern herzustellen. Im Ganzen aber hatte man sich früher mit großer Vorliebe dem Venetianer Geschmack zugeneigt; die Glaskünstler imitirten mit großem Geschick die darin beliebten Ziergefäße, so daß, als der Magistrat der Stadt Lille für seine Festlichkeiten das Inventar ergänzte, dazu Glasgefäße sowol aus Venedig als aus Antwerpen ausgewählt wurden. Jedenfalls sind viele der Flügelgläser, der Petinets, Fadengläser u. s. w., die unter den Liebhabern und Sammlern als Venedig-Erzeugnisse gehen, in niederländischen Ateliers gefertigt worden. Brüssel und Antwerpen waren die

Hauptsitze der Glasindustrie, welche in den reichen Ländern einen um so günstigeren Boden fand, als der Sinn für einen verfeinerten häuslichen Komfort von jeher sich hier sehr ausgebildet hatte. Auf den Gemälden der damaligen Zeit sind häufig Prachtgefäße und Gebrauchsgläser dargestellt, wie sie damals im Lande selbst gemacht wurden. Wie die Venetianergläser nachgemacht wurden, so gelang es den Niederländern auch sehr bald, sich die Technik der Böhmischen zu eigen zu machen. Die flandrischen Spiegel waren ihrer Masse sowol als wegen ihrer Politur und Belegung schon lange berühmt; das Schleifen und Dekoriren der Glasgefäße bot so vorgeschrittenen Künstlern keine Schwierigkeit, unternahmen sie es doch sogar die feinen nach Venetianer Art geblasenen Gläser mit Gravirung und Aetzung zu verzieren.

Wir würden auf ziemlich gleich lautende Daten stoßen, wenn wir uns nach der Geschichte des Glases in England und Frankreich im Speziellen erkundigen wollten. Ziemlich zu gleicher Zeit hat die wichtige Industrie in den verschiedenen Kulturländern diejenigen Phasen durchgemacht, die von Venedig und Deutschland aus ihren Ursprung nahmen und in ihren hauptsächlichen Erscheinungen auf den Wegen des Verkehrs Verbreitung fanden. Besonders hervorzuheben ist aber, daß im 17. Jahrhundert die Spiegelfabrikation in Frankreich, durch Lucas de Nehou einen großen Aufschwung nahm, welcher das Verfahren, große Spiegelscheiben zu gießen, sehr vervollkomnete. Colbert begünstigte diese Industrie auf ganz besondere Weise. Es giebt noch jetzt in Frankreich viele Glasfabriken, die ihre Begründung um Jahrhunderte zurückdatiren. Namentlich sind es Flaschenfabriken, und das be-

Fig. 254. Böhmisches Glas, geschliffen und gravirt. Anfang des 18. Jahrhunderts.

rühmte Etablissement des Vicomte van Leempool zu Quiquengronne (Aisne) besteht seit beinahe sechs Jahrhunderten, denn es ist seit 1290 in Betrieb.

Durch die böhmischen Glashütten geschah auch eine wesentliche Umänderung in Bezug auf die Zusammensetzung der Glasmasse selbst. An den alten Fabrikationsorten und auch in Venedig noch hatte man hauptsächlich Natronglas fabrizirt, theils mit dem natürlich vorkommenden kohlensauren Natron, theils aus der natronhaltigen Asche von Strandpflanzen; in Böhmen dagegen war man genöthigt, die Asche von Waldbäumen zu verwenden, die man für den nämlichen Stoff ansah; man wußte nicht, daß die Gewächse des Binnenlandes statt des Natrons Kali enthalten, denn erst 1757 lernte man die beiden Körper von einander unterscheiden. Aber gerade hierdurch war man unbewußt auf einen werthvolleren Bestandtheil des Glases geführt worden, und dieser Umstand sowie die große Reinheit der sich in Böhmen findenden mineralischen Stoffe waren Ursache, daß das hiesige Glas viel besser als anderswo ausfiel und bald einen hohen Ruf erlangte, den es sich bis auf den heutigen Tag erhalten hat.

Mit der immer umfangreicher werdenden Glasfabrikation konnten indeß die Waldbäume des Kontinents, welche die Potasche liefern, nicht Schritt halten. Es zeigte sich hier und da Holzmangel, und das Kali ist fort und fort im Preise gestiegen, bis die neueste Zeit in den Abraumsalzen von Staßfurt Kalilagerstätten erschlossen hat, welche auch der Glasindustrie zugute kommen werden. Die hohen Kalipreise veranlaßten zuerst in Frankreich, wieder mehr auf das Natron zurückzukommen; man hatte unterdeß gelernt, dasselbe aus Kochsalz herzustellen; gegenwärtig wird es aber häufig in seiner Form als schwefelsaures Salz, Glaubersalz, verwendet. Während in Frankreich der Holzmangel zum Natronglase führte, rief er in England das Bleiglas hervor. Hier mußten, wenn man überhaupt Glas machen wollte, Steinkohlen die Stelle des Holzes vertreten; man erhielt aber mit diesen nur ein mit Ruß gefärbtes Glas, und als man zur Vermeidung dieses Uebelstandes die Glashäfen zudeckte, war der Glassatz nicht mehr in Fluß zu bringen. Es galt daher ein wirksames Flußmittel aufzusuchen, und ein solches fand man nicht allein in dem Bleioxyd, sondern das damit erzeugte, allerdings weichere Glas zeigte auch die schon erwähnten schätzbaren Eigenthümlichkeiten, hohe Durchsichtigkeit und lebhaften Glanz, die man weder gesucht noch erwartet hatte. Uebrigens hat man sich seitdem durch einige Ueberbleibsel aus dem Alterthume überzeugen können, daß die Römer schon vor Christi Geburt Bleiglas fabrizirten, so daß wir auch hier wieder den Fall haben, daß eine Erfindung im Laufe der Zeiten oft gänzlich verloren geht und später von Neuem gemacht wird.

Jetzt hat man durch Einführung der Gasfeuerung, deren Anlagen wir späterhin besprechen, selbst Braunkohlen und Torf zur Glasfabrikation anwendbar gemacht. In eigenthümlicher Weise werden die Brennmaterialien in brennbare Gase umgewandelt, die in Zügen nach dem Glasofen geleitet werden; gleichzeitig ist aber auch für Zuleitung der erforderlichen Menge atmosphärischer Luft gesorgt, und so hat man ein sehr intensives Gasflammenfeuer ohne Rauch und Flugasche, das sich leicht verstärken und schwächen läßt.

Wesen und Eigenschaften des Glases. Wenn wir uns nach diesem kurzen Ueberblick über die Geschichte des Glases mit diesem interessanten Stoffe selbst beschäftigen wollen, so haben wir zunächst zu fragen: Was ist eigentlich das Glas? Diese Frage können wir uns nur beantworten, wenn wir uns vorher etwas genauer mit einem Körper beschäftigen, dem wir schon bei früheren Gelegenheiten einigemal begegnet sind, das ist die Kieselsäure oder die Kieselerde; denn in allen Fällen, wir mögen es mit Glassorten zu thun haben, mit was für welchen wir wollen, immer ist es jener Körper, welcher in Verbindung mit gewissen basischen Stoffen die glasigen Gebilde hervorbringt.

Die Kieselsäure kommt sehr häufig in der Natur vor; sie findet sich in allen Gesteinen und nimmt an deren Zusammensetzung in beträchtlichem Maße Theil, so daß sie sicher derjenige Stoff ist, welcher die größte Masse von allen zur Bildung unseres Erdkörpers beigetragen hat. Der Quarz oder Kiesel schlechthin besteht aus nichts weiter als aus Kieselsäure, und die reinste Form derselben, der Bergkrystall, zeigt sich in prachtvollen, wasserhellen Krystallen mit sechsseitigen Prismen, von zwei sechsseitigen Pyramiden oben und unten abgeschlossen. Sand und Sandstein werden von lauter kleinen Quarzkörnern gebildet, die mit thonigen, eisenhaltigen, kalkigen u. s. w. Bestandtheilen mehr oder weniger fest verkittet sind. Die gelben und braunen Färbungen stammen von diesen Beimengungen her, denn in reinem Zustande ist die Kieselerde völlig weiß oder vielmehr farblos. Dieser und anderer Vorkommen des interessanten Stoffes haben wir bereits im III. Bande dieses Werkes Erwähnung gethan. Für die Glasfabrikation hat noch ein anderes Vorkommen Wichtigkeit erlangt: das ist die Infusorienerde, die aus den Kieselpanzern untergegangener mikroskopischer Thierchen besteht.

Von der Thonerde, der Magnesia, Beryllerde u. s. w. unterscheidet sich die Kieselerde, obwol sie in ihrem äußeren Verhalten einige Aehnlichkeit mit jenen besitzt, doch wesentlich durch ihre chemische Natur. Sie ist zwar auch ein Oxyd, eine Verbindung von Sauerstoff mit einem eigenthümlichen Element, sie ist aber nicht, wie jene Körper, von basischer Natur, sondern besitzt den Charakter einer Säure. Das in der Kieselsäure enthaltene Element — das Silicium — läßt sich aus derselben durch ganz analoge Reduktionsmethoden abscheiden, wie wir sie beim Aluminium zu beobachten Gelegenheit gehabt haben, und es zeigt sich dann als ein braunes Pulver von wenig hervorstehenden Eigenschaften. Im freien Zustande kommt das Silicium in der Natur nicht vor, und von der an und für sich geringen Anzahl von Verbindungen, welche es mit anderen Elementen eingeht, ist die Kieselsäure zwar nicht gerade die einzige, welche im großen Laboratorium der Natur hergestellt worden ist, aber doch die bei weitem überwiegende, denn es kann höchstens das Fluorsilicium, weil es in dem als Edelstein geschätzten Topas enthalten ist, noch einen Anspruch auf Erwähnung machen. In der Eisenhüttentechnik erlangt das Silicium eine einseitige Wichtigkeit dadurch, daß es sich mit dem Eisen verbinden kann und dann dem Stahle besondere Eigenschaften mittheilt. Der Chemiker weiß allerdings auch noch andere Elemente mit dem Silicium zu verbinden, allein dieselben haben auch nur ein speziell wissenschaftliches Interesse und dürfen daher an dieser Stelle wol übergangen werden.

So gering nun aber auch die Zahl der Verbindungen des Siliciummetalles ist, so groß ist die Menge derjenigen Stoffe (Alkalien, Erden und Metalloxyde), mit denen sich die Kieselsäure vereinigt, und die daraus hervorgehenden Verbindungen gewinnen, weil sie von der Natur in der größten Mannichfaltigkeit und Massenhaftigkeit selbst erzeugt worden sind, weil sie die bei weitem größte Zahl von Mineralien mit zusammensetzen helfen und als Grundbestandtheile aller Gesteine nicht nur bei der Gewinnung und Verarbeitung der unorganischen Rohstoffe uns fortwährend bald hindernd, bald fördernd in den Weg treten, und endlich auch, weil auf dem Wege künstlicher Darstellung Verbindungen gewonnen werden, welche sich durch ganz besonders nützliche und angenehme Eigenschaften auszeichnen und verwenden lassen; deshalb gewinnen die Kieselsäureverbindungen, die Silikate, für das wissenschaftliche und industrielle Leben eine so ganz besonders große Bedeutung. Eine merkwürdige Aehnlichkeit in vieler Beziehung hat die Borsäure mit der Kieselsäure; namentlich ist sie ausgezeichnet durch die Eigenschaft, wie diese mit denselben Basen glasartige Verbindungen zu geben; sie wird daher auch zu gleichen Zwecken verwendet, obwol ihres viel höheren Preises wegen nur zu ganz besonderen Gegenständen, optischen Gläsern, künstlichen Edelsteinen u. s. w. Wir lassen sie vor der Hand außer Betracht.

Die natürlichen Silikate sind entweder einfache Salze, wie die kieselsaure Thonerde, welche wir im Kaolin und im Töpferthon kennen gelernt haben, oder aber sie sind Doppelverbindungen, mitunter auch von noch zusammengesetzterer Konstitution, und solche von oft sehr komplizirtem Charakter treffen wir in vielen Mineralien an.

Die **Glasmasse** ist nun ebenfalls nichts weiter als ein Silikat, jedoch nicht von ganz bestimmter chemischer Formel, sondern von sehr wechselnder Zusammensetzung. Außerdem zeichnet es sich durch seinen eigenthümlichen Glanz aus. Zu seinen Hauptbestandtheilen gehören Kieselerde, Alkalien, alkalische Erden und Metalloxyde; die gegenseitigen Mengenverhältnisse derselben müssen sich aber, wenn eine Masse mit glasartigen Eigenschaften erzielt werden soll, innerhalb gewisser Grenzen bewegen, obwol darüber hinaus immer noch chemische Verwandtschaft und Verbindungsfähigkeit existirt. Es findet namentlich die Entstehung eines wirklichen Glases nur statt, wenn sich eine Doppelverbindung von kieselsaurem Alkali und einer kieselsauren Erde bilden kann. Und zwar kann man die verschiedenen gebräuchlichen Glasmassen von chemischem Gesichtspunkte aus in einzelne Gruppen bringen.

Die erste dieser Gruppen würde die Kali-Kalkgläser umfassen, in denen also kieselsaures Kali mit kieselsaurer Thonerde verbunden ist, wie die ältere chemische Terminologie es bezeichnet; die jetzt übliche Anschauung gebraucht dafür den Namen **Kalium-Calcium-Gläser**; das böhmische Krystallglas ist der Hauptrepräsentant derselben.

In die zweite Gruppe gehören die Gläser, bei denen das Kali durch Natron ersetzt ist, sie enthält also Natrium=Calcium=Gläser. Das französische Glas, das englische Crownglas sowie unser gewöhnliches Fensterglas gehören hierher, während das Spiegelglas eine Zwischensorte zwischen der ersten und zweiten Gruppe darstellt.

Dann kommen die Kalium=Blei=Gläser, die weichen Krystallgläser, Flintglas und Straß umfassend, und endlich

das Aluminium=Calcium=Alkaliglas, welches als Basen, außer Thonerde, Kalk und Alkalien, in der Regel reichliche Mengen von Eisenoxyd und Oxydul enthält, und wegen der hierdurch bedingten Färbung nur zu billigen Waaren, die aber Festigkeit verlangen, Verwendung findet (Bouteillenglas).

Die Aehnlichkeit der Zusammensetzung, welche viele Mineralien und Gesteine mit gewissen Glassorten zeigen, sei es, daß sie an sich schon den Prozentgehalt der einzelnen Bestandtheile übereinstimmend ausdrücken, sei es, daß durch Zersetzung des einen oder des andern Stoffes diese Uebereinstimmung leicht zu erreichen ist, hat die Praxis dahin geführt, jene Mineralien direkt zu der Glasbereitung zu benutzen. Basalt, Nephelin, Phonolith, Kryolith, Obsidian, Lava, selbst der Granit sind solcherart zu Glas verschmolzen, und namentlich ist in Amerika aus dem Kryolith ein Fabrikat erzeugt worden, welches vortreffliche Eigenschaften hat, das Hot-cast-porcelain, Heißgußporzellan, wie es die „Company", welche dasselbe in Pittsburg darstellt, nennt.

Schmilzt man Kiesel mit viel Alkali zusammen, so erhält man einen Fluß, der entweder an der Luft von selbst feucht wird und endlich in eine Gallerte zerfließt, oder doch, bei etwas weniger Alkali, in gepulvertem Zustande sich in kochendem Wasser auflösen läßt. Die erstere Form bildet die sogenannte Kieselfeuchtigkeit, die man längst in Laboratorien dargestellt hatte, um sich daraus frisch gefällte Kieselerde auf bequeme Weise zu verschaffen; ein Muster der zweiten giebt das in den letzten Jahrzehnten fabrizirte sogenannte Wasserglas, das einer Menge technischer Anwendungen fähig ist, da es, in dünnen Schichten auf Holz und andere Körper gestrichen, austrocknet und diese mit einer harten, glasigen Decke überzieht. Wir kommen noch besonders darauf zurück.

Bringt man zu einer der eben erwähnten wässerigen Silikatlösungen irgend eine schwache Säure, z. B. Kohlensäure, so tritt diese an das Alkali und die Kieselsäure scheidet sich ab; die letztere erweist sich somit als eine sehr schwache Säure, wenigstens in wässerigen Lösungen. Denn anders zeigen sich die chemischen Verwandtschaften in der Hitze: Kohlensaures Kali z. B. in feurigen Fluß mit Kieselpulver zusammen gebracht, läßt an dem plötzlichen Aufbrausen, welches entsteht, erkennen, daß die gasförmige Kohlensäure jetzt von der Kieselsäure ausgetrieben wird, welche letztere sich mit dem Kali verbindet.

Wenn man das Glas nicht als ein Salz von ganz bestimmter chemischer Zusammensetzung ansehen darf, aber doch zugestehen muß, daß der Zusammentritt der verschiedenen Bestandtheile nur auf Grund chemischer Anziehung, die immer nach Atomgewichten sich ausgleicht, stattfinden kann, so bleibt nichts übrig als anzunehmen, daß die Kieselsäure sich mit Alkalien und alkalischen Erden, namentlich aber mit den ersteren, unter sehr vielen Verhältnissen verbinden kann, und daß das Glas als ein Gemisch mehrerer solcher Verbindungen zu betrachten ist. Es erhält dies auch durch den Umstand Bestätigung, daß die Glasmasse nicht ganz unfähig ist, zu krystallisiren, daß sie vielmehr an der inneren Formbildung und Auskrystallisirung nur durch die Art des Schmelzens, Bearbeitens und Abkühlens gehindert wird. Setzt man ein Glasgefäß einer längeren Rothglut aus, in der Weise zum Beispiel, daß man es, in Gips oder Ziegelmehl gepackt, um es vor dem Zusammensinken zu bewahren, den Brand eines Töpferofens mitmachen läßt, so findet man es nach dem Erkalten, ohne daß Etwas davon hinweg- oder hinzugekommen ist, undurchsichtig und porzellanartig geworden (Réaumur'sches Porzellan), denn seine Theilchen hatten unter diesen Umständen Zeit, sich zu feinen Krystallen zu gruppiren, welche dem Lichte den vollen Durchgang verwehren.

Da ein Silikat durch starken Alkaligehalt im Wasser löslich und sogar an der Luft zerfließlich werden kann, so ist es begreiflich, daß man in der Praxis, um ein gutes, dauerhaftes

Glas zu erhalten, den Alkalien so viel Kiesel einzuverleiben suchen wird, als sie nur immer aufzunehmen vermögen. Gleichwol lehrt, wie wir schon erwähnten, die Erfahrung, daß auch unter dieser Bedingung mit bloßen Alkalien (Kali oder Natron) kein gutes oder dauerhaftes Glas entsteht, daß vielmehr wenigstens noch eine andere Substanz hinzutreten muß, die ebenfalls fähig ist, mit der Kieselsäure ein Silikat zu bilden. Das eigentliche Glas ist also mindestens ein Doppelsilikat, wie die Zusammensetzung der obengenannten ersten drei Gruppen zeigt, und man muß dem Alkali noch gewisse Zusätze geben, wenn man daraus mit der Kieselerde eine gute Glasmasse erschmelzen will. Andere Stoffe sind nöthig, um dem Glase gewisse Eigenschaften: Glanz, Härte, Farbe u. s. w., zu geben, und der Glasmacher hat es daher mit einer ganzen Menge von Rohmaterialien zu thun, die er bald zu dem einen, bald zu dem andern Zwecke verwendet.

Als vorzügliches Zusatzmittel für hartes Glas dient der Kalk, den man entweder in gebranntem Zustande oder als Kreide beigiebt; in letzterem Falle wird die Kohlensäure derselben von der Kieselsäure ausgetrieben. Kieselsaurer Kalk für sich ist mehr stein- als glasartig und fast unschmelzbar, aber in Verbindung mit kieselsaurem Kali giebt er demselben Härte und Dauerhaftigkeit, ohne seine Durchsichtigkeit zu verringern, und das böhmische Krystallglas verdankt seine guten Eigenschaften vorzugsweise seinem Kalkgehalt mit. Ein Ueberschuß von Kalk macht jedoch das Glas milchig.

Käme nicht überall bei technischen Dingen der Kostenpunkt ins Spiel, so hätten wir im Kali in Verbindung mit Kalk das beste Glasmaterial; aber das Kali ist theuer, und so ersetzt man es in vielen Fällen, entweder theilweise oder ganz, durch das billigere Natron. Die Fensterscheiben und alle gewöhnlichen Glaswaaren bestehen aus Natronglas. Dieses ist schmelzbarer und weniger hart als das Kaliglas und zeigt bei dickeren Schichten eine bläuliche oder grünliche Färbung.

Ein anderes wichtiges Rohmaterial ist das Bleioxyd. Es macht den Glassatz um so leichtflüssiger, je größer seine Menge ist; als Flußmittel kam es zuerst in England zur Anwendung. Die bleihaltigen Gläser, obwol sie weicher und weniger haltbar sind, zeigen einen hohen Grad von Politurfähigkeit, Glanz und Farblosigkeit. Vermöge seines stärkeren Lichtbrechungsvermögens ist das Bleiglas (Flintglas) in der Optik wichtig zur Herstellung achromatischer Linsen, wovon im II. Bande die Rede war; dieselben Eigenschaften machen es außerdem vorzüglich geeignet zur Nachahmung von Edelsteinen (Straß), in welchem Falle es bis zu 50 Prozent Bleioxyd enthält. In neuerer Zeit hat der Baryt (Schwerspath), den man früher, obwol er an vielen Orten der Erde in reichlicher Menge vorkommt, nicht entsprechend zu verwerthen wußte, sich sehr vortheilhaft in die Glasfabrikation eingeführt. Er ersetzt nicht nur den Kalk vollständig, sondern hat bei den guten Eigenschaften, die jenen auszeichnen, noch den ganz besondern Vorzug, den Gläsern eine sehr bedeutende lichtbrechende Kraft mitzutheilen und also das Bleioxyd bis zu gewissen Graden entbehrlich zu machen.

Minder wesentlich sind einige andere Bestandtheile des Glases, die man gelegentlich zu speziellen Zwecken zusetzt. Hierher gehören, wie schon erwähnt, Borsäure als Borax (borsaures Natron), Strontianit, Flußspath, Kryolith, phosphorsaurer Kalk als Knochenmehl oder Guano, Zinkoxyd, Wismuthoxyd, Bimstein, Klingstein und andere leicht schmelzbare, alkalireiche, natürliche Silikate, Magnesia, Thon u. s. w. u. s. w. Von der Thonerde kommt schon zufällig aus den Schmelztiegeln ein geringes Prozent in die Glasmasse, ohne daß damit derselben ein besonderer Dienst geleistet würde, denn die kieselsaure Thonerde macht die Glasmasse schwer schmelzbar. Dagegen befördern die Metalloxyde, welche von Natur in den Rohmaterialien vorkommen, den Fluß; da sie aber immer dem Glase eine gewisse Färbung ertheilen, so sind sie natürlich unwillkommen, wo man farbloses Glas bereiten will. Namentlich ist das Eisen, das mehr oder weniger immer in den Rohmaterialien als Oxydul enthalten ist, eine lästige Zugabe. Es färbt je nach seiner Menge das Glas hell- bis dunkelgrün, wovon die gewöhnlichen Weinflaschen ein naheliegendes Beispiel geben. Um das Eisen zu bekämpfen, dienen wieder besondere Zusätze, namentlich Salpeter, Arsenik und besonders Braunstein (Manganhyperoxyd). Ihre Wirkung erklärte man sich früher damit, daß man eine Sauerstoffabgabe an das Eisenoxydul im Glase annahm, welches dadurch in Eisenoxyd verwandelt werden sollte. Da das Eisenoxyd das Glas gelb färbt, das aus dem Braunstein durch Sauerstoffverlust entstehende Manganoxyd aber violett, so sollten die beiden Farben sich aufheben. Salpeter und Arsenik haben eine ausschließlich oxydirende Wirkung, dagegen ist das von dem Manganüberoxyd nur in beschränkter Weise anzunehmen, denn anstatt des Braunsteins kann man zur Entfärbung von grünlichem Glase auch Nickeloxyd anwenden, welches keinen Sauerstoff abgiebt und das Glas röthlich färbt. Die Färbung durch Manganoxyd ist aber ebenfalls nicht rein violett, sondern eher röthlich und mehr dem Grün komplementär als dem Gelb. Deswegen haben wir bei der Entfärbung von grünlichem Glase durch Braunstein wol mehr ein physikalisches als ein chemisches Phänomen vor uns, und die Nützlichkeit gewisser Entfärbungsmittel besteht darin, daß sie dem Glase eine Färbung ertheilen, welche dem grünlichen Tone der Masse komplementär ist und denselben in seiner Wirkung daher aufhebt. Uebrigens müssen Entfärbungen durch Sauerstoff abgebende Stoffe häufig genug vorgenommen werden, namentlich wenn die Glasmasse durch Kohlentheilchen grau oder bräunlich gefärbt ist, und dienen dazu Salpeter, arsenige Säure, auch atmosphärische Luft, die man durch das geschmolzene Glas streichen läßt. Ihrer Anwendung wegen heißen diese Entfärbungssätze und in specie der Braunstein auch Glasmacherseife.

Endlich werden auch noch Zusätze durch die chemische Form bedingt, in welcher man die Alkalien anwendet. Des Kostenpunktes wegen nimmt man nämlich nicht die reinen Alkalien, sondern Alkalisalze, und überläßt es der Kieselsäure, die Salzverbindungen zu trennen und sich in Besitz des Alkali zu setzen. Diese Trennung geht nun aber in gewissen Fällen sehr schwierig von Statten und es werden daher Unterstützungsmittel nöthig, um sie durchzuführen. Solche Hülfskörper sind kohlensaurer Kalk (Kreide) und Kohle. Indem sie selbst an der chemischen Umsetzung Theil nehmen, befördern sie die Zersetzung der Salze und die Bildung von Silikaten. Die Kreide ist das Hülfsmittel bei Kochsalz, die Kohle bei schwefelsauren Salzen (Glaubersalz u. s. w.). Es darf aber von der letzteren nur so viel vorhanden sein, daß sie sich auf Kosten der Schwefelsäure zu Kohlensäure oxydiren und in dieser Form als flüchtiges Gas wieder entweichen kann; die Schwefelsäure ist durch Sauerstoffabgabe ebenfalls in den flüchtigen Zustand übergeführt worden und wird als schweflige Säure verjagt. Ein Ueberschuß von Kohle würde die Glasmasse gelb und braun bis schwärzlich färben. Dies ist auch der Grund, warum man in Oefen, welche rauchen, oder die man mit Torf, Braun- oder Steinkohlen heizt, kein vollkommen weißes Glas erzielen kann, wenn man nicht verdeckte Schmelzhäfen anwendet.

Aus diesen Rohmaterialien setzt der Glasmacher den Glassatz zusammen. Für spezielle Zwecke kommen dazu noch besondere Zusätze, die theils darauf ausgehen, die Glasmasse zu färben (Metalloxyde), sie undurchsichtig oder nur durchscheinend zu machen, oder ihr Lichtbrechungsvermögen zu erhöhen, oder auch den chemischen Prozeß der Glasbildung zu begünstigen. Jeder besondere Fall erfordert besondere Vorschriften. Anstatt aber versuchen zu wollen, die Unzahl von Rezepten, welche in verschiedenen Fabriken den verschiedenen Glassorten zu Grunde gelegt sind, zusammenzustellen, begnügen wir uns mit der Anführung nur einiger, wie sie für die charakteristischen Glassorten gebräuchlich sind.

Böhmisches weißes Hohlglas.

Weißer Sand	100 Pfund,
Potasche	60 »
gebrannter Kalk	10 »
	170 Pfund.

Böhmisches Tafelglas.

Weißer Sand	100 Pfund,
Potasche	42 »
Kalkstein	17,5 »
	159,5 Pfund.

Böhmisches Spiegelglas.

Quarz	100 Pfund,
gereinigte Potasche	66,75 »
Marmor	3,33 »
Salpeter	6,66 »
Arsenik	1,66 »
Braunstein	0,2 »
Smalte	0,05 »
	178,65 Pfund.

Kali-Krystall.

Quarzsand	100 Pfund,
Potasche	50 »
Arsenik (weiße arsenige Säure)	0,25 »
gelöschter Kalk	15 »
	165,25 Pfund.

Crownglas.

Weißer Sand	100 Pfund,
gereinigte Soda	41,66 »
kohlensaurer Kalk	22,5 »
Arsenik	1,66 »
	165,82 Pfund.

Blei-Krystall.

Sand	100 Pfund,
Mennige	60 »
Potasche	20 »
	180 Pfund.

Bouteillenglas enthielt in 100 Theilen

Kieselsäure	61,0
Alkali	3,2
Kalk	22,3
Thonerde und Eisenoxyd	12,3
Manganoxydul	1,2
	100.

Gefärbte Gläser. Wir haben schon bei der Bereitung der gewöhnlichen weißen Glasmasse erwähnt, daß es ziemlich schwer hält, zufällige Färbungen derselben zu verhüten und ein farbloses Glas zu erhalten. Viel leichter ist es in der That, dem Glase bestimmte Farbe mitzutheilen, und es dienen dazu Metalloxyde, die mit der Kieselsäure ebenfalls zu Silikaten zusammenschmelzen, sowie auch einige andere Stoffe, welche gewisse Farben hervorbringen. Im Wesentlichen sind es dieselben Körper, welche wir auch bei der Porzellanmalerei wirksam fanden, und ihre Effekte sind auch bei dem Glase ganz entsprechende. So dienen Goldpurpur (aus Gold und Zinn bestehend), Kupferoxydul und Eisenoxyd zur Erzeugung rother Farben; Kobaltoxyd giebt Blau; mit Antimonoxyd, Bleioxyd, Eisenoxyd, Kohle, Uranoxyd und verschiedenen Silberpräparaten lassen sich gelbe Töne erzeugen; Kupfer- und Chromoxyd geben Grün; Eisen- und Uranoxyd Schwarz; Manganoxydul Blau und Violett u. s. w. Durch Vermischung verschiedener Farbstoffe lassen sich viele Nuancen hervorbringen, sowie einzelne dieser Stoffe durch verschiedene Behandlung auch verschiedene Färbungen bewirken können. Schwarz erscheinende Gläser werden durch starke Zusätze von grün-, braun- oder blaufärbenden Materialien erzeugt, indem dadurch diese Farbentöne so tief werden, daß sie alles Licht verschlucken und uns als schwarz erscheinen. Viele farbige Gläser, bunte Glasscheiben zum Beispiel, sind daher auch nicht in ihrer ganzen Masse gefärbt, weil sie in diesem Falle leicht zu dunkel ausfallen würden, sondern blos überfangen, d. h. sie haben eine Grundlage von weißem Glas mit einem farbigen Ueberzug. Will der Glasbläser solches Ueberfangglas erzeugen, so hat er zwei Tiegel mit geschmolzener Masse vor sich, von denen der eine weißes Glas, der andere Glas von der gewünschten Farbe enthält. Nun taucht er die Pfeife zuerst in die weiße Masse und dann in die gefärbte, von der er, je dunkler er seine Farbe wünscht, um so mehr Metall — so heißt der geschmolzene Inhalt der Tiegel — an die Pfeife nimmt. Beim Blasen erhält er nun eigentlich ein Doppelglas, indem die Blase, welche er bildet, innen weiß, außen gefärbt ist. Der Effekt ist aber derselbe, als ob das Glas in seiner ganzen Masse gefärbt wäre. Die schwächsten Stellen des Geschirres erscheinen von derselben Farbennuance wie die dicksten; was bei durchweg gefärbtem Glase nicht der Fall sein würde, und außerdem läßt der Ueberfang sich durch Schleifen stellenweise wieder entfernen, ein Umstand, der für die Verzierung der Gläser von großer Bedeutung ist, weil er die Erzeugung heller Muster auf gefärbtem Grunde und umgekehrt leicht auszuführen gestattet.

Um sich vor dem blendenden Anprall der Sonnenstrahlen zu schützen, benutzt man Augengläser von einer ganz eigenthümlichen Beschaffenheit. Sie sind vollkommen durchsichtig und von einer ganz unbestimmten, aber ziemlich dunklen Farbe, um das durchgehende Licht zwar nicht zu färben, wol aber zu schwächen. Die Farbe (London smoke) soll dadurch erhalten werden, daß man der Glasmasse zweierlei Substanzen, welche für sich komplementäre Farben erzeugen würden, zusetzt, z. B. Kupferoxydul (roth), Eisenoxydul (grün), in deren Gesammtwirkung also eine einzelne Farbe nicht für sich zur Geltung kommen kann.

Die schönsten bunten Gläser werden zur Nachahmung der Edelsteine benutzt, und um Lichtbrechung und Glanz möglichst mit zu steigern, setzt man zu diesem Behufe ganz besondere Glasflüsse zusammen, die den Namen Straß führen. Der Straß ist ein Kaliglas, welches sehr viel Bleioxyd und einen gewissen Antheil Borsäure enthält. Der Bleigehalt ist noch größer als im Flintglas oder in den Glassätzen zu optischen Zwecken, und demzufolge ist auch die Härte des Straß nicht sehr bedeutend. Die Farbe erhält der letztere durch die bei der Porzellanmalerei schon angeführten Metalloxyde.

Außer den durchsichtigen Gläsern kommen auch einige Varietäten vor, denen man die Durchsichtigkeit durch Zusätze mehr oder weniger benommen hat; solche sind namentlich das Alabaster-, Opal-, Milch-, Beinglas und das Email. Die Trübung des Alabasterglases ist durch einen Ueberschuß von Quarzpulver oder durch phosphorsauren Kalk bewirkt; Opalglas wird durch Zusatz von Zinnoxyd, Milch- und Beinglas durch Knochenasche oder Guano (phosphorsauren Kalk) getrübt, und ihr verschiedenes Aussehen rührt nur von den verschiedenen Mengen des Zusatzes her.

In die Glasmasse können fast alle diejenigen Stoffe mit übergeführt werden, welche sich mit Kieselsäure verbinden. Die durch die Spektralanalyse aufgefundenen neuen Metalle sind auch auf ihr Verhalten bei der Verglasung untersucht worden, und es hat sich namentlich das Thalliumglas, welches Lamy zuerst dargestellt hat, für optische Zwecke als ein sehr werthvolles Material erwiesen. Dasselbe gilt von dem Didymglase, das Werther in Königsberg eingeführt hat, und von dem Baryt und dem Wismuthoxyd, als wesentliche Zusätze zur Glasmasse, scheint man noch sehr Vortheilhaftes erwarten zu dürfen.

Das durch Zusammenschmelzen der genannten Rohmaterialien erlangte Glas hat, da es für gewöhnlich nicht krystallinisch ist, auch keine besondere Spaltbarkeit; in dünnen Blättchen, Fäden u. dergl. ist es sehr elastisch, in dicken Stücken aber spröde. Es stellt einen durchsichtigen, harten, mehr oder weniger leicht zerbrechlichen Körper dar, der, in der Hitze weich werdend und sogar schmelzend, doch ziemlichen Zusammenhang behält, so daß er einerseits sich zu Faden ziehen, andererseits wie ein Gußmaterial behandeln läßt. Außerdem zeichnet sich das Glas durch einen hohen Glanz aus. Alle seine Eigenschaften werden durch seine chemische Zusammensetzung mehr oder weniger beeinflußt, indessen lassen sie sich auch schon durch rein physikalische Behandlung, namentlich durch die Art der Abkühlung, sehr beträchtlich abändern, und ist es besonders die Härte und Festigkeit, welche durch geeignete Kühlmethoden wesentlich modifizirt werden kann. In der Neuzeit hat man in dieser Weise das sogenannte Hartglas herzustellen gelernt, worauf wir später noch besonders zu sprechen kommen. Das spezifische Gewicht des Glases wechselt von 2,4 bis 5,6, ja mehr, und ist am größten bei denjenigen Glassorten, welche durch einen hohen Gehalt an Bleioxyd ausgezeichnet sind; umgekehrt nimmt damit die Härte des Glases ab, die leichten Kalkgläser sind am härtesten, erreichen aber dennoch nie die Härte des Bergkrystalls. Die Elektrizität wird von dem Glase fast gar nicht fortgeleitet, deshalb ist es ausgezeichnet geeignet, selbst durch Reiben elektrisch zu werden. Die Strahlenbrechung ist ebenfalls sehr verschieden; hat das gewöhnliche Glas einen Brechungsexponenten von 1,5, so steigt derselbe bis 1,66 und bei sehr bleihaltigen Gläsern auch noch beträchtlich höher. Durch die Herstellung derartiger ganz besonders stark brechender Gläser hat sich namentlich das optische Institut von Merz in München verdient gemacht, welches neuerdings eine Glassorte von so energischem Dispersionsvermögen erzeugt, daß ein einziges Prisma daraus in den spektroskopischen Apparaten dieselbe Wirkung hervorbringt, welche zu erreichen man früher 4 Prismen anwenden mußte. Uebrigens ist kein Glas absolut unangreifbar; denn abgesehen davon, daß alles Glas von der Flußsäure aufgelöst wird, belehren uns auch die blindgewordenen Scheiben an Küchen, Ställen u. s. w., daß gewöhnliches Glas scharfen, sauren sowol als alkalischen Dämpfen u. dergl. auf die Dauer nicht widersteht. Ja, selbst das Wasser vermag über das Glas unter Umständen mehr, als wir wol vermuthen können: ein Trinkglas kann Menschenalter ausdauern, ohne eine Spur von Angegriffensein zu zeigen; zerstößt man es aber zu Pulver und schüttet dieses, nachdem man sein Gewicht ermittelt, in vieles Wasser, läßt dies einige Zeit in der Hitze darüber stehen, gießt ab, trocknet und wiegt, so wird man eine Gewichtsabnahme finden, wenn man diese Prozedur oft wiederholt; ein Beweis, daß nur die verhältnißmäßig kleine Oberfläche die Einwirkung des Wassers nicht so merklich erscheinen ließ.

Arbeiten in der Glashütte. Indem wir zu dem zweiten Theile der Glasfabrikation, der Gestaltung der Masse zu den mannichfaltigen Gebrauchsformen, übergehen, deren dieser interessante Stoff fähig ist, wollen wir selbst in eine Glashütte eintreten, als den Ort, wo die Glasmasse geschmolzen und die daraus herzustellenden Gegenstände entweder vollendet oder doch im Rohen bearbeitet werden. Die Glashütte bildet einen weiten, oben bedeckten Raum, ungefähr 20 Meter hoch, dessen Boden mit Ziegelstein belegt ist. Die Mitte dieses Raumes nimmt ein großer Schornstein ein, an welchen auf zwei Seiten die Schmelz- oder Arbeitsöfen angebaut sind, aus denen der Rauch in den großen Schornstein abzieht. Es sind zur Glasfabrikation verschiedene Oefen erforderlich, welche alle in dem Raume der Glashütte beisammen und größtentheils im Zusammenhange stehen, um die aus dem einen abziehende Hitze noch in einem Nebenofen zu anderen Arbeiten benutzen zu können. Solche Oefen oder Ofenabtheilungen sind erforderlich theils zur Vorbearbeitung des Glassatzes (Kalzinir- und Frittöfen), theils zum Anwärmen der großen Schmelztiegel oder, wie sie heißen, Glashäfen, theils zum Strecken der Glasplatten für Fenster- und ordinäres Spiegelglas (Auslauföfen), theils zum langsamen Verkühlen der fertigen Glaswaaren; als Hauptofen dient der eigentliche Glasschmelzofen. Dieser letztere ist mit möglichster Sorgfalt aus feuerfestem Thon oder Backsteinen aufgemauert und zeigt in seinem Querdurchschnitt eine entweder kreis- oder länglichrunde Form. Daß auf ein gutes Material zu diesem Ofen viel ankommt, läßt sich denken, wenn man weiß, daß er nicht allein eine andauernde Weißglühhitze auszuhalten hat, sondern daß auch die in dieser Hitze flüchtig werdenden Alkalien und Chlormetalle des Glassatzes an den Innenwänden nagen und sie zerstören. Daher dauert selbst ein guter Schmelzofen, sofern er für hartes Glas gebraucht wird, selten über 18 Monate.

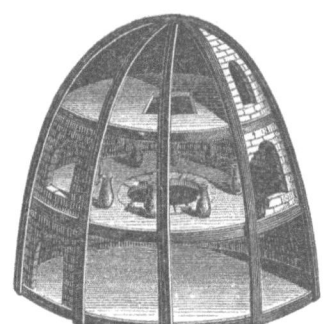

Fig. 255. Alter Glasschmelzofen.

Die **Glasöfen** haben bedeutende Umwandlungen erlitten, welche namentlich durch das Herbeiziehen neuer Brennmaterialien bedingt wurden. Einen der ältesten bekannten Schmelzöfen zeigt uns Fig. 255. Die Abbildung ist in Joh. Kunkel's „Vollständige Glasmacherkunst" (Nürnberg 1785) enthalten und durch sich selbst verständlich. Die heutzutage gebräuchlichen Oefen sind freilich in ihrer Einrichtung davon sehr verschieden, allein sie sind es nicht nur von solchen älteren Konstruktionen, sondern auch nicht minder unter einander, denn je nach der Natur der Brennstoffe und dem Grade der Erhitzung, welchen das darzustellende Glas verlangt, ändern sich die Bedingungen, von denen die Feuerungsanlage abhängig ist. Bald stehen die Häfen, und das ist der gewöhnlichere Fall, im Kreise entweder um einen Rost oder so, daß sich der Feuerraum unten um sie herum zieht; bald aber auch bilden sie eine gerade oder zwei parallele Reihen, an welchen die Flamme hinschlägt. Ueber jedem Hafen geht durch die Wand des Ofens eine Oeffnung (Arbeitsloch), durch welche der Arbeiter mit seinen Geräthen zur schmelzenden Glasmasse gelangen kann. Daß sich über den Häfen ein kuppelförmiges Dach wölbt, ist sehr nothwendig, denn die entstehende Hitze ist so bedeutend, daß es sonst Niemand in solcher Nähe des Feuers aushalten könnte. Die heiße Luft entweicht zum Theil durch die Esse oder die Essen, denn bei manchen Ofeneinrichtungen, wie z. B. bei der in Fig. 256 im Durchschnitt, in Fig. 257 von außen dargestellten, hat jeder Hafen seinen besonderen Zug; zum Theil wird sie in die nebenliegenden Ofenabtheilungen durch Seitenkanäle (Füchse) geleitet, wo sie zu den Arbeiten des Röstens, Frittens, Kühlens, zum Trocknen des Brennholzes u. s. w. Verwendung findet. In unserer Abbildung Fig. 256 ist a der Feuerrost, bb sind die Füchse, welche den Abzug der Feuerluft in die Essen T vermitteln, CC die Arbeitslöcher. Die Häfen S werden durch die Oeffnungen F eingebracht, welche in der Zeichnung durch die verschiedene Schraffirung angedeutet sind. R ist der Aschenraum, in welchem die Luft schon vorgewärmt wird, ehe sie durch den Rost zum Brennmaterial tritt.

Die Ofenfrage ist für die Glasfabrikation von ungemeiner Wichtigkeit, denn außer den obenauf liegenden Rücksichten auf möglichste Ersparniß an Brennmaterial, möglichst vollständige Rauchverzehrung, Erzielung des höchsten Heizeffekts, Dauerhaftigkeit u. s. w. kommen noch eine Menge Maßregeln in Betracht, die man treffen muß, um Störungen des Betriebes entgegen zu arbeiten, oder solche, wenn sie einmal eingetreten sind, zu beseitigen. Zu diesen gehören vor allen Dingen der Häfenbruch, das Brechen eines Schmelzgefäßes und das Herauslaufen eines flüssigen Inhalts. Weil dadurch leicht die Stäbe des Rostes mit einander verklebt werden können, so müssen Vorkehrungen getroffen werden, welche dem ausgelaufenen Glassatz gleich nach außen hin abzufließen erlauben. Es ist daher häufig innen der Boden, auf welchem die Glashäfen stehen, die Sohle des Ofens, etwas nach außen geneigt, und an der tiefsten Stelle führt ein Abstichloch durch den Mantel, welches für gewöhnlich mit einem Thonpfropfen verschlossen ist.

Fig. 256. Glasschmelzofen. Durchschnitt.

Der bedeutendste Fortschritt in der Ofenanlage ist aber durch die Einführung der Gasfeuerung geschehen, weil dieselbe in der letzten Zeit selbst in solchen Gegenden, wie z. B. im Bayerischen Walde, wo der Holzmangel noch nicht so energisch zur Sparsamkeit auffordert wie anderwärts, eine ausgedehnte Anwendung gefunden, die in kurzer Zeit eine völlig ausschließliche sein wird. Die Oefen, welche bei derselben in Gebrauch sind, haben von verschiedenen Konstrukteuren eine verschiedene Einrichtung erhalten. Am zweckmäßigsten und auf der Pariser Industrie-Ausstellung von 1867 mit der goldenen Medaille ausgezeichnet ist der Siemens'sche Glasschmelzofen, mit

Fig. 257. Glasschmelzofen, äußere Ansicht.

Regeneration, von dem wir in Fig. 258 und 259 Abbildungen nach seinen zwei Hauptheilen, dem Generator und dem eigentlichen Schmelzofen, geben.

Der Generator dient zur Gaserzeugung in der Art, daß das Brennmaterial, Holz, Kohlen, Torf oder was immer, schichtweise durch die Füllöffnung A eingeführt wird; über die schiefe Ebene rutscht es auf den Treppenrost O, wo das Feuer angemacht ist, und wo die Verbrennung durch die von unten heraufströmende Luft unterhalten wird. Die Hitze, welche hierdurch erzeugt wird, bringt die darüber liegende Kohlenschicht zum Glühen und versetzt sie dadurch in einen Zustand, in welchem sie an die in den durchströmenden Feuergasen enthaltene Kohlensäure sowie an den Sauerstoff der unverbrannten atmosphärischen Luft so viel Kohlenstoff abgiebt, daß sich wieder ein brennbares Gas, das Kohlenoxydgas, erzeugt. Durch Regulirung des Luftzuges vermag man die Hitze genau so weit zu steigern, daß alle Kohlensäure in brennbares Gas umgewandelt wird. Dieses steigt in der vertikalen Röhre V in die Höhe und sammelt sich in der horizontalen Leitungsröhre U, aus welcher es in den Schmelzofen gelangt. Je nach den Umständen kann der Generator von dem Schmelzofen entfernt liegen. Der letztere ist in seinem oberen Theile, wie aus Fig. 259 ersichtlich ist, wenig von einem gewöhnlichen Glasschmelzofen verschieden, in seiner unteren Hälfte zeigt er jedoch eine besondere Einrichtung. Hier sind nämlich die sogenannten Regeneratoren C′ C″ C‴ befindlich, Kammern, welche lose mit feuerfesten Ziegelsteinen gitterförmig ausgesetzt sind, um die in den verbrauchten, dem Schornsteine zuströmenden Gasen enthaltene Wärme aufzunehmen und durch sie den Effekt der Feuerung zu erhöhen. Zu diesem Zwecke ist das Kammersystem zweitheilig und es stehen die beiden Abtheilungen

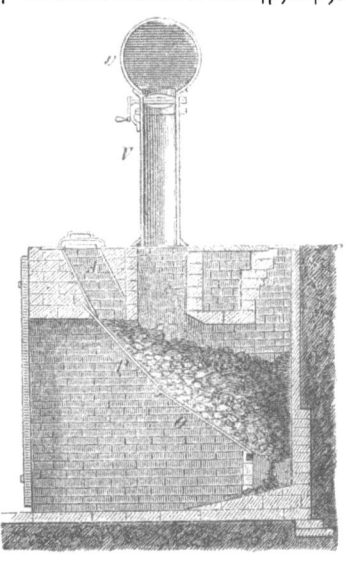

Fig. 258. Generator des Siemens'schen Glasschmelzofens.

zwar nicht unter sich in Verbindung, wohl aber kann jede derselben sowol mit dem Schmelzraum, als andererseits mit dem Schornstein in Verbindung gesetzt werden. Soll der Betrieb des Ofens beginnen und sind die Regeneratoren noch kalt, so wird die Verbindung derart hergestellt, daß die aus der Verbrennung im Schmelzraum tretenden heißen Ofengase die eine Abtheilung erst durchziehen müssen, ehe sie in den Schornstein gelangen. Dabei geben sie einen beträchtlichen Theil ihres Wärmegehaltes an die kalten Ziegel ab und erhitzen diese je nachdem so weit, daß die Kammer sogar in den Zustand des Glühens kommt. In diesem Stadium wird die Verbindung gewechselt. Die heißen Gase werden von jetzt ab der zweiten noch kalten Abtheilung zugeführt, welche ihrer-

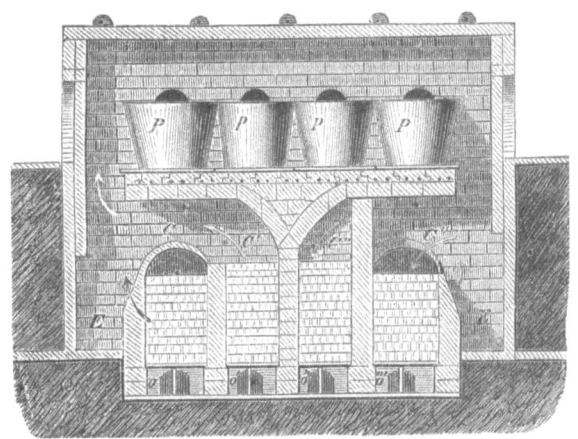

Fig. 259. Der Siemens'sche Glasschmelzofen mit Regenerator.

seits mit dem Schornstein in Verbindung gesetzt wird. Dagegen werden in die heiße Abtheilung die brennbaren Gase, ehe sie zur Entzündung kommen, eingeleitet; die Hitze des Ziegelgitters theilt sich denselben mit, und der Heizeffekt im Schmelzraum wird dadurch ein wesentlich erhöhter, als sich der direkten Verbrennungswärme noch das Wärmequantum beifügt, welches die Ziegel abgegeben haben. Sind diese letzteren auf solche Weise wieder erkaltet, so wird der Durchzug wieder gewechselt, denn in derselben Zeit hat sich die andere Abtheilung genügend erhitzt, um nun ihrerseits die Rolle als Vorwärmer übernehmen zu können; so gelangen die Ofengase ziemlich abgekühlt in den Schornstein.

Die Ersparung an Brennmaterial durch diese Oefen beträgt 30—50 Prozent, und wenn man bedenkt, daß solchergestalt ein gasförmiges, keinerlei Unreinigkeiten mit sich führendes Brennmaterial direkt zum Schmelzen der Glasmasse verarbeitet, zur Erzeugung desselben aber allerhand sonst oft werthloses Material verwendet werden kann und man nicht auf so sorgfältige Austrocknung desselben Bedacht zu nehmen braucht wie selbst bei der Holzfeuerung, so sind dies Vortheile genug, um die Tage aller anderen Feuerungsmethoden in der Glasfabrikation als gezählt erscheinen zu lassen.

Fig. 260. Im Innern einer Glashütte.

Wir können uns bei einer Schilderung des ungemein malerischen Eindruckes nicht aufhalten, den es auf jeden Beschauer macht, wenn er nach langer, einsamer Wanderung in schwarzbewaldeten Bergen in eine jener großen Glashütten tritt, wie sie in Böhmen und Bayern und namentlich in großer Zahl in den holzreichen Gegenden des Böhmerwaldes sich angesiedelt haben. Das emsige Leben hier bildet einen der wirkungsvollsten Kontraste mit der Stille der erhabenen Natur draußen. In der Mitte der Hütte steht der große Schmelzofen, der unaufhörlich mit dürrem, scharf getrocknetem Holze gespeist ist und in seinem Innern eine Hitze entwickelt, die weißglühend zu den Arbeitslöchern herausschlägt. Vor jeder solchen zu einem Hafen führenden Oeffnung steht eine Anzahl Arbeiter, die sich gegenseitig in die Hände arbeiten und so sicher und rasch einander unterstützen, daß der Anfangs teigige, glühende Klumpen wie mit Zaubergeschwindigkeit sich zu einem schön geformten Geräth gestaltet, welches zu seiner endlichen Vollendung nur noch dem Schleifer übergeben zu werden braucht. Wie ein derartiges Etablissement von außen aussieht und in welcher Weise sich die verschiedenen Arbeiten um den Glasschmelzofen gruppiren, davon giebt uns die Abbildung, Fig. 260, eine Anschauung.

Aber um die Glasfabrikation kennen zu lernen, genügt es nicht, nur einzelne Arbeiten im großen Ganzen betrachtet zu haben, wir müssen uns wenigstens einigermaßen auch mit

Geräthe und Manipulationen.

den Hülfsmitteln und den Verfahrungsarten bekannt machen, welche auf der Eigenthümlichkeit des Materials beruhen und die das Fundament der Glastechnik bilden.

Geräthe und Manipulationen. Zuerst dürfte hier unsere Aufmerksamkeit doch wol, wenn auch nur flüchtig, dem Gefäß, in welchem die Glasmasse geschmolzen wird, dem Glashafen, zuzuwenden sein. Zwar ist derselbe nichts weiter als ein Schmelztiegel von ziemlich großen Dimensionen, aber die Zumuthungen, welche an seine Dauerhaftigkeit gemacht werden, und die uns mit Recht in Erstaunen setzen, bedingen eine sehr sorgfältige Herstellung. Die Glashäfen bestehen demzufolge aus feuerfestem Thon und werden gewöhnlich in den Glasfabriken selber angefertigt; das Formen, Trocknen und Brennen muß mit der größten Achtsamkeit geschehen, denn jeder während der Campagne zerbrechende Hafen verursacht viel Unbequemlichkeit und Verlust. Ist ein geeigneter Thon gefunden, so wird derselbe vorerst gehörig durchgearbeitet, sodann mit Chamotte, das sind gepulverte Ueberreste alter Häfen, die schon dem Feuer ausgesetzt gewesen sind, vermischt und damit getrocknet, gemahlen und gesiebt, so daß dieses Gemenge ein ganz inniges geworden ist, ehe ihm, wieder mit Wasser angefeuchtet, die verlangte Form gegeben wird. Die geformten Tiegel bleiben vor dem Brennen möglichst lange stehen, um auszutrocknen, denn je älter sie sind, ehe sie gebrannt und gebraucht werden, um so besser. Daher muß von den geformten Tiegeln auch immer eine sehr große Zahl vorräthig gehalten werden. Ein gewöhnlicher Glashafen faßt in seiner vollen Füllung etwa 16 Centner geschmolzene Glasmasse, und man kann sich denken, welche Festigkeit er haben muß, wenn er in dem Zustande der Weiß=

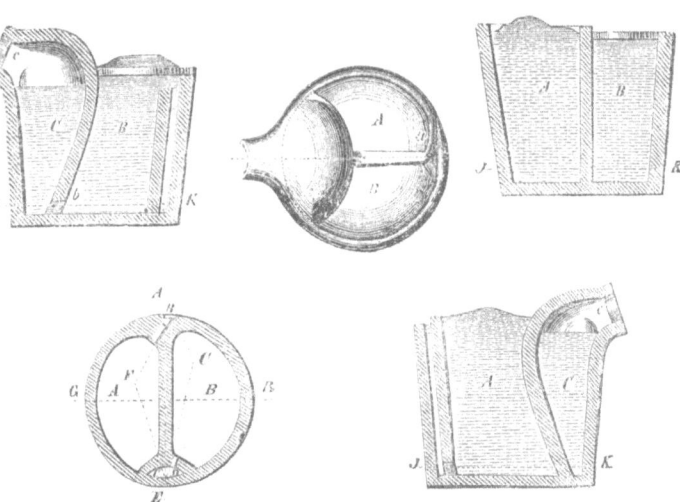

Fig. 261. Der Siemens'sche Glashafen.

glühhitze, in welcher er stets gehalten wird, den Druck jenes Gewichtes aushalten soll. Der Glashafen ist entweder cylindrisch, oder, und zwar häufiger, nach oben etwas konisch erweitert. Die nicht offenen Glashäfen, für Steinkohlenfeuerung, sind mit einer kuppelartigen Haube bedeckt, von welcher aus ein kurzes weites Rohr in das Arbeitsloch hineinragt.

In neuerer Zeit hat derselbe Siemens, dessen Glasschmelzöfen wir eben besprochen haben, einen Glashafen erfunden, der, auf die Thatsache, daß schmelzbare Körper im Zustande vollkommener Schmelzung das größte spezifische Gewicht haben, basirend, eine sehr interessante Einrichtung zeigt und den Vortheil ununterbrochenen Betriebes gewährt.

Wir geben des leichteren Verständnisses wegen in den Abbildungen der Fig. 261 den Hafen in den sich ergänzenden Vertikaldurchschnitten, in einem Horizontaldurchschnitt und in einer Ansicht von oben. Wie aus denselben hervorgeht, besteht er aus den drei Abtheilungen A, B und C, von denen A zum Verschmelzen, B zum Läutern der Glasmasse dient, während die letztere aus C aufgearbeitet wird. Unter sich sind die Abtheilungen in der Art verbunden, daß die in A geschmolzene Glasmasse, welche sich auf dem Boden ansammelt, durch den Kanal a, mit dem A am Boden in Verbindung ist, in die Höhe steigt, bis sie oben nach B überfließt. B aber, in welchem die Läuterung vor sich geht, infolge derer die schaumigen und unreinen Schichten sich an der Oberfläche ansammeln, steht durch eine

Oeffnung b unten am Boden, wo die geläuterte Masse sich aufhält, direkt mit C in Verbindung, mit demjenigen Raume, aus welchem die Schmelzmasse verarbeitet wird. Der Druck, welcher die flüssigen Massen den angegebenen Lauf zu nehmen zwingt, wird durch verschieden hohen Stand der geschmolzenen Masse in den einzelnen Abtheilungen, wie es in der Abbildung angedeutet ist, hervorgebracht. Das Ofenfeuer umspielt den Hafen so, daß derselbe im untern Theile kühler steht als im obern, und so kommt die Masse aus B nicht nur geläutert, sondern auch entsprechend abgestanden, d. h. gekühlt, nach C.

Die Glasmasse wird in den Häfen zunächst aus ihren Rohmaterialien gemischt. Diese letzteren haben aber vorher schon eine oft sehr komplizirte Behandlung erfahren. Die Kiesel- oder Quarzfelsstücke werden zuerst geglüht und schnell in kaltem Wasser abgelöscht, wodurch sie so mürbe werden, daß man sie mahlen kann. Dazu dienen für größere Glashütten besondere Quarzmühlen. Das gemahlene Pulver oder der Kies- oder Seesand, wenn man solchen verwendet, wird für weißes Glas mehrmals gewaschen, um alle Unreinigkeiten, namentlich das oft vorhandene Eisenoxyd, zu entfernen. Alle Materialien des Glassatzes müssen um so reiner sein, je mehr es darauf ankommt, absolut reines Glas zu erzielen. Wollte man die Stoffe so verwenden, wie sie die Natur giebt, so würde man selten etwas Anderes als schlechtes grünes Flaschenglas erhalten. Eine Reinigung nicht allein durch Wasser, sondern auch durch Feuer, ist daher sehr nöthig. Man glüht die Masse, um alles Wasser auszutreiben, welches beim Verdampfen den Schmelzofen zu sehr abkühlen und ein zu starkes Aufschäumen der Schmelzmasse verursachen würde. Dann aber werden in der Rothglühhitze auch diejenigen organischen Beimengungen verkohlt und zerstört, welche bei aller sonstigen Reinheit immer in den angewandten Stoffen vorhanden sind. Kämen sie mit in die schmelzende Glasmasse, wo sie nicht so leicht wegbrennen können wie am offenen Feuer, so würden sie sich dem Glase verbinden und dasselbe gelblich, bräunlich u. s. w. färben. In manchen Fällen ist es von Vortheil, die Erhitzung in der Flamme selbst so weit zu treiben, daß die Bildung des Glases beginnt und die Masse sich zu einem Teige erweicht. Dieser Prozeß wird mit dem Namen des Frittens bezeichnet. Die glühende Fritte wird dann, ohne daß sie vorher wieder erkalten darf, klumpenweise in die eigentlichen Schmelzhäfen gebracht.

Schmelzen. Bei der gewöhnlichen Beschickung der Glashäfen wird der aufs Feinste gepulverte und gemengte Glassatz in mehreren Absätzen in die Häfen eingetragen, denn der Glasfluß nimmt immer einen bedeutend geringeren Raum ein als die dazu verwendeten Rohstoffe. Ist dies geschehen, so wird das Loch, das sogenannte Aufbrechloch, welches hinter jedem Glashafen durch die Ofenwand führt, mit feuerfesten Ziegeln geschlossen, so daß keine anderen Oeffnungen mehr in das Innere des Ofens führen, als die Arbeitslöcher und Füchse.

Die leeren Häfen werden in einer besonderen Ofenabtheilung, dem Vorwärmeofen, erst bis zum Weißglühen erhitzt und dann auf eisernen Wagen ein weißglühender, vorgeheizter Hafen nach dem anderen in den Glasofen gefahren und auf seine Unterlage gebracht — eine glühende Temperatur, in welcher die Arbeiter sich hier befinden — dann kommen 4 Centner Glassatz in den Tiegel; wenn diese niedergeschmolzen sind, was einige Stunden dauert, abermals 4 Centner, und so fort, bis die sämmtlichen Tiegel voll sind. Dies geschieht meistens Freitags, und es ist eine volle Woche nöthig, um hierauf die Tiegel leer zu arbeiten. Sobald die Tiegel alle eingebracht sind, wird der Ofen bis auf die nöthigen kleinen Zug- und Arbeitslöcher zugemauert, sodann aber das Feuer bis auf den erforderlichen Hitzegrad gebracht und gleichmäßig stark unterhalten. Diese Vorarbeiten dauern in der Regel Sonnabend und Sonntag, Montag beginnt die eigentliche Glasarbeit.

Nicht die sämmtliche eingetragene Masse verwandelt sich im Schmelzofen in Glas; Vieles entweicht, wie schon gesagt, gasförmig; andere Stoffe, die keine Vereinigung gefunden haben, schwimmen als eine Art Schaum oben auf, der Glasgalle genannt und mit eisernen Löffeln fleißig abgeschöpft wird. Viel Glasgalle giebt es besonders dann, wenn man das Alkali in Form von Asche (Seifensiederfluß) verwendet, weil in dieser eine Menge Unreinigkeiten enthalten sind, welche sich nicht verschmelzen lassen.

Das Aufarbeiten der Glasmasse.

Um sich vom Fortgange des Schmelzprozesses zu unterrichten, wird von Zeit zu Zeit eine Probe herausgenommen und untersucht. Ist die Verbindung der Kieselsäure mit den Basen erfolgt, so wird das sogenannte Läutern vorgenommen. Man giebt nämlich eine noch stärkere Hitze als bisher (das Heißschüren), und überläßt die Masse einige Zeit der Ruhe. Sie ist durch die Temperaturerhöhung dünnflüssiger geworden, und es können nun einestheils eine Masse bisher zurückgehaltener Luft- und Gasbläschen entweichen, anderntheils die darin vorhandenen schweren Unreinigkeiten sich leichter zu Boden setzen. Nach Beendigung des Läuterungsprozesses wird kalt geschürt, d. h. die Hitze so viel gemäßigt, daß das Glas dickflüssiger und zum Bearbeiten geschickt wird. Bei diesem Temperaturgrade muß der Ofen so lange erhalten werden, bis die erzeugte Glasmasse aufgearbeitet ist.

Das **Aufarbeiten der Glasmasse** geschieht nun auf verschiedene Weise. Entweder werden die aus dem plastischen Schmelzprodukt zu formenden Gegenstände durch Gießen oder Pressen, oder aber, wie es am bei weitem häufigsten geschieht, durch Blasen erzeugt. Die ersten beiden Methoden haben jedoch lange nicht das Interesse für uns wie die letztere, welche die Glasfabrikation ausschließlich charakterisirt; wir werden jene daher gelegentlich besprechen, uns aber zuerst dem Glasblasen und den auf diesem Wege darstellbaren Produkten zuwenden.

Fig. 262. Die Glasbläserpfeife.

Wer jemals Kinder gesehen hat, welche Seifenblasen machen, kann sich ein ziemlich klares Bild dieser Arbeit gestalten. Der Glasbläser, welchem allemal noch ein Gehülfe zugeordnet ist, hat die sogenannte Pfeife, ein langes eisernes Rohr a b (s. Fig. 262) mit einem hölzernen Mundstück, und arbeitet in den Grünglashütten stehend, in den Weißglashütten aber sitzend auf einer Art von Armstuhl mit vorragenden Armen. Zuerst taucht er die Pfeife in die geschmolzene Glasmasse, von der sich ein Klumpen an jene anhängt, den er durch Rollen auf dem Fußboden zu einer Kugel macht, und bläst dieselbe etwas auf, um zu sehen, ob sich Masse genug angehängt hat. Sollte sie zu dem beabsichtigten Zwecke nicht ausreichen, so taucht der Arbeiter abermals ein. Will er nun z. B. eine Flasche herstellen, so bläst er zuerst das weiche Glas zu einer hohlen Kugel auf, welcher er durch Schwingen um den Kopf eine längliche Form giebt. Ist dies geschehen, so übernimmt der Gehülfe das Blasen, der eigentliche Former bildet aber mittels einer Zange, während die Blase immer gedreht wird, die Flasche vollends aus, drückt ihren Boden nach innen in die Höhe und preßt sie senkrecht auf eine heiße Steinplatte, Marbel, um sie abzugleichen, worauf er mit einem kalten Eisen die Stelle berührt, wo die Flasche am Blasrohr festsitzt, und sie dadurch von demselben absprengt. Nun nimmt er mit einem Eisenstäbchen einen Tropfen Glasmasse aus dem Tiegel, zieht davon einen Faden, den er ein paar Mal um die Mündung der Flasche windet, und bildet so den wulstigen Rand derselben, worauf die fertige Flasche langsam abgekühlt wird. Wird die Blase während der Arbeit roth, d. h. kühlt sie sich zu sehr ab, so wird sie in einem besonderen, im Ofen angebrachten Feuerloche unter beständigem Drehen wieder erhitzt, bis sie weißglühend geworden ist.

Bei feineren, namentlich Weißglasarbeiten sitzt der Former, wie schon erwähnt, auf dem Stuhle, während der Gehülfe bläst und die Pfeife beständig auf den langen Armen des Stuhls gedreht wird. Henkel und ähnliche Vorragungen werden, eben so wie der Rand, besonders angesetzt, denn die flüssige, teigartige Glasmasse formt sich sehr leicht und verbindet die Theile fest mit einander. Alles beruht hierbei auf dem richtigen Augenmaße und der Handfertigkeit des Arbeiters, und ein geschickter Glasbläser stellt in kürzerer Zeit ein zierliches Kunstwerk her, als der Leser gebraucht, sich den Vorgang erzählen zu lassen. Flaschen und viele andere der gewöhnlicheren Gegenstände, welche durch Blasen herstellbar und die demzufolge sämmtlich Hohlglas sind, werden so durch bloßes Drehen, Schwenken, Aufstoßen u. s. w. fertig, wobei vielleicht nur die Schere etwas mitzuhelfen hat.

Es ist in der Regel ein Gegenstand der Verwunderung für die Besucher von Glashütten, daß die so mannichfaltig geformten Glaswaaren mit so wenigen und so einfachen Instrumenten zu Stande gebracht werden. Das Blasrohr oder die Pfeife, immer das Hauptwerkzeug, ist für den Glasarbeiter das, was für den Töpfer die Scheibe ist. Freilich gehört große Uebung dazu, um es mit Erfolg zu handhaben, und nebenbei auch eine tüchtige Lunge. Indessen giebt es auch Hülfsmittel, um die Lunge zu schonen. Tritt der Arbeiter mit der Blase ans Feuer, während er die Mündung seines Rohres fest zuhält, so dehnt sich die eingeschlossene Luft durch die Hitze noch weiter aus und die Blase wird dadurch ganz von selbst größer. Ja, der Glasbläser arbeitet sogar mit Dampf, denn es ist recht wohl thunlich, daß er in eine Glasblase, die er größer haben will, ein wenig Wasser einbläst, das sich sofort in Dampf verwandelt, der durch seine Spannung dem Arbeiter das Blasen erspart, sofern nur die obere Oeffnung dicht verschlossen wird.

Fig. 263. Arbeiten auf dem Stuhle mit der Zwickschere.

Von anderen Werkzeugen findet die Schere häufig Anwendung, denn das glühende Glas läßt sich sehr gut, fast wie weiches Blei, schneiden. Zangen, fast wie Feuerzangen geformt, dienen zum Ausbiegen von Rändern u. s. w., während einfache, fingerstarke Eisenstäbe von etwa Meterlänge, Nabel- oder Hefteisen, die Finger abgeben, mit denen der glühende Glaskörper angefaßt wird. Man versieht die Spitze des Nabeleisens mit einem Tropfen Glasmasse und hält sie an der passenden Stelle an, wo sie augenblicklich festklebt. Ist z. B. eine Flasche geblasen und soll vom Blasrohr abgesprengt werden, so heftet man vorher das Nabeleisen an den Boden der Flasche und dieses bildet nun die Handhabe, während die durch das Absprengen entstandenen scharfen Ränder der Flaschenmündung rund geschmolzen werden. Dieselben Dienste leistet das Nabeleisen beim Transportiren der fertigen Gefäße in den Kühlofen. Schließlich wird es selbst mit einem kurzen Schlage abgesprengt; dadurch entsteht jene rauhe, scharfkantige Stelle, der Nabel, welche man am Boden geringer Glaswaaren häufig findet.

Die beste Vorstellung der fortlaufenden Arbeiten, wie sie sich bei der Erzeugung zusammengesetzterer Hohlglasartikel folgen, geben uns die Abbildungen 1—12 in Fig. 264, welche die Formung eines Trinkglases veranschaulichen. Das erste Stadium zeigt das an die Pfeife genommene Glasklümpchen, welches zu einem birnförmigen Kölbchen aufgeblasen und durch Drehen und Stoßen auf die Marbelplatte (polirter Marmor- und Granittisch) die Gestalt wie in Fig. 2 erhält. Daraus soll das Hohlgefäß des Bechers hergestellt werden.

Das Aufarbeiten der Glasmasse. 423

Der Fuß entsteht aus einem weichen Glasklümpchen, das man in der Mitte des Bodens ansetzt, zu einem Stengel auszieht (3) und mittels der Zange, Zwickschere, auf dem Stuhle unter fortwährendem Drehen der Pfeife formt. Nachdem der Stiel des Fußes die Form 4 erhalten hat, wird wiederum durch Erweichen seines unteren Theiles ein Glasklümpchen daran gekittet und abgeschnitten (5) und immer unter Drehen der Pfeife gegen ein nasses Bret gehalten (6), wodurch es sich zu einem Fuß abplattet, dem man mit der Zwickschere noch in seiner Form nachhilft (7). Oder auch man klebt anstatt des Glasklümpchens (5) eine bereits aufgeblasene Glaskugel an den Stiel des Fußes, die man zur Hälfte absprengt, den daran verbleibenden Theil erweicht man und verwandelt ihn durch Aufbiegen seiner Ränder in eine ebene Fußplatte. An diese heftet man nun mittels eines Tröpfens Glasmasse den Stab (8), sprengt den oberen Theil des Hohlgefäßes ab (9) und schneidet mit der Schere die weiche Glasmasse so weit ab, daß die Wände die verlangte Höhe erhalten (10). Durch Ausweiten mit einem Stück Holz giebt man dem Rande die nach außen geschwungene Form (11). Mittels des Stabes wird das Glas (12) in den Kühlofen gebracht und hier durch einen leichten Schlag gegen den Stab davon getrennt.

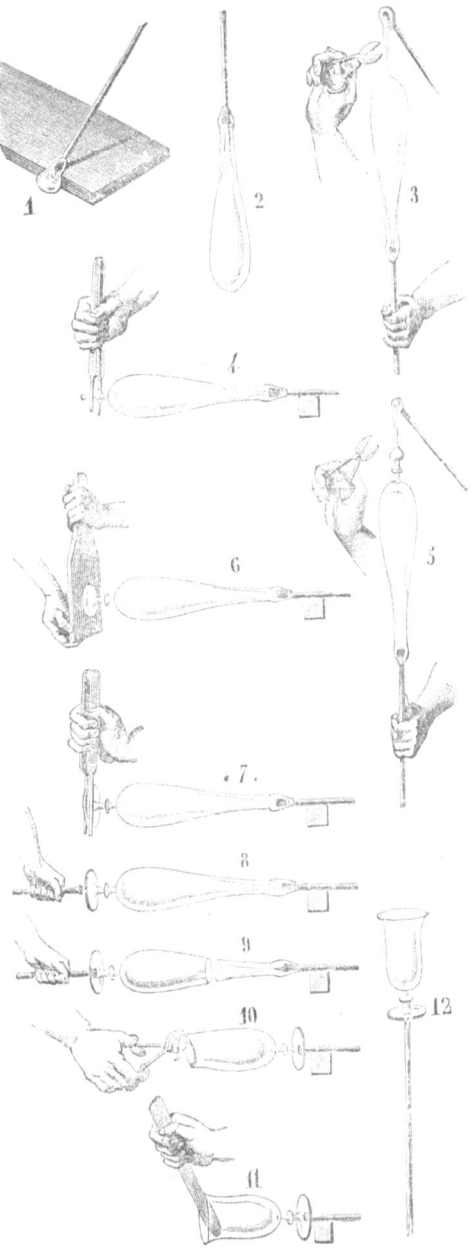

Fig. 264. Die verschiedenen Phasen eines Trinkglases bei seiner Herstellung.

Auf diese Weise, nämlich durch Arbeiten am Stuhl mit der Zwickschere, können nur Rotationskörper wie auf der Drehbank geformt werden. Wenn man aber die Glaskugel nicht frei aufbläst, sondern die weiche Masse zwingt, indem sie sich erweitert, sich an die inneren Wandungen einer Hohlform anzulegen, so wird sie genau deren Gestalt annehmen. So kann man dann Hohlartikel erzeugen, die außen von flachen oder mannichfach eingebogenen und ausgebauchten Oberflächen begrenzt sind, wie sie sonst nur auf dem Wege des Gießens oder der freien Modellirung erhalten werden.

Die Formen sind meist aus Holz, bisweilen auch, namentlich für Gegenstände, welche scharf begrenzte und ganz ebene Oberflächen haben sollen, aus Messing. Gußeiserne und thönerne Formen kommen auch vor. Je nach dem Gegenstand ist die Form entweder eintheilig oder mehrtheilig (Klappenform). Die letzteren können, um die fertige Waare herausnehmen zu lassen, geöffnet werden; so lange aber, wie das weiche Glas hineingeblasen wird, sind ihre einzelnen

Theile fest mit einander durch Stifte oder durch eine Feder, die mit der Hand oder dem Fuße gedrückt wird, verbunden. In der Regel verbindet ein Charnier die beiden Hälften mit einander, denn die zweitheilige Form genügt den meisten Anforderungen.

In Fig. 265 ist eine mehrtheilige Form dargestellt. Der obere Theil a a wird erst aufgesetzt, wenn die Glasmasse in den Innenraum eingebracht worden ist. Der untere Theil b b ist aus einem Stück und nur mit einigen feinen Oeffnungen durchbohrt, damit die eingepreßte Luft entweichen kann. Das Formstück cc für den Hals dagegen besteht aus zwei Hälften, welche sich um ein auf der Platte d d befestigtes Charnier drehen können; damit die beiden Hälften dicht zum Verschluß kommen, sind zwei hebelförmige Ansätze e e angebracht, in welche hölzerne Handgriffe eingeschraubt werden. Die Art der weiteren Ausbildung des Gegenstandes braucht nicht näher beschrieben zu werden. Die weiche Masse wird durch die Spannung der inneren Luft an die Wandung der Form angedrückt und alle Vertiefungen derselben treten als Erhöhungen auf dem fertigen Stück hervor. Ist die Form innen ganz glatt und rund, so wird die Glasmasse während des Blasens gedreht, wodurch die Politur wesentlich schöner ausfällt; bei gerieften oder kantigen Formen,

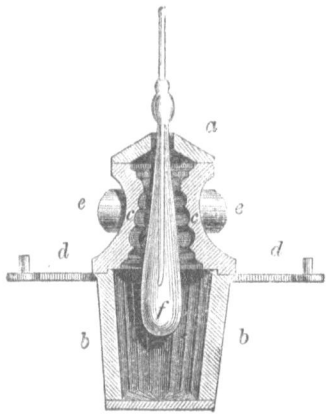

Fig. 265. Mehrtheilige Form für Hohlglas.

wie bei der von uns dargestellten, kann davon natürlich nicht die Rede sein.

Eine Anzahl kleinerer Artikel werden ebenfalls in Formen dargestellt, aber nicht durch Blasen, sondern durch Pressen; sie sind massiv und ihre Formen haben, wie die Kugelformen, eine zangenähnliche Gestalt, mit der man aus der teigigen Glasmasse die betreffende Quantität herauskneipt. Derartige Formen sind bei der Fabrikation der Glasknöpfe und der größeren Perlen in Gebrauch.

Fig. 266. Blasen von Tafelglas

Tafelglas. Hält man die Pfeife, wenn die Blase eine entsprechende Größe erlangt hat, senkrecht empor, so sinkt die Glasblase platt zusammen und indem man sie auf einem besonderen Eisen anheftet und von der Pfeife ablöst, kann man sie durch schnelles Drehen in eine runde Scheibe verwandeln. Da diese Scheibe in der Mitte, am Anheftepunkt, verdickt ist, so wird dieser Theil herausgeschnitten und man behält zwei halbmondförmige Stücke übrig, die weiter in Tafeln zerlegt werden können (Mondglas). Je geschickter der Arbeiter ist, um so größere Scheiben wird er herzustellen im Stande sein, und nach den Proben, die man aus früherer Zeit noch erhalten findet, müssen Scheiben, die 1½—2 Meter im Durchmesser gehalten haben, auf diese Weise häufig geblasen worden sein. Das Mittelstück, Ochsenauge, ist eine kleine linsenförmige Scheibe mit einem zapfenartigen Ansatz in der Mitte, und man sah ehedem dieses Glas häufig zum Verglasen von Stallfenstern u. dergl. benutzt. Die größeren aus der Scheibe geschnittenen Stücke verwendet man als Tafelglas, welches ehedem fast sämmtlich auf diese Weise erzeugt wurde. Jetzt ist diese Methode indeß durchgängig von einer anderen verdrängt worden, bei welcher die Scheibe nicht mittels der Centrifugalkraft, sondern durch das sogleich zu beschreibende Verfahren aus der Blase hergestellt wird.

Soll Tafelglas geblasen werden, so wird eine bedeutende Masse geschmolzenes Glas, etwa anderthalb Pfund, an den Kopf der Pfeife genommen. Da sich so viel mit einem Mal nicht anhängt, so erfolgt ein mehrmaliges Eintauchen, während in der Zwischenzeit der Klumpen an der Luft oder auch durch etwas angespritztes Wasser äußerlich abgeschreckt und steif wird. Der Glasbläser steht, um seine Pfeife mit dem daran sitzenden Glaskörper bequemer handhaben zu können, entweder auf einer Erhöhung über dem Boden, oder vor einer Grube im Arbeitsraume (s. Fig. 266). Durch das Blasen entsteht zunächst die allgemeine birnförmige Gestalt, der man unter zeitweiligem Wiedererwärmen, durch pendelartiges Schwenken in der Grube, durch Rollen 2c.

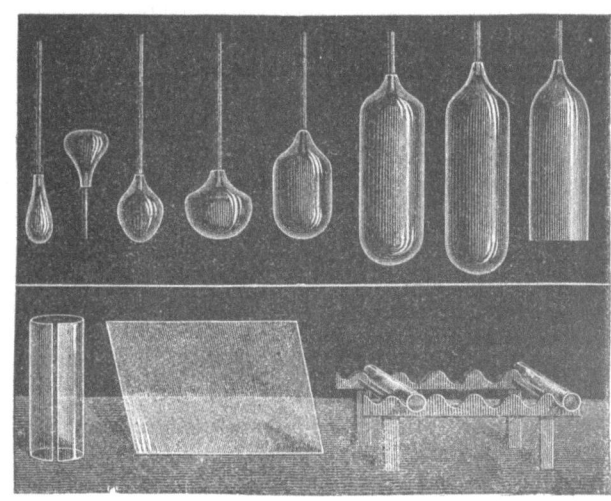

Fig. 267. Herstellungsphasen des durch Blasen erzeugten Tafelglases.

die Form einer Walze, eines an beiden Enden geschlossenen Hohlcylinders, giebt. Auf eine oder die andere Weise wird, wenn dieselbe dünn genug geblasen ist, zunächst das untere Ende geöffnet, die Walze durch weiteres Schwenken noch verlängert, mit der Schere gleich geschnitten, von der Pfeife abgelöst und, nachdem auch noch die obere Kappe abgesprengt worden, der Cylinder der Länge nach aufgesprengt, indem man mit einem glühenden Eisen in der Länge über ihn hinfährt. Unsere Abbildung Fig. 267 zeigt die verschiedenen Stadien dieses Prozesses, den die Glasmasse hier durchmachen muß. So vorbereitet also gelangen die halb aufgeklappten Cylinder nun in den Streckofen. Dieser besteht aus zwei Abtheilungen, dem Feuerraum und darüber dem Streckraum. In letzteren gelangt die Flamme durch einige in der Wölbung angebrachte Oeffnungen und bewirkt hier eine Temperatur, die das

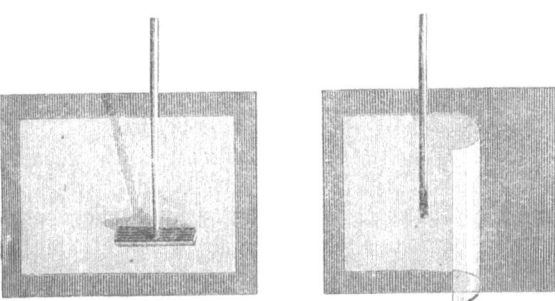

Fig. 268. Aufrollen und Ausplatten des Cylinders.

Glas erweichen, aber nicht schmelzen kann. Indem die Cylinder, mit der aufgeschlitzten Seite nach oben, in diesem Ofen allmählich vorgeschoben werden, gelangt jeder schließlich an einen Ort, wo eine aus feuerfestem Thon gebrannte abgeschliffene Platte, der Streckstein, liegt. Hier erweicht der Cylinder bald, seine beiden Lappen werden mit einem gabelförmigen Eisen aus einander geschlagen, legen sich auf die Platte nieder und werden mit einem passenden Werkzeug vollends geebnet oder gebügelt (s. Fig. 268). Für feinere Gläser ist der Streckstein mit einer besonders dazu angefertigten dicken Glasplatte bedeckt, wodurch die Tafeln schöner werden; es wird aber hier eine größere Geschicklichkeit bei Leitung der Arbeit erfordert, damit nicht eine verbotene Verbindung zwischen unten und oben stattfinde. Unmittelbar neben dem Streckraum befindet sich der Kühlraum, in welchen die Tafeln mittels eines Schiebers durch eine Spalte unter der Scheidewand hineingeschoben und, sowie sie erstarrt sind, auf die hohe Kante gestellt und an eiserne Querstäbe gelehnt werden, bis der Kühlofen voll ist, worauf man ihn schließt und langsam erkalten läßt. Spiegelplatten dagegen müssen liegend abgekühlt werden.

Die großartigste Anwendung des Tafelglases ist unbedingt erst in den letzten 20 Jahren zu den Zwecken der Baukunst gemacht worden. Der Palast der Industrie-Ausstellung von 1851 zeigte zuerst das Prinzip ausgeführt, das Glas als Wandung zu benutzen und lediglich durch Eisen zu stützen. Die Glasmassen, welche nöthig waren, um den Riesenbau in solcher Weise auszuführen, waren ganz enorme. Der verglaste Raum, d. h. die Grundfläche des Gebäudes, betrug gegen 75,000 □Meter. Daraus wird man bei einer entsprechenden Höhe auf die Menge der Glasscheiben einen Schluß machen können, die dazu nöthig waren, und die Summe von 13,174 Pfd. Sterl. 9 Sh. 9 Pence (nahe an 270,000 Mark), welche dafür ausgegeben wurde, begreiflich finden. Aehnliche Bauten sind namentlich zu Ausstellungszwecken seither öfters ausgeführt worden, ja das Glas hat sich dadurch geradezu zu einem der wichtigsten Baumaterialien emporgeschwungen und förmlich einen neuen Baustil hervorgerufen.

Gießen des Glases. Spiegelplatten. Das Tafelglas findet seine Hauptverwendung zur Herstellung von Spiegeln, welche bekanntlich aus nichts weiter bestehen, als aus ebenen und fein polirten, sehr reinen Glastafeln, die auf der Rückseite mit einem Amalgam aus Zinn und Quecksilber belegt sind. Der Werth eines Spiegels hängt von der Größe, Reinheit und Farblosigkeit der Glasplatte und von ihrer völligen Ebenheit und Politur, sowie von dem Parallelismus der beiden Oberflächen ab. Zu ordinären kleineren Spiegeln werden Tafeln genommen, die wie das Fensterglas geblasen und gestreckt sind. Für feinere Spiegel dagegen und für die großen Platten der Schaufenster genügen diese nicht, obwol man auf dem Wege des Blasens und trotz der Schwierigkeiten, welche das Behandeln der schweren Glasmasse mit der Pfeife darbietet, merkwürdig große Scheiben dargestellt hat. Bei weitem schönere und viel reinere Spiegeltafeln erhält man durch Gießen und nochmaliges Schleifen des Glases.

Zu den gegossenen Spiegeln benutzt man allgemein Natronglas, weil dieses leichtflüssiger ist. Der Schmelzofen enthält gewöhnlich 4 Glashäfen, zwischen denen auf der Bank noch vier flachere, vierecke Geschirre, die Wannen, stehen. Ist in etwa 10 Stunden der Glassatz in den Häfen völlig geschmolzen, und größtentheils geläutert, so schöpft man vorsichtig, um keinen Bodensatz aufzurühren, die flüssige Masse mit kupfernen Kellen in die Klärwannen über, wo sie noch etwa 16 Stunden bleibt, bis sie völlig rein und blasenfrei ist. Zum Ausgießen der Masse in Tafelform gehört eine gute geebnete, 8—10 Centimeter dicke Platte von Gußeisen oder Bronze. Sie ruht auf einer Art Wagen, der mittels Eisenbahnen an die Orte gefahren werden kann, wo man ihn braucht, und ist mit einer Vorrichtung zum völlig wagerechten Einstellen versehen. Ist nun die Glasmasse so weit vorbereitet, daß sie vergossen werden kann, so wird die Gießtafel an die Mündung eines der backofenförmigen Kühlöfen herangefahren, dessen Sohle mit der Platte in gleicher Ebene liegt und der inzwischen bis zur Rothglut angeheizt worden ist. Auch die Tafel wird durch unter ihr brennende kleine Feuer oder durch darauf gebrachte glühende Kohlen erhitzt, die unmittelbar vor dem Guß sauber weggeschafft werden. Auf der Tafel sind vier metallene Schienen ins Viereck gelegt, welche die Größe und Dicke des Glases bestimmen. Bei dem Gießen sind mehrere Menschen beschäftigt, deren Arbeit gut ineinander greifen muß, wenn das kurze Werk, das aber immer ziemlich lange Vorbereitungen gekostet hat, gelingen soll. Zwei Arbeiter bringen hurtig einen Glashafen aus dem Schmelzofen herbei, hängen ihn in die Kette eines Krahnes, ziehen ihn in die Höhe und putzen ihn ab. Zwei andere erfassen ihn mit zangenähnlichen Handhaben, ziehen ihn über die Tafel und stürzen ihn um, wobei sie ihn quer über dieselbe hinwegführen; in demselben Moment ergreifen zwei andere

Gießen der Spiegelplatten. 427

Männer eine schwere gußeiserne Walze, welche an einem Ende der Tafel in Gabeln liegt, und rollen sie über die Glasmasse hinweg, so daß diese völlig breit gedrückt und der Raum zwischen den Linealen völlig ausgefüllt wird (s. Fig. 269). Während dieses Fortrollens wird die Glasmasse fortwährend von den Arbeitern beobachtet, um, wenn sich irgend noch ein Klümpchen in derselben zeigt, das einen Fehler im Glase erzeugen würde, es wo möglich noch mit einem spitzen Instrumente wegzuhaschen. So lange die Tafel noch rothglühend und weich ist, wird, um einen besseren Anhaltepunkt beim Einschieben in den Kühlofen zu haben, an dem vom Ofen abgewendeten Ende ein etwa zweizölliger Rand, der Kopf, aufgebogen. Einige Augenblicke später, wenn sie schon etwas mehr Festigkeit gewonnen hat, schiebt man sie, immer noch ziemlich glühend, mit Krücken in den Glühofen, wo sie einen Zeitraum von acht Tagen hindurch verweilt.

Fig. 269. Der Gußtisch zum Gießen der Spiegelplatten

Eine der größten Tafelglasfabriken befindet sich zu St. Helens in England. Ihre Gießhalle bietet einen imposanten Anblick dar; sie ist 140 Meter lang, 44 Meter breit und hat Kreuzflügel von 60 Meter Länge und fast 20 Meter Breite. Diese Fabrik beschäftigt im Ganzen mehr als 600 Menschen. Wie in einem derartigen Etablissement die Arrangements zwischen Schmelzofen, Gießraum und Kühlofen getroffen sind, das zeigt uns Fig. 270 im Schema. A bezeichnet den Schmelzofen, aus welchem die Glashäfen P mittels eines auf Rollen beweglichen Krahnes G über den Gießtisch C transportirt werden. Der Gießtisch läuft ebenfalls auf Rädern, so daß von ihm die gegossene Platte sofort in den Kühlofen D befördert werden kann, dessen Sohle sich in gleichem Niveau mit der Gießplatte befindet.

Schleifen. Aus dem Kühlofen wandert die gegossene Spiegelplattte in die Schleifmühle, um auf beiden Seiten eben geschliffen und polirt zu werden, eine Arbeit, die viel

Aufmerksamkeit erfordert und wobei unter Anderem auch darauf gesehen werden muß, daß beide Schliffflächen vollkommen parallel liegen, mithin das Glas überall die gleiche Dicke hat; sonst macht der Spiegel schiefe Gesichter, wie das bei geringer, ungeschliffener Waare nicht selten vorkommt. Das Schleifen vollzieht sich auf genau abgerichteten steinernen Platten, die in der Höhe von etwa 60 Centimeter über dem Boden auf hölzernen oder steinernen Pfosten stehen. Solcher billardähnlicher Schleiftische giebt es immer eine ziemliche Anzahl in dem Schleiflokale. Mittels Gipsbreies wird die zu schleifende Tafel auf einem solchen Tische recht gleichmäßig aufgekittet, und zwar nimmt man immer die rauhere Seite zuerst vor. War die metallene Gießtafel nicht frisch aufpolirt, so ist diejenige Glasseite die rauhere, welche auf ihr auflag. Es leuchtet ein, daß man auch mehrere Glastafeln, sofern sie nur gleiche Dicke haben, neben einander aufkitten und gleichzeitig bearbeiten kann. Der schleifende Körper, der Läufer, ist ein meistens wie eine abgestumpfte Pyramide geformter Stein, auf dessen Grundfläche eine ebene Glastafel aufgekittet ist, die etwa den vierten Theil der Größe wie die zu schleifende Scheibe hat. Das Gewicht des Läufers ist so abgemessen, daß er auf jeden Quadratcentimeter mit der Schwere von einem Pfunde drückt. Oben ist der Läufer, um bequem mit ihm arbeiten zu können, mit mehreren Handhaben versehen, oder er trägt, wenn er groß ist, ein etwa 3 Meter Durchmesser haltendes, horizontal liegendes Rad auf dem Kopfe befestigt, das dann überall einen Angriff bietet. In der Regel geschieht jedoch die Führung des Läufers mit Maschinenkraft und die mechanischen Vorrichtungen dazu sind sehr einfache, da es nicht schwierig ist, dem Läufer mittels eines Armes eine solche Bewegung zu ertheilen, wie er sie bei der Handarbeit erhält, nämlich

Fig. 270. Schmelzofen, Gußtisch und Kühlofen in einer Spiegelfabrik.

so, daß er, kleine Kreise beschreibend, allmählich über alle Punkte der Tafel weggeht. Man hat sich aber nun nicht vorzustellen, daß die obere Glastafel unmittelbar auf der unteren herumschleife; es befindet sich vielmehr zwischen ihnen erst das eigentliche Schleifmittel, scharfer, nasser Sand, der Anfangs gröber, dann feiner genommen wird. Hat man die Tafel auf der einen Seite so weit fertig, als es mit Sand überhaupt thunlich, so macht man sie los, wendet sie und kittet sie fest, um die andere Seite ebenso zu behandeln. Hiernach ist das Rauhschleifen vollendet und man geht an das Klarschleifen, das ganz in derselben Weise, nur mit einem feineren Schleifmittel, vorgenommen wird. Man wendet hierzu geschlämmten Smirgel an, Anfangs gröbern, dann immer feineren, und giebt endlich die Politur mit einem mit Filz bekleideten Läufer und einem dünnen Brei von Wasser und fein geschlämmtem Eisenroth, Blutstein u. dergl. Der letzte und feinste Grad der Politur wird meist in der Art ertheilt, daß man zwei Spiegelplatten mit den geschliffenen Seiten über einander legt und sie mit fein geschlämmter Zinnasche durch Hin- und Herschieben der oberen Platte fertig macht.

Mittels Tafel und Walze werden auch die halb- und ganzzollstarken Platten zum Bedecken von Lichthöfen, Hallen u. s. w. geformt, die keines Schliffes bedürfen. Ebenso wird von den geschliffenen Tafeln nicht jede ein Spiegel, sondern Vieles findet Verwendung zu den jetzt gebräuchlichen großartigen Schaufenstern in den Luxusläden größerer Städte, wozu die zweite Sorte von Platten, nämlich solche mit kleinen Mängeln, noch gut verwendbar ist.

Die Fortschritte auf diesem Gebiet sind außerordentlich, denn man versteht jetzt Platten von sehr großen Dimensionen, bis zu 5 und 6 Meter Höhe und Breite, auf solche Art zu fabriziren.

Belegen der Spiegelplatten. Als letzte Arbeit des Spiegelglasfabrikanten kommt endlich das Belegen der geschliffenen Platte mit einer glänzenden Metallmasse, dem Amalgam. Jedermann hat sich wol schon in den Kinderjahren von der Beschaffenheit eines Spiegelglases auf der Rückseite überzeugt. Es sitzt da nicht allzu fest ein weißes Metallhäutchen, nach dessen Entfernung das Glas aufhört ein Spiegel zu sein. Man muß also schließen, daß dieser Körper die Hauptsache am Spiegel sei. In der That besteht kein wesentlicher Unterschied zwischen einem Glasspiegel und einem metallenen, etwa einer hochpolirten Silberplatte, höchstens daß bei dem Glasspiegel die Spiegelung nicht von der vorderen Oberfläche, sondern von der hinteren Fläche herkommt; wenn man mit einem Stift oder dergleichen das Glas berührt, so kann man aus dem Abstande, der zwischen dem Gegenstande und dem Bilde bleibt, erkennen, wie dick das vorliegende Glas ist.

Fig. 271. Belegen der Spiegelplatten.

Daß wir uns mittels des Glases einen Metallspiegel ohne Metallarbeit, d. h. ohne Gießen, Schleifen u. s. w., erzeugen können, verdanken wir dem Quecksilber mit seinen merkwürdigen Eigenschaften, unter denen diejenige, mit manchen Metallen, namentlich gern mit dem Zinn, Amalgam zu bilden, hier besonders in Betracht kommt. Bringt man zu etwas Quecksilber in einem Gläschen ein Stückchen Zinnfolie und schüttelt, so verschwindet letztere bald und geht in dem flüssigen Metall auf; man kann sogar ziemlich viel Zinn nach und nach zugeben, ehe man bemerkt, daß die Masse dickflüssiger zu werden anfängt; fließt sie gar nicht mehr, so kann man durch Hineinkneten immer noch ziemlich viel Metall damit verbinden, bis das Amalgam etwa Talghärte angenommen hat. Jedes Amalgam aber, sofern es nicht in einem verschlossenen Gefäß gehalten wird, erhärtet schließlich von selbst, denn das Quecksilber besitzt auch eine große Flüchtigkeit, und indem es fortwährend aus dem Amalgam abdunstet, wird das Verhältniß des zweiten, ursprünglich festen Metalls immer größer und somit die Masse härter. Indeß kann der Härtegrad nie ein solcher werden, wie ihn das betreffende Metall an und für sich besitzt, denn durch Verdunstung bei gewöhnlicher Temperatur kann sich nicht alles Quecksilber aus der Verbindung losmachen; erst die Anwendung einer höheren Hitze vermag es vollständig abzutreiben.

Für die Herstellung von Glasspiegeln ist die Zinnfolie nun ein ausgezeichnetes Mittel. Um die hochfein geschliffene und auf das Sorgfältigste abgeputzte Glastafel mit dem Belege zu versehen, bedarf man vor allen Dingen ganz ebener und glatter Tafeln, am besten von Marmor. Um den Rand der Belegtafel läuft eine Rinne zur Aufnahme des abfließenden Quecksilbers mit einer Ausgußöffnung in der einen Ecke. Die Tischplatte liegt in einem Zapfenlager, so daß sie in eine beliebig geneigte Stellung gebracht werden kann, worin sie mittels Stellschrauben festgehalten wird. Das übrige Geräth besteht in Bürsten, gläsernen Linealen, mit Wollenzeug bezogenen Rollen, größeren und kleineren Stücken Flanell und einer Anzahl steinerner oder eiserner Gewichte.

Der Arbeiter putzt und reinigt zunächst den Belegtisch auf das Sorgfältigste, legt dann ein Stück vollkommen reines Stanniol auf, etwas größer als der Spiegel werden soll, und streicht mit einer Bürste alle Falten desselben glatt aus. Dann gießt er etwas Quecksilber auf, welches er mit der Wollwalze auseinander treibt, so daß das Zinn überall gleichmäßig davon benetzt wird. Hierauf legt er Glaslineale auf zwei Seiten der Zinnfolie und gießt so viel Quecksilber auf, daß dasselbe ungefähr 2 Millimeter hoch steht. Daß hierbei die Tafel vollkommen wagerecht liegen muß, ist einleuchtend. Sind nun die Rückseite der Spiegeltafel und die Oberfläche des Quecksilbers durchaus von allem Staube und Fett gereinigt, so wird die Glasplatte behutsam auf das Quecksilber geschoben, von dem sie das Ueberflüssige sogleich zur Seite drängt, worauf man sie mit schweren Gewichten, die bei sehr großen Spiegeln viele Centner betragen, belastet und einige Tage stehen läßt. In Frankreich hat man das Beschweren mit Gewichten dadurch umgangen, daß man die Glasplatte durch Holzstege niederdrückt, welche mit Filz bezogen sind und durch Einschieben von Keilen in den bügelförmigen Rahmen gespannt werden (s. Fig. 271).

Der Spiegel ist nun eigentlich fertig, aber die Belegung enthält noch Quecksilber im Ueberfluß. Man beginnt also mit Abnehmen der Gewichte und hebt dann die Lagertafel an einem Ende ein wenig, damit das Quecksilber, das noch auf derselben liegt, durch die an der Seite angebrachten Rinnen in den Abguß läuft. In der Spiegelbelegung zieht sich aber ebenfalls das überflüssige Quecksilber nach der tiefer stehenden Seite des Spiegels, und nun beginnt man nach einigen Tagen den Spiegel selbst an der hohen Seite mehr und mehr zu heben, bis er endlich nach 10 Tagen senkrecht steht. Schließlich stürzt man ihn allmählich so, daß er nur noch auf einer Ecke steht, durch welche dann das letzte überschüssige Quecksilber, das immer nach dem tiefsten Punkte geht, auch noch abfließt. Die ganze Operation dauert drei Wochen, und nun soll der Spiegel fertig sein.

Kennen wir so die Art und Weise, wie ein Spiegel entsteht, so wird uns auch deutlich, welche Rolle das Glas an demselben spielt. Sie ist eine doppelte: indem nämlich der polirte Glaskörper auf ein breiiges Amalgam preßt, muß letzteres die Form des ersteren annehmen und so entsteht die spiegelnde Metallfläche, die aber nur dadurch Halt und Dauer gewinnt, daß sie am Glase kleben bleibt. Das Metall ist also der eigentliche Stoff des Spiegels, das Glas der Former, Träger und Beschützer desselben.

Silberspiegel. Infolge des bei der Quecksilberbelegung auftretenden Dampfes und noch mehr des Staubes dieses so wenig beständigen Metalles sind aber die Arbeiter sehr bedenklichen Krankheitszufällen ausgesetzt; denn das Quecksilber ist ein höchst giftiger Stoff, und seine Aufnahme in den menschlichen Körper äußert sich namentlich in Einwirkungen

auf die Knochen, das Zahnfleisch, die Speicheldrüsen u. s. w., welche ein trauriges Siech=
thum und vorzeitigen Tod herbeiführen. Deswegen ist es schon längst eine Aufgabe der
Humanität gewesen, für die Glasspiegel, welche die liebe Eitelkeit nun einmal nicht ent=
behren mag, eine andere, unschädlichere Art der Belegung aufzufinden. In neuerer Zeit hat
sich denn neben jenes uralte Verfahren der Spiegelerzeugung ein anderes gestellt, wobei
eine chemisch niedergeschlagene Silberschicht die Stelle des Zinnamalgams vertritt. Es
werden dadurch sehr schöne Spiegel und noch dazu wohlfeiler, weil mit geringem Zeit=
aufwand, hergestellt. Die Tafel wird mit einem Rande versehen oder in einen passenden
Kasten gelegt und etwa zollhoch mit einer silberhaltigen Flüssigkeit übergossen. Letztere,
eine mit Salmiakgeist versetzte Lösung salpetersauren Silbers, ist mit sogenannten redu=
zirenden Substanzen gemischt, deren die verschiedenen Rezepte vielerlei nennen; besonders
aber dienen dazu Nelken= und Zimmtöl in Weingeist gelöst, Traubenzucker, Weinstein=
säure u. s. w. Alle solche Substanzen wirken auf das Silbersalz so, daß sie ihm den Sauer=
stoff entziehen, wodurch das Silber sich in metallischer Form ausscheidet und am Glase als
eine spiegelnde Schicht fest anlegt, die dann auf der Rückseite durch irgend einen Firniß
geschützt wird. Durch diese nasse Versilberung lassen sich auch stark gekrümmte Glasflächen
spiegelnd machen, was mit Quecksilberamalgam kaum thunlich erscheint. So kann man
Glaskugeln mit aller Leichtigkeit auf der Innenseite durch Eingießen der Flüssigkeit ver=
silbern, macht auch sonst Hohlglaswaaren aus doppeltem Glas, bei denen sich die Ver=
silberung im Inneren zwischen den beiden Wandungen befindet, und für teleskopische Hohl=
spiegel ist das neue Verfahren als ein wichtiger Fortschritt anzusehen.

Die Silberspiegel sind schon 1844 nach diesem, nur mit etwas abweichend zusammen=
gesetzten Flüssigkeiten, von Drayton angegebenen Verfahren hergestellt worden. Liebig hat
die Herstellungsweise wesentlich verbessert und durch seine Bemühungen, die durch das Ge=
wicht seines hochberühmten Namens eine kräftige Unterstützung erhielten, der Menschheit
einen großen Dienst geleistet. Allerdings werden noch die meisten Spiegel mit Amalgam be=
legt, allein das ist zum Theil eine Folge der Gewohnheit, die sich nicht sofort beseitigen läßt.

In neuester Zeit scheint es aber, als ob die Silberspiegel einen sehr gefährlichen Kon=
kurrenten in den **Platinspiegeln** bekommen würden. Dieselben wurden in Frankreich
dargestellt und scheinen nach dem, was darüber berichtet wird, allerdings sehr bedeutende
Vortheile zu gewähren. Das Verfahren der Platinirung unterscheidet sich von dem der
Versilberung dadurch, daß das Platin nicht auf die Rückseite der Glasplatte aufgetragen
wird, sondern auf die Vorderseite, und also eine direkte Reflexion des Metalles stattfindet.
Die Belegmischung besteht aus Platinchlorid, welches, mit Lavendelöl unter Zusatz von
Glätte und borsaurem Bleioxyd verrieben, mittels eines Pinsels unter sorgfältiger Ver=
meidung von Staub und Feuchtigkeit auf die möglichst vollkommen polirte Glasplatte,
welche vertikal aufgestellt ist, gestrichen wird. Nach dem Trocknen werden die Platten in
Muffeln erhitzt, und sie sollen in Bezug auf Glanz den amalgamirten durchaus nicht nach=
stehen. Im durchfallenden Licht sind diese Spiegel durchsichtig, eine Eigenschaft, welche ihre
Anwendung zu Fensterscheiben, durch die man nicht ins Innere der Zimmer sehen soll,
empfiehlt. Da nun außerdem der Umstand, daß man für sie durchaus kein absolut weißes
Glas braucht, sondern mehr oder weniger gefärbtes benutzen kann, das man überdies nur
auf einer Seite zu schleifen braucht, also von Haus aus schwächer herstellen darf, sehr
wesentlichen Einfluß auf den Preis hat, so ist es wahrscheinlich, daß dieser Art Belegung
für manche Zwecke eine gute Zukunft bevorsteht.

Die **Glasröhren** spielen in der Glastechnik eine so große Rolle, daß wir ihrer Her=
stellung einige Beachtung schenken müssen. Nicht nur, daß für röhrenförmiges Glas sich
selbst vielfache Verwendung zeigt zur Herstellung von Barometern, Thermometern u. s. w.,
die Glasröhre ist gewissermaßen der Ausgangspunkt, von welchem das Glas eine weitere
Formwandlung in alle erdenkbaren Gestalten erfährt. Wie das Blei in Blöcken, das Gold
in Barren, der Zucker in Hüten, so kommt das Glas, wenn es, wie die feineren und ge=
färbten Sorten, als Rohmaterial verkauft wird, meist als Röhren in den Handel.

Die Herstellung der Röhren und Stäbe an sich geschieht in sehr einfacher Weise. Der Arbeiter bläst einen Cylinder, wie für Tafelglas, nur macht er ihn dickwandiger und den Hohlraum enger. Nachdem er ihn gehörig wieder erhitzt, heftet ein zweiter Arbeiter seine Pfeife oder sein Hefteisen an das andere Ende desselben, und indem beide sich möglichst rasch von einander entfernen, ziehen sie die Glasmasse zu einer langen dünnen Röhre aus, die man in beliebig dünnere verwandeln kann, wenn man sie in Stücke zerschlägt und diese von Neuem glüht und auszieht. Bei der Erzeugung bloßer Stäbe fällt natürlich das vorherige Aufblasen weg; man macht lediglich eine Wurst von Glasmasse und verfährt wie eben angegeben. Dieses Ausziehen ist eigentlich schon ein gröberes Spinnen, oder vielmehr das sogenannte Glasspinnen ist nichts als ein weit fortgesetztes Ausziehen mittels einer Haspel. Die mehr als haarfeinen Fäden, welche dabei erhalten werden, sind jedenfalls ein interessanter Beweis der hohen Dehnbarkeit der geschmolzenen Glasmasse.

Die Art der Herstellung bedingt, daß die Glasröhren im Innern eigentlich nie rein cylindrisch sind, sie sind an den beiden Enden am weitesten, nach der Mitte ihrer ganzen Länge zu werden sie immer enger. Für die gewöhnlichen Zwecke hat dies nicht viel zu bedeuten, bei feinen physikalischen Apparaten, Thermometern u. s. w., kommt darauf aber viel an, weil von der gleichen Weite der Röhre an jedem Punkte die entsprechende Theilung abhängt. Ein Mittel, genau cylindrische Röhren herzustellen, giebt es nicht; man kann nur aus sehr langen, auf die gewöhnliche Art hergestellten Stücken die geeignetsten Theile durch sorgfältiges Probiren zu erkennen suchen. Dies ist aber eine sehr mühsame Arbeit und wird so selten von einem günstigen Erfolg belohnt, daß untadelhafte Röhren, wie sie für genaue meteorologische Instrumente gebraucht werden, verhältnißmäßig sehr hohe Preise erlangen.

Glasperlen. Aus Röhrenglas werden nun in der Regel die kleineren Glasartikel hergestellt, und eine eigenthümliche Behandlung, mit der wir uns etwas näher beschäftigen wollen, läßt die zierlichen Perlen hervorgehen. Die Glasperlen sind eine Spezialität Venedigs. Wie wir schon früher erwähnt haben, bestanden in Murano zahlreiche Fabriken, von denen sich auch viele und in der letzten Zeit die meisten mit Perlenfabrikation befaßten. Diese Fabrikanten sind 1848 zu einer Gesellschaft der „Società delle fabriche unite di canne di vetro e smalti per conterie" zusammengetreten, welche ihre Kontore in Afrika und Asien (Tripolis, Bombay, Calcutta und Alexandrien) hat, denn diese Länder sind immer noch die Hauptabnehmer für den Artikel, der im Schmuck der rohen Naturvölker seine hervorragendste Rolle spielt.

Die Gesellschaft erzeugt in mehreren Fabriken die verschiedenartigsten Perlen, von den gewöhnlichsten bis zu den feinsten aus Email — so heißen die undurchsichtigen oder durchscheinenden, gefärbten Glassorten — und verarbeitet dazu Sand von Pola, Soda von Catanien, Natron aus Aegypten und zahlreiche metallische Präparate, unter denen Mennige und die färbenden Metalloxyde obenan stehen. Die rothen Nuancen werden durch Gold hervorgebracht, und es mag die Angabe Zanetti's, daß eine einzige Fabrik in einem Jahre über 10,000 Dukaten zur Färbung ihrer Emaillen verbraucht habe, genügen, um auf den Umfang der Fabrikation hinzuweisen.

Zu den Glasöfen wird eine feuerfeste Erde genommen, welche man von Cerone im Friaul bezieht; der Sand dagegen wird in der Nähe von Venedig gegraben, wo man ihn vor nicht gar langer Zeit entdeckt hat. Ein Ofen enthält zwei bis fünf Glashäfen für die geringeren Perlensorten, der Glassatz für feinere Perlen dagegen wird in Häfen geschmolzen, deren jeder für sich angefeuert wird, was schon um deswillen nöthig ist, weil die verschiedenen Emaillen bei verschiedenen Temperaturen schmelzen. Als Feuerungsmaterial wird nur Holz und zwar mit ganz besonderer Sorgfalt getrocknetes verwendet.

Je nachdem die Häfen groß sind und je nach der Beschaffenheit der Glasmasse dauert die Schmelzung mehr oder weniger lange. In der Regel aber ist in 12—18 Stunden der Inhalt des Hafens gar und es kann mit der Verarbeitung begonnen werden, welche darin besteht, daß zuerst entweder auf die schon angegebene Weise lange Röhrchen oder auch massive Glasstäbe von verschiedenem Durchmesser hergestellt werden. Aus diesem Halbfabrikate macht der Glasbläser alles Mögliche, indem er es an der Lampe weiter verarbeitet. Damit nur der Inhalt eines Hafens — und er beträgt bis 13, wol auch noch mehr Centner — hinter einander aufgearbeitet werde, theilen sich die Arbeiter in Schichten, die abwechselnd von sechs zu sechs Stunden Tag und Nacht einander ablösen, denn das Brennmaterial ist theuer. Jede solche Abtheilung hat einen Meister der Bank oder Scagner, zwei Pastoneri, außerdem noch 4 Gehülfen, welche Tiratori heißen, und einen Conzaurer. Die Arbeit vertheilt sich nun folgendermaßen. Zuerst nimmt der eine Pastonero mittels einer Eisenstange, die an dem einen Ende, mit welchem sie in die flüssige Glasmasse getaucht wird, heiß gemacht worden ist, aus dem Glashafen, der Padella, eine Quantität Glasmasse, und zwar wiegt er dieselbe dadurch ab, daß er, wenn er viel auf einmal fassen will, einen stärkeren Eisenstab anwendet und denselben tiefer eintaucht, als wenn er weniger herausziehen will, wobei er mit einem schwächeren Stabe auskommt.

Für die Perlenfabrikation müssen Glasröhren hergestellt werden, und es ist deshalb nothwendig, daß das mit der Pfeife gefaßte Glas erst etwas aufgeblasen wird. Genug, die hierauf folgende zweite Prozedur ist, daß der Glasklumpen in eine cylindrische Form gebracht wird, was durch Rollen auf einer glatten metallenen Platte, dem Brozino, geschieht. Will man Ueberfangglas herstellen, so ist jetzt der Moment, wo der Glascylinder in den zweiten Hafen getaucht wird. Der Scagner giebt dem Arbeitsstück vollends die richtige Form. Ist dies geschehen, so kommt dasselbe nochmals in den Ofen, damit es in seiner ganzen Masse gleichmäßig erweicht, denn es ist während der letzten Behandlung erkaltet, wol auch mit Wasser abgeschreckt worden und hat eine mehr oder weniger starre Kruste bekommen. Wenn es aber durch die Ofenhitze wieder weich geworden ist, faßt der Scagner das andere Ende des Cylinders mittels der Conzaura, einem zan-

Fig. 272. Herstellung der Glasröhren.

genartigen Instrument, dessen Backen etwas flüssige Glasmasse enthalten, damit sie besser an dem Cylinder haften, und giebt auf der einen Seite die Pfeife, auf der andern die Zange je einem der Tiratori in die Hand, welche sich je nach der beabsichtigten Stärke, die die Röhren erhalten sollen, mit mehr oder weniger Geschwindigkeit längs der Galerien von einander entfernen. So weit sie laufen, ziehen sie den Cylinder aus. Die langen Glasstäbe oder Glasröhren, welche bald erkaltet sind, werden auf eine Reihe von Tischen neben einander gelegt und von dem Tagliatore in meterlange Stücke zerschnitten und in Holzkisten verpackt, denn die Etablissements, worin Perlen, Millefiori, Petinet u. s. w. gemacht werden, sind gesondert und die Perlenmacherei allein zerfällt wieder in nicht weniger als sieben verschiedene Manipulationen, welche für sich auch in verschiedenen Ateliers vorgenommen werden.

Zuerst werden die Glasröhren ihrer Stärke nach in Gruppen sortirt. Diese Arbeit verrichten Frauen und Mädchen, die Cernitrici. Dann kommen diese gleichartigen Röhrchen in die Hände der Tagliatori, welche sie wie Häcksel in Stückchen von genau abgemessener Länge zerschneiden. Zu diesem Zertheilen hat man Maschinen angefertigt, indessen scheinen dieselben der Handarbeit nur geringe Konkurrenz zu machen. Die Sache ist auch der Art, daß sie ein leidlich geschickter Arbeiter immer besser ausführen wird, als selbst die beste Maschine vermag. Es werden nämlich eine Anzahl Röhrchen in die Hand genommen, durch Anstoßen an eine Blechwand die Enden alle in gleiche Lage gebracht, die Stäbchen dann auf die Schneide einer festliegenden Klinge gelegt und die überstehenden Enden durch Niederführen einer zweiten schweren Klinge in einem Zuge abgetrennt, die Stäbchen sogleich nachgeschoben, wieder abgeschnitten u. s. w. Wenn man Schmelz machen will, ist hiermit die Arbeit beendigt, denn die längeren Cylinderchen behalten ihre scharfen

Ränder an den Schnittflächen. Für die gewöhnlichen Perlen werden die Abschnitte kürzer gemacht. Sie werden, ehe sie weiter bearbeitet werden, erst einmal durch Sieben von den unregelmäßigen Stückchen gesondert, welche sich in dem Trichtersack des Tagliatore mit angesammelt haben. Das Sieben besorgen die Schizzatori, während die Tubanti die darauf folgende Operation vornehmen, nämlich die scharfen Kanten abzurunden und den Perlen die kugelförmige Gestalt zu geben. Da dies durch Erhitzen bis zu anfangender Schmelzung geschehen soll, so muß man Vorsorge treffen, daß die Perlen nicht zusammenbacken und ihre Durchbohrung sich nicht schließt.

Nach dem früher üblichen Verfahren wurden die Perlen, mit feinem Kohlenpulver innig gemengt, in die Ferraccia, eine kupferne Pfanne von etwa 30 Centimeter Durchmesser, gegeben und in einem Flammenofen unter fleißigem Umrühren scharf erhitzt. Das Kohlenpulver füllte die Oeffnungen aus und verhinderte auch ein Zusammenbacken der weich werdenden Glastheile. Jetzt macht man die Sache besser, indem man den Perlen ein in der Hitze unschmelzbares Pulver aus Lehm, Kalk, Gips, Kohle u. dergl. — Siribiti genannt — zusetzt, das, bevor die Glasstückchen damit zusammengebracht werden, etwas mit Wasser benetzt wird, damit es in den Durchbohrungen besser haftet. Das Gemisch aus Perlen und Siribiti wird mit den Händen förmlich unter einander geknetet, bis sich die Löcher vollgesetzt haben. In großen kupfernen Trommeln, die sich nach Art unserer Kaffeetrommeln um ihre Achse drehen, wird nun die Erhitzung vorgenommen. Die Arbeiter heißen Tubanti (von tubo, die Röhrtrommel). Unter beständigem Umdrehen über Feuer wird das Gemisch bis zum Glühen gebracht. Infolge der Erweichung der Glasmasse stumpfen sich die scharfen Ränder ab und durch das unausgesetzte Reiben und Stoßen an einander erhalten sie schließlich die Kugelgestalt, welche man beabsichtigt.

Es ist zu bemerken, daß, um das Aneinanderhaften der Perlen in der Trommel zu vermeiden, denselben ein sehr feiner, aber höchst schwer schmelzbarer Sand beigegeben wird, welcher sich namentlich am Strande der Adria findet und dessen fast ausschließliches Vorkommen hier als eines der wirksamsten Schutzmittel gegen die Auswanderung der Perlenfabrikation betrachtet wird; denn da dieser Sand in großen Massen verbraucht wird, so würde sein Transport hohe Spesen verursachen, welche das Fabrikat, wie man in Murano meint, allzusehr vertheuern würden. — Sind die Perlen nun genügend durchgearbeitet und wieder abgekühlt, so werden sie zunächst durch Schütteln in einem Siebe von dem Sande und hierauf durch energisches Schütteln in einem Sacke und nachheriges Sieben von dem in den Durchbohrungen enthaltenen Kohlengemenge befreit. In einer Cotta, wie eine solche Operation heißt, kommen jedesmal gegen 30 Pfund Perlen zur Verarbeitung.

Die Perlen sind nun bis auf das Poliren fertig, welches dadurch geschieht, daß man sie mit Weizenkleie in einem Sacke tüchtig schüttelt. Damit man aber die in der vorigen Prozedur mißrathenen nicht unnöthiger Weise mit polirt, sortirt man sie erst. Die Governatori haben dies Geschäft auszuführen, und da es im Grunde sich nur darum handelt, die runden Perlen von den eckigen abzuscheiden, so arbeiten sie gleich im Großen, indem sie die Perlen auf einer wenig geneigten Tischplatte ausbreiten und durch leichtes, anhaltendes Schütteln herabrollen machen. Die runden rollen rasch hinunter und sammeln sich in einem an der Tischkante befestigten Beutel.

Schließlich bleibt nur noch übrig, die polirten Perlen aufzureihen. Die Infilzatrice — ein Frauenzimmer — hat die Perlen in einer Schachtel vor sich und taucht ein Bündel langer Nadeln, welche sie fächerförmig in der Hand ausgebreitet hat, hinein. Jede Nadel hat einen Faden, auf welchen die Perlen übergestrichen werden. Für die feinsten Perlen sind diese Fäden von Seide, sonst aber von leinenem Zwirn, und sie müssen mit großer Sorgfalt ausgesucht werden, da ihrer Haltbarkeit das Produkt der ganzen mühseligen Arbeit, die wir bis jetzt betrachtet haben, anvertraut werden soll.

Welche Ausdehnung die Perlenfabrikation in Murano hat, das zeigt die Angabe, daß im Jahre durchschnittlich für 7—8 Millionen Francs Perlen aus Venedig ausgeführt werden, von denen der größte Theil nach überseeischen Ländern geht.

Manche billige böhmische Glasperlen, welche Facetten haben, als wären sie geschliffen, sind in zangenartigen Formen, wie die gewöhnlichen Kugelformen, mit einem einzigen Drucke gepreßt. Die flüssige oder vielmehr teigige Glasmasse wird in die Form gebracht und diese dann schnell zusammengedrückt, wobei das überflüssige Glas durch eine Oeffnung heraustritt. Das Glas selbst erweicht man für feinere Sachen an der Lampe und schmilzt es von einer längern Glasröhre ab, wie wenn man mit einer Siegellackstange siegelt.

Im Fichtelgebirge werden in einer Anzahl kleiner Hütten sogenannte gewickelte Perlen gemacht. Der Arbeiter hat einen langen eisernen Stab, dessen konisch zulaufende Spitze in Thonschlicker getaucht ist; mit demselben holt er aus dem Glashafen ein entsprechend großes Klümpchen Glasmasse und formt dasselbe durch Drehen des Stabes zu einer runden Perle, die, wenn sie erstarrt ist, von dem Stabe abgestoßen wird.

Unechte orientalische Perlen, die hauptsächlich in Frankreich gemacht werden, sind nicht leicht herzustellen. Sie bestehen aus einzeln geblasenen Glaskügelchen, die im Innern mit einer silberglänzenden, aus dem Ueberzuge der Schuppen des Weißfisches (Cyprinus alburnus) gewonnenen Masse überzogen und nachgehends mit Wachs ausgefüllt werden. Es gehören gegen 18,000 Fische dazu, um ein Pfund der sogenannten orientalischen Perlenessenz zu erhalten; es werden nur die silberglänzenden Schuppen von den Fischen abgenommen, einige Stunden in frisches Wasser gelegt, um den animalischen Schleim zu entfernen, und dann in einem Mörser mit Wasser stark gerieben. Das Grobe wird durch Filtriren von der Perlenessenz getrennt, diese selbst aber, nachdem sie durch Absetzen die nöthige Konzentration erhalten hat, mit Ammoniak- und Hausenblasenlösung gemischt, einestheils um dem Verderben vorzubeugen, anderntheils um ihr Bindekraft zu geben. In die kleinen vor der Lampe geblasenen hohlen Perlen wird dann die Essenz mittels einer feinen Spritze eingebracht. Die Imitation ist eine so vollständige, daß große Kennerschaft dazu gehört, um derartige künstliche Perlen als unechte zu unterscheiden, wenn es bei ihrer Herstellung ganz besonders auf Täuschung abgesehen wurde. Besonders geschickt weiß man auch die Mißbildungen, die sogenannten Kropf- oder Barockperlen nachzuahmen, die in der Natur nicht selten in ziemlicher Größe vorkommen. Die schönsten unechten Perlen kommen nur aus Paris, wo ihre Fabrikation, durch Jaquin hervorgerufen, seit 1824 blüht.

Millefiori und Petinet. Gewisse Eigenthümlichkeiten des Glases gestatten ganz besondere Behandlungsweisen, welche oft sehr überraschende Erzeugnisse hervorbringen lassen. Eine solche ist, daß das Glas, ungeachtet seiner großen Fügsamkeit in geschmolzenem Zustande, doch beim Ausziehen nicht gleich seine erste Form aufgibt. Eine Röhre bleibt immer eine Röhre, selbst wenn sie auf das Hundertfache ausgezogen wird, und ein vier- oder sechskantiger Stab behält seine Kanten unter gleichen Umständen ebenfalls. Andererseits vermischen sich Glasarten von verschiedener Zusammensetzung nicht, wenn sie nicht ganz dünnflüssig gemacht werden; wohl aber hängen sie sich leicht zu einer Masse zusammen. Hierauf beruht die Möglichkeit, schöne Farbenabwechslungen, Streifen u. dergl. hervorzubringen, wie sie uns an manchen Artikeln so sehr erfreuen. Feine Glasstäbchen von verschiedener Farbe, oft nicht dicker als ein Faden, bilden dazu das Hauptmaterial und manche bunte Muster, die mit dem Pinsel aufgetragen zu sein scheinen, bestehen blos aus geschickt aufgelegten und mit einander verschmolzenen Fäden. Das sogenannte Millefiori (Tausendblumen), in eine Glasmasse eingestreute Blümchen, Sterne u. dergl., entsteht lediglich aus Querabschnitten farbiger Stäbe, die zu der verlangten Zeichnung zusammengesetzt, durch Hitze vereinigt und durch Ausziehen verkleinert wurden. So wird z. B. ein gelbes Stängelchen mit fünf blauen im Kreise umgeben, das Ganze in der Hitze zusammengeschweißt und nach Bedarf gestreckt. Jeder Querabschnitt dieser bunten Stange liefert dann eine Blüte des bekannten Vergißmeinnicht. Die seit einiger Zeit in Mode gekommenen gläsernen Briefbeschwerer zeigen eine große Mannichfaltigkeit solcher Erzeugnisse, welche durch Eintauchen in eine farblose Glasmasse, die natürlich etwas leichtflüssiger sein muß, zu einem Stück verbunden sind.

Mit **Petinetglas** oder **Glasfiligran** bezeichnet man solche Gläser, in denen hauptsächlich zierlich verschlungene weiße lange und farbige Linien oder Fäden sich zeigen. Diese Fäden rühren ebenfalls von Stäbchen her, welche in eine farblose Glasmasse eingeschmolzen wurden. Durch Aufblasen des Ganzen zu einem Cylinder, Ausziehen, schraubenförmiges Drehen, Ineinanderstecken zweier in verschiedener Richtung gedrehter Cylinder, Plattdrücken (beim **Bandglas**) und andere Manipulationen bringt man endlich die zierlichen Sachen zu Stande, die das Auge immer von Neuem ergötzen. Wir geben in der Abbildung (s. Fig. 273) eine der einfachsten Formen von Petinetglas zur Veranschaulichung dieser Art von Erzeugnissen. Es giebt deren nicht allein in mancherlei Farbenwechsel, sondern häufiger noch farblose, die dennoch einen schönen Effekt machen. Das feine Netzwerk, welches im Innern dieser farblosen Glaskörper sichtbar ist, besteht lediglich aus regelmäßigen Reihen von Luftbläschen, und so räthselhaft dies erscheinen mag, so ist doch die Sache an sich ziemlich einfach. Die Herstellung beginnt damit, daß eine Anzahl Stäbchen von farblosem Glase in eine Rundform neben einander gestellt und mit einem Drahte oder einem umgelegten Drahtfaden vorläufig verbunden wird. Nun nimmt man sie an die Pfeife und schweißt sie zusammen, so daß sie einen gerieften Hohlcylinder, ein Stück Röhre bilden,

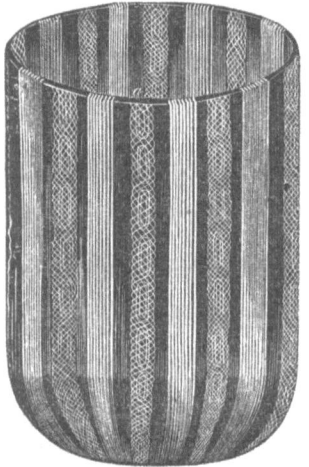

Fig. 273. Petinetglas.

das im erhitzten Zustande in sich selber so weit gedreht wird, daß die Riefen die Form eines Schraubenganges annehmen. Schiebt man nun zwei solcher Cylinder, von denen der eine rechts, der andere links gedreht ist, in einander, vereinigt sie durch Erhitzen und verstärkt sie schließlich durch Eintauchen in Glasmasse, so wird im Innern an jeder Kreuzungsstelle zweier Riefen ein Luftbläschen zurückgeblieben sein, was, wenn das Ganze erweicht und gehörig ausgereckt, in die Form von Gefäßen oder Platten gebracht ist, bei der Menge solcher Bläschen und ihrer regelmäßigen Stellung einen sehr hübschen Anblick gewährt. Derartiges Glas nennt man retikulirtes.

Ein anderes erwähnenswerthes Kunststückchen der Glasbereitung bilden die sogenannten **Inkrustationen**. Bei manchen böhmischen Glasartikeln sieht man nämlich silberne oder goldene Münzen oder Medaillen, wenigstens scheinbar, in die Glasmasse eingeschmolzen. Von so edlem Stoff sind nun diese Stücke freilich nicht, ja sie bestehen nicht einmal aus einem Metall, sondern sind aus einer bescheidenen weißen Thon- oder Porzellanmasse gepreßt und gebrannt. Der Arbeiter drückt diese Kopien in die weiche Glasmasse ein und überfängt sie mit einer Lage Glas. Ist das letztere farblos, so erhält man den Effekt einer Silbermünze; eine Goldmünze dagegen erscheint, wenn gelbes Ueberfangglas genommen wird. Woher kommt aber unter diesen Umständen der Metallglanz? Hierauf giebt die Physik folgende Antwort: Die gläserne Decke hat sich mit dem unterliegenden Abdruck nicht innig vereinigt, sondern berührt nur eben die hervorragenden Spitzen der Fläche. Hiernach befindet sich zwischen beiden Körpern eine sehr dünne Luftschicht, welche eine totale Reflexion des Lichtes, eine vollständige Spiegelung hervorbringt, wie wir sie für gewöhnlich nur an Metallen sehen und über deren Wesen wir uns im II. Bande dieses Werkes unterrichtet haben. Ein Thautropfen, der auf einem rauhhaarigen Blatte sitzt, glänzt wie Silber, und diese Erscheinung hat nicht nur denselben Erklärungsgrund wie die vorige, sondern sie gerade war es auch, welche den Erfinder in Böhmen auf die Idee der Inkrustation brachte. So läßt sich durch scharfes Beobachten und Nachdenken auch den alltäglichsten Dingen, wenn man sie mit richtigem Verständniß aufzufassen vermag, eine interessante Nutzanwendung abgewinnen.

Kunstbläserei. Sehr viele der feineren Kunstarbeiten, ja eine ganze Klasse derselben, werden nicht in der Glashütte direkt aus dem Schmelzhafen herausgearbeitet, sondern sie erhalten ihre Form erst in der Hand besonderer Künstler durch Bearbeitung an der Lampe. Man benutzt dazu eine Löthrohrflamme, d. h. die Flamme einer Oel- oder Weingeistlampe, durch welche, gewöhnlich mittels eines doppelten Blasebalges, ein feiner Strom von Luft oder Sauerstoffgas so hindurchgeführt wird, daß er dieselbe in horizontaler oder schräg aufwärts gehender Richtung mit sich fortreißt. In dieser Flamme, welche an ihrer Spitze die größte Hitzkraft entwickelt, werden nun die Glasröhren und Stäbchen, wie sie von den Glashütten kommen, in Glühhitze versetzt und nehmen dadurch eine solche Weichheit an, daß sie sich durch Formen und Blasen in jede beliebige Gestalt bringen lassen. Wer einen Glasbläser von Profession, wie sie sich zuweilen öffentlich zeigen, zum ersten Male arbeiten sah, hat gewiß nicht ohne Erstaunen gesehen, mit welcher Schnelligkeit und scheinbaren Leichtigkeit die weiche Masse, die sich nicht einmal mit den Händen berühren läßt, die mannichfachsten Formen annimmt, wie Hunderte von zierlichen Gegenständen gleichsam aus der Flamme geboren werden. Wenn der Goldarbeiter sein Metall mit dem Hammer austreibt und in untergelegte Formen preßt, so gehört zu der richtigen Vollendung auch viel Kunstfertigkeit. Allein der Glasbläser hat bei weitem subtilere Arbeit zu verrichten, da er ein Material vor sich hat, dessen Weichheit und Dehnbarkeit sich bei jedem Hitzegrad ändert, und als einziges Mittel, es zu formen, die Luftmasse, welche er mit seinem Munde in das Innere preßt. Die Cartesianischen Taucherfiguren, welche wir auf Jahrmärkten in ihren Glasflaschen auf- und niedersteigen sehen, sind aus Glasröhren geblasen. Wo ein Arm herauswachsen

Fig. 274. Glasbläser an der Lampe.

soll, oder ein Bein oder ein Horn, wird die Glasmasse durch die Stichflamme erweicht und durch die hineingeblasene Luft aufgetrieben. Versieht es der Künstler um ein Haar, daß ein zu großer oder ein zu kleiner Fleck weich wird, oder daß er zu stark oder zu kurz bläst, so erhält er eine Mißfigur, die unrettbar verloren ist.

Aber es sieht Alles so leicht aus, und so kam es auch jenem deutschen Grafen vor, der in Italien einem Glasbläser zusah; er meinte, was sich so leicht ansähe, müsse auch er können, er wolle es doch einmal versuchen. Er fing denn auch an zu blasen, aber das Erste, was er herausbrachte, war eine birnenförmige Hohlform, ein Fläschchen (fiasco); der zweite Versuch ergab wieder ein solches Fläschchen, der dritte ebenfalls, und so machte er mit steigendem Verdruß noch manches fiasco, und in dieser Art soll, wie Manche meinen, die noch heute gebräuchliche Redensart ihren Ursprung haben.

Es ist unmöglich, durch Beschreibung eine Vorstellung von den Handgriffen und Behelfen zu geben, welche der Glasbläser anwendet, und wir würden auf diesen Gegenstand auch nicht so viel Worte gewendet haben, als geschehen, wenn nur jene Spielereien von Blumen, Vögeln, seidenglänzenden Faden u. dergl. auf diesem Wege hervorgebracht würden. Allein alle die für die physikalischen und chemischen Wissenschaften geradezu unersetzlichen Apparate, bei denen das Glas in einer anderen Form als in Linsen, oder Prismen, oder Platten erscheint, alle diejenigen, wo Röhren oder Kugeln oder trichterförmige Hohlformen vorkommen, sind an der Lampe geblasen worden, und die Mannichfaltigkeit ihrer Verwendung macht es jedem Physiker und jedem Chemiker zur Nothwendigkeit, sich einige Fertigkeit wenigstens in der feineren Glasbläserei anzueignen. Durch Ausziehen wird eine glühend gemachte Stelle der Röhre länger oder dünner, durch Einblasen von Luft schwillt sie zu einer Wulst oder Kugel auf. Schiebt oder staucht man eine Stelle vorher zusammen, so daß mehr Masse dort angehäuft wird, so kann man nun eine größere Kugel anblasen. Kurz, das spröde Glas fügt sich vor der Lampe jedem Hauche. Unsere Abbildung (s. Fig. 274) zeigt einen Glasbläser bei der Arbeit und um ihn herum eine Anzahl jener Apparate, deren Verwendung dem Laien zwar unbegreiflich ist, die aber dennoch viel einfacher und unendlich wichtiger sind, als vordem die phantastischen Gläser, Destillir= und Schmelzgefäße der Alchemisten. Viele der antiken, namentlich der kunstreichen römischen, ebenso die charakteristischen Venetianer Gläser und die nach ihrem Vorbild in Deutschland oder den Niederlanden gefertigten, sind ebenfalls vor der Lampe entstanden. Ueberhaupt wird diese Technik früher, wo die arbeitstheilende Fabrikthätigkeit noch nicht in das Gewerbe gedrungen war, eine viel allgemeinere gewesen sein als in unserer Zeit, in der die Massenproduktion andere Verfahren herangebildet hat.

Wenn man ein Klümpchen Glas zu einer recht dünnen Kugel aufbläst und diese schließlich durch einen kräftigen Luftstoß zersprengt, so flattern die Bruchstücke als zarte Häutchen in der Luft umher und zeigen ein schönes Spiel von Regenbogenfarben. Es ist dies ganz dieselbe Erscheinung der Farbenzerstreuung, wie sie bei den Seifenblasen auftritt; um sie hervorzubringen, muß ein zartes Häutchen vorhanden sein, das eine gewisse Dicke nicht übersteigt, und diese Dicke darf nicht durchweg eine ganz gleichmäßige sein. Daher spielt die Seifenblase nur so lange in Farben, als das Aufblasen dauert und ihre Größe sich ändert. Sobald sich die Dicke der Wandung überall ausgeglichen hat, verschwinden auch ihre Farben. Bei der Glasblase dagegen hindert die schnelle Abkühlung eine solche Ausgleichung, und das Farbenspiel bleibt auf den Flittern dauernd. Man suchte nun früher die schönsten hiervon aus und klebte sie auf Tapeten, die dadurch freilich ziemlich theuer wurden, aber ein sehr brillantes Ansehen erhielten.

Hartglas. Die leichte Zerbrechlichkeit des Glases ist immer als eine Eigenschaft aufgefaßt worden, die, mit der Natur unseres Stoffes eng verknüpft, sich schwerlich von ihm trennen lassen möchte — Glück und Glas! Aber die Erzählung von dem erfinderischen Römer, den der Kaiser umbringen ließ, weil er das Glas unzerbrechlich zu machen gelernt hatte, beweist doch den hohen Werth, den man darauf legte, dem Glase größere Festigkeit zu geben. Seit dem römischen Alterthume ist die Erfindung erst in unseren Tagen gelungen, und zwar im Jahre 1874 dem Franzosen de la Bastie. Derselbe fand, daß Glas, welches, nachdem es durch Blasen oder Pressen oder sonstwie seine fertige Gestalt erhalten, wieder bis zum angehenden Erweichen erhitzt und darauf rasch und gleichmäßig abgekühlt worden war, eine große Härte zeigte und eine Festigkeit, welche den gewöhnlichen Einflüssen gegenüber fast Unzerbrechlichkeit genannt werden konnte. Er bildete sein Verfahren weiter aus und machte es, nachdem er sich durch Patente genügend geschützt glaubte, bekannt. Die Sache machte enormes Aufsehen, denn es bestätigte sich in der That, daß ein nach der de la Bastie'schen Methode behandeltes Trinkglas z. B., ohne zu zerbrechen, mit großer Kraft gegen die Wand oder auf den Boden geschleudert werden konnte, daß dünne Glasscheiben den Fall schwerer Körper aus ziemlicher Höhe ohne Beschädigung aushielten, während gewöhnliche Scheiben von viel größerer Dicke bei viel geringeren Stößen schon zersprangen. Plötzlichen Temperaturänderungen gegenüber blieb das neue Glas ebenso unempfindlich, und selbst der Diamant hatte fast sein Uebergewicht verloren. Man sah einen großen Umschwung in der Verwendung des Glases vor sich. Bis jetzt ist derselbe zwar noch nicht eingetreten, allein damit ist auch auf der anderen Seite noch nicht gesagt, daß von den anfänglich vielfach übertriebenen Hoffnungen sich dennoch nicht noch sehr wichtige realisiren können. Die Voruntersuchungen können noch nicht als abgeschlossen gelten; manche Uebelstände, die sich bei näherer Bekanntschaft herausstellten, werden sich beseitigen, Schwierigkeiten in manchen Punkten der Ausführung werden sich umgehen lassen. Vor der Hand stehen, wie es scheint, der allgemeinen Einführung in der Praxis noch gewisse unerquickliche Patentstreitigkeiten entgegen, hervorgerufen durch Nacherfinder und Verbesserer, die sich zu jeder Zeit gern mit an den gedeckten Tisch gesetzt haben.

Das ursprüngliche Verfahren de la Bastie's besteht also darin, die zu härtenden Gegenstände so weit wieder gleichmäßig zu erhitzen, daß sie in ihrer Masse zu erweichen beginnen, ohne jedoch die Form zu verlieren, und sie sodann in ein Bad von Oel oder geschmolzenem Fett zu tauchen, welches selbst auf eine ziemlich hohe Temperatur (200—300°) gebracht worden ist. In diesem Bade verbleiben sie längere Zeit, langsam damit abkühlend, so daß in der Glasmasse eine Umlagerung der kleinsten Theilchen ganz allmählich sich vollziehen kann. Je höher das Glas erhitzt werden kann, ohne daß es schwitzt, je größer also die Temperaturdifferenz bei der Abkühlung ist und je rascher die letztere erfolgt, um so härter fällt in der Regel das Glas aus. Bedingung ist immer, daß durch das Wiedererhitzen die Masse geschmeidig genug geworden ist. Je nach der Natur des Glases muß übrigens auch das Bad verschieden sein: bei einer gewissen Temperatur springt das Glas, bei einer andern wird es zwar hart, aber nur bei einem bestimmten Grade erreicht es das Maximum der Härte; diese Umstände sind durch Versuche auszuprobiren. Als Abkühlungsflüssigkeiten benutzt der Erfinder, wie gesagt, Oel oder geschmolzenes Fett, das aber ganz wasserfrei sein muß, auch Gemische von Fett und Glycerin oder reines Glycerin sind anwendbar; wässerige Lösungen dagegen bewirken fast immer ein Zerspringen des Glases. Diese Flüssigkeiten befinden sich in Kübeln, welche auf Rollen stehen; im Innern enthalten sie ein weitmaschiges Drahtnetz, welches die eingetauchten Gegenstände aufnimmt. Das Bad muß durchgehends, auch an allen Punkten der Oberfläche, die gleiche Temperatur haben. Die Glasgegenstände werden aus dem Anwärmeofen mittels des Hefteisens herausgenommen, und wenn sie gut gleichmäßig erhitzt sind (erforderlichenfalls stellenweise abgekühlt und nochmals in den Ofen zurückgegeben), rasch in das unmittelbar vor der Ofenmündung befindliche Bad eingetaucht, durch einen leichten Schlag von dem Hefteisen losgelöst und in das Netz fallen gelassen. In dem Härtebade müssen die Gläser langsam abkühlen; der Kübel wird daher, wenn das Netz gefüllt ist, in eine Kammer gefahren, deren Temperatur auf 40—45° gehalten wird, und bleibt hier bis er dieselbe ebenfalls angenommen hat, dann werden die Gegenstände herausgenommen, abgewischt und in warmer Aetznatronlauge von dem Reste des anhängenden Fettes befreit. Anstatt geschmolzenen Fettes hat man als Härteflüssigkeit auch geschmolzene Metalle vorgeschlagen, weil jene, außer daß sie durch die glühenden Glaskörper theilweise zersetzt werden, auch sich leicht entzünden; allein es steht den Metallbädern, die allerdings von den angeführten Uebelständen frei sind, ihr hohes spezifisches Gewicht entgegen, und es erweist sich vielleicht der überhitzte Wasserdampf, den das Pieper'sche Verfahren an Stelle der Fettbäder einführt, eher als ein geeigneter Ersatz für dieselben.

Gläser, welche ungleich dicke Stellen haben, härten sich auch nicht gleichmäßig; ebenso sind Hohlgefäße mit enger Oeffnung, Wasserflaschen u. dergl. schwierig zu behandeln, weil die Flüssigkeit des Bades nicht schnell genug in das Innere dringen kann und die Abkühlung deswegen eine ungleichmäßige wird. Man hat zwar zur Umgehung dieses Uebelstandes mancherlei Auswege versucht, allein der Erfolg ist dennoch ein ungewisser. Angesetzte Stücke, Henkel u. s. w. springen an den Zusammenfügungen im Härtebade gewöhnlich ab; der Abgang an Bruch ist auch bei anderen Sachen nicht ganz unbedeutend. Wird die Anwärmung nicht ganz vorsichtig betrieben, so erhält die Oberfläche leicht ein unklares, welliges Aussehen; das Härten von Spiegelscheiben, welche vorher geschliffen und polirt werden müßten, würde also unvortheilhaft sein, so lange es nicht gelänge, diese ungünstigen Einwirkungen zu beseitigen. Das wird vielleicht auch möglich werden, schwerer aber dürfte es gelingen, einem andern Umstande beizukommen, der nicht weniger den Werth des Hartglases vermindert.

Wie fest nämlich die nach den gebräuchlichen Verfahren gehärteten Gläser sich auch erweisen mögen, so zerspringen sie mitunter von selbst, scheinbar ohne die geringste äußere Veranlassung, und dabei zerfallen sie, wie überhaupt, wenn sie zerbrochen werden, in eine Unzahl kleiner Splitter, förmlich zu Mehl, das dabei weit umher geschleudert wird. Jedenfalls sind die durch die plötzliche Abkühlung bewirkten gewaltsamen Aenderungen der Spannungsverhältnisse der Masse die Ursache davon, die sich aber dann auch nicht aus der Welt schaffen läßt.

Fig. 275. Geschliffene Gläser von der Londoner Ausstellung 1862.

Die Oberfläche des gehärteten Glases ist auf das Aeußerste abgeschreckt und kontrahirt worden, während das Innere diesem Zwange nicht in dem Maße unterlag und in seiner Dichtigkeit alterirt wurde: die Oberfläche ist gewissermaßen zu eng geworden für den Kern, der endlich die Schale sprengt, wenn der geringste Faktor das höchst prekäre Gleichgewicht stört. In dieser Beziehung verhält sich das Hartglas ganz ähnlich wie die bekannten Glasthränen, geschmolzene Glastropfen, die man in kaltes Wasser hat fallen lassen und die, obwol für sich sehr hart und fest, doch sofort zu Staub zerfallen, wenn die feine Spitze abgebrochen wird, zu der sich die Glaskugel beim Abtropfen ausgezogen hat, oder wie die Bologneser Flaschen, die mit ihrer dicken Wandung auf ähnliche Art hergestellt, die heftigsten Schläge aushalten aber gleich zerspringen, wenn ihre Oberfläche auch nur durch ein hineinfallendes Sandkörnchen geritzt wird.

Aus Alledem geht hervor, daß für kostbare Gegenstände der Härteprozeß in seiner jetzigen Ausbildung noch nicht sehr empfehlenswerth erscheint; dagegen wird er vielleicht von Wichtigkeit für manche wirthschaftlichen Zwecke, für welche das Glas eben seiner Zerbrechlichkeit wegen noch nicht diejenige ausgedehnte Verwendung gefunden hat, die dessen sonstige Eigenschaften wünschenswerth erscheinen lassen. Namentlich verspricht man sich viel von der Einführung des Hartglases für Küchengeschirre und ähnliche Zwecke, wo es an die Stelle der Thonwaaren treten soll. Der hohe Preis, der jetzt noch seinem Verbrauche ein Hinderniß ist, wird schwinden, wenn die Patentsteuer nicht mehr darauf lastet.

Weitere Bearbeitung und Verzierung des Glases. In vielen Fällen sind die Glaswaaren, wie sie aus der Glashütte gelangen, ihren Zwecken schon entsprechend, in anderen werden sie erst dahin geführt durch eine weitere Behandlung vor der Lampe, durch Bemalen, Emailliren, Aufschmelzen von Perlen, nachgeahmten Edelsteinen u. s. w. Ueber die angeführten Dekorationsmethoden brauchen wir uns nicht weiter auszulassen. Das Emailliren fällt in vielen Punkten mit der Porzellanmalerei zusammen, nur daß man zur Verdickung der Farben einen leichtflüssigen zinn-bleihaltigen Satz anwendet, der, die Farben zugleich deckend, undurchsichtig macht und ihnen Körper giebt, so daß sie sich plastisch über die Glasfläche hervorheben. Das Einbrennen der Farben geschieht wie das des Goldes in Muffeln.

Fig. 276. Englische Glaswaaren von der Pariser Ausstellung 1867.

Durch eine besondere Behandlung ist es auch möglich, den Gläsern oberflächlich den schillernden Farbenreiz der Seifenblasen zu geben, ein Irisiren auf klarem Glase hervorzubringen, welches die Zeit an blindgewordenen Fensterscheiben wider unseren Willen bewirkt und das wir in wunderschöner Erscheinung an den antiken römischen Glasgefäßen beobachten können, die mitunter an alten Begräbnißstätten ausgegraben werden.

Die irisirenden Gläser, auf künstliche Weise erzeugt, erschienen zuerst auf der Wiener Weltausstellung 1873 von J. G. Zahn in Zlatno in der ungarischen Abtheilung; in ungleich schönerer Ausführung aber stellte sie Lobmeyr 1876 in München aus; seitdem haben Viele das Verfahren sich zu eigen gemacht, die Lobmeyr'schen Perlmuttergläser, wie sie in der Geschäftssprache genannt werden, sind jedoch von allen bei weitem die schönsten. Wie das Irisiren erzeugt wird, das ist Geheimniß der einzelnen Fabriken, es scheint aber, daß es durch einen feinen und wahrscheinlich metallischen Anflug bewirkt wird, der auf dem Glase niedergeschlagen wird, nachdem das Glas seine Form erhalten hat, und der dadurch hervorgebracht wird, daß die Gegenstände, wenn sie fertig sind, in glühendem Zustande noch in eine Atmosphäre metallischer Dämpfe gebracht werden, so daß der darauf sich absetzende Niederschlag sich förmlich einbrennt. Die so behandelten Gläser, welche nach dem Erkalten in den schönsten Farben spielen, lassen sich weiterhin noch dekoriren, wie es an den Lobmehr'schen in sehr schöner Art durch Vergoldung und weiße Emaillirung geschehen war.

Eine andere originelle Art der Verzierung, welche ebenfalls erst ganz neuerdings aufgekommen ist, bedient sich der Galvanoplastik. Bringt man nämlich ein Glas, auf welches mit Glanzgold Verzierungen aufgemalt und eingebrannt worden sind, in einen galvanoplastischen Apparat, so schlägt sich an allen von Gold bedeckten Stellen Kupfer nieder, während das Glas selbst als Nichtleiter des Stromes frei bleibt. Das Kupfer kann man zu einer mehrere Millimeter dicken Schicht anwachsen lassen, es haftet fest an der Unterlage und ist so weich, daß es sich sehr leicht ciseliren und graviren läßt. Man kann also die Umrisse des metallischen Ornamentes genau abstechen, dieses selbst noch ausarbeiten, besonders wenn es in sich zusammenhängend rund um das Glas laufend gewissermaßen ein Netz bildet, das sich nicht loslösen kann, ohne zu zerreißen, und schließlich ebenfalls galvanisch das Metall vergolden. Namentlich ist diese Art der Verzierung auf emaillirten Gläsern zur Hebung der Konturen, ähnlich wie beim cloisonée, von schöner Wirkung.

Das Glas wird endlich nicht nur auf Grund seiner Schmelzbarkeit, also mit Hülfe des Feuers, behandelt, sondern es erfährt auch allerhand mechanische Bearbeitung, wozu Stahl und Diamant, Schleifsteine und ätzende Säuren helfen müssen.

Das Glas hat in der Kälte eine ziemliche Härte, es wird aber doch von hartem Stahl, manchen Edelsteinen, ja schon vom Quarz angegriffen. Der Diamant schneidet in das Glas wie ein spitzes Messer in einen Thonscherben, und er ist deswegen ein werthvoller Körper, um das spröde Material in beabsichtigte Formen zu bringen. Die Glaserdiamanten müssen derart gefaßt sein, daß zwei zusammenstoßende natürliche Krystallflächen die schneidende Kante bilden. Ihre sichere Führung gelingt erst nach mehrfacher Uebung und wird noch schwieriger, wenn es sich nicht um gerade Schnitte, sondern um krummlinige Figuren handelt, die ohne Lineal nach einem aufgelegten Muster herzustellen sind. Runde Scheiben lassen sich dagegen leicht herstellen, indem man den Diamant in einen Zirkel einsetzt oder die Scheibe in eine Drehbank spannt und den Diamant dagegen hält. Rauhe Ränder an Glasstücken lassen sich an gewöhnlichen Schleifsteinen abschleifen. Häufig wendet man zum Trennen eines Glaskörpers in mehrere Theile das Sprengen an, wofür es verschiedene Methoden giebt. Gläserne Stäbe und Röhren lassen sich an bestimmter Stelle durchbrechen, wenn man vorher mit einer guten Feile einen entsprechenden tiefen Einschnitt gemacht hat. Andere Methoden beruhen in der Regel auf der ungleichförmigen Ausdehnung und Zusammenziehung durch Erhitzen und Erkälten des Glases an der Stelle, wo es sich trennen soll. Sehr bekannt ist bei cylindrischen Glasgegenständen die Prozedur mit dem umgelegten und angezündeten Schwefelfaden oder auch mit dem Bindfaden, mittels dessen man durch rasches Hin- und Herziehen einen Kreis an dem Glase erhitzt und die erhitzte Stelle dann plötzlich mit kaltem Wasser abschreckt; es schlägt aber freilich auch nicht selten fehl. Zweckmäßiger ist der Sprengring, ein starker, an einem Ende ringförmig gebogener Eisendraht. Man macht dieses Ende glühend und zieht den Ring so zusammen, daß er auf den zu sprengenden Glascylinder genau paßt. Nach etwa einer halben Minute nimmt man ihn weg, berührt die heiße Stelle mit einem nassen Stückchen Holz, und der Sprung erfolgt. Für die meisten Fälle indeß ist das sicherste Mittel die Sprengkohle. Sie besteht aus Stäbchen, die aus einem Teige von fein gepulverter Buchenkohle und Gummi- oder Harzlösungen nach verschiedenen Rezepten bereitet sind. An einem Ende glühend gemacht, verglimmt ein solches Stäbchen ruhig bis zum anderen Ende. Man macht nun an der Stelle des Glases, wo der Sprung anfangen soll, einen Feilstrich, setzt das glimmende Ende auf und wartet, bis sich ein kleiner Sprung gebildet hat. Nun fährt man mit der Kohle auf dem Glase langsam in der vorgezeichneten Richtung nach und führt so den Sprung überall hin, wo man ihn haben will. Die Arbeit fällt bei einiger Uebung ganz regelmäßig aus, und man kann auf diese Art ein Trinkglas in einem engen Schraubengange von oben bis unten zerschneiden, oder vielmehr zersprengen, so daß es sich wie eine Spiralfeder strecken läßt. Auch kann man mit solcher Temperaturveränderung den Diamant zusammenwirken lassen, was besonders bei dicken

Gläsern am Platze ist, wo der Diamantschnitt einen so kleinen Theil des ganzen Durchmessers trifft, daß das mechanische Durchbrechen unsicher wird. Taucht man ein so angeschnittenes Glas abwechselnd in kaltes und heißes Wasser, so vertieft sich der Schnitt immer mehr, bis endlich die Theile sich trennen.

Um Glas zu durchlöchern, hat man verschiedene Methoden. Kleinere Löcher kann man mit Metallbohrern fast eben so bequem in Glas wie in Metall machen; aus freier Hand kann man mit einem Grabstichel oder einer zugespitzten dreikantigen Feile Löcher durcharbeiten, sie dann mit der Reibahle erweitern u. s. w. In allen Fällen, wo Glas mit einem scharfen metallenen Instrumente bearbeitet wird, muß die betreffende Stelle zur Verhinderung des Splitterns mit harzigem Terpentinöl feucht gehalten werden. Langsamer, aber sicher und rein, bringt man auch runde Löcher in das Glas durch Einschleifen, zumal auf der Drehbank hervor. Statt des Bohrers dient hier ein umlaufender stumpfer Stift, gewöhnlich von Kupfer, für größere Löcher eine kleine, aufgekittete Kupferscheibe. Diese Stücke werden mit Smirgel, der mit Oel angemacht ist, bestrichen und dies im Laufe der Arbeit öfter wiederholt. Wendet man unter gleichen Umständen statt der Scheibe ein ring- und röhrenförmiges Metallstück an, so fällt zuletzt eine ausgeschnittene Scheibe ab. Dies ist auch die Art, wie man aus dickem Glase die Scheiben zu optischen Linsen schneidet.

Seit einigen Jahren hingegen hat man in der Tilghmann'schen Sandblasemaschine einen sehr scharfsinnig erdachten Apparat, um beliebig tiefe Gravirungen, ja selbst Durchbohrungen in den dicksten Glasplatten auszuführen. Diese Maschine, eine amerikanische Erfindung, die auf der Wiener Weltausstellung dem europäischen Publikum zuerst vorgeführt wurde, besteht dem Wesentlichen nach aus einem trichterförmigen Gefäß, in dessen engen, nach unten gerichteten Theil das Rohr eines Gebläses mündet; das Gefäß selbst wird mit hartem, scharfem Sande etwa zur Hälfte angefüllt, mit der zu durchbohrenden Glasplatte bedeckt und nun das Gebläse kräftig wirken gelassen. Die Gewalt des Windes reißt die Sandkörner auf das Heftigste in die Höhe und schleudert sie gegen die Glasplatte, an welcher jeder dieser harten Körperchen wie ein minutiöses Hämmerchen wirkt. Jedes schlägt einen feinen Glassplitter ab, und da die Sandkörner, in den Trichter zurückgefallen und unaufhaltsam immer wieder emporgerissen werden, so wird die Glasplatte an denjenigen Stellen, welche nicht durch einen Leder- oder Kautschuküberzug geschützt sind, angegriffen und nach und nach immer tiefer ausgefressen, bis sie endlich ganz durchbohrt ist. Durch ausgeschnittene Patronen kann man die Wirkung auf einzelne Stellen beschränken und so allerhand Muster hervorbringen, die man beliebig tief ausarbeiten lassen kann, bis zu hauchähnlicher Mattirung, wie man sie sonst nur mittels Aetzens hervorzurufen im Stande ist. Zu den Patronen sind aber nur weiche Stoffe verwendbar, welche selbst nicht splittern; so schützen selbst feine Spitzengewebe das dahinterliegende Glas an den bedeckten Stellen.

Das **Schleifen des Glases** wird ungemein häufig angewendet, sowol um seine Oberfläche zu ebenen und zu poliren, wie wir schon bei den Spiegelplatten gesehen haben, als auch um Facetten, Kanten, Flächen anzubringen. Weiterhin benutzt man auch eine Art feinerer Schleifapparate, um in die Masse des Glases hinein vertiefte Zeichnungen, Verzierungen, Inschriften u. s. w. zu graben.

Die Werkzeuge sind rotirende Schleifkörper, Scheiben, Platten oder Spitzen, welche entweder durch ihre eigene Substanz oder durch aufgestreute Körper das Glas angreifen. Es klingt unglaublich, wenn man erfährt, daß die reizenden Effekte, welche namentlich englische und böhmische Glaswaaren in großer Vollendung zeigen, durch nichts weiter hervorgebracht worden sind, als durch Andrücken des Glases an die rotirende Schleifscheibe, und daß diese Verzierungen von gewöhnlichen Arbeitern bewirkt werden, bei denen ein gebildeter künstlerischer Sinn durchaus nicht vorauszusetzen ist, die sich auch nur für besonders schwierige Muster einer Vorzeichnung bedienen. Die Schleifapparate werden in Böhmen meist von Wasserkraft in Bewegung gesetzt und die Schleifmühlen liegen gewöhnlich in der Nähe großer Glashütten oder umgeben von Ortschaften, in denen andere Zweige der Glasindustrie, Knopf-, Prismen-, Perlenfabrikation u. s. w., betrieben werden; in England schleift man mit Dampf. Die Schleifbänke sind fast nichts Anderes als einfache Drehbänke; sie haben eine liegende Spindel, deren freies Ende zum Aufstecken der verschiedenen Schleifscheiben eingerichtet ist.

Die Schleifscheiben sind nach Größe, Form und Material sehr mannichfaltig. Einige bestehen aus hartem Sandstein, haben 12—20 Centimeter Durchmesser und 1 bis 2 Centimeter Dicke. Nebstdem giebt es Scheiben größerer Art aus Eisenblech und ein ganzes Sortiment kleinerer aus stark gehämmertem Kupfer, von 5Markstück- bis zu 20 Pfennigstück-Größe und noch weiter herab. Je feiner die Verzierungen werden, wie zu den kleinen vertieften Landschaften, Wappen, Namenszügen u. dergl., desto kleiner werden auch die Scheiben, die dann anstatt von Kupfer auch wol von Stahl sind und mit Schmirgel oder Diamantstaub arbeiten. Das vertiefte Einarbeiten von Mustern, Zeichnungen, Schrift u. s. w. in die Glasfläche, nennt man zum Unterschiede vom Schleifen, welches mehr auf Facetten u. dergl. bezogen wird, Graviren. Zu den kunstvolleren Gravirarbeiten helfen übrigens auch noch andere Hülfsmittel, namentlich die Diamantspitze mit.

Auf der Pariser Ausstellung von 1867 war von einer englischen Firma ein gravirter Claretkrug ausgestellt im Preise von 4500 Mark. Wir erwähnen dies, um zu zeigen, welche Sorgfalt und Kunstfertigkeit an dem Werke angewandt sein mußte, dessen Materialwerth sich gewiß noch lange nicht auf drei Mark belief.

Die Verschiedenheit der Schleifscheiben bezieht sich nicht allein auf den Durchmesser und die Dicke, sondern hauptsächlich auch auf die Kante, den eigentlich arbeitenden Theil; dieselbe ist bald flach, bald erhaben oder vertieft gewölbt, bald scharfkantig bis zur Messerschärfe, und der Schleifer hat den Umständen nach zu wählen, was für jeden Fall am besten paßt. Beim Schleifen von größeren oder kleineren Flächen wird zuerst durch das sogenannte Rauhschleifen die überflüssige Substanz weggenommen; dazu dienen denn auch energische Schleifmittel, gewöhnlich ein harter, scharfkörniger Sand; dann folgt das Klarschleifen, welches die Oberfläche glättet, und endlich das Poliren mittels Scheiben aus Zinn, Kork, Holz, letzteres zuweilen mit Filz überzogen. Das Schleifen von Facetten an Prismen, Leuchterbehängen, Perlen u. s. w. ist sehr einfach; bei besonders genauen Arbeiten kann es auf ähnliche Weise ausgeführt werden, wie das Schleifen der Edelsteine, das wir an anderer Stelle besprechen. In der Regel aber wird auf die Herstellung der Produkte eine viel geringere Sorgfalt verwendet. Trotzdem zeigen dieselben jedoch häufig eine fast mathematische Regelmäßigkeit, denn die unausgesetzte Uebung derselben Handgriffe läßt schließlich den Schleifer mit der Genauigkeit einer Maschine arbeiten. Die Arbeit eines geschickten Glasschleifers geht sehr flink von Statten, und in unglaublich kurzer Zeit stellt er durch bloßes Anlegen eines Gefäßes an das umlaufende Scheibchen und durch entsprechendes Drehen und Wenden die geschmackvollsten Verzierungen her. Bei den kunstvollen Gravirungen jedoch, wie sie an den Prachtstücken der Ausstellungen zu bewundern sind, treten zu diesen Hülfsmitteln noch die subtileren Verfahren, die der Graveur und Steinschneider benutzt.

Die Herstellung von hellen Mustern auf gewissen farbigen Gläsern, die durch Ueberfang hergestellt sind, geschieht dadurch, daß die obere farbige Schicht an den betreffenden Stellen durch die Schleifscheibe beseitigt wird. Wenn die Gegenstände rund sind, so kann dieser Effekt schon durch das Auflegen auf eine flache Scheibe hervorgebracht werden, welche die Rundung zu einer ebenen Fläche abschleift; wo dies nicht genügt, müssen die kleinen Schleifscheiben angewandt werden, welche mit ihren Kanten die Vertiefungen ausarbeiten. Das Schleifen optischer Gläser ist ein ganz eigenthümliches Verfahren. Da dasselbe aber die Beachtung ganz besonderer Umstände und Gesetze erfordert, stets nur von Optikern und vom eigentlichen Glashüttenbetriebe getrennt ausgeführt wird, so können wir an dieser Stelle seine Beschreibung umgehen und auf das verweisen, was wir darüber im II. Bande dieses Werkes gesagt haben.

Ein besonderes Hülfsmittel der Verzierung ist das Aetzen des Glases mittels Flußsäure (Fluorwasserstoffsäure). Diese Säure hat die Eigenthümlichkeit, die Kieselsäure des

Glases aufzulösen, und kann, wie die Salpetersäure zu Zwecken der Kupferstecherkunst, angewendet werden, um Vertiefungen von der Oberfläche in die Masse des Glases hineinzufressen. Man gewinnt die gasförmige Flußsäure, indem man fein gepulverten Flußspath mit konzentrirter Schwefelsäure anrührt, das Gemenge destillirt und die frei werdende Säure an das zu ätzende Glas treten läßt; für viele Zwecke kann man den Flußspathbrei auch ohne Weiteres auf die zu ätzende Glasfläche auftragen. Wo die Flußsäure zur Wirkung kommt, wird die blanke Oberfläche des Glases matt und endlich vertieft; will man daher Muster auf Gläser ätzen, so überzieht man diejenigen Stellen, welche nicht angegriffen werden sollen, mit einem schützenden Firniß von Terpentin und Wachs oder dergleichen und ätzt dann entweder in einem geschlossenen Raum mit den Dämpfen, oder mittels der aufgelegten Mischung.

Fig. 277. Schleifen und Poliren des Krystallglases.

Im ersten Falle haben die geätzten Stellen eine gewisse Rauheit und erscheinen daher matt, wie rauh geschliffenes Glas, im andern Falle durchsichtig.

Diese verschiedenen Veredlungsmethoden machen dasjenige aus, was man das Raffiniren des Rohglases nennt. Die große Verschiedenheit, welche in den dabei zur Anwendung kommenden Verfahren besteht, bringt es mit sich, daß jedes derselben von eigenen Arbeitern betrieben wird, welche häufig zu wahren Künstlern werden. Denn wenn auch das Glas bei uns so massenhaft erzeugt wird, daß es zu fabelhaft billigen Verbrauchsartikeln Verwendung finden kann, so bleibt es doch andererseits immer ein Material, wie es für manche Kunstrichtungen schöner und edler nicht gefunden werden kann.

Die Glasindustrie scheidet sich solchergestalt in zwei Branchen, deren eine sich mit der Erzeugung des Rohglases befaßt, die andere dasselbe zu den mehr oder minder verfeinerten Gegenständen, wie sie der Handel verlangt, umwandelt. Die erstere muß auf den Glashütten betrieben werden, sie erzeugt übrigens auch schon direkt verkäufliche Verbrauchsgegenstände, wie Flaschen, Trinkgläser, Lampencylinder u. s. w.; die letztere, die Glasraffinerie, kann mit der Glashütte vereinigt sein, wie es z. B. auf der Josephinenhütte in Schlesien der Fall ist, in vielen Fällen aber wird sie davon getrennt, als Hausindustrie ausgeübt, und da vollständige Arbeitstheilung ihr zu Grunde liegt, so hat derselbe Gegenstand auch oft viele Werkstätten nach einander durchlaufen, ehe er seine endgiltige Form erhalten hat. Während also einzelne Glashütten sich nur mit der Erzeugung von Tafelglas oder von Spiegeln oder von Hohlglas befassen, einzelne ihren ganzen Betrieb auf die Fabrikation von Flaschen, andere auf die Herstellung optischer Gläser eingerichtet haben, giebt es daneben wieder Etablissements, welche sich das Raffiniren des Glases zur Hauptaufgabe gemacht haben. Die Fabrikation wird hier zur Kunstindustrie und die Behandlung, welche das Material zu erfahren hat, tritt vor diesem selbst in den Vordergrund.

Die letzten Jahrzehnte haben Dank der Anregungen, die seit der ersten Weltausstellung 1851 sich Beachtung verschafft haben, in dieser Beziehung wesentliche Fortschritte erkennen lassen. Die internationalen Ausstellungen haben immer Besseres gebracht. Excellirt Frankreich mit seinen Spiegeln von Gobani, seinen Lustren und Krystallgläsern von Baccarat, England mit seiner brillanten geschliffenen Bleikrystallmasse, seinen gepreßten Gläsern und der vollendeten Technik in Bezug auf Aetzen und Graviren; führt Italien seine Nachahmungen altvenetianischer Gläser ins Feld, — so ist Deutschland in Allem diesen nicht zurückstehend, in Vielem aber überlegen, in Einzelnem unerreicht. In Bezug auf Kunstgläser sind es namentlich zwei Etablissements, welche bei uns obenan stehen: die Gräflich Schaffgotsch'sche Josephinenhütte in Schlesien mit ihren bunten und emaillirten Gläsern und Lobmeyr in Wien für dekoratives Krystallglas.

Während auf der im schlesischen Riesengebirge bei Schreiberhau gelegenen Josephinenhütte drei Oefen kontinuirlich, der vierte abwechselnd im Betriebe sind und 160—180 Hüttenarbeiter mit der Erzeugung von Rohglas sich beschäftigen, das von 350—400 Raffineuren, unter denen sich gegen 100 Maler befinden, fertig gemacht wird, geschieht die Leitung des Lobmeyr'schen Geschäftes von Wien aus. Hier werden die Formen und Dekorationen entworfen, bei denen Künstler allerersten Ranges, wie Storck, Eisenmenger u. A., die Zeichnungen liefern; nach diesen wird das Rohglas auf böhmischen Hütten geblasen und zum großen Theil auch in der Gegend von Haida und Steinschönau raffinirt. Einzelne Prachtstücke erfahren ihre Vollendung aber ganz gesondert. Wer die Ausstellung von 1873 in Wien besucht hat, wird sich der bewundernswürdigen Kollektion von Lustren und Ziergläsern erinnern, die das Haus Lobmeyr in der ersten Abtheilung der österreichischen Galerie aufgestellt hatte, das Kaiserservice nach Entwürfen von Storck, unvergleichlich schön in Erfindung und Ausführung, die prachtvollen farbigen Gläser mit ihrer reichen Dekorirung in Gold oder Email und selbst in den einfacheren Gebrauchsgläsern ein nobler Formensinn, wie er nur in den besten Zeiten allgemeiner gewesen ist — damit schlug Lobmeyr in Wien alle Rivalen aus dem Felde, obwol ihm Oesterreich selbst wackere Kämpen in Joh. Schmid in Annathal, Meyr Neffe in Adolf, Stölzle Söhne, Gräflich Harrach'sche Fabrik in Neuwelt u. A. entgegenstellte. In München waren es neben den Perlmutter- und Opalgläsern ganz besonders die gravirten Krystallarbeiten, welche durch ihre eminente Technik zum Staunen hinrissen, die Krystallkünstler am Hofe Rudolf des Zweiten haben in Bergkrystall nicht schönere Gravirarbeiten hervorgebracht; ein Tafelaufsatz, den Lobmeyr der Stadt Wien geschenkt, reich dekorirt durch Gravirung und alle Hülfsmittel der Emaillir- und Goldschmiedekunst, stellt sich den besten Arbeiten der Renaissance würdig an die Seite.

Daß derartige Werke hervorgebracht werden, wirft, auch wenn sie noch vereinzelt auftreten, ein schönes Licht auf die gesammte Technik, denn nur wo gute Kräfte wirklich vorhanden sind, lassen sie sich auch zu solchen Zwecken vereinigen.

Kunstgegenstände von Glas. 447

Die kunstgewerbliche Richtung ist aber diejenige, welche die Glasindustrie ganz besonders zu pflegen hat. Das schöne Material und seine Eigenschaft, sich auf ganz verschiedene Weisen bearbeiten zu lassen, fordern zu künstlerischer Gestaltung heraus, wie bei keinem andern Stoffe, freilich muß die Sache ernst genommen werden.

Fig. 278. Gläser von Lobmeyr, emaillirt und vergoldet nach altvenetianischem Muster.

Die übertriebenen, zweckwidrigen Formen, die wir so häufig an den Glaswaaren zu bemerken haben, die sinnlose, dem Materiale unangemessene Behandlungsweise, die sich besonders auch auf die Dekoration bezieht, das geschmacklose Gikelgakel dieser letzteren selber, wie sie namentlich bei dem zu Ziergefäßen vielfach verwendeten Alabasterglase sich eingenistet hat, dürfen unbeklagt verschwinden, um einfacheren, stilgerechten Bildungen Platz zu machen. Vorbilder für solche sind in alten Gläsern, von den altrömischen an, zur Genüge enthalten, und die technischen Hülfsmittel sind auf eine so hohe Stufe der Vollkommenheit gebracht, daß Aehnliches zu erreichen eigentlich keine Schwierigkeit finden sollte.

Die ausgebildeten Verkehrsmittel unserer Tage gestatten die zweckmäßigsten Rohmaterialien von fernher zu beziehen; auf das natürliche Vorkommen an Ort und Stelle sind die Glashütten lange nicht mehr so angewiesen wie früher; die Vervollkommnung der Feuerungsanlagen, besonders die Einführung der Generativfeuerung, bessere Konstruktion der Glashäfen hat die Erzielung einer gleichmäßig reinen Glasmasse von allen Zufälligkeiten befreit, sie billiger und für jede Quantität ausführbar gemacht; die chemischen Wissenschaften haben nicht minder durch neue Erfindungen zu neuen Verfahren geführt, für andere die richtigen Erklärungen und damit Fingerzeige gegeben, die unter allen Umständen den Erfolg zu sichern geeignet sind. In dem Baryt, dem Didym, dem Thallium sind wichtige Stoffe gefunden worden, deren Anwendung der Glasmasse werthvolle Eigenschaften giebt; das Härten des Glases endlich bezeichnet einen gänzlich neuen Prozeß, dessen Tragweite für die Glasindustrie zur Zeit noch gar nicht abzusehen ist.

Ist solchergestalt die Produktion des Glases wesentlich erleichtert worden, so ist andererseits damit eine erweiterte Verwendung Hand in Hand gegangen. Allein der Verbrauch an Spiegelscheiben hat sich z. B. in den letzten fünfzehn Jahren gegen früher um das Vielfache vermehrt — man braucht nicht mehr in die Hauptstraßen großer Städte zu gehen, um deren Verwendung zu Auslagefenstern zu sehen. Dieser schöne Luxus erstreckt sich auch auf die mittleren Kreise, und selbst in der Baukunst, zu Fensterscheiben, findet das Spiegelglas jetzt einen eben so reichlichen als schönen Verbrauch. Als Hohlglas sehen wir das schöne Material mehr und mehr zu Gefäßen benutzt, welche früher unvollkommen für viele Zwecke aus Thon gefertigt werden mußten. In der Herstellung von Wasserleitungsröhren und in der Anwendung zu gläsernen Achsenlagern, welche namentlich für Spinnereien als Spindelpfännchen große Vortheile zu versprechen scheinen, hat das Glas sogar mit Erfolg die Stelle des Metalles eingenommen.

Wenn man den Umfang der Glasproduktion überschaut, so fragt man sich unwillkürlich: wo kommt alles Das hin, was im Laufe eines einzigen Jahres nur geschmolzen, geblasen, gegossen und gepreßt wird?

Belgien zählte 1873 allein 68 Glasfabrikfirmen mit zusammen 239 Oefen und 1690 Häfen, welche in dem genannten Jahre allein für 50 Millionen Francs Fensterglas, 8 Millionen Francs Krystall- und Hohlglas, 2 Millionen Francs Bouteillenglas und 7 Millionen Francs Spiegelwaare erzeugten, wovon der größte Theil in das Ausland ging. Die Niederlande bringen nur für 2,5 Millionen Francs Glaswaaren auf den Markt. England hat (1873) mit Schottland zusammen 232 meist große Glasfabriken, in denen im Ganzen 21,170 Arbeiter beschäftigt sind; einen großen Theil der erzeugten Glaswaaren exportirt es; dagegen führte es auch (1872) 688,156 englische Centner Glaswaaren im Werthe von 1,206,668 Pfd. Sterl. ein. Frankreich produzirt in 200 Fabriken ungefähr 45 Millionen Kg. Tafelglas für 22 Millionen Francs, 165 Millionen Kg. Flaschenglas für 42 Millionen Francs, Hohlglas, Krystall- und kleine Glaswaaren für 34 Millionen Francs und 500,000 Quadratmeter Spiegel für 17,5 Millionen Francs, im Ganzen also für 115,5 Millionen Francs; 35,200 Arbeiter sind in der französischen Glasindustrie thätig. Die Ausfuhr betrug 1873 nahe an 50 Millionen Francs, die Einfuhr über 51 Millionen. Die Produktion der Schweiz ist unbedeutend, ebenso wie die von Schweden (1871 für 1,784,000 Reichsthaler) und Dänemark. In Italien stehen Venedig und Murano obenan, 1867 sollen hier in 172 Tiegeln für mehr als 9 Millionen Lire Glaswaaren, unter denen die Perlen eine große Rolle spielen, erzeugt worden sein. Rußland hat eine Glasproduktion, die es, trotz der vielen, aber allerdings meist unbedeutenden Hütten, im Ganzen nur etwa auf 6,5 Millionen Rubel Waarenwerth bringt. Oesterreich ohne Ungarn bringt für 22,861,458 Gulden (1872) Glaswaaren hervor, Ungarn allein für 1,5 Millionen Gulden. Deutschland zählt mindestens

350 Glashütten, der Gesammtwerth der hier erzeugten Waaren dürfte wol an 80 Millionen Mark betragen.

Wo kommt all das viele Glas hin? Diese Frage beantwortet sich zu unserem Schaden oft in überraschender Weise; eine großartige Erwiederung hat sie gefunden in der Pariser Revolution von 1848, wo im Palais Royal eine derartige Zerstörung stattfand, daß man am 14. Februar 1850 mehr als 50,000 Pfund Glas- und Porzellanscherben verkaufen konnte; was mag erst in den Kämpfen von 1871 gegen die Commune und in den Demolirungen, welche diese selbst angerichtet, zu Scherben gegangen sein?

Emailgläser, Glasmosaik. Gefärbte Gläser, mehr oder minder undurchsichtig und zum Zwecke der Herstellung der Mosaiken, Perlen und mancherlei Schmelzarbeiten angefertigt, heißen Emaillen. Speziell versteht man unter diesem Namen das Material für die Glasmosaiken, welche im Mittelalter in wunderbarer Schönheit namentlich in den byzantinischen Ländern zahlreich entstanden und sich bis auf unsere Zeit oft in unveränderter Frische erhalten haben. Die venetianische Glasindustrie war nicht minder als durch ihre übrigen Erzeugnisse durch die Vollendung ihrer Emaillen berühmt, welche sie weithin zur Ausführung der Gemälde versandte. Rom ließ sich selbst seine Emaillen aus Venedig kommen, bis Papst Sixtus V. das große Etablissement für Herstellung von Mosaiken im Vatikan mit Hülfe des Marcello Provenciali, eines angesehenen venetianischen Künstlers, errichtete. Der Ursprung dieser Kunst scheint venetianisch zu sein, und sie blühte hier schon im 12. Jahrhundert. Die alten Etablissements verfielen aber, als der Glanz Venedigs überhaupt erblich, und die eigenthümliche Kunst war später für ihre alte Geburtsstätte geradezu verloren gegangen. In Rom dagegen und auch in Rußland wurde sie noch geübt, und zwar nach den alten Ueberlieferungen, welche von Murano sich herschrieben.

Jetzt werden auch in Murano wieder Emaillen und selbst ausgeführte Mosaiken hergestellt, die sich von den alten nicht nur durch schönere Farben unterscheiden, sondern ganz besonders durch den vortheilhaften Umstand, daß sie als fertige Gemälde transportirt und auf jede Unterlage befestigt werden können, während bei der mittelalterlichen Methode der Künstler nur an Ort und Stelle die Stifte in den Mauerbewurf einsetzen konnte und zur Vollendung größerer Bilder jahrelange Arbeit nothwendig wurde.

Salviati, der um die Erneuerung dieser Kunst für Venedig sich große Verdienste erworben hat, liefert dergleichen Mosaikgemälde nach jeder Vorlage und zu Preisen, die im Vergleich mit den früheren

Fig. 279. Venetianische Glasmosaik.

Herstellungskosten als ungemein niedrige bezeichnet werden müssen. Die Emaillen bestehen aus denselben Materialien wie das gewöhnliche Glas, aber zu diesen Bestandtheilen kommen noch andere, welche der Masse ihre eigenthümliche Dichtigkeit, Dauerhaftigkeit und Farbe geben. Die Dauerhaftigkeit, die Widerstandsfähigkeit, äußeren, namentlich atmosphärischen Einflüssen gegenüber, ist die hauptsächlichste Eigenschaft, durch welche sich ein gutes Email auszeichnen muß, denn auf ihr beruht gerade der Vorzug, den wir an den Mosaikgemälden gegenüber den Erzeugnissen anderer Arten der Malerei schätzen. Sind die gefärbten Emaillen wie die gewöhnlichen Brenngläser durch Metalloxyde hergestellt, so werden die Gold= und Silberemaillen, welche in den Mosaiken eine sehr bevorzugte Verwendung finden, durch ein ganz abweichendes Verfahren gewonnen.

Auf die Oberfläche eines dichten Glases, wie man es auch zu den gefärbten Emaillen als Grundmasse verwendet, entweder durchsichtig und in irgend einem Tone farbig oder opak, je nachdem man ein transparentes Goldemail erzielen will oder ein undurchsichtiges, wird das feinste Blattgold (oder Silber) aufgelegt und mit der Unterlage durch einen besondern Schmelzprozeß vereinigt, über das Metall aber noch eine dünne Glasschicht verbreitet, welche man nach Belieben färben kann, um dadurch die Nuance des Metalles abzutonen. So einfach die Sache aussieht, so hat sie doch ihre Schwierigkeiten darin, daß die drei Schichten, aus denen ein solches Email besteht, durchaus mit einander zusammenhängen müssen und nirgends die Luft oder Feuchtigkeit Zutritt zu dem dünnen Metallbeleg finden darf, wenn auch nur die allergeringste Dauer beansprucht wird.

In welcher Weise die Emailgläser zu den Glasmosaiken verwandt werden, dies zu besprechen ist eigentlich nicht mehr Gegenstand unserer Betrachtung, die sich weniger mit der rein künstlerischen als mit der technischen Seite der Sache zu befassen hat. Wir dürfen wol auch voraussetzen, daß es bekannt ist, wie die großen Mosaikgemälde, die in den byzantinischen Kirchen namentlich oft die Flächen ganzer Wände bedecken, genau nach dem nämlichen Verfahren hergestellt werden, welches man bei den Mosaiken zu Bijouteriezwecken, bei den römischen und Florentiner Platten, die man als Brochen, Ohrgehänge u. dergl. in Gold gefaßt sieht, in Anwendung findet. Es werden aus den einfarbigen Glasflüssen kleine, in der Regel würfelförmige oder parallelepipedische Stückchen dargestellt, die man je nach ihrer Färbung neben einander stellt, wie es die Zeichnung des Gemäldes verlangt, und dadurch befestigt, daß man sie in eine frische, cementartige Unterlage einsetzt. — Je nach der Feinheit der Ausführung richtet sich die Größe der einzelnen Stifte, und es ist selbstverständlich, daß für die Wiedergabe der Gesichter z. B. zahlreichere und deswegen kleinere, in zarteren Nuancen in einander überlaufende Farbenstifte verwendet werden als für die breiten Flächen der Gewandung. Die beigegebene Abbildung Fig. 279 wird dies erläutern. Sie stellt eine Mosaik von Salviati (König Heinrich III.) dar, aus jener venetianischen Fabrik, die sich in wenigen Jahren um die künstlerische Hebung der Glasindustrie die größten Verdienste erworben hat. In den letzten Jahren ist aus dem genannten Atelier auch für Deutschland eins der größten Mosaikgemälde hergestellt worden, die Allegorie des letzten französischen Krieges nach A. v. Werner's Entwurf, welches an der Siegessäule in Berlin angebracht worden ist.

Die Glasmalerei. Die schöne Färbung, welche das Glas anzunehmen vermag, verbunden mit seiner Durchsichtigkeit, lassen so wundervolle Effekte hervorbringen, daß sich die Kunst sehr bald dieser Hülfsmittel für besondere Zwecke bedienen mußte, um so mehr, als die Erzeugnisse des Kunstzweiges, der sich solchergestalt entwickelte, durch ihre Dauerhaftigkeit sich auszeichneten. Die Werke der eigentlichen Glasmalerei sind insofern von allen ähnlichen Kunsterzeugnissen verschieden, als ihre Wirkung auf durchfallendem Lichte beruht und nicht blos Zeichnung und Farbe, sondern das Substantielle (wenn wir so sagen dürfen) des Lichtes zur Geltung kommt.

Als die Gewohnheit aufkam, die Lichtöffnungen der Gebäude mit Glasfenstern zu versehen, mußte auch sehr bald eine künstlerische Behandlung derselben sich ergeben. Denn die Fenster bestanden nicht aus wenigen großen Glasscheiben, sondern sie konnten nur aus

Die Glasmalerei. 451

verhältnißmäßig kleinen Täfelchen zusammengesetzt werden, bei denen, weil sie stets mehr oder weniger gefärbt waren, eine Anordnung nach regelmäßigen mosaikartigen Mustern fast von selbst sich herausbildete. Durch Anwendung gefärbter Gläser ließ sich in diese zunächst geometrischen Muster Abwechslung bringen, durch welche sie den Teppichen, mit denen man die Wände zu behängen pflegte, ähnlich gemacht werden konnten. Solcher Glasmosaikfenster finden wir schon im 5. Jahrhundert unserer Zeitrechnung Erwähnung gethan. Prudentius, ein lateinischer Dichter, der schon vor 1410 gestorben ist, vergleicht die aus farbigen Gläsern zusammengesetzten Fenster der Paulskirche in Rom mit blumenreichen Wiesen. Allein Glasmalerei in wahrem Sinne des Wortes kann man diese bunte Musterung nicht nennen; eine freie Zeichnung existirt darin noch nicht. Um diese auf den Glasscheiben anzubringen, mußte man erst gelernt haben, mindestens eine dunkle Farbe auf der Glasscheibe einzubrennen, mit welcher man alle diejenigen feineren Umrisse und Linien ausführen konnte, für welche die unbehülflichen Bleizüge nicht ausreichten, und mit der auch größere farbige Flächen schattirt und abgestuft werden konnten.

Man hat immer die Priorität dieser Erfindung den Deutschen zuschreiben wollen und die Wiege der Glasmalerei in das Kloster Tegernsee gesetzt, dessen Mönche allerdings sehr kunstreich gewesen sein müssen. Allein ein unwiderleglicher Zeuge existirt dafür nicht; bunte Kirchenfenster, wie es daselbst um das Jahr 1000 gab, werden noch früher in Zürich erwähnt; daß sie aber wirklich bildliche Darstellungen enthalten hätten, ist nirgends gesagt. Mit großer Wahrscheinlichkeit geht dies aber aus der Chronik des Mönchs Richerus für die Fenster der Kirche von Rheims hervor, welche 989 gemalt wurden. Möglicherweise würde sich daraus für Deutschland immer noch die Ehre der Erfindung retten lassen, denn

Fig. 280. Glasmalerei aus dem 12. Jahrhundert in Neuweiler (Elsaß).

der damalige Erzbischof von Rheims war ein Deutscher und vordem Domherr in Metz, in Lothringen aber standen die verwandten Künste auf höherer Stufe als in dem benachbarten Frankreich.

Aus dieser Zeit ungefähr stammt auch die erste Schrift, welche der Glasmalerei Erwähnung thut, die des Theophilus Presbyter. In derselben wird das Verfahren, Glasgemälde zusammenzusetzen, beschrieben und auch ein Rezept für Anfertigung des Schwarzlothes gegeben, womit man damals anfing, die Zeichnung anzugeben, Konturen und Schatten zu vertiefen. Es bestand aus Kupferoxyd, grünem und blauem Glas zu gleichen Theilen und auf das feinste mit einander vereinbart, und wurde mit dem Pinsel aufgetragen. Die Anweisung des Theophilus zur Glasmalerei giebt Bucher in seiner „Geschichte der technischen Künste" folgendermaßen: Auf eine mit geschlämmter Kreide geweißte Holztafel übertrug der Künstler zuvörderst genau das Verhältniß des Glasgemäldes oder des Theiles eines solchen, den er auszuführen beabsichtigte. Hierauf zeichnete er mit Blei oder Zinn die

57*

Fig. 281.
Gemaltes Glasfenster aus dem 14. Jahrhundert.
Viktring bei Klagenfurt.

Umrisse des Bildes sowie die Umrahmung und die Ornamente und zog alles mit rother oder schwarzer Farbe nach; die Schatten schraffirte er so, wie sie auf dem Glase mit Schwarzloth ausgeführt werden sollten. Auf diesem Carton wurde dann jede einzelne Farbe entweder durch diese Farbe selbst oder durch einen Buchstaben bezeichnet. Auf jeden durch die Farbe unterschiedenen Theil der Zeichnung legte der Künstler das entsprechende Glas, zog auf diesem den Umriß mit Kreide nach und schnitt, demselben folgend, das Stück mit einem glühenden Eisen zurecht. (Der Diamant kam als Glasschneider erst im 16. Jahrhundert in Gebrauch.)

In der damaligen Zeit waren Farbenlaberant, Zeichner, Glasmaler und Glaser gewöhnlich zusammen in einer Person vereinigt, der Name vitrarius aber kommt auch dem Glaser allein zu; wo er also gebraucht wird, ist nicht ohne Weiteres zu entscheiden, ob darunter ein wirklicher Glasmaler oder nur Einer, der das Fassen der Glasscheiben besorgte, gemeint ist. Im 11. Jahrhundert hingegen werden die Angaben über wirkliche Glasmalereien, in unserm Sinne des Wortes, bestimmtere. Im Augsburger Dom sind Fenster mit figürlichen Darstellungen erhalten, deren Herstellung von Einigen in das 11. Jahrhundert gesetzt wird, obwol dagegen auch andererseits nicht unerhebliche Einwürfe gemacht worden sind. Im Ganzen sind in der ersten Zeit die rein ornamentalen Muster noch vorherrschend. Sehr schöne Fenster dieser Art besitzt das Cisterzienser Stift Heiligenkreuz bei Wien. Die Abteikirche zu St. Denis besitzt noch jene berühmten Fenster, welche der Abt Suger, der 1152 gestorben ist, für dieselbe anfertigen ließ, und auf deren einem er selbst, zu den Füßen der Jungfrau Maria liegend, dargestellt ist; sie können in Bezug auf ihr Alter nicht mehr angezweifelt werden. Deutschland hat aus dem 12. Jahrhundert Glasmalereien in einigen Fenstern des Kölner Domes, im Kloster Heilbronn, Neuweiler im Elsaß u. s. w.; dem 13. Jahrhundert dagegen gehören die Glasmalereien des Prager Domes an. Alle diese Gemälde tragen noch den Stil der romanischen Baukunst, ihre Ornamentik lehnt sich an die Muster der Teppiche, mit denen man vordem die Kirchenfenster zu verhängen pflegte.

Mit der Gothik erhalten im 14. Jahrhunderte auch die gemalten Fenster einen architektonischen Charakter, der all den dekorativen Beirath von Fialen, Thürmchen, Baldachinen u. s. w. verwendet. Die Palette war eine reichere geworden, namentlich gestattete das rothe Ueberfangglas eine größere Freiheit; außerdem aber lernte man auch andere

Schmelzfarben als das Schwarzloth aufbrennen. Wir kennen eine Menge Meister aus dieser Zeit, und von ihnen sind in den Domen und Kirchen von Köln, Straßburg, Metz, Oppenheim, Kremsmünster, Koblenz, Freiburg, Lübeck, Freising, Amberg, Viktring bei Klagenfurt, Marburg u. s. w. wundervolle Werke auf uns gekommen.

Die höchste Ausbildung aber erlangte die Kunst im 15. Jahrhundert, und ihre eigentliche Blütezeit dauert noch bis in das sechzehnte hinein, so lange die Gothik sich einflußreich erhielt. Denn die Renaissance, so befruchtend sie für alle Künste in Bezug auf den geistigen Gehalt wurde, stellte sich gerade der Glasmalerei, deren Wesen mit ihrer besonderen Technik stehen und fallen mußte, fast feindlich gegenüber. Dadurch nämlich, daß man gelernt hatte, auf einer Tafel ganz verschiedene Farben neben einander einzubrennen oder durch Ueberfangen und nachheriges Abschleifen die Effekte noch zu vermannichfachen, war man einestheils in den Stand gesetzt worden, figürliche Darstellungen in viel geringerem Umfange und doch von sehr komplizirter Zeichnung auszuführen als früher, wo andersfarbige Partien nur mit Hülfe von Bleiruthen aneinander gefügt werden konnten; dann war man auch in den Glashütten dahin gekommen, viel größere Scheiben aus einem Stück herzustellen, und damit war in einer andern Richtung die Verwendung des Bleies unnöthig geworden. Mit diesem wachsenden Reichthum an technischen Hülfsmitteln aber verlor sich der eigenartige Stil der Glasmalerei, der auf der Verwendung des in der Masse gefärbten Hüttenglases beruht. Es wurden noch viele Glasmalereien ausgeführt, mehr sogar vielleicht als früher, aber die

Fig. 282. Glasmalerei aus dem 15. Jahrhundert. Chalons sur Marne.

Kunst gerieth dahin, die Oelmalerei nachzuahmen; und dadurch, daß ihr organischer Zusammenhang mit der Architektur durch den neuen Baustil gelockert wurde, der die zahlreichen gothischen Fenster, welche eine Abschwächung des überreichlich einströmenden Lichtes verlangten, in Wandflächen umwandelte, auf denen alle anderen Künste ihre Werke ausbreiteten, büßte die Glasmalerei ihre dominirende Stellung unter den dekorativen Künsten ein.

Im 15. Jahrhundert jedoch waren diese Einflüsse noch nicht vorhanden; die Technik der Glasmalerei hatte sich rasch entwickelt; war sie schon vordem nicht mehr ausschließlich in Klöstern gepflegt worden, so bildeten jetzt die Glasmaler eine besondere Zunft, deren Verfassung auf tüchtige Ausbildung gerichtet war. Viele der größeren Kirchen enthalten jetzt noch gemalte Fenster aus dieser Zeit, der Kölner Dom, der Augsburger und der Metzer Dom, die Marienkirche in Lübeck, Salzburg, Münster bei Bingen, München (Frauenkirche), Nürnberg in der Sebalduskirche, Bern im Münster u. a. weisen herrliche Proben auf.

Das kräftig erwachte Gemeingefühl der Bürger, das Regen und Streben in allen Richtungen des Lebens, die damit verbundenen materiellen Erfolge, machten die Glasmalereien auch zu einem begünstigten Requisit der Profanbaukunst. Gildenhäuser, Rathäuser, Patrizierwohnungen und Schlösser schmückten sich mit ihren Werken, für welche die bedeutendsten Maler oft die Entwürfe machten, häufig auch Kupferstiche oder Holzschnitte berühmter Meister als Unterlagen dienten.

Diese Kabinetsmalerei, Herstellung von Glasgemälden in kleineren Rahmen, in späterer Zeit auf einer einzigen Scheibe, wurde in der Folge als Wappenmalerei höchst produktiv und blühte bis in das 17. Jahrhundert namentlich in der Schweiz. Die Sitte, Wappenfenster zu stiften, erstreckte sich nicht blos auf die Kirchen, sondern auch auf öffentliche Gebäude, Zunfthäuser, sogar auf Trinkstuben. Wir kennen eine große Anzahl von Malern, welche vom 15. bis in das 17. Jahrhundert thätig waren. In Nürnberg arbeiteten die Hirschvogel, Brechtel, Grüneberger, Jakob Sprüngli u. s. w. In Straßburg Jakob Vischer und Johann Marggraf, in Wien Jakob Kigele, in der Schweiz Abel Stimmer von Schaffhausen, Josias Maurer von Zürich, in Bern die Walter, in Basel Rippel, Vischer u. s. w. Aber wie in der Gunst wenigstens, deren sich die Glasmalereien erfreuten, noch die kunstathmende Zeit der Renaissance nachflutete, so schrumpften auch diese Aeußerungen wieder zusammen, als die Reformation mit ihren Kämpfen alle geistige Thätigkeit auf das nüchterne Feld verständiger Spekulation überführte. Die Kirchen suchten die Schmucklosigkeit, und die unruhigen Zeitverhältnisse hielten auch von den friedensbedürftigen Wohnungen die Musen entfernt. Die Glasmalerei ging zurück, so daß selbst die Bereitung mancher Farben ganz und gar verloren gehen konnte. Erst zu Ende des vorigen Jahrhunderts wurden wieder Anstrengungen gemacht, die alte Kunst neu zu beleben, und namentlich verdanken wir den rastlosen Bestrebungen von Sigmund Frank, geboren 1770 in Nürnberg, die hauptsächlichsten und aufmunterndsten Erfolge. Sie verschafften ihm auch eine Berufung nach München und eine Anstellung in der königlichen Porzellanmanufaktur (1818). Hier standen ihm alle Mittel zu Gebote, seine Versuche auszuführen, und in kurzer Zeit übertrafen die von Frank erfundenen Gläser an Schönheit selbst die vollendetsten der alten Meister. Nachdem der kunstsinnige König Ludwig den Thron bestiegen, wurde in München eine große Glasmalanstalt errichtet (1826), aus welcher bereits in dem ersten Jahre des Bestehens großartige Werke, namentlich die Fenster für den Regensburger Dom, hervorgingen. Die Cartons zu diesen sowol, wie zu den später ausgeführten für die Aukirche in München, 14 große Fenster für die Kirche zu Kilntown in Kent, für das Schloß Hohenschwangau, für die Isaakskirche in Petersburg, endlich unter vielen anderen zu den unvergleichlichen Fenstern für den Kölner Dom, wurden von den bedeutendsten Malern entworfen.

Die unübertreffliche Schönheit der in der Masse gefärbten Glasflüsse, welche man in München namentlich durch Ainmüller herstellen lernte, giebt den hier dargestellten Glasmalereien einen eigenthümlichen Charakter, insofern verhältnißmäßig wenig weißes Glas zur Verwendung kommt und bunt bemalt wird. Es nähert sich damit die Münchener Glasmalerei den alten mosaikartigen Darstellungen, welche sie freilich in jeder Art weit hinter sich zurückläßt. Andere Richtungen gehen darauf hinaus, Zeichnungen und Farbennuancirungen, Schatten und Licht durch aufgetragene und eingebrannte Farben, ähnlich wie bei der Porzellanmalerei, zu erreichen.

Das Technische der eigentlichen Glasmalerei, welche nicht in der ganzen Masse gefärbte Gläser verwendet, besteht darin, daß die färbenden Metalloxyde mit einem leichtflüssigen Glase gemischt, fein pulverisirt und mit Lavendelöl verrieben werden. Diese Farben trägt der Maler auf die Glasscheibe auf, wobei er die letztere gegen das Licht auf einer Staffelei stehen hat, um die Wirkung schon bei dem Malen beurtheilen zu können. Das Einbrennen geschieht in einem Brennofen, und während des Brennens befinden sich die gemalten Scheiben in thönernen oder eisernen Muffeln, auf Thonplatten liegend, damit sie sich nicht verziehen. Die Hitze wird allmählich gesteigert. Hierbei geräth das leicht schmelzbare farbige Glas in Fluß, aber auch das härtere Glas der Tafel wird oberflächlich geschmolzen und beide Gläser vereinigen sich zu einem festen Ganzen. Ist dies geschehen, was man an den mit eingelegten und nach und nach herausgenommenen Probegläsern sieht, so läßt man das Feuer des Ofens ausgehen und denselben mehrere Tage abkühlen. Mit einem ersten Brande ist aber in den seltensten Fällen das Bild vollendet, es muß aufs Neue übermalt werden, entweder um matte Stellen zu heben, oder um Farben einzutragen, welche sich nur mit ganz leichtflüssigen Gläsern verreiben lassen. Und wenn daher auch das Verfahren an sich sehr einfach erscheint, so erfordert es in seiner Ausführung doch die größte Aufmerksamkeit, wenn die Farben gut fließen und die Bilder nicht springen sollen.

Die musivische Glasmalerei, welche zu den Bildern gleich in der Masse gefärbte Gläser verwendet und diese durch Bleizüge mit einander verbindet, hat einen ganz anderen Charakter, denn bei ihr hängt der endliche Effekt nicht mehr vom Gelingen eines Brandes, sondern nur von der genauen Formung und Aneinanderfügung der einzelnen Glasstückchen ab; im Grunde würde sie also nur eine künstliche Glaserarbeit verlangen. Allein in so ausschließlichem Sinne kommt die musivische Malerei nicht mehr zur Anwendung. Immer sind nicht nur Schatten, sondern bunte Partien mit Zeichnung und Nuancirung, Gesichter, Laubwerk, Verzierungen u. s. w. einzubrennen, Ueberfanggläser abzuschleifen und mit anderen Farben auszufüllen und dergleichen Hülfsmittel anzuwenden, so daß einen harmonischen Gesammteindruck zu erreichen nicht minder Schwierigkeiten macht und nicht weniger künstlerischen Geist erfordert als das Malen mit Schmelzfarben. Die Bleizüge bewirken gleich die Zeichnung. Großen Fenstern würden sie aber nicht den genügenden Halt geben, man stützt sie daher, indem man sie mit eisernen Querstäben in Verbindung setzt, welche vom Mauerwerk aus den Fensterraum durchziehen und, da sie rahmenartig angebracht sind, das Auge in Betrachtung der Zeichnung nicht stören. Die Glasscheiben selbst sind weder bei den gemalten noch bei den musivischen Fenstern ganz durchsichtig, sondern, um eine gleichmäßige Lichtwirkung hervorzubringen, auf der Rückseite, häufig auch auf beiden Oberflächen, mattirt. Dadurch wird der Vortheil erreicht, daß die Drahtgitter, welche an der Außenseite zum Schutze gegen verderbliche Einflüsse vorgezogen werden, von innen nicht bemerkbar sind.

Mit einigen Worten dürfte schließlich noch eines Verfahrens Erwähnung zu thun sein, welches schon auf der Londoner Ausstellung von 1862, namentlich aber auf der zweiten Pariser Weltausstellung, die Aufmerksamkeit sowol der Sachverständigen wegen seiner ungemeinen Billigkeit, als die des Publikums wegen der Schönheit seiner Ergebnisse erregte. Nach demselben, von Didtmann in Linnich bei Aachen erfunden, werden die Glastafeln mittels der Presse bedruckt, wodurch namentlich teppichartige, sich wiederholende Zeichnungen mit großer Schärfe und Genauigkeit hervorgebracht werden können.

Das **Wasserglas**, dem wir doch noch einige Augenblicke Besprechung gönnen müssen, war bereits um 1520 dem Pater Basilius Valentinus bekannt, der dessen Bereitung gelegentlich einer Vorschrift, „Gold und Silber wachsen zu lassen", angiebt und auch schon auf seine Verwendung „zu einer Petrifikation des Holzes oder der Bausteine" hinweist. Das nach dieser Beschreibung darstellbare kieselsaure Alkali zeichnet sich durch einen weit geringeren Gehalt an Kieselsäure vor dem gewöhnlichen Glase aus. Es ist aber im Grunde nicht diejenige Verbindung, welche in neuerer Zeit unter dem Namen Wasserglas bekannt geworden ist und eine ziemlich ausgedehnte Verwendung in der Praxis gefunden hat. Das letztere wurde vielmehr von dem als Chemiker bekannten Oberbergrath Fuchs in München im Jahre 1818 zuerst bereitet und seiner wichtigen Eigenschaften wegen in einer ausführlichen Abhandlung (1825) dem Publikum empfohlen. Allein Fuchs sah erst in den letzten Jahren seines verdienstlichen Lebens (er starb am 5. März 1856) seiner Entdeckung diejenige Aufmerksamkeit zugewendet, welche der Wichtigkeit derselben entspricht. Zwar hatte man in Oesterreich die Wasserglasdarstellung seit längerer Zeit schon im großen Maßstabe betrieben, für das übrige Deutschland war aber der Kreis seiner Verwendung ein so beschränkter geblieben, daß die Nachricht Liebig's über die Wasserglasfabrikation in den Kuhlmann'schen Etablissements bei Lille, die in dem Berichte über seine Reise zur Pariser Industrieausstellung enthalten ist, wie die Publikation einer neuen Erfindung aufgenommen wurde. Seit dieser Zeit aber ist seine Verwendung eine allgemeinere geworden, und sie verdient es, weil nicht nur das Wasserglas als schützender Ueberzug über alle Arten von Stoffen, Geweben und Holzwaaren, um deren Verbrennlichkeit — über Mauern, Sandsteinarbeiten, Frescomalereien und Oelanstrichen, um deren Verwitterung zu verhindern, ferner als vortreffliches Bindemittel für Cement, sogar direkt zum Aneinanderleimen sich eignet, sondern weil es bei seiner Zersetzung, die sich sehr leicht einleitet, in ätzendes Kali und Kieselsäure zerfällt, die beide besonderen Zwecken, das erstere ganz in derselben Weise wie in der Seife, die letztere als Schönungsmittel ihrer weißen Farbe wegen u. s. w., dienen können.

Man kann das Wasserglas ganz auf dieselbe Weise wie das Fensterglas durch direktes Zusammenschmelzen seiner Bestandtheile darstellen, da aber die Alkalien in so bedeutenden Ueberschüssen auftreten, so gelingt die Verbindung mit der Kieselsäure auch in Auflösungen bei sehr geringer Hitze, wenn die Kieselerde in leicht löslicher, fein zertheilter Form zugeführt wird, als Kieselguhr, wie man sie als Reste mikroskopischer Geschöpfe an vielen Orten (z. B. in der Lüneburger Heide) auf Lagern findet.

Die Mengenverhältnisse der Bestandtheile sind sehr verschieden. Ein sehr gutes Kaliwasserglas kann man auf trockenem Wege durch Zusammenschmelzen von 15 Theilen Quarzsand, 10 Theilen Potasche und 1 Theil Holzkohle erhalten; 18 Theile Quarzsand, 8 Theile kalzinirte Soda und 1 Theil Holzkohle geben Natronwasserglas. Das Doppelwasserglas enthält kieselsaures Kali und kieselsaures Natron.

In fester Gestalt ist das Wasserglas von grünlich-gelblicher Farbe, eine spröde, muschlig brechende Substanz. Da es aber im aufgelösten Zustande verwendet wird, so bringt man es auch gleich in dieser Form in den Handel, und man unterscheidet die verschiedenen Sorten nach ihrem Gehalt an der wasserfreien Verbindung. An der Luft vertrocknet das Wasser, das Wasserglas bildet sodann eine zusammenhängende dünne Schicht, welche, da sie den Zutritt der sauerstoffhaltigen Luft verhindert, brennbare Gegenstände vor der leichten Entzündlichkeit zu schützen vermag. Die Hitze mag sich noch so sehr steigern, so werden doch die sonst leicht entzündlichen Stoffe nicht in helle Flammen ausschlagen, sondern nur nach und nach glimmend verzehrt werden und bringen wenigstens nicht als neue Flammenherde der Umgebung Gefahr. Da nun ein solcher Ueberzug völlig durchsichtig und durch seinen Glanz die darunter liegenden Farben ungemein zu heben im Stande ist, so ist das Wasserglas auch ein ausgezeichnetes Mittel für Dekorationszwecke, in der Theatermalerei u. dergl., und die Frescomalerei ist durch seine Anwendung geradezu in ein neues Stadium getreten. Denn indem es sich mit der darunter liegenden Mauermasse zu einer chemischen Verbindung vereinigt, vermag es den aufgetragenen Farben, welche nur Mineralfarben sein dürfen, außer dem lebhaften Glanze eine fast unverwüstliche Dauer zu geben, und der Name Stereochromie, welchen diese Art der Malerei erhalten hat, ist ein vollkommen berechtigter. Die Farben werden in pulverförmigem Zustande auf die frisch getünchte und gewöhnlich mit einem Untergrund von Zinkweiß oder schwefelsaurem Baryt (Patentweiß) versehene Mauerfläche aufgetragen. Der Wasserglasüberzug erfolgt erst zuletzt; er kann aber nicht mittels eines Pinsels bewirkt werden, weil der harte Staub, aus dem das Gemälde besteht, dadurch verwischt werden würde. Vielmehr wird die Wasserglaslösung als ein ganz feiner, thauartiger Regen aufgespritzt und dieses Benetzen, nach jedesmaligem Trocknen, so oft wiederholt, bis sich auf solche Weise ein zusammenhängender Ueberzug gebildet hat. Namentlich hat Kaulbach die Stereochromie vielfach und in der großartigsten Weise bei Darstellung der Wandgemälde im Treppenhause des Berliner Museums in Ausübung gebracht.

*Vorwärts wandeln, wiederkehren
Und das Rohe neu gestalten,
Ordnung in Verwirrung schalten
Wird auf Erden immer währen.*
  Tieck.

Die Industrien des Schwefels.

Bedeutung des Schwefels. Sein Vorkommen in der Natur, seine Gewinnung und Reinigung. Verwendungen. Schwefelblumen, Schwefelmilch. Verbindungen des Schwefels mit Sauerstoff. Schweflige, unterschweflige und Schwefelsäure. Nordhäuser und englische Schwefelsäure und ihre Darstellung. Bleikammerbetrieb. Kammersäure und ihre Konzentration. Verwendungen der Schwefelsäure. — Schwefelleber und Schwefelwasserstoff. Schwefelkohlenstoff, seine Darstellung und Bedeutung für die Industrie. Chlorschwefel.

Der Schwefel ist nicht nur ein zu vielerlei Gebrauch dienliches, sondern vermöge der bedeutenden Rolle, die er in der Großindustrie spielt, auch ein hochwichtiges Element. Ohne Schwefel gäbe es keine Schwefelsäure, ohne diese keine Salz- und Salpetersäure, keinen Chlorkalk, keine Soda, ohne Soda kein Glas, keine Seife, und mithin fehlten auch alle die Industrien, welche uns diese nothwendigen Artikel so wohlfeil zur Verfügung stellen. Ohne Schwefel hätte es lange Zeit kein Schießpulver gegeben, aber den ewigen Frieden hätten wir darum doch nicht. Für den Schwefel unternahm England selbst einmal einen Kriegszug, der wenigstens eher zu rechtfertigen war als sein Opiumkrieg gegen China. Als im Jahre 1841 die neapolitanische Regierung versuchte, einen Ausfuhrzoll auf den sizilischen Schwefel zu legen, sah sich England in den Interessen seiner großartigen Fabrikation von Schwefelsäure, Soda u. s. w. so schwer bedroht, daß es gleich mehrere Kriegsschiffe vor Neapel auffahren ließ, worauf die mißliebige Maßregel unterblieb.

Der Schwefel ist eines der wenigen Elemente, welche die Natur an gewissen Oertlichkeiten gleich gediegen, d. h. rein und nicht mit anderen Stoffen verbunden, zuweilen selbst in schönen Krystallen darbietet, daher denn auch die Kenntniß und Benutzung desselben bis in die ältesten Zeiten zurückgeht. Die Fundorte des gediegenen Schwefels liegen vorzugsweise, wenn auch nicht ausnahmslos, in vulkanischen Gegenden, und noch fortwährend sind vulkanische Kräfte thätig, aus dem Erdinnern Schwefel an die Oberwelt zu fördern. Was aus den Kratern und kleineren Rauchlöchern der Vulkane ausströmt, besteht zu einem guten Theil aus einem eigenthümlichen Gas, dem Schwefelwasserstoffgas; tritt dieses an den Mündungen der Krater mit der Luft in Berührung, so wird es zum Theil zu schwefliger Säure verbrannt, welche sogleich auf nachfolgendes Gas zurückwirkt und mit diesem sich so zersetzt, daß Schwefel abgeschieden und Wasser gebildet wird.

Der Schwefel scheidet sich in Substanz aus und setzt sich an den kälteren Stellen in Form von Rinden oder Krystallen ab. In mehreren Vulkanen von Mexiko ist diese fortwährende Neubildung von Schwefel so ergiebig, daß sie den dortigen Bedarf deckt, und in Kalifornien sind so reiche Schwefellager aufgefunden worden, daß man glaubt, ganz Amerika daraus versorgen zu können. Europa muß sich an die Ausbeutung älterer Lager halten, wo sich der Schwefel in Höhlungen und Klüften von Gips, kalkigen und thonigen Gesteinen abgesetzt hat, tuffartige oder auch erdige Massen durchdringend, und daher in den verschiedensten Graden der Reinheit oder Unreinheit vorkommt. Am reichsten an solchen Schwefellagern ist bekanntlich die Insel Sizilien; sie bildet noch immer die Hauptbezugsquelle für den ungeheuren Bedarf, wie ihn die heutige Industrie erheischt. Das Festland von Italien findet seinen Bedarf bei sich selbst, am reichlichsten in der Romagna. In einem spätern Jahrhundert wirft sich die Ausbeutung vielleicht auf die jetzt noch unbenutzten Schwefelreichthümer der Insel Island oder auf die bedeutenden Schwefelablagerungen, welche in der Regentschaft Tripolis entdeckt worden sind. Bereits hat sich eine Compagnie für Ausbeutung einer anderen Schwefelgegend gebildet: man bricht jetzt Schwefel aus den Gipsfelsen der westlichen Küste des Rothen Meeres, auf ägyptischem und nubischem Gebiete. In Deutschland kommt gediegener Schwefel nur auf unbedeutenden Lagerstätten vor; mehr findet sich in Galizien, Kroatien.

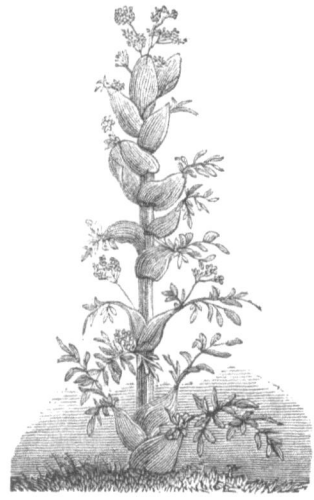

Fig. 284.
Stinkasant (Ferula Asa foetida).

Weit verbreiteter aber als in gediegenem Zustande ist der Schwefel in Gesellschaft mit Metallen, in Erzform, von denen die Verbindungen des Schwefels mit Eisen, die Schwefelkiese, am häufigsten sind und fast in jedem Lande vorkommen. Analoge Verbindungen sind Schwefelkupfer oder Kupferglanz, Schwefelblei oder Bleiglanz, Schwefelzink oder Zinkblende u. s. w. Außerdem findet er sich aber auch noch mit Sauerstoff verbunden in Form von Schwefelsäure sehr häufig in der Natur; freilich nicht in freiem Zustande, sondern in Verbindung mit Basen als schwefelsaure Salze, so z. B. in schwefelsaurem Kalk (Gips und Anhydrit), in schwefelsaurem Strontian (Cölestin), in schwefelsaurem Baryt (Schwerspath) u. s. w. In fast allen Gewässern sind mehr oder weniger schwefelsaure Salze aufgelöst.

Daß der Schwefel nicht blos als todtes Mineral existirt, sondern auch im aktiven Naturleben eine wichtige Rolle spielt, sei nur beiläufig bemerkt. Viele Pflanzen verdanken den eigenthümlichen Charakter ihres Geruchs und Geschmacks eben ihrem Gehalte an organischen schwefelhaltigen Verbindungen, so die Lauche und Zwiebeln, Asa foetida, Senf u. s. w.; in der animalischen Natur enthalten die so wichtigen Proteïnsubstanzen einen Antheil Schwefel, der zu ihrer chemischen Konstitution gehört, und ein erwachsener Mensch demzufolge wol an 100 Gramm Schwefel unter den Bestandtheilen seines Körpers. Das Pflanzeneiweiß sowie auch das thierische Eiweiß, wie es im Blute, der Fleischflüssigkeit, und den Eiern vorkommt, enthalten Schwefel, ebenso das Eidotter, die Galle, die Haare, die Nägel und viele andere Theile des Körpers. Bekannt ist, daß faulige Eier Schwefelwasserstoffgas entwickeln und daß silberne Löffel, wenn sie längere Zeit mit gekochten Eiern in Berührung sind, schwarz werden, was auf der Bildung von Schwefelsilber beruht.

Gewinnung des Schwefels.

Die **Gewinnung des Schwefels** ist da, wo er in gediegenem Zustande vorkommt, stets sehr einfach und kunstlos. In Sizilien bricht man die Schwefelmassen gangmäßig aus dem kalkigen und mergeligen, mit Gipsschichten abwechselnden Gestein. Die Schwefellager befinden sich in einer Tiefe von 40—50 Meter; Kellertreppen führen zu Tage und auf ihnen steigen Kinder von 12—16 Jahren auf und ab und tragen die gebrochenen Stücke nach oben. Der Schwefelgehalt des Gesteins ist 20—30 Prozent. Man sondert die Bruchstücke in reichere und ärmere und schmilzt die ersteren in eisernen Kesseln ein, wobei nur eine zu starke Hitze vermieden werden muß, weil, wenn die Temperatur etwa 150° übersteigt, der Schwefel wieder dickflüssig wird und dann die erwartete Abscheidung der erdigen Unreinheiten nicht erfolgen kann. Nachdem der Kesselinhalt einige Zeit in Fluß erhalten worden, hat sich der größte Theil jener fremden Beimischungen zu Boden gesetzt; man schöpft nun das Flüssige aus und giebt es in nasse hölzerne Formen, wo es zu Blöcken von Rohschwefel erstarrt. Die Bodensätze und das vorher ausgesonderte schwefelärmere Material werden eindringlicher mit Hitze behandelt, so daß der Schwefel in Dampfform abgetrieben wird, d. h. man unterwirft sie, ebenfalls gleich in der Nähe der Gruben, einer rohen Destillation. Der gewöhnliche Apparat hierzu bildet einen liegenden Ofen, in welchen 12—16 krugförmige Thongefäße (s. Fig. 285) so eingelassen sind, daß ihre Mündungen, die nach geschehener Füllung fest verschlossen werden, oben herausragen. Die Räume zwischen den Krügen werden mit Holz angefüllt. Am Halse jedes dieser Krüge ist ein abwärts gerichtetes Rohr eingesetzt, welches in ein ähnliches, außerhalb des Ofens stehendes Kruggefäß einmündet. Letzteres bildet die Vorlage, in welcher die durch die Hitze übergetriebenen Dämpfe sich zu flüssigem Schwefel verdichten, der durch ein unteres Rohr in ein Gefäß mit Wasser ausfließt.

Fig. 285. Destilliren des Schwefels.

Häufig wendet man in Sizilien eine Ausschmelzmethode an, bei welcher man kein fremdes Brennmaterial braucht, sondern die Hitze dadurch gewinnt, daß man einen Theil des Schwefels der Verbrennung preisgiebt, wobei freilich die Entstehung schwefliger Säure einen lästigen Uebelstand bildet. Auf einer stark abschüssigen, eingeebneten Stelle wird eine Ringmauer von vielleicht 18 Meter Durchmesser aufgeführt, die nach der Thalseite etwa 7 Meter, oberhalb wegen des ansteigenden Terrains nur etwa halb so hoch ist. An der tiefsten Stelle des Gemäuers ist ein Ausflußloch, das vorläufig mit einem Gipspfropfen verstopft ist, so daß nur ein paar enge Löcher bleiben, welche zur Untersuchung des Schmelzungszustandes beim Betriebe dienen. In dieser Art von Ofen werden die Schwefelstufen regelmäßig aufgeschichtet, doch so, daß ein kleiner Zwischenraum zwischen ihnen und dem Gemäuer bleibt. Man fährt mit dem Aufbau in Pyramidenform noch ein Stück über die Höhe der Umfassungsmauer fort, deckt schließlich Alles mit Schlacken, die von früheren Bränden übrig sind, und zündet den Ofen oder Meiler an. Infolge des beschränkten Luftzutritts verbrennt natürlich nur ein geringer Theil des Schwefels, während die entwickelte Hitze das Ausschmelzen des übrigen bewirkt. Das Niederschmelzen einer solchen Masse dauert 18—20 Tage, und obwol der Ofen unter den Schutz der Heiligen gestellt ist, wie man nach den vielen frommen Bildern schließen muß, mit denen er behangen wird, so überwachen ihn doch auch menschliche Aufseher Tag und Nacht. Erachtet man endlich die Schmelzung für beendet, so wird der Zapfen gezogen und die Masse bringt dickflüssig und pechschwarz heraus, um in Formen geleitet zu werden, wo sie beim Erkalten ihre Naturfarbe mehr oder weniger wieder annimmt. Es sind jetzt auf Sizilien 250 Gruben in Arbeit, welche jährlich gegen 2 Millionen Centner Schwefel produziren, viermal mehr als vor 40 Jahren.

Bei der Gewinnung des Schwefels aus Kiesen, wie sie unter anderen in Böhmen und Schlesien betrieben wird, bilden Schwefelkiese das Rohmaterial; auch aus Kupferkiesen wird mitunter Schwefel abgetrieben; der Schwefel aus solchen ist aber meist arsenikhaltig. Der Schwefelkies ist eine Verbindung von 1 Aequivalent Eisen und 2 Aequivalenten Schwefel (Doppelt-Schwefeleisen), in Prozenten 45,74 des erstern und 54,26 des letztern. Durch Glühhitze läßt sich die Hälfte des Schwefels abtreiben, es bleibt einfach Schwefeleisen zurück. Bis aber diese mögliche Ausbeute vollständig erlangt wäre, würde der Rückstand geschmolzen sein und dann dessen Ausräumung zu schwierig werden; man treibt daher die Hitze nur bis zum Zusammensintern des Erzes, und die wirkliche Ausbeute beträgt somit auch nur etwa ein Drittel des ganzen Schwefelgehaltes. Die Bearbeitung der Kiese geschieht ähnlich der der Gaskohlen in thönernen Retorten, die neben einander in einem Glühofen liegen. Die Rückstände heißen Schwefelbrände und geben, wie weiterhin gezeigt werden soll, ein gutes Material zur Erzeugung von Eisenvitriol. Trotz dieser doppelten Benutzung verlohnt sich die Bearbeitung der Kiese nur, wo sie unter

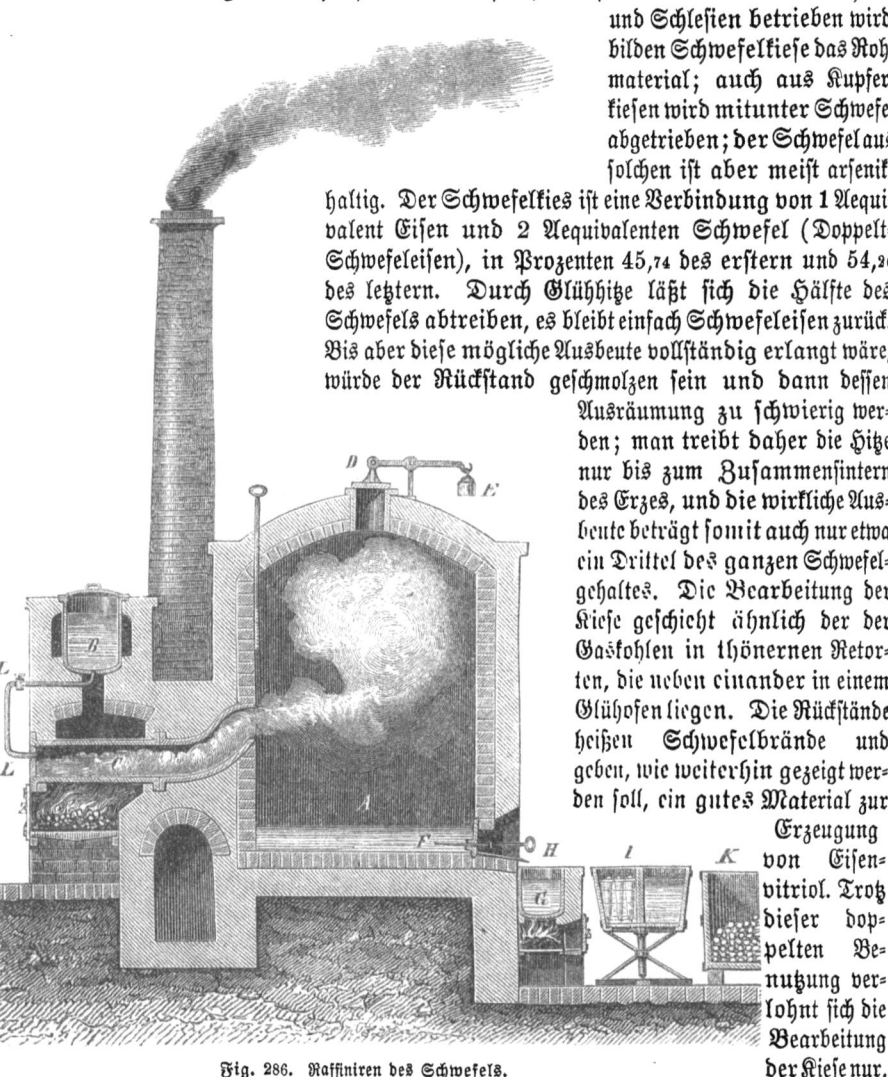

Fig. 286. Raffiniren des Schwefels.

den günstigsten Umständen vorkommen und das Brennmaterial sehr wohlfeil ist. Größere Bedeutung haben die Schwefelkiese bei der Schwefelsäurefabrikation, wo sie das Rohmaterial abgeben und so den eigentlichen Schwefel vertreten können.

Aller in einer Operation gewonnene Schwefel ist Rohschwefel, welcher für viele Zwecke der Verwendung einer Reinigung, dem Raffiniren, unterworfen werden muß, das in einer Destillation oder Sublimation besteht. Das Raffiniren sizilischen Schwefels bildet einen besonderen Geschäftszweig, der sich in verschiedenen Seestädten des Mittelmeeres, besonders um Marseille, angesiedelt hat. Die hierzu benutzten Apparate bestehen aus einem oder zwei eisernen liegenden Cylindern C (s. Fig. 286), so groß, daß einer 200 bis 300 Kg. Schwefel auf einmal faßt, und einer anstoßenden, von Backsteinen gemauerten Kammer A von der Größe einer mittlen oder großen Stube. Der hintere Theil des Cylinders zieht sich vor seiner Einmündung in die Kammer halsartig nach oben. Wird nun der Schwefel im Cylinder bis zum Sieden erhitzt und darin erhalten, so treten die sich bildenden Dämpfe in die Kammer über und verdichten sich hier, eine niedrige Temperatur in derselben vorausgesetzt, zu dem unter dem Namen Schwefelblumen bekannten feinen Pulver, das sich am Boden der Kammer absetzt. Alles, was nicht der Verflüchtigung fähig ist, kann diese Reise nicht mitmachen, und der übergetriebene Schwefel ist somit frei von allen erdigen Stoffen. Die Bildung von Schwefelblumen findet jederzeit statt, wenn ein Apparat erst angeheizt wird; im weiteren Verlaufe aber nehmen die Kammerwände und die Luft in der Kammer diejenige Temperatur an, bei welcher der Schwefel schmilzt (110°); die Schwefelblumen schmelzen, und von diesem Moment an wird nur noch flüssiger Schwefel niedergeschlagen. Diesen zapft man bei H aus der Kammer ab und gießt ihn in die bekannte Stangenform I. Will man aber ausschließlich Schwefelblumen erzeugen, was mit demselben Apparate geschehen kann, so muß man die Temperatur der Kammer stets unter dem Schmelzpunkte des Schwefels zu erhalten suchen, etwa dadurch, daß man mit Unterbrechungen, d. h. nur bei Tage arbeitet, oder man muß bei fortgesetztem Betriebe eine Kammer von bedeutend größeren Dimensionen anwenden.

Eine sehr zweckmäßige neuere Einrichtung an diesen Apparaten ist ein über der oder den Retorten angebrachter Vorwärmekessel B mit einer Räumlichkeit für 750—800 Kg. Schwefel. In ihm schmilzt das Material und läutert sich noch einigermaßen durch Absetzen, und aus ihm werden die unterliegenden Retorten durch Oeffnung des Hahnes im Verbindungsrohr L gespeist, wenn in ihnen der Schwefel zur Neige geht. So wird einestheils Brennstoff gespart, da dieser Vorwärmer durch die abziehende Hitze beheizt wird, und dann noch der wesentliche Vortheil erreicht, daß man die Retorte beschicken kann, ohne sie öffnen zu müssen, was nicht ohne eine schädliche Lufterneuerung in der Kammer geschehen könnte. In dieser verbrennt nämlich, weil sich die Luft nie ganz abschließen läßt, immer etwas Schwefel zu schwefliger Säure, die sich in die Schwefelblumen zieht, wo sie durch Aufnahme von noch mehr Sauerstoff aus der Luft zu Schwefelsäure wird; daher sind die Schwefelblumen des Handels immer etwas sauer, und um sie zu medizinischem Gebrauch geeignet zu machen, muß sie der Apotheker tüchtig mit Wasser auswaschen.

Die Kammer A des Raffinirapparates hat außerdem noch eine Thür, welche geöffnet wird, wenn Schwefelblumen herauszuschaffen sind; außerdem ist dieselbe dicht geschlossen. Um aber der Luftausdehnung im Innern, welche durch die Hitze bewirkt wird und mit dieser zunimmt, Spielraum zu verschaffen, ist im Deckgewölbe ein ganz leicht gehendes Ventil angebracht, aus welchem die überflüssige Luft herausströmen kann.

Arsenikhaltiger Schwefel aus Kiesen bedarf einer noch gründlicheren Reinigung. Sie kann zwar auch nur auf dem Wege der Sublimation geschehen, wird aber so geleitet, daß die Schwefeldämpfe durch einen längeren kühlen Raum geführt werden, wo sie sich zwar selbst noch nicht kondensiren, wo aber die Dämpfe des Schwefelarseniks zum größten Theile sich als eine feste Masse, das Operment oder Rauschgelb des Handels, absetzen.

Die **Benutzung des Schwefels** an sich ist schon eine sehr mannichfaltige und zum Theil allbekannte, wie die zu Schwefelfäden und Zündhölzern, zur Pulverfabrikation, zu Feuerwerk und zu Abgüssen, wofür er eins der besten Materialien abgiebt. Aus der bekannten Anwendung als verkittendes Mittel hat sich neuerdings etwas Interessantes entwickelt: man versetzt geschmolzenen Schwefel mit sehr feinem Quarz- oder Glaspulver und gießt daraus große Platten von ziemlicher Härte, die, weil der Schwefel für eine große Anzahl von chemischen Einwirkungen unempfindlich ist, mit Vortheil zu Reservoirs, Entwicklungskammern für saure oder ätzende Substanzen gebraucht werden, wo sonst Ziegelgemäuer, Sandsteine, Bleiplatten u. s. w. gebraucht werden mußten. Der wichtigen Verwendung des Schwefels zum Vulkanisiren des Kautschuks wird noch besonders Erwähnung gethan werden. Als Komponent schöner Farbstoffe geht der Schwefel ein in den Zinnober, das brillante

Kadmiumgelb und das künstliche Ultramarin, worüber an einer anderen Stelle dieses Bandes Näheres gesagt werden wird. Zum medizinischen Gebrauche dient er in Form von Schwefelblumen und Schwefelmilch, welche letztere trotz ihrer weißen Farbe eben auch nur Schwefel in Form von höchst feiner Vertheilung ist, aber nicht mechanisch verkleinerter, sondern solcher, der sich aus Schwefellebern abgesetzt hat, die man durch eine Säure zerlegte. Die Schwefelblumen sind ferner für die Weinbauer des südlichen Europa bekanntlich ein wahrer Retter aus der Noth geworden, indem sie, wie es scheint, das einzige bis jetzt bekannte Mittel sind zur Bekämpfung der verheerenden Traubenkrankheit. Das Wirksame hierbei ist aber nicht der Schwefel selbst, sondern die dem käuflichen Schwefel anhaftende schweflige Säure, denn gepulverter Stangenschwefel zeigt die zerstörende Wirkung auf den die Traubenkrankheit verursachenden Pilz (Oidium Tuckeri) nicht. Ein sehr großer Theil des Schwefels wird aber verbrannt und zur Herstellung von schwefliger Säure und Schwefelsäure verwendet. — Eine große Menge von Schwefel steckt, an Kalk gebunden, in den ausgelaugten Rückständen der Sodafabriken, die sich in mächtigen Halden um sie aufhäufen. Die Wiedergewinnung dieser Werthe aus den künstlichen Schwefelbergen ist ein ganz wichtiger Gegenstand, der schon eine Menge Pläne und Vorschläge hervorgerufen hat. Von diesen haben sich hauptsächlich zwei Methoden, die von Le Mond und von M. Schaffner in der Praxis Eingang verschafft, und man bezeichnet das Verfahren überhaupt als Regeneration des Schwefels und diesen letzteren als Retourschwefel.

Verbindungen des Schwefels mit Sauerstoff. Der Schwefel zeichnet sich durch eine große Verbindungsfähigkeit mit anderen Elementen aus und steht hierin dem Sauerstoff fast gleich. Darin besteht zum Theil auch seine große Wichtigkeit für Wissenschaft, Technik und Gewerbe, und wie er selbst, so sind einzelne seiner Verbindungen für den heutigen Stand der Kultur geradezu unentbehrliche Faktoren geworden. Dies gilt vor Allem von der Schwefelsäure. Die Schwefelsäure, wie uns schon bekannt ist, besteht aus Schwefel und Sauerstoff; fragen wir aber bei der Chemie weiter, so erfahren wir, daß es nicht weniger als sieben verschiedene Verbindungsstufen des Schwefels mit Sauerstoff giebt, die sämmtlich Säuren sind. Von ihnen sind jedoch nur zwei seit langer Zeit bekannt und technisch angewendet: die schweflige und die Schwefelsäure; zu diesen hat sich in neuerer Zeit noch die unterschweflige Säure durch die Bedeutung gesellt, die ihr Natronsalz in der Photographie und zu einigen technischen Verwendungen erlangt hat.

Schweflige Säure ist sicher eines der am leichtesten zu erzeugenden chemischen Präparate, denn man darf nur einen Schwefelfaden anzünden, um sich durch den Geruch vom Auftreten dieses gasförmigen Körpers zu überzeugen. Die Natur bildet in Vulkanen durch Verbrennen von Schwefel große Massen dieser Säure; Hüttenwerke, wo Schwefelerze des Bleies, Kupfers und Zinks zum Behuf der Metallgewinnung geröstet werden, jagen davon auch nicht wenig in die Luft, zur großen Belästigung der Nachbarschaft. Zu technischen Zwecken im Großen stellt man sie aber entweder durch Verbrennen von Schwefel her, oder durch Zersetzung von Schwefelsäure mittels Sauerstoff aufnehmender Substanzen, wie Schwefel, Kupferspäne, Kohle, Sägespäne u. dergl., aus welchem Gemenge man in Retorten die schweflige Säure abdestillirt, und wendet sie entweder gasförmig an oder leitet sie, wie aus der Retorte A in Fig. 287, in Wasser, das etwa das Fünfzigfache seines Volumens davon aufnimmt. Uebrigens läßt sich das Gas selbst durch starkes Zusammendrücken und Erkalten in eine tropfbare Flüssigkeit verwandeln.

Der Hauptnutzen der schwefligen Säure liegt in ihrer Bleichkraft; sie entfärbt die meisten pflanzlichen und thierischen Stoffe, wobei aber ihre Wirkung je nach Umständen eine verschiedene ist; denn einestheils zerstört sie Farbstoffe definitiv; in anderen Fällen, wo sie sich mit den Farbstoffen geradezu, wenn auch nicht dauernd, verbindet, dunkeln die damit gebleichten Körper allmählich wieder und sehen schließlich wieder aus wie vorher. Eine rothe Rose wird durch Schwefeldampf bekanntlich weiß; durch Eintauchen in verdünnte Schwefelsäure wird sie wieder roth; die stärkere Säure hat jene Verbindung wieder gelöst und die schwächere Säure vertrieben.

Trotz seiner nicht andauernden Wirkung ist das Bleichmittel doch unentbehrlich bei solchen Stoffen, welche die Einwirkung des Chlors nicht vertragen oder deren Farbe dem Chlor nicht weicht. Dergleichen sind namentlich Wolle, Seide, Federn, Fischbein, Darmsaiten, Badeschwämme, Stroh- und Korbmacherwaaren u. s. w. Statt der früher gebräuchlichen bekannten Schwefelkästen und Kammern benutzt die heutige Technik häufig die flüssige Bleiche mittels in Wasser aufgefangener schwefliger Säure. Eine solche Bleichflüssigkeit erhält man übrigens auch, wenn man zu einer wässerigen Lösung von schwefligsaurem Natron eine entsprechende Menge einer stärkeren Säure, etwa Salz- oder Schwefelsäure, mischt; dadurch wird schweflige Säure frei, die sich an das Wasser bindet.

Diese Sauerstoffbegierde der schwefligen Säure, die sich auch noch äußert, wenn die Säure mit irgend einer Basis zu einem Salz verbunden ist, verleiht ihr ferner einen Werth als gährungs- und fäulnißwidriges Mittel. Denn da die Ursache aller Gährung und Fäulniß der Sauerstoff ist, so ist leicht begreiflich, daß ein Stoff, der den Sauerstoff so energisch für sich in Beschlag nimmt, ihn an anderweitiger Bethätigung hindern muß. Hierauf beruht das altgebräuchliche Schwefeln der Weinfässer, um sie durch Zerstörung der etwa im Holze steckenden Fermente gesund zu machen. Aus demselben Grunde werden in neuerer Zeit kleine Mengen einer Lösung von schwefligsaurem Kalk zuweilen dem Biere zugesetzt, um dieses haltbarer zu machen; der schwefligsaure Kalk wird hierbei nach und nach in schwefelsauren Kalk verwandelt, der sich zum größten Theile als Gips aus dem Biere absetzt.

Die Bildung schwefligsaurer Salze erfolgt sehr leicht, wenn das Gas mit den betreffenden Basen in Berührung gebracht wird. So erzeugt man schwefligsauren Kalk, indem man schweflige Säure durch feuchten, frisch gelöschten Kalk leitet, der in Kammern auf Horden ausgebreitet liegt u. s. w., oder man leitet die Säure in Kalkmilch und verkauft den schwefligsauren Kalk in flüssiger Form.

Fig. 287. Apparat zur Herstellung schwefliger Säure.

Die **unterschweflige Säure** gehört zu denjenigen chemischen Dingen, welche noch Niemand mit Augen gesehen hat; sie kann nicht für sich, sondern nur in Verbindung mit Basen existiren. Kocht man schwefligsaure Natronlösung mit Schwefel, so verschwindet ein Antheil des letzteren, und es krystallisirt aus der Flüssigkeit ein neues, in schönen glasigen Krystallen ausschießendes Salz, das eben genannte unterschwefligsaure Natron, welches in der Photographie eine große Rolle spielt. Während die schweflige Säure aus 2 Aequivalenten Sauerstoff auf 1 Aequivalent Schwefel besteht, d. h. auf 16 Gewichtstheile Schwefel 16 Gewichtstheile Sauerstoff enthält, kommen in der unterschwefligen Säure 2 Aquivalente Schwefel auf 2 Aquivalente Sauerstoff oder 32 Gewichtstheile des ersteren auf 16 Gewichtstheile des letzteren; wird aber das Salz durch eine stärkere Säure zersetzt, so entwickelt sich nicht unterschweflige, sondern schweflige Säure, während die Hälfte des Schwefels sich in Pulverform abscheidet. Bei weitem die größten Mengen von unterschwefligsaurem Natron werden jetzt aus den Rückständen der Sodafabrikation gewonnen; diese Rückstände werden nach Schaffner's Methode oxydirt und die Laugen, welche unterschwefligsauren Kalk enthalten, mit Glaubersalz versetzt, wodurch sich abscheidender Gips und gelöst bleibendes unterschwefligsaures Natron entstehen.

Schwefelsäure entsteht, wenn schweflige Dämpfe mit Luft und Feuchtigkeit in Berührung kommen, und dieser Vorgang geht in vulkanischen Gegenden unausgesetzt vor sich. Aber da die Säure in der Natur meistens Gelegenheit finden wird, sich mit irgendeiner Basis zu verbinden, so tritt sie höchst selten in freiem Zustande auf; dies geschieht nur in einzelnen vulkanischen Quellen, welche aus kieseligem Gebirge entspringen. Die erste künstliche Darstellungsmethode der Schwefelsäure, nach welcher man dieselbe aus gewissen schwefelsauren Salzen durch Erhitzen derselben frei macht, ist so alt, daß man die Zeit ihres

Ursprungs nicht kennt und sie möglicherweise bis auf die Araber zurückzuführen hat. Die Alten trieben den Stoff aus Eisenvitriol und Alaun ab und nannten ihn wegen seiner Dickflüssigkeit Vitriolöl; seine wahre Natur aber blieb unbekannt, bis ihn Lavoisier als eine Verbindung des Schwefels mit Sauerstoff erkannte. Die älteste Darstellung der Schwefelsäure besteht in beschränktem Umfange noch heute, und das Produkt, das sie liefert, geht unter dem Namen rauchende oder Nordhäuser Schwefelsäure, auch deutsches Vitriolöl. Weit wohlfeiler jedoch produzirt man nach der neueren Methode, und ihr Produkt, die sogenannte englische Schwefelsäure, ist eben dasjenige, welches in der Gegenwart in so ungeheuren Massen erzeugt und verbraucht wird. Beide Säuren, die Nordhäuser und die englische, sind in ihrer Beschaffenheit nicht ganz gleich, und auf dieser Verschiedenheit beruht es eben, daß die alte Methode sich neben der neuen noch halten kann, wenn auch nur wie ein Zwerglein gegen einen Riesen. Die rauchende Schwefelsäure hat außer dem Vortheil, daß sie von den Verunreinigungen, welche die englische begleiten, größtentheils frei ist, das Eigenthümliche, daß sie infolge der Art ihrer Zubereitung eine Quantität wasserfreie Säure in Mischung enthält, oder was dasselbe ist, weniger Wasser enthält als die englische. In dieser Beschaffenheit aber ist sie besonders zur Auflösung des Indigo geeignet, und dieser eine Nutzen ist wichtig genug, um dem Nordhäuser Vitriolöl die fortdauernde Existenz zu sichern. Die englische Schwefelsäure taugt für den Indigo auch deshalb nicht, weil sie selten ganz frei von Salpetersäure ist und daher die blaue Farbe schädigt, denn Salpetersäure zersetzt den Indigo.

Die wasserfreie Säure oder das Schwefelsäureanhydrit, an sich blos aus 16 Theilen (1 Aequivalent) Schwefel und 24 Theilen (3 Aequivalent) Sauerstoff bestehend, ist ein eigenthümliches Ding; sie ist ein weißer, asbestähnlicher, krystallisirter Körper, der sich wie Wachs kneten läßt; sie verflüchtigt sich aber sehr rasch und bildet dann sauer riechende Dämpfe. Die wasserfreie Säure selbst hat merkwürdiger Weise gar keine sauren Eigenschaften; erst in ihrer Verbindung mit Wasser bildet sie die energisch zerstörende und lösende Flüssigkeit, als welche sie schon im gemeinen Leben bekannt ist. Ihre Neigung aber, sich mit Wasser zu verbinden, ist so stark, daß sie, wenn auf Wasser geworfen, wie glühendes Eisen zischt; ja, wenn die Menge Wasser gering ist, so entsteht Feuererscheinung und Explosion, da die ganze Flüssigkeit sich dann infolge der entstehenden großen Hitze plötzlich in Dampf verwandelt. Die konzentrirte Schwefelsäure, das Schwefelsäurehydrat, enthält also eine gewisse Quantität Wasser (9 Wasser auf 40 Säure), das zu ihrem Bestehen nothwendig ist und das sie sich auch durch Destilliren nicht nehmen läßt, denn sie geht dabei unverändert über. Mit dieser Wassermenge ist aber ihr Verlangen noch nicht gestillt, sie hat selbst in verdünnterem Zustande noch sehr große Verwandtschaft zum Wasser und zeigt dies dadurch, daß sie beim Vermischen damit bedeutende Hitze zu entwickeln vermag. In der rauchenden Säure haben wir ein Gemenge von konzentrirter Säure mit wasserfreier, für welche in der Flüssigkeit gar kein Hydratwasser vorhanden ist, welche also ihr flüchtiges Wesen noch nicht eingebüßt hat und dasselbe geltend macht, so oft sie mit der Luft in Berührung kommt. Wir sehen dann die Säure, welche auf 9 Wasser 80 wasserfreie Säure enthält, rauchen oder richtiger dampfen.

Die Fabrikation der rauchenden Schwefelsäure aus Eisenvitriol, früher das allgemeine Verfahren, wird nur noch in wenigen Lokalitäten, in sogenannten Vitriolbrennereien, betrieben: am stärksten noch in Böhmen, außerdem hier und da im Erzgebirge, am Harz und am Niederrhein. Das Rohmaterial bilden vorzugsweise die Abgänge (Mutterlaugen), die bei der Krystallisation des Vitriols übrig bleiben. Durch Eindampfen derselben in Pfannen erhält man den Vitriolstein, den man behufs der Abtreibung der Säure einer Destillation in Thonretorten unterwirft, welche in einem sogenannten Galeerenofen liegen. Ein solcher Ofen bildet einen langen Feuerkanal, in welchen die Retorten derart eingepaßt sind, daß sie mit den Hälsen über die Wandung hinausragen. Da die Retorten auf beiden Seiten und meist in mehreren Reihen über einander angebracht sind, so giebt dies, wenn man sich die krugförmigen thönernen Vorlagen an die Retortenhälse angesetzt denkt, das entfernte Bild eines Ruderschiffes, daher der Name dieser in verschiedenen Zweigen der Technik wiederkehrenden Apparate. Jede Retorte wird mit etwa 15 Kg. trockener Masse beschickt. In der ersten Zeit des Feuerns entwickeln sich nur saure wässerige Dämpfe und schweflige Säure, die man nicht auffängt; sobald aber die kennbaren Nebel der wasserfreien Säure sich zu zeigen anfangen, werden die Vorlagen angekittet. Diese enthalten nach dem alten Verfahren ein wenig Wasser, in dem die sauren Dämpfe sich niederschlagen können; die Feuerung wird etwa 36 Stunden lang und zuletzt bis zum Weißglühen fortgesetzt, die ganze Operation aber, nämlich das Füllen und Glühen, nachdem man jedesmal den Ofen 12 Stunden hat verkühlen lassen, noch drei- bis viermal wiederholt, wobei immer die nämlichen Vorlagen mit ihrem Inhalte wieder angesetzt werden; dies ist nöthig, um die Säure in der gewünschten Stärke zu erhalten. Rascher kommt man zum Ziele, wenn man, behufs der Absorption der Säure, in die Vorlagen statt Wasser englische Schwefelsäure bringt. Hierbei bekommt man freilich die Verunreinigungen derselben mit in den Kauf. Der Destillationsrückstand ist Eisenoxyd, das unter verschiedenen Namen, wie caput mortuum, Colcothar, Polirroth u. s. w., im Handel bekannt ist. 100 Theile Vitriolstein geben 47 bis 50 Theile Vitriolöl. Dieses ist immer braun gefärbt, während die englische Schwefelsäure von den Fabriken farblos geliefert wird. Da aber schon ein kleines Partikelchen von Kork oder von einer anderen organischen Substanz, wenn es in die Flasche geräth, hinreicht, indem es verkohlt, eine große Quantität Säure zu bräunen, so kann die Farbe für die Güte der Säure kein Merkmal sein.

Saures schwefelsaures Natron, das bei der Darstellung der Salpetersäure aus Chilisalpeter als Rückstand abfällt, giebt in der Glühhitze ebenfalls wasserfreie Säure aus, und zwar die Hälfte der darin enthaltenen, und man hat angefangen, es in ähnlicher Weise wie den Eisenvitriol auszunutzen.

Die **Fabrikation der englischen Schwefelsäure**, welche wir nun zu betrachten haben, ist ein viel bedeutenderer Industriezweig. Der Beiname „englische" hat heutzutage, wo jedes Gewerbsland sich seinen Bedarf selbst bereitet, nur noch den Sinn, daß die Fabrikation in England ihren Ursprung genommen hat. Dieser Zweig der Technik hat eine lange Schule durchzumachen gehabt, bis er zu derjenigen Ausbildung gelangte, in der wir ihn heute sehen, wo eine weitere Vervollkommnung nicht möglich erscheint, denn es wird in der heutigen Praxis von einer gegebenen Menge Schwefel fast genau diejenige Menge Säure gewonnen, welche der chemischen Rechnung nach herauskommen muß, während bei der früheren rohen Verfahrungsweise die Ausbeute weit geringer ausfiel. In der Betriebsweise der Fabrikation dagegen werden noch immerfort Verbesserungen angebracht.

Die Aufgabe der Fabrikation besteht also, wie schon gesagt, zunächst in der Erzeugung von schwefliger Säure durch Verbrennen von Schwefel und sodann in Hinzufügung eines weiteren Antheils von Sauerstoff. Das Ziel ist immer nur in zwei Schritten zu erreichen, denn selbst beim Verbrennen von Schwefel in reinem Sauerstoff entsteht nur schweflige Säure. Nun ist die letztere zwar sehr begierig nach dem weiteren Antheil Sauerstoff und nimmt ihn schon aus feuchter Luft auf, aber für praktische Zwecke doch noch viel zu langsam; viel rascher geht es bei Gegenwart von Salpetersäure, und die dabei auftretenden Erscheinungen, von denen bald die Rede sein wird, bilden eines der merkwürdigsten Beispiele chemischer Metamorphosen.

Daß man durch Verbrennen von Schwefel unter einer innen mit Wasser benetzten Glasglocke etwas Schwefelsäure erhält, ist eine sehr alte Erfahrung, und diese mühsame Darstellung war in der That einst einigermaßen in Uebung, denn die so erzeugte schwache Säure wurde für etwas ganz Besonderes gehalten und unter dem Namen Schwefelgeist sehr theuer verkauft. Erst etwa um 1600 scheint man angefangen zu haben, dem Schwefel Salpeter beizumischen; es sollte dadurch nur das Fortbrennen befördert werden, aber unverhofft erhielt man dabei eine größere Ausbeute an Säure, und es entstand daraufhin bei London die erste Schwefelsäurefabrik, von Ward gegründet. Der Artikel wurde nun marktgängiger; die Preise sanken von einer enormen Höhe so weit, daß sie nur noch das Acht- bis Zehnfache der heutigen betrugen.

Bei Ward's Methode wurde mit dem Schwefel gleichzeitig Salpeter verbrannt, die Dämpfe leitete man in große Glasballons, in denen etwas Wasser vorgeschlagen war. Roebuck in Birmingham ersetzte die Glasballons durch große, aus Bleiplatten zusammengesetzte Kästen, da dies Metall von der Säure sehr wenig angegriffen wird. Im Laufe der Zeit ließ man die Verbrennung in einem Ofen kontinuirlich fortgehen und gelangte zu dem wesentlichen Fortschritte, Wasserdampf einzuleiten, das unbenutzte Salpetergas aufzufangen und zur Wiederbenutzung zurückzuführen, und durch fortgesetzte Versuche näherte man sich endlich der gleich zu beschreibenden Fabrikationsweise, welche durch die Einführung der Platingefäße auf die Höhe der heutigen Massenproduktion geführt wurde.

Wenn auch hier und da etwas abweichend betrieben, umfaßt das jetzt gebräuchliche Verfahren immer folgende Operationen: 1) Verbrennen des Schwefels oder der Schwefelkiese; 2) die Zuführung von Salpetersäure und die Reaktion der daraus entstehenden Gasarten, im Verein mit atmosphärischer Luft und Wasserdampf in den Bleikammern und die resultirende Bildung von Schwefelsäure; 3) Wiedergewinnung der Salpetergase; 4) Konzentration der erzeugten Schwefelsäure.

Der Verbrennungsofen für den Schwefel befindet sich an dem einen Ende des Apparates, der, möge er aus einer einzigen langen Kammer oder, wie gewöhnlicher, aus mehreren durch Röhren verbundenen Abtheilungen bestehen, immer einen kontinuirlichen Hohlraum bildet, welcher am anderen Ende einen Schlot hat, durch welchen der nöthige Zug zum Durchgang der Gase durch das Ganze erzeugt wird. Indem nun der Schwefel, um bei diesem ersten Rohstoff für jetzt stehen zu bleiben, in dem Ofen auf anfänglich von unten erhitzten eisernen Pfannen brennt, hat man durch Schieber in der Ofenthür den Luftzutritt dergestalt geregelt, daß nicht allein das zur Unterhaltung des Brennens nöthige Luftquantum, sondern ein größeres zuströmen kann; der Ueberschuß erleidet natürlich keine Veränderung, und so gelangen aus dem Ofen zwei der nöthigen Stoffe, schweflige Säure und Luft, gleichzeitig und in Vermischung in die Bleikammern. Es werden aber noch zwei andere Mitarbeiter gebraucht, nämlich Wasserdämpfe und Dämpfe von Salpetersäure. Zur Beschaffung der ersteren dient ein kleiner Dampfkessel, der seine Röhren in die verschiedenen Abtheilungen des Apparates sendet. Die eindringenden Dampfstrahlen üben zugleich eine mechanische Wirkung mit aus, indem sie den Zug in den Kammern befördern. Was endlich die salpetersauren Gase betrifft, so hat man für deren Einbringung verschiedene Wege. Die älteste Art ist wie gesagt die, daß man dem Schwefel gleich eine entsprechende Menge Salpeter beimischt, wo dann mit der schwefligen Säure zugleich Stickoxyd in die Kammer gelangt. Das war jedoch mit mancherlei Unbequemlichkeit behaftet, und nachdem verschiedene andere Verfahren vorgeschlagen und probirt worden waren, blieb man endlich dabei stehen, fertige Salpetersäure von außen in einem dünnen Strahle in die erste Kammer, auf einen oder zwei Sätze über einander stehender Porzellanschalen zu leiten, über die sie kaskadenartig herabrinnt und sich dadurch über eine ziemlich große Oberfläche dünn ausbreitet, was die chemischen Wirkungen natürlich erleichtern muß. Dies Verfahren ist bis heute im Ganzen wenig verändert worden. Daß in diesem letzten Falle Salpetersäure, in dem ersterwähnten Stickoxyd in dem Betrieb eingeführt wird, läuft für die Praxis auf Eins hinaus, denn die Salpetersäure als solche kann sich doch beim Zusammentritt mit schwefliger Säure keinen Augenblick erhalten, sie muß einen Antheil ihres Sauerstoffes (1 Aequivalent) an diese abgeben, die eben dadurch zu Schwefelsäure wird; was von ihr übrig bleibt, ist Untersalpetersäure. Unter den gegebenen Umständen kann diese aber auch nicht fortbestehen, sondern durch die vorhandenen Wasserdämpfe wird sie veranlaßt, sich zunächst in zwei Partien zu spalten, wovon die erstere wieder Salpetersäure, die andere salpetrige Säure ist; aber auch diese widersteht der Einwirkung des Wasserdampfes nicht, sondern wird ebenfalls in Salpetersäure und ein farbloses Gas, welches man Stickoxydgas nennt, gespalten. Letzteres, das Stickoxydgas, hat nur noch 2 Aequivalente Sauerstoff auf 1 Aequivalent Stickstoff und ist nicht mehr im Stande, in der Bleikammer weiteren Sauerstoff abzugeben, dagegen nimmt es aus der Luft wieder Sauerstoff auf und verwandelt sich in Untersalpetersäure.

Die Fabrikation der englischen Schwefelsäure.

Es sind dies die braunrothen Dämpfe, welche sich beim Auflösen von Metallen in Salpetersäure zeigen, sie sind im Augenblicke ihrer Entstehung auch erst Stickoxydgas gewesen, was man daran erkennt, daß die Gasbläschen farblos sind, so lange sie unter der Oberfläche der Flüssigkeit sind oder an dem Metalle hängen; sowie aber diese farblosen Bläschen des Stickoxydgases in die Luft gelangen, nehmen sie wieder Sauerstoff auf und verwandeln sich in die braunrothen Dämpfe der Untersalpetersäure. Der besseren Uebersicht halber wollen wir hier die fünf verschiedenen Verbindungen des Stickstoffs mit Sauerstoff ihrer Zusammensetzung nach neben einander stellen:

Salpetersäure   besteht aus 1 Aequiv. ob. 14 Theilen Stickstoff u. 5 Aequiv. ob. 40 Theilen Sauerstoff.
Untersalpetersäure »   »   1   »   »   14   »   »   »   4   »   »   32   »   »
Salpetrige Säure   »   »   1   »   »   14   »   »   »   3   »   »   24   »   »
Stickoxydgas   »   »   1   »   »   14   »   »   »   2   »   »   16   »   »
Stickoxydulgas   »   »   1   »   »   14   »   »   »   1   »   »   8   »   »

Von diesen fünf Verbindungen kommt die letztgenannte, das Stickoxydulgas, bei der Schwefelsäurebereitung nicht mit in Betracht.

Keines der vier Salpetergase, Salpetersäure, Untersalpetersäure, salpetrige Säure und Stickoxydgas, kann nach dem Vorgesagten unter den gegebenen Umständen in den Bleikammern bestehen; sie müssen in raschem Wechsel in einander übergehen, und der unausgesetzt sich abwickelnde Prozeß in den Bleikammern ist: Entziehen des Sauerstoffes aus der immer mit zugeführten Luft und Abgabe desselben an die schweflige Säure, die hierdurch zur Schwefelsäure wird. Sonach verrichtet das aus der Salpetersäure entstandene Stickoxydgas gewissermaßen Handlangerdienste, indem es Sauerstoff aufnimmt und an die schweflige Säure weiter giebt; selbst büßt es bei dieser Arbeit an Substanz nichts ein. Eine geringe Quantität Säure müßte daher eigentlich auch zu einem immerwährenden Fabrikationsprozesse genügend sein, denn die chemische Kraft erlahmt nicht; aber dies wäre nur denkbar, wenn statt der Luft reines Sauerstoffgas in Anwendung genommen würde. Die Luft aber ist nur zu etwa $1/5$ brauchbar, das Uebrige — Stickstoff — muß als unnützer Ballast aus dem Apparate wieder entlassen werden; hierbei entweicht auch ein Theil der Salpetergase mit, und es wird ein successiver Wiederersatz dadurch nöthig. Uebrigens haben jetzt die meisten Apparate eine Vorrichtung, durch welche ein guter Theil dieser nützlichen Stoffe wieder eingefangen und dem Betriebe zugeführt wird.

Nach dem Vorhergehenden wird es nur noch einer kurzen Erläuterung der Abbildung Fig. 288 bedürfen, welche die jetzt gewöhnliche Einrichtung des ganzen Apparates darstellt. Die Bleikammern, die man eher Säle nennen könnte — denn die mittlere und die Hauptkammer können bis 30 Meter Länge bei 12—15 Meter Höhe messen — sind aus gewalzten Bleiplatten zusammengesetzt und in einem starken Holzbau aufgehangen. Unten stehen sie nicht auf, sondern lassen einen Zwischenraum zwischen sich und dem mit aufgebogenen Rändern versehenen Boden. Den Verschluß bildet die gleich Anfangs hier aufgegossene Flüssigkeit (schwache Schwefelsäure). Links unten bei D und E liegt in zwei Abtheilungen der Schwefelbrennofen, der zugleich den Dampfkessel mit heizt; manchmal ist noch ein Reservedampfkessel vorhanden. In der ersten schmalen Abtheilung F des Apparates, deren staffelförmiges Innere später zu erklären ist, steigen die Dämpfe der durch den verbrannten Schwefel erzeugten schwefligen Säure auf und gehen von oben rechts in die erste Kammer, ein starker Dampfstrom weist ihnen den Weg und fördert den Zug, reißt auch durch ein Rohr, das sich nach außen öffnet, noch mehr Luft ins Innere von A. In dieser Abtheilung vollzieht sich also hauptsächlich die Mischung von schwefliger Säure, Luft und Wasserdampf. In der folgenden, B, wird die Salpetersäure auf ihren Vertheilungsapparat geleitet und zersetzt sich. Die schon hier, wie in jeder Kammer, am Boden sich sammelnde Schwefelsäure ist aber wegen dieser Nachbarschaft stark mit salpetriger Säure gemischt; sie wird also zunächst wieder zurück nach links in die vorhergehende Kammer geleitet, wo sie diesen fremden Bestandtheil größtentheils aushaucht und dieser gleich wieder mit dem ankommenden Gasgemisch in Wechselwirkung tritt. In der großen Kammer C vollzieht sich der hauptsächlichste

Theil der Säurebildung, und hier wird auch der meiste Dampf eingelassen. In einer gewöhnlich noch folgenden Abtheilung bildet sich zwar aus den bisher unverbundenen Resten noch etwas Säure, aber bis zur gänzlichen Erschöpfung kommt es auch hier nicht. Um daher die noch unbenutzt gebliebenen Salpetergase möglichst zurückzuhalten, läßt man das Gas- und Dampfgemisch, nachdem es durch einen flachen bleiernen Kühlkasten b gegangen, und bevor es durch den Schlot entweicht, durch eine Schicht Koaks G treten, welche aus einem höher stehenden Gefäß fortwährend mit konzentrirter Schwefelsäure durchtränkt werden. Im konzentrirten Zustande hat nämlich diese Säure eine große Fähigkeit, salpetrige Säure und Stickoxyd einzuschlucken, und dies sind eben die Flüchtlinge, die hier arretirt werden sollen. Die damit beladene Säure sammelt sich unterhalb der Koaks und fließt in einem Bleirohr nach dem anderen Ende des Apparates, wo sie in dem Gefäß c ein einstweiliges Unterkommen findet. Von Zeit zu Zeit wird sie von hier entleert, indem durch eine Hahnvorrichtung der Rückweg gesperrt und ein Dampfweg aus dem Kessel geöffnet wird. Der Dampfdruck treibt die Säure durch das schräge Steigrohr in das Gefäß f, und von hier läßt man sie weiter in der ersten Vorkammer herniederrinnen, wo sie den aus Bleiplatten bestehenden Stufenweg verfolgen muß. Ein unten stehendes kleines Dampfrohr schickt ihr immerfort seine Wasserdämpfe entgegen, welche sie begierig verschluckt und sich dadurch verdünnt. Infolge dieser Verdünnung verliert sie die Haltkraft für die salpetrigen Dämpfe; diese scheiden aus, um zugleich mit den aus dem Ofen kommenden schwefligsauren Dämpfen in die Cirkulation

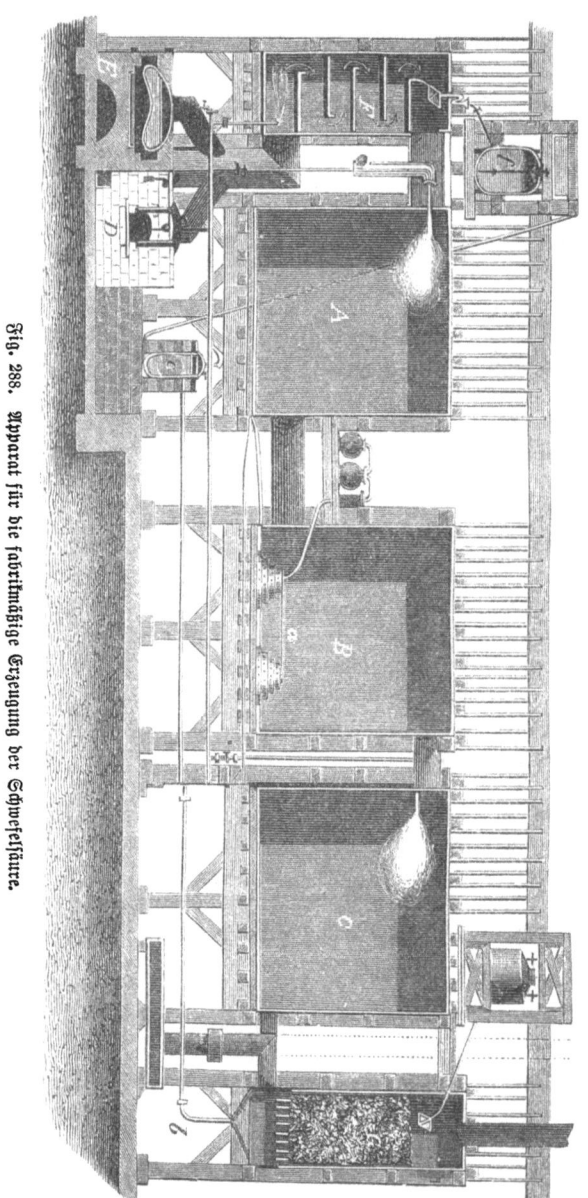

Fig. 288. Apparat für die fabrikmäßige Erzeugung der Schwefelsäure.

wieder einzutreten, während die Säure in das Reservoir der Hauptbleikammer geht. Diese Einfangsvorrichtung ist wirksam genug, so daß man jetzt mit dreimal weniger Salpetersäure auskommt als früher. Bei der besten Leitung bedarf man jetzt nur 4—5 Theile Salpetersäure, um 100 Theile Schwefel in Schwefelsäure zu verwandeln.

Das andere Rohmaterial für Schwefelsäure, der Schwefelkies oder Pyrit, aus 28 Eisen und 32 Schwefel bestehend, findet da Anwendung, wo er häufig und wohlfeil, etwa

Die Fabrikation der englischen Schwefelsäure.

zu ¼ der Schwefelpreise, zu haben ist: in Deutschland namentlich am Harz und in Böhmen, sonst in Belgien und auch noch in England. Es eignen sich dazu aber nicht alle, vorzüglich nicht die erdigen, sondern nur die dichten, erzartigen Kiese, die, wenn sie einmal in Brand gekommen sind, für sich selbst fortzubrennen vermögen. Aber auch andere natürliche Schwefelmetalle, wie Bleiglanz, Kupferkies u. s. w., die beim Rösten schweflige Säure geben, werden auf diese Weise doppelt ausgenutzt, indem die Röstrückstände auf Kupfer, Blei und Silber verarbeitet werden. So ließ man z. B. früher die ungeheuren Massen schwefliger Säure, die in den Muldener Hütten bei Freiberg durch das Rösten der Erze entstehen, ungenutzt in die Luft entweichen, während dieselben jetzt in Bleikammern geleitet und in Schwefelsäure übergeführt werden. Die hierzu gebrauchten Oefen, an welche sich dann die Bleikammern in der uns bekannten Einrichtung anschließen, werden durch die Durchschnittsabbildung (s. Fig. 289) dargestellt. Zwei Schachträume, die unten nur durch Roststäbe geschlossen sind, haben an der Seite noch zwei Oeffnungen, deren obere zum Nachfüllen der Kiese dient und nur bei Bedarf geöffnet wird. Die untere Oeffnung dient zur Regulirung des Luftzutritts, falls am Rost nicht genug Luft eintreten kann. Die aus beiden Schächten aufsteigende schweflige Säure gelangt durch einen Mittelkanal zunächst in vier besondere kleine Kammern (Vorkammern), in welchen die mechanisch mit fortgerissenen, sowie die leichter kondensirbaren flüchtigen Körper, so namentlich ein Theil der arsenigen Säure, Eisenoxyd u. s. w., sich absetzen; von hier aus werden die Gase in die Bleikammern geleitet. Die nöthige Salpetersäure wird hier so erzeugt, daß auf einem kleinen eisernen Karren eine Pfanne mit Salpeter, welchem Schwefelsäure beigemischt ist, in diesen Mittelkanal eingeführt wird. Die Schwefelsäure verbindet sich mit dem Kali und treibt die Salpetersäure aus. Die anfängliche Beschickung geschieht mit Koaks; sind diese gehörig zusammengebrannt, so beginnt man Kiese nachzufüllen, und da die abgerösteten Schwefelbrände unten herausgezogen werden, so kann der Betrieb ununterbrochen fortgehen, so lange der Ofen aushält.

Fig. 289.
Verarbeitung der Schwefelkiese auf Schwefelsäure.

Da die auf solche Weise hergestellte Säure, eines nicht zu vermeidenden aus den Erzen herrührenden Arsenikgehaltes wegen, zu vielen Zwecken nicht zulässig ist, so nimmt man die Verarbeitung der Kiese in der Regel auch nur da vor, wo die Säure in den Fabriken selbst gleich weiter zur Sodafabrikation benutzt wird und diese Verunreinigung nichts schadet, indem der giftige Stoff schließlich in die Abgänge gelangt, oder man entfernt das Arsen aus der Säure, entweder durch Einleiten von Schwefelwasserstoffgas, wie es z. B. in Freiberg geschieht, oder durch Zusatz von Schwefelbarium.

In dem Bodensatze, der sich in den Vorkammern absetzt, hat man ein dem Schwefel ähnliches und häufig in denselben Erzen vorkommendes Element, das Selen, entdeckt (1817), das indessen, wie so mancher der anderen Grundstoffe, für die Praxis zur Zeit noch von keiner Bedeutung geworden ist. Auch zur Entdeckung zweier anderer metallischer Elemente hat dieser Kammerschlamm Veranlassung gegeben, nämlich des Thalliums (1862) und des Galliums (1876). Die in den Bleikammern erzeugte Säure heißt Kammersäure; sie sammelt sich in dem Bodenkasten der Hauptkammer an, weil dieser am tiefsten liegt und alle übrigen Kästen durch Ueberlaufen ihr Erzeugniß dahin abgeben. Die Kammersäure hat eine Stärke von durchschnittlich 47—48° Baumé und ist für viele Fabrikationszweige stark genug; die für den Handel bestimmte Säure muß dagegen noch zu größerer Konzentration eingedampft werden, wobei eine Reinigung von der fast immer noch darin enthaltenen salpetrigen und Salpetersäure erfolgt. Das Eindampfen geschieht in flachen bleiernen Pfannen, welche an die Kühlschiffe der Brauer erinnern, denn sie messen in der Breite 2—3 Meter und das Vierfache in der Länge. Man bringt zwei, wie es Fig. 290 zeigt, auch drei oder vier Abdampfpfannen neben einander an, und zwar so, daß die am weitesten vom Feuer entfernte am höchsten, jede folgende etwas tiefer steht. In jeder der von unten beheizten Pfannen befindet sich Säure; die in der tiefsten Pfanne befindliche hat vorher alle höheren Pfannen passirt und in jeder einige Stunden gekocht. Ist sie stark genug, so wird sie abgelassen, und die leere Pfanne empfängt den Inhalt der zunächst über ihr stehenden, welche sich wieder aus der folgenden füllt oder, sofern keine weitere vorhanden, mit roher Säure beschickt wird. So geht die ganze Abdampfarbeit ohne Unterbrechung fort. In manchen Fabriken dient die oberste Pfanne nicht zum Abdampfen, sondern zu der oben erwähnten Reinigung von dem salpetrigen Gase. Sie ist zu dem Ende kastenähnlich mit einem eintauchenden Bleideckel geschlossen; ein Rohr kommt vom Schwefelofen her und sendet schwefligsaures Gas in den geschlossenen Raum, welches über der Oberfläche der erwärmten Säure durch Zwischenwände streicht und die Salpeter- und salpetrige Säure reduzirt. Ein zweites Rohr führt die schweflige Säure in Begleitung des entstandenen oder verdrängten Stickgases in die erste Bleikammer zurück. Andere Fabriken ziehen vor, durch chemische Zusätze (schwefelsaures Ammoniak u. dergl.), die in die Pfannen gegeben werden, jene Zwecke zu erreichen. Oft genug ist aber die Reinigung sehr unvollständig.

Die Erhitzung der Abdampfpfannen geschieht meistens von demselben Feuer aus, welches den bald zu erwähnenden Platinkessel, und zwar diesen in nächster Nähe, beheizt. Es dürfen aber natürlich die Böden der bleiernen Pfannen nicht mit der unter ihnen hinziehenden Feuerluft in direkte Berührung kommen; man schützt sie daher an den heißesten Stellen durch eine Lage stärkerer Ziegel, während man weiterhin schwächere und zuletzt Eisenplatten anbringt, so daß die Hitze möglichst gleichmäßig über die ganze Abdampfungsfläche vertheilt wird. Eine wesentliche Vereinfachung des Abdampfgeschäfts gewährt die jetzt öfter benutzte Heizung von oben. Die Pfannen haben eine Verdeckung, zwischen welcher und der Oberfläche der Säure die Ofenflammen hindurchstreichen.

Auf den Pfannen verliert die Säure so viel Wasser, daß sie schließlich an der Baumé'schen Senkwage 60 Grad zeigt. Sie ist hiermit für Bleicher, Färber und fast alle technischen Zwecke vollkommen brauchbar, aber merkwürdigerweise wird sie für den Handel meistens noch stärker verlangt, obgleich sie beim Gebrauch für die meisten Zwecke wieder bedeutend verdünnt werden muß. Man treibt also die Konzentration bis auf 66 Grad; aber hierzu gehören andere Mittel, welche gerade diesen letzten Theil der Fabrikation zu dem kostspieligsten machen. Je stärker nämlich die Säure wird, desto mehr Hitze ist erforderlich, um sie im Sieden zu erhalten. Von 60° Baumé (= 1,712 spezifisches Gewicht) aufwärts ist der nöthige Hitzegrad ein so hoher, daß die Bleipfannen nicht weiter dienen können; es wird nun eine Destillirblase von Platin nothwendig. Eine solche ist jedoch ein theures Möbel, denn sie kostet, je nachdem sie 250—1000 Kg. Säure faßt, 30—75,000 Mark. Eine Fabrik, die täglich 80 Centner konzentrirte Säure liefert, hat für die Blase und einige Nebentheile, Rohre, Stöpsel u. s. w., die ebenfalls von Platin sein müssen, allein circa 60,000 Mark aufzuwenden. Die Zinsen hierfür und der starke Brennstoffaufwand machen also einen bedeutenden Ansatz in der Kostenrechnung.

Früher konzentrirte man die Säure in großen Glasretorten, die in Sand lagen, auf die beständige Gefahr hin, daß solche sprangen und saure Dämpfe die Fabrik erfüllten. In England benutzt man theilweise wieder Glasgeschirre von besonders guter Masse.

Bei den Platinblasen fällt die Gefahr des Springens weg, doch erfordern sie ebenfalls eine gute Abwartung, um nicht rasch zu verschlechtern und brüchig zu werden. Man setzt sie gewöhnlich in einen gußeisernen Mantel. Soll ein Platinkessel sich gut halten, so darf er nicht stark wechselnden Temperaturen ausgesetzt werden; deswegen führt man gern einen kontinuirlichen Betrieb, der auch schon geboten ist, um das Anlagekapital möglichst auszunutzen.

Aus der untersten Bleipfanne wird die heiße Säure durch einen Heber in die Blase gelassen, die etwa zu ⅔ gefüllt wird. Von dem Helm der Blase geht ein Bleirohr ab, das in Schlangenwindungen in dem vorgeschlagenen Kühlwasser liegt. Anfänglich geht schwachsaures, dann immer stärker gesäuertes Wasser oder verdünnte Säure ab, die man wieder auf die Pfannen giebt. Wollte man die Konzentration aufs Aeußerste treiben, so müßte man so lange fortfahren, bis das Uebergehende eben so stark wäre, wie das in der Blase Befindliche; man bricht aber in der Regel früher ab und bleibt bei 66° Baumé (= 1,846 spez. Gew.) stehen, was die gewöhnliche konzentrirte Säure, nämlich 80 Theile wasserfreie Säure mit 20 Theilen Wasser, giebt. Das Merkmal hierfür ist gegeben, wenn man an den herausgezogenen Proben sieht, daß die vorher braune Flüssigkeit ganz farblos geworden ist. Diese Entfärbung in höherer Hitze ist ein Grund mit, daß die Konzentration so weit getrieben wird; eigentlich ist es aber auch nur eine Arbeit fürs Auge. Die Säure wird schließlich durch einen langen bleiernen Heber, der immer an seiner Stelle bleibt und im Kühlwasser liegt, in die Ballons abgelassen, in denen sie in den Handel kommt. Manche Schwefelsäurefabriken erzeugen nebenbei Eisenvitriol und verwerthen dadurch die Säure, welche in den ersten Abdampfwässern mit fortgeht, bis dieselben gehaltreich genug sind, um wieder auf die Pfannen zurückgegeben zu werden. Man gießt die sauren Wässer auf altes Eisen, erhitzt sie durch eingelassenen Dampf und leitet, wenn die Säure sich mit Eisen gesättigt hat, die Auflösung in hölzerne Kästen, wo in einigen Tagen das Salz herauskrystallisirt.

Die Zahl der im Deutschen Reiche in Thätigkeit befindlichen Schwefelsäurefabriken wird auf 21 angegeben und die jährlich produzirte Menge dieser Säure auf ungefähr 1⅔ Millionen Centner.

Fig. 290. Apparat zur Konzentration der Schwefelsäure.

Verwendung der Schwefelsäure. Die Schwefelsäure spielt in vielen technischen Fällen gleichsam die Rolle eines Werkzeuges, indem sie zur Anfertigung anderer Produkte dient. Ihre große und vielseitige Anwendbarkeit aber beruht zum Theil darauf, daß sie bei ihrer Wohlfeilheit zugleich die stärkste Säure ist, die jede andere Säure aus ihren Verbindungen verdrängt, zum Theil auf anderen speziellen Eigenschaften. In ersterem Sinne wird sie z. B. gebraucht, um aus Kochsalz die Salzsäure, aus Salpeter die Salpetersäure zu scheiden, im Knochenmehl die Phosphorsäure auf einen halb so großen Raum zu konzentriren und zugleich diesen Stoff löslich zu machen. In gleicher Weise dient sie bei der Bereitung des Chlors und Chlorkalkes, der Essig- und Weinsäure, zur Freimachung der Kohlensäure aus Kalk u. s. w. Als Auflösungsmittel der Metalle und als Bildner einer großen Anzahl von Salzen ist die Schwefelsäure nicht minder wichtig; wir begegnen ihr im Eisen-, Kupfer- und Zinkvitriol, im schwefelsauren Ammoniak, im Glaubersalz, Alaun und Gips. Auch in den wirthschaftlichen Gebrauch hat sich die Säure eingeführt, namentlich als Putzmittel für Metalle, wobei eben ihre oxydauflösende Kraft in Anspruch genommen wird. Viele Leser werden sie daher aus Erfahrung als einen ätzenden, Alles zerfressenden Stoff kennen. Aber dieser Zerstörungssinn ist keineswegs ein so regelloser, als es scheinen könnte; die energischen Wirkungen, welche die Säure auf organische Stoffe, d. h. auf solche von thierischem und pflanzlichem Ursprung ausübt, sind vielmehr mannichfacher Verwendung fähig, zumal da sie sich je nach dem Verdünnungsgrade der Säure noch verschieden äußern. In vielen Fällen lassen sich diese Wirkungen aus der starken Verwandtschaft der Säure zum Wasser erklären, so die Verkohlung des Holzes, Zuckers u. s. w. Zieht man von den Elementar=

bestandtheilen des Zuckers die Elemente des Wassers ab, so bleibt eben nichts als Kohle übrig. Ebenso wandelt sie, wenn sie in konzentrirtem Zustande mit Alkohol zusammen erhitzt wird, denselben in Schwefeläther um u. s. w.

Da nicht alle organischen Stoffe gleich stark von der Säure angegriffen werden, so dient sie mit Vortheil zur Unterscheidung der Baumwolle von Leinen in Geweben, denn die Leinenfäden setzen ihr einen größeren Widerstand entgegen als Baumwolle. Reine Fettstoffe sind auch schwer angreifbar, und darauf gründet sich der nicht unwichtige Industriezweig der Oelraffinerie. Die dem Oel zugemischte Säure verkohlt nur die fremden Stoffe im Oel und bringt sie zum Absetzen, während sie selbst schließlich durch Wasser aus dem Oel wieder herausgewaschen wird. Im verdünnteren Zustande der Säure erscheinen dergleichen Wirkungen nicht mehr wie Zerstörungen, sondern als bloße Umänderungen. Ein interessantes, hierher gehöriges Beispiel giebt die Verwandlung der Stärke in Stärkezucker. Ein wenig Schwefelsäure zu dem Wasser gesetzt, womit die Stärke erhitzt wird, verwandelt den Kleister erst in Dextrin und nachgehends in Zuckerlösung, ohne daß die Säure hierbei Etwas aufnimmt oder abgiebt. Hat sie ihre Aufgabe gelöst, so beseitigen wir sie leicht und vollständig aus der Lösung durch Zusatz einer entsprechenden Menge Kalk, denn dieser bildet mit der Säure Gips, der als fast unlöslich sich absetzt. Auf Pflanzenfaser hat die Schwefelsäure eine analoge Wirkung; sie verwandelt dieselbe bei nicht zu großer Verdünnung in einen Kleister u. s. w. Darauf gründet sich ein neuer Industriezweig: man zieht starkes, ungeleimtes Papier ohne Ende durch eine wieder kalt gewordene Mischung von 2 Raumtheilen Schwefelsäure und 1 Raumtheil Wasser und leitet dann das Papier sofort in kaltes Wasser, um die Säure wieder zu entfernen; man erhält nach dem Waschen und Trocknen einen ziemlich festen Stoff, welcher der thierischen Blase ähnelt und in vielen Fällen diese letztere ersetzen kann, das sogenannte Pergamentpapier.

Der theoretische Chemiker kommt bei seinen tausendfältigen Zerlegungen, Zusammensetzungen und Prüfungen alle Augenblicke in den Fall, sich der Schwefelsäure als eines unentbehrlichen Hülfsmittels bedienen zu müssen. Die wasseranziehende Kraft der Schwefelsäure ist ungemein groß. Ein abgeschlossener Raum kann daher durch Einstellen von Säure vollständig ausgetrocknet werden, und dieses bequeme Eintrocknungsmittel unter Glasglocken wird häufig bei Stoffen benutzt, die keine Erwärmung oder Einwirkung der freien Luft vertragen. So könnten wir noch hunderterlei wichtige Verwendungsarten der Schwefelsäure aufzählen, ohne erschöpfend zu werden. Wir wollen aber in der Kürze uns noch mit einigen anderen bemerkenswerthen Verbindungen des Schwefels beschäftigen.

Schwefelleber und Schwefelwasserstoff. Die zu Bädern und anderen Zwecken benutzten Schwefellebern sind Verbindungen des Schwefels mit irgend einem Alkalimetall, besonders Kalium, Natrium, Calcium; sie sind in Wasser löslich, unlöslich dagegen sind die in gleichem Sinne gebildeten Schwefelverbindungen mit den beständigen Metallen, Eisen, Kupfer, Zink, Blei u. s. w. Viele der letzteren finden sich, wie wir sahen, als Kiese, Glanze oder Blenden in der Natur fertig vor; man kann sie aber auch künstlich, sowol durch Erhitzen des Schwefels mit dem Metall als auf nassem Wege, bereiten, indem man der Salzlösung des betreffenden Metalls Schwefelwasserstoff, oder Schwefelammonium, oder eine Lösung von Schwefelleber zumischt, wobei das Schwefelmetall sich als Niederschlag abscheidet. Einige dieser Schwefelmetalle dienen, wie wir später sehen werden, als Farbenkörper. Behandelt man ein Schwefelmetall oder eine Schwefelleber mit einer starken Säure, so bildet dieselbe mit dem Metall ein Salz, indem ein Antheil Wasser sich zersetzt, seinen Sauerstoff an das Metall abgiebt (denn nicht mit dem Metall an sich, sondern nur mit dem Oxydul oder Oxyd desselben kann die Säure ein Salz bilden), während das Wasserstoffgas des Wassers an den Schwefel geht und sich mit diesem zu dem flüchtigen **Schwefelwasserstoff** vereinigt, der seiner Natur nach ein indifferenter Körper, seinem Betragen nach jedoch ein abscheulich riechender, durch Giftigkeit auch gefährlicher Patron ist, den aber gleichwol der Chemiker, wie wir in der Einleitung zu diesem Bande gesehen haben, nicht entbehren kann. Indeß kann man den flüchtigen Geist gleich der Kohlensäure dem Wasser einverleiben, wodurch er handlicher wird. Oder man leitet ihn in Ammoniakgeist bis zur Sättigung und erhält so das bekannte Schwefelammonium, das die Wirkungen des Schwefelwasserstoffs mit denen des Ammoniaks vereinigt. In der Praxis stellt man das Gas gewöhnlich aus Schwefeleisen mittels verdünnter Schwefelsäure dar. Das Schwefeleisen bereitet man sich leicht dadurch, daß man mit glühendem Eisen in geschmolzenem Schwefel rührt, wobei beide Elemente unter lebhaftem Sprahen sich chemisch mit einander vereinigen.

Schwefelkohlenstoff. Es giebt ferner eine interessante Verbindung des Schwefels mit dem Kohlenstoff, in Form einer sehr flüchtigen Essenz, der man es kaum zutrauen möchte, daß sie von einem so soliden Elternpaar, wie ein Stück Schwefel und ein Stück Kohle ist, abstammt. Die Verbindung wurde von Lampadius in Freiberg entdeckt und hieß anfänglich Schwefelalkohol, welchen Namen sie mit dem bezeichnenderen Schwefelkohlenstoff vertauscht hat. Der Schwefelkohlenstoff bildet eine stark lichtbrechende Flüssigkeit, hat einen widrigen Geruch nach faulen Rüben und eine ähnliche betäubende Wirkung wie Aether und Chloroform. Er ist sehr flüchtig, leicht entzündlich und feuergefährlich, schwerer als Wasser, mischt sich nicht mit diesem und wird am besten unter einer Wasserschicht aufbewahrt; seine Dämpfe wirken eingeathmet sehr giftig.

Der technische Werth des Schwefelkohlenstoffes liegt in seiner großen Lösungskraft gegen harzige und fette Stoffe, selbst gegen Schwefel, Jod, Phosphor u. s. w. Seine Anwendung im Großen aber und damit seine fabrikmäßige Darstellung gehört erst der neueren Zeit an und knüpft sich vorzüglich an die Industrie des Kautschuks, für welchen Stoff er ebenfalls, wie für Guttapercha, ein vorzügliches Lösungsmittel ist. Namentlich wird er viel gebraucht zum Vulkanisiren des ersteren. Wird eine Lösung von Schwefel in Schwefelkohlenstoff der Abdunstung überlassen, so scheidet sich der Schwefel in schönen Krystallen aus.

Der Schwefelkohlenstoff steht noch am Anfange seiner technischen Laufbahn, und er wird um so ausgedehntere Anwendung finden, je billiger seine Herstellungsweise sich gestaltet. Man hat angefangen, ihn zum Ausziehen von Oel und Fett aus Oelsaat und Oelkuchen, Knochen, Talggriefen, Wolle u. s. w. zu benutzen. Eine Oelmühle z. B. würde dergestalt beschaffen sein, daß man die zerquetschten Samen einfach mit der Flüssigkeit übergießt und filtrirt und das Abgelaufene bei gelinder Wärme in Destillationsgefäßen abdampft, wobei dann das reine Oel zurückbleibt, der Schwefelkohlenstoff aber aufgefangen, durch eine Kühlvorrichtung wieder verdichtet und immer von Neuem wieder benutzt würde. Alles dies muß natürlich in geschlossenem Raume geschehen. Bei der Entfettung von Wolle und Tüchern durch Schwefelkohlenstoff erspart man nicht allein die ganze sonst aufzuwendende Seife, sondern gewinnt auch noch das ganze Fett und erhält die Wolle obendrein schöner. So zieht man auch aus Knochen, die zum Verkohlen bestimmt sind, durch dieses Extraktionsmittel jetzt noch 10—12 Prozent Fett, die sonst rein verloren gingen. In Frankreich benutzt man das Lösungsmittel in ähnlicher Weise, um Auszüge aus Würzestoffen und fein duftenden Blumen zu machen, wobei allerdings höhere Kosten übertragen werden können als bei Rüböl. Man präparirt dazu den Stoff noch weiter durch Schütteln mit Quecksilber zur Entfernung des etwa in Lösung vorhandenen Schwefels, Behandeln mit Aetzkali, Aetzkalk u. dergl. Hierdurch wird der widrige Geruch entfernt und ein angenehmer, chloroformartiger erzielt. Nachdem der Schwefelkohlenstoff von den Gewürzextrakten abgedampft worden, werden letztere mit Zucker, Salz, Gummi u. s. w. vermischt und gehen unter dem Namen „lösliche Gewürze" in den Handel.

Selbst als Kriegsmittel ist Schwefelkohlenstoff in Vorschlag gebracht worden. Derselbe löst nämlich das Zwölffache seines eigenen Gewichts Phosphor auf. Diese Teufelsbrühe soll in eine dünnwandige Bombe gefüllt und der Feind damit beworfen werden. Die Bombe zerschellt beim Niederfallen, ihr Inhalt verbreitet sich und überzieht Alles mit Phosphor, der sich nach dem raschen Verdunsten des Lösungsmittels sofort von selbst zu verzehrendem Feuer entzündet. Unschuldiger ist die Verwendung des Stoffes im kleinen Kriege gegen Ungeziefer aller Art, das in geschlossenen und mit Schwefelkohlenstoffdämpfen angefüllten Räumen zu Grunde gehen muß.

Bei der Fabrikation des Schwefelkohlenstoffes kommt es darauf an, Schwefeldämpfe durch glühende Holzkohlen streichen zu lassen. Hierbei geht die Vereinigung der beiden Elemente (1 Aequivalent oder 6 Gewichtstheile Kohle, 2 Aequivalente oder 32 Gewichtstheile Schwefel) vor sich und das Produkt darf nur in einer Kühlvorlage verdichtet und in einem Gefäß unter Wasser aufgefangen werden.

Die Holzkohlenstücke wendet man von Haselnußgröße an und füllt damit eine flaschenförmige Retorte, welche man in einem Flammenofen erhitzen und deren unterem Theile man immer neuen Schwefel zuführen kann. Der Schwefel schmilzt und siedet auf dem Boden der Retorte, die Dämpfe steigen durch die Kohlen auf und die Bildung des Schwefelkohlenstoff-Destillats geht so lange vor sich, als es nicht an Kohle oder Schwefel fehlt.

Das in der Vorlage unter Wasser sich ansammelnde Destillat ist gelb gefärbt und besteht aus einer Lösung von Schwefel in Schwefelkohlenstoff. Die starke Lösungskraft des letzteren gegen den ersteren macht sich schon im Apparate selbst geltend, indem der eben gebildete Schwefelkohlenstoff sich mit vorhandenen, noch unverbundenen Schwefeldämpfen sättigt. Um das Rohprodukt vom Schwefel zu befreien und sonst zu reinigen, destillirt man es daher noch ein- oder zweimal aus Glasretorten bei gelinder Wärme in eine kalt gehaltene Vorlage ab, reinigt es wol auch durch chemische Mittel.

Der Schwefelkohlenstoff hat einen Verwandten, den Chlorschwefel, einen noch unangenehmeren Gesellen, der aber ebenfalls nützliche und merkwürdige Eigenschaften besitzt und gleich jenem erst neuerlich eine Anstellung in der Technik gefunden hat. Er ist, wie der Name sagt, eine Verbindung von Schwefel mit Chlor, bildet eine rothe oder gelbe, sehr flüchtige Flüssigkeit, die an der Luft Dämpfe von stinkendem, saurem Geruch ausstößt, sich überhaupt weder mit der Luft noch mit Wasser lange verträgt, sondern in Berührung damit in Salzsäure, Schwefelsäure u. s. w. umgewandelt wird. Seine Lösungskraft ist eben so stark und bezieht sich auf dieselben Stoffe wie die des Schwefelkohlenstoffes. Er dient wie jener zum Vulkanisiren des Kautschuks. Ueberläßt man die vom Chlorschwefel durchdrungene Kautschukmasse dem Abdünsten, so geht blos der Chlor fort und der ganze Schwefelgehalt bleibt dem Kautschuk einverleibt.

Der Chlorschwefel entsteht, wenn trocknes Chlorgas mit pulver- oder dampfförmigem Schwefel zusammen kommt. Leitet man das Gas durch ein Rohr, welches Schwefelblumen enthält, so erhält man in der kalt gehaltenen Vorlage eben auch, wie beim Schwefelkohlenstoff, nicht sogleich die reine Verbindung, sondern dieselbe mit aufgelöstem Schwefel überladen; durch Umdestilliren bei gelinder Wärme kann man dann das Flüchtigste, den gebrauchten Chlorschwefel, abziehen.

Wissenschaftlich ist der Chlorschwefel interessant durch verschiedene chemische Eigenthümlichkeiten. Schüttelt man Rapsöl mit $^1/_{10}$ seines Volumens Chlorschwefel, so tritt eine heftige Reaktion ein; es wird Salzsäure gebildet, und es bleibt eine weiche weiße Masse zurück, die (nach Muspratt) alle Eigenschaften des Kautschuks besitzt und auch statt desselben benutzt werden kann.

— — und großer Jammer sei es ja fürwahr,
Daß man den hübschen Salpeter grabe
Aus unsrer guten Mutter Erde Schoß,
Der manchen wackern, wohlgewachs'nen Kerl
Auf solche Art schon umgebracht.
Shakespeare, Heinrich VI.

Die Erfindung des Schießpulvers.

Das Schießpulver und die Geschichte seiner Erfindung. Bestandtheile und Fabrikation. Entzündung und Verbrennung des Pulvers. Wirkungsweise. Die Kunstfeuerwerkerei. Die Schießbaumwolle, erfunden von Schönbein und Bottger. Sonstige Explosivkörper. Nitromannit. Nitroglycerin, Dynamit u. s. w. Die Zündmittel. Knallquecksilber und Anfertigung der Zündhütchen.

Die Eroberung der Erde durch und für die Civilisation ist mit der Anwendung des Schießpulvers und der Feuerwaffen aufs Engste verknüpft. Mit der Feuerwaffe gerüstet mußte der europäische Fremdling die Küsten der neu entdeckten Welttheile betreten, um in fabelhaft raschem Erfolge Land und Leute zu erobern und der Kultur zu gewinnen. Und auch die uralten Kulturvölker Asiens, an deren ehrwürdigen Reichen die Gegenwart rüttelt, würden unseren zu- und eindringlichen Reformbestrebungen weit minder zugänglich sein, wenn wir sie nicht in der Ausbildung ihrer eigenen Kriegsmittel, insbesondere des Pulvers und der Feuerwaffen, so unendlich weit überholt hätten. Es liegt darin freilich nicht der Grund, wohl aber der Beweis unserer Superiorität. Denn daß der Chinese oder Hindu, trotz seiner wol tausendjährigen Priorität als Erfinder, nicht mehr im Stande ist, seine Feuerwaffen den unsrigen mit Erfolg gegenüberzustellen oder sich diese letzteren mit raschem Verständniß anzueignen — diese Thatsache gehört zu den entscheidenden Symptomen einer ausgelebten und stagnirenden Kultur.

Für die siegreiche Ausbreitung unseres Weltverkehrs steht selbst die Bedeutung der Dampfkraft hinter derjenigen des Schießpulvers fast zurück; mächtige Segelflotten, mit den neuesten Feuerwaffen gerüstet, würden der großen Aufgabe immer noch besser gewachsen sein, als Dampf- oder gemischte Flotten mit alten und unvollkommenen Geschützen und Handfeuerwaffen oder gar ohne alle Instrumente dieser Gattung. Beide Gewalten im Bunde geben unserm Angriff die unwiderstehliche Kraft, unseren Eroberungen die Sicherheit und Dauer.

Und auch im buchstäblichen und im friedlichsten Sinne des Wortes hat die Gewalt des Schießpulvers die Bahn unseres Fortschrittes geöffnet. Sie hat die Massen der Hochgebirge gesprengt und durchbohrt, die Felsenthore der Berge geöffnet, die Klippen der Ströme, Häfen und Küsten zerschmettert, um den Straßen des Weltverkehrs Raum zu geben; unsere Mineralien, unser Baumaterial, unser Trinkwasser gewinnen wir vielfach durch Sprengung; kurz, in allen Fällen, wo die Trägheit und Kohäsion gewaltiger Massen, bis zu Millionen und Milliarden von Kilogrammen, durch eine augenblickliche Wirkung besiegt werden soll, tritt das Pulver in sein altes Recht, alle Menschen- und Maschinenkräfte überbietend und dennoch lenkbar durch den menschlichen Willen, begrenzbar in seinen Wirkungen nach Plan und Zweck. Wenn hier auch andere explodirende Präparate mit dem Pulver in Konkurrenz treten, so ist es immer das letztere, welches durch die Eigenthümlichkeit seiner enormen und unentbehrlichen Leistungen die Erfindung ähnlicher Mittel angeregt und den Maßstab für ihre Wirkungen gegeben hat.

Aber nicht nur als ein Element der kulturgeschichtlichen Entwicklung und politischen Macht, nicht nur als eine gewaltige Hülfskraft der industriellen Thätigkeit beansprucht das Schießpulver eine wichtige Stelle in diesem Buche; es kommt hier auch noch in Betracht, daß an sich sehr wichtige und einträgliche Gewerbszweige ganz oder zum großen Theile direkt an das Pulver oder an die Feuerwaffen geknüpft sind.

Das **Schießpulver**, ein Gemenge von Kalisalpeter, Holzkohle und Schwefel, gilt im Volksglauben, der sich allerdings auch auf einige historische Angaben stützt, als eine Erfindung des Freiburger Mönches Berthold Schwarz (eigentlich Konstantin Ancklitzen), welchem in der That seine Mitbürger 1853 ein Denkmal errichtet haben. Doch kann schon längst nicht mehr die Rede davon sein, die Ehre der ganzen Erfindung für einen Deutschen allein in Anspruch zu nehmen. Denn ganz abgesehen von der immer sicherer hervortretenden Thatsache, daß den alten Kulturvölkern Asiens, insbesondere den Chinesen und Indiern, die Bereitung eines dem Schießpulver ähnlichen Präparates schon in grauer Vorzeit bekannt war, hat gerade der deutsche Forschersinn durch die gründlichsten Studien der klassischen und orientalischen Literatur den Beweis geführt, daß bereits im 7. Jahrhundert n. Chr. Geburt das sogenannte griechische Feuer als ein Kriegsmittel erwähnt wird, welches in seinen Bestandtheilen aller Wahrscheinlichkeit nach wenig oder gar nicht von unserem heutigen Pulver verschieden war. Vitruvius erzählt, die Kriegsmaschinen des Archimedes hätten bei der Vertheidigung von Syrakus im Jahre 212 v. Chr. Geburt mit großem Geräusche Steine fortgeschleudert. Da die Katapulten und Ballisten den Römern bekannte Dinge waren, so konnte ihnen deren Geräusch nicht auffallen, und man will hieraus den freilich etwas gewagten Schluß ziehen, schon Archimedes habe das Pulver und seine Triebkraft gekannt. Marcus Gräcus beschreibt uns das griechische Feuer, welches zur Zeit der ersten Einfälle der Mohammedaner bei der Vertheidigung von Konstantinopel verwendet wurde, als ein Gemenge von 6 Theilen Salpeter, 2 Theilen Kohle und 1 Theil Schwefel. Der berühmte englische Dominikanermönch Roger Baco erwähnt das Schießpulver um das Jahr 1214, und Berthold Schwarz, der etwa 1320 lebte, scheint nur die treibende Kraft des als Zündmittel längst bekannten Gemenges entdeckt und seine militärische Anwendung, wenigstens für die europäischen Staaten, beschleunigt zu haben. Thatsache ist, daß Pulver aus Salpeter, Kohle und Schwefel bereits 1327 zum Forttreiben von Geschossen aus Geschützen gebraucht wurde. Die im Jahre 1346 bei Crecy zwischen Engländern und Franzosen geschlagene Schlacht wird von den Geschichtsforschern in der Regel als die erste bezeichnet, welche durch das Auftreten von Feuergeschützen entschieden wurde.

Anfertigung des Schießpulvers.

Das Pulver jener Zeit bestand nur aus einer mit der Hand hergestellten staubförmigen Mengung der bereits öfters erwähnten Bestandtheile, konnte also nur geringe Triebkraft besitzen und mußte sich infolge der verschiedenen spezifischen Gewichte von Salpeter, Schwefel und Kohle auf dem Transporte alsbald entmischen, auch an Substanz wesentlich verlieren. Die Herstellung des gekörnten Pulvers fällt in die Mitte des 15. Jahrhunderts; doch erst im 17. Jahrhundert war man im Stande, den Heeren ein transport= und aufbewahrungs= fähiges Triebmittel für die Geschosse ihrer Feuerwaffen zu bieten, das nach Gustav Adolf's Erfindung in Gestalt der heutigen Patronen mitgeführt wurde. Auch das Pulver in der üblichen Körnergestalt und Größe entspricht nicht mehr in jeder Hinsicht den Anforderungen der Jetztzeit.

Für die schweren Geschütze der Land= und der Seeartillerie, insbesondere für das Durchschießen der Panzer der gepanzerten Festungsthürme oder der Panzer der Kriegsschiffe, wird jetzt in Eng= land das sehr grobkörnige Pellet= oder Cylinder= und das Pebble= oder Kieselpulver, in Amerika das sogenannte Mammuthpulver, in Preußen das aus gewöhnlich gekörntem Gewehrpulver in sechsseitige Prismen gepreßte sogenannte prismatische Pulver verwendet, das mit sieben cylindrischen, der Längs= achse parallelen Durchbohrungen versehen ist.

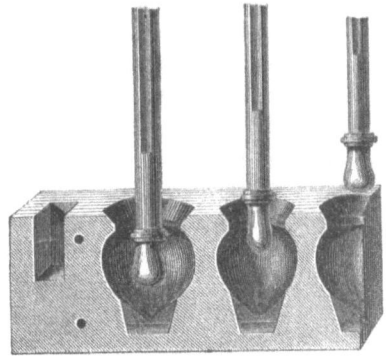

Fig. 292. Pulverstampfmühle.

Die **Anfertigung des Schießpulvers** geschieht in den sogenannten Pulvermühlen oder Pulverfabriken, welche heutzutage Salpeter (salpetersaures Kali) und Schwefel vollständig gereinigt auf dem Wege des Handels beziehen.

Die Herstellung einer richtig beschaffenen Pulverkohle bereitet wesentlich größere Schwierigkeiten, indem mit der Steigerung des Temperaturgrades, bei welchem die Ver= kohlung des Holzes vorgenommen wird, die Porosität ab=, die Wärmeleitungsfähigkeit zunimmt, mithin auch die Entzündlichkeit der Kohle sich vermindert. Man wählt deshalb heutzutage nur solche Verkohlungsmanieren, bei welchen die Regelung des Hitzegrades möglich ist. Die Holzarten, welche sich am besten zur Pulverkohle eignen, sind die spezifisch leichtesten, vorzüglich Pappelholz, Faulbaum, Linde, Kastanie, auch Hanf, und Flachs, Weinrebe u. s. w., von denen die erstgenannten vorzugsweise in Deutschland, die letztangeführten dagegen in Frankreich, Spanien und Italien verarbeitet werden. Schwere und harte Hölzer, besonders wenn sie harzige Bestandtheile enthalten, liefern eine schwer entzündliche, langsam verbrennende und viel Asche zurücklassende Kohle. Die Verkohlung geschah früher entweder unter direkter Einwirkung der Flamme in Meilern, Gruben, Oefen und Kesseln, oder auch in gußeisernen Cylindern, bei welchen das Holz nicht direkt

Fig. 293. Mengtrommel.

mit der Flamme in Berührung kommt. Alle diese Manieren konnten nicht befriedigen, sie lieferten theilweise ein verunreinigtes, jedenfalls ein ungleichartiges Produkt von wechselnden Eigenschaften. Die belgische Pulverfabrik Wetteren bei Gent befolgt dagegen die von Violette in Esquerdes bei St. Omer angegebene Methode der Verkohlung durch überhitzten Wasserdampf, welche als die allein rationelle überall nachgeahmt zu werden verdient. Die von Rinde befreiten Holzstäbe, nicht dicker als ein starker Daumen durch jahrelanges Lagern in Schuppen, kommen in durchlöcherte Blechcylinder. Diese werden in einen größeren, starken Cylinder eingeschoben, in welchen von der einen Seite der auf eine bestimmte Tem= peratur erhitzte Dampf eintritt, während auf der anderen Seite durch ein dünnes Rohr die

Nebenprodukte der Zersetzung, als Holzessig u. s. w., abfließen. Nach zwei Stunden ist die Verkohlung beendigt, der entweichende Dampf ist geruchlos; der durchlöcherte Blechcylinder wird nun hinausgestoßen, in einem eisernen, luftdicht verschlossenen Cylinder bis zur Abkühlung aufbewahrt und ein anderer gefüllter Cylinder wieder eingeschoben. Bei Anwendung einer Temperatur von 270—300° R. gewinnt man die lockere, poröse, schlecht wärmeleitende, also rasch entzündliche, für Jagdpulver geeignete, neuerdings auch für das Pulver der neuen deutschen Munition in Preußen versuchte Rothkohle; bei 350° R. die für Kriegspulver geeignete weniger entzündliche Schwarzkohle, welche härter und als ein guter Wärmeleiter schwer entzündlich ist.

Die Arbeit des Verkohlens muß in der Pulvermühle selbst vorgenommen werden, weil sich die Kohle nicht lange aufbewahren läßt, ohne Feuchtigkeit anzuziehen. In größeren, 5 und mehr Centimeter hohen Schichten kann sie sich sogar infolge ihrer immerhin geringen Wärmeleitungsfähigkeit und ihres großen Absorptionsvermögens selbst entzünden. Dieser Umstand, sowie die Entzündlichkeit des ganzen Fabrikates, machen selbstverständlich besondere Vorsichtsmaßregeln bei Anlage und Betrieb der Pulverfabriken nothwendig.

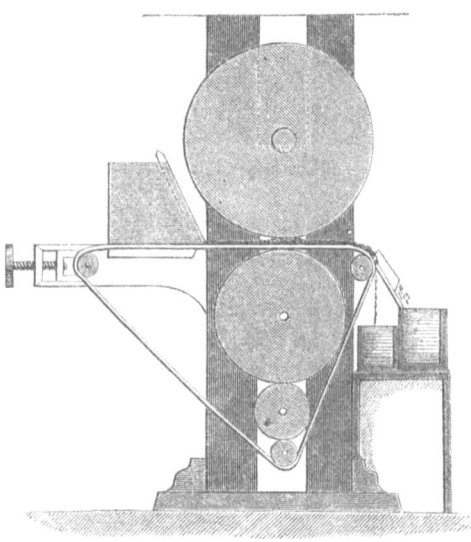

Fig. 294. Preußische Pulverpresse.

Dahin gehören: eine von größeren Wohnorten entfernte Lage, besonders an Wasserstraßen, getrennte Arbeitslokale, leichte Bedachung derselben, Blitzableiter u. s. w.

In früheren Zeiten besorgte man das Kleinen, Mengen der Bestandtheile und das Verdichten der Pulvermasse auf einer und derselben Stampfmühle, wie eine solche schon 1344 in Spandau bestand; neuerdings verwendet man zu diesen verschiedenen Zwecken, zum Nutzen des Produktes sowol als auch zur größeren Sicherheit der Arbeiter, mehrere Maschinen. Das Kleinen und Mengen der Bestandtheile geschieht in Tonnen, Mengtrommeln (s. Fig. 293), welche sich langsam um ihre Längenachse drehen. Bronzekugeln, deren Gesammtgewicht stets das Gewicht der zu kleinenden Masse etwas überschreiten muß, zerschlagen und pulverisiren die einzelnen Stoffe, welche alsdann in anderen Tonnen (Holzgerippe mit Sohlleder bezogen) unter Beigabe von Kugeln aus hartem Holze gemengt werden. Je weiter das Kleinen vorgeschritten ist, desto inniger wird die Mengung, desto vollkommener die Wirkung. Daß die vorbeschriebene Art des Kleinens und Mengens eine weit gefahrlosere ist als die ältere mittels der Stampfer, liegt auf der Hand. Es kommt bei ihr kein heftiger Schlag vor, wie dies bei den 40 Kg. schweren Stampfern der Fall ist.

Die fein pulverisirte und aufs Innigste gemengte Pulvermasse wird nun angefeuchtet, um die Gefahr für die weitere Bearbeitung zu vermindern. Genau kalibrirte Blechcylinder, mit Brausen versehen, sprühen eine bestimmte Quantität Wasser in feinen Strahlen auf eine ebenfalls genau bestimmte Gewichtsmenge Pulvermasse. Der so gewonnene Pulverteig läuft alsdann zum Verdichten auf einer Bahn von Segeltuch (s. Fig. 294) zwischen zwei schweren Walzen durch. Auf diese Weise erlangen die gepreßten Pulverstücke das Ansehen und die Härte des Schiefers. — Das Verdichten des Pulvers findet auch in hydraulischen Pressen statt, in welchen die Masse zu den sogenannten Pulverkuchen (galette) umgewandelt wird.

Die Pulverstücke oder Kuchen werden nun entweder zwischen geriefelten, gegen einander gehenden Walzen (englische Manier nach Congreve) zu Körnern gebrochen oder sie kommen

Anfertigung des Schießpulvers.

in die auch in Preußen gebräuchliche **Körnmaschine** (s. Fig. 295) von Lefebvre; diese besteht aus einem starken, horizontal aufgehängten Rahmen von Zimmerholz, auf welchem 10—12 hölzerne Gefäße befestigt sind. Jedes dieser Gefäße hat mehrere durchlöcherte Böden. Der oberste Boden ist aus einem feinfaserigen, harten Holze oder auch von Messingblech, der zweite aus Drahtgeflecht, der dritte aus Haartuch und der letzte endlich aus hartem Holze. Der ganze Rahmen wird durch eine Vertikalwelle mit Krummzapfen in rotirende Bewegung versetzt, 74 Drehungen in der Minute. Das Füllen der Gefäße geschieht durch den Einschüttetrichter und den daran hängenden Tuchschlauch. Die auf dem obersten Boden eines jeden Gefäßes befindliche Körnscheibe (aus hartem Holze mit Bleieinguß) zerschlägt die Pulverstücke und treibt sie durch die Löcher des Obersiebes auf das zweite oder Mittelsieb. Was auf diesem liegen bleibt, ist das Kanonenpulver; die feineren Körner fallen auf das dritte oder Staubsieb. Dort bleibt das Gewehrpulver liegen, und nur der Staub fällt durch auf den Boden des Gefäßes. Aus den verschiedenen Abtheilungen der Gefäße führen Schläuche nach unten aufgestellten Kästen, in welchen sich dann die Pulverkörner und der Staub gesondert sammeln. Nun wird das Pulver in luftigen Sälen ausgebreitet, etwas abgetrocknet und sodann in ähnliche Tonnen oder Trommeln wie die Mengtrommeln geschüttet. Durch langsames Umdrehen dieser Trommeln poliren sich die Körner selbst, indem sie sich gegenseitig abschleifen. Ein Zusatz von Graphit, welchen manche Fabriken anwenden, um dem Pulver eine schöne graue Farbe zu geben, ist der Entzündlichkeit desselben schädlich und deshalb nicht anzurathen. Dem Poliren folgt nunmehr das letzte Trocknen in besonders geheizten Lokalen. Das Pulver liegt dabei auf gegitterten, mit wollenen Decken belegten Rahmen; die durch Dampfröhren geheizte Luft von ganz gleichmäßiger Tempe=

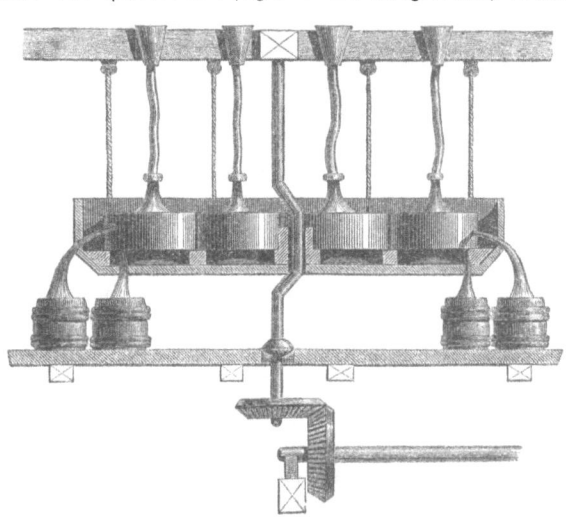

Fig. 295. Körnmaschine.

ratur wird mittels Ventilatoren durch diese Gitter durchgetrieben. Hierauf folgt ein letztes Ausstauben, Sortiren, Vermengen und Aufbewahren des Pulvers. Die gewöhnlichen Aufbewahrungsgefäße sind Fässer; für größere Transporte faßt man das Pulver zuerst in leinene oder lederne Säcke und verwahrt diese dann in Fässern. Kleinere Pulverquantitäten, namentlich Jagdpulver, versendet man auch in gläsernen Flaschen. Das prismatische Pulver wird in viereckigen Kästen zu 1314 Prismen verpackt, im Gewicht von 50 Kg. Pulverfässer dürfen nie gerollt oder geschoben, sondern müssen der Vorsicht wegen stets getragen werden. Nur in pedantischer Einhaltung der vorgeschriebenen Maßregeln liegt ein wirklicher Schutz gegen die Gefahr.

Werfen wir noch einen Blick auf die Anfertigung des Pulvers im Allgemeinen. Die oben beschriebene neueste Art der Fabrikation hat sich aus den gewaltigen Anforderungen entwickelt, welche die ersten Kriege der Französischen Revolution an alle Staats= und Privatetablissements stellten, die zur Ausrüstung der Heere beitragen konnten. Die alte Stampf=mühlenarbeit reichte nicht mehr aus; daß sie mehr Menschenleben gefährdete, daran lag den damaligen Machthabern der Republik sehr wenig; war es doch gleichgiltig, ob der arme citoyen in den Pulvermühlen zerschmettert wurde oder dem Schwerte des Feindes erlag; aber die Arbeit ging zu langsam. Man kleinte und mengte deshalb in Rollirfässern; Wassertröpfchen, durch eine Brause in den Satz im Rollirfasse nach der Methode von Champy eingesprüht, veranlaßten die Bildung der Pulverkörner, und die Arbeit ging auf diese Weise viel rascher, aber das Produkt hatte auch sehr geringen Werth, namentlich eine sehr geringe Transportfähigkeit. Man kehrte deshalb in geordneteren Zeiten zur alten Stampfmühle zurück, bis die Beendigung der großen Kriege Napoleon's eine genauere Untersuchung des in der Revolution angewandten Verfahrens gestattete. Infolge dessen behielt man das Kleinen und Mengen in dem Rollirfasse bei, fügte demselben aber ein Pressen des Satzes und darauf folgendes Körnen mittels der Körnmaschine hinzu und erhielt so die oben beschriebene, heutzutage namentlich in den preußischen Pulverfabriken angewendete Art, welche mit der größtmöglichen Sicherheit für die Arbeiter auch eine sehr geringe mechanische Arbeit erfordert und dabei rasch und gut produzirt.

In der Kriegsfeuerwerkerei werden aus den 3 Pulverbestandtheilen in verschiedenen Mengungsverhältnissen die nachfolgenden

Feuerwerkssätze für die Zündungen und besonderen Feuerwerkskörper benutzt:

Zündlichtersatz: 100 Theile Salpeterschwefel (75 Salpeter, 75 Schwefel), 85 Mehlpulver, 7 Kolophonium.

Zündersatz: 31 Salpeter, 17 Schwefel, 32 Mehlpulver.

Brandsatz: Grauersatz = 75 Salpeter, 25 Schwefel, 7 Mehlpulver.

Leuchtsatz: 75 Salpeter, 25 Schwefel, 7 Mehlpulver, 5 Schwefelantimon.

Racketensatz: 75 Salpeter, 25 Schwefel, 60 Mehlpulver, 40 Kohle.

Je nach der Schnelligkeit der Verbrennung der Sätze infolge ihrer Zusammensetzung unterscheidet man den faulen, mittleren und raschen Satz, und je nach der Art der Bereitung kalten und warmen Satz.

Entzündung und Verbrennung des Pulvers. Die Verhältnisse, in welchen die drei Bestandtheile mit einander gemengt werden, sind je nach den Bestimmungen, die das Pulver erfüllen soll, etwas verschieden. Das alte Verhältniß, wie es uns Baptista Porta 1567 angiebt, beträgt 6 Theile Salpeter, 1 Theil Schwefel, 1 Theil Kohle. Das griechische Feuer ist nach den Schriftstellern des Alterthums wesentlich zusammengesetzt gewesen aus 6 Theilen Salpeter, 2 Theilen Kohle und 1 Theil Schwefel. Unsere Chemiker haben kein anderes Verhältniß zu Tage gefördert. Sie verlangen 75 Gewichtstheile Salpeter, 12 Schwefel und 13 Kohle, offenbar ein ganz ähnliches oder so zu sagen fast gleiches Verhältniß. Diese Mengung, deren inniges Zusammenwirken durch die Reinheit der Bestandtheile und deren bis ins Kleinste getriebene Pulverisirung wesentlich erhöht wird, entzündet sich bei einer Temperatur von etwa 250° R. Tritt diese Temperaturerhöhung nach und nach ein, so ist es der Schwefel, welcher zuerst brennt und dann die Kohle ergreift; tritt sie plötzlich ein, etwa durch einen Funken, so ist es die Kohle, welche sich zuerst und dann den Schwefel mit entzündet. Beide Stoffe, Schwefel und Kohle, bemächtigen sich nun des Salpeters und zerlegen denselben in seine Bestandtheile. Was vorher nur ein durch Adhäsion und Pression der einzelnen Staubkörnchen gebundenes mechanisches Gemenge war, wird jetzt eine wirkliche chemische Verbindung. Der Salpeter, aus Salpetersäure und Kali, d. h. aus Stickstoff und Sauerstoff, und Kalium und Sauerstoff bestehend, zersetzt sich in der durch Schwefel und Kohle erzeugten Hitze und giebt Sauerstoff an die Kohle und einen Theil des Schwefels ab; es entstehen Kohlensäure, Kohlenoxydgas und Schwefelsäure. Die letztere sowie ein Theil der Kohlensäure vereinigen sich mit dem Kali zu kohlensaurem und schwefelsaurem Kali, während ein anderer Theil des Schwefels mit reduzirtem Kalium Schwefelkalium bildet. Während man früher annahm, daß das Schwefelkalium die Hauptmasse des bei der Explosion von Pulver bleibenden Rückstandes ausmache, haben die neuesten sehr genauen chemischen Analysen der Pulverrückstände nachgewiesen, daß die letzteren, je nach der Pulversorte und Art der Verbrennung, aus 43—55 Prozent kohlensaurem Kali, 8—24 Prozent schwefelsaurem Kali und nur 5—19 Prozent Schwefelkalium bestehen; außerdem aber einen früher ganz übersehenen Bestandtheil, nämlich unterschwefligsaures Kali (bis zu 32 Prozent) enthalten. Die bei der Explosion des Schießpulvers frei werdenden, die eigentliche Triebkraft desselben bildenden Gase machen nach neueren Untersuchungen 41,8—44,8 Prozente vom Gewichte des Pulvers aus, während die Menge der festen Rückstände 58,2—55,2 Prozente beträgt. Diese Gase bestehen im Wesentlichen aus Kohlensäure, Stickstoff und Kohlenoxydgas sowie aus kleinen Mengen von Schwefelwasserstoffgas u. s. w. Der Rückstand macht namentlich den Truppen viel zu schaffen; er kann Ursache werden, daß manches Gewehr und Geschütz, welches stundenlang rüstig gefeuert hat, endlich seine Thätigkeit einstellen muß.

Die wahrhaft staunenswerthe Gewalt, welche schon eine kleine Menge Pulver entwickelt, gab schon den namhaftesten Denkern früherer Zeit Anlaß zu Untersuchungen und Forschungen. Selbstverständlich schrieb man im Mittelalter diese Kräfte den unterirdischen Mächten zu, und unser guter Berthold Schwarz wurde für einen Teufelsbanner gehalten. Der berühmte englische Physiker Robins, dessen Werke uns der deutsche Mathematiker Euler in einer gelungenen Uebersetzung vom Jahre 1745 vorführt, stellte die ersten Versuche zur wissenschaftlichen Bestimmung der Kraft des Pulvers an. Nach ihm arbeiteten Hutton (1788) und endlich der bayerische Artilleriegeneral Rumfort (1793) mit maßgebendem Erfolge. Sie kamen zu dem Ergebnisse, daß ein Kubikcentimeter Pulver 488 Kubikcentimeter Gase liefere. Denkt man sich nun die ungeheure Hitze, welche bei der Zersetzung des Pulvers entsteht und welche die Gase noch auszudehnen strebt, erwägt man ferner, daß die Zersetzung des Pulvers in dem engen Raume eines Flintenlaufes oder auch selbst eines Kanonenrohres vor sich geht, so erscheint es begreiflich, daß der Druck der Pulvergase mehrere tausend Mal größer wird als der Druck der Atmosphäre. Bei der neueren Annahme, daß aus einem Kubikmaße gekörnten Pulvers (welches einschließlich der Zwischenräume ziemlich genau den Raum einer gleichschweren Wassermenge einnimmt) anfänglich nur 3—400 Kubikmaß Gas gewonnen würden, ergiebt die Rechnung schon einen Druck von mehr als 2000 Atmosphären für eine bei der Verbrennung entwickelte Temperatur von 960° R. Da man aber auch jetzt noch weder die Menge des erzeugten Gases, noch jene Temperatur, noch die Gesetze der Expansion mit hinreichender Schärfe bestimmen kann, so schwanken die Angaben der neuesten artilleristischen und chemischen Autoritäten zwischen der Annahme eines Druckes von 2000 bis zu 10,000 und selbst 15,000 Atmosphären. Daß wirklich ungeheure Kräfte entfesselt werden, lehren uns alte und neue Erfahrungen. Wurden doch bei der Explosion der französischen Munitionskolonnen in Eisenach im Jahre 1808 selbst in entfernten Stadttheilen die Wände der Häuser eingedrückt. Im Jahre 1857 wurden in Mainz Reiter der königlich preußischen Artillerie, welche in einiger Entfernung von dem Schauplatze der Explosion auf der Bahn ritten, durch den Druck der rasch ausweichenden Luft umgeworfen oder in den nahen Festungsgräben gehoben.

Die vielfältigen Versuche, an Stelle des altbekannten Pulvers ein neues zu erfinden, sind bis jetzt nach den unten angegebenen Daten alle als mehr oder weniger mißlungen anzusehen. Die Wirkung der meisten dieser Präparate ist zu momentan, zu heftig und deshalb zu zerstörend für das Rohr an derjenigen Stelle, an welcher sie entzündet werden. Der Stoß erfolgt zu rasch, als daß er sich auf die übrigen Theile des Rohres vertheilen und dadurch an seiner Heftigkeit verlieren könnte. Das Rohr springt daher in Stücke aus demselben Grunde, aus welchem eine Büchsenkugel eine Fensterscheibe scharf durchschlägt, während ein weit geringerer Stoß einen Sprung durch die ganze Scheibe zur Folge hat. Das Pulver wirkt für unsere Sinne freilich auch momentan, dennoch aber braucht es zur Entwicklung seiner Kraft etwas mehr Zeit, so daß seine Wirkung auf Rohrwände und Geschoß mehr druck- als stoßartig zu nennen ist. Wo die letztere Wirkung sich nutzbar machen kann, wie z. B. bei den Sprengarbeiten, da können jene Ersatzmittel eher und bisweilen sogar mit großem Vortheil in Gebrauch genommen werden.

Die Kunstfeuerwerkerei. Die vorstehenden Zeilen behandeln den Gebrauch der Schießpräparate für die ernsten Zwecke des Krieges und der Industrie. Aber auch für friedliche Zwecke wird das alte Gemenge benutzt, um nach Zusatz anderer Stoffe bei freudigen Ereignissen theils durch die Helle, Farbenpracht und Lebendigkeit des Feuers, theils durch die vielfältigen raschen Bewegungen das Auge zu erfreuen. Die schönsten und reichhaltigsten Erfindungen auf diesem Gebiete der Feuerwerkerei liefern Paris und Rom.

Dem gewöhnlichen Mehlpulver zugesetzte Eisenfeilspäne geben bei der Entzündung die sprühenden rothen und weißen Funken, Kupferfeilspäne die grünen, Zinkspäne die blauen Farben. Kolophonium und Kochsalz färben die Flamme gelb, Strontiannitrat purpurroth. Kienruß, Mehlpulver und Salpeter erzeugen die gelben Funken des prachtvollen Goldregens und die Sterne der Raketen, während zugefügtes Hexenmehl die schöne rosenrothe Flamme der Theaterfackeln verursacht. Vielfach verschieden sind Art und Menge der Zusätze für die verschiedenen Zwecke. Die Feuerwerksstücke sind entweder feststehende, wie die verschiedenen Feuer oder Lichter (chinesisches Feuer, römische Lichter), die Kaskaden oder Fontainen, oder bewegliche Stücke, wie die verschiedenen Arten der einfachen und doppelten Feuerräder, die bei der Jugend so viel beliebten Schwärmer und Frösche u. s. w., welche sich sämmtlich auf oder in geringer Höhe über der Erde bewegen, und endlich die hoch in den Lüften ihre Wirkung für friedliche und ernste Zwecke durch Knall und Farbenlichter äußernden Raketen. Die Ursache der Bewegung aller dieser Feuerwerksstücke beruht auf der gleichmäßigen Wirkung der Gase auf ihre Umgebung, so daß also z. B. die Rakete aus denselben Gründen in die Höhe steigt, aus denen auch das Geschütz beim Schuß zurückläuft und der Schütze durch den Rückstoß seines abgeschossenen Gewehres belästigt wurde.

Schießbaumwolle. Dasjenige Präparat, welches in seinen Eigenschaften und in seiner Verwendbarkeit dem Pulver am nächsten steht, ist die **Schießwolle**, auch **Schießbaumwolle**, und wol am richtigsten **Pyroxylin** (πῦρ, Feuer, und ξύλον, Holz) genannt, weil jede Pflanzenfaser die explosiven Eigenschaften erhält, wenn man sie mehrere Minuten lang in einem Gemische von konzentrirter Salpeter- und Schwefelsäure einweicht, alsdann mit Wasser auswäscht und trocknet. So ist nämlich im Allgemeinen das Verfahren zur Anfertigung der Schießbaumwolle, wie sie die Professoren Schönbein aus Basel und Böttger aus Frankfurt a. M. fast gleichzeitig erfanden und dem Deutschen Bunde im Jahre 1846 als Ersatzmittel des Pulvers vorlegten. Die französischen Chemiker Braconnot (1833) und Pelouze (1838) hatten durch Uebergießen von Pflanzenfaser mit Salpetersäure ähnliche verbrennliche Präparate geliefert, ohne jedoch davon und insbesondere von den explosiven Eigenschaften derselben praktische Anwendung zu machen. Auf Verfügung des Bundes fanden von 1846—1851 zu Mainz und Wien, später auch in England und Frankreich, Versuche mit der Schießwolle statt. Das Urtheil der Kommissionen lautete im Ganzen nicht sehr günstig. Trotzdem aber fand sich im Hinblick auf manche höchst schätzenswerthe Eigenschaften des neuen Triebmittels (geringer Rückstand, wenig und durchsichtiger Dampf) die österreichische Regierung veranlaßt, den Erfindern Schönbein und Böttger das Prioritätsrecht um eine nicht unbedeutende Summe abzukaufen und in Schloß Hirtenberg unweit Wiener-Neustadt eine Schießwollefabrik anzulegen.

Die zur Schießwolle anzuwendende Baumwolle muß sehr sorgfältig gereinigt und ausgetrocknet, die Säuren müssen so konzentrirt als möglich sein. Das erste Eintauchen bewirkt nur eine unvollständige Umwandlung. Es erfolgt deshalb ein zweites in eine ganz frische Mischung, in welcher die Baumwolle 48 Stunden bleibt. Das Auswaschen in fließendem Wasser muß so lange fortgesetzt werden, bis auch die letzten Spuren von Schwefelsäure entfernt sind. Es dauert dies freilich wochenlang, allein nur durch pedantische Befolgung dieses Verfahrens erhält man eine aufbewahrungsfähige Schießwolle von geringer Feuchtigkeitsanziehung. Die Temperatur der Entzündung der nach dem Verfahren des österreichischen Feldmarschalls Baron Lenk bereiteten Schießwolle wird auf 136° C. angegeben.

Im Jahre 1862 wurde eine Umgestaltung der gesammten österreichischen Feldartillerie in gezogene Schießwollbatterien begonnen, jedoch plötzlich wieder eingestellt. Gegenwärtig soll sich aber die österreichische Artillerie wieder mit einem der Schießwolle ähnlichen Präparate befassen, während England auf Grund der werthvollen Erfahrungen Oesterreichs sich mit Darstellung von Schießwolle beschäftigt.

Um einen Begriff von den Ursachen zu erhalten, welche das häufige Fehlschlagen der Schießwollversuche veranlaßten, müssen wir noch etwas näher auf das Wesen des genannten Triebmittels und auf die Art seiner Wirkung eingehen. 100 Theile Baumwolle liefern,

Schießbaumwolle.

in der oben beschriebenen Weise verarbeitet, etwa 150—178 Theile Schießwolle, welche, ohne ihr ursprüngliches Ansehen zu verlieren, sich nur etwas härter anfühlt, beim Zusammendrücken ein leises Knirschen hören läßt und durch Reiben elektrisch wird. Als Verbrennungsprodukte der österreichischen Schießwolle werden angegeben: Stickstoff, Kohlensäure, Kohlenoxyd, Kohlenwasserstoff und Wasser. Der starre Rückstand ist sehr gering, der entwickelte Dampf fast farblos, Laden und Zielen beim Feuern mit Schießwolle also sehr erleichtert. Die genannten Gase sind für die Mannschaft unschädlich, was für den Dienst in Kasematten von hohem Werthe ist und sich bei Versuchen wirklich bewährt hat. Man fand, daß 4953 Gramm (circa 5 Kg.) Schießwolle in einem Raume von 0,0283 Kubikmeter = 28,300 Kubikcentimeter eben so viel artilleristisch verwendbare Kraft lieferten, als 22—27 Kg. Pulver in demselben Raume. Hieraus und aus der großen Schnelligkeit der Zersetzung erklärt sich die enorme Sprengwirkung der Schießwolle, welche aber gerade, wie wir oben bei der Wirkung des Pulvers zu erklären versuchten, der Haltbarkeit der Rohre nicht zuträglich sein kann. Frei ausgebreitete Schießwolle liefert eben so wenig Effekt wie loses Pulver, das, ohne in fester Umschließung sich zu befinden, entzündet wird. So läßt sich Schießwolle auf einer Wagschale abbrennen, ohne bedeutende Rückwirkung zu veranlassen, oder auf einem Kartenblatt auf einer untergelegten Schicht Pulver entzünden, ohne daß letzteres zugleich in Brand geräth.

Die Schießwolle giebt in der Feuerwaffe ihre größte Wirkung, wenn sie an Gewicht ¼ bis ⅓ der Pulverpatrone, an Raum aber ¹⁄₁₀ mehr als diese beträgt. Zur Anfertigung der Patronen verwendet man nur in Fäden gesponnene Schießwolle; in Kuchen gepreßt, war die Wirkung zu unregelmäßig. Eben so wie beim Pulver fordert auch hier jede Waffe und jedes Projektil eigentlich eine Schießwollpatrone von bestimmter Dichtigkeit. Das Arrangement der Fäden, Form und Dimension

Fig. 296. Christian Friedrich Schönbein.

der Patrone, Art der Entzündung, dies Alles ist von großem Einfluß auf Verbrennung und Wirkung. Die Fäden werden für die Patronen der Geschütze so fest gedreht, daß ein Meter Länge an der freien Luft durchschnittlich 3 Sekunden lang brennt, während von den wie Lampendocht gewebten langen Schießwollcylindern, aus welchen die Patronen der Handfeuerwaffen geschnitten werden, in derselben Zeit 3 Meter verbrennen. Dieselben cylindrischen Gewebe werden auch als Sprengladung der Hohlgeschosse verwendet, ganz ähnlich, wie man das langsamer brennende grobkörnige Pulver für Geschütze, das rascher verbrennende, feinkörnige Pulver für Gewehre und als Sprengmittel der Granaten gebraucht. Zur Anfertigung der Schießwollgewehrpatronen schneidet man Stücke von der erforderlichen Länge ab, bindet sie an das Geschoß und zieht eine Cartonhülse darüber. Die umstehende, nach einem Original gezeichnete Patrone (s. Fig. 298) zeigt ein hölzernes Stäbchen, in dem Boden des Kompressionsgeschosses befestigt und darüber das Schießwollgewebe gezogen. Das Kaliber der Patrone ist so schwach, daß dieselbe ohne Ladestock (weil die Schießwolle durch Stoß leicht explodirt) durch ihr eigenes Gewicht in das Rohr gleitet;

das unten vorstehende Ende des Stäbchens soll sich in eine entsprechende Vertiefung der Schwanzschraube des Gewehres festklemmen. Zur Herstellung der Geschützpatronen wickelt man Schießwollfäden breit auf hölzerne oder Cartonröhren. Holzröhren sind besser, weil sie die Gestalt besser beibehalten. Die Spreng= und Minenladungen sind, wie die Gewehr= patronen, dochtartig geflochtene Seile von Schießwolle, welche auf die gewünschte Länge abgeschnitten werden. Die Verbesserungen in England beziehen sich auf die mechanische Umformung und Labo= rirung der Schießwolle. Sie wird zu einer Art dünnen Papiers verarbeitet und dann in hydraulischen Pressen bis zum spezifischen Gewicht = 1 verdichtet.

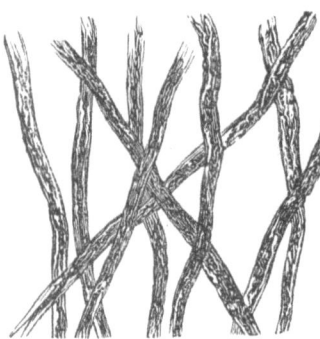

Fig. 297. Mikroskopische Ansicht der Schießbaumwolle.

Löst man Schießwolle in einer Mischung von Al= kohol und Schwefeläther auf, so bildet sich eine klebrige Flüssigkeit, das Collodium, welches ganz vorzüglich zu dünnen, wasserdichten Ueberzügen geeignet ist. Es bildet nämlich beim Erstarren eine völlig zusammen= hängende, durchsichtige Haut, wird deshalb zum Be= streichen der Wunden und neuerdings auch zum Ueber= ziehen der komprimirten Patronen angewendet. Da das Collodium infolge seines Salpetergehaltes leicht verbrennt, so können diese Patronen ungeöffnet geladen werden, ohne daß man für die richtige Entzündung derselben besorgt zu sein braucht. Die Hauptverwendung findet jedoch das Collodium in der Photographie.

In Belgien hat man statt des salpetersauren Kali's versucht, salpetersauren Baryt in die Pulverfabrikation einzuführen, jedoch ist das Barytpulver seiner Rückstände wegen, welche einen großen Wärmeverlust, mithin eine Ver= minderung der Spannung der Gase verursachen, nicht in Aufnahme gekommen.

Fig. 298. Schießwollpatrone für Handfeuerwaffen.

Das Pikrinpulver von Designolle in Le Bouchet ersetzt den Schwefel durch pikrinsaures Kali. Die Pikrinsäure entsteht durch fort= gesetzte Einwirkung von schwach erwärmter konzentrirter Salpetersäure auf die aus dem Steinkohlentheer gewonnene Karbolsäure. Mit Alka= lien giebt sie stark explodirende Sätze. Designolle verwendet für Ge= wehrpulver 20 Prozent, für Geschützpulver 8—15 Prozent, je nach= dem die Verbrennungszeit verkürzt oder verlängert werden soll. Ein= fache, gefahrlose Anfertigung, Billigkeit, geringer Rückstand, Schonung der Waffen, Fügsamkeit und Geschmeidigkeit werden als Vorzüge be= zeichnet; es hat jedoch die vor mehreren Jahren auf dem Sorbonne= platze zu Paris vorgekommene bedeutende Explosion gezeigt, daß das pikrinsaure Kali unter Umständen sehr gefährlich werden kann.

Das weiße Schießpulver von Augendre aus 28 Theilen Blut= laugensalz, 23 Theilen Rohrzucker oder Kartoffelstärke und 49 Theilen chlorsaurem Kali ist nicht in die Praxis übergegangen. Das chemische Pulver des königlich preußischen Artilleriehauptmanns E. Schultze in Potsdam besteht aus nitrirten Holzkörnern, welche mit 40 Prozent einer Lösung von Salpeter und Blutlaugensalz imprägnirt und ge= trocknet werden.

Andere Sprengmittel. Die Forschungen der neueren Zeit haben eine Konstruktion des Pulvers ermöglicht, welche allen ballistischen Anforderungen entspricht; weniger genügend als diese ballistische Wirkung erscheint die brisante Wirkung, die Sprengkraft des Pulvers für die Civil= und Militärtechnik. Die kolossalen Tunnel= und Bahnbauten, die sichere Zerstörung von Palissaden, freistehenden Mauern, Brücken, feindlichen Geschützen und ihrer Munition, Schiffen u. s. w. verlangen kräftigere Explosivpräparate. Die Wirkung des

Andere Sprengmittel.

Pulvers ist nicht plötzlich genug und bedarf unbedingt der festen Einschließung, was eine Reihe unangenehmer Konsequenzen zur Folge hat, wie Vermehrung des todten Gewichts, Gefahr durch die umhergeschleuderten Stücke u. s. w., Verdämmung der Minen u. s. w. Die Schwierigkeit der Sprengungen unter Wasser (Zerstörung von Brücken, Minen in feuchtem Terrain, das Torpedowesen für den Küstenschutz) verlangen ebenso gebieterisch ein neues Sprengmittel an Stelle des ungenügenden Pulvers.

Die Verbindungen organischer Körper (Holzfaser oder Cellulose, Glycerin, Mannit oder Mannazucker, Karbolsäure) mit konzentrirter Salpetersäure unter Abscheidung von Wasser geben die sogenannten Nitroverbindungen: als die Schießwolle, das Nitroglycerin, das Nitromannit, die pikrinsauren Salze, welche sich bei ihrer plötzlichen Zersetzung durch eine enorme explosive Kraft auszeichnen. Von diesen Stoffen hat jedoch nur das Nitroglycerin größere Bedeutung erlangt und für die oben genannten Zwecke allgemeine Anwendung gefunden, freilich erst, nachdem man gelernt hatte, dasselbe in einer geeigneteren Form als früher, nämlich als Dynamit, in den Handel zu bringen. Während 1867 erst 220 Centner von diesem Sprengstoffe fabrizirt wurden, war im Jahre 1874 schon die Menge des in etwa 14 Fabriken produzirten Dynamites auf 62,400 Centner gestiegen und soll sich gegenwärtig auf mindestens 100,000 Centner jährlich belaufen. Nächst dem Nitroglycerin wird die Schießbaumwolle nur noch fabrikmäßig bereitet, jedoch in weit geringeren Mengen, da sie, außer zu photographischen Zwecken, blos noch für das Torpedowesen, und zwar in Form komprimirter Schießwolle, verwendet wird. Jene 100,000 Centner Dynamit, welche gegenwärtig in 20 Fabriken erzeugt werden, repräsentiren ein Quantum, welches an Kraft etwa einer Viertelmillion Centner Schwarzpulver entspricht. Die relative Größe dieser Zahlen wird erst klarer werden, wenn man berücksichtigt, daß die gesammte jährliche Pulverfabrikation der vier großen Militärstaaten des Kontinents zusammen nur eine halbe Million Centner beträgt. — Nach Tranzl sprengt jeder Centner Dynamit durchschnittlich 20—30 Kubikklaftern Gestein. Gegenwärtig wird also durch Dynamit jährlich die enorme Masse von 2—3 Millionen Kubikklaftern Gestein von dem Felsengerippe der Erde losgelöst.

Diese Lösungsarbeit kostet pro Kubikklafter im Mittel 20 Mark; Dynamit erspart aber hierbei gegenüber dem Pulver mindestens 25 Prozent, d. h. etwa 5 Mark pro Kubikklafter gewonnenen Gesteins. Es bringt also der Ersatz des Pulvers durch Dynamit gegenwärtig schon einen Jahresgewinn von 10—15 Millionen Mark, um die wir Erze und Kohlen billiger erhalten, Tunnel und Einschnitte wohlfeiler herstellen. Bedeutender als dieser direkte Geldgewinn ist jedoch der Gewinn an Zeit, die Beschleunigung der bergmännischen Arbeit, die durch die Anwendung des Dynamits erzielt wird und welche man durchschnittlich auf 20—30 Prozent gegen das Pulver annehmen kann.

Solchen Erfolgen gegenüber verschwinden die vielfachen Bedenken gegen die Anwendung des Dynamites wegen seiner Gefährlichkeit; letztere ist übrigens auch nicht größer, als bei Schießpulver, nur die Wirkung ist bedeutender. Der Transport des Dynamites ist im Gegentheil ungefährlicher als der des Pulvers, da dieses neue Sprengmittel mechanische Erschütterungen verträgt, ohne zu explodiren und auch angezündet oder ins offene Feuer geworfen ohne Explosion ruhig abbrennt; letztere erfolgt nur bei festem Verschluß.

Dem großen Publikum war Dynamit bis vor Kurzem wol nur wenig bekannt; man wurde erst durch die fürchterliche Explosion darauf aufmerksam, welche sich am 11. Dezember 1875 in Bremerhaven ereignete und zahlreichen Menschen das Leben kostete. In der verbrecherischen Absicht, ein Schiff auf offenem Meere in die Luft zu sprengen, um durch werthlose Waaren, die er zu hohem Preise zu versichern gedachte, sich zu bereichern, hatte ein gewisser Thomas in einem mit Dynamitpatronen gefüllten Fasse ein Uhrwerk angebracht, das, nachdem es an einem bestimmten Tage abgelaufen, durch einen kräftigen Schlag auf eine Zündmasse die Dynamitladung zur Explosion bringen sollte. Dieses Uhrwerk war wahrscheinlich nicht richtig gestellt und explodirte auf dem Hafendamm in dem Augenblicke, in welchem es auf den Dampfer verladen werden sollte.

Allgemeines Aufsehen erregten ferner die großartigen Sprengarbeiten, welche im Sommer 1876 bei New=York mit Dynamit vorgenommen wurden, um die den dortigen Hafen sperrenden und der Schiffahrt hinderlichen Felsen zu entfernen. Bei dieser Sprengarbeit, die selbstverständlich nur so vollbracht werden konnte, daß man vom Lande aus Tunnel unter dem Boden des Meeres bis an die betreffenden Stellen hin führte und die Dynamitladungen dann vom Lande aus mittels elektrischer Batterien entzündete, sind die größten Massen von Dynamit, die je auf einmal zur Explosion gebracht wurden, in Anwendung gekommen, und die ganze Arbeit ist mit größter Präzision, ohne jeden Unfall ausgeführt worden.

Was ist nun aber eigentlich Dynamit? Dynamit ist eine Mischung von Kieselguhr (fein vertheilter Kieselsäure, Infusorienerde) mit Nitroglycerin in einem solchen Verhältnisse, daß das Nitroglycerin nicht mehr abtropft, wozu in der Regel circa 75 Prozent von letzterem und 25 Prozent Kieselguhr nöthig sind. Das Nitroglycerin ist eine ölartige, mit Wasser nicht mischbare Flüssigkeit, die durch Schlag nur an der getroffenen Stelle explodirt und, mit Feuer in Berührung gebracht, ruhig abbrennt. Es wird aus Glycerin durch Behandlung mit einer Mischung von Schwefelsäure und Salpetersäure erhalten, wobei erstere nicht mit in die Verbindung eintritt, sondern nur die sekundäre Rolle hat, durch Aufnahme des abgeschiedenen Wassers die Salpetersäure immer konzentrirt zu erhalten.

Da die zu dieser Fabrikation nöthige Salpetersäure besonders stark sein muß und dem Transporte solcher starken Salpetersäure von Seiten der Eisenbahnverwaltungen Schwierigkeiten entgegengesetzt werden, so bereiten sich die meisten Dynamitfabriken ihre Salpetersäure selbst. Obschon die Herstellung des Nitroglycerins im Wesentlichen in allen Fabriken die gleiche ist, so hat doch jede wieder ihre besonderen Methoden und Vorrichtungen. Die beiden Säuren werden im Verhältnisse von 1 Theil Salpetersäure und 2 Theilen Schwefelsäure zunächst mit einander gemischt, was in einem gußeisernen Kessel geschieht; nachdem die Mischung, die sich erwärmt, vollständig abgekühlt ist, wird sie in hölzerne, mit Blei ausgelegte Bottiche gelassen, in denen sie mit dem Glycerin gemischt wird. Manche Fabriken benutzen hierzu das grünlichgelbe Rohglycerin, die meisten jedoch jetzt das raffinirte oder gereinigte Glycerin von 1,26 spezifischem Gewicht.

Das Glycerin darf nicht auf einmal zu der Säuremischung gebracht werden, sondern muß in einem dünnen, langsamen Strome zufließen, wobei das Ganze entweder durch eine Schüttel= oder durch eine Rührvorrichtung in Bewegung erhalten wird, damit die Mischung eine vollständige sei. Der hierbei eintretenden Erwärmung muß durch geeignete Kühlvorrichtungen so entgegengearbeitet werden, daß die Temperatur der Mischung nicht über 18° C. steigt. Man wendet auf je 1950 Kg. obiger Säuremischung gewöhnlich 315 Kg. Glycerin an.

Die Mischung wird, wenn alles Glycerin eingeflossen ist, in einen mit Wasser zur Hälfte gefüllten Bottich gelassen und mehrmals mit frischem Wasser gewaschen. Das Nitroglycerin setzt sich hierbei unten am Bottich ab. Um die letzten Reste von Säure zu entfernen, wird das Präparat in einer Maschine, die man die Buttermaschine nennt, mit konzentrirter Sodalösung geschüttelt. Hierauf ist erst das Nitroglycerin fertig und verwendbar.

Die Benutzung desselben war aber wegen seines flüssigen Zustandes mit allerlei Unbequemlichkeiten und Gefahren verknüpft, da schon ein Durchsickern aus kleinen Fugen der Transportgefäße genügte, um durch zufällige Perkussion dieser wenigen ausgesickerten Theile die Explosion derselben sowie diejenige größerer benachbarter Massen zu veranlassen.

Diese Gefahren beseitigte Nobel, der überhaupt der Erste war, welcher Nitroglycerin in größeren Mengen fabrikmäßig darstellte, dadurch (1864), daß er das Nitroglycerin in Holzgeist (Methylalkohol) löste und diese Lösung zum Versandt brachte. Die Lösung, auch Sprengöl genannt, ist gegen Schlag und Stoß unempfindlich und läßt sich selbst durch Knallpräparate nicht zur Explosion bringen; angezündet brennt es ruhig ohne Detonation. Zur Verwendung wird der nöthige Bedarf mit dem 6—8fachen Volumen Wasser geschüttelt, wodurch sich das Nitroglycerin abscheidet, während der Holzgeist sich in dem Wasser löst.

Aber auch in dieser Form hatte der neue Sprengstoff noch den Uebelstand, daß er flüssig und zur Füllung von Patronen nicht recht geeignet war. Da fand Nobel 1867 zufällig, daß sehr feine, poröse Kieselsäure selbst bei bedeutendem Drucke das aufgesaugte Nitroglycerin sehr fest hält, und die angestellten Versuche zeigten ihm, daß das Aussickern des Nitroglycerins während des Transportes, der Aufbewahrung und des Gebrauchs vermieden wird und daß die Mischung noch eine höchst bedeutende Explosionskraft entwickelt. Die Folge war, daß diese Mischung von Nitroglycerin und Kieselguhr, die, wie schon oben erwähnt, den Namen Dynamit erhielt, allgemeine Anwendung fand, während das flüssige Nitroglycerin wol kaum noch benutzt wird.

Die Kieselguhr oder Infusorienerde muß, bevor sie verwendet werden kann, erst ausgetrocknet und ausgeglüht werden, um Wasser zu entfernen und organische Substanzen zu zerstören. Hierauf wird die Infusorienerde mittels Handwalzen zerdrückt und durch ein Drahtsieb geworfen, welches die gröberen Kieselkörner zurückhält.

Die Mischung der ausgeglühten Infusorienerde mit dem Nitroglycerin geschieht von Arbeitern durch Kneten mit der bloßen Hand. Die Dynamitmasse besitzt eine hellgelbe Farbe und teigartige Beschaffenheit; man drückt die Masse durch eine Messingröhre in die aus Pergamentpapier gebildeten Patronenhülsen mit Hülfe eines Stempels ein. Als Arbeitsräume für diese Operation dienen kleine, für je zwei Arbeiter bestimmte Kammern, welche in genügender Entfernung von einander nischenartig in einen Erdwall hineingebaut sind. Die fertigen Patronen werden in einem besonderen, leicht aus Holz gebauten Packhäuschen in kleine Kisten verpackt, die circa 25 Kg. Dynamit enthalten, wobei die Zwischenräume zwischen den einzelnen Patronen mit Kieselguhr ausgefüllt werden.

Später hat man auch versucht, die Infusorienerde durch andere Substanzen zu ersetzen, und hat diesen Mischungen besondere Namen gegeben, so z. B. Kolonialpulver, 40 Prozent Nitroglycerin, aufgesogen durch Schwarzpulver; Dualin, 30—40 Prozent Nitroglycerin, aufgesogen durch mit Salpeterlösung getränkte feine Sägespäne; Lithofracteur, eine Mischung von 35 Prozent Nitroglycerin mit einem aus Schwefel, Barytsalpeter und fein gemahlener Steinkohle bestehenden Pulver.

Die durch Schlag oder Stoß erzeugte Wärme dünner Schichten Nitroglycerin zwischen harten Körpern ruft eine Explosion an der getroffenen Stelle hervor, die sich aber nicht fortpflanzt. Größere, selbst freiliegende Massen der Nitroverbindungen werden dagegen durch sogenannte Initialexplosionen, d. i. durch die Explosion geringer Mengen von Knallpräparaten, mit Sicherheit zur momentanen und vollen Entwicklung ihrer gewaltigen Kraft gebracht. Diese wichtige Entdeckung Nobel's führte zu der weiteren Entdeckung, daß diese Explosionsmethode auch mit gleichem Erfolge bei der komprimirten Schießwolle anzuwenden ist.

Zur Entzündung der Dynamitpatronen wird ein mit starkem Knallpräparat versehenes langes Zündhütchen am Ende der Bickford'schen Zündschnur und dann in der Dynamitpatrone befestigt. Das durch die Zündschnur zur Explosion gebrachte Knallpräparat führt die Explosion der Ladung herbei. So wurden 1871 in den Forts vor Paris die erbeuteten gußeisernen Geschütze, deren Transport zu kostspielig war, zerstört; eben so ihre Geschosse, welche nicht erst entleert werden mußten; die Explosion war so momentan, daß in keinem Fall die Sprengladung zur Entzündung kam.

Gegenüber dem Schießpulver ist die Erzeugung des Dynamits u. s. w. einfacher, rascher und sicherer, das Produkt gleichförmiger; Aufbewahrung, Transport und Gebrauch sind ungefährlich. Das neue Sprengmittel ergiebt bei gleichem Gewicht die 2= bis 10fache Kraft, bei gleichem Volumen die 4= bis 16fache Leistung. Die Hauptmängel sind die leichte Trennung des Nitroglycerins von dem Aufsaugmittel, was wasserdichte Hülsen unter Umständen erfordert, und das Hartwerden bei niederer Temperatur, was Anfertigung und Gebrauch erschwert.

Das bei den Ersatzmitteln des Pulvers berührte Designolle=Pulver hat sich insbesondere für Sprengzwecke bewährt, in welchem Falle es bis 90 Prozent pikrinsaures

Kali enthält. Ebenso wird das chemische Pulver von Schultze in Potsdam hauptsächlich als Sprengmittel hergestellt, obwol Dynamit und komprimirte Schießwolle es in dieser Hinsicht bedeutend übertreffen.

Hier dürften mit einigen Worten auch gewisse mechanische Gemische zu erwähnen sein, welche durch bloße Erschütterung zu explodiren im Stande sind. So wurde in neuerer Zeit eine sehr leicht und heftig explodirende Mischung aus amorphem Phosphor und chlorsaurem Kali (zu ungefähr gleichen Theilen) mit wenig Schwefelantimon in der Weise bereitet, daß diese Bestandtheile in gepulvertem Zustande mit Wasser zu einem Brei vorsichtig angerührt und noch feucht in hohle Thonkugeln von verschiedener Größe gefüllt werden. Die Kugeln, mit Thon gut zugedeckt, explodiren schon beim bloßen Niederfallen auf die Erde. Sie sind unter dem Namen „Knallkugeln" bekannt und erschienen im Handel als ein jedenfalls sehr gefährliches Spielzeug für Kinder und Erwachsene.

Manche explodirende, chlorsaures Kali enthaltende Pulver können durch Berührung mit Schwefelsäure entzündet werden; so chlorsaures Kali mit Zucker oder Schwefelantimon. Andere, wie chlorsaures Kali und rother Phosphor, explodiren bei der geringsten Reibung.

Die Zündmittel. Das Pulver in der dargelegten Zusammensetzung und Form stellt eine transportable treibende Kraft dar, welche für die einzelnen Gebrauchsfälle die hinreichende und gleichmäßige Wirkung bei der nöthigen Fügsamkeit und Meßbarkeit, bei der erforderlichen Gefahrlosigkeit der Anfertigung, der Aufbewahrung, des Transportes und der Handhabung mit der unumgänglich nothwendigen Schonung der Waffen verbindet. Trotzdem würde dem Pulver die wesentlichste Eigenschaft seiner Kriegsbrauchbarkeit abgehen, die augenblickliche Anwendbarkeit der Kraft, wenn es nicht möglich wäre, die vorhandenen und fixirten Gase im Moment des Gebrauchs zu entfesseln, d. i. die Pulvergase aus ihrem festen sofort in den gasförmigen Zustand überzuführen. Dies geschieht durch Erhöhen der Temperatur, durch die Zündmittel. Die schlecht wärmeleitende, also gut entzündliche Kohle ist der zu entzündende Körper. Die Kriegsbrauchbarkeit, insbesondere die augenblickliche Anwendbarkeit, verlangt heutzutage ein Zündmittel, welches erst im Moment des Gebrauches den nöthigen Feuerstrahl entwickelt, bei Aufbewahrung und Transport aber als fester Körper auftritt. Diese Forderung wird allein durch die sogenannten Knall= oder explosiblen Präparate erfüllt.

Manche feste Körper, wie das knallsaure Quecksilberoxyd (Knallquecksilber), das chlorsaure Kali u. s. w., werden in Gegenwart von brennbaren Körpern, wie Kohle, Schwefel, Schwefelantimon u. s. w., plötzlich in den gasförmigen Zustand schon bei der geringen Wärme übergeführt, welche durch Reibung oder Friktion, Schlag oder Perkussion, Stoß oder Konkussion, oder Stich entsteht. Die Zersetzung dieser sehr sauerstoffreichen Körper hat eine so bedeutende Temperaturerhöhung zur Folge, daß die zum Pulver geleitete energische Flamme hinreicht, selbst die am schwersten entzündliche harte schwarze Kohle von hoher Wirkungsstufe sicher zu entzünden. Das mechanische Gemenge aus chlorsaurem Kali, Schwefel und Kohle wurde 1788 von Bertholet angegeben und ist als muriatisches (salzsaures) Pulver bekannt. Das Knallquecksilber führt auch nach seinem Erfinder den Namen Howardpulver.

Diese von der Witterung völlig unabhängigen sicheren und kräftigen Zündmittel haben bei den Geschützen die ehemals gebräuchliche Lunte (in essigsaurem Bleioxyd getränkte Wergstücke) sammt den Stopinen (mit einem Brei von Mehlpulver, Salpeter, Schwefel und Kohle gefüllte Papier=, Schilf oder Blechröhrchen), die sogenannten gewöhnlichen Zündungen verdrängt, an deren Stelle sogenannte Selbstzündung in den Friktions= oder Reibzündröhrchen (auch sogenannte Schlagröhren) getreten ist, Röhrchen von Messing=, Kupfer= oder Weißblech; sie sind mit Pulver ausgeschlagen oder mit Stücken Zündschnur (mit Mehlpulverbrei bestrichene Baumwollfäden) als Leitfeuer gefüllt und oben umgebogen. Der Reibeapparat — zusammengebogene Draht= oder Blechschleife — ist mehrfach mit einem feuchten Gemenge von chlorsaurem Kali und Antimon (auch Schwefelantimon) bestrichen und nach dem Trocknen so in das Röhrchen gesetzt, daß die Schleife

Anfertigung der Zündhütchen.

vorsteht. Ein Haken der Abzugsschnur wird beim Abfeuern in diese hineingehängt und auf Kommando die Schleife herausgerissen. Die Flamme des Knallpräparats führt durch das Leitfeuer (Zündschnur oder Pulver) die Entzündung der vorher geöffneten Patrone herbei.

Die Perkussionszündung hat bei den Handfeuerwaffen nach den Napoleonischen Kriegen Anfangs dieses Jahrhunderts die Steinschloßzündung verdrängt. In eine mit umgebogenem Rande versehene Kapsel oder Hütchen von Kupferblech wurde das aus 10 Theilen chlorsaurem Kali, 5 Theilen Schwefel und 3 Theilen Schwefelantimon bestehende Knallsalz trocken eingefüllt, fest gepreßt und durch ein dünnes Kupferscheibchen, Deckplättchen oder einen Tropfen reinen Schellacks atmosphärischen Einflüssen entzogen (s. unten). Der Schlag des Hahnes eines Perkussionsschlosses auf das auf einem Piston oder Zündkegel sitzende Hütchen genügt, um die Masse zur Explosion zu bringen und die Flamme durch den Zündkanal des Zündstollens der Ladung in der Pulverkammer zuzuführen. Die Perkussionszündung in diesem Sinne ist bei der modernen Feuerwaffe der Infanterie durch die sogenannte Stiftzündung ersetzt. In dem Boden der gasdichten Metallpatronenhülse ist entweder in eine Zündhütchenkammer ein Zündhütchen mit Amboß eingesetzt oder nur das Hütchen allein zu dem im Boden der Patrone eingeprägten Amboß, der zugleich als Hülsenkammer fungirt:

Fig. 299. Prägemaschine für Zündhütchen.

Centralzündung. Den Stoß zur Zündung führt ein Schlagstift, der durch eine Spiralfeder vorgeschnellt oder auch durch den Schlag des Hahns eines gewöhnlichen Schlosses vorgestoßen wird. Bei der Randzündung lagert die Rotation eines Stempels den Satz in dem hohlen Rande der gasdichten Patronenhülse fest und gleichmäßig. Für die Centralzündung besteht in Bayern der Satz aus 4 Knallquecksilber, 2,5 chlorsaures Kali, 1,5 Antimon und 2 Glaspulver, während in der Schweiz für die Randzündung 45 Knallquecksilber, 30 Glaspulver, 12 chlorsaures Kali und 5 Gummilösung verwendet wird.

Aehnliche, je nach ihrer Zusammensetzung mehr oder minder heftig wirkende Präparate werden bei den Perkussions- und Konkussionszündern für die Projektile der Geschütze zur Anwendung gebracht, und zwar auch mittels Zündung durch Stich, wie bei den Zündnadelgewehren. Der Satz chlorsaures Kali, Antimon und Mehlpulver befindet sich entweder in der Geschoßführung, dem preußischen Zündspiegel, oder in einer Höhlung des Geschosses, wie bei der Zündnadelgewehrpatrone von Dörsch und Baumgarten, oder in einem Zündhütchen am Boden der Patrone, wie bei der seitherigen französischen Chassepotmunition.

An Stelle des sehr theuren Knallquecksilbers wird in neuerer Zeit Nitromannit empfohlen, der durch Behandlung des Mannit mit einer Mischung von konzentrirter Schwefel- und Salpetersäure erhalten wird. Er explodirt durch einen mäßigen Schlag mit gleicher Kraft wie das Knallquecksilber, verpufft jedoch bei schwacher Erwärmung und Reibung nicht, ist daher gefahrloser als das Knallquecksilber.

Die **Anfertigung der Zündhütchen** für die Handfeuerwaffen theilt sich in die Herstellung der Hülsen oder Hütchen von Kupferblech, in das Bereiten, Einfüllen und Einpressen des Satzes und endlich in das Trocknen und Prüfen der fertigen Zündhütchen. Die Herstellung der Hütchen geschieht in neuester Zeit gewöhnlich auf einer Prägemaschine mit horizontal wirkendem Stempel, welche, wie die vorstehende Illustration Fig. 299

andeutet, von einem Manne bedient werden, und in 10 Stunden nahe an 30,000 Hütchen prägen kann. Das Kupfer muß zu diesem Behufe vorher durch Zerschneiden in schmale, 50 Centimeter lange Streifen, durch Beizen, Abreiben, Walzen, Ausglühen und nochmaliges Reinigen für die Maschine vorbereitet werden. Die geprägten Hütchen fallen, von dem zurückgehenden Stempel abgestreift, in einen unter der Maschine stehenden Kasten (auf unserer Zeichnung weggelassen), werden sodann auf die Richtigkeit ihrer Abmessungen durch Aufsetzen auf einen stählernen Normalzündkegel geprüft, in trocknen Sägespänen zur Entfernung des Maschinenfettes gescheuert und zu je 100 oder mehr Stück in die Füllbreter, welche zu diesem Ende mit Löchern von der Größe der Hütchen versehen sind, eingesetzt. Der Zündsatz, aus 10 Theilen chlorsaurem Kali, 5 Theilen Schwefel und 3 Theilen Schwefelantimon in feingepulvertem Zustande mittels Durcheinandersieben sorgfältigst gemengt, bis die vorgeschriebene gleichartig hellgraue Färbung erscheint, wird alsdann in die Hütchen trocken eingefüllt, und zwar in der Art, daß je ein Füllbret nach dem anderen mit seinen Hütchen in einen Kasten eingesetzt wird, dessen metallener Deckel gerade so viel Löcher hat wie das Füllbret. Die Löcher des Deckels entsprechen nach Tiefe und Durchmesser der für ein Hütchen nöthigen Satzmenge. Zwischen dem durchlöcherten Deckel und dem Füllbret befindet sich ein verschiebbares Bretchen. Der Metalldeckel wird nun mit Satz gefüllt, das Bretchen weggenommen, und der Satz fällt so in gleichmäßiger Weise in die Hütchen des Füllbrets. Die einzelnen Hütchen kommen nun unter eine Vertikalpresse, welche den Satz stetig einpreßt und zugleich auf der äußeren Fläche des Hütchens den Fabrikstempel aufprägt. Der so in die Hütchen eingepreßte Satz erhält nunmehr entweder ein Deckplättchen oder einen dünnen Firnißüberzug, und die ganze Hütchenmenge wird vorsichtig in einem bestimmten Temperaturgrad mehrere Tage lang nach und nach getrocknet oder vielmehr von aller Feuchtigkeit befreit. Auf ein letztes Scheuern folgt alsdann die Prüfung der Hütchen in Bezug auf die Intensivität ihres Feuerstrahls, d. h. es werden aus einer größeren Menge einzelne Zündhütchen herausgegriffen, von denen keines versagen darf, wenn die übrigen für gut gelten sollen.

Es werden neuerdings die Zündhütchen in sehr verschiedenen Größen fabrizirt, den mannichfachen Zwecken entsprechend, zu denen sie verwendet werden. Bei den älteren Perkussionsgewehren vermag ein Zündhütchen von circa 3 Millimeter Durchmesser einen hinlänglichen Feuerstrahl zu entwickeln, um die Pulverladung in Brand zu setzen, bei den neueren Hinterladungsgewehren, wie Lefaucheur, Schneider u. A., genügen noch viel kleinere Kaliber, die dann gleich in der Patrone angebracht und mit einem Schlagstift versehen werden, welcher durch den Schlag des Hahnes in die Zündmasse getrieben wird. Es giebt aber auch viel stärkere Zündhütchen, deren Füllung nicht eine Pulverladung entzünden soll, sondern die durch die Explosion selbst soviel Gase entwickeln, daß sie direkt als Triebmittel dienen. Diese Zündhütchen mit doppelter, dreifacher u. s. w. Füllung haben einen entsprechend größeren Durchmesser und werden namentlich für Teschinen, Zimmerpistolen, auch für Revolver angefertigt.

Denn was das Feuer lebendig erfaßt,
Bleibt nicht mehr Unform und Erdenlast;
Verflüchtigt wird es und unsichtbar,
Eilt hinauf, wo erst sein Anfang war.
— Goethe.

Die Erfindung der Feuerzeuge und der Phosphor.

Feuer und Flamme. Wärmequellen auf der Erde. Feuerzeuge. Das älteste Reibfeuerzeug. Stahl und Stein. Der Feuerschwamm. Brenngläser und Brennspiegel als Feuerzeuge. Das pneumatische oder Kompressionsfeuerzeug. Das Döbereiner'sche Platinfeuerzeug. Das elektrische Feuerzeug. Chemisches Feuerzeug. Chlorsaures Kali. Congreve'sche Reibzünder. — Der Phosphor. Geschichte seiner Entdeckung durch Brandt und Kunkel. Vorkommen und Eigenschaften. Die Phosphorsäure und ihr Auftreten in der Natur. Darstellung des Phosphors aus Knochen. Seine Reinigung. Amorpher Phosphor. — Phosphorfeuerzeuge. Turiner Lichtchen. Streichhölzchen. Ihre Geschichte. Antiphosphorhölzchen und phosphorfreie Bündhölzchen. Schwedische Bündhölzer. — Fabrikation. Zurichtung der Hölzchen. Die Zündmasse. Das Betupfen. Fertigmachen und Verpacken.

Nehmt das Feuer von der Erde und die Menschheit wird wieder eine hülflose, schwerfällige, unglückliche Masse. Diese Erkenntniß beugt dem Feueranbeter die Kniee, sie unterhielt im Alterthume den Dienst der vestalischen Jungfrauen und bewahrt noch heute die heilige Lampe vor dem Verlöschen. Das Phosphorzündholz müßten wir mit der größten Achtung behandeln.

Wie rathlos kommen wir uns vor, wenn wir des Nachts das Büchschen mit Streichhölzern nicht finden können, und wie übermüthig behandeln wir die unscheinbaren Dinger, wenn wir in ihrem Besitze sind. Das ist das Loos jeder Erfindung, die mehr als einen überflüssigen Luxus befriedigt. Bei dem Eisen bedankt man sich nicht für die Sense, und bei dem Brote denkt man nicht des Pfluges. Wenn die Alten in der Prometheussage das Feuer als göttlichen Ursprungs und als alleiniges Eigenthum des Zeus schildern, dem es durch List entwendet werden mußte, so zeigen sie sich dankbarer als wir, denn sie zollten in Prometheus jedenfalls dem Erfinder der Kunst, Feuer anzumachen, ihre Verehrung.

So alt auch die Kunst, Feuer hervorzurufen, sein mag, so hat sie sich doch sehr allmählich erst entwickelt, und ihre Herausbildung auf die jetzige Stufe der Vollkommenheit verdankt sie erst der neueren Zeit; ja, die wesentlichsten Erfindungen sind ein Erfolg der letzten Jahre.

Entkleiden wir die Prometheusmythe alles poetischen Schmuckes und legen wir ihr die moderne Deutung der Verherrlichung einer glücklichen Erfindung unter, so drängt sich uns die Frage auf: in welcher Weise gelang es dem göttergleichen Heros, die Menschheit mit dem Feuer zu beschenken? Welcher Art war das Verfahren, welches jener erste Mensch einschlug, Feuer zu erwerben? Daß der Sohn des Japetos keine Zündhölzer in dem hohlen Rohre der Ferulstaude vom Olymp geholt, oder daß seine Erfindung nicht blos darin bestanden haben könne, das Feuer, wie es der Blitz in einem Walde entzündet, zu unterhalten, indem man ihm ununterbrochen Nahrung zuschiebt, leuchtet wol ein, obwol in den heiligen Feuern, die nach den Religionsgebräuchen vieler Völker nie verlöschen dürfen, ein Fingerzeig liegt, der uns darauf hinweist, mit welcher Pietät die Menschen in jenen Zeiten, in denen sie noch nicht oder nur mit großer Mühe vermochten, freiwillig und zu jeder Stunde Feuer anzufachen, die Erhaltung des einmal brennenden bewachten.

Feuer, von den Alten als eines der vier weltbildenden Elemente angesehen, ist nach den jetzigen Vorstellungen nichts Anderes als ein mit Licht- und Wärmeentwicklung verbundener Prozeß, welcher in der chemischen Verbindung irgend eines Körpers mit einem anderen besteht. Wenn wir in schmelzenden Schwefel eine genügende Menge Eisenfeilspäne werfen, so wird die Masse plötzlich rothglühend: das Eisen verbindet sich mit dem Schwefel zu Schwefeleisen, und bei diesem Prozeß entwickelt sich eine so bedeutende Hitze, daß dieselbe sich bis zur Feuererscheinung steigern kann. Wasserstoffgas und Chlorgas, in entsprechenden Verhältnissen gemischt und im Dunkeln in eine Flasche gebracht, entzünden sich augenblicklich, sobald das Gemisch dem hellen Sonnenlichte ausgesetzt wird, und die Vereinigung der beiden Gase, als deren Produkt Salzsäure hervorgeht, erfolgt unter heftigem Aufflammen. Kalium und Natrium, die Metalle aus der Potasche und der Soda, haben ein sehr intensives Bestreben, sich mit Sauerstoff zu verbinden. Wird ein Stückchen davon auf Wasser geworfen, so zersetzt es dasselbe augenblicklich in seine Bestandtheile, Sauerstoff und Wasserstoff; es verbindet sich unter violettem Glanze mit dem Sauerstoff, das Wasserstoffgas aber entzündet sich durch die entstehende Hitze und verbrennt mit selbständiger Flamme, indem es mit dem Sauerstoff der Luft sich wieder zu Wasser vereinigt.

Wie bei diesen, so ist bei allen Verbrennungen und in der That bei der größten Anzahl der Feuererscheinungen der chemische Prozeß die Ursache der Licht- und Wärmeentwicklung. Wir können sagen, das Eisen verbrannte im Schwefel, der Wasserstoff im Chlorgase, Kalium und Natrium im Sauerstoff; allein wir beschränken den Begriff des Verbrennens im gewöhnlichen Sprachgebrauch vorwiegend auf den Prozeß der Verbindung gewisser Körper mit Sauerstoff, sofern diese Verbindung mit intensiver Licht- und Wärmeentwicklung vor sich geht.

Flamme. Ist der brennende Körper ein gasförmiger, wie Wasserstoff, Leuchtgas u. s. w., so geschieht die Vereinigung mit Sauerstoff unter der Erscheinung einer Flamme; ist er aber ein fester Körper, so ist das Verbrennen nur ein Verglimmen ohne Flamme, höchstens von Funkensprühen begleitet. Eisen verbrennt in reinem Sauerstoffgase mit prachtvollem Licht, ebenso dünner Silber- oder Kupferdraht, wenn eine starke elektrische Entladung durch sie hindurchgeführt wird, aber es entsteht keine Flamme dabei, nur einzelne glühende Theilchen werden als leuchtende Funken umhergeschleudert. Dagegen giebt ja Schwefel eine ganz regelrechte Flamme, Phosphor ebenfalls, und doch sind beide feste Körper? Ganz recht, sie verwandeln sich aber vor der Entzündung durch die Hitze (das Anzünden) in Dampf, und die Flamme bezeichnet also nicht die Verbrennung des festen Schwefels, sondern immerhin des Schwefeldampfes. So ist es auch mit allen anderen Körpern, die mit Flamme brennen; sie verwandeln sich vor der Entzündung allemal erst in gasförmige Körper, und es kommt beim Entzünden nur darauf an, durch Erhitzung diese Umwandlung einzuleiten. Ist die Zersetzung einmal im Zuge, so erhält sich die Gasentwicklung durch die bei der Verbrennung entstehende Hitze von selbst im Fortgange. Der Docht einer Kerze arbeitet eben so, wie die Retorte in der Gasanstalt, nur daß das Gas nicht erst in einen Gasometer geleitet, sondern gleich am Orte der Darstellung auch verbrannt wird. Man kann dies Gas bei jeder brennenden Kerze sehen. Die Flamme besteht nämlich aus drei Partien: einer inneren dunklen, dem Theile, wo sich das entwickelte Gas zuerst ansammelt, so zu sagen dem Gasometer; einer darüber sich breitenden, hell brennenden Schicht, dem Orte, wo das austretende Gas eine theilweise Verbrennung erleidet, in welcher ausgeschiedene Kohlentheilchen in ein lebhaftes Glühen kommen, und endlich aus einem äußeren, schwach bläulich gefärbten Mantel, der sich durch die Verbrennung der letzten brennbaren Bestandtheile bildet.

Wärmequellen. Feuer entzündet wieder Feuer. Wo aber Feuer erst erweckt werden soll, muß die zum Anzünden nöthige Wärme vorher erzeugt werden. Sehen wir uns in der Natur um, so begegnen wir einer großen Zahl von Wärmequellen. Die Strahlen der Sonne führen der Erde die Wärme wieder zu, die sie auf ihrer Wanderung durch den kalten Weltraum durch Ausstrahlung immerwährend verliert und infolge welcher Auskühlung sie endlich zu einem kalten, todten Felsgerippe ohne alles Leben erstarren müßte. Denn die eigene, ihr innewohnende Wärme, die den Kern noch in feurigem Fluß erhält und in den Lavaergüssen feuerspeiender Berge zu Tage tritt, würde in fortwährendem Verluste endlich sich erschöpfen, wenn nicht der Abgang durch irgend eine Zufuhr ausgeglichen würde.

Fig. 301. Die Flamme.

Diese Sonnenwärme ist ihrem Wesen nach durchaus nichts Anderes, als diejenige Wärme, welche auch auf der Erde infolge des Zusammenwirkens chemischer und physikalischer Kräfte erregt wird. Wir können denselben Effekt hervorbringen mit dem Funken der Elektrisirmaschine, wie mit den wärmenden Sonnenstrahlen, wenn wir es vermögen, die Wirkung genügend zu verstärken. Der Blitz ist ein elektrischer Funke. Er entzündet, wohin er schlägt, und schmilzt zu Schlacken oder verdampft, was er trifft. Und der Funke, den ihr aus der Elektrisirmaschine springen seht, ist nichts Anderes, nur ist der Blitz ein besonders großer Funke. Die alte Meinung, daß durch den Blitz entzündetes Feuer nicht zu löschen sei, gehört unter jene verwerflichen Fabeln, deren Ausrottung der größte Dienst ist, den man der Menschheit leisten kann. Außer der Sonne, außer dem Heraufbringen der Wärme aus dem Innern der Erde selbst, außer physikalischen Kräften, wie Elektrizität und Magnetismus, ist endlich der auf der Erde nie ruhende Prozeß der chemischen Umbildung, der das ganze Leben erhält und das wunderbare Getriebe von Keimen, Blühen und Sterben begleitet und bedingt, eine fortdauernde Ursache der Wärmeentwicklung. Steigert er sich auch nicht immer bis zur Feuererscheinung, so beweist die erhöhte Temperatur der Bodenschichten, innerhalb welcher animalische und vegetabilische Ueberreste zu Humus zerfallen, und beweisen tausend andere Vorgänge, daß auch bei den scheinbar unbedeutendsten Zersetzungen und Neugestaltungen eine Aenderung in den Wärmeverhältnissen niemals fehlt. Chemische Prozesse können wir überall hervorrufen, und da dieselben von einer so großen Mannichfaltigkeit und unter so verschiedenartigen Verhältnissen eintreten können, so ist uns damit auch die Möglichkeit geboten, ohne die gebräuchlichen Feuerzeuge auf mancherlei Weise uns in den Besitz von Feuer zu setzen. Unsere Voreltern konnten dies nicht in dem Maße, denn die Bedingungen energischer chemischer Einwirkungen müssen erst geschaffen werden, weil in der freien Natur die kräftig sich verbindenden Stoffe einander selbst zu finden wissen und die starken chemischen Verwandtschaften schon eine Ausgleichung erlitten haben mußten, ehe auf der Erde Menschen wohnen konnten. Mit vieler Mühe sind jene Verbindungen erst wieder getrennt worden und werden täglich geschieden, um der Technik und Kunst die Stoffe in ihrer einfachen Form darzubieten. Alle Metalle fast, die unter den Menschen cirkuliren,

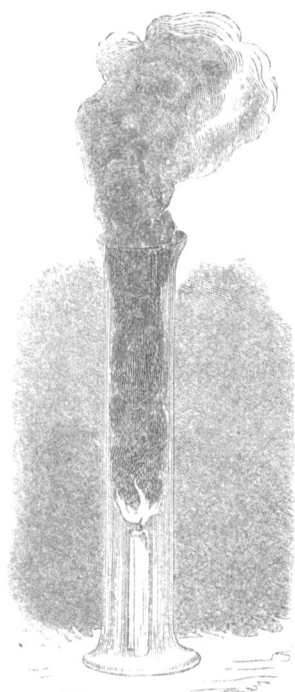

Fig. 302. Mangel an Sauerstoff.

mit Ausnahme von Gold und seinen edelsten Begleitern, sind auf solche Weise rein dargestellt und aus Verbindungen abgeschieden worden, die sie, sich selbst überlassen, zu schließen immer geneigt sind und die wir, wenn wir sie in der Natur antreffen, Erze nennen; eine Anzahl anderer künstlich dargestellter Körper giebt es daneben, die eben so durch ein großes Verlangen charakterisirt sind, sich wieder zu zusammengesetzteren, aus denen sie auf verschiedenen Wegen getrennt worden sind, zu verbinden. Aber alle diese Körper sind Produkte, deren Darstellung erst nach langwierigen Forschungen möglich geworden ist und die also dem ersten „feuerbedürftigen" Menschen keine Mittel zu Feuerzeugen sein konnten. Die Apparate, kleine Wärmemengen zu erzeugen und in ihrer Wirkung dadurch zu verstärken, wie wir sie z. B. in den Brenngläsern besitzen, haben auch erst erfunden werden müssen, und in der That war dem ältesten Kulturzeitalter nur ein einziger Ausweg geblieben, den sie in allen Erdtheilen, unabhängig von einander, aufgefunden und betreten haben.

Feuerzeuge. Wenn ihr mit eurer Hand über eine rauhe Fläche streicht, so empfindet ihr in den Fingern das Gefühl der Wärme; gleitet ihr an einer Stange, an einem Stricke schnell hinunter, so könnt ihr durch die Hitze Brandwunden davontragen. Die Achsen der Wagen rauchen, wenn sie nicht geschmiert worden sind; ein Stück Metall, wenn man es auf einem Steine abschleift, kann sich bis zum Glühen erhitzen. Was ist der Grund dieser Wärmeerscheinungen? Nichts Anderes als Reibung. Es ist eine merkwürdige Thatsache, daß sich mechanische Kraft in Wärme umwandeln läßt, umgekehrt, wie in der Dampfmaschine Wärme in mechanische Kraft verwandelt wird; der erstere Fall tritt bei der Reibung ein. Wir können eben so gut durch rasch und fortdauernd auf ein Metallstück geführte Hammerschläge die Temperatur des Metalles bis zur Glühhitze steigern. Dies Gesetz der Umwandlung der Kraft ist erst in unserer Zeit, in den letzten Jahrzehnten entdeckt worden, und doch hatten die ersten Menschen, die ein Feuerzeug konstruirten, seine Anwendung bereits vor Augen. Es ist nicht anders als anzunehmen, daß das erste Feuerzeug ein Reibfeuerzeug war, und zwar werden wir wenig irren, wenn wir als die ursprüngliche Form desselben diejenige ansehen, die von vielen Reisenden, sowol bei den Insulanern der Südsee als bei den Grönländern und den Indianern Amerika's angetroffen wurde und die ihren Zweck nach unseren Begriffen freilich höchst mangelhaft, nach den Ansichten der durch unsere Bequemlichkeit und unsere mannichfachen Hülfsmittel nicht verwöhnten Naturvölker aber doch so vollständig erfüllte, daß z. B. die Grönländer noch zu Anfange dieses Jahrhunderts es vorzogen, auf ihre gewohnte Weise durch Reiben zweier Holzstücke auf einander sich Feuer zu verschaffen, und die ihnen dargebotenen Steinfeuerzeuge als unpraktisch auf die Seite warfen.

Wer etwa von unseren Lesern den Versuch gemacht haben sollte, sich mittels zweier Holzstücke seine Cigarre anzünden zu wollen, dürfte aber doch auf Schwierigkeiten gestoßen sein, die ihm sein Vorhaben als unausführbar erscheinen ließen. Die Sache hat nämlich ihre eigenen Vortheile, deren wichtigster darin besteht, die Bewegung der Hölzer auf einander möglichst rasch und möglichst lange ohne zu große Anstrengung fortsetzen zu können. Zu diesem Behufe hat man dem beregten Feuerzeuge fast in allen Erdtheilen gleicher Weise folgende Einrichtung gegeben: ein Bret oder Holzklotz von 15—20 Centimeter Länge, aus weichem Holze, hat auf seiner Oberfläche mehrere halbrunde Vertiefungen, in welche ein 2—3 Centimeter starker Stab von hartem Holze eingestemmt oder gedreht werden kann. Die Löcher in dem ersteren Holzstücke werden, wenn Feuer angemacht werden soll, mit einem leicht fangenden Zunder, vermodertem Holze oder dergleichen, angefüllt und der harte Holzstab wird in dieser Masse in eine schnell rotirende Bewegung versetzt, entweder indem er wie ein Quirl mit den Händen gedreht wird oder, und zwar besser, indem man eine an einem Bogen befestigte Schnur um ihn wickelt und durch deren Hin= und Herziehen die Bewegung unterhält. Während das Zünderbret mit den Füßen festgehalten und von der einen Hand die Schnur regiert wird, hält die andere den Friktionsstab durch ein zweites Holzstück aufrecht, damit er nicht aus seiner Vertiefung herausspringt. Es ist möglich, durch eine solche Vorrichtung dem Stabe eine ungemein rasche Drehung und durch den Druck mit der linken Hand eine sehr bedeutende Reibung zu geben. Die Hitze, die sich infolge dessen erzeugt, genügt, um sehr bald den Zunder ins Glimmen zu bringen, und die schwachen Funken beleben sich rasch zur hellen Flamme, wenn trockenes Heu, Stroh oder andere leicht feuerfangende Gegenstände um das Holzstück gewickelt und durch Laufen oder Wehen mit den Armen ein lebhafter Luftzug hervorgerufen wird.

Fig. 303. Das Feuerpinken.

Dieses Feuerzeug war einer großen Vervollkommnung nicht fähig, es ist daher das nächst höhere Stadium in der niederen Feuerwerkerei gleich durch eine völlig neue Erfindung charakterisirt, die im Grunde aber auf denselben Prinzipien wie das vorige Feuerzeug beruht.

Stahl, Stein und Schwamm. Das Stein=, vulgo Pinkfeuerzeug, das vor wenigen Jahren noch seinen Platz am häuslichen Herde der kultivirtesten Nationen hatte, ist unstreitig nach dem Holzfeuerzeuge das älteste. Aus den Zeiten der alten Römer sind Zunderschachteln von künstlicher Arbeit auf uns gekommen, die im Innern ganz unseren alten Blechkästen entsprechend eingerichtet waren. Wir wissen nicht das Geburtsjahr der Erfindung des Steinfeuerzeuges annähernd zu bestimmen; daß man aber verhältnißmäßig spät erst darauf kommen konnte, das wird dadurch bewiesen, daß man vorher mit der Bearbeitung der Metalle schon vertraut sein mußte. Wir erwähnten bereits, wie in Bezug auf das innere Wesen dieses Feuerzeug sich seinem Vorgänger anschließt, wenn ein solcher Zusammenhang sich dem ersten Blicke auch nicht so ersichtlich zeigt. Es ist hier aber ebenfalls die mechanische Kraft der Arme, die durch die Reibung in Wärme umgewandelt wird. An einem Stahle (dem Feuerstahle) wird ein scharfkantiger Stein (Feuerstein) derart rasch herabgeschlagen, daß durch die schneidigen Kanten und die Geschwindigkeit der Bewegung kleine Splitterchen von der Oberfläche des Stahles abgehobelt werden, die, weil sie durch die Reibung im höchsten Grade sich erhitzen, als glühende Funken herunterfallen und, wenn sie den Zunder treffen, diesen erglimmen machen. Der Zunder hat die Aufgabe, die kurze Dauer des Funkens zu verlängern, so daß man daran Schwefelfäden oder andere leicht feuerfangende Körper zu entzünden vermag. Er wird aus den verschiedensten Stoffen hergestellt, und es zeigen sich eben so gut verkohlte Leinwandfetzen, als mit Salpeterlösung getränkte Faserstoffe, woraus die Lunten gemacht wurden, oder mit verdünnter Salpetersäure behandelte Baumwolle, oder endlich der bekannte präparirte Feuerschwamm als zweckentsprechende Mittel.

Fig. 304. Stahl, Stein und Zunder.

Es sei erlaubt, an dieser Stelle noch einige Worte dem Feuerschwamm zu widmen, zumal da, so verbreitet derselbe früher auch war, doch die Zeit nicht mehr fern sein dürfte, wo das gemüthlichste aller Feuerzeuge, wo der brenzliche Duft des Schwammes nur noch zu den verlöschenden Jugenderinnerungen gehören, und wo er nimmer auf Erden, höchstens in den überirdischen Regionen der Maurer, als heiliges Symbol des Fleißes angetroffen werden wird; wo selbst sein Name vergessen werden würde, wenn nicht jener würdige Mann auf dem Mühlendamm durch den projektirten Verkauf einer der verbreitetsten Sorten ihm einen Platz in der deutschen Poesie gesichert hätte. Der Feuerschwamm, von welchem der Ulmer und der Neustädter als die besten Sorten gelten, wird aus einem Pilze von der Gattung der Polyporen, die zu den Hutpilzen, Pileati, gehören, dargestellt, der vorzüglich an alten Buchen, Birnen- und Aepfelbäumen in reichlicher Menge und oft, wie im Böhmerwalde, in beträchtlicher Menge vorkommt. Diese Pilze, von denen der Polyporus fomentarius unser Lieferant ist, während der Polyporus igniarius trotz seines Namens als der unechte Feuerschwamm bezeichnet werden muß, bilden meist halbkegelförmige oder hufförmige Gestalten, die mit der Spitze nach unten an den Stämmen der Bäume angeheftet erscheinen, so daß sie den Eindruck machen, als wären sie mit Fleiß von Menschenhand angebracht, um einer Büste oder Statue zum Postamentchen zu dienen. Ihre Oberfläche ist braun oder grau bis in die dunkelsten Nuancen und mit konzentrischen Furchen versehen, die das Jahresalter des Pilzes angeben. Das Innere ist bei den verschiedenen

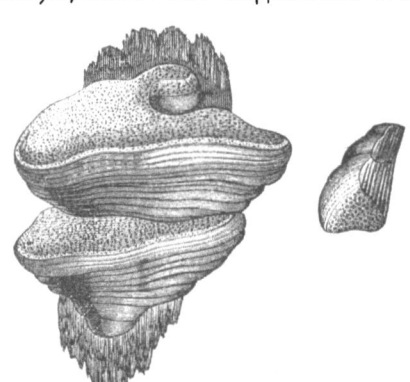

Fig. 305 u. 306. Der Feuerschwamm.

Arten verschieden gefärbt, weiß, grau oder lederfarbig bis rothbraun, und geht in enge Röhren aus. Obwol der Feuerschwamm auch schmarotzend auf Tannen und anderen Nadelhölzern wächst, so wird diesem doch der auf Laubhölzern gewachsene vorgezogen wegen der feineren, dichteren und gleichmäßigeren Beschaffenheit seines Zellgewebes. Dieser Pilz wird in den Wäldern gesammelt, und nachdem die tauglichsten Exemplare davon in lederartige Platten zerschnitten worden sind, werden aus diesen mittels scharfer, messerartiger Instrumente alle harten, holzigen und ungleichen Partien entfernt, die guten Stücke aber mit kochendem Wasser behandelt, mittels hölzerner Schlägel dünn gepocht, in Lauge gesotten und, wenn von dieser der letzte Rest ausgewaschen ist, endlich in einer Salpeterauflösung gekocht, obwol die besten Schwämme auch ohne diese Beizmittel ein ausgezeichnetes Produkt geben. Der vorher harte Schwamm erlangt so eine weiche, lederartige Beschaffenheit, und er ist, nachdem er gut getrocknet, zum Gebrauch fertig. Er muß weich wie sämisches Leder sein, und man sieht zuweilen noch Schwammmacher, welche diese Eigenschaft benutzen und sich aus besonders schönen Pilzen eine Mütze ohne Naht klopfen. Der Salpeter erhöht die Eigenschaft seiner Entzündlichkeit; er ist es auch, der dem Schwamme die blutstillende Kraft verleiht, von welcher mancher wagehalsige Barbier einen mehr als menschlichen Gebrauch macht. Die alten Römer kannten, wie vieles andere Schöne, so auch den Feuerschwamm, wenigstens seine Zubereitung nicht; sie bedienten sich in ihrem Ignitabulum, wie sie das Feuerzeug nannten, lediglich des gebrannten Zunders. Statt dessen aber war ihnen ein anderes Feuerzeug bekannt, und es wurde dasselbe bei ihnen viel höher gehalten als das Steinfeuerzeug, weil bei ihm nicht menschliche Hand und Mühe, sondern der göttliche Strahl der Sonne, „Helios' höchstes Gut", selbst die Flamme erweckte.

Brenngläser und **Brennspiegel** waren den alten Thrakiern schon bekannt, welche die ersteren aus Krystall zu schleifen, letztere aus Bronze darzustellen verstanden, und sie wurden als Feuerzeuge benutzt, die heiligen Feuer der Vesta, wenn dieselben durch Nachlässigkeit der hütenden Jungfrauen verlöscht waren, wieder zu entflammen. Von welcher Größe und Wirkung man derartige Instrumente fertigen konnte, das beweist die Erzählung, nach welcher Archimedes die Schiffe der feindlichen, Syrakus belagernden Flotte von den Wällen der Stadt aus mittels Brennspiegel in Brand setzte. Wo ein ewig blauer Himmel sich über die Erde spannt, dort ist das Brennglas noch heutzutage — aber auch nur zu Tage — das einfachste und sicherste Feuerzeug; aber Länder, in denen die Sonne sich den bei weitem größten Theil des Jahres hinter Nebel und Wolken verbirgt, mußten nach anderen Hülfsmitteln suchen, und daher trifft man die Brenngläser auch nur

Fig. 307. Das Brennglas als Feuerzeug.

selten noch bei Schäfern oder Jägern als Feuerzeuge in Gebrauch, oder man findet sie höchstens in Parks oder Gärten aufgestellt, um das Eintreten der Mittagsstunde der Nachbarschaft zu verkünden. Ein solcher Apparat besteht dann gewöhnlich aus einer kleinen Kanone, die jeden Morgen mit Pulver geladen wird und über welcher ein Brennglas derart aufgestellt ist, daß, wenn die Sonne im Mittag steht, ihre Strahlen durch das Glas gerade auf das Zündloch fallen und das dort offen liegende Pulver entzünden. Jeden Mittag Schlag oder vielmehr Schuß 12 Uhr kann man im Palais-Royal in Paris alle Welt ihre Uhren nach einem solchen Sonnenweiser richten sehen, wenn nicht Jupiter Pluvius dem Vater Chronos in gewohnter Weise ein Schnippchen schlägt.

Mit den Brenngläsern und den Brennspiegeln schließt, wenn wir so sagen dürfen, die erste Periode in der Geschichte der Feuerzeuge. Kann es auch nicht geleugnet werden, daß die Herstellung von Krystallbrenngläsern und Brennspiegeln, wenn sie auch noch so unvollkommen gewesen sein sollten, schon eine bedeutende Kultur voraussetzt, so basirt doch die Anwendung derselben zum Feuermachen auf Beobachtungen, die leicht der Zufall machen ließ, während dem nächst zu betrachtenden Feuerzeuge die Anwendung eines Gesetzes zu Grunde liegt, das sich erst einem genaueren Studium der Natur der gasförmigen Körper eröffnet haben kann.

Das **pneumatische** oder **Kompressionsfeuerzeug**, so unscheinbar dasselbe auch auftritt, so merkwürdig und überraschend ist seine Wirkung. Jeder Körper, wenn er verdichtet wird, so daß er nach dem Zusammenpressen einen geringeren Raum einnimmt als vorher, entwickelt Wärme, die ebenfalls als Reibewärme angesehen werden kann, denn sie entsteht durch die Friktion, welche die kleinsten Theilchen der Masse an einander erleiden, wenn sie sich infolge des Druckes, der Zusammenpressung, einander mehr nähern und dichter zu einander zusammenrücken müssen. Feste und flüssige Körper lassen nur eine verhältmäßig geringe Verdichtung zu, es ist daher die Wärmevermehrung bei ihnen auch schwieriger zu beobachten; gasartige Körper dagegen lassen sich durch Druck auf ein immer kleineres Volumen zusammenpressen und zeigen dann dabei eine Erhöhung der Temperatur, die um so bedeutender wird, je rascher die Verdichtung und je weiter sie vor sich geht. Es besteht dieses Feuerzeug nämlich aus einem metallenen Stiefel AB (s. Fig. 308), in welchem sich ein luftdicht schließender Kolben bc auf- und abbewegen läßt. Ist der Kolben herausgezogen, so füllt sich der ganze Stiefel mit Luft, die nicht entweichen kann, sondern sich verdichten muß, wenn man den Kolben aufsetzt und in den Stiefel hineinpreßt. Geschieht die Kompression durch einen einzigen raschen Stoß, so kann durch die Erwärmung ein Stück Schwamm, welches an der Unterfläche des Kolbens vorher angebracht worden ist, zum Glimmen gebracht werden.

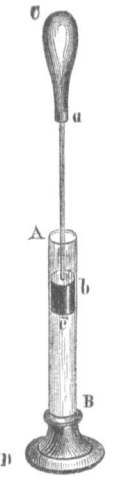

Fig. 308. Das pneumatische oder Kompressionsfeuerzeug.

Bei den früher, namentlich bei Fuhrleuten, beliebten pneumatischen Feuerzeugen hatte der Cylinder die Form eines Stiefels, der mit seiner Sohle an irgend einer Mauer angestoßen wurde, daher der Name Stiefelfeuerzeuge.

Bis hierher geht das graue Alterthum der Feuerzeuge, d. h. diejenige Zeit, welche uns noch nicht erlaubt, unsere Vorstellungen an Jahreszahlen zu ketten und sie chronologisch zu ordnen. Jetzt aber lichtet sich das Gebiet. Wir brauchen weniger der Vermuthung über das Recht der Erstgeburt Raum zu geben, die Erfindungen und Verbesserungen unseres Instrumentes gehen genau Hand in Hand mit den Entdeckungen der Physik und Chemie, welchen sie bisweilen Veranlassung, bisweilen Folge waren.

Das Döbereiner'sche Platinfeuerzeug. Bekanntlich läßt sich das zu Anfange des vorigen Jahrhunderts von den Spaniern im südlichen Amerika entdeckte, durch Wood 1741 nach England gebrachte und von dem deutschen Chemiker Döbereiner auf Veranlassung des Großherzogs Karl August von Weimar genauer untersuchte Platin auf geeignete Weise als ein ungemein poröser Körper, der sogenannte Platinschwamm, darstellen. Nun ist es ein merkwürdiges Vermögen poröser Körper, wie feinlöcheriger Holzkohle oder eben dieses Platinschwammes, auf ihrer Oberfläche, in dem Innern der Poren gewisse Gasarten in großer Menge aufzusaugen und zu verdichten, bei welcher Verdichtung denn, wenn dieselbe rasch erfolgt, gerade wie im pneumatischen Feuerzeuge, Wärme ent-

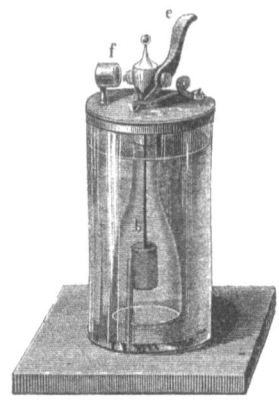

Fig. 309. Das Döbereiner'sche Platinfeuerzeug.

wickelt wird, die sich so weit steigern kann, daß das Platin dadurch ins Glühen versetzt wird. Ist das Gas, welches verdichtet wird, selbst ein brennbares, so entzündet es sich an dem glühenden Metall, und diese Thatsache liegt dem Döbereiner'schen Platinfeuerzeuge zu Grunde, von welchem die beistehende Abbildung (s. Fig. 309) eine vollständige Ansicht giebt.

Es besteht dasselbe aus einem Glas-, Metall- oder Porzellangefäß, welches oben durch einen Deckel geschlossen und mit verdünnter Schwefelsäure bis ungefähr zu $^{2}/_{3}$ angefüllt wird. Von diesem Deckel aus ragt ein nach unten zu geöffneter Cylinder b in die

Flüssigkeit, von dem aus oben, durch den Deckel hindurch, eine durch eine Feder e verschlossen gehaltene Oeffnung, der Kapsel f gegenüber, ausgeht. Diese Kapsel ist mit Platinschwamm angefüllt. In dem Chlinder b aber ist ein Stück Zink an einem Messingdrahte aufgehängt, so daß es mit seinem untersten Ende ein wenig höher sich befindet als der untere Rand des Chlinders. Wird nun der Deckel auf das mit verdünnter Schwefelsäure versehene Gefäß aufgesetzt, so taucht der innere Chlinder und mit ihm das Zink in die saure Flüssigkeit und es beginnt augenblicklich eine Zersetzung des Wassers, indem sich der Sauerstoff desselben mit dem Zink und der Schwefelsäure zu schwefelsaurem Zinkoxyd vereinigt, der Wasserstoff aber frei wird und sich im Innern des Chlinders über der Flüssigkeit ansammelt. Die Zersetzung dauert so lange fort als das Zinkstück mit der Schwefelsäure in Berührung ist, und da das Wasserstoffgas keinen Ausweg findet — denn für gewöhnlich wird die einzige kleine Oeffnung durch die Feder e verschlossen, so drückt es allmählich die Flüssigkeit aus dem Innern des Chlinders heraus in das größere Gefäß und bewirkt dadurch, daß endlich das Zink außerhalb der Flüssigkeit zu hängen kommt, von wo an dann kein Gas sich mehr entwickeln kann. Die Flüssigkeit im größeren Gefäße drückt aber ihrerseits wieder auf das Gas; öffnet man demselben durch die Feder e den Austritt aus dem Chlinder, so strömt es so lange aus, bis die Schwefelsäure innerhalb des Chlinders so hoch steht wie außerhalb. Bei diesem Ausströmen trifft das Gas direkt auf den in der Kapsel f befindlichen Platinschwamm; es wird augenblicklich verdichtet, das Platin kommt dadurch ins Glühen und entzündet das noch nachströmende Gas, welches so lange, als die Feder geöffnet erhalten wird, mit schwachblauer, aber sehr hitzender Flamme weiter brennt, vorausgesetzt, daß nicht unter der Zeit der Gasvorrath im Innern des Chlinders sich aufzehrt.

Von Zeit zu Zeit, wenn sich die Flüssigkeit mit Zink gesättigt hat, muß dieselbe entfernt und neue verdünnte Schwefelsäure (1 Theil englische Schwefelsäure mit 4 Theilen Wasser vorsichtig in einer großen Schüssel so gemischt, daß man unter Umrühren die Säure

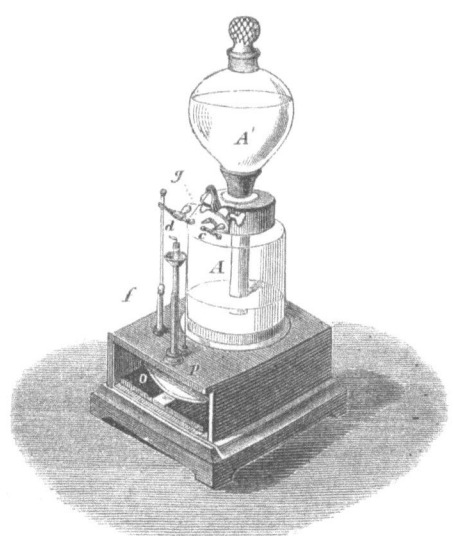

Fig. 310. Das elektrische Feuerzeug.

in einem feinen Strahle in das Wasser gießt) in den Apparat gegeben werden. Wenn der Platinschwamm schlecht geworden ist, dadurch vielleicht, daß sich nach längerer Ruhe des Apparates Staub hineingesetzt hat, durch den sich leicht die Poren verstopfen, so genügt es häufig, die Kapsel in der Flamme einer Berzeliuslampe auszuglühen oder noch einfacher mittels eines brennenden Spanes das Wasserstoffgas des Apparates zu entzünden und die heiße Flamme auf die Kapsel schlagen zu lassen.

Mit dem Döbereiner'schen Feuerzeuge hat das elektrische Feuerzeug eine große Aehnlichkeit. Dasselbe ist zwar der Zeit seiner Erfindung nach älter als jenes, denn es soll bereits im Jahre 1770 von Fürstenberg in Basel konstruirt und einige Jahr später durch Ehrmann in Straßburg bekannt gemacht worden sein; die geistreiche Einrichtung aber, die es jetzt hat, erhielt es erst im Laufe der Zeit durch das Platinfeuerzeug, und wir zogen es deshalb vor, der Uebersichtlichkeit wegen das Prinzip an dem Döbereiner'schen Feuerzeuge, dessen Erfindung aus den Zwanziger Jahren stammt, zu erläutern.

Das **elektrische Feuerzeug** hat statt des Platinschwammes zwei Metallspitzen, zwischen denen in demselben Augenblicke, als eine Feder niedergedrückt wird und das Wasserstoffgas ausströmt, ein elektrischer Funke überschlägt, der die Entzündung bewirkt. Auf welche Weise dieser Funke hervorgerufen wird, zeigt uns ein Blick auf die vorstehende Abbildung (s. Fig. 310), welche uns das elektrische Feuerzeug in seiner ursprünglichen Einrichtung vorführt. Nach dieser wird der Wasserstoff in dem Gefäße A entwickelt; die Spannung des Gases treibt die Schwefelsäure hinauf in das Gefäß A′, von wo diese auf das Gas einen Druck ausübt, der dasselbe zur Oeffnung der Spitze hinauspressen möchte. Dieser Weg ist aber für gewöhnlich verschlossen und öffnet sich nur durch einen kleinen Hebel, der seinerseits mit einer seidenen Schnur in Verbindung steht, welche den Deckel eines im unteren Kasten stehenden Elektrophors abhebt. Derselbe berührt einen von der Spitze ausgehenden Metalldraht, theilt diesem seine Elektrizität mit, welche auf die andere mit dem Harzkuchen des Elektrophors verbundene Metallspitze als ein Funke überspringt und dabei den zwischen den Spitzen durchgehenden Wasserstoffstrom entzündet. Von Zeit zu Zeit muß der Harzkuchen wieder geladen, d. h. mit einem Fuchsschwanz oder einem Katzenfell herzhaft gepeitscht werden, denn er verliert, vorzüglich bei feuchter Witterung, allmählich seine Spannung, und in diesem Nachlassen der Wirksamkeit, die auch durch Staub, auffliegende kleine Fäserchen u. s. w. sehr beeinträchtigt wird, mag wol der Hauptgrund mit liegen, daß dieses Instrument nur wenig in Gebrauch gekommen ist. Für den täglichen Bedarf ist es zu komplizirt, und Reparaturen sind daran noch schwieriger auszuführen als bei dem Döbereiner'schen, welches den Vorzug größerer Einfachheit besitzt und sich leichter einer Form anpassen läßt, die es zu einer geschmackvollen Zimmerzierde machen kann.

Trotz seiner Vorzüge aber wurde dem Platinfeuerzeuge bald der Rang abgelaufen durch die anderen Feuerzeuge und unter diesen namentlich durch die Phosphorzündhölzer, welche bald nach dem Bekanntwerden des Phosphors erfunden wurden und von Stund' an von der Technik ganz ausschließlich bevorzugt und gehätschelt worden sind. Auch das Publikum wandte sich wankelmüthig den ungezogenen Kleinen zu, übersah geduldig ihre Unarten um des großen Vortheils willen, daß sie leicht und bequem sich transportiren ließen, ein Vorzug, der allerdings dem elektrischen sowie dem Döbereiner'schen Platinfeuerzeuge, deren Wirkung auf das Zimmer beschränkt war, vollständig abging.

Zuvor aber, ehe wir zur Besprechung dieser wichtigsten Feuerzeug-Industrie übergehen, müssen wir noch des speziell unter dem Namen

Chemisches Feuerzeug bekannten Apparates Erwähnung thun, der in verschiedenen Gestalten lange Zeit sich einer wohlverdienten Würdigung erfreute. Das alte Schwefelholz erfuhr hier die erste Vervollkommnung. Es wurde an dem geschwefelten Ende mit einer Mischung von Zucker und chlorsaurem Kali, die man mittels Gummi oder Traganthschleim verband, überzogen. Diese Mischung hat nämlich die Fähigkeit, beim Benetzen mit konzentrirter Schwefelsäure unter Feuererscheinung zu verpuffen und dabei eine so intensive Wärme zu entwickeln, daß sich der darunter liegende Schwefel entzündet. Die Schwefelsäure zersetzt das chlorsaure Kali und die dabei frei werdende Chlorsäure ist von so großer oxydirender Kraft, daß sie Schwefel oder organische, leicht brennbare Körper ohne Weiteres zu entzünden vermag. Da aber durch Verpuffen leicht Tröpfchen von Schwefelsäure umhergeschleudert wurden, wenn man dieselbe zu reichlich zur Benutzung anwendete, so bediente man sich kleiner Glasflaschen mit eingeriebenem Glasstöpsel, die man zur Hälfte mit fest eingestampftem und mit Schwefelsäure getränktem Asbest anfüllte; die Zündhölzer wurden nun auf dieses Asbestkissen mit ihrem präparirten Ende gestoßen und entnahmen demselben eine genügende Menge Schwefelsäure, um die Entzündung einzuleiten. Es ist nicht bestimmt, von wem diese Erfindung ausgegangen ist, und man darf wol die Vermuthung haben, daß in verschiedenen Ländern die Idee dazu gleichzeitig zur Ausführung gekommen sei. In Wien kostete 1812 das Hundert solcher Hölzchen noch 1 Gulden Wiener Währung, ein Preis, der allerdings von der Konkurrenz noch nicht sehr beeinflußt erscheint und der darauf schließen läßt, daß damals die Sache noch eine Neuheit war. Eine besondere Abart dieses Feuerzeuges war ein um 1830 unter dem Namen Prometheans vorzüglich in England verbreitetes Zündpräparat, das aber seines hohen Preises wegen auf dem Kontinente keine große Verbreitung gefunden hat. Das Gemisch von Zucker und chlorsaurem Kali war bei ihm in ein dünnes Röllchen von Papier gefüllt, welches überdies ein kleines, auf beiden Seiten zugeschmolzenes Glasröhrchen voll Schwefelsäure enthielt. Indem man das Glasröhrchen zwischen zwei harten Körpern, in der Regel einer eigens zu diesem Zwecke mitverkauften Zange, zerdrückte, kam die Schwefelsäure mit der Zündmasse in Berührung und bewirkte die Entflammung derselben.

Das chlorsaure Kali hat sich von diesem chemischen Feuerzeuge an in allgemeiner Benutzung erhalten. Es bildete auch bei einer eigenthümlichen Art Reibhölzer (den Congreve'schen Reibzündern), welche 1823 aufkamen, den wesentlichsten Bestandtheil der Zündmasse, die aus chlorsaurem Kali und dem doppelten Quantum Schwefelantimon bestand und mit einem geeigneten Bindemittel als Ueberzug über den Schwefel der Zündhölzer aufgetragen wurde. Wenn man die Masse zwischen zwei Flächen von Sandpapier, welche mit den Fingern zusammengepreßt wurden, hindurchzog, so entzündete sich infolge der Reibung das Gemisch. Allein es erforderte dies immer einen bedeutenden Druck, und nicht selten rieb sich dadurch das Zündpräparat von den Hölzern ab und verpuffte zwischen den rauhen Flächen, ohne das Hölzchen zu entzünden, oder aber der Zündkörper flog brennend weg und übertrug das Feuer auf Stellen, wo man es nicht wollte.

Hier also war das Feld der Verbesserungen. Man griff zu dem Phosphor, den man schon früher zu diesem Industriezweig heranzuziehen versucht hatte, um eine andere Zündmasse zusammenzusetzen. Ehe aber die Phosphorzünder ihre jetzige Ausbildung erlangten, haben sie eine bedeutende Umwandlung erfahren, und die heutigen Salon-Zündhölzchen oder Zündkerzen sind mit den ersten Versuchen, die leichte Entzündbarkeit des Phosphors zur Herstellung von Feuerzeugen zu benutzen, eben durch nichts weiter verwandt, als durch die Gegenwart des Phorphors.

Der Phosphor. Dieser interessante Körper wurde vor zwei Jahrhunderten entdeckt. Es ist eins jener zufälligen Ergebnisse, mit welchen die an und für sich sinnlosen Versuche der Alchemisten die Nachwelt beschenkt haben. Ein Hamburger Kaufmann nämlich, Namens

Fig. 311. Chemisches Feuerzeug.

Brandt (oder Brand) war, um seinen zerrütteten Vermögensverhältnissen aufzuhelfen, unter die Goldmacher gegangen, deren Kunst damals ungefähr in derselben Blüte bei Hoch und Niedrig stand, wie vor wenigen Jahren das Tischrücken. An die Transmutation, wie die für möglich gehaltene Verwandlung unedler Metalle in Gold und Silber durch gewisse, aber eben noch zu erforschende Verfahren und Tinkturen genannt wurde, glaubte damals Jedermann, und es kam nur darauf an, der Erste zu sein, der den Stein der Weisen fände. Brandt hatte wol schon lange ohne Erfolg laborirt, ehe er zu der Ueberzeugung kam, daß auf dem bisher eingeschlagenen Wege für ihn nichts zu erreichen sei; er verfiel endlich darauf, aus den Produkten des lebendigen Organismus selbst das geheimnißvolle Prinzip auszuscheiden, und hielt den Urin für den lohnendsten Ausgangspunkt seiner Unternehmungen. Heute lächeln wir über eine solche Auffassung. Damals aber, wo man die Vorgänge des Lebens durch exakte Forschung auch im Geringsten noch nicht zu beleuchten im Stande war, und wo phrasenhaftes, dunkles Wortgeklingel für Kenntniß, Glauben und Meinen für Wissen gehalten und die Gesetze eher, als die Beobachtungen gemacht wurden, damals hatte für einen Dilettanten, wie Brandt war, der Gedanke einen plausiblen Anschein, daß der Mensch die vollkommenste Maschine sei, in der alle Stoffe und alle Kräfte in der höchsten, feinsten Ausbildung angetroffen werden und wirken; was von dieser Quintessenz der Schöpfung, von dieser Welt im Kleinen, dem Mikrokosmus, ausgeschieden und abgesondert werde, das natürlich müsse das Allerfeinste, das Allerwirksamste sein, und im Harn könne daher allein der wahre Stein der Weisen gesucht werden.

Nun kurz und gut, mögen seine Gedankengänge immer gewesen sein, welche sie wollen, das scheint uns gewiß, daß Brandt den Urin auf alle mögliche Weise destillirte, digerirte, sublimirte und mit allen damals bekannten chemischen Foltern quälte und ängstigte; kein Wunder, daß sich alte Verbindungen zersetzten und neue dafür entstanden. Allein der Stein der Weisen kam trotzdem nicht zu Tage. Dafür fand aber unser Alchemist eines Tages in der Vorlage seiner Retorte einen eigenthümlichen Körper von ganz merkwürdigen Eigenschaften. Der Geruch war schwach knoblauchartig, das Aussehen wie von hellgelbem, halbdurch= sichtigem Wachs, ebenso die Härte und Konsistenz, der Geschmack aber scharf und widerlich. Bei gelinder Erwärmung schmolz die Masse, aber in gewöhnlicher Temperatur schon stieß sie fortwährend Dämpfe aus, die im Dunkeln leuchteten. Strich Brandt mit der Hand über den neu gewonnenen Körper, so leuchteten seine Finger und die eigenthümliche Masse selbst strahlte ein sehr schönes, blasses, grünlichweißes Licht aus. In kochendes Wasser geworfen, machte sie die aufsteigenden Wasserdämpfe zu magisch strahlenden Wolken; kurz Alles, was mit ihr in Berührung kam, empfing die Fähigkeit einer selbständigen Lichtentwicklung. Dieses sonderbare, noch an keinem andern Körper beobachtete Verhalten war die Ursache, daß Brandt für den neu entdeckten Stoff ganz speziell den Namen Phosphor, Licht= träger, in Anspruch nahm, wie es denn auch, verbunden mit seiner Eigenschaft der leichten Entzündlichkeit, die Veranlassung wurde, die ihn zu einem der ganzen Welt interessanten Phänomen machte. Der sonderbare Ursprung, sein Geruch und Geschmack, seine Entzünd= lichkeit, die des Schwefels und aller anderen bekannten Körper weit übersteigend und so groß, daß die Wärme der Hand schon genügte, ihn in Flammen zu setzen, endlich die ge= heimnißvolle Lichtausstrahlung, das waren Alles Eigenschaften, die dem Phosphor einen Platz außerhalb der übrigen Körper anwiesen und die von dem wahrhaft infernalischen Stoffe noch ganz andere Wirkungen erwarten ließen.

Die ganze gebildete Welt befaßte sich denn auch bald mit der interessanten Neuigkeit. Hatte Brandt nicht den Stein der Weisen gefunden, so war ihm doch mit seiner Entdeckung eine Goldquelle aufgegangen, denn er hielt die Bereitung des Phosphors geheim, und das Begehren danach war so groß, daß kleine Mengen davon mehr als mit Gold aufgewogen wurden. Man zeigte den Phosphor für Geld und im Jahre 1630 kostete die Unze davon in London $10^{1}/_{2}$, in Amsterdam sogar 16 Dukaten. Es war daher kein Wunder, daß Andere das Geheimniß seiner Darstellung sich aneignen wollten, um es im eigenen Nutzen auszubeuten, und es wird erzählt, daß Krafft und Kunckel sich vereinigt hätten, von Brandt das Rezept zu erkaufen.

Kunckel, der berühmteste deutsche Chemiker der damaligen Zeit, war in Holstein um 1630 geboren und wie die meisten der früheren Scheidekünstler in seiner Jugend Apotheker gewesen. Er hatte sich aber schon zeitig mit der „Chemie in den Metallen", wie er es nennt, beschäftigt und unter anderen auch ein Werk über die Glasbereitung veröffentlicht. Wenn sich auch in seinen Schriften die ganze Unklarheit seiner Zeitgenossen wiederfindet, so hat er doch immer praktischere Richtungen in seinen Versuchen eingeschlagen, als die meisten der Uebrigen, welche die Chemie als einen Glückstopf betrachteten, aus dem die Hand zufällig den Stein der Weisen ziehen könne.

Kunckel wurde in den Sechziger Jahren des siebzehnten Jahrhunderts in die Dienste des Kurfürsten Joh. Georg III. nach Dresden berufen, als Aufseher der Hof= und Leibapotheke, allerdings wol aber in der Absicht, die Versuche zur Auffindung des Steines der Weisen, dessen Kenntniß der verstorbene Kurfürst schon besessen haben sollte, wieder aufzunehmen und zu dem Behufe die hinterlassenen Aufzeichnungen zu studiren. In Annaberg wurde ihm ein Laboratorium eingerichtet. Da aber die Geldunterstützungen nicht mit wünschens= werther Regelmäßigkeit gewährt wurden, ging Kunckel 1675 nach Wittenberg und später nach Berlin in die Dienste des Großen Kurfürsten, um, wie er schreibt, „allda Etwas zu seinem Lebensunterhalte zu gewinnen, da er doch die Kunst Hunger zu leiden nicht gelernt habe." Später wurde er von Karl XI. von Schweden als Bergrath nach Stockholm berufen und ist 1702 in Berlin verstorben.

Vorkommen des Phosphors.

Johann Daniel Krafft war Doktor der Medizin und an den Zellerfelder Gruben Arzt. Von unruhigem, abenteuerlichem Sinn getrieben, hielt er aber an keinem Orte lange aus und verbrachte sein Leben auf vielfachen Reisen, zwischen denen er zeitweilige Anstellungen an den kurfürstlichen Höfen in Mainz und Dresden fand. In letzterer Stadt war er mit Kunckel bekannt geworden, kurz ehe die Brandt'sche Entdeckung von sich reden machte.

Kunckel war auf einer Reise und ließ von Hamburg aus an Krafft seine Vorschläge, von Brandt das Geheimniß zu kaufen und es dann gemeinschaftlich auszubeuten, gehen, die dieser auch scheinbar acceptirte, nichtsdestoweniger aber heimlich selbst zu Brandt reiste, von diesem das Geheimniß für 200 Thaler erwarb und Kunckel hinterging, indem er an den Höfen herumreiste und aus der Vorzeigung und dem Verkaufe des neuen Stoffes sich eine Einnahmequelle machte. Kunckel, der sich schon in Wittenberg befand, mußte natürlich endlich auch davon erfahren; da ihm aber weder Brandt noch Krafft über die Entdeckung selbst etwas Näheres mittheilten, ging er selbst an die Auffindung derselben und, wie er selbst schreibt, „durch scharfes Nachdenken und unermüdliches Arbeiten" war er nach etlichen Wochen so glücklich, den Phosphor selbständig zu entdecken und zu Stande zu bringen. Das war im Jahre 1676. Kunckel wußte nur, daß Brandt den Phosphor aus dem Harn abgeschieden habe. Das Geheimniß der zum zweiten Male entdeckten Bereitung wurde jetzt durch die Konkurrenz bald zu einem Allgemeingute, denn die Entdecker lehrten schließlich Jedem, der 10 Thaler bezahlen wollte, das vorher so ängstlich gehütete Verfahren. Auf eben so selbständige Weise wie Brandt und Kunckel soll auch Boyle in England die Phosphordarstellung erfunden und im Jahre 1681 darüber der „Royal Society" Bericht erstattet haben. Er

Fig. 312. Entwicklung von Phosphorwasserstoff.

beutete seine Entdeckung in Gemeinschaft mit einem in London lebenden Deutschen Haukwitz ebenfalls durch Herstellung größerer Mengen aus, und es soll Haukwitz durch deren Verkauf sich ein großes Vermögen erworben haben.

Vorkommen. Das weitere Vorkommen des Phosphors, außer in dem Harn auch noch in den Knochen, entdeckten Gahn und Scheele 1769; Albinus fand ihn in der Senfpflanze sowie in der Kresse, und jetzt weiß man, daß der Phosphor zu den in allen drei Reichen häufigsten Körpern gehört. In freiem Zustande findet er sich zwar nirgends in der Natur, denn seine Verwandtschaft zu vielen anderen Körpern ist so groß, daß er, einmal mit einem verbunden, aus dieser Verbindung nicht gern wieder herausgeht, wenn nicht starke chemische Zwangsmaßregeln ergriffen werden. Vorzüglich ist es der Sauerstoff, mit dem zusammenzutreten er ein großes Verlangen hat, infolge dessen er manche andere Verbindungen verläßt und sich dafür mit jenem vergesellschaftet. Es giebt auch eine Verbindung von Phosphor mit Wasserstoff, analog dem Schwefelwasserstoff, Phosphorwasserstoff genannt. Dies ist ein gasartiger Körper, den man erhält, wenn man zu einer konzentrirten Auflösung von Aetzkali einige Stücke Phosphor thut und das Gemisch erwärmt. Läßt man Blasen dieser Gasart in die Luft treten, wie es Fig. 312 zeigt, so entzünden sie sich augenblicklich und verbrennen mit einem verpuffenden Geräusch. Der Phosphorwasserstoff ist interessant, weil man die mannichfach bestrittenen Irrlichter durch die Entwicklung dieser Gasart aus unter Wasser verfaulenden, phosphorhaltigen, organischen Körpern erklären will.

Die aus dem Zusammentreten von Phosphor und Sauerstoff entstehenden Körper charakterisiren sich durch ihre Eigenschaften als Säuren. Nur diejenige Verbindung, die am wenigsten Sauerstoff enthält, das Phosphoroxyd (4 Atome Phosphor und 1 Atom Sauerstoff), zeigt einen indifferenten Charakter. Die unterphosphorige Säure aber (2 Atome Phosphor und 1 Atom Sauerstoff), die phosphorige Säure (2 Atome Phosphor und 3 Atome Sauerstoff) und vor Allem die Phosphorsäure (2 Atome Phosphor und 5 Atome Sauerstoff) sind ihren Eigenschaften nach entschiedene Säuren, denn sie bilden mit basischen Körpern Salze, deren einige, wie vorzüglich das phosphorsaure Natron, in der Technik eine ziemlich ausgedehnte Verwendung finden.

Die Phosphorsäure. Sie bildet sich, wenn Phosphor in freier Luft oder in reinem Sauerstoffgase verbrannt wird, und man erhält sie als weiße Flocken, wenn man über den brennenden Phosphor eine große trockne Glaskugel stürzt. In dieser Form ist die Phosphorsäure wasserfrei; sie zieht aber schon bei längerem Stehen an der Luft die Wasserdämpfe derselben mit solcher Entschiedenheit an, daß sie bald zerfließt und dann selbst durch heftiges Glühen nicht mehr in den wasserfreien Zustand übergeführt werden kann. Ihr Verhalten dem Wasser gegenüber ist sehr merkwürdig, denn sie vereinigt sich mit demselben zu drei ganz fest bestimmten Verbindungen, deren Wassergehalt sich zu einander verhält wie die Zahlen 1, 2, 3. Die wasserhaltige Phosphorsäure kann man auf verschiedene Weise darstellen, entweder durch langsamere Oxydation des Phosphors in feuchter Luft, oder durch Kochen mit verdünnter Salpetersäure, oder durch Abscheidung aus phosphorsauren Salzen mittels Schwefelsäure. In jedem Falle wird man eine mehr oder weniger durch Wasser verdünnte Lösung erhalten, die man durch Abdampfen konzentriren muß. Im Verlauf dieser Konzentration nimmt die Flüssigkeit Sirupskonsistenz an und läßt bei längerem Stehen harte, wasserhelle Krystalle anschießen. Treibt man die Verdampfung noch weiter, so kommt ein Zeitpunkt, bei welchem die Masse ruhig schmilzt und ein Tropfen, herausgenommen, auf einem kalten Gegenstande sogleich zu einem glasartigen Körper erstarrt. Man kann den ganzen Inhalt des Abdampfgefäßes durch Abkühlen in solch fester Gestalt gewinnen, und die Phosphorsäure führt in dieser Form im Handel den Namen glasige Phosphorsäure. Zu den Abdampfpfannen muß man aber stets Gefäße von Platin oder Silber anwenden, weil die Phosphorsäure vorzüglich in schmelzendem Zustande eine sehr starke Säure ist und alle andern Materialien angreift und auflöst.

Phosphorsäure findet sich in der Natur in einer großen Anzahl von Mineralien, von welchen die nachstehenden die wichtigsten sind:

Apatit, phosphorsaurer Kalk, der in verschiedentlich gefärbten Krystallen, auch wasserhell oder in dichten, undurchsichtigen Massen erscheint, und der in manchen Gegenden (Estremadura in Spanien) in mächtigen, weit ausgedehnten Lagern vorkommt, die für die Landwirthschaft als Düngemittel noch von der größten Bedeutung werden müssen; Wavellit, phosphorsaure Thonerde; Triphylin, ein seltenes, aber seiner Zusammensetzung nach interessantes Mineral, denn es enthält die Phosphorsäure mit Eisenoxydul und Lithion, einem nur an höchst wenigen Punkten und in wenigen Mineralien vorkommenden Körper, verbunden; Grünbleierz, phosphorsaures Bleioxyd, das in gelben, grünen oder auch braun gefärbten Krystallen, vorzüglich bei Zschopau im Sächsischen Erzgebirge und im Harze, gefunden wird u. s. w.

Aus diesen unorganischen Körpern und vorzüglich aus dem phosphorsauren Kalk, der in größerer oder geringerer Menge in jedem Ackerboden enthalten ist, geht die Phosphorsäure in den Organismus der Pflanzen über, aus welchen sie das Thier aufnimmt. So lange ein Thier noch im Wachsthum begriffen ist, so lange behält es die aus der Pflanzennahrung gezogene Phosphorsäure ganz oder zum Theil bei sich und verwendet deren Phosphorgehalt zur Zusammensetzung der Knochen, des Blutes, des Eidotters, des Gehirns u. s. w., in welchen Körpertheilen überall der Phosphor eine bedeutende Rolle spielt. Wenn aber das Thier ausgewachsen ist und sein ganzer Organismus in dem Stadium des Rückschreitens sich befindet, dann scheidet es die Phosphorsäure nach der Aufnahme sehr bald wieder aus, und zwar geht sie bei den fleischfressenden Thieren in den Harn über, während die Pflanzenfresser sie lediglich mit den festen Exkrementen wieder von sich geben.

An der Zusammensetzung der Knochen nehmen aber nicht blos unorganische Stoffe Theil, sondern ein Hauptquantum derselben ist organischer Natur, die sogenannte Knochenknorpelmasse. Handelt es sich also darum, aus Knochen oder überhaupt animalischen Körpern Phosphorsäure oder, wie wir gleich annehmen wollen, Phosphor darzustellen, so wird man diese organischen Bestandtheile von den unorganischen zu trennen und sie, um einen möglichst hohen Nutzeffekt zu erzielen, für sich einer erschöpfenden Bearbeitung zu unterwerfen haben. Gewöhnlich findet man daher in chemischen Fabriken, die sich mit der Herstellung von Phosphor oder Phosphorpräparaten befassen, zu gleicher Zeit die Herstellung von Leim oder Blutlaugensalz oder Salmiak, ebenso wie die Bereitung der im Verlaufe des Prozesses nöthigen Chemikalien, Schwefelsäure und Salzsäure, in den Bereich der Arbeit gezogen und die Darstellung des Phosphors mit der Fabrikation von Soda und Schwefelsäure organisch verbunden.

Es kann natürlich hier nicht unsere Aufgabe sein, einen derartigen Betrieb in seinem ganzen Umfange zu schildern, da wir es lediglich mit dem Phosphor und seiner Bereitung zu thun haben. Wir wollten aber darauf hinweisen, wie in dem Gebiete der chemischen Aktionen ein Glied in das andere greift und jede Umwandlung in ihrem Verlaufe die betheiligten Stoffe in die verschiedensten Stadien der Verwendbarkeit bringt. Es kommt für den technischen Chemiker nur darauf an, denjenigen Zustand zu erkennen, in welchem ein Bestandtheil für ihn den höchsten Werth hat, und in diesem Momente ihn dem chemischen Prozesse zu entziehen.

Darstellung des Phosphors. Das Kunckel'sche Verfahren, den Phosphor darzustellen, wird jetzt, seiner geringen Ausbeute wegen, gar nicht mehr befolgt. Dasselbe wird folgendermaßen beschrieben: Fauler Harn wurde durch langsames Feuer bis zur Sirupsdicke abgedampft. Mit der dreifachen Menge weißen reinen Sandes gemischt, kam die Masse in eine feste, mit einer weiten Vorlage versehene Retorte und wurde bei offenem Feuer 6 Stunden erhitzt, so daß alles Phlegma mit flüchtigem Salze und Oele in die Vorlage überging. Darauf wurde wieder 6 Stunden lang ein stärkeres Feuer angewandt. Zuerst erfüllten nun reichliche weiße Dämpfe die Vorlage, dann wurde dieselbe wieder hell und es traten andere Dämpfe über, die in bläulichem Licht leuchteten, ähnlich wie brennender Schwefel. Endlich erhielt man durch die heftigste Glühhitze eine konsistente, schwere, leuchtende Substanz, den Phosphor, der sich in der Vorlage absetzte.

Der durch die Erfindung der Rübenzuckerfabrikation berühmte Chemiker Margraf hat diese Darstellungsweise um die Mitte des vorigen Jahrhunderts bedeutend verbessert. Und da mittlerweile das Vorkommen des Stoffes in seiner großen Verbreitung im Thier- und Pflanzenreiche erkannt worden war, so blieb die Gewinnung auch nicht lediglich auf die menschlichen Ausscheidungsstoffe beschränkt. Scheele, eines der hervorragendsten chemischen Genies aller Zeiten, gründete auf das Vorkommen der Phosphorsäure in den Knochen eine Gewinnungsweise, welche, wenn auch in Einzelheiten verbessert, im Wesentlichen heute noch befolgt wird.

Die Trennung der phosphorsäurehaltigen Knochenerde von der organischen (Knorpel=) Masse kann auf zweierlei Weise erfolgen. Entweder man verbrennt die Knochen in großen Schachtöfen, auf deren Boden man ein Holzfeuer unterhält, bis die Hitze sich so weit gesteigert hat, daß die Knochen selbst brennbare Gase entwickeln und die Feuerung unterhalten. Es bleibt dann nur die weiße Knochenerde, die vorwiegend aus basisch phosphorsaurem Kalk besteht, übrig, während alle organischen Bestandtheile verbrennen. Eine bessere Ausnutzung der letzteren kann man durch Erhitzen in geschlossenen Retorten, durch sogenannte trockene Destillation, erzielen. Oder man behandelt die Knochen, nachdem man ihnen durch überhitzte Wasserdämpfe oder Behandeln mit Schwefelkohlenstoff den Fettgehalt entzogen hat, mit verdünnter Salzsäure und führt dadurch die unorganischen Bestandtheile in lösliche Form über. Am besten geschieht dies in großen Bütten, in denen die Knochen mehrere

Tage, mit verdünnter Salzsäure bedeckt, wo möglich in etwas erwärmter Temperatur, stehen gelassen werden. Die Knorpelmasse bleibt als weiche, gelblichweiße, unlösliche Substanz zurück, die ganz die frühere Form der Knochen behält. Die Kalksalze aber zersetzen sich; die Salzsäure vertreibt daraus einen Theil der Phosphorsäure und nimmt ihre Stelle ein. Dadurch entsteht Chlorcalcium und, weil sich nun die frei gewordene Phosphorsäure auf den noch übrigbleibenden phosphorsauren Kalk mit wirft, saurer phosphorsaurer Kalk, der im Wasser leicht löslich ist.

Hat man gebrannte Knochenerde zur Verarbeitung auf Phosphor, so behandelt man diese in fein zerstampftem Zustande mit Schwefelsäure, wodurch der phosphorsaure Kalk ebenfalls zersetzt wird und saurer phosphorsaurer Kalk in Lösung übergeht, während schwefelsaurer Kalk als Gips zurückbleibt und durch Filtriren von der phosphorsäurehaltigen Flüssigkeit getrennt werden kann. Die Lösung des sauren phosphorsauren Kalkes, mag sie nun auf eine Weise gewonnen sein, auf welche sie will, versetzt man, nachdem sie bereits durch Abdampfen über freiem Feuer bis zu einer Stärke von 50° B. gebracht worden ist, mit dem fünften Theile ihres Gewichtes Holzkohlenpulver und dampft das gut umgerührte Gemenge vollends zur Trockne ein. In diesem Zustande wird es, noch heiß, fein gepulvert und in Retorten von Steinzeug gegeben, die man von außen, um dem Zerspringen und dem Durchdringen der Phosphorsäure vorzubeugen, mit Lehm und Pferdemist beschlägt, oder auch wol mit einem mit Boraxlösung vermischten Kalkbrei verstreicht. Um Explosionen zu vermeiden, muß sehr vorsichtig destillirt werden.

Fig. 313. Pressen zum Reinigen des Phosphors.

Der Vorgang im Innern der Retorte ist ein sehr einfacher. Die Holzkohle wirkt auf die Phosphorsäure reduzirend und spielt dieselbe Rolle hier, die ihr bei dem Ausschmelzen der Metalle aus den Erzen auferlegt wird. Sie soll den Sauerstoff eines anderen Körpers an sich ziehen und jenen Körper dadurch frei machen. Hier ist es der Phosphor, welcher aus der Phosphorsäure frei wird und als Dampf entweicht. Die Hälse der Retorten sind unter Wasser geleitet und der Phosphor sammelt sich in diesem als eine schwarze, schmuzige Masse an, welche neben reinem Phosphor noch eine große Partie Verunreinigungen von Kohle, Phosphoroxyd sowie rothen, amorphen Phosphor enthält und daher einer weiteren Reinigung unterworfen werden muß. Gewöhnlich und am sichersten bewerkstelligt man dies dadurch, daß man die Rohmasse unter Wasser schmilzt und sie ebenfalls unter Wasser durch Gemsleder preßt.

Die in Fig. 313 dargestellte Presse dient diesem Zwecke. Es wird der in heißem Wasser (60°) zusammengeschmolzene rohe Phosphor nach seinem Erkalten in ein Stück Gemsleder eingebunden, das man wie einen Sack zusammenknüpft und auf einen siebartig durchlöcherten Seiher legt. Das Ganze steht in einem größeren Gefäße AA, welches mit Wasser von ungefähr 50° so weit gefüllt wird, daß der Phosphor davon bedeckt ist. Das halbkugelförmige, in einer Führung gehende Pistill der Presse BB wird mittels des Hebels CC auf den Ledersack gedrückt und dadurch bei verstärktem Druck der in dem heißen Wasser wieder schmelzende Phosphor durch die Poren des Leders gequetscht, wobei er seine Unreinigkeiten in demselben zurückläßt. Andere Reinigungsmethoden basiren entweder darauf, daß man den geschmolzenen rohen Phosphor durch eine Schicht grobgekörnter Thierkohle filtrirt oder ihn einer nochmaligen Destillation aus eisernen Retorten unterwirft.

Den gereinigten Phosphor bringt man in Form von runden Stangen in den Handel. Um diese zu erlangen, bedient man sich am besten der folgenden und in Fig. 314 veranschaulichten Vorrichtung. In einem größeren Gefäße AA befindet sich ein nach unten in eine Röhre verlaufendes Schmelzgefäß, bestimmt, den Phosphor aufzunehmen und durch heißes Wasser, womit das Gefäß AA gefüllt wird, flüssig zu machen, damit er durch den Hahn n in die Glasröhre ab übertreten kann. Diese Glasröhre steckt in einem mit kaltem Wasser gefüllten Bassin B. Oeffnet man den Hahn, so tritt aus dem Schmelzgefäß flüssiger Phosphor in die Glasröhre, worin er bald erstarrt und, da die Röhre nach vorn zu sich konisch erweitert, herausgezogen werden kann, wenn man ihn an seinem Anfange faßt. Dazu dient ein Zapfen C, der, vorn mit einem Häkchen versehen, in die noch weiche Phosphormasse eingedrückt wird. Durch das kalte Wasser wird die Abkühlung und Erstarrung des Phosphors so rasch bewirkt, daß man denselben in einem ununterbrochenen Strahle langsam aus der Glasröhre herausziehen kann. Alle anderen Manipulationen, wie Zerschneiden der langen Stange in entsprechende Stücke, Schmelzen, Pulverisiren u. s. w., muß man der leichten Entzündlichkeit des Phosphors wegen unter Wasser vornehmen; ebenso kann man ihn nur in mit Wasser gefüllten Büchsen verschicken.

Die Darstellung des Phosphors aus Knochen, welche für viele Zweige der Technik einen sehr hohen Werth haben, ist eigentlich eine sehr unrationelle und es wäre zu hoffen, daß sie in nicht zu langer Zeit verdrängt werden möchte durch eine Gewinnungsweise aus Mineralien, deren Phosphorgehalt bis jetzt noch lange nicht genügend genutzt wird. Der Preis der Knochen, welche jetzt eben immer noch das bevorzugte Rohmaterial für die Phosphorerzeugungen bilden, ist infolge dessen stellenweise so enorm gestiegen, daß viele der früher bestandenen Phosphorfabriken, namentlich in Oesterreich, ihren Betrieb eingestellt haben. Der gesammte Phosphorbedarf wird jetzt fast nur von zwei Fabriken, einer englischen (Albright & Wilson in Oldburg bei Birmingham) und einer französischen (Coignet & Fils in Lyon) gedeckt, die zusammen jährlich ungefähr 24,000 Centner erzeugen (10 resp. 14 Tausend), wozu nahe an 300,000 Centner Knochen verarbeitet werden.

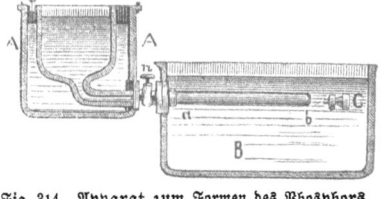

Fig. 314. Apparat zum Formen des Phosphors.

Eigenschaften des Phosphors. Der Phosphor schmilzt schon bei 44,2°, bei 290° siedet er und verwandelt sich in farblose Dämpfe. Er löst sich etwas in Weingeist und auch in Aether auf, die Oele, Chloroform und vorzüglich Schwefelkohlenstoff nehmen ihn mit größter Leichtigkeit auf und er vermag beim langsamen Ausscheiden aus einigen dieser Lösungen Krystallform anzunehmen. Mit vielen andern Elementen verbindet er sich leicht; das Eisen macht er aber kaltbrüchig, darum ist diese seine Verbindung nicht besonders gesucht.

Wenn man den Phosphor im Lichte und anhaltend auf einer Temperatur von 260° erhält, so verändert er seine Eigenschaften und geht in den sogenannten rothen oder amorphen Phosphor über, auch Schrötter'scher amorpher Phosphor genannt, weil von Schrötter zuerst diese interessante Modifikation entdeckte und die Bedingungen, unter denen ihre Bildung erfolgt, hauptsächlich erkannte.

Die Farbe dieser interessanten Abänderung des Phosphors ist oft so schön und intensiv, daß sie dem feurigsten Zinnober nahe kommt, mitunter aber ist die Farbe, wenn die Masse zusammenhängend geblieben ist, röthlichbraun, auf der Oberfläche fast eisenschwarz; dabei schmilzt der amorphe Phosphor bei weitem schwieriger als der gewöhnliche, und was ihn am meisten von diesem unterscheidet, ist seine schwere Entzündlichkeit. Diese letztere Eigenschaft ließ ihn eine sehr begeisterte Aufnahme von Seiten der Zündhölzchenfabrikanten finden, weil der Vorwurf zu großer Gefährlichkeit, der den ersten Phosphorzündern gemacht worden ist, allerdings hier nicht eintraf; allein mit der Gefährlichkeit verlor sich auch gerade das Empfehlenswertheste: die Bequemlichkeit, und die Fabrikanten fanden bald, daß damit der Gewinn zu theuer bezahlt sei.

Die Anwendungen des Phosphors sind nicht sehr mannichfacher Art. Die Pharmazie bedient sich seiner zu einigen wenigen und selten gebrauchten Präparaten; öfter schon verbrauchen ihn die Kammerjäger zu der sogenannten Phosphorlatwerge, einem Gemisch von

Waffer, Mehlbrei, Zucker, fettigen und wohlriechenden Substanzen, denen man eine geringe Menge Phosphor beimischt. Die höchst giftigen Eigenschaften dieses Stoffes machen dergleichen Pasten zu einem wirksamen Vertilgungsmittel des Ungeziefers. Alle diese Verwendungsarten aber sind sowol der Quantität des Phosphors nach, welche ihnen unterliegt, zu unbedeutend, als auch nach ihrem Einfluß auf das öffentliche Leben von zu geringer Bedeutung, als daß wir uns lange bei ihrer Betrachtung aufhalten sollten. Die hauptsächlichsten Phosphorkonsumenten sind und bleiben die Zündhölzchenfabriken, und damit kommen wir auf unsern eigentlichen Gegenstand, die Feuerzeuge, wieder zurück.

Anwendung des Phosphors zu Feuerzeugen. Bei den ersten Versuchen hierzu erfand man zum Theil sehr verwickelte Vorrichtungen, die dadurch nöthig wurden, daß man noch nicht gelernt hatte, die freiwillige Entzündung des Phosphors in atmosphärischer Luft zu umgehen. Aehnlich wie bei den Prometheans zur Aufbewahrung der Schwefelsäure bediente man sich daher, um die Luft abzuhalten, kleiner Glasröhren. So bestanden die sogenannten Turiner Lichtchen aus kleinen Glasröhren, die an einem Ende verschlossen, zu einer Kugel erweitert und hier mit etwas Phosphor angefüllt waren. Das andere Ende der Röhre wurde durch einen Wachsdocht verschlossen und das dünne Ende dieses Dochtes, um seine Entzündlichkeit noch zu erhöhen, mit Schwefel- und Kampherpulver bestreut, war in das Phosphorkügelchen eingeschmolzen. Sollte Feuer angefacht werden, so wurde das Glasröhrchen an der Stelle, wo sich die Kugel ansetzte, zerbrochen. Schon durch die hierbei entstehende geringe Reibung und den Zutritt der atmosphärischen Luft entzündet sich zunächst der Phosphor, der dann seinerseits den Docht in Brand setzt.

Aber diese Einrichtung war bei weitem zu kostspielig, um einem Bedürfniß des großen Publikums abzuhelfen. Eben so wenig fand das Feuerzeug allgemein Eingang, welches den Phosphor mit etwas Schwefel zusammengeschmolzen in einem Fläschchen enthielt, wo derselbe den Boden als eine schwache Schicht bedeckte. Seine Wirkung gründete sich darauf, daß ein Schwefelholz, wenn es mit dem geschwefelten Ende auf dem Phosphor gerieben wurde, etwas von der Masse abkratzte und sich durch Reiben damit auf einer rauhen Fläche entzünden ließ. Nur in der Form eines Ueberzuges — das wurde sehr bald eingesehen — vermochte der Phosphor seine beste Wirkung zu äußern; allein es verging trotzdem eine geraume Zeit, bis endlich der richtige Weg gefunden wurde, auf welchem man schließlich zur Herstellung der heutigen Phosphorstreichzündhölzer gelangte.

Streichhölzchen. Es ist ungewiß, von wem die Erfindung eigentlich ausgegangen ist. Man sieht, es war nach den Congreve'schen Streichhölzern weiter nichts zu thun, als das Schwefelantimon durch Phosphor zu ersetzen. In Paris soll schon 1805 der Phosphor zur Herstellung von Feuerzeugen Verwendung gefunden, Derepas 1809 denselben mittels Magnesia zertheilt haben, um seine leichte Entzündlichkeit zu vermindern, aber Derosne soll es 1816 gelungen sein, wirkliche Phosphorstreichhölzer zu erzeugen. In dieser Weise wird die Sache von den Franzosen erzählt; es ist aber unwahrscheinlich, daß eine so in das allgemeine Leben eingreifende Erfindung bis 1833 Zeit gebraucht habe, um sich zu verbreiten. So viel ist gewiß, daß die Phosphorzündhölzer ziemlich gleichzeitig in verschiedenen Ländern und zwar erst um das Jahr 1833 aufgetaucht sind; und es ist nicht unmöglich, daß Mehrere Anspruch machen können, als Erfinder genannt zu werden, weil sie, vielleicht ganz unabhängig von einander, dieselbe Idee zur Ausführung brachten. Wenn daher die Engländer ihrem Chemiker John Walker die Erfindung der Lucifer matches zuschreiben, so können sie eben so Recht haben wie die Süddeutschen, die den 1857 verstorbenen Kammerer aus Schwaben für den Erfinder ausgeben. Genug, 1833 wurden in Wien von Preshel bereits die verschiedenartigsten Zündrequisiten, Zündschwamm, Cigarrenzünder u. s. w. angefertigt, in deren Zündmasse der Phosphor die hauptsächlichste Rolle spielte, und um dieselbe Zeit fabrizirte Moldenhauer in Darmstadt auch seine ersten Phosphorzünder.

In den ersten Zündmassen war das chlorsaure Kali aus den Congreve'schen Reibzündern der Menge nach noch ein ganz vorwiegender Bestandtheil. Da dasselbe aber den

Streichhölzchen.

Uebelstand hat, beim Erhitzen zu schmelzen und erst dann Sauerstoff zu entwickeln, so besaßen die Phosphorzündhölzer von damals die unangenehme Eigenschaft, mit einer Art von Explosion zu verbrennen; die schmelzende Masse spritzte glühend umher, und der Gebrauch sowie die Fabrikation wurde wegen der großen Feuergefährlichkeit in vielen deutschen Ländern verboten. Es gelang aber bald, das schädliche chlorsaure Kali zu beseitigen. Trevany wandte statt seiner zuerst eine Mischung von Mennige und Braunstein an, und wenige Jahre darauf (1837) wurden durch Preshel das braune Bleisuperoxyd und durch Böttger ein Gemenge von Mennige und Salpeter, oder von Bleisuperoxyd und salpetersaurem Bleioxyd eingeführt und damit der Zündhölzchenfabrikation ein großer Aufschwung gegeben. Weiterhin wurden die Reibzündhölzer dadurch verbessert, daß man das Holz der leichteren Entzündung wegen anstatt mit Schwefel mit Wachs oder Paraffin an der Spitze tränkte, die Zündmasse selbst mit einer dünnen Lackschicht überzog, um die Phosphorausdünstung zu beseitigen und den Hölzchen ein gefälliges Ansehen zu geben u. s. w.

Es war nur noch eine Schwierigkeit zu überwinden, und diese lag in den giftigen Eigenschaften des Phosphors selbst. In den Zündhölzchenfabriken stellten sich bald die traurigsten Krankheitserscheinungen unter den Arbeitern ein, vorzüglich Krankheiten des Zahnfleisches und der Kinnlade; in den ersten Jahren des neuen Industriezweiges war die Sterblichkeit unter den Fabrikarbeitern hier eine viel größere als bei den anderen Beschäftigungen. Und merkwürdig, die eigenthümlichen Krankheiten, die man doch dem Phosphor zuschreiben mußte, fehlten entweder gänzlich, oder traten höchst unbedeutend auf in den Fabriken, wo der Phosphor bereitet wurde, trotzdem hier die Arbeiter oft solche Massen von Phosphordämpfen einathmeten, daß im Dunkeln sogar ihr Athem leuchtend wurde. Man versuchte hin und her, dem Phosphor die schädlichen Eigenschaften zu nehmen, und als Schrötter den amorphen Phosphor entdeckte, nahm man deswegen dieses Präparat von allen Seiten sogleich mit dem größten Eifer in die Zündhölzchenfabrikation auf. Dieser hat sich, wie gesagt, sehr bald wieder abgekühlt. Es haben die Zündhölzchen, zu deren Zündmasse rother oder amorpher Phosphor genommen wurde, nur eine sehr beschränkte Aufnahme gefunden,

Fig. 315. Streichhölzchen.

und eben so ist es lange Zeit den Antiphosphorhölzern und den phosphorfreien Zündhölzern ergangen.

Die Antiphosphorhölzer wurden im Jahre 1848 von Böttger in Frankfurt erfunden und rechtfertigen ihren Namen dadurch, daß der Phosphor (amorpher) mit Zusatz eines rauhen, die Reibung vermehrenden Körpers, Braunstein oder dergleichen, nicht auf die Kuppen der Hölzchen gebracht wird, sondern daß man ihn zur Präparation einer besonderen Reibfläche verwendet und zu diesem Behufe auf einer Pappe oder sonstigen Fläche ausbreitet. Die Zündmasse der Hölzchen besteht aus einer mit Gummi angemachten Mischung von chlorsaurem Kali und Schwefelantimon und hat die Eigenthümlichkeit, sich auf jener phosphorhaltigen Reibfläche sehr leicht, auf jeder andern Fläche aber nicht oder jedenfalls nur sehr schwer zu entzünden. Die daraus entspringende Nothwendigkeit, immer einen zweitheiligen Apparat zur Hand haben zu müssen, welcher sich auch noch andere Uebelstände, wie das Verschmieren der Reibfläche und das Untauglichwerden derselben, beigesellen, könnte zwar im Stande sein, die Bevorzugung dieser Zündhölzer zu hindern; indessen hat man in der Neuzeit in ihrer Herstellung auch sehr wesentliche Verbesserungen gemacht, und namentlich sind in den letzten Jahren die schwedischen sogenannten Sicherheitszündhölzer

Säkerhets-Fänd stikor bei dem Publikum so sehr in Gunst getreten, daß sie selbst die vortrefflichen österreichischen Zündrequisiten fast gänzlich verdrängt haben. Das utan svafvel och fosfor bezieht sich zwar nur auf die Hölzchen selbst, die Reibfläche enthält aber auch amorphen Phosphor, der mit einem Gemenge von feinzermahlenem Schwefelkies und Schwefelantimon verrieben ist, die Zündmasse der Hölzchen dagegen besteht nach Jettel in der Hauptsache aus Kaliumchlorat und Kaliumbichromat, welche Stoffe mit arabischem Gummi verbunden und gewöhnlich noch mit feinem Glaspulver versetzt sind.

Die phosphorfreien Zündhölzer haben zur Zeit eben so wenig sich das Terrain erobern können. Es läßt sich zwar durchaus nicht behaupten, daß wir uns nie von dem Phosphor werden unabhängig machen können, für jetzt aber fehlt allen Mischungen, die ohne ihn zusammengesetzt worden sind, noch die rasche und leichte Entzündlichkeit, welche die Phosphorzünder charakterisirt, und so sehr es zu wünschen ist, daß der überaus gefährliche Phosphor aus der Zündhölzerfabrikation gänzlich beseitigt werde, so wenig Aussichten sind dazu noch vorhanden.

Die **Fabrikation der Phosphorzündhölzchen** hat sowol in der mechanischen Bearbeitung des Holzes als in der Art und Weise des Ueberzuges mit der Zündmasse und endlich in der Zusammensetzung dieser letztern selbst sehr zahlreiche Verbesserungen erfahren. Wir wollen nicht ermüden mit der Untersuchung, wer zuerst den Schwefel wegließ und statt dessen die Hölzchen mit Stearin oder Wachs tränkte und damit die ersten Salonhölzchen erfand, oder wer die ersten Streichfidibusse machte, oder wer die Kuppen der Hölzchen zuerst in schönen bunten Farben herstellte und fein lackirte. Wir wollen uns vielmehr zu der Betrachtung der Darstellungsweise selbst wenden und die gesonderten Branchen des Zurichtens der Hölzchen, der Herrichtung der Zündmasse und des Betupfens, Trocknens und Verpackens mit derselben auch jede für sich uns ansehen.

Fig. 316.
Abgleichen der Hölzchen.

Das Zurichten der Hölzchen, die Herstellung der Holzstäbchen, steht gegen die früher gebräuchlichen Methoden jetzt in dem beinahe höchsten Stadium der Vollendung. Wer erinnert sich nicht der primitiven Schwefelhölzer, die durch rohe Spaltung gewonnen und an dem einen Ende schief zugeschnitten wurden, um wenigstens dem Funken auf dem Zunder einigermaßen nachgehen zu können! Viel vollkommener waren auch die ersten Phosphorzündhölzchen noch nicht. Dagegen betrachte man die jetzigen zierlichen, runden, vier- oder sechseckigen Stäbchen von gleicher Länge, von gleicher Glätte und Zierlichkeit; und doch fertigt ein Arbeiter im Laufe eines Tages zehnmal mehr, als er von den rohen Pflöcken früher herzustellen im Stande war.

Das zu den Hölzchen am häufigsten verwendete Holz ist das Tannenholz; Fichten-, Aspen-, bisweilen auch Buchen- oder gar Cedernholz ersetzen es. In vielen großen Zündhölzchenfabriken wird die Bearbeitung von dem Scheitstücke an vorgenommen; andere, vorzüglich wenn sie entfernt von dem Walde liegen, kaufen die bereits zugerichteten Hölzchen und beschäftigen sich erst von der Bereitung der Zündmasse bis zum Verpacken. Für solche Fabriken arbeiten große Schneide- und Sägemühlen in der Nähe der Wälder vor, und im Bayrischen und Böhmerwalde hat dieser Zweig der Holzindustrie eine große Ausdehnung erlangt. Statt des früheren Spaltens der Hölzchen, wobei man sich würfelförmiger Holzklötzchen von der entsprechenden Länge bediente, die durch ein hebelförmig sich in einer Lade bewegendes Schneidemesser zuerst in parallele Schichten getrennt wurden, aus denen man durch rechtwinkelig darauf geführte Schnitte die einzelnen Stäbchen sonderte, bedient man sich jetzt allgemein eines eigenthümlich geformten Hobels, dessen Erfindung in Wien von Heinrich Weilhöfer, oder, wie Andere meinen, von Stephan Romer gemacht worden ist. Das Hobeleisen hat statt der gewöhnlichen Schärfe eine horizontale Umbiegung, welche mit mehreren an den Rändern zugeschärften Löchern (am besten mit 3) durchbohrt ist. Wird der Hobel auf dem der Breite des Eisens entsprechend breiten Rande des Bretes fortgestoßen, so bringt das Eisen in das Holz ein und es bilden sich so viel einzelne Stäbchen, als der Hobel Löcher enthält. Die Breter müssen astrein, von geradfaserigem Gefüge sein und werden am besten in einer Länge von etwa 1 Meter verwendet. Die Oberfläche wird allemal, wenn eine Schicht Stäbchen abgehobelt worden ist, durch einen gewöhnlichen Hobel wieder geglättet, ehe der Zündholzhobel wieder angewandt wird.

Man hat auch Hobelmaschinen in Anwendung gebracht (Pelletier in Paris), die durch kleine Messerchen die Oberfläche des Holzklotzes bis auf eine gewisse Tiefe erst spalten, ehe die Schicht abgenommen wird; andere (nach Cochot), bei denen das Holz am Umfange einer Welle angebracht ist und durch deren Umdrehung einmal an ein kammartiges Schneidemesser und gleich darauf an ein Hobeleisen angedrückt wird. Die interessanteste Maschine aber ist die von Krutzsch konstruirte, in welcher das Holz ganz so wie das Metall zu rundem Draht gezogen wird. Durch eine starke Pressung wird der Holzklotz in der Richtung seiner Fasern gegen eine mit sehr vielen scharfrandigen Löchern durchbohrte Stahlplatte gedrückt und schließlich mittels einer Zange gefaßt und hindurchgezogen. Die so erhaltenen Holzdrähte sind von einer großen Gleichmäßigkeit und übertreffen alle auf andere Weise dargestellten. Ein Holzstück von 3 Centimeter Breite giebt nach Wagner 400 Stäbchen, welche aus 1 Meter Länge jedes 15 Zündhölzer liefern. Die Erzeugung der 6000 Stück dauert etwa 2 Minuten. Der Kubikmeter gutes Holz giebt 750,000 Zündhölzchen, von denen, da 1 Kubikmeter zu Stäbchen verarbeitet auf 8½ Mark verwerthet wird, 1000 Stück ungefähr einen Pfennig zu stehen kommen.

Die Abgleichung zu gleicher Länge aus langen gehobelten oder gezogenen Stäbchen erfolgt durch ein Hebelmesser, welches in gewissem Abstande von einer festen Fläche sich bewegen läßt, gegen die das Bündel Stäbchen gestoßen wird, um alle Enden in eine Ebene zu bringen.

Während die Hölzchen auf diese Weise vorbereitet werden, wird in dem Laboratorium an der Zusammensetzung der Zündmasse gearbeitet. Phosphor und in fein pulverisirtem Zustand die anderen Substanzen werden in abgewogenen Mengen dem Bindemittel zugesetzt, welches gewöhnlich aus Traganthschleim oder Leim oder Senegalgummi besteht und

Fig. 317. Einlesen der Hölzchen in den Rahmen.

die Konsistenz eines dünnen Sirups haben muß. Durch vorsichtiges und anhaltendes Umrühren bewirkt man eine möglichst innige Mischung. Zuerst verrührt man, unter gelindem Erwärmen, die Phosphorstückchen, weil die geringe Menge desselben sich in dem flüssigeren Bindemittel gleichmäßiger vertheilen läßt, als wenn die übrigen Zusätze bereits darin sind. Man hielt früher dafür, daß ein Zusatz von 8—10 Prozent Phosphor mindestens bei einer guten Zündmasse verlangt werde. Allein mit Unrecht. Man kann mit dem Phosphorgehalt bedeutend herabgehen und wird dadurch innerhalb gewisser Grenzen sogar den Vortheil besseren Brennens erlangen, denn bei zu viel Phosphor bildet die durch das Verbrennen entstehende Phosphorsäure eine glasige Schlacke, die, das Ende des Hölzchens überziehend, dem Weiterbrennen ungünstig entgegenwirkt. Löst man vollends den Phosphor in Schwefelkohlenstoff und setzt der Zündmasse diese Flüssigkeit zu, durch welche eine höchst feine Zertheilung ermöglicht wird, so kann man mit noch geringeren Mengen Phosphor ausgezeichnete Zündmassen erhalten und hat außerdem noch den Vortheil, kalt arbeiten zu können.

Die Zusätze, welche dem Phosphor gegeben werden, haben einen verschiedenen Zweck; entweder sollen sie chemisch wirken, dadurch, daß sie sich in der Hitze mit zersetzen und brennbare oder das Brennen begünstigende Produkte liefern (chlorsaures Kali, Salpeter, Bleisuperoxyd, Schwefelantimon, Kohle, Schwefel, Braunstein, Salpetersäure, chromsaures Bleioxyd u. v. a.), oder es kommt besonders darauf an, durch sie die Reibung zu vergrößern, und in diesem Falle greift man zu den scharfkantigen Pulvern von Glas, Bleiglanz, Schwefelkies, Feuerstein u. s. w.; oder aber endlich man bezweckt eine Färbung der Zündmasse, und dann steht eine sehr große Zahl von Substanzen zur Verfügung. Gewöhnlich nimmt man aber aus diesen für blaue Farben Mischung von Berlinerblau und Kreide, seltener das theure Kobaltblau, für Roth Mennige, für Gelb chromsaures Bleioxyd, für Grün eine Mischung von Blau und Gelb. Je nachdem man der Unzahl dieser oder ähnlicher brauchbarer Körper einige kombinirt, erhält man die verschiedenen Rezepte zu Zündmassen, nach denen in den verschiedenen Fabriken gearbeitet wird.

Wir wollen beispielsweise nur diejenigen aufführen, welche Wagner in seiner Technologie angibt, ohne dadurch eine Bevorzugung vor andern auszusprechen. Man nimmt Phosphor 1,5 Theil, Senegalgummi 3, Kienruß 0,3, Mennige 5 und Salpetersäure (40°B.) 2 Theile; das Gemisch der beiden letzteren Körper zusammen vorher eingetrocknet und pulverisirt; — oder man nimmt 8 Theile Phosphor, löst ihn in der entsprechenden Menge Schwefelkohlenstoff und vermischt diese Flüssigkeit mit 21 Theilen Leim, in Wasser aufgelöst, 24 Theilen Bleisuperoxyd und 24 Theilen Kalisalpeter; oder man mischt 3 Theile Phosphor, 3 Theile Senegalgummi, 2 Theile Bleisuperoxyd, 2 Theile Sand und Smalte. Für phosphorfreie Zündmasse schlägt Dr. Wiederhold als ganz ausgezeichnet folgendes Rezept vor: 52 Theile chlorsaures Kali, 26 Theile unterschwefligsaures Bleioxyd und 8 Theile arabisches Gummi, welches letztere man in Wasser auflöst, bevor man die andern beiden Substanzen einträgt. Diese Zündmasse soll sich durch Erfüllung der beiden Haupterfordernisse, leichte Entzündlichkeit und Widerstand gegen feuchte Luft, aus welcher andere Zusammensetzungen sehr gern Wasser anziehen und dadurch unbrauchbar werden, ganz besonders auszeichnen.

Das Betupfen der Hölzchen. Ist nun diese Zündmasse auf irgend welche Weise bereitet, so erübrigt noch, sie an die Hölzchen zu bringen, und dies geschieht, indem man die letzteren in den halbflüssigen Brei mit dem einen Ende eintaucht. Es bleibt dabei eine genügende Portion der Masse hängen. Aber weil die Zündmasse an und für sich nicht hinreichen würde, das Holz zu entflammen, so muß man ihr einen leichter brennbaren Körper erst unterlegen, den sie zunächst in Brand zu setzen hat und welcher die Verbrennung des Holzes einleitet. In den meisten Fällen ist dies Schwefel; mit diesem überzieht man die Enden der Streichhölzchen und trägt darauf erst die Phosphormasse auf. Bei besonders feinen Hölzchen jedoch nimmt man statt des Schwefels Stearinsäure, Paraffin, Wachs u. s. w., und erhöht die Entzündlichkeit des Holzes noch dadurch, daß man die Enden, indem man sie gegen eine glühende Eisenplatte hält, leicht erhitzt, so daß sie anfangen sich zu bräunen.

Wie man auch verfahren möge, das bleibt für alle Fälle der Hauptzweck: eine möglichst große Zahl von Hölzchen in einer gegebenen Zeit mit Zündmasse zu versehen und ein möglichst gleichmäßiges Fabrikat zu erzeugen. Man behandelt daher von nun an die Hölzchen nicht einzeln, sondern gleich massenweise, und spannt zu diesem Zwecke in der gehörigen Entfernung von einander eine sehr große Zahl zusammen in einen Rahmen. Ein solcher Rahmen besteht aus kleinen Bretchen von etwa 30 Centimeter Länge und 5—8 Centimeter Breite. Auf der einen Seite sind diese Bretchen mit lauter kleinen, der Quere gehenden Rinnen versehen, in deren jede ein Hölzchen zu liegen kommt; die andere Seite ist mit Flanell überzogen, so daß, wenn Bretchen auf Bretchen gehäuft und auf einander gedrückt werden, die kleinen Hölzchen in den Rinnen sich nicht oder nur sehr schwierig verrücken können. Ist der Rahmen gefüllt, d. h. die entsprechende Anzahl Bretchen mit einander verbunden, so wird er auf eine glatte Fläche aufgeklopft, damit die Enden gleichweit über den Rand hervorstehen, und ist nun so weit, um in den flüssigen Schwefel oder in die geschmolzene Stearinsäure getaucht werden zu können. Damit dabei die Hölzchen nicht zu weit benetzt werden, ist die geschmolzene Masse in einem völlig wagerecht gestellten, breiten, pfannenförmigen Gefäße enthalten, und zwar bedeckt sie den Boden desselben nur so hoch, als die Hölzchen eingetaucht werden sollen. Es wird also der Rahmen in diese Pfanne eingesetzt, das Ueberflüssige abtropfen gelassen und, sobald er getrocknet ist, in die sirupsdicke Masse gedrückt, die ebenso auch nur in einer schwachen Schicht den Boden ihres Gefäßes bedeckt.

Damit die Zündhölzchen trocknen, werden die Rahmen in einem mäßig warmen Zimmer in ganz horizontaler Lage aufgehängt. Bei einer Neigung würde die flüssige Zündmasse sich nach einer Seite hinziehen und es müßten lauter unregelmäßige Hölzchen zu Tage kommen, was man so vermeidet, denn hier sammelt sich die Masse als ein die Spitze umhüllender Tropfen. Will man feinere Sorten von Zündhölzchen dadurch erhalten, daß man die Kuppen mit einem glänzenden Firniß überzieht, so hat man die Prozedur des Eintauchens noch ein drittes Mal vorzunehmen. Im Uebrigen aber bietet dies, sowie die Herstellung der verschiedenen Zündrequisiten, der Phosphorzünddochte, der Kerzchen u. s. w., gar keine weitere Schwierigkeit.

Die noch restirende Arbeit ist das Auseinanderschlagen der Rahmen und Verpacken der Hölzchen. Beinahe jede Fabrik hat aber eine besondere Verpackungsweise. Während in der einen hölzerne Enveloppen angewendet werden, kommen die Produkte einer andern in Papierhülsen auf den Markt, eine dritte hat Büchschen von Holz, eine vierte gar Schachteln von Weißblech, die häufig die Hauptsache für den Käufer sind. Genug, es würde überflüssig sein, über diese einfachen Manipulationen uns in Erörterungen zu vertiefen. Das Abzählen und Verpacken geschieht von Kindern oder Frauen, und überhaupt sind in der ganzen Fabrikation der Zündhölzchen, die auf große körperliche Kraft weniger Anspruch macht, als auf Geschwindigkeit und Geschicklichkeit der Finger, weibliche Arbeitskräfte in vorwiegender Anzahl beschäftigt.

Fig. 318. Eintauchen der Hölzchen in die Zündmasse.

Es ist unglaublich, welche Massen von Zündhölzchen jährlich produzirt werden und welch einen bedeutenden Handelsartikel diese kleinen Dingerchen bilden. Auf dem Kontinent steht Oesterreich in ihrer Fabrikation obenan. Es bestanden 1875 in Oesterreich ohne Tirol, Oberösterreich und dem Brodyer Handelskammerbezirk 122 Etablissements zur Erzeugung von Zündrequisiten. Viele davon sind freilich nicht fabrikmäßig eingerichtet; die Jahresproduktion derselben belief sich auf 4,164,421 Gulden, wozu der Pilsener Handelskammerbezirk allein 2,000,000 Gulden beitrug. Im Ganzen dürfte also die Produktion Oesterreichs auf 5 Millionen Gulden zu veranschlagen sein. Schweden beschäftigt gegenwärtig 3500 Personen mit der Zündwaarenindustrie und führte 1874 allein für 4,800,000 Mark aus. Seit 1865, wo die Ausfuhr nur 2,229,000 Pfund betrug, hatte sie sich derart gesteigert, daß 1870: 5,793,000 Pfund, 1872: 12,116,000 Pfund und 1874: 17,241,000 Pfund exportirt wurden.

In den größeren Fabriken hat von den Arbeitern jeder gewöhnlich nur eine einzige Handreichung zu thun, und ein Zündhölzchen, das wir kaum in einem Bruchtheil eines Pfennigs auszudrücken vermögen, hat, ehe es in seiner endlichen, nützlichen Form uns dargeboten werden kann, eine sehr große Zahl von Händen und gewaltige Maschinenkräfte in Bewegung gesetzt. Nur das bis ins Kleinste durchgeführte Prinzip der Arbeitstheilung und die ungeheure Massenproduktion vermag den billigen Preis zu erklären. Das Tausend guter Hölzchen in doppelter Verpackung, je 100 zusammen in einer Papierkapsel, die mit einer rauhen Reibfläche sowie mit einer lithographirten Etikette versehen ist, und zwanzig oder mehr solcher Hundertpackete wieder zusammen in einem Holzkistchen liefert die Fabrik bis herab zu 8, ja 6 Pfennigen, und dabei ist der Preis einzelner Materialien, wie des chlorsauren Kali's, des Bleisuperoxyds, vor allen aber des Phosphors, ein ziemlich bedeutender.

Freilich wird dann mit diesen Substanzen auch die größte Sparsamkeit getrieben. Man verbraucht zu guter Zündmasse jetzt nur den sechsten bis achten Theil des Phosphorzusatzes, welchen man früher anwandte, und trotzdem steigt der Gesammtkonsum von Jahr zu Jahr. Vor fünfzehn Jahren schon erzeugte Oesterreich allein über 50,000 Millionen Stück Zündhölzchen. Dazu kommen noch in Deutschland die bedeutenden Fabriken des Harzes, Bayerns,

Sachsens u. s. f. Frankreich und England, obwol sie für den Welthandel mit den vorher genannten Staaten nicht konkurriren können, decken durch eine lebhafte Fabrikation ihren Bedarf selbst und führen in besonderen Sorten auch ziemliche Quantitäten aus. Im Norden ist es hauptsächlich Schweden, das durch ausgezeichnet gute, wenn auch nicht in gleicher Weise elegante Phosphorzündhölzer sich einen Namen gemacht hat.

Der Natur der Sache nach kann diese Industrie sich am üppigsten nur da entwickeln, wo die Holzpreise und das Arbeitslohn auf einer niedrigen Stufe stehen. Schweden, der Böhmerwald, das Riesen= und Erzgebirge sowie der Harz sind deshalb die günstigsten Territorien.

Wo die Fabrikation der Zündhölzchen in waldreichen Gegenden nicht selbst betrieben werden kann, da arbeitet man derselben wenigstens vor, indem man die Hölzchen soweit fertig macht, daß sie nur noch mit der Zündmasse versehen zu werden brauchen. An dem Orte ihres Wachsthums fast unmittelbar werden die Stämme durch die reichlich vor= handenen Wasserkräfte zerschnitten, theils als Breter verführt, theils aber auch noch weiter und namentlich zu Stäbchen für die Zündhölzchenfabrikation verarbeitet. In Fässer gepackt werden dieselben an die chemischen Fabriken geliefert, die sich mit dem vorzugsweise chemi= schen Theile der Zubereitung befassen. Auf der Straße, die von Deggendorf in den Bayerischen Wald führt, kann man jetzt, wo die Eisenbahn noch nicht quer durch den Wald hindurchgeht, ganzen Wagenzügen mit solchen Faßladungen begegnen.

Im Oberharz arbeiteten in den drei Fabriken Andreasberg, Lauterberg und Oberfeld in den sechziger Jahren schon über 1300 Arbeiter. Die erforderlichen chemischen Präparate wurden hier selbst angefertigt. Der Holzverbrauch belief sich jährlich auf 8000 Kubikmeter; um diese zu beschaffen, mußten drittehalbtausend stattliche Bäume gefällt werden. Kisten und Verpackung erforderten beinahe eben so viel Holz wie die Streichhölzer. Dazu kam ein Verbrauch von 30,000 Kg. Stearin, 10,000 Kg. Wachs, 15,000 Kg. Baumwollengarn, um die feineren Hölzer und sonstige Zündpräparate darzustellen. Das zu Kapseln und sonst verarbeitete Papier betrug allein jährlich an 400 Ballen, und zur Anfertigung der kleinen Etiketten waren zwei eigene lithographische Pressen in Thätigkeit, welche an 20 Ballen weißes Papier bedruckten. Die kleinen Holzbüchschen werden auf 200 Drehbänken gedreht, von denen der bei weitem größte Theil (186) durch eine eigene Turbine in Bewegung gesetzt wird. Außerdem aber gehört zur Verpackung das Ausschlagen der für den überseeischen Handel bestimmten Kisten mit Zinkblech, und ein Verbrauch von 250 Centnern beweist, welche Ausdehnung der Export hat. Wundert man sich solchem Betriebe gegenüber noch, wenn man erfährt, daß täglich 7—800 Millionen feine Zündhölzer und 1—1½ Million Zünd= kerzen fertig werden, die gleich in die während derselben Zeit gedrehten und polirten 20,000 Holzbüchschen, und in eine noch viel größere Zahl Papier=Enveloppen, diese ihrer= seits in 60—70,000 Spanschachteln verpackt und in alle Welt versandt werden? — Das ist die Macht eines einzigen Stoffes, des Phosphors, und der Triumph einer einzigen Wissenschaft, der Chemie.

Des Wissens Schranken gehen auf,
Der Geist, in euren leichten Siegen
Geübt, mit schnell gezeitigtem Vergnügen
Ein künstlich All von Reizen zu durcheilen,
Stellt der Natur entlegenere Säulen,
Ereilet sie auf ihrem dunklen Lauf.

Schiller.

Die Erfindung der Daguerreotypie und Photographie.

Aelteste Versuche in der Lichtbildnerei. Niépce's und Daguerre's Versuche. Daguerre's Erfindung, die Daguerreotypie. Chemische Grundzüge derselben. Jod, Brom, Chlor. Die photographische Camera obscura und Erzeugung der Bilder auf der Silberplatte. Photographie auf Papier. Talbotypie. Beschleunigende Substanzen. Negatives und positives Bild. Eiweiß und Collodium. Silber-, Fixir- und Waschflüssigkeiten. Kopiren. Pannotypie. Visitenkartenportraits. Trockne Verfahren. Augenblicksbilder. Unvergängliche Photographien und Photographie mit natürlichen Farben.

Wer erwägt, mit welcher Gleichgiltigkeit man in unserer Zeit die wunderbaren Leistungen der Photographen hinnimmt, gerade als ob sich das Alles von selbst verstände — der wird unwillkürlich an Lessing's Ausspruch erinnert, daß eben darin der Wunder größtes liege, daß uns die Wunder so alltäglich werden.

Wenn man vor einem Menschenalter einem sogenannten „aufgeklärten" Manne gesagt hätte, es sei vielleicht möglich, einen Spiegel so einzurichten, daß er das Bild des Hineinblickenden auf immer festhalte, so würde dieser eine solche Behauptung wahrscheinlich für eine Lächerlichkeit erklärt haben; hätte die Unterhaltung aber ein paar Jahrhunderte früher stattgefunden, so hätte man vielleicht ein Kreuz geschlagen und höchstens zugegeben, nur mit Hülfe des bösen Feindes könne so Etwas möglich sein. In der That erzählt die Sage von einem alten Hexenmeister, welcher es verstanden haben soll, ein Gefäß mit Wasser in einem Augenblicke so zum Gefrieren zu bringen, daß ein Bild Desjenigen, der sich gerade darin bespiegelte, im Eise festgebannt war. Die Erzählung beweist allerdings zunächst nur, daß die Menschen von jeher gern das Unglaublichste für möglich hielten; sie deutet uns aber auch an, daß wenigstens eine allgemeine Vorstellung der Lichtbildnerei schon früh in den Köpfen Platz gefunden habe. Diese Ansicht findet ihre Bestätigung durch ein Gedicht des römischen Dichters Statius (61—96 n. Chr.), welches unter dem Titel „Das Haar des Carinus" sich in seinen „Wäldern" befindet und auffallende Andeutungen von einer gewissen Bekanntschaft mit der Lichtzeichnung enthält.

Aber die Sprache des Poeten entbehrt jener Zuverlässigkeit und Bestimmtheit, welche die Wissenschaft verlangt. Was schon früh dem Dichter vorschwebte und in der Sage lebte, das wurde sehr spät Eigenthum der Wissenschaft. Erst 1566 erhalten wir die erste Angabe über die Grundlage der Lichtbildnerei, indem Fabricius in seinem Werke „De rebus metallicis" von der Veränderung berichtet, welche das Hornsilber (Chlorsilber) im Lichte erleidet. Diese Beobachtung gewann aber erst Bedeutung, als Scheele 1777 die Wirkung der prismatischen Farben auf das Chlorsilber genau beschrieb und die Thatsache feststellte, daß im violetten Strahl die Schwärzung am raschesten erfolge. Im Jahre 1801 beobachtete Ritter, daß auch neben dem Farbenbilde noch ein Streifen deutlich verändert wird, daß also auch unsichtbare Strahlen im Lichte vorhanden sind, welche das Chlorsilber schwärzen. Von diesem Zeitpunkte an datirt eine neue Wissenschaft: die Photochemie, welche, als eine Tochter des Lichtes, an rascher Ausbildung gleichsam mit der Schnelligkeit der Lichtstrahlen Schritt zu halten scheint. Die auf die chemischen Wirkungen des Lichtes bezüglichen Thatsachen häuften sich im Laufe der Zeit ungemein, und die meisten der jetzt wirklich in der Lichtbildnerei angewandten Stoffe waren bald als lichtempfindliche erkannt und geprüft. Aber die Gelehrten begnügten sich nicht damit, die bloße Lichtempfindlichkeit wachzurufen, sie suchten auch den Unterschied der Einwirkung verschiedenfarbiger Lichtstrahlen zu erforschen. Dr. Seebeck in Jena wies zuerst in „Goethe's Farbenlehre 1810" darauf hin, daß die verschiedenen Strahlen des Spektrums dem Chlorsilber ihre Eigenfarben mittheilen. Die Heliochemie ist also deutschen Ursprungs.

Die reizend schönen und getreuen Abbilder, welche die Camera obscura und das Sonnenmikroskop von natürlichen Gegenständen auf eine Fläche werfen, mögen den Gedanken an die Lichtbildnerei gar manchem Gelehrten und Praktiker nahe gelegt haben. Jeder, der einmal diese Lichtwirkung sah, mußte sich sagen, wie schön es doch wäre, wenn diese Bilder auf der matten Glastafel oder dem Papier auf immer haften bleiben könnten. Auf welche Weise man dies Ziel erreichen zu können glaubte, zeigt eine interessante Mittheilung, welche Tiphaine de la Roche in seiner 1760 zu Cherbourg gedruckten „Giphantie" macht. Dies wunderliche Buch, welches unter dem Titel „Giphantie oder Erdbeschreibung" in deutscher Uebersetzung erschien, erzählt uns, wie der Verfasser während eines Sturmes in den Palast der Elementargeister geführt und von ihrem Beherrscher mit ihren Arbeiten und Geheimnissen bekannt gemacht wird.

„Du weißt", sagte er zu ihm, „daß die reflektirten Lichtstrahlen auf glänzenden Flächen Bilder entstehen lassen, wie dies z. B. auf der Retina des Auges, im Wasser und im Spiegel der Fall ist. Die Elementargeister suchten diese Bilder festzuhalten und haben eine sehr feine und sehr klebrige Materie zusammengesetzt, welche äußerst leicht trocknet und hart wird, mit deren Hülfe sie in einem Augenblicke ein Gemälde anfertigen. Sie überziehen mit diesem Stoffe ein Stück Leinwand, worauf sich die Bilder nicht nur spiegeln, sondern auch haften bleiben, wenn man den Ueberzug im Dunklen trocknen läßt."

Auf andere Weise, als Tiphaine es träumte, erzielten Wedgewood und Davy 1803 wirkliche photographische Bilder. Sie tränkten Papier und Leder mit einer Silberlösung und machten darauf Profile, d. h. Schattenrisse, die sie jedoch gegen das Tageslicht nicht unempfindlich zu machen wußten, so daß dieselben nur bei Lampenschein besehen werden konnten, wenn nicht endlich das ganze Papier sich bräunen sollte. Erst 1819 erfand Sir John Herschel das so lang ersehnte Fixirmittel im unterschwefligsauren Natron. Als die Kunde von Daguerre's Entdeckung die Welt durchlief, griff man in aller Ungeduld die ersten Versuche wieder auf, und es kamen in den Kunsthandlungen sogenannte

Lichtbilder zum Vorschein, die freilich mehr abschreckend als interessant waren. Man hatte nämlich auf ein mit Silberlösung präparirtes Papier Blätter, Moose u. dergl. gelegt und diese, mit einer Glastafel bedeckt, dem Lichte ausgesetzt. So entstanden rohe weiße Abbildungen auf braunem Grunde, welche selbstverständlich bald durch Veröffentlichung von Daguerre's Geheimniß in den Hintergrund gedrängt wurden, weil Jeder einsah, daß es sich hier um eine ganz neue, ebenso interessante als wichtige Erfindung handle, um eine Erfindung, deren ganzer Ruhm den Franzosen zufällt, wie wir neidlos anerkennen, so sehr auch die Franzosen ihrerseits geneigt sind, von anderen Nationen gemachte Erfindungen zu übersehen oder zu verkleinern. Die Idee war allerdings schon da, aber der Haupttheil der ganzen Erfindung ist in diesem Falle die Ausführung.

Die Entstehungsgeschichte der Lichtbildnerei ist eigenthümlich und interessant. Zwei Männer, Niépce (geb. am 7. März 1765 in Châlons sur Saône, † am 5. Juli 1833) und Daguerre (geb. zu Paris am 18. November 1787, † am 10. Juli 1851), beginnen, ohne von einander zu wissen, gleichartige Bestrebungen, und arbeiten mehrere Jahre lang abgesondert; jener hat bereits nennenswerthe Resultate erreicht, sich aber in sehr umständliche und unsichere Verfahren verwickelt, dieser hat noch gar keine besonderen Fortschritte gemacht; als aber beide Männer sich 1829 vereinigten, erfaßte Daguerre mit Begeisterung Niépce's Ideen und verarbeitete sie zu einem ganz neuen Verfahren, nach welchem die so lange gesuchte Kunst nun eine verhältnißmäßig leichte und einfache Arbeit geworden ist.

Niépce's Versuche gehen bis zum Jahre 1814 zurück; er arbeitete viel mit Harzen, besonders mit Asphalt, dessen eigenthümliches Verhalten im Lichte er entdeckte und mittels dessen er auf Glas und Metallplatten im Verlaufe von fünf bis sechs Stunden

Fig. 320. Joseph Niépce.

Abbilder von Kupferstichen erhielt, die den Originalen gleichkamen und die er durch Aetzung druckfertig zu machen suchte. Außer Asphalt benutzte Niépce im Verlaufe seiner Studien auch Silberplatten, die er durch Joddämpfe empfindlich machte.

Diesen Versuch nahm Daguerre auf und kam zum Ziele. Niépce starb 1833, und 1839 war Daguerre mit der Erfindung so weit, daß er damit hervortreten konnte. Die Regierung kaufte sie auf Antrag von Arago und Gay-Lussac an und setzte Daguerre eine Leibrente von 6000 Francs dafür aus, während Niépce's Sohn 4000 Francs Pension erhielt. Arago veröffentlichte dann am 10. August 1837 in der vereinigten Sitzung der Akademie der Wissenschaften und Künste die Erfindung als „ein Geschenk für die ganze Welt". Und die Welt begrüßte dies unerwartete schöne Geschenk mit Erstaunen und freudigem Jubel.

Daguerre's Erfindung beschränkte sich auf die Anfertigung von Bildern auf versilberten Platten, und dieser Zweig der Kunst trägt noch jetzt des Urhebers Namen, während unter Photographie die gesammte Lichtbildnerei auf Glas, Papier, Silberplatten und anderen Stoffen verstanden wird. Die neue Kunst zeigte bei ihrem Hervortreten noch zwei wesentliche Mängel, denen aber bald abgeholfen wurde, weil das Interesse der Gelehrten und

Praktiker aller Länder auf die Ausbildung der neuen Erfindung gerichtet war. Da Daguerre 20 Minuten zur Aufnahme eines Bildes brauchte, so war an Portraitiren u. dergl. nicht zu denken, bis Claudet 1840 in dem Brom ein so kräftiges Unterstützungsmittel für das Jod fand, daß die Empfindlichkeit der Platte nun bis zu einem kaum gehofften Grade gesteigert werden, ja eine Aufnahme in wenigen Sekunden geschehen konnte. Doch fehlte es den Bildern an Haltbarkeit; sie waren in dieser Hinsicht mit dem Staube der Schmetterlingsflügel vergleichbar und verschwanden nach einiger Zeit von selbst, wenn sie nicht unter Glas gelegt wurden. Diesem Fehler half der Chemiker Fizeau ab, indem er die wunderbare Wirkung entdeckte, welche Chlorgold auf das fixirte Bild ausübt. Dasselbe wird dadurch nicht allein befestigt, sondern verliert auch einen großen Theil seines unangenehmen Spiegelglanzes.

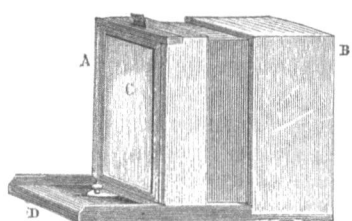

Fig. 321. Gewöhnliche Camera obscura für photographische Zwecke.

Mehr als sechs Monate (Januar 1839) vor dem Auftreten Daguerre's hatte Fox Talbot der Royal Society in London Mittheilung von seiner „photographischen" Zeichnung auf Papier gemacht, und 1840 veröffentlichte er sein Verfahren in verbesserter Form unter dem Namen „Kalotypie" (Schöndruck). Obwol die Kalotypie an Schönheit der Bilder mit der Daguerreotypie nicht zu wetteifern vermochte, übertraf sie dieselbe doch darin, daß sie Bilder lieferte, welche beliebig vervielfältigt werden konnten. Aus diesem Grunde kann man die „Kalotypie" die Mutter der heutigen Photographie nennen. Denn da das Papier nicht fein genug ist, um die zarten Einzelheiten der Bilder wiederzugeben, griff man bald zu feineren Unterlagen und schuf sich gewissermaßen ein Papier ohne Körper, indem man (Niépce von St. Victor 1848) Glasplatten mit Eiweiß oder Collodium (Scott Archer 1851) überzog. Endlich, nachdem man den Lichtstrahl zum kunstvollen Zeichenmeister gemacht, mußte er auch noch Lithograph werden und seine Bilder auf Steinplatten in einer Weise zeichnen, daß man davon wie von ganz gewöhnlichen Lithographien Abdrücke nehmen kann.

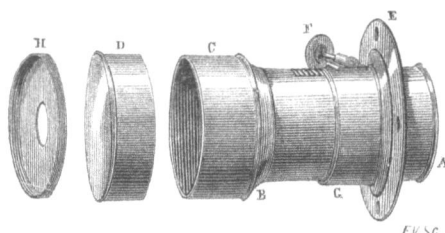

Fig. 322. Doppelobjektiv.

Die schönen Erfolge wären aber nicht möglich gewesen, wenn nicht die Optiker hülfreiche Hand geboten hätten, und hierin haben sich Franzosen und Deutsche große Verdienste erworben. Zuerst war es Charles Chevalier in Paris, der durch Vereinigung von zwei achromatischen Linsen nicht allein die Aufnahmezeit verkürzte, sondern den Bildern auch größere Feinheit verlieh. Schon vor der Anwendung der beschleunigenden Substanzen nahm er Portraits in wenigen Minuten auf. Noch größere Vervollkommnungen erfuhren die photographischen Objektive durch einen Deutschen, den Professor Petzval in Wien; er unterzog sich langen und mühsamen Studien und Berechnungen; seine Bemühungen wurden mit glücklichem Erfolge gekrönt, und auf Grund der gewonnenen Resultate entstanden die so berühmt gewordenen Voigtländer'schen Objektive. In Betreff der Einrichtung der Camera obscura und der Anfertigung von Linsen ohne sphärische und chromatische Abweichung müssen wir unsere Leser auf Band II verweisen.

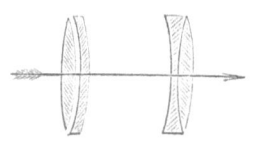

Fig. 323. Stellung der Linsen.

Der **photographische Apparat** ist eben nichts weiter als eine verbesserte Camera obscura. Fig. 321 stellt eine photographische Camera in ihrer einfachsten Form dar.

In einem Kasten B läßt sich ein zweiter Kasten A hin und her schieben. Um diesen letztern in bestimmter Lage festhalten zu können, ist das mit B verbundene Bret D mit einem Spalt versehen und an dem Kasten A ein Messingstreifen befestigt, von dem aus in den

Der photographische Apparat. 519

Spalt eine Klemmschraube hinabreicht, welche beim Aus= und Einziehen des Kastens A zum Feststellen derselben dient. Das Objektiv befindet sich an der Vorderseite des Kastens B, während an der Hinterseite des Kastens A das matte Glas C angebracht ist, auf dem die Bilder der äußeren Gegenstände beim Oeffnen des Objektivdeckels sichtbar werden.

Die photographischen Objektive zerfallen je nach ihrer Verwendung in Portraits= und Landschaftsobjektive. Letztere haben gewöhnlich nur ein achromatisches Objektivglas, erstere bestehen aus zwei achromatischen Gläsern. Ein solches Doppelobjektiv zeigt Fig. 322; in Fig. 323 sind die Linsen dargestellt.

Wie man auf den ersten Blick sieht, sind in B und A die beiden achromatischen Linsen von Fig. 323 in einer Hülse angebracht, welche sich auf den Ring E schrauben läßt. Dieser Ring wird an der Camera befestigt. In der Messinghülse läßt sich durch die Mikrometer= schraube F ein Rohr bewegen, welches die Stellung der Objektive regelt. D ist der Deckel des Objektivs und H eine Blende, die man in G einschiebt, wenn man eine größere Schärfe erlangen will.

Fig. 324. Durchschnitt eines Glashauses für photographische Zwecke.

Denken wir uns nun, das Doppelobjektiv sei an der Camera befestigt, und diese, damit sie fester steht und bequemer höher oder niedriger gestellt werden kann, auf einem Stative angebracht; wir selbst befänden uns in einem Glashause, um ein Bild aufzunehmen. Von der Anlage und Einrichtung eines solchen Glashauses giebt uns die Abbildung, Fig. 324, eine Vorstellung, welche ohne weitere Auseinandersetzung verständlich ist. Nachdem die Camera auf die Person gerichtet und der Deckel vom Objektive entfernt worden ist, zeigt sich uns auf dem matten Glase ein umgekehrtes Bild der Person, welche dem Objektiv gegen= übersteht. Um dies Bild deutlicher beobachten zu können, verdunkeln wir die Umgebung des matten Glases, indem wir ein Tuch über den Kopf werfen. Die größere oder geringere Schärfe des Bildes auf dem matten Glase muß durch Aus= und Einschieben des innern Kastens der Camera obscura und durch Drehen an der Mikrometerschraube erreicht werden.

Wo die Glastafel sich befindet, erhält nach dem Einstellen die Kassette ihren Platz. Sie besteht aus einem Rahmen mit dem verschiebbaren Bretchen a und dem Thürchen b (Fig. 327). Zwischen beide wird beim Daguerreotypverfahren die empfindliche Silberplatte, beim Collodiumverfahren die Glasplatte gebracht, und zwar so, daß die empfindliche

Schicht beim Einschieben in die Camera genau dieselbe Stelle einnimmt, wo auf der matten Glastafel das Bild am deutlichsten erschien.

Sehen wir zu, wie die Daguerreotypplatte für eine Aufnahme hergerichtet und empfindlich gemacht wird.

Die Daguerreotypie. Die Arbeit des Daguerreotypisten beginnt mit dem Putzen und Poliren der versilberten Kupferplatte, was immer große Sorgfalt und Mühe erfordert und mittels Tripel, Spiritus und Baumwolle, nachher mit Polirroth und weichem Leder bewirkt wird. Die größte Sauberkeit ist dabei zu beobachten, und es darf die Platte durchaus nicht mit den Fingern berührt werden. Die letzte Bearbeitung, das sogenannte Fertigputzen, darf nie früher als unmittelbar vor der Aufnahme stattfinden. Nunmehr wird der Silberspiegel für das Licht empfänglich gemacht, d. h. es muß eine Schicht auf ihm erzeugt werden, die sich unter Einfluß des Lichtes rasch verändert. Diese Eigenschaft haben vorzüglich die chemischen Verbindungen des Silbers mit Jod, Brom und Chlor, und alle Lichtbildnerei, arbeite man auf Silberplatten, Glas oder Papier und dergleichen, muß — vom Gelatineverfahren abgesehen — mit der Erzeugung einer solchen Verbindung oder zweier zusammen auf der Bildfläche beginnen; der Unterschied ist nur der, daß dies bei den Metallplatten auf trockenem, bei den übrigen Verfahren auf nassem Wege geschieht.

Fig. 325. Louis Daguerre.

Jod und **Brom** sind, wie das Chlor, chemische Elemente. Das Jod befindet sich besonders im Meerwasser, in Seepflanzen, Seethieren u. s. w., aber niemals in freiem Zustande. Es hat in trocknem Zustande etwa das Ansehen von Graphit und einen durchdringenden Geruch, weil es schon bei gewöhnlicher Temperatur verdunstet. Es ist ziemlich giftig, schmeckt scharf und ertheilt der Haut eine bräunlichgelbe Färbung. Letztere läßt sich mit Alkohol beseitigen, worin wie im Aether das Jod sehr löslich ist, während es sich im Wasser nur in geringen Mengen (1 : 7000) auflöst. Gewonnen wird das Jod aus der Asche von Seepflanzen, indem das darin enthaltene Jodnatrium mit Braunstein und Schwefelsäure behandelt und so das Jod frei gemacht wird.

Vor 1811 war das Jod unbekannt. In diesem Jahre wurde es durch Courtois entdeckt, indem er die Mutterlauge aus Meerpflanzenasche, nachdem ihr Gehalt an Kochsalz, Glaubersalz, Soda und schwefelsaurem Kali ausgeschieden, mit Salpetersäure versetzte, wobei er einen veilchenblauen Dampf aus der Flüssigkeit aufsteigen sah. Er fing denselben auf und erhielt schön krystallisirte Blättchen von grauer Farbe, worin Gay-Lussac einen neuen Grundstoff erkannte, der nach den veilchenblauen Dämpfen seinen griechischen Namen erhielt. Als Erkennungszeichen für Jod dient Stärkekleister, welcher vom freien Jod blau gefärbt wird.

Das Brom wurde 1826 von Balard in der Mutterlauge des Meerwassers entdeckt. Wie Courtois bei Zusatz von Schwefelsäure veilchenblaue Dämpfe aufsteigen sah, so bemerkte Balard eine rothe Färbung beim Sättigen der Mutterlauge mit Chlor. Das Brom findet sich, wie das Jod, wesentlich im Meerwasser als Brommagnesium und Bromnatrium.

Jod und Brom. 521

In besonders großer Menge soll es im Todten Meere vorkommen. Brom ist das einzige nichtmetallische Element, welches bei gewöhnlicher Temperatur flüssig ist; es sieht rothbraun aus, ist sehr flüchtig, besitzt einen herben und widrigen Geschmack sowie einen unausstehlichen Geruch. Diesem Geruche verdankt es seinen griechischen Namen. Das Brom löst sich weit leichter im Wasser als das Jod, indem 23 Theile Wasser einen Theil Brom auflösen; noch löslicher ist es im Alkohol und Aether. Brom färbt die Haut braungelb und wirkt ätzend. Bei einer Kälte von 7—8 Graden erstarrt es zu einer bleigrauen krystallinischen Masse. Man gewinnt das Brom aus dem Meerwasser, indem man die Mutterlaugen, aus welchen schon alle anderen Salze auskrystallisirt sind, mit Braunstein und Schwefel destillirt. Doch ist das Verfahren nicht ganz so einfach und erfordert noch mancherlei Vornahmen, auf welche wir nicht weiter eingehen wollen.

Fig. 326. Talbot.

Mit Jod und Brom ist das Chlor nahe verwandt, und alle drei Stoffe zeigen in ihren Eigenschaften und Verbindungen ungemeine Aehnlichkeit. Wie das Chlor eine Verbindung mit Wasserstoff eingeht, so auch Jod und Brom: Chlorwasserstoff, Jodwasserstoff und Bromwasserstoff; ebenso entspricht dem Chlorsilber ein Jod- und Bromsilber, und Kalium, Natrium, Cadmium, Ammonium, Lithium u. s. w. verbinden sich nicht nur mit Chlor, sondern auch mit Jod und Brom.

Die Vereinigungen genannter drei Körper unter sich haben in der Daguerreotypie besonderen Werth als beschleunigende Substanzen. Besonders Chlorbrom, Chlorjod und Bromjod fanden zu diesem Zwecke häufige Verwendung.

Doch es wird Zeit, daß wir von dieser Abschweifung zur Aufnahme zurückkehren.

Die Bereitung empfindlicher Schichten, das Einbringen derselben in die Camera, das Wiederherausnehmen und die Arbeiten, welche zum Entwickeln und Festhalten der Bilder dienen, müssen natürlich bei Ausschluß des Tageslichtes geschehen. Der Künstler arbeitet daher meist in einem dunkeln Raume, der durch eine kleine Lampe oder einen Wachsstock spärlich erhellt ist; doch kann er auch ein helles Atelier haben, sobald er sich Fenster von gelbem oder rothem Glas machen läßt, denn das gelbe und das rothe Licht haben fast gar keine photographische Wirkung. Das Jodiren der Silberplatte geschieht gewöhnlich in folgender Weise. Die Platte wird zunächst auf ein Kästchen gelegt, in welchem sich trockenes Jod befindet; die Dauer der Einwirkung der Joddämpfe muß nach Sekunden bemessen werden, denn sie ist verschieden, je nachdem man Portraits oder Landschaften u. s. w. machen will. Die Platte, die man von Zeit zu Zeit untersucht, läuft nach einander hellgelb, dunkelgelb, röthlich, kupferig, violett, blau und grün an, und es hängt von Zweck und Methode des Künstlers ab, ob er diese ganze Farbenreihe durchlaufen lassen will oder nicht. Weil die mit bloßem Jod behandelte Platte, wie schon bemerkt, eine zu lange Aufnahmezeit erfordern würde, kommt dieselbe, um empfindlicher zu werden, noch auf den Bromkasten. In diesem befindet sich eine Schicht Kalk, in welchen man das flüssige Brom hat einziehen lassen. Zuweilen wird auch noch Chlor damit verbunden. Ueber den Dämpfen dieser Substanzen durchläuft die Platte eine neue Reihe wechselnder Farben, an denen der Künstler, durch Uebung belehrt, erkennen kann, wann die richtige Einwirkung stattgefunden hat. Auf alle Fälle kommt die Platte noch einmal auf kurze Zeit wieder auf den Jodkasten und ist dann zur Aufnahme bereit. Diese wird gewöhnlich gleich vorgenommen, doch bleibt die Platte, wenn man sie im Dunkeln gut aufbewahrt, auch nach mehreren Stunden noch brauchbar. Soll zur Aufnahme geschritten werden, so muß natürlich die richtige Stellung des Apparates zum Gegenstande und alles sonst Erforderliche schon besorgt sein, so daß blos die Platte eingeschoben zu werden braucht. Sie wird in dem dunkeln Atelier in die oben beschriebene Kassette gelegt, wo sie auf beiden Seiten von einer schützenden Holzdecke umgeben ist. Sobald die Kassette in den Apparat geschoben ist, wird der Schieber a (s. Fig. 327) zurückgeschoben, und die Platte bleibt an der Stelle stehen, wo sie den Lichteindruck empfangen soll. Noch ist es aber im Kasten dunkel, denn das Rohr mit dem Objektivglase, der sogenannte Kopf des Apparates, ist noch mit dem Deckel verschlossen. Sobald die Beleuchtung günstig

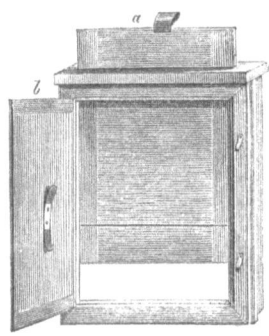

Fig. 327. Kassette.

ist, öffnet man den Deckel, und die geheimnißvolle Arbeit im Kasten fängt sofort an. Die den jedesmaligen Umständen angemessene Sekundenzahl zu treffen, gelingt nur nach langer Erfahrung und Uebung und ist eine der Hauptschwierigkeiten der Kunst; es kann des Guten bald zu viel, bald zu wenig geschehen. Nach gehöriger Belichtung wird das Objektiv mit seinem Deckel verschlossen, der Schieber heruntergelassen und die Kassette in das Dunkelzimmer zurückgebracht. Hier mit dem Wachsstock beleuchtet, wird die Platte noch ziemlich dasselbe Aussehen zeigen wie vorher. Von einem Bilde ist gar nichts oder nur eine sehr leise Andeutung zu sehen. Nun kommt aber das Merkwürdigste: die Sichtbarmachung des Bildes durch Quecksilber. In einem hölzernen Kasten befindet sich auf dem kupfernen Boden ein wenig von diesem Metall. Die Platte wird in der Entfernung von etwa 30 Centimeter, mit der Bildseite nach unten, oben darüber gelegt und der Deckel geschlossen.

Die Platte liegt, damit die Dämpfe sie gut bestreichen, unter einem Winkel von 45 Grad und wird einmal umgelegt. Da das Quecksilber bei gewöhnlicher Temperatur verdunstet, so würde vielleicht in ein paar Tagen das Bild ganz von selbst fertig werden. Man will aber nicht so lange warten und stellt daher unter den Kasten eine brennende Spirituslampe. Die Hitze treibt nun die unsichtbaren Quecksilberdämpfe reichlich in die Höhe. In der Seitenwand des Kastens, nahe bei dem Lager der Platte, befindet sich ein Glasfenster, durch das man hineinleuchten und das Entstehen des Bildes beobachten kann. Da sieht es nun aus, als wenn ein Geist sich das Vergnügen machte, mit einem unsichtbaren Pinsel zu malen; wir sehen das immer stärkere Hervortreten der Züge, gleichsam als ob das Bild aus dem Grunde herauswüchse; aber wer nicht vorher über den Zusammenhang der Sache unterrichtet ist, kann sich unmöglich denken, wie das zugeht. Sobald der durch Erfahrung erkannte Punkt der Vollendung erreicht ist, nimmt man die Platte weg. Sie braucht nun nicht mehr ängstlich vor dem Tageslicht gehütet zu werden, ja man könnte sie lassen wie sie ist, denn das aus Quecksilberpünktchen bestehende Bild würde doch immer sichtbar bleiben, wenn auch der Grund im Lichte noch einigemal die Farbe wechselte. Um aber die Wirkung des Bildes zu erhöhen, muß der Silberspiegel bloßgelegt werden; man schafft also das Jodbromsilber von der Platte weg, indem man dieselbe in ein Bad von unterschwefligsaurem Natron bringt, welches das unbelichtete Brom und Jodsilber hinwegnimmt. Hierauf spült man die Platte mit destillirtem Wasser ab und trocknet sie durch Wärme. Man hat nun auf der Platte ein natürliches, wiewol umgekehrtes Bild, in welchem die hellen Stellen des Originals hell, die dunkeln dunkel erscheinen. Wo die hellsten Lichter auf die Platte gefallen sind, wurde, wie man annehmen muß, die Verbindung zwischen Jod und Silber durch das Licht am meisten gelockert, und das Quecksilber fand hier am leichtesten Gelegenheit, sich in unsichtbar kleinen Kügelchen an das Silber anzuhängen; diese Tröpfchen erscheinen durch ihr enges Beieinanderstehen weiß. In den Mitteltinten war das Anhängen des Quecksilbers schon mehr oder weniger behindert, und in den Schatten konnte es wegen der unveränderten Schicht von Jod- und Bromsilber fast gar nicht stattfinden: erstere erscheinen daher mehr grau oder bräunlich, und das blanke Silber in den Schatten erscheint dann gegen das Uebrige schwarz, sofern man die Platte nicht gerade so hält, daß sie uns ihre Spiegelung ins Auge wirft. Dieser Spiegelglanz ist allerdings ein Uebelstand bei den Daguerreotypbildern und ein Grund mehr, daß die Collodiumphotographie so rasch die alte Methode überflügelte; dagegen zeigen die Bilder auf Silber eine Treue in der Wiedergabe der feinsten Details, die noch durch kein anderes Mittel erreicht worden ist, und überall, wo es weniger auf malerische Wirkung als auf genaue Darstellung ankommt, wird der Kenner ihnen den Vorzug geben.

Durch die Fortschaffung des unbelichteten Jodbromsilbers wurde die Platte für fernere Lichteindrücke unempfindlich, aber haltbar ist das Bild noch nicht. Dies wird erst erreicht durch Fizeau's Vergoldungsmethode, welche einfach darin besteht, daß man die Platte wagerecht auf ein eisernes Gestell legt, sie mit einer Schicht verdünnter Goldlösung (Chlorgold) bedeckt und die Flüssigkeit durch eine starke Spiritusflamme rasch zum Kochen bringt. Sowie das Blasenwerfen beginnt, sieht man das Bild auch schon einen klarern und wärmern Farbenton annehmen, denn das Chlor des Chlorgoldes wirft sich auf das ihm mehr zu-

Fig. 328. Fizeau.

sagende Silber, das Gold wird metallisch ausgeschieden und bildet eine äußerst feine, schützende Decke über dem Bilde. Zu lange Dauer dieser Operation würde aber nicht Erhaltung, sondern Zerstörung bringen, darum muß man sie schon nach wenigen Augenblicken unterbrechen, indem man die Platte mit einem Ruck in ein Gefäß mit reinem Wasser wirft. Sie verträgt nach dieser Behandlung das Abwischen und eine nicht allzu unsanfte Behandlung.

Von den vergoldeten Bildern lassen sich auch durch die Galvanoplastik Kopien abnehmen, ohne daß die Originale darunter leiden. Die kupfernen Abbilder stehen natürlich wieder rechts und sehen sehr gut aus. Es ist in der That kaum zu begreifen, wie ein solches, gleichsam mit der Platte verwachsenes Bild ein so vollkommenes Abbild giebt, das doch nur auf verschiedener Höhe und Tiefe der einzelnen Partien beruhen kann. Unvergoldete Daguerreotypen gehen bei dem galvanoplastischen Abdruck verloren.

Photographie auf Papier. Anscheinend ganz verschieden, doch auf demselben theoretischen Grunde ruhend, stellt sich die speziell sogenannte Photographie auf Papier, Collodium u. s. w. dar. Sie erreicht ihren Zweck durchweg auf nassem Wege, d. h. die wirksamen

Stoffe begegnen sich hier nicht als Dämpfe, sondern in Auflösungen. Immer ist es aber wieder das Silber, das in seinen Verbindungen mit Jod, Chlor und Brom die Hauptrolle spielt. Indem diese Verbindungen sich im Lichte zersetzen, wird metallisches Silber in feinster Vertheilung frei gemacht, und dieser feine Silbermohr liefert eben den Zeichenstoff, gleichsam die Tusche zu den photographischen Bildern, wie bei den Daguerre'schen Bildern das Queck= silber diesen Dienst verrichtete. Der Photograph besitzt eine sehr reichhaltige Apotheke von allerhand chemischen Stoffen und erwartet von jedem derselben für bestimmte Fälle einen Dienst, sei es daß die Operation beschleunigt, das Bild gekräftigt oder ihm ein anderer Ton gegeben werden soll u. s. w.; im Ganzen ist jedoch der Gang der Sache nicht so ver= wickelt, und eine allgemeine Vorstellung davon zu gewinnen, ist eben nicht schwer.

Wenn man einige Tropfen salpetersaurer Silberlösung in einem Gläschen mit etwas Kochsalz versetzt, so wird alsbald ein weißer, käsiger Niederschlag von Chlorsilber entstehen, welcher, sobald wir ihn einige Augenblicke dem Lichte aussetzen, aus Weiß anfänglich in Violett, dann in Grau und Schwarz übergeht. Da jede Farbenveränderung einer Substanz nur das äußere Zeichen einer in der Substanz selbst vorgehenden Veränderung ist, so wird auch hier eine solche stattgefunden haben. In der That, die Chemie sagt uns, daß das Licht Chlor vertrieben und dadurch etwas Silber in metallischen oder nahezu metallischen Zustand versetzt hat. Daß dem so sei, zeigt sich, wenn wir den Niederschlag mit einer Lösung von unterschwefligsaurem Natron übergießen und etwas umschütteln. Wir sehen dann den größten Theil desselben allmählich verschwinden und erkennen nun, daß die Lichtwirkung sich wol nur auf die Oberfläche beschränkt haben muß, denn endlich bleiben nur einige schwarze Schüppchen ungelöst übrig, welche eben die vorher vom Licht getroffenen Theilchen sind. Hier haben wir die ganze Reihe der Operationen, welche bei der Darstellung von Papierbildern in Betracht kommen, in ihrer Urform vor Augen gehabt. Sie bestehen 1) in der Erzeugung einer empfindlichen Schicht, 2) in theilweiser Schwärzung derselben, und 3) in der Entfernung des nicht Geschwärzten (Fixirung). Um also ein Bild auf Papier anzufertigen, tauchen wir gutes weißes Schreibpapier erst in eine Kochsalzlösung (1 K. : 10 Wasser), trocknen dasselbe und lassen es dann auf einer Höllensteinlösung von 30 Gran zur Unze Wasser schwimmen, wie es Fig. 329 zeigt. Jetzt ist die empfindliche Schicht fertig; das ge= trocknete Papier kann nun in der Camera wie eine Daguerreotypplatte belichtet werden. Beim Herausnehmen aus der Kassette muß das Bild schon deutlich sichtbar sein; durch Eintauchen in eine Lösung von unterschwefligsaurem Natron wird das unbelichtete Chlor= silber entfernt und das Bild ist fixirt.

Weil aber das beschriebene Verfahren äußerst langsam ist, muß man sich die mittlere dieser drei Stationen, die Bilderzeugung, oft in zwei Hälften zerlegen; auf der ersten wirkt dann das Licht, auf der zweiten irgend eine andere passende Substanz, die gleichsam als Vorspann zu Hülfe genommen wird. Nehmen wir wieder zwei Probirgläschen mit einigen Tropfen Silberlösung und gießen diesmal in beide an einem nicht hellen Orte etwas Jodkaliumlösung; das Produkt wird ein gelber Niederschlag von Jodsilber sein. Lassen wir das eine Gläschen an seiner Stelle und tragen das andere einige Sekunden an das Tages= licht und darauf wieder zurück, so wird bei Vergleichung beider sich kein Unterschied be= merken lassen; dieser tritt indeß sofort hervor, wenn wir in jedes der Gläschen etwas Gallussäure tröpfeln; der Inhalt des ersten Gläschens bleibt unverändert, während der Inhalt des zweiten, der das Licht gesehen hat, sich sofort schwärzt. Hier sehen wir also, daß das Licht eine Veränderung nur eingeleitet, die Gallussäure aber sie weitergeführt hat; durch einige Tropfen des unterschwefligsauren Natrons können wir sie zum Stillstand bringen. Solcher Stoffe, die wie die Gallussäure wirken, giebt es eine große Menge; man nennt sie reduzirende, d. h. zurückführende, und ihre Wirkung beruht darauf, daß sie sämmtlich nach Sauerstoff begierig sind und diesen sich aneignen, wo sie ihn finden. Wird aber einem Metallsalze Sauerstoff entzogen, so wird es meist auf Oxyd, die edlen Metalle selbst auf den Zustand eines zarten metallischen Pulvers zurückgeführt, das sich nun nicht weiter verändert und jedesmal mit dunklerer Farbe auftritt als die Salze desselben.

Die beschleunigende Wirkung, welche die Gallussäure übt, nennt man das Hervorrufen oder Entwickeln. Wie das Quecksilber auf der Silberplatte das unsichtbare Bild hervorhebt, so bringt die Gallussäure auf dem Papier selbst dann ein Bild zum Vorschein, wenn das empfindliche Papier nur so kurze Zeit belichtet wurde, daß beim Herausnehmen aus der Camera kaum eine Bildspur angedeutet ist.

Da alle lichtempfindlichen Substanzen sich im Lichte schwärzen oder bräunen und man keinen für die Photographie tauglichen Stoff kennt, der ursprünglich dunkel wäre und im Lichte hellfarbig würde, so kann man auch nicht erwarten, sogleich ein richtiges Bild aus dem Apparate hervorgehen zu sehen. Vielmehr muß das Papier die hellsten Bildpartien, da in ihnen das Licht am stärksten gewirkt, am dunkelsten zeigen, während die stärksten Schatten ganz ungefärbt bleiben: es ist ein negatives Bild. Ein solches kann aber, wenn es fertig und durch Fixation unveränderlich geworden ist, zur Erzeugung beliebig vieler Abbilder benutzt werden, in denen Licht und Schatten sowie die Stellung der abgebildeten Gegenstände ganz der Natur entsprechend sind. Dieses sind die positiven oder eigentlichen Bilder. Man braucht zu ihrer Herstellung keine Camera obscura weiter, sondern nur einen Kopirrahmen. Will man demnach von einem negativen Bilde positive Kopien abnehmen, so muß man im Dunkeln ein empfindliches Blatt in den Kopirrahmen und das negative Bild mit der Bildseite darauf legen, die Blätter mit einer Glastafel beschweren und den Rahmen dem Lichte aussetzen. Das Licht durchdringt das obere Blatt an den freien Stellen am leichtesten, an den dunkelsten gar nicht und in den Mitteltönen je nach Verhältniß, und es entsteht so auf dem unteren Blatte das gewünschte positive Abbild, das man nur zu fixiren braucht. Da das negative Original durch das Kopiren gar nicht leidet, so kann man begreiflicher Weise Hunderte von Kopien erzeugen, gute und schlechte, denn ganz gleichmäßig fallen sie keineswegs aus. Um die Lichtwirkung auf dem unten

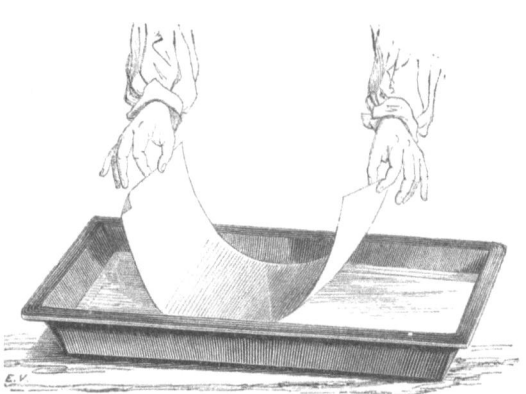

Fig. 329. Zurichtung des photographischen Papiers.

liegenden Blatte zu verfolgen, dient das einfache Mittel, daß man demselben eine etwas größere Breite giebt als dem negativen Blatte. Auf dem vorstehenden Rande kann man dann die Uebergänge in Grau, Lila, Tintenblau, Schwarz, Braun u. s. w. bequem beobachten.

Collodiumverfahren. Wir nahmen einstweilen an, das negative Bild, gewissermaßen die Druckform für die positiven, sei ein papiernes. Aber selbst wenn das Papier durch Tränken mit Wachs u. dergl. durchsichtig gemacht wäre, würde es als ein zu roh gefügter Körper doch immer dem Durchgang des Lichtes noch viel Widerstand entgegensetzen; überdies würden alle Unreinheiten und Ungleichheiten der Papiermasse sich auch auf der Kopie bemerklich machen; kurz, solche Kopien könnten nicht anders als mangelhaft ausfallen. Man hat daher frühzeitig nach einem passenden Träger für das negative Bild gesucht. Reines Glas wäre hinsichtlich der Durchsichtigkeit erwünscht, aber es müßte zugleich die Fähigkeit besitzen, die chemischen Flüssigkeiten einzusaugen und die Zersetzungsprodukte derselben festzuhalten. Da letztere Eigenschaft dem Glase abgeht, gab man demselben als Ersatz einen feinen Ueberzug, zuerst aus Eiweiß und in der Folge aus Collodium. Niépce von St. Victor (s. unten) empfahl 1848 Eiweiß als Ueberzug von Glasplatten, während Scott Archer 1851 in „Chemical News" ein vollständiges Collodiumverfahren veröffentlichte. Das photographische Collodium besteht aus einer Lösung von Schießbaumwolle (s. d. Art.) in Aether und Alkohol und ist eine helle, schleimige Flüssigkeit, die in dünnen Schichten sehr rasch trocknet und ein durchsichtiges Häutchen hinterläßt. Das Collodiumverfahren ist die Grundlage der ganzen neueren Photographie; es lassen sich mittels derselben Bilder von außerordentlicher Schärfe und Zartheit erzielen. Auch Stärkekleister und heller Leim eignen sich gut zur Erzeugung durchsichtiger Ueberzüge; aber da sie, wie auch das Eiweiß, schwer eintrocknen, letzteres überdies auch eine ziemlich lange Aufnahmezeit bedingt, so ist das rasch wirkende Collodium fast die einzige jetzt in Anwendung kommende Substanz geworden. Mit den Mitteln vermehrten sich natürlich zugleich die Methoden, Anweisungen und Rezepte, die bereits einen eigenen Literaturzweig, fast möchten wir sagen, Literaturwald bilden, in welchen einzubringen wir unseren Lesern nicht zumuthen dürfen.

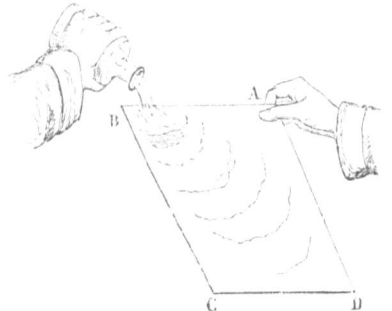

Fig. 330. Aufgießen des Collodiums.

Indessen sind wir dem Künstler noch nicht in seine dunkle Kammer gefolgt, und hier müssen wir denn doch auf einige Minuten eintreten, um wenigstens den nothwendigen Zusammenhang in unsere Auffassung zu bringen. Unter vielen anderen Utensilien, die uns im Atelier ins Auge fallen, bemerken wir auch mehrere Wannen oder Schalen aus Porzellan, Glas oder Guttapercha; sie dienen zur Aufnahme verschiedener Glasplatten, in welche die Blätter oder Flüssigkeiten eingelegt werden müssen. Solche Flüssigkeiten nennt der Photograph Bäder. Davon spielen eine Hauptrolle: das Silberbad, das Natronbad und das Goldbad.

Nehmen wir zunächst an, der Photograph arbeite auf Glas mit Eiweiß. Da Sauberkeit eine Hauptsache bei allen seinen Operationen ist, so können wir voraussetzen, daß unser Künstler mit aller Sorgfalt seine Glasplatten geputzt hat. Um dies zu beweisen, läßt er uns eine derselben anhauchen, und siehe, der Athem legt sich überall gleichmäßig an und verschwindet eben so gleichmäßig, woraus zur Genüge hervorgeht, daß die ganze Platte ebenmäßig rein ist. Wer nie versucht hat, eine Platte obigen Anforderungen entsprechend herzustellen, sollte sich doch einmal überzeugen, wie schwierig dies ist. Wie aber erreicht der Photograph sein Ziel?

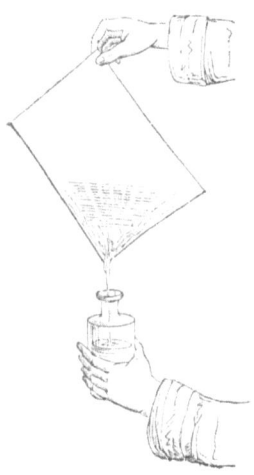

Fig. 331. Abgießen des Collodiums.

Er bereitet sich eine Art Rahm aus Tripolipulver, Weingeist und einigen Tropfen Ammoniak, taucht etwas Watte ein und fährt damit einige Minuten auf der Platte hin und her, hierauf spült er sie mit Wasser ab und trocknet sie mit einem reinem Tuche, um sie dann Anfangs mit Spiritus abzureiben und darauf so lange mit Seidenpapier zu poliren, bis der Hauch gleichmäßig verschwindet, ohne eine Spur von Wischstreifen zu zeigen.

Jetzt kann das Eiweiß aufgetragen werden. Es wird bereitet, indem man das Eiweiß von frischen Hühnereiern, mit etwas Wasser verdünnt, zu Schnee schlägt, diesen 12 Stunden absetzen läßt und dann das Klare durch grobe Leinwand abfiltrirt und mit Jodkalium versetzt. Mit diesem Gemisch werden die Glasplatten überzogen und nach dem Trocknen in eine Auflösung von Höllenstein gebracht. Nach dem Herausnehmen aus diesem Bade spült man sie ab und trocknet sie. Sie können gleich oder auch lange nachher belichtet werden, doch bedürfen sie einer sehr langen Exposition. Nach der Belichtung ruft man das Bild mit Gallussäure hervor und fixirt es in unterschwefligsaurem Natron. Ein so erhaltenes negatives Bild ist nun kopirfähig.

Obgleich das Verfahren auf Eiweiß Bilder von wunderbarer Zartheit und Schärfe liefert, wird es doch jetzt seiner Umständlichkeit und Langsamkeit wegen nur noch selten, und zwar für Landschaften, geübt. Allgemein verbreitet ist dagegen das Collodiumverfahren.

Collodiumverfahren.

Um photographisches Collodium herzustellen, löst man eine eigens für photographische Zwecke hergerichtete Schießbaumwolle in einem Gemisch von Aether und Alkohol auf. Man unterscheidet zwei Arten von Collodiumwolle, eine für Aethercollodium und eine für Alkoholcollodium. Beim Aethercollodium ist das Verhältniß des Aethers zum Alkohol wie 3 : 2, beim Alkoholcollodium wie 1 : 4. Wegen der langsamen Verdunstung, die auch bei großen Glasplatten ein bequemes Operiren erlaubt, und wegen vieler anderer Vorzüge hat das Alkoholcollodium jetzt fast das Aethercollodium verdrängt. Wir wollen uns deshalb ein Alkoholcollodium bereiten, indem wir in einem graduirten Cylinder 2 Unzen Alkohol und $1/2$ Unze Aether abmessen. In dieses Gemisch bringen wir 16 Gran Collodiumwolle. Nach tüchtigem Umschütteln löst sich diese und wir erhalten eine schleimige Flüssigkeit, welche man als einfaches Collodium bezeichnet. Aus diesem bereiten wir uns ein jodbromirtes Collodium, indem wir 8 Gran Jodcadmium und 4 Gran Bromcadmium zusetzen. Nach Umschütteln und Klären ist unser Collodium verwendbar.

Fig. 332. Entwicklung des negativen Bildes.

Wir nehmen jetzt eine reine Glasplatte, auf welche wir eine ausreichende Menge Collodium gießen, verbreiten dasselbe darüber, wie es Fig. 330 zeigt, und lassen den Ueberschuß ablaufen (s. Fig. 331). Sobald die Schicht sich gesetzt und eine butterähnliche Konsistenz erreicht hat, tauchen wir unsere Platte rasch, ohne innezuhalten, in das Silberbad. In diesem befindet sich eine Auflösung von salpetersaurem Silberoxyd (Silbernitrat, sogenannter Höllenstein) im Verhältniß von 1 Gramm Silbernitrat zu 10 Gramm Wasser. Diese Lösung wurde mit Jodsilber gesättigt, indem man eine auf beiden Seiten mit Jodbromcollodium überzogene Glasplatte über Nacht darin stehen ließ. Die in das Silberbad getauchte Platte wird darin auf und ab bewegt, bis die fettartigen Streifen verschwunden sind, welche sich Anfangs bilden, weil der Aether die wässerige Lösung abstößt. Die Collodiumschicht zeigt beim Herausnehmen ein käseartiges Aussehen, welches von dem entstandenen Jodbromsilber herrührt. Im Silberbade findet nämlich ein Austausch der Stoffe statt: Jod und Brom gehen an das Silber und bilden Jod- und Bromsilber, welches in der Schicht niedergeschlagen wird; dagegen verbindet sich die aus dem Silbersalz freiwerdende Salpetersäure mit dem ebenfalls freiwerdenden Cadmium und Ammonium zu salpetersaurem Cadmium und Ammoniumoxyd, welches im Silberbade gelöst bleibt.

Fig. 333. Kopirrahmen.

Unsere Schicht ist nun lichtempfindlich. Wir bringen sie in die Kassette und begeben uns aus dem Dunkelzimmer, worin alle vorhergehenden Operationen stattfanden, in das Glashaus, stellen die Kassette in einen vorher auf einen Gegenstand eingestellten Apparat, belichten in oben angegebener Weise einige Sekunden, schließen Objektiv und Kassette und bringen die letztere in das Dunkelzimmer zurück. Beim Herausnehmen der Kassette ist noch keine Spur eines Bildes zu sehen; es muß eben erst hervorgerufen werden. Als Hervorrufer dient entweder eine Auflösung von Pyrogallussäure oder von Eisenvitriol. Letzterer wirkt am raschesten und sichersten. Auf 30 Gramm Wasser nimmt man etwa 1 Gramm

Eisenvitriol und fügt dieser Lösung etwa 20 Tropfen Essigsäure und 16 Tropfen Alkohol hinzu. Der Alkohol soll das Fließen über die Platte erleichtern, während die Essigsäure wie ein Dämpfer wirken muß, damit das Bild nicht zu rasch hervortritt und dadurch die feinen Details verwischt werden.

Fig. 334. Kopirrahmengestell.

Nach dem Aufgießen des Hervorrufers tritt das Bild allmählich immer deutlicher heraus, indem Jod- und Bromsilber an den vom Licht getroffenen Stellen reduzirt werden. Sollte der Eisenvitriol mit längerem Verweilen auf der Platte das Bild nicht kräftig genug erzeugen, so wendet man eine Lösung von Pyrogallussäure und etwas Silbernitrat an, um das Bild zu verstärken. Sobald das Bild, sei es durch den bloßen Hervorrufer oder unter Anwendung eines Verstärkers, hinlänglich herausgetreten ist, spült man die Platte tüchtig ab und übergießt sie mit Chankaliumlösung oder taucht sie in eine Lösung von unterschwefligsaurem Natron in Wasser (1 : 4). Hierin wird das vom Lichte nicht veränderte Jod- und Bromsilber aufgelöst, das Bild also vor der weiteren Einwirkung des Lichtes geschützt. Nach dem Trocknen kann man das Bild durch einen Firnißüberzug sichern und zum Kopiren verwenden.

Als Kopirpapier dient entweder in oben angegebener Weise angefertigtes Chlorsilberpapier oder Albuminpapier. Wenn letzteres auf das Silberbad kommt, entsteht eine Verbindung des Eiweißes mit dem Silber, welche lichtempfindlich ist. Um einen Abdruck zu erlangen, deckt man die Collodiumseite der Glasplatte mit einem solchen empfindlich gemachten Papiere und spannt beides in einen Kopirrahmen. Dies ist ein Holzrahmen mit einer starken Spiegelglasplatte (s. Fig. 333), auf welche man das Negativ so legt, daß die Bildseite, worauf das empfindliche Papier liegt, nach oben gekehrt ist. Damit das Papier mit dem Negativ eng zusammenliege, wird ein umklappbares Bretchen durch Querstäbe mit Schrauben oder Federn darauf gepreßt. Dasselbe kann man auch ohne Kopirrahmen durch Schrauben oder Klammern bewirken und dabei vom Fortgange des Prozesses sich durch vorsichtiges Abheben überzeugen.

Fig. 335. Beobachtung der Entwicklung des positiven Bildes.

Was geschieht nun, wenn der Kopirrahmen mit dem Negativ und dem empfindlichen Papier ins Tageslicht gestellt wird? Dasselbe, was wir oben beim Kopiren nach negativen Papierbildern angegeben haben; — die Lichtstrahlen gehen durch die durchsichtigen Theile des Bildes und bewirken an diesen Stellen eine Schwärzung, während hinter den undurchsichtigen Stellen das Papier weiß bleibt; das negative Bild, welches die wirklichen Verhältnisse gleichsam negirt, wird zu einem positiven, das die Wirklichkeit darstellt, und beide Bilder verhalten sich bei auffallendem Lichte genau wie die Abbildungen Fig. 336 und Fig. 337.

Das positive Bild kann entweder im Kopirrahmen fertig kopirt werden, oder man kann die begonnene Lichtwirkung durch Hervorrufung im Dunkelzimmer fortsetzen. Letzteres findet gewöhnlich statt, wenn man rasch eine große Menge Bilder anfertigen will, pflegt aber selten so gute Resultate zu liefern wie das erstere Verfahren. Wenn das Bild im Kopirrahmen scharf und deutlich kopirt ist, was am Farbenwechsel der überstehenden Ränder des empfindlichen Papiers leicht abzunehmen ist, muß es ein Goldbad, welches aus einer Auflösung von 1 Theil Chlorgold in 1000 Theilen destillirten Wassers bestehen kann, passiren, um einerseits haltbarer zu werden, andererseits aber einen schöneren Ton zu erlangen. Nach dem Schönen im Goldbade wird mit einer Lösung von unterschwefligsaurem Natron in Wasser (1 Natron : 4 Wasser) fixirt und durch mehrstündiges Auswaschen das unterschwefligsaure Natron wieder entfernt. Das Bild wird nun getrocknet, aufgeklebt und durch die Satinirmaschine geglättet. Wenn das Negativ untadelig war und die Kopie sorgsam angefertigt wurde, wird das Bild vollendet sein; was im andern Fall an Harmonie, Weichheit und Rundung noch fehlt, muß mit dem

Fig. 336. Negatives Bild, von der nicht mit der empfindlichen Schicht bedeckten Seite gesehen.

Pinsel nachgetragen, d. h. das Bild muß retouchirt werden; aber es gehört dazu ein einsichtsvoller und sich selbst verleugnender Künstler, denn je weniger man den Pinsel merkt, desto höher wird man das Bild schätzen dürfen.

Vor einigen Jahren ist von einem Frankfurter Arzte, Dr. Stein, ein sehr zweckmäßiger Apparat konstruirt worden, welcher das photographische Laboratorium entbehrlich macht und der trotzdem ebenso dem Landschaftsphotographen die Möglichkeit gewährt, sicher arbeiten zu können, wie er dem Dilettanten die Mittel an die Hand giebt, ohne große Uebung und besonderes Studium photographische Darstellungen anzufertigen. Von diesem kompendiösen Apparate, den sein Erfinder Heliopiktor nennt, können Techniker, Naturforscher, Militärs u. s. w. großen Nutzen ziehen; seine Beschreibung würde für unsere Zwecke zu weit führen, man findet sie in dem Werke: Das Licht im Dienste wissenschaftlicher Forschung von Dr. S. Th. Stein (Leipzig 1877).

Fig. 337. Positives Bild.

Pannotypie. Ein negatives Bild, dessen Aufnahmezeit zu kurz genommen wurde, das vielleicht nur wenige Sekunden lang die Lichtwirkung empfing, erscheint, nachdem es fixirt worden, gegen das Licht gehalten zu schwach, d. h.: die dunkeln Stellen haben keine Kraft, die Zeichnung sieht verschwommen und undeutlich aus. Es ist dies auch ganz erklärlich:

es konnte sich in der kurzen Aufnahmezeit nur wenig Silber reduziren, ein guter Theil blieb als Salzlösung im Collodium stecken und wurde im Fixirbade ausgewaschen. Betrachtet man aber ein solches unfertiges Bild bei auffallendem Licht statt bei durchfallendem, besonders gegen einen dunkeln Hintergrund gehalten, so sieht man, daß dasselbe viel besser ist, als es den Anschein hatte; ja es wird in der Regel ausgezeichnet schön sein, und überdies erscheint nun das schwach negative Bild vermöge der dunkeln Unterlage als ein gut positives, als ein wirkliches Bild im gewöhnlichen Sinne. Die vom Lichte nur schwach bräunlich gewordenen Stellen erscheinen, wenn das Bild auf Schwarz liegt, als die Lichter, weil sie zugleich mehr oder weniger undurchsichtig geworden sind und so das Schwarz decken, das an den nicht belichtet gewesenen Stellen durch das dünne Collodiumhäutchen deutlich durchblickt. Die Industrie hat dies nicht unbenutzt gelassen: man machte früher in Unzahl solche unreife Negative auf Collodium, nicht um sie weiter zu kopiren, wozu sie eben nicht taugen, sondern um das Häutchen nach dem Fixiren von der Glasplatte abzulösen und auf schwarzes Wachstuch zu kleben; diese Bilder hießen Pannotypen. Das ganze Verfahren ist so wenig umständlich, daß man wenige Minuten nach der Aufnahme schon das Abbild seines werthen Ich fertig mitnehmen kann, und dieser Umstand ließ die Pannotypen eine Zeit lang sehr viele Liebhaber finden. Indessen hat sich in der Neuzeit der Geschmack des Publikums wieder den vorzüglicheren Leistungen auf Papier zugewandt, und die in den letzten Jahren mit fast ausschließlicher Vorliebe aufgenommenen Visiten=

Fig. 338. Visitenkartenportraits, zugleich erzeugt.

kartenportraits und Cameenbilder sind durchweg Papierphotographien. Von den Fortschritten in dieser Kunst überzeugt man sich am leichtesten, wenn man die in den letzten Jahren angefertigten Photographien von Hanfstängel, Albert in München, von Bosch in Frankfurt a/M., Luckhardt in Wien, Reutlinger in Paris, Kurz in New-York u. A. gegen frühere Arbeiten hält. Aber nicht nur die Schönheit der Leistungen, auch die Raschheit in der Herstellung der Bilder hat sich gesteigert. Es werden gewöhnlich bei Portraitaufnahmen für Visitenkartenformat mit einem Male mehrere Negative auf derselben Glasplatte erzeugt; natürlich erlaubt dieselbe dann auch die Herstellung eines Positivs, welches, wie Fig. 338 zeigt, nur zerschnitten werden darf, um eine Anzahl unter sich gleicher Bilder auf einmal zu geben. Die Herstellung solcher Negative ist aber am besten in einer Camera möglich, welche, wie die in Fig. 339 abgebildete, mit einer entsprechenden Anzahl Objektive versehen ist. In neuester Zeit stellt man mehrere Negative auf einer und derselben Platte her, indem man diese in einer länglichen Kassette hinter dem Objektive vorbei schiebt und auf diese Weise mehrere Aufnahmen rasch hinter einander vornimmt.

Dies wären im Allgemeinen die Hauptmethoden einer Kunst, welche sich mit einer Geschwindigkeit wie keine andere über die civilisirte Welt verbreitet und vervollkommnet hat.

Außer zu den gewöhnlichen malerischen Zwecken hat die Lichtbildnerei auch schon ganz eigenthümliche Anwendungen gefunden. Dahin gehört z. B. das Kopiren werthvoller Kupfer= und Stahlstiche, Manuskripte, Handzeichnungen, und in dieser letzteren Hinsicht leistet sie jedenfalls, weil sie die ursprüngliche Darstellungsweise des schaffenden Künstlers wiedergiebt, mehr als jede andere Vervielfältigungsmethode. Wer die prachtvollen Photographien nach Kaulbach'schen Zeichnungen oder die nach den Preller'schen Cartons zur Odyssee (von Albert in München hergestellt) gesehen hat, wird uns beipflichten, wenn wir sagen, daß eine solche Nachbildung, falls sie eben so dauerhaft ist, die Originalzeichnung vollständig zu ersetzen im Stande ist.

Durch die Photographie ist ferner das Festhalten der durch das Sonnenmikroskop erzeugten vergrößerten Abbildungen höchst kleiner Naturgegenstände gelungen (Mikrotypie), wie überhaupt die Wiedergabe von Merkwürdigkeiten im Gebiete der Naturwissenschaft und

Medizin; in letzterer Hinsicht besonders bemerkenswerth und für das Studium höchst wichtig erscheint die Photographirung Geisteskranker. Ja, selbst die Kriminalpolizei weiß die Kunst für sich auszubeuten. Gefährliche Subjekte mußten sich gefallen lassen, ohne ihren Willen photographisch aufgenommen zu werden; entsprangen sie in der Folge, so schickte man einen illustrirten Steckbrief in die Welt, d. h. man fügte ihr Portrait bei. Daß Miniaturmaler ein kleines photographirtes Portrait nur als schwache Vorzeichnung auf Elfenbeinblättchen entwerfen und dasselbe nachher in Naturfarben ausführen, kommt auch vor und empfiehlt sich als vortheilhaft; es erspart das Zeichnen und sichert die Aehnlichkeit.

Viele Aufgaben, an denen der Mensch mit seiner bloßen Handfertigkeit verzweifeln müßte, löst jetzt der zweckmäßig geleitete Lichtstrahl gleichsam spielend. Man stelle sich nur einen großen gothischen Dom vor, sei es von der Portalseite mit den tausendfach

Fig. 339. Visitenkartenapparat mit mehreren Objektiven.

wechselnden Zierrathen, Bildsäulen, durchbrochenen Thürmen u. s. w., oder von der vielleicht einfachern Breitseite mit den zahlreichen Fenstern, deren jedes seine eigene Ornamentik hat; man denke sich einen Obelisken von oben bis unten mit Tausenden hieroglyphischer Bilder bedeckt, eine Inschrift, die eine ganze Felswand einnimmt, eine aus zahlreichen Figuren bestehende Marmorgruppe — muß nicht vor allen solchen Aufgaben die Menschenhand zagen, oder sie könnte sie nur mit ungeheurer Mühe oder in langer Zeit bewältigen. Wahrscheinlich brauchte ein Zeichner so viele Monate zur Aufnahme, als der Lichtstrahl Sekunden braucht, und dann hätte er sein Werk vielleicht zwar kunstgerecht, aber, gegen das Lichtbild gehalten, doch nur aus dem Groben ausgeführt, denn die kleinsten Einzelheiten hat er übergangen, entweder weil er sie nicht sah oder sie nicht wiedergeben konnte; das Lichtbild aber enthält sie, und zwar so ausführlich, daß man sie oft erst durch das Mikroskop ganz erkennen kann.

Die heutige Photographie hat vorzüglich drei Ziele erreicht: 1) „ein trockenes Verfahren", das an Sicherheit und Leichtigkeit dem „nassen Verfahren" gleichkommt; 2) mit Sicherheit „augenblickliche Aufnahmen" zu bewerkstelligen, und endlich 3) unzerstörbare Abdrücke in beliebiger Anzahl und gleichmäßiger Güte zu liefern.

Fig. 340.
Kasten zur Aufbewahrung von Glasplatten.

Trockenverfahren. Ein „trockenes Verfahren" will man ausfindig machen? Wozu dies, da die gewöhnlichen nassen so ausgezeichnete Resultate geben?

Sehr wohl, aber man glaube ja nicht, daß dies Bestreben ein überflüssiges ist. Es hat seinen guten Grund in dem Verlangen, den Unbequemlichkeiten abzuhelfen, welche die Aufnahmen im Freien mit sich führen. Diese Unbequemlichkeiten sind noch jetzt mannichfach und groß und waren früher noch viel größer. Wer einen längeren Ausflug unternahm, um Landschaften aufzunehmen, mußte eine Menge von Sachen mitschleppen, deren

Transport ihm Schwierigkeiten bereitete und Kosten verursachte. Neben seinem Apparate hatte er Collodium, Silberbad, Hervorrufung, Fixage und beträchtliche Quantitäten von destillirtem Wasser nöthig. Das war aber noch nicht Alles. Er bedurfte auch einer Dunkelkammer, und um diese aufzustellen und einzuziehen, war die Begleitung von etlichen Gehülfen durchaus nothwendig. Doch selbst wenn alle diese Bedingungen erfüllt waren, ließ sich noch nicht auf sicheren Erfolg rechnen. Da kam es oft vor, daß die Chemikalien beim Transport verdorben waren, indem entweder das Collodium von der Hitze gelitten hatte, die Silberbadflasche zerschlagen war, die Hervorrufung nicht mehr taugte oder die Glasplatten zertrümmert waren. Aber wer auch diesen Fährlichkeiten entkam, konnte in neue Verlegenheiten gerathen. Zuerst quälte ihn eine wahrhaft tropische Hitze in dem engen Zelte und machte ein sicheres und bedächtiges Arbeiten fast zur Unmöglichkeit, dann brachte nur allzuleicht ein Windstoß, der sein Zelt erschütterte, seine Lösungen und Bäder in Unordnung, ja, warf wol gar sein Wachslicht um und steckte das leicht entzündliche Collodium in Brand.

Das trockene Verfahren sollte allen diesen Uebelständen abhelfen, indem man statt der Lösungen und Bäder, des Zeltes und all der mannichfachen Bagage nur einige lichtdichte Plattenkasten und eine hinreichende Menge von Exponirrahmen (Kassetten) mitzunehmen brauchte. Die Kassetten konnten den Abend vorher aus dem Plattenkasten gefüllt werden und der Plattenkasten nahm auch die schon exponirten Platten wieder auf. Diese selbst ließen sich nach der Heimkehr hervorrufen und fixiren. So wurde es möglich, den größten Theil der Arbeiten im Hause, statt im Felde, zu verrichten.

Die Vortheile dieser Methode liegen auf der Hand, sie sind aber schwierig zu erreichen, weil die trockenen Platten nur geringe Empfindlichkeit zeigen. Der Abbé Desprats aus Louhans, der mit dem ersten Trockenverfahren 1855 hervortrat, überzog seine Platten wie gewöhnlich mit jodirtem Collodium und brachte sie dann in das Silberbad. Statt sie aber beim Herausnehmen aus dem Silberbade sofort zu exponiren, tauchte er sie in eine Schale mit destillirtem Wasser, wo er sie etwa eine Minute liegen ließ und dann trocknete. Wenn sie nun später exponirt waren, wurden sie abermals in destillirtes Wasser gelegt, das Bild aber dann auf die gewöhnliche Art hervorgerufen und fixirt. Da nun das Jodsilber für sich allein nicht lichtempfindlich ist, sondern dies erst durch das freie Silbernitrat wird, so läßt sich leicht einsehen, wie sehr bei diesem Verfahren die Empfindlichkeit leiden mußte.

Indem man dem Collodium durch Zusätze von Sirup, Honig, Zucker oder dergleichen seine schwammartige Struktur, die es beim Trocknen verliert, zu erhalten suchte, machte man einen Schritt vorwärts. Taupenot überzog die Collodiumhaut mit einer dünnen Schicht von jodirtem Eiweiß, und durch die glückliche Vereinigung von Collodium und Eiweiß wurde es zuerst möglich, Platten zu bereiten, die länger als ein Jahr empfindlich blieben. Statt des Eiweißes empfahl Norris einen Ueberzug von Gelatine, Lyte brachte Metagelatine in Anwendung u. s. w.

Fothergill schlug 1855 vor, die empfindlich gemachte Platte nach dem Wegwaschen des freien Silbernitrats mit bloßem verdünnten Albumin zu überziehen. Leider ist sein Verfahren aber auch nicht frei von großen Mängeln. Flecken und Streifen sind schwer zu vermeiden, und das Gelingen ist gar zu sehr durch die mechanische Struktur des Collodiums bedingt.

Alle diese Uebelstände werden durch das Tanninverfahren beseitigt, welches Major Russell im Laufe des Jahres 1861 veröffentlichte. Durch dasselbe hat das trockene Collodium sich in Bezug auf Sicherheit und Schönheit der Resultate dem nassen Verfahren würdig an die Seite gestellt. Russell überzieht seine Glasplatte, um das Anhaften der Collodiumschicht zu befördern, entweder mit Gelatine oder Guttapercha. Wenn die Ränder überfirnißt werden, kann dieser Ueberzug dann auch wegbleiben und das Collodium wird wie gewöhnlich aufgetragen. Nach dem Empfindlichmachen im Silberbade wäscht man die Platte reichlich mit Wasser, um das freie Silbernitrat zu entfernen, und überzieht sie in noch feuchtem Zustande sofort mit einer Tanninlösung, die man von selbst trocknen läßt oder durch künstliche Wärme trocknet. Die so bereiteten Platten können nun entweder gleich oder beliebige Zeit nachher zu Aufnahmen verwendet werden. Sie geben gleichmäßige und gute Bilder, verlangen aber eine ziemlich lange Exposition.

Diesen letzten Uebelstand hat Professor Draper in New-York mit Erfolg zu heben gesucht. Sein Verfahren läßt sich mit dem eines Künstlers vergleichen, der durch einen Strich eine Zeichnung effektvoll korrigirt. Seine Platte wird ganz so präparirt, wie Major Russell angiebt, nach der Belichtung wird sie aber in warmes Wasser getaucht und nach dem Herausnehmen mit dem gewöhnlichen kalten Entwickler übergossen und hervorgerufen. Der Erfolg ist ein außergewöhnlicher, indem die Belichtungszeit bedeutend verkürzt wird. Bei einem Versuche, wo Wasser von 43° C. angewendet wurde, ließ sich die Belichtungszeit schon auf $1/20$ der Zeit reduziren. Nehmen wir nun an, daß eine gut präparirte Tanninplatte von Stereoskopformat ungefähr eine Beleuchtungszeit von 40 Sekunden nach der gewöhnlichen Art erfordert, so würde eine mit warmem Wasser behandelte Platte in 2 Sekunden genügend belichtet sein. Was Professor Draper glücklich begonnen, hat Th. Sutton erfolgreich zu Ende geführt. Seine Methode der alkalischen Entwicklung, in welcher dem Hervorrufer statt einer Säure ein Alkali zugesetzt wird, hat es ihm möglich gemacht, so rasch zu arbeiten, daß selbst die am Strande sich brechende Woge auf seiner Platte sich abbildet.

Lange waren die Gelehrten in Zweifel, wie das Tannin eigentlich wirke, bis neuerdings Poitevin nachgewiesen hat, daß Tannin im Stande ist, unempfindliches Jodsilber empfindlich zu machen, indem es gleichsam das weggewaschene Silbernitrat ersetzt. Daneben hat es aber auch einen mechanischen Einfluß, indem es die Poren des Collodiums für die volle Einwirkung des Entwicklers auf das belichtete Jodsilber offen erhält.

Diese Vorzüge des Tannins, verbunden mit der Einfachheit und Sicherheit des Russell'schen Verfahrens, haben das Tanninverfahren zu einem Weltverfahren gemacht, welches, gleich sehr von Praktikern wie von Liebhabern geübt, wol noch lange der Ausgangspunkt für alle wirklichen Fortschritte in dem „trockenen Verfahren" bleiben wird, weil es eben den vielseitigsten Anforderungen entspricht. Freilich muß noch viel geschehen, ehe das Ziel erreicht ist, aber die Errungenschaften weniger Jahre berechtigen zu der Erwartung, daß die trockenen Verfahren endlich den nassen Verfahren den Vorrang ablaufen werden. Damit würde die Photographie in ein neues Stadium treten und ein Gemeingut aller Gebildeten werden.

Denn durch die trockenen Verfahren wird es ausführbar, die empfindlichen Platten auf lange Zeit voraus zu präpariren, sie fabrikmäßig darzustellen und auf Lager zu halten. Es braucht also der Einzelne nicht mühsam seine Platten zu putzen, sein Collodium zu bereiten und das Silberbad herzurichten. Dies Alles ist schon geschehen, ist besser geschehen, als er es vollbringen könnte. Die fertige Platte bedarf nur der Belichtung, der Hervorrufung und Fixirung, um das gewünschte Bild zu liefern. Will man Abdrücke davon, so lassen diese sich billig durch die schon jetzt in großen Städten bestehenden Kopiranstalten beschaffen.

Neben dem Tanninverfahren haben in den letzteren Jahren die Trockenverfahren mit Gummi und Zucker, gezuckertem Kaffee und mit essigsaurem Morphin großen Beifall und weite Verbreitung gefunden, während die Verwendung einer Abkochung von Thee, Leinsamen oder Rosinen und die Braunbierverfahren immer mehr in den Hintergrund treten. In England werden schon seit Jahren trockene Platten fertig in den Handel gebracht, sie sind aber noch zu kostspielig und zu unzuverlässig, um allgemeine Benutzung zu finden.

Erst wenn die trockenen Platten ein gangbarer und billiger Handelsartikel geworden, wird die Photographie die Stelle des Zeichners vertreten können und Lehrgegenstand in den Schulen werden. Denn darin liegt ihre weltgeschichtliche Bedeutung, daß sie der Wissenschaft und dem Verkehre zu dienen berufen ist; sie ist nicht da, um einigen Krämerseelen, welche der Kunst und der Wissenschaft gleich fern stehen, eine gewinnbringende Einnahmequelle zu sein; sie bietet allen Ständen ihre Dienste an und sendet keinen „unbeschenkt zurück". Sie verzeichnet dem Astronomen den Lauf der Gestirne, fixirt dem Arzt die Stadien der Krankheit, liefert dem Juristen Verbrechergalerien, giebt dem Sprachforscher genaue Nachbildung seltener Pergamente, dient dem Taktiker, den Gang der Schlachten zu verzeichnen, und erfreut den Psychologen und Physiognomen mit Material für seine Studien.

Sie versieht den Handwerker mit Modellen, unterstützt den Landschaftsmaler, belehrt den Geographen, fördert die Studien des Botanikers, des Zoologen und Mineralogen, sie beobachtet für den Physiker und spornt die Forscherlust des Chemikers an; ja, sie wird zuversichtlich noch Kreisen nützlich werden, welche bislang nicht im Entferntesten an die Heranziehung dieser nützlichen Kunst gedacht haben. Besonders die astronomischen Fächer haben in den jüngsten Jahren die Photographie in den Bereich ihrer Thätigkeit gezogen, und gaben die bei stattgehabten Sonnenfinsternissen sowie insbesondere die bei dem am 8. Dezember 1875 beobachteten seltenen Ereignisse des Venusdurchgangs gewonnenen Photogramme der Weltkörperstellungen ein beredtes Zeugniß von der bezüglichen Leistungsfähigkeit unserer Kunst. Wir verweisen die Leser dieses Werkes, welche sich speziell für die wissenschaftliche Anwendung der Photographie im Allgemeinen interessiren, auf das schon erwähnte in dem gleichen Verlage erschienene Sammelwerk von Dr. S. Th. Stein: „Das Licht im Dienste wissenschaftlicher Forschung" (Leipzig 1877).

Augenblicksbilder. Hierin liegt die Bedeutung der trockenen Verfahren, die noch um Vieles erhöht würde, wenn es gelänge, auf sichere und bequeme Art die sogenannten Augenblicksbilder in dieser Weise herzustellen. Die Photographische Gesellschaft in Marseille hat sich deshalb um die Photographie ein großes Verdienst erworben, als sie für „ein augenblickliches Verfahren auf trockenem Collodium" einen Preis von 500 Francs aussetzte. Auf feuchtem Collodium sind schon eine beträchtliche Anzahl höchst gelungener Versuche in augenblicklichen Aufnahmen gemacht, wovon wir besonders die Stereoskopbilder von Ferrier und Soulier in Paris und die herrlichen Leistungen von Wilson aus Aberdeen hervorheben wollen. Am meisten Werth hat die Augenblicksphotographie für das Portraitiren. Hier kommt es vorzüglich darauf an, die momentane Stimmung wiederzugeben und so dem Bilde Leben einzuhauchen. Niemand kann 16—20 Sekunden unbeweglich in derselben Stellung verharren, ohne den Gesichtsausdruck zu verändern oder mit den Augen zu winken. Und wenn er es möglich macht, gleichsam zu erstarren, was für eine steife Gliederpuppe tritt uns im Bilde entgegen! Hat Lamartine nicht Recht, wenn er diese Art der Photographie eine Negation der Kunst nennt?

„Der Maler" — sagte er in den „Entretiens littéraires" — „würde nicht ein Schöpfer sein, wenn er sich darauf beschränkte, die Natur abzuklatschen, ohne sie auszuwählen, ohne sie zu empfinden, ohne sie zu beleben, ohne sie zu verschönern, und diese engherzige Genauigkeit der Photographie ist es, welche mich veranlaßt, diese Erfindung des Zufalls, welche niemals eine Kunst sein wird, sondern nur ein Diebstahl an der Natur unter Beihülfe der Optik ist, aus Herzensgrunde zu verachten."

Ja wohl, die Portraitphotographie ist oftmals eine Negation der Kunst, sie ist aber kein Diebstahl an der Natur, weil sie die reine Unnatur, eine Karrikatur der Natur ist. Sie steht dadurch im Gegensatze zur Kunst, welche den reinsten Ausdruck der Natur wiedergiebt, nicht aber sie verzerrt. Der Künstler weiß die rechte Wahl, den rechten Punkt zu treffen, den Augenblick zu ergreifen, denn eben

> Wer den Augenblick ergreift,
> Der ist der rechte Mann.

Kann die Photographie Augenblicksbilder im wahren Sinne des Wortes herstellen, so wird sie dem Künstler seinen Griffel und seine Tusche ersetzen und im Dienste der Kunst die Natur wählen, empfinden und beleben. Ihre Leistungen werden Kunstwerke, die es verdienen, den raschen, vernichtenden Gang der Zeiten zu überdauern, dem sie bisher unwiderruflich zum Opfer fielen.

Als die photographische Technik einigermaßen ausgebildet war und die Wissenschaft dem Collodiumverfahren eine sichere Grundlage gegeben hatte, fing man auch schon an, der photographischen Kunst ein anderes Ziel zu stecken, als die gering geschätzte Nebenbuhlerin der schlechtesten Art von Portraitmalerei zu sein. Der berühmte französische Photograph Disdéri wies schon in den Fünfziger Jahren auf ihre ungemeine Wichtigkeit für die Verbreitung künstlerischen Sinnes und edler Bildung durch die getreue und billige Wiedergabe der Meisterwerke von Pinsel, Meißel und Kelle hin; er schlug vor, die bedeutendsten Kunstwerke aller Völker und Zeiten zu kopiren und sie in den Dunst der Hütten wie in den Glanz der Paläste hinauszuschicken, damit sie ein beredtes und belehrendes Zeugniß ablegten von den Gedanken und Ideen der schöpferischen, bahnbrechenden Geister. Und dem Worte ließ Disdéri die That auf dem Fuße folgen, indem er 1855 sein „Album de Versailles" veröffentlichte. Sein Vorgang fand Nachahmung, nicht nur in Frankreich, sondern in der ganzen gebildeten Welt. Laien und Fachphotographen beeiferten sich, die ihnen zugänglichen Kunstschätze zu kopiren; allein ein Uebelstand trat dabei hindernd in den Weg: die eigenthümliche Wiedergabe der Farben durch die photographischen Präparate, indem z. B. Zinnoberroth und Krapproth, welche durch Mischen dieselbe Farbe geben, auf dem Negativ in ganz verschiedener Nuancirung auftreten; Gelb, Roth und Grün in der photographischen Aufnahme schwarz, Blau, Violett und Indigo aber weiß wiedergegeben werden. Doch auch hier hat der Fortschritt, das Wunderkind der Erfahrung und des Nachdenkens, die Hauptschwierigkeiten weggeräumt.

Wir können an dieser Stelle keine Aufzählung auch nur der hervorragendsten photographischen Publikationen versuchen; Zahl und Bedeutung wächst mit jedem Tage. Die Möglichkeit, mit mathematischer Uebereinstimmung jede Nuance einer Zeichnung wiederzugeben, hat sogar eine eigene Kunstrichtung hervorgerufen, die lediglich für die photographische Vervielfältigung schafft. Der Maler braucht seine Zeichnung nicht mehr auf den Holzstock oder den lithographischen Stein übertragen oder sie vom Kupferstecher kopiren und übersetzen zu lassen, er führt seine Ideen als Kohlezeichnung aus, die sofort in jedem Format durch die Photographie wieder gegeben werden können. Wer hätte sich nicht an Kaulbach's Goethe'schen Frauengestalten, an Ramberg's Zeichnungen zu Schiller's Werken, an den Zeichnungen zu Eckehardt u. s. w. erfreut! — sie sind alle auf diese Weise entstanden.

Leider hat aber mit der Ausbildung der Kopirverfahren die Haltbarkeit der Bilder sich nicht gesteigert. Wie einst der grimmige Gott der Zeit, der alte Saturnus, seine eigenen Kinder zu verschlingen pflegte, so vertilgt jetzt der Lichtgott Apollo seine modernen papiernen Erzeugnisse, so daß von manchen Bildern im Verlauf der Jahre wol kaum etwas Anderes übrig sein wird als der Firmenstempel, der dann gleichsam hohngrinsend den Urheber des leeren Fleckes der Nachwelt meldet.

Unvergängliche Photographien. Unsere photographischen Bilder sind allerdings den Eintagsfliegen nicht so ganz unähnlich. Durch das Licht entstanden, verschwinden sie wieder durch das Licht. Sie kamen wie Schatten und kehren rasch ins Schattenreich zurück. Diese vergängliche Natur der positiven Bilder hat eine Reihe von Versuchen veranlaßt, um dauerhafte Abdrücke zu erzielen. Der Herzog von Luynes hat diesen Nachforschungen einen neuen Anstoß gegeben durch einen Preis von 10,000 Franken, welchen er für das beste Verfahren aussetzte, wodurch unzerstörbare Bilder mit verringerten Kosten und von gleicher Güte wie die Chlorsilberbilder erzeugt werden können. Dieses Ziel ist nun vollständig durch den Kohledruck und den Lichtdruck erreicht.

Fox Talbot, der Erfinder der Talbotypie, beachtete zuerst die Eigenthümlichkeit des doppeltchromsauren Kali, mit organischen Substanzen, wie Gelatine, Albumin, Gummi u. s. w., unter dem Einflusse des Lichtes eine unlösliche Verbindung einzugehen. Poitevin benutzte diese Thatsache zur Bereitung empfindlicher Papiere, indem er das Papier mit einem organischen Stoffe tränkte, dem ein Chromsalz zugefügt war. Nach dem Trocknen wurde das Papier unter einem Negativ belichtet und dann mit Druckerschwärze überzogen. Beim Eintauchen ins Wasser lassen die nicht vom Licht getroffenen Stellen die Schwärze fahren, weil sie vom Wasser gelöst werden; an den vom Lichte geänderten Partien bleibt dagegen die Schwärze haften, und zwar um so mehr, je mehr sie vom Lichte beeinflußt wurden.

Aehnliche Prinzipien liegen dem Kohleverfahren von Pouncy zu Grunde. Er mischt eine gesättigte Lösung von doppeltchromsaurem Kali mit Gummi arabicum und fein zerriebener Pflanzenkohle und trägt diese Mischung mit einem Pinsel gleichmäßig auf Papier, welches nach dem Belichten im Wasser ausgewaschen wird. Ueberall, wo das Licht nicht eingewirkt hat, bleibt die Mischung löslich und wird mit der Kohle vom Wasser fortgenommen, während die durch das Licht unlöslich gewordene organische Materie auch die Kohle zurückhält. In neuerer Zeit hat Swan dieser Methode größere Ausbildung und Vollendung gegeben, während Braun in Dornach sie mit großem Erfolge in der Praxis verwerthet.

Kohledruck. Während sich seither das praktisch-photographische Druckverfahren auf die Anwendung der Silbersalze beschränkte und der Kohledruck nur im Laboratorium des Forschers theoretische Verwendung gefunden hatte, wurde derselbe in neuester Zeit auch praktisch verwerthet. Die Kopien mit Silbersalzen haben nämlich den Nachtheil, daß sie nach einigen Jahren durch die chemischen Einflüsse der Atmosphäre und des Lichtes verblassen, während die Bilder, deren Darstellungsweise wir nun schildern werden, bezüglich ihrer Dauer den im gewöhnlichen Druckverfahren gewonnenen Abbildungen der Typographie, der Lithographie und des Kupferdruckes durchaus nicht nachstehen. Wie es hier die in der Druckerschwärze fein vertheilte Kohle ist, welche dem Bilde die Schwärze verleiht, ist es bei dem photographischen Kohledruck die gleiche Substanz, welche den bezüglichen Chemikalien beigemischt wird, um ein dauerndes Kohlelichtbild zu erzeugen. Der ganze Prozeß, für den man alle Requisiten im Handel vorfindet, ist schon jetzt sehr vereinfacht.

Vor allen Dingen gehört dazu ein besonders präparirtes Papier, das man sich selbst auf zweierlei verschiedene Weise darstellen kann: entweder indem ein geeignetes kräftiges Handpapier mit einer Mischung von aufgelöster Gelatine und feinst vertheiltem Kohlepulver aus chinesischer Tusche gleichmäßig bepinselt, oder man diesen gleichmäßigen Ueberzug mit einer zu diesem Zweck konstruirten Streichmaschine auf das Papier aufträgt. Statt der Kohle kann man der Gelatine auch jeden andern organischen Farbstoff beimengen, je nachdem man eine blaue, grüne, braune oder rothe Kopie anfertigen will. Besonders geeignet zu diesem Zweck sind Anilinfarben. Man nennt derartige Papiere Pigmentpapiere. Das nach der erwähnten Methode präparirte Pigment-Gelatinpapier läßt man trocknen und kann es in diesem Zustande lange aufbewahren. Selbst das Papier anzufertigen, ist indeß gar nicht nöthig, da es in allen photographischen Handlungen zu haben ist. Dieses Pigmentpapier nun wird lichtempfindlich, sobald die aufgetragene Gelatine sich mit einem lichtempfindlichen Salze verbindet. Man benutzt zu diesem Zwecke vornehmlich Lösungen des doppeltchromsauren Kalis, chromsauren Natrons und des chromsauren Ammoniaks. Der erste der drei genannten Stoffe ist der gebräuchlichste. Das Verfahren der Herstellung eines Kohledruckes erfolgt nun folgendermaßen. Man setzt sich eine Lösung von zehn Gramm doppeltchromsauren Kalis in 250 Gramm destillirten Wassers an, schneidet sich ein Stück von dem Pigmentpapiere von der Größe des Bildes, welches man kopiren will, ab und taucht dasselbe auf ganz kurze Zeit, etwa 15—20 Sekunden, in die erwähnte Lösung ein; das chromsaure Kali dringt in die Pigmentmasse und macht die Gelatine lichtempfindlich. Das auf solche Weise mit lichtempfindlichem Material durchtränkte Papier wird sodann mit Nadeln auf ein Bret befestigt und im Dunkeln getrocknet. Ist dasselbe ganz trocken geworden, so legt man es (ebenfalls im Dunkeln) mit der Papierseite, welche die lichtempfindliche Schicht trägt, auf ein Negativ und exponirt es im Kopirrahmen dem Lichte, ebenso wie wir das für die Silberkopien weiter oben angegeben haben. Die Dauer der Lichtwirkung beträgt ungefähr den vierten Theil der Zeit, die eine Silberkopie verlangt; um diesen Zeitpunkt richtig zu treffen, exponirt man einen Streifen Chlorsilberpapier zugleich mit dem Pigmentpapier dem Lichte, zeigt das Chlorsilberpapier eine chokoladebraune Färbung, so ist das Pigmentbild genügend belichtet. Die Expositionsdauer beträgt im grellen Sonnenlichte circa 5—8, im hellen Tageslichte circa 25—40 Minuten. Während man bei den Silberkopien durch zeitweiliges Aufheben des Kopirrahmendeckels nachsehen kann, wieweit das Bild gediehen ist, indem sich solches auf dem Chlorsilberpapier allmählich entwickelt, kann man diese Kontrole bei dem Pigmentverfahren nicht ausführen, indem das Bild in der schwarzen Kohleschicht verborgen bleibt und erst durch spätere Prozeduren zur Anschauung gebracht werden kann. Damit die Bilder nicht zu lange dem Lichte exponirt

seien, hat man auf Erfahrung begründete, eigene Lichtmeßinstrumente, sogenannte Pigment=
druck=Photometer, erfunden, welche in bestimmten Zeiteinheiten die Wirkung des Lichts
durch stufenweise Färbung von lichtempfindlichen Probepapieren angeben.

An allen Stellen des Pigmentpapiers, an welchen das Licht durch das Negativ hin=
durch eine Einwirkung erzielen konnte, ist nun nach der Exposition eine feste unlösliche
Verbindung von Farbe, Gelatine und doppeltchromsaurem Kali entstanden, während die=
jenigen Stellen, welche im Negativdunkel gewesen sind, also kein Licht durchgelassen haben,
an den entsprechenden Stellen des aufliegenden Pigmentpapiers in dem Grade löslich ge=
blieben sind, als das Licht das Negativ nicht durchdringen konnte. Es ist also die Auf=
gabe des Operateurs, durch eine geeignete Methode die vom Lichte nicht getroffene Stelle
des Pigmentpapiers auszuwaschen, damit die unlöslich gewordenen Stellen, aus welchen
das Bild besteht, zurückbleiben.

Zu diesem Behufe bringt man den Kopirrahmen in das dunkle Zimmer zurück, nimmt
das belichtete Papier aus demselben heraus und taucht es sofort mit nach unten gekehrter
Bildseite in kaltes Wasser, damit es mit letzterem durchtränkt werde und sich dann leicht
auf eine Spiegelglasplatte anhefte; auf letztere wird es mittels eines Stück Kautschuk fest
aufgepreßt. Die aus Gelatine und Kohle bestehende Bildschicht haftet dann auf der Glas=
platte. Hierauf nimmt man die letztere und taucht sie in warmes Wasser von circa 40°
Celsius. Hat die Glasplatte einige Minuten in diesem warmen Bade verweilt, so versucht
man durch Schieben und Drücken das Pigmentpapier von der Platte abzulösen. Bald wird
eine schwarze, schmierige Masse an den Kanten des Papiers zwischen Papier und Glasplatte
hervorquellen, und man ist nun im Stande, von einer Ecke aus das Papier von der Glas=
platte loszuziehen. Spült man in zarter Weise, um die feinen Details des Bildes zu schonen,
die noch lösliche Gelatine durch allmähliches Uebergießen vollkommen ab, so wird nach
einigen Minuten ein klares, schwarzes Bild auf der Spiegelglasplatte zurückbleiben, welches
aus der durch das Licht unlöslich gewordenen Verbindung von Gelatine, doppeltchrom=
saurem Kali und Farbe besteht. Es entsteht jetzt die weitere Aufgabe, dieses Bild auf Papier
zu übertragen. Dabei kommt ein Umstand zu Hülfe, den wir vorhin zu erwähnen ver=
absäumt haben: es muß nämlich die Glasplatte, auf der das Bild zur Entwicklung gebracht
werden soll, mit einer Lösung von Wachs in Aether oder einer anderen fettigen feinen Sub=
stanz, sowie mit einer feinen Collodiumschicht überzogen worden sein, damit das Bild nicht
auf dem Glase haften bleibe, sondern leicht auf einen anderen Stoff abgezogen werden
kann. Dazu benutzt man schließlich sogenanntes Uebertragungspapier, das im Handel vor=
räthig ist und welches, nachdem das Bild in der geschilderten Weise auf der Glasplatte ent=
wickelt ist, durch festes Andrücken mit der gelatinösen Masse in Zusammenhang gebracht wird.
Man braucht darauf das Papier nur an das Bild der Glasplatte antrocknen zu lassen, um
es nach einigen Stunden mit Leichtigkeit von einer Ecke aus wieder abziehen zu können.
Das Bild der Glasplatte haftet jetzt fest auf dem Papiere; anhaftende Fetttheilchen des
primären Glasüberzuges werden mit einem in Terpentinöl getränkten Schwämmchen ent=
fernt. Diesem Verfahren der Herstellung von Kohlebildern hat man noch verschiedene
Modifikationen gegeben, jedoch stehen dieselben an Einfachheit der genannten Methode nach,
weshalb wir deren Erwähnung an dieser Stelle unterlassen können.

Außer auf Papier kann man die Kohlebilder von der Glasplatte aus auch auf jeden
anderen Stoff, auf Holz, Seide, Marmor, Leder u. dergl., mit Leichtigkeit übertragen, wo=
durch der Ausdehnung des Kohleverfahrens eine bedeutende Zukunft auf dem gesammten
Gebiete der Industrie gesichert ist.

Eine Verbindung des Kohleverfahrens mit dem Metalldruck ist das Photorelief=
fahren, welches Woodbury und Swan 1865 fast gleichzeitig fanden, das aber von Wood=
bury am meisten vervollkommnet wurde. Er überzieht mit einer Lösung von Gelatine in
Wasser (1 Gelatine : 5 Wasser), zu dem eine wässerige Lösung von doppeltchromsaurem
Ammoniak (1 Ammoniak : 4 Wasser) gesetzt wird, gut polirte Glimmerblättchen, nachdem
diese mittels Anfeuchtens auf einer Glasplatte befestigt sind. Der getrocknete Ueberzug wird

mit dem Glimmer nach dem Trocknen von der Glasplatte abgehoben und, mit der Glimmerseite am Negativ, belichtet. So erhält man, nach der Entfernung der unbelichteten Chromogelatine, durch Eintauchen in lauwarmes Wasser ein scharfes erhabenes Bild, von dem nun eine Druckform durch Abdruck in weiches Metall mittels einer hydraulischen Presse hergestellt wird. Von diesen Hohlformen erhält Woodbury mittels einer mit Tusche gefärbten Gelatine Abdrücke auf Papier, von denen er in einer Woche 30—40,000 herstellen kann.

Alle diese Methoden liefern allerdings unzerstörbare Bilder, dieselben haben aber nicht die schöne Tonabstufung und die Schärfe der Chlorsilberbilder. Ihnen näher stehen die Uranbilder von Niépce von St. Victor, dem Neffen des Erfinders der Photographie. Niépce von St. Victor ist von einem eben so unermüdlichen Forschergeiste beseelt, wie sein Oheim. Er wurde am 26. Juli 1806 in St. Cyr, in der Nähe von Chalons sur Saone, geboren und trat frühzeitig in die Armee ein. In dem einförmigen Garnisonleben verstrich sein Leben ohne Inhalt und Bedeutung, bis eines schönen Tages ein Zufall demselben eine ernstere Richtung gab. Ein Tröpfchen Citronensaft hatte seine krapprothe Uniformhose fleckig gemacht, und umsonst bemühte sich der besorgte Offizier, den Fleck fortzuschaffen. Nachdem er mehrere Mittel vergeblich probirt, gelang es ihm endlich, mit einen Tropfen Ammoniak die Farbe wieder herzustellen. Die Thatsache frappirte ihn, er machte weitere Studien über die Einwirkung der Säuren auf Farbstoffe und war bald darauf im Stande, seiner Regierung durch seine Kenntnisse eine Summe von wenigstens 100,000 Franken zu ersparen. Es war beschlossen worden, bei 13 Kavallerieregimentern die Farbe der Aufschläge, Kragen u. s. w. zu verändern; die Unternehmer, mit denen man verhandelte, forderten für jede Uniform 6 Franken. Da trat Niépce mit einem neuen Mittel auf, wodurch sich die Kosten auf einen halben Frank reduzirten. Und die Regierung — hat ihn reich belohnt, nicht wahr? Im Gegentheil, der bescheidene Dragoneroffizier, welcher selbst die Kosten einer Reise nach Paris bestritten hatte, um dem Minister die Resultate seiner Forschungen mitzutheilen, begnügte sich mit der Zusage, daß er bei nächster Gelegenheit nach Paris versetzt werden solle. Der erste Erfolg seiner Studien verdoppelte seine Anstrengungen, und bald war er mit der Chemie hinlänglich vertraut, um die Forschungen seines Oheims aufnehmen zu können. Aber ihm fehlten die Bücher und Hülfsmittel, welche nur Paris bieten konnte. Endlich, nach dreijährigem Harren, gelang es ihm, dorthin versetzt zu werden. Nun beginnt eine Reihe von Entdeckungen, die eben so viele Bausteine zum Wunderbau der heutigen Photographie abgaben. Zu diesen Entdeckungen gehört auch das Uranverfahren, welches wir in Folgendem besprechen wollen.

Das Papier, welches man hierzu verwendet, bedarf keiner besondern Vorbereitung, nur muß man es mehrere Tage im Dunkeln aufbewahrt haben. Um es empfindlich zu machen, wird es einige Minuten auf eine Auflösung von salpetersaurem Uranoxyd in destillirtem Wasser gebracht und dann im Dunkeln getrocknet. Die so bereiteten Blätter bleiben lange empfindlich. Wenn sie in der Sonne etwa 10 Minuten und im Schatten eine Viertelstunde bis zu einer Stunde unter dem Negativ exponirt sind, zeigt sich ein schwaches Bild, welches durch Eintauchen in ein Bad von essigsaurem Silberoxyd verstärkt werden kann. Statt dieses Bades läßt sich auch eine Auflösung von Goldchlorid verwenden. In beiden Fällen werden die Bilder durch einfaches Waschen in gewöhnlichem Wasser fixirt. Der chemische Vorgang ist ganz derselbe, wie in den beiden vorhergehenden Fällen, indem dort wie hier vom Licht getroffene Theile des Salzes unlöslich werden. Die Uranbilder sind durch chemische Mittel unangreifbar, sie widerstehen selbst einer kochenden Cyankaliumlösung.

Vor Niépce hatte schon 1857 der englische Forscher Burnett ein Uranverfahren empfohlen, worin das Uransalz zum Collodium gesetzt und mittels desselben auf dem Papier ausgebreitet wird. Burnett's Angaben sind von dem Hofphotographen Wothly in Aachen zu einem interessanten Verfahren ausgebildet worden, welches derselbe als „Wothlytypie" bezeichnete. Wothly's Bilder dürfen mit den Leistungen der alten Methode an Schönheit mindestens konkurriren; daß sie nicht dauerhafter sind, hat seinen Grund darin, daß sie den Krebsschaden des Chlorsilber- und Albuminverfahrens, die Fixirung mit unterschwefligsaurem

Natron, ebenfalls nicht entbehren können. Wothly versetzt Collodium mit salpetersaurem Uranoxyd und salpetersaurem Silberoxyd und trägt dieses auf ein vorher mit Arrow=Root präparirtes und dann satinirtes Papier. Nach der Belichtung kommt die Kopie in verdünnte Essigsäure, wird ausgewaschen und in ein Chlorgoldbad getaucht. Dann legt man sie in das unterschwefligsaure Natron, dessen Anwendung keineswegs, wie von Wothly Anfangs behauptet wurde, ganz zu vermeiden ist.

Neben den mitgetheilten Verfahren giebt es noch eine Reihe von ähnlichen Versuchen, die mehr oder minder zweckentsprechend sind. Alle trifft aber der gleiche Tadel, daß sie das Chlorsilber= und Albuminverfahren nicht erreichen und nicht Bilder von gleichmäßiger Güte liefern. Beide Punkte müssen aber erfüllt werden, wenn die Photographie für wissenschaft= liche Zwecke Verwendung finden soll.

Was die trocknen Platten für das Negativverfahren sind, das soll das Collodium= papier für das Kopiren sein — ein Erleichterungsmittel der Arbeit durch Theilung der= selben und eine Kostenersparniß durch fabrikmäßige Darstellung des Ma= terials. Das Collodiumpapier wurde in Deutschland 1866 von Obernetter in München in vorzüglicher Güte in den Handel gebracht. Es ist mit einem Collodium überzogen, welches mehrere Monate empfindlich bleibt und Ab= drücke liefert von einer Feinheit und Vollendung, wie sie nie zuvor erreicht wurden. Leider bekommt das Col= lodium leicht Risse und springt vom Papier ab, Uebelstände, welche durch Versuche und Erfahrungen gewiß be= wältigt werden können.

So kleben jedem Kopirverfahren gewisse Mängel an, denen die Ver= vielfältigung eines guten Negativs durch die Druckerpresse, entweder auf dem Wege der Lithographie oder des Stiches, allein abhelfen kann. Das erkannte schon der ältere Niépce, dessen ursprüngliches Streben nur darauf gerichtet war, Bilder für den Druck herzurichten. Sein Neffe, Niépce

Fig. 341. Niépce von St. Victor.

von St. Victor, nahm 1863 diese Versuche wieder auf und gelangte bald zu beachtungs= werthen Resultaten. Nicéphore Niépce hatte sich einer polirten Zinnplatte bedient, Niépce von St. Victor nahm dafür eine Stahlplatte. Er bezeichnete sein Verfahren als Gravure héliographique und sagt, daß diese für die Photographie sei —„ce que le burin est au crayon" — was der Grabstichel für die Bleistiftzeichnung ist.

Niépce von St. Victor hat die Resultate seiner heliographischen Forschungen in seinem „Traité pratique de la gravure héliographique (1856)" vollständig dargelegt. Nach= dem die Stahlplatte gut gereinigt und polirt ist, trägt er einen Firniß von Benzin, Citronen= schalenöl und Judenpech auf. Der getrocknete Firniß wird nun mit einem positiven Lichtbild bedeckt und exponirt; dann werden die vom Lichte nicht veränderten Theile des Firnisses durch ein Gemisch von Naphtha und Benzin entfernt, und schließlich wird die Platte mit Wasser abgespült und getrocknet. Damit ist ein Theil der Operation beendet, es bleibt nur noch das Aetzen übrig. Dies geschieht durch Salpetersäure, die stark mit Wasser und Alkohol ver= dünnt wurde. Besser wirkt aber in gewissen Fällen eine gesättigte Lösung von Jod in Wasser.

540 Die Erfindung der Daguerreotypie und Photographie.

Wenn das Aetzmittel hinlänglich gewirkt hat, wird es mit Wasser fortgespült, und die Platte ist nun zum Druck hergerichtet. Niépce hat nach dieser Methode Platten hergestellt, die ohne Nachhülfe des Graveurs tadellose Abdrücke gaben.

Ein ähnliches Verfahren ist von Fox Talbot angegeben. Nur verwendet er als empfindliche Schicht nicht Judenpech, sondern das doppeltchromsaure Kali in Verbindung mit Gelatine. Nach der Belichtung wird das Bild durch eine wässerige Lösung von Eisenchlorid in den Stahl geätzt. Das vom Licht getroffene Chromsalz hat sich reduzirt und ist mit der Gelatine eine unlösliche Verbindung eingegangen. Wo dies geschehen ist, also auf der ganzen Bildfläche, wird die wässerige Lösung des Eisenchlorids nicht absorbirt, sondern zurückgestoßen und so das Metall vor der Einwirkung des Aetzmittels geschützt, während an den vom Lichte nicht veränderten Stellen der Platte das Metall selbst angegriffen wird. Daß die Methode von praktischem Werthe ist, hat Talbot durch die schönen Probebilder der Ausstellung von 1862 bewiesen.

Fig. 342. Heliographie von Poitevin. (Nach einer Federzeichnung.)

Abweichend von den eben mitgetheilten Methoden, sucht Paul Pretsch aus Wien durch die Vereinigung zweier Künste, der Photographie und Galvanographie, dasselbe Ziel zu erreichen. Eine Glasplatte wird zuerst mit einer Mischung von doppeltchromsäurem Kali und Gelatine überzogen und dann auf dieser Fläche durch die Wirkung des Lichtes ein Bild erzeugt. Nun kommt es darauf an, erhöhte und vertiefte Flächen auf dem Glase zu erhalten. Zu dem Ende wird Wasser angewendet. Die Gelatine hat nämlich die Eigenschaft, durch Einsaugen von Wasser aufzuschwellen, eine Eigenschaft, welche die mit doppeltchromsaurem Kali verbundene Gelatine unter dem Einflusse des Lichtes verliert. Durch das aufgegossene Wasser schwellen also nur die Theile auf, welche vom Lichte unberührt geblieben; das Bild senkt sich. Man stellt nun eine Guttaperchaform vom Bilde her, macht diese durch Kohlenpulver leitend und schlägt auf galvanischem Wege Kupfer darauf nieder. Die so erhaltenen Kupferplatten werden auf gewöhnliche Weise zum Druck verwendet. Pretsch lieferte als Belege während der Ausstellung von 1862 eine große Reihe trefflicher Bilder.

Nachdem Paul Pretsch im Jahre 1862 druckfähige Kupferplatten auf photographischem Wege dargestellt hatte, nahm die Heliographie oder der photographische Kupferdruck im engeren Sinne einen bedeutenden Aufschwung. Die neuesten Methoden, welche bei derselben in Anwendung kommen, zerfallen, je nachdem die Platte durch direkte Aetzung, durch Umformung oder durch galvanische Ablagerung hergestellt wird, in drei Gruppen, welche von den Künstlern Baldus, Poitevin und Scamoni vertreten werden. Baldus überzieht eine Kupferplatte mit einer Schicht lichtempfindlichen Asphaltes, welche, nachdem sie getrocknet ist, unter ein positives Glasbild gebracht und intensivem Sonnenlichte ausgesetzt wird. Nach einer Viertelstunde wird die Platte mit Lavendelöl übergossen und durch dasselbe die vom Lichte nicht getroffenen Asphalttheile aufgelöst. Die vom Lichte getroffenen

Theile haben sich in eine unlösliche, auf der Kupferplatte haftende Masse verwandelt, welche man, nachdem das Glasbild mit Lavendelöl abgewaschen worden ist, noch einige Tage lang dem Lichte zur Konsolidirung aussetzt. Das Asphaltbild wird in ein galvanoplastisches Bad von schwefelsaurem Kupferoxyd getaucht, mit den Polen einer galvanischen Batterie in Verbindung gesetzt, wodurch sich auf die vom Asphalt freien Theile der Platte ein Kupferrelief aufsetzt. Dieses Relief wird später gleichmäßig abgeschliffen und kann dann auf bekannte Art im Kupferdruck Verwendung finden.

Während die Methode von Baldus an die früher (schon circa vor 50 Jahren) von Niépce, dem Erfinder der Heliographie, verfolgte Methode anschließt, hat Poitevin ein Verfahren angegeben, welches in direkter Aetzung einer mit einer Photographie ausgestatteten Kupferplatte besteht. Die Kupferplatte wird nämlich, wie bei dem oben geschilderten Pigmentdruckverfahren, mit einer chromsaure Salze enthaltenden Gelatineschicht überzogen und dem Lichte unter einem Negativ im Kopirrahmen exponirt. Ueberall, wo das Licht nicht durch das Negativ durchwirken konnte, bleibt die Gelatinemasse löslich; wird also die Kupferplatte in das dunkle Zimmer zurückgebracht und mit warmem Wasser abgewaschen, so bleibt ein Bild auf derselben zurück, dessen Konturen von der chromsauren Gelatineschicht und dem Kupfer gebildet werden. Eine Eisenchloridlösung über diese Kupferplatte gegossen, wirkt als Aetzungsmittel und greift die Platte an allen den Theilen an, die nicht durch die Gelatine geschützt sind. Nach der solchergestalt ausgeführten Aetzung wird die Gelatine auf mechanische Weise entfernt, die geätzte Platte aber in bekannter Weise durch Einwalzen mit Druckschwärze zum Kupferdruck verwendet.

Fig. 343. Druck von einer Baldus'schen Hochdruckplatte.

Das Beste, was bis jetzt in dieser Richtung bekannt wurde, ist von Georg Scamoni, Beamtem in der Expedition zur Anfertigung der Staatspapiere in Petersburg, geleistet worden. Scamoni stellt auf einer Spiegelglasplatte ein positives Bild aus metallischem Silber auf photographischem Wege dar, indem er das in pulverigem Silberniederschlage in geringer Menge noch zurückgebliebene Jodsilber während des photographischen Prozesses unter Einwirkung des Tageslichtes so lange mit salpetersaurer Silberlösung und Pyrogallussäure verstärkt, bis eine ziemlich auffällige Erhöhung des Silberbildes sich bemerkbar macht. Dieses auf rein photographischem Wege erzeugte Reliefbild wird nun mit einer feinen Graphitschicht gleichmäßig betupft, welche als galvanischer Leiter dient und im galvanoplastischen Apparate eine Kupferschicht auf das erwähnte photographische Reliefbild sich niederschlagen läßt. Die Dauer des bezüglichen galvanoplastischen Prozesses ist, je nachdem man die zu gewinnende Matrize stark oder schwach benöthigt, auf drei bis sechs Tage auszudehnen. Die Linien der galvanoplastischen Kupferplatte erscheinen vertieft; durch eine möglichst sorgfältige Politur aller Lichtstellen wird die Platte für den Kupferdruck vollendet, während deren Linien, um für Buchdruck dienen zu können, nach den Vorschriften der Chemitypie erhöht werden müssen. Scamoni hat sein Verfahren in einem trefflichen Spezialwerke („Die Heliographie", Berlin, 1872) beschrieben.

Die neuesten Erfindungen auf dem betreffenden Gebiete fallen in die Jahre 1874 bis 1877 und sind von Karl Aubel, Ingenieur in Köln, gemacht worden. Derselbe hat seiner Erfindung den Namen „Aubel=Druck" beigelegt, und schließt diese Methode, welche noch geheim gehalten wird, an keine der vorher geschilderten Verfahren an. Das mit Hülfe des Lichtes erhaltene photographische Negativ wird von dem Erfinder auf eine stahlharte, druckfähige Platte direkt übertragen, von welcher er den Ueberdruck auf Stein für den Lithographen, die Uebertragung auf Holz für den Xylographen, oder den Umdruck auf Zink für den Typographen ausführt. Das Verfahren gestattet die feinsten Details irgend einer Zeichnung in beliebiger Verkleinerung oder Vergrößerung mit einer Feinheit und Schärfe darzustellen, wie solche bis jetzt nach keinem anderen Verfahren gelungen ist; besonders für die Verbindung der Photographie mit dem Buchdruck dürfte die Aubel'sche Methode einer sehr bedeutenden Zukunft entgegengehen.

Ebenso erfolgreich wie jene Bestrebungen, die Stahl= und Kupferplatte zur Vervielfältigung der photographischen Bilder zu verwenden, waren die Bemühungen, den lithographischen Stein zu diesem Zwecke dienstbar zu machen. John Osborne aus Melbourne war der Erste, welcher 1859 nach den Fehlversuchen Poitevin's das Richtige traf. Er überzieht albuminirtes Papier mit einer Lösung von doppeltchromsaurem Kali und Gelatine, das hieraus erhaltene Bild überträgt er auf den Stein. Dieselbe Methode, oder wenigstens eine Methode, die in ihren Grundzügen mit Osborne's Angaben übereinstimmt, hat E. J. Asser in Amsterdam durchaus selbständig gefunden. Da sein Verfahren in der „Zinkographie des Oberst James" eine folgenreiche Ausbildung gefunden, wollen wir gleich davon reden. Asser überzieht ungeleimtes Papier mit einer Auflösung von Stärke in Wasser und bringt es nach dem Trocknen auf eine gesättigte Lösung von doppeltchromsaurem Kali in Wasser. Das nun im Dunkeln getrocknete Papier giebt von einem kräftigen Negative nach einer kürzeren oder längeren Belichtung ein schönes braunes Bild auf orangefarbenem Grunde, welches durch Ausspülen in Wasser fixirt wird und dann durch Ausbreiten auf einer stark erhitzten Marmorplatte die Fähigkeit erhält, Druckerschwärze leicht anzunehmen. Nachdem das etwas angefeuchtete Papier damit überzogen ist, bringt man dasselbe auf einen lithographischen Stein und zieht es mit diesem durch die Presse. Hier entsteht ein reines und klares Bild, welches in gewöhnlicher Weise vervielfältigt werden kann. Im Jahre 1860 wurde dies Verfahren in dem Bureau der Landesvermessung (Ordnance Survey) zu Southampton angenommen und nach und nach in einzelnen Punkten verbessert. Statt auf den lithographischen Stein wird das Bild auf Zink übertragen und mit einem schwachen Aetzmittel, aus verdünnter Phosphorsäure in Gummiwasser, eingeätzt. Oberst James, der Direktor der Landesvermessung, hat die Photo=Zinkographie zuerst zur praktischen Verwendung gebracht. Die bisher erwähnten Methoden der Heliographie, der Photolithographie, des Photozinkdruckes u. s. w. haben dadurch für Kunst und Wissenschaft eine Bedeutung erlangt, daß man mit jenen Verfahrungsweisen Zeichnungen in Strichmanier auf eine ebenso naturgetreue als rasche Weise mittels Pressendrucks zu vervielfältigen im Stande ist. Die Weichheit des photographischen Tones aber und die natürlichen Differenzen von Licht und Schatten, die Zartheit der Halbtöne, wie sie die Natur uns bietet, konnte bis zum Jahre 1869 einzig und allein auf dem Wege des photographischen Silberdruckes wiedergegeben werden. Halbtöne, Halbschatten, zarte Uebergänge der feinsten Nuancen in einander konnten durch die Heliographie dem Pressendruck zur Vervielfältigung nicht übermittelt werden. Da trat im Jahre 1869 der königliche Hofphotograph Joseph Albert in München mit einer neuen Erfindung vor die Oeffentlichkeit, welche in bisher ungeahnter Weise es gestattete, mit einem einfachen, dem lithographischen Verfahren ähnlichen Prozesse von einer bildtragenden Glasplatte herunter eine große Anzahl von Abdrücken mittels Druckschwärze zu gewinnen. Ziemlich gleichzeitig mit Albert traten Gemoser & Obernetter zu München mit gleichen Resultaten ähnlicher Erfindungen auf. Bald durchlief die Kunde von den Epoche machenden Resultaten des Lichtdruckes, welcher Anfangs nach seinem ersten Erfinder „Albertotypie" genannt wurde, die photographische Welt, und die Photographen aus allen Weltgegenden eilten nach München, um das Geheimniß von dem Erfinder gegen hohe Summen zu erstehen. Anfangs war es denn auch möglich, die Methode geheim zu halten. Nachdem aber viele Personen da und dort in den Besitz des Geheimnisses gelangt waren, wurde dasselbe alsbald bekannt und ist schon seit einigen Jahren Gemeingut für alle Diejenigen geworden, welche sich mit den vervielfältigenden Künsten befassen.

Der Lichtdruck beruht auf einer noch nicht erwähnten merkwürdigen Eigenschaft derselben Chromgelatine, von welcher wir schon oben bei Gelegenheit des Kohledrucks gesprochen haben; eine belichtete Mischung von chromsauren Salzen und Gelatine hat nämlich, außer ihrer Unlöslichkeit, noch die Eigenschaft, in ganz genau proportionalem Grade, wie sie vom Lichte getroffen worden ist, Fettfarben anzuziehen und dieselben, in gleichem Verhältnisse unter eine lithographische Presse gebracht, dem Druckpapier wieder abzugeben. Wurde nun eine Spiegelglasplatte mit einer Lösung solcher Chromgelatine im Dunkeln überzogen, getrocknet und dann unter einem Negativ dem Lichte ausgesetzt, so wird, wie wir das oben bei dem Kohleverfahren gesehen haben, das Licht durch die verschiedenen dickeren, hellen und dunkeln Stellen des Negativs modifizirend auf die Chromgelatine einwirken und in derselben ein Bild erzeugen, welches dem Negativbilde als positives Bild in umgekehrter Reihenfolge der Lichtabstufungen entspricht.

Die Chromgelatineschicht der Spiegelglasplatte wird zum Zwecke des Lichtdruckes aus zwei Schichten, welche folgendermaßen aufgetragen werden, bereitet: Zuerst wird die Scheibe mit einer Mischung von Gelatine, doppeltchromsaurem Kali und destillirtem Wasser, wozu unter einer Temperatur von 50—60° Celsius 80 Gramm geschlagenes filtrirtes Eiweiß gegossen worden sind, überzogen. Der Uebereguß wird mittels eines breiten, feinen Haarpinsels gleichmäßig vertheilt und die Platte in einem auf circa 50° erhitzten Wärmekasten getrocknet; nach dem Trocknen exponirt man dieselbe ohne Negativ mit der Rückseite des Glases circa 10 Minuten lang dem Tageslichte, wodurch sich der untere Theil der Gelatineschicht sehr fest mit dem Glase verbindet, während deren Oberfläche noch genügende Klebrigkeit besitzt, um sich mit einer zweiten, zur Bildaufnahme bestimmten, im dunkeln Zimmer aufzugießenden Gelatinelösung zu verbinden. Diese Lösung enthält außer Gelatine und destillirtem Wasser noch eine Anzahl von organischen und anorganischen, in bestimmten Verhältnissen beizufügenden Stoffen (Benzoëharz, Tolubalsam, Lupulin, Bromkadmium und Jodammonium). Die genaueren bezüglichen Rezeptformeln finden sich in allen neueren Handbüchern der Photographie.

Ist die erwähnte gelatinirte Spiegelplatte mit der zweiten komplizirten Gelatinelösung übergossen, so wird dieselbe ebenfalls im Wärmekasten im Dunkeln getrocknet und nach vollkommener Abkühlung unter einem guten Negativ so lange belichtet, bis sich schwache Bildkonturen auf der Oberfläche der chromgelben Gelatinemasse zeigen. Man nimmt hierauf die Spiegelplatte ab, taucht sie in warmes Wasser und übergießt sie mit solchem so lange, bis sich durch das Quellen der Gelatine ein deutliches Reliefbild des abgehobenen Negativs bemerklich macht. Das durch Wasseraufguß entstandene Reliefbild wird wieder getrocknet, und es besitzt eben die erwähnte Eigenschaft, in dem Grade beim Einwalzen mittels Druckschwärze die Fettfarben anzuziehen, als das Licht durch das Negativ hindurch auf die präparirte Spiegelplatte gewirkt hat. Um ein Zerspringen der gewonnenen Lichtdruckplatte zu vermeiden, wird jene mit ihrer Rückseite auf eine zweite Spiegelplatte, die auf einen lithographischen Stein aufgegipst ist, durch Adhäsion mittels einiger Wassertropfen befestigt, sodann in die lithographische Presse gebracht, mit einer farbetragenden Lederwalze eingeschwärzt und auf Papier abgedruckt. Ein sehr mäßiger Druck des Reibers der Presse genügt, um einen guten Abdruck zu erhalten. Als Druckfarbe ist eine Mischung von Indigo, feinster Knochenkohle, Karmin und Talg zu empfehlen, welche Stoffe in geeigneter Weise vermischt den bekannten violetten photographischen Ton wiedergeben. Auch jede andere Farbe kann beliebig verwendet werden, und hat man in den jüngsten Jahren durch Kombination des Lichtdruckes mit dem Farbendruck mehrfarbige Abdrücke von überraschend schöner Wirkung erzielt.

Durch die Erfindung des Lichtdruckes ist nicht nur der Technik der Photographie im Speziellen ein großer Dienst geleistet worden, sondern ganz besonders im Allgemeinen der Entwicklung des Kunstsinnes ein großer Vorschub geleistet. Während man früher nur mit großen Kosten sich die photographischen Reproduktionen berühmter Kunstwerke zu eigen machen konnte, ist es jetzt auch dem minder Bemittelten vergönnt, durch Anschaffung naturgetreuer Nachbildungen von Meisterwerken der Malerei und Skulptur sich künstlerisch heranzubilden. Eine ganz besonders treffliche Verwendung hat der Lichtdruck in den jüngsten Jahren durch die Anwendung auf das Kunstgewerbe gewonnen. Die trefflichen Sammlungen des Dresdener Grünen Gewölbes, des bayerischen Nationalmuseums, der im Bundespalais zu Frankfurt a. M. befindlich gewesenen großartigen historischen Kunstgewerbeausstellung wurden in unübertrefflicher Naturtreue von den Firmen Römler & Jonas in Dresden, Obernetter in München und Brauneck & Maier in Mainz durch Lichtdruck vervielfältigt und zum Gemeingut aller Gebildeten gemacht. Besonders die Obernetter'schen Reproduktionen sind von einer unübertrefflichen künstlerischen Vollkommenheit. Auch die Firma Strumpes & Cie. in Hamburg leistet besonders für wissenschaftliche und Landschaftsbilder Vorzügliches. — Während Albert und Obernetter in München, sowie die meisten übrigen in Deutschland rasch entstandenen Lichtdruckanstalten mit der einfachen lithographischen Presse den Lichtdruck zur Ausführung bringen, ist es der Firma Brauneck & Maier in Mainz gelungen, auf der Schnellpresse den Lichtdruck so zu vervollkommnen, daß es ihnen ermöglicht wurde, 2000 gute Abdrücke in einem Tage mit einer Presse zu liefern.

Auch für die Holzschneidekunst hat man die Photographie vielfach zu verwenden gesucht. Fast alle Versuche scheiterten aber, weil die photographischen Präparate den Holzstock so übel zurichteten, daß der Holzschneider, abgesehen davon, wie sehr sein Auge bei dem Schnitte litt, nur selten ein befriedigendes Erzeugniß zu liefern vermochte. Bei Verwendung des oben besprochenen Urancollodiums fällt dieser Umstand weg, und eine damit erlangte photographische Abbildung soll kaum mehr Schwierigkeit machen, als eine Bleistiftzeichnung. Eine sichere Methode der Uebertragung von Photographien auf Holzstöcke wird von Leth in Wien geübt und geschäftsmäßig verwerthet. Dieselbe besteht darin, daß das photographische Bild auf einer Glasplatte hervorgebracht wird, welche mit einer Lösung von doppeltchromsaurem Kali, gemischt mit Gummi und Honig, überzogen ist. Das nur wenig sichtbare Chromsalzbild wird durch Aufstreuen von geglühtem Kienruß oder einer andern Staubfarbe hervortretend gemacht, da die vom Lichte nicht getroffenen Stellen die Farbetheilchen festhalten. Jetzt überzieht man das Bild mit Collodium, welches die Farbetheilchen aufnimmt. Die Chromsalztheilchen beseitigt man durch ein Bad von verdünnter Salzsäure, welche zugleich das Collodium von der Glasplatte lockert. Es erübrigt nur, das Collodiumhäutchen mit dem Bilde auf den Holzstock zu übertragen, was sehr leicht geschieht, wenn man das Häutchen in einer Lösung von Zuckerwasser schwimmen läßt und es mit dem an den Seitenflächen und der Hinterfläche mit Wachspommade gegen die Flüssigkeit geschützten Holzstock im passenden Moment auffängt. Ist das Bild getrocknet, so hängt es an dem mit Leimwasser grundirten Holzstock so fest, daß es deutlich sichtbar bleibt, wenn das Collodium durch Auflösen in Aether davon entfernt wird. Von der Schärfe der so erhaltenen Bilder giebt Fig. 344 eine Anschauung.

Eine neue und interessante Art der Photographie sind die eingebrannten Bilder, welche zuerst Lafon de Camarsac in Paris und Obernetter in München, Grüne in Berlin und Leth in Wien, neuerdings auch Andere, in hoher Vollendung unzerstörbar auf Porzellan, Teller, Tassen, Pfeifenköpfen u. s. w. herstellen.

Weit verbreitet und allbekannt sind die sogenannten Mikrographien, auch Stanhopes, unendlich kleine Bildchen, von welchen bis zu 2000 auf die Fläche eines Quadratcentimeters gehen und die, am Ende einer Cylinderloupe aufgeklebt, beim Hindurchsehen vergrößert erscheinen. Diese Erfindung von Dagron in Paris debütirte zuerst in großartigem Maßstabe auf der Londoner Industrieausstellung vom Jahre 1862.

Neben der Verkleinerungsphotographie steht die Megalophotographie, welche nach kleinen Negativen Bilder in und über Lebensgröße liefert. Durch verbesserte Apparate und Methoden ist es jetzt möglich geworden, mit Sicherheit und Raschheit Erfolge zu erzielen, welche vor Jahren noch im Bereiche der Fabel zu liegen schienen.

Als artige Spielerei tauchten 1866 in Berlin die „Zauberphotographien" auf, denen später die „Rauchphotographien" folgten. Es waren photographische Bilder, welche durch Eintauchen in eine schwache Sublimatlösung zum Verschwinden gebracht wurden, aber sich durch unterschwefligsaures Natron oder durch Tabaksrauch wieder hervorrufen ließen. Das den „Zauberphotographien" beigegebene Löschblatt enthielt unterschwefligsaures Natron, welches beim Anfeuchten des Papiers auf das darunter befindliche Bild einwirkte und dasselbe eben so zum Vorschein brachte, wie der Rauch die kleinen Bilder in den Cigarrenspitzen entwickelt.

Noch eine Erweiterung der Photographie, die Photoskulptur, welche, 1862 von Villême in Paris eingeführt, auch später von Bengue in Triest geübt ward, möge hier Erwähnung finden, wenn auch nur dem Namen nach, da ihre Leistungen sehr beschränkt sind.

So schreitet die Photographie unaufhaltsam weiter und vervollkommnet sich mit jedem Schritte. Ob sie wol auch noch einmal dahin kommen wird, die natürliche Farbe der Gegenstände wiederzugeben?

Zahllose Versuche sind in dieser Hinsicht von Niépce von St. Victor, Becquerel und anderen Forschern angestellt worden, und es ist auch gelungen, einzelne Farben zu erhalten; aber es ist nicht gelungen, sie festzuhalten, zu fixiren. Zwar kam einst die Nachricht

Fig. 344. Der Erzengel Michael. Von dem Dürer'schen Holzschnitt nach der Leth'schen Methode auf Holz photographirt und geschnitten.

aus Amerika, daß ein einfacher Geistlicher mitten in den Urwäldern das Problem gelöst habe, an dem die Gelehrten des Festlandes umsonst arbeiteten, aber das war eitel Lüge und Betrug, eine Yankeespekulation, nichts weiter. Ein Reverend, Namens Hill, dem seine pfäffischen Salbadereien nicht hinlänglich eintrugen, wußte sich aus der Photographie eine Goldgrube zu machen. Im Januar 1851 kündigte das „Photographische Journal" von New-York seinen staunenden Lesern an, daß Reverend Hill ein Mittel gefunden habe, die Bilder der Camera obscura in natürlichen Farben zu photographiren. Dies erregte gewaltige Sensation. Hill benutzte die Stimmung und erließ ein Cirkular, worin er jedem Franco-Einsender von 5 Dollars (= 21 Mark) ein Exemplar jenes Buches versprach, welches er über seine Methode veröffentlichen wollte. In wenigen Tagen sollen gegen 15,000 Dollars eingelaufen sein. Das Buch erschien, enthielt aber nichts Neues, doch wurde auf eine Fortsetzung vertröstet. Wenige Tage später brachte das „Photographische Journal" einen Brief von Hill mit der niederschlagenden Nachricht, daß er bei seinen Studien erkrankt sei, übrigens bis auf das Gelb alle Farben wiedergeben könne. Sein Buch erlebte indessen eine zweite und dritte Auflage; der Enthusiasmus überstieg alle Begriffe; zahlreiche Besucher bestürmten das Haus des Reverend; ungeheure Summen wurden für sein Geheimniß geboten; man offerirte ihm für jede Lektion 50 Dollars. Aber Hill hielt seine Pforte verschlossen und gab eine neue Auflage seines Buches heraus. Darauf begab er sich in die Berge, um durch die reine Bergluft seine geschwächte Gesundheit herzustellen, und — war über alle Berge mit seinen 40,000 erschwindelten Dollars. Weder von ihm noch von seiner Entdeckung war mehr die Rede. In reellerer Absicht als Hill beschäftigte sich der französische Physiker Poitevin mit der Lösung des Problems der Wiedergabe von Naturfarben im Lichtbilde. Er theilte im Anfange des Jahres 1867 seine Erfahrungen und die Methoden, mit denen er erfolgreich gewesen war, ohne Rückhalt mit. Dr. Zenker in Berlin hat Poitevin's Angaben erprobt und so vervollständigt, daß er 1868 ein „Lehrbuch der Photochromie" veröffentlichen und mit einem Probedruck in natürlichen Farben begleiten konnte. Er erhielt diese Farben, die allerdings nur schwach angedeutet sind, indem er Rohpapier zuerst auf einer Kochsalzlösung (1 Th. Kochsalz, 10 Th. Wasser) zwei Minuten lang schwimmen ließ und dasselbe nach dem Trocknen auf ein Silberbad brachte, von welchem es nach einer Minute abgehoben und dann durch vier bis fünf Schalen mit Spülwasser gezogen wurde. Dem vierten und fünften Spülwasser setzt man einige Tropfen Zinnchlorürlösung zu, um violettes Silberchlorür zu erzeugen. Das so bereitete Papier wird nun über eine Lösung gezogen, die aus einem Drittel einer gesättigten Lösung von doppeltchromsaurem Kali und aus zwei Dritteln einer gesättigten Lösung von Kupfervitriol besteht. Noch etwas feucht, wird das so bereitete Blatt unter Originalbildern in Lackfarben so exponirt, daß die Lichtstrahlen eine Lösung von saurem schwefelsauren Chinin in einer Glasschale passiren müssen. Auswaschen in mehrmals erneutem lauwarmen Wasser fixirt das Bild, welches nun bei Lampenlicht und mäßigem Tageslicht betrachtet werden kann, aber im Sonnenlichte in Grau übergeht.

Wenn aber auch die Photographie in Naturfarben vorläufig noch zu den ungelösten Aufgaben gehört, so berechtigt doch der ungemeine Aufschwung der photographischen Kunst, sowie der rasche Austausch aller Beobachtungen und Erfahrungen, welcher durch eine Menge von Zeitschriften gefördert wird, zu der begründeten Hoffnung, daß dies höchste Ziel endlich dem mühsamen Streben erreichbar werden muß.

Die Photographie ist durch die Vereinfachung der Darstellungsmethoden jetzt so weit emporgediehen, daß jeder sich für diese Kunst Interessirende dieselbe mit Leichtigkeit erlernen und sich für verhältnißmäßig sehr geringe Kosten die zugehörigen Apparate verschaffen kann. Wie die Stenographie das geflügelte Wort in den Schreibstift fesselt, dient nun die Photographie dazu, jedes rasch vorübereilende Bild bleibend zu fixiren. So ist aus der bisher geheimnißvollen schwarzen Kunst ein allgemeines Förderungsmittel des Verkehrs, des sozialen Lebens und der Wissenschaft geworden.

Nicht das Schönste auf der Welt
Soll dir am meisten gefallen;
Sondern was dir wohlgefällt,
Sei dir das Schönste von Allen.
Rückert.

Die Farben und ihre Bereitung.

Einleitendes. Natürliche Farbstoffe. Bronzefarben. Eisenfarben. Das Berlinerblau durch Diesbach entdeckt. Blutlaugensalz. Cyan. Blausäure. Blutlaugensalzfabrikation. Gelbes und rothes Blutlaugensalz. Darstellung des Berlinerblau. Bleifarben. Glätte und Mennige. Bleiweiß. Holländische und deutsche Methode seiner Erzeugung. Ersatzmittel für das Bleiweiß. Chrompräparate. Chromoxyd und Chromsäure. Chromsaures Kali. Chromgelb. Kupferfarben. Grünspan. Seine Darstellung in Frankreich. Bergblau. Bremerblau. Schweinfurter Grün u. s. w. Ersatzmittel dafür. Schwefelmetalle als Farbstoffe. Der Zinnober und seine Bereitung. Antimonzinnober. Ultramarin, natürliches und künstliches. Lackfarben. Cochenille und Karmin. Die Bereitung der Malerfarben. Pastellfarben. Die Bleistiftfabrikation.

Wer wüßte nicht, wie viel im Menschenleben auf die bloße Außenseite ankommt, welche Summe menschlicher Bestrebungen sich rein auf die Oberfläche der Dinge bezieht! Demzufolge arbeitet auch eine vielartige Menge technischer Zweige lediglich auf den Schein, auf Farbe und Anstrich. Bedürfniß und Luxus, oder vielmehr ein angeborener Farbensinn, ein besonderes Wohlgefallen an dieser oder jener Farbe führte den Menschen frühzeitig darauf, den Gegenständen seiner Umgebung durch Färben oder Bemalen eine andere, ihm besser behagende Außenseite zu geben, und wir finden schon bei sogenannten wilden Völkern vielfache Färbekünste in Anwendung. Die erste Anwendung der in der Natur vorkommenden verschiedenfarbigen Erdarten, Pflanzensäfte oder thierischer Produkte, wie Blut, Galle, Sepia u. s. w., haben die Menschen wie es scheint allerwärts in der Tätowirung gemacht, welche theils Schmuck, theils Waffe sein sollte, theils das Vergnügen Anderer an der eigenen Gestalt, theils Furcht erwecken sollte. Zum Theil auch ersetzte die Tätowirung die Kleidung, und es ist ganz naturgemäß, daß da, wo die natürlichste aller menschlichen Hüllen, die Haut, nicht mehr die einzige war, auch dasselbe Bestreben, durch Farben zu wirken, sich auf die künstliche Oberfläche, das Kleid, erstrecken mußte.

Von der Anwendung der Farbengebung auf die Kleidung haben die Färberkünste ihren Ausgang genommen, und die Zeugfärberei muß der Erfindung der Weberei auf dem Fuße gefolgt sein. Daher finden wir auch schon bei den alten Aegyptern und Phöniziern, bei Persern und Indiern die Färberei und selbst die Buntfärberei unter Anwendung von Beizen in voller Ausübung, als noch die zeichnenden Künste kaum geboren waren und die Malerei, wie die ägyptischen Alterthümer lehren, sich auf rohe Umrisse beschränkte, die dann durch Ausfärben mit einem einzigen flachen Tone lebhafter gemacht wurden. In dieser urwüchsigen Malerei folgten den Aegyptern die Griechen. Sie malten lange mit den überkommenen vier Farben roth, gelb, weiß und schwarz; doch erblühte allmählich bei ihnen, und zwar schon zu den Zeiten Alexander's des Großen, eine höhere Malerkunst, in welcher ein Zeuxis, Apelles u. A. sich mit hochbewunderten Schöpfungen hervorthaten. Der klare Himmel Griechenlands mußte das Wohlgefallen an heiteren Farben erhöhen und verfeinern, und so schmückten die Griechen auch das Innere ihrer Tempel und Hallen bunt aus (Polychromie), und ebenso färbten sie Gewänder und Schmuck ihrer Bildsäulen.

Für den Maler und Anstreicher bildete wol überall das Mineralreich den ursprünglichen Farbekasten. Hier hat die Natur selbst Verschiedenes präparirt, was mit wenig Vorbereitung gebraucht werden kann, und wenn diese natürlichen Farben im Allgemeinen nicht so brillant sind, wie die vegetabilischen und künstlichen, so sind sie dafür weit dauerhafter und echter. Einzelne solcher Naturprodukte, z. B. die sogenannte Terra di Siena, Asphalt, das Ultramarin aus dem Lapis lazuli, würden auch die besten unserer heutigen Maler ungern missen. Abgesehen von verschiedenen Weißstoffen geben die Bolus- und Ockerarten ein Sortiment von Braun, Roth und Gelb, das sich durch Brennen in verschiedenen Hitzegraden noch vervielfältigen läßt; in ihnen ist Eisenoxyd das färbende Prinzip. Eine natürliche Verbindung von Eisenoxydul und Kieselsäure ist die sogenannte Grünerde; Phosphorsäure mit Eisen giebt unter Umständen blaue Verbindungen, Blauspath, und so finden auch die grünen und blauen Kupferfarben (in Malachit, Kupferlasur u. s. w.), das Chromgelb, das gelbe und rothe Schwefelarsenik u. s. w. ihre Vorbilder in mineralischen Erzeugnissen der Natur; wo Quecksilber und Schwefel sich zusammenfanden, entstand natürlicher Zinnober, ein so hervorstechender Farbstoff, daß er nicht lange unbemerkt bleiben konnte, daher wir auch seinen Namen und Gebrauch schon in den ältesten geschichtlichen Zeiten antreffen. So bildet denn die Aufsuchung, Zubereitung und Verwendung färbender Mittel einen der ältesten menschlichen Arbeitszweige, die sich gleichwol Jahrtausende lang in den Geleisen der bloßen Empirie bewegen mußte, bis die wissenschaftliche Chemie auch dieses Gebiet mit ihrem Lichte bestrahlte. Aber zu verachten sind auch die Ergebnisse keineswegs, welche wir aus den Zeiten des bloßen Erprobens überkommen haben, oder zu denen auch der bloße Zufall freundlich verhalf, wie z. B. die Entdeckung des Berlinerblau und des Verhaltens des Zinnsalzes zur Cochenille.

Finden wir selbst jetzt noch in der Farbentechnik manche alte Methode und praktischen Vortheile in Uebung, und zum Theil sogar solche, welche die theoretische Chemie gar nicht hätte angeben können, so war es doch nur an der Hand der Wissenschaft möglich, daß diese Industrie auf die Stufe der Entwicklung und Vielseitigkeit sich emporschwingen konnte, auf der wir sie heute erblicken und die uns in Erstaunen setzt, wenn wir sie mit dem Stande der Dinge noch vor wenigen Jahrzehnten vergleichen.

Durch die neuere Chemie wurde es zunächst möglich, manche von der Natur gebildeten Farbenkörper künstlich nachzubilden und sie dadurch schöner, massenhafter und wohlfeiler zu gewinnen, wie beispielsweise die Chromfarben und den Zinnober, am spätesten und zur großen Genugthuung endlich auch das seltene und kostbare Naturerzeugniß, das Ultramarin. Aber die Chemie, gestützt auf immer reichere Erfahrungen, trat mit der Zeit auch selbständig schaffend auf und fand neue Farbenquellen so zu sagen in hoffnungslosen Steppen. Das jüngste und glänzendste Beispiel hiervon bilden die Anilinfarben. Zu keiner Zeit übrigens waren die Bestrebungen der Farbentechnik lebhafter und vielseitiger als gerade jetzt. Bei allen schon erreichten Erfolgen bleibt in diesem Gebiete beständig zu wünschen übrig;

Die Fabrikation der Bronzefarben.

die Mode sucht neue Nuancen, die Technik nach Methoden, die vorhandenen Farben reiner, feuriger, dauerhafter und wohlfeiler herzustellen und sie unschädlicher zu machen, indem sie dieselben von den mineralischen Giften, wie Arsenik, Kupfer, Blei und Quecksilber zu emanzipiren sucht. Leider ist man aber trotz aller Bemühungen noch nicht einmal dahin gelangt, das so gefährliche Arsenikgrün entbehrlich zu machen, weil eben noch nichts gefunden ist, was sich in Schönheit der Farbe ihm gleichstellen ließe.

Die Herkunft und Natur der färbenden Mittel wie ihre Verwendung ist so mannichfaltig und aus einander liegend, daß ihre Besprechung sich nicht ohne Zwang auf einen Punkt vereinigen läßt. Es erschien daher sachgemäßer, die Glas- und Schmelzfarben beim Glas, Porzellan und Kobalt, die Anilinfarben bei der Industrie der Theerstoffe abzuhandeln und diejenigen Substanzen und Mittel, welche vorzugsweise der Färberei angehören, diesem besondern Kapitel, das in dem folgenden Bande seinen Platz findet, vorzubehalten. Es bleiben mithin für den gegenwärtigen Artikel die mineralischen und sonstigen Trockenfarben übrig, insoweit sie Gegenstand einer besondern Fabrikation sind. Diese Fabrikation kann sich auf Herstellung eigenthümlicher Verbindungen oder auch blos auf Ueberführung in diejenige Form beziehen, welche einen natürlich vorkommenden Körper zu einem Farbemittel werden läßt.

Manche Metalle, Kohle, gewisse Erden und Erze u. s. w. können ohne Weiteres als Farben dienen, wenn sie eine entsprechende Pulverisirung erfahren haben und mit einem geeigneten Bindemittel versetzt worden sind; andere Farbekörper müssen erst auf künstliche Weise hergestellt werden und verlangen außer jener mehr mechanischen Bearbeitung vorher eine Erzeugung auf chemischem Wege. Die letzteren sind für uns die bei weitem interessanteren, indessen wollen wir die erstgenannten nicht ganz übergehen und wenigstens den Bronzefarben, welche der Hauptsache nach aus weiter nichts als aus überaus fein zertheilten Metallen und Metalllegirungen bestehen, einige Aufmerksamkeit zuwenden.

Die **Fabrikation der Bronzefarben**, welche namentlich in München, Nürnberg und Fürth betrieben wird, ist kaum hundert Jahre alt, wenn wir auch ihre ersten Anfänge mit in Betracht ziehen. Denn erst um die Mitte des vorigen Jahrhunderts versuchte Andreas Huber, ein Maurer in Fürth, die bei der Metallschlägerei entstehenden Abfälle, die Schawine, welche man vordem weggeworfen hatte, zu sammeln und durch Verreiben auf einem Reibsteine zu einem verkäuflichen Metallfarbpulver zu machen. Die Verwendbarkeit desselben wurde erhöht, als Martin Holzinger, ein Goldpapierfabrikant, gelernt hatte, dem Metallpulver durch Erhitzen verschiedene Anlauffarben zu geben, aber immerhin blieb der Preis dieser Produkte ein sehr niedriger, und erst allmählich, nachdem man dahin gekommen war, alle Töne, ausgenommen das helle Blau, den Bronzefarben mitzutheilen, verbreitete sich die Anwendung derselben. Jetzt hat die Fabrikation eine Ausdehnung genommen, welche allein in Bayern durchschnittlich eine jährliche Produktion im Betrage von fast einer Million Mark hervorbringt. Außerdem aber werden Bronzefarben auch in England häufig hergestellt. Dieser vermehrten Fabrikation nun liefern die Metallschlägereien in den unechten Abgängen begreiflicher Weise nicht mehr ein hinlängliches Material. Es müssen vielmehr die feinen Metallblättchen zum größten Theile eigens für die Bronzefarben bereitet werden, und es geschieht dies in der Regel nach dem gewöhnlichen Handverfahren der Metallschlägerei. Es ist jedoch auch Maschinenarbeit herangezogen worden, und andere eigenthümliche Vorschläge erweisen sich vielleicht mit der Zeit noch praktisch genug, daß die mühsame Schlägerei mit der Hand dadurch überflüssig wird.

Schon 1833 erfand Christian Reich eine Maschine für die Metallschlägerei; eine andere und höchst scharfsinnig ausgedachte Maschine, welche das Wenden der Form selbstthätig besorgte, stellte Lauter 1841 her, welche wol mehr Beachtung zu finden verdient hätte. Denn die späteren, denselben Gedanken verfolgenden Erfindungen (Leber in Fürth, 1842, Favrel in Paris, 1855 u. s. w.) können keine großen Vorzüge für sich beanspruchen. Dagegen werden für die Anforderungen der Bronzefarbenfabrikation die Hämmer und Reibmaschinen, welche J. Brandeis in Fürth Anfangs der Sechziger Jahre erfunden hat, als ein wirklicher Fortschritt bezeichnet. Sie werden mit Dampf betrieben und besorgen alle Operationen, welche sich auf die mechanische Zerkleinerung des Metalles beziehen. Dieselbe muß in einer ganz bestimmten Art geschehen. Das Metall muß dabei immer einen blättchen- oder schüppchenartigen Charakter behalten, wie ihn ungefähr der Glimmer auch in seinen kleinsten Theilchen noch bewahrt, sonst verliert das Pulver die Deckkraft. Es ist daher die wirkliche Schawine für die feinsten Farben immer das beste Rohmaterial.

Man hat versucht, das Metall durch Fraisen zu zerkleinern und die so erhaltenen feinen Späne durch nachheriges Walzen auszuplatten und mit Metallglanz zu versehen (Werder); oder die geschmolzene Legirung mittels der Centrifugalkraft zu zertheilen (Rostaing 1859), auch ein Amalgam, unter Abschluß der Luft, in einem Strome von Petroleumgas zu erhitzen und das Quecksilber daraus abzutreiben, wobei eine feine schwammartige Masse zurückbleibt, die sich im Achatmörser zu metallisch glänzenden Blättchen zerreiben läßt. Aehnliche Metallpulver hat man auch auf chemischem Wege oder mit Hülfe des galvanischen Stromes erzeugt, und es ist denkbar, daß eine oder die andere Methode noch berufen ist, das mechanische Schlagen der Blättchen zu verdrängen.

Zur Zeit wird aber dies immer noch fast ausschließlich angewandt. Die Blättchen oder die Schawine werden mittels einer Kratzbürste durch ein Eisendrahtsieb gerieben, mit Oel versetzt und auf einem Reibsteine oder in einer Reibmaschine noch weiter behandelt, und endlich wird das zarte Pulver durch vorsichtiges Erhitzen gefärbt, indem sich seine Theilchen mit Anlauffarben überziehen. Das Gelingen dieser letzten Operation hängt von großer Uebung, von dem Abpassen des richtigen Momentes ab. Je nach der Nuance, die man herstellen will, giebt man auch der Metalllegirung eine besondere Zusammensetzung; so zeigten violette und kupferrothe Bronzen einen Kupfergehalt von nahezu 99 Prozent, Orange 95 Prozent, Hochgelb 81,5 Prozent, Speißgelb 82,3 Prozent; die folgenden Prozente sind Zink.

Mit diesen Bronzen ist die Zinnbronze oder das Musivgold nicht zu verwechseln; sie ist eine chemische Verbindung und kann durch Sublimation von amorphem Zinnsulfid (Schwefelzinn) erhalten werden. Das letztere aber stellt man dar, indem man eine Zinnsalzlösung mit verdünnter Schwefelsäure kocht und die Lösung mit schwefliger Säure sättigt. Es giebt auch andere Darstellungsweisen, die aber an Uebelständen leiden, welche in der letzten Zeit die Herstellung von diesem Farbemittel gegen die Bronzefarbenfabrikation als Nebenzweig der Metallschlägerei in den Hintergrund gedrängt haben. — Außerdem giebt es noch eine sehr schöne Chrombronze, das violette Chromchlorid, sowie eine pfirsichblütfarbene Kobaltbronze, deren allgemeinerer Anwendung nur der etwas hohe Preis hindernd im Wege steht.

Gehen wir jetzt zu den Farben von mehr chemischem Charakter über.

Eisenfarben. Man kann es aus dem Gesichtspunkte der Unschädlichkeit beklagen, daß das Eisen, das einzige unserm Körper nicht schädliche, sondern vielmehr zuträgliche Metall, zu dem Sortiment der Farben nicht mehr beiträgt, als dies der Fall ist. In den gelben und braunen Farben der Ocker bildet, wie gesagt, das Eisen auf verschiedenen Oxydationsstufen das färbende Prinzip, die gelben lassen sich durch Brennen, wobei das Eisen sich höher oxydirt, in Roth überführen, und für die Oelmalerei haben einzelne dieser Naturprodukte einige Bedeutung. Das Eisenoxyd, wie es z. B. bei der Schwefelsäurefabrikation häufig abfällt, bildet ein braunrothes, für gewöhnliche Anstriche sehr dienliches Pulver (Kolkothar). Bei hohem Hitzegrad geht die Farbe dieses Oxyds immer mehr in Violett über, eine Nuance, die sonst bei Mineralstoffen nicht selbständig existirt, sondern erst durch Mischung erzeugt werden muß. Es stehen aber derartige Farbenpräparate nur in untergeordneter Anwendung, und so bleibt als einziger werthvoller Farbstoff, den das Eisen in Verbindung mit einem anderen Stoffe liefert, das Berlinerblau, dessen Entdeckung einem bloßen Zufalle zu verdanken ist, der für die Wissenschaft um so wichtiger wurde, als sich daran die Bekanntschaft mit dem so würdigen Cyan und damit die Eröffnung eines neuen wichtigen Gebietes der Chemie knüpfte.

Berlinerblau. Es war im Jahre 1704 oder 1707, als der Berliner Farbenfabrikant Diesbach durch Zusammenbringen eines Cochenille=Absudes mit Alaun und Eisenvitriol Florentiner Lack bereiten wollte, und dazu Kali benutzte, über welches der Alchymist Dippel vorher das nach ihm benannte thierische Oel destillirt hatte. Das Dippel'sche Oel, das Jener aus eingetrocknetem Blut durch trockne Destillation gewann, das aber eben so aus Fleisch, Horn, Knochen, Wolle, Leder und anderen thierischen Stoffen erhalten wird, bildet ein Gemisch von ammonikalischen und brenzlich öligen Destillationsprodukten und enthält, was hier wesentlich ist, neben Kohlenstoff einen reichlichen Antheil an Stickstoff. Diesbach erhielt nun, als er mit diesem Kali arbeitete, zu seiner Verwunderung statt eines rothen Niederschlages von Cochenillelack einen solchen von ganz entschieden blauer Nuance. Nach einer anderen Lesart habe er die Kalilösung, als zu unrein, gleich weggeschüttet, und zwar an eine Stelle seines Hofes, wo vorher Eisenvitriollösung hingekommen war, so daß sich nun die Pflastersteine in schöner blauer Färbung gezeigt hätten. So oder so brachte also der Zufall zum ersten Mal das merkwürdige Blau zu Tage, das sich so leicht und sicher bildet, wo die Elemente dazu, auch versteckt unter anderen Dingen, zusammenkommen. Dippel sah in dieser Erscheinung eine eigenthümliche Wirkung des Blutes und vereinfachte das Experiment bald dahin, daß er Blut mit Potasche glühte und den Auszug aus der erhaltenen Masse, Blutlauge genannt, mit Eisenvitriollösung mischte. Die Entdecker behielten das Rezept der Berlinerblau=Bereitung für sich, bis ein Engländer, Woodword, der Sache auf die Spur kam und 1724 das Geheimniß bekannt machte. Hiermit war jedoch die chemische Beschaffenheit des Stoffes noch nicht enthüllt, und dies ging auch bei dem damaligen Stande der Wissenschaft nicht so rasch, indessen wurde die Lösung der Frage eine der Hauptaufgaben der Chemiker. Daß das Blut durch andere animalische Stoffe vertreten werden könne, wurde zuerst nachgewiesen; 1752 lieferte Macquer einen werthvollen Beitrag zur näheren Erkenntniß, indem er fand, daß Blau durch Kochen mit

Fig. 346. Krystall von gelbem Blutlaugensalz.

Kali zerstört wird, daß sich dabei Eisenoxyd abscheidet und die überstehende Flüssigkeit wieder Blutlauge ist. Hiermit war ihm zugleich die Möglichkeit gegeben, das darin enthaltene gelbe Salz, das Blutlaugensalz, rein darzustellen. Aber noch immer waren Blutlaugensalz und Berlinerblau undefinirte Körper, und erst die Arbeiten vieler und der namhaftesten Chemiker konnten allmählich Licht in die Sache bringen. Scheele entdeckte 1782 die Blausäure, die sich aus dem Blutlaugensalz gewinnen läßt, und erst 1815 Gay-Lussac das Cyan. Die Entdeckungen gingen regelrecht nach rückwärts, vom Zusammengesetzten zum Einfachen, denn im Cyan haben wir die Wurzel nicht nur des Berlinerblau, sondern einer ganzen Reihe anderer chemischer Produkte, ja den Grundstein eines wichtigen Theils der ganzen Chemie.

Kohlenstoff und Stickstoff, die zwei vornehmsten Bestandtheile unserer Nahrung, unseres eigenen Körpers, geben in einer, frei in der Natur allerdings nicht vorkommenden Paarung, im Verhältniß von 2 : 1, jenen gasförmigen, farblosen höchst giftigen Stoff Cyan, der in einigen Verbindungen (Blausäure, Cyankalium) seine Giftigkeit eher noch steigert, in anderen dagegen, wie eben im Blutlaugensalz und Berlinerblau, wieder völlig verloren hat. Das Cyan ist noch besonders merkwürdig dadurch, daß es sich in den Verbindungen, die es eingeht, trotz seiner Zweistoffigkeit ganz wie ein einfaches Element verhält, und zwar ein solches, welches seine Stelle unter den sogenannten Haloiden oder Salzbildnern, Chlor, Jod, Brom u. s. w., finden würde. Ganz analog diesen bildet auch das Cyan mit anderen Elementen Paarungen in zweierlei Verhältniß, als Cyanüre und Cyanide. Beide Verbindungsklassen des Cyans haben aber eine starke Neigung, sich unter einander wieder zu paaren und Doppelcyanverbindungen zu bilden. Aus solcher elementarischen Quadrupelallianz besteht das Blutlaugensalz, Kalium=Eisencyanür; Cyankalium und Eisencyanür sind darin zu einem neuen Körper mit einander verbunden. Das Blutlaugensalz, dessen Bereitung für die technische Chemie eine sehr interessante Aufgabe von jeher gewesen ist, tritt in seiner gewöhnlichen Form als ein Salz von schön gelber Farbe und in großen tafelartigen Krystallen (s. Fig. 346) ausgebildet auf, die jedem unserer Leser bekannt sind. Das Cyan entsteht nicht, wenn blos kohlenstoff- und stickstoffhaltige Körper mit einander erhitzt werden, oder vielmehr mag es sich in solchem Falle gleich wieder zersetzen; sind jedoch Alkalien mit zugegen, so verbindet es sich mit diesen und hat nun Stütze und Halt gewonnen. Bei der Destillation von Steinkohlen, also bei der Gasbereitung, bildet sich auch etwas Cyan als Nebenprodukt, welches an einem Theile des gleichzeitig mit entstehenden Ammoniaks Bestand findet; beide geben zusammen Cyanammonium, welches freilich nur als eine aus dem Gase zu entfernende Verunreinigung angesehen wird. Wenn man Cyan absichtlich darstellt, bindet man es stets an Kalium.

Die **Fabrikation des Blutlaugensalzes** bedarf demnach folgender Rohmaterialien: 1) stickstoffhaltige organische Substanzen, 2) ein Kalisalz, am zweckmäßigsten Potasche, und 3) Eisen, entweder als gediegenes Metall oder im Oxydzustande. Von diesen dreien ist die Rubrik No. 1 eine sehr viel umfassende, und es streift für den Nichtkenner an das Spaßhafte, zu erfahren, was Alles zur Bereitung von Blutlaugensalz gebraucht werden kann und auch gebraucht wird. Da sind Blut, allerhand Abgänge von Horn-, Haar-, Lederarbeiten, Fleisch- und Wollabfälle, wollene und seidene Lumpen, altes Schuhwerk, Federn, Därme, Hörner und Klauen, getrocknete Fische, gesammelte Maikäfer; selbst Pilze kommen wegen ihres reichlichen Stickstoffgehaltes mitunter zur Verwendung.

Aber so verschiedenartig die organischen Rohstoffe auch erscheinen mögen, so werden sie doch durch Hitze alle auf einen sehr gleichartigen Zustand gebracht; sie verwandeln sich in eine blasige Kohle, schlechthin Thierkohle genannt, die neben anderen Eigenschaften sich durch einen Stickstoffgehalt von $3-5\frac{1}{2}$ Prozent von der gewöhnlichen Kohle unterscheidet und dadurch eben sich zur Fabrikation von Blutlaugensalz geeignet zeigt. Einzelne Fabriken beginnen denn auch den Gang der Arbeit mit dieser Erzeugung von Thierkohle mittels trockner Destillation aus eisernen Retorten, wobei natürlich die flüchtig werdenden Stoffe, die namentlich einen starken Antheil kohlensaures Ammoniak enthalten, in gekühlten Vorlagen aufgefangen und besonders zu Gute gemacht werden. Ein ziemlicher Theil der Fabrikationskosten wird dadurch gedeckt. Während man in diesem Falle die erhaltene Thierkohle mit Potasche mengt und das Gemenge in die nun folgende Schmelzarbeit nimmt, mischen andere Fabriken gleich die Rohstoffe, wie sie sind, unverkohlt mit der Potasche und gelangen so mit einer Feuerung zur Schmelzung. Zu dem Schmelzsatz gehört, wie schon erwähnt, Eisen, welches entweder als Eisenfeile oder als Hammerschlag beigegen werden muß, damit nicht die eisernen Schmelzgefäße zerfressen werden.

Bei der Verarbeitung der Rohstoffe gehen alle Methoden darauf hinaus, daß das Gemisch schließlich bis zum lebhaften Glühen erhitzt und während dieses Glühens unter möglichstem Abschluß der atmosphärischen Luft öfter umgerührt werde. Die Abhaltung der Luft ist nöthig, weil der Sauerstoff derselben die glühende Masse zum Theil oxydiren und dadurch cyansaures Kali anstatt Cyankalium entstehen würde. Man schmilzt gewöhnlich in eisernen Kesseln, welche in die Sohle der Flammenöfen eingelassen sind, so daß man erst mit Potasche beschickt, und wenn diese in Fluß gerathen ist, die thierische Kohle einträgt. In Wechselwirkung treten dabei kohlensaures und schwefelsaures Kali, stickstoffhaltige Kohle und Eisen. Das Alkali verliert zuerst seinen Sauerstoff an die Kohle, es entsteht und entweicht Kohlenoxydgas, dagegen bleiben Kalium und Schwefelkalium. Der Kohlenstoff und der Stickstoff der Thierkohle treten zu Cyan zusammen, welches sich mit dem frischgebildeten Kalium sofort zu Cyankalium verbindet; auch das Schwefelkalium giebt seine Verbindung mit dem Schwefel auf und zieht die des Cyans vor, während der Schwefel seinerseits sich mit dem Eisen zu Schwefeleisen paart. Die Schmelze enthält also nicht, wie früher geglaubt wurde, schon fertiges Blutlaugensalz, sondern hauptsächlich Cyankalium, vermischt mit etwas Schwefeleisen. Daneben findet sich gewöhnlich noch etwas unzersetzte Kohle und ein Theil unverändert gebliebener Potasche, welche letztere durch Eindampfen der Mutterlauge zurückgewonnen (Blaukali oder Blausalz) und wieder in den Betrieb gegeben wird.

Die Fabrikation des Blutlaugensalzes.

Die geschmolzene und erkaltete Schmelze wird nunmehr zuerst klein geschlagen und mit Wasser behandelt. Dabei geschieht die Bildung des Blutlaugensalzes, indem erst unter Einwirkung der Feuchtigkeit das Eisen in die Verbindung mit Cyan und Kalium eingeht, welche eines bestimmten Wassergehaltes zu ihrem Bestehen nothwendig bedarf. Haben sich die löslichen Bestandtheile sämmtlich gelöst, die unlöslichen nach einigen Stunden Ruhe zu Boden gesetzt, so zieht man die klare Lauge (Blutlauge) von dem aus Kohle, Eisen, Aschenbestandtheilen u. s. w. bestehenden Bodensatze ab. Sie ist schmuziggelb und kommt zunächst wieder in flache eiserne Abdampfpfannen, wo sie rasch so lange erhitzt und gedickt wird, bis der Krystallisationspunkt erreicht ist, nämlich 32 Grad der Baumé'schen Senkwage. Dann giebt man sie noch heiß in die Krystallisationsgefäße. Was hier während des Erkaltens anschießt, ist ein noch ziemlich unreines Produkt, das Rohsalz; man dampft die abgegossene Mutterlauge noch weiter, bis zu 40 Grad, ein und erhält ein noch unreineres zweites Produkt, das Schmiersalz; die übrige Mutterlauge läßt dann beim Eindampfen bis zur Trockne das schon erwähnte Blausalz zurück.

Die jetzt folgenden Arbeiten haben die Reinigung der Produkte zum Zweck. Durch Auflösen des Schmiersalzes in wenig heißem Wasser, Abklären und Krystallisiren erhält man eine Waare, die dem Rohsalze aus der ersten Krystallisation ziemlich gleich ist; man thut daher in der Regel beides zusammen, löst wiederholt in heißem Wasser, klärt durch Stehenlassen und Filtriren, erhitzt die Lauge nochmals und läßt sie in großen Gefäßen möglichst langsam erkalten, um recht große Krystalle zu erhalten. Zur Beförderung der Krystallisation hängt man in die Krystallisirbottiche Bindfäden ein, an deren Ende ein kleiner Krystall von Blutlaugensalz befestigt ist; er bildet den Ausgangspunkt für die anschießenden Krystalle, welche sich vergrößern, sowie die Abkühlung der Lösung und die Verdunstung derselben vorschreitet. Nach 10—12 Tagen ist das Wachsen der Krystalle beendet; die Wände des Bottichs sind mit einer prachtvollen gelben Krystallkruste belegt. Dies ist das gelbe Blutlaugensalz des Handels, das den meisten Lesern aus den Schaufenstern der Droguenhandlungen oder von den Industrieausstellungen, wenigstens dem Ansehen nach, bekannt sein wird.

Das Blutlaugensalz ist derjenige Körper, aus welchem alle in der Wissenschaft oder Technik zur Verwendung kommenden Cyanverbindungen abgeleitet werden. Selbst das einfachere Cyankalium, welches in der Galvanoplastik, zum Vergolden und Versilbern so viel gebraucht wird, wird aus dem fertigen Blutlaugensalz bereitet. Außerdem aber findet das letztere auch noch mancherlei Verwendungen als solches. Es dient z. B. zum oberflächlichen Verstählen von Eisen (Einsatzhärtung), zur Bereitung gewisser Zündholzmassen, und auch einige Rezepte für Schießpulver enthalten Blutlaugensalz als hauptsächlichen Bestandtheil (weißes oder Braconnot'sches Schießpulver). Zur Bereitung der Blausäure verwendet man es ebenfalls, indem man die wässerige Lösung desselben in Verbindung mit Schwefelsäure destillirt. Da die Schwefelsäure sich mit dem Eisen des Salzes verbinden will, muß dieses sich erst auf Kosten des Wassers oxydiren, wodurch Wasserstoff frei wird, der sich im Entstehen mit dem ebenfalls frei werdenden Cyan verbindet. Cyanwasserstoff aber ist Blausäure, im wasserfreien Zustande ebenfalls ein Gas und dann von höchster Giftigkeit. Löst man in Blausäure bis zur vollen Sättigung Berlinerblau auf, so erhält man eine Flüssigkeit, welche den Namen Eisenblausäure führt und die an sich keine giftigen Eigenschaften hat. An der Luft aber verliert dieselbe allmählich durch Zersetzung Blausäure, was sich durch den bekannten Bittermandelgeruch bemerklich macht, und in demselben Maße setzt sich Berlinerblau ab. Derselbe Vorgang würde natürlich auch im Körper stattfinden, und deswegen der Genuß von Eisenblausäure auch immer im höchsten Grade gefährlich sein. Tränkt man Zeuge mit dieser grünen Säure, so färben sie sich an der Luft dauerhaft blau, ein Verfahren, das in der Färberei seine Anwendung findet. Die Eisenblausäure erzeugt man dann aber einfacher durch Vermischen einer Lösung von Blutlaugensalz mit Salzsäure. Indem letztere aus dem Salz das Kalium herausreißt, treten die übrigen Elemente zu Eisenblausäure zusammen, die als weißer Bodensatz sich ausscheidet und zur Anwendung wieder in Wasser gelöst wird.

Somit wären wir bei den blauen Produkten des Blutlaugensalzes angelangt, in welchen eben dessen hauptsächliche technische Wichtigkeit liegt. Durch Vermischen von Blutlaugensalz- und Eisenlösungen entstehen blaue Niederschläge, die aber nach Umständen in ihrer chemischen Zusammensetzung verschieden sein können. Dieses Verhalten des Salzes beschränkt sich nicht auf das Eisen allein, sondern die meisten übrigen Metalle geben ebenfalls Niederschläge, die aber anders gefärbt sind, namentlich weiß, braun, gelbgrün, und deren Farbensortiment noch vermehrt wird durch das gleich zu besprechende rothe Blutlaugensalz, welches meistens andere Farbentöne giebt. Durch diese Eigenschaft wird das Blutlaugensalz für die analytische Chemie ein wichtiges Reagens zur Unterscheidung der Metalle.

Durch Herausnahme von ein Viertel des im gelben Blutlaugensalz enthaltenen Kalium, dessen Changehalt an das Eisencyanür übergeht und dasselbe in Eisencyanid verwandelt, wird das gelbe in rothes Blutlaugensalz verwandelt, aus Kaliumeisencyanür wird Kaliumeisencyanid, oder, um die jetzt gebräuchliche Namengebung zu gebrauchen: aus Ferrocyankalium wird Ferridcyankalium. Das Mittel zu dieser Umwandlung besteht in einer Durchleitung von Chlorgas durch eine heiße Auflösung des gelben Salzes. Das Chlor entzieht dem Salz Kalium und bildet damit Chlorkalium, während die übrigbleibenden Bestandtheile sich nunmehr anders ordnen und das neue Salz bilden. Dasselbe wird häufig zum Wollefärben und im Zeugdruck gebraucht, und man versendet entweder gleich die Lösung, die wir eben entstehen sahen, sammt ihrem unschädlichen Gehalte an Chlorkalium, oder man dampft es ein und läßt das rothe Salz anschießen, wobei dann das Chlorkalium als viel leichter lösliches Salz in der Mutterlauge bleibt. Ein drittes Verfahren ist ebenfalls üblich. Man stellt das fein gepulverte gelbe Salz in Kammern in dünnen Schichten auf und leitet Chlorgas zu, welches von dem Pulver aufgesogen wird und in demselben die nämliche Veränderung bewirkt, wie in der wässerigen Lösung. Das Pulver, ebenfalls mit dem Gehalt an Chlorkalium, geht als Blaupulver in den Handel.

Das rothe Blutlaugensalz kann bei einiger Vorsicht in schönen, langen, rubinrothen Krystallen erhalten werden; gewöhnlich trifft man es in warzigen, blumenkohlartigen Massen an. Es hat die Eigenthümlichkeit, daß es mit Eisenoxydlösung keinen Niederschlag giebt. Nicht als ob keine Zersetzung stattfände, aber die dabei entstehenden Verbindungen sind sämmtlich in Wasser löslich und scheiden sich deshalb nicht wie das Berlinerblau in fester Form aus. Wir können jedoch mit Hülfe des rothen Blutlaugensalzes dieselben Niederschläge in Metalllösungen erzeugen wie mit gelbem, wenn wir bei dem ersteren Oxydullösungen anwenden, wo das letztere mit Oxydlösungen einen Niederschlag giebt. Die Vorgänge sind zur Erläuterung chemischer Prozesse so instruktiv, daß es verzeihlich erscheinen mag, wenn wir diese Gelegenheit zu einer etwas eingehenderen wissenschaftlichen Darstellung benutzen, als es sonst bei dem beschränkten Raume unseres Werkes geschehen dürfte.

Das gelbe Blutlaugensalz ist, wie schon gesagt, eine Verbindung von Chankalium und Eisencyanür, und zwar sind in demselben von dem ersteren je 2 Atome auf 1 Atom des letzteren enthalten; die chemische Formel schreibt sich infolge dessen nach der älteren, für uns in diesem Falle aber leichter verständlichen Ausdrucksweise $2\,KCy + FeCy$. Das rothe Blutlaugensalz enthält dagegen das Eisen mit mehr Chan verbunden (als Eisencyanid), und wenn wir das Eisencyanür mit dem Eisenoxydul vergleichen können, so entspricht das Eisencyanid dem sauerstoffreicheren Eisenoxyd. Die Formel des rothen Blutlaugensalzes ist $Fe_2Cy_3 + 3\,KCy$, aus welcher erhellt, daß je 1 Atom Eisencyanid mit je 3 Atomen Chankalium verbunden ist. Wir haben nun vier Fälle zu unterscheiden: Wie verhält sich gelbes Blutlaugensalz, wenn wir es mit Oxydullösungen, wie, wenn wir es mit Oxydlösungen zusammenbringen, und wie verhält es sich in den entsprechenden Fällen, wenn das rothe Salz mit Metalllösungen zusammengebracht wird?

Der erste Fall: eine Lösung von gelbem Blutlaugensalz mit einer Lösung von reinem schwefelsauren Eisenoxydul zusammengebracht, ergiebt einen weißen Niederschlag von unlöslichem Eisencyanür, und der dabei statthabende Prozeß findet seine Erklärung durch das folgende Schema:

gelbes Blutlaugensalz $\begin{cases} \end{cases}$ Fe Cy ── Fe Cy
=
2 (KCy + FeCy) $\quad\quad$ 2 KCy $\begin{cases} 2\text{ K} \\ 2\text{ Cy} \end{cases}$ 2 Fc Cy

+

2 schwefelsaures Eisenoxydul (Eisen- $\quad$ 2 FeO $\begin{cases} 2\text{ Fe} \\ 2\text{ O} \end{cases}$ 2 KO
vitriol)
=
2 (FeO SO_3) $\quad\quad$ 2 SO_3 ── 2 KO SO_3

Dasselbe besagt, daß, wenn 1 Atom gelbes Blutlaugensalz und 2 Atome Eisenvitriol zusammentreten, daraus 3 Atome Eisencyanür und 2 Atome schwefelsaures Kali entstehen, welch letztere gelöst bleiben.

Der Zusammentritt von gelbem Blutlaugensalz mit schwefelsaurem Eisenoxyd ist durch andere Zahlenverhältnisse der betheiligten Bestandtheile gekennzeichnet und das Schema:

3 gelbes Blutlaugensalz $\quad$ 3 FeCy ── 3 FeCy $\Big\}$ Berlinerblau
=
3 (2 KCy + FeCy) $\quad$ 6 KCy $\begin{cases} 6\text{ K} \\ 6\text{ Cy} \end{cases}$ 2 $Fe_2 Cy_3$
+
2 schwefelsaures Eisenoxyd $\quad\quad\quad\quad$ 4 Fe
= $\quad\quad\quad\quad\quad\quad\quad\quad\quad\quad$ 6 O $\quad\quad\quad$ 6 KO
2 ($Fe_2 O_3$ 3 SO_3) $\quad\quad$ 6 SO_3 ── 6 $KOSO_3$

zeigt an, daß jedesmal 3 Atome Blutlaugensalz mit 2 Atomen schwefelsaurem Eisenoxyd die Zersetzung eingehen, deren Ergebniß in 6 schwefelsaurem Kali, 2 Eisencyanid und 3 Eisencyanür besteht. Das Eisencyanid ist in Wasser löslich, das Cyanür unlöslich und schlägt sich für sich mit weißer Farbe nieder, in Gegenwart von Eisencyanid jedoch geht es mit diesem eine Verbindung, Eisencyanür-Cyanid, ein, welche mit prachtvoller blauer Farbe aus der Lösung sich ausscheidet und eben das Berlinerblau bildet.

Ein analoger Vorgang findet statt, wenn rothes Blutlaugensalz mit schwefelsaurem Eisenoxydul vermischt wird:

rothes Blutlaugensalz $\quad$ $Fe_2 Cy_3$ ── $Fe_2 Cy_3$ $\Big\}$ Berlinerblau
=
$Fe_2 Cy_3$ + 3 KCy $\quad$ 3 KCy $\begin{cases} 3\text{ K} \\ 3\text{ Cy} \end{cases}$ 3 FeCy

3 schwefelsaures Eisenoxydul $\quad$ 3 FeO $\begin{cases} 3\text{ Fe} \\ 3\text{ O} \end{cases}$ 3 KO
3 (FeOSO_3) $\quad\quad\quad\quad\quad$ 3 SO_3 ── 3 $KOSO_3$

wogegen rothes Blutlaugensalz und schwefelsaures Eisenoxyd neben schwefelsaurem Kali nur lösliches Eisencyanid, also keinen Niederschlag giebt:

rothes Blutlaugensalz $\quad$ $Fe_2 Cy_3$ ── $Fe_2 Cy_3$
=
$Fe_2 Cy_3$ + 3 KCy $\quad$ 3 KCy $\begin{cases} 3\text{ K} \\ 3\text{ Cy} \end{cases}$ $Fe_2 Cy_3$

schwefelsaures Eisenoxyd $\quad$ $Fe_2 O_3$ $\begin{cases} 2\text{ Fc} \\ 3\text{ O} \end{cases}$ 3 KO
=
($Fe_2 O_3 SO_3$) $\quad\quad\quad\quad$ 3 SO_3 ── 3 $KOSO_3$.

Anstatt schwefelsaures Eisenoxydul oder -Oxyd kann man auch die entsprechenden Chlorverbindungen, Eisenchlorür oder Eisenchlorid anwenden. Die drei Niederschläge, welche wir in den verschiedenen Fällen erhielten, sind in ihrer chemischen Zusammensetzung auch noch verschieden, wie ein Blick auf 2 und 3 ausweisen wird, und es macht sich dies auch in der Nuance bemerklich, welche das auf die eine oder auf die andere Art erhaltene Berlinerblau hat. Rothes Blutlaugensalz und Eisenvitriol giebt das sogenannte Turnbullsblau. Der aus Eisenoxydlösung mit gelbem Salz erhaltene Niederschlag heißt neutrales Berlinerblau. Will man das Produkt in reinster und schönster Beschaffenheit haben, wo es Pariserblau genannt wird, so wird man zu höchst gereinigtem Blutlaugensalz zweckmäßig salpetersaures Eisenoxyd nehmen; aus dem sehr reinen Niederschlage ist dann nur das mit entstandene salpetersaure Kali auszuwaschen. Zu der gewöhnlichen Waare jedoch verwendet man der Billigkeit halber immer den Eisenvitriol, obgleich derselbe mit dem gelben Salze einen weißen Niederschlag von Eisencyanür giebt. Schon beim Aufrühren nimmt aber dieser Niederschlag vermöge der im Wasser enthaltenen Luft eine graue oder schmuzigblaue Färbung an, und einige Zeit der Einwirkung des atmosphärischen Sauerstoffs unter öfterem Umrühren ausgesetzt, geht er völlig in schönes Blau über, indem ein Theil des Eisencyanürs sich durch Sauerstoffaufnahme in Eisenoxyd verwandelt, dafür aber seinen Cyangehalt abgiebt und eine entsprechende Menge Eisencyanür zu Eisencyanid macht. Zu gewissen Zwecken, besonders zur Erzeugung eines guten Grün durch Zumischung des Blau zu Chromgelb, ist es unerläßlich, von der Erzeugung des rein weißen Niederschlages auszugehen. Das durch bloße Luftwirkung gebläute Produkt löst sich in reinem Wasser, was für die gewöhnlichen Fälle unerwünscht ist. Unlöslich aber wird dasselbe durch Anwendung oxydirender Mittel, welche zugleich die Bläuung sehr rasch bewirken. Solche Mittel sind Salpetersäure, chromsaures Kali und Chlor. Der schöne blaue Farbstoff des Berlinerblau wird von Säuren nicht zerstört, wol aber — und das ist seine schwache Seite — von ätzenden Alkalien, kann daher auch auf frische Kalkwände nicht gebraucht werden, da er durch ausgeschiedenes Eisenoxyd sich in schmuziges Braun verwandeln würde. Durch Kleesäure wird er aufgelöst, und diese Lösung bildet die gebräuchlichste blaue Tinte.

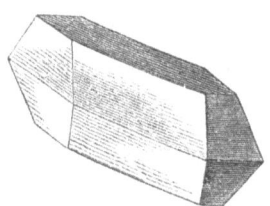

Fig. 317. Krystallform des rothen Blutlaugensalzes.

Es ist selbstverständlich, daß die zur Erzeugung schöner Farbentöne gebrauchten Substanzen von der höchsten Reinheit, namentlich frei von anderen Metallen-sein müssen. Da sich bei der Darstellung aus Eisenvitriol durch die nachherige Oxydirung Eisenoxyd bildet, welches die Farbe beeinträchtigt, so zieht man dieses durch auflösende Säuren, Schwefel- oder Salzsäure, aus. Für geringere Farben nimmt man es freilich nicht so ängstlich, sucht wol auch durch Zusatz von anderen Bestandtheilen die Masse des Farbstoffes noch zu vermehren. Man vermischt zu diesem Zwecke z. B. die Eisenlösung mit Alaun, der durch kohlensaures Kali zersetzt wird und Thonerde abscheidet. Durch Zumischung von größeren Mengen Thonerde wird die Farbe natürlich heller. Andere gebräuchliche Zusätze sind Barytweiß, Porzellanthon, Zinkweiß, Magnesia, Kreide, Stärke u. dergl. Diese helleren und wohlfeileren Sorten heißen gewöhnlich Mineralblau.

Der auf die eine oder andere Art erhaltene Niederschlag wird zunächst mit vielem kalten Wasser ausgewaschen, die etwa beliebten Zusätze darunter gemischt, die Masse dann auf dem Filter und weiter durch Pressen entwässert, in noch feuchtem Zustande in Täfelchen geschnitten und diese an der Luft oder in gelinder Wärme vollends getrocknet. Ist die Masse einmal trocken, so läßt sie sich nur schwer wieder in den Zustand feinster Zertheilung bringen, in welchem sie aus der Lösung ausfällt; daher zieht man es öfter vor, sie in feuchtem Teigzustande (en pâte) zu belassen und so in den Handel zu geben. Das Berlinerblau wird weniger in der Oelmalerei, als zu Wasser- und Leimfarbe benutzt. Es verarbeitet sich bequem und deckt gut. In der Tapetenfabrikation dient es auch als Druckfarbe. Ueber seine Anwendung in der Färberei enthält der betreffende Abschnitt das Nähere. Außerdem hat das Berlinerblau noch einen Werth als Bestandtheil einer der gebräuchlichsten grünen Farben, des sogenannten grünen Zinnobers. Es besteht dieser aus einer mechanischen Mischung von Berlinerblau und Chromgelb. Beide Pulver werden in Wasser zusammengerührt und dann auf einer Farbmühle möglichst innig vermischt.

In einer eisernen Schale über offenem Feuer bis zum angehenden Glühen erhitzt, zerfällt das Berlinerblau und färbt sich braun. Dieses Produkt liefert nach seiner Pulverisirung dem Maler ebenfalls eine schöne und vielfach verwendbare Farbe.

Bleifarben. Wie unter den Metallen das Blei zu den ältesten Bekannten des Menschen gehört, so sind auch verschiedene unserer Bleipräparate von sehr altem Herkommen. Schon Plinius und Vitruvius besprechen das Bleiweiß als Farbstoff und beschreiben seine Herstellung aus Blei mittels Essig; die Araber zu Geber's Zeit kannten außerdem das essigsaure Bleioxyd (Bleizucker), das gelbe und rothe Bleioxyd (Massicot und Mennige), und es wurden diese Stoffe damals schon zu denselben Zwecken wie heute benutzt. Von der Mennige (minium) erhielten die Schriftmaler, welche in alten Zeiten sich mit der Herstellung der bunt ausgezierten handschriftlichen Bücher beschäftigten, den Namen Miniatoren, und eben daher rührt der Ausdruck Miniaturmalerei. Was es aber mit der Verwandlung des Bleies je nach Umständen in gelbes, rothes und weißes Pulver für eine Bewandtniß habe, darüber konnte sich die alte Chemie nur sehr ungenaue Vorstellungen machen; noch im 18. Jahrhundert war man der Ansicht, daß das Bleiweiß aus Blei und Essig bestehe. Nach der Entdeckung des Sauerstoffes freilich war auch die Chemie des Bleies eine leichtverständliche. Danach giebt es ein Suboxyd mit dem geringsten Sauerstoffgehalt, ein Oxyd, die uns schon bekannte Glätte; dasselbe Oxyd in anderer Bereitung, so daß es vor dem Schmelzen bewahrt wurde, als Bleigelb oder Massicot, ferner ein braunes Superoxyd mit doppelt so viel Sauerstoff wie das Oxyd, und eine Zwischenstufe zwischen beiden, oder eine Verbindung derselben mit einander, die Mennige.

Das als Neugelb, Königsgelb, Massicot im Handel vorkommende Bleioxyd ist gleich anderen gelben Mineralfarben jetzt sehr in den Hintergrund getreten vor dem dominirenden Chromgelb, auf welches wir noch zu sprechen kommen. Ein schönes, aber nicht wohlfeiles Massicot wird erhalten, wenn man schon fertiges Bleiweiß einer mäßigen Hitze aussetzt, welche die Kohlensäure und das Wasser austreibt, wobei die weiße Farbe verschwindet und gelbes Bleioxyd erhalten wird. Durch fortgesetztes Erhitzen geht das gelbe Bleioxyd infolge weiterer Sauerstoffaufnahme in rothes über, und es ist daher thunlich, daß man in demselben Ofen und gleichzeitig an einer kühleren Stelle Massicot erzeugt, das dann an einer heißeren in Mennige übergeführt wird. Das Mennigbrennen erfordert Aufmerksamkeit und Einsicht; die Schönheit und Intensität der Farbe hängt sowol von der Reinheit des Materials, als von der Führung und Dauer des Brennens ab. Wie man durch Erhitzen von feinem Bleiweiß das schönste Massicot erhält, so giebt dieses durch weiteres Brennen auch die schönste Mennige. Diese Primawaare heißt Pariserroth und dient wegen ihres höheren Preises nur als Malerfarbe.

Ist somit an und für sich das Bleioxyd als gelber Farbstoff schon verwendbar, so wird es noch nutzbarer durch seine Verbindungen, von denen einige, wie das schon genannte chromsaure Bleioxyd, sich durch schöne gelbe Farbentöne auszeichnen.

Der Oelmaler kann das Chromgelb nicht brauchen, weil es mit leicht zersetzbaren organischen Stoffen zusammengemischt braun wird; er bevorzugt dagegen das Neapelgelb wegen seiner Farbenschönheit und Beständigkeit. Dieses besteht seiner Natur nach aus antimonsaurem Bleioxyd und kann auf verschiedenen Wegen hergestellt werden, am besten so, daß man Brechweinstein, salpetersaures Bleioxyd und Kochsalz zusammenschmilzt und die Schmelze mit Wasser behandelt, welches die löslichen Salze wegnimmt und das Gelb als ein feines Pulver fallen läßt. Durch Oxydiren von antimonhaltigem Blei im Flammenofen, Glühen des Oxyds mit Kochsalz und Auswaschen der Masse mit Wasser erhält man das Neapelgelb ebenfalls. Einige andere gelbe Bleifarben (englisches oder Patentgelb, Kasselergelb) bestehen aus basischem Chlorblei, d. h. Chlorblei in Verbindung mit mehr oder weniger Bleioxyd. Werden diese ursprünglich weißen Verbindungen erhitzt, so wird das Hydratwasser ausgetrieben und die Masse erscheint in schönem Gelb.

Bleiweiß. Die unlöslichen Bleisalze, welche allein als Farbenkörper in Betracht kommen können, bilden, soweit nicht etwa ein färbendes Prinzip in der Säure liegt, stets weiße Körper, ohne jedoch alle als Bleiweiß dienen zu können, denn sie entsprechen nicht durchgängig dem technischen Erforderniß, sich gut zu streichen und gut zu decken, d. h. einen vollständig undurchsichtigen Ueberzug zu bilden. Schon das Oxyd des Bleies als Hydrat, d. h. mit Wasser verbunden, wie es aus Bleisalzlösungen durch Alkalien niedergeschlagen wird, ist zwar weiß, aber nicht brauchbar. Dasselbe gilt von dem Chlorblei. Das eigentliche und schon von Alters her bekannte Bleiweiß ist das kohlensaure Bleioxyd.

Gießt man die Lösung eines Bleisalzes, z. B. Bleizucker (essigsaures Bleioxyd), und die Lösung eines kohlensauren Salzes, z. B. Soda, zusammen, so scheidet sich das Bleiweiß aus, während ein neugebildetes Salz, im vorliegenden Falle essigsaures Natron, in Lösung bleibt. Die wirkliche Fabrikation jedoch arbeitet ökonomischer und so, daß kein zweites Salz als Abfall übrig bleibt. Nun giebt es eine sehr alte Fabrikationsweise und eine neuere, die, trotz der großen Verschiedenheit in der äußeren Erscheinung, im Grunde ganz in derselben Weise arbeiten. Das Wesentliche nämlich ist in jedem Falle, daß metallisches Blei oder Bleioxyd der Einwirkung von Essig und Kohlensäure ausgesetzt werden; der Sauerstoff der Luft oxydirt auf Anregung der Essigsäure zunächst das Metall, dessen Oxyd sich dann in der Säure auflöst, während gleich darauf die Kohlensäure diese Lösung wieder zersetzt und das Oxyd für sich in Anspruch nimmt. Daß die Kohlensäure hier Etwas vollbringt, was sie in der Regel für sich allein nicht kann, nämlich die Zersetzung einer metallischen Salzlösung, liegt begründet in der Fähigkeit des Bleies, sogenannte basische Salze zu bilden, wobei noch der Umstand wesentlich ist, daß das basische essigsaure Bleioxyd im Wasser sich löst, während andere basische Bleiverbindungen darin unlöslich sind. Hat sich nämlich die Essigsäure mit Bleioxyd vollkommen gesättigt, so steht darum der Lösungsprozeß noch nicht still; es geht noch eine weitere Quantität Oxyd in die Lösung ein, und eben dieser, von der Essigsäure gleichsam als Ueberfracht mitgenommene Antheil ist es auch, welcher dem Zuge der zutretenden Kohlensäure folgen und mit ihr als Bleiweiß sich wieder ausscheiden kann. Ist die Ausscheidung erfolgt, so bleibt wieder nur neutrale Bleilösung übrig, welche aufs Neue eine Quantität Oxyd auflösen und an die Kohlensäure abgeben kann, und so fort in unbeschränkten Wiederholungen, immer mit einer und derselben Menge Essigsäure.

Die alte Methode der Fabrikation heißt die holländische, weil früher dieser Industriezweig in Holland besonders blühte. Das zu verarbeitende Blei muß von fremden Substanzen möglichst frei sein. Man schmilzt es und gießt es in Formkästen oder auf einer kühl gehaltenen Steinplatte zu rauhen Tafeln von der Stärke einer dünnen Pappe aus. Häufig auch, und z. B. in England allgemein, benutzt man Gießformen, aus welchen die Bleitafeln gitterförmig durchbrochen hervorgehen, wie in Fig. 348 ersichtlich ist. Derartige Tafeln bieten dem Zutritt der Gase mehr Oberfläche dar. Die Veranstaltung nun, in welcher diese Platten durch das Zusammenwirken von Luft, Essig= und Kohlensäure allmählich zu Bleiweiß umgewandelt werden, heißt eine Loge und bildet eine große Kammer aus Holz= oder Mauerwerk. In diesem Raume werden mit einander Pferdemist, Töpfe mit Essig und Metallplatten nebst Zwischenhölzern und Bretern in regelmäßiger Weise derart aufgebaut, daß überall kleine Zwischenräume zur Cirkulation der Luft und der anderen Gase bleiben. Zu unterst kommt eine festgestampfte Lage Mist oder auch erschöpfter Gerberlohe, dann eine Schicht besonders hierzu geformter, nach unten enger werdender, im Innern gut glasirter Töpfe, deren in einer Loge an 3—4000 gleichzeitig gebraucht werden. In jeden Topf wird etwas ordinärer Essig oder Holzessig, vermischt mit Bierhefe u. dergl., gegeben. Ferner nimmt jeder Topf in seinem Innern eine Bleiplatte auf, welche zu diesem Behufe spiralförmig zusammengerollt ist; durch Vorsprünge im Inneren des Topfes ist gesorgt, daß dieser Einsatz nicht bis in den Essig hinabreicht. Dann schichtet man über den Topf vier Lagen Bleiplatten, durch Holzlatten aus einander gehalten; darauf folgt eine Bohlendecke, an den Enden durch Tragpfosten gestützt, auf diese wieder eine Lage Mist, Töpfe, Bleiplatten, und so fort, bis die Kammer etwa mit acht bis zehn solcher kleinen Etagen angefüllt ist und mit einer dickeren Lage von Mist und Bretern eingeschlossen wird. Wo statt der Platten die modernen Gitter angewandt sind, geht die Beschickung im Ganzen eben so vor sich, nur daß man dann niedrigere Töpfe anwendet, bei welchen der spiralförmige Einsatz wegfällt, und unter Ersparung von Zwischenhölzern fünf bis sechs Gitter auf einen Topf gelegt werden. So ist denn das Blei, je nachdem bis 200 Centner auf eine Beschickung, in eine Art Mist- oder Lohbeet untergebracht, aus welchem sich durch Gährung fortwährend Kohlensäure entwickelt. Die Wärme, welche anfänglich bedeutend steigt, dann wieder sinkt und sich etwa zwischen 36—60 Grad forterhält, beschleunigt die chemischen Aktionen und bringt den Essig in den Töpfen zur Verdunstung, und da auch für den Eintritt der Luft die nöthigen Oeffnungen gelassen sind, so sind alle Bedingungen für die erlangte Metamorphose vorhanden.

Wenn der Prozeß beendet ist, wozu bisweilen nur 3—4 Wochen, oft aber auch eben so viele Monate erforderlich sind, entleert man die Loge wieder und findet nun die Platten oder Gitter mehr oder weniger zerfressen und mit Bleiweiß überzogen, wodurch sie stark angeschwollen erscheinen, doch immer noch mit so viel metallischem Kern, daß durchschnittlich die Hälfte des Bleies der Verwandlung entgangen ist. Das Bleiweiß (in diesem Zustande (Schieferweiß genannt) wird von seiner metallischen Unterlage durch Abklopfen getrennt; das übrig gebliebene Blei kommt wieder zum Einschmelzen. Wegen der großen Schädlichkeit des Bleiweißstaubes ist die Arbeit des Abklopfens eine sehr gesundheitsgefährliche Sache. In neueren Fabriken trennt man daher Metall und Bleiweiß meistens durch Zerdrücken zwischen Walzwerken.

Fig. 348. Holländische Methode der Bleiweißfabrikation.

Das gewonnene Bleiweiß wird zum kleineren Theile gleich in der ursprünglichen Form harter Schiefer als Schieferweiß in den Handel gebracht, größtentheils aber in der Art weiter bearbeitet, daß man es mit Wasser zwischen Granitsteinen fein mahlt und den Brei in unglasirte kleine Töpfe gießt, worin er nach ein paar Tagen so konsistent geworden ist, daß man die kegelförmigen Brote herausnehmen kann, die schließlich an der Luft oder in der Trockenstube vollends ausgetrocknet werden. Die ordinären Sorten bekommen bei dieser Bearbeitung ihre unvermeidliche Beigabe von schwefelsaurem Bleioxyd, Schwerspath oder Kreide. Die solchergestalt gewonnene Waare ist hart, fast steinig, was ihre Wiederzerkleinerung und Verreibung mit dem Bindemittel zu einer sauren und langwierigen Arbeit macht. Aber die Verbraucher pflegen die Härte als ein Zeichen der Unverfälschtheit anzusehen und ziehen daher solche Waare einer anderen vor, die ihnen in Form eines weißen Pulvers angeboten wird. Viel Bleiweiß kommt jedoch neuerdings gleich mit Oel angerieben (in Paste) in den Handel.

Nach der österreichischen oder deutschen Methode der Bleiweißfabrikation werden die dünnen, rauhen Bleibleche, wie sie durch Ausgießen des Bleies auf eine Steinplatte sich bilden, in der Mitte umgefalzt, so daß sie wie ein spitzes Dach aussehen, über Latten gehangen und mit diesen in trogartige, ausgepichte Holzkästen so eingehangen, daß sie einander nicht berühren. Der Boden jedes Kastens ist 6—8 Centimeter hoch mit einer Mischung von Weintrebern, Essig und kohlensaurem Kali bedeckt. Die Bleiplatten hängen über dieser Masse, ohne sie zu berühren. Die vollgehangenen Kästen werden mit Papier verklebt und zu 80—100 in gemauerte Wärmstuben gestellt, welche durch Dampfröhren in einer beständigen Wärme von 30—40 Grad erhalten werden, ohne daß der Luftzutritt gestattet wird. In längstens drei Wochen ist die Bleiweißbildung beendet. Diese Methode ist in bedeutenden Fabriken Kärntens in Gebrauch und liefert eine sehr schöne Waare, was freilich zum größten Theil in der Reinheit des dortigen Bleies seinen Grund hat. Die feinste und härteste Sorte führt den Namen Kremser Weiß.

Um die feineren Sorten zu erzeugen, hat man das Bleiweiß noch von seinen Beimengungen zu trennen; man unterwirft es daher einem Schlämmprozeß, der diese Aufgabe noch vollständiger und mit weniger Gefahr für die Gesundheit vollführt als das Sieben. Das von den Bleitafeln abgelöste und gemahlene Weiß enthält nämlich noch kleine Partikelchen metallischen Bleies, welche die Farbe beeinträchtigen würden und vollständig nur durch Schlämmen zu entfernen sind. Durch mehr oder weniger weite Fortführung des Schlämmens erhält man Sorten von verschiedenen Feinheitsgraden.

Man hat sich viel bemüht, der Bleiweißfabrikation andere Formen zu geben. Die Thenard'sche Methode z. B. beruht auf Niederschlagung des Weiß aus essigsaurer Bleilösung mittels eines Stromes von Kohlensäure. Das Produkt ist aber nicht so rein und deckend, wie das in alter Art erzeugte, und das Verfahren wird fast nur in Frankreich ausgeführt, wo es, in neuerer Zeit wesentlich verbessert, gute Erfolge zu haben scheint. Berühmt ist die Bleiweißfabrikation von Ozouf in St. Denis, welche, zwar nach dem Thenard'schen Verfahren arbeitend, doch ihr Hauptaugenmerk darauf richtet, ein Bleiweiß herzustellen, das in seiner chemischen Zusammensetzung mit dem nach der holländisch-deutschen Methode erzeugten völlig übereinstimmt. Sie erreicht dies durch eine genaue Bemessung der in die Bleilösung geleiteten Kohlensäure. Die Kohlensäure wird durch Verbrennen von Kohle erzeugt und dadurch gereinigt, daß sie, einer konzentrirten Sodalösung zugeleitet, diese in zweifach kohlensaures Natron umwandelt, aus welchem die überschüssige Säure durch Erhitzen bis 100 Grad wieder ausgetrieben werden kann.

Die ganze Bleiweißfabrikation vollzieht sich in einem aus vielen einzelnen Stationen zusammengesetzten Apparate von sehr scharfsinniger Konstruktion, der namentlich dadurch ausgezeichnet ist, daß die äußere Luft von dem Inneren vollständig abgeschlossen und ein Verstäuben giftiger Bleiweißtheile, welches den Arbeitern im höchsten Grade gefährlich ist, nach Möglichkeit vermieden wird. Selbst das Trocknen geschieht in einem besonderen abgeschlossenen Raume, und zwar dadurch, daß ein mit Leuchtgas innerlich geheizter hohler eiserner Cylinder an einer Stelle in den Bleiweißbrei eintaucht und so viel davon mit fortnimmt, als während der übrigen Umdrehung trocknen kann. Unterhalb befindet sich dann eine gegenstehende Messerklinge, welche die getrocknete Schicht ablöst und in ein Sammelgefäß fallen läßt. Die Rücksicht auf die Gesundheit der Arbeiter, welche die französische Methode der Bleiweißfabrikation zu nehmen gestattet, sollte eigentlich ihrer Einführung vor den alten gebräuchlichen Verfahren überall das Wort reden.

Wesentlich vermindert sind zwar die Gefahren bei dem Grünberg'schen Prozeß, welcher gleichsam eine Uebersetzung der holländischen Methode in das Maschinenmäßige bildet; indessen steht demselben wol eine noch nicht hinlänglich erreichte Vollkommenheit des Produktes entgegen. Bei diesem Verfahren kommt das metallische Blei in gekörnter Form in liegende hohle, inwendig gerippte Cylinder, die durch Maschinenkraft in rascher Umdrehung erhalten werden. Während dieser Rotation hat durch zwei Oeffnungen nahe dem Centrum der Cylinderböden die Luft Zutritt, und durch die hohle Welle wird in bemessenen Quantitäten Essigsäure und Kohlensäure eingeführt. Durch die starke Reibung der Bleikörner, sowie durch die chemische Aktion, wird bald Wärme erzeugt, und so sind die Bedingungen der Bleiweißbildung vereinigt, welche so rasch erfolgt, daß eine gegebene Menge Blei, die nach der holländischen Methode erst in acht Wochen zu Bleiweiß werden würde, hier in acht Tagen die Umwandlung erfährt. Das fertige Bleiweiß wird von Zeit zu Zeit von dem noch unverwandelten Metall mit Bleizuckerlösung abgespült und ist gleich so fein gerieben, daß jede weitere Zubereitung unnöthig ist.

Ersatzmittel für Bleiweiß. Trotzdem, daß die Bleipräparate, besonders in stäubender Form, für den Körper ein schleichendes Gift sind und die Bleiweißanstriche auch an dem Fehler leiden, daß sie in schwefeligen Dünsten, z. B. in der Abtrittsluft, sich bräunen, so hat doch das kohlensaure Bleioxyd noch durch kein anderes Farbemittel vollständig verdrängt werden können; da kein anderer weißer Farbstoff eine so ausgiebige Deckkraft besitzt und sich mit Oel und Firniß so gut zu einer festen Masse bindet.

Nur zwei Konkurrenten sind in unserer Zeit gegen das Bleiweiß aufgetreten, und zwar der letztere erst seit wenigen Jahren. Es ist dies der Schwerspath, im Handel Permanent= weiß oder blanc fixe genannt, der bereits an verschiedenen Orten Deutschlands fabrik= mäßig dargestellt wird, und das Zinkweiß, dessen Erzeugung im Zusammenhange mit der Zinkgewinnung schon Erwähnung gefunden hat. Der schwefelsaure Baryt (Schwerspath) ist eine der festesten Verbindungen und in keiner der gewöhnlichen Säuren auflöslich. Wie er in der Natur vorkommt, ist er aber selten rein genug, um durch bloßes Mahlen auf Permanentweiß verarbeitet zu werden. Es muß derselbe erst durch heftiges Glühen mit Kohle seines Sauerstoffs beraubt und dadurch in Schwefelbarium verwandelt werden, in welcher Form er einer weiteren chemischen Umarbeitung zugänglich ist. Das Permanent= weiß findet Anwendung namentlich als Wasser= und Leimfarbe, wogegen es sich wegen seiner geringen Deckkraft mit Firniß und Oel nicht zweckmäßig verreiben läßt. Fabriken von Tapeten, Bunt= und Glanzpapieren, Spielkarten u. s. w. sind daher die willigen Neh= mer dieser Waare, um so mehr, als es bei schöner Weiße auch einen guten Glättglanz an= nimmt und darin dem Kremserweiß nicht nachsteht.

Chrompräparate. In dem metallurgischen Theil unseres Buches sind zwei Metalle unbesprochen geblieben, und zwar aus dem Grunde, weil sie gar keinen Gegenstand der Metallurgie bilden und im gediegenen Zustande keinen Gebrauchswerth haben; es sind dies das Chrom und das Mangan. Beide gleichen sich in ihrer starken Vorliebe für den Sauer= stoff, welche bewirkt, daß sie nirgend auf der Erde gediegen angetroffen werden. Das Mangan kommt sogar in der Natur als ein Hyperoxyd, d. h. mit der doppelten Sauerstoffmenge der gewöhnlichen Oxyde vor, und es dient dieses Mineral seines Sauerstoffreichthums wegen, wie wir schon in der Glasfabrikation gesehen haben, zur Chlorbereitung u. s. w. Als Farbenkörper erfährt es nur zur Herstellung violetter oder schwarzer Gläser, selten für die feineren hellen Töne, Verwendung.

Daß das Chrommetall (erst 1797 entdeckt) zweckmäßig in dem Kapitel der Mineral= farben von uns abgehandelt wird, darauf weist schon sein Name, der dem Griechischen ent= nommen ist, wo chroma Farbe bedeutet. Der Farbenreichthum und praktische Nutzen des Metalls liegt aber in seinen Oxyden und Salzen, und es finden in diesem Sortiment nicht nur der gewöhnliche Maler, Lackirer und Anstreicher, sondern ebenso der Porzellan= und Glasmaler, der Fabrikant farbiger Gläser, besonders auch der Färber, Dinge, die ihnen sehr gut zu Statten kommen.

Das Chrom bildet mit Sauerstoff vier Oxydationsstufen, von denen einige sich wieder mit einander verbinden können: Chromoxydul, Chromoxyd, Chromsäure und Ueberchrom= säure; die letztere hat nur ein wissenschaftliches Interesse. Das Chromoxyd ist besonders als Schmelzfarbe für Porzellan= und Glasmaler ein wichtiger Stoff; er zeigt je nach der Bereitungsweise verschiedene Nuancen von Grün und giebt außerdem in Vermischung mit Eisen= oder Zinkoxyd Schwarz, mit Mangan= oder Kupferoxyd Braun. Man gewinnt es stets durch Reduktion aus dem chromsauren Salz, und zwar entweder auf nassem oder trocknem Wege. Wo der erstere eingeschlagen wird, erhält man aus den Auflösungen das Chromoxyd mit Wasser verbunden, Chromoxydhydrat, von hellgrüner Farbe; das wasser= freie Oxyd hat eine dunkelgrüne Farbe. Man stellt es aus dem Hydrat durch Glühen dar. Das schönste und kostbarste Chromoxyd erhält man durch Glühen von chromsaurem Queck= silberoxydul. Der Sauerstoff und das Quecksilber verflüchtigen sich und das Oxyd bleibt allein in der Retorte. Durch das Glühen verliert das Oxyd seine Löslichkeit selbst in den stärksten Säuren beinahe gänzlich. Das Chromoxyd ist eine der wenigen Porzellanfarben, welche das Scharffeuer des Porzellanofens vertragen, also unter der Glasur eingebrannt werden können. Uebrigens hat man dasselbe in jüngster Zeit auch für die gewöhnlichen Maler= und Zeugdruckfarben nutzbar zu machen gelernt. Es giebt verschiedene grüne Pul= ver unter den Namen Smaragdgrün, Mittler's Grün, Pannetiers=, Plessis= u. s. w. Grün, welche im Wesentlichen aus Chromoxyd bestehen, zum Theil mit Bor= oder Phosphor= säure verbunden sind, theils auch andere Stoffe enthalten, oder in helleren Nuancen aus bloßem Oxydhydrat bestehend. Zum Bedrucken der Gewebe und des Papiers hat in den letzten Jahren die Darstellung desselben, namentlich des als Guignet's Grün im Handel vorkommenden Farbstoffs, durch die Rückstände von der Fabrikation des Anilinvioletts, des Aldehyds u. s. w., bei welcher sehr viel Chromsäure verarbeitet wird, eine bedeutende Ausdehnung gewonnen.

Das in Säuren gelöste Chromoxyd erscheint je nach Umständen bald grün, bald violett, was schon auf einen ungewöhnlichen Farbenreichthum des Chroms schließen läßt; übrigens läßt sich das Violett in Grün durch bloßes Erhitzen, das Grün in Violett durch ein wenig Salpetersäure leicht überführen. Diese violetten oder grünen Verbindungen bilden die Chromsalze, in denen also das Chromoxyd die Rolle der Basis spielt. Unter ihnen verdient, als für die Färberei wichtig, erwähnt zu werden der Chromalaun, ein Doppelsalz aus schwefelsaurem Chromoxyd und schwefelsaurem Kali, von granatrother Farbe, das unter anderen in der Kattundruckerei als Beizmittel und zur Erzeugung perlgrauer Farbe dient. Es läßt sich in wunderschönen oktaedrischen Krystallen erhalten, wenn man einen kleinen Krystall an einem Kokonfaden befestigt und ihn in eine gesättigte Lösung dieses Salzes hängt, in der er sich durch allmähliches Wachsen rasch vergrößert.

Kann sich das Chrom mit einem höheren Antheil Sauerstoff verbinden, als im Oxyd enthalten ist, so entsteht Chromsäure, die sich wie andere Säuren mit Basen verbindet und theils lösliche, theils unlösliche farbige Salze bildet. Diese sind die von den eben erwähnten Chromsalzen ganz verschiedenen chromsauren Salze. Die Chromsäure selbst läßt sich aus ihren Verbindungen durch stärkere Säuren abscheiden, was gewöhnlich aus doppeltchromsaurem Kali durch Schwefelsäure geschieht, aber die Trennung beider ist so umständlich, daß die Chromsäure immer ein theurer Artikel bleibt. Ihre Wirkungen beruhen hauptsächlich auf ihrer leichten Abgabe von Sauerstoff, sind also oxydirend, bleichend, farbenzerstörend, wie die des Chlors, doch weniger heftig. Um diese Wirkungen in der Kattundruckerei nutzbar zu machen, bedarf es der reinen Chromsäure nicht, sondern nur des Gemisches von chromsaurem Kali mit Schwefelsäure, in welchem also die durch die letztere freigemachte Chromsäure enthalten ist. Außerdem aber ist die Chromsäure auch von großer industrieller Bedeutung ihrer färbenden Kraft wegen, welche sie namentlich in ihrer Verbindung mit Bleioxyd zur Geltung bringt.

Unter den chromsauren Salzen ist an erster Stelle zu nennen das chromsaure Kali, nicht allein weil es an sich schon mancher Verwendung fähig ist, sondern hauptsächlich auch, weil es den Ausgangspunkt, gleichsam die Mutter bildet für alle anderen Chrompräparate. Sein Verbrauch ist daher ein nicht unansehnlicher, und eine ziemliche Anzahl Fabriken ist mit seiner Erzeugung in Massen beschäftigt. Diese sind alle mit ihrer Produktion auf den Chromeisenstein angewiesen, das einzige Chromerz, welches in hinreichender Menge vorkommt, um eine technische Verarbeitung auf Chrom zu gestatten. Früher bezog man das Mineral aus Nordamerika, wo es bei Baltimore in Maryland ziemlich häufig vorkommt; in neuerer Zeit hat man an verschiedenen Punkten Europa's Lagerstätten gefunden, welche den Bedarf decken, in Deutschland namentlich in Böhmen, Schlesien, Galizien und Steiermark. Das Erz, von eisenschwarzer Farbe, besteht aus einer Verbindung von Chromoxyd und Eisenoxydul. Aus diesem Chromerz nun stellt die Technik in einer Operation chromsaures Kali her. Das fein pulverisirte Erz wird mit einem Drittel oder der Hälfte gröblich gestoßenen Salpeters gemengt und das Gemisch auf dem Herde eines Flammenofens mehrere Stunden lang heftig geglüht. Die anfänglich schwärzliche Masse wird dadurch gelblich, weil der aus dem schmelzenden Salpeter sich entwickelnde Sauerstoff unter Beistand des Kali mit dem Chromoxyd sich zu Chromsäure verbindet, welche sogleich mit dem Kali zu chromsaurem Kali zusammentritt. Dieses Salz ist im Wasser gut löslich und wird durch bloßes Auslaugen und Eindampfen der gelben Lösung gewonnen.

Die Anwendung des gelben, einfachen oder neutralen chromsauren Kali ist beschränkt, deswegen wird das Meiste gleich in den Fabriken weiter zu sauerem oder doppeltchromsaurem Kali umgearbeitet. Wie der Name vermuthen läßt, enthält dieses Salz doppelt so viel Chromsäure wie das neutrale; man erhält es, indem man dem neutralen Salz durch Zusatz von Schwefel= oder Salpetersäure eine entsprechende Menge Kali entzieht. Die Lösung wird dadurch dunkelgelb und besteht aus schwefel=, beziehentlich salpetersaurem Kali und dem gewünschten doppeltchromsauren Kali. Durch Eindampfen und Umkrystallisiren gewinnt man das letztere in feuerrothen Krystallen. Das doppeltchromsaure Kali dient nun entweder zur Darstellung anderer chromsaurer Salze, oder man verarbeitet es auf Chromoxydsalze oder bloße Oxyde.

Wird eine Auflösung von chromsaurem Kali mit der Lösung eines Bleisalzes zusammengebracht, so bildet sich sogleich infolge chemischen Austausches ein schön gelber Niederschlag, chromsaures Bleioxyd oder **Chromgelb**, welches neben den anderen Bleiverbindungen jedenfalls das technisch wichtigste Chrompräparat bildet, in Massen fabrikmäßig hergestellt wird und die früher gebräuchlichen gelben Farben, wie Neapelgelb, Kasseler Gelb u. s. w., zum größten Theile verdrängt hat.

So einfach im Grunde die Darstellung ist, so sind doch mancherlei Rücksichten zu nehmen, um einen bestimmten Farbenton zu treffen, denn der Niederschlag fällt, je nachdem, verschieden gelb bis orange aus. Wird basische Bleiauflösung verwendet, so erhält man **Chromorange**, eben so, wenn der chromsauren Salzlösung mit dem Bleisalz zugleich ätzendes Kali zugesetzt wird; fertiges Chromgelb läßt sich nachträglich in Orange überführen durch Ansetzen mit der Lösung eines ätzenden Alkali. Hierbei zieht das Alkali allmählich etwas Chromsäure aus dem Gelb, wodurch zwischen Säure und Basis ein anderes Verhältniß und dadurch ein rothgelber Farbenton hergestellt wird.

Ein schönes basisches chromsaures Bleioxyd von zinnoberrother Farbe, das deshalb auch **Chromzinnober** heißt, wird auf trocknem Wege dadurch erhalten, daß man in schmelzenden Salpeter so lange Chromgelb einträgt, als noch ein Aufbrausen erfolgt. Wird dann die Masse mit Wasser behandelt, so erhält man Chromroth und eine Lösung von neutralem chromsauren Kali. Das Kali des zersetzten Salpeters hat nämlich dem Chromgelb einen Antheil Chromsäure entrissen, und wir haben sonach dieselbe Wirkung und denselben Erfolg wie in dem vorher berührten Falle.

Das Chromgelb erhält in seinen geringen Sorten auch mancherlei Zusätze, namentlich weiße Körper, wie schwefelsaures Blei, Chlorblei, Schwerspath u. s. w.

Kupferfarben. Das so vielfach nützliche Kupfer ist auch als Grundstoff verschiedener Farben nicht unwichtig, obwol die Giftigkeit der Kupferpräparate wünschen lassen muß, daß dieselben durch weniger schädliche Stoffe ersetzt werden möchten. Die beiden populärsten Kupfersalze, der Kupfervitriol und der Grünspan, zeigen schon die Hauptfarben Blau und Grün, die in dem Kupfer stecken. Außerdem weiß der Fabrikant farbiger Gläser mittels Kupferoxydul auch ein schönes Roth zu erzeugen, und der wasserhaltige Niederschlag des Oxyduls erscheint in gelber Farbe.

Kupfervitriol (schwefelsaures Kupferoxyd) kommt in Grubenwässern als Lösung verwitterter, schwefelhaltiger Kupfererze vor und wird bei verschiedenen metallurgischen und chemischen Methoden in Menge gewonnen, gewöhnlich in Vermischung mit schwefelsaurem Eisenoxydul. Rein erhält man ihn durch Verwitterung von Schwefelkupfer, das durch Zusammenbringen von Schwefel mit glühendem Kupfer im Flammenofen erzeugt wird. **Grünspan** ist das Verbindungsprodukt der Essigsäure mit Kupferoxyd, und zwar kann das Mengenverhältniß von Säure und Basis derart sein, daß ein neutrales krystallisationsfähiges Salz gebildet wird; oder die Basis ist gegen die Säure im Ueberschuß, die Verbindung ist dann unkrystallinisch, in Wasser nur theilweise löslich, und stellt ein sogenanntes basisches Salz dar, den gewöhnlichen Grünspan, derbe, mehr hellblaue als grüne Stücke, nach Ansicht der Chemiker ein Gemisch von halb=, drittel= und zweidrittelessigsaurem Kupferoxyd. Der neutrale krystallisirte (sogenannte destillirte) Grünspan erscheint in dunkelgrünen, wohlausgebildeten Krystallen und ist vollständig in Wasser löslich. Um den gewöhnlichen Grünspan daher in krystallisirten zu verwandeln, löst man ihn unter Erhitzung in starkem Essig, dampft die Lösung ein, bis sie eine Haut bildet, und stellt sie zum Krystallisiren hin.

In gelöster Form giebt der krystallisirte Grünspan eine grüne Saftfarbe, die von Illuminirern gebraucht wird.

Die Erzeugung des gewöhnlichen Grünspans ist seit lange in den Weinbaudistrikten Südfrankreichs heimisch, nicht als eigentlicher Fabrikationszweig, sondern vielmehr als Nebengeschäft der einzelnen Weinbauer, deren fast jeder seinen eigenen Grünspankeller hat. Die dazu nöthigen Arbeiten fallen größtentheils den Frauenzimmern zu.

Die Erzeugungsweise ähnelt sehr der des Bleiweißes; man schichtet Kupferplatten mit Weintrestern, die in saurer Gährung befindlich sind, und bringt so Essigsäure und Kupfer in Wechselwirkung. Zunächst läßt man die Trester in bedeckten Gefäßen für sich in Gährung treten, aber wenn man an gewissen Merkmalen erkennt, daß der rechte Punkt der Gährung und der Temperatur eingetreten ist, schichtet man in irdenen Töpfen Trester und Streifen von Kupferblech, abwechselnd und so, daß sowol die unterste als oberste Lage aus Trestern besteht. Die Kupferschnitte werden vor dem Einlegen auf einem Amboß glatt und dicht gehämmert und über Kohlenfeuer erhitzt, so daß sie ganz heiß in die Schichtung kommen. Die Töpfe, deren jeder 15—20 Kg. Kupfer enthält, werden sodann, mit Strohmatten lose bedeckt, der Ruhe überlassen. Nach zwei, drei Wochen haben sich unter Vermittelung des Luftzutrittes die Platten mit einem Ueberzug von seidenglänzenden Krystallen bedeckt; man nimmt sie heraus, entfernt die anhängenden Treber, taucht die Platten in Wasser und stellt sie gegen einander gelehnt im Grünspankeller auf Bretern auf. Das Eintauchen wird noch 6—8mal von Woche zu Woche wiederholt, und die Arbeiter nennen diese Feuchtungen den ersten, zweiten, dritten u. s. w. Wein, da man häufig das Wasser mit etwas schlechtem Wein versetzt. Unter dieser Behandlung schreitet die Bildung des basischen Salzes vor, die Krystallkruste verdickt sich und wird endlich mit kupfernen Messern abgekratzt. Das übrige Kupfer behandelt man in derselben Weise noch mehrmals, bis es endlich zu dünn wird. Jeder Topf liefert etwa 2—3 Kg. feuchten Grünspan, der sogleich an die Händler verkauft wird, die ihn mit Wasser durchkneten und in ledernen Schläuchen an der Luft trocknen.

Eine andere rationellere Methode ist in Deutschland, England und auch anderwärts gebräuchlich. Man schichtet Kupferbleche und Stückchen Flanell über einander, die mit Essig getränkt sind. Die Tränkung wird aller drei Tage wiederholt, bis man nach 14 Tagen den Flanell ganz wegläßt und die Platten periodisch nur mit Wasser befeuchtet. Nach 5—6 Wochen sind die Platten zum Abschaben reif und geben einen an Säure reicheren Grünspan, der deshalb auch wirklich grün erscheint.

Auch auf dem Wege der doppelten Zersetzung wird Grünspan erzeugt. Man erhält eine Lösung, welche beim Eindampfen krystallisirten Grünspan giebt, unmittelbar durch Zusammengießen von gelöstem Kupfervitriol und Bleizucker in richtigen Verhältnissen, doch ist dies Verfahren den anderen gegenüber zu kostspielig.

Das Kupfer kann in seinen natürlichen Vorkommnissen schon Farbematerialien liefern. Der Malachit, ein aus kohlensaurem Kupferoxyd und Kupferoxydhydrat bestehendes Erz, besitzt eine schön hellgrüne Farbe und könnte als Malerfarbe dienen, wenn es wegen seiner Seltenheit nicht zu theuer wäre. Dagegen findet sich die lebhaft himmelblaue Kupferglasur, aus den gleichen Stoffen, aber mit dem doppelten Antheil kohlensauren Oxyds bestehend, schon häufiger und wird an einigen Orten, namentlich in Tirol und in der Gegend von Lyon, durch Mahlen und Schlämmen zu Farbensorten von verschiedener Feinheit verarbeitet. Diese bilden das eigentliche Bergblau des Handels; doch wird dieser Name häufig auch auf künstliche Präparate übertragen.

Die Substanz der blauen wie grünen Kupferfarben bildet meistens das Oxydhydrat des Kupfers, oft vermischt mit anderen erdigen Substanzen, die ihm mehr Körper oder Lockerheit geben und verschiedene Nuancen des Blau erzeugen. Das aus Kupfervitriol oder einer anderen Kupfersalzlösung durch ein ätzendes Kali (gewöhnlich Aetzkali) niedergeschlagene Hydrat sieht schwach blaugrün aus, durch verschiedene Behandlungsweisen ist man aber im Stande, daraus verschiedene Farbennuancen zu entwickeln. Durch mehrmaliges Waschen des Niederschlages wird ein bläuliches Grün erhalten (Braunschweiger Grün).

Schön blau dagegen wird die Masse in Berührung mit Aetzkalk, und eben dieses Kalkblau wird vorzüglich mit dem Namen künstliches Bergblau belegt. Auch die anderen ätzenden Alkalien entwickeln die blaue Farbe. Durch Zusammenbringen von Kupfervitriol, Kalkmilch und etwas Salmiak entsteht ein Niederschlag von Oxydhydrat und Gips, dessen schön blaue Farbe durch das zugleich mit freigewordene Ammoniak bedingt ist. Andere Rezepte gehen darauf hin, daß ein basisch kohlensaures Kupferoxyd gebildet wird.

Ein Blau von ganz anderer Beschaffenheit bildet das Einfach=Schwefelkupfer, das unter dem Namen Kupferindig natürlich vorkommt und als Oelfarbe auch künstlich bereitet wird. Die Prozedur besteht darin, daß man Kupferoxyd mit Schwefel und Salmiak, bei mehrmaliger Erneuerung der beiden letzten Stoffe, so lange unter Umrühren vorsichtig erhitzt, bis die schwarze Masse blau geworden ist. Man entfernt dann die Reste des Salmiaks durch Wasser, die des Schwefels durch Auskochen mit Kalilauge, und erhält so eine schön veilchenblaue, dauerhafte Oel= und Firnißfarbe.

Ein viel gebrauchtes Kupferpräparat ist das Bremerblau und Bremergrün, interessant dadurch, daß es in der That nach Belieben als Blau oder Grün angewandt werden kann. Es bildet ein sehr lockeres, leichtes, hellblaues Pulver, das als Leim= oder Wasserfarbe seine blaue Farbe behält, mit Firniß oder Oel verarbeitet aber schon nach 24 Stunden infolge einer Art Verseifung mit dem Bindemittel in ein schönes Grün übergeht. Seinem Wesen nach besteht das Bremerblau eben auch nur aus Kupferoxydhydrat und es existiren zu seiner Herstellung verschiedene Methoden, welche indeß alle darauf hinauslaufen, daß auf irgend eine Weise Kupferchlorid hergestellt und die grüne Lösung desselben mit einem Alkali zersetzt, der Niederschlag aber hierauf gewaschen und getrocknet wird. Erst beim Trocknen erlangt die Masse die völlige Ausbildung ihrer Farbe.

Das schönste, durch seine Giftigkeit jedoch sehr gefährliche Kupfergrün wird durch Zuhülfenahme des Arsenik erhalten. Seine Verwendung ist daher auch nur als Oelfarbe, wo es fest mit der Unterlage verbunden wird, unbedenklich; als Wasser=, Leim= oder Kalkfarbe sollte es nicht gebraucht werden, noch weniger zum Färben von Ballkleidern, künstlichen Blumen u. s. w. Denn nicht nur der Staub von derartigen lose haftenden Färbungen verursacht, wenn er eingeathmet wird, Vergiftungserscheinungen, die in zahlreichen Fällen bis zum Tode geführt haben, auch bei grünen Tapeten, die auf feuchten Wänden liegen, entwickelt sich ein widriger, krankmachender Arsenikdunst.

Der gangbarste Name dieses giftigen Farbstoffes ist Schweinfurter Grün, weil es vorzugsweise in Schweinfurt seit etwa 1814 fabrizirt wird; schon früher jedoch wurde es in Oesterreich von dem Farbefabrikanten Mitis bereitet und nach ihm benannt.

Die Darstellungsweise des Giftgrüns war seit langer Zeit Fabrikgeheimniß, bis 1822 Liebig die Anweisung dazu gab. Es ist im Grunde ein sehr einfaches Verfahren und besteht hauptsächlich im Zusammenbringen einer Kupferlösung mit der Lösung von arsenigsaurem Kali im heißen Zustande. Früher benutzte man in Wasser gelösten krystallisirten oder in Essig gelösten gewöhnlichen Grünspan anderseits und in heißem Wasser gelöste arsenige Säure anderseits; jetzt nimmt man wol meistens Kupfervitriol und arsenigsaures Kali, das durch Kochen von arseniger Säure mit Potasche erhalten wird. Sobald beide heiße Flüssigkeiten vereinigt werden, entsteht ein flockiger, olivengrüner Niederschlag von arsenigsaurem Kupferoxyd. Gießt man nun zu der Flüssigkeit Holzessig oder freie Essigsäure, so viel, daß sie deutlich danach riecht, und überläßt dann das Ganze der Ruhe und langsamen Abkühlung, so tritt eine neue Umwandlung ein: der voluminöse Niederschlag verringert sich und wird krystallinisch; zugleich bilden sich in ihm grüne Stellen, die sich vergrößern, bis in einigen Stunden die ganze Masse in jene lebhaft grüne Verbindung übergegangen ist, welche ausgewaschen das Schweinfurter Grün bildet. Die freiwillige Umwandlung der Masse besteht aber darin, daß aus dem ersten Niederschlag ein Antheil arseniger Säure wieder aus= und dafür Essigsäure eintritt, so daß also das Schweinfurter Grün als ein Doppelsalz von arsenigsaurem und essigsaurem Kupferoxyd erscheint. Durch Aufsieden der Mischung erhält man übrigens das Grün in wenigen Minuten; es bildet jedoch dann eine feiner gepulverte Masse von weniger lebhafter Farbe. Dagegen fällt die Farbe um so feuriger aus, je langsamer die Verwandlung vor sich ging, daher man wol auch diesen Prozeß künstlich zu verlängern sucht. Das Grün ist nämlich ein Haufwerk mikroskopisch feiner Krystalle, und eben darin beruht das eigenthümliche Feuer der Farbe; je langsamer aber eine Krystallisation erfolgt, um so besser können die Krystalle sich ausbilden. Folgerecht wird denn auch durch Zerreiben, wobei die Krystallform zerstört wird, der Farbenton des Grüns heller und matter. Das Fabrikat wird häufig mit anderen Stoffen gemischt, sowol weißen als gelben, und führt dann verschiedene Namen: wie Neuwieder Grün, Wiener Grün, Kirchberger Grün, Kaiser-Grün, Papagei-Grün u. s. w.

Die große Gefährlichkeit der arsenigen Kupferfarben hat die Chemiker immer angespornt, weniger schädliche Farben dafür zu erfinden. Aber es fehlt allen anderen grünen Farbstoffen das Feuer, durch welches das Schweinfurter Grün sich auszeichnet. Am besten noch für feinere Farben konnte das Rinman'sche Grün, welches durch Glühen eines gleichzeitig niedergeschlagenen Gemenges von Kobaltoxydul und Zinkoxyd erhalten wird, als Ersatzmittel gelten, bis in neuerer Zeit das 1865 von Casselmann entdeckte und auf der Pariser Ausstellung 1867 prämiirte Casselmann'sche Grün alle Ansprüche, die man an ein Surrogat stellen kann, erfüllte. Man erhält es, wenn man eine siedendheiße Lösung von Kupfervitriol mit einer solchen von essigsaurem Kali versetzt. Es schlägt sich ein basisch essigsaures Kupferoxyd nieder, das nur getrocknet und zerrieben zu werden braucht, um als Farbe zu dienen. Als eine für Oel- und Porzellanmalerei brauchbare Farbe dient ferner das borsaure Kupferoxyd, das sich in mehreren angenehmen Nuancen darstellen läßt. Die Verbindung entsteht beim Vermischen von Borax- und Kupfervitriollösung, muß dann gewaschen, getrocknet, zerrieben, durch Erhitzen von Hydratwasser befreit und abermals gemahlen und geschlämmt werden.

Schwefelmetalle als Farbstoffe. Die Verbindungen des Schwefels mit Metallen sind Körper, die sich zum Theil durch gute reine Farben auszeichnen. Ahmt doch das Zweifach-Schwefelzinn als Musiv- oder Muschelgold sogar das Gold nach, welches gewissermaßen auch zu den Deckfarben gerechnet werden kann. Besonders sind es aber die Allianzen des Schwefels mit dem Quecksilber und dem Antimon, welche wir hier in Betracht zu ziehen haben; in dem Ultramarin spielt der Schwefel ebenfalls eine wichtige Rolle.

Einfach Schwefelquecksilber, mit 13,71 Prozent Schwefel und 86,29 Prozent Metall, bildet den schönen und vielgebrauchten Farbstoff Zinnober, schon im Alterthume unter dem Namen Kinnabaris bekannt und aus Spanien bezogen.

Der Zinnober kommt als Quecksilbererz natürlich vor, aber nur selten ist dasselbe rein und schön genug, eine so reine Farbe, daß es direkt gemahlen und als Farbstoff (Bergzinnober) verwendet werden könnte. Der bei weitem größte Theil des Zinnobers ist ein Kunstprodukt, entstanden aus der Wiedervereinigung des hüttenmäßig gewonnenen metallischen Quecksilbers mit Schwefel. Es giebt zur Erzielung dieses Produktes zwei Wege, einen trockenen und einen nassen. Das erstere Verfahren ist das von Alters her ausgeübte; als bedeutende Industrie blühte es später in Holland, welches noch jetzt durch Schönheit und Wohlfeilheit seiner Waare den ersten Rang behauptet; nur die Chinesen verstehen noch schöneren Zinnober zu bereiten, was auf besondere Fabrikationsvortheile schließen läßt, denn chemisch betrachtet ist ihr Zinnober von anderem nicht verschieden. Wie die schöne Farbe des Zinnobers dem Einflusse der Zeit widersteht, beweisen die Wandmalereien der Alten und besonders die Miniaturen und Inkunabeln des Mittelalters, zu deren Herstellung er ganz besonders verwendet wurde.

Quecksilber und Schwefel vereinigen sich schon durch bloßes Zusammenreiben oder Schütteln, wie durch mäßiges Erhitzen, aber das Produkt ist kein Zinnober, sondern eine braune oder schwärzliche Masse, und eben so gestalten sich auch die Niederschläge, die aus Quecksilberlösungen mit Schwefelwasserstoff u. dergl. erhalten werden. Es ist daher immer eine besondere Behandlung nöthig, um die rothe Farbe hervorzurufen, was jedenfalls darauf beruht, daß die kleinsten Theilchen beider Elemente sich anders zusammenordnen.

Die Bereitung des Zinnobers auf nassem Wege gründet sich auf den Erfahrungssatz, daß das schwarze Schwefelquecksilber durch eine wässerige Lösung von Schwefelleber in der Wärme in die rothe Modifikation übergeführt werden kann. Uebergießt man z. B. 300 Theile Quecksilber und 68 Theile Schwefel in einem eisernen Kessel mit 160 Theilen in Wasser gelöstem Aetzkali und erwärmt unter fortwährendem Rühren mäßig, so zeigt sich nach zwei Stunden in dem schwarz gewordenen Gemisch eine Farbenveränderung in Braunroth; wird die Wärme nun noch etwas gemäßigt, so wird die Farbe immer röther und nimmt öfters ganz plötzlich den höchsten Farbenton an, worauf man ganz langsam erkalten läßt und den Zinnober schließlich durch Aussüßen und Schlämmen reinigt.

Auf trockenem Wege bereitet man den künstlichen Zinnober, indem man passende Mengen Schwefelpulver und Quecksilber so lange zusammenreibt, bis keine Metallkügelchen mehr bemerkbar sind. In Idria geschieht diese Mischung in Trommeln, welche durch Maschinen gedreht werden. Der Schwefel wird immer im Ueberschuß zugesetzt, um bei der nachfolgenden Sublimation sicher alles Quecksilber zu binden. Das schwarze Pulver kommt darauf in Mengen von je 1 Centner in gußeiserne Sublimirkolben, in denen es allmählich erwärmt und endlich erhitzt wird. Hierbei tritt denn unter Entzündung und zuweilen Explosion die engere chemische Verbindung der beiden Elemente ein. Sobald diese Erscheinungen beginnen, bedeckt man den Kolben mit einem irdenen Helm, verbindet diesen mit einer offenen Vorlage und verstärkt das Feuer bis zum Rothglühen, wobei die Verbindung sich vollendet und der gebildete Zinnober nebst unverbundenem Schwefel flüchtig wird.

Die Dämpfe des Zinnobers schlagen sich im Helm und in der Vorlage nieder und bilden strahlige Krusten von dunkelrother Farbe, die man ausbricht und von den etwa vorhandenen schwarzen Partien absondert, um die letzteren bei einem späteren Brande wieder mit zu verarbeiten. Die guten, schön rothen Stücke kommen zum Theil ohne Weiteres als Stückzinnober in den Handel, das Uebrige wird zwischen Steinen gemahlen, je nach dem beabsichtigten Feinheitsgrade zwei- bis fünfmal. Nach dem Mahlen und Schlämmen wird die Waare noch raffinirt, d. h. in Kalilösung gekocht, wodurch der etwa noch überschüssig vorhandene Schwefel weggenommen und dem Zinnober eine lebhaftere Farbe gegeben wird. Nachdem hierauf der Zinnober mehrmals gewaschen und in der Hitze getrocknet worden, ist die Waare fertig. Nach der in Holland hergebrachten Methode geschieht die vorläufige Bereitung des schwarzen Schwefelquecksilbers nicht auf mechanischem Wege, sondern durch Wärme in eisernen Kesseln. Bei demjenigen Wärmegrade, bei welchem der Schwefel flüssig wird, setzt man allmählich unter Umrühren die erforderliche Menge Quecksilber zu.

Antimonzinnober. Wie viel in dem Gebiete der Farben auf die Form ankommt, zeigt sich auch bei den Verbindungen des Schwefels mit Antimon. Das einfachste Verhältniß, in welchem beide Elemente zusammentreten, ist 3 Atome Schwefel auf 1 Antimon. Wie die Natur diese Verbindung giebt, heißt sie Spießglanz oder Antimonium crudum und sieht strahlig schwarzgrau aus; auf nassem Wege, d. h. beim Zusammenbringen einer Antimonlösung, etwa Chlorantimon oder Brechweinstein, mit Schwefelwasserstoff, Schwefelleberlösung u. s. w., wird dieselbe Verbindung als orangefarbener Niederschlag erhalten; unter anderer geeigneter Behandlung aber erhält man ganz denselben Körper auch im schönsten reinen Roth, und diese Varietät führt den Namen Antimonzinnober. Man kannte diesen schönen, besonders zur Verwendung in Oel oder Firniß geeigneten, durch Luft und Licht nicht veränderlichen Farbstoff schon im vorigen Jahrhundert und hat ihm neuerdings wieder erhöhte Aufmerksamkeit zugewendet.

Der Antimonzinnober entsteht als Niederschlag beim Erhitzen der Mischung eines unterschwefligsauren Salzes mit einer Antimonlösung, wobei das erstere Salz die Hälfte seines Schwefelgehaltes an das Antimonmetall abgiebt. Für die fabrikmäßige Darstellung dient der unterschwefligsaure Kalk und das Chlorantimon. Man bringt die Lösungen beider in Kufen mit einander zusammen, erhitzt unter fortwährendem Rühren das Gemisch mit Dampf und beendet die Arbeit, wenn der Niederschlag die schönste Nuance angenommen hat. Die Färbung beginnt mit Strohgelb, geht durch Orange in rothe Töne über und würde schließlich braun und fast schwarz werden. Der rothe Niederschlag wird gut gewaschen und getrocknet, die überstehende klare Flüssigkeit aber auf Kalkschwefelleber geleitet, wodurch wieder unterschwefligsaures Kali entsteht, das zu einem neuen Ansatz dient.

Zu den geschwefelten Farbenträgern gehört auch das Kadmiumgelb, jaune brillant, Schwefelkadmium, das sich durch Zusammenbringen einer Lösung des Metalls mit einer schwefelwasserstoffhaltigen Flüssigkeit sofort niederschlägt und durch Schönheit der Farbe wie durch große Dauerhaftigkeit bei den Malern sehr beliebt, freilich aber etwas theuer ist.

Es kommt zwar natürlich gebildet als Greenocit vor, dieses Mineral ist aber so selten, daß, wenn man die Farbe daraus bereiten wollte, diese sich jedenfalls viel theurer gestalten würde, als selbst das echte Ultramarin.

Ultramarin. Mit dem Namen Ultramarin bezeichnet man eine aus dem Mineralreiche stammende blaue Farbe, die sich vor allen übrigen durch ihre Intensität und ihr Feuer auszeichnet. Ursprünglich wurde sie aus dem ziemlich selten vorkommenden Lasurstein (Lapis Lazuli) bereitet. Dieser Stein wurde aus China, der Hohen Tatarei, in seinen schönsten Varietäten aus der Bucharei über Orenburg nach Europa gebracht. Er stellt eine schöne blaue Masse dar, die sich in Kalkstein eingewachsen findet und an welcher keine Zeichen von Krystallisation beobachtet werden können. Seine Politurfähigkeit ist ziemlich groß, und dadurch sowol als durch die in seiner ganzen Substanz verstreuten, goldglänzenden kleinen Krystalle von Schwefelkies war er als Schmuckstein von jeher sehr beliebt. Man benutzte ihn nicht nur bei den Mosaiken, sondern fertigte auch Dosen u. dergl. daraus, obwol seine geringe Härte ihn als Ringstein keine sehr hervorragende Rolle spielen ließ. Für uns hat nur seine Verwendung zu einem kostbaren Farbstoffe Interesse.

Um das natürliche Ultramarin darzustellen, wählte man die reinsten, ganz dunkelfarbigen Stücke Lasurstein aus und zerstieß sie, nachdem sie von allen fremden Beimengungen möglichst gesondert worden waren, zu einem gröblichen Pulver, welches man in einem Tiegel ungefähr eine Stunde lang einer mäßigen Glühhitze aussetzte, es hierauf in Essig schüttete und einige Tage darin liegen ließ. Dadurch wurden die kalkigen Beimengungen aufgelöst. Was sich nicht löste, das rieb man in Mörsern von Achat oder Porzellan zum feinsten Pulver, trocknete dasselbe und schmolz es mit einer Mischung aus burgundischem Pech, weißem Wachs, Leinöl und weißem Harz zusammen, von der man eben so viel dem Gewichte nach nahm als von dem Lasursteinpulver. Das Harz blieb aber dem Farbstoff nicht beigemengt, sondern diente nur zur Raffinirung desselben. Denn man wusch ihn wieder heraus, indem man den Harzkuchen in heißem Wasser schmolz und durch fortgesetztes Schütteln die Ultramarintheilchen wieder frei machte, welche sich im Wasser vertheilten. Die übrigen Beimengungen, welche aus dem Lasurstein noch mit in den Harzkuchen gekommen waren, blieben in diesem sitzen; aus dem Wasser aber ließ man den Farbstoff absetzen. Dasjenige, was zuerst niederfiel, war von der schönsten Beschaffenheit; bei jedem weitern Durchkneten des Teiges mengten sich immer geringere Sorten dem Wasser bei und das Letzte, die sogenannte Ultramarinasche, hatte nur noch eine blasse, blaugraue Farbe und wurde deswegen natürlich auch bei weitem billiger verkauft.

Der hohe Preis, in welchem die auf so umständliche Weise erhaltenen Farben stehen mußten, ging nun allerdings später, als künstliche Fabrikate anfingen ihnen Konkurrenz zu machen, auch wesentlich herunter. So lange er sich aber halten konnte, erlaubte er nur eine sehr sparsame Verwendung des schönen Farbstoffes. Jetzt bestehen Fabriken, in welchen jährlich viele Tausende von Centnern gewonnen werden, und das künstlich dargestellte Ultramarin hat eine so ungemeine Verbreitung erlangt, daß dadurch fast alle anderen blauen Farbstoffe aus dem Felde geschlagen worden sind. Die Papierfabrikation, Malerei, Zeugdruckerei, Tapetenfabriken, Zuckerraffinerien bedienen sich seiner in ausgedehntestem Maßstabe, nicht sowol blos um ihren Erzeugnissen die schöne blaue Farbe mitzutheilen, als vielmehr auch um durch einen geringen Zusatz gelbliche Färbungen, welche Zucker- und Papiermasse häufig zeigen, zu paralysiren. Da das künstliche Ultramarin ein ganz ungefährlicher Körper ist, so haben solche Anwendungen auch nichts Bedenkliches.

Seinem chemischen Wesen nach besteht der Lasurstein in hundert Theilen aus 45,5 Kieselerde, 31,6 Thonerde, 9,1 Natron, 5,9 Schwefelsäure, 2 Schwefel und 1 Theil Eisen. Die noch fehlenden Prozente werden von zufälligen Beimengungen, wie Kohle, Wasser u. dergl., gebildet. Die blaue Farbe verschwindet, wenn man ihn mit Salzsäure übergießt, es entwickelt sich zugleich Schwefelwasserstoff. Daraus scheint hervorzugehen, daß irgend eine Schwefelverbindung das färbende Prinzip sei, und die Darstellung des künstlichen Ultramarin geht auch von diesem Gesichtspunkte aus.

Zwar ist mit voller Evidenz noch nicht erwiesen, ob eine Verbindung von Schwefel mit Natrium (Schwefelnatrium) oder eine solche mit Eisen (Schwefeleisen) die Hauptrolle dabei spielt; oder aber, ob eine Verbindung beider oder ein Hinzutreten von Thonerde und Kieselsäure chemisch nothwendig ist. Für die Praxis, obwol es ihr gelungen ist, analog der Zusammensetzung des natürlichen Steines, die köstlichste aller blauen Deckfarben auf künstlichem Wege darzustellen, hat diese Frage trotzdem noch eine nicht zu unterschätzende Bedeutung, da die Fabrikation des künstlichen Ultramarin ungeachtet ihrer großen Erfolge doch noch nicht behaupten kann, auf der höchsten Höhe des Erreichbaren zu stehen.

Der Erste, welcher künstliches Ultramarin fabrikmäßig darstellte, war Guimet in Toulouse; ob man ihm, wie die Franzosen thun, die Ehre der Erfindung zuschreiben darf, ist eine andere Frage. Das „Jahrbuch für Pharmazie" giebt bei Gelegenheit eines Nekrologs für den verstorbenen Chemiker Christian Gmelin in Tübingen (1826) nachstehende Mittheilung über diesen Gegenstand, aus welcher der Antheil, den dieser deutsche Forscher an der Erfindung gehabt hat, erhellt.

Gmelin hatte zufällig entdeckt, daß der Ittnerit, ein Mineral, welches am Kaiserstuhl vorkommt, im Feuer schön blau werde und mit Säuren Schwefelwasserstoff entwickle, wie das Ultramarin aus dem Lasurstein, und diese Beobachtung hatte schon im Jahre 1822 die Idee der künstlichen Darstellung der schönen Farbe in ihm erweckt. Aber in Tübingen, wo Gmelin Professor der Chemie war, waren bei der Kostbarkeit des echten Ultramarin die nothwendigen Vorarbeiten mit großen Schwierigkeiten verknüpft. In dieser Bedrängniß ging er 1827 nach Paris und theilte Gay-Lussac sein Vorhaben mit. Der französische Gelehrte gab ihm den Rath, gegen Niemand etwas zu äußern; merkwürdigerweise war er es aber gerade selbst, welcher 10 Monate später, am 4. Februar 1828, den Pariser Akademikern verkündigte, daß Guimet in Toulouse die künstliche Darstellung des Ultramarins gelungen sei, ohne dabei Gmelin's zu gedenken! Man betonte diesen Umstand.

Gay-Lussac suchte sich nun zwar zu rechtfertigen, und Guimet behauptete sogar, daß er das Geheimniß schon Jahre lang mit sich getragen habe und der Maler Ingres bereits im Jahre 1827 sich des künstlichen Produktes beim Plafond eines Museums bedient habe; nur bemerkt Poggendorf dagegen sehr richtig, wie auffallend es doch sei, daß er seine Entdeckung zwei Jahre zurückhalten mochte, während die „Société d'Encouragement" schon seit vier Jahren einen Preis von 6000 Francs vergeblich auf die Lösung desselben Problems gesetzt hatte. Die Sache ist jedenfalls unklar — das aber ist klar, daß wol selten Jemand natürliche Vorgänge so scharfsinnig gedeutet und mit so großem Nutzen für die Welt verfolgt hat, als Gmelin, welcher in dem Blauwerden eines unscheinbaren schwärzlichen Steines in der Löthrohrflamme einen ursprünglichen Zusammenhang mit dem edelsten Farbstoff fand.

Thatsache ist, daß sofort nach Bekanntwerden der angeblich Guimet'schen Erfindung Gmelin sein Verfahren veröffentlichte, während Guimet das seinige geheim hielt und darauf eine einträgliche Fabrikation gründete. Seine Farbe war anfänglich bei weitem besser als die Gmelin'sche, indessen lernte man auch in Deutschland sehr bald durch Verfolgung der von Gmelin angegebenen Prinzipien ein Ultramarin bereiten, welches allen Anforderungen an ein Ersatzmittel des echten Lasursteinblau entsprach.

Während man früher das Ultramarin mit Gold aufwog, konnten sich jetzt seiner auch solche Industriezweige bedienen, welche bei massenhaftem Gebrauche dasselbe für billige Artikel, wie Tapeten u. s. w., verwendeten. Für dasselbe Geld, welches man vordem für eine Unze gezahlt hatte, erhielt man jetzt einen Centner.

Die größte Ultramarinfabrik besteht zu Nürnberg. Die erste, welche in Deutschland (1834) errichtet worden ist, ist die von Leverkus in Wermelskirchen.

In den ersten Jahren des Bekanntwerdens der Gmelin'schen Entdeckung hatte dieselbe für das deutsche Publikum, wie so Vieles, nur ein wissenschaftliches Interesse. Erst die Erfolge, welche man in Frankreich damit errang, lenkten die Aufmerksamkeit der Industrie dem Gegenstande zu, und namentlich war es Engelhart, Professor der Chemie an der technischen Lehranstalt zu Nürnberg, welcher Versuche zur fabrikmäßigen Darstellung des künstlichen Ultramarin unternahm. Es ging dem Farbstoff ähnlich, wie es den Anilinfarben auch gegangen ist, die längst schon von einem deutschen Chemiker, Runge, entdeckt, dem großen Publikum aber gar nicht bekannt geworden und von den Gelehrten fast wieder vergessen waren, als sie von Frankreich aus als etwas Neues in der Färberei erschienen und ihren Triumphzug im raschesten Laufe über die ganze Erde machten.

Engelhart starb indessen und es gelang erst seinem Nachfolger Leykauf, der sich mit Zeltner und dem Techniker Heinl aus Frankfurt a. O. verbunden hatte, eine Ultramarinfabrik im Jahre 1838 ins Leben zu rufen. Die Ausbreitung und Vergrößerung derselben sowie die Vervollkommnung ihrer Erzeugnisse wuchs trotz vieler entgegenstehender Hindernisse, und schon vor fünfzehn Jahren umfaßte sie mit ihren Gebäuden, Straßen und Höfen einen Flächenraum von 3,3 Hektaren, den zu bebauen und zur Fabrik einzurichten ein Kapital von fast $1^1/_2$ Millionen Gulden (über $2^1/_2$ Mill. Mark) nach und nach aufgewendet worden war. Im Jahre 1860 schon arbeitete sie mit drei Dampfmaschinen von zusammen 60 Pferdekräften, welche gegen 200 große Mühlwerke, nach den verschiedensten Konstruktionen aus Eisen und Stein gebaut, Dampf=, Quetsch= und Siebmaschinen, Hebmaschinen und Pumpwerke, in Bewegung setzten. Alle Oertlichkeiten des Etablissements stehen durch Eisenbahngeleise mit einander in Verbindung. Die Rohstoffe werden in Lauf in einer besonderen Filiale zubereitet.

Wollen wir bei einem historischen Rückblicke auf die allmähliche Ausbildung der Ultramarinfabrikation den ersten Erfindern die gebührende Berücksichtigung angedeihen lassen, so müssen wir auch das Verfahren, nach denen es ihnen gelang, der Natur ein lange innegehabtes Monopol zu entringen, mit einigen Worten erwähnen.

Gmelin bildete sein Ultramarin auf folgende Weise. Er verschaffte sich reine Kieselerde, indem er durch Zusammenschmelzen von farblosem Quarz und Soda ein Wasserglas darstellte, aus welchem er durch Zusatz von Salzsäure die Kieselsäure ausschied. Ebenso bereitete er sich aus einer Alaunlösung durch Niederschlagen mittels Ammoniak reine Thonerde, die er abfiltrirte und trocknete.

Die Kieselsäure wurde in Aetznatronlauge gelöst und auf 3 Theile davon 2 Theile trocknes Thonerdehydrat zugesetzt, die Mischung zur Trockne verdampft, fein abgerieben und mit der gleichen Quantität eines Gemisches aus gleich viel trocknem kohlensauren Natron und Schwefelblumen auf das Innigste gemengt, in einen hessischen Tiegel eingestampft, rasch zum Glühen erhitzt und einige Zeit darin erhalten. Die geglühte Masse hat eine grünlichgelbe Farbe. Man zerkleinert sie gröblich und setzt sie einer zweiten Glühung bei Luftzutritt aus, wobei die blaue Farbe zum Vorschein kommt. Ihre Schönheit ist wesentlich durch die Temperatur und den richtigen Grad des Luftzutritts bedingt.

Bei den neueren Verfahren der Herstellung, um deren Vervollkommnung sich namentlich in neuerer Zeit Hoffmann, Direktor des Blaufarbenwerks Marienburg in Hessen, Wilkens in Kaiserslautern, Fürstenau in Koburg und Gentele in Stockholm verdient gemacht haben, vermeidet man die umständliche Herstellung der reinen Thonerde, häufig auch umgeht man die gesonderte Bereitung reiner Kieselerde. Man wendet vielmehr gleich ein natürliches, allerdings möglichst eisenfreies und auch sonst reines Thonerdesilikat an, am besten Kaolin, Porzellanerde; weiterhin kalzinirtes Glaubersalz, kalzinirte Soda, Schwefelnatrium, Schwefel und Holzkohlen= oder Steinkohlenpulver. Nur bei einem ganz besonderen Verfahren bedient man sich der Kieselerde als Zusatz, und man spricht dann von einem Kieselerde=Ultramarin, wie man die auf andere Weise erzeugten Sorten als Glaubersalz= oder Sulfat=Ultramarin und als Soda=Ultramarin unterscheiden könnte.

Es klingt sehr einfach, wenn man hört, daß man bei dem sog. Nürnberger Verfahren blos ein Gemisch von Kaolin, Glaubersalz und Kohle in den richtigen Mengenverhältnissen mit einander zu erhitzen braucht, um das Rohprodukt für das feinste Ultramarin zu erhalten, welches selbst allerdings noch keine Ahnung der wundervollen Farbe des fertigen Präparates aufkommen läßt; denn es stellt immer nur ein wenig schönes Grün dar, das zu seiner schließlichen Verfeinerung noch einem Auslauge- und Schlämmungsprozeß unterworfen und dann noch mit zugemengtem Schwefel bei Luftzutritt erhitzt werden muß, damit die Schwefelblumen verbrennen und die grüne Farbe in das gewünschte Blau übergeht. Aber die Sache hat denn doch ihren Haken, wie schon daraus ersichtlich ist, daß viele Fabriken sehr lange Zeit und sehr mühsame Vorarbeiten und Versuche nöthig gehabt haben, ehe ihre Produkte mit denen anderer Darsteller konkurrenzfähig wurden. Die Fabrikation ist von so viel Zufälligkeiten abhängig und verlangt so viel oft ganz unwesentlich erscheinende Berücksichtigungen, daß jede Fabrik ihre besonderen Geheimnisse bewahrt. So lange man nicht vollständige Klarheit über die Natur des färbenden Stoffes hat, ob derselbe eine Doppelverbindung der kieselsauren Thonerde und der Schwefelverbindungen ist, oder ob er in einer besonderen Schwefelverbindung besteht und die Thonerde nur ein Verdünnungsmittel ist, so lange wird man auch die Frage nicht beantworten können, was bei dem Ultramarin wesentlich und was zufällig ist, was bei der Darstellung nothwendig berücksichtigt werden muß und was vernachlässigt werden kann.

Einige von den Darstellern des „blauen Wunders" sind der Meinung, daß für die Entstehung der Farbe die Anwesenheit von Eisen unerläßlich sei. — Andere bestreiten dies, und in der That geben die chemischen Analysen sehr vieler und der feinsten Sorten gar keinen Gehalt an Eisen zu erkennen. Es ist mithin sehr möglich, daß man bei gewissen Vorschriften das Eisen unbegründeter Weise für etwas ganz Wesentliches hält, während das Gelingen des Prozesses von dem Eintreffen ganz anderer Bedingungen abhängig ist, die man zwar gewohnter Weise immer mit erfüllt, aber doch ohne sich ihrer bewußt zu sein. So kommt es bei der Ultramarinbereitung auch noch auf andere Nebenumstände an, deren Einfluß man nicht begründen kann, die aber ohne Schaden nicht umgangen werden dürfen.

Wir haben schon erwähnt, daß der Prozeß sich in zwei Abschnitte sondert: in einen, der es mit dem Zusammenschmelzen der Bestandtheile zu thun hat, und aus welchem eine grün gefärbte Masse hervorgeht — und in einen, welcher diese grüne Substanz durch Weiterbehandlung in die blaugefärbte überführt. Man läßt sich auch wol in manchen Fällen mit der ersten Hälfte genügen, denn unter gewissen Umständen kann das Grün so schön ausfallen, daß es für sich schon als eine verwendbare Farbe Absatz findet — es ist als **grünes Ultramarin** im Handel bekannt. In der Regel aber führt man den Prozeß weiter, indem man, wie schon gesagt, das grüne Pulver wiederholt mit Wasser auslaugt und mit einem Gemisch von Schwefel und Soda vermengt schmilzt, schließlich aber mit Schwefel an der freien Luft brennt, indem man auf einer Eisenplatte eine ungefähr 2 Millimeter dicke Schicht gepulverten reinen Schwefels ausbreitet, darauf eine etwas dickere Lage des Farbenmaterials giebt, und durch Erwärmen der Platte den Schwefel bei möglichst gelinder Hitze verbrennen läßt. Die Farbe schönt sich allmählich und das Erkennen des Kulminationspunktes ist lediglich Sache der Erfahrung, die dann in jeder Fabrik eine andere sein wird und demgemäß als Fabrikationsgeheimniß gehütet wird.

In seinem schönsten Zustande stellt das Ultramarin ein feines Pulver von der bekannten prachtvoll blauen Farbe dar; indessen darf man, wenn es seine Reinheit behalten soll, es nicht durch Reiben auf dem Reibsteine noch weiter verfeinern wollen. Jeder derartige Versuch hat eine Verschlechterung der Nuance zur Folge, und es scheint fast, als ob die kleinsten Theilchen nur an ihrer Oberfläche den wundervollen Farbenton zeigten, in ihrer innern Masse dagegen minder schön gefärbt wären. An der Luft ist das Ultramarin so gut wie unveränderlich, hält sogar ein nicht zu heftiges Glühen aus. Dagegen wird es wie der Lasurstein von konzentrirten Säuren zersetzt, und seine Farbe geht unter Entwicklung von Schwefelwasserstoff allmählich in ein schmuziges Gelblichweiß über.

Verwendung findet das Ultramarin überall da, wo es als Deckfarbe mit Oel, Leim oder einem ähnlichen Bindemittel aufgetragen werden kann, und es hat für solche Anwendungen das Kobaltblau, welches in seiner Nuance immer einen Stich in das Röthliche behält, fast vollständig aus dem Felde geschlagen. In der Glasfabrikation und in der Porzellanmalerei ist es aber nicht zu verwenden, weil es keine schmelzbare Verbindung eingeht — hier behält das Kobaltoxyd seine unbestrittene Herrschaft.

Welche Massen übrigens in den verschiedenen Kunst= und Industriezweigen von dem Ultramarin verbraucht werden, das lehrt die Statistik, welche die jährliche Gesammtproduktion der verschiedenen Fabriken zu 180,000 Centnern angiebt. In Deutschland wird das vollkommenste Ultramarin in den Fabriken von Kaiserslautern, Nürnberg und in der Porzellanmanufaktur von Meißen dargestellt, und man benutzt dazu an letztgenanntem Orte dieselbe Erde, aus der das Porzellan erzeugt wird.

Lackfarben. Karmin. In dem Holz, der Rinde, den Wurzeln oder Blüten der Pflanzen finden sich bekanntlich vielerlei, zum Theil sehr schöne Farbstoffe, welche löslicher Natur sind und deswegen wol in der Färberei und Druckerei eine wichtige Rolle spielen, ohne Weiteres aber nicht als Auftragfarben, wie die bisher betrachteten, dienen können. Nun giebt es aber zwischen den meisten dieser pflanzlichen Farbstoffe und gewissen Metalloxyden und erdigen Basen eine eigenthümliche, sehr stark ausgesprochene Verwandtschaft. Mischt man z. B. zu einer Farbenbrühe Alaun und die Lösung eines ätzenden oder kohlensauren Alkali, so erfolgt ein Niederschlag von Thonerde, aber nicht in ihrer gewöhnlichen weißen Farbe, sondern in Verbindung mit dem anwesenden Farbstoff, und zwar geschieht diese Verbindung zuweilen so vollständig, daß nach dem Absetzen des Niederschlags die überstehende Flüssigkeit völlig farblos erscheint. Der ausgewaschene und getrocknete Niederschlag bildet eine Lackfarbe. Sie kann als ein echt chemisches Produkt angesehen werden, in welchem der Farbstoff die Rolle einer Säure spielt, und es können fast alle unlöslichen metallischen und erdigen Basen, sobald sie sich nur weiß niederschlagen, zu Lackfarben benutzt werden. Die Praxis jedoch hält sich vorzugsweise an zwei derselben: die Thonerde und das Zinnoxyd; erstere wird aus einer Alaunlösung, letzteres aus dem Zinnchlorid (gewöhnlich Zinnsolution genannt) mit Potasche oder Soda niedergeschlagen. Mit dem Zinnoxyd erscheinen die Farben besonders schön; aber der Kostspieligkeit wegen setzt man gewöhnlich nur einen Antheil Zinnsolution zum Alaun.

Es giebt auch unechte Lackfarben, d. h. solche, die streng genommen diesen Namen nicht verdienen. Solche sind z. B. die unter dem Namen Schüttgelb vorkommenden wohlfeilen Farbenkörper, welche durch Uebergießen von Kreide, Kalk oder Thon mit gelben Farbebrühen erzeugt werden und die Farbe doch wol nur durch mechanische Aufsaugung gebunden halten. Zu eigentlichen gelben Lackfarben können viele färbende Pflanzenstoffe benutzt werden, wie Gelbbeeren, Quercitron, Gelbholz oder auch wohlfeilere einheimische Gelbpflanzen. Zur Darstellung rother Lackfarben, der am meisten gebräuchlichen, dienen besonders Krapp, Fernambuk= oder Brasilienholz, dann zur Bereitung von Karminlack die Cochenille und die Abgänge von der Karminbereitung u. s. w. Die mit solchen Stoffen erhaltenen Produkte heißen Florentiner, Pariser, Wiener, Venetianer Lack, der aus Brasilienholz bereitete Kugellack u. s. w. So einfach der Hauptprozeß bei der Bereitung dieser Art Farben ist, so sind doch viele Schwierigkeiten zu überwinden, um die Farben in möglichster Schönheit zu gewinnen. Es giebt daher der Anweisungen zur Bereitung von Lackfarben nicht wenige. Besonders gilt dies vom Krapplack, der beliebtesten Farbe dieser Art, weil sie bei weitem die dauerhafteste ist. Das Krapproth ist bei ihm ebenfalls an Thonerde gebunden, aber es ist nicht leicht, aus der Krappwurzel das Pigment in voller Schönheit auszuziehen, und eben so schwer, bestimmte Farbennuancen zu erzeugen, denn die Krappwurzel giebt nach Verschiedenheit der Sorten, ja selbst der Jahrgänge, verschiedene Töne, und es ist die Kunst des Fabrikanten, durch Anwendung besonderer Beizen Gleichförmigkeit hineinzubringen. Die hellen Nuancen der Krapplacke, die bis zum zarten Rosa gehen, werden durch Zusätze von feinem Bleiweiß abgestuft.

Der Farbstoff der Cochenille, der Karmin, der ein ausgezeichnetes Scharlach und Hochroth liefert, dient ebenfalls zur Bereitung einer Lackfarbe, die Karminlack, auch Florentiner, Wiener und Pariser Lack genannt wird.

Für gewöhnlich kocht man gepulverte Cochenille mit Alaun, etwas Zinnlösung und vielem Wasser, läßt die Flüssigkeit klar werden und setzt vorsichtig und unter stetem Umrühren eine bemessene Auflösung von kohlensaurem Natron hinzu. Den entstehenden rothen Niederschlag sammelt man auf einem Filter und versetzt die ablaufende, noch gefärbte Flüssigkeit mit einer neuen Portion Natronlösung, wobei ein hellerer Niederschlag erhalten wird u. s. w. In dieser Weise kann man den Lack in verschiedenen Farbenabstufungen erzeugen. Der mit reiner Zinnlösung und Alaun bereitete Lack von besonders lebhaftem Scharlachroth heißt chinesischer Karmin. Von dem eigentlichen Karmin unterscheidet sich der Karminlack dadurch, daß er sich mehr dem Violett als dem Scharlach nähert und sich nicht wie jener in Ammoniak auflöst.

Die Cochenille ist bekanntlich eine Art Schildlaus, welche in Mittelamerika auf gewissen Kaktusarten theils wild lebt, theils in besonderen Pflanzungen gezüchtet wird. In dem Safte des kleinen Thieres ist der eigentliche Farbstoff (Karmin) in Form mikroskopischer Körperchen enthalten, die analog den Blutkügelchen in einer farblosen Flüssigkeit schwimmen. Obgleich also ein Produkt des Thierreichs, schließt sich doch der Karmin in seinem chemischen Verhalten ganz den Pflanzenfarben an, hat auch selbst den Charakter einer schwachen Säure und ist sonach ebenso geeignet, mit Basen Lacke zu bilden.

Der möglichst rein aus der Cochenille extrahirte Farbstoff bildet die beliebte Farbe Karmin, ein zartes, feurigrothes Pulver, das in der Miniaturmalerei, zum Färben künstlicher Blumen und Konditoreiwaaren und, in Ammoniak aufgelöst, als feinste rothe Tinte Anwendung findet. Die einfachste Prozedur, den Farbstoff aus der Cochenille abzuscheiden, die auch das schönste Produkt giebt, besteht darin, daß Cochenillepulver in einem verzinnten Kessel in sehr reinem Wasser gekocht, die gefärbte Flüssigkeit abfiltrirt, mit etwas Alaun versetzt und in porzellanen Schalen zugedeckt hingestellt wird, wo dann der Karmin im Verlauf mehrerer Tage sich allmählich absetzt, während schließlich die immer noch gefärbte Flüssigkeit auf Karminlack ausgenutzt wird. Je nach ihrer Verwendung erhalten die Farben mancherlei Zusätze, welche als Bindemittel dienen und das Auftragen in einer dünnen und doch dauerhaft mit der Unterlage zusammenhängenden Schicht gestatten. Man unterscheidet nach der Natur dieses Bindemittels Wasser=, Honig=, Leim=, Oel=, Firnißfarben u. s. w. Die chemische Natur des Bindemittels hat bisweilen auf die Farbstoffe einen besonderen Einfluß und von gewissen Verwendungsarten können einzelne ganz und gar ausgeschlossen sein, blos weil sie in Berührung mit dem Bindemittel keine Beständigkeit besitzen. Wir können aber auf diesen Gegenstand, sowie auf die weitere Zubereitung der Farben durch Mahlen, Mischen u. s. w., nicht eingehen und wollen zum Schlusse nur einiger besonderen Verwendungsarten noch mit einigen Worten gedenken.

Pastellstifte. Für Pastellmalerei und farbige Zeichnungen hat man bekanntlich die Farben in Form abfärbender Stifte, mit welchen trocken auf dem Grund gearbeitet wird, so daß derartige Bilder verwischbar sind, sofern sie nicht nachträglich durch ein passendes Bindemittel befestigt werden. Die zu den Pastellstiften verwendeten Farben sind die gewöhnlichen, Berlinerblau, Zinnober, Königs= oder Neapelgelb, Karmin u. s. w. Die körpergebende Masse ist fein präparirter Pfeifenthon, neuerdings vielleicht auch Zinkweiß. Durch mehr oder weniger Thonzusatz erzeugt man hellere oder dunklere Farbentöne. Die aufs Feinste gepulverten Bestandtheile werden entsprechend gemischt, mit ein wenig Bindestoff (Traganthschleim) in eine bildsame Paste verwandelt und daraus die Stifte geformt, die schließlich in mäßiger Wärme getrocknet werden. Eine renommirte Pariser Fabrik benutzt als Bindemittel eine Lösung von Gummilack und Terpentin in Weingeist und preßt die Paste durch einen kupfernen Hohlcylinder, dessen Boden eine Anzahl runder Formlöcher hat, so daß nach Art der Fadennudeln dünne Stäbe erhalten werden, die man nach bestimmtem Maß zerschneidet und trocknet.

Bleistifte. An das bisher Behandelte möge sich die kurze Besprechung eines Gebrauchsgegenstandes schließen, der recht eigentlich ein Allerweltsartikel ist, sich in Jedermanns Händen befindet, zu den alltäglichsten Zwecken eben so dient wie zu den Meisterwerken der Kunst, und dessen Herstellung in der heutigen Fabrikindustrie ein ganz bedeutendes Item bildet, wir meinen den Bleistift.

Es scheint gewiß zu sein, daß das Mittelalter die Bleistifte in ihrer jetzigen Form noch nicht gekannt hat, da sich die zeichnenden Künstler statt dessen eines Stiftes aus einer Mischung von Zinn und Blei bedienten, den sie „Stile" nannten. Erfindung und Namen desselben stammt aus Italien. Das Wort „Bleistift" ist entweder eine bloße Uebersetzung des englischen Wortes lead pencil — man nennt dort den Graphit black lead, Schwarzblei — oder es ist eine Erinnerung daran, daß man in früheren Jahrhunderten wirklich eine Legirung von Blei und Zinn zu Zeichenstiften benutzte. Die Bleistiftmasse ist aber eben kein Blei, sondern Graphit, ein mehr oder weniger reiner mineralischer Kohlenstoff. Graphit findet sich auch in Deutschland, namentlich in Bayern, Böhmen und Oesterreich, aber in einer Beschaffenheit, daß er wol zu Schmelztiegeln u. dergl., aber nicht ohne Weiteres zu feinen Bleistiften tauglich ist. Der eigentliche feine Schreib- und Zeichenstift hat vor Kurzem seinen 200. Geburtstag gefeiert; er wurde möglich durch den Glücksfall, daß man 1664 bei Borrowdale in Cumberland in einem Thonschieferberge ein Lager von Graphit entdeckte von bis dahin ungekannter Güte, welche es ermöglichte, Zeichenstifte daraus ohne jede fremde Beimischung darzustellen, und zwar bessere als auf jede andere Weise. Schon das Jahr darauf kamen die ersten englischen Bleistifte in den Handel, und sie brachten sich rasch in große Beliebtheit. In London entstand ein besonderer Graphitmarkt, an welchem das Produkt der Borrowdalemine versteigert wurde, und der Preis soll sich bis zu 168 Pfd. Sterl. pro englischen Centner verstiegen haben.

Die Mine erwies sich nämlich nicht als unerschöpflich, und obwol man die Graphitausfuhr verbot, sogar unter Androhung der Todesstrafe, so trat doch endlich eine Zeit ein, in welcher das kostbare Material zu mangeln anfing. Schließlich war die Grube so erschöpft, daß man sich nach neuen Bezugsquellen umsehen mußte. Die eifrigen Bemühungen waren aber nur von geringem Erfolge begleitet; denn es findet sich in England nur noch geringerer Graphit, der vor dem in anderen Ländern nichts voraus hat, und die Engländer, welche früher durch ihre trefflichen Borrowdalestifte die ganze Welt sich tributpflichtig gemacht hatten, müssen jetzt wie anderwärts Bleistifte *fabriziren* und haben sich von ausländischer, namentlich deutscher Konkurrenz sogar überflügeln lassen. Die ursprüngliche Herstellung der englischen Bleistifte war nämlich so simpel, daß sie kaum als Fabrikation gelten konnte; man zerschnitt die von der Natur gelieferten Blöcke mittels feiner Sägen in Stängelchen, die man in die Holzfassung leimte. Als die edle Masse zur Neige ging, hielt man sich noch an den kleinen Abfall, den man — aufs Feinste gepulvert, durch starken hydraulischen Druck, unter Mitanwendung der Luftpumpe, um die Luft besser aus dem Pulver zu entfernen — zu Platten preßte und diese in Stücke zersägte. Jetzt noch werden in solcher Weise die vorhandenen Ueberbleibsel aufgearbeitet, und Cumberlandgraphit kommt durch eine englische Firma in den Handel von allen möglichen Härten und Feinheitsgraden. Die daraus hergestellten Bleistifte geben auch gewiß den früheren an Güte nichts nach, da man jetzt das Material viel rationeller zu bearbeiten gelernt hat.

Außer in England machte man schon frühzeitig Bleistifte nach derselben Manier, aber des bei weitem schlechteren Materials wegen viel weniger gut; dies geschah namentlich in Bayern, wo sich Graphitlager in Oberzell bei Passau finden. In dem Dorfe Stein bei Nürnberg begann die Fabrikation bereits im dritten Jahrzehnt des vorigen Jahrhunderts; 1761 gründete Kaspar Faber hier ein Etablissement, aus welchem die jetzt weltberühmte Fabrik hervorgegangen ist; 1766 erhielt Graf Kronsfeld die Bewilligung zur Errichtung einer Bleistiftfabrik in Jettenbach, und 1816 legte die Regierung selbst eine solche an, welche sie, nachdem der Betrieb gesichert war, an die Gebrüder Rehbach in Regensburg übergab, von welcher Firma dieselbe jetzt noch geführt wird.

Man bezog in Bayern auch Cumberlandgraphit und machte aus diesem echte englische Bleistifte, indem man größere Stücke Graphit mittels dünner Sägen in Blätter zerschnitt; die Seitenflächen derselben wurden durch Schleifen auf einer horizontalen Scheibe von den Rissen der Säge befreit und hierauf erst die Blätter in Stifte zersägt, welche in Holz eingefaßt wurden. Weiterhin aber verwendete man zu den „künstlichen Bleistiften" theils die Abfälle der echten Bleistifte, theils, und zwar in bei weitem größeren Quantitäten, den einheimischen Graphit, der sich an verschiedenen Orten theils in erdiger, theils in staubförmiger Gestalt findet. Entweder machte man daraus unter Zusatz eines Bindemittels größere dichte Massen, welche nach dem Trocknen eben so wie der natürliche Graphit behandelt wurden, oder man formte, was leichter und bequemer war, die Stifte unmittelbar aus der noch weichen Masse. Bedingniß und Schwierigkeit war, ein solches Bindemittel zu finden, welches dem Graphit zwar genügenden Zusammenhang verleiht, jedoch seine Fähigkeit abzufärben nicht beeinträchtigt. Lange Zeit diente als solches der Schwefel (1 Theil Schwefel auf 2—2½ Theile Graphit) oder auch das Schwefelantimon in denselben Mengenverhältnissen, endlich auch Leim und Gummi. Die ersten beiden Substanzen, welche durch Schmelzen mit dem Graphit zu einer möglichst gleichförmigen Masse vereinigt wurden, hatten den Nachtheil, daß die daraus gefertigten Stifte sehr spröde waren und sich nicht ordentlich spitzen ließen, deshalb blieben sie späterhin auch nur für die groben Zimmermannsstifte noch in einiger Verwendung; Gummi und Leim dagegen widerstanden der Feuchtigkeit zu wenig.

Da machte Ausgangs des vorigen Jahrhunderts der Franzose Condé, welcher mit seinem Schwager Humblot-Condé eine Bleistiftfabrik leitete, eine Entdeckung, auf welche eine genaue chemische Analyse des Cumberlandgraphites, der circa 24 Prozent Kohle, 8 Prozent Eisen und 36 Prozent Thon und Kalk enthält, schon früher hätte führen können. Condé fand nämlich, daß Thon das beste Bindemittel für gewöhnlichen erdigen oder staubförmigen Graphit sei, und daß durch einen entsprechenden Zusatz davon und nachheriges Ausglühen der Stengel diese nicht nur wesentlich billiger, sondern auch in beliebigen Abstufungen der Härte und Schwärze sich herstellen ließen. Die Crayons-Condé, welche schon auf der ersten aller Industrieausstellungen 1798 auf dem Marsfelde bei Paris erschienen, erlangten rasch große Berühmtheit, und begründeten in der Bleistiftfabrikation eine neue Epoche, zumal die neue Erfindung in eine Zeit fiel, in welcher in Frankreich von Regierungswegen alle Anstrengungen gemacht wurden, Industrie und Technik zu heben und neue Erfindungen ihren Urhebern ehrenvolle Unterstützung jeder Art einbrachten.

Die bayerische Bleistiftfabrikation, welche lange noch an ihrer ursprünglichen Methode festhielt und sich den dazu für unentbehrlich geltenden Graphit unter großen Kosten selbst aus Spanien kommen ließ, mußte dadurch arg bedrängt werden, und die Befürchtungen lagen nahe, daß eine Industrie, welche lange bestanden und weithin Beziehungen unterhalten hatte, ganz und gar zu Grunde gehen könnte. Die bayerische Regierung nahm sich der Sache an durch Errichtung der Fabrik in Oberzell, in welcher sie das neue Verfahren einführte. Dies ist das schon erwähnte, später an die Gebrüder Rehbach übergegangene Etablissement. Ganz besonders aber verdankt Bayern dem unermüdlichen Lothar Faber den Ruhm, daß es in der Bleistiftfabrikation jetzt den ersten Rang einnimmt.

Faber, aus einer alten Bleistiftmacherfamilie, hatte sich die Aufgabe gestellt, die gesunkene Industrie wieder zu heben. Er verschaffte sich genaue Kenntniß des Condé'schen Verfahrens, und seiner Umsicht und Energie gelang es, sein Ziel zu erreichen.

Die französische Konkurrenz war durch ihn bereits vollständig besiegt, als im Jahre 1847 von einem Franzosen Alibert in Sibirien Graphitlager entdeckt wurden, aus denen ein Material gewonnen werden konnte, das in allen seinen Eigenschaften dem alten berühmten Cumberlandgraphit an die Seite zu stellen war. Mit Alibert, welcher von der russischen Regierung die Gruben erworben hatte, vereinigte sich Faber, so daß aller aus den sibirischen Gruben geförderte Graphit in seine Hände übergehen mußte. Die Graphitminen liegen auf der Höhe des Felsengebirges Batougol, nahe der chinesischen Grenze, und die Blöcke müssen einen sehr beschwerlichen Weg nach dem nächsten Hafen oder zu Lande nach Europa machen, so daß das Material der Fabrik selbst auf nahezu 21 Mark das Kilogramm zu stehen kommt und es begreiflich erscheint, wenn die daraus hergestellten Bleistifte einen hohen Preis haben.

Obwol der sibirische Graphit, wenn er wirklich dem alten Cumberlandmateriale ganz gleich ist, sich auch sofort zu Naturellstiften müßte verarbeiten lassen, so hat die Erfahrung doch diese seine Verwendung als unzweckmäßig erscheinen lassen. Denn die Verarbeitung einer teigigen Masse ist bequemer als das Zersägen eines festen Blockes und es scheint in der That, als ob alle Bleistiftmasse in der Art bereitet würde, daß man den Graphit in breiigem Zustande mit den erforderlichen Zusätzen vermischt. Man hat dabei die Erzielung bestimmter Sorten auch sicherer in der Hand.

Ehe der Alibertgraphit entdeckt wurde, hatte man schon gelernt, die gewöhnlichen Sorten zu raffiniren, indem man die erdige oder dichte Masse in Steingefäßen mit starker Schwefelsäure übergießt und mehrere Tage sich selbst überläßt. Es lösen sich dabei unter Selbsterwärmung die Klumpen zu einem gequollenen Brei, aus welchem man späterhin nur die Schwefelsäure auszuwaschen hat. Der Graphit ist dadurch auf das Feinste zertheilt worden. Die Zusätze, welche gegeben werden, müssen, wenn sie fester Natur sind, wie der Thon, ebenfalls ganz fein zerrieben und wiederholt geschlämmt werden, und die Vermischung muß so vollständig geschehen, daß das Ganze schließlich eine vollkommen gleichartige Masse darstellt. Diese wird dann, nachdem sie durch Entfernung des überflüssigen Wassers auf den richtigen Grad der Konsistenz gebracht ist, mittels Pressen durch gelochte Eisen in Stäbchen verwandelt, wie es bei den Nudeln geschieht. Durch besondere Manipulationen werden die einzelnen Stäbchen gerade gerichtet, auf Bleistiftlänge geschnitten, in mäßiger Wärme getrocknet und dann in luftdicht verschlossenen, thönernen oder eisernen Kästchen in den Glühofen gebracht. Das Fassen der Graphitstengel in Holz ist eine so einfache Arbeit, daß wir uns darüber wol nicht speziell zu verbreiten brauchen. Man benutzt in- und ausländische, zum Theil sehr kostbare Hölzer. Das gewöhnlichste ist das sogenannte Cedernholz, eigentlich ein nordamerikanischer Wachholder, Juniperus virginiana. In neuester Zeit strebt die deutsche Fabrikation durch Anwendung deutscher Hölzer die ausländischen entbehrlich zu machen, was nur zu loben ist. Daß in einer Fabrik, wie der Faber'schen, der größten Bleistiftfabrik der Welt, welche wöchentlich gegen 30,000 Dutzend Bleistifte liefern kann, alles nur irgend Mögliche mit Dampf gearbeitet wird, versteht sich von selbst. Trotzdem sind noch gegen 500 Arbeiter und Arbeiterinnen darin beschäftigt, unter denen die Arbeitstheilung bis in das Letzte durchgeführt ist.

Neben Faber steht die Rehbach'sche Fabrik in Regensburg mit in erster Reihe. An hundert meist selbst erfundene und aus eigener Maschinenwerkstätte hervorgegangene Maschinen besorgen in ihr diejenigen Arbeiten, deren Ergebniß jährlich über 1½ Million Dutzend Bleistifte sind, zu welchen circa für 21,000 Mark böhmischer Graphit, für 52,000 Mark Cedern- und für 26,000 Mark anderes Werkholz verbraucht wird.

In Nürnberg sind einige zwanzig Bleistiftfabriken in Thätigkeit, unter denen die Firma Großberger & Kurz obenan steht. Sie beschäftigen zusammen etwa 5000 Arbeiter und liefern jährlich weit über 200 Millionen Bleistifte im Werthe von mehr als 5 Millionen Mark. In Oesterreich vertritt die große Fabrik von L. & C. Hardtmuth in Budweis denselben Industriezweig auf hervorragende Weise.

Ende des vierten Bandes.

If you have any concerns about our products,
you can contact us on
ProductSafety@springernature.com

In case Publisher is established outside the EU,
the EU authorized representative is:
**Springer Nature Customer Service Center GmbH
Europaplatz 3, 69115 Heidelberg, Germany**

Printed by Libri Plureos GmbH
in Hamburg, Germany